網路規劃與管理實務

Network Planning and Management Study Guide

協助考取國際網管證照

感謝您購買旗標書,
記得到旗標網站
www.flag.com.tw
更多的加值內容等著您…

<請下載 QR Code App 來掃描>

- FB 官方粉絲專頁:旗標知識講堂
- 旗標「線上購買」專區:您不用出門就可選購旗標書!
- 如您對本書內容有不明瞭或建議改進之處,請連上旗標網站,點選首頁的 聯絡我們 專區。

若需線上即時詢問問題,可點選旗標官方粉絲專頁留言詢問,小編客服隨時待命,盡速回覆。

若是寄信聯絡旗標客服 email, 我們收到您的訊息後,將由專業客服人員為您解答。

我們所提供的售後服務範圍僅限於書籍本身或內容表達不清楚的地方,至於軟硬體的問題,請直接連絡廠商。

學生團體　訂購專線:(02)2396-3257 轉 362
　　　　　傳真專線:(02)2321-2545

經銷商　　服務專線:(02)2396-3257 轉 331
　　　　　將派專人拜訪
　　　　　傳真專線:(02)2321-2545

國家圖書館出版品預行編目資料

網路規劃與管理實務:協助考取國際網管證照 / 蕭志明著.
-- 第三版. -- 臺北市:旗標科技股份有限公司, 2021.10
面; 公分

ISBN 978-986-312-687-4(平裝)

1. 電腦網路　2. 通訊協定

312.16　　110014967

作　　者/蕭志明

發 行 所/旗標科技股份有限公司

台北市杭州南路一段15-1號19樓

電　　話/(02)2396-3257(代表號)

傳　　真/(02)2321-2545

劃撥帳號/1332727-9

帳　　戶/旗標科技股份有限公司

監　　督/陳彥發

執行企劃/張根誠

執行編輯/張根誠

美術編輯/林美麗

封面設計/林美麗

校　　對/張根誠

新台幣售價:980 元

西元 2024 年 1 月 第三版 4 刷

行政院新聞局核准登記-局版台業字第 4512 號

ISBN 978-986-312-687-4

作者序

目前 Cisco 定位 CCNA 不再是以路由器與交換器的技術為主，而且整合 QoS、無線網路與網路安全相關知識，並加入最新的智慧型網路介紹 (Virtualization、Cloud、SDN、Cisco DNA Center) 及網路自動化概念 (JSON、Python、Rest API、Ansible...)，使得整個 CCNA 課程範圍變成更廣泛，考試更難以準備。

本書以網路管理實務為主，教導讀者有能力規劃與設定路由器與交換器的網路。基於此精神，本書的設計理念如下頁圖所示，從核心網路基本運作原理開始打基礎，接著教導路由器與交換器的技術原理與設定，課程內容由淺至深、理論與實務兼顧。當讀者學會路由器與交換器的操作後，已經有能力規劃與架設網路，讓網路可以透過路由器與交換器來連通。接著再學習各種 IP 服務、無線網路、QoS 及網路安全，讓讀者從網路架設的層面，進步到管理整個網路的全貌。

最後本書會教導未來網路管理的趨勢，就是自動化，自動化就要跟寫程式有關係。一般選擇網路管理工作的同學，大部分都不喜歡寫程式；而會寫程式的同學通常都會去做開發的工作 (RD)。因此，同時具備網管知識及會寫程式的同學就更有競爭力。作者勉勵讀者面對寫程式，讓程式來協助網路管理的工作，本書會以 Python 與 Ansible 來實戰網路管理，讓讀者體驗到網路自動化的趨勢。

本書重點在教導網路管理實務與操作，幫助讀者從事網管工程師的工作，並可以協助讀者準備最新 CCNA 考試。本書大部分的課程內容已經超出 CCNA 考試範圍，探討的網路技術也更深入，作者期許本書籍為培訓網管工程師的參考用書。

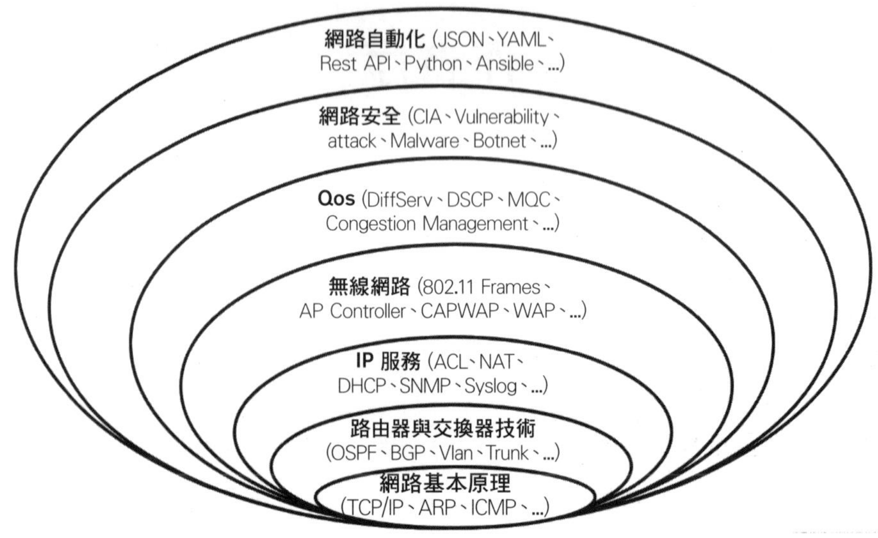

本書有提供 Facebook 社團教學討論區 (https://bit.ly/2ZWfVVN) 及 Line 社群教學討論區 (https://bit.ly/3B3VczC)，讓讀者將本書內容的問題直接回饋給作者，並與作者互動，達到良好學習的成效。

教學建議

作者以多年教導 CCNA 的教學經驗來撰寫本書，設計一套由網路運作理論到網路設備實際操作，理論與實務兼顧，循序漸進的方式來幫助初學者快速打好網路基礎。讀者可以參考下表的課程模組順序來進行學習，每個章節均有相關的主題實作演練，一步一步示範設定路由器與交換器的指令使用，理論與實務並進，教導讀者實際如何建構網路環境，培養網路管理關鍵技能。

課程模組	對應章節
網路基本原理	Ch01 網路基本運作認識 Ch02 網路模型運作、ICMP 與 ARP 協定運作原理 Ch03 網際網路協定 IPv4 規劃
路由器技術	Ch04 Cisco IOS 介紹與常用設定 Ch05 路由協定原理及基礎路由 RIP Ch06 Cisco EIGRP 路由協定介紹與設定 Ch07 OSPF 與 BGP 路由協定的介紹與設定

Next

課程模組	對應章節
交換器技術	Ch10 交換器基礎功能 - Vlan、Vlan Routing、Trunk 與 DTP Ch11 交換器進階功能 - VTP、Port-Security 與 STP Ch12 EtherChannel 與 FHRP 介紹與實作
廣域網路(WAN)	Ch13 基礎廣域網路介紹 - HDLC、PPP Ch14 進階廣域網路 - VPN、GRE、IPSEC 與 DMVPN 介紹與實作
IP 服務	Ch15 IPv4 與 IPv6 ACL 介紹與實作 Ch16 DHCP 與 NAT 運作介紹與啟動 Ch17 網路管理工具 - NTP、Syslog、Netflow、SNMP、SPAN
QoS	Ch18 QoS 介紹與實務
無線網路	Ch19 無線網路
網路安全	Ch20 網路安全概論 Ch21 常見 LAN 攻擊與防護實務
智慧型網路	Ch22 雲端技術、虛擬化技術與軟體定義網路 SDN 介紹
網路自動化	Ch23 網路自動化 (Python) Ch24 組態管理工具 (Ansible)
IPv6 協定	Ch08 網際網路協定 IPv6 介紹與設定 Ch09 進階 IPv6 NDP、Auto-Config、IPv6 DHCP 與 ICMPv6 協定介紹

作者簡介

蕭志明 博士

現職： 聖約翰科技大學 資訊工程系

作者介紹： https://www.facebook.com/cm1000

本書 Facebook 社團教學討論區：
https://www.facebook.com/groups/cm1234

專業證照： CCSI、CCNP、CCNA、CCNA-Security、CEH、Oracle OCP、VMware VCP、Dlink、RHCSA。

本書 Line 社群教學討論區：
https://bit.ly/3B3VczC

作者經歷： 明碁電通 資訊中心/工程師
達方電子 資訊中心/工程師
北軟公司 產品部/產品經理
華夏科技 ITS 部/專案經理
群光電子 影像研發部/專案經理

下載本書範例檔

讀者可以透過以下網址取得本書 Ch23、Ch24 的範例檔 (以 Python 與 Ansible 實戰網路管理)，體驗到網路自動化的趨勢。

http://www.flag.com.tw/DL.asp?F1172

目錄

chapter 1 網路基本運作認識

chapter 2 網路模型運作、ICMP 與 ARP 協定

chapter 3 網際網路協定 IPv4 規劃

chapter 4 Cisco IOS 介紹與常用設定

chapter 5 路由協定原理及基礎路由 RIP

chapter 6 Cisco EIGRP 路由協定介紹與設定

chapter 7 OSPF 與 BGP 路由協定的介紹與設定

chapter 8 網際網路協定 IPv6 介紹與設定

chapter 9 進階 IPv6 NDP、Auto-Config、IPv6 DHCP 與 ICMPv6 協定介紹

chapter 10 交換器基礎功能 - Vlan、Vlan Routing、Trunk 與 DTP

chapter 11 交換器進階功能 - VTP 與 STP

chapter 12 EtherChannel 與 FHRP 介紹與實作

chapter 13 基礎廣域網路介紹 - HDLC、PPP、MLPPP 與 PPPoE

chapter 14 進階廣域網路 - VPN、GRE、IPsec 與 DMVPN 介紹與實作

chapter 15 IPv4 與 IPv6 ACL 介紹與實作

chapter 16 路由器的進階服務 - NAT 與 DHCP

chapter 17 網路管理工具 - NTP、Syslog、Netflow、SNMP、SPAN

chapter 18 QoS 介紹與實務

chapter 19 無線網路

chapter 20 網路安全概論

chapter 21 常見 LAN 攻擊與防護實務

chapter 22 雲端技術、虛擬化技術與軟體定義網路 SDN 介紹

chapter 23 Python 網路自動化

chapter 24 Ansible 組態管理工具

CHAPTER

1

網路基本運作認識

甚麼是構成網路的基本元件，進而形成互連網路 (Internetwork)？由互聯網路再組成網際網路 (Internet) 以提供網路的無遠弗屆的便利性？本章節將介紹構成網路的基本元件：網路設備 (Network Device) 與網路媒介 (Network Media)。

參考教學影片:

https://bit.ly/2NBGYmh

1.1 網路元件介紹

網路的組成是由「網路設備」與「網路媒介」構成，如下圖所示為網路組成元件：

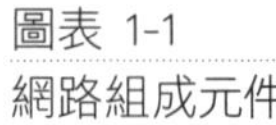

圖表 1-1
網路組成元件

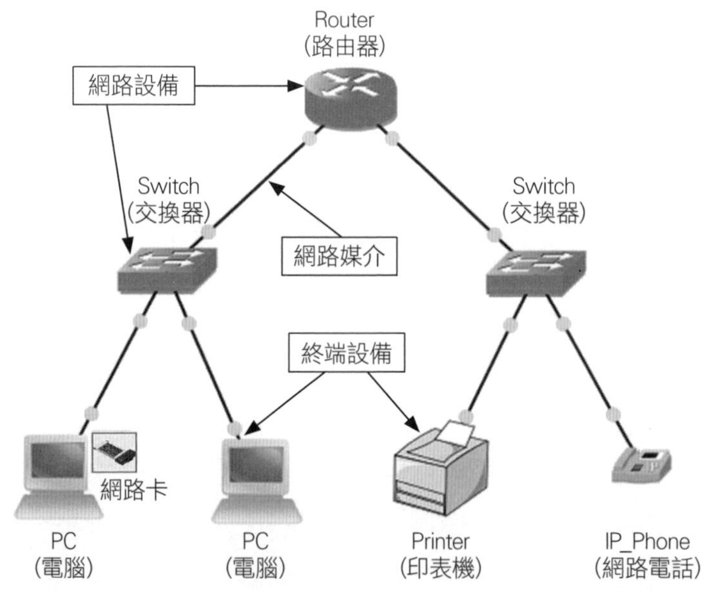

上圖看到常見的網路設備有**路由器 (Router)**、**交換器 (Switch)** 及**集線器 (Hub)**，終端設備 (End Device) 連接網路設備就可以互相傳送資料，常見的終端設備則有電腦、網路印表機、網路電話等。

一般終端設備要有配備網路卡才能連接交換器或集線器，而網路卡與網路設備之間需要有「網路媒介」來連線，或者網路設備之間要串接也是需要網路媒介，網路媒介有分**有線 (Wire)** 及**無線 (Wireless)** 兩大類，有線的網路媒介常見的有**銅線 (Cable)** 與**光纖 (Fiber)**，主要是傳遞的訊號不一樣，銅線是使用電壓來傳遞訊號，而光纖是使用光的折射。在無線的網路媒介就是以電磁波為傳輸媒介，來取代實體的網路線。

隨著移動裝置的日新月異 (例如智慧型手機、平板、筆電、感應器等等)，目前的終端設備連上網路的方式不再使用有線網路，而以無線上網為主要連網方式，交換器或集線器也不再是企業網路的主要存取設備，企業網路如何部署與管理大量的無線 AP 讓這些移動裝置順利地上網，這是目前網路規劃的重要課題，這部分將在 ch19 無線網路章節探討。

圖表 1-2 移動裝置的連網方式

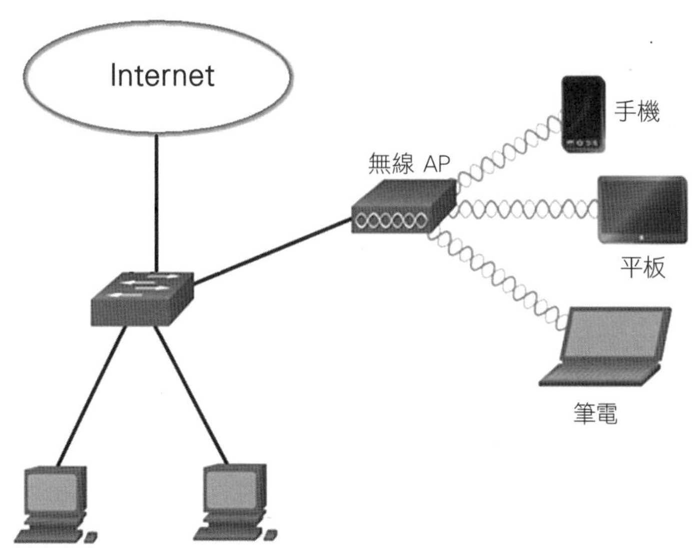

1.2 集線器 (Hub) 介紹

集線器通常被當作終端的網路設備，直接用來連接電腦設備，其外觀如下圖所示，集線器上面通常會有很多的**連接埠 (port)**，這些 port 大部分用來連接電腦，少部份的 port 用來串接其它網路設備 (路由器、交換器、集線器)，由於集線器的傳輸效能很差，因此當前已經很少在使用此種網路設備，不過在網路設備的發展技術上，還是有必要先了解集線器的傳輸機制，以下將介紹集線器的傳送方式及產生的問題。

圖表 1-3 集線器外觀

連接埠 (port)

由上圖的集線器外觀可以看到很多 port，每一個 port 的形狀都一樣，這種形狀就是 **RJ45** 的規格，而且全世界統一，這樣就很方便，不會有不相容的情況，想想家裡電線插座全球各國就沒有統一規格，出國旅行一定要注意當地的插座，這樣就很不方便，而 RJ45 網路線就沒有此問題。在集線器中的每個 port 可插入 RJ45 的網路線，再去串接其它集線器或電腦。每個 port 上面都有個燈號，當一個 port 連線後可由燈號來判斷目前狀態，通常 port 的燈號亮紅燈表示有問題，閃綠燈表示正常在傳送資料中。詳細 RJ45 網路線在本章節後面會再介紹。

Port 的編號

任何網路設備 (Router、Switch、Hub) 上的每一個 port 都會有編號，例如：fa0/1、fa0/2....，這些編號是有意義的，**fa** 表示 **FasterEthernet (快速乙太網路)**，具有 100M 傳輸頻寬。在進階的網路設備會提供 slot (插槽) 來擴充 port 的數量，所以 fa0/1 表示 slot/number，即第幾個 slot 中的第幾個 port。第一個 slot 是以 0 開始編號，所以 fa0/1 表示第一個 slot 提供快速乙太網路及第一個 port 的編號。另外 slot 中所提供的 port 的接頭的規格不一定都是 RJ45，也可能是例如 WAN 的接頭 V.35。如下圖所示，該網路設備有 4 個 slot。

圖表 1-4 4 個 slot 的網路設備

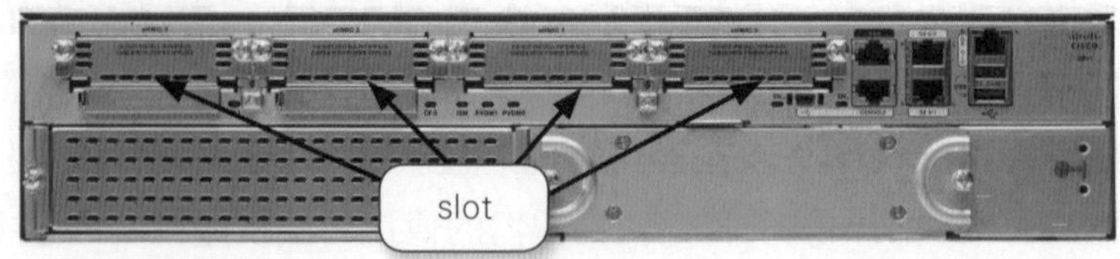

請注意 fa0/1 為縮寫，全名是 FasterEthernet 0/1。

共享匯流排

集線器的硬體結構是採用**共享匯流排 (shared bus)** 方式，匯流排可以視為資料傳送的**通道 (channel)**，在集線器上的所有連接埠都連接到此共享通道，所有電腦的資料傳送與接收都在同一個通道進行，如下圖所示，有四台 PC 連接到 Hub：PC1 連線到 Hub 的 fa0/1 的 port、PC2 連到 fa0/2、PC3 及 PC4 各連到 fa0/3 及 fa0/4，如此這四台 PC 使用共同的通道來傳送與接收資料。以下將示範 PC 如何透過集線器來傳送與接收資料。我們使用下圖的網路架構來觀察。

圖表 1-5 Hub 連線 PC 架構

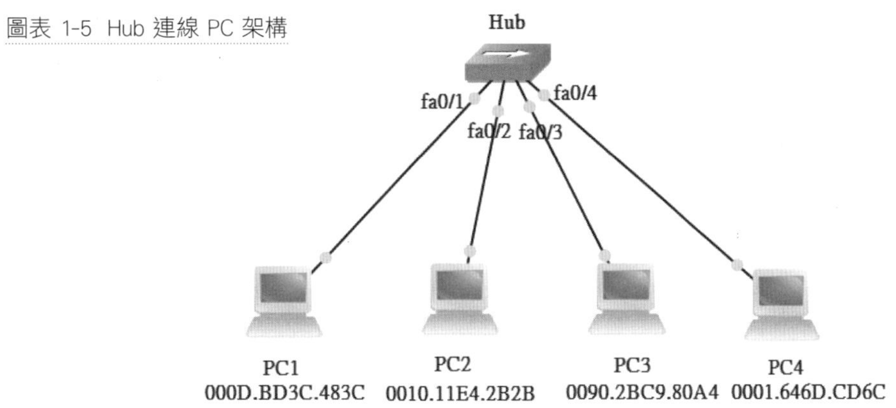

上圖使用集線器連接四台電腦的架構，其內部的連接方式可以用下圖表示，四台電腦都使用相同的匯流排，因此電腦連接在集線器的哪一個 port 都是一樣。

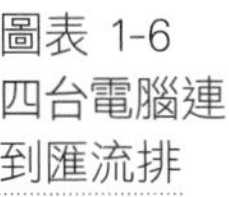
圖表 1-6 四台電腦連到匯流排

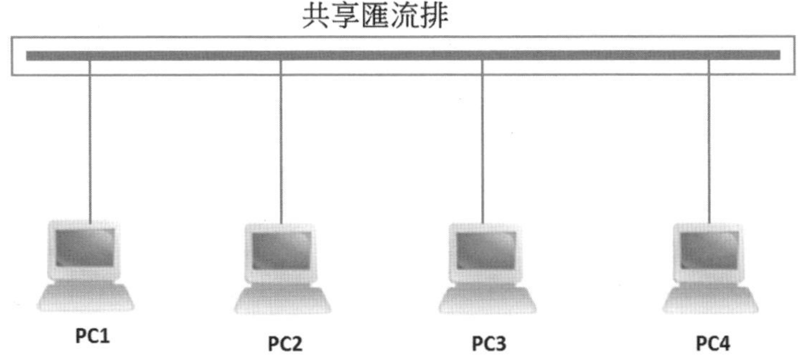

請注意每一台電腦可以存取匯流排，這種特性稱為共同存取 (Multiple Access)。

PC 間傳送資料

假設目前有一台 PC1 要送一份資料給 PC4，如圖 1-5 所示，此資料經由 fa0/1 的 port 進入集線器的資料傳輸通道 (匯流排)，由於集線器上的所有 port 都共用同一個通道，所以該資料會送給所有 port。

PC 間接收資料

當集線器要將資料傳送給 PC4 時，此資料會由 fa0/2、 fa0/3、 fa0/4 送出，也就是說集線器接收到資料就將此資料再送出給有所連接 PC 的 port，如下圖所示，PC2、PC3、PC4 都會收到此資料，但這樣會有個問題產生，資料是要給 PC4，其它 PC 怎麼會收到？或者是 PC4 收到資料該如何辨別此資料是否可以收下？下圖為 PC1 送資料給 PC4 時，使用共享匯流排在傳遞資料的情況，**Hub 在傳遞資料的方式就是將收到的資料全部都送出，所有連接在 Hub 的電腦都會收到資料。**

圖表 1-7 Hub 傳送資料

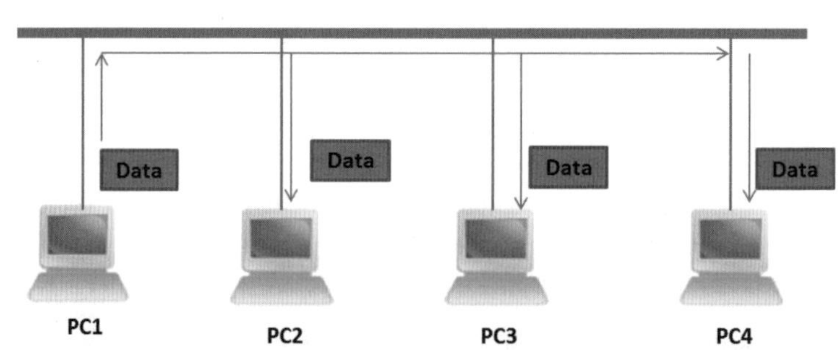

請注意電腦收到資料，並不表示一定會處理該資料，可能也會丟棄 (drop) 該資料。

1.3 MAC 位址介紹

當電腦收到一筆資料時，如何確定資料是要給自己，此時就要有位址 (Address) 來標示，MAC 就是來標示電腦的位址，如此電腦就可以判斷收到的資料是不是給自己，如果收到的資料是給自己，就可以使用該資料，否則就要丟棄。

實體位址 MAC

電腦如何判斷收到的資料是不是給自己？每台電腦必須要有一個獨一無二的識別碼，稱為 **MAC** 位址 (Media Access Control Address)，MAC 位址也稱為**區域網路位址 (LAN Address)** 或**乙太網路位址 (Ethernet Address)** 或**實體位址 (Physical Address)**，總之 MAC 位址是一個用來確認電腦的識別碼，就像電腦的身分證字號一樣，此 MAC 位址存在電腦的網路卡上，每個網路卡的 MAC 位址不會重複，就像你的身分證字號不會跟別人的一樣。

MAC 位址的格式

MAC 是由 **48** 位元 (bit) 組成，如下圖所示，48 位元分成兩個部份，第一部分為 **OUI (Organizationally Unique Identifier)** 稱為製造網路卡的廠商編號，此編號要由網路卡製造商需要跟 IEEE 申請並支付費用，OUI 占用 MAC 位址的前面 24 位元，如果要知道網路卡是哪一家廠商製造，使用 MAC 位址中的前面 24 位元來 google 就可以查詢到製造網路卡廠商。第二部分為 **NIC (Network Interface Controller)**，這是廠商內控的流水號 (不會重複的號碼)，如此每個網路卡上 MAC 位址就不會有重複的問題。如何從 MAC 來查詢到網路卡的製造商，方法很簡單，只要透過 google 查詢該 MAC 就可以查詢到。

圖表 1-8
MAC 格式

請注意網路卡的 MAC 位址是可以被使用者修改的，若要修改 MAC 位址，要確認在同一個網路下 MAC 位址不能夠重複。

MAC 的特殊位元

在 MAC 的 48 位元中**從最左邊**開始數過去的第七個與第八個位元有特殊意義，如下圖所示，第七個位元表示 **U/L bit (Universal/Local)**，表示此 MAC 分配的方式，第七個位元為 0 代表為**全球唯一 (globally unique)**，是由 IEEE 直接分配與管理；第七個位元為 1 則表示**本地自行管理 (locally administered)**，所以一般看到電腦網卡上的 MAC 中第七個位元一定為 0，但在 IPv6 使用 EUI-64 機制就會把第七個位元改為 1。至於第八個位元表示傳輸方式，第八個位元為 0 表示單播的傳送，如第八個位元為 1 表示群播或廣播傳送 (1.4 節就會介紹)。

圖表 1-9
MAC 特殊位元

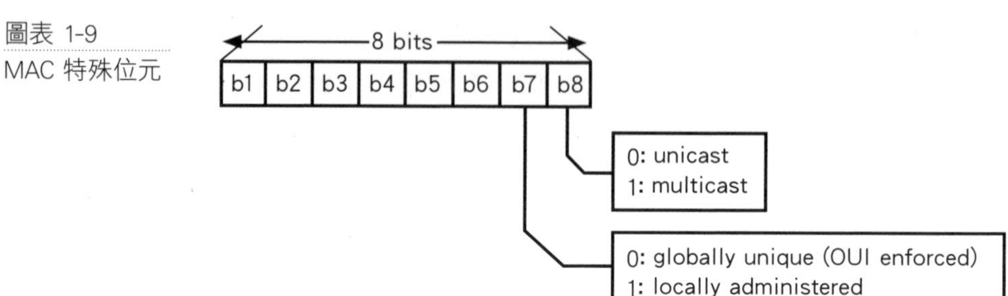

MAC 表示方式

MAC 是以十六進位 (Hex) 表示，一個十六進位需要 4 個位元來表示，如下圖所示，所以 MAC 位址會有 12 個十六進位。

圖表 1-10 二進位與十六進位對照表

Binary	Hex.
0000	0
0001	1
0010	2
0011	3
0100	4
0101	5
0110	6
0111	7

Binary	Hex.
1000	8
1001	9
1010	A
1011	B
1100	C
1101	D
1110	E
1111	F

例如：有個 MAC 位址轉成 12 個十六進位 01234567897e，其表示主要有三種方式，**01-23-45-67-89-7e** 或 **01:23:45:67:89:7e** 或 **0123.4567.897e**，微軟的 Windows 使用第一種表示方式，網路設備使用最後一種表示方式。

查詢 MAC

在電腦的 DOS 模式下執行 **ipconfig /all** 可以查詢電腦的 MAC 位址 (如圖 1-5 中每台 PC 下都有標示其 MAC 位址)，執行的結果如下圖所示，其中 **Physical Address (實體位址)** 顯示的就是 MAC：

圖表 1-11 查詢電腦的 MAC 位址

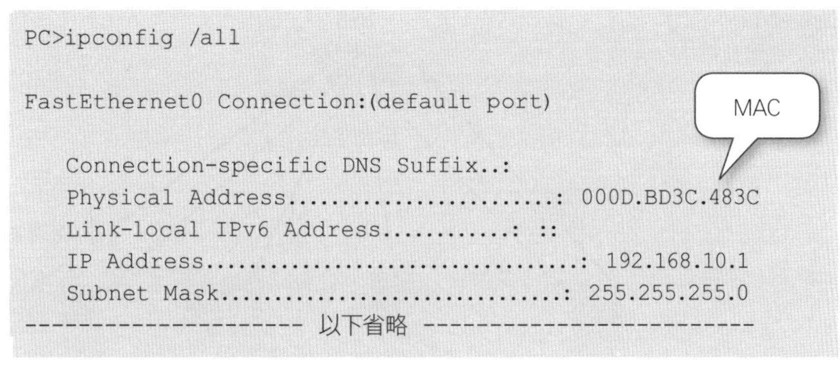

```
PC>ipconfig /all

FastEthernet0 Connection:(default port)

   Connection-specific DNS Suffix..:
   Physical Address.......................: 000D.BD3C.483C
   Link-local IPv6 Address...........: ::
   IP Address................................: 192.168.10.1
   Subnet Mask.............................: 255.255.255.0
-------------------- 以下省略 ------------------------
```

請注意如果電腦有兩張網卡，那就會有查到兩個 MAC 位址。

PC1 送出資料

繼續圖 1.5 的 HUB 的範例，有了 MAC 位址之後，當 PC1 要送資料給 PC4 之前，會將來源電腦與目的電腦的 MAC 位址放入資料前面，如下圖所示，目的 MAC 為 PC4，來源 MAC 為 PC1。就像手寫信件要透過郵局來送，信件上就要有收件人的名字與住址一樣，如此郵差才能將信件送到收件者。

圖表 1-12 傳送資料中的 MAC 位址

0001.646D.CD6C	000D.BD3C.483C	資料
目的 MAC	來源 MAC	

PC4 接收資料

當集線器將資料送出時，雖然 PC2、PC3、PC4 還是收到此資料，但是每台電腦要先進行比對工作，電腦會將收到資料中的目的 MAC 與本身的 MAC 相比較，若一樣才將資料收下並且處理該資料，如果不一樣就將資料**丟棄 (drop)**。如下圖所示，只有 PC4 會處理此資料，其餘 PC2 與 PC3 將會丟棄此資料，**此處電腦收到資料與資料處理是兩件事情**，例如：收到資料就好像是收到一封信件，而處理資料就好比是將此封信件打開來看。

但是有一種情況電腦會忽略 MAC 的檢查機制，收到資料後直接做處理，就是將電腦的網卡設定為**混雜模式** (Promiscuous mode)，下一頁就會介紹。

圖表 1-13
PC4 收到資料

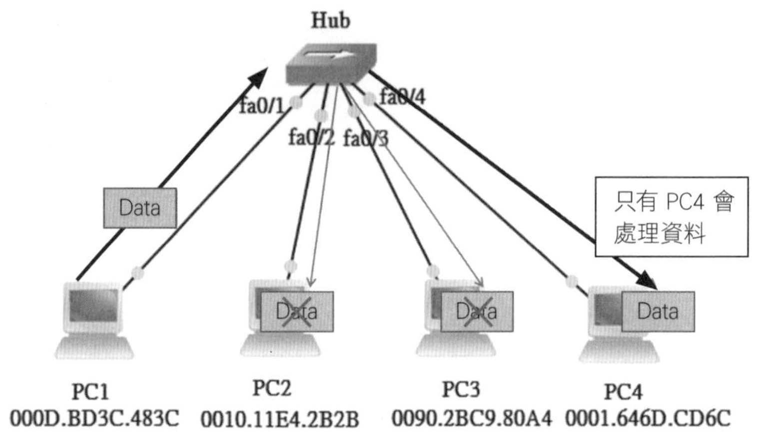

網卡的混雜模式

當網路卡被設定成混雜模式，接收端電腦就會跳過資料目的 MAC 與本身的 MAC 的比對步驟，直接將資料進行處理，為什麼要這樣做？原因很簡單就是要監聽網路中傳送的資料，此種監聽需要透過 **sniffer** 的軟體，比較有名的是 **Wireshark** 這一套 (http://www.wireshark.org/)，Wireshark 可以幫你收集網路中傳送的資料，但是你必須知道網路模型與協定運作才能看懂資料，所以後面課程介紹的網路模型就很重要。下圖為 Wireshark 畫面，後續各章的網路模型課程會示範如何使用。

圖表 1-14 Wireshark 畫面

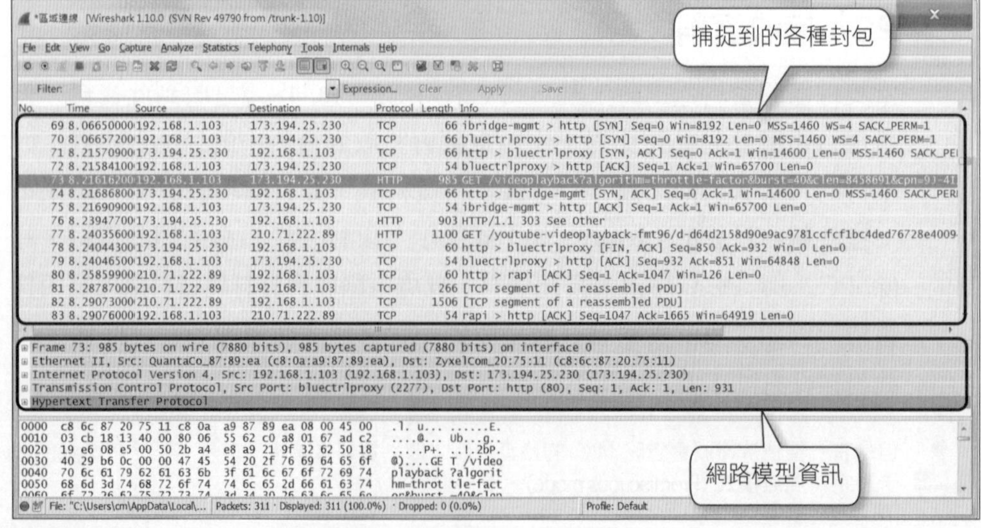

1.4 MAC 位址的種類與修改

MAC 位址會根據傳送資料的機制會有不同種類的 MAC 位址，主要分為 **Unicast MAC**、**Broadcast MAC** 及 **Multicast MAC** 三種位址，Unicast MAC 位址是占最多的 MAC 位址而且可以修改，Broadcast MAC 位址只有一個，而 Multicast MAC 位址必須要透過 IP 位址的計算才能得到。

三種傳送機制

網路傳送資料有三種機制，**單點傳送**、**廣播傳送**及**群播傳送**：

1. **單播傳送 (Unicast)**：從來源端電腦只傳送資料給另一台電腦，如下圖所示，此種傳送方式特性為 1 對 1 (one to one)，來源電腦針對特定目的電腦的 IP 位址傳送資料，只有目的端電腦可以收到資料及處理資料，其他電腦可能會收到資料，但必需丟棄資料。

圖表 1-15 單播傳送

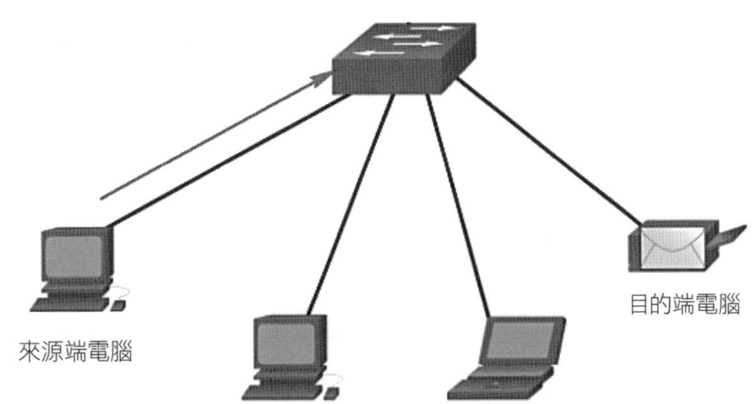

2. **廣播傳送 (Broadcast)**：從來源端電腦傳送資料給所有電腦，如下圖所示，此種傳送方式特性為 1 對全部 (one to all)，來源電腦只要針對廣播 IP 位址 (255.255.255.255) 傳送資料，所有電腦都要收到資料及處理資料。

圖表 1-16 廣播傳送

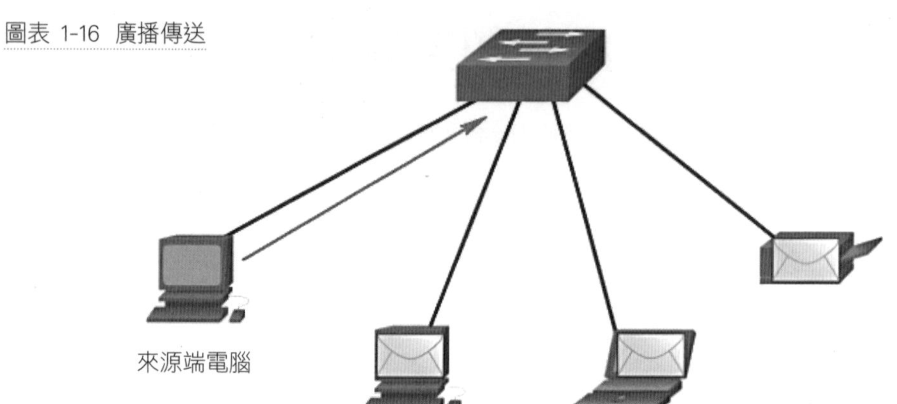

3. **群播傳送 (Multicast)**：從來源端電腦傳送資料給選定的群組電腦，如下圖所示，此種傳送方式特性為 1 對多 (one to many)，群播傳送比較複雜，必須先定義哪些電腦在一個群組 (group) 中，群組會用 Multicast IP 位址來表示，來源端電腦只要將資料傳送給群組，在群組中的電腦就可以收到資料及處理資料。

圖表 1-17 群播傳送

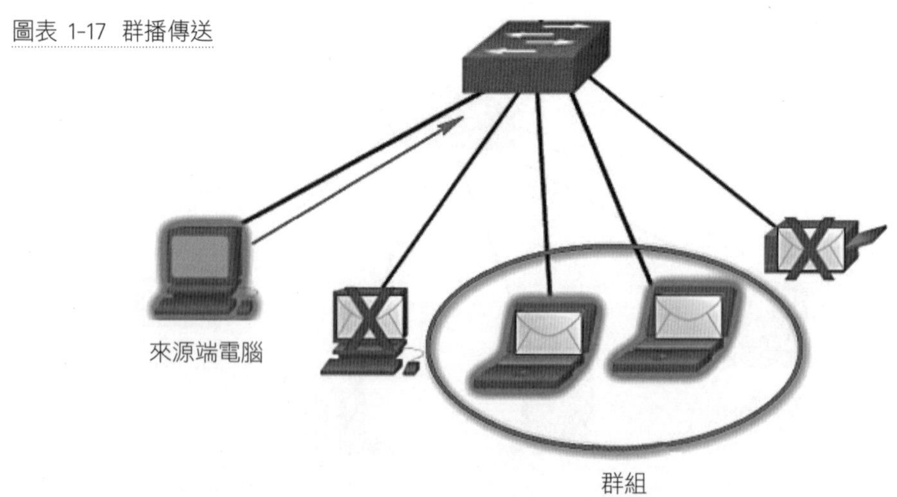

MAC 位址種類

為了對應三種傳送機制，MAC 位址也分 **Unicast MAC**、**Broadcast MAC** 及 **Multicast MAC** 三種位址，如何辨別目前使用的 MAC 是哪一

種 MAC 位址呢？Unicast MAC 位址一定存在網路卡中而且數量是最多的一種，Broadcast MAC 位址只有一個 FF:FF:FF:FF:FF:FF，也就是將 MAC 的 48 bit 都設為 1，最後 Multicast MAC 位址是要搭配 IP 位址來計算得到，通常只要看到前面為 **01:00:5E** 開頭的 MAC 就是 IPv4 Multicast MAC，而 IPv6 Multicast MAC 的前置碼是 33:33。IP 位址也是有 Unicast IP、Broadcast IP 及 Multicast IP 三種，三種 IP 位址分別對應到三種 MAC 位址，針對 Multicast IP 如何計算得到 Multicast MAC，請參考第 9 章的內容。

請注意只有 Unicast MAC 是由製造商產生存在網路卡中，而 Unicast IP 必須由使用者設定到電腦中，如此電腦才能傳送資料出去。

修改 MAC 位址

Unicast MAC 位址是網路卡製造商預先寫入到網路卡晶片上，早期要修改 MAC 位址需要特殊軟體，目前路由器作業系統 (IOS，第 4 章會介紹)、Linux 或 Windows 作業系統都開放給使用者自行修改，但如果沒有必要，建議還是不要隨便修改 Unicast MAC。修改 MAC 位址首先要確認是否有相同 MAC 位址已經存在，如何確定全世界的 MAC 位址是否有重複？其實只要確認在同一個網路區域下，MAC 位址不要重複就好，因為 MAC 位址無法跨網路區域，網路區域概念會在本章 1.13 節路由器說明，另外想知道其他電腦 MAC 位址可使用 ARP 協定來查詢，第二章節會介紹 ARP 協定。

請注意只有 Unicast MAC 位址能進行修改，而 Broadcast MAC 與 Multicast MAC 無法修改。

在 Windows 系統修改 MAC 位址

在 Windows 中修改 MAC 位址只要在區域連線針對網路卡做設定，如下圖所示。

圖表 1-18 Windows 區域連線內容

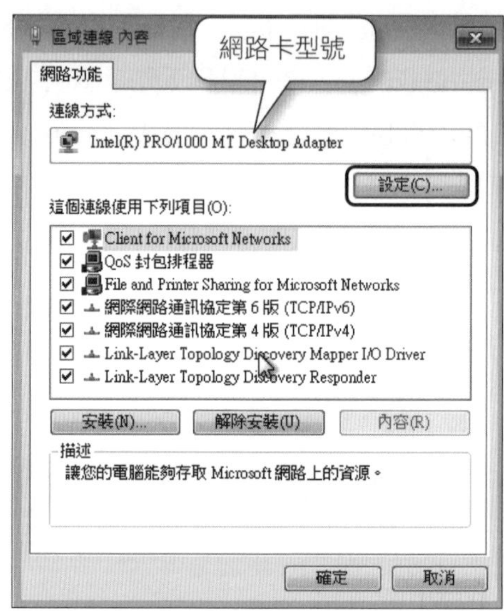

在網路卡設定內容中就可以直接修改 MAC 位址，如下圖所示，在 "進階" 中選擇 "本機管理位址"，在 "數值" 中直接輸入新 MAC 位址，ex:002222222222，新的 MAC 位址不可以是廣播或群播的 MAC 位址。

圖表 1-19 輸入新 MAC 位址

輸入新 MAC 位址之後，網路卡需要重新啟動，可再使用 ipconfig /all 來查詢新的 MAC 位址，如下圖所示，已經看到新 MAC 位址，**實體位址: 00-22-22-22-22-22**。

圖表 1-20 查詢修改過後的 MAC 位址

```
C:\>ipconfig /all
乙太網路卡 區域連線:
   連線特定 DNS 尾碼 . . . . . . . . . :
   描述 . . . . . . . . . . . .. . . .: Intel (R) PRO/1000MT
   實體位址 . . . . . . . . . .  . . .: 00-22-22-22-22-22
   DHCP 已啟用 . . . . . . . .  . . . : 否
   自動設定啟用 . . . . . . . .  . . .: 是
   連結-本機 IPv6 位址 . . . . . . . : fe80::8863:8a8b:e529:55df%14(偏好選項)
   IPv4 位址 . . . . . . . . . .. . . : 192.168.56.101 (偏好選項)
   子網路遮罩 . . . . . . . . . . . . .: 255.255.255.0
   預設閘道 . . . . . . . . . . . . . .:
   DHCPv6 IAID . . . . . . . . .. . . : 789053479
```

修改網路設備的 MAC 位址

Hub 的 port 不會有 MAC 位址，但 Switch 或 Router 的 port 會有 MAC 位址，需要用路由器作業系統 (IOS) 的指令來修改，如下圖所示，IOS 的操作方式及指令請參考第 4 章。

圖表 1-21 修改及查詢 Switch 或 Router Port 的 MAC 位址

```
S1#conf t
Enter configuration commands,one per line.  End with CNTL/Z.
S1 (config) #int e0/0
S1 (config-if) #int e0/1
S1 (config-if) #mac-address 2222.2222.2222
S1 (config-if) #exit
S1 (config) #exit
S1#
*Feb 10 09:59:03.879: %SYS-5-CONFIG _ I: Configured from console by console
S1#show int e0/1
Ethernet0/1 is up,line protocol is up (connected)
  Hardware is AmdP2,address is 2222.2222.2222 (bia aabb.cc00.0110)
  MTU 1500 bytes,BW 10000 Kbit/sec,DLY 1000 usec,
     reliability 255/255,txload 1/255,rxload 1/255
  Encapsulation ARPA,loopback not set
  Keepalive set (10 sec)
  Auto-duplex,Auto-speed,media type is unknown
```

在 Linux 系統修改 MAC 位址

在 Linux 系統修改 MAC 的指令如下圖所示：

圖表 1-22 在 Linux 修改及查詢網卡的 MAC 位址

```
root:~# ifconfig eth0 down
root:~# ifconfig eth0 hw ether aa:aa:aa:aa:aa:aa
root:~# ifconfig eth0 up
root:~#
root:~# ifconfig
eth0: flags=4163<UP,BROADCAST,RUNNING,MULTICAST>  mtu 1500
        inet 192.168.10.10  netmask 255.255.255.0  broadcast 192.168.10.255
        inet6 fe80::a8aa:aaff:feaa:aaaa  prefixlen 64  scopeid 0x20<link>
        ether aa:aa:aa:aa:aa:aa  txqueuelen 1000  (Ethernet)
        RX packets 0  bytes 0 (0.0 B)
        RX errors 0  dropped 0  overruns 0  frame 0
        TX packets 44  bytes 3384 (3.3 KiB)
        TX errors 0  dropped 0 overruns 0  carrier 0  collisions 0
```

1.5 碰撞 (Collision) 的產生

集線器會有資料**碰撞 (Collision)** 的問題，由於在集線器上的資料匯流排 (通道) 是共用的，所以當有資料在集線器上傳送時，此時又有其他 PC 要往集線器送資料時，這時就會有碰撞產生，如下圖所示，PC1 與 PC4 同時透過集線器傳送資料：

圖表 1-23 PC1 與 PC4 同時送資料

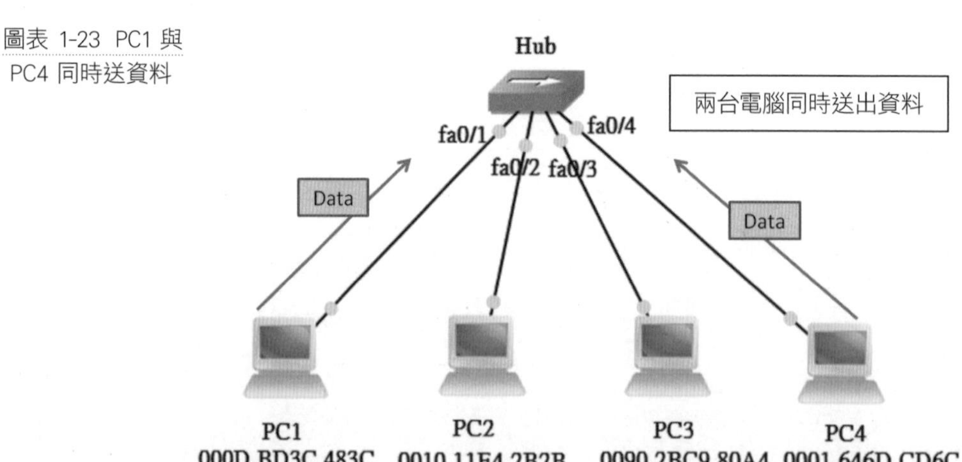

集線器中產生碰撞

下圖所示就是 PC1 與 PC4 送出的資料在集線器中發生碰撞，而碰撞後的資料稱為**垃圾資料**，垃圾資料還是會送出給所有 PC，而 PC 收到垃圾資料就會丟棄。

圖表 1-24 產生碰撞示意圖

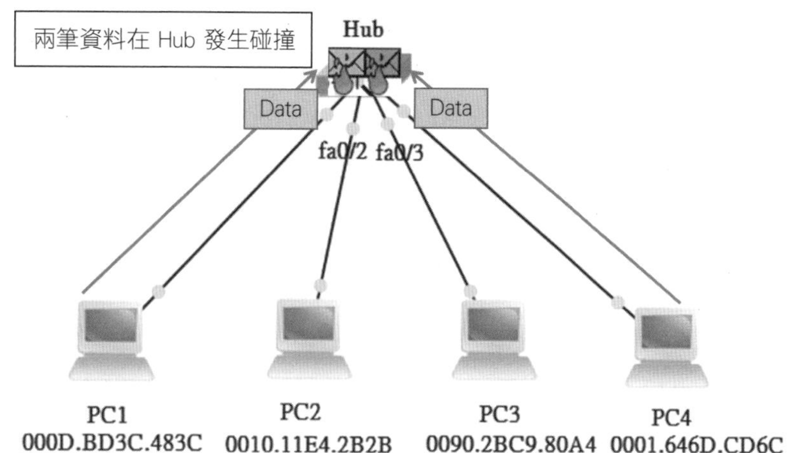

碰撞區域

碰撞區域 (Collision Domain) 為會產生碰撞的區域，當兩台電腦位於同一個碰撞區域時，這兩台電腦就有可能會發生資料碰撞，而集線器整個就是一個碰撞區域，如下圖所示，四台 PC 接在同一個集線器下，這四台 PC 就處在同一個碰撞區域，因此，四台 PC 在傳送資料時都有可能會發生資料碰撞問題。

圖表 1-25 碰撞區域

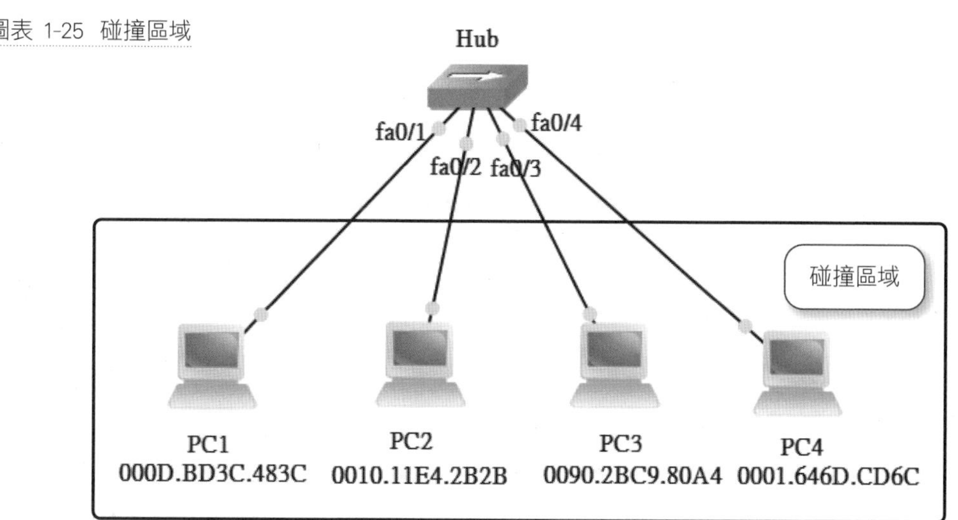

碰撞區域數目

當四台電腦分別用兩台集線器來連接，如下圖所示，PC1 跟 PC2 接在同一個集線器下，所以 PC1 跟 PC2 可能發生資料碰撞，但 PC1 不可能會跟 PC3 與 PC4 發生碰撞，因為兩台集線器沒有串接，所以 PC1 與 PC3、PC4 處在不同的碰撞區域中，因此下圖會產生兩個碰撞區域。

圖表 1-26 兩個碰撞區域

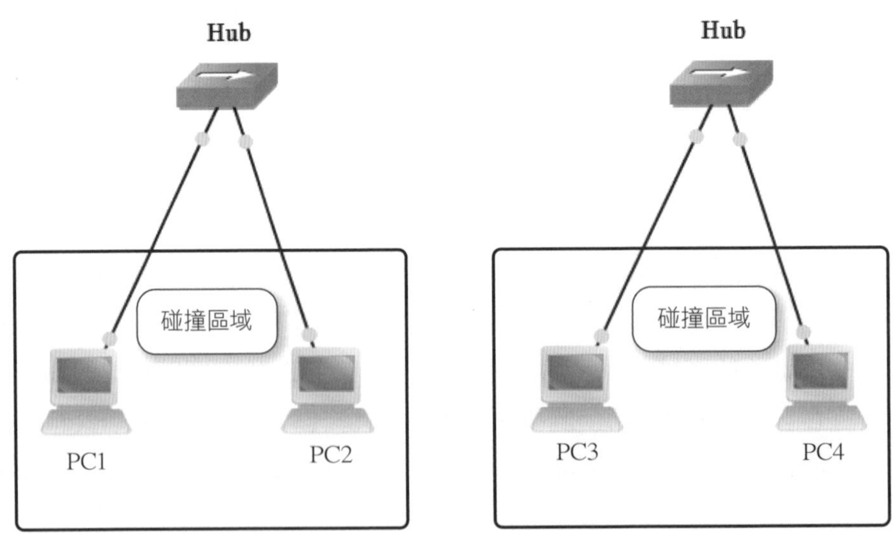

如果我們將兩個集線器串接，如下圖所示，碰撞的區域會有幾個呢？答案是一個，原因是兩個集線器串接在一起還是共用匯流排，所以四台 PC 都會產生碰撞，因此四台 PC 就位在同一個碰撞區域。

圖表 1-27 兩台集線器串接

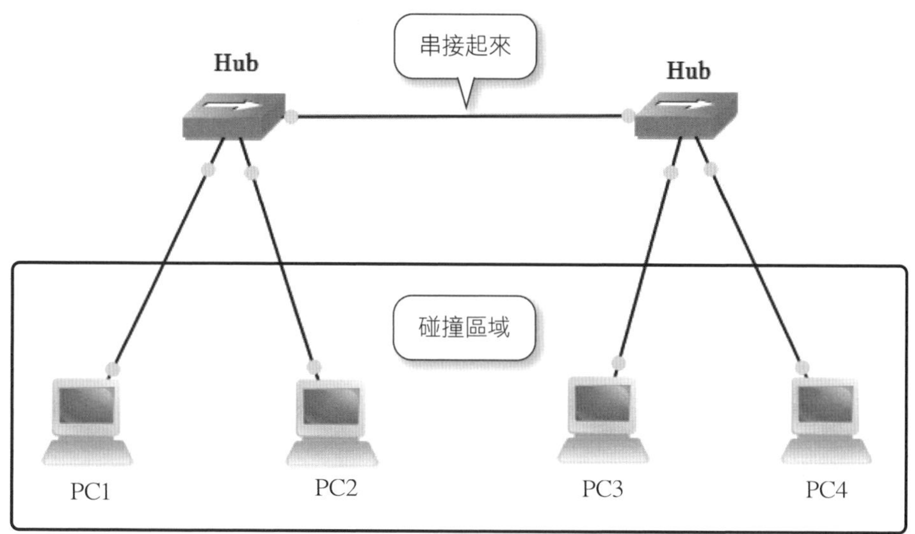

請注意不管有幾台 Hub 串接在一起，碰撞區域都是一個，但網路設備串接不能太多層，否則訊號會有 delay。

1.6 CSMA/CD 運作機制

CSMA/CD 是兩種解決碰撞問題的機制，**CSMA (Carrier Sense Multiple Access)** 是防止碰撞機制，而 **CD (Collision Detection)** 是偵測碰撞機制，因此，CSMA/CD 就是兩種機制用於處理碰撞問題。**集線器產生資料碰撞情況有兩種，第一種**情況是，當有一台電腦在使用匯流排在傳送資料時，此時有其它電腦送出資料，這樣就發生資料碰撞；**第二種**情況是，匯流排沒有在傳輸資料，此時兩台電腦同一時間要送出資料，這樣資料也會在匯流排中碰撞。

CSMA 機制

CSMA 是使用來防止第一種碰撞情況，當有電腦要傳送資料前，先查看集線器有否其他資料正在傳送，若沒有就可以送出資料，若有就暫時先不送出，這樣就可以防止碰撞，但如何偵測集線器上是否有在傳輸資料？**CS (Carrier Sense)** 技術就是用來偵測集線器的匯流排中是否有資料在傳輸。如下圖所示，PC1 已經送出資料在匯流排上傳遞，此時 PC4 要送出資料之前，若先用 CS 偵測到已經有資料在匯流排上傳遞，PC4 就先暫時不送出資料。

圖表 1-28 CSMA 運作原理

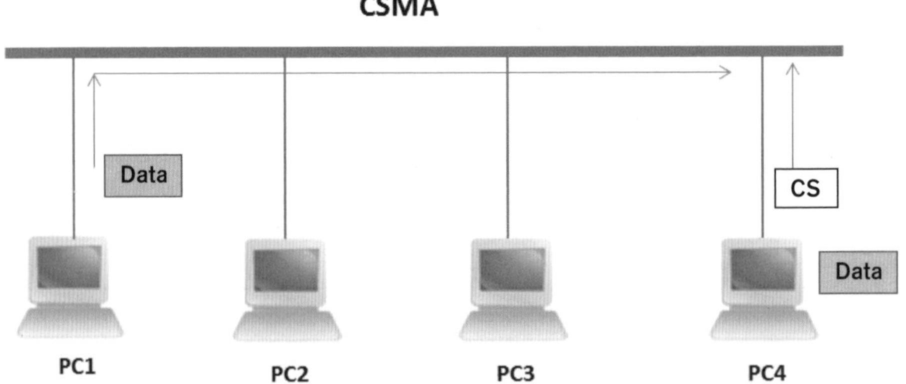

CD 機制

針對第二種情況的碰撞，CSMA 就無法防止碰撞，而且此情況碰撞一定會發生，無法避免，但是可以加速碰撞發生，讓碰撞的時間縮短，CD (Collision Detection) 就是偵測碰撞的技術，當 CD 偵測第二種情況的碰撞快要發生前，會發出一個 **JAM** 的訊號，趕快清除碰撞資料，讓匯流排趕快可以再使用，就如同路上發生車禍，警察越快知道越快處理現場，這樣就不會造成塞車。

如下圖所示，PC1 與 PC4 同時間要送出資料，此時匯流排上沒有資料在傳送，所以兩台電腦就同時將資料送到匯流排，很明顯的這兩個資料一定會碰撞，但在碰撞前由 PC3 使用 CD 的技術先偵測到匯流排中即將有碰撞，PC3 就發送 JAM 訊號將匯流排清空，此時 PC1 與 PC4 資料是沒送成功，如果下次兩台電腦又同時間要送出資料，這樣永遠沒完沒了，所以 PC1 與 PC4 就要使用**後退演算法 (backoff Algorithm)** 來計算下次送出的時間，此演算法會將兩台電腦下次送出的時間錯開，如此 PC1 與 PC4 才有機會將資料成功送出。

圖表 1-29 CD 運作原理

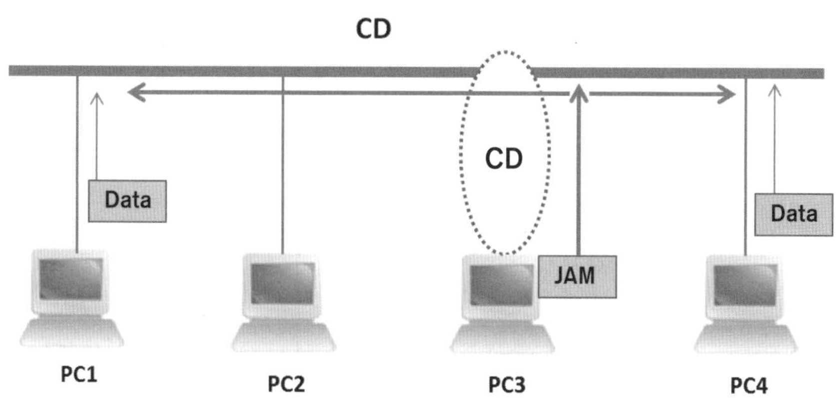

請注意，另外一種解決無線網路的碰撞機制為 CSMA/CA (carrier sense multiple access/collision avoidance)，第 19 章會介紹。、

碰撞分類

碰撞又可以分為 **Early collision** 與 **Late collisions**，這兩種碰撞的區別在於一筆資料要傳送多少的 bits 到共享匯流排時才發生碰撞，以 512 bits 為區分點，在傳送資料少於 512 bits 才發生碰撞稱為 **Early collision**，大於 512 bits 發生碰撞稱為 **Late collisions**。一般 Early collision 算是一種正常碰撞狀況，符合乙太網路規格定義，Late collisions 表示有其他硬體問題產生的碰撞，例如：Duplex 模式匹配有問題、網路卡有問題、網路線不穩、接線太長及網路設備串接太多層等等，這些情況都會讓 CD 偵測發生延遲，導致碰撞會較晚發生。

1.7 交換器 (Switch) 介紹

交換器的前身為**橋接器 (Bridge)**，一般橋接器主要有兩個連接埠，而這兩個連接埠切割碰撞區域，如下圖所示，橋接器將兩個集線器串接並且分為兩個碰撞區域，PC0 送出的資料不會跟 PC2 或 PC3 產生碰撞。

圖表 1-30 橋接器練習架構

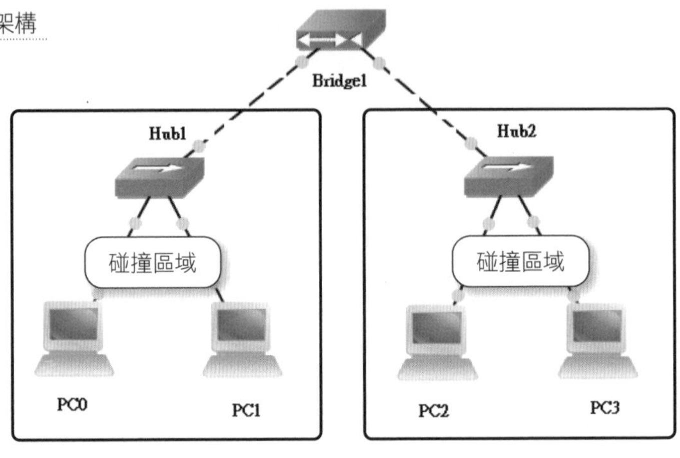

交換器中碰撞區域

隨著硬體技術的演進，逐漸發展成多埠的橋接器，也就是目前的交換器，其功能跟橋接器一樣，可以切割碰撞區域。通常一台交換器上都會有多個連接埠，其外觀跟圖 1-3 看到的集線器很像，如果沒有看機器型號，單從外觀很難分辨。在交換器上連接埠之間傳送資料是獨立的，不會互相影響，因此交換器可以切割多個碰撞區域，如下圖所示，交換器切割三個碰撞區域。

請注意，早期的網路規畫是用交換器規劃碰撞區域，現今的網路規畫已經沒有再規劃碰撞區域。

圖表 1-31 三個碰撞區域

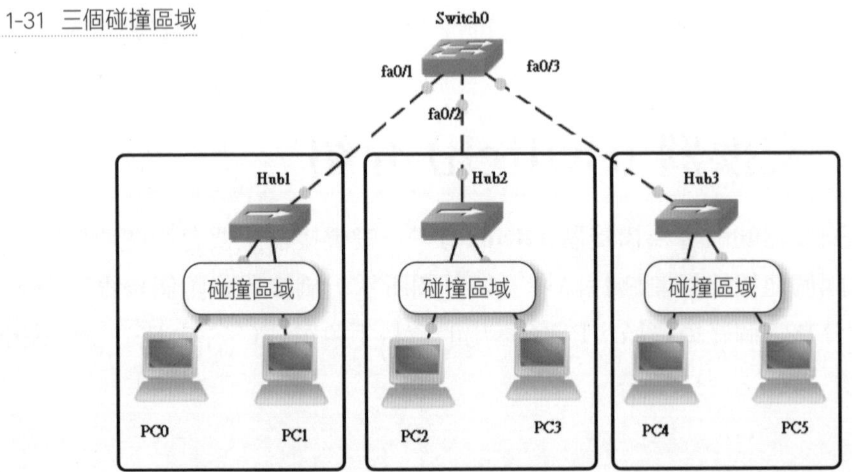

交換器與交換器連線

通常在交換器上的每一個連接埠 (port) 算一個碰撞區域，而交換器跟交換器之間的連線算一個碰撞區域，以下圖為例，一台交換器下串接一台交換器及兩台集線器，而串接的交換器下又接兩台 PC，因此下圖中碰撞區域總共有五個。

圖表 1-32
五個碰撞區域

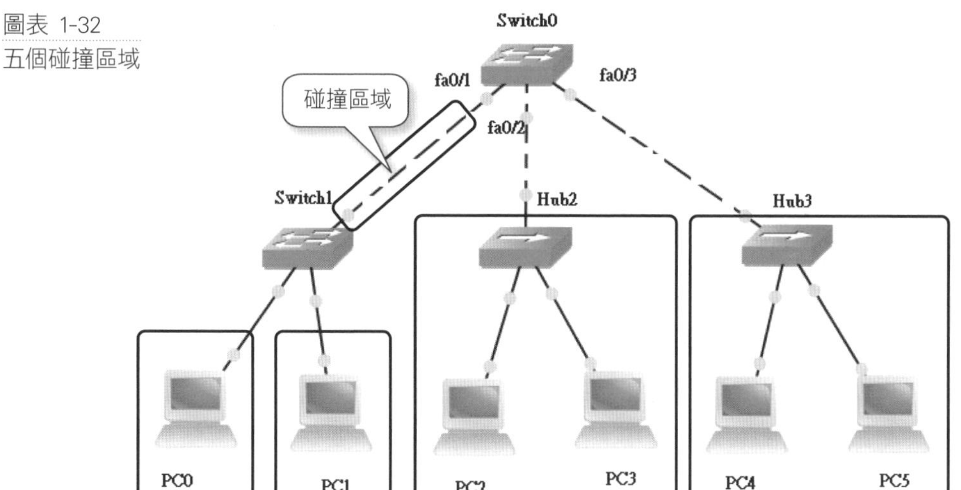

交換器與集線器

交換器的硬體構造比集線器要較為複雜，在交換器上的任意兩個 port 之間都有一個獨立的匯流排，因此在交換器上不會發生碰撞，除此之外，交換器還具備有網路作業系統 (IOS) 可以作進階的功能設定，例如：Vlan、VTP、STP、… 等等，這些功能在往後的章節會再仔細介紹。目前市售的便宜的交換器為稱為 **Switch-Hub**，這種交換器就沒有 IOS 可以作進階的功能設定，只有不會發生碰撞功能，因此，單純的 Hub 逐漸就被 Switch-Hub 的設備取代。

交換器的傳遞資料機制

交換器傳送資料的機制跟集線器有很大的不同，交換器可以做到只將資料傳送到目的電腦，其它電腦則不會傳送，這比集線器把資料都送到全部電腦的效率好太多了，對於資安考量，此種傳送方法也是比較安全的傳送方式，如何達到這點，這就是交換器中 MAC Table 功能。

1.8 交換器中的 MAC Table 介紹

集線器是把收到的資料都送到全部電腦，也就是一台電腦傳送資料，所有電腦都會收到，各電腦再使用 MAC 檢查機制來決定處理資料還是丟棄資料，但此種傳送機制缺點太多，例如：浪費頻寬、非目的電腦消耗資源來檢查 MAC 及容易被竊聽資料等等。但使用交換器可以做到資料只傳給目的電腦，一台電腦傳送資料只有目的電腦會收到資料，這種傳送機制較有效率而且安全，至於交換器如何做到只將資料傳送到目的電腦，此時就要有 MAC Table 來協助達成。

MAC Table 的學習

在交換器上會維護一個 **MAC Table**，儲存在記憶體 (RAM) 空間，交換器利用此表可以讓傳送資料更有效率。一開始 MAC Table 是空的，當交換器下的電腦開始在傳送資料時，交換器就會將**資料來源的電腦 MAC 記錄到 MAC Table 中**，如下圖所示，電腦要送一筆資料經過交換器，交換器從 fa0/1 收到這筆資料，此時交換器會將資料中的來源 MAC 與 fa0/1 寫入到 MAC Table，MAC Table 就記錄了這樣的對應資訊，如此交換器就知道 port 下面有什麼電腦存在。本範例交換器透過 MAC Table 可得知 fa0/1 下有接一台 00-19-D2-11-22-33 的電腦。

圖表 1-33 MAC Table 的學習方式

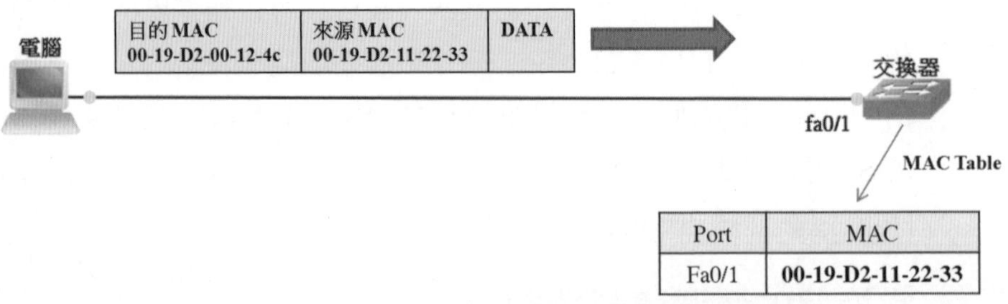

Port	MAC
Fa0/1	**00-19-D2-11-22-33**

請注意電腦接到 HUB 的任何一個 port 都沒有差別，但電腦接到交換器的 port 是有意義的，進階的交換器的 port 各別都有做一些設定，所以不要隨意更動交換器 port 的接線。

請注意廣播位址 (FF:FF:FF:FF:FF:FF) 不可能會出現在 MAC Table 中，其原因是來源 MAC 不會有 FF:FF:FF:FF:FF:FF，同樣的道理，廣播 IP 位址也不可能當作來源 IP 位址。另外群播的 MAC 與 IP 位址也是一樣不可以當作來源的位址。

實驗 MAC Table 運作機制

接下來介紹 MAC Table 的運作機制，使用下列 MAC Table 練習架構來觀察。

圖表 1-34
MAC Table 練習架構

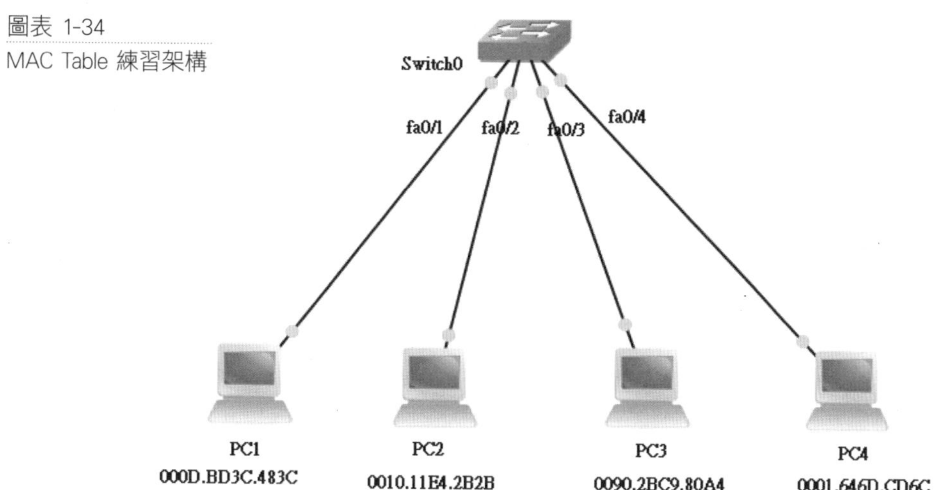

假設下表為目前此練習架構中交換器的 MAC Table 所學習到的三筆資料，每一筆資料代表交換器知道那一個 port 接上的那一個電腦，例如：第一筆資料 MAC=000D.BD3C.483C 表示在交換器的 port 編號 fa0/1 連接 PC1，以此類推 fa0/2 連接 PC2、fa0/4 連接 PC4，但是 fa0/3 下連接哪一台電腦，目前從 MAC Table 還不知道，因為交換器還未學到 fa0/3 之下的電腦 MAC 位址。

圖表 1-35
MAC Table

Port no.	MAC Address
fa0/1	000D.BD3C.483C
fa0/2	0010.11E4.2B2B
fa0/3	
fa0/4	0001.646D.CD6C

請注意電腦若不送資料給交換器，MAC Table 就永遠學不到該電腦的 MAC，但是可以手動方式將 MAC 位址的資訊寫入到 MAC Table。

MAC Table 機制

如下圖所示，當 PC1 要送資料給 PC4 時，此時的交換器的 MAC Table 的內容如上表所示，當交換器收到此資料時，會先查看 MAC Table，看是否有 PC4 的 MAC=0001.646D.CD6C，根據上表 MAC Table 中，MAC=0001.646D.CD6C 在 fa0/4 之下，因此交換器就判斷 PC4 連接在 fa0/4 下。

圖表 1-36
PC1 送出資料給 PC4

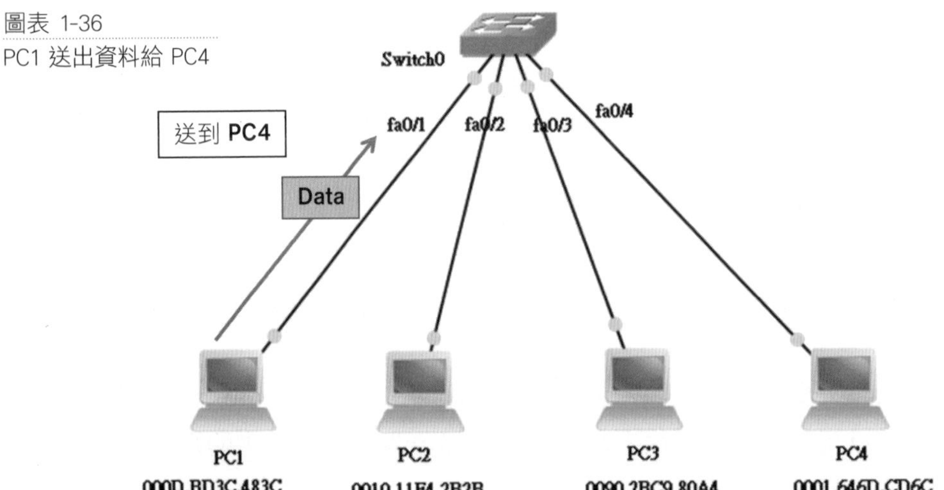

交換器送出資料

當交換器收到 PC1 所傳送的資料，就直接將此筆資料送往 fa0/4，如下圖所示，PC4 就可以收到 PC1 的資料，如此交換器就做到只將資料傳送到目的電腦，此種傳輸機制就不會影響其它 PC，讓傳送效能變得有效率了。除此之外，傳送的資料也不會被第三方竊聽到，例如：此時假設 PC2 的網卡設定**混雜模式**，PC2 想要監聽 PC1 送給 PC4 的資料，由於資料不會傳送到 PC2，PC2 就無法監聽到 PC1 與 PC4 之間傳送的資料，對於資料的傳送安全更有保障。

圖表 1-37
交換器送出資料

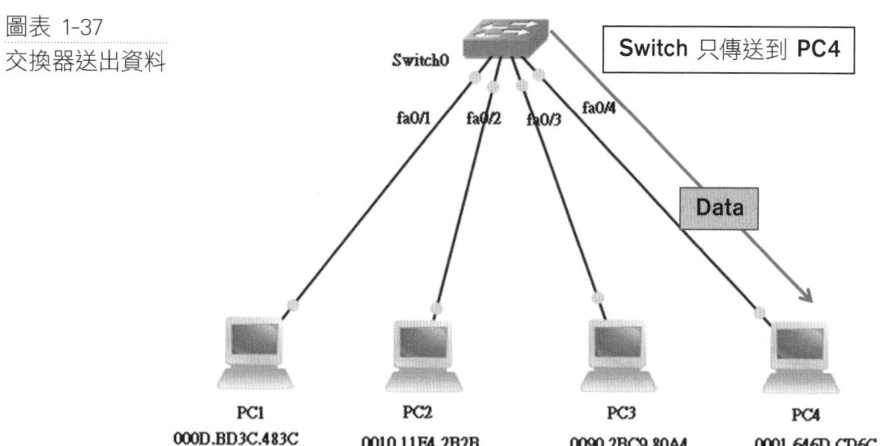

MAC Table 缺資訊的情況

但是如果 PC1 要送資料給 PC3 時，此時的 MAC Table 查不到 PC3 的 MAC=0090.2BC9.80A4，此時交換器的做法就跟 HUB 一樣，只好將資料傳送給所有連接在交換器的電腦 (Flooding 方式)，也就是交換器會將 PC1 的資料往 fa0/2、fa0/3 與 fa0/4 三個連接埠送出，PC2、PC3 及 PC4 收到 PC1 的資料時，做法就跟 HUB 一樣。

MAC Table 的攻擊方式

駭客 (Hacker) 不喜歡交換器的傳送機制，因為無法竊聽到交換機上傳送的資料，所以駭客很喜歡將交換器變成集線器的傳送方式，這樣就可以監聽到所有在網路傳送的資料。如何讓交換器變成集線器的傳送方式，就是將 MAC Table 內容**灌爆 (overflow)**，這種攻擊稱為 **MAC Address Table Flooding** 攻擊，主要讓 MAC Table 無法運作，常見的攻擊 MAC Table 作法為傳送大量的假冒來源 MAC 讓交換器學習，由於交換器只要看到來源 MAC 不在 MAC Table 中就會將其記錄進來，MAC Table 最後空間就被假冒的 MAC 塞滿，當資料要傳遞時，在 MAC Table 中就找不到目的電腦 MAC，此時交換器就變成 HUB 一樣了。MAC Table 的攻擊與防護實戰請參考第 21 章節。

請注意不同款型號的交換器提供的 MAC Table 容量的上限是不一樣的。

攻擊 MAC Table 工具與保護方式

最有名攻擊 MAC Table 的工具叫做 **macof**，**mocof** 的攻擊方式就是送出資料當中有大量偽造的來源 MAC，讓交換器學習到這些偽造 MAC 位址並進入 MAC Table，這樣就達到攻擊目的。如何防止 MAC Table 的攻擊，這就需要交換器的 **Port-Security** 或 **Port-ACL** 進階功能，一般的 Switch-Hub 並沒有這種功能，在第 21 章將會實作 macof 攻擊 MAC Table 及啟動 Port-Security 來保護交換器的演示，讓讀者更了解 MAC-Table 攻擊與防守。

MAC Table 中 port 跟 MAC 的對應關係

再來探討 MAC Table 中 port 跟 MAC 之間的對應關係，以下圖的交換器連線架構，此交換器 fa0/1、fa0/2 及 fa0/3 各連接一台電腦，fa0/4 串接一台 HUB，集線器下又接 3 台電腦，所有總共有 6 台電腦在此交換器之下，並有顯示每台電腦的 MAC。

圖表 1-38 MAC Table 對應練習架構

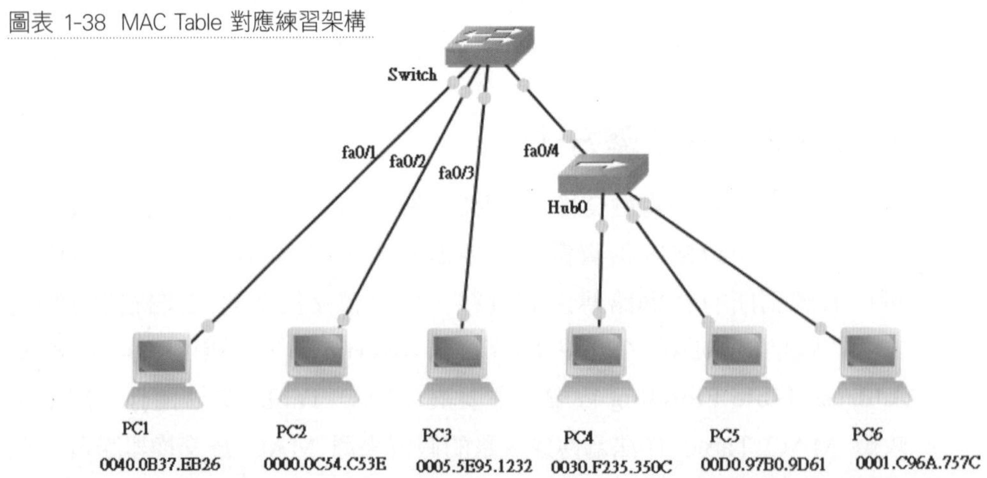

由上圖來觀察，MAC Table 中 port 跟 MAC 之間的對應關係就不是 1 對 1，而是 **1 對多關係**，也就是一個 port 可以對應多個 MAC，如下圖所示為本範例的完整 MAC Table 內容，總共有 6 筆資料，代表有 6 台電腦，其中 fa0/4 下會有三個 MAC，分別代表 PC4、PC5 及 PC6。

圖表 1-39
一對多的 MAC Table

MAC Address	Port
0040.0B37.EB26	Fa0/1
0000.0C54.C53E	Fa0/2
0001.C96A.757C	Fa0/4
0005.5E95.1232	Fa0/3
0030.F235.350C	Fa0/4
00D0.97B0.9D61	Fa0/4

要讓 MAC Table 完整學習，本例只要在任一台 PC 執行 ping 192.168.10.255，表示送出資料封包給全部電腦，如此交換器上有接電腦的 port 都會收到 ping 的資料，1-47 頁會做示範。

Hub 換成 Switch

將上述範例架構中的 Hub 換成 Switch，如下圖所示，再來觀察 MAC Table 的內容，會不會有不一樣的地方。

圖表 1-40 Switch 對 Switch 的 MAC Table 對應練習架構

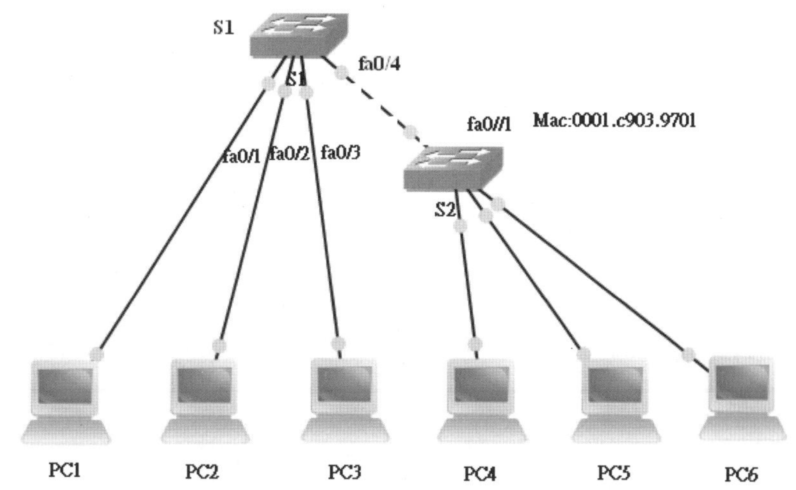

在 PC 執行 **ping 192.168.10.255** 讓 MAC Table 完整學習後，如下圖所示，其中有 7 筆資料，跟上述的比較多了 1 筆資料，我們只將 Hub 換成 Switch，為何 MAC Table 多一筆資料？此筆資料為 S2 交換器

的 fa0/1 的 MAC。在交換器中的所有 port 都會有各自的 MAC，交換器本身也會自己送出資料，例如：STP、DTP、CDP…等等，都是交換器的協定資料，後續章節會說明這些協定。所以當交換器本身產生的資料要從某個 port 傳送出去時，來源 MAC 位址就會使用該 port 上的 MAC 位址。

請注意當電腦送出資料的時候，資料中的來源 MAC 是電腦本身的 MAC，當此資料經過交換器的 fa0/1 時，這時候交換器不會去修改資料中的來源 MAC 為 fa0/1 的 MAC，只有交換器本身產生的資料透過 fa0/1 送出時，資料的來源 MAC 才會使用 fa0/1 的 MAC。

圖表 1-41 Switch 對 Switch 的 MAC Table

MAC-Address	Port
0040.0B37.EB26	fa0/1
0000.0C54.C53E	fa0/2
0005.5E95.1232	fa0/3
0001.C903.9701	fa0/4
0001.C96A.757C	fa0/4
0030.F235.350C	fa0/4
00D0.97B0.9D61	fa0/4

如何查詢交換器 port 的 MAC 位址呢？要使用 IOS 網路作業系統的指令來查詢，如下圖所示，show int fa0/1 為查詢 fa0/1 port 的運作資訊，其中 fa0/1 的 MAC 為 0001.c903.9701，下一節會介紹使用指令查詢的細節。

圖表 1-42 查詢 S2 的 fa0/1 port 的 MAC 位址

```
S2>en
S2#show  int  fa0/1
FastEthernet0/1 is up, line protocol is up (connected)
  Hardware is Lance, address is 0001.c903.9701 (bia 00e0.a334.ad01)
 BW 100000 Kbit, DLY 1000 usec,
     reliability 255/255, txload 1/255, rxload 1/255
  Encapsulation ARPA, loopback not set
-------------------- 以下省略 --------------------
```

請注意交換器的 port 可以視為網路卡的 port。

1.9 MAC Table 維護與查詢實作

接著來練習使用指令來查詢 MAC Table，我們使用上述 Switch 對 Switch 的 MAC Table 對應練習架構來示範說明，如還不熟悉如何進入到交換器的 IOS 作業系統操作，請先參考第四章的說明。

查詢與清除 MAC Table 的指令

查詢 MAC Table 要使用下列指令，如下表所示，**show mac-address-table** 為查詢內容，**clear mac-address-table** 為清空 MAC Table 內容，請讀者按照下表的方式輸入指令。

圖表 1-43 查詢 MAC-Table 相關指令

指令	說明
S1>en	進入管理者模式
S1#show mac-address-table	查詢 MAC Table 內容
S1# clear mac-address-table	清空 MAC Table 內容

當輸入查詢指令後，查詢 MAC Table 內容結果如下圖所示，其中 **Type** 為 MAC 學習到的方式，有**動態 (Dynamic)** 與**靜態 (Static)** 兩種學習方式，DYNAMIC 表示交換器的 port 收到資料時，動態從資料中的來源 MAC 位址學習進到 MAC Table，而 Static 為手動輸入指令將指定 MAC 位址寫入 MAC Table。MAC Table 透過動態學習到的 MAC 資訊會保留一段時間，之後就會被清除掉，而透過手動設定的 MAC 資訊則永久存在 MAC Table。如果 MAC Table 內容是空的，如同前述可在 PC 執行 ping 192.168.10.255 強迫 MAC Table 完整學習。

圖表 1-44 在 MAC Table 中動態學習 MAC

```
S1>en
S1#show mac-address-table
          Mac Address Table
-------------------------------------------

Vlan     Mac Address         Type        Ports
----     ------------        --------    -----

   1     0000.0c54.c53e      DYNAMIC     Fa0/2
   1     0001.c903.9701      DYNAMIC     Fa0/4
   1     0001.c96a.757c      DYNAMIC     Fa0/4
   1     0005.5e95.1232      DYNAMIC     Fa0/3
   1     0030.f235.350c      DYNAMIC     Fa0/4
   1     0040.0b37.eb26      DYNAMIC     Fa0/1
   1     00d0.97b0.9d61      DYNAMIC     Fa0/4
S1#
```

DYNAMIC 表示動態學習

手動設定 MAC

由於 MAC Table 中動態學習到的 MAC 資訊會定期被清空，之後 MAC Table 又要重新學習 MAC 資訊，這會導致 MAC Table 維護沒效率，有些電腦固定會接在特定的 port，此時需要將 MAC 資訊永久紀錄在 MAC-Table 中，必須使用指令來設定，下表為靜態的 MAC 設定方式，將 PC4 的 MAC 位址 0030.F235.350C 對應到 fa0/4，其中 **vlan 1** 表示該電腦所屬的虛擬網路標號，後面課程會說明。

圖表 1-45 設定靜態 MAC 指令

指令	說明
S1>en	進入管理者模式
S1#conf t	進入組態模式
S1 (config) # mac-address-table static 0030.F235.350C vlan 1 int fa0/4	靜態加入 MAC
S1 (config) #exit	回到管理者模式
S1#show mac-address-table	查詢 MAC Table

在 S1 執行 **mac-address-table static 0030.F235.350C vlan 1 int fa0/4**，如下圖所示，❶ 為在 fa0/4 下設定靜態 MAC，❷ 是查詢 MAC Table 的結果，STATIC 表示使用靜態方式設定的記錄。

圖表 1-46 查詢靜態設定的 MAC-Table 內容

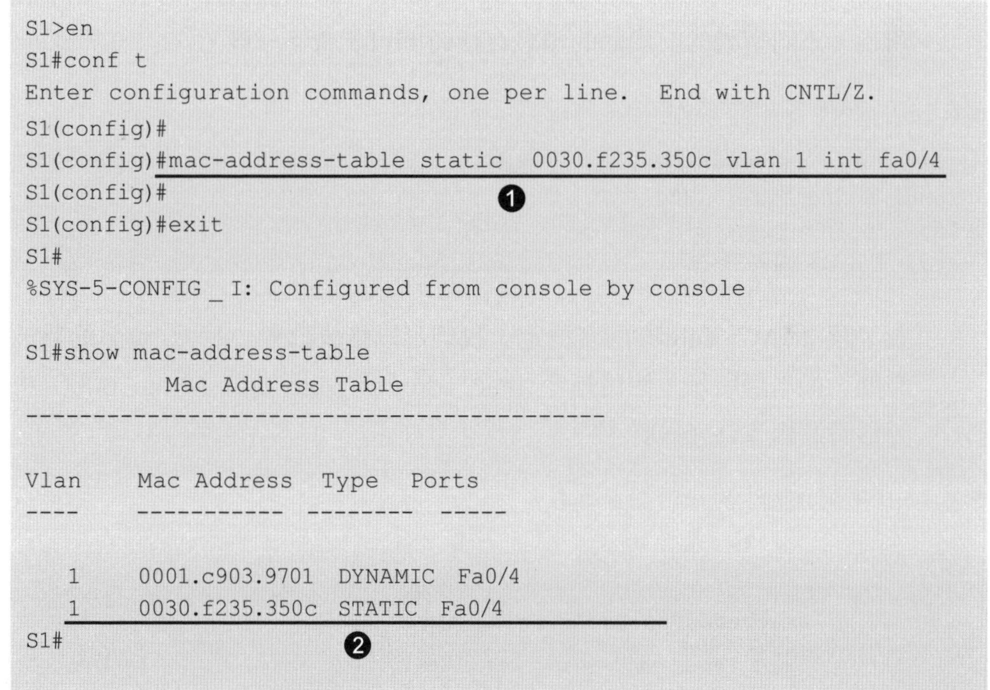

```
S1>en
S1#conf t
Enter configuration commands, one per line.  End with CNTL/Z.
S1(config)#
S1(config)#mac-address-table static  0030.f235.350c vlan 1 int fa0/4
S1(config)#                                ❶
S1(config)#exit
S1#
%SYS-5-CONFIG_I: Configured from console by console

S1#show mac-address-table
          Mac Address Table
-------------------------------------------

Vlan    Mac Address   Type   Ports
----    -----------  --------  -----

   1     0001.c903.9701  DYNAMIC  Fa0/4
   1     0030.f235.350c  STATIC  Fa0/4
S1#                        ❷
```

使用手動設定 MAC 位址到 MAC Table 時，特別要注意 MAC 位址對應的 port 要正確，如果用錯了，例如把 PC4 的 MAC 位址對應到 S1 的 fa0/3 port，當在 S1 執行 **mac-address-table static 0030.F235.350C vlan 1 int fa0/3**，雖然 MAC 對應不對的 port，指令還可以執行成功，如此就將錯誤的 MAC 資訊寫入到 MAC Table，此時 S1 交換器收到資料要傳送給 PC4 時，MAC Table 就會通知 S1 交換器從 fa0/3 傳送資料出去，如此 PC4 就永遠收不到資料了。

請注意同一個 MAC 位址不可能會對應到 2 個 port 以上，新的 MAC 與 port 對應資訊會將舊的對應資訊蓋掉。

MAC Table 存活時間 (Age time)

透過動態學習到的 MAC 資訊會保留一段時間，之後就會被清除掉，保留的時間稱為**存活時間 (Age time)**，預設是 300 秒。存活時間是針對動態學習到的 MAC 資訊，手動設定的靜態 MAC 資訊不會有存活時間。使用 show mac address-table aging-time 可以查詢存活時間，如下圖所示。不同型號的交換器的預設存活時間可能會不一樣。

圖表 1-47 查詢靜態設定的 MAC Table 內容

```
S1#show mac address-table aging-time
Global Aging Time:  300
Vlan   Aging Time
----       ----------
```

為了讓 MAC Table 內容穩定，我們可以修改動態 MAC 資訊的存活時間，如下圖所示，使用指令 mac address-table aging-time 6000 將存活時間修改為 6000 秒。

圖表 1-48 查詢靜態設定的 MAC-Table 內容

```
S1#conf t
Enter configuration commands,one per line.  End with CNTL/Z.
S1 (config) #mac address-table aging-time  6000
S1 (config) #exit
S1#
S1#show mac address-table aging-time
Global Aging Time:  6000
Vlan   Aging Time
----       ----------
```

在下列情況發生時，MAC Table 不會按照存活時間來清除 MAC 資訊：

1. 用指令 clear mac-address-table 時，MAC 資訊會全部立即清除。
2. 當 port 被關閉，該 port 對應的 MAC 資訊會全部立即清除。
3. 當 MAC 位址對應到另一新 port 時，原先舊 MAC 資訊會立即清除。
4. STP 有異動時，存活時間縮短為 15 秒。STP 在 Ch11 章會介紹。

進階查詢 MAC Table

當 MAC Table 內容有幾百筆或幾千筆 MAC 資訊時，此時就需要一些查詢 MAC Table 進階參數，常用的參數如下表所示。

圖表 1-49 進階查詢 MAC-Table 相關指令

指令	說明
S1>en	進入管理者模式
S1#show mac-address-table count	查詢 MAC Table 內容的統計筆數
S1#show mac address-table interface e0/0	針對 port e0/0 來查詢其相對應的 MAC
S1#show mac address-table static	只查詢手動設定的 MAC 資訊
S1#show mac address-table dynamic	只查詢動態學習的 MAC 資訊
show mac address-table address aabb.cc00.3333	只查詢特定 MAC 資訊

假設目前 S1 的 MAC Table 內容如下圖所示，有三筆 MAC 資訊，我們使用不同的參數來看查詢結果。

圖表 1-50 查詢目前 S1 的 MAC Table 內容

```
S1#show mac address-table
          Mac Address Table
-------------------------------------------

Vlan      Mac Address         Type          Ports
----      ---------------     ----------    -----
   1      0800.2795.8c5e      DYNAMIC       Et0/0
   1      aabb.cc00.0200      DYNAMIC       Et0/1
   1      aabb.cc00.3333      STATIC        Et0/1
Total Mac Addresses for this criterion: 3
```

使用 **show mac address-table count** 統計的 MAC-Table 內容結果如下圖所示，可以知道目前 MAC Table 內容有幾筆 MAC 資訊，包含動態及靜態 MAC 資訊的統計數目。

圖表 1-51 查詢 MAC-Table 內容統計數目

```
S1#show mac address-table count

Mac Entries for Vlan 1:
---------------------------
Dynamic Address Count   : 2
Static  Address Count   : 1
Total Mac Addresses     : 3

Total Mac Address Space Available: 207956056
```

如果想知道目前交換器中特定 port 對應到的 MAC 資訊，使用 **show mac address-table interface e0/0** 就可以查詢 port e0/0 之下應到的 MAC 資訊，如下圖所示，查詢到 port e0/0 之下學到 1 筆 MAC = 0800.2795.8c5e。

圖表 1-52 查詢特定的 port 對應到的 MAC 資訊

```
S1#show mac address-table interface e0/0

          Mac Address Table
-------------------------------------------

Vlan    Mac Address       Type        Ports
----    -----------       --------    -----
   1    0800.2795.8c5e    DYNAMIC     Et0/0
Total Mac Addresses for this criterion: 1
```

使用 **show mac address-table static** 可查詢 MAC Table 內容中靜態 MAC 資訊，如下圖所示，查詢到 1 筆靜態 MAC = aabb.cc00.3333。

圖表 1-53 查詢 MAC-Table 內容中靜態的 MAC 資訊

```
S1#show mac address-table static

          Mac Address Table
-------------------------------------------

Vlan    Mac Address       Type        Ports
----    ----------------  --------    -----
   1    aabb.cc00.3333    STATIC      Et0/1
Total Mac Addresses for this criterion: 1
```

使用 **show mac address-table dynamic** 來查詢 MAC Table 內容中動態 MAC 資訊，如下圖所示查詢到 2 筆動態 MAC 資訊 0800.2795.8c5e 與 aabb.cc00.0200。

圖表 1-54 查詢 MAC-Table 內容中動態學習的 MAC 資訊

```
S1#show mac address-table dynamic

        Mac Address Table
-------------------------------------------

Vlan    Mac Address       Type        Ports
----    -----------       --------    -----
   1    0800.2795.8c5e    DYNAMIC     Et0/0
   1    aabb.cc00.0200    DYNAMIC     Et0/1
Total Mac Addresses for this criterion: 2
```

要查詢 MAC Table 內容中是否有特定 MAC 資訊，可以使用 **show mac address-table address**，如下圖所示，查詢 aabb.cc00.3333 有在 MAC Table 中，而 aabb.cc00.1111 沒在 MAC Table 中：

圖表 1-55 查詢 MAC Table 內容中特定的 MAC 資訊

```
S1#show mac address-table address  aabb.cc00.3333

        Mac Address Table
-------------------------------------------

Vlan    Mac Address       Type        Ports
----    --------------    --------    -----
   1    aabb.cc00.3333    STATIC      Et0/1
Total Mac Addresses for this criterion: 1

S1#
S1#show mac address-table address  aabb.cc00.1111
        Mac Address Table
-------------------------------------------

Vlan    Mac Address       Type        Ports
----    -----------       --------    -----
S1#
```

1.10 交換器的雙工 (Duplex) 模式運作

交換器中 port 的連線傳遞模式有分**全雙工 (full duplex) 模式**與**半雙工 (half duplex) 模式**，傳送速度也有分 10M 或 100M，甚至 1G，有時會因為兩端交換器中 port 的設定不一致，導致交換器之間連線失敗。我們使用下列網路架構來說明。

圖表 1-56 交換器的 port 連線示範架構

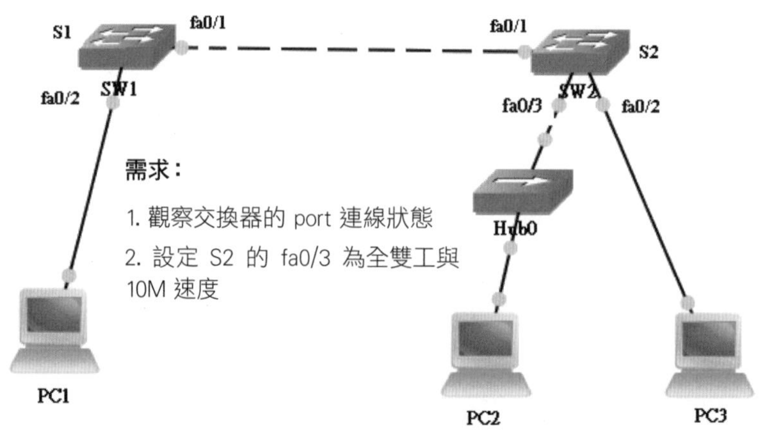

交換器的全雙工與半雙工

交換器的 port 設成全雙工表示同一時間可以送出資料也可以接收資料，而不會產生碰撞，因此最大傳送效能是 port 速度的 2 倍，也就是說如果 port 的速度為 100M，則最大傳送效能為 200M (送出資料 100M + 接收資料 100M)。相對的如果是半雙工表示同一時間只能送出資料或接收資料，同一時間送出與接收會有碰撞產生，所以效能大概為 port 最大傳遞速度的 40% 效能，例如：port 的速度若為 100M，在半雙工模式下最好的傳送效能大約為 40M。

全雙工與半雙工的配對

當兩台交換器對接時，兩端的 port 中的雙工必須一致，交換器的 port 可以設定為**全雙工**、**半雙工**或**自動協商 (auto)**，交換器的 port 一般都是設定為 auto，如果有一端是手動設定雙工，另一端為 auto，則配對的結果 auto 這一端會以手動設定的為主。下表所示是兩端交換器中 port 的雙工對應關係，要注意的是當一台的 port 設定為全雙工，而另外一台的 port 設定為半雙工，這樣會導致連線問題，不過用 auto 有時也會有風險，自動協商也是會失敗，若 auto 這端的 port 自動協商失敗，就會自動設定為半雙工。

圖表 1-57 兩台交換器對接 port 的雙工對應關係

Duplex Settings	Half	Full	Auto
Half	Half	**Mismatch**	half
Full	**Mismatch**	Full	Full
Auto	Half	Full	Full

交換器中 duplex 設定的連線狀況

兩台交換器的 port 設定的 duplex 模式哪些會影響連線呢？我們整理有六種 duplex 模式配對的連線狀況，如下圖所示其中第 1 種到第 4 種 duplex 模式配對連線一定會成功，第 6 種模式配對很明顯連線會失敗，比較有問題的是第 5 種情況，為何連線會不一定成功？其原因是因為 auto 協商不一定會成功，當協商失敗後會自動變成 half duplex 模式，但另一端已經是 full duplex 模式，所以兩端模式不一致就會失敗，雖然第 3 種與第 4 種模式都有 auto 設定，若 auto 協商失敗，兩端都還是 half duplex，所以最後還是會連線成功。因此建議交換器對接的 port 最好用手動調整 duplex 設定，這樣就能確保一致性。

圖表 1-58 兩台交換器對接 port 設定 duplex 的連線狀況

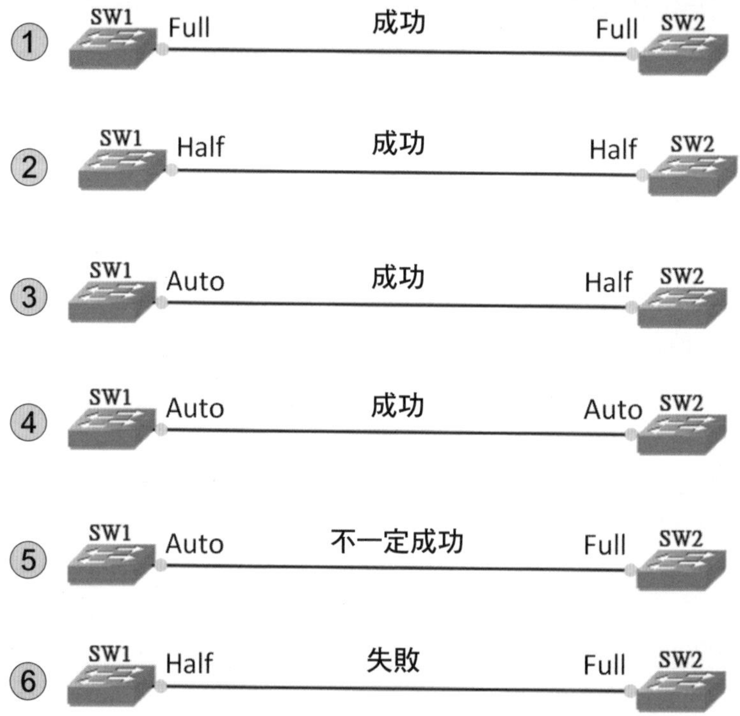

請注意當 Duplex 匹配有問題時，會產生 Late Collision，show int fa0/1 指令所顯示的資訊中會有 Late Collision 計數器。

交換器 port 的速度

一般常看到交換器 port 的種類有 **Ethernet**、**FastEthernet** 及 **GigaEthernet**，這三種介面分別代表最大的支援速度為 **10M**、**100M** 及 **1000M (1G)**，以 FastEthernet 的 port 為例，可以設定的速度有 10M、100M 及 auto，當兩端交換器連線的 port 速度若有不一致，一樣也會導致連線失敗，下圖為兩端交換器連線的 port 速度設定配對，其中要注意的是第 2 種與第 3 種情況，在第 2 種情況兩邊都是 auto 模式，當兩端的 port 協商失敗會以最低速的設定為準，所以連線還是會成功，但是只有一邊是 auto，另一邊是手動設定為 10M/100M，此時若 auto 這邊協商失敗，會以它偵測到的最佳速度為準，如果此最佳速度剛好跟另一邊的一樣那就連線成功，否則就是連線失敗。

圖表 1-59 兩台交換器對接 port 在速度設定的連線狀況

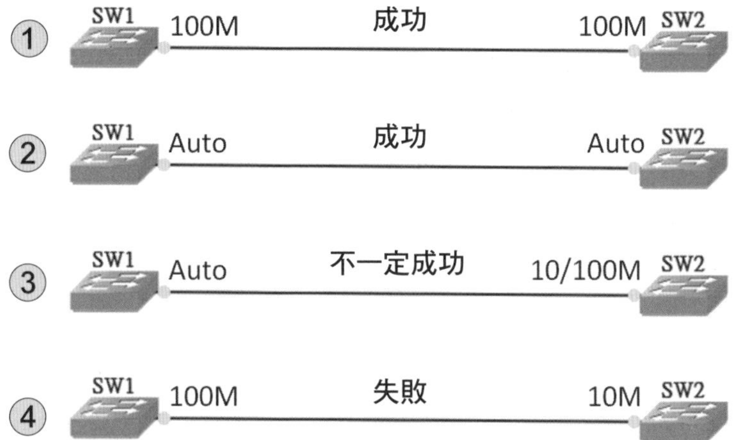

查詢交換器的雙工模式及速度

如何查看交換器中 port 的連線狀況，必須使用查詢指令 **show int fa0/1**，想要查看 S2 中 port 的連線狀況，指令如下表所示。

圖表 1-60 查詢 S2 中 port 的連線狀況相關指令

指令	說明
S2>en	進入管理者模式
S2# show int fa0/1	查詢 fa0/1 port 的連線狀況
S2# show int fa0/2	查詢 fa0/2 port 的連線狀況
S2# show int fa0/3	查詢 fa0/3 port 的連線狀況

查看 S2 中 fa0/1 的狀況

如下圖所示，在 S2 的指令模式下輸入 **show int fa0/1**，由於預設 duplex 與速度都是 auto，又 **fa** 介面表示 **Fastethernet** 網路 (快速乙太網路)，因此 fa0/1 為全雙工模式及 100M 的速度，所以有看到 **FastEthernet0/1 is up，line protocol is up (connected)** 訊息表示兩台交換器連線成功，其中如果傳送速度有變慢的情況，那可能是傳送品質不好，在 **CRC** 的檢查錯誤就會越多，此種情況就不是 duplex 或速度設定的錯誤。

請注意 L2 header中 FCS (Frame Check Sequence) 欄位就是用來做 CRC 檢查，當CRC 檢查錯誤越多，如下圖所示，查詢 port 狀態中 input errors 與 CRC 的錯誤總計數目就會增加。L2 header 請參考第二章：網路模型。

圖表 1-61 查詢交換器 S2 中 fa0/1 port 的狀況

```
S2#show int fa0/1
FastEthernet0/1 is up, line protocol is up (connected)
  Hardware is Lance, address is 000b.beba.b501 (bia 000b.beba.b501)
 BW 100000 Kbit, DLY 1000 usec,
     reliability 255/255, txload 1/255, rxload 1/255
  Encapsulation ARPA, loopback not set
  Keepalive set (10 sec)
  Full-duplex, 100Mb/s
  input flow-control is off, output flow-control is off
          RPA,                04:00:00
          00:00            00:00:05, output hang never
  Last clearing of "show interface" counters never
   Input queue: 0/75/0/0 (size/max/drops/flushes); Total output drops:
0
  Queueing strategy: fifo
  Output queue :0/40 (size/max)
  5 minute input rate 0 bits/sec, 0 packets/sec
  5 minute output rate 0 bits/sec, 0 packets/sec
     956 packets input, 193351 bytes, 0 no buffer
     Received 956 broadcasts, 0 runts, 0 giants, 0 throttles
     0 input errors, 0 CRC, 0 frame, 0 overrun, 0 ignored, 0 abort
     0 watchdog, 0 multicast, 0 pause input
     0 input pac   ts with dribble condition detected
     2357 pac                     es, 0 underruns
     0 output                     10 interface resets
     0 babbles,                   deferred
     0 lost carrier, 0 no carrier
     0 output buffer failures, 0 output buffers swapped out
S2#
```

Fa0/1 port 的連線狀況，有看到兩個 up 就是連線成功

目前 duplex 模式

目前的速度

資料接收與傳送是否有錯誤，數字越大表示錯誤越多

查詢 S2 的 fa0/2 狀況

接下來查詢 S2 的 fa0/2 狀況，由於 fa0/2 連接的是電腦，電腦也是有 duplex 模式與速度，電腦網路卡的連線狀況，目前也都是設定為 auto，所以查詢 fa0/2 結果會跟 fa0/1 一樣，在 S2 的指令模式執行 **show int fa0/2** 即可驗證。

查詢 S2 的 fa0/3 狀況

最後來查看 fa0/3 的 port，此 port 是連接 Hub，由於 Hub 本身就是半雙工設備，所以 Hub 會有碰撞，沒辦法調整為全雙工，因此 S2 的 fa0/3 會是半雙工模式。在 S2 執行 **show int fa0/3** 就可查到 fa0/3 的連線狀況，如下圖所示。在 PC2 中也是連接 Hub，所以 PC2 也是半雙工模式。

圖表 1-62 查詢交換器 S2 中 fa0/3 port 的狀況

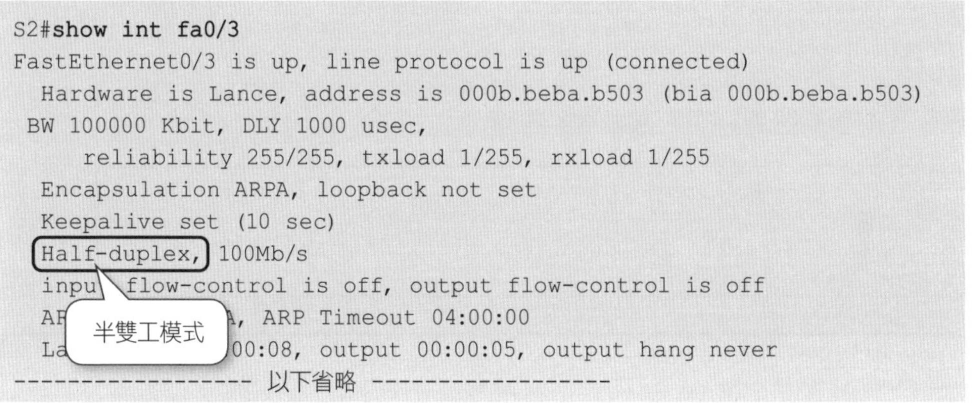

```
S2#show int fa0/3
FastEthernet0/3 is up, line protocol is up (connected)
  Hardware is Lance, address is 000b.beba.b503 (bia 000b.beba.b503)
 BW 100000 Kbit, DLY 1000 usec,
     reliability 255/255, txload 1/255, rxload 1/255
  Encapsulation ARPA, loopback not set
  Keepalive set (10 sec)
  Half-duplex, 100Mb/s
  inpu  flow-control is off, output flow-control is off
  AR          A, ARP Timeout 04:00:00
  La           00:08, output 00:00:05, output hang never
----------------- 以下省略 -----------------
```


修改交換器的雙工模式及速度

最後示範如何修改交換器的 duplex 模式及速度，預設交換器中的所有 port 的 duplex 與 speed 的模式都是 auto，若要調整 port 的設定必須使用指令，下表為設定特定 port 的 duplex 與 speed 的指令。

圖表 1-63 手動設定 S2 中 fa0/3 的 duplex 與 speed 相關指令

指令	說明
S2>en	進入管理者模式
S2#conf t	切換到組態模式
S2 (config) #int fa0/3	進入到 fa0/3 介面模式
S2 (config-if) #duplex auto	設定 fa0/3 的 duplex 為自動協商
S2 (config-if) #duplex full	設定 fa0/3 的 duplex 為全雙工
S2 (config-if) #duplex half	設定 fa0/3 的 duplex 為半雙工
S2 (config-if) #speed auto	設定 fa0/3 的速度為自動協商
S2 (config-if) #speed 10	設定 fa0/3 的速度為 10 M
S2 (config-if) #speed 100	設定 fa0/3 的速度為 100M

手動設定 S2 的 fa0/3

舉例來說，若想將 S2 的 fa0/3 手動設定為全雙工且速度為 10M，必須在 S2 執行 **duplex full** 與 **speed 10**，如下圖所示，由於 fa0/3 連接 Hub，必須為半雙工，但我們手動設定為全雙工，兩邊 duplex 不一致，所以馬上出現連線斷線的訊息，我們使用 **do show int fa0/3** 來查詢 fa0/3 的連線狀況，指令為何要多 **do**？這是因為不是在管理者模式下執行 show 指令，如下圖所示 down 表示連線斷線，另外 fa0/3 已經設為全雙工與 10M 的速度。

圖表 1-64 設定 S2 的 fa0/3 為 full duplex 與 10M

```
S2>en
S2#conf t
Enter configuration commands, one per line.  End with CNTL/Z.
S2(config)#int fa0/3
S2(config-if)#
S2(config-if)#duplex full
S2(config-if)#
%LINK-5-CHANGED: Interface FastEthernet0/3, changed state to down

%LINEPROTO-5-UPDOWN: Line protocol on Interface FastEthernet0/3,
changed state to down

S2(config-if)#speed 10
S2(config-if)#
S2(config-if)#do show int fa0/3
FastEthernet0/3 is down, line protocol is down (disabled)
  Hardware is Lance, address is 000b.beba.b503 (bia 000b.beba.b503)
 BW 10000 Kbit, DLY 1000 usec,
     reliability 255/255, txload 1/255, rxload 1/255
  Encapsulation ARPA, loopback not set
  Keepalive set (10 sec)
  Full-duplex, 10Mb/s
  input flow-control is off, output flow-control is off
  ARP type: ARPA, ARP Timeout 04:00:00
----------------- 以下省略 -----------------
```

切換到 fa0/3 模式下

設定為全雙工，並出現連線斷掉訊息

down 表示連線斷線

全雙工與 10M

1.11 交換器轉送資料方法

交換器使用**儲存轉送 (store-and-forward)** 及**截穿交換 (cut-through)** 兩種轉送方法之一來進行網路連接埠間的資料交換，另外一種為這兩種轉送方式的混合方法稱為 **Fragment-Free** 模式，以下為這三種轉送的介紹。

儲存轉送 (store-and-forward)

在儲存轉送 (store-and-forward) 中，當交換器收到資料時，它將資料儲存在緩衝區中，直到收下完整的**資料訊框 (frame**，資料訊框為 L2 的資料單位，在下一章的網路模型就會介紹)。儲存過程期間，交換器會分析資料訊框以獲得其來源端與目的端的 MAC 資訊，在此過程中，交換器還將使用乙太網訊框的**循環備援檢查 (CRC)** 訊框最後部分來執行錯誤檢查，CRC 根據訊框中的位元數 (即 1 位元的數量)，使用數學公式來確定收到的資料訊框是否有錯。在確認資料訊框的完整性之後，交換器會將資料訊框從對應的連接埠轉送出去，送往其目的地。當在訊框中檢測到錯誤時，交換器會放棄該資料訊框，因此儲存轉送方式會降低交換器的傳送輸出量，但是能確保資料的正確性，適用在網路傳送品質差的環境中。

截穿轉送 (cut-through)

在截穿交換 (cut-Though) 中，交換器在收到資料訊框時立即將資料傳送出去，即使傳輸尚未完全收到，交換器只緩衝資料訊框的一部分，緩衝的量僅足以讀取目的 MAC 位址，以便確定轉送資料時應使用的連接埠，交換器對該資料訊框不執行任何錯誤檢查。由於交換器不必等待並在緩衝區儲存整個完整的資料訊框，且不執行任何錯誤檢查，因此截穿交換比儲存轉送交換更快，但因為不執行任何錯誤檢查，因此它可能會在網路中轉送損壞的資料訊框，轉送損壞的訊框時，這些訊框會耗用頻寬，目的網卡最終將放棄損壞的訊框。

請注意 cut-through 在讀取到 Frame 的前 6byte 就可以得到 Destination MAC，之後就可以傳送 Frame 部分收到的資料。

Fragment-Free 模式

Cut-Though 還有一種改良版本稱為 Fragment-Free 模式，在此模式下交換器會先讀取 Frame 的前 64 個 bytes 並做檢查，前 64 個 bytes 包含乙太網路的表頭檔與部分的 Payload，一旦發現前 64 個 bytes 有錯誤，交換器將會把 Frame 丟棄，如果沒有錯誤就開始進 Frame 資料傳送，因此 Fragment-Free 就兼具 store-and-forward 和 cut-though 的優點。

自動切換

某些交換器可設定為連接埠先執行截穿交換，當達到使用者定義的錯誤比例門檻時，這些連接埠自動切換為儲存轉送，當錯誤率低於該門檻時，連接埠自動恢復到截穿交換。

1.12 廣播資料 (Broadcast Message) 的運作

所謂廣播資料就是此資料是要送給所有電腦，網路的許多協定都需要有廣播資料才能夠運作，例如：ARP、DHCP 等等，本單元使用下列網路架構來觀察廣播資訊的運作。

圖表 1-65 廣播資料示範網路架構

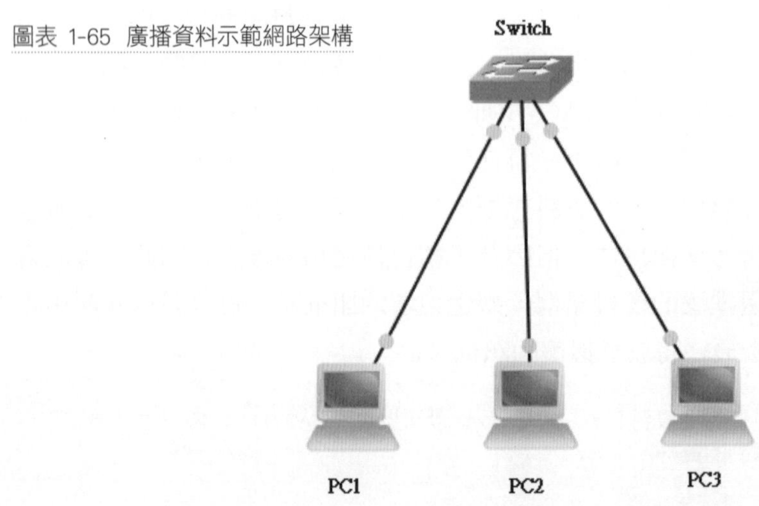

廣播的位址

什麼樣的位址是可以代表所有電腦呢？當資料中目的位址的位元全部設定為 1 時，也就是目的端為 **MAC:FFFF.FFFF.FFFF** 或 **IP:255.255.255.255**，則此資料就是廣播資料，交換器或集線器接收到廣播資料就會轉送給所有電腦，如上圖所示，PC1 送出廣播資料，交換器會轉送給 PC2 及 PC3，當 PC2 及 PC3 收到了 PC1 的廣播資料時，雖然目的 MAC 位址與 PC2 及 PC3 的 MAC 址位不一樣，但是兩台 PC 還是會將廣播資料收下並且處理。

觀察廣播資料行為

在 PC1 執行 **ping 192.168.10.255**，此時產生的資料為廣播資料，會送出給接在 Switch 下的所有電腦，此例 PC2 與 PC3 都會收到 ping 廣播資料並且回應 ping 資料給 PC1，如下圖所示。為何 IP 為 192.168.10.255 會產生廣播資料，這就關係到 IP 規劃，在第 3 章會詳細介紹 IP 規劃。另外 ping 屬於 ICMP 協定，收到 ping 資料的電腦必須再回應一個 ping 資料給來源電腦，ICMP 協定會在第 2 章介紹。

圖表 1-66 PC1 中 ping 資料的回應

```
C:\> ping 192.168.10.255

Ping 192.168.10.255 (使用 32 位元組的資料):
回覆自 192.168.10.2: 位元組=32 時間=360ms TTL=64
回覆自 192.168.10.3: 位元組=32 時間=10ms TTL=64
回覆自 192.168.10.2: 位元組=32 時間=360ms TTL=64
回覆自 192.168.10.3: 位元組=32 時間=10ms TTL=64
回覆自 192.168.10.2: 位元組=32 時間=360ms TTL=64
回覆自 192.168.10.3: 位元組=32 時間=10ms TTL=64
 --------------省略部分輸出------------------
```

觀察廣播資料 MAC 及 IP

使用 Wireshark 可以捕捉廣播資料，如下圖所示，其中**目的 MAC:FFFF.FFFF.FFFF** 及**目的 IP: 255.255.255.255**。Wireshark 安裝與使用請參考第 2 章。

圖表 1-67 廣播封包內容

```
File Edit View Go Capture Analyze Statistics Telephony Wireless Tools Help
icmp
No.  Time       Source        Destination      Protocol Length Info
  2 13.772636  192.168.10.1  255.255.255.255  ICMP  114 Echo (ping) request  id=0x0001, seq=0/0, ttl=255 (broadcast)
  3 13.773633  192.168.10.3  192.168.10.1     ICMP  114 Echo (ping) reply    id=0x0001, seq=0/0, ttl=255
  4 13.774586  192.168.10.2  192.168.10.1     ICMP  114 Echo (ping) reply    id=0x0001, seq=0/0, ttl=255
  5 15.776601  192.168.10.1  255.255.255.255  ICMP  114 Echo (ping) request  id=0x0001, seq=1/256, ttl=255 (broadcast)
  6 15.777578  192.168.10.3  192.168.10.1     ICMP  114 Echo (ping) reply    id=0x0001, seq=1/256, ttl=255
  7 15.778553  192.168.10.2  192.168.10.1     ICMP  114 Echo (ping) reply    id=0x0001, seq=1/256, ttl=255
  8 17.781209  192.168.10.1  255.255.255.255  ICMP  114 Echo (ping) request  id=0x0001, seq=2/512, ttl=255 (broadcast)
  9 17.783164  192.168.10.2  192.168.10.1     ICMP  114 Echo (ping) reply    id=0x0001, seq=2/512, ttl=255
 10 17.784137  192.168.10.3  192.168.10.1     ICMP  114 Echo (ping) reply    id=0x0001, seq=2/512, ttl=255
 12 19.785641  192.168.10.1  255.255.255.255  ICMP  114 Echo (ping) request  id=0x0001, seq=3/768, ttl=255 (broadcast)
 13 19.787596  192.168.10.2  192.168.10.1     ICMP  114 Echo (ping) reply    id=0x0001, seq=3/768, ttl=255
 14 19.788571  192.168.10.3  192.168.10.1     ICMP  114 Echo (ping) reply    id=0x0001, seq=3/768, ttl=255
 15 21.792002  192.168.10.1  255.255.255.255  ICMP  114 Echo (ping) request  id=0x0001, seq=4/1024, ttl=255 (broadcast)
 16 21.793956  192.168.10.3  192.168.10.1     ICMP  114 Echo (ping) reply    id=0x0001, seq=4/1024, ttl=255

> Frame 2: 114 bytes on wire (912 bits), 114 bytes captured (912 bits) on interface 0
> Ethernet II, Src: aa:bb:cc:00:04:00 (aa:bb:cc:00:04:00), Dst: Broadcast (ff:ff:ff:ff:ff:ff)
> Internet Protocol Version 4, Src: 192.168.10.1, Dst: 255.255.255.255
> Internet Control Message Protocol
```

請注意 ping 255.255.255.255 已經被 DOS 模式取消，所以只能使用區域的廣播位址，此範例為 192.168.10.255，但是在封包中還是會以 255.255.255.255 出現在目的 IP 位址中。

廣播區域

當幾台電腦位於同一個**廣播區域 (broadcast domain)** 時，只要有一個台電腦發出廣播資料時，其它台電腦就會收到及處理此廣播資料，如下圖所示，三台電腦 PC1、PC2 及 PC3 位於同一個廣播區域，因此任何一台電腦發送廣播資料，其他兩台電腦就會收到。

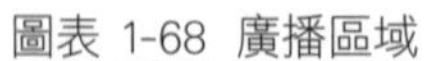

圖表 1-68 廣播區域

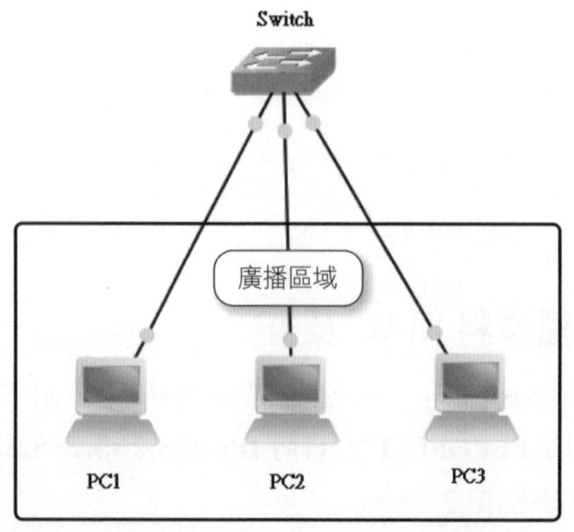

不同廣播區域

在不同廣播區域下的電腦，是無法接收到對方送出的廣播資料的，以下圖為例，一台交換器接三台電腦，另一台集線器也接三台電腦，但兩個網路設備沒有串接，因此當 PC1 送出廣播資料時，只有 PC2 及 PC3 會收到，但 PC4、PC5 及 PC6 就收不到 PC1 的廣播資料，所以下圖中有兩個不同的廣播區域。

圖表 1-69 廣播區域數目

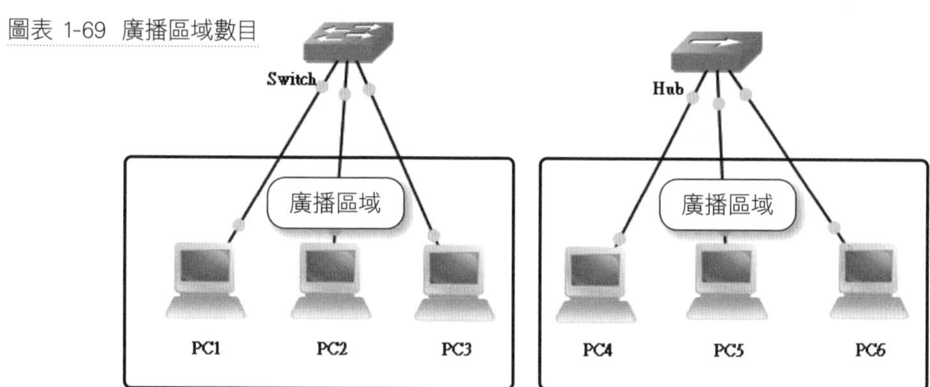

同一廣播區域

我們將上圖的交換器與集線器用另外一台交換器串接，再來觀察廣播區域的形成，如下圖所示，當 PC1 送出廣播資料時，無論是交換器或集線器都會轉送廣播資料，因此其它 PC 都會收到 PC1 的廣播資料，所以中下圖只有一個廣播區域。

圖表 1-70 一個廣播區域

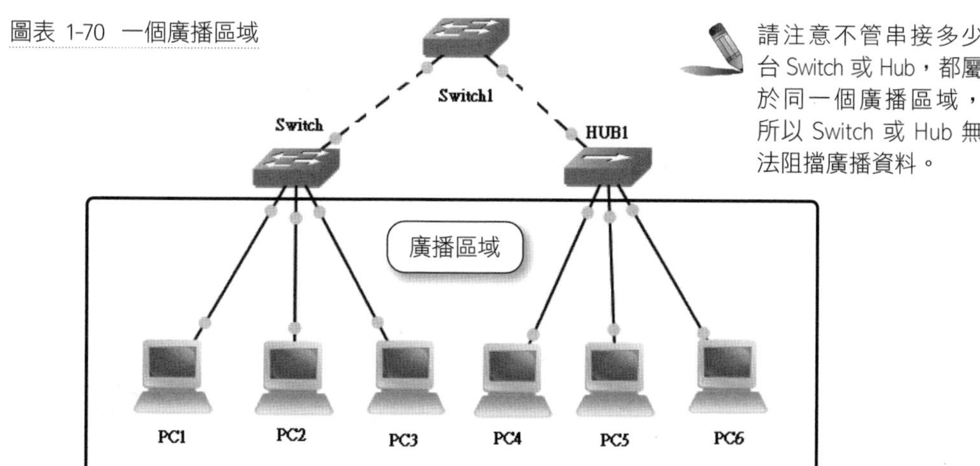

請注意不管串接多少台 Switch 或 Hub，都屬於同一個廣播區域，所以 Switch 或 Hub 無法阻擋廣播資料。

切割廣播區域

現在將上圖中的交換器與集線器使用**路由器** (Router, 於下一節介紹) 來串接，如下圖所示，此時的廣播區域為兩個，因為**路由器的功能會阻擋廣播資料**，因此若 PC1 送出廣播資料，此廣播資料是無法經過路由器的，所以透過路由器可以將一個廣播區域進行切割來規劃數個廣播區域。

圖表 1-71 兩個廣播區域

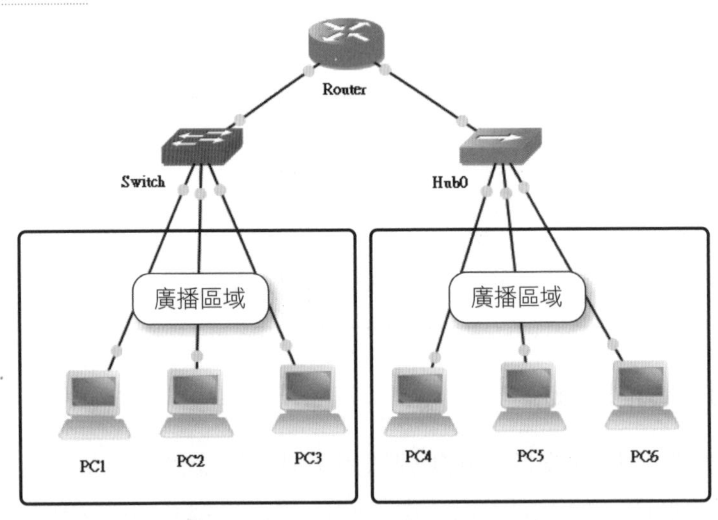

1.13 路由器 (Router) 介紹

路由器的功能設計跟上述所介紹的 Hub 與 Switch 不一樣，外觀也很不一樣，常見到的 Hub 與 Switch 都是來接電腦，所以這兩種網路設備上的 port 數目會較多，但是路由器主要設計不是用來接電腦，而是用來規劃網路。路由器的外觀如下圖所示，並沒有太多的 port，而路由器的 port 也可以接電腦，但主要還是用來串接交換器，用以規劃廣播區域，以下探討路由器的功能。

圖表 1-72 路由器外觀 (Cisco 2900)

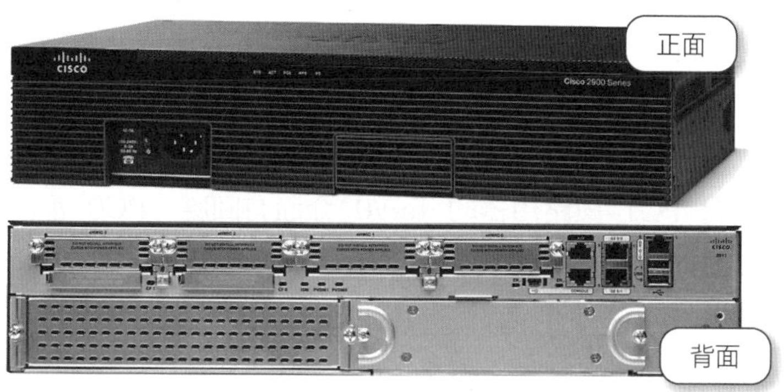

阻擋廣播資料

首先介紹路由器會阻擋廣播資料的功能，這個阻擋廣播資料的功能就可延伸出來很多觀念。以下圖為例，兩台交換器分別串接到路由器上的 port 中，兩台交換器下再去連接電腦，當 PC0 送出廣播資料時，交換器會將廣播資料送給 PC1 及路由器的 fa0/0 port，PC1 會將 PC0 的廣播資料收下，但 fa0/0 port 會擋下此廣播資料，如此在路由器的 fa0/0 之下串接的交換器及所有電腦就位於同一個廣播區域，另外一個 fa0/1 之下也形成一個廣播區域，因此路由器上的每個網路連接埠就是一個獨立的廣播區域。

圖表 1-73 路由器示範網路架構

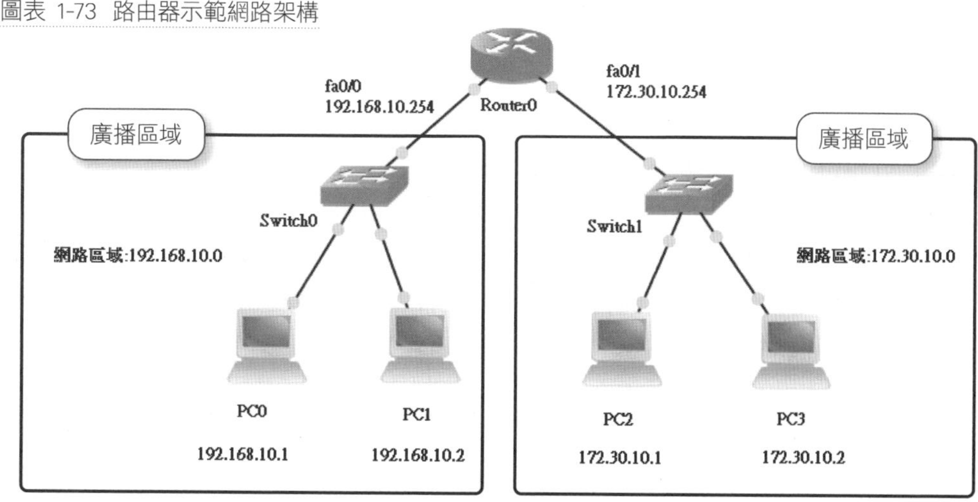

請注意 port 的名稱會演進稱為 Interface (介面)，fa0/0 port 會稱為 fa0/0 介面。

產生廣播資料

在 PC0 執行 **ping 192.168.10.255** 後，可以產生廣播資料，但在 PC2 必須執行 **ping 172.30.10.255** 才能產生廣播資料，這是因為 IP 規劃的緣故，詳細原因請看第 3 章。如下圖所示，PC0 產生的 ping 廣播資料只有 PC1 與路由器的 fa0/0 介面有回應，PC0 都沒有收到 PC2 與 PC3 的 ping 回應資料，表示路由器將 PC0 的 ping 廣播資料阻擋。

圖表 1-74 PC0 中 ping 資料的回應

```
C:\> ping 192.168.10.255

Ping 192.168.10.255 (使用 32 位元組的資料):
回覆自 192.168.10.2: 位元組=32 時間=360ms TTL=64
回覆自 192.168.10.254: 位元組=32 時間=10ms TTL=64
回覆自 192.168.10.2: 位元組=32 時間=360ms TTL=64
回覆自 192.168.10.254: 位元組=32 時間=10ms TTL=64
回覆自 192.168.10.2: 位元組=32 時間=360ms TTL=64
回覆自 192.168.10. 254: 位元組=32 時間=10ms TTL=64
 ---------------省略部分輸出-------------------
```

網路區域

路由器會阻擋廣播資料，所以路由器就可以用來切割廣播區域，我們把一個廣播區域當作為一個**網路區域 (Network Segment)** 或簡稱一個網路，也就是**『廣播區域』 = 『網路區域』**，因此路由器功能就有提供網路區域的概念。網路區域目的是什麼呢？可以想想家中的住址，例如：新北市淡水區淡金路四段 499 號，這個住址可以顯示有兩個區域，一個區域：新北市，另一個區域：淡水區，有了區域我們就可很快的定位這個住址在哪裡；一樣的道理，路由器之所以要劃分**網路區域其主要目的就是要定位電腦所在的位置**，所以要找某一台電腦，就要先判斷此電腦在哪一個網路區域下。

請注意只有 Router 才能將網路區域連接起來，Hub 及 Switch 沒有這種功能，這些由 Router 連接起來的網路稱為互連網 (Inter network)。

網路區域編號

要如何快速的找到電腦所在的網路區域呢？將網路區域及電腦進行編號即可，這種概念如同市內電話號碼，例如：給一個電話號碼：02-28013131，馬上就可以知道這個市內電話所在的區域就是在台北。類似的原則也應用在網路中，以下圖所示為例，路由器規劃出兩個網路區域，每個網路區域需要一個編號，而編號有一定的格式稱為 IP，之後的章節將會詳細介紹 IP 編號的格式。

簡易 IP 規劃

目前規劃使用前三碼的十進位當區域編號，例如：下圖中規劃左邊的網路區域編號為 **192.168.10**.0，表示前三碼 192.168.10 為左邊的網路區域編號，在這個網路區域的所有電腦編號也要以 **192.168.10.X** 開頭，所以 PC0 及 PC1 的編號分別規劃為 192.168.10.1 及 192.168.10.2。在另外一邊的網路區域編號規劃為 **172.30.10**.0，PC2 及 PC3 的編號就分別規劃為 172.30.10.1 及 172.30.10.2。如此有了電腦編號就馬上可以知道該 PC 在哪一個網路區域中，例如：要找 192.168.10.2 的電腦，可以知道這台電腦在 192.168.10.0 的網路中，至於此網路區域的實際地理位置，就要問規劃網路的人員。

圖表 1-75 路由器規劃兩個網路區域及 IP 編號

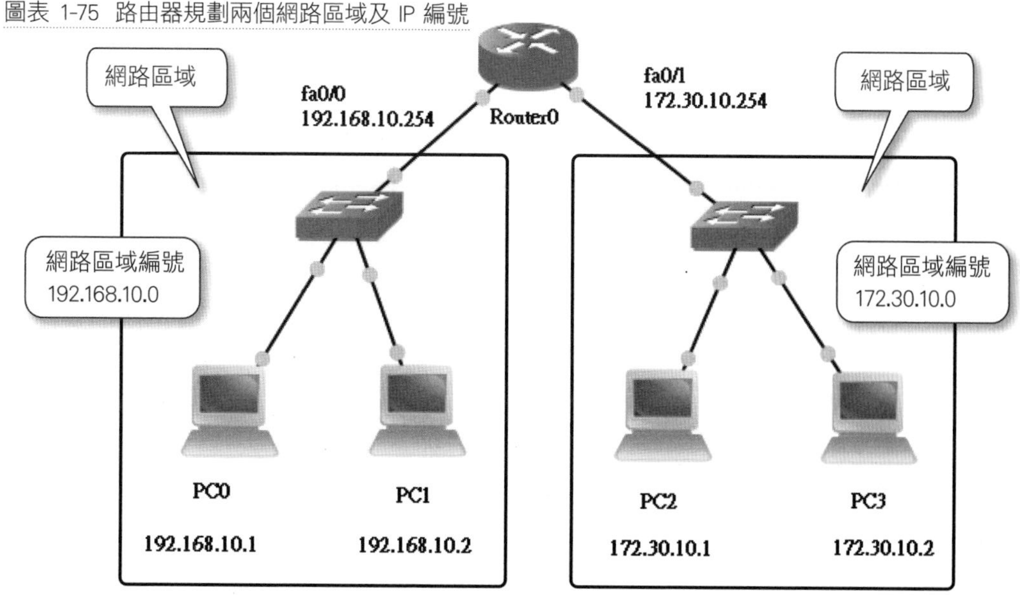

繞送功能

有了網路區域的概念後，路由器的另一個功能就是**繞送 (routing)**，什麼是繞送？繞送的功能是將資料送往其他網路區域，以上圖為例，PC0 要送資料給編號 172.30.10.2 的電腦，很明顯地 172.30.10.2 的電腦跟 PC0 所在的網路區域是不一樣的，所以此資料就要交給路由器來繞送到正確的網路區域。因此，路由器的繞送功能就是幫傳送的資料找到目的網路區域，如果來源電腦與目的電腦都在同一個網路區域，這時候就用不到路由器。

1.14 路由表 (Routing Table) 運作機制

路由器維護一個**路由表 (Routing Table)** 來作為繞送查詢使用，這就類似交換器有個 MAC Table，在 MAC Table 主要內容是 MAC 位址對應到 port，而路由表主要內容是網路區域的 IP 位址對應 port。

路由表內容

根據前一頁的網路架構，當 PC0 要送資料給編號 172.30.10.2 的電腦，此時需要路由器來找 172.30.10.0 的網路區域，路由器怎麼知道 172.30.10.0 的區域在哪裡呢？這時路由器就要查詢一個路由表 (Routing Table)。

每一台路由器都會有自己的路由表，如下圖所示為本網路架構路由器中的路由表內容。在路由表中記錄每一個網路區域 IP 位址連接在哪一個 port 下，此 port 可視為網路區域在路由器的方向，例如：網路區域 172.30.10.0 在路由器的 fa0/1 port 的方向，另外一個網路區域 192.168.10.0 在路由器的 fa0/0 方向，有了這個資訊，路由器要繞送資料到網路區域 172.30.10.0 時，資料就從 fa0/1 port 送出，如此路由器就完成此資料的繞送。至於資料怎麼再傳送到目的 PC，路由器就不負責，這要給交換器或集線器來負責把資料再送到目的電腦中。

圖表 1-76 路由表內容

Port no.	網路區域編號
fa0/1	172.30.10.0/24
fa0/0	192.168.10.0/24

請注意，路由器查詢 IP 位址來作執行繞送到網路區域，交換器查詢 MAC 位址來傳送資料到電腦端。

查詢路由表的內容

在設備的網路作業系統使用 **show ip route** 指令就可以查詢到路由表內容，如下圖所示，可以看到有兩個網路區域 IP 位址 192.168.10.0 與 172.30.10.0 分別接在 FastEthernet0/0 (fa0/0) 與 FastEthernet0/1 (fa0/1)。

圖表 1-77 查詢路由表內容

```
R1#show ip route
Codes: C - connected,S - static,R - RIP,M - mobile,B - BGP
       D - EIGRP,EX - EIGRP external,O - OSPF,IA - OSPF inter area
       N1 - OSPF NSSA external type 1,N2 - OSPF NSSA external type 2
       E1 - OSPF external type 1,E2 - OSPF external type 2
       i - IS-IS,su - IS-IS summary,L1 - IS-IS level-1,L2 - IS-IS level-2
       ia - IS-IS inter area,* - candidate default,U - per-user static route
       o - ODR,P - periodic downloaded static route

Gateway of last resort is not set

C    192.168.10.0/24 is directly connected,FastEthernet0/0
     172.30.0.0/24 is subnetted,1 subnets
C    172.30.10.0 is directly connected,FastEthernet0/1
```

兩個網路區域

路由器繞送失敗

當路由器要繞送資料到網路區域，若此時的路由表沒有該網路區域 IP 位址的資訊，路由器就無法繞送此資料，繞送執行失敗後，此資料就會被路由器丟棄。如下圖所示有三個網路區域的架構，當 PC0 要送資料給 PC3 時，路由器 R1 就要負責繞送 PC0 的資料到 PC3 所在的網路區域 172.30.0.0。

圖表 1-78 三個網路區域的架構

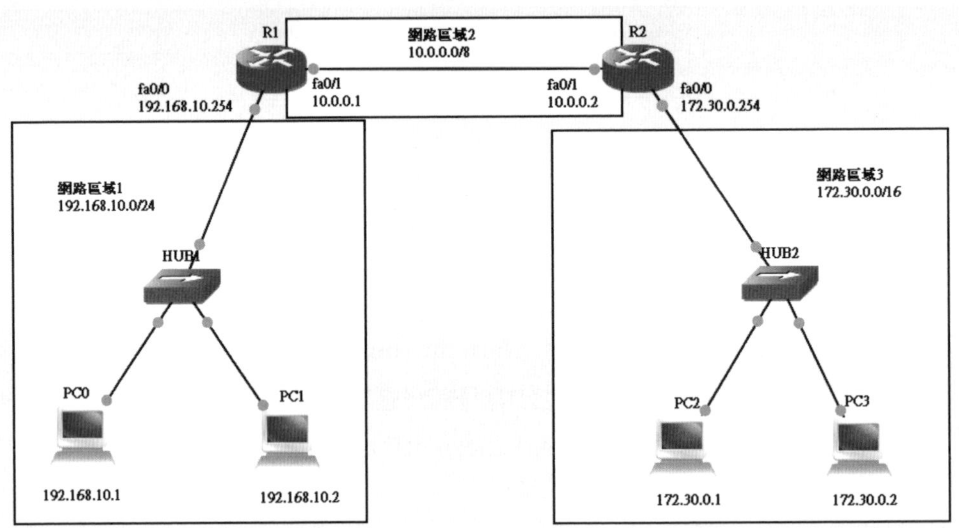

若此時 R1 的路由表內容，如下圖所示，並沒有網路區域 172.30.0.0 資訊，R1 就無法繞送 PC0 的資料，最後 R1 就會將 PC0 的資料丟棄。路由器 R1 為何沒有網路區域 172.30.0.0 資訊，這是另一個重要主題。關於路由表內容的維護、以及如何加入或移除網路區域 IP 位址，在第 5 章會詳細探討。

圖表 1-79 查詢 R1 路由表內容

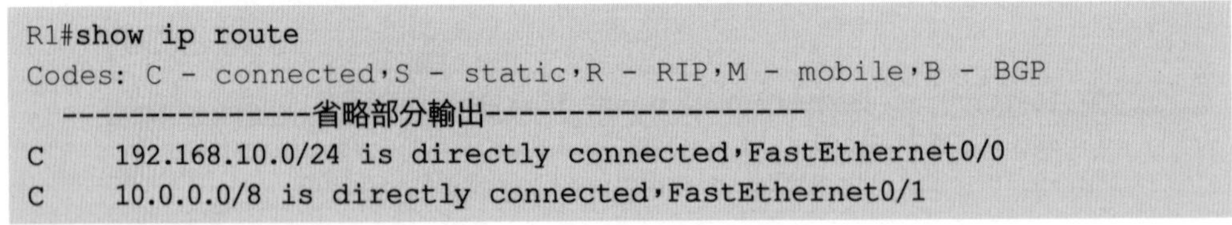

```
R1#show ip route
Codes: C - connected,S - static,R - RIP,M - mobile,B - BGP
  ---------------省略部分輸出-------------------
C     192.168.10.0/24 is directly connected,FastEthernet0/0
C     10.0.0.0/8 is directly connected,FastEthernet0/1
```

MAC Table vs Routing Table

目前已經介紹 MAC Table 和 Routing Table，交換器使用資料中的目的 MAC 位址來查詢 MAC Table，才準確地將資料從特定 port 送到目的電腦，而路由器使用資料中的目的 IP 位址來查詢 Routing Table，才能正確地將資料從特定 port 繞送到目的網路區域。兩種 Table 的行為類似，但運行的結果卻不相同，MAC 位址主要是用來傳送到目的電腦，而 IP 位址是用來決定如何繞送到目的網路區域。針對 MAC Table 和 Routing Table 特性比較，如下表列出幾項特點，有些特性會在後續章節介紹。

圖表 1-80 MAC Table vs Routing Table

項目\Table	MAC Table	Routing Table
使用對象	交換器	路由器
查詢位址	使用資料的目的 MAC 位址	使用資料的目的 IP 位址
組成元素	MAC Address、Port、Vlan	IP Address、AD、Cost、Next hop IP、port
學習方式	自動 (會有 Age time 預設 300s 清除或是 STP 架構有變化降為 15s) 手動 (沒有 Age time)	直連網路 (沒有 Age time) 手動設定 (沒有 Age time) 路由協定 (沒有 Age time)
Port 的對應關係	一個 MAC Address 只能接在一個 port，若另一個 port 也出現相同的 MAC Address，則新學進的 MAC 資訊會覆蓋舊的 MAC 資訊	一個網路區域 IP 位址可以接在多個 port，一個網路區域 IP 位址對應到多個 port 時，會以 Cost 最低的 port 為主，若 Cost 一樣則做路由平衡
查詢方式	使用精準匹配，如果 MAC Table 沒有查到 MAC 資訊，交換器使用全部都送一份 (Flooding)	使用最少匹配，Routing Table 沒有查到 IP 資訊，路由器會丟棄封包

1.15 預設閘道 (Default Gateway) 的作用

某個網路是交換器或集線器所組成，在此網路中的電腦都是位於同一個廣播區域中，電腦之間的傳送資料無需要用到路由器；然而如果網路是由路由器規劃而成，可能會有好幾個網路區域形成，若有兩個網路中的電腦要傳送資料，如前所述就需要路由器的繞送功能，而一個網路中電腦如何傳送資料到路由器做繞送，這就要規劃一個網路區域的出口與入口，稱為**預設閘道 (Default Gateway)**。

預設閘道是網路區域的出口與入口

網路區域是一個封閉的區域，當網路區域中的電腦要送資料到其它網路區域是送不出去的，**預設閘道**的設計可以視為一個網路區域中資料的出口與入口，而預設閘道的位置在路由器的 port 上，用 IP 位址來表示閘道的位置，以下圖網路架構為例，網路區域 192.168.10.0 的預設閘道為 fa0/0，另一個網路區域 172.30.10.0 的預設閘道為 fa0/1，這兩個 port 必須設定 IP 位址來表示閘道的位置，fa0/0 設定 IP 為 192.168.10.254，fa0/1 的 IP：172.30.10.254，如何在路由器設定 IP 在後面章節會介紹。

圖表 1-81 預設閘道

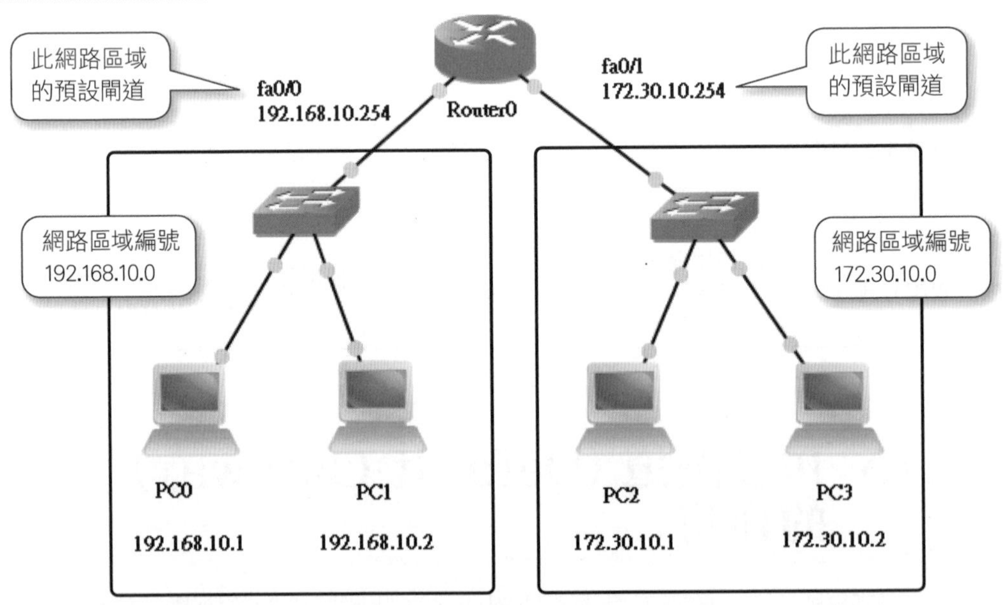

請注意交換器的 port 只有 MAC 位址，而路由器的 port 有 MAC 位址，也可以設定 IP 位址。

預設閘道的運作

每一台電腦必須設定該網路區域的預設閘道 IP 位址，這樣資料才有辦法送出到路由器作繞送，如下圖所示為 PC0 在網路區域 192.168.10.0 中，其預設閘道為 192.168.10.254，也就是路由器的 fa0/0 的 IP 位址，而 PC1 跟 PC0 都是同一個網路中，所以預設閘道一樣，同樣情況 PC2 與 PC3 的預設閘道一樣。當每一台電腦設定預設閘道 IP 位址後，要送到其他網路的資料才能透過預設閘道交給路由器做繞送到其它網路區域。若電腦的預設閘道沒有設定時，其網路功能還是可以正常運作，只是不能將資料傳送到別的網路區域，但是可以傳送給同一個網路區域中的其他電腦。

圖表 1-82 PC0 的閘道設定

PC0 IP Configuration	
IP Address	192.168.10.1
Subnet Mask	255.255.255.0
Default Gateway	192.168.10.254 ◀ 預設閘道
DNS Server	

請注意電腦不會檢查預設閘道 IP 位址是否有設定正確，如果預設閘道 IP 位址設定錯誤或者沒設定，電腦就無法找到路由器，此電腦只能傳送資料給本地網路中的電腦。

不同網路之間傳送資料的過程

在上一頁圖中的 PC0 要送資料給 PC3，很明顯這兩台 PC 是位於不同網域區域，因此 PC0 要送出的資料必須經由其閘道 fa0/0 送到路由器，路由器再做繞送、將資料送往網路區域 172.30.10.0 的閘道 fa0/1，閘道 fa0/1 再將資料傳送到 PC3。在此範例中，fa0/0 可視為網路區域 192.168.10.0 送出的出口，另一個 fa0/1 就是網路區域 172.30.10.0 資料接收的入口。所以預設閘道可以視為一個網路區域中資料的出口與入口。

預設閘道的 IP 位址

預設閘道 IP 位址一定要設定為路由器 port 上的 IP 位址，如此讓電腦知道路由器在哪裡，跨不同網路的資料也才能夠送往路由器做繞送的動作，萬一電腦中的預設閘道 IP 位址設定錯了，電腦還是可以運作，只是跨不同網路的資料就找不到路由器來做繞送。例如若將 PC0 的預設閘道 IP 位址設定為 192.168.10.2 (此 IP 為 PC1)，這樣 PC0 要送資料給 PC2 時，由於是送往不同網路，所以 PC0 會先送資料給預設閘道，所以就會直接將資料送到 PC1，但 PC1 不是路由器就無法做繞送，資料就無法傳送。

請注意有些電腦可以使用雙網卡來做到繞送功能。

預設閘道的數目

一個網路中能有幾個預設閘道的數目呢？答案是可以一個以上的預設閘道，如下頁圖所示，R1 與 R2 的 fa0/0 都接在同一個 10.10.10.0/24 的網路區域，其 IP 位址分別為 10.10.10.1 與 10.10.10.2，所以該網路區域就有兩個出口，電腦就有兩個預設閘道 IP 位址可以選擇，不過很可惜電腦 IP 組態設定中只能設定一組預設閘道 IP 位址。

為甚麼要規劃有 2 個兩個預設預設閘道 IP 位址，主要有兩個目的，預設閘道的備援與資料分流。例如：R1 路由器壞掉，那還有 R2 路由器可以當作預設閘道連線到 Internet。如果我們將 PC1 的預設閘道設定為 R1 的 fa0/0 IP 位址、而 PC2 的預設閘道設定為 R2 的 fa0/0 IP 位址，如此 PC1 與 PC2 的預設閘道就分開，這樣也可達到資料流量的分流效果，達到**負載平衡 (Load-balance)** 的功效。但是如果 R1 路由器壞掉，PC1 就無法連上 Internet，此時只要去重新設定 PC1 的預設閘道為 R2 的 fa0/0 IP 位址，PC1 又可以連上 Internet，如此做到預設閘道的備援效果。不過麻煩是要手動去修改電腦的預設閘道，這樣會很不方便，所以就有**預設閘道備援協定 (Gateway Redundant Protocol)** 會自動幫電腦切換預設閘道，在第 12 章會介紹 **HSRP (Hot Standby Router Protocol)**，就是在做這樣的效果。

圖表 1-83 兩個預設閘道示範架構

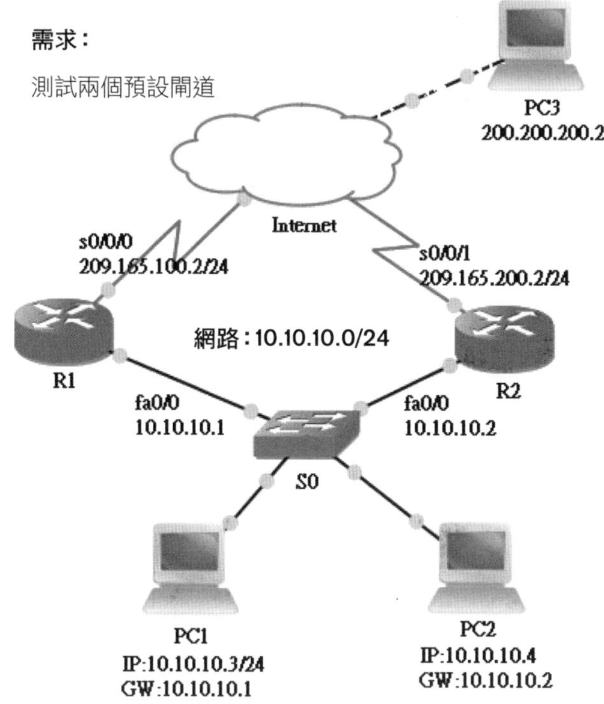

兩個預設閘道的問題

使用兩個預設閘道好處是可以作到預設閘道備援與資料分流，但要注意資料使用哪一個預設閘道出去也要同一個預設閘道回來，如下圖所示，PC1 使用 tracert 指令來追蹤 PC1 到 PC3 所經過的路由器 IP 位址，這樣就可以知道 PC1 到 PC3 的傳遞路徑為 PC1 --> R1 --> Internet --> PC3，而如果 PC3 回應給 PC1 的傳遞路徑為 PC3 --> Internet --> R2 --> PC1，這樣表示資料傳遞出去跟資料回來所使用預設閘道是不一樣的，如果 R1 與 R2 有啟動防火牆功能，資料能從 R1 出去，但資料就無法從 R2 回來，會有這樣的問題產生，在規劃兩個預設閘道要注意此問題。

圖表 1-84　使用 tracert 來追蹤傳遞路徑

```
C:\>tracert 200.200.200.2

在上限 30 個躍點上
追蹤 200.200.200.2 的路由:

  1     2 ms     1 ms     1 ms  10.10.10.1
  2     2 ms     1 ms     1 ms  209.165.100.1
  3     2 ms     1 ms     1 ms  200.200.200.2
```

1.16 網路架構規劃

要決定一個上網的環境要哪一種網路設備來規劃時，就先要了解需求，一開始公司要上網的設備不多時，用一個 Switch 就已經足夠了，如果有預算的考量，也可以使用 Switch-Hub。如下圖所示，早期是用 Hub 在規劃網路，還要考慮碰撞區域的大小，再用交換器去規畫碰撞區域，現今網路規劃直接就用 Switch，由於 Switch 本身已經提供無碰撞的環境，所以不用考慮碰撞區域的規畫。

圖表 1-85　使用 Switch-Hub

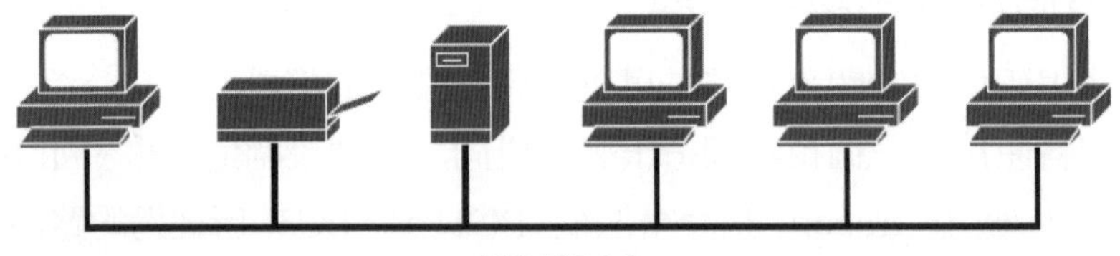

規劃廣播區域

但是當終端設備數量越來越多時，此時就要考慮廣播的問題，當廣播區域大，表示一個網路下的終端設備數量太多，如此會造成網路傳輸效能變低，而一般的 Switch 又無法阻擋廣播資料，所以就需要使用路由器來規劃廣播區域 (網路)。如下圖所示，比較高階的 Switch 具備有路由器的部分功能，所以可以拿來規劃廣播區域，而由 Switch 規劃出來的網路又稱為 Vlan，在後面章節會詳細介紹 Vlan 設定。

請注意，公司內部網路比較不會用路由器來規劃網路，大部分會使用高階的 Switch (又稱 MultiLayer Swtich) 來規劃公司內網，路由器都是用在對外連接 ISP。

圖表 1-86 規劃廣播區域

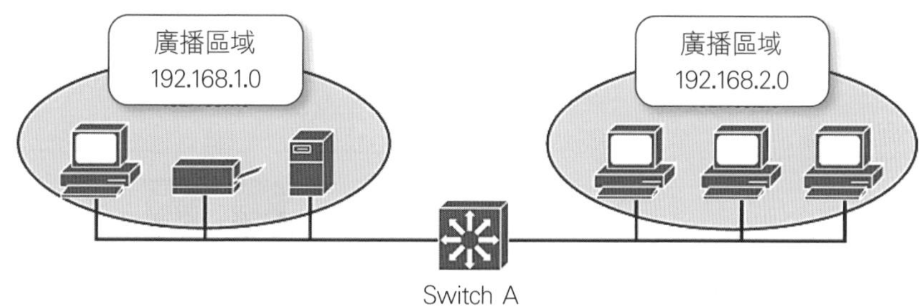

兩階層架構的網路規劃

當公司不斷的成長，需要的網路就變多，此時就要考慮網路之間的流量問題。想快速在網路之間傳遞資料，要採用階層式架構的網路規劃，如下圖所示，階層式架構主要精神就是分層負責，每一層的交換器都有各自要負責的工作，例如：第一層負責劃分網路、第二層負責流量的繞送等等，至於要有幾個階層才算是合理的規劃，Cisco 建議針對大型網路使用三層式規劃。

圖表 1-87 兩階層的網路規劃

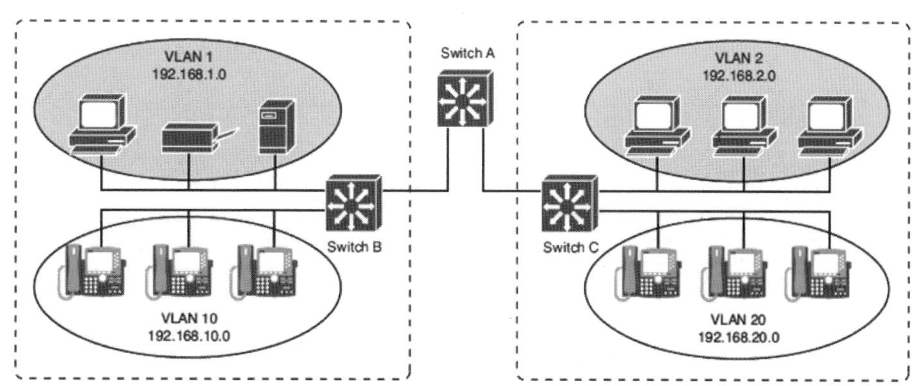

三階層的網路規劃

Cisco 提出三層式網路架構 (3-tier network architecture) 來協助網路工程師規劃網路，建構一個有彈性、可擴充性及容錯的網路架構，三層

分別是存取層 (Access)、分散層 (Distribution) 及核心層 (Core)，如下圖所示，從兩層擴充到三層式網路架構，每一層都有建議的 Switch 的效能及負責的功能 (Cisco 官方網站可查詢 Switch 型號及功能)，如果公司規模不大，就不用到三階層網路規劃。

圖表 1-88 三階層的網路規劃 (圖片來源 Cisco)

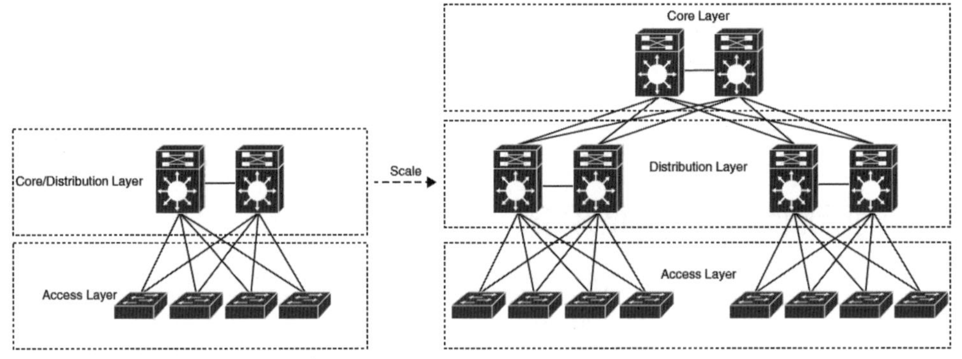

存取層 Switch 功能

存取層的 Switch 往下直接面對終端設備，對於終端設備可以直接控制，而往上要傳遞資料到分散層，所以存取層 Switch 必須要有下列功能：

1. Port 的數目要多且成本要低，如此才能連接大量的終端設備。
2. 提供 VLAN 功能，指定終端設備分配到特定 Vlan 中。
3. 對終端設備的流量和協議，要有過濾功能 (ACL)。
4. 對需要穩定頻寬的終端設備，例如：IP Phone，要提供服務品質 (QoS) 功能。
5. 提供推疊功能 (Stack)，讓多台交換器串接起來合併成一台交換器，以利管理及備援。
6. 針對連線到分散層 Switch，提供通過多條線路來實現線路容錯及增加頻寬，例如：EtherChannel 功能，如下圖所示，有兩條線路往上連接：

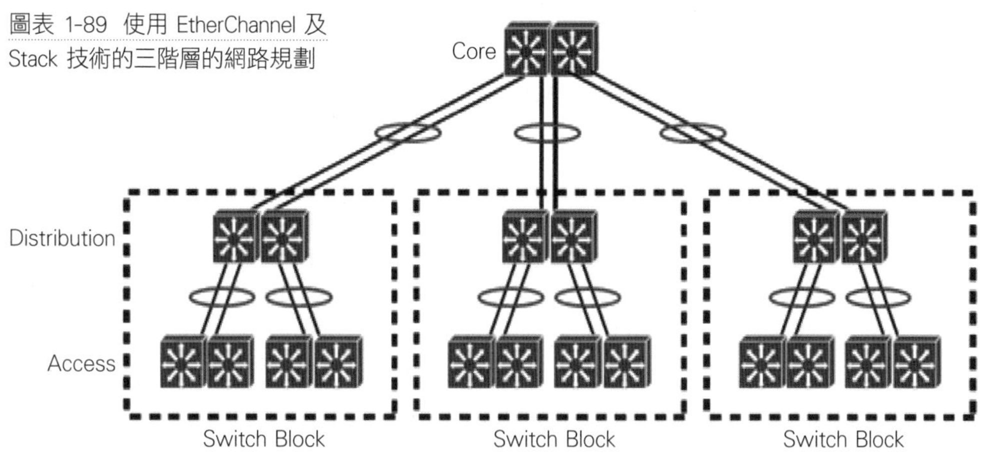

圖表 1-89 使用 EtherChannel 及 Stack 技術的三階層的網路規劃

分散層 Switch 功能

分散層 Switch 不直接面對終端設備，主要是處理接受大量終端設備的流量，這些流量來自於存取層 Switch 連接的終端設備，必要時也需要將流量往上傳遞到核心層，所以分散層 Switch 必須要有下列功能：

1. 提供繞送 (Routing) 能力來處理存取層 Switch 中的 Vlan 流量，並能處理大量的資料繞送來提高的吞吐量 (throughput)。
2. 提供通過多條線路來實現線路容錯及增加頻寬 (EtherChannel)。
3. 提供訪問列表 (ACL) 或 QoS 或其他功能來實現策略 (Policy) 的連接功能到核心層和存取層。

核心層 Switch 功能

核心層 Switch 只要面對分散層 Switch 傳遞上來的大量流量，這些流量都已經在存取層或分散層使用策略 (Policy) 功能 (ex. ACL、QoS) 處理過後的流量，所以核心層 Switch 功能很單純，主要專注在高效能的流量的繞送，其需要具備的條件如下：

1. 提供超高效能的繞送的吞吐量。
2. 提供通過多條線路來實現線路容錯及增加頻寬 (EtherChannel)。
3. 先進的 QoS 功能。

Spine-Leaf 網路架構

資料中心網路架構的需求要兼顧快速轉送、流量平衡、彈性擴充及備援機制等需求，所以資料中心網路架構不採用三層式網路架構，而是採用兩層式網路架構稱為 Spine-Leaf 架構 (主幹-枝葉)，如下圖所示。在枝葉層由存取交換器組成，負責整個資料中心的伺服器的流量，而在主幹層由核心交換器組成，核心交換器是以全網狀連線 (full mesh) 將所有枝葉交換器互相串連。

圖表 1-90 Spine-Leaf 兩階層式網路架構

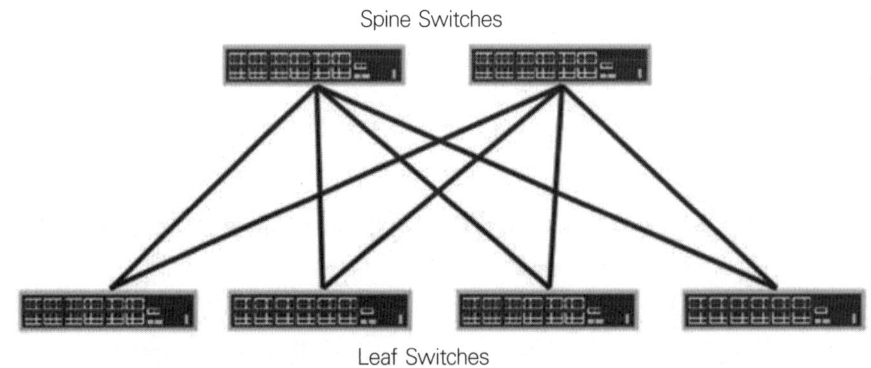

Spine-Leaf 架構好處如下:

1. 每一台 Leaf switch 到任何一台 Leaf switch，都剛剛好是 2 跳 (hop)，Leaf-> Spine -> Leaf。
2. 可以達到控制 Spine/Leaf 網路的延遲時間都是固定。
3. 每一台 Spine switch 可以協助平分流量達到流量平衡。
4. Spine 有故障，不會影響整個網路的資料傳遞。
5. Spine 的頻寬不足，只需要增加 Spine 的節點數目。
6. Leaf 的 port 不夠時，只需要增加 Leaf switch，所以 Spine-Leaf 架構很容易做彈性擴充。

1.17 乙太網路與 RJ45 網路線

目前區域網路主要是運作在乙太網路的規範下，先前所有介紹的交換器或集線器正確的名稱為乙太網路交換器或乙太網路集線器，若是交換器是用其他規範的協定，例如：第 13 章會提到的 ATM 協定，那此交換器就要稱為 ATM 交換器。

在乙太網路中使用的網路線主要為 RJ45 網路線，較長距離的會使用光纖，RJ45 網路線是由**雙絞線 (twisted pair)**，如下圖所示為雙絞線，在雙絞線中有 8 條銅線，每條線會用顏色來區分，而且每兩條線會對絞在一起，目的是降低兩條線路傳送訊號時所產生的電磁場相互干擾的影響，而且對絞的次數愈多，抗干擾的效果愈好，因此雙絞線被選為佈設區域網路的主要線材。雙絞線又可以分為**無遮蔽式雙絞線 (Unshielded Twisted Pair，UTP)** 和**遮蔽式雙絞線 (Shielded Twisted Pair，STP)**。

無遮蔽式雙絞線 (UTP)

無遮蔽式雙絞線在絞線和外皮間沒有鋁箔或金屬遮蔽層，如下圖所示，因此不具有防止干擾的作用，但是結構材質簡單所以價錢較低，使用率遠大於下一頁所介紹的遮蔽式雙絞線，常用的地方是網路設備與電腦之間的佈線。另外電話線也是屬於雙絞線的一種，不過只有 1 對，最多 2 對絞線，這是因為語音資料傳輸，並不需要用到 4 對絞線。

圖表 1-91 UTP 雙絞線

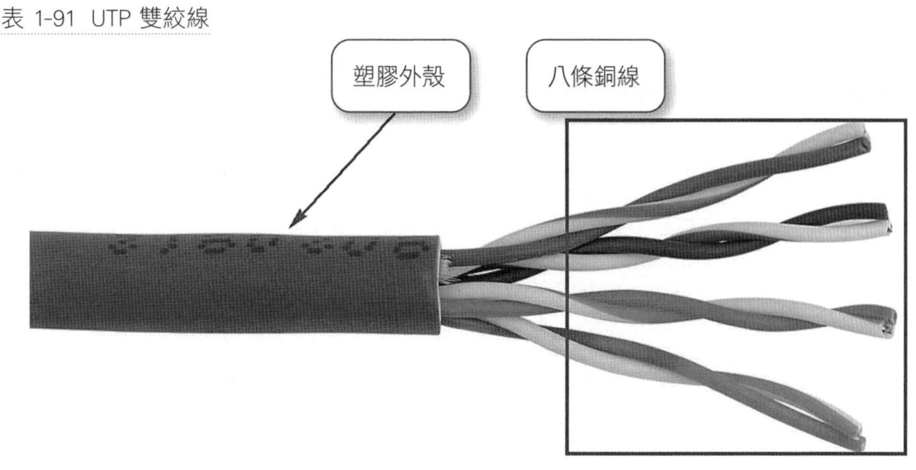

遮蔽式雙絞線 (STP)

遮蔽式雙絞線外觀最大的特色是在絞線和外皮間夾有一層鋁箔或金屬層的遮蔽，如下圖所示，因此抑制外來電磁干擾的能力變得更好，這樣的結構使得纜線的外觀較粗而且會有較佳的傳輸品質，但是價錢也較昂貴，主要用來作為主幹的佈線。

圖表 1-92 STP 雙絞線

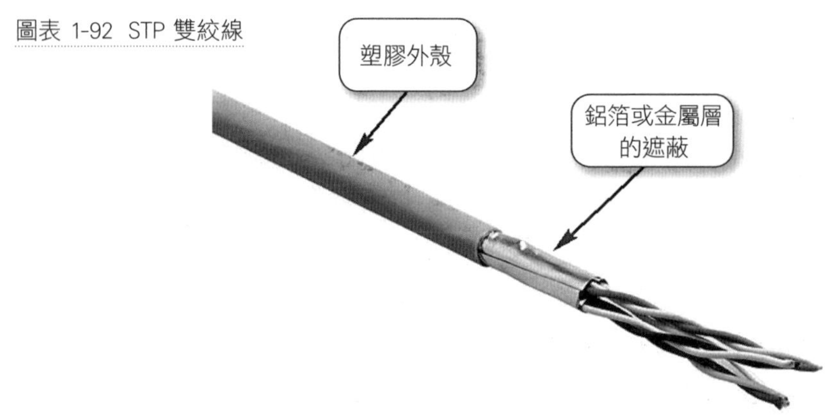

雙絞線的規格

雙絞線依照所使用的線材不同而有不同的傳輸效能，主要規格分類等級是 **Category 1 到 Category 7**，目前較普遍的是 Cat 5，頻寬均可達 100 Mbps，而更高等級的 Cat 6 則是用於 1000BaseT 網路，頻寬可達 1000 Mbps。常見雙絞線的 **Category** 標準如下:

圖表 1-93 雙絞線 Category

Category	Max speed transmission	Max bandwidth
Cat 5	100 Mbps	100 MHz
Cat 5e	1,000 Mbps	100 MHz
Cat 6	1,000 Mbps	250 MHz
Cat 6a	10,000 Mbps	500 MHz
Cat 7	10,000 Mbps	600 MHz
Cat 7a	10,000 Mbps	1,000 MHz

乙太網路類型及接線總類

在乙太網路的速度大部分都是 10 倍在成長，一開始的乙太網路是以 10Mbps 的速度在同軸電纜運作，後來被定義在 IEEE 802.3 運作於雙絞線上，因此又稱作 10BASE-T，其中的 10 代表速度，T 表示雙絞線，常見的各種乙太網路類型稱呼及支援 IEEE 規格如下圖所示。

圖表 1-94 乙太網路類型與接線種類

速度	中英文名稱	常用名稱	IEEE 規格	線纜類型	最大傳輸距離
10Mbps	乙太網路 Ethernet	10BASE-T	802.3	雙絞線	100m
100Mbps	快速乙太網路 FastEthernet	100BASE-T	802.3u	雙絞線	100m
1Gbps	1000M 乙太網路 Gigabit Ethernet	1000BASE-LX	802.3z	光纖	5000m
1Gbps	1000M 乙太網路	1000BASE-T	802.3ab	雙絞線	100m
10Gbps	10G 乙太網路 Gigabit Ethernet	10GBASE-T	802.3an	雙絞線	100m

請注意還有一種電力線網路 (powerline networking) 是使用現有的家裡的電線當作網路線，如此就無須重新佈置 RJ45 網路線，但使用電力線網路需額外購買轉換器，成本較高。

供電乙太網路 (POE)

在 IEEE 802.3af 與 802.3at 規格中有定義一種可以提供電源的乙太網路 POE (Power over Ethernet)，讓乙太網路可以傳送資料之外，還可以提供電力的傳送，如此對於一些輕量級的終端設備，例如：IP Phone、IP Camera 等等的架設就很方便。如下圖所示，若沒有提供 POE 功能，IP Phone 除了網路線之外，還要額外再接電源線，這樣在佈線工程就比較費工，所以 POE 供電在無線 AP、安防監控、以及 IoT 等建置非常受歡迎。

請注意 802.3at 又稱為 POE+。

圖表 1-95 無供電的 POE

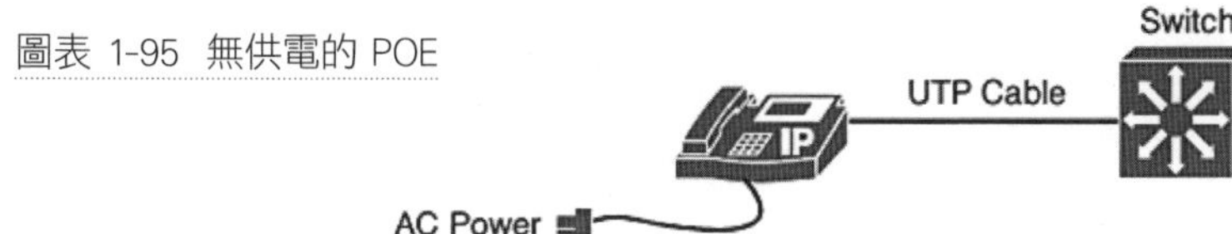

POE 以兩種方式供電給網路線並傳遞給終端設備，第一種方式如下圖所示，需要額外的電源注入器 (Power Injector)，負責供電給網路線，這種方式的優點是不用再額外買支援 POE 的交換器。

圖表 1-96 額外的電源供電，提供給網路線傳遞

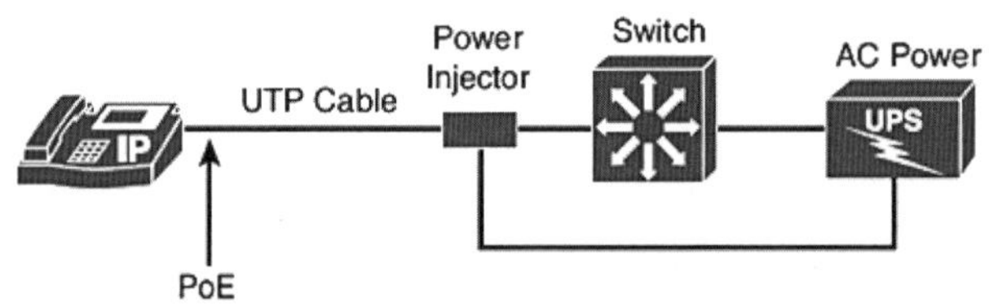

第二種方式是由交換器直接供電給網路線來傳遞到 IP Phone，如下圖所示，這樣在佈建線路就會更精簡。

圖表 1-97 交換器直接供電給網路線傳遞

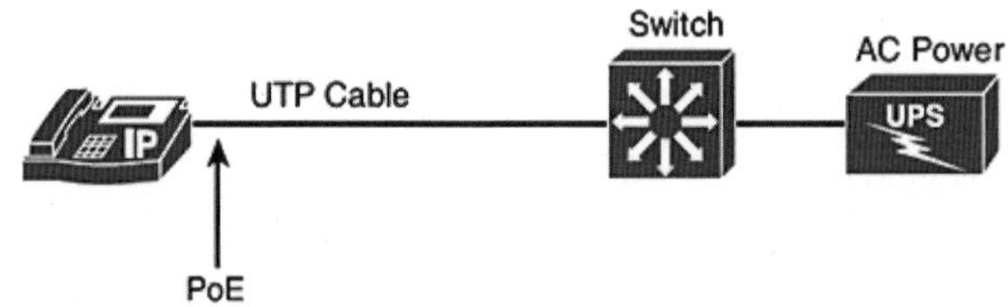

請注意交換器的 POE Port 會監控供應的最大電量，如果超過，該 port 就會關閉。

雙絞線的接頭規格

RJ45 為雙絞線的接頭規格，又稱為水晶頭，如下圖所示，接頭中有 8 個 PIN，每個 PIN 剛好可以對應到雙絞線的 8 條銅線，但對應的順序有一定的規格。

圖表 1-98 RJ45 接頭

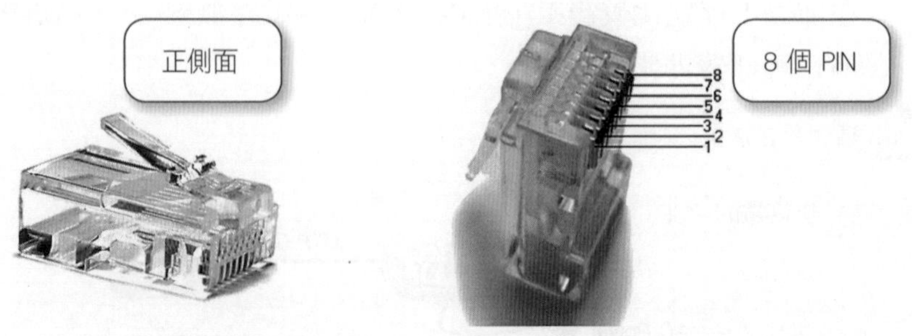

RJ45 接頭的接法

一條雙絞線有兩邊需要使用 RJ45 接頭，而雙絞線的 8 條線要接到 RJ45 接頭的接法有 **EIA/TIA 568A** 與 **EIA/TIA 568B** 兩種，當 8 條線的顏色跟 RJ45 接頭順序如下圖所示，就是 EIA/TIA 568A 接法。

圖表 1-99
EIA/TIA 568B

編號	1	2	3	4	5	6	7	8
顏色	白綠	綠	白橙	藍	白藍	橙	白棕	棕

當 8 條線的顏色跟 RJ45 接頭順序如下圖所示，就是 EIA/TIA 568B 接法。

圖表 1-100
EIA/TIA 568B

編號	1	2	3	4	5	6	7	8
顏色	白橙	橙	白綠	藍	白藍	綠	白棕	棕

直線網路線與跳線網路線

常見的兩種網路線為**直線網路線 (Straight-through)** 與**跳線網路線 (Crossover)**，直線網路線是指網路線兩端的 RJ45 接線方式都是一樣的，例如：兩邊都用 568A 接法或都用 568B 接法。另外一種跳線網路線則是網路線兩端的 RJ45 接線方式不一樣，例如：一邊若用 568A 接法，另一邊就要使用 568B 接法。

請注意另外有一種線也是 RJ45 接頭稱為 Rollover 線，又稱 Console 線，主要是用於電腦連接到路由器作業系統 (IOS) 使用。

設備之間連線所用的網路線

當網路設備之間要用網路線連接時，需要使用不同種類的 RJ45 網路線，一般在示意圖中以**實線**表示直線網路線，以**虛線**表示跳線網路線。以下圖為例，PC0 跟 S0 使用直線網路線連接會亮綠燈，表示接線成功，但是 PC1 使用跳線與 S0 連接會亮紅燈，表示接線失敗，這裡要強調的是不同設備之間所使用的網路線是有固定種類的。

圖表 1-101 RJ45 網路線連線狀況

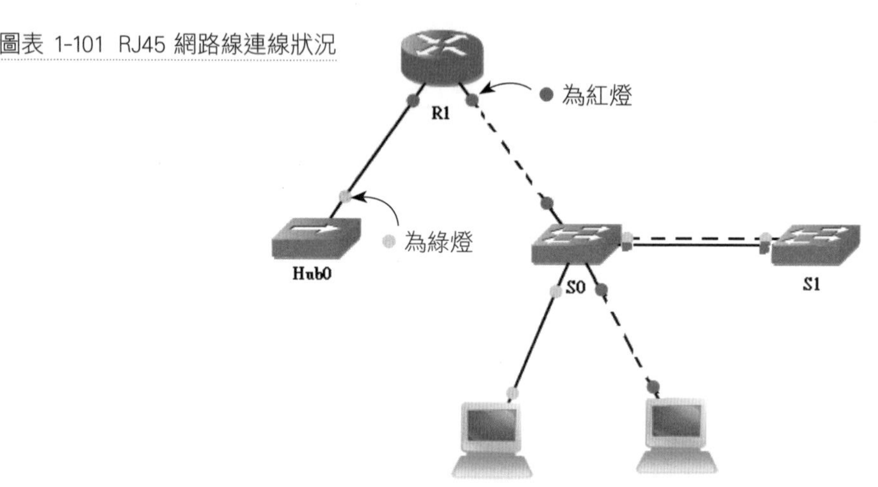

我們可以歸類有四種設備會互相接線，這四種分別是路由器、交換器、集線器及電腦，而且相同設備之間也可以互相連線，所以總共會有 16 種連線方式，要把 16 種都記下來，可能要花一段時間來記。我們幫讀者整理一個連線表格，如下表所示為 16 種可能的接線方式，其中 C 表示跳線，S 表示直線，這個表格呈現對稱關係，會比較好記憶。

圖表 1-102 設備之間使用的 RJ45 網路線

	電腦	路由器	交換器	集線器
電腦	**C**	**C**	S	S
路由器	**C**	**C**	S	S
交換器	S	S	**C**	**C**
集線器	S	S	**C**	**C**

現在來驗證上表，以路由器跟集線器的連線來看，查到對應是 S，表示路由器跟集線器是要用直線網路線，由圖 1-101 可看出 R1 與 Hub0 用直線接線是亮綠燈，其它的連線請讀者再驗證。有些網路設備可以自動切換網路線 (AUTO-MDIX)，所以接直線或跳線都可以連通，例如：使用直線將兩台 2960 型號 (具備 AUTO-MDIX 功能) 的交換器對接，雖然用直線，兩台交換器也是可以連通的。

Auto-MDIX 功能

前頁提到有些比較好的網路設備可以自動切換網路線，也就是連接直線或跳線的網路線都可以連通，這種功能稱為 **Auto-MDIX** (Medium-Dependent Interface Crossover)，兩台設備之間只要有一台設備支援 Auto-MDIX 功能，就不必管所用的是直線或跳線的網路線。Auto-MDIX 功能預設是啟動狀態，也可以用指令針對特定的 port 將 Auto-MDIX 功能關閉，如果關閉 Auto-MDIX，就必須遵守上頁那個表所記錄網路設備之間用的網路線種類。下圖所示為 Auto MDIX 相關指令。

圖表 1-103 Auto MDIX 相關指令

指令	說明
S1# show interface fa0/1 transceiver property	查詢 fa0/1 的 auto-mdix 狀態
S1 (config) #int fa0/1 S1config-if) # no mdix auto	關閉 fa0/1 介面的 auto-mdix 功能
S1 (config) #int fa0/1 S1config-if) #mdix auto	啟動 fa0/1 介面的 auto-mdix 功能

MEMO

CHAPTER 2

網路模型運作、ICMP 與 ARP 協定

本章節將介紹 OSI 與 TCP/IP 兩種網路模型以及它們的運作原則，接著再介紹 ICMP 與 ARP 兩個常用的網路協定。

2.1 網路模型

OSI 與 TCP/IP 模型是兩種最常見的網路模型。**OSI 模型**是由 ISO (國際標準組織) 所發表，其定義網路系統分成 **7 層 (Layer)**，Layer 1 簡稱為 L1，其他各層以此類推，每層各自負責特定的工作，如下表所示。

圖表 2-1 OSI 7 層網路模型

L7	Application Layer 應用層	提供各種應用程式協定給使用者，例如：檔案傳輸、電子郵件、網頁瀏覽等服務。
L6	Presentation Layer (表達層)	主要定義資料的內碼轉換、 壓縮與解壓縮、加密與解密。
L5	Session Layer (會議層)	負責通訊的雙方在正式開始傳輸前的溝通，目的在於建立傳輸時所遵循的規則。
L4	Transport Layer (傳輸層)	負責切割資料並編定序號，決定資料要以 TCP 方式或 UDP 方式傳送。
L3	Network Layer (網路層)	主要負責傳送資料的來源端與目的端的定址 (IP) 及選擇傳送資料路徑。
L2	Data-Link (資料連結層)	主要負責資料的同步、偵錯、制定媒體存取控制的方法 (MAC) 等等。
L1	Physical (實體層)	主要定義傳輸資訊的介質規格，例如：。同軸電纜、雙絞線、無線電波、紅外線等等 。

註：請注意根據網路模型，路由器稱為 L3 設備，交換器稱為 L2 設備，集線器稱為 L1 設備。

在 OSI 7 層中，應用層是最接近使用者的層級，屬於此層的功能是使用者常會使用並可以直接操作的軟體，例如：遠端登入、電子郵件、網頁瀏覽。而愈往下層則距離使用者的操作愈遠，反而與硬體的關聯愈大，例如：資料連結層所負責的工作，幾乎都是由網路卡控制晶片和驅動程式來做，實體層的工作也都是硬體設備在處理，使用者完全無法干涉。

另外一種網路模型為 **Internet 模型**，建立於 1970 年代初期，由於網際網路最初起源於美國國防部軍事用途，因此這個模型又稱為 **DoD 模型** (Department Of Defense)，但是文件常見到的稱呼為 **TCP/IP 模型**。

TCP/IP 模型定義了四層協定，如下圖所示。

圖表 2-2 TCP/IP 模型

L4	Application Layer (應用層)	應用程式的資料的編碼與傳輸對話控制。
L3	Transport Layer (傳輸層)	負責切割資料並編定序號，決定資料要以 TCP 方式或 UDP 方式傳送。
L2	Internet Layer (網際網路層)	主要負責傳送資料的來源端與目的端的定址 (IP) 及選擇傳送資料路徑。
L1	Network Access (網路存取層)	主要控制網路的硬體設備與媒介，資料的同步、偵錯、制定媒體存取控制的方法 (MAC) 等等。

OSI 與 TCP/IP 模型對照

雖然 TCP/IP 的四層網路模型與 OSI 的七層網路模型各有自己的架構，但是大體上兩者仍能互相對應，如下圖所示。

圖表 2-3 OSI 與 TCP/IP 對照

OSI 網路模型	TCP/IP 網路模型
Application Layer 應用層	Application Layer (應用層)
Presentation Layer (表達層)	
Session Layer (會議層)	
Transport Layer (傳輸層)	Transport Layer (傳輸層)
Network Layer (網路層)	Internet Layer (網際網路層)
Data-Link (資料連結層)	Network Access (網路存取層)
Physical (實體層)	

網路模型的優點

使用分層網路模型來說明網路通訊協定及其工作方式有很多優點，分層模型的優點如下：

- 訂定標準，讓全世界的廠商來參考，以避免網路產品的相容性問題產生。
- 有助於通訊協定設計，因為對於在特定層工作的通訊協定而言，它們的工作方式及其與上下層之間的介面都已經確定。

- 避免一個通訊協定層的技術或功能性變化影響相鄰的其他層。
- 提供了說明網路功能和能力的通用語言。

各分層表頭檔 (Header)

由上述分層功能，OSI 模型或 TCP/IP 定義每個分層的規格以協助各廠商依據協定，建立具互通性的網路裝置和軟體，以便不同廠商的網路設備能夠彼此合作。而網路模型的運作是要從來源端送出資料與目的端收到資料兩個方向來觀察，當資料由來源端的應用程式產生時，會對應到應用程式的種類，此時就要參照 OSI 的 L7~5 或 TCP/IP 的 L4，因此資料要送出時就要參考網路模型中由上層往下層傳送，每經過一層，都會在前端增加一些該層專用的資訊，這些資訊稱為**表頭檔 (Header)**，然後才傳給下一層。

相反的，在目的端收到資料時，要由下層往上層傳送，每經過一層，會將該層的表頭檔拿掉。例如：下圖為 OSI 中資料連接層 (L2) 的表頭檔，其實表頭檔中都是一些欄位，這些欄位定義與大小是全世界統一，表頭檔中的欄位資料可以提供給網路設備或電腦處理傳送資料或接收資料的資訊，就像是寄一封信，信封總是要寫收件人姓名及住址等等的資訊，郵差才有辦法將信件送到目的地。

圖表 2-4 資料連接層表頭檔

Preamble (7)	SFD (1)	Destination MAC Addr. (6)	Source MAC Addr. (6)	Length (2)	DATA (46~1500)	FCS (4)

表頭檔的封裝

首先來介紹表頭檔與**封裝 (encapsulation)** 的動作，如下圖所示，當電腦有資料要送出時，資料由上而下到達傳輸層時，此時就要將表頭檔中的欄位填上適當的值後，再將此表頭檔加到資料前面，此動作稱為封裝，往下每經過一層就要將該層的表頭檔封裝到資料前面。

請注意: 有些應用程式產生的資料不一定都要封裝每一層的表頭檔，例如: ping 程式就不需要封裝 L4 表頭檔，CDP 協定只需要封裝 L2 表頭檔。

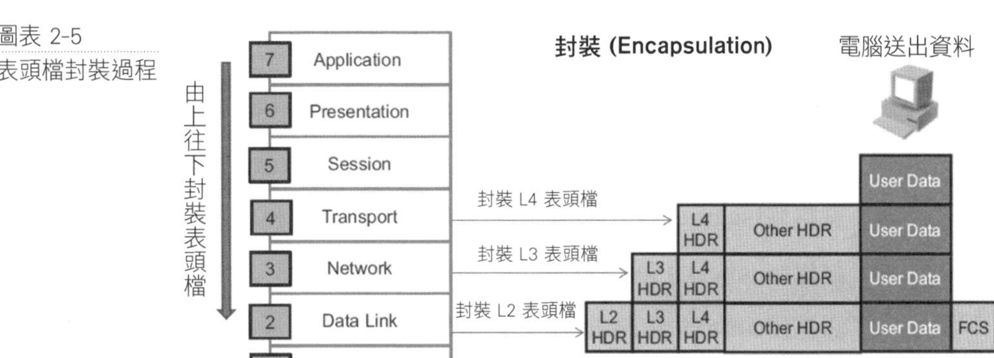

圖表 2-5
表頭檔封裝過程

表頭檔的解封裝

如下圖所示，當電腦收到資料時，資料由下而上到達傳輸層時，此時就要將此表頭檔從資料中拿掉，此動作稱為**解封裝(decapsulation)**。

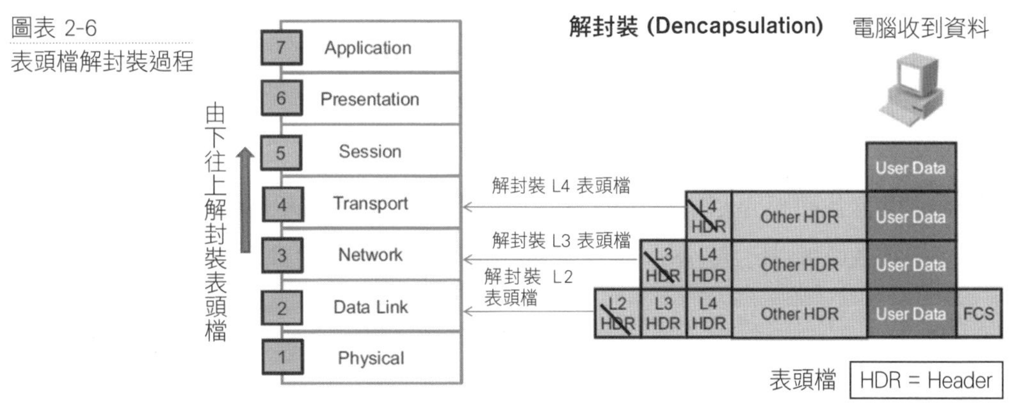

圖表 2-6
表頭檔解封裝過程

各層資料單位

當資料在任意網路模型中各層的通訊協定時，封裝單位稱為**通訊協定資料單元 (PDU，Protocol Data Unit)**。在封裝過程中，每一層都根據使用的通訊協定的表頭檔封裝從上一層接收的 PDU，如下圖所示，OSI 的 L7~5 產生的資料都視作為應用層資料，應用層資料在第 L4 時要被封裝 L4 的表頭檔，封裝完後的資料單位就稱為 **Segment(區段)**，接下來 Segment 又在 L3 被封裝 L3 的表頭檔成為 **Packet(封包)**，繼續 Packet 到達 L2 後被封裝 L2 的表頭檔成為 **Frame(訊框)**，最後 Frame 在 L1 後準備透過網路媒介要傳送出去。

因此每一次的封裝過程，PDU 都以不同的名稱來表示其新的封裝後資料單位。

- **資料(data)**：泛指應用層使用的 PDU 之一般術語。
- **資料段(segment)**：傳輸層 PDU 的單位名稱。
- **封包(packet)**：網路層 PDU 的單位名稱。
- **訊框(frame)**：資料連結層 PDU 的單位名稱。
- **位元(bit)**：在媒體上實際傳輸資料時使用的 PDU 的單位名稱。

圖表 2-7 資料封裝後 PDU 名稱

封裝				PDU 名稱
			應用層資料	**Data(資料)**
		L4 表頭檔	應用層資料	**Segment(區段)**
	L3 表頭檔	Segment		**Packet(封包)**
L2 表頭檔	Packet			**Frame(訊框)**
Frame				**Bit(位元)**

以下各節將介紹網路模型各層功能介紹，例如：常用的 HTTP 或者是網路位址 IP 與 MAC 是定義在那一層，都會詳細說明。

2.2 應用層

在 OSI 模型的上三層 (L7~5) 功能為使用者應用程式，此應用層通訊協定用於在來源主機和目的主機上執行的程式之間進行資料交換，目前已有很多種應用層通訊協定，而且人們還在不斷開發新的通訊協定。

常見到的應用層協定如下：

- **網域名稱服務協定 (DNS)**：用於將網際網路網域名稱解析為 IP 位址。
- **動態主機 IP 配置協定 (DHCP)**：用於電腦的 IP 自動分配。
- **超文字傳輸協定 (HTTP)**：用於傳輸組成全球資訊網網頁(WWW)的檔案。

- **簡易郵件傳輸協定 (SMTP)**：用於傳輸郵件及其附件資訊。
- **郵件接收協定 (POP)**：用於使用者接收郵件及其附件資訊。
- **遠端登入協定 (Telnet or ssh)**：一種終端模擬協定，用於遠端存取伺服器和網路裝置，telnet 傳輸資料為明碼方式，ssh 則有加密。
- **檔案傳輸協定 (FTP)**：用於在系統之間相互傳輸檔案。
- **檔案傳輸協定 (TFTP)**：簡易版的 FTP，不需要登入帳號。

這裡要注意的是每種應用層協定都會有一個編號，如下表所示為常用到的應用協定的編號，這個編號會在傳輸層中會用到，其目的是要辨識資料是那一種應用程式的資料。請注意此應用協定編號其專有名詞為 Port Number。

圖表 2-8
應用服務的編號

應用協定	編號 (Port Number)
網域名稱服務協定 (DNS)	53
動態主機 IP 配置協定 (DHCP)	67 和 68
超文字傳輸協定 (HTTP)	80
安全超文字傳輸協定(HTTPS)	443
網管軟體協定 (SNMP)	161
簡易郵件傳輸協定 (SMTP)	25
郵件接收協定 (POP)	110
網頁郵件協定 (IMAP4)	143
遠端登入協定 (Telnet)	23
檔案傳輸協定 (FTP)	20 和 21
簡易檔案傳輸協定(TFTP)	69

讀者如果想知道全世界有註冊應用程式服務的編號，可以到 IANA 網站查詢或請 Google "IANA port number"，如下圖所示的網址，標示的地方可以下載文件，此文件內容就是所有註冊應用程式服務的編號。請注意 Prot Number 為 IANA 機構管理。IANA定義 Well-Known TCP / UDP Ports 為 number 0 -- 1023，Ports number 1024 -- 49151要向 IANA 申請才能使用；而 49152 -- 65535 為私有 Ports number。

圖表 2-9　應用服務的編號 http://www.iana.org/assignments/service-names-port-numbers

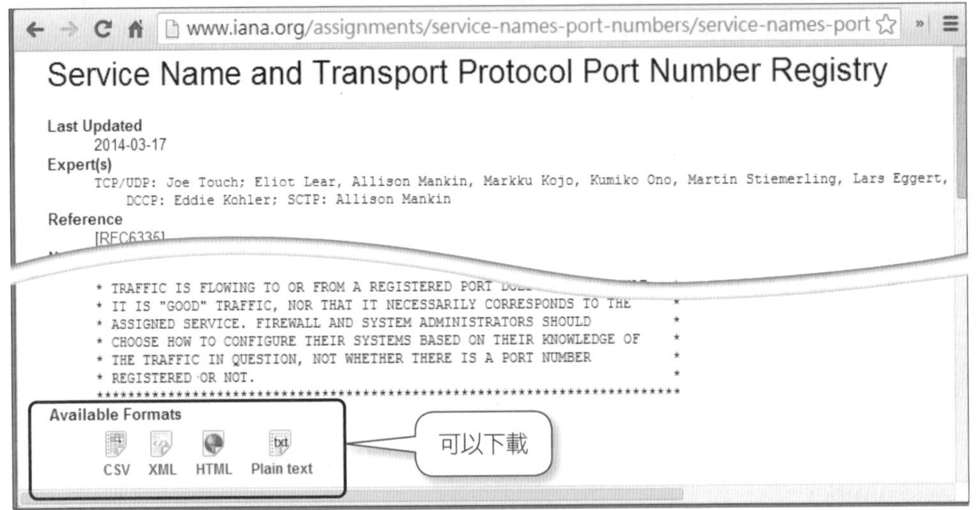

2.3 傳輸層

傳輸層的主要目的為決定應用資料要以何種方式來傳送，有兩種方式可以選擇，一種是 **TCP (Transmission Control Protocol)** 方式，另一種為 **UDP (User Datagram Protocol)** 方式。TCP 方式是一種**可靠性 (reliable)** 傳送協定，此種傳送方式類似我們在郵局用**掛號**方式寄送信件；而另一種 UDP 方式是一種**不可靠 (unreliable)** 的傳送協定，此種傳送方式類似在郵局用**平信**方式寄信。

應用程式要傳送資料時已經預設要使用那一種傳送協定，使用者無法指定要用 TCP 或 UDP，除非你自己開發應用程式。

常見 TCP 通訊協定的應用程式包括：

- Web 瀏覽器
- 檔案傳輸協定 (FTP)
- 電子郵件
- 遠端登入協定 Telnet

常見 UDP 協定的應用包括：

- 網域名稱系統 (DNS)
- 視訊串流
- 網管軟體協定 (SNMP)
- 簡易檔案傳輸協定 (TFTP)

TCP 與 UDP 主要的不同如下表所示，UDP 沒有甚麼控管機制，當電腦有資料要傳送，UDP 就是盡量傳送資料到網路中；而 TCP 會做一些控管，例如：追蹤資料是否有傳送到目的端等等。

圖表 2-10
TCP 與 UDP 比較

Protocol	TCP	UDP
傳送特點	Reliable	Best Effort (盡量傳送)
流量控管	有	無
連線需求	Connection-oriented	Connectionless
常見的應用程式	・Email ・File sharing ・HTTP	・Voice streaming ・Video steaming

TCP 與 UDP 表頭檔

由於 TCP 是可靠的傳送，所有應用程式當然都選擇 TCP 傳送，但是選擇 TCP 傳送需要付出網路頻寬耗損代價，我們從 TCP 與 UDP 表頭檔大小來看，如下圖為 TCP 表頭檔，其大小有 20 bytes，因此使用 TCP 傳送需要將 TCP 表頭檔封裝到資料中，如此就會多出 20 bytes 大小來佔用網路頻寬。另外 TCP 要做可靠傳送，需要等待 ACK (後述)，所以傳送資料的時間會較久；而 UDP 是盡量送的特性，傳送資料的時間會較短。

圖表 2-11 TCP 表頭檔

每列有 4 bytes (32 bit)，共 5 列

Source Port(16)			Destination Port(16)
Sequence Number(32)			
Acknowledgement Number(32)			
Length(4)	Reserved(6)	Flag(6)	Window(16)
Checksum(16)			Urgent(16)
Application DATA			

UDP 的表頭檔如下圖所示，其大小僅 8bytes，比起 TCP 表頭檔確實小很多，因此有些應用程式無需要將資料 100% 送達目的端，此時就可採用 UDP 傳送方式。例如：看 MOD 影片，當有影片資料沒傳送到目的端，此時影片會不順，但還是可以繼續播放。

圖表 2-12 UDP 表頭檔

Source Port(16)	Destination Port(16)
Length(16)	Checksum(16)
Application DATA	

以下是 TCP 與 UDP 表頭檔中一些比較重要的欄位功能介紹：

- **Source Port** 與 **Destination Port** 這兩個欄位在 TCP 與 UDP 都有定義，其功能為**埠定址 (Port Address)**。**Destination Port 表示使用的應用程式**，因此要把應用程式的編號填入此欄位，**Source Port 表示視窗編號**，此編號會由作業系統指定給開啟的視窗。
- TCP 中 **Sequence Number(SEQ)**與 **Acknowledgement Number (ACK)** 兩個欄位要互相配合來達成資料是否有傳送到目的。
- TCP 中 **Flag 欄位**主要控制 TCP 連線會談的建立與結束，並可以設定資料傳遞的狀況。
- TCP 中 **Windows 欄位**用來做流量控管。

TCP 建立連線

TCP 是**連接導向(Connection-oriented)**，也就是 TCP 傳送資料前，來源端與目的端要先做一些資訊交換，稱為**三向式交握 (Three-Way Handshake)**，如下圖所示，**SEQ** 表示電腦送出資料的序號，**ACK** 表示要收到對方資料的序號，例如：電腦 A 要送出資料的初始序號從 100 開始，此初始的序號要讓電腦 B 知道，相對的電腦 A 也要知道電腦 B 的初始序號，有了這些資訊 TCP 就可以做到資料可靠的傳送，所以 TCP 建立連線主要就是來源端與目的端在交換這些資訊。

請注意: TCP 建立連線是一種邏輯上的通道 (logical channel)，表示兩台電腦上的應用程式有個連線關係，但是不一定實體的連線是同一條線路。

圖表 2-13 TCP 建立連線

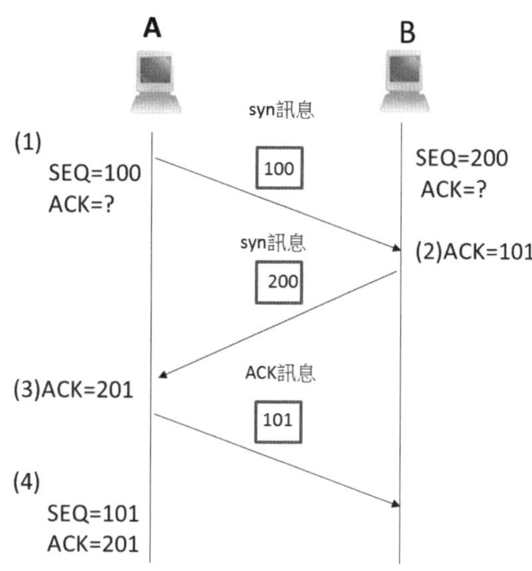

TCP 終止連線

TCP 要結束資料的傳送，也要做終止連線的動作，如下圖所示，電腦 A 要結束傳送資料，會先發送 **Flag 欄位為 FIN** 封包通知電腦 B，主要目的就是要確認是否還有資料未收到。

圖表 2-14 TCP 終止連線

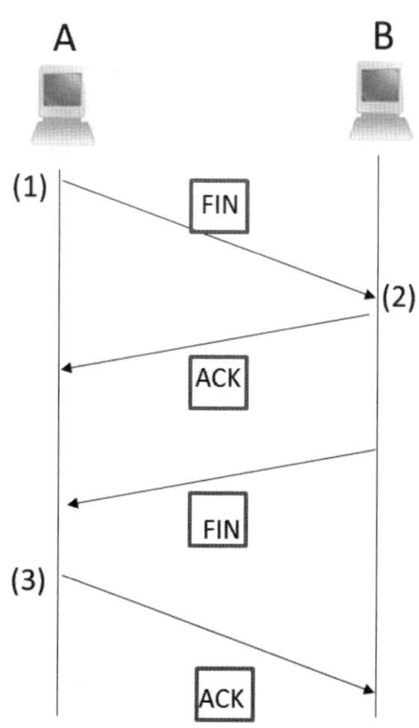

TCP 可靠傳送的作法 (接收端)

TCP 要控制可靠傳送主要是利用 **SEQ 及 ACK 欄位**的資訊，如下圖所示，電腦 A 傳送一筆資料 (101) 給電腦 B，資料 (101) 表示序號為 101 的資料，當電腦 B 收到此資料 (101)，會先跟電腦 B 中 ACK 的序號比較，以確定目前要收的資料序號就是 101，所以電腦 B 確認無誤後就將資料 (101) 收下，並調整 ACK 為 102 表示下次收到的資料序號要 102，但在電腦 B 收到資料 (103) 時，此時電腦 B 的 ACK 為 102，這時候電腦 B 就可以判斷有一筆資料 (102) 還沒收到，此時電腦 B 就可以要求電腦 A 重送資料 (102)，如此就可以由接收端來做可靠的傳送機制。

圖表 2-15
TCP 可靠傳送的做法一

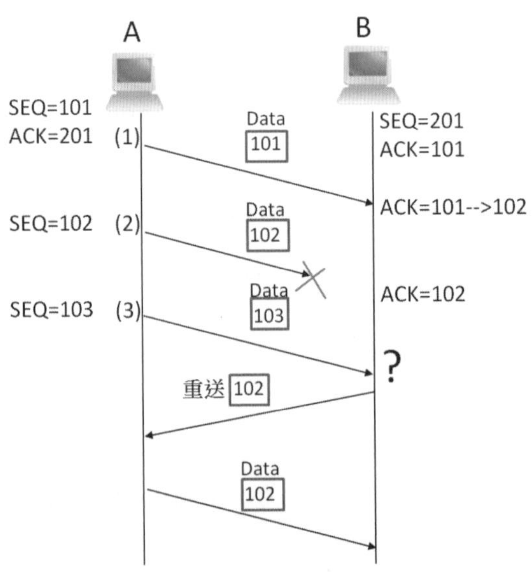

TCP 可靠傳送的作法 (傳送端)

另外電腦 A 如何知道電腦 B 已經收到資料，電腦 A 必須等待電腦 B 的 ACK 封包來確認，如下圖所示，電腦 A 送出資料 (101) 給電腦 B，電腦 B 收到後必須回 ACK (101) 給電腦 A，以讓電腦 A 確認電腦 B 已經收到資料 (101)，但是在電腦 A 傳送資料 (102) 給電腦 B 時，電腦 A 等不到電腦 B 的 ACK (102)，電腦 A 就判斷資料 (102) 傳送失敗，之後電腦 A 再重送一次資料 (102)，這就是由傳送端來做到可靠傳送機制，但這種傳遞機制會影響傳送的速度，因為傳送端只要傳送一筆資料就要等待接收端的 ACK。

圖表 2-16
TCP 可靠傳送的做法二

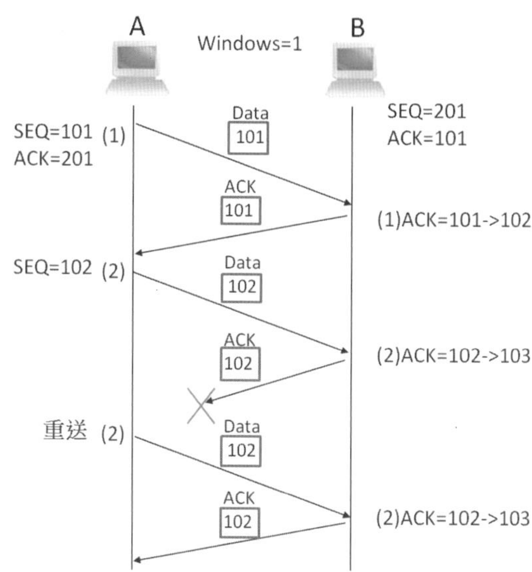

TCP 流量控管作法

如何讓 TCP 的傳送速度加快，這就要控制接收端回 ACK 封包的數目，TCP 中有個 **Windows 欄位**就是來控制 ACK 封包的數目，如上圖所示，當 Windows 設定為 1 時，表示接收端每收到一筆資料就要回一個 ACK 封包，這樣傳送速度當然會慢。

如下圖所示，TCP 把 Windows 調整為 2，這樣接收端收到兩筆資料才需要回一個 ACK 封包，如此傳送速度可以提升，所以 TCP 就是調整 Windows 欄位來做到流量的控管，一般在網路流量很好的情況下 TCP 就會調大 Windows 欄位，如果網路開始壅塞或傳輸品質不好時，TCP 就會調小 Windows 欄位。

圖表 2-17
TCP 中 Windows 的作用

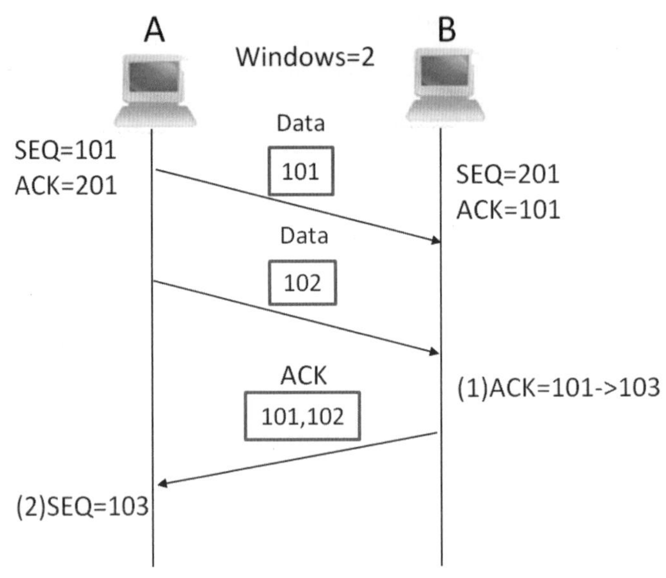

傳輸層的 Port Addressing 作用

傳輸層的 Port Addressing 又稱為 **L4 的定址**，不管是 TCP 還是 UDP 都會有此功能，在 TCP 與 UDP 的表頭檔都有 **source port** 與 **destination port** 的欄位，用這兩個欄位就可以做到所謂的 Port Addressing 功能，以下說明這個功能。

PC1 傳送應用程式資料

如下圖所示，PC1 開啟兩個視窗，一個視窗要使用 E-mail 服務，另一個視窗要使用 HTTP 服務，當電腦開啟視窗的時候，作業系統會給視窗一個獨一無二的編號，如此電腦就可以根據此編號來辨識那一個視窗，所以當 E-mail 要送出資料給 Server 時，此時 source port 欄位要填入視窗編號為 1234，destination port 欄位填入 E-mail 的應用程式編號 25，另外 HTTP 要送出資料也是一樣，source port 欄位為 5678，destination port 欄位為 80。

圖表 2-18
TCP 中 Port Address 的作法一

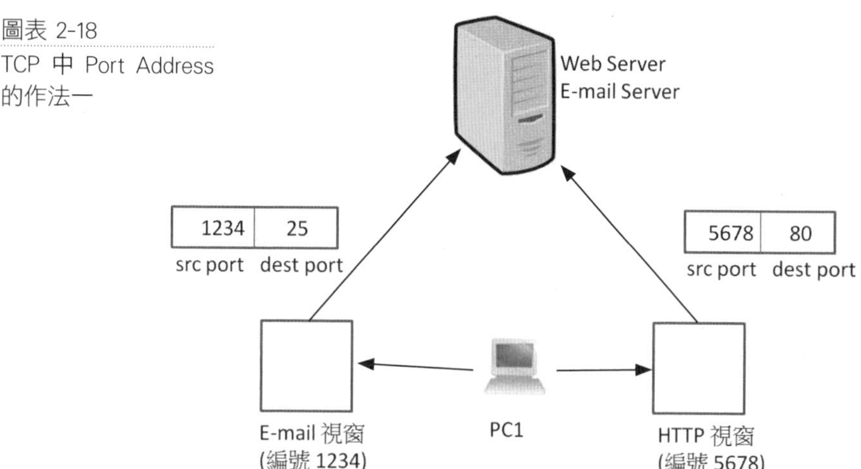

PC1 收到應用程式資料

目前 PC1 開啟兩個視窗，當 PC1 收到一筆應用程式的資料時，要顯示在哪一個視窗，這時候 Port Address 就有用處了，如下圖所示，當 Server 先回應 HTTP 的請求時，這時候 Server 會將原來收到的 HTTP 請求封包中的 source port 欄位內容與 destination port 欄位內容對調，也就是 Server 回應 HTTP 的封包中 **source port 欄位為 80，destination port 欄位為 5678**，如此當 PC1 收到此封包的時後，就會查看 destination port 欄位為 5678。這個就是送出 HTTP 請求的視窗，因此就將 HTTP 回應的資料顯示在 5678 的視窗，這樣就不會顯示在其它視窗中，這就是 Port Address 功能。

圖表 2-19
TCP 中 Port Address 的作法二

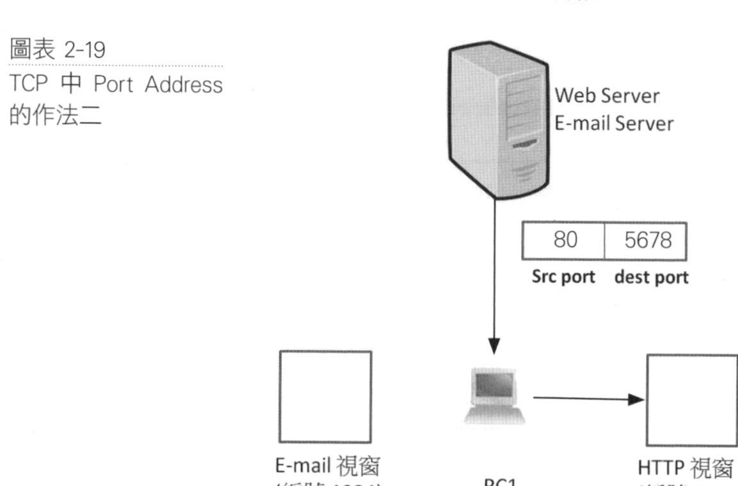

目前已經學習到三種位址 (Address)，也就是 MAC 位址、IP 位址與 Port 位址，在封包資料中的這三種位址都有各自的功能：

1. IP 位址是用來繞送封包資料到目的網路。
2. 當封包資料到達目的網路後，MAC 位址工作要將封包資料傳送到目的電腦。
3. 當目的電腦收到封包資料後，電腦要靠 Port 位址判斷資料顯示在哪一個視窗。

2.4 網路層

主要負責傳送資料的來源端與目的端的定址 (IP) 及選擇傳送資料路徑，其表頭檔如下圖，當資料從傳輸層往下傳送到網路層時，就要將下圖的表頭檔封裝到資料中。

圖表 2-20 網路層 IPv4 表頭檔

<table>
<tr><td>Version</td><td>IHL</td><td>Type of Service</td><td colspan="2">Total Length</td></tr>
<tr><td colspan="3">Identification</td><td>Flag</td><td>Fragment offset</td></tr>
<tr><td colspan="2">Time to Live</td><td>Protocol</td><td colspan="2">Header Checksum</td></tr>
<tr><td colspan="5">Source Address</td></tr>
<tr><td colspan="5">Destination Address</td></tr>
<tr><td colspan="3">Options</td><td colspan="2">Padding</td></tr>
</table>

網路層在傳送使用者資料的通訊協定包括以下幾種，其中 IPv4 為我們目前主要用的網路層協定。

- Internet 通訊協定第四版 (IPv4)。
- Internet 通訊協定第六版 (IPv6)。

- Novell 互連網路封包交換通訊協定 (IPX)。
- AppleTalk。
- 非連結導向網路服務 (CLNS/DECNet)。

以下是網路層 IPv4 表頭檔中的各個欄位功能介紹：

- **Version**：IP 的版本。
- **IHL (Internet Header Length)**：標頭檔的長度。
- **Type of Service(ToS)**：服務類型欄位用於確定每個封包的服務類型，以便定義優先順序，此欄位主要用於服務品質 (QoS) 機制。
- **Total Length**：包含 IP 標頭檔和 payload 的長度，payload 為載送上層協定 (例如：TCP 或 UDP)的資料。
- **Identification**：資料發送端對 IP 資料封包設定的辨識碼，接收端可依此代碼來辨認封包。
- **Flag**：提供封包分割的控制訊息。
- **Fragment offset (片偏移量)**：當傳送資料封包遇到頻寬較小時必須將封包分割為較小的片段，此欄位記錄封包被分割後的位移值。
- **Time to Live (TTL) 存活時間**：表示封包的剩餘傳送時間，其運作為封包每經一個路由器時，TTL 值便至少減一，當該值變為零時，路由器會丟棄封包並從網路資料流中將其刪除。
- **Protocol 通訊協定**：表示封包傳送的資料乘載類型，網路層參照通訊協定欄位將資料傳送到對應的上層通訊協定，常見的值有 01 表示 ICMP，06 表示 TCP 及 17 表示 UDP。
- **Header Checksum**：表頭檔資料檢查碼，檢查標頭檔訊息的傳送是否正確。
- **Destination Address**：IP 目的位址欄位包含一個 32 位元二進位值，代表封包目的主機的網路層位址。

- **Source Address**：IP 來源位址欄位包含一個 32 位元二進位值，代表封包來源主機的網路層位址。
- **Options(OPT)**：為選擇性欄位，需要時才用到，一般提供除錯與測試的訊息。
- **Padding**：接在 OPT 欄之後，用 0 填補使 IP 標頭總長度為 32 bits 的整數倍。

在 Protocol 欄位是記錄 IP 所乘載其它網路協定的資料，所以每個網路協定都會有自己的編號，稱為**協定編號(Protocol Numbers)**，由 IANA 組織在管理。請 Google "IANA protocol number"，可以查詢到 IANA 管理的所有協定編號。

請注意協定編號與應用程式**服務編號 (Port Numbers)** 是不一樣。

請注意路由器主要處理 IP 表頭檔來做繞送功能，因此路由器又稱為第三層網路設備，當然路由器也具備處理第二層表頭檔能力。

2.5 資料連接層

資料連接層主要功能控制如何使用網路媒介控制和錯誤檢測之類的各種技術將資料放置到媒體上，在區域網路中資料連接層主要以乙太網路 (Ethernet) 協定，其表頭檔如圖 2-4 所示，其中 Destination MAC Address 與 Source MAC Address 表示媒體存取控制 (MAC, Media Access Control) 位址，此 MAC 提供媒介的存取的控制方式，例如：第 1 章提到的 CSMA/CD。

另外在 WAN 中的資料連接層會有不同的協定，例如：HDLC、PPP、Frame-Relay 等等，在第 19 章 WAN 章節中會有詳細介紹。

請注意 Switch 需要解析 L2 表頭檔資訊來轉送資料，因此 Switch 稱為第二層設備，Router 能夠解析 L3 表頭檔資訊，又稱為 L3 設備，而 HUB 無須解析任何表頭檔，因此 HUB 稱為第一層設備。

2.6 使用 Wireshark 來觀察網路模型

本章節將介紹 Wireshark 軟體來觀察網路協定的封包，如此可以更貼切真實網路運作。Wireshark 是一套捕捉封包的軟體，並且可以看到封包中網路模型的表頭檔資訊。藉由觀察及分析封包中表頭檔資訊，對於網路運作可以有更進一步的了解，下圖為 Wireshark 的官方網站，軟體也是從這邊下載。

圖表 2-21 Wireshark 官網 (http://www.wireshark.org/)

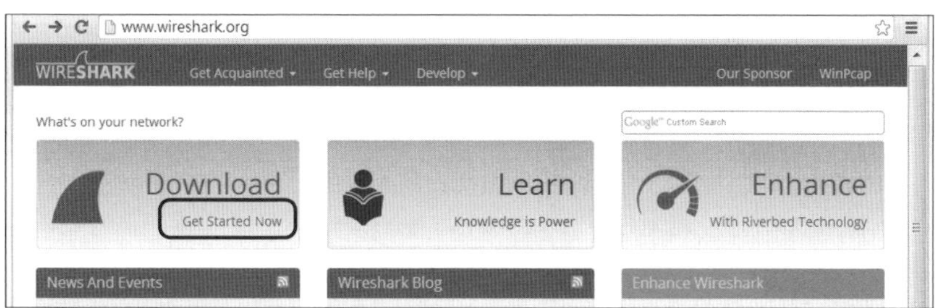

開啟 Wireshark

下圖所示為 Wireshark 的主畫面，先在 ❶ 選擇要捕捉封包的網路卡，之後在 ❷ 執行開始捕捉封包。

圖表 2-22 Wireshark 主畫面即開始捕捉封包

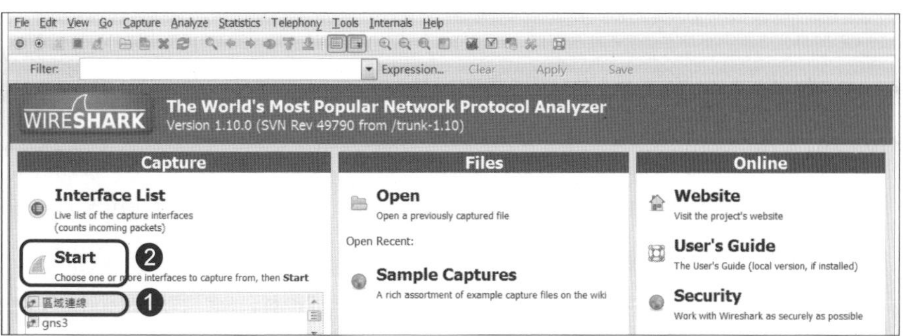

Wireshark 捕捉到的封包

Wireshark 會捕捉網路卡送出及收到的所有各種封包，如下圖所示，讀者可以選擇任何一個封包，其對應的網路模型的表頭檔資訊就會顯示在下面。由於捕捉到的封包種類太多，所以必須過濾要觀察的封包種類，這樣才能清楚的看到要觀察的目標封包。

圖表 2-23 Wireshark 捕捉到的封包

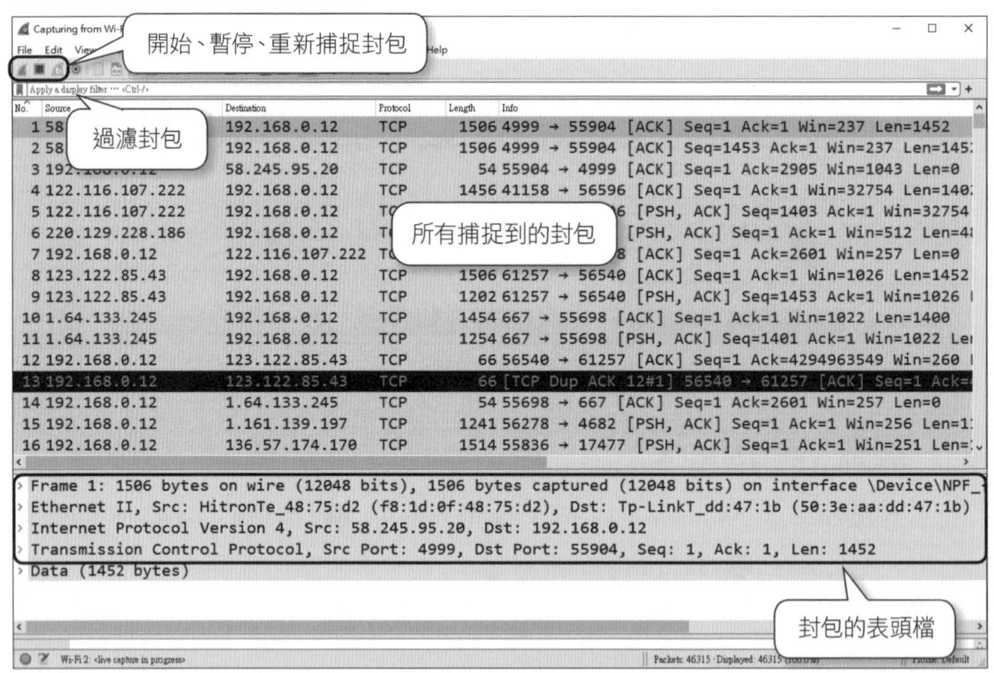

查看 HTTP 封包的網路模型

我們在過濾封包的地方輸入 http，如此 Wireshark 只會顯示 HTTP 的封包，如下圖所示，接著選擇一筆 HTTP 封包來觀察其網路模型，在此 HTTP 封包的網路模型中有 L2、L3、L4 的表頭檔，我們點選 Transmission Controll Protocol (TCP) 將 L4 表頭檔展開，觀察 Destination port 為 80，確定此封包為 HTTP 應用程式的資料。

圖表 2-24 選擇一筆 HTTP 封包來觀察表頭檔資訊

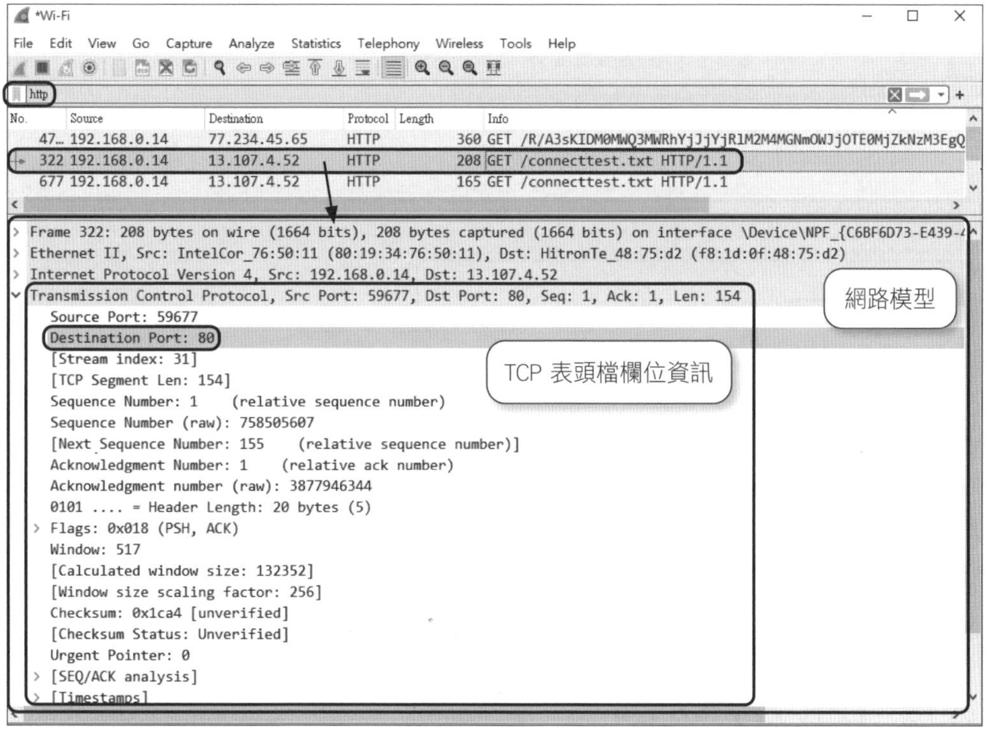

```
*Wi-Fi
File Edit View Go Capture Analyze Statistics Telephony Wireless Tools Help
http
No.  Source        Destination   Protocol Length Info
47…  192.168.0.14  77.234.45.65  HTTP     360 GET /R/A3sKIDM0MWQ3MWRhYjJjYjR1M2M4MGNmOWJjOTE0MjZkNzM3EgQ
322  192.168.0.14  13.107.4.52   HTTP     208 GET /connecttest.txt HTTP/1.1
677  192.168.0.14  13.107.4.52   HTTP     165 GET /connecttest.txt HTTP/1.1
> Frame 322: 208 bytes on wire (1664 bits), 208 bytes captured (1664 bits) on interface \Device\NPF_{C6BF6D73-E439-4
> Ethernet II, Src: IntelCor_76:50:11 (80:19:34:76:50:11), Dst: HitronTe_48:75:d2 (f8:1d:0f:48:75:d2)
> Internet Protocol Version 4, Src: 192.168.0.14, Dst: 13.107.4.52
v Transmission Control Protocol, Src Port: 59677, Dst Port: 80, Seq: 1, Ack: 1, Len: 154
    Source Port: 59677
    Destination Port: 80
    [Stream index: 31]
    [TCP Segment Len: 154]
    Sequence Number: 1    (relative sequence number)
    Sequence Number (raw): 758505607
    [Next Sequence Number: 155    (relative sequence number)]
    Acknowledgment Number: 1    (relative ack number)
    Acknowledgment number (raw): 3877946344
    0101 .... = Header Length: 20 bytes (5)
  > Flags: 0x018 (PSH, ACK)
    Window: 517
    [Calculated window size: 132352]
    [Window size scaling factor: 256]
    Checksum: 0x1ca4 [unverified]
    [Checksum Status: Unverified]
    Urgent Pointer: 0
  > [SEQ/ACK analysis]
  > [Timestamps]
```

網路模型

TCP 表頭檔欄位資訊

查看 DNS 封包的網路模型

現在使用封包過濾的功能，選取只看 DNS 的封包，如下圖所示，選擇第一筆 DNS 封包來觀察網路模型內容，很清楚的看到 UDP 表頭檔的所有欄位資料，其中 Destination Port 53 表示 DNS 的應用服務，而 DNS 要詢問網域名稱為 www.google.com.tw，請讀者要將網路模型的表頭檔展開，才能看到內容。

在 Windows 的 DOS 模式下，可用 nslookup 來查詢 DNS 運作。例如：查詢網域名稱對應的 IP 位址。

圖表 2-25 選擇一筆 DNS 封包來觀察表頭檔資訊

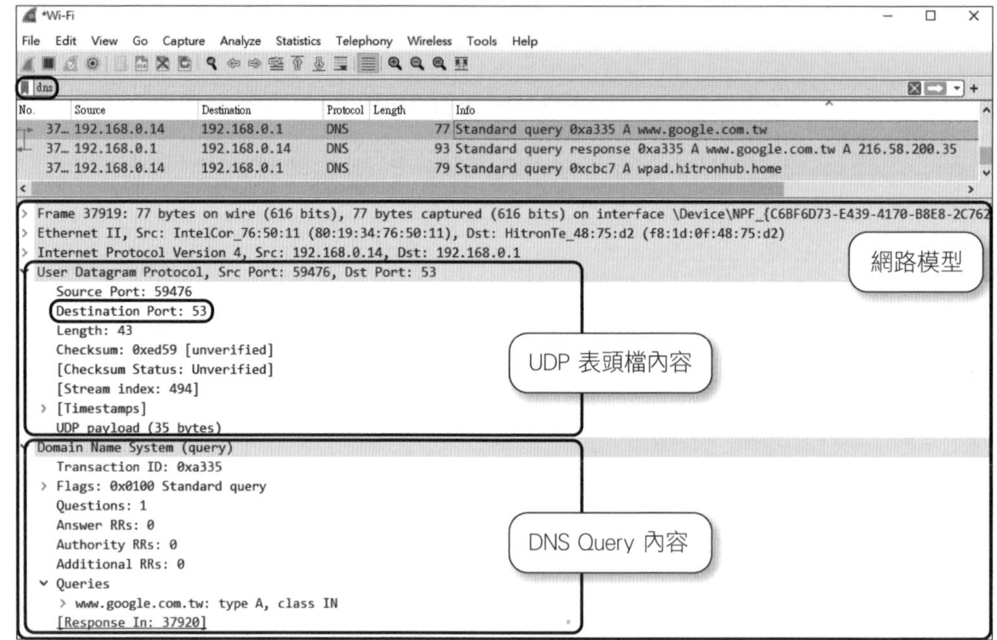

2.7 ICMP 協定

ICMP (Internet Control Message Protocol) 主要是用來回報網路狀況給管理者，管理者從 ICMP 回傳的資訊就可以判斷目前網路遭遇到的問題，我們使用 ICMP 網路架構來測試 ICMP 的運作。

圖表 2-26 ICMP 網路架構

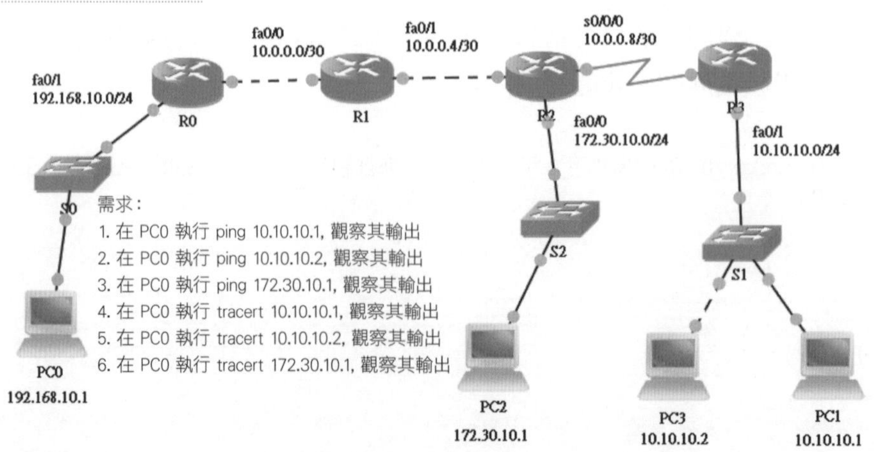

當應用程式產生資料透過 IP 協定來傳送時，網路層只是單純的將 IP 封包送出即完成任務，若在傳送過程中若發生問題，則是由 TCP 的協定來負責確認、重送等工作。

但在 IP 路由的過程中若發生問題，例如：路由器的路由表無法將 IP 封包傳送出去，必須要有一個機制將此狀況通知 IP 封包的來源端，ICMP 就是在做這樣的事情。因此 ICMP 屬於在網路層運作的協定，當作是 IP 的輔助協定，用來回傳網路中遭遇到的問題，也就是說在 IP 封包傳遞的過程中，若主機或網路設備有任何異常，就可以利用 ICMP 來傳送相關的資訊，下圖所示為常見的 ICMP 訊息種類代表的意思。

圖表 2-27
常見 ICMP 的 type 代表的意思

Type 欄位值	ICMP 封包類型
0	Echo Reply*
3	Destination Unreachable*
4	Source Quench*
5	Redirect*
8	Echo Request*
11	Time Exceeded for a Datagram*
12	Parameter Problem on a Datagram
13	Timestamp Request
14	Timestamp Reply

註：全部 ICMP Type 的定義,請參考
https://www.iana.org/assignments/icmp-parameters/icmp-parameters.xhtml
或 Google "IANA icmp types"。

請注意 ICMP 只負責報告問題，至於要如何解決問題則不是 ICMP 的管轄範圍。除了網路設定或主機可利用 ICMP 來報告問題外，網管人員也可利用適當的工具程式發出 ICMP 封包，以便測試網路連線或排解問題等等。常見的 ICMP 的工具有 **Ping** 與 **Traceroute**。

Ping 運作原理

Ping 是最常用來測試網路連線的工具，主要測試來源端與目的端的設備連線是否有通。Ping 的運作原理像是**迴音(echo)**，如果有聽到自己的迴

音就代表有網路有通，若沒有則代表網路發生問題，如下圖所示，PC1 與 PC2 的連線是否有正常，可以在 PC1 執行 **ping 192.168.10.2**，PC1 會產生一個 **Echo Request** 封包送往 PC2，此封包的 ICMP 中 type 值為 8，PC1 就等待 PC2 的**迴音(Echo Reply)**，當然有個等待的時間，超過等待時間沒有收到 PC2 的 Echo Reply 就代表網路連線沒通，如果在等待的時間內收到 PC2 的 Echo Reply 則表示網路連線正常。

圖表 2-28 ping 過程

Ping 過程

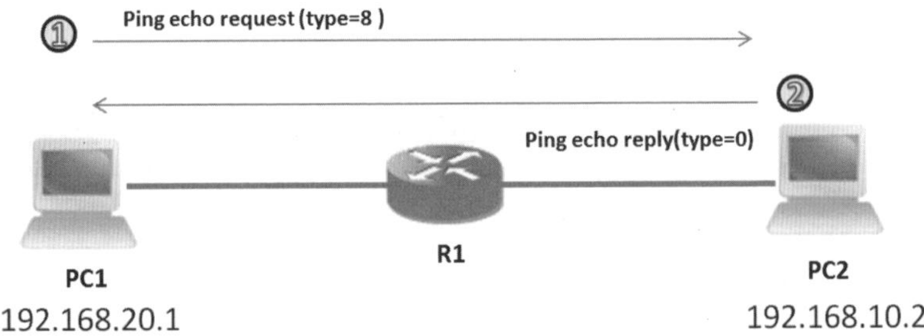

測試 PC0 ping PC1

PC0 執行結果如圖 2-29 所示，電腦預設會送出 4 個 ping echo request，只要有一個回應成功就表示網路連線正常，本範例第一個 ping 失敗，其它 3 個 ping echo request 都成功回應，以下是 ping 執行結果說明。

圖表 2-29 PC0 執行 ping 10.10.10.1

```
PC>ping 10.10.10.1

Pinging 10.10.10.1 with 32 bytes of data:

Request timed out.
Reply from 10.10.10.1: bytes=32 time=16ms TTL=124
Reply from 10.10.10.1: bytes=32 time=2ms TTL=124
Reply from 10.10.10.1: bytes=32 time=1ms TTL=124
                  ①          ②         ③        ④
Ping statistics for 10.10.10.1:
    Packets: Sent = 4, Received = 3, Lost = 1 (25% loss),
Approximate round trip times in milli-seconds:
    Minimum = 1ms, Maximum = 16ms, Average = 6ms
```

❶ **Reply from 10.10.10.1**：表示由 10.10.10.1 回應 PC0 的 ping request，要注意不要看到 Reply from 的字眼就認為是回應成功，必須注意看是不是由 ping 目的主機回應給你的，如果不是那就是網路出現問題。

❷ **bytes=32**：ping 封包大小。

❸ **time=1ms**：回應時間，時間越長表示網路有壅塞。

❹ **TTL=124**：預設 ping 封包的 TTL 為 128，請參考上圖，本範例回應的 TTL 剩 124，表示 ping Echo Reply 封包經過了 4 個路由器。

要注意的是通常第一次執行 ping 時第一個封包回應會是 Request timed out，這是因為路由器要執行 ARP 的原因，之後再執行 ping 同一部電腦就不會這種現象。

請注意：從 ping reply 的 TTL 值可以粗略判斷對方主機的作業系統，Windows TTL=128、Linux TTL=64、Cisco IOS=255，不過這都只是預設值，管理者還是可以調整 TTL 的值。

控制 ping 封包數目

另外如何控制 ping 封包數目，可以用 **-n** 參數來控制，例如：PC0 執行 **ping –n 100 10.10.10.1**，表示 PC0 產生 100 個 ping 封包給 PC1，如下圖所示，當 100 個 ping 封包送給 PC1，PC1 就要回應 100 次，如果 n 的數字很大，這樣就形成一種**阻斷服務（Denial-of-Service，簡稱 DoS）攻擊**效果，當 PC1 無法立即處理這些封包而導致癱瘓，這樣 PC1 就無法上網。或許你會懷疑這樣就有辦法癱瘓一台電腦，一對一的攻擊也許沒有效果，但如果是多對一的攻擊就不一樣了，也就是所謂的**分散式阻斷服務攻擊（distributed denial of service attacks，簡稱 DDoS 攻擊）**方式，讀者可以在多台電腦中執行 **ping –n 100 10.10.10.1**，如此就會看到有些 Request timed out 訊息，表示 PC1 來不及處理 ping 封包。

由於 ping 很容易變成攻擊工具，因此一般 Windows 系統的 ping echo reply 功能預設都是關閉，所以你在使用 ping 測試網路連線時，要確認對方電腦的 ping echo reply 功能是否有開啟。

圖表 2-30 PC0 執行 ping -n 100 10.10.10.1

```
PC>ping -n 100 10.10.10.1

Pinging 10.10.10.1 with 32 bytes of data:

Reply from 10.10.10.1: bytes=32 time=11ms TTL=124
Reply from 10.10.10.1: bytes=32 time=1ms TTL=124
Reply from 10.10.10.1: bytes=32 time=10ms TTL=124
Reply from 10.10.10.1: bytes=32 time=10ms TTL=124
Reply from 10.10.10.1: bytes=32 time=10ms TTL=124
Reply from 10.10.10.1: bytes=32 time=10ms TTL=124
Reply from 10.10.10.1: bytes=32 time=10ms TTL=124
Reply from 10.10.10.1: bytes=32 time=10ms TTL=124
Reply from 10.10.10.1: bytes=32 time=10ms TTL=124
Reply from 10.10.10.1: bytes=32 time=14ms TTL=124
Reply from 10.10.10.1: bytes=32 time=10ms TTL=124
Reply from 10.10.10.1: bytes=32 time=10ms TTL=124
```

測試 PC0 ping PC3

接著繼續測試 PC0 到 PC3 的連線狀況，PC0 執行 **ping 10.10.10.2**，其結果如下圖所示，4 個 ping 封包都是 Request timed out 訊息，那很肯定的是網路連線發生問題或主機故障，至於是哪一段網路有問題，就要進一步使用 **traceroute** 工具來檢測。

圖表 2-31 PC0 執行 ping 10.10.10.2

```
PC>ping 10.10.10.2

Pinging 10.10.10.2 with 32 bytes of data:

Request timed out.
Request timed out.
Request timed out.
Request timed out.

Ping statistics for 10.10.10.2:
    Packets: Sent = 4, Received = 0, Lost = 4 (100% loss),
```

測試 PC0 ping PC2

最後測試 PC0 到 PC2 的連線狀況，PC0 執行 **ping 172.30.10.1**，其結果如下圖所示：

圖表 2-32 PC0 執行 ping 172.30.10.1

```
PC>ping 172.30.10.1

Pinging 172.30.10.1 with 32 bytes of data:

Reply from 192.168.10.254: Destination host unreachable.
Reply from 192.168.10.254: Destination host unreachable.
Reply from 192.168.10.254: Destination host unreachable.
Reply from 192.168.10.254: Destination host unreachable.
              ①                             ②
Ping statistics for 172.30.10.1:
    Packets: Sent = 4, Received = 0, Lost = 4 (100% loss),
```

❶ 不要看到 Reply from 訊息就以為網路連線沒問題，要繼續看 Reply from 後面是誰回應給 PC0。此處中『**Reply from 192.168.10.254**』表示是 192.168.10.254 回應 PC0 的 ping 封包。

❷ 查看此 IP 是哪一個設備，此 IP 為 R0 中 fa0/1 的 IP，也就是 PC0 的預設閘道回應 **Destination host unreachable** 訊息給 PC0，依圖表 2-27 此訊息的 ICMP Type 值為 3，表示 R0 無法轉送 ping 封包到 PC2，這就是 routing 問題。

DOS 的 ping 其他常用參數說明及用法如下，參數可以單獨使用或搭配一起使用。

圖表 2-33 ping 常用參數說明及用法

參數	說明及用法
-t	ping 指定的主機，直到使用者中斷。若要查看統計資料並繼續，請按 Control-Break。若要停止，請按 Ctrl + C 。 例如：ping -t www.google.co.tw
-n	要傳送 ping 封包數目，預設傳送 4 個 ping 封包。 例如：ping -n 100 www.google.com.tw 送出 100 個 ping 封包，若要停止送出 ping 封包，請按 Ctrl + C 。
-l (小寫 L)	指定 ping 封包大小，預設為 32bytes。早期用於 Ping of death 網路攻擊，如果指定的 ping 封包太大，有些系統不會回應，目前的大部系統都已經解決 Ping of death 網路攻擊。 例如：ping -l 50 www.google.com.tw 送出 ping 封包大小為 50 bytes。
-f	在封包中設定 Don't Fragment 旗標 (僅 IPv4)，如此當 IP 封包超過 1500bytes 或 IP 封包遇到小頻寬就不會自我切割。此參數可以搭配指定 ping 封包大小，用來測試頻寬。 例如：ping -l 1501 -f www.google.com.tw 指定 ping 封包大小為 1501 bytes 並且不能自我切割，會出現訊息 "需要切割封包，但已設定 DF 旗標"。
-i	指定 ping request 的 TTL 值，DOS 預設的 ping 的 TTL 為 128，IOS 預設的 TTL 為 255。 例如：ping -i 2 www.google.com.tw 如此 ping request 封包的 TTL=2，ping request 封包無法到達 google 就出現逾時訊息 " TTL 在傳輸時到期"。
-S	指定 ping 封包的來源 IP 位址，預設使用網卡的 IP 當 ping 封包的來源位址。 例如：ping -S 192.168.10.1 www.google.com.tw ping 封包的來源 IP 為 192.168.10.1，出現訊息 "Ping www.google.com.tw [216.58.197.99] 從 192.168.10.1 (使用 32 位元組的資料)"。

在路由器的網路作業系統 (IOS) 執行 ping 結果

PC 與路由器執行 ping 的結果會不太一樣，如下圖所示為 R0 執行 **ping 10.10.10.1** 與 **ping 10.10.10.2** 的結果，路由器預設會送出 5 個 ping 封包，『!!!!!』表示回應成功，『.....』表示失敗。

圖表 2-34 Router 執行 ping 的結果

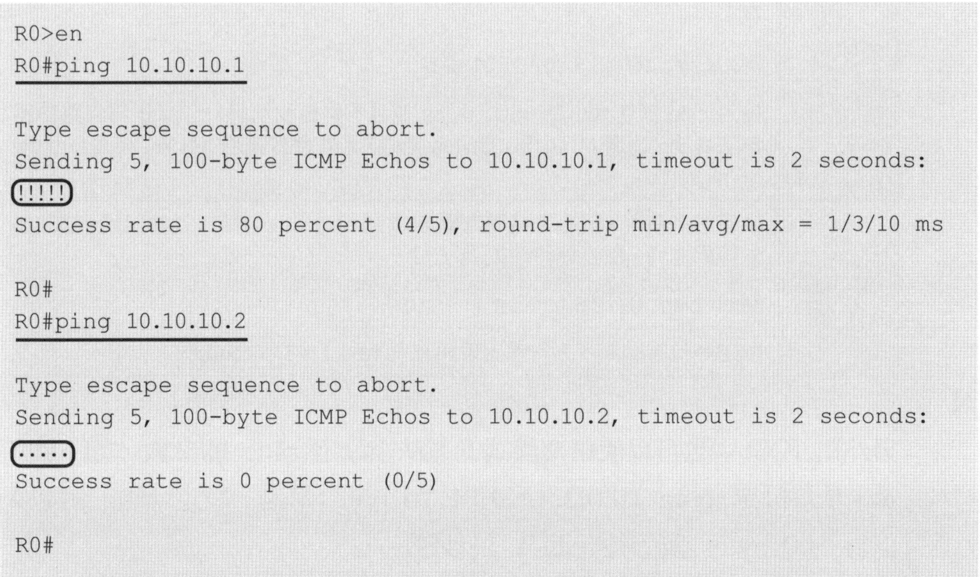

```
R0>en
R0#ping 10.10.10.1

Type escape sequence to abort.
Sending 5, 100-byte ICMP Echos to 10.10.10.1, timeout is 2 seconds:
!!!!!
Success rate is 80 percent (4/5), round-trip min/avg/max = 1/3/10 ms

R0#
R0#ping 10.10.10.2

Type escape sequence to abort.
Sending 5, 100-byte ICMP Echos to 10.10.10.2, timeout is 2 seconds:
.....
Success rate is 0 percent (0/5)

R0#
```

Cisco IOS 的 ping 其他常用參數說明及用法如下，參數可以單獨使用或搭配一起使用。

圖表 2-35 IOS 的 ping 常用參數說明及用法

參數	說明及用法
source	指定 ping 封包的來源 IP 位址，預設使用路由器的出口介面上的 IP 當 ping 封包的來源位址。 例如：ping 10.0.2.3 source 10.0.1.1 ping 封包的來源 IP 為 10.0.1.1，會多出訊息 "Packet sent with a source address of 10.0.1.1"。
size	指定 ping 封包大小，預設為 100 bytes。 例如：ping 10.0.2.3 size 200 送出 ping 封包大小為 200 bytes

參數	說明及用法
repeat	要傳送 ping 封包數目，預設傳送 5 個 ping 封包。 例如：ping 10.0.2.3 repeat 1000 送出 1000 個 ping 封包，若要停止送出 ping 封包，請按 Ctrl + Shift + 6 。
df-bit	IP 封包的 MTU(最大傳輸上限)是 1500 bytes ，如此當 IP 封包超過 1500bytes 或 IP 封包遇到小頻寬就會自我切割，如果使用此參數 IP 封包就不會進行自我切割。此參數可以搭配指定 ping 封包大小，用來測試頻寬。 例如：ping 10.0.2.3 size 1501 df-bit 指定 ping 封包大小為 1501 bytes 並且不能自我切割，此 ping 封包路由器無法送出，超過 MTU 1500 bytes 上限，另外會有訊息 "Packet sent with the DF bit set"。
timeout	設定等待時間，超過等待時間還未收到 ping reply 封包，就會出現例如：要求等候逾時，預設等待時間為 2 秒。 例如：ping 10.0.2.3 timeout 1 指定等待時間為 1 秒，會出現訊息 "timeout is 1 seconds"。

另外在 IOS 中也可以使用交談式的方法來設定 ping 的參數，如下圖所示，依序設定 ping 10.0.2.3，送出 10 ping 封包，設定 ping 封包大小為 500 bytes 及等待時間為 1 秒鐘。

圖表 2-36 以交談式方法來設定 ping 的參數

```
R1#ping
Protocol [ip]:
Target IP address: 10.0.2.3
Repeat count [5]: 10
Datagram size [100]: 500
Timeout in seconds [2]: 1
Extended commands [n]:
Sweep range of sizes [n]:
Type escape sequence to abort.
Sending 10, 500-byte ICMP Echos to 10.0.2.3, timeout is 1 seconds:
!!!!!!!!!!
Success rate is 100 percent (10/10), round-trip min/avg/max = 8/14/44 ms
R1#
```

DOS 下 ping google 網址

最後，我們在微軟 Windows 的 DOS 模式，執行 ping www.google.com.tw，其執行畫面如下。

圖表 2-37 在 windows 下 ping www.google.com.tw

使用 WireShark 看 ping 封包

接著來示範以 Wireshark 軟體捕捉實際在網路中傳送的 ICMP 封包，請記得要將封包過濾為 ICMP，否則會有很多種類的封包出現，如下圖所示，有捕捉到 ping echo request 及 ping echo reply 的封包，打開第一筆封包來查看封包的封裝內容，再將 **Internet Protocol (網路層)** 及 **Internet Control Message Protocol (ICMP)** 展開，在網路層可以看到預設的 **TTL 為 128** 及 **Protocol 號碼為 1**，在 ICMP 的 **type 欄位為 8**，表示此封包為 ping echo request 封包。

圖表 2-38 Wireshark 下看 ping 封包

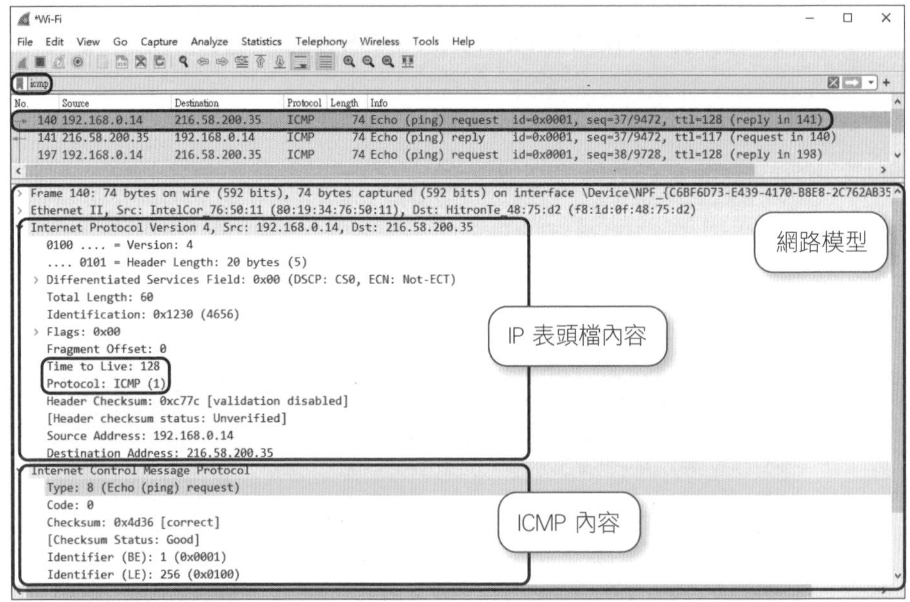

ICMP Type 與 Code 進階觀察

在上述範例中，PC0 ping PC2 會出現 ICMP Type 為 3 的錯誤通報，我們在 PC0 與 R0 之間，使用 Wireshark 捕捉 ICMP 封包來觀察 ICMP Type 為 3 的錯誤通報，如下圖所示。

圖表 2-39 ICMP Type 3 的錯誤通報

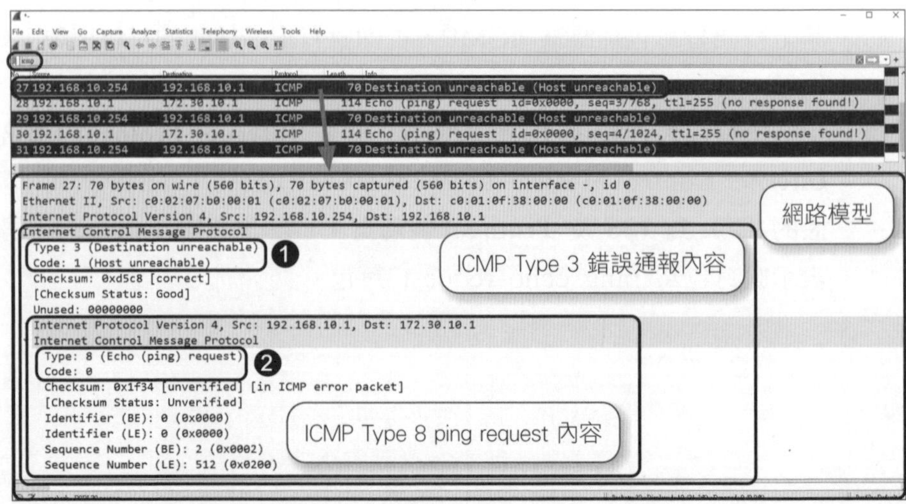

❶ 表示 ICMP Type 為 3 的錯誤，表示目的無法到達 (Destination unreachable)，而 Code 代碼表示 "目的無法到達" 的可能原因，每一種 ICMP Type 會有 0 個或數個的 Code 代碼，Type 為 3 的所有的 Code 代碼如下表所示，目前的 Code 為 1 表示 Host Unreachable。在此 ICMP Type 3 的錯誤通報內容中，有附加之前的 ICMP Type 8 ping request 內容，所以整個網路模型中會有兩個 IP 表頭檔，但路由器只會使用外層的 IP 表頭檔作為繞送資訊，此部分在 chapter 14 的 VPN 章節會特別介紹。

❷ 為原始的 PC0 ping PC2 的 ICMP 內容，Type 為 8 表示 ping request 封包，此 Type 8 不是錯誤通報，此處的 Code 為 0 表示沒有 Code。詳細的 ICMP Type 與 Code，請 Google "IANA icmp types" 查詢。

圖表 2-40 ICMP Type 3 的 Code 代碼意義

Code	原因
0	Net Unreachable
1	Host Unreachable
2	Protocol Unreachable
3	Port Unreachable
4	Fragmentation Needed and Don't Fragment was Set
5	Source Route Failed
6	Destination Network Unknown
7	Destination Host Unknown
8	Source Host Isolated
9	Communication with Destination Network is Administratively Prohibited
10	Communication with Destination Host is Administratively Prohibited
12	Destination Host Unreachable for Type of Service
13	Communication Administratively Prohibited
14	Host Precedence Violation
15	Precedence cutoff in effect

Traceroute 的作用

ping 只會顯示來源端與目的端的網路連線結果，而 **Traceroute 會顯示經過的路由器的 IP**，如下圖所示，PC1 使用 traceroute PC2，若 PC1 與 PC2 有連線成功，則會顯示 R1、R2 與 R3 的 IP，如果 PC1 與 PC2 網路連線不通，則也會顯示到那一個路由器不通，這樣就有更多的資訊可以知道網路在哪一部份斷掉。

Traceroute 原理

Traceroute 如何做到顯示經過的路由器，這也是使用 ping 的機制，如下圖所示，第一次 PC1 送出 ping request 封包給 PC2，但 TTL 設定為 1，當 ping request 到達 R1 時，TTL 為 0，此時 R1 就必須丟棄 ping request 封包，並回 ping error message 給 PC1，如此 PC1 就得到 R1 的 IP 為 192.168.10.2。

第二次 PC1 再送出 ping request 封包給 PC2，TTL 就設定為 2，所以 ping request 封包到 R2 就被丟棄，R2 回應 ping error message 給 PC1，PC1 又可以知道 R2 的 IP 為 172.30.10.2。

第三次再把 TTL 設成 3，這樣 PC1 就可以知道第三個路由器的 IP。如果過程有網路不通，此時就可知道網路通到哪一個路由器，之後再做進一步的檢查。

請注意 TTL 為 0 的 ICMP 錯誤通報為 Type 11 及 Code 0。

圖表 2-41 Trace route 過程

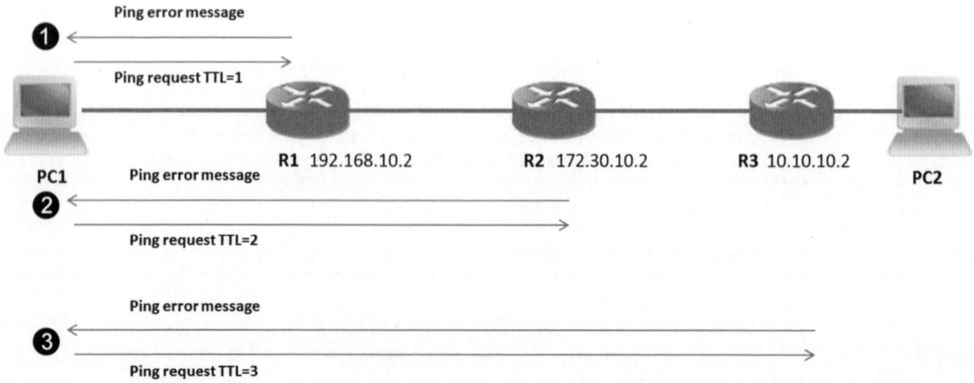

Ping error message
❶
Ping request TTL=1
PC1
R1 192.168.10.2
R2 172.30.10.2
R3 10.10.10.2
PC2
Ping error message
❷
Ping request TTL=2
Ping error message
❸
Ping request TTL=3

在 PC0 執行 Traceroute PC1

我們繼續使用 ICMP 網路架構來觀察 Traceroute 運作過程。

當 **PC0** 執行 **tracert 10.10.10.1** 完畢後如下圖所示，第一次經過的路由器為 192.168.10.254，而且是使用三個 ping 封包來追蹤，路由器的回應 IP 只會以 ping 封包進入該路由器中 port 的 IP 位址，當作回應的來源 IP 位址，例如：192.168.10.254 為 R0 中 f0/1 的 IP 位址，此為 ping 封包進入到 R0 的 port。第二次經過的路由器為 10.0.0.2，所以總共經過 4 個路由器，最後一個表示 PC1。

請注意每一次會送出 3 個 ping 封包，所以 TTL 為 1 的封包會有三個，第二次也是一樣，請讀者觀察。

圖表 2-42 在 PC0 執行 tracert 10.10.10.1

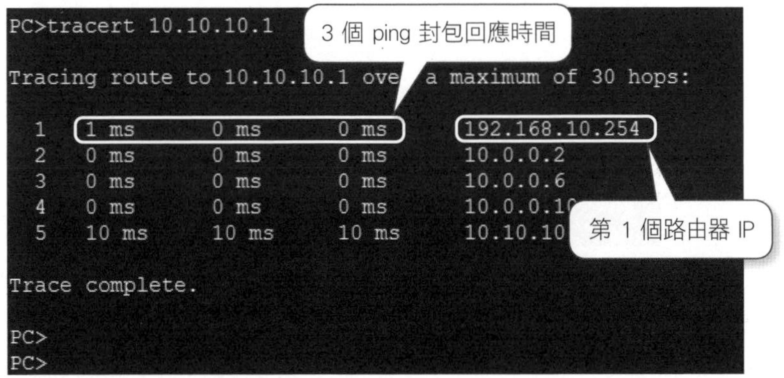

```
PC>tracert 10.10.10.1

Tracing route to 10.10.10.1 ove  a maximum of 30 hops:

  1   1 ms      0 ms      0 ms      192.168.10.254
  2   0 ms      0 ms      0 ms      10.0.0.2
  3   0 ms      0 ms      0 ms      10.0.0.6
  4   0 ms      0 ms      0 ms      10.0.0.1
  5   10 ms     10 ms     10 ms     10.10.10

Trace complete.

PC>
PC>
```


PC0 Traceroute PC3

在 PC0 執行 **tracert 10.10.10.2**，結果如下圖所示，很明顯可以觀察到 10.0.0.10 以後就一直無法成功回應，這表示網路連線到 10.0.0.10 是沒問題，在標示的地方『**over a maximum of 30 hops**』表示 tracert 會執行 30 次，若還是沒有回應就停止。請注意『*』表示該 ping 封包沒有回應。

圖表 2-43
PC0 tracert 10.10.10.2

```
PC>tracert 10.10.10.2

Tracing route to 10.10.10.2 over a maximum of 30 hops:

  1   0 ms      1 ms      0 ms      192.168.10.254
  2   0 ms      0 ms      0 ms      10.0.0.2
  3   0 ms      0 ms      0 ms      10.0.0.6
  4   2 ms      11 ms     1 ms      10.0.0.10
  5   *         *         *         Request timed out.
  6   *         *         *         Request timed out.
  7   *         *         *         Request timed out.
  8   *         *         *         Request timed out.
  9   *         *         *         Request timed out.
```

PC0 Traceroute PC2

最後在 PC0 執行 **tracert 172.30.10.1**，結果如下圖所示，tracert 只能到達 192.168.10.254 這個路由器，後面就無法連通，此狀況是 R0 有問題，所以只要先檢查 R0 的設定。

圖表 2-44
PC0 tracert 172.30.10.1

```
PC>
PC>tracert 172.30.10.1

Tracing route to 172.30.10.1 over a maximum of 30 hops:

  1   1 ms      0 ms      0 ms      192.168.10.254
  2   0 ms      *         0 ms      192.168.10.254
  3   *         0 ms      *         Request timed out.
  4   0 ms      *         0 ms      192.168.10.254
  5   *         1 ms      *         Request timed out.
  6   0 ms      *         0 ms      192.168.10.254
  7   *         0 ms      *         Request timed out.
  8   0 ms      *         0 ms      192.168.10.254
```

R0 traceroute 10.10.10.1

路由器也可以執行 traceroute 動作，但要特別注意的是路由器的 IOS 指令與 DOS 的指令不一樣，DOS 的指令是 **tracert**，而路由器是 **traceroute**，這兩個指令的用法是一樣的，下圖為在路由器執行 traceroute 的結果。

圖表 2-45 R0 traceroute 10.10.10.1

```
R0>en
R0#traceroute 10.10.10.1
Type escape sequence to abort.
Tracing the route to 10.10.10.1

  1   10.0.0.2       0 msec    0 msec    0 msec
  2   10.0.0.6       0 msec    0 msec    0 msec
  3   10.0.0.10      1 msec    0 msec    1 msec
  4   10.10.10.1     10 msec   10 msec   1 msec
R0#
```

DOS Tracert google 網址

我們也實際在 Windows 電腦中 DOS 執行 tracert www.google.com.tw，如下圖所示，值得觀察的是回應時間如果突然增加很多，這表示該路由器負荷太重不然就是該路由器在國外。

圖表 2-46 tracert www.google.com.tw

```
命令提示字元
Microsoft Windows [版本 10.0.19042.1110]
(c) Microsoft Corporation. 著作權所有，並保留一切權利。

C:\Users\cm>tracert www.google.com.tw

在上限 30 個躍點上
追蹤 www.google.com.tw [172.217.24.3] 的路由:

  1     8 ms     3 ms     1 ms  hitronhub.home [192.168.0.1]
  2     9 ms    11 ms     9 ms  10.104.128.1
  3     9 ms    13 ms    18 ms  10.102.254.121
  4    15 ms    11 ms    12 ms  10.102.254.1
  5    13 ms    18 ms    13 ms  10.4.48.37
  6    10 ms    10 ms    17 ms  209.85.174.68
  7    13 ms    10 ms    12 ms  108.170.244.33
  8    14 ms    14 ms    12 ms  209.85.254.233
  9    12 ms    12 ms    12 ms  tsa01s07-in-f3.1e100.net [172.217.24.3]

追蹤完成。

C:\Users\cm>
```

請注意 DOS 為 tracert 指令，而 IOS 為 traceroute 指令。

使用 WireShark 觀察 tracert

最後我們將上述在 DOS 模式下執行 tracert www.google.com.tw 過程，使用 Wireshark 捕捉 ICMP 封包來觀察。如下圖所示，目前 tracert 使用 ping 封包在做測試，第一次使用 3 個 TTL=1 的 ping 封包來測試第一台路由器的 IP 位址。我們打開 ICMP 錯誤通報的封包來觀察，此為 ICMP Type 11 與 Code 0 的錯誤通報，表示 TTL 逾時錯誤。在 ❶ 的地方表示發出 ICMP Type 11 錯誤通報封包的 IP 位址，此為第一台路由器的 IP 位址為 192.168.0.1。另外在 ICMP Type 11 錯誤通報內容中，也可以觀察到之前的發生錯誤的封包種類，目前是 ICMP Type 8 的 ping request 封包。

圖表 2-47 DOS 下執行 tracert

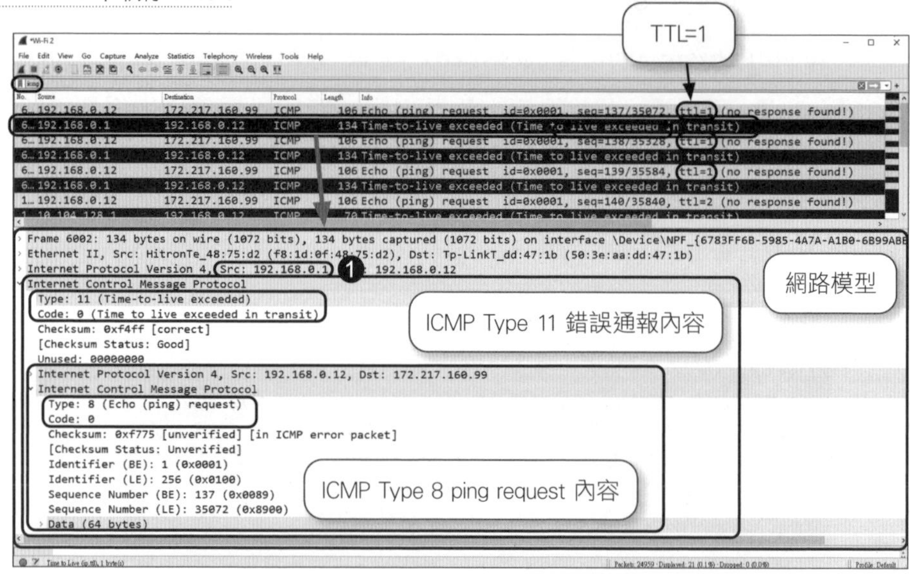

請注意有些系統會使用 UDP 的封包來修改 TTL 的值來達到 Tracert 的效果。

2.8 ARP 協定

本節將說明 MAC 與 IP 位址之間的目的與關係，ARP 協定是由 IP 位址找尋對應的 MAC，其運作原理也一併會介紹，我們使用以下 IP 與 MAC 的網路架構來說明 ARP 的運作。

圖表 2-48 IP 與 MAC 網路架構

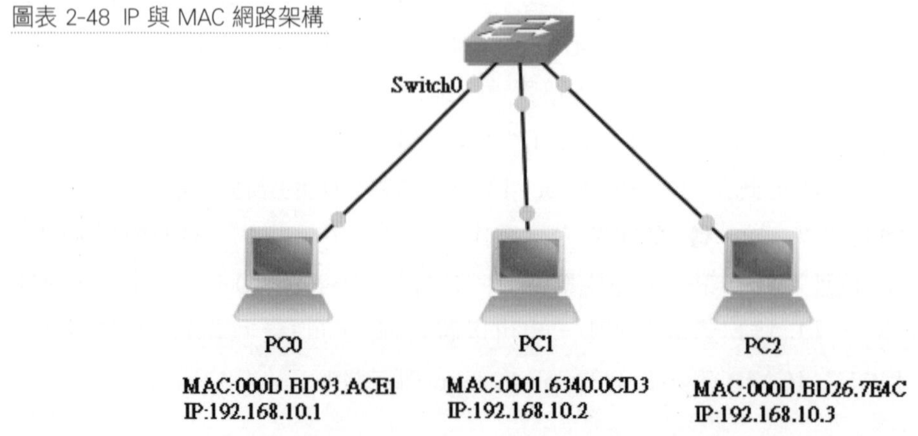

IP 位址與 MAC 位址作用

在第 1 章已經介紹 IP 位址與 MAC 位址，IP 位址有時會稱為 L3 位址，而 MAC 位址稱為 L2 位址，這兩個位址都有其作用，也常常讓很多人混淆。IP 位址目的僅是在辨識電腦在哪一個網路區域，而在一個網路區域中資料要傳送到目的電腦是要使用 MAC，就如同交換器的運作是依靠 MAC，所以交換器又稱為 L2 設備，但是集線器看不懂 MAC，所以集線器又稱為 L1 的設備。

但是同一個網路區域下，要電腦送出資料時，使用是目的電腦的 IP，而不是 MAC 位址，這是為甚麼？

例如當 PC0 要 ping PC2，如下圖所示，此時會在 PC0 執行 **ping 192.168.10.3**，PC2 就會回應 PC0，這裡完全沒用到 PC2 的 MAC，PC0 就可以與 PC2 連通。不過這只是表面看到的現象，其實 PC0 還是有使用到 PC2 的 MAC，這樣 ping 封包才算是完整封包。

請注意：任何種類的封包，L2 表頭檔一定要封裝，而 L3 或 L4 表頭檔就不一定要封裝到封包中。例如：ICMP 封包沒有 L4 表頭檔、ARP 封包只有 L2 表頭檔等等。

圖表 2-49
PC0 ping PC2 的情況

```
PC>
PC>ping 192.168.10.3

Pinging 192.168.10.3 with 32 bytes of data:

Reply from 192.168.10.3: bytes=32 time=1ms TTL=128
Reply from 192.168.10.3: bytes=32 time=0ms TTL=128
Reply from 192.168.10.3: bytes=32 time=0ms TTL=128
Reply from 192.168.10.3: bytes=32 time=0ms TTL=128
```

ARP 協定運作

ARP (Address Resolution Protocol) 協定的功能就是給定一個同網路的電腦 IP 位址，這個協定會找出有該 IP 的電腦 MAC，當在 PC0 執行 **ping 192.168.10.3**，PC0 會先執行 ARP 就可以得到 192.168.10.3 所對應的 MAC 為 000D.BD26.7E4C，有了 PC2 的 MAC，PC0 的資料就可以透過交換器送到 PC2。ARP 的運作有三個步驟：

1. 來源電腦發送**廣播資料**，含要尋找的目的 IP。(本範例由 PC0 發出廣播資料尋找目的 IP 192.168.10.3)

2. 同一網路下的電腦收到廣播資料後，比對本身的 IP 與廣播資料中要尋找的目的 IP。(本範例 PC1 與 PC2 都會收到廣播資料並做比對工作)

3. 比對正確的電腦回應本身的 MAC 給來源電腦。(本範例由 PC2 回應本身 MAC：000D.BD26.7E4C 給 PC0)

Gratuitous ARP (GARP)

GARP 為本地電腦自己送出的 ARP 封包 (source ip：本地電腦的 IP，source mac：本地電腦的 MAC)，其主要目的有下列幾種情況:

1. 當網路卡重啟或 MAC 位址變動時，本地電腦主動通知同一個網路下的電腦，本地電腦的 IP 位址所對應的 MAC 位址為何，如此可以快速去更新其他電腦的 ARP Table，也可以通知 switch 更新本地電腦的 MAC 位置對應的 port。

2. 也可以用於 DHCP 偵測 IP 位址是否有衝突。

3. 每當網路設備的 Port 啟動時也會送 GARP，但如果常常有 GARP 出現，可能表示接線品質不佳。

另外一種 RARP (Reverse Address Resolution Protocol, RARP) 則是透過 MAC Address 來尋找 IP Address。

ARP 暫存查詢與刪除

當 ARP 已經有詢問目的 IP 的 MAC 位址後，會將目的 IP 對應的 MAC **暫存起來(Cache)**，下次來源電腦又要使用相同的 IP 時，就不會執行 ARP，會直接使用暫存的資料。當在電腦的 DOS 模式使用 **arp –a** 來查詢 ARP 暫存資料，如下圖所示：

圖表 2-50
ARP 暫存資料

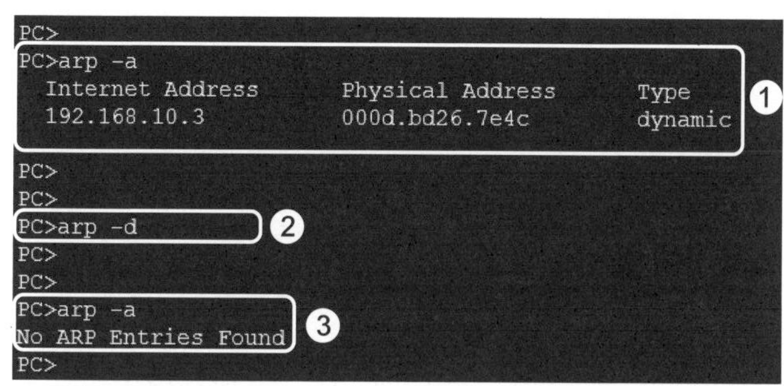

❶ 表示 PC0 剛剛有使用 ARP 詢問 192.168.10.3 的 MAC 位址，因此 PC0 會暫存 192.168.10.3 對應 000d.bd26.7e4c。另外 **Type 欄位為 dynamic** 表示此筆對應是使用 ARP 學習到的，管理者也可以自行加入 IP 與 MAC 的對應，此時 Type 欄位就會是 **static**。

❷ 使用 **arp –d** 為刪除 ARP 暫存資料。

❸ 再查詢一次 ARP 暫存資料，已經沒有 ARP 資料。

靜態 ARP 對應

IP 與 MAC 的對應也可以手動加入，使用 **arp –s** 指令，如下圖所示：

圖表 2-51 手動加入 IP 與 MAC 的對應

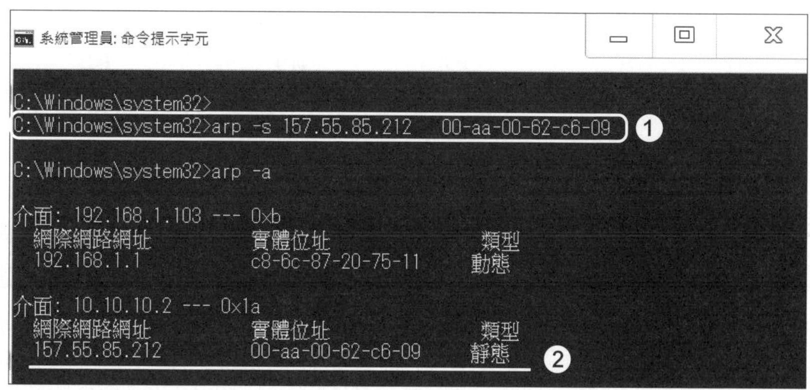

❶ 手動將 157.55.85.212 與 00-aa-00-62-c6-09 對應加入到 ARP 暫存資料。

❷ 查詢 ARP 暫存資料，其中有一筆類型為靜態，這筆就是手動加入。

透過 ARP 學習到的 IP 與 MAC 的對應，雖然會先儲存在 ARP 暫存資料中，但是過一段時間就會被清除，所以要永久儲存在 ARP 暫存資料中就要用手動加入。

2.9 跨不同網路區域的 ARP 運作

有了 ARP 的運作，就可以由目的 IP 找到對應的 MAC，但是 ARP 運作要分同一網路與跨不同網路的 ARP，兩者的 ARP 運作不一樣，我們使用 Router-ARP 網路架構來觀察 ARP 在不同網路之間的行為。

圖表 2-52
Router-ARP 網路架構

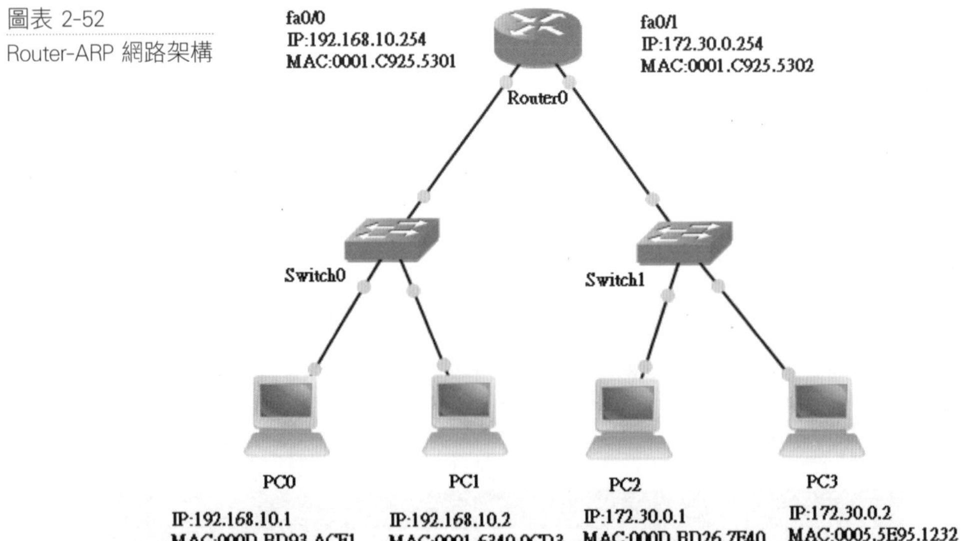

預設閘道的作用

上圖所示有兩個網路區域，一個網路區域號為 192.168.10.0，此網路中有兩台電腦 PC0、PC1，其預設閘道為 fa0/0。另一個網路區域號碼為 172.30.0.0，此網路中也有兩台電腦 PC2、PC3，其預設閘道為 fa0/1，所有的 IP 位址與 MAC 位址都有標示，現在要從 PC0 執行 **ping 172.30.0.2**，也就是 PC3。

請讀者先想想，PC0 的 ARP 的暫存資料會是 172.30.0.2 對應 0005.5E95.1232 嗎？現在我們實際從 PC0 ping PC3，如下圖所示：

圖表 2-53 跨不同網路區域的 APR 運作

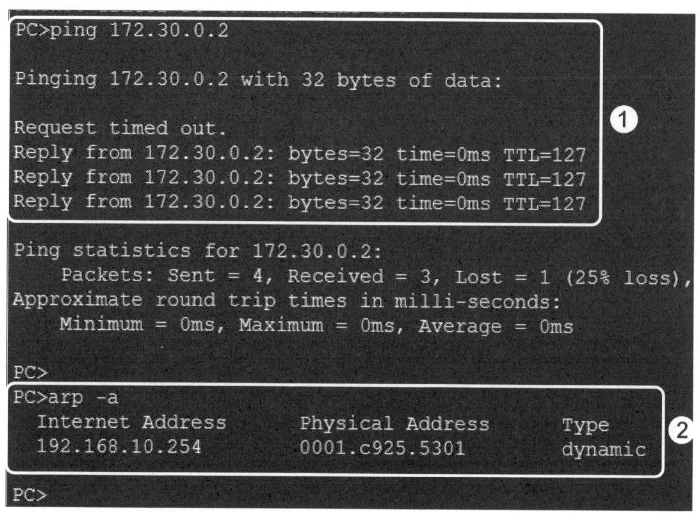

❶ 執行 ping 172.30.0.2 成功。

❷ 查詢 PC0 的 ARP 暫存資料，結果 ARP 暫存資料為 IP:192.168.10.254 對應 MAC:0001.c925.5301，很有趣吧！

其原因是 PC0 送出 ARP 的廣播資料到不了 PC3，廣播封包被路由器擋下了，因此 ARP 無法詢問到 172.30.0.2 的 MAC 位址。但是這不是真正原因，要了解這種現象，需要從資料跨網路傳送的基本運作來理解。

當 PC0 要送資料到其他網路區域的時候，此時 PC0 會先將資料送到 192.168.10.0 網路的預設閘道 fa0/0，fa0/0 再將資料轉給路由器作繞送，因此 PC0 要送給 PC3 的資料會先送到 PC0 的預設閘道，PC0 設定的預設閘道 IP 為 192.168.10.254，PC0 會先使用 ARP 查詢 192.168.10.254 的 MAC 位址，再將資料送到 192.168.10.254，所以在 PC0 查詢到的 ARP 暫存資料為 **IP:192.168.10.254 對應 MAC:0001.C925.5301**。

請注意 PC0 如果沒有設定預設閘道，就無法跨網路傳送資料。

請注意預設閘道收到資料時，一樣要做 MAC 檢查，MAC 檢查通過後，預設閘道才會將資料交給路由器做繞送動作。

IP 與 MAC 的關係

當資料是在同一個網路區域中傳送時，這時候使用集線器或交換器來傳送，會用的位址只有 MAC，此 MAC 位址的用途可以給交換器作為轉送查詢及目的電腦接收資料的 MAC 檢查使用。當資料要跨不同網路區域傳送時，這時候會用到 MAC 與 IP 位址，來源電腦先將資料送到預設閘道 (GW) 時，GW 做完 MAC 檢查後將資料收下，此時 L2 表頭檔已經沒用處，路由器會將 L2 表頭檔解封裝，並查詢 L3 表頭檔中目的 IP 位址做繞送 (routing) 使用。路由器做完繞送查詢後，要將資料送出之前，必須做新 L2 表頭檔的封裝動作，路由器需要使用 ARP 來查詢新目的 MAC 位址，而新的來源 MAC 使用出口介面的 MAC。因此，資料跨不同網路區域傳送時，L2 表頭檔會被路由器做重新封裝，所以 MAC 位址資料會改變，但是 L3 表頭檔的 IP 位址維持不變，這是一個觀察重點。以下使用 PC0 傳送資料到 PC3 時，在不同網路傳送過程中的 MAC 位址與 IP 位址的討論。

資料在 192.168.10.0 網路中傳送

一樣使用 PC0 ping PC3，當 ping 封包在 192.168.10.0 網路中傳送時，在此網路區域中 ping 封包是從 **PC0(起點)送到 fa0/0(終點)**，如下圖所示，ping 封包在此網路傳送中，很明確的來源的 MAC 為 PC0 而目的 MAC 為 fa0/0。

圖表 2-54 資料封包在 192.168.10.0 網路中傳送

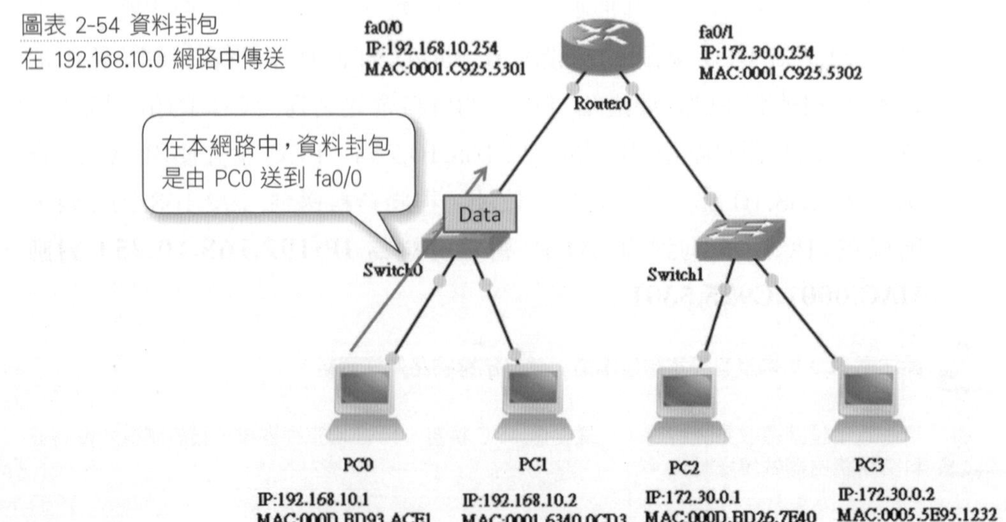

再來觀察 ping 封包中的來源位址與目的位址的關係，來源與目的位址為 IP 與 MAC，如下圖所示，來源與目的 MAC 位址是看 ping 封包在這個網路中從 PC0 送到 fa0/0，因此來源的 MAC 為 PC0 而目的 MAC 為 fa0/0。來源與目的 IP 位址要觀察 ping 封包的源頭 PC0 到 ping 封包最終目的 PC3，因此來源的 IP 為 PC0 而目的 IP 為 PC3。

圖表 2-55 在 192.168.10.0 網路中的來源位址與目的位址

來源 IP	目的 IP	來源 MAC	目的 MAC
192.168.10.1	172.30.0.2	000D.BD93.ACE1	0001.C925.5301

資料在 172.30.0.0 網路傳送

當 ping 封包在 172.30.0.0 網路中傳送時，ping 封包在此網路區域的**起點是預設閘道 fa0/1，終點是 PC3**，如下圖所示，因此 ping 封包在此網路傳送中，來源的 MAC 為 fa0/1 而目的 MAC 為 PC3。

圖表 2-56 資料封包在 172.30.0.0 網路中傳送

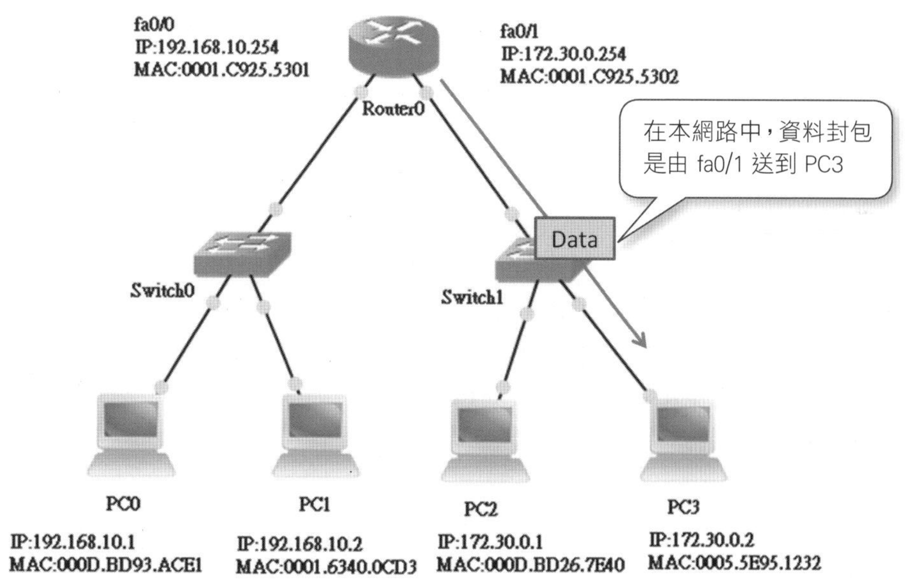

同樣的觀察 ping 封包中的來源位址與目的位址的關係，如下圖所示，來源與目的 MAC 位址是看 ping 封包在這個網路中從 fa0/1 送到 PC3，因此來源的 MAC 為 fa0/1 而目的 MAC 為 PC3。同樣的規則，來源與目的 IP 位址要看 ping 封包的源頭 PC0 到 ping 封包最終目的 PC3，所以來源的 IP 為 PC0 而目的 IP 為 PC3。

綜觀上述封包跨不同網路在傳送時，MAC 位址會隨著在不同網路中傳送而有變化，但是 IP 位址都不變，請注意如果 IP 位址變了，原始的來源與目的電腦就找不到了。

圖表 2-57 在 172.30.0.0 網路中的來源位址與目的位址

來源 IP	目的 IP	來源 MAC	目的 MAC
192.168.10.1	172.30.0.2	0001.C925.5302	0005.5E95.1232

路由器的 ARP 暫存資料

在上述範例中，封包在 172.30.0.0 網路中傳送時，封包是從路由器的 fa0/1 送到 PC3，而路由器如何知道 PC3 的 MAC？此時路由器會從該封包中拿出的目的 IP，並在 fa0/1 執行 ARP 協定來詢問目的 IP 的 MAC，此時的目的 IP 為 172.30.0.2，詢問到的 MAC 為 0005.5E95.1232，而路由器也會有 ARP 的暫存資料。

另外為了看到較詳細的 ARP Table 資料，在設備的 IOS 作業系統中可以用 **show arp** 指令來查詢，這在往後的章節會再示範，查詢結果如下圖所示，其中在介面 fa0/1 之下的有 3 個 IP 與 MAC 對應，**Age 欄位**表示此筆對應學習到的時間，以分鐘為單位，**Age 欄位**下有兩個『-』表示此 MAC 與 IP 就是網路介面本身的 MAC 與 IP。透過 ARP 暫存資料也可以畫出部分的網路架構。

圖表 2-58 路由器中的 ARP 暫存資料

```
Router>
Router>en
Router#
Router#show arp
Protocol  Address          Age (min)  Hardware Addr   Type   Interface
Internet  172.30.0.1              1   000D.BD26.7E40  ARPA   FastEthernet0/1
Internet  172.30.0.2             38   0005.5E95.1232  ARPA   FastEthernet0/1
Internet  172.30.0.254            -   0001.C925.5302  ARPA   FastEthernet0/1
Internet  192.168.10.1           38   000D.BD93.ACE1  ARPA   FastEthernet0/0
Internet  192.168.10.2            1   0001.6340.0CD3  ARPA   FastEthernet0/0
Internet  192.168.10.254          -   0001.C925.5301  ARPA   FastEthernet0/0
Router#
Router#
Router#
Router#
Router#
```

ARP 的攻擊

綜合上述的 ARP 運作，一些駭客就會使用 ARP 運作的缺點來攻擊網路或是竊取資料，最常見的攻擊手法就是偽造電腦中 ARP 暫存資料，讓目的 IP 對應到假的 MAC 位址，如此就無法將資料送到目的 IP 電腦，造成網路無法連結，這就稱作 ARP 攻擊。由於一般的 ARP 暫存資料是根據經過的 ARP 封包不斷的變更本身的 ARP 暫存資料，假設接收到的 ARP 封包所提供的資料是偽造的，就會讓資料無法傳輸到實際的目的地，甚至可能將資料導向某特定電腦，駭客可利用竊取封包資料或修改封包內容。

請注意如果要避免 ARP 攻擊，可以在 Switch 啟動 Dynamic ARP inspection (DAI) 功能，DAI 會檢查合法的 IP 與合法 MAC 對應，如此就可以檢查出攻擊者的造假的 IP 與 MAC 對應關係。針對 ARP 攻擊與保護實作,請參考第 21 章節。

MEMO

CHAPTER 3

網際網路協定 IPv4 規劃

本章節將介紹 IP 規劃。IP 有兩種版本，在本章節會先介紹其中一種 IPv4 版本，另一種 IPv6 則留待後面章節介紹。

3.1 IPv4 的介紹

IPv4 (Internet Protocol) 是目前網路主要的 L3 (Layer 3) 協定，用來將電腦定址與定位，就好像是 GPS 中的座標，有了座標就使用 GPS 來尋找到目的地。但是 IP 的表示方法不像座標一樣這麼好理解，常常會讓人混亂的就是 IPv4 有三種主要的位址：**網路 IP 位址、廣播 IP 位址與主機 IP 位址**；再加上還有**子網路切割**的技術，二進位與十進位互相轉換，讓 IP 位址的計算更複雜。以下我們整理常見 IP 的計算方式，讓讀者可以很快的學習 IP 位址的計算方法。

IPv4 的結構與表示

IPv4 長度總共有 32 位元，這 32 位元分為兩個部分，如下圖所示，其中**網路位元**代表一個網路區域的編號，另一部份**主機位元**代表在一個網路區域下的主機的編號，網路位元與主機位元加起來一定要等於 32 位元，當網路位元越多，表示可以編出的網路區域編號就越多，相對的主機位元就變少，可以編出的主機編號就越少，所以網路規劃就是要視當時的網路環境需求，在網路位元與主機位元作適當的規劃，當網路位元與主機位元確定後，該 IP 的結構就確定。請注意網路位元一定在前面，而主機位元一定在網路位元的後面。

圖表 3-1 IPv4 長度及結構

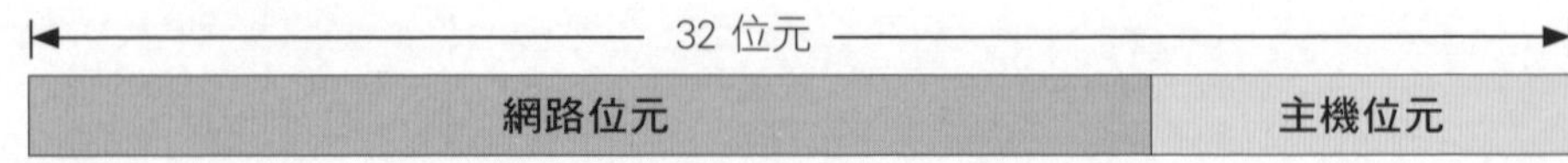

IPv4 的 32 位元分為**四組**，每組**八個位元**，以十進位表示，組跟組之間用『**.**』來分隔，如下圖所示，當 32 位元全部為 0 時，其 IP 的值是最小，相對的 32 位元全部為 1 時，其 IP 的值是最大，換算十進位的範圍為 0~255。

所以假設給定一個 IP 位址 192.168.**277**.1，很容易就可以判斷這個 IP 不是正確 IP 位址，實際在設定 IP 位址時，系統也會自動幫你檢查輸入的 IP 位址是不是正確的範圍。

圖表 3-2　IPv4 表示方式

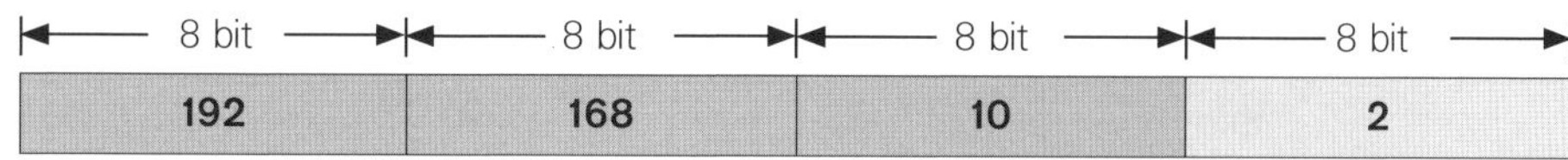

IPv4 的三種位址

IPv4 分為**三種位址**，以 192.168.10.10 為例，其結構為：網路部分有 24 位元、主機部份有 8 位元，如下圖所示。請注意下列範例圖中，網路位元用十進位表示，主機位元用二進位表示：

圖表 3-3　192.168.10.10 的 IP 結構與表示

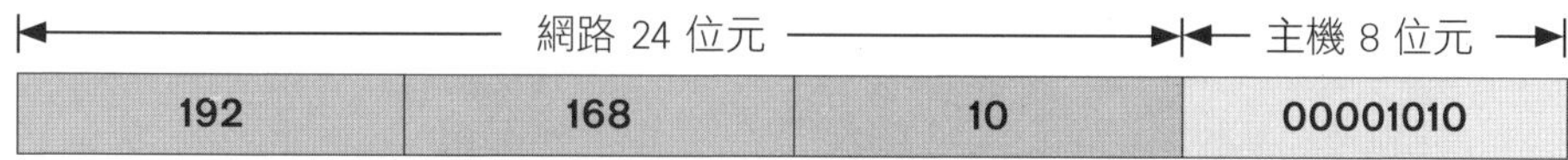

由 192.168.10.10 可以推出三種 IP 位址，這三種 IP 位址定義如下：

- **網路位址** (Network IP Address)：即主機位元全部設定為 0，如下圖所示，只會有一個網路 IP，192.168.10.0 就是代表該網路區域的編號，也代表 192.168.10.10 在此網路區域中。請注意如果主機位元不是 0，則必須要手動將主機位元全部設定為 0。

圖表 3-4　192.168.10.10 的網路 IP 位址

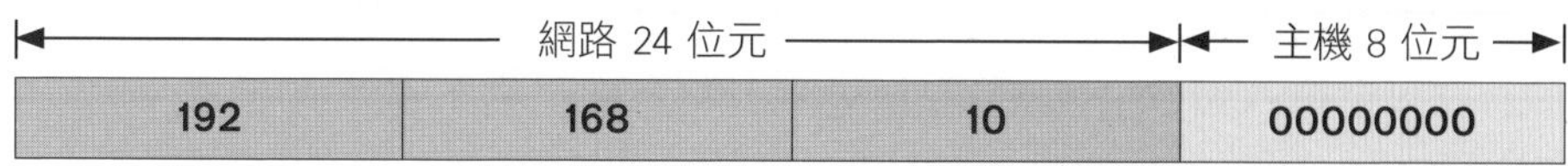

- **廣播位址** (Broadcast IP Address)：即主機位元全部設定為 1，如下圖所示，只有一個廣播 IP，192.168.10.255 代表該網路區域中的廣播位址，每個網路都會有一個廣播位址，該廣播位址代表該網路中的所有電腦。請注意如果主機位元不是 1，也必須要手動將主機位元全部設定為 1。

圖表 3-5 192.168.10.0 的廣播 IP 位址

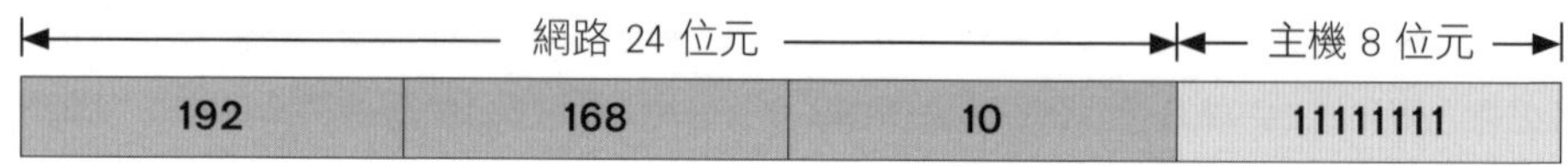

● **主機位址**(Host IP Address)：扣除網路及廣播位址，剩下的都是主機位址，如下圖所示，因此本範例的主機 IP 範圍有 192.168.10.1~192.168.10.254，所以 192.168.10.10 這個 IP 位址為主機 IP 位址。

圖表 3-6 192.168.10.0 的主機 IP 位址範圍

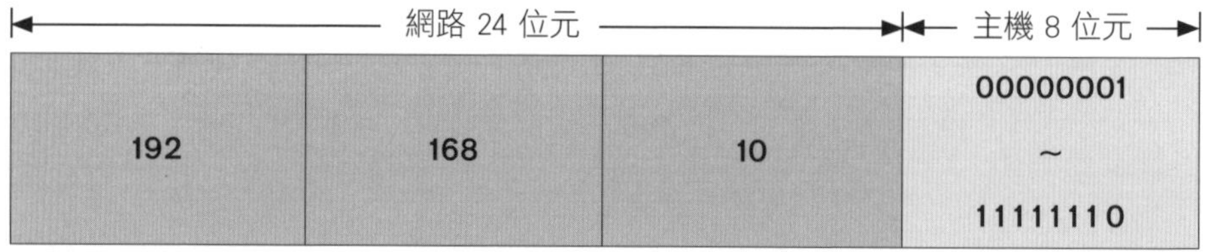

主機位址數目

當 IP 結構已經規畫完畢，如何快速算出主機位址的數目，有一個公式可以快速算出主機位址數目：

$2^n - 2$ ← 公式中的 n 為主機位元數

另外此公式中的減 2 為網路 IP 與廣播 IP 兩個位址，以上圖為例其中主機位元有 8，主機位址的數目就是 $\mathbf{2^8 - 2 = 254}$。

請注意如果要計算的是**所有 IP 位址總數目**就要包含網路 IP 位址與廣播 IP 位址，所以就不用減 2。

3.2 IPv4 結構表示方法

本節將介紹 IPv4 結構的表示方法。當給定一個 IP 位址為 172.30.10.2，該 IP 為哪一種 IP 位址或者要求出該 IP 位址所在的網路 IP 位址，並沒有辦法計算出來，其原因是不知道此 IP 位址規劃的結構。

以下要介紹兩種表示方式，分別為**前置碼(Prefix)**與**子網路遮罩(Subnet Mask)**，有了這兩種其中一個資訊就可以推導出 IP 的結構。

請注意 IPv6 不採用子網路遮罩表示。

前置碼

先前我們已經知道 IP 的三種位址定義了，但是任意給一個 IP，你就有辦法看出此 IP 是三種 IP 位址的哪一種嗎？例如: **IP=172.30.128.0**，此 IP 是網路位址？還是廣播位址？還是主機位址呢？大部分的人看到第 4 個十進位為 0，或許都會認為此 IP 為網路位址，但答案目前不知道對還是錯，原因是**還不知道此 IP 的結構**，也就是網路位元與主機位元並不知道，所以無法判斷。

前置碼就是用來表示一個 IP 結構的網路位元數目，以 **/N** 來表示，**N 代表網路位元數目**。IP=172.30.128.0 加上前置碼為 **172.30.128.0/24**，就很明確表示此 IP 有 24 個網路位元，如下圖所示，主機位元全部為 0，所以這組 IP 為網路位址。

圖表 3-7 /24 代表的 IP 結構

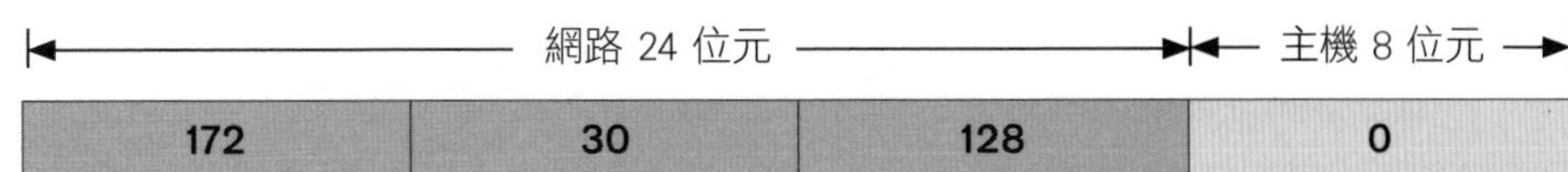

但如果是 **172.30.128.0/16**，如下圖所示，目前的主機位元有後面 16 個，後面 16 位元所代表的是 128.0 這兩個十進位，把這兩個十進位轉為二進位就可看出主機位元不全為 0 也不全為 1，所以就是主機位址。

圖表 3-8 /16 代表的 IP 結構

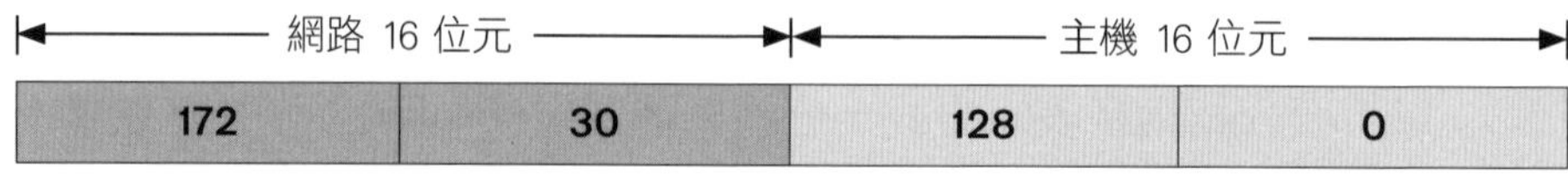

子網路遮罩

另外一種方法來表示一個 IP 結構是子網路遮罩，其表示方式為對應的網路位元設定為 1，主機位元對應為 0，例如：網路有 24 位元與主機 8 位元，其子網路遮罩的表示如下所示，所以有 24 個 1 與 8 個 0，再以 8 個位元為一組，轉換為十進位就為 255.255.255.0，這個就是常見的子網路遮罩。

圖表 3-9 子網路遮罩表示的 IP 結構

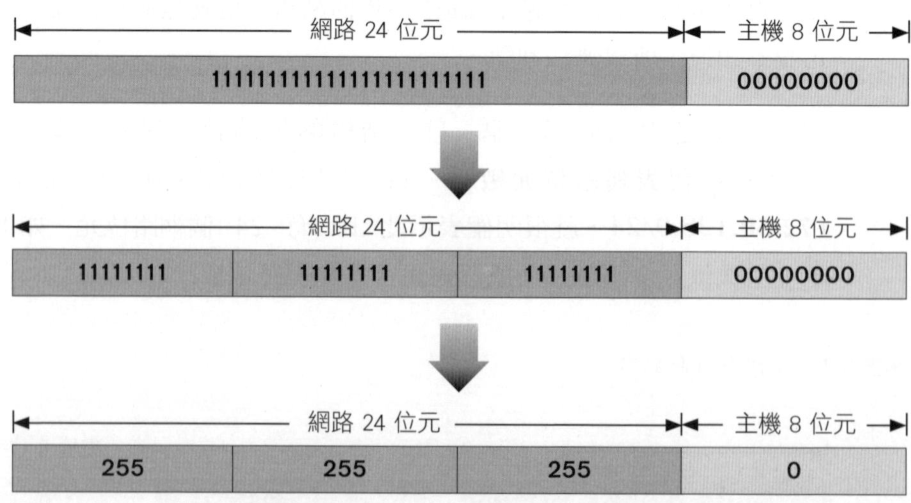

所以給定一個子網路遮罩為 255.255.254.0，其對應的 IP 結構就要先轉為二進位，如下圖所示，再數數看前面有幾個位元為 1，本範例有 23 個 1，所以 IP 結構為網路有 23 位元與主機有 9 位元。

圖表 3-10 255.255.254.0 子網路遮罩表示的 IP 結構

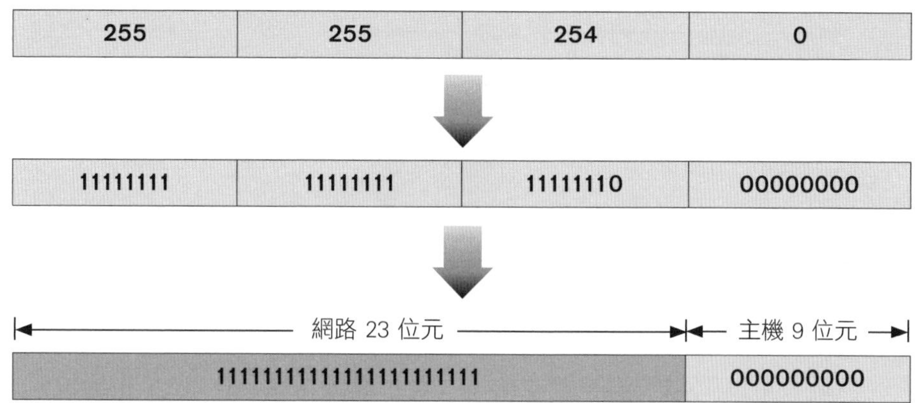

子網路遮罩的十進位

子網路遮罩可能的十進位只有 9 個，如下圖所示，如果出現的十進位不是下列 9 個，那子網路遮罩應該是算錯了，建議讀者將其背起來。

圖表 3-11 所有可能的子網路遮罩的十進位

8 位元組									十進位
8	7	6	5	4	3	2	1		
0	0	0	0	0	0	0	0	=	**0**
1	0	0	0	0	0	0	0	=	**128**
1	1	0	0	0	0	0	0	=	**192**
1	1	1	0	0	0	0	0	=	**224**
1	1	1	1	0	0	0	0	=	**240**
1	1	1	1	1	0	0	0	=	**248**
1	1	1	1	1	1	0	0	=	**252**
1	1	1	1	1	1	1	0	=	**254**
1	1	1	1	1	1	1	1	=	**255**

錯誤的子網路遮罩

子網路遮罩一定是前面連續都為 1，例如：給定一個子網路遮罩 255.255.193.0，將其轉成對應的 2 進位，如下圖所示，很明顯可以看出 1 沒有連續，所以這個不是正確的子網路遮罩。

圖表 3-12　255.255.193.0 不是子網路遮罩

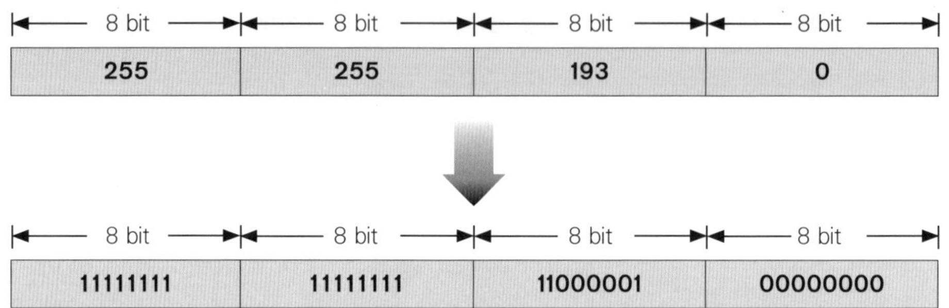

讀者可以試想子網路遮罩的 1 表示網路位元，0 表示主機位元，如此不是主機位元與網路位元混在一起了嗎？另外一般電腦在手動輸入 IP 位址與子網遮罩時，電腦也會幫忙檢查輸入的子網路遮罩是不是正確格式。

請注意 193 並不在圖表 3-11 可能的子網路遮罩的十進位中，所以建議讀者要將圖表內容記下來，不然要等到轉成二進位才能知道子網路遮罩是否有錯誤。

電腦設定 IP 位址

由子網路遮罩的定義可以知道為甚麼在電腦中設定 IP 位址時，一定要輸入子網路遮罩，目的就是要讓電腦知道輸入的 IP 位址結構，如下圖所示，預設閘道可以不用輸入，但是子網路遮罩不輸入就會出現錯誤訊息，或者輸入不正確子網路遮罩也會出現錯誤訊息。

圖表 3-13　電腦 IP 設定

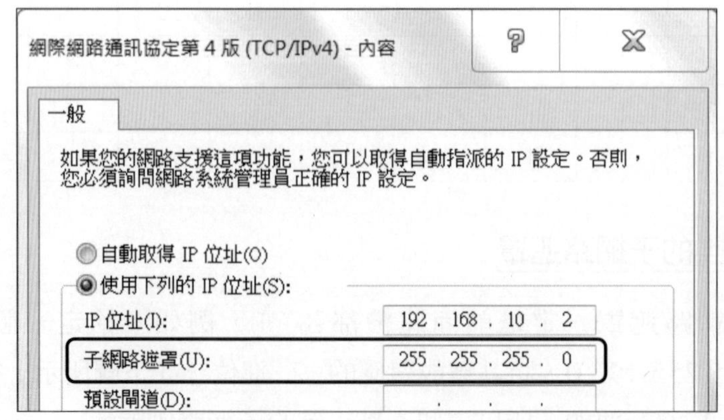

電腦中子網路遮罩運算

在電腦中輸入的 IP 位址與子網路遮罩，電腦將 IP 位址與子網路遮罩一起運算結果會得到該 IP 位址的**網路 IP 位址**，例如：給定一個 IP 位址為 192.168.10.125，子網路遮罩為 255.255.255.0，計算步驟先將這兩個值轉為 2 進位，在一個位元對一個位元做 and 的運算，其中 and 的運算方式如下圖所示。

圖表 3-14 and 的運算結果

值	運算	值	等於	結果
0	and	0	=	0
0	and	1	=	0
1	and	0	=	0
1	and	1	=	1

由上圖可以看出，此運算只有 **1 and 1** 為 **1**，其它運算都為 0，所以將 IP=192.168.10.125 與遮罩為 255.255.255.0 運算，如下圖所示，結果得到 **192.168.10.0**，此 IP 位址就是 192.168.10.125 的網路 IP 位址。所以子網路遮罩運算目的就是要把主機位元全部設定為 0，用來得到網路 IP 位址。

圖表 3-15 子網路遮罩的運算

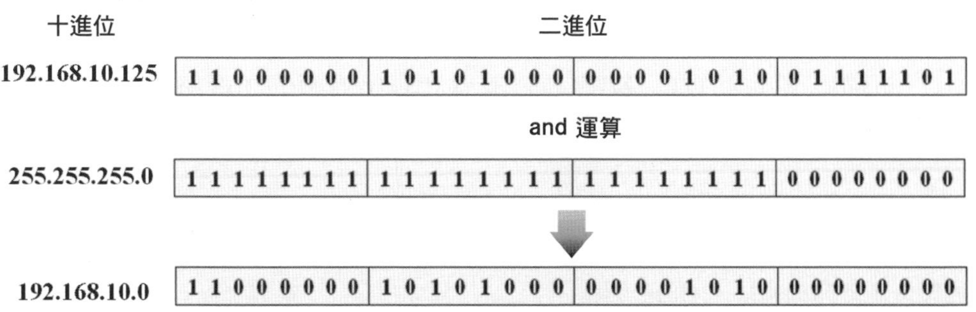

一般使用前置碼的表示方式是給網路規劃人員使用，但是電腦運算時卻要使用子網路遮罩的表示方式，所以這兩種表示方式都是用來表示一個 IP 的結構，讀者必須知道彼此的轉換。

前置碼與子網路遮罩的轉換

當給定前置碼要如何算出對應的子網路遮罩，反之亦然，例如：給定一個前置碼 /16，那對應的遮罩為何？如下圖所示，/16 表示 IP 結構有 16 個網路位元，換算為子網路遮罩就是要有 16 個二進位 1，再以 8 個位元為一組，再轉為十進位，255.255.0.0 就是這個子網路遮罩。

圖表 3-16 /16 對應的子網路遮罩

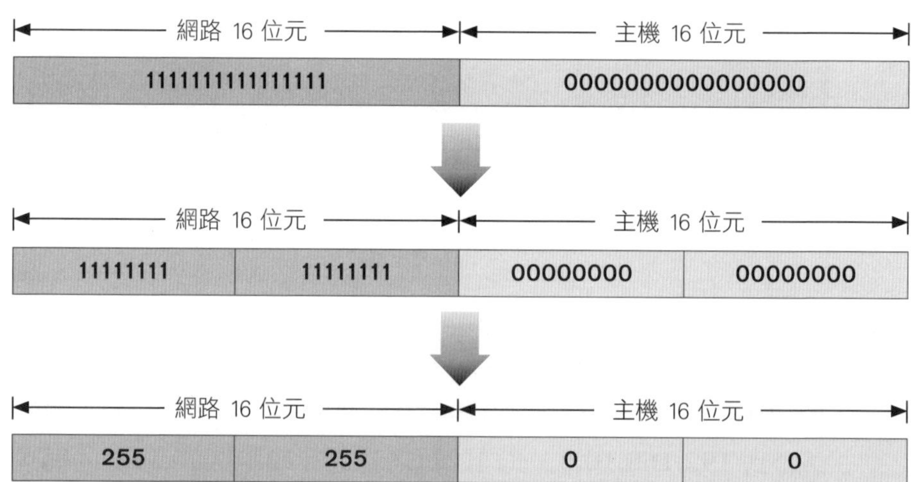

若給定一個子網路遮罩為 255.255.192.0，一樣能計算出對應的前置碼，如下圖所示，先將子網路遮罩轉成二進位，可以看出子網路遮罩前面有 18 位元為 1，表示前面 18 位元為網路位元，所以前置碼為 /18。在此要熟悉二進位與十進位之間的轉換，才能很快的計算出來。例如：給定前置碼為/29，請讀者計算出對應的子網路遮罩，答案為 255.255.255.248。

請注意子網路遮罩不一定都是 255。

圖表 3-17 255.255.192.0 對應的前置碼

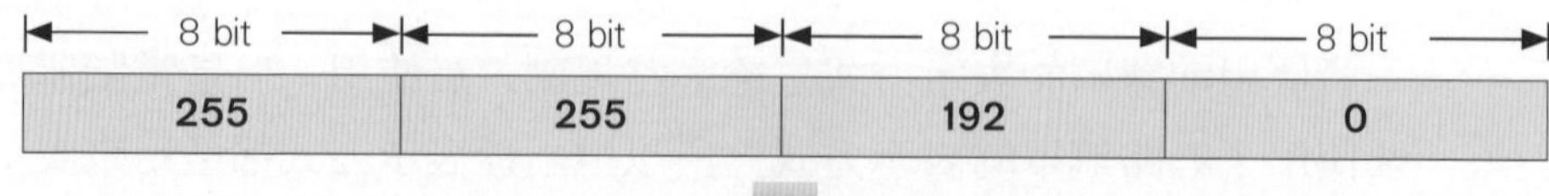

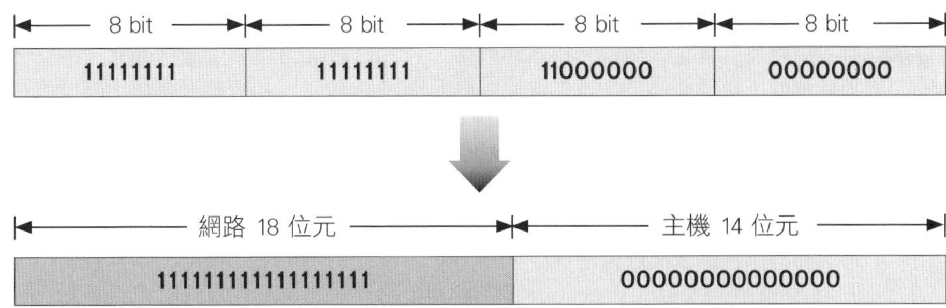

範例一

給定一個 IP 位址：172.30.20.255/16，此 IP 位址可能是三種 IP 位址的其中一，根據 IP 三種位址定義，首先要先知道該 IP 位址的結構，從/16 可以知道，如下圖所示，網路位元與主機位元各為 16 位元，很明顯 172.30.20.255 為一個主機 IP 位址。

圖表 3-18 172.30.20.255 的結構

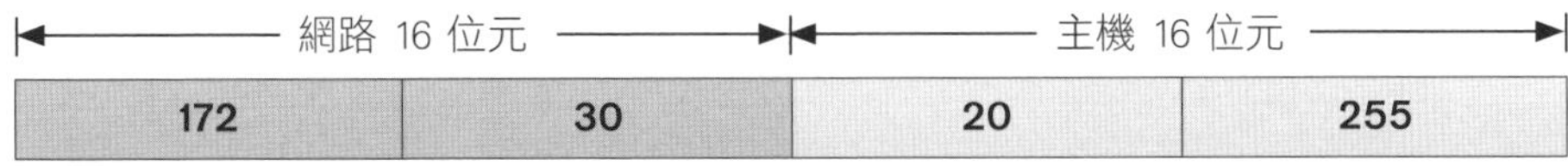

將其主機位元全部設定為 0，就是該 IP 位址所在的網路 IP 位址，如下圖所示，將主機位元換算為十進位 172.30.0.0 就是 172.30.20.255 所在的網路。請注意下圖中網路位元用十進位表示，主機位元用 2 進位表示。

圖表 3-19 172.30.20.255 所在的網路 IP 位址

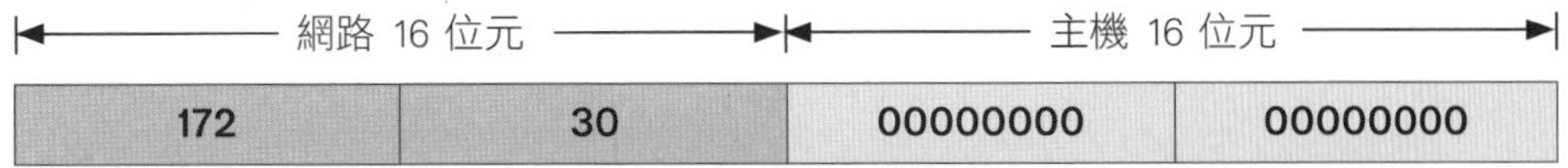

將其主機位元全部設定為 1，就是該網路中的廣播位址，如下圖所示，將主機位元換算為十進位 172.30.255.255 就是網路 172.30.0.0 的廣播位址。

請注意：IP 結構中主機位元長度為 8 的倍數，表示整個十進位都是主機位元，此時就可以不用轉成二進位來觀察。以本範例中，172.30.20.255 中的兩個十進位 20 及 255 都是主機位元，直接將兩個十進位改成 0 就是網路 IP 位址，再直接將兩個十進位改為 255 就得到廣播 IP 位址。但是主機位元長度不是 8 的倍數，表示有一個十進位中的 8 位元有一部分是網路位元，另一部分是主機位元，此時一定要將十進位轉成二進位來觀察，這也就是 IP 計算比較複雜的地方。

圖表 3-20　172.30.0.0 網路的廣播位址

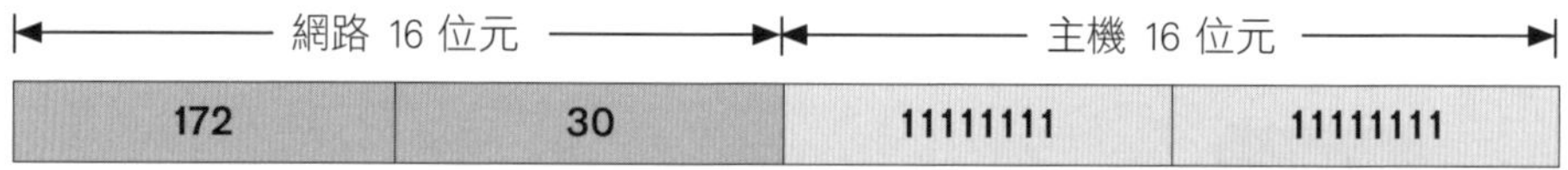

最後來算主機 IP 位址，如下圖所示，所以轉成十進位後，主機 IP 位址範圍 172.30.0.1~172.30.255.254，總共有 $\mathbf{2^{16} - 2}$。

圖表 3-21　172.30.0.0 網路中主機 IP 位址範圍

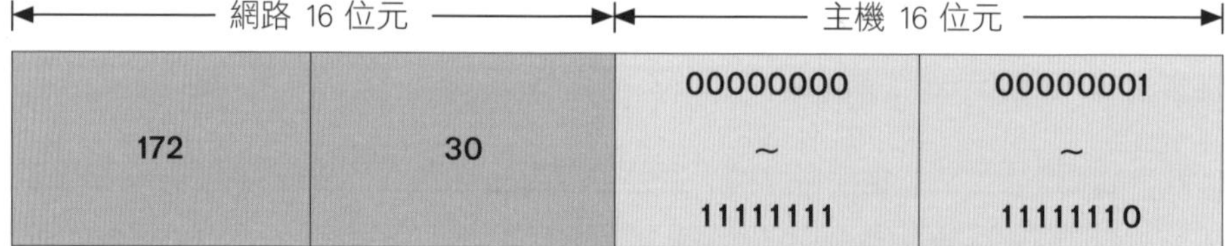

範例二

給定一個 IP 位址：172.30.20.255，其子網路遮罩為 255.255.255.0，首先由子網路遮罩先計算出該 IP 位址的結構，如下圖所示，總共有 24 個 1，表示前置碼為/24。172.30.20.255 換算為二進位的後面 8 個主機位元都為 1，所以該 IP 就是為廣播 IP 位址。

圖表 3-22　255.255.255.0 的 IP 結構

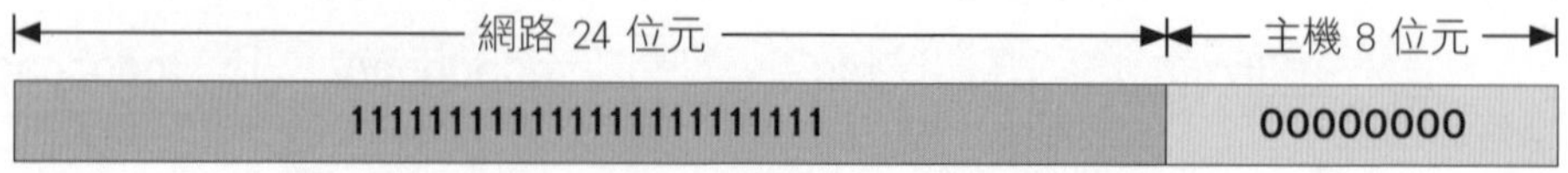

有 IP 結構後，網路位址就是將主機位元全部設定為 0，如下圖所示，所以 172.30.20.255 的網路 IP 位址為 172.30.20.0。

圖表 3-23 172.30.20.255 所在的網路 IP 位址

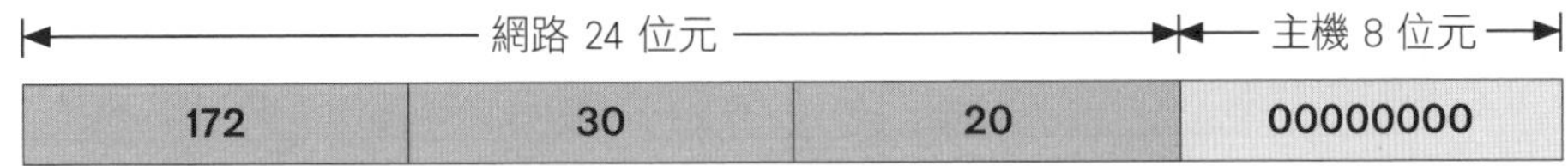

最後來計算 172.30.20.0 網路中的主機 IP 位址範圍，如下圖所示，所以主機 IP 位址範圍 172.30.20.1~172.30.20.254，總共有 **2^8 - 2**。

圖表 3-24 172.30.20.0 網路中主機 IP 位址範圍

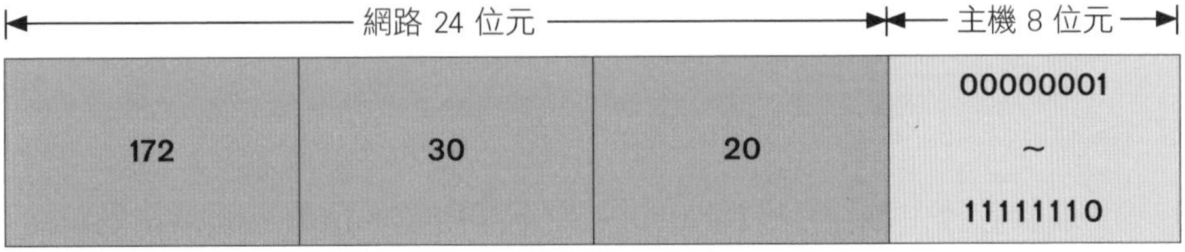

網路 24 位元 | 主機 8 位元

172 | 30 | 20 | 00000001 ~ 11111110

範例三

給定一個 IP 位址：172.30.20.255，其子網路遮罩為 255.255.255.128，首先由子網路遮罩先計算出該 IP 位址的結構，如下圖所示，總共有 25 個 1，表示前置碼為 /25。請注意該**結構不是 8 的倍數**，所以網路位元會佔到最後一個十進位的 1 個位元。

圖表 3-25 255.255.255.128 的 IP 結構

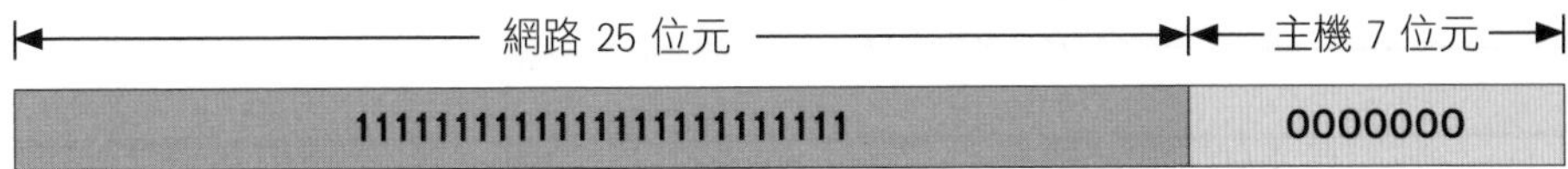

將 172.30.20.255 的最後一個十進位轉為二進位，如下圖所示，其中第 1 個位元屬於網路位元，因此主機位元為該十進位後面 7 個位元，剛好主機位元都為 1，所以該 IP 位址為廣播位址。請注意 IPv4 中一個十進位使用 8 個位元表示。

圖表 3-26 172.30.20.255 中 255 的二進位

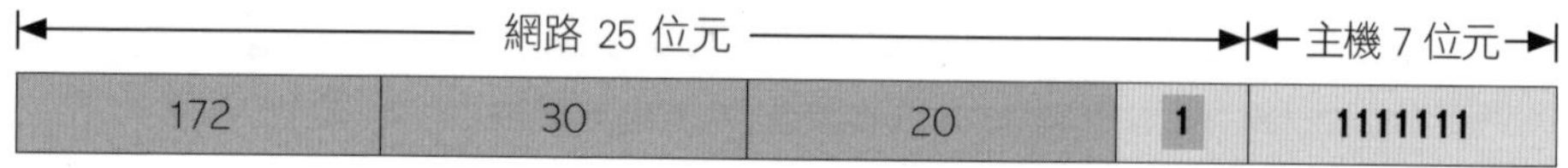

接著計算網路 IP 位址，將主機位元全部設定為 0，如下圖所示，再將後面 8 個位元轉成十進位為 128，所以 172.30.20.255 所在的網路 IP 位址為 172.30.20.128。

圖表 3-27 172.30.20.255 的網路 IP 位址

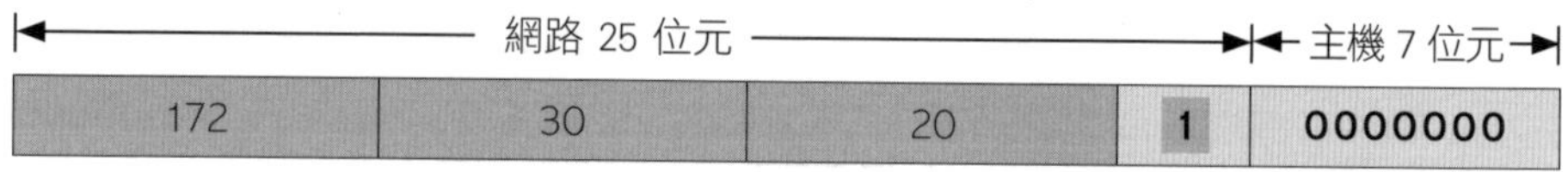

最後計算主機 IP 位址範圍，如下圖所示，再將其轉為十進位，所以主機 IP 範圍 172.30.20.129~172.30.20.254，總共有 $\mathbf{2^7 - 2=126}$。

圖表 3-28 172.30.20.128 網路的主機 IP 位址範圍

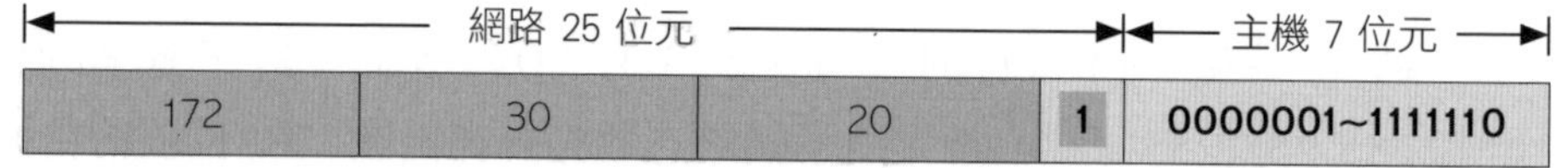

IP 位址區塊 (IP Block)

當給定一個網路 IP 位址，所產生的 IP 位址數目就構成一個 IP 位址的區塊，此區塊中的 IP 位址都是**連續**的，例如：192.168.10.0/24，產生的 IP 位址區塊如下圖所示。

該 IP 位址區塊總共有 $\mathbf{2^8}$=256 個 IP 位址，**第一個位址 192.168.10.0 就是網路 IP 位址，最後一個 IP 位址 192.168.10.255 就是廣播 IP 位址**，又可以觀察到第一個主機 IP 位址剛好就在網路 IP 位址之後，所以要算出**第一個主機 IP 位址就等於網路 IP 位址加 1**，即為 192.168.10.0+1=192.168.10.1，另外最後一個主機 IP 位址在廣播位址之前，所以算出**最後一個主機 IP 位址就等於廣播 IP 位址減 1**，即為 192.168.10.255-1=192.168.10.254。

圖表 3-29
192.168.10.0/24
網路位址區段

192.168.10.0/24 網路位址區段
192.168.10.0
192.168.10.1
192.168.10.2
…
192.168.10253
192.168.10.254
192.168.10.255

以上述的範例一為例，IP 為 172.30.0.0/16，所以產生的位址區塊如下圖所示，該位址區塊總共有 $\mathbf{2^{16}}$ 個 IP 位址，這麼多個 IP 位址，其中網路 IP 位址與廣播 IP 位址各為最前面與最後面的 IP 位址。

圖表 3-30
172.30.0.0/16
網路位址區段

172.30.0.0/16 網路位址區段
172.30.0.0
172.30.0.1
…
172.30.0.255
172.30.1.0
…
172.30.255.254
172.30.255.255

判斷兩個 IP 位址是否同一網路

給定兩個 IP 位址 192.168.10.25/24 與 192.168.11.26/24，如何判斷這兩個 IP 位址是否在同一個網路？方式為推算這兩個 IP 所在的網路 IP 位址，192.168.10.25/24 與 192.168.11.26/24 所在的網路 IP 分別為 192.168.10.0/24 與 192.168.11.0/24，兩個網路 IP 不相同，所以這兩個 IP 位址在不同網路，另外也代表這兩個 IP 在不同的 IP 位址區塊中。

Next

再舉例判斷 172.30.10.129/25 與 172.30.10.254/25 是否在同一網路，一樣的方式先計算其所在的網路 IP 位址，只是本例就不好算了，此範例就要先轉換 2 進位來觀察，將其主機位元全部設定為 0 才能算出網路 IP 位址，結果這兩個 IP 位址都在 172.30.10.128/25 的網路下。所以二進位與十進位互相轉換就很重要，還有另一種方式，可以不用二進位就可以直接計算出網路 IP 位址，在稍後介紹。

二進位與十進位的換算

IPv4 位址常常要二進位與十進位互相轉換才能算出其位址種類，所以一定要熟悉兩種進位的轉換，要計算二進位轉成十進位，主要以 8 位元來轉成十進位，如下圖所示，當 8 個位元各別為 1 所對應的十進位。

圖表 3-31 8 個位元對應十進位

8 位元組								十進位	
8	**7**	**6**	**5**	**4**	**3**	**2**	**1**		
1	0	0	0	0	0	0	0	=	**128**
0	1	0	0	0	0	0	0	=	**64**
0	0	1	0	0	0	0	0	=	**32**
0	0	0	1	0	0	0	0	=	**16**
0	0	0	0	1	0	0	0	=	**8**
0	0	0	0	0	1	0	0	=	**4**
0	0	0	0	0	0	1	0	=	**2**
0	0	0	0	0	0	0	1	=	**1**

二進位轉成十進位

例如：給定一個二進位 **10001001** 如何轉成十進位，方法為將此二進位分別帶入各別對應的位元組，將所有對應的位元是 1 累加起來就是該二進位轉成的十進位，如下圖所示，目前第 8、第 4 與第 1 位元的值為 1，所對應的十進位 128、8 與 1，將其累加 128+8+1=137 得到十進位的值。

Next

圖表 3-32　10001001 轉成十進位

8 個位元	8	7	6	5	4	3	2	1
對應十進位	128	64	32	16	8	4	2	1
給定二進位	**1**	**0**	**0**	**0**	**1**	**0**	**0**	**1**
對應位元 1	**128**				**8**			**1**
累加	**128+8+1=137**							

十進位轉成二進位

由十進位轉成二進位就需要逆推回去，例如：給定一個 170 的十進位，要從最高位元往低位元來判斷其值是否為 1，當第 8 個位元為 1 表示對應的十進位為 128，所以 170-128=42，再來看第 7 位元是否可以為 1，此時第 7 位元為 1 表示對應的十進位為 64，但目前第 8 個位元已經為 1，所以第 7 位元再為 1 將會超過 170，因此要找的是對應的十進位不能超過 42 的位元，第 6 個位元可以為 1，所以 42-32=10，再往下找對應十進位沒有超過 10 的位元，以此類推，如下圖所示，170 對應的二進位為 10101010。

圖表 3-33　170 轉成二進位

8 個位元	**8**	**7**	**6**	**5**	**4**	**3**	**2**	**1**
對應十進位	128	64	32	16	8	4	2	1
	減		減		減		減	
給定的 170	170		42		10		2	
對應位元 1	**1**	**0**	**1**	**0**	**1**	**0**	**1**	**0**
剩餘的值	**42**		**10**		**2**		**0**	

計算機驗證

讀者初學時可以用微軟 Windows 附的**小算盤**來做驗證，請讀者選擇『**程式設計人員**』的版本，如下圖所示，選擇 (DEC) 10 進位後，輸入 170：

Next

圖表 3-34　Windows 的小算盤

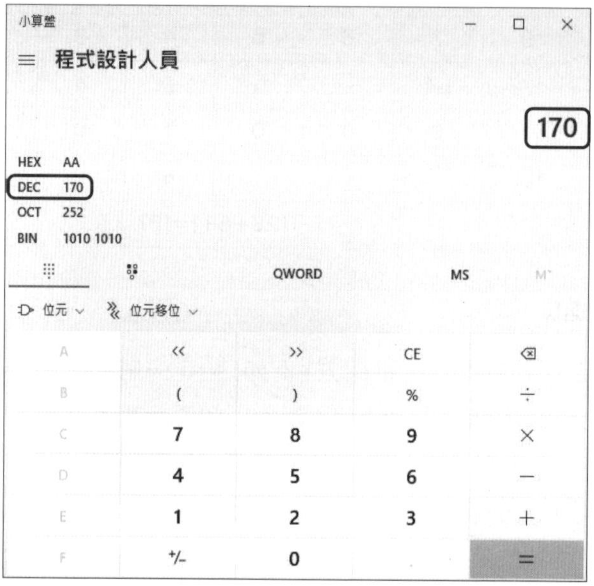

如下圖所示，直接在圖上就可以看到 170 對應的 2 進位 (BIN) 為 10101010。

圖表 3-35　使用小算盤將 170 轉成二進位

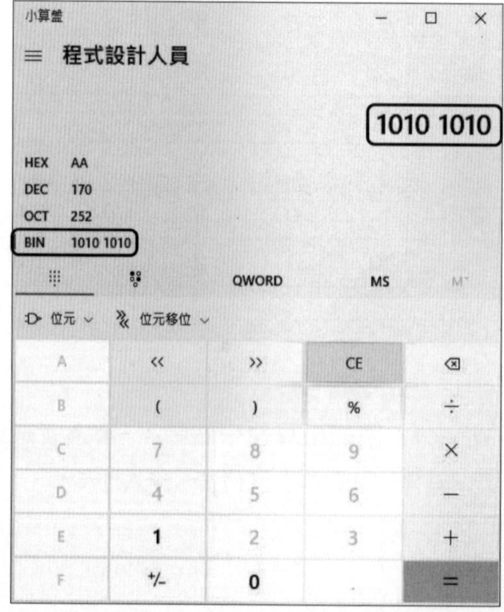

3.3 IP 的管理組織與申請程序

IP 位址必須經過申請才能使用，雖然讀者可以自行在電腦中設定任何的 IP 位址，但是沒有申請過的 IP 位址是無法連上網際網路。那要向什麼單位申請 IP 位址？一般使用者直接跟 ISP (Internet Service Provider) 業者申請 IP，但是 ISP 業者要跟哪一個單位申請 IP，本章節將介紹相關管理 IP 組織。在台灣常見的 ISP 業者有 Hinet、Seednet 等等。

IANA 組織介紹

管理全球 IP 的組織是 **IANA(Internet Assigned Numbers Authority)**，官方網站如下圖所示，該組織主要管理全世界的網際網路三類協定，Domain Name、Number Resources 及 Protocol Assignments，其中 IP 屬於 Number Resources 這一類，請讀者點進 **IP Addresses & AS numbers** 網頁。

圖表 3-36 IANA 官方網站 (http://www.iana.org/)

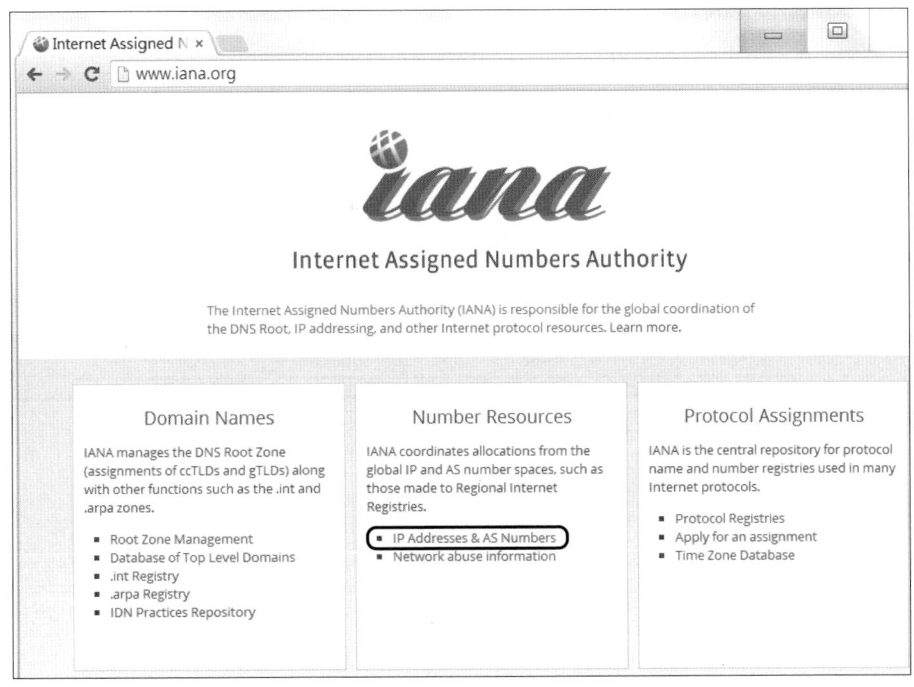

IANA 五大分支機構

IANA 將全球分為五大區域，如下圖所示，每個區域設立一個分支機構來處理該區域的 IP 業務，這五大分支機構稱為 **Regional Internet Registry (RIR)**，五個 RIR 名稱及負責區域如下：

- **AFRINIC**：Africa Region
- **APNIC :** Asia/Pacific Region
- **ARIN :** North America Region
- **LACNIC :** Latin America and some Caribbean Islands
- **RIPE NCC :** Europe, the Middle East, and Central Asia

RIR 不接受個人申請 IP 位址，RIR 主要對象是服務 local Internet registry (LIR) 或者是 National Internet Registry (NIR)。請注意 LIR 為各國家的 ISP 業者。

圖表 3-37 IANA 五大分支機構

Number Resources

IANA is responsible for global coordination of the Internet Protocol addressing systems, as well as the Autonomous System Numbers used for routing Internet traffic.

Currently there are two types of Internet Protocol (IP) addresses in active use: IP version 4 (IPv4) and IP version 6 (IPv6). IPv4 was initially deployed on 1 January 1983 and is still the most commonly used version. IPv4 addresses are 32-bit numbers often expressed as 4 octets in "dotted decimal" notation (for example, *192.0.2.53*). Deployment of the IPv6 protocol began in 1999. IPv6 addresses are 128-bit numbers and are conventionally expressed using hexadecimal strings (for example, *2001:0db8:582:ae33::29*).

Both IPv4 and IPv6 addresses are generally assigned in a hierarchical manner. Users are assigned IP addresses by Internet service providers (ISPs). ISPs obtain allocations of IP addresses from a local Internet registry (LIR) or National Internet Registry (NIR), or from their appropriate Regional Internet Registry (RIR):

Registry	Area Covered
AFRINIC	Africa Region
APNIC	Asia/Pacific Region
ARIN	North America Region
LACNIC	Latin America and some Caribbean Islands
RIPE NCC	Europe, the Middle East, and Central Asia

The IANA's role is to allocate IP addresses from the pools of unallocated addresses to the RIRs according to their needs as described by global policy and to document protocol assignments made by the IETF. When an RIR requires more IP addresses for allocation or assignment within its region, the IANA makes an additional allocation to the RIR. We do not make allocations directly to ISPs or end users except in specific circumstances, such as allocations of multicast addresses or other protocol specific needs.

台灣的 NIR - TWNIC

台灣屬於 APNIC 服務區域範圍內，從 APNIC 官方網站查詢台灣的 NIR 機構，如下圖所示，台灣的 NIR 為 TWNIC 這個單位。

圖表 3-38 APNIC 區域範圍的 NIC
(https://www.apnic.net/about-APNIC/organization/apnics-region/national-internet-registries)

財團法人台灣網路資訊中心 (TWNIC) 是一個非營利性之財團法人機構，官方網站如下圖所示，提供註冊資訊、目錄與資料庫、推廣等服務。其中有一個服務是顯示台灣 ISP 業者之間連線狀況，請連線『**網路統計**』服務。

圖表 3-39 TWNIC 官方網站 (https://www.twnic.tw/index.php)

在網路統計頁面中點選**連線頻寬查詢**，如下圖所示，有一個功能可以顯示各家 ISP 業者的連線狀況，請讀者點選『**HTML5 連線寬頻圖**』，再按**送出**。

圖表 3-40 TWNIC 的連線寬頻服務 (http://map.twnic.net.tw/)

下圖即為各家 ISP 業者的連線狀況，目前顯示為中華電信 (HiNet) 與各家 ISP 連線，您可能會懷疑台灣有這麼多家 ISP 業者嗎？其實有些 ISP 業者針對特定集團在服務，不針對一般使用者，所以一般大眾沒有聽過。讀者可以自行將游標移動到任何的 ISP 廠商，就會出現該 ISP 廠商對其它 ISP 的連線。

圖表 3-41 各家 ISP 連線狀況

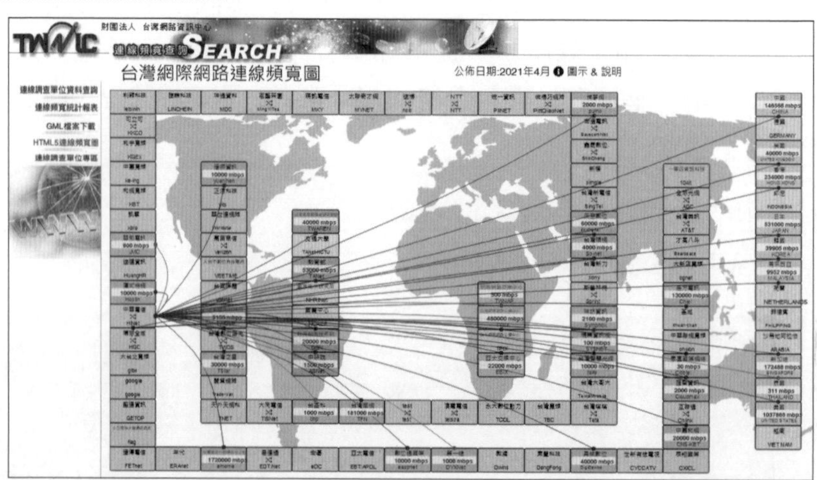

請注意：Internet 表示 ISP 之間的連線，屬於全球公用的網路；Intranet 表示公司內部互聯的網路，屬於私有的網路，只給公司內部員工連線使用；extranet 表示公司的 intranet 網路擴充到合作伙伴或客戶，以實現相關資訊共享，公司與合作伙伴會以 VPN 連線方式。SOHO network 表示家用或個人網路。

3.4 IP 位址級別

本節將介紹 IP 位址五大級別，再由五大級別對應三種通訊分類，三種通訊分類為**單播(unicast)IP**、**群播(multicast)IP** 及**廣播(broadcast)IP**。

IP 五大級別

IANA 將 IP 位址規劃成五大**級別(Class)**，請參考下圖，其中三種級別 Class A、B 與 C 是我們在網路中常會看到的 IP 級別，每個級別都有**預設**的網路與主機位元。Class A 的第 1 組八位元中的 1 個位元固定為 0，所以二進位的位元範圍 **0**0000000 ~**0**1111111，其對應的十進位範圍 1~127，因此 IP 位址的第 1 個十進位在 1~127 範圍的就是 Class A 的 IP 位址，其 IP 結構預設為 **/8** 或 **255.0.0.0**。Class B 的前面兩個位元固定為 10，計算出來的第一個十進位的範圍為 128~191，IP 結構為 /16；Class C 的前面三個位元固定為 110，其第一個十進位的範圍為 192~223，IP 結構為 /24。

圖表 3-42 IP 的五大級別分類

級別	第 1 個十進位	第 1 個八位元組範圍	網路和主機部分	子網路遮罩	每個網路可能的網路和主機數目
A	1-127	00000001 ~ 01111111	N.H.H.H	255.0.0.0	128 個網路(2^7)，每個網路 16, 777, 214 部主機(2^{24}-2)
B	128-191	10000000 ~ 10111111	N.N.H.H	255.255.0.0	16, 384 個網路(2^{14})，每個網路 65, 534 部主機(2^{16}-2)
C	192-223	11000000 ~ 11011111	N.N.N.H	255.255.255.0	2, 097, 150 個網路(2^{21})，每個網路 254 部主機(2^8-2)
D	224-239	11100000 ~ 11101111	不適用 (多點傳送)	無	無
E	240-255	11110000 ~ 11111111	不適用 (實驗)	無	無

- **Class A** 的 IP 位址預設網路位元有 8 個與主機位元有 24 個，其子網路遮罩為 255.0.0.0，所以可以看出 Class A 的網路位址數目很少(128 個)，但一個 Class A 的網內中卻有很多的主機位址(16, 777, 214 個)，如果 IP 為第一個十進位範圍 1~127 屬於 Class A 的 IP 位址。

- **Class B** 的 IP 位址預設網路位元有 16 個與主機位元有 16 個，其子網路遮罩為 255.255.0.0，IP 為第一個十進位範圍 128~191 屬於 Class B 的 IP 位址。

- **Class C** 的 IP 位址有 24 個網路位元個與 8 個主機位元，其子網路遮罩為 255.255.255.0，IP 為第一個十進位範圍 192~223 屬於 Class C 的 IP 位址。

- **Class D** 的 IP 位址第一個十進位範圍 224~239 屬於 Class D 的 IP 位址。

- **Class E** 的 IP 為實驗性質 IP，不會在真實的網路中看到。

讀者必須背起來每個級別的第一個十進位的範圍，這樣看到一個 IP 就馬上可以知道屬於哪一個級別，並且可以知道這個 IP 預設的前置碼與網路遮罩，例如：IP=10.0.0.1，此 IP 屬於 Class A，預設的前置碼為 /8。

請注意：有些保留 IP 位址是不能拿來使用的，例如：常見到的兩個 IP 位址保留為 127.0.0.0/8 與 169.254.0.0/16。127.0.0.0/8 是保留給 Loopback 測試的 IP 網路位址，當網路不通時，可以在電腦執行 ping 127.0.0.1 來測試是否電腦的 IP 組態是否正常運作，169.254.0.0/16 則是保留給自動 IP 分配 (DHCP) 請求失敗後，電腦自己設定的 IP 位址，所以當電腦的 IP 組態是 169.254 開頭的 IP，那就表示 DHCP 運作有問題。

IPV4 通訊種類

在 IPv4 網路中，來源端主機可採用以下三種通訊方式來傳送資料，而每種通訊又對應到 IP 的級別：

- **單點傳送(Unicast)：**從來源端主機只傳送資料給另一台主機，Class A、B、C 為單播 IP 位址。請注意電腦中的 IP 位址只能設定單播 IP 位址。Unicast MAC 是由製造商產生存在網路卡中。

- **廣播傳送(Broadcast)**：從來源端主機傳送資料給所有主機，廣播 IP 位址有 255.255.255.255 或每個網路中的廣播位址。Broadcast MAC 位址只有一個 FF:FF:FF:FF:FF:FF。

- **多點傳送(Multicast)**：從來源端主機傳送資料給選定的一組主機，Class D 為群播 IP 位址。Multicast MAC 位址是要搭配群播 IP 位址來計算得到，因此只要看到前面為 01:00:5E 開頭的 MAC 就是 IPv4 Multicast MAC，而 IPv6 Multicast MAC 的前置碼是 33:33。請注意群播 IP 位址是用加入觀念，詳細請參考第 18 章的 IPv6 章節。

私有 IP 位址

由於 IP 數量很有限，為了解決 IP 不夠用的問題，IANA 組織將 IP 劃分兩大類，**公有 IP** (Public IP) 與**私有 IP** (Private IP)，規定**公有 IP 可以連接網際網路 (Internet)**，但是**私有 IP 則不行連接上網際網路**，而組織內部可以自由的使用私有 IP，不需要申請，所以相同的私有 IP 位址在不同組織中可以重複使用，但是在同一個組織內的私有 IP 位址是不能重複。由於私有 IP 位址不能連上網際網路，所以不同組織之間的相同私有 IP 位址不會遇到，所以暫時可以解決 IP 位址不足的現象。

請注意不管是公有 IP 位址還是私有 IP 位址都不能衝突。

IANA 組織將 Class A、B、C 的 IP 各分出幾個網路位址當作私有 IP 位址，如下表所示，Class A 分出一個網路 10.0.0.0/8 當私有 IP，Class B 分出 16 個網路 172.16.0.0/16~172.31.0.0/16 當私有 IP，最後 Class C 分出 256 個網路 192.168.0.0/24~192.168.255.0/24 當作私有 IP，這些私有 IP 範圍也必須背起來，這樣才有辦法判別給定一個 IP 可以連到網際網路，例如：IP=172.19.25.1，這個 IP 就不能上網際網路，因為此 IP 是私有 IP，但是 IP=171.19.25.1 就可以連上網際網路。

圖表 3-43 IPv4 的私有 IP 範圍

位址級別	私有 IP 位址
Class A	10.0.0.0/8
Class B	172.16.0.0/16~172.31.0.0/16
Class C	192.168.0.0/24~192.168.255.0/24

私有 IP 範圍的定義規格可參考 https://tools.ietf.org/html/rfc1918。

NAT 服務

為何私有 IP 不能上 Internet，這是因為 ISP 業者的路由器使用 ACL 過濾私有 IP 封包，ACL 設定在稍後章節會介紹，不過讀者應該可以發現電腦中設定的確實是私有 IP 位址，但是還是能連上 Internet，這是因為有 **NAT 的服務**，公司必須要裝 NAT 設備，NAT 主要會將私有 IP 位址轉成公有 IP 位址，如此就可以連上 Internet，如下圖所示，目前只有 10.0.0.0 網路有啟動 NAT 服務，所以就可以連到 Internet，其它兩個私有 IP 網路就會被 ISP 阻擋連上 Internet。

圖表 3-44 私有 IP 不能連上 Internet

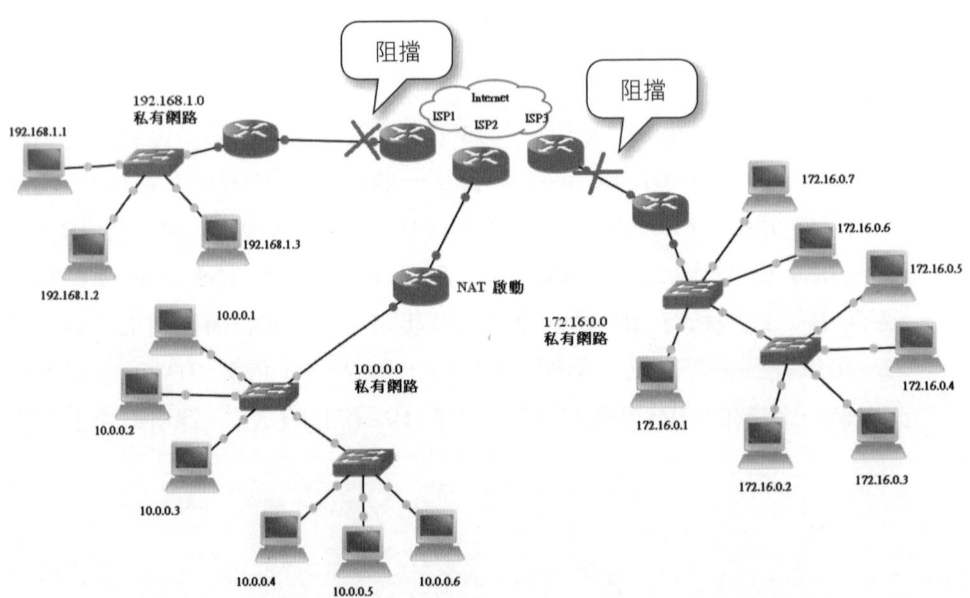

查看 NAT 使用的公有 IP 位址

目前要上網都要跟 ISP 業者申請，ISP 業者分配給你的 IP 位址也是私有 IP 位址，但是 ISP 業者會幫你做 NAT 轉址服務，如此你就可以連上 Internet。如何知道目前 ISP 的 NAT 使用的公有 IP 位址呢？目前網路上有許多網站提供查詢連線來源的 IP 位址，讀者可以使用關鍵字 **whatismyip** 來尋找這些網站，如下圖所示，查詢出來的為目前筆者使用的公有 IP 位址為 220.135.49.167，並且也會顯示這個 IP 位址的所在地方。

圖表 3-45 查詢連上網際網路時所使用的 IP 位址 (http://whatismyipaddress.com/)

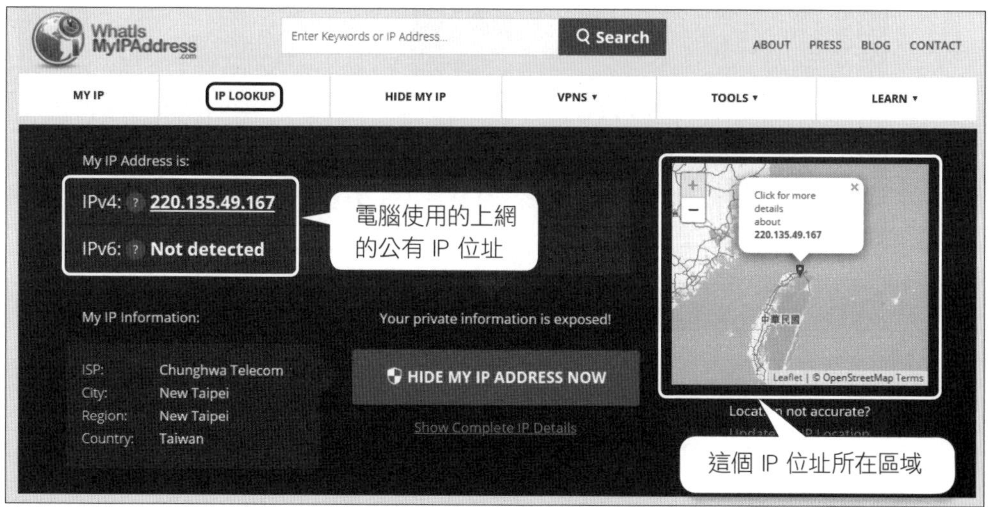

如果要查詢某一個公有 IP 位址所在的地方，也可以使用該網站來查詢，例如：想知道 8.8.8.8 這個 IP 的資訊，連線上圖中的『IP LOOKUP』選項，如下圖所示：

圖表 3-46 查詢 IP 位址所在的地理區域及擁有者 (http://whatismyipaddress.com/)

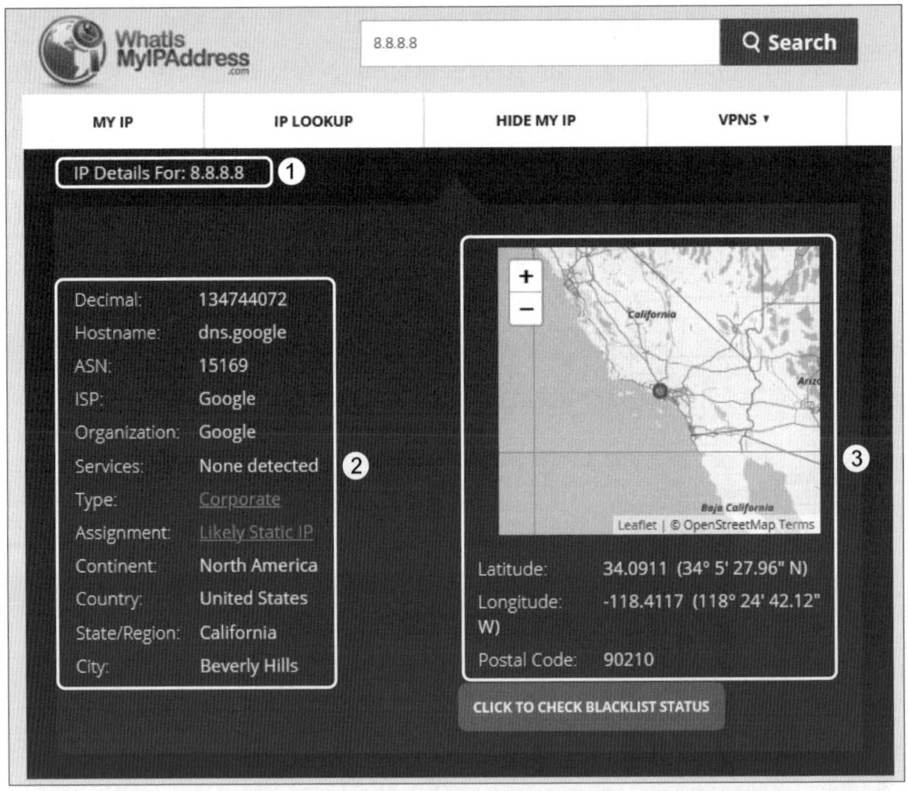

❶ 輸入 8.8.8.8 查詢。

❷ 顯示該 IP 位址的擁有者，竟然是 Google 公司，這是一個 Class A 的公有 IP 位址，為何一家公司就擁有 Class A 的公有 IP 位址，這是因為 Internet 是由美國開始發展，所以一些較早成立的美國公司都申請到 Class A，現在已經不可能申請得到 Class A。

❸ 顯示這個 IP 位址所在的地區，所以只要你連上網際網路，你的位置一定會被查到。

Tor Browser

洋蔥瀏覽器 (Tor Browser) 是一款免費、開放原始碼的瀏覽器，透過它連接網際網路可以匿名瀏覽 (會隱藏電腦 IP 位址)，同時在洋蔥瀏覽器結束程式後自動刪除敏感隱私資料 (例如 Cookie 和瀏覽記錄)，達到最高的安全性。下圖為 Tor Browser 及安裝程式下載。

圖表 3-47 Tor Browser 官方網站 (https://www.torproject.org/download/)

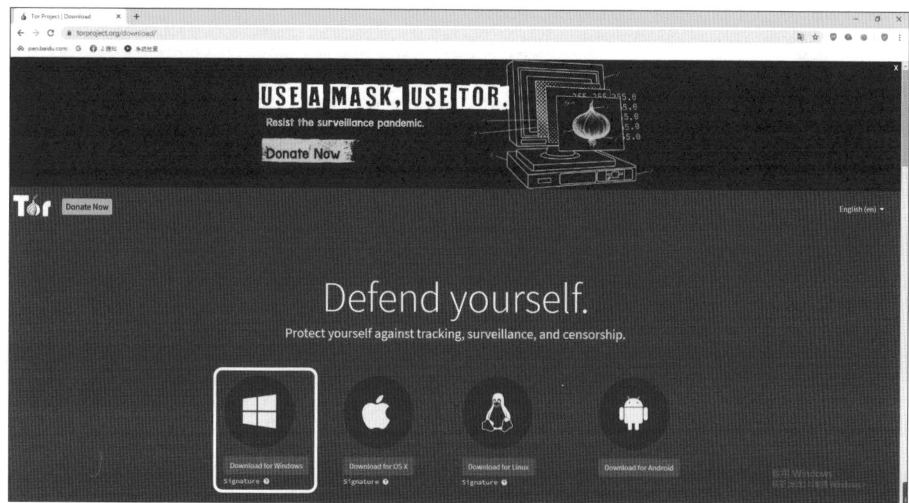

安裝好 Tor Browser 後，在進行第一次連線必須做初始化的動作，如下圖所示，選擇『Connect』按鈕，此時會進行 Tor 代理伺服器的設定，若需要比較進階的設定，則選擇『Connect』按鈕。

圖表 3-48 Tor Browser 初始化設定

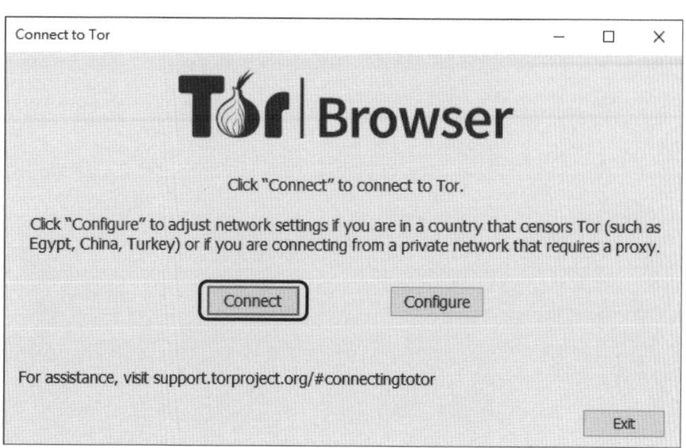

現在使用洋蔥瀏覽器連線到 https://whatismyipaddress.com/，如下圖所示，目前出現的 IP 位址已經跟自己電腦的 IP 位址不一樣，這個 IP 位址是 Tor 代理伺服器產生，如此洋蔥瀏覽器就幫我們做到匿名連線的效果，當你用洋蔥瀏覽器連線到網際網路，你電腦的 IP 位址是不會出現。另外洋蔥瀏覽器的 IP 位址，隔一段時間就會改變，以避免被追蹤。

圖表 3 49 在 Tor Browser 上查詢自己電腦的 IP 位址

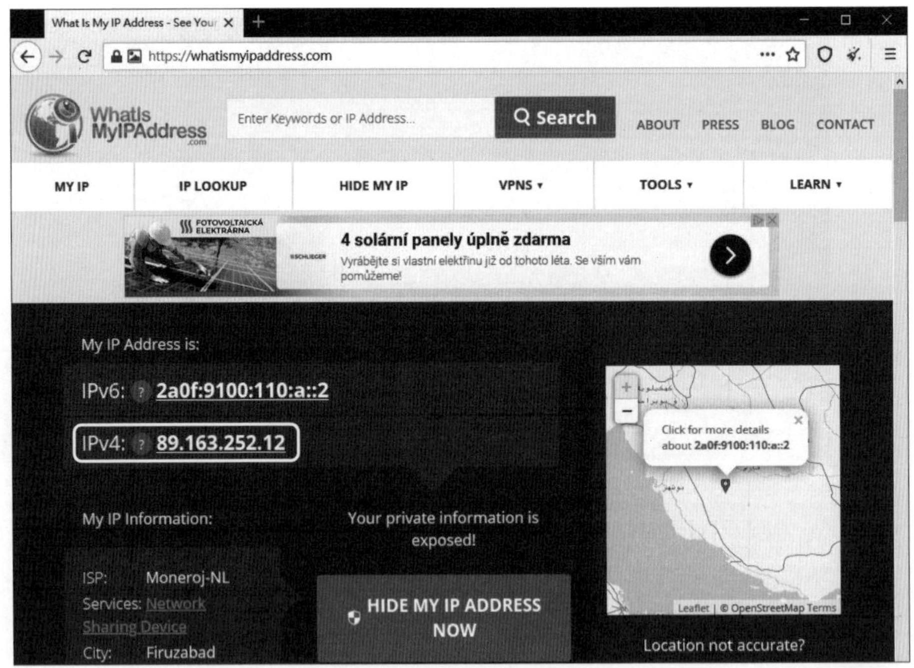

3.5 子網路切割

本節將介紹**子網路切割 (Subnetting)** 的技術。由於可用的**單播 IP 位址**被分為三大級別，因此產生的網路數目是有限的，而且不恰當；透過子網路切割可以從一個大的 IP 區塊產生多個較小的 IP 區塊，以便讓網路規劃更有彈性。

當 IANA 將單播 IP 位址分為三大級別後，每一個級別的子網路遮罩固定，其產生的網路數目也是固定而且有些並不恰當，例如：一個 Class A 網路，並不適合直接拿來規劃一個網路，因為 Class A 網路中會有 1600 多萬個 IP 位址，而在一個網路中不可能會有這麼多個主機，沒有使用的主機 IP 位址也不能在其他網路中使用，這樣就會造成 IP 位址的浪費。尤其在網際網路上的主機數目成長迅速，IP 位址已經不夠使用的環境下，更要善用每一個 IP 位址。

怎麼解決呢？必須根據主機數目來規劃網路中所需要 IP 位址數目，概念就是子網路遮罩不能固定，在 1993 年 IETF 訂定的**可變長度子網路遮罩(VLSM，Variable Length Subnet Mask)** 技術，就可以讓網路規劃不再侷限於網路的級別。

VLSM 技術的借位技巧

子網路切割技術是在一個級別的網路下產生多個邏輯的子網路，我們把 Class A、Class B 及 Class C 級別網路稱為**主網路**，從主網路可以再往下分成幾個子網路，其方式就是**借位 (borrow)** 的技巧。所謂的借位，就是將主機位元拿來做網路位元使用。

由於 IP 結構在申請的時候網路位元已經固定，因此管理者能動用的只有主機位元，例如：給定一個 Class C 的網路 192.168.10.0/24，此 IP 結構如下圖所示，其中網路位元為前面 24 位元是申請下來的，所以 192.168.10 的部份不能動，管理者只能分配主機位元，因此管理者可以將主機位元借位給網路位元使用。

如下圖所示，借一個主機位元給網路使用，**一旦有借位情況，IP 結構就產生變化**，以本範例來看原先的結構為 **/24**，經過借位後結構變為 **/25**，借位的位元的值可以為 0 或 1，因此就產生兩個子網路出來，當借位的位元為 0 時，產生的子網路為 192.168.10.0/25，當借位的位元為 1 時，產生的子網路為 192.168.10.128/25。請注意借位一定要從主機位元的**最高位元**開始。

圖表 3-50　借 1 個位元

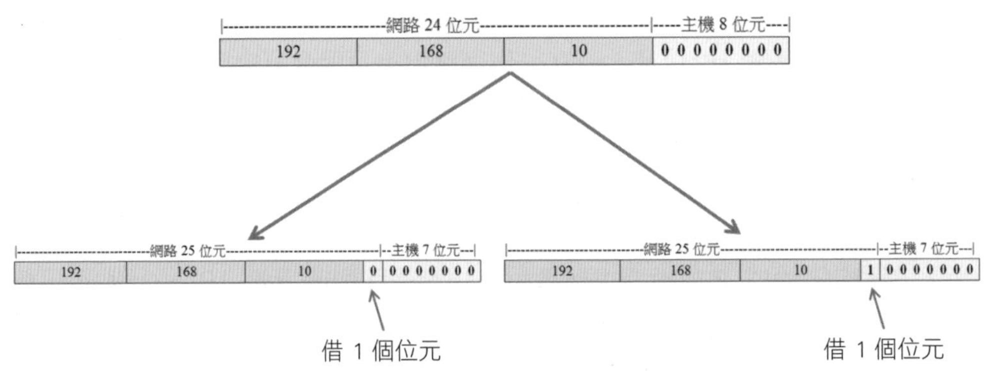

產生的每個子網路都會有自己的三種 IP 位址，下表所示為 192.168.10.0/24 產生的兩個子網路各別的 IP 位址種類。

圖表 3-51　192.168.10.0/24 產生的子網路 IP 位址範圍

主網路	192.168.10.0/24	
子網路網路 IP 位址	**192.168.10.0/25**	**192.168.10.128/25**
子網路主機 IP 位址範圍	192.168.10.1 ~ 192.168.10.126	192.168.10.129 ~ 192.168.10.254
子網路廣播 IP 位址	192.168.10.127	192.168.10.255
子網路遮罩	255.255.255.128	255.255.255.128

由上述範例可以知道子網路切割技術就是跟主機位元借位來當網路位元，以下圖為例，IP 結構為 /16，借位的方式如下圖所示，請注意一定要從主機位元的**最高位元**開始，往低位元的方向。

圖表 3-52 借位的方式

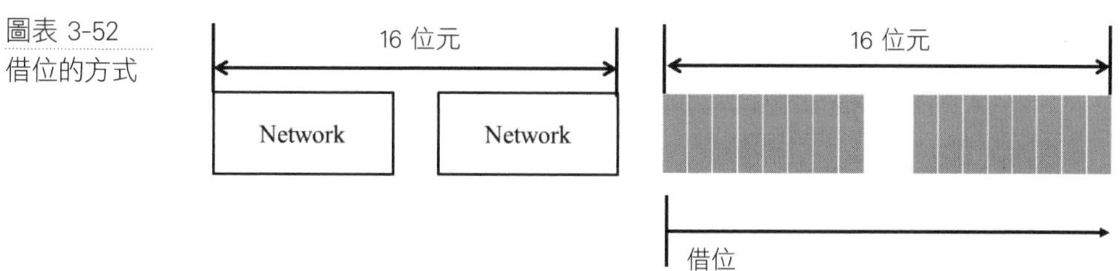

當借位 N 個主機位元，此時網路位元變成 16+N 個，主機位元變為 16-N 個，所以借位越多可以產生越多的子網路，但是相對的主機位元變越少，每個子網路中的主機位址數目就越少。所以網路規劃要針對當時網路環境要做適當子網路切割，以符合網路數目與主機數目的需求。

圖表 3-53 子網路借位

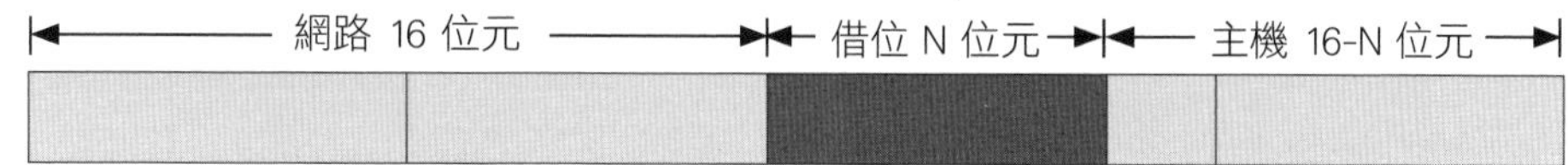

Class C 可能的借位情況

Class C 的預設結構為 /24，因此 Class C 的 IP 位址可能的借位情況如下圖所示，當所有主機位元全部借位完畢，那結構變為 /32，這個算是主機 IP。

圖表 3-54 Class C 可能的借位情況

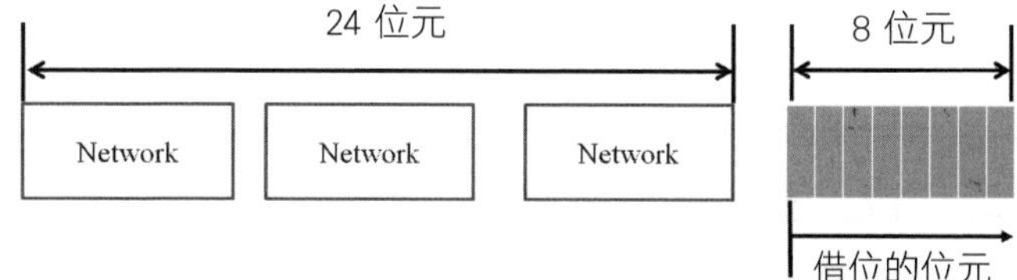

借位的位元 (b)	產生子網路 (2^b)	剩下的主機位元 (8 - b = h)	每個子網路的主機數目(2^h-2)
1	2	7	126
2	4	6	62
3	8	5	30
4	16	4	14
5	32	3	6
6	64	2	2
7	128	1	2

子網路為 IP 位址區塊的切割

我們可以將子網路規劃視為 IP 位址區塊的切割，以上述的範例使用 IP 位址區塊的方式來解釋，如下圖所示，主網路 192.168.10.0/24 的位址區塊有 256 個 IP，將此區塊對分為兩個區塊，每個區塊數目有 128 個 IP，這就是子網路區塊，因此子網路的計算也可以從 IP 區塊的分割方式來計算。

請注意主網路的 IP 總數目不會因為子網路的切割而變多或變少，切割後的所有子網路的 IP 數目總和等於主網路的 IP 總數目。

圖表 3-55　192.168.10.0/24 區塊切為兩個區塊

主網路 IP 位址區塊	兩個子網路 IP 位址區塊
192.168.10.0/24	192.168.10.0/25
192.168.10.1/24	192.168.10.1/25
…	…
192.168.10.126/24	192.168.10.126/25
192.168.10.127/24	192.168.10.127/25
192.168.10.128/24	192.168.10.128/25
192.168.10.129/24	192.168.10.129/25
…	…
192.168.10.254/24	192.168.10.254/25
192.168.10.255/24	192.168.10.255/25

借 2 位元產生的子網路

現在由 192.168.10.0/24 借 2 個主機位元，可以產生的子網路如下圖所示，總共產生 4 個子網路，因為 2 位元有四種組合，分別為 00、01、10 與 11，通常 00 產生的子網路稱為第一個子網路，01 為第二個子網路，以此類推，所以如果借 3 個位元，產生的子網路數目就是這 3 個位元組合數目，就有 8 個子網路，所以公式 $\mathbf{2^n}$ 就是產生子網路的數目，其中 n 是借位的數目。

圖表 3-56　192.168.10.0/24 借 2 位產生的子網路

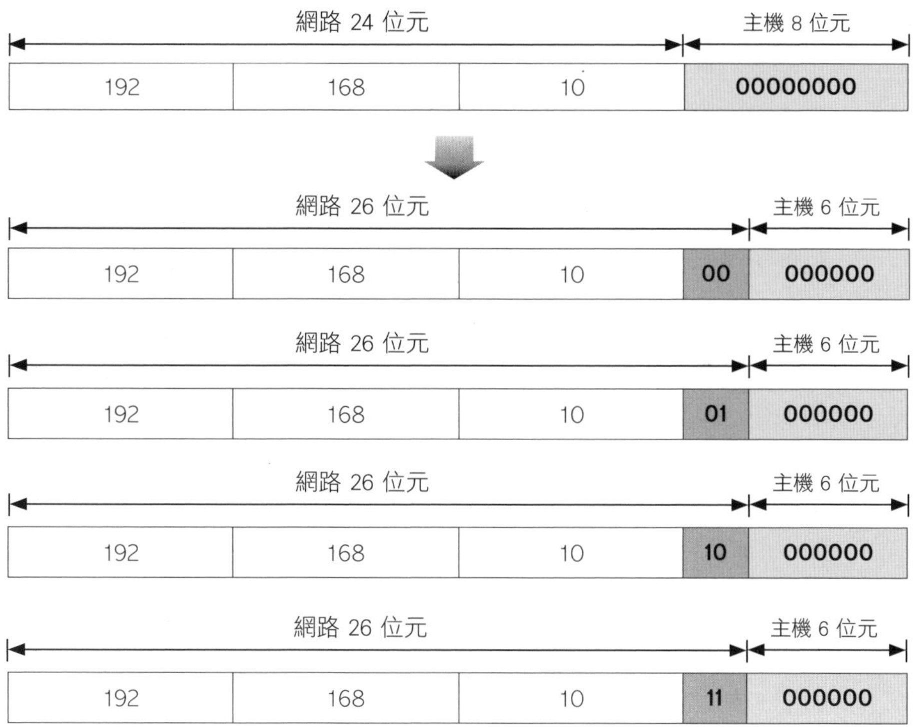

4 個子網路 IP 位址範圍

使用 IP 位址區塊的方式來觀察上述的借 2 位元範例，借 2 位元會產生 4 個子網路，所以將主網路位址區塊切成 4 等分，如右圖所示：

主網路 IP 位址區塊	4 個子網路 IP 位址區塊
192.168.10.0/24	192.168.10.0/26
192.168.10.1/24	192.168.10.1/26
…	…
192.168.10.63/24	192.168.10.63/26
192.168.10.64/24	192.168.10.64/26
…	…
192.168.10.127/24	192.168.10.127/26
192.168.10.128/24	192.168.10.128/26
…	…
192.168.10.191/24	192.168.10.191/26
192.168.10.192/24	192.168.10.192/26
…	…
192.168.10.255/24	192.168.10.255/26

圖表 3-57
4 個子網路 IP 位址範圍

每個子區塊有 256/4=64 個 IP，每個子區塊的第一個 IP 就是網路 IP 位址，最後一個 IP 就是廣播 IP 位址，例如：第一個區塊就是第一個子網路 IP 位址範圍，其中網路 IP 為 192.168.10.0/26，廣播 IP 為 192.168.10.63/26，另外第一個網路的廣播 IP 位址加 1 就是下一個子網路的 IP 位址，或者是第 2 個子網路的網路 IP 位址前一個 IP 就是第 1 個子網路的廣播 IP，讀者可以從這個方式來計算子網路 IP 位址。

借 3 個位元

最後由 192.168.10.0/24 借 3 個主機位元，以 IP 位址區塊的方式來計算每個子網路的 IP 位址範圍，借 3 個主機位元可以產生 $\mathbf{2^3}$ =8 個子網路，每個子網路有 256/8 =32 個 IP 位址，第 1 個子網路的網路 IP 位址為 192.168.10.0/27，將其加 32 就是第 2 個子網路的網路 IP 位址為 192.168.10.32/27，第 3 個子網路的網路 IP 位址也是由第 2 個子網的網路 IP 位址加 32 為 192.168.10.64/27，以此類推，如下圖所示，如此就可以很快的將 8 個子網的網路 IP 位址推算出來。

第 1 個子網路的廣播 IP 位址怎麼算出？從第 2 子網路的網路 IP=192.168.10.32 的前一個 IP 位址 192.168.10.31，此 IP 位址就是第 1 個子網路的廣播 IP 位址，其他子網路的廣播 IP 位址計算，以此類推。有了網路 IP 與廣播 IP，就可以算出主機 IP 位址範圍，例如：以第 1 個子網路的主機 IP 位址範圍為 192.168.10.1~192.168.10.30。

圖表 3-58 8 個子網路 IP 位址範圍

<table>
<tr><th>主網路IP位址區塊</th><th>8個子網路IP位址區塊</th></tr>
<tr><td rowspan="8">192.168.10.0/24
......
192.168.10.255/24</td><td>192.168.10.0/27</td></tr>
<tr><td>192.168.10.32/27</td></tr>
<tr><td>192.168.10.64/27</td></tr>
<tr><td>192.168.10.96/27</td></tr>
<tr><td>192.168.10.128/27</td></tr>
<tr><td>192.168.10.160/27</td></tr>
<tr><td>192.168.10.192/27</td></tr>
<tr><td>192.168.10.224/27</td></tr>
</table>

子網路的主機 IP 數目

192.168.10.0/24 網路的主機 IP 有 $\mathbf{2^8}$ － 2 = 254 個，但是借 3 個主機位元產生 8 個子網路後，主機位元剩下 5 位元，此 IP 結構可以產生的主機 IP 數目為 $\mathbf{2^5}$ － 2 = 30，所以 8 個子網路的主機 IP 數目都是 30 個，所有子網路的主機 IP 數目總共有 30x8=240，讀者應該可以發現主機 IP 數目少了 **14 個(254-240)**，這是因為每產生一個子網路就需要一個網路 IP 與一個廣播 IP，因此子網路產生越多，消耗的主機數目變為網路 IP 與廣播 IP 就越多，但是 IP 數目的總和不會變。

子網路進行子網路切割

當主網路切個成數個子網路後，可以再由子網路進行切割，例如：給定一個子網路 192.168.10.128/25，進行借位 1 位元，如下圖所示，產生 2 個子網路分別為 192.168.10.128/26 與 192.168.10.192/26。請注意 128 用二進位表示。

圖表 3-59 192.168.10.128/25 進行借 1 位元

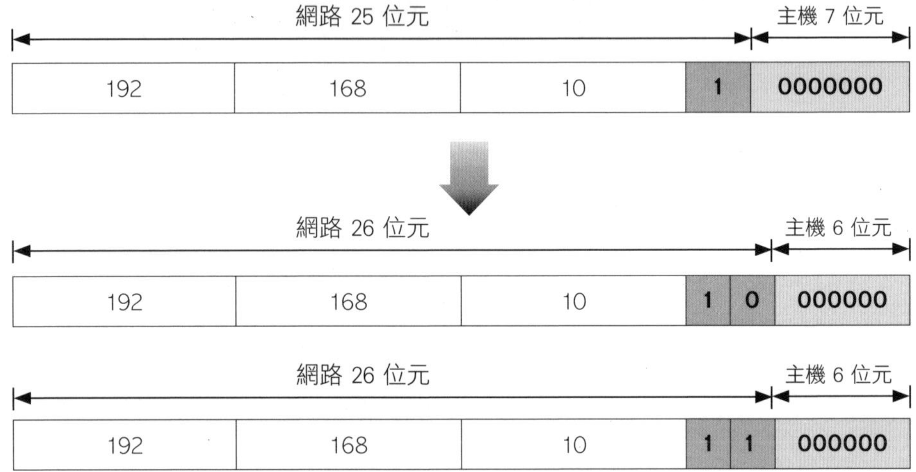

再使用 IP 位址區塊來看，192.168.10.128/25 中 IP 位址區塊有 2^7 = 128 個 IP，分為兩等份，每等份的區塊 IP 數目為 128/2=64，如下圖所示，所以就可以很快算出此子網路切割後的 IP 位址範圍。請注意每個 IP 區塊前面與後面的 IP 位址分別為網路 IP 位址與廣播 IP 位址。

圖表 3-60 192.168.10.128/25 兩個子網路 IP 區塊

子網路IP位址區塊	兩個子網路IP位址區塊
192.168.10.128/25 192.168.10.129/25 …… 192.168.10.254/25 192.168.10.255/25	192.168.10.128/26 … 192.168.10.191/26 192.168.10.192/26 …… 192.168.10.255/26

請注意：要判斷一個 IP 位址有進行子網路切割，首先要先知道該 IP 位址的級別網路，再從級別網路的預設子網路遮罩跟該 IP 位址的子網路遮罩比較。兩者如果一樣，表示 IP 位址就是級別網路，如果不一樣，那就是有進行子網路切割。例如：給定 172.20.10.10/24，該 IP 屬於 Class B，預設的子網路遮罩為/16，所以這個 IP 有進行子網路切割，有進行子網路切割的網路又成為 Classless (無級別網路)。

3.6 IP 位址的快速計算

由前述 IP 區塊觀察，只要知道 IP 區塊的資訊，就可以很快算出 IP 位址的範圍，完全不用轉 2 進位來觀察，所以可以利用 IP 區塊的觀念來計算給定任意的 IP 位址，就可以算出該 IP 位址的網路。例如：給定一個 IP 為 10.10.10.84 及遮罩為 255.255.255.224，要如何算出該 IP 位址的網路 IP？

首先算出此 IP 區塊中的 IP 數目，所以需要主機位元資訊，由遮罩 255.255.255.224 可得到，但是要將遮罩轉成二進位來觀察，計算出目前主機有 5 個位元，所以該 IP 結構有 $\mathbf{2^5}$= 32 個 IP，也就是 IP 位址區塊大小為 32 個 IP，此 IP 區塊的大小也可以直接用 256 去減掉遮罩中非 0 或非 255 的值，也就是 256-224=32，如此不用轉二進位就可計算 IP 位址區塊大小，有了 IP 位址區塊大小就可以判斷 10.10.10.84 在第幾個 IP 區塊中，使用遮罩中非 0 或非 255 對到的十進位，也就是 84 去除以 32，取整數為 2，所以 10.10.10.84 在第 2 個 IP 區塊中，而第 2 個 IP 區塊的第 1 個 IP 為 32x2=64，所以 10.10.10.64 就是 10.10.10.84 的網路 IP。

網路 IP 位址計算

我們將上述的計算流程整理為三大步驟：

1. 256 - 遮罩 = 區塊大小 (取出遮罩中非 0 或非 255 的值)
2. 整數(IP 位址/區塊大小) = 區塊號碼 (取出 IP 位址對應遮罩中非 0 或非 255)
3. 區塊大小*區塊號碼 = 網路 IP 位址

請注意要了解這三個步驟，請要熟悉 IP 位址區塊的意義。

範例一

我們使用這三個步驟直接來計算 10.10.10.184 及其遮罩為 255.255.255.224，該 IP 所在的網路 IP 位址。

```
1. 256 - 遮罩 = 區塊大小 (取出遮罩中非 0 或非 255 的值)
   256 - 224 = 32
```

```
2. 整數(IP 位址/區塊大小) = 區塊號碼 (取出 IP 位址對應遮罩中非 0 或非 255)
   整數(184/32) = 5
```

```
3. 區塊大小*區塊號碼 = 網路 IP 位址
   32*5 = 160
```

所以 10.10.10.184 的網路 IP 位址為 10.10.10.160。

範例二

IP 為 172.31.33.84 及遮罩 255.255.240.0，計算網路 IP 位址，執行三個步驟：

```
1. 256 - 遮罩 = 區塊大小 (取出遮罩中非 0 或非 255 的值)
   256-240 = 16
```

```
2. 整數(IP 位址/區塊大小) = 區塊號碼 (取出 IP 位址對應遮罩中非 0 或非 255)
   33/16 = 2
```

```
3. 區塊大小*區塊號碼 = 網路 IP 位址
   16*2 = 32
```

網路 IP 位址 172.31.32.0，請注意遮罩為 0，對應到的 IP 中十進位也要設成 0。

範例三

IP 為 10.18.9.12 及遮罩 255.252.0.0，計算網路 IP 位址，執行三個步驟：

```
1. 256 - 遮罩 = 區塊大小  (取出遮罩中非 0 或非 255 的值)
   256-252 = 4
```

```
2. 整數(IP 位址/區塊大小) = 區塊號碼 (取出 IP 位址對應遮罩中非 0 或非 255)
   18/4 = 4
```

```
3. 區塊大小*區塊號碼 = 網路 IP 位址
   4*4 = 16
```

網路 IP 位址 10.16.0.0，請注意遮罩為 0，對應到的 IP 中十進位也要設成 0。使用這三個步驟也可以很快判斷兩個 IP 是否也同一個網路。

廣播位址計算

廣播位址就是下一個網路 IP 的前一個 IP，所以改一下前述三大步驟，就可以整理出計算廣播位址的步驟，步驟一與步驟二都一樣，只要修改步驟三，將其算出下一個網路 IP 位址：

1. 256 - 遮罩 = 區塊大小 (取出遮罩中非 0 或非 255 的值)
2. 整數 (IP 位址/區塊大小) = 區塊號碼 (取出 IP 位址對應遮罩中非 0 或非 255)
3. 區塊大小*(區塊號碼+1) =下一個網路 IP 位址

範例四

IP 為 10.18.9.12 及遮罩 255.252.0.0，計算其廣播位址，執行三個步驟：

```
1. 256 - 遮罩 = 區塊大小 (取出遮罩中非 0 或非 255 的值)
   256-252 = 4
```

```
2. 整數(IP 位址/區塊大小) = 區塊號碼 (取出 IP 位址對應遮罩中非 0 或非 255)
   18/4 = 4
```

```
3. 區塊大小*(區塊號碼+1) = 下一個網路 IP 位址
   4*5 = 20
```

下一個網路 IP 位址為 10.20.0.0，該 IP 位址的前一個 IP 為 10.19.255.255，所以廣播位址為 10.19.255.255，有了網路 IP 與廣播 IP 就可以算出主機 IP 範圍。

範例五

IP 為 172.31.130.84 及遮罩為 255.255.248.0，計算該 IP 位址對應的網路中的三種 IP 位址。

```
1. 256 - 248 = 區塊大小 (取出遮罩中非 0 或非 255 的值)
   256-248 = 8
```

```
2. 整數(IP 位址/區塊大小) = 區塊號碼 (取出 IP 位址對應遮罩中非 0 或非 255)
   130/8 = 16
```

```
3. 區塊大小*區塊號碼 = 網路 IP 位址
   8*16 = 128
```

```
4. 區塊大小*(區塊號碼+1) = 下一網路 IP 位址
   8*17 = 136
```

IP 為 172.31.130.84 的網路 IP 位址 172.31.128.0，下一個網路 IP 位址為 172.31.136.0，所以廣播位址為 172.31.135.255，主機 IP 範圍 172.31.128.1~172.31.135.254。以上的範例完全不需要使用二進位就可以計算出 IP 的三種位址，請讀者多用幾個範例來驗證結果。

3.7 子網路實作練習

本章節將介紹根據主機數目或子網路數目的需求來進行子網路切割規劃，並計算出要使用的 IP 位址。

如何判斷子網路

如何判斷一個網路是使用借位，這個時候就需要記一下 Class A、B、C 的 IP 範圍與預設的結構。

例如：給定一個網路 IP 為 190.168.10.0/24，此網路 IP 有否借位？首先判斷 IP=190.168.10.0 是哪一個級別，答案是 Class B，而 Class B 的預設結構為/16，所以 190.168.10.0/24 為子網路。

由主機數目規劃

在規劃一個網路時，需要有很多條件一起納入考慮，例如：有一個網路需要有 310 台主機，要如何規劃該網路 IP 的結構？此時可以使用主機數目的公式 $\mathbf{2^n}-2$ 來計算出需要最少的主機位元數目，$\mathbf{2^n}-2>310$，n 至少要 9，所以的必須要有 9 個主機位元，而網路位元為 23，以前置碼表示該網路 IP 結構為 /23，9 個主機位元可以有 $\mathbf{2^9}-2=510$ 主機 IP，多於需求 310，會有浪費 510-310=200 個 IP，這是不可避免的，沒有辦法剛剛好符合 310 個 IP，只能找浪費最少的 IP 數目的規劃，當然也可以用 10 個主機位元，不過這樣規劃就會浪費掉更多 IP。

由子網路數目規劃

另外也可以由子網路數目與主機數目的需求一起來考慮，例如：一家公司需求最少要有 300 子網路，每個子網路最少要有 50 台主機需求，目前公司只有一個 Class B 可以使用，要如何規劃網路才能符合公司網路需求。

首先要考慮 Class B 主網的預設為/16，需要 300 子網路，用子網路切割的公式，$\mathbf{2^m}>300$，因此至少需要借位為 m 位元，m=9, 10, 11……，但是每個子網路要有 50 台電腦，以網路中的主機 IP 公式，$\mathbf{2^n}-2>50$，所以至少需要有 n 個主機位元，n=6, 7, 8, 9……，但 m+n=16，因此 (m, n) = (9, 7) or (10, 6)，當(m, n) = (9, 7)，表示借位 9 個位元，主機位元有 7 個，所以遮罩為 255.255.255.128，當 (m, n) = (10, 6)，遮罩為 255.255.255.192。

實作子網路切割練習

以下圖為例來練習子網路切割，我們使用子網路練習架構來說明如何進行網路 IP 位址的規劃，其需求為給定一個 198.150.10.0/24 的 IP 空間，規劃出三個子網路來滿足下列需求：

1. 所有三個網路都有最低主機數目需求，分別為 40、50 及 90 台主機數目。

2. 所有三台主機為該子網路中第一個 host IP。

3. 所有三個網路的預設閘道為該子網路中最後一個 host IP。

圖表 3-61 子網路練習架構

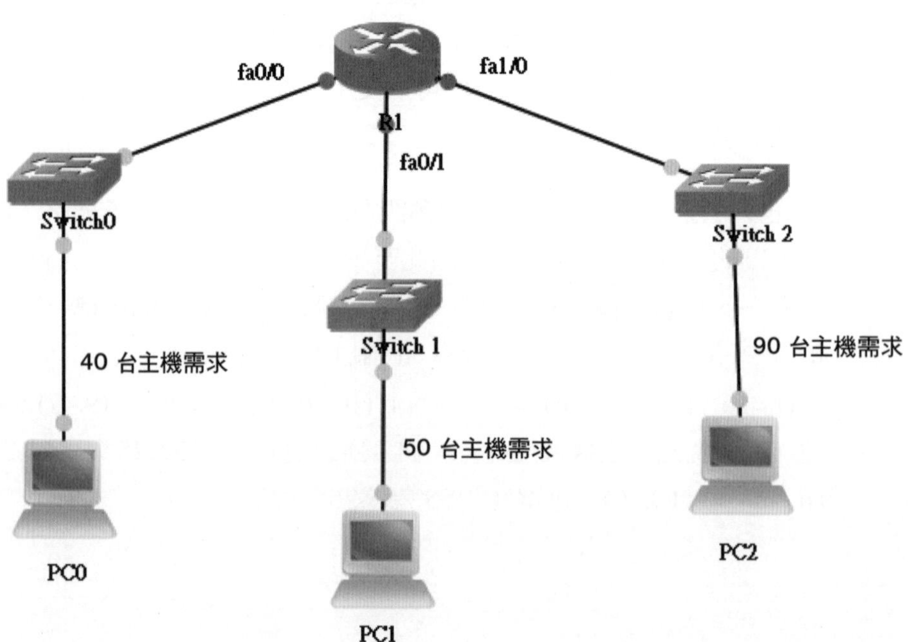

規劃子網路

根據上述需求需要三個子網路，所以需要借位 2 個位元，可以產生四個子網路，每個子網路的主機數目為 $2^6 - 2 = 62$，如此只能滿足 40 台與 50 台主機需求，但是無法滿足 90 台主機的需求。

因此在本範例不能直接從需求的子網路數目直接作借位的計算，我們的方式要先切割兩個網路，每個子網路的主機數目為 $2^7 - 2 = 126$，一個子網路就用來規劃 90 台主機，另一個子網路就再進行一次子網路切割，此時的子網路中主機數目為 $2^6 - 2 = 62$ 就可以滿足 40 台與 50 台主機數目，如下表所示為 198.150.10.0/24 切割為兩個子網路。

圖表 3-62　第一次子網路切割

主網路	198.150.10.0/24	
子網路網路 IP 位址	198.150.10.0/25	198.150.10.128/25
子網路主機 IP 位址範圍	198.150.10.1 ~ 198.150.10.126	198.150.10.129 ~ 198.150.10.254
子網路廣播 IP 位址	198.150.10.127	198.150.10.255
子網路遮罩	255.255.255.128	255.255.255.128

規劃 90 台主機需求的網路

我們將子網路 198.150.10.128/25 用來規劃 90 台主機的網路，根據需求第一個主機 IP 位址 198.150.10.129 給 PC2，最後一個主機 IP 位址 198.150.10.254 給路由器的 fa1/0 介面當作預設閘道 IP 位址。

子網路中進行切割子網路

接著再由子網路 198.150.10.0/25 進行切割兩個子網路，也就是從該子網路借位 1 主機位元，產生兩個子網路 198.150.10.0/26 與 198.150.10.64/26，請讀者轉換為二進未來觀察會較清楚，下表為兩個子網路的資訊。

圖表 3-63　子網路再進行切割子網路

子網路	198.150.10.0/25	
子網路網路 IP 位址	198.150.10.0/26	198.150.10.64/26
子網路主機 IP 位址範圍	198.150.10.1 ~ 198.150.10.62	198.150.10.65 ~ 198.150.10.126
子網路廣播 IP 位址	198.150.10.63	198.150.10.127
子網路遮罩	255.255.255.192	255.255.255.192

我們將子網路 198.150.10.0/26 用來規劃 40 台主機，根據需求第一個主機 IP 位址 198.150.10.1 給 PC0，最後一個主機 IP 位址 198.150.10.62 給路由器的 fa0/0 介面當作預設閘道 IP 位址。

最後將子網路 198.150.10.64/26 來規劃 50 台主機的網路，一樣的需求第一個主機 IP 位址 198.150.10.65 給 PC1，最後一個主機 IP 位址 198.150.10.126 給路由器的 fa0/1 介面當作預設閘道 IP 位址。

設定路由器 IP

路由器的三個介面 IP 位址設定指令如下所示：

圖表 3-64　設定路由器的介面 IP 相關指令

指令	說明
R1>en	進入管理者模式
R1#conf t	進入組態模式
R1(config)#int fa0/0	進入網路介面 fa0/0 組態模式
R1(config-if)#ip address 198.150.10.62 255.255.255.192	設定 fa0/0 的IP位址
R1(config-if)#no shutdown	啟動 fa0/0 網路介面
R1(config-if)#int fa0/1	切換到網路介面 fa0/1 組態模式
R1(config-if)#ip address 198.150.10.126 255.255.255.192	設定 fa0/1 的IP位址
R1(config-if)#no shutdown	啟動 fa0/1 網路介面
R1(config-if)#int fa1/0	切換到網路介面 fa1/0 組態模式
R1(config-if)#ip address 198.150.10.254 255.255.255.128	設定 fa1/0 的 IP 位址
R1(config-if)#no shutdown	啟動 fa1/0 網路介面

綜合上述的子網路規畫，我們整理如下圖所示，因此子網路的切割可以一直反覆的進行，以達到最適合的網路 IP 空間位址規劃。可使用 ping 來測試三台電腦連線狀況，若 IP 規劃有錯誤，會導致網路無法連線。

請注意：符合需求的規畫結果，可能不只一種。

圖表 3-65　整體 IP 規畫

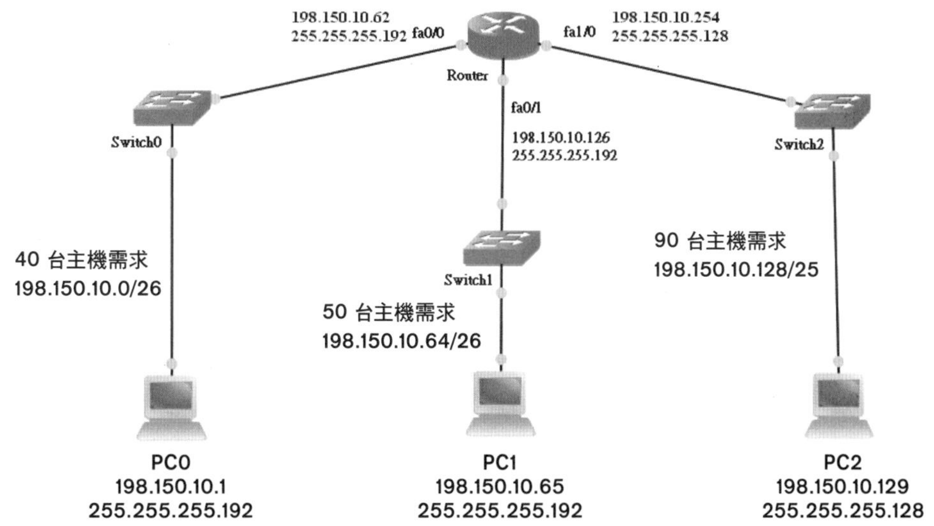

MEMO

CHAPTER

4

Cisco IOS 介紹與常用設定

IOS (Internetwork Operating System) 是 Cisco 的網路作業系統，安裝於路由器或交換器，其功能類似安裝於 PC 上的微軟 Windows，提供使用者操作電腦。而 IOS 則用來操控 Cisco 的路由器或交換器等網路設備。

在操控上, Windows 系統採用 **GUI** (Graph User Interface)圖形化使用者介面，只要滑鼠就可操作，但是 IOS 的操作介面是屬於 **CLI** (Command Line Interface) 指令式介面，必須透過指令才有辦法操作，所以要控制、調整路由器或交換器運作就必須要熟記一些 IOS 的指令，才能進行設定。以下將介紹一些常用的 IOS 基本指令及操作方式。

4.1 IOS 的連接及指令模式

本節將介紹連線到路由器使用 IOS 及連線後的操作方式，我們使用下列的 console 網路架構來示範如何登入 IOS。

圖表 4-1　console 網路架構

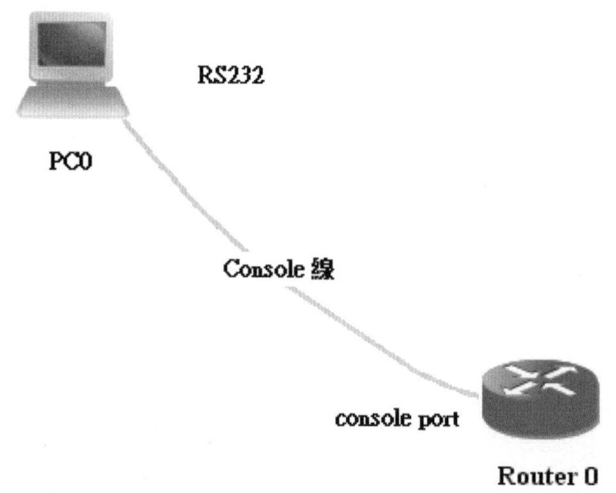

IOS 連線方式

由於路由器本身並沒有鍵盤與螢幕，不能像 PC 一樣直接操作系統，需要透過一些方式連接，才能進入到路由器的 IOS 的操作畫面。最簡單的做法是透過路由器上 **Console Port** 來進入 IOS 中，使用的接線為 **Console 線**又稱為 **Rollover 線**，如下圖所示為 Console 線的樣子及路由器上的 Console Port 形狀，Console 線一端為 **RS232 (DB9 接頭)**，另一端則採用一般 RJ45 網路接頭。所以在路由器上的 Console Port 接孔跟網路介面的形狀是一樣的，請依照設備上的標籤標示來連接，注意不要接錯了。

路由器上另外一個和網路介面長的也很像的 **AUX(auxiliary) port**，則為連接數據機(modem)使用。

圖表 4-2 Console 線與路由器介面種類

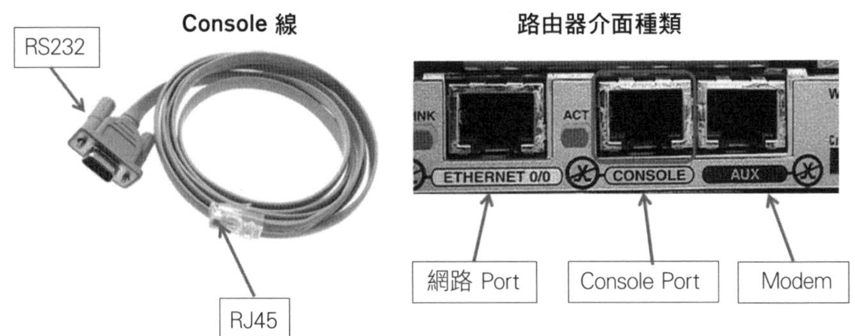

透過 Console 線來連接 Console port 的接線方式，如下圖所示。接下來在 PC 端要啓動通訊軟體透過 RS232 跟路由器溝通，以往可使用 Windows 中的**超級終端機(HyperTerminal)**，目前此工具已經被微軟拿掉，所以可以使用 **PuTTY** 來進行連線。

圖表 4-3 使用 Console 線連到路由器並開啟 PuTTY 來溝通

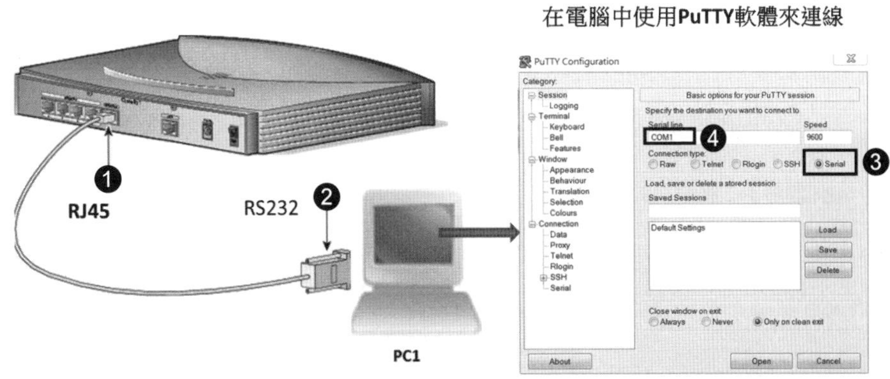

❶ Console 線的 RJ45 接到路由器上 Console Port。

❷ Console 線的 RS232 接頭插到 PC1 端。

❸ PuTTY 選項要選擇 serial。

❹ 再選 COM port 就可以連線成功。

PuTTY 可從軟體官方網站 (http://www.putty.org/) 下載取得。

請注意：目前筆電都沒有 COM Port 來接 RS232 接頭，可以使用 RS232 轉 USB 的轉接頭，如此就可以透過電腦的 USB 連接到 Console port。另外也有無線 Console port 轉接頭，電腦透過藍芽就可以連到 Console port。

終端機的參數

開啟終端機後會先請你設定參數，通常使用預設值就可以連通，如下所示，除非有特殊狀況才需要調整。

任意調整預設值通常反而會連不到路由器的 Console，讀者可以自行調整任一參數測試看看結果。

圖表 4-4 終端機的參數設定

Bits Per Second	9600
Data Bits	8
Parity	None
Stop Bits	1
Flow Control	None

IOS 操作畫面

當開啟終端機選項後，就可看到 IOS 畫面，如下所示，IOS 為 CLI 指令模式操作介面或稱為**執行模式 (exec)**，因此無法直接用滑鼠來操作，必須要輸入指令才能操作 IOS 功能。請注意第一次進入 IOS 時，如果遇到『**Continue with configuration dialog? [yes/no]:**』請輸入 no。

圖表 4-5 開啟 PC 終端機軟體

```
%LINK-5-CHANGED: Interface Vlan1, changed state to up

%LINK-5-CHANGED: Interface FastEthernet0/0, changed state to up

%LINK-5-CHANGED: Interface FastEthernet0/1, changed state to up

%LINK-5-CHANGED: Interface FastEthernet0/0, changed state to
administratively down

%LINK-5-CHANGED: Interface FastEthernet0/1, changed state to
administratively down

%LINK-5-CHANGED: Interface Vlan1, changed state to administratively
down

%SYS-5-CONFIG_I: Configured from console by console

Router>
Router>    CLI 模式
Router>
```

IOS 操作模式

IOS 的操作介面主要有四種模式：**使用者執行模式、管理者執行模式、組態設定模式**及**介面組態設定模式**，每個模式都有其相對應的提示符號，如下表所示。

管理者模式稱為 Privileged EXEC mode，使用者模式稱為 User EXEC mode。

圖表 4-6　IOS 介面的主要模式及提示符號

	IOS 模式	提示符號
1.	使用者執行模式(User executive mode)	>
2.	管理者執行模式(Privileged executive mode)	#
3.	組態設定模式(Global configuration mode)	(config)#
4.	介面組態設定模式(Specific configuration modes)	(config-if)# (config-line)# (config-router)#

這四種模式有一定的前後關係，如下頁圖所示，第一次進到 IOS 操作介面會先到使用者模式，接下來打 **enable** 指令才會進入管理者模式，在管理者模式輸入 **configure terminal** (簡寫 conf t) 就會進入組態模式。至於要到介面組態設定模式則有不同的指令會進入到不同的介面組態設定模式下，常見的有三種：

- **網路介面模式**：使用 **interface** 指令，簡寫 int，如要進入到 fa0/0 介面模式，在組態模式下輸入 Router(config)# **int fa0/0**，提示符號為 **Router(config-if)#**，在此模式下可以針對 fa0/0 介面作設定，例如：設定該網路介面的 IP，至於回到上一層模式則輸入 exit。
- **Console/vty 模式**：使用 **line** 指令，如要進入到 Console 模式，在組態模式下輸入 Router(config)# **line console 0**，其中 0 表示 console 的編號，提示符號為 **Router(config-line)#**，在此模式下就可以設定 console。
- **路由協定模式**：使用 **router** 指令，如要對路由協定 RIP 進行設定，在組態模式下輸入 Router(config)# **router rip** 就進入到 RIP 的模式下，提示符號為 **Router(config-router)#**。

圖表 4-7　四種模式之間架構關係

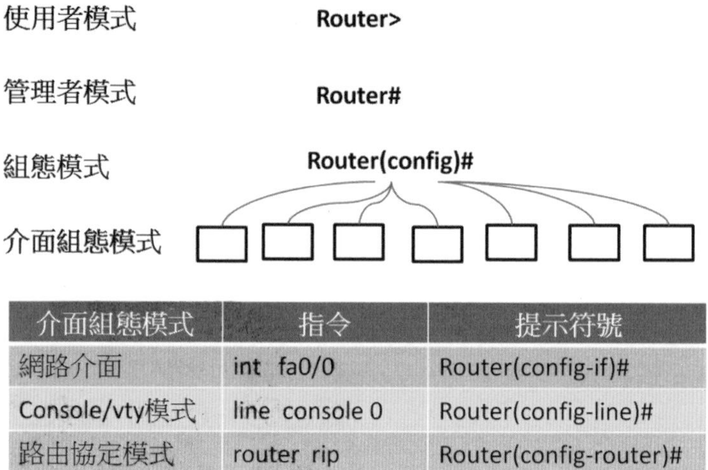

介面組態模式	指令	提示符號
網路介面	int fa0/0	Router(config-if)#
Console/vty模式	line console 0	Router(config-line)#
路由協定模式	router rip	Router(config-router)#

四種模式之間的關係

四種模式之間架構關係如上圖所示，只有從組態模式到介面模式比較複雜外，其它模式之間都是固定，至於什麼操作指令需要哪一個模式下，這可以從指令的屬性來看，我們歸類如下：

- **使用者模式/管理者模式**：關於查詢(show)、測試連線(ping)、備份(copy)、除錯(debug)等等的指令，都在這兩個模式執行，只是使用者模式的指令是有受限，而管理者模式是不受限制。
- **組態模式/介面組態模式**：只要有關於要修改或設定的指令都在這兩種模式的其中一種下執行，在組態模式下設定的值是會影響**整個(global)**路由器，例如：修改主機名稱。而在介面組態模式下設定的只會影響路由器的某個**部分(local)**，例如：設定介面 IP 位址。

四種模式之間的切換

特別要注意 IOS 中的每個模式下的指令並不會一樣，這也是讓使用者很困擾的地方，明明指令打對了卻不能執行，其原因是所在的模式不對，這就要靠多練習，就能感受到上述根據指令屬性來辦斷在那一種模式執行，下圖為四種模式之間的切換。

圖表 4-8　四種模式之間的切換

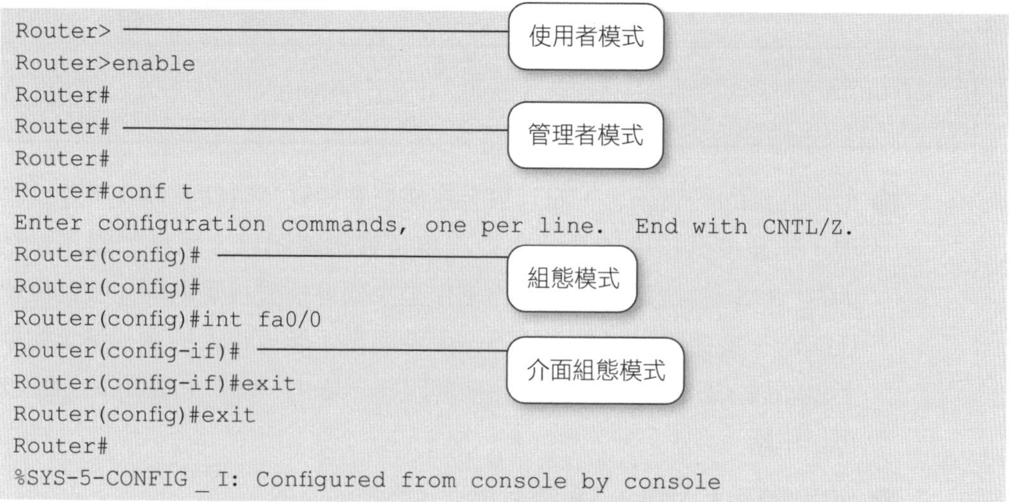
```
Router>
Router>enable
Router#
Router#
Router#
Router#conf t
Enter configuration commands, one per line.  End with CNTL/Z.
Router(config)#
Router(config)#
Router(config)#int fa0/0
Router(config-if)#
Router(config-if)#exit
Router(config)#exit
Router#
%SYS-5-CONFIG_I: Configured from console by console
```

請注意在組態模式或介面組態模式使用鍵盤 Ctrl + C 就可以直接回到管理者模式，而管理者模式要回到使用者模式使用 disable 指令。

IOS 錯誤訊息

當指令輸入錯誤時，IOS 會出現錯誤訊息來提示使用者，常見指令錯誤訊息如下所示：

圖表 4-9　常見指令錯誤訊息

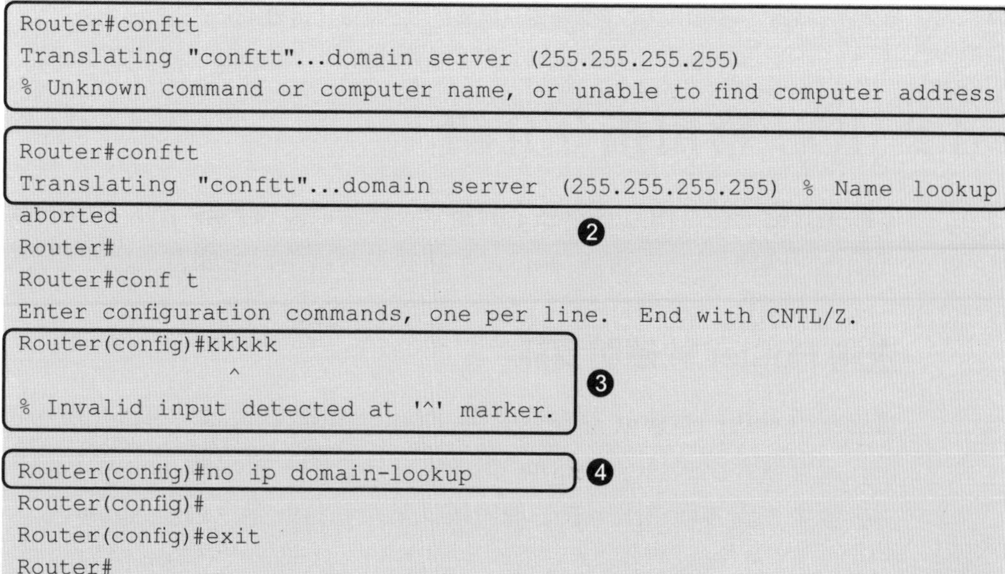
```
Router#conftt
Translating "conftt"...domain server (255.255.255.255)
% Unknown command or computer name, or unable to find computer address

Router#conftt
Translating "conftt"...domain server (255.255.255.255) % Name lookup
aborted
Router#
Router#conf t
Enter configuration commands, one per line.  End with CNTL/Z.
Router(config)#kkkkk
                   ^
% Invalid input detected at '^' marker.

Router(config)#no ip domain-lookup
Router(config)#
Router(config)#exit
Router#
%SYS-5-CONFIG_I: Configured from console by console
```

❺
```
Router#kkkkkk
Translating "kkkkkk"
% Unknown command or computer name, or unable to find computer address
```

❶ 最常見到的錯誤訊息，而且只有在使用者模式及管理者模式下才會出現，組態模式或介面模式不會出現這種錯誤訊息，這種錯誤訊息是因為 IOS 會把錯誤的指令再當作是主機名稱去搜尋名稱伺服器位址(DNS)，這種錯誤訊息必須等一段時間後才能再輸入指令，這讓初學者很頭痛，如果要中斷搜尋名稱伺服器，使用 Ctrl + Shift + 6 就可以中斷。

❷ 使用 Ctrl + Shift + 6 就跳出搜尋名稱伺服器。

❸ 組態模式下輸入錯誤指令出現的提示訊息，其中『^』表示指令錯誤的地方。

❹ 關閉搜尋名稱伺服器，在組態模式下輸入 "**no ip domain-lookup**" 指令。

❺ 當關閉搜尋名稱伺服器後，在管理者模式輸入錯誤指令就馬上出現提示訊息。

請注意： Ctrl + Shift + 6 可以中斷任何執行中的指令，例如：ping 或 Traceroute。

4.2 IOS 常用指令介紹

本節先介紹一些常用且基本設定的指令，讓讀者慢慢熟悉 IOS 的指令模式操作，請使用 PC 透過 console 連到一台路由器來練習。

查詢 Router 軟硬體資訊

首先使用 **show version** 指令來查詢 Router 的軟硬資訊，可以在使用者模式或管理者模式執行，show 指令主要是查詢，會根據 show 後面接的參數來查詢各種資訊，在管理者模式常常執行的指令也是 show。

請注意 IOS 指令的語法是：指令 (command) + 關鍵字(keyword)，例如：show version，show 是指令，version 是關鍵字或稱為參數。所以一個指令後面可以接一個或多個關鍵字，讀者可以使用 show ? 來查詢 show 後面的所有關鍵字。

在 show version 查詢的結果，如下所示：

請注意當顯示內容超過一頁時，最底下會出現 --more-- 字眼，此時使用鍵盤的空白鍵 (space bar)，就可以顯示下一頁的內容。

圖表 4-10 查詢 Router 軟硬體訊息

```
Router#show version
Cisco IOS Software, 1841 Software (C1841-ADVIPSERVICESK9-M), Version
12.4(15)T1, RELEASE SOFTWARE (fc2)
Technical Support: http://www.cisco.com/techsupport
Copyright (c) 1986-2007 by Cisco Systems, Inc.
Compiled Wed 18-Jul-07 04:52 by pt_team                              ❶

ROM: System Bootstrap, Version 12.3(8r)T8, RELEASE SOFTWARE (fc1)

System returned to ROM by power-on
System image file is "flash:c1841-advipservicesk9-mz.124-15.T1.bin"


This product contains cryptographic features and is subject to United
States and local country laws governing import, export, transfer and
use. Delivery of Cisco cryptographic products does not imply
third-party authority to import, export, distribute or use encryption.
Importers, exporters, distributors and users are responsible for
compliance with U.S. and local country laws. By using this product you
agree to comply with applicable laws and regulations. If you are unable
to comply with U.S. and local laws, return this product immediately.

A summary of U.S. laws governing Cisco cryptographic products may be
found at:
http://www.cisco.com/wwl/export/crypto/tool/stqrg.html

If you require further assistance please contact us by sending email to
export@cisco.com.
```

Next

```
Cisco 1841 (revision 5.0) with 114688K/16384K bytes of memory.
Processor board ID FTX0947Z18E
M860 processor: part number 0, mask 49
2 FastEthernet/IEEE 802.3 interface(s)
191K bytes of NVRAM.
63488K bytes of ATA CompactFlash (Read/Write)
```
❷

```
Configuration register is 0x2102
```
❸

```
Router#
```

❶ 主要顯示軟體資訊，顯示的資訊有 IOS 的版本、Bootstrap (IOS 的載入器, 後述) 的版本及開機 IOS 檔案名稱。

❷ 主要顯示硬體資訊，顯示的資訊有主機板型號、網路介面及一些記憶體的大小。從硬體資料來看，此 Router 有兩個乙太網路的介面，RAM 有 131072K，即為 114688K(使用中)+16384K(剩下空間)、NVRAM 有 191K 及 Flash 有 63488K。

❸ **組態暫存器(Configuration register)**主要是控制 Router 開機的選項，常用的資料有 **0x2102(正常啟動)** 與 **0x2142(忽略載入組態檔)**，稍後會介紹如何使用。

請注意：要查詢 CPU 使用效能或執行程序, 使用 **show processes** 指令。

主機名稱設定

路由器的主機名稱在哪裡呢？在提示符號前，預設是 Router 這個字，我們要修改主機名稱為 R1，需要使用 **hostname** 指令，而這個指令要在哪一個 IOS 模式執行？由下圖可看出是在組態模式執行，所以指令要在哪個 IOS 模式執行必需要熟記，不然指令記對了，在不對的模式下將會無法執行，而在 hostname 指令後面有沒有需要參數，可以使用問號『**?**』來查詢，hostname 後面接著為新的主機名稱。

請注意網路設備的主機命名規則：1.英文字母開頭、2.不能包含空格、3.以字母或數字結尾、4.僅使用字母、數字和減號、5.長度小於 64 個字元。

請注意問號『?』可以查詢指令或參數，Tab 鍵可以幫忙帶出指令，也就是只要輸入指令前面幾個字母後，按 Tab 鍵就可以帶出完整指令。

圖表 4-11 路由器的主機名稱設定

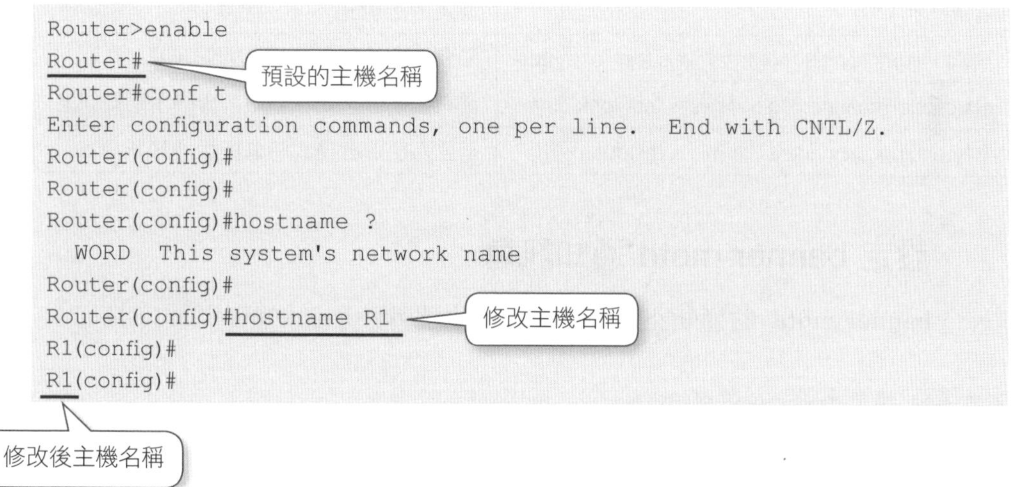

```
Router>enable
Router#
Router#conf t
Enter configuration commands, one per line.  End with CNTL/Z.
Router(config)#
Router(config)#
Router(config)#hostname ?
  WORD  This system's network name
Router(config)#
Router(config)#hostname R1
R1(config)#
R1(config)#
```


登入通知訊息 (banner)

當有使用者登入到路由器時，管理者可以設定訊息來告知登入的使用者知道，**banner** 指令就是用來編輯通知訊息，而通知訊息何時會出現在終端機，常用的有三種方式，說明如下：

- **banner motd**：只要有使用者登入路由器，就會顯示通知訊息，不管有沒有登入成功。
- **banner login**：當有設定密碼登入時候，在輸入密碼之前會出現，這時候如有也有設定 banner motd，則 banner motd 的通知訊息會出現在 banner login 通知訊息之前。
- **banner exec**：當進入到**執行模式 (exec)** 時會出現通知訊息，即進入到使用者模式或管理者模式就會出現。

圖表 4-12　設定 banner 指令步驟

指令	說明
R1>en	進入管理者模式
R1#conf t	進入組態模式
R1(config)# banner motd #This is test for motd#	只要登入路由器就顯示通知訊息
R1(config)# banner login #This is test for login#	當有密碼登入路由器之前會顯示通知訊息
R1(config)# banner exec #This is test for login#	當登入使用者模式時會顯示通知訊息

設定 banner motd 通知訊息

banner motd 的通知訊息只要登入路由器就顯示通知訊息，如下所示：

圖表 4-13　設定 banner motd 通知訊息

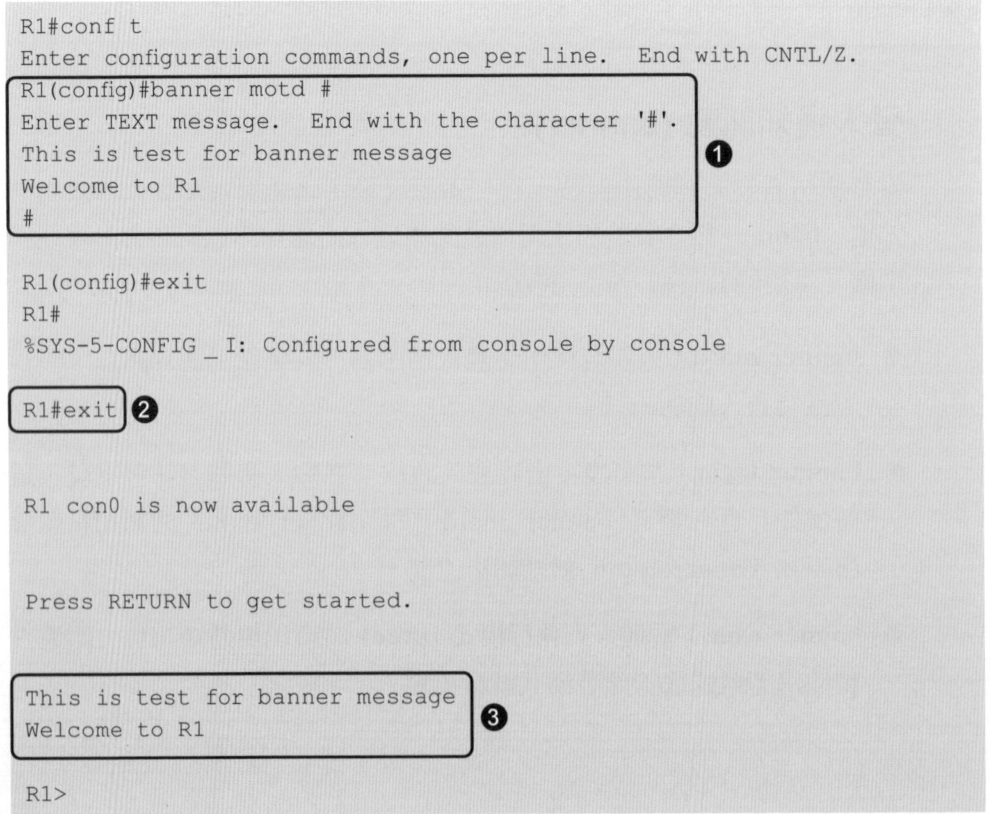

```
R1#conf t
Enter configuration commands, one per line.  End with CNTL/Z.
R1(config)#banner motd #
Enter TEXT message.  End with the character '#'.
This is test for banner message
Welcome to R1
#                                                        ❶

R1(config)#exit
R1#
%SYS-5-CONFIG_I: Configured from console by console

R1#exit ❷


R1 con0 is now available


Press RETURN to get started.


This is test for banner message
Welcome to R1                                            ❸

R1>
```

❶ 在編輯通知訊息時請選擇開始與結束字元，目前我們選擇『**#**』字元，讀者也可以選擇其他字元，一旦選擇開始與結束字元，該字元就不能出現在通知訊息中。

❷ 表示離開 console。請注意在管理者模式執行 exit 是跳出 console，如果管理者模式要回到使用者模式要執行 disable 指令。

❸ 重新連線就出現 banner motd 的通知訊息。

顯示歷史指令與設定大小

當執行過的指令下次要再執行一次，可以不必重新輸入該指令，只要使用鍵盤的 ↑ 鍵或 ↓ 鍵就可以呼叫出曾經執行過的指令，然後再次執行。查詢歷史指令的相關指令如下表所示。

圖表 4-14 顯示歷史指令與設定大小的指令

指令	說明
R1#show history	顯示重登入到現在曾經執行過的指令
R1# terminal history size	設定儲存歷史指令的大小

IOS 重新開機

路由器如果要重開機有兩種方式，一種是直接將電源關閉再開啟，另一種方式是在管理模式執行 **reload** 的指令。

4.3 密碼與加密設定

以下將介紹 IOS 指令來設定路由器密碼，由基本指令的練習設定，將來才容易學會更進階的 IOS 指令設定。我們繼續使用上單元的 console 網路架構來示範密碼設定。

Console 密碼設定

路由器的基本保護就是設定密碼，有三種路由器的密碼可以設定來保護，分別為 **console 密碼**、**管理者模式密碼**及**遠端登入密碼 (Telnet)**。我們先來介紹 console 密碼，當管理者由 console 要連進 IOS 的模式時，這時候可以設定 console 密碼，利用密碼當作進入 console 的關卡以保護 IOS，設定相關指令如下表。

圖表 4-15 設定 console 密碼指令步驟

指令	說明
Router#conf t	進入組態模式，conf t 為 configure terminal 簡寫
Router(config)#line console 0	進入 console 模式
Router(config-line)#password ccna	設定 console 密碼為 ccna
Router(config-line)#login	啟動密碼

請注意每個指令的 IOS 模式，**line console 0** 指令是要進入 console 的組態模式，也就是 IOS 的介面組態模式，後面 0 代表是 console 的編號，console port 只有一個，所以只有 0 號可以選擇，密碼設定用指令 **password** 後面跟著要設定的密碼，本範例是用 ccna 當密碼，緊接著 **login** 指令一定要輸入，此指令是將密碼功能啟動，若沒有輸入 login，密碼不會生效。實際設定的方式如下所示。

圖表 4-16 實際設定 Console 密碼

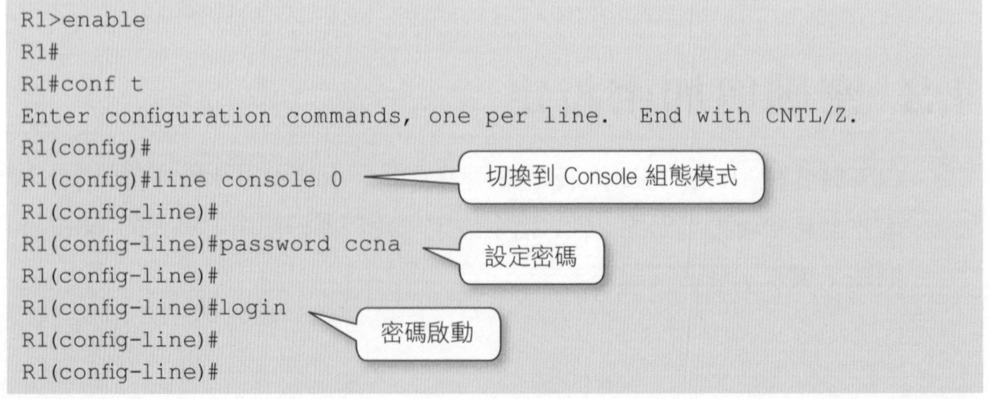

```
R1>enable
R1#
R1#conf t
Enter configuration commands, one per line.  End with CNTL/Z.
R1(config)#
R1(config)#line console 0
R1(config-line)#
R1(config-line)#password ccna
R1(config-line)#
R1(config-line)#login
R1(config-line)#
R1(config-line)#
```

設定完 Console 密碼之後，連續執行 **exit** 三次，如此就會重新連接 Console，當下次再連接 console 時，就會要求輸入密碼，如下圖所示。請注意在管理者模式執行 **exit**，並不會跳到使用者模式，而是直接跳出終端機。

請注意: 回到使用者模式的指令為 disable，使用 Ctrl + C 可直接跳到管理者模式。

圖表 4-17 Console 要求輸入密碼

```
Press RETURN to get started.


User Access Verification

Password:

R1>
```


設定在 console 的閒置時間

當由 console 進入到路由器時，如果有一段時間沒有輸入任何指令(稱為閒置時間)，路由器會強迫將 console 斷線，此時必須重新連 console 才能再進入路由器，console 的閒置時間預設是十分鐘，若要修改預設時間，可以使用下表的指令來修改。

圖表 4-18 設定 console 閒置指令

指令	說明
R1(config)#line con 0	進入 console 模式，con 0 為簡寫
R1(config-line)#exec-timeout 0 5	設定停留時間 0 分 5 秒

如果閒置時間設定為 **exec-timeout 0 0** 表示閒置時間沒有上限，但是如果設定 **exec-timeout 0 1**，表示閒置時間只有一秒，這樣根本沒辦法操作喔，此時需要去修改閒置時間，問題現在連輸入指令都來不及就跳出 console。

以剪貼方式執行 IOS 指令

剪貼方式也可以執行 IOS 指令，在實務上是很常使用的方式。當 console 的閒置時間設定為 1 秒，根本來不及輸入指令就被路由器踢出，所以可以將要修改 console 的閒置時間指令預先用筆記本先寫好，如下圖所示，接著將這些指令複製，然後在進入 console 的時候馬上貼上就會執行。

圖表 4-19 使用記事本來編輯指令

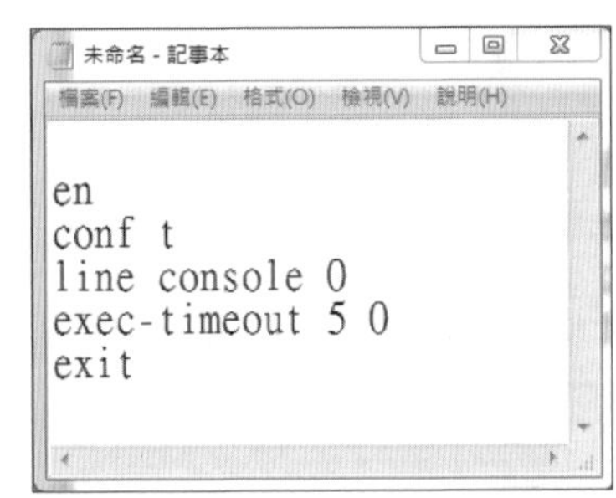

管理者模式的密碼設定

接下來介紹管理者模式的密碼。當要從使用者始模式切換到管理者模式時，為了安全起見，建議設定一個密碼，此密碼稱為管理者模式密碼，設定指令如下表。

圖表 4-20 設定管理者密碼指令

指令	說明
Router#conf t	進入組態模式
Router(config)#enable password ccna12	設定管理者密碼為 ccna12

enable password 指令為設定管理者密碼，必須在組態模式下執行，本範例設定管理者密碼為 ccna12，設定完畢後，連續輸入 **exit** 兩次，此時會 console 會重新連線，首先輸入的密碼是 console 的密碼，之後再輸入管理者密碼。

設定完成的管理者密碼會存在一個**組態檔 (Configuration file)** 中，可以使用 **show running-config**(簡寫 **show run**)來查看組態檔的內容，如下所示，可以很清楚的看到管理者密碼為 ccna12，IOS 的組態檔會在後面詳細介紹。

由於密碼是以明碼的方式存在組態檔中，這樣每個人都很容易就可以查到管理者密碼，因此有第二種方式設定加密的管理者密碼。

圖表 4-21 查看管理者密碼

```
R1#show run                         ← 查看組態檔內容
Building configuration...

Current configuration : 545 bytes
!
version 12.4
no service timestamps log datetime msec
no service timestamps debug datetime msec
no service password-encryption
!
hostname R1
!
!
!
enable password ccna12              ← 管理者密碼
```

使用 **enable secrete** 指令來設定管理者**加密的密碼**，我們使用 ccna34 當作加密管理者密碼，設定完成後再查詢組態檔的內容，如下所示：

圖表 4-22 設定並查詢加密管理者密碼

```
R1#conf  t
Enter configuration commands, one per line.  End with CNTL/Z.
R1(config)#
R1(config)#enable secret ccna34     ← 設定加密管理者密碼
R1(config)#exit
R1#
%SYS-5-CONFIG _ I: Configured from console by console

R1#show run
Building configuration...
```

Next

```
Current configuration : 675 bytes
!
version 12.4
no service timestamps log datetime msec
no service timestamps debug datetime msec
no service password-encryption
!
hostname R1 ❶
!
!
!
enable secret 5 $1$mERr$zpkYObyPAFk/b7z/dqTjN.
enable password ccna12 ❷
```

❶ 設定主機名稱。

❷ 並沒有看到 ccna34 密碼，此時 ccna34 已經被加密，其中 enable secret **5** 表示用 **md5** 加密方式。

從組態檔內容來看目前 ccan12 的管理者密碼還存在，此時我們由使用者模式切換到管理者模式，管理者密碼應該是要輸入 ccna12 還是 ccan34，答案是**有加密的密碼**，要輸入 ccna34 才對。

請注意：如果要跳過使用者模式，直接要進入管理者模式，只要在 console 模式中調整使者用權限到最高等級，如下列指令：

```
R1(config)#line console 0
R1(config-line)#privilege level 15
```

其它密碼加密

除了管理者密碼可以特別指定要加密之外，其它密碼也可以加密，在組態模下執行 **service password-encryption** 指令，此指令會將所有存在組態檔中的密碼全部都加密，即使是之後才設定的密碼，也是一樣會被加密，如下所示為使用 **show run** 查詢組態檔內容，管理者未加密的密碼與 Console 密碼全部被加密，其中 7 表示 **Cisco type 7** 的加密方式。

請注意：在組態模式下執行 security passwords min-length，可強制指定密碼的長度，例如：security passwords min-length 7 則表示密碼至少要設為 7 個字元。

圖表 4-23　密碼加密

```
Router(config)#service password-encryption
Router(config)#exit
Router#show run
Building configuration...
**省略部分輸出
service password-encryption
hostname Router
enable secret 5 $1$mERr$zpkYObyPAFk/b7z/dqTjN.
enable password 7 08224F40084857
line con 0
password 7 08224F4008
login
Router#
```

Cisco type 7 的加密

Cisco type 7 的加密是一種弱的加密方式，在網路上已經有人破解，讀者可以使用下列網址，或是使用 google 搜尋 "**cisco type 7 decrypt**" 關鍵字就可以找到類似的網站，輸入 08224F4008 後，就可以還原密碼為 ccna。

圖表 4-24　Cisco Type 7 解密 http://www.ibeast.com/content/tools/CiscoPassword/

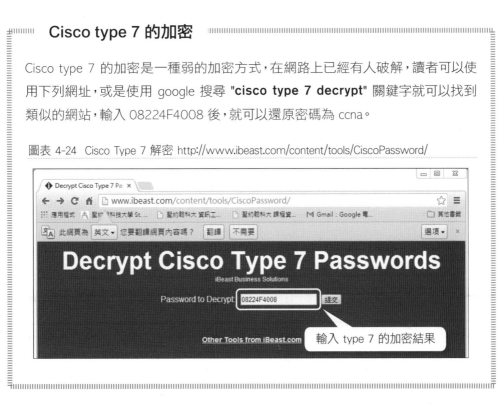

4.4 路由器的介面 IP 設定

本節將介紹路由器上的 IP 設定，並示範如何測試網路連線狀況，我們使用下列 IP 網路架構來來示範介面 IP 位址的設定。

圖表 4-25 IP 網路架構

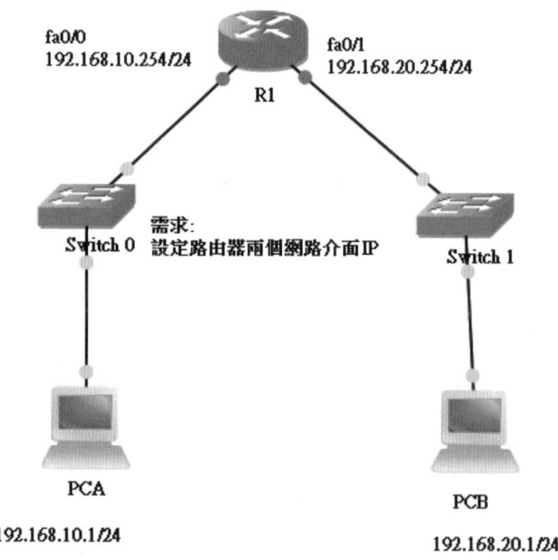

設定網路介面的 IP

當要設定路由器的網路介面上的 IP，首先要知道網路介面的編號，這些編號都有標示在路由器上，現在要示範在 R1 上的 FastEthernet0/0 (簡寫 fa0/0) 介面要設定一個 IP 為 192.168.10.254/24，以及在 fa0/1 設定 IP 為 192.168.20.254/24。首先進入到 fa0/0 介面模式，使用指令 **interface fa0/0** (簡寫 **int fa0/0**)，如下所示，再來就是設定 IP，使用 **ip address** 指令，後面接著 IP 及子網路遮罩，最後一個 **no shutdown** 只是啟動 fa0/0 介面。請記住路由器的網路介面預設是關閉。

圖表 4-26 設定 IP 相關指令

指令	說明
R1>en	進入管理者模式
R1#conf t	進入組態模式
R1(config)#int fa0/0	進入網路介面 fa0/0 組態模式

Next

指令	說明
R1(config-if)#ip address 192.168.10.254 255.255.255.0	設定 fa0/0 的 IP 位址
R1(config-if)#no shutdown	啟動 fa0/0 網路介面
R1(config-if)#int fa0/1	切換到網路介面 fa0/1 組態模式
R1(config-if)#ip address 192.168.20.254 255.255.255.0	設定 fa0/1 的 IP 位址
R1(config-if)#no shutdown	啟動 fa0/1 網路介面

將上述設定 IP 的指令實際執行在 R1 上，如下所示。

圖表 4-27 R1 兩個介面上設定 IP 位址

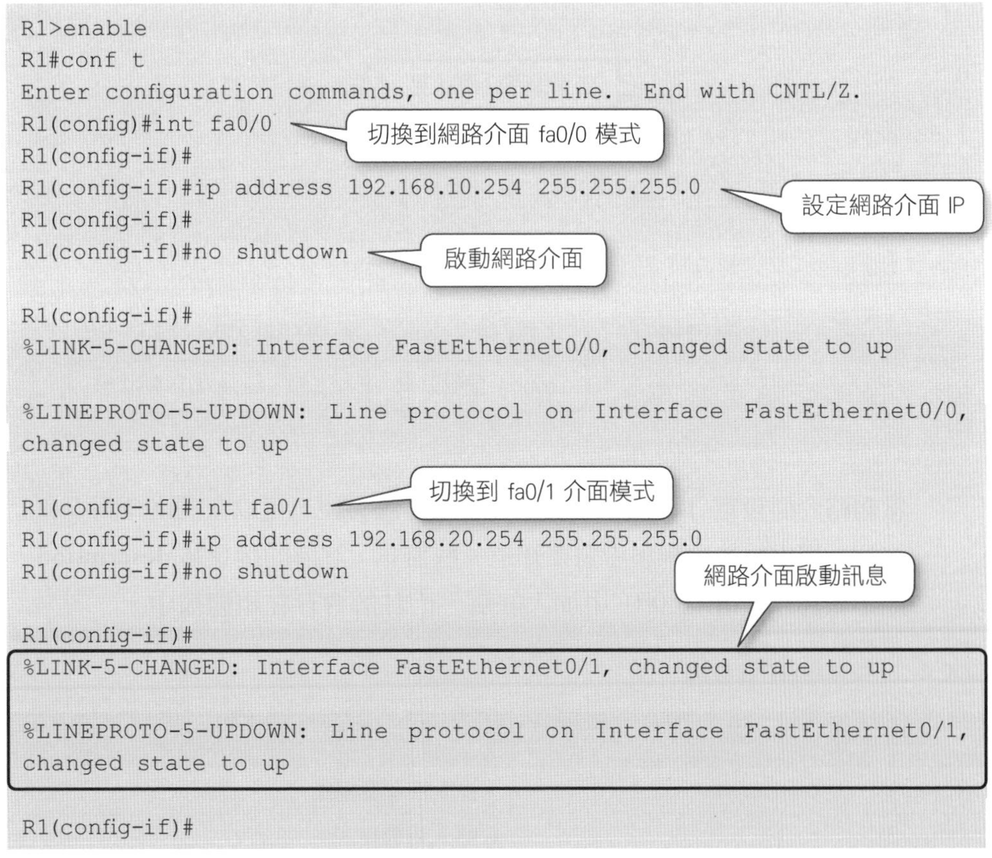
```
R1>enable
R1#conf t
Enter configuration commands, one per line.  End with CNTL/Z.
R1(config)#int fa0/0
R1(config-if)#
R1(config-if)#ip address 192.168.10.254 255.255.255.0
R1(config-if)#
R1(config-if)#no shutdown

R1(config-if)#
%LINK-5-CHANGED: Interface FastEthernet0/0, changed state to up

%LINEPROTO-5-UPDOWN: Line protocol on Interface FastEthernet0/0,
changed state to up

R1(config-if)#int fa0/1
R1(config-if)#ip address 192.168.20.254 255.255.255.0
R1(config-if)#no shutdown

R1(config-if)#
%LINK-5-CHANGED: Interface FastEthernet0/1, changed state to up

%LINEPROTO-5-UPDOWN: Line protocol on Interface FastEthernet0/1,
changed state to up

R1(config-if)#
```

查詢網路介面

當路由器網路介面設定好後，可使用 **show ip int brief** 指令來查詢路由器所有網路介面狀態，如下所示，可以看到 fa0/0 的 IP 為 192.168.10.254，另外 IP 後面有兩個 up，第一個 up 代表網路模型的 L1 啟動正常，第二個 up 代表 L2 啟動正常。若有出現 L1 為 down 表示有問題，需要檢查相關設定，但若是 **administratively down** 表示管理者關閉，只要輸入 **no shutdown** 即可啟動。

請注意當 L1 出現 down，L2 一定也是 down。

圖表 4-28 查看 R1 的網路介面況狀

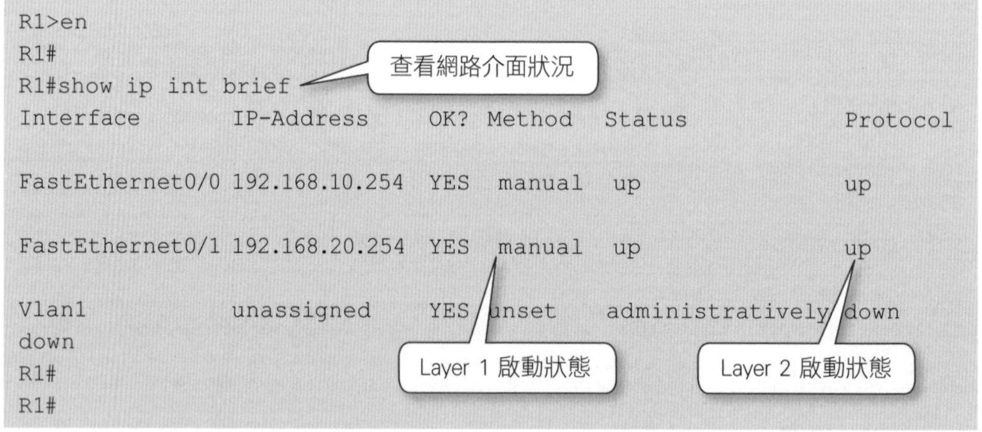

```
R1>en
R1#
R1#show ip int brief
Interface         IP-Address      OK? Method   Status            Protocol

FastEthernet0/0 192.168.10.254  YES  manual   up                up

FastEthernet0/1 192.168.20.254  YES  manual   up                up

Vlan1             unassigned      YES  unset    administratively down
down
R1#
R1#
```


當網路介面設定 IP 位址後，為了以後維護方便，可以在網路介面中加上註解，提供給後續維護者需要知道一些資訊，註解的指令為 **description**，如下表所示，在 fa0/0 中加入註解，而註解會存在組態檔中。

圖表 4-29 設定網路介面註解

指令	說明
R1>en	進入管理者模式
R1#conf t	進入組態模式
R1(config)#int fa0/0	進入網路介面 fa0/0 組態模式
R1(config-if)# description this is fa0/0	設定 fa0/0 的註解

請注意要查看註解的方式可以使用 show run 或 show int description。

設定 PC 的 IP

設定電腦 PCA 的 IP 為 192.168.10.1，子網路遮罩為 255.255.255.0，預設閘道為 R1 上 fa0/0 介面上的 IP 為 192.168.10.254，如下所示。

圖表 4-30 PCA 的 IP 組態設定

PCA IP Configuration	
Static	
IP Address	192.168.10.1
Subnet Mask	255.255.255.0
Default Gateway	192.168.10.254
DNS Server	

同樣的操作設定 PCB 的 IP 組態如下所示。

圖表 4-31 PCB 的 IP 組態設定

PCB IP Configuration	
Static	
IP Address	192.168.20.1
Subnet Mask	255.255.255.0
Default Gateway	192.168.20.254
DNS Server	

接下來測試 PCA 與 PCB 之間的網路連線狀況，使用 ping 的指令來測試，如果沒有成功，先檢查每一台 PC 到所有 Gateway 的連線狀況，以確認介面 IP 位址與 PC 都是可以連通，如此就可以找到問題。

4.5 遠端登入與認證方式 (Telnet、 SSH、AAA)

要連到路由器 Router 的 IOS 中，除了透過 Console 連線之外，還可使用**遠端連線** (稱 telnet)，本節將示範如何透過遠端的方式登入到路由器的 IOS。遠端登入功能即為 Telnet 功能或者是 SSH 連線，要使用此功能網路連線必須是正常；另外認證方式除了使用密碼之外，本節還會介紹如何建立本地帳號與使用 AAA 方式。我們使用下列 telnet 網路架構來說明遠端登入步驟及設定示範。

圖表 4-32 telnet 網路架構

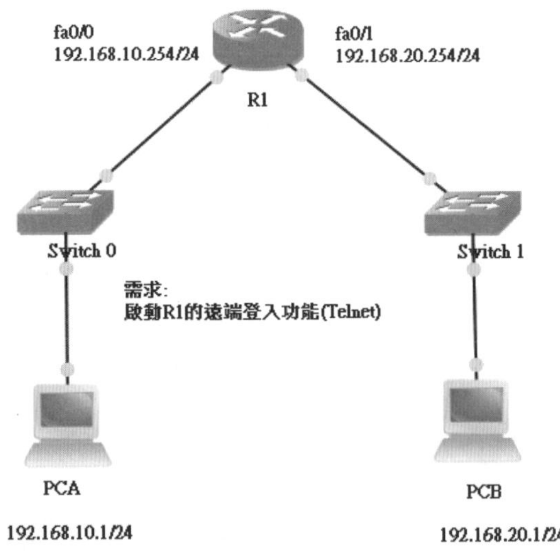

VTY

要使用 telnet 連線，Router 的網路介面必須先啟動，才能在 PC 的 DOS 模式輸入 telnet 指令，如下圖所示：

圖表 4-33 PCA 無法使用 telnet 登入 R1

```
PC>ping 192.168.10.254

Pinging 192.168.10.254 with 32 bytes of data:

Reply from 192.168.10.254: bytes=32 time=17ms TTL=255
Reply from 192.168.10.254: bytes=32 time=0ms TTL=255
Reply from 192.168.10.254: bytes=32 time=0ms TTL=255
Reply from 192.168.10.254: bytes=32 time=0ms TTL=255

Ping statistics for 192.168.10.254:
    Packets: Sent = 4, Received = 4, Lost = 0 (0% loss),
Approximate round trip times in milli-seconds:
    Minimum = 0ms, Maximum = 17ms, Average = 4ms

PC>telnet 192.168.10.254
Trying 192.168.10.254 ...Open

[Connection to 192.168.10.254 closed by foreign host]
PC>
PC>
```

① ②

❶ 顯示 PCA 連線 192.168.10.254 成功，其中 192.168.10.254 為 R1 的 fa0/0 介面 IP

❷ 顯示 PCA 使用 telnet 連線 R1 失敗。

請注意 telnet 後的 IP 可以是任何一個 R1 的網路介面 IP。

設定 VTY 密碼

上圖使用 telnet 登入 R1 失敗，其原因是在 R1 上還沒有設定遠端登入的密碼 (又稱為 **telnet 密碼**或 **vty 密碼**)，當未設定 telnet 密碼時，路由器的預設機制會將 telnet 斷線。

由 PC 使用 telnet 連線到路由器時，路由器會有一個**虛擬終端機(virtual type terminal，vty)** 來對應連線，一個 telnet 連線就會用掉一個路由器的虛擬終端機，而 telnet 密碼就是要設定在此虛擬終端機，下表是設定虛擬終端機密碼的相關步驟。

圖表 4-34 設定 telnet 密碼相關指令

指令	說明
R1>en	進入管理者模式
R1#conf t	進入組態模式
R1(config)#line vty 0 4	進入虛擬終端機模式
R1(config-line)#password ccnatel	設定虛擬終端機密碼為 ccnatel
R1(config-line)#login	啟動虛擬終端機密碼

其中指令 **line vty 0 4** 是進入到五個虛擬終端機模式，**0 4** 是代表有五個虛擬終端機(vty0、vty1、vty2、vty3 及 vty4)，每一個 telnet 登入需要用掉一個虛擬終端機，五個虛擬終端機就可以有五個 telnet 登入的連線，**password** 為設定密碼指令，使用 ccnatel 當作本範例 vty 密碼，**login** 也是一樣是將密碼啟動。實際在 R1 設定如下所示。

圖表 4-35 R1 設定遠端登入密碼

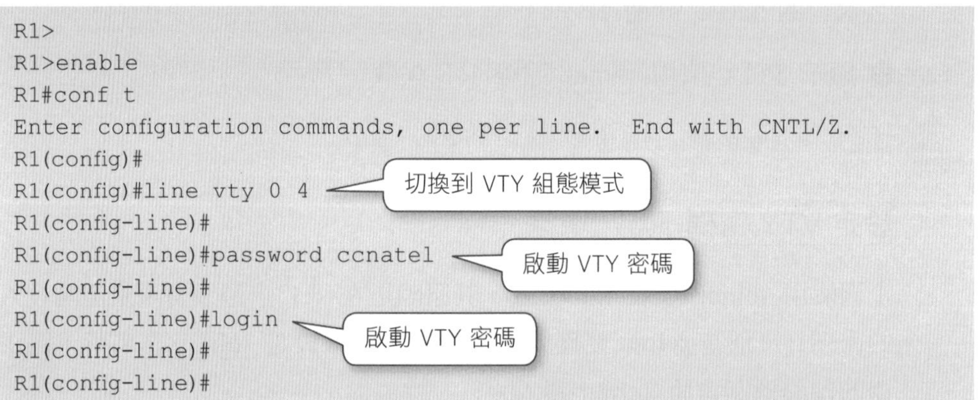

```
R1>
R1>enable
R1#conf t
Enter configuration commands, one per line.  End with CNTL/Z.
R1(config)#
R1(config)#line vty 0 4
R1(config-line)#
R1(config-line)#password ccnatel
R1(config-line)#
R1(config-line)#login
R1(config-line)#
R1(config-line)#
```

請注意：如果要以 telnet 連線直接進入管理者模式，可以在 vty 模式執行 privilege level 15。

請注意 vty 中的 login 預設是啟動，所以沒有設定 vty 密碼，telnet 是無法連線成功。可以輸入 "no login"，如此 telnet 連線無需要密碼，就可以直接登入。

請注意 console、vty 與 aux 都要使用 line 指令來進入其介面模式，所以在這三種介面模式中設定的密碼，統稱為 line password。

測試 telnet

現在再用 PCA 來 telnet 登入 R1，如下所示：

圖表 4-36 PCA 可以 telnet 遠端登入 R1，但無法切換到管理者模式

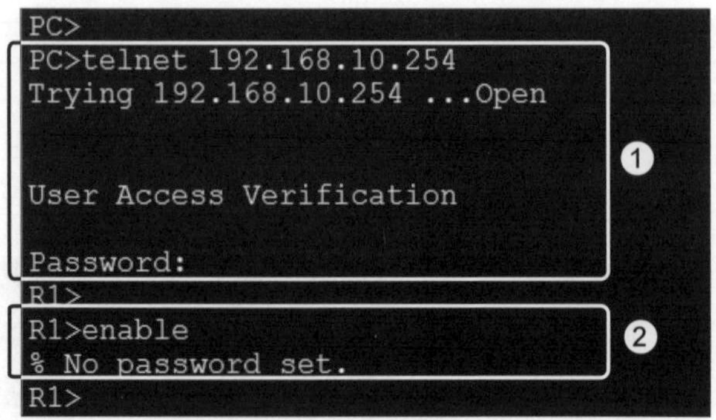

```
PC>
PC>telnet 192.168.10.254
Trying 192.168.10.254 ...Open


User Access Verification

Password:
R1>
R1>enable
% No password set.
R1>
```


❶ 顯示 telnet 登入成功。

❷ 顯示無法切換到管理者模式，其原因是沒有設定管理者密碼，Router 就不會讓 telnet 連線進入到管理者模式，這點與使用 Console 登入的方式不同。在 R1 設定管理者密碼 ccnaen，這樣就可以切換到管理者模式。

查詢登入狀況

如何知道 R1 目前被登入狀況，使用 **show users** 指令可以查詢到目前所有連線到 R1 的情況，如下所示有一個 console 的連線及一個 telnet 連線從 192.168.10.1 登入。

圖表 4-37 查詢 R1 連線登入狀況

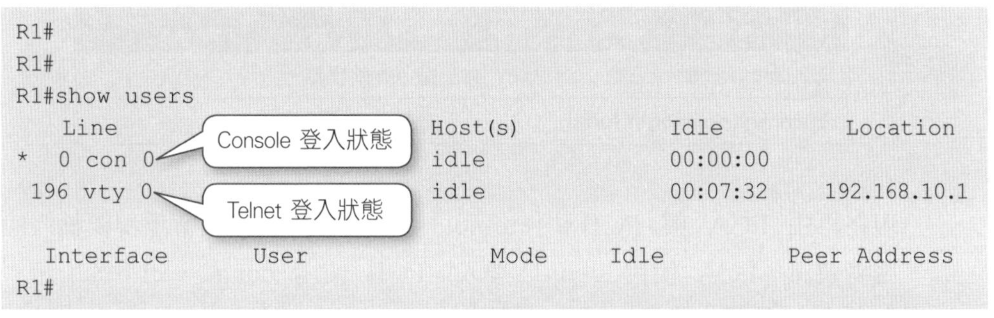

```
R1#
R1#
R1#show users
    Line       Host(s)              Idle        Location
*   0 con 0    idle                 00:00:00
  196 vty 0    idle                 00:07:32    192.168.10.1

  Interface      User          Mode      Idle       Peer Address
R1#
```

清除 telnet 的連線指令為 clear line vty 0，其中 vty 0 是目前 telnet 連線。

請注意為了避免駭客連續測試 telnet 連線的密碼，可以使用 login bloack 指令，例如：login block-for 30 attempts 2 within 10，表示在 10 秒內連續兩次 telnet 密碼錯誤，路由器在 30 秒內拒絕所有的 telnet 連線 。

本地帳號

使用 **show users** 指令查詢到 R1 的連線狀況，但是卻無法看出那個使用者連線，這是因為在登入的時候只有輸入密碼，而沒有使用者資訊。

建立本地帳號

我們可以建立 Router 中的**使用者**及**密碼**來當作登入的驗證(稱為**本地帳號**)，使用 **username password** 指令，建立本地使用者帳號與密碼如下表指令所示，本範例建立兩個使用者其對應的密碼。

圖表 4-38 建立本地使用者帳號與密碼

指令	說明
R1(config)#username ccna1 password cisco1	建立使用者 ccna1 密碼 cisco1
R1(config)#username ccna2 password cisco2	建立使用者 ccna2 密碼 cisco2

要使本地帳號生效，必須使用 **login local** 指令，我們希望使用 telnet 登入時要用本地帳號，此時就要到 vty 組態模式下輸入該指令，如下表指令所示。

圖表 4-39 R1 的 vty 啟動檢查本地使用者帳號與密碼

指令	說明
R1(config)#line vty 0 4	進入 vty 模式
R1(config-line)#**login local**	啟動本地帳號

現在再由 PCA 與 PCB 用 telnet 登入 R1，這時候會出現要輸入使用者資訊，PCA 使用 ccna1 登入，PCB 使用 ccna2，如下圖所示，為 PCA 使用 telnet 到 R1 使用 ccna1 登入。請注意當啟動本地帳號認證，就不會使用 vty 介面中的密碼。

PC>
PC>telnet 192.168.10.254
Trying 192.168.10.254 ...Open
User Access Verification
Username: ccna1
Password:
R1>
輸入使用者帳號

圖表 4-40 PCA 使用本地使用者帳號與密碼 Telnet 到 R1

查詢本地帳號

使用 **show users** 來查詢 R1 入狀態，可以發現使用 telnet 登入多了使用者資訊，如下所示，但是 console 登入還是沒有看到使用者，其原因是在 console 組態模式沒有執行 **login local**。

圖表 4-41 R1 查詢本地使用者帳號登入狀況

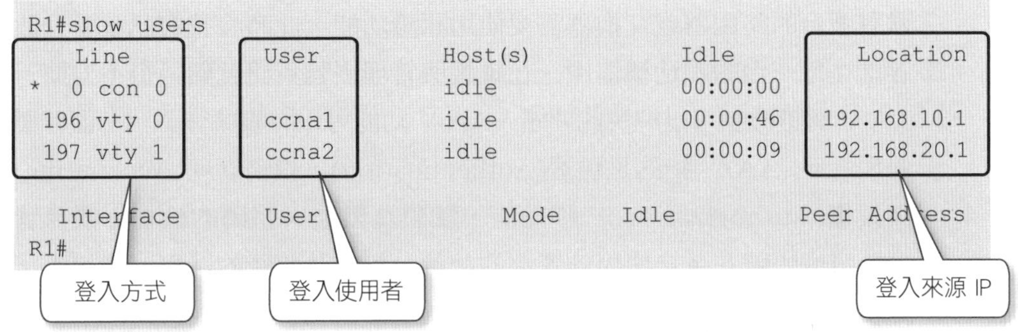

啟動 console 本地帳號

在 console 組態模式啟動使用本地帳號，如下表所示。

圖表 4-42 設定 console 使用本地使用者帳號與密碼登入

指令	說明
R1(config)#line console 0	進入 Console 模式
R1(config-line)#**login local**	啟動本地帳號

重新再登入 Console 連線，使用本地帳號功能就會生效如下所示，使用 show users 來查詢 R1 登入狀況，可看到 console 登入也有使用者資訊。請注意如果沒有設定本地帳號，在 console 或 vty 中有啟動 login local，這樣會導致 console 或 telnet 無法登入，因為 IOS 會要求輸入使用者與密碼，但是找不到本地帳號來做認證。

圖表 4-43 重連 console 使用本地使用者帳號與密碼登入

請注意：如果使用者的權限為最高權限，則登入後直接進入管理者模式，例如：執行 username ccna privilege 15 password cisco 為設定使用者 ccna 為最高權限，當 vty 或 console 使用本地認證時，ccna 登入後就直接進入管理者模式。

AAA 認證介紹

當有多台的路由器或交換器需要使用認證功能，此時帳號資訊就要分散存儲在每一台的本地機器中，在維護與管理帳號資訊就顯得很不方便。AAA 認證機制可以解決此問題，AAA 功能可以將帳號資訊統一儲存與管理。而 AAA 指的是驗證(Authentication)，帳務管理(Accounting)與授權(Authorization)三種功能，驗證為帳號與密碼的檢查；帳務管理為這個帳號在系統使用的資源的計量，可做為收費的計算，例如：這個帳號使用的網路頻寬的計費；授權為這個帳號在系統中可以使用的權限。

AAA Server

AAA 認證又分為 Local AAA 與 Server-Based AAA 兩種，Local AAA 表示帳號資訊是存儲在本地機器並只有 Authentication 功能；Server-Based AAA 則是將帳號資訊集中放在 AAA Server，並有支援 AAA 全部功能，而 AAA Server 主要有兩種 RADIUS 與 TACACS+，兩種 AAA Server 的比較如下表所示。

圖表 4-44 TACACS+ 與 RADIUS 協定比較

特點	TACACS+	RADIUS
Transport protocol	TCP	UDP
Port Number	49	1645, 1812
密碼加密	有	有
封包加密	有	沒有
專利	Cisco	RFC 2865

AAA 認證流程

Server-Based AAA 運作流程如下圖所示，如果是 Local AAA 則無需要 AAA Server。

圖表 4-45 AAA 運作流程

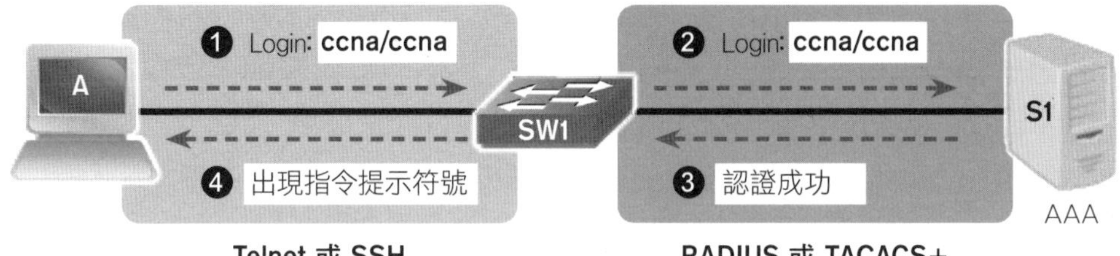

❶ 在電腦輸入帳號與密碼資訊。如果是 Local AAA，使用交換器中的本地帳號資訊進行驗證即可。

❷ 交換器將帳號與密碼資訊傳送到 AAA Server 進行驗證。

❸ AAA Server 回應驗證結果並傳給交換器。

❹ 驗證成功後，電腦就出現指令提示符號，例如:使用 telnet 進行 AAA 認證，成功後就出現 telnet 的提示符號。

AAA 認證實作

本單元只示範 Local AAA 的設定，詳細的 Server-Based AAA 設定在 CCNP 課程範圍。AAA 功能預設是關閉的，使用 aaa new-model 指令來啟動 AAA 功能，接著定義 AAA 驗證需要的認證來源，認證來源可以從 Radius 或 TACACSS+ Server 的帳密資料，或是從本地帳密或 enable password 等等，但會依照順序來進行驗證；如果認證來源的名稱為 default，則自動套用在 Console 與 VTY，否則要設定套用認證來源。

R1 啟動 AAA 認證

我們繼續使用上述範例所使用的本地帳密，在 R1 設定 AAA 功能，如下圖所示。設定 AAA 認證來源使用 aaa authentication login 指令，其中 mytest 為認證來源的名稱，如果有需要可以設定多組的 AAA 認證來源的名稱，當 AAA 認證來源的名稱使用 default 關鍵子，default 的認證來源會自動套用在 Console 與 VTY；而認證來源可以設定四個，例如: Radius、TACACSS+、local user 及 enable password 都可以當作帳號資訊驗證的來源，目前我們只設定一組，使用本地帳密來進行 AAA 連線的帳號驗證。最後使用 login authentication 指令進行套用 AAA 的認證來源，我們在 VTY 中套用 mytest 認證來源，Console 也可以使用相同的套用設定。

圖表 4-46 R1 啟動 AAA 認證

指令	說明
R1(config)#aaa new-model	啟動 aaa 功能
R1(config)#aaa authentication login mytest local	設定認證來源名稱為 mytest， 使用本地帳密
R1(config)#line vty 0 4 R1(config-line)#login authentication mytest	在 vty 套用 aaa 的 mytest 認證來源

查詢 R1 的 AAA 連線

在 PCA 使用 telnet 登入 R1，使用 R1 中設定的本地帳密就可登入 R1，使用 show aaa sessions 指令來查詢 R1 的 AAA 連線狀態，如下圖所示：

圖表 4-47 查詢 R1 的 AAA 連線

```
R1#show aaa sessions
Total sessions since last reload: 1
Session Id:1
     Unique Id:1
     User Name:ccna1
     IP Address:192.168.10.1
     Idle Time: 0
     CT Call Handle: 0
R1#
```

SSH 介紹

遠端登入協定有 Telnet 與 **SSH (Secure Shell)** 兩種，Telnet 傳輸為明碼，所以較不安全；而 SSH 會先將資料加密再送出，所以是一種安全的傳送協定。但是由於要加密，所以要使用 SSH 連線就要先設定加密方式，我們使用下列 ssh 網路架構來解說 ssh 原理與設定示範。

圖表 4-48 ssh 網路架構

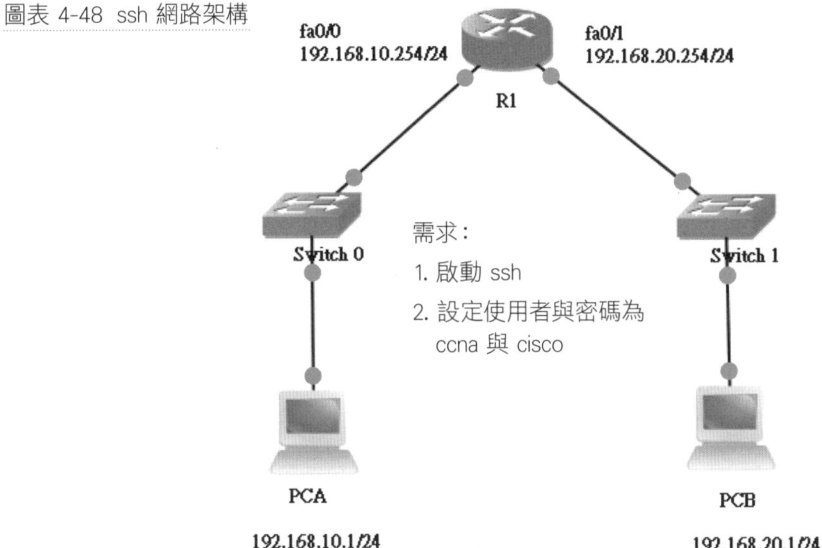

R1 啟動加密

由於 SSH 需要加密連線，加密方式要在 Router 設定，Router 使用 RSA 加密方式，根據主機名稱與網域名稱來產生 key，如下表所示為在 R1 設定加密方式並產生認證 key。

圖表 4-49 R1 設定加密方式

指令	說明
R1#conf t	切換到組態模式
R1(config)#ip domain-name sju.com.tw	設定網域名稱
R1(config)#username ccna secret cisco	設定本地帳密
R1(config)#crypto key generate rsa	產生加密的 key

將上表指令在 R1 執行，如下所示：

圖表 4-50 R1 執行加密方式

```
R1>en
R1#conf t
Enter configuration commands, one per line.  End with CNTL/Z.
R1(config)#ip domain-name sju.edu.com.tw
R1(config)#username ccna secret cisco
R1(config)#
R1(config)#crypto key generate rsa
The name for the keys will be: R1.sju.edu.com.tw
Choose the size of the key modulus in the range of 360 to 2048 for your
  General Purpose Keys. Choosing a key modulus greater than 512 may take
  a few minutes.

How many bits in the modulus [512]: 1024
% Generating 1024 bit RSA keys, keys will be non-exportable...[OK]

R1(config)#
```

❶ 設定網域名稱與本地帳密。

❷ 使用 RSA 產生 key，其中使用 1024bit 來產生 key。

請注意：SSH 的 RSA 需要使用 hostname 及 domain name 來產生 key，所以 hostname 不能用預設值，必須設定新的 hostname。

啟動 vty 測試 SSH 連線

接著在 vty 中啟動本地帳密認證，如下表所示，其中如果只允許 SSH 連線到 vty，需要執行 **transport input ssh** 指令，否則不需要執行該指令，如果不限定協定連線到 vty，則使用 **transport input all** 指令。

請注意如果路由器要關閉所有遠端登入，輸入 transport input none。

圖表 4-51 vty 中啟動本地帳密認證

指令	說明
R1#conf t	切換到組態模式
R1(config)#ip ssh version 2	使用 ssh version 2
R1(config)#line vty 0 4	切換到 vty 模式
R1(config-line)#login local	啟動本地認證
R1(config-line)#transport input ssh	限定只有 ssh 能夠與 vty 連線

PCA 分別使用 Telnet 與 SSH 連線 R1，如下圖所示：

圖表 4-52 PCA 使用 telnet 與 ssh 連線 R1

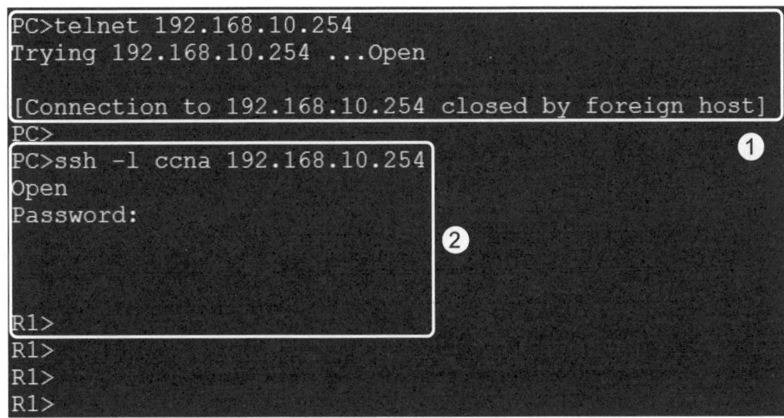

```
PC>telnet 192.168.10.254
Trying 192.168.10.254 ...Open

[Connection to 192.168.10.254 closed by foreign host]
PC>
PC>ssh -l ccna 192.168.10.254
Open
Password:



R1>
R1>
R1>
R1>
```

❶ 使用 telnet，結果失敗，其原因是執行 transport input ssh 指令，所以 vty 只允許 SSH 連線。

❷ 使用 SSH 連線，結果成功，其中 -l 後面為使用者參數，在路由器可以使用 show ssh 來檢查 ssh 連線狀況。

請注意 -l 指令中的 l 為大寫 L。

最後我們整理一下，如何登入路由器或交換器來進行設定的方式有下列幾種方式：

1. 透過 console 連線登入，此種方式不需要網路，但是網管工程師必須要在路由器旁邊。
2. 透過遠端登入，此種方式網路必須連通，可以使用 telnet 或 ssh。
3. 透過可程式化的工具，這種方式網管工程師不是直接登入路由器下指令進行設定，而是使用 Python 或 Ansible 透過 ssh 連線將指令推送到路由器執行。
4. 一樣是透過可程式化的工具，去呼叫路由器中的 API 來執行設定，這種方式路由器必須提供 API，舊款路由器無此功能。

以上第 1、2 方式為傳統使用人工來管理網路設備的方式，而第 3、4 方式為自動化管理網路設備的方式，這是未來的趨勢，在後續章節會專門討論網路自動化的內容。

4.6 IOS 組態檔案 (Configuration file)

在設定管理者密碼時，我們曾經使用 **show run** 來查詢組態檔中的管理者密碼，組態檔中除了記錄密碼之外，還記錄了所有 Router 上的設定，我們使用上一小節設定 SSH 的範例，用 **show run** 來查詢 R1 組態檔，如下圖所示，可以看到所有在設定 SSH 的範例中的設定。

圖表 4-53 查看 R1 的組態檔

```
R1#show run
………省略部份輸出
hostname R1
username ccna secret 5 $1$mERr$hx5rVt7rPNoS4wqbXKX7m0
ip ssh version 2
ip domain-name sju.edu.com.tw
spanning-tree mode pvst
interface FastEthernet0/0
 ip address 192.168.10.254 255.255.255.0
interface FastEthernet0/1
 ip address 192.168.20.254 255.255.255.0
line vty 0 4
 login local
 transport input ssh
end
```

run 組態檔

在路由器上所做的設定都會存在於組態檔裡，而 IOS 中組態檔案有兩個，一個名稱叫做 **running-config** (簡稱 **run**)，另一個叫做 **startup-config** (簡稱 **startup**)，這兩個組態檔案儲存的地方不一樣，作用也不一樣，**run 組態檔儲存在 RAM**，所有在路由器中設定的資料會即時寫入，但是當路由器關機就會消失，查看 run 組態檔使用 **show run** 指令。

startup 組態檔

另一個 **startup 組態檔案儲存在 NVRAM 中**，路由器關機檔案不會消失，但在設定路由器時，設定的資料不會自動寫入，必須使用指令將 run 組態檔複製到 startup 組態檔中，所以 startup 組態檔一般稱為備份的組態檔案，也就是當 run 組態檔要備份時，輸入指令 **copy run startup** (也可以使用 **write** 指令) 就可以將 run 組態檔備份，查看 startup 組態檔使用 **show startup** 指令如下圖所示，一開始路由器上的 NVRAM 並無 startup 組態檔，所以會查無 startup 組態檔內容，將 run 複製到 startup 後就可查到 startup 組態檔內容。

圖表 4-54 查看及備份 startup 組態檔

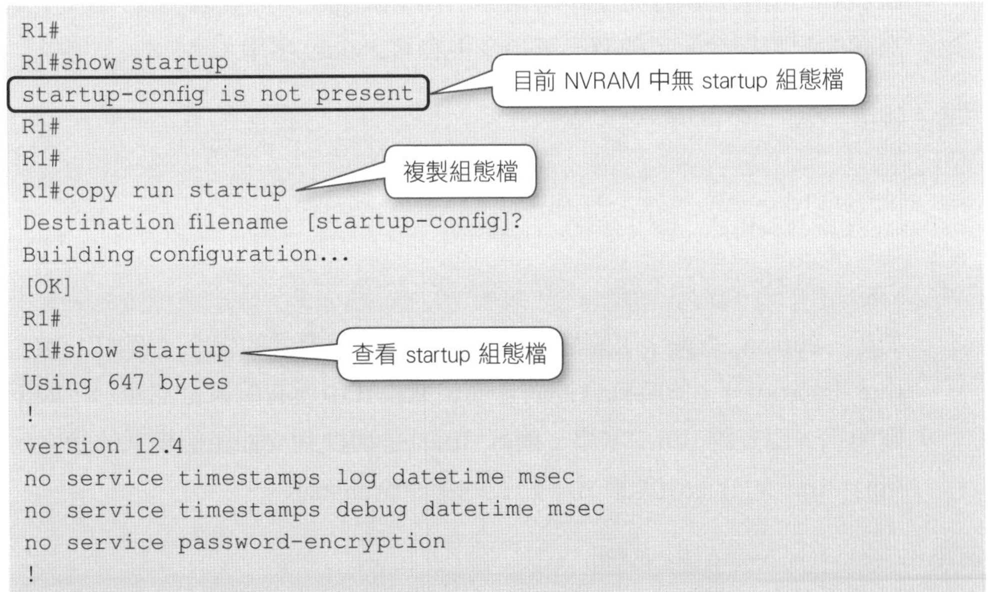


```
R1#
R1#show startup
startup-config is not present
R1#
R1#
R1#copy run startup
Destination filename [startup-config]?
Building configuration...
[OK]
R1#
R1#show startup
Using 647 bytes
!
version 12.4
no service timestamps log datetime msec
no service timestamps debug datetime msec
no service password-encryption
!
```

4.7 show 指令的輸出選項

當 show 查詢的結果內容很多，此時配合 filter 參數，會讓查詢結果更準確，例如：run 組態檔紀錄太多設定配置時，直接使用 show run 來查詢某一個配置設定指令時，run 組態檔內容太多並不好找到設定指令，因此 show run 後面可以加『|』符號後面接 filter 參數，會針對

run 組態檔的內容進行特定過濾後，再顯示結果出來，常用的過濾參數如下圖所示。

圖表 4-55 show 的過濾的參數

```
R1#show run | ?
  begin      Begin with the line that matches
  exclude    Exclude lines that match
  include    Include lines that match
  redirect   Redirect output to URL
  section    Filter a section of output
------省略部分輸出-----
```

section 的用法

Section 用於查詢特定字串的指令，如下圖所示，要查詢 service 字串有關的配置指令，目前有三筆指令中有 service 字串。

圖表 4-56 show run | section service 的結果

```
R1#show run | section service
service timestamps debug datetime msec
service timestamps log datetime msec
no service password-encryption
```

如果 section 查詢字串剛好是切換到介面組態模式的指令，例如：int、line 與 router，此時就會連同介面組態模式中所有配置全部顯示，如下圖所示，要查詢 line 字串，剛好 line 是切換到介面組態模式的指令，所有 line 的介面組態模式下配置的指令全部顯示。

圖表 4-57 show run | section line 的輸出

```
R1#show run | section line
line con 0
 exec-timeout 0 0
 privilege level 15
 logging synchronous
line aux 0
 exec-timeout 0 0
 privilege level 15
 logging synchronous
line vty 0 4
 password ccna
 login
```

若只想顯示特定 line 切換到介面組態模式的配置指令，只要完整寫出 line 後面的切換的名稱，如下圖所示，只會顯示 line vty 中的所有配置指令。

圖表 4-58 show run | section line vty 的輸出

```
R1#show run | section line vty
line vty 0 4
 password ccna
 login
```

要查詢網路介面設定時，使用 show run | section interface FastEthernet0/0，此時 section 後面接的字串要大小寫皆要符合，但查詢 run 組態檔中網路介面配置，可以直接使用 show run int fa0/0，如下圖所示，如此要查詢網路介面配置變簡單。

圖表 4-59 show run int fa0/0 結果

```
R1#show run int fa0/0
Building configuration...
Current configuration : 98 bytes
!
interface FastEthernet0/0
 ip address 192.168.0.254 255.255.255.0
 duplex auto
 speed auto
end
```

include 的用法

在 show 輸出的多行結果中，當某一行中有符合 include 字串，該行文字就會被顯示，如下圖所示，在 show version 輸出內容中，只要有符合 interfaces 字串的那一行文字就會被顯示，目前有兩行文字中有 interfaces 字串。

圖表 4-60 show version | include interfaces 的輸出

```
R1#show version | include interfaces
2 FastEthernet interfaces
2 Serial(sync/async) interfaces
```

同樣的用法，若要找網路介面中有 up 介面的資訊，使用 show ip int brief | include up，如下圖所示，查詢到兩個網路介面是有 up。

圖表 4-61 show ip int brief | include up 的輸出

```
R1#show ip int brief | include up
FastEthernet0/0   192.168.0.254    YES NVRAM  up            up
Serial0/0         192.168.10.1     YES NVRAM  up            up
```

begin 的用法

在 show 輸出的結果中，當某一行中有符合 begin 字串，之後全部結果顯示，如下圖所示，要查詢 192.168.10.1 開始，後面所有的資訊顯示。

圖表 4-62 show ip int brief | begin 192.168.10.1 查詢結果

```
R1#show ip int brief | begin 192.168.10.1
Serial0/0         192.168.10.1  YES NVRAM  up                    up
FastEthernet0/1   unassigned    YES NVRAM  administratively down down
Serial0/1         unassigned    YES NVRAM  administratively down down
```

redirect 的用法

將 show 的輸出導出存在特定檔案中，如下圖所示，把 show run 輸出儲存在 TFTP Server 中的 backup1121.cfg 檔案中，如此達到將 run 組態檔備援的效果。

圖表 4-63 redirect 的用法

```
R1#show run | redirect tftp://192.168.1.1/backup1121.cfg
```

4.8 路由器中的 IOS 介紹

路由器如何開機成功，主要是要靠 IOS 載入到 RAM 中，而 IOS 檔案要存的地方為 flash 中，使用 **show flash:** 可查看 flash 內容，如下所示，標示的地方就是 IOS 檔案。

圖表 4-64 查看 flash 內容

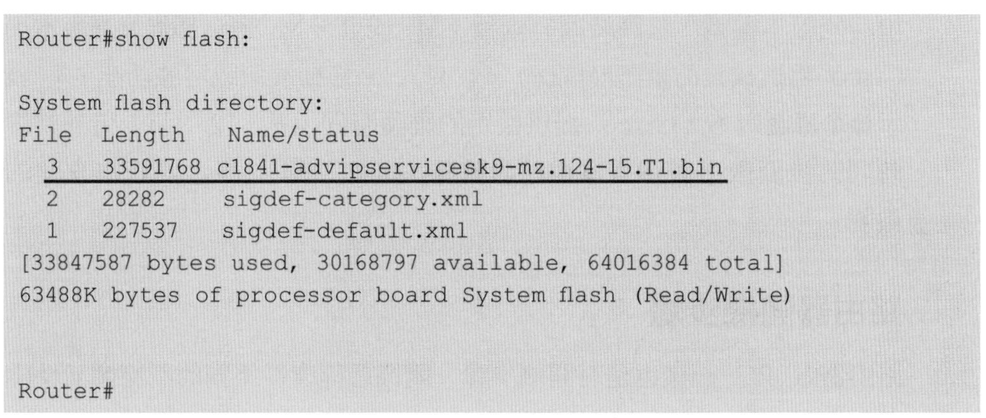

```
Router#show flash:

System flash directory:
File  Length   Name/status
  3   33591768 c1841-advipservicesk9-mz.124-15.T1.bin
  2   28282    sigdef-category.xml
  1   227537   sigdef-default.xml
[33847587 bytes used, 30168797 available, 64016384 total]
63488K bytes of processor board System flash (Read/Write)


Router#
```

IOS 檔案格式

如下圖所示為 IOS 檔案格式，所以從 IOS 檔案名稱就可以看出支援的路由器型號、版本編號等等的資訊，其中在 IOS 15 版以後，才有**通用映像檔 (universal)**，表示支援所有 Cisco IOS 的功能，包含 **IP Base (路由協定)**、**安全 (防火牆)**、**通訊 (Voice)**、**資料 (MPLS、IP SLA)** 等四大功能，不過需要有相對應的 **License Key** 來啟動功能。

圖表 4-65 IOS 檔案格式

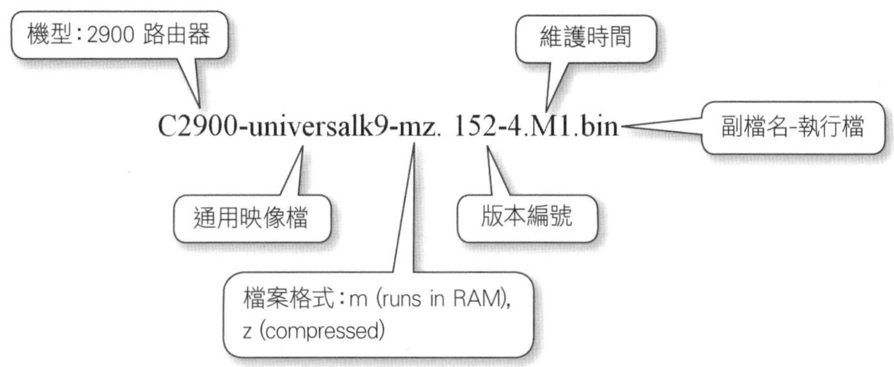

其中版本編號 **152-4** 表示主版本為 15，副版本為 2，4 表示該版本新增功能版本編號。維護時間有兩種：**M** 或 **T**，M 表示**擴展維護版本**，Cisco 提供較長的維護時間(約 44 月)，來修補漏洞或增強功能，T 表示**標準維護版本**，Cisco 提供較短的維護時間 (約 12 月)；另外維護時間的後面數字表示**版本重建的號碼**，例如：M1 表示該版本重建的編號。

路由器開機步驟

路由器跟 PC 一樣也是有開機步驟，開機過程會從不同的記憶體元件中存取資料，以下是路由器的開機步驟：

1. 執行 ROM 中 POST 程式 (Power on Self Test)。
2. 執行 ROM 中 Bootstrap 程式 (IOS 的載入器)。
3. 尋找 IOS 檔案並載入 IOS 檔案到 RAM。
4. 到 NVRAM 中載入 startup-config 到 RAM 中的 running-config。
5. 完成開機。

路由器開機過程會用到的檔案及存放位置，如下表所示。

圖表 4-66 路由器開機會用到的檔案

檔案名稱	存放位置	作用
POST	ROM	硬體的檢查程式
Bootstrap	ROM	載入 IOS 檔到 RAM
Mini IOS	ROM	開機失敗時，載入的簡易型 IOS
IOS 開機檔	Flash	開機程式
IOS 開機檔	TFTP Server	開機程式
startup 組態檔	NVRAM	IOS 組態檔
組態暫存器	NVRAM	組態暫存器設定值
startup 組態檔 IOS 檔案 其它	TFTP Server	路由器的備份地方

ROMMON 模式

第一步驟 **POST** 主要是測試硬體是否正常運作，硬體沒問題之後進行第二步驟，路由器用 Bootstrap 來尋找 IOS 檔案所在地方，若找不到 IOS 檔案，則會執行 ROM 中的 **mini IOS**，此時會進入到 **ROM Monitor** 模式，如下所示。

圖表 4-67 ROM Monitor 模式

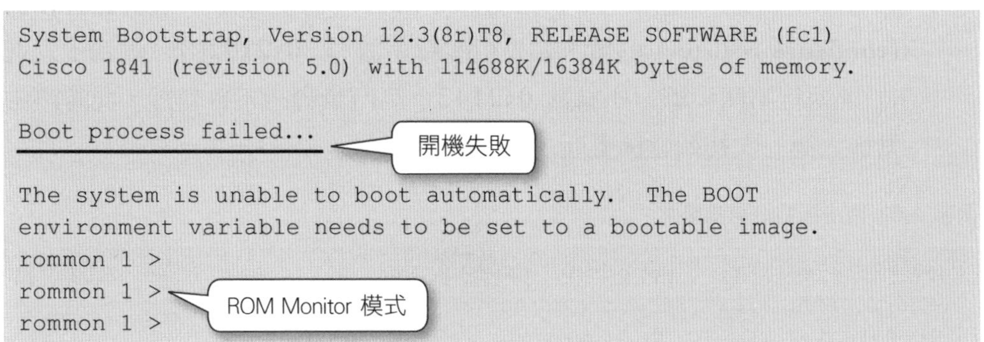

```
System Bootstrap, Version 12.3(8r)T8, RELEASE SOFTWARE (fc1)
Cisco 1841 (revision 5.0) with 114688K/16384K bytes of memory.

Boot process failed...

The system is unable to boot automatically.  The BOOT
environment variable needs to be set to a bootable image.
rommon 1 >
rommon 1 >
rommon 1 >
```


當然除了 IOS 檔案無法載入時會進入到 ROM Monitor 模式，也可以用人工方式強迫進入此模式，在 Cisco 路由器開機時趕快同時按住 Ctrl + Pause Break 鍵就會直接進入 ROM Monitor 模式。

請注意 IOS 檔案可以放在 flash 或 tftp，Bootstrap 會先到 flash 來尋找 IOS 檔案，也可以指定從 tftp 開機。

請注意修改**組態暫存器**的值也可以直接進入 ROM Monitor 模式中。

載入組態檔的流程

在第三步驟進行完畢，成功將 IOS 載入到 RAM 後，接著就要載入 startup 組態檔到 RAM 成為 run 組態檔，載入組態檔流程如下圖所示。

IOS 會先到 NVRAM 找 startup 檔案，若找不到，IOS 嘗試連線 TFTP，若也沒有 startup 檔案，則表示沒有舊的組態檔可以用，所以 run 組態檔就是空的，路由器就會進入到第一次開機的畫面。

圖表 4-68 載入組態檔的流程

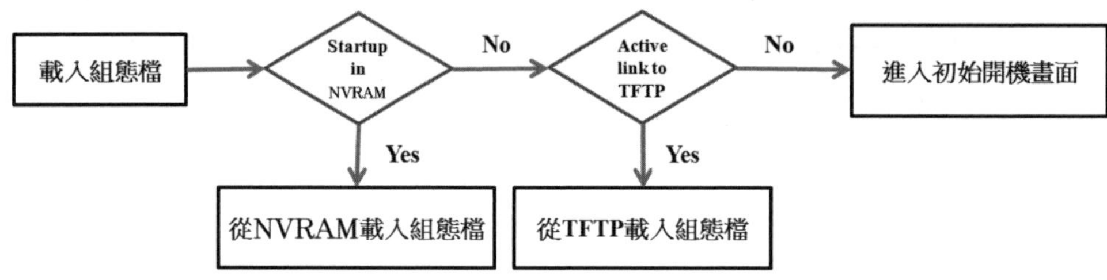

在第三步驟進行完畢，要執行第四步驟時，需要參考一個**組態暫存器 (configure register)** 的值，如果組態暫存器 = **0x2102**(0x 表示十六進位)則執行第四步驟，如果為 **0x2142**，第四步驟將不會執行，此時路由器進入第一次初始開機畫面，如下所示：

圖表 4-69 路由器初始開機畫面

```
M860 processor: part number 0, mask 49
2 FastEthernet/IEEE 802.3 interface(s)
191K bytes of NVRAM.
63488K bytes of ATA CompactFlash (Read/Write)
Cisco IOS Software, 1841 Software (C1841-ADVIPSERVICESK9-M), Version
12.4(15)T1, RELEASE SOFTWARE (fc2)
Technical Support: http://www.cisco.com/techsupport
Copyright (c) 1986-2007 by Cisco Systems, Inc.
```

圖表 4-70 路由器初始開機畫面

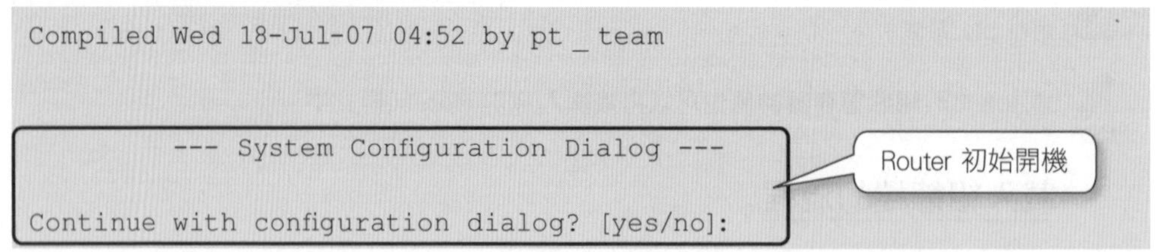

```
Compiled Wed 18-Jul-07 04:52 by pt _ team


        --- System Configuration Dialog ---

Continue with configuration dialog? [yes/no]:
```


以上所標示的地方表示詢問要不要設定基本的路由器設定，通常是選擇 **no**，如果選擇 **yes**，IOS 會用問答的方式來教你輸入一些基本設定，中途若不想繼續，可以同時按 Ctrl + C 鍵跳出。通常要讓第四步驟不執行都有特殊目的，例如：密碼忘了，在稍後小節中將會介紹如何復原密碼。

請注意組態暫存器的值是存在 NVRAM 中，所以當你修改組態暫存器的值是不會出現在 run 組態中，也不需將 run 備份到 startup，另外查詢組態暫存器的值，使用 show version 指令，顯示在最後面 show version 的查詢結果。

交換器的初始開機畫面

在交換器開機成功後，會直接進入到使用者模式，如下所示，如果要進入詢問設定模式，則需要輸入 **setup** 指令，路由器也可以執行 setup 指令再進到詢問設定模式。

圖表 4-71 交換器初始開機畫面

```
Cisco Internetwork Operating System Software
IOS (tm) C2950 Software (C2950-I6Q4L2-M), Version 12.1(22)EA4, RELEASE
SOFTWARE(fc1)
Copyright (c) 1986-2005 by cisco Systems, Inc.
Compiled Wed 18-May-05 22:31 by jharirba

Press RETURN to get started!

Switch>en
Switch#setup


        --- System Configuration Dialog ---

Continue with configuration dialog? [yes/no]:
```

4.9 Router 多重開機功能

本節將介紹路由器可以選擇不同的 IOS 檔案開機，使用 **boot system** 指令，我們使用下列 IOS 開機網路架構來說明製作多重開機的效果。

圖表 4-72 IOS 開機網路架構

需求：R1 從 flash 中哪一個 IOS 開機

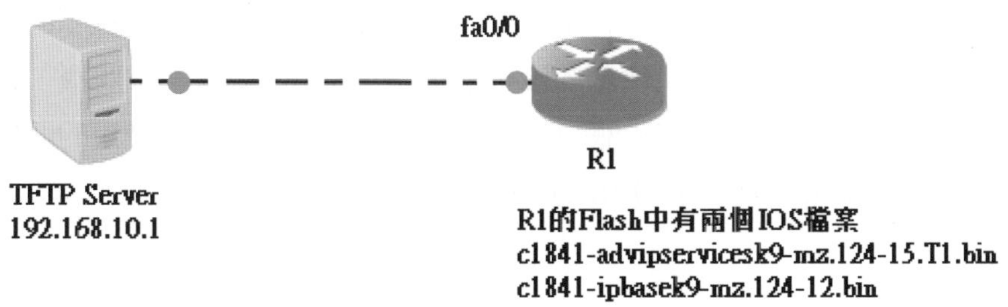

查看目前使用的 IOS 開機檔

當 PC 有安裝多重開機工具時，就可以選擇使用哪一種作業系統開機，路由器也可以有這種功能，但是不需要安裝多重開機工具這麼麻煩。當 flash 中有兩個 IOS 檔案時，路由器可以選擇用哪一個 IOS 檔案開機。

若想查詢 R1 目前開機的 IOS 檔案是那一個，可使用 **show version** 指令，如下所示，標示的地方『**flash:c1841-advipservicesk9-mz.124-15.T1.bin**』表示目前使用的開機程式從 flash 中 c1841-advipservicesk9-mz.124-15.T1.bin 檔案開機。

圖表 4-73 查看 R1 的開機 IOS 檔案名稱

```
R1#show version
Cisco IOS Software, 1841 Software (C1841-ADVIPSERVICESK9-M), Version
12.4(15)T1, RELEASE SOFTWARE (fc2)
Technical Support: http://www.cisco.com/techsupport
Copyright (c) 1986-2007 by Cisco Systems, Inc.
Compiled Wed 18-Jul-07 04:52 by pt _ team

ROM: System Bootstrap, Version 12.3(8r)T8, RELEASE SOFTWARE (fc1)

System returned to ROM by power-on
System image file is "flash:c1841-advipservicesk9-mz.124-15.T1.bin"


This product contains cryptographic features and is subject to United
States and local country laws governing import, export, transfer and

-------------省略部分輸出-------------
```

查詢 R1 中 flash 內容

再來查詢目前 R1 上的 flash 中的 IOS 檔案，如下所示，標示的地方中有兩個 IOS 檔案。請注意若沒有指定哪一個 IOS 檔案來開機，路由器預設是使用 flash 中第一個 IOS 檔案來開機，所以 R1 使用的開機檔為 c1841-advipservicesk9-mz.124-15.T1.bin。

圖表 4-74 查看 R1 的 Flash 中兩個 IOS 檔案

```
R1#show flash:

System flash directory:
File  Length    Name/status
  3   33591768 c1841-advipservicesk9-mz.124-15.T1.bin
  4   16599160 c1841-ipbasek9-mz.124-12.bin
  2   28282     sigdef-category.xml
  1   227537    sigdef-default.xml
[50446747 bytes used, 13569637 available, 64016384 total]
63488K bytes of processor board System flash (Read/Write)
R1#
```

boot system 指令

接下來我們選擇 **c1841-ipbasek9-mz.124-12.bin** 檔案當作下次開機時的 IOS 檔案，使用 **boot system** 指令來指定開機的 IOS 檔案，如下圖所示，設定完成之後，要將 run 組態檔備份到 startup 組態檔，再重新開機。請注意 flash 後面沒有冒號。

圖表 4-75 指定 R1 開機的 IOS 檔案並從新開機

```
R1(config)#boot system flash c1841-ipbasek9-mz.124-12.bin
R1(config)#end
R1#write
R1#reload
```

重新查詢開機檔

記得重新開機前要先將 run 組態檔存檔，重新開機完後再使用 **show version** 來查詢，如下所示，標示的地方可以看到目前 R1 使用的開機 IOS 檔案為 **c1841-ipbasek9-mz.124-12.bin**。請注意設定第二次 boot system 不會覆蓋到前面的，當第一個 boot system 指定的開機檔案失敗，就會找第二個 boot system 指定開機檔案，所以也可以設計多個 boot system 指定的開機檔案。

圖表 4-76 查看 R1 使用的開機 IOS 檔案名稱

```
R1#show version
Cisco IOS Software, 1841 Software (C1841-IPBASEK9-M), Version 12.4(12),
RELEASE SOFTWARE (fc1)
Technical Support: http://www.cisco.com/techsupport
Copyright (c) 1986-2006 by Cisco Systems, Inc.
Compiled Mon 15-May-06 14:54 by pt _ team

ROM: System Bootstrap, Version 12.3(8r)T8, RELEASE SOFTWARE (fc1)

System returned to ROM by power-on
System image file is "flash:c1841-ipbasek9-mz.124-12.bin"


This product contains cryptographic features and is subject to United
States and local country laws governing import, export, transfer and

-------------省略部分輸出-------------
```

4.10 TFTP 備援與復原

本節將介紹路由器遠端備份與復原的操作，主要備份的檔案有組態檔及 IOS 檔案，備份的地方為 TFTP 伺服器，我們使用下列 TFTP 網路架構來示範 TFTP 備援操作。

圖表 4-77 TFTP 網路架構

備份組態檔案到 TFTP 伺服器

run 組態檔可以備份到 startup 組態檔中，但是當路由器整個壞掉了，startup 組態檔也會不見，因此需要將 run 組態檔備份到路由器以外的伺服器，如此當換新路由器時，只要把備份的 run 組態檔拷貝回來即可。路由器使用 TFTP 來遠端備份檔案，由於 TFTP 架設容易又不用認證，所以很適合做為個人用的備份伺服器。TFTP 軟體下載網址為：https://www.solarwinds.com/free-tools/free-tftp-server。

備份指令 **copy running-config tftp:** 表示 run 組態檔備份到 TFTP 伺服器上，可簡寫為 **copy run tftp:**，如下所示，輸入指令後，系統會提示要輸入 TFTP 伺服器的 IP。

圖表 4-78 備份 R1 的 run 組態檔到 TFTP Server

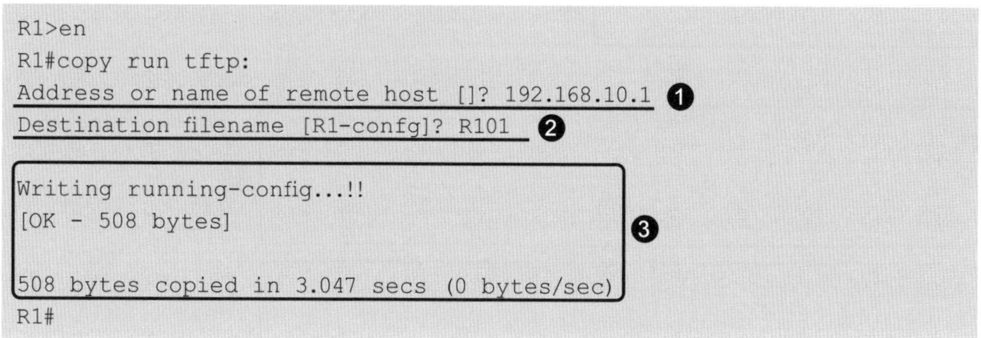

```
R1>en
R1#copy run tftp:
Address or name of remote host []? 192.168.10.1  ❶
Destination filename [R1-confg]? R101  ❷

Writing running-config...!!
[OK - 508 bytes]                                   ❸

508 bytes copied in 3.047 secs (0 bytes/sec)
R1#
```

❶ 輸入 TFTP Server IP 為 192.168.10.1，接下提示要輸入備份檔名，預設檔名是 R1-confg。

❷ 使用 **R101** 當作備份檔名。

❸ 顯示備份成功的訊息。請注意路由器與 TFTP 伺服器的網路連線必須正常。

除了將 run 備份到 TFTP，也可以將其它檔案備份到 TFTP 上，或者 flash 中，常用的備份指令如下表所示。

圖表 4-79 常用備份指令

備份指令	作用
copy run tftp:	備份 run 組態檔到 TFTP Server
copy startup tftp:	備份 startup 組態檔到 TFTP Server
copy flash: tftp:	備份 flash 中檔案到 TFTP Server
copy run flash:	備份 run 組態檔到 flash

從 TFTP 伺服器復原組態檔

現在來說明如何使用 TFTP Server 中的 R101 檔案來回復原先 R1 組態檔，首先將主機名稱改變為 test 以便辨識復原組態檔，如下所示：

圖表 4-80 使用 TFTP Server 的 R101 檔案回復原先 R1 組態檔

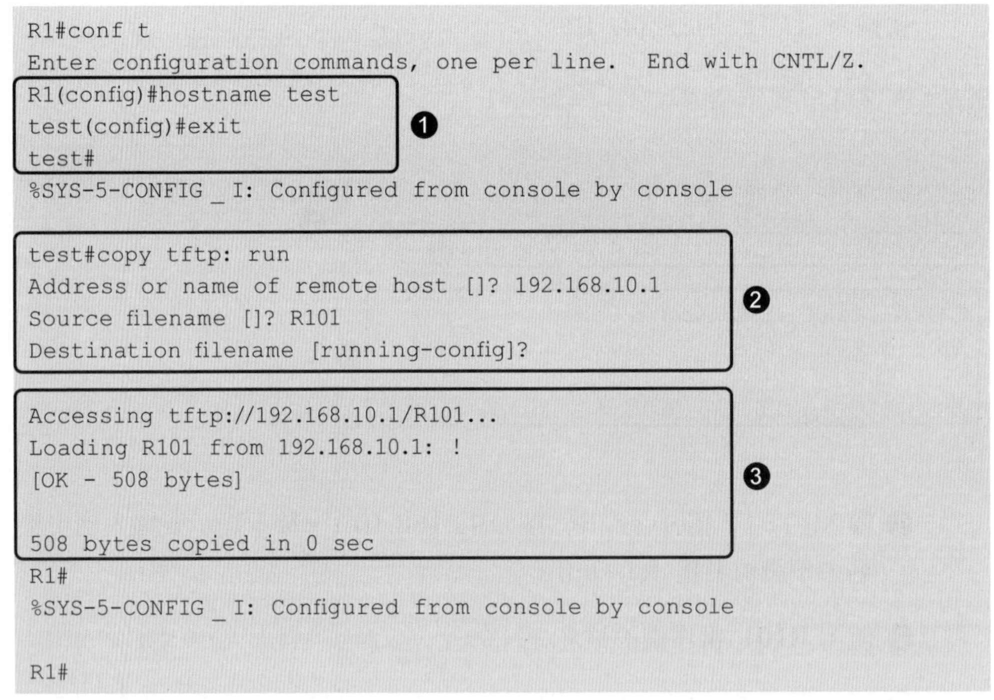

```
R1#conf t
Enter configuration commands, one per line.  End with CNTL/Z.
R1(config)#hostname test
test(config)#exit
test#
%SYS-5-CONFIG_I: Configured from console by console

test#copy tftp: run
Address or name of remote host []? 192.168.10.1
Source filename []? R101
Destination filename [running-config]?

Accessing tftp://192.168.10.1/R101...
Loading R101 from 192.168.10.1: !
[OK - 508 bytes]

508 bytes copied in 0 sec
R1#
%SYS-5-CONFIG_I: Configured from console by console

R1#
```


❶ 主機名稱改為 test，接著輸入 **copy tftp: run** 指令。

❷ 系統會提示輸入 TFTP 伺服器的 IP、要拷貝的來源檔名及目的檔名。

❸ 顯示已經檔案已經複製成功。

請注意當 run 組態檔復原後會馬上生效，主機名稱會馬上改變為 R1。

請注意當路由器故障時，只要將同型號的路由器備品拿出來取代故障的路由器，並將新的路由器與 TFTP 伺服器的網路設定連通，再將 TFTP 伺服器中的備份組態檔 copy 到新路由器，即完成路由器的復原動作。

Run 組態檔的合併與覆蓋動作

當從 tftp、flash 或 NVRAM 將備份 run 組態檔複製到 RAM 的 run 組態檔時，此時是以**合併方式 (merge)** 在進行複製，如下圖所示，其它地方的 run 組態檔複製都是以**覆蓋方式**進行。

圖表 4-81
Run 組態檔的合併與覆蓋動作

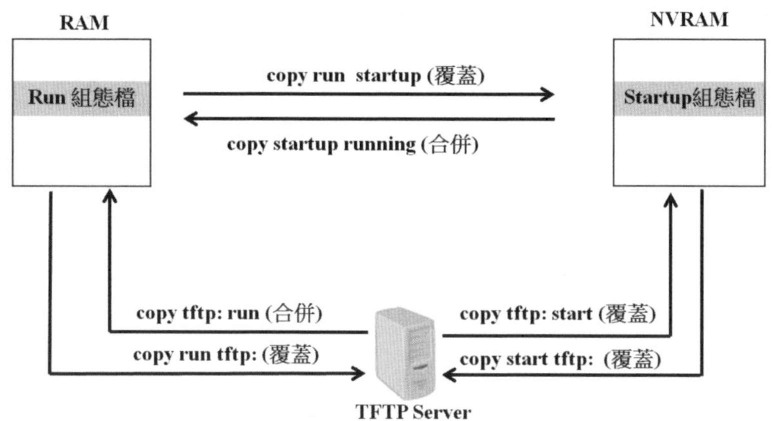

覆蓋的動作就好像將新檔案蓋掉舊檔案，所以舊檔案內容就不見了，全部以新檔案為主，但是合併方式不一樣，舊檔案 (run 組態檔) 與新檔案 (備份 run 組態檔) 內容會先做比較，比較原則如下：

1. 舊檔案有的項目，新檔案沒有，則舊檔案保留該項目。
2. 舊檔案有的項目，新檔案也有，則以新檔案的項目覆蓋舊檔案中該項目。
3. 舊檔案沒有的項目，新檔案有，則寫入該項目到舊檔案中。

例如：如下圖所示，為從 TFTP Server 複製備份組態檔到 run 組態檔，此時 run 組態檔是合併動作，在 run 組態檔中 fa0/0 有設定 IP 位址，但是 TFTP 的備分組態檔沒有，此項目就保留，fa0/1 兩個組態檔都有，此項目以 TFTP 備份組態檔為主，最後 TFTP 備份組態檔中 s0/0/0 有設定 IP 位址，run 組態檔中沒有，此項目就寫入 run 組態檔中。

圖表 4-82 run 組態檔的合併動作

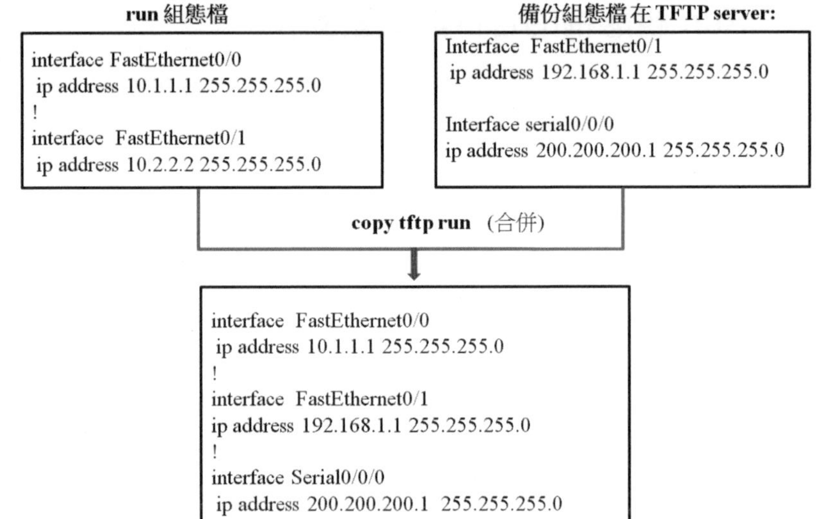

run 組態檔
interface FastEthernet0/0
ip address 10.1.1.1 255.255.255.0
!
interface FastEthernet0/1
ip address 10.2.2.2 255.255.255.0
備份組態檔在 TFTP server:
Interface FastEthernet0/1
ip address 192.168.1.1 255.255.255.0
Interface serial0/0/0
ip address 200.200.200.1 255.255.255.0
copy tftp run (合併)
interface FastEthernet0/0
ip address 10.1.1.1 255.255.255.0
!
interface FastEthernet0/1
ip address 192.168.1.1 255.255.255.0
!
interface Serial0/0/0
ip address 200.200.200.1 255.255.255.0

備份 Flash 上的檔案

除了可以將組態檔備份到 TFTP 伺服器中，還可以備份 flash 中的檔案，先來查看 R1 上的 flash 中的檔案，使用 **show flash:** 指令，如下所示：

圖表 4-83 查詢與備份 R1 中 Flash 的內容到 TFTP Server

```
R1#show flash:

System flash directory:
File  Length   Name/status
  3   33591768 c1841-advipservicesk9-mz.124-15.T1.bin
  2   28282    sigdef-category.xml
  1   227537   sigdef-default.xml
[33847587 bytes used, 30168797 available, 64016384 total]
63488K bytes of processor board System flash (Read/Write)
```
❶

```
R1#copy flash: tftp:
Source filename []? sigdef-category.xml
Address or name of remote host []? 192.168.10.1
Destination filename [sigdef-category.xml]?

Writing sigdef-category.xml...!!
[OK - 28282 bytes]

28282 bytes copied in 0.001 secs (28282000 bytes/sec)
R1#
```
❷

❶ 顯示目前有三個檔案在 flash 中，選擇 flash 中的 **sigdef-category.xml** 備份到 TFTP 伺服器中。

❷ 輸入 **copy flash: tftp:** 指令後，系統會提示拷貝的來源檔名、TFTP 伺服器的 IP 及目的檔名。

指令 **copy tftp: flash:** 為從 tftp 中複製檔案到 flash，如下所示：

圖表 4-84 從 TFTP 復原 flash 檔案

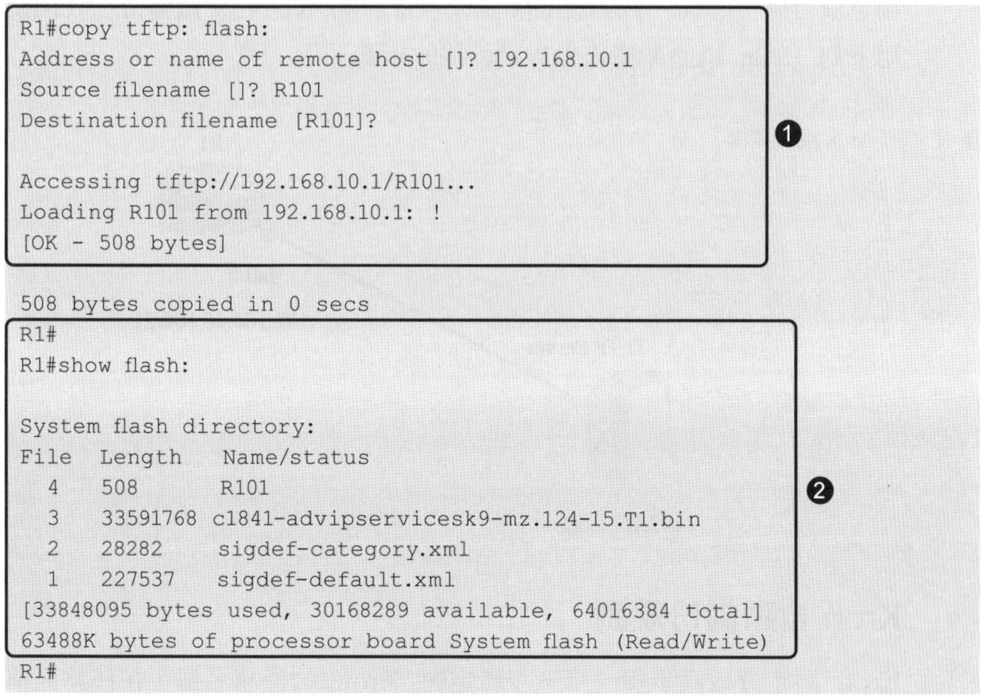

```
R1#copy tftp: flash:
Address or name of remote host []? 192.168.10.1
Source filename []? R101
Destination filename [R101]?

Accessing tftp://192.168.10.1/R101...
Loading R101 from 192.168.10.1: !
[OK - 508 bytes]

508 bytes copied in 0 secs
R1#
R1#show flash:

System flash directory:
File  Length   Name/status
  4   508        R101
  3   33591768 c1841-advipservicesk9-mz.124-15.T1.bin
  2   28282     sigdef-category.xml
  1   227537    sigdef-default.xml
[33848095 bytes used, 30168289 available, 64016384 total]
63488K bytes of processor board System flash (Read/Write)
R1#
```


❶ 複製 tftp 中的 R101 檔案到 flash。

❷ 查詢 flash 內容，可以看到有一個 R101 檔案。

4.11 Router 自動備援功能

我們已經學會使用 TFTP 備援的方式，但是需手動去執行備份指令，而且備份的執行最好是要固定時間並週期性反覆執行，為了避免人為的因素忘記去做備份的動作，所以自動備援機制變成重要。在 IOS 提供 Kron 與 Archive 兩種自動備份機制，Kron 是針對 IOS 指令做排程執行，因此可以將備份指令設為排程來執行，時間到了，備份指令就執行，達到自動備份效果；而 Archive 只能針對 RUN 來做備份，並無法指定執行備份時間，只能設間隔多久執行一次 RUN 來做備份。我們使用下列 Kron 網路架構來做自動備援的示範。

圖表 4-85 kron 網路架構

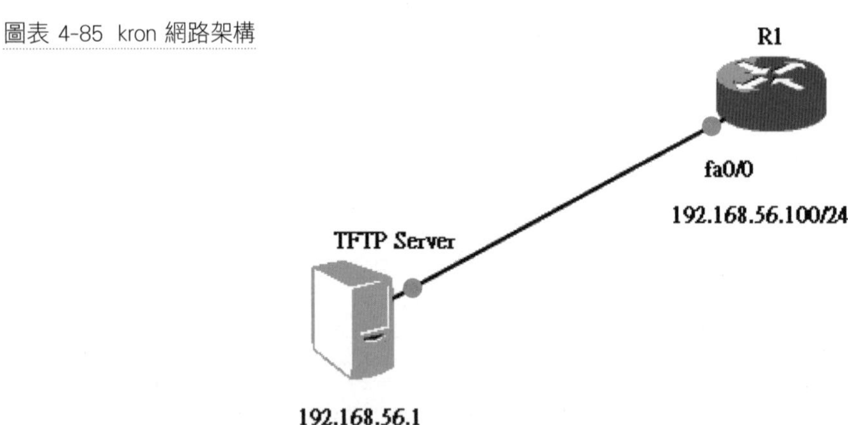

Kron 自動備份規劃

Kron 設定分成兩步驟，第一步驟定義 Kron 的任務名稱，在任務名稱中使用 cli 來配置要執行的指令，第二步驟為排程執行任務日期及時間。要備份 run 組態檔到 tftp server 的指令規劃如下表所示，我們規劃的任務名稱為 backup，在任務中要執行的指令為 show run | redirect tftp://192.168.56.1/run.cfg，讀者可能會疑惑怎麼不用 copy run tftp 指令來備份 run 到 tftp 的指令，這是因為使用 copy run tftp 會跳出提示符號讓管理者來輸入一些資料，如此無法做到自動備援，所以將 show run 的結果直接導出到 tftp server。

圖表 4-86 kron 任務的規劃

指令	說明
R1(config)#kron policy-list backup	設定排程任務名稱
R1(config-kron-policy)#cli show run | redirect tftp://192.168.56.1/run.cfg	要執行的指令及 TFTP Server 位址、檔名

當任務名稱定義完成後，接下來要讓任務中的指令執行，需要在定一個執行時間，如下表所示，定一個排程名稱為 backup01 及執行時間 23:00，backup01 中指定要執行的任務為 backup，整個排程指令 kron occurrence backup01 at 23:00 recurring 表示每日 23:00 啟動執行 backup 任務，其中 recurring 表示重複執行。

圖表 4-87 kron 任務排程

指令	說明
R1(config)#kron occurrence backup01 at 23:00 recurring	排程名稱及執行日期時間
R1(config-kron-occurrence)#policy-list backup	要排程行執的任務名稱

查詢 Kron 排程

使用 show kron schedule 可查詢 Kron 的所有排程，如下圖所示，我們連續查詢 3 次，目前都只有一個 backup01 排程 "backup01 inactive，will run again in 0 days 00:00:13 at 12:51 on"，其中不要被 **inactive** 誤導以為沒啟動排程，目前已經排程，再等 00:00:13，其中的時間是倒數計時，等到 00:00:00 就會執行，之後又開始倒數計時執行時間。

圖表 4-88 Kron 排程查詢

```
R1#
R1#show kron schedule
Kron Occurrence Schedule
backup01 inactive, will run again in 0 days 00:00:13 at 23:00 on

R1#show kron schedule
Kron Occurrence Schedule
backup01 inactive, will run again in 0 days 00:00:04 at 23:00 on
```

Next

```
R1#show kron schedule
Kron Occurrence Schedule
backup01 inactive, will run again in 0 days 23:59:58 at 23:00 on
```

Archive 自動備份規劃

Archive 只能針對 RUN 來做備份，並無法指定執行備份時間，只能用間隔多久執行一次 RUN 的做備份，規劃起來較為簡單，因此只是要執行 run 組態檔自動備份，建議就使用 Archive 方式，如下表所示，啟動 archive 之後，接著只要定義 tftp 的 IP位址及間隔執行時間。

圖表 4-89 archive 的規劃

指令	說明
R1(config)#archive	啟動 archive 備份
R1(config-archive)#path tftp://192.168.56.1/cm-$h	備份目的的 ip 後面的 $h 代表 主機名稱
R1(config-archive)#time-period 120	設定每兩小時 自動執行一次 (單位:分鐘)

查詢 archive 執行

使用 show archive 來查詢 archive 執行狀況，archive 會記錄每次執行的備份結果及備份檔案名稱，紀錄的次數有 10 次，等第 10 次紀錄完後，會再從第 1 次紀錄。

圖表 4-90 查詢 archive 執行狀況

```
R1(config)#no archive
R1(config)#archi
R1(config)#archive
R1(config-archive)#path tftp://192.168.56.1/cm-$h
R1(config-archive)#time-p
R1(config-archive)#time-period 1
R1(config-archive)#end
R1#
*Apr 16 10:59:17.819: %SYS-5-CONFIG_I: Configured from console by console
R1#!!
R1#show archive
The maximum archive configurations allowed is 14.
The next archive file will be named tftp://192.168.56.1/cm-R1-1
 Archive #  Name
   1        tftp://192.168.56.1/cm-R1-0 <- Most Recent
   2
   3
   4
   5
   6
   7
   8
   9
   10
R1#
```

4.12 Router IOS 復原

本節將介紹在 ROM Monitor 模式下，從 TFTP 伺服器中復原 IOS 檔案，我們使用下列 IOS 復原網路架構來示範如何將 IOS 檔案復原。

圖表 4-91 IOS 復原網路架構

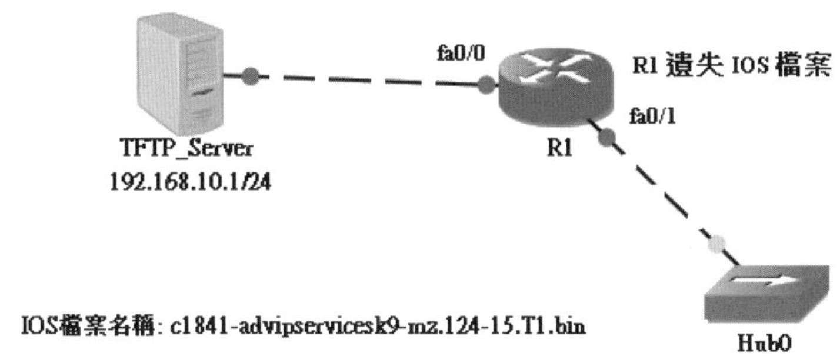

一般路由器的開機檔案 IOS 是放在 flash 上，若 flash 中的 IOS 檔案壞掉或遺失，路由器就開不了機，會進入到 Rom Monitor 模式。

Rom Monitor 模式下的指令

在 Rom Monitor 模式下還是有一些指令可以使用，使用「?」可查詢可用的指令，如下所示。

圖表 4-92 Rom Monitor 模式下的指令

```
rommon 2 > ?
boot                      boot up an external process
confreg                   configuration register utility
dir                       list files in file system
help                      monitor builtin command help
reset                     system reset
set                       display the monitor variables
tftpdnld                   tftp image download
unset                     unset a monitor variable
rommon 3 >
```

tftpdnld 參數

接下來，如何從 TFTP 伺服器中將 IOS 檔案拷貝到 R1 中呢？現在要面對的問題是網路連線不通，要如何設定 R1 的網路介面 IP，讓 R1 可以連接到 TFTP 伺服器？方法是在 ROMMON 模式下使用 **tftpdnld** 指令，此指令只需要輸入一些參數，**tftpdnld** 就會根據這些參數將網路介面**臨時開通**，等在檔案傳送完畢後，又會將介面關閉。要輸入的參數資訊，如下所示：

圖表 4-93 從 TFTP Server 中復原 IOS 檔案到 R1

```
rommon 3 > IP_ADDRESS=192.168.10.254
rommon 4 > IP_SUBNET_MASK=255.255.255.0
rommon 5 > DEFAULT_GATEWAY=192.168.10.1
rommon 6 > TFTP_SERVER=192.168.10.1
rommon 7 > TFTP_FILE=c1841-advipservicesk9-mz.124-15.T1.bin
```
❶

```
rommon 8 > tftpdnld

          IP_ADDRESS: 192.168.10.254
      IP_SUBNET_MASK: 255.255.255.0
     DEFAULT_GATEWAY: 192.168.10.1
         TFTP_SERVER: 192.168.10.1
           TFTP_FILE: c1841-advipservicesk9-mz.124-15.T1.bin
Invoke this command for disaster recovery only.
WARNING: all existing data in all partitions on flash will be lost!

Do you wish to continue? y/n:  [n]: y
```
❷

❶ 需要輸入的參數，注意不可以空格。

❷ 執行 **tftpdnld** 指令，ROMMON 會根據參數的內容執行到 TFTP 下載檔案，接著執行指令 **reset** 就會重新開機。

請注意如果路由器硬體有 SD 或 USB 介面，就無需透過 TFTP 這種方式來復原 IOS 檔案，直接用 SD 卡或 USB 來複製 IOS 檔案即可。

4.13 Router 密碼復原

當路由器的密碼遺失或忘記，本節將示範如何重新設定路由器的密碼，我們使用下列 passwd 網路架構來操作。

圖表 4-94 passwd 網路架構

當路由器的密碼忘掉，尤其是管理者密碼遺失，就無法進入到 IOS 管理者模式進行路由器的管理工作，以下就是將密碼復原的步驟，請注意復原步驟的順序，不然會將原先的組態檔內容破壞掉。另外密碼修復一定要透過 console 連線才能進行，無法透過 telnet 或 ssh 遠端來進行。

1. 強迫 router 進入 Rom monitor 模式
2. 修改 router 組態暫存器為 0x2142
3. 手動載入 startup 組態檔
4. 修改 router 設定的密碼並儲存
5. 修改組態暫存器為 0x2102

步驟一 強迫進入 Rom monitor 模式

首先從 R1 的 Console 登入，Console 有設定密碼，此時所有密碼都不知道，那等於就是無法進入到 IOS 模式，而密碼存在的地方就在組態檔中，回想一下路由器的開機步驟，在什麼條件下會載入組態檔？**組態暫存器 (configuration register)** 可以控制 startup 組態檔的載入，因此要設法改變組態暫存器的資料，但是現在無法進入到 IOS 模式來修改，所以可以從 Rom monitor 模式下來修改組態暫存器的資料，現在將 R1 重新開機，此時必須將電源關閉再重開。

在載入 IOS 檔案的過程中，同時按 Ctrl + Pause Break 鍵就會停止 IOS 的載入動作，接著進入到 Rom Monitor，如下所示。

圖表 4-95 按 Ctrl + Pause Break 強迫進入到 ROM Monitor

```
System Bootstrap, Version 12.3(8r)T8, RELEASE SOFTWARE (fc1)
Cisco 1841 (revision 5.0) with 114688K/16384K bytes of memory.

Readonly ROMMON initialized

Self decompressing the image :
#######################
monitor: command "boot" aborted due to user interrupt
rommon 1 >
```

步驟二 修改組態暫存器為 0x2142

在 Rom monitor 模式下修改組態暫存器的資料為 **0x2142**，其中 4 就表示忽略載入 startup 組態檔到 RAM 中，指令 **confreg** 為修改組態暫存器，如下表所示，修改完後用 **reset** 指令重新開機。

圖表 4-96 修改 R1 的組態暫存器

指令	說明
rommon 1 > confreg 0x2142	修改組態暫存器為 0x2142
rommon 2 > reset	在 ROM Monitor 模式下重新開機

當 R1 重新開機後，因為 startup 組態檔不載入到 RAM 中，所以 run 組態檔是空的，因此畫面如同第一次開機時的畫面。

步驟三 手動載入 startup 組態檔

請記住 startup 組態檔只是沒有載入到 RAM 中成為 run 組態檔，還是有存在 NVRAM 中，使用 **show startup** 來查詢 startup 組態檔內容，確定有 startup 組態檔後，我們使用手動載入方式將 startup 組態檔載入到 RAM 中的 run 組態檔，如下所示：

圖表 4-97 手動將 startup 複製到 run

```
Router>
Router>en
Router#copy startup run ❶
Destination filename [running-config]?

343 bytes copied in 0.416 secs (824 bytes/sec)
Password# ❷
%SYS-5-CONFIG_I: Configured from console by console

Password#
Password#
Password#
```

❶ 輸入指令 **copy startup run** 進行手動載入。

❷ 當 startup 組態檔載入後馬上生效，觀察主機名稱馬上由 Router 改變 Password。

載入組態檔之後，查詢 run 組態檔內容，如下所示，可以看到一些密碼的資訊，但是這些密碼都被加密過了，無法得知。

圖表 4-98 查看 R1 設定的密碼

```
Password#show  run
Building configuration...
**省略部分輸出
hostname Password
 enable secret 5 $1$mERr$Dg4/H01ydJLfislMB1YwK.
**省略部分輸出
line con 0
 password 7 082C45400E
 login
**省略部分輸出
```

步驟四 修改 router 設定的密碼並儲存

這時候只能將密碼重新設定，將其管理者密碼及 Console 的密碼分別重新設定為 cisco 及 ccna，如下圖所示，設定完畢後請記得將 run 組態檔存檔。請注意如果看到密碼資料就不需重新設定密碼。

圖表 4-99 修改 R1 設定的密碼並儲存

```
Password(config)#enable secret cisco
Password(config)#line console 0
Password(config-line)#password ccna
Password(config-line)#do  write
```

步驟五 修改組態暫存器為 0x2102

最後要將組態暫存器更改回到 **0x2102**，使其下次開機時能正常載入組態檔，在 IOS 下使用 **config-register** 指令來修改，如下圖所示，修改完之後，再確認修改的結果，**do** 指令是讓管理者模式的指令可以在非管理者模式下執行，所以在組態模式下使用 **do show version** 來查詢。重新開機之後，使用新的密碼登入，就完成密碼復原的工作。

圖表 4-100 修改 R1 組態暫存器並查詢

```
Password(config)#config-register  0x2102
Password(config)#do show version
Cisco Internetwork Operating System Software
IOS (tm) C2600 Software (C2600-I-M), Version 12.2(28), RELEASE SOFTWARE (fc5)
**省略部分輸出
Configuration register is 0x2142 (will be 0x2102 at next reload)
Password(config)#do  reload
```

4.14 CDP 與 LLDP 鄰居發現協定介紹

CDP(Cisco Discover Protocol) 是 Cisco 專屬的鄰居發現協定，主要可以偵測到直接連線的 Cisco 設備並收集到相關資訊；另外一種類似 CDP 協定，IEEE 802.1ab 也定義 LLDP (Link-Layer Discovery Protocol) 來收集鄰居設備資訊，此協定支援的設備就不一定是要 Cisco，我們使用下列 CDP 網路架構來說明 CDP 運作。

圖表 4-101 CDP 網路架構

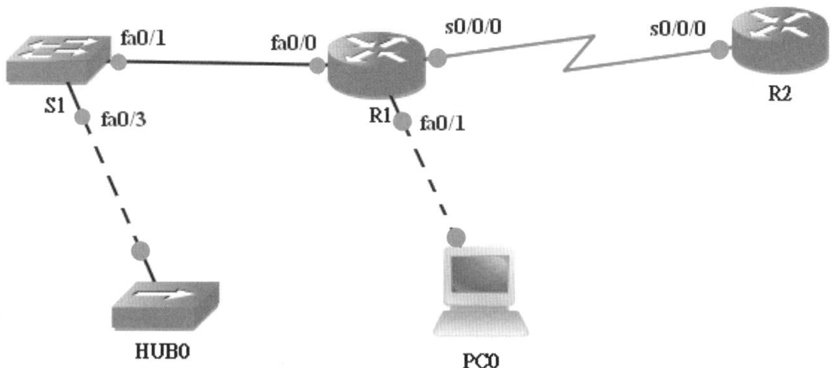

CDP 啟動

CDP 預設已經是啟動，只要網路介面的 L2 啟動，Cisco 設備就會從網路介面送出自己的 CDP 封包給直接連線的鄰居設備，不需要設定 IP 位址。

查詢 CDP 鄰居表

接下來查看經由 CDP 封包所交換到的鄰居資訊，**show cdp neighbors** 主要為查詢直接連線的鄰居資訊，在 R1 執行查看，結果如下所示，若讀者查詢的結果少於 2 個鄰居，需要等一段時間再查詢看看，以下是 CDP 鄰居表的欄位說明：

- **Device ID**：鄰居設備的主機名稱，不要從此欄位來判斷鄰居設備是路由器或是交換器。
- **Local Intrfce**：由本機的 port 連到鄰居設備。
- **Capability**：設備等級，S 表示有交換器的能力，R 表示有路由器的能力，由此欄位來判斷鄰居設備是路由器或是交換器。
- **Platform**：鄰居設備的型號。
- **Port ID**：鄰居設備的 port 接到本機。

由下圖 R1 的 CDP 的鄰居表可以看到 R1 有 2 兩個直接連線的設備，但從上一頁的架構圖來看 R1 應該有 3 個連接的設備，少了一個就是 PC0，因為 PC0 不是 Cisco 的設備，所以不會有 CDP 封包送出，但 R1 還是會從 Fa0/1 送出 CDP 封包。

圖表 4-102 R1 查詢 CDP 的結果

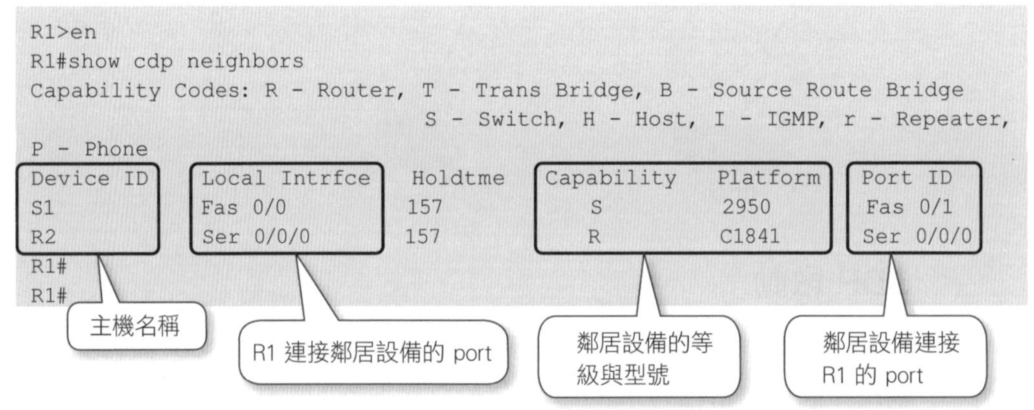

```
R1>en
R1#show cdp neighbors
Capability Codes: R - Router, T - Trans Bridge, B - Source Route Bridge
                          S - Switch, H - Host, I - IGMP, r - Repeater,
P - Phone
Device ID    Local Intrfce    Holdtme    Capability   Platform    Port ID
S1           Fas 0/0          157            S          2950       Fas 0/1
R2           Ser 0/0/0        157            R          C1841      Ser 0/0/0
R1#
R1#
```


查看 S1 的 CDP 鄰居

同樣的道理，在 S1 執行查看 CDP 鄰居表，如下所示，S1 也沒有 Hub 鄰居資訊，因為 Hub 沒有 IOS。

圖表 4-103 S1 查詢 CDP 的結果

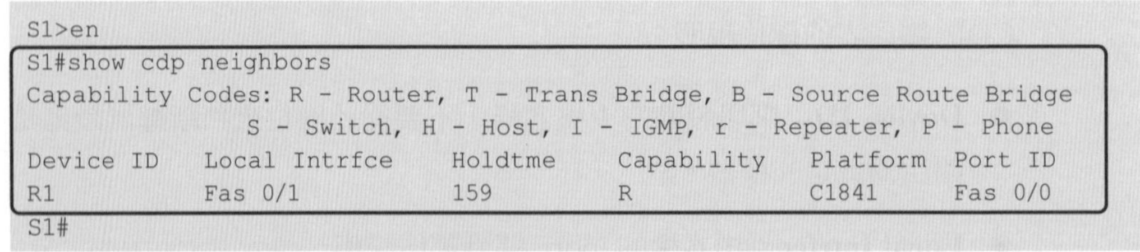

```
S1>en
S1#show cdp neighbors
Capability Codes: R - Router, T - Trans Bridge, B - Source Route Bridge
                S - Switch, H - Host, I - IGMP, r - Repeater, P - Phone
Device ID   Local Intrfce    Holdtme     Capability   Platform  Port ID
R1          Fas 0/1          159         R            C1841     Fas 0/0
S1#
```

查詢更詳細的鄰居設備資訊

除了查看到鄰居設備總表外，還可以查詢鄰居設備更詳細的資訊，執行 **show cdp neighbors detail** 後，會列出所有鄰居設備的詳細資訊，例如：

IP 位址、IOS 的版本等，若只要列出個別的詳細資訊，則使用 **show cdp entry ***，例如：**show cdp entry R1** 只會列出 R1 的詳細資訊。以下為在 R1 查看 R2 詳細資訊：

圖表 4-104 R1 查詢 CDP 的鄰居設備的詳細資訊

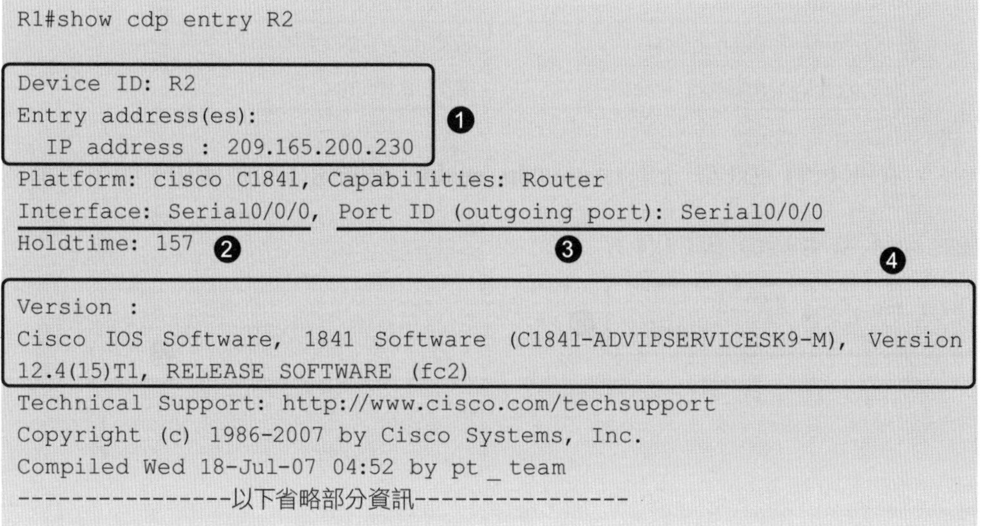

```
R1#show cdp entry R2

Device ID: R2
Entry address(es):
  IP address : 209.165.200.230
Platform: cisco C1841, Capabilities: Router
Interface: Serial0/0/0, Port ID (outgoing port): Serial0/0/0
Holdtime: 157

Version :
Cisco IOS Software, 1841 Software (C1841-ADVIPSERVICESK9-M), Version
12.4(15)T1, RELEASE SOFTWARE (fc2)
Technical Support: http://www.cisco.com/techsupport
Copyright (c) 1986-2007 by Cisco Systems, Inc.
Compiled Wed 18-Jul-07 04:52 by pt _ team
----------------以下省略部分資訊----------------
```


❶ R2 的 IP 位址。

❷ R1 本身的 port。

❸ 鄰居 R2 的 port。

❹ R2 的 IOS 版本資訊。

啟動與關閉 CDP

CDP 預設是啟動的，但以資安的角度則建議要關閉，要關閉 CDP 運作有兩種方式，一種是整個設備停用 CDP，另一種是在指定的網路介面關閉 CDP，關於 CDP 的攻擊與防禦，請參考第 21 章。

圖表 4-105 啟動與關閉 CDP 指令

指令	說明
R1#conf t	進入組態模式
R1(config)#cdp run	全部啟動 CDP
R1(config)#no cdp run	全部關閉 CDP
R1(config)#int fa0/1	進入 fa0/1 介面
R1(config-if)#cdp enable	啟動 fa0/1 的 CDP
R1(config-if)#no cdp enable	關閉 fa0/1 的 CDP

在 R1 的 s0/0/0 下執行 **no cdp enable** 來關閉 CDP 運作，如下所示：

圖表 4-106 R1 中 s0/0/0 關閉 CDP

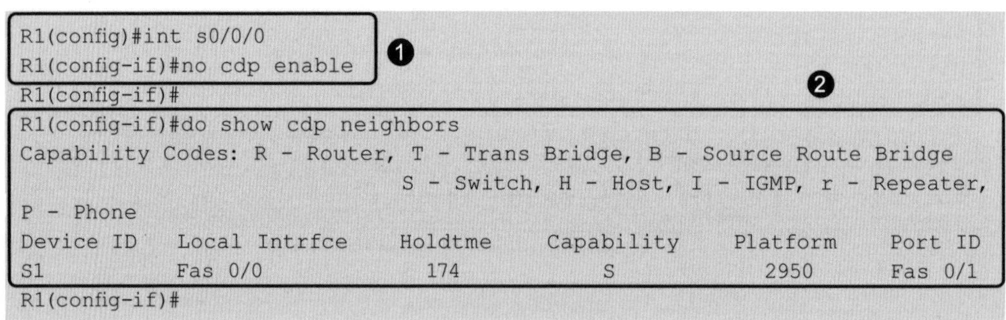

```
R1(config)#int s0/0/0
R1(config-if)#no cdp enable                    ❶
R1(config-if)#                                                              ❷
R1(config-if)#do show cdp neighbors
Capability Codes: R - Router, T - Trans Bridge, B - Source Route Bridge
                              S - Switch, H - Host, I - IGMP, r - Repeater,
P - Phone
Device ID    Local Intrfce    Holdtme     Capability     Platform    Port ID
S1           Fas 0/0           174            S            2950      Fas 0/1
R1(config-if)#
```

❶ 在 s0/0/0 執行關閉 CDP 功能，只有 R1 的 s0/0/0 沒有送出 CDP 封包，其它網路介面則 CDP 正常運作，讀者可以使用 wireshark 來觀看 CDP 封包運作。

❷ R1 的鄰居表只剩下 1 個鄰居設備 S1。

請注意當關閉 s0/0/0 的 CDP 功能後，要等一段時間 R2 的資訊才會被移掉。由於 R1 不送 CDP 封包給 R2，所以 R2 已經沒有鄰居設備。

LLDP 啟動與查詢

IEEE 802.1ab 定義 LLDP (Link-Layer Discovery Protocol) 來收集鄰居設備資訊，LLDP 可以在不同品牌的網路設備上執行，在 Cisco 路由器與交換器預設是關閉 LLDP 的功能，但 CDP 預設是開啟。啟動與關閉 LLDP 的指令類似 CDP，如下表所示。

圖表 4-107 LLDP 相關指令

指令	說明
R2(config)#lldp run	在組態模式,路由器全部介面啟動 LLDP
R2(config)#lldp holdtime	設定 LLDP 封包的保留時間,預設 120 秒
R2(config)# lldp timer	設定 LLDP 封包發送的間隔時間,預設 30 秒
R2(config)# lldp reinit	設定初始化 LLDP 介面的延遲 (delay) 時間,預設 2 秒
R2(config-if)#lldp transmit	在介面模式,啟動傳送 LLDP 封包
R2(config-if)#lldp receive	在介面模式,啟動接收 LLDP 封包

我們以下圖為例來示範查詢 LLDP,目前三台路由器的 LLDP 已經啟動。

圖表 4-108 LLDP 網路架構

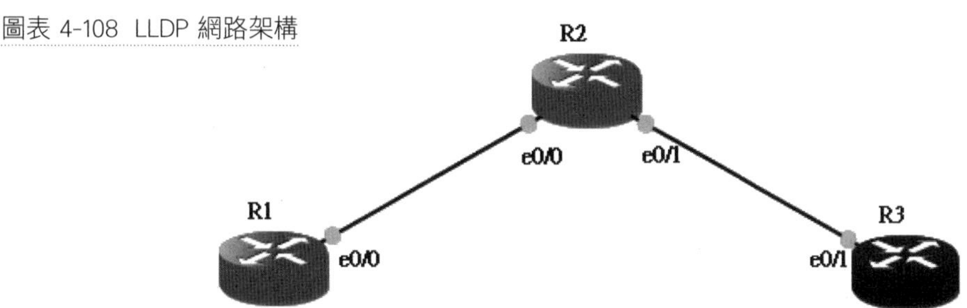

在 R2 執行 show lldp neighbors 指令來查詢 R2 的鄰居設備,如下圖所示,與 CDP 查詢鄰居的資訊比較少了 Platform 的資訊,此 Platform 資訊只是顯示 Cisco 設備的型號,其他的欄位資訊代表的意義都一樣。使用 show lldp neighbors detail 指令來查詢鄰居設備詳細資訊。

圖表 4-109 R2 查詢 LLDP 鄰居資訊

```
R2#show lldp neighbors
Capability codes:
    (R) Router, (B) Bridge, (T) Telephone, (C) DOCSIS Cable Device
    (W) WLAN Access Point, (P) Repeater, (S) Station, (O) Other
Device ID           Local Intf     Hold-time  Capability    Port ID
R3                  Et0/1          120         R             Et0/1
R1                  Et0/0          120         R             Et0/0
Total entries displayed: 2
R2#
```

使用 CDP 畫出網路架構

CDP 除了可以查詢鄰居設備資訊之外，也可以從這些資訊來推算出整個網路架構，我們使用下列 CDP 查詢網路架構來練習，其中公司內部網路目前是隱藏，我們可以利用 CDP 資訊來畫出公司內部的網路架構。請注意 telnet 與 enable 的密碼都是 ccna。

圖表 4-110 CDP 查詢網路架構

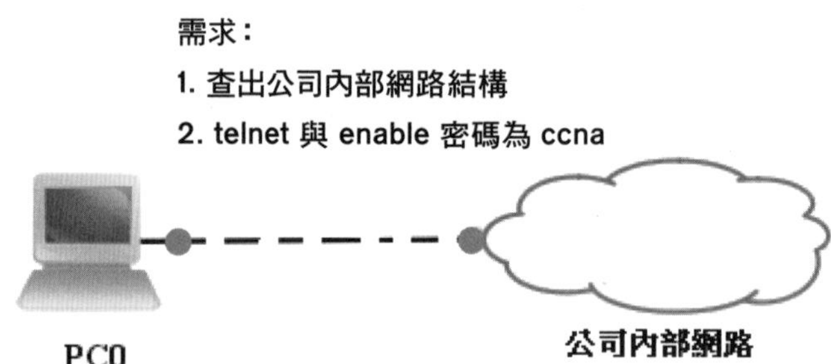

PC0 的 GW

目前可以利用的資訊是 PC0 的 GW，先由 PC0 來遠端登入到 PC0 的 GW，如下圖所示：

圖表 4-111 PC0 使用 telnet 到 R1 並查詢 CDP 鄰居

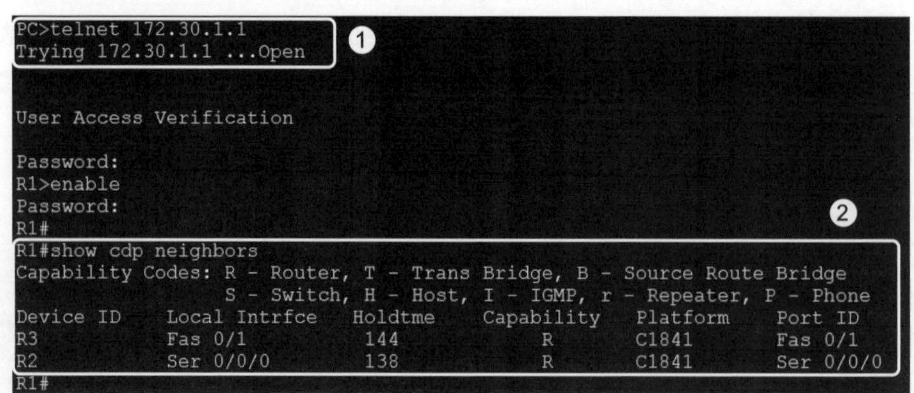
```
PC>telnet 172.30.1.1
Trying 172.30.1.1 ...Open


User Access Verification

Password:
R1>enable
Password:
R1#
R1#show cdp neighbors
Capability Codes: R - Router, T - Trans Bridge, B - Source Route Bridge
                  S - Switch, H - Host, I - IGMP, r - Repeater, P - Phone
Device ID    Local Intrfce    Holdtme    Capability   Platform    Port ID
R3           Fas 0/1          144            R        C1841       Fas 0/1
R2           Ser 0/0/0        138            R        C1841       Ser 0/0/0
R1#
```

❶ PC0 使用 telnet 連線到 GW，可以看到 PC0 的 GW 的主機名稱為 R1。

❷ 登入到 R1 查詢 CDP 鄰居表，目前 R1 有 2 個路由器的鄰居。請注意 telnet 與 enable 的密碼都是 ccna。

畫出第一階段的網路圖

由 R1 的鄰居表的資訊，我們可以畫出以下的網路圖，之後再繼續追蹤下去，先挑 R2 來追蹤，但如何登入 R2？目前沒有 R2 的 IP 位址。

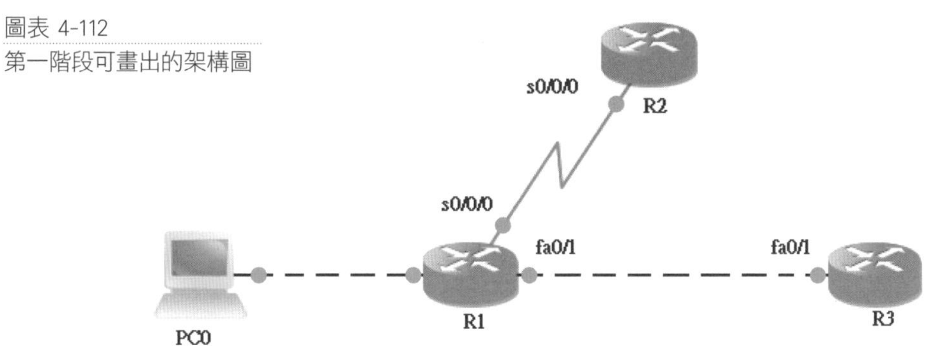

圖表 4-112
第一階段可畫出的架構圖

查詢 R2 的 IP 位址

在 R1 執行 **show cdp entry R2** 就可以查詢到 R2 的詳細資訊，如下圖所示，R2 的 IP 為 209.165.200.230。

圖表 4-113 查詢 R2 的 IP 位址

```
R1#show cdp entry R2

Device ID: R2
Entry address(es):
  IP address : 209.165.200.230
Platform: cisco C1841, Capabilities: Router
Interface: Serial0/0/0, Port ID (outgoing port): Serial0/0/0
Holdtime: 131
```

遠端登入 R2

繼續 telnet 到 R2 並查詢鄰居表，如下圖所示：

圖表 4-114 telnet 到 R2 並查詢 CDP 鄰居

```
R1#telnet 209.165.200.230
Trying 209.165.200.230 ...Open

User Access Verification

Password:
R2>en
Password:
R2#
R2#show cdp neighbors
Capability Codes: R - Router, T - Trans Bridge, B - Source Route Bridge
                  S - Switch, H - Host, I - IGMP, r - Repeater, P - Phone
Device ID    Local Intrfce    Holdtme    Capability    Platform    Port ID
S2           Fas 0/0          140             S        2950        Fas 0/1
R3           Ser 0/0/1        147             R        C1841       Ser 0/0/1
R1           Ser 0/0/0        150             R        C1841       Ser 0/0/0
R2#
```

❶ telnet 到 R2。

❷ 在 R2 查詢 CDP 鄰居，R2 有 3 個鄰居設備，其中 S2 是新發現的設備。

畫出第二階段的網路圖

根據 R2 的 CDP 鄰居資訊，繼續加入第一階段的網路圖，如下圖所示為第二階段的網路架構圖。

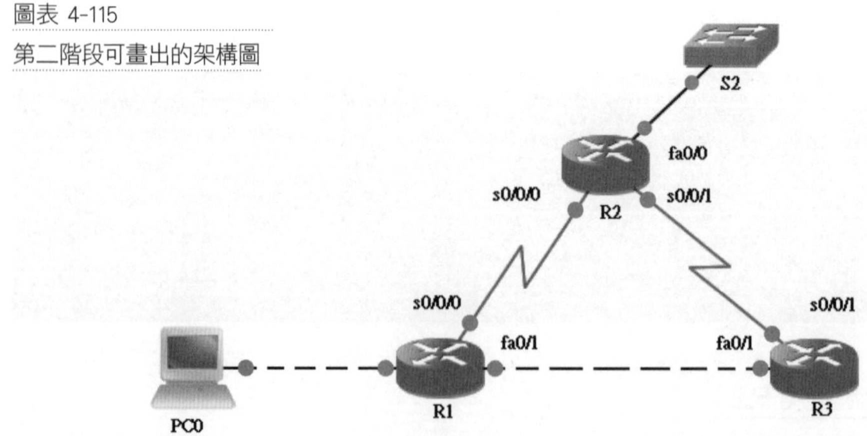

圖表 4-115
第二階段可畫出的架構圖

遠端登入 R3

用相同的方式查到 R3 的 IP 位址為 209.165.200.234，登入 R3 後再查詢鄰居表，如下圖所示：

圖表 4-116 登入 R3 並查詢 CDP 鄰居

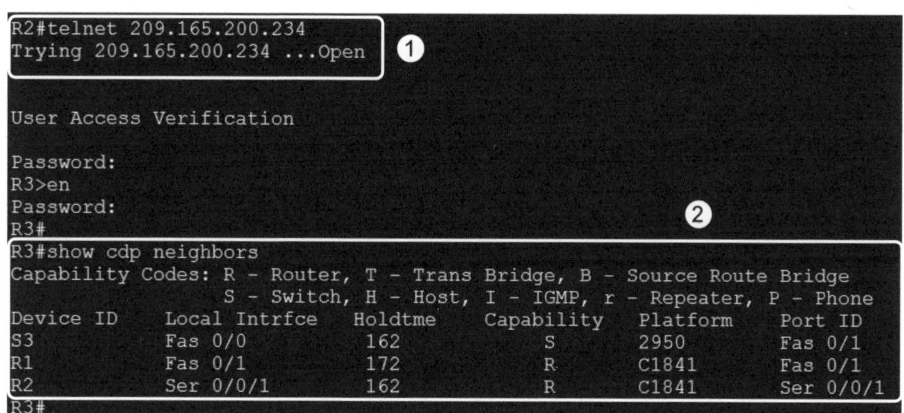

❶ 由 R2 遠端登入到 R3。

❷ 在 R3 查詢 CDP 鄰居，R3 有 3 個鄰居設備，又發現 1 個新網路設備 S3。

畫出最後階段的網路圖

根據 R3 的 CDP 資訊，將 S3 加入第二階段的網路圖，就可以完成整個網路架構圖，如下圖所示就是公司內部網路的架構。

圖表 4-117 第三階段可畫出的架構圖

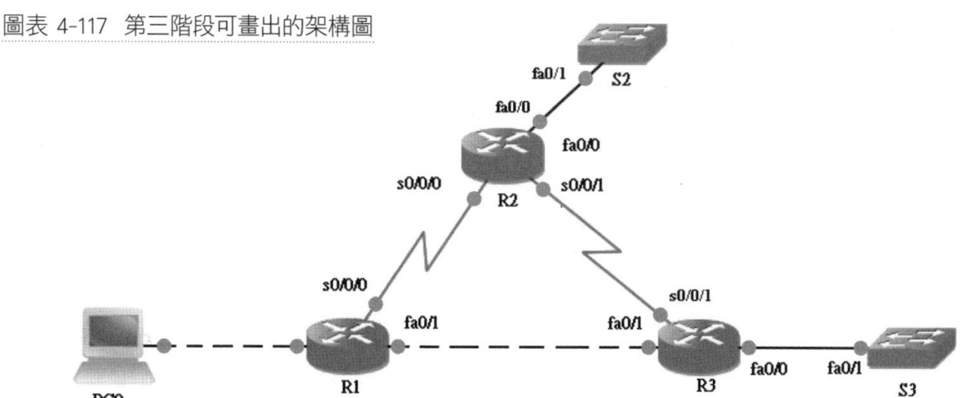

MEMO

CHAPTER 5

路由協定原理及基礎路由 RIP

第一章我們介紹到路由器的主要功能就是劃分網路區域，全世界的網路就是由這些網路區域組成。每個網路區域都有編號，也就是**網路位址(Network IP)**，因此只要給定一台電腦的位址(Host IP)，就有辦法定位這台電腦位於那一個網路區域，至於如何尋找電腦所在的網路區域，這就是路由器 Router 的工作，而 Router 如何知道有這些網路區域，這就要靠路由表，本章節將介紹如何維護路由表。

5.1 路由表

路由器主要的功能為**繞送 (routing)**，而要進行繞送需要靠路由表中的資訊，本章節將介紹路由表的功能，我們使用兩個網路架構來討論路由表。

圖表 5-1 兩個網路架構

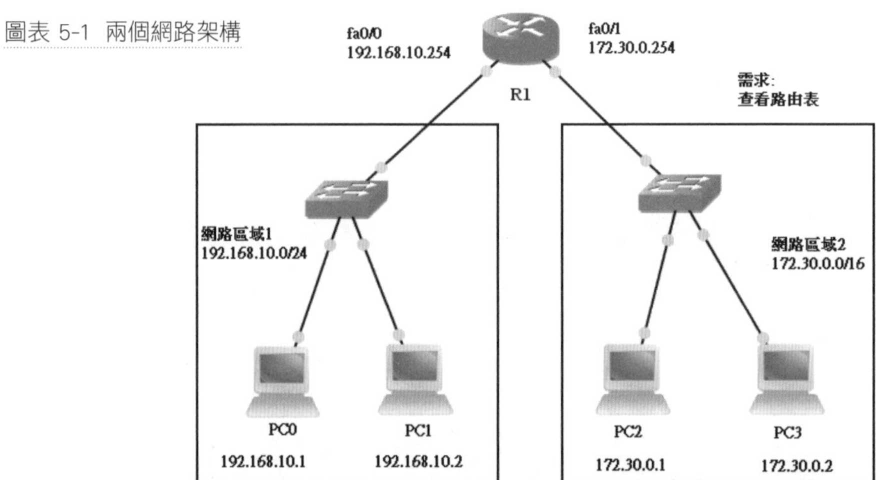

路由器中的**繞送功能(routing)功能**是用來轉送資料到正確的網路區域。在上圖中，路由器 R1 劃分了兩個網路區域，每個網路區域的編號為 192.168.10.0/24 與 172.30.0.0/16，也就是網路位址。每個 PC 都有設定 IP，例如：PC3 的 IP 為 172.30.0.2，我們馬上就可以知道 PC3 位於網路區域 172.30.0.0/16 中，若 PC0 要送資料給 PC3，PC0 與 PC3 是位於不同網路區域，因此 PC0 就將資料送給它的預設閘道 fa0/0，fa0/0 再將資料交給路由器 R1 做繞送的工作。

問題來了，R1 如何知道 PC3 位於那一個網路區域？

路由表的用途

路由表 (Routing Table) 就是用來告訴路由器有哪些網路區域的存在，我們在 R1 中輸入查詢路由表指令 **show ip route**，如下所示：

圖表 5-2　R1 的路由表內容

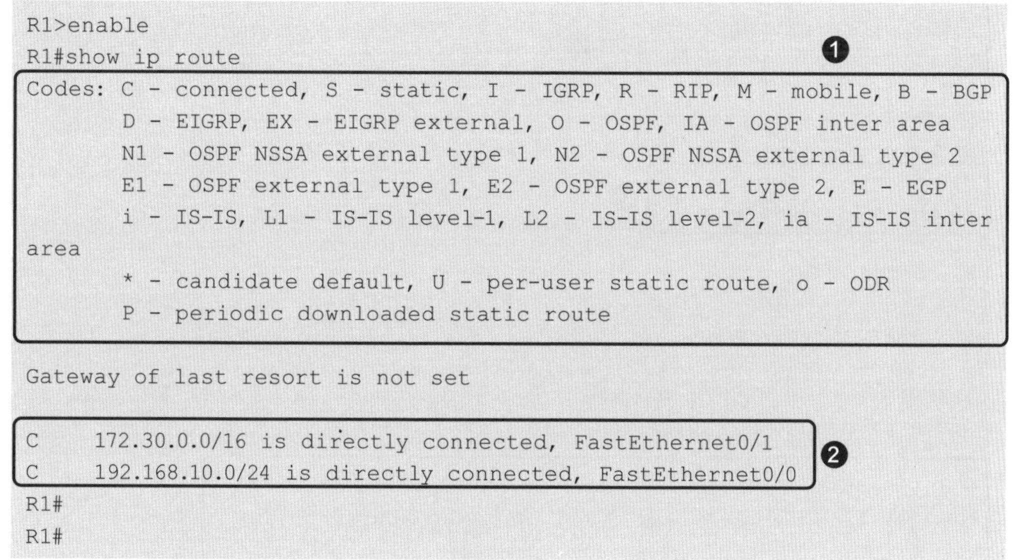

```
R1>enable
R1#show ip route
Codes: C - connected, S - static, I - IGRP, R - RIP, M - mobile, B - BGP
       D - EIGRP, EX - EIGRP external, O - OSPF, IA - OSPF inter area
       N1 - OSPF NSSA external type 1, N2 - OSPF NSSA external type 2
       E1 - OSPF external type 1, E2 - OSPF external type 2, E - EGP
       i - IS-IS, L1 - IS-IS level-1, L2 - IS-IS level-2, ia - IS-IS inter
area
       * - candidate default, U - per-user static route, o - ODR
       P - periodic downloaded static route

Gateway of last resort is not set

C    172.30.0.0/16 is directly connected, FastEthernet0/1
C    192.168.10.0/24 is directly connected, FastEthernet0/0
R1#
R1#
```

❶ 各種路由資訊的**代碼(code)**，這些代碼表示路由資訊記錄到路由表的方式，其中 **C** 表示**直連 (connected)**，意思為此例 172.30.0.0/16 網路是直接在 R1 的 fa0/1 介面下，192.168.10.0/24 網路是直接在 R1 的 fa0/0 介面下，在路由表中的資訊稱為**路由資訊 (Route information)**，目前在 R1 的路由表有兩筆路由資訊，有了此路由資訊，R1 就知道如何繞送資料到 PC3 所在的網路區域。

❷ 可以看到有兩個網路位址 172.30.0.0/16 與 192.168.10.0/24 在 R1 的路由表中，這兩個網路位址就是 R1 的路由資訊。

由此可知，路由器的繞送必須靠著路由表的資訊，但是路由表中的內容如何產生，就是本章的重點。

路由表的事件

在路由表中，路由資訊的寫入與刪除都是一個**事件 (event)**。當有事件發生時，路由器的 IOS 是不會主動在終端機中顯示任何事件訊息，若要看到 IOS 中相關的事件訊息，需要使用 **debug** 的指令，如果現在想要觀看路由表中所發生的事件，則必須使用 **debug ip routing** 指令，如下所示：

圖表 5-3　R1 中路由表的刪除事件

```
R1#debug ip routing
IP routing debugging is on          ❶
R1#
R1#conf t
Enter configuration commands, one per line.  End with CNTL/Z.
R1(config)#int fa0/0
R1(config-if)#shutdown              ❷

R1(config-if)#
%LINK-5-CHANGED: Interface FastEthernet0/0, changed state to
administratively down

%LINEPROTO-5-UPDOWN: Line protocol on Interface FastEthernet0/0, changed
state to down

RT: interface FastEthernet0/0 removed from routing table
RT: del 192.168.10.0 via 0.0.0.0, connected metric [0/0]

RT: delete network route to 192.168.10.0                ❸

RT: NET-RED 192.168.10.0/24
                                                                    ❹
R1(config-if)#do show ip route
Codes: C - connected, S - static, I - IGRP, R - RIP, M - mobile, B - BGP
       D - EIGRP, EX - EIGRP external, O - OSPF, IA - OSPF inter area
       N1 - OSPF NSSA external type 1, N2 - OSPF NSSA external type 2
       E1 - OSPF external type 1, E2 - OSPF external type 2, E - EGP
         i - IS-IS, L1 - IS-IS level-1, L2 - IS-IS level-2, ia - IS-IS
inter area
       * - candidate default, U - per-user static route, o - ODR
       P - periodic downloaded static route

Gateway of last resort is not set

C    172.30.0.0/16 is directly connected, FastEthernet0/1
R1(config-if)#
```

❶ 表示已經啟動路由表的 debug 功能。

❷ 將 fa0/0 介面關閉，如此 192.168.10.0/24 就消失了。

❸ 出現了路由表刪除 192.168.10.0/24 的資訊事件。

❹ 最後再查詢路由表，只剩下一筆資訊。

接著來觀察路由表寫入的事件，如下所示：

圖表 5-4　R1 中路由表的寫入事件

```
R1(config-if)#no shutdown  ❶

R1(config-if)#
%LINK-5-CHANGED: Interface FastEthernet0/0, changed state to up

%LINEPROTO-5-UPDOWN: Line protocol on Interface FastEthernet0/0, changed
state to up

RT: interface FastEthernet0/0 added to routing table
RT: SET_LAST_RDB for 192.168.10.0/24

    NEW rdb: is directly connected                                  ❷


RT: add 192.168.10.0/24 via 0.0.0.0, connected metric [0/0]

RT: NET-RED 192.168.10.0/24
                                                                      ❸
R1(config-if)#do show ip route
Codes: C - connected, S - static, I - IGRP, R - RIP, M - mobile, B - BGP
       D - EIGRP, EX - EIGRP external, O - OSPF, IA - OSPF inter area
       N1 - OSPF NSSA external type 1, N2 - OSPF NSSA external type 2
       E1 - OSPF external type 1, E2 - OSPF external type 2, E - EGP
         i - IS-IS, L1 - IS-IS level-1, L2 - IS-IS level-2, ia - IS-IS
inter area
       * - candidate default, U - per-user static route, o - ODR
       P - periodic downloaded static route

Gateway of last resort is not set

C    172.30.0.0/16 is directly connected, FastEthernet0/1
C    192.168.10.0/24 is directly connected, FastEthernet0/0
R1(config-if)#
```

❶ 再把 fa0/0 啟動，接著 192.168.10.0/24 的網路出現了。

❷ 出現寫入 192.168.10.0/24 資訊到路由表的事件。

❸ 查詢路由表內容，又變回兩筆路由資訊。

請注意：clear ip route * 為清除路由表中的內容。

請注意一筆路由資訊必須包含網路 IP 與方向，而方向可以用出口介面或 Next Hop IP 來表示。例如：上述的兩個網路 IP172.30.0.0/16 與 192.168.10.0/24，方向分別為 fa0/1 與 fa0/0。

5.2 靜態路由設定

本節要介紹路由表內容的產生方式，並以增加靜態路由為示範，我們使用 Static 網路架構來設定靜態路由。

圖表 5-5 Static 網路架構

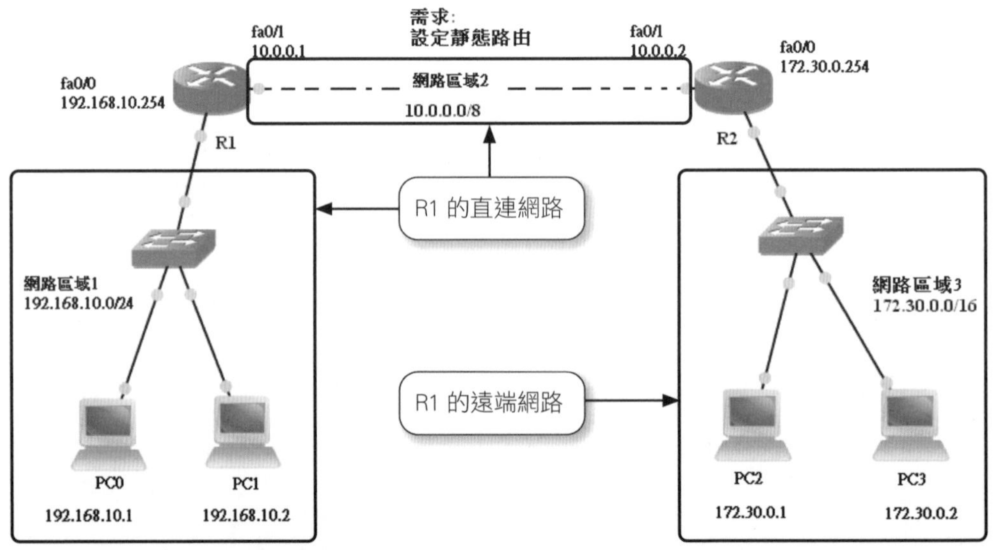

路由表內容的產生

路由表的內容要如何產生？首先定義兩種網路區域：**直連網路區域 (connected network)** 與**遠端網路區域 (remote network)**，顧名思義，所謂直連網路就是該網路是直接連接在路由器上，遠端網路則該網路不是連接在該路由器上，以上圖為例，有三個網路區域，對於 R1 的直連網路有 192.168.10.0/24 (即為網路區域 1) 與 10.0.0.0/8 (即為網路區域 2) 兩個，另一網路 172.30.0.0/16 (即為網路區域 3) 則為遠端網路；相對的，在 R2 中，直連網路有 10.0.0.0/8 與 172.30.0.0/16，遠端網路則為 192.168.10.0/24。

為何要將網路區域分為直連與遠端網路區域？這就是關係到路由表內容的產生方式，當路由器開機時，路由器可以知道的網路區域只有直連的網路而已，遠端的網路區域資訊就無從獲得，因此路由器開機後，路由表只有直連網路資訊，以下為 R1 的路由表內容，只有兩筆路由資訊 10.0.0.0/8 與 192.168.10.0/24，兩個 **C(Connected)** 表示這兩個網路是直連網路，另一網路 172.30.0.0/16 為遠端網路，R1 就無從知道它的存在，就不會存在 R1 的路由表中。

請注意：直連網路是自動寫入到路由表。

如何產生一個直連網路？只要在路由器的網路介面中設定主機 IP 位址並啟動，此主機 IP 位址的網路 IP 位址就會寫入路由表中，形成一個直連網路。

圖表 5-6　R1 的路由表內容中兩個直連網路

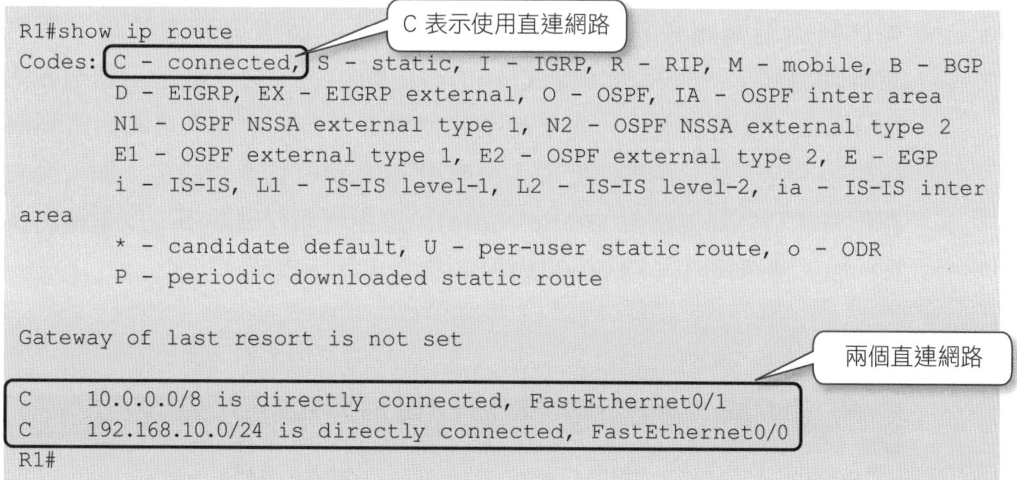


```
R1#show ip route
Codes: C - connected, S - static, I - IGRP, R - RIP, M - mobile, B - BGP
       D - EIGRP, EX - EIGRP external, O - OSPF, IA - OSPF inter area
       N1 - OSPF NSSA external type 1, N2 - OSPF NSSA external type 2
       E1 - OSPF external type 1, E2 - OSPF external type 2, E - EGP
       i - IS-IS, L1 - IS-IS level-1, L2 - IS-IS level-2, ia - IS-IS inter
area
       * - candidate default, U - per-user static route, o - ODR
       P - periodic downloaded static route

Gateway of last resort is not set

C    10.0.0.0/8 is directly connected, FastEthernet0/1
C    192.168.10.0/24 is directly connected, FastEthernet0/0
R1#
```

Router 無法轉送封包的原因

如果這時候，PC0 用 ping 的指令要跟 PC2 做連線測試，結果如下圖所示，其中『**Reply from 192.168.10.254: Destination host unreachable.**』為 R1 通過 **ICMP** 回報訊息，表示目的無法到達，也就是 R1 無法轉送封包給 172.30.0.1，主要原因就是 R1 的路由表沒有關於 172.30.0.0 的路由資訊。要注意，R1 無法將封包轉送出去時，R1 會將此封包丟棄，再利用 ICMP 通報 PC0。讀者有否留意何會有四筆『Reply from 192.168.10.254: Destination host unreachable.』，其原因 ping 指令預設會送出四個 echo request 的封包。

圖表 5-7 PC0 測試遠端網路中的 PC2

```
PC>ping 172.30.0.1

Pinging 172.30.0.1 with 32 bytes of data:

Reply from 192.168.10.254: Destination host unreachable.
Reply from 192.168.10.254: Destination host unreachable.
Reply from 192.168.10.254: Destination host unreachable.
Reply from 192.168.10.254: Destination host unreachable.

Ping statistics for 172.30.0.1:
    Packets: Sent = 4, Received = 0, Lost = 4 (100% loss),
```

加入遠端網路到路由表

如何將遠端網路資訊加入到路由表中，是一個很重要的課題，主要有兩種方式，一是用**人工方式(static)**手動加入，另一則是用**動態方式(dynamic)**自動加入。首先來說明如何用人工方式來加入遠端網路到路由表中，此方式是由網路管理人員使用 **ip route** 指令來設定，加入後的路由資訊稱為**靜態路由 (static route)**，路由資訊代碼為 **S**，以本範例在 R1 加入遠端網路 172.30.0.0/16 的指令，如下表所示，

圖表 5-8 加入靜態路由指令

指令	說明
R1#conf t	進入組態模式
R1(config)#ip route 172.30.0.0 255.255.0.0 fa0/1	加入遠端網路並設定出口介面

網路介面代表方向

其中要注意的是介面 fa0/1，為什麼不是 fa0/0？在此的網路介面表示**方向**的意思，也就是說由 R1 要到網路 172.30.0.0/16 要由那一個方向 (介面) 出去，很明顯的，從 R1 的 fa0/1 介面出去就可以到達到該網路，此介面又稱為**出口介面**。如果有兩個介面都可到達該網路的話，那就由管理者來做判斷用那一個出口介面比較合適，實際設定如下。

圖表 5-9 R1 加入靜態路由

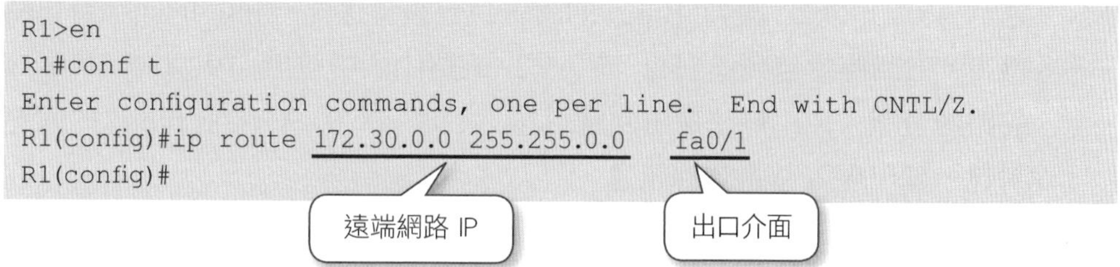

```
R1>en
R1#conf t
Enter configuration commands, one per line.  End with CNTL/Z.
R1(config)#ip route 172.30.0.0 255.255.0.0   fa0/1
R1(config)#
```


靜態路由資訊

現在來看加入靜態路由之後的路由表，以下是 R1 的路由表，可看到多了一筆路由資訊 172.30.0.0/16，前面的 **S** 代表 **Static**，也就是該筆路由資訊為靜態路由資訊。

圖表 5-10 R1 的靜態路由資訊

```
R1#show ip route
Codes: C - connected, S - static, I - IGRP, R - RIP, M - mobile, B - BGP
       D - EIGRP, EX - EIGRP external, O - OSPF, IA - OSPF inter area
       N1 - OSPF NSSA external type 1, N2 - OSPF NSSA external type 2
       E1 - OSPF external type 1, E2 - OSPF external type 2, E - EGP
         i - IS-IS, L1 - IS-IS level-1, L2 - IS-IS level-2, ia - IS-IS
inter area
       * - candidate default, U - per-user static route, o - ODR
       P - periodic downloaded static route

Gateway of last resort is not set

C    10.0.0.0/8 is directly connected, FastEthernet0/1
S    172.30.0.0/16 is directly connected, FastEthernet0/1
C    192.168.10.0/24 is directly connected, FastEthernet0/0
R1#
```

靜態路由資訊

連線測試失敗的原因

此時 PC0 再 ping PC2，結果還是不通，但請注意出現的訊息變不一樣了，如下圖所示，其中『**Request timed out.**』表示等待過時，也就是 PC0 無法收到 172.30.0.1 的**回應封包(echo reply)**，這是為什麼？

R1 已經有 172.30.0.0/16 路由資訊，所以 ping 的**請求封包**應該是有送到 PC2，PC2 收到 ping 的請求封包後會送出 ping 的回應封包給 PC0，但回應封包到達 R2 時，R2 的路由表中並無 192.168.10.0/24 的路由資訊，R2 無法送出回應封包，所以 PC0 等不到 ping 的回應封包，就出現等待過時的訊息。

圖表 5-11 PC0 測試連線失敗

```
PC>ping 172.30.0.1

Pinging 172.30.0.1 with 32 bytes of data:

Request timed out.
Request timed out.
Request timed out.
Request timed out.
```

要如何解決讓 PC0 與 PC2 彼此互通呢？只要在 R2 再加入 192.168.10.0/24 到路由表裡就可以互通了，我們在 R2 的組態模式下輸入 **ip route 192.168.10.0 255.255.255.0 fa0/1**，之後在 PC0 再測試一次，就會出現訊息『**Reply from 172.30.0.1: bytes=32 time=156ms TTL=126**』如下圖所示，表示 PC0 與 PC2 網路連線成功。

圖表 5-12 PC0 測試連線成功

```
PC>ping 172.30.0.1

Pinging 172.30.0.1 with 32 bytes of data:

Request timed out.
Reply from 172.30.0.1: bytes=32 time=1ms TTL=126
Reply from 172.30.0.1: bytes=32 time=0ms TTL=126
Reply from 172.30.0.1: bytes=32 time=0ms TTL=126
```

主機路由 (Host Route)

主機路由為在路由表中 **/32** 的路由資訊，路由表有主機路由的優點是在路由器執行繞送的效能會提升。設定主機路由方式有自動與靜態設定，在 IOS 15.0 版本以後，直連網路中介面上的 IP 位址會被自動寫入到路由表，形成本地主機路由 (Local Host Route)，路由代碼為 **L(Local)**，如下圖所示，路由器中 g0/0 與 g0/1 兩個網路介面分別有設定主機 IP 位址，在路由表中自動就會有兩筆 L 開頭的路由資訊並且是 /32 的路由。這裡是使用 cisco 2911 路由器來測試。

圖表 5-13 查看路由器本地主機路由

```
Router#show ip int brief
Interface              IP-Address      OK? Method Status                Protocol
GigabitEthernet0/0     192.168.10.1    YES manual up                          up
GigabitEthernet0/1     172.30.10.1     YES manual up                          up
Router#show ip route
Codes: L - local,  C - connected, S - static, R - RIP, M - mobile, B - BGP
       D - EIGRP, EX - EIGRP external, O - OSPF, IA - OSPF inter area
省略部分輸出
       172.30.0.0/16 is variably subnetted, 2 subnets, 2 masks
C      172.30.10.0/24 is directly connected, GigabitEthernet0/1
L      172.30.10.1/32 is directly connected, GigabitEthernet0/1
       192.168.10.0/24 is variably subnetted, 2 subnets, 2 masks
C      192.168.10.0/24 is directly connected, GigabitEthernet0/0
L      192.168.10.1/32 is directly connected, GigabitEthernet0/0
```

另外主機路由也可以用靜態方式設定，設定方式跟設定靜態路由一樣，只要將遠端網路 IP 位址改為遠端主機 IP 位址，如下圖所示，靜態設定的主機路由的代碼是 S，只是該路由資訊為 /32 的路由。

圖表 5-14 設定主機路由

```
Router#conf t
Enter configuration commands, one per line.  End with CNTL/Z.
Router(config)#ip route 200.200.200.1 255.255.255.255 g0/0
Router(config)#
Router(config)#do show ip route
**省略部分輸出
     172.30.0.0/16 is variably subnetted, 2 subnets, 2 masks
```

Next

```
C        172.30.10.0/24 is directly connected, GigabitEthernet0/1
L        172.30.10.1/32 is directly connected, GigabitEthernet0/1
     192.168.10.0/24 is variably subnetted, 2 subnets, 2 masks
C        192.168.10.0/24 is directly connected, GigabitEthernet0/0
L        192.168.10.1/32 is directly connected, GigabitEthernet0/0
     200.200.200.0/32 is subnetted, 1 subnets
S        200.200.200.1/32 is directly connected, GigabitEthernet0/0
```

5.3 路由器之間的距離 (Hop)

本節將介紹路由器之間的距離單位，我們使用 next hop ip 網路架構來說明。

圖表 5-15 next hop ip 網路架構

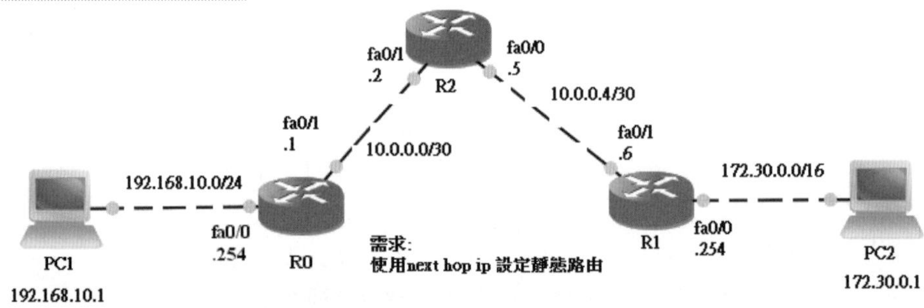

路由器與路由器之間的距離要如何計算？不是用尺來量測，單位也不是公里或公尺，而是使用 **hop** 為路由器與路由器之間距離的單位，1 hop 表示兩個直接相連接的路由器距離，不管實際的距離有多遠，以上圖為例，R0 與 R2 的距離為 1 hop，R0 與 R1 的距離為 2 hops (R0 --> R2 --> R1)。

Next hop IP 指定

再來觀察 R0 是用 fa0/1 連接到 R2 的 fa0/1，因此 R0 的 **next hop ip** 就是 R2 的 fa0/1 上的 IP 位址，對於 R0 的遠端網路 172.30.0.0/16，其出口介面為 fa0/1，而相對應的 next hop ip 為 R2 的 fa0/1 中的 IP 位址 10.0.0.2，因此 next hop ip 也可以代表方向，所以在設定靜態路由，也可以用 next hop ip 來取代出口介面。

例如：在 R0 設定一筆靜態路由到 172.30.0.0/16，使用 next hop ip 指令在 R0 的組態模式下執行 **ip route 172.30.0.0 255.255.0.0 10.0.0.2**，下表為相關設定指令。請注意本例如果使用出口介面的方式設定會有一些問題，在稍後 5.4 節的多重存取網路章節會說明。

請注意：路由器只需要設定目的網路到路由表，中間經過的網路則不需要紀錄到路由表，如此就能夠完成遶送功能，例如: 封包從 PC1 到 PC2，R0 的路由表只需要有 172.30.0.0/16 的路由資訊, 而 10.0.0.4/30 則不用紀錄，R0 就可以將 PC1 的封包繞送出去。

圖表 5-16 R0 使用 next hop IP 的靜態路由指令

指令	說明
R0#conf t	進入組態模式
R0 (config)#ip route 172.30.0.0 255.255.0.0 10.0.0.2	R0 加入遠端網路並設定 next hop IP

接下來查詢 R0 的路由表內容，如下所示：

圖表 5-17 R0 使用 next hop address 的路由表

```
R0#conf t
Enter configuration commands, one per line.  End with CNTL/Z.
R0(config)#ip route 172.30.0.0 255.255.0.0 10.0.0.2 ❶
R0(config)#
R0(config)#do show ip route
Codes: C - connected, S - static, I - IGRP, R - RIP, M - mobile, B - BGP
       D - EIGRP, EX - EIGRP external, O - OSPF, IA - OSPF inter area
       N1 - OSPF NSSA external type 1, N2 - OSPF NSSA external type 2
       E1 - OSPF external type 1, E2 - OSPF external type 2, E - EGP
       i - IS-IS, L1 - IS-IS level-1, L2 - IS-IS level-2, ia - IS-IS inter
area
       * - candidate default, U - per-user static route, o - ODR
       P - periodic downloaded static route

Gateway of last resort is not set

     10.0.0.0/30 is subnetted, 1 subnets
C       10.0.0.0 is directly connected, FastEthernet0/1
S    172.30.0.0/16 [1/0] via 10.0.0.2 ❷
C    192.168.10.0/24 is directly connected, FastEthernet0/0
R0(config)#
```

❶ 執行靜態路由設定。

❷ 使用 next hop ip 的路由表內容，可以看出少了出口介面，多了 **[1/0] via 10.0.0.2**，其中 1 表示 AD 值，0 表示成本，5.11 節會介紹 AD 與成本的用途。

而至於什麼時候要使用出口介面來設定路由，什麼時候要使用 next hop ip 來設定路由？在 5.4 節我們也將提供一個準則來參考。

路由表的遞迴查詢

當使用 next hop ip 時，在查詢路由表會有**遞迴查詢 (Recursive Lookup)**的產生，也就是查詢一筆路由會查兩次，以本例架構圖為例，當 R0 收到一個封包目的位址為 172.30.0.1，此時 R0 會查詢路由表，選擇 172.30.0.0/16 的路由，但此路由使用 next hop ip 10.0.0.2，此時 R0 必須知道 10.0.0.2 要使用那一個出口介面，R0 會再查詢路由表一次，找到直連 10.0.0.0 的路由，使用 fa0/1 當出口，所以總共查詢路由表 2 次，這就是遞迴查詢。為了避免遞迴查詢，在點對點網路盡量使用出口介面，但是面對多重存取網路，問題會變得較複雜，5.4 節會有討論。

路由路徑

路由路徑 (Routing Path) 是封包從來源端到目的端所經過的路由器連接起來所形成的一條路徑，以本範例來說明，當 R0 的路由表加入 172.30.0.0/16 的遠端網路後，R0 就有能力繞送封包前往 172.30.0.0/16 的網路。例如可以在 PC1 ping PC2，當 R0 收到 ICMP 封包時，會依照路由表的 172.30.0.0/16 路由資訊繞送到 R2，但是在 R2 就無法繞送該 ICMP 封包，這是因為 R2 目前沒有 172.30.0.0/16 的路由資訊，所以 R2 的路由表也必須要加入 172.30.0.0/16 遠端網路。

如下表所示將 172.30.0.0/16 網路設定到 R2 的路由表後，我們再執行一次 PC1 ping PC2，這時候就可以看到 ICMP 封包由 R0-->R2-->R1，如此就形成一條路由路徑。由此可見一條路由路徑的形成是由好幾個相關的路由器的繞送所形成的，如果有一個路由器不知道如何繞送，那這條路徑就出現不通的情況。

圖表 5-18 R2 使用 next hop IP 的靜態路由指令

指令	說明
R2#conf t	進入組態模式
R2 (config)#ip route 172.30.0.0 255.255.0.0 10.0.0.6	R2 加入遠端網路並設定 next hop IP

路由迴圈

路由迴圈 (Routing loop) 的產生是封包從一台路由器繞送出去後，還沒到目的端，又回到同一台路由器，如此封包就在這個迴圈一直繞送，永遠到不了目的端，但封包中有 TTL 來控制存活時間，所以封包如果進入了路由迴圈，當封包的 TTL=0 時，路由器還是會丟棄該封包。

我們接著來示範產生一個路由迴圈，若 R2 有設定先前的靜態路由，則在 R2 執行 no ip route 172.30.0.0 255.255.0.0 10.0.0.6 來取消 R2 中的靜態路由，之後在 R0 與 R2 各別執行下表的指令，這兩個指令的意思為在 R0 要繞送 172.30.0.0 則會往 R2 的方向，而在 R2 要繞送 172.30.0.0 則會往 R0 的方向，如此就形成路由迴圈。

圖表 5-19 R0 與 R2 的靜態路由指令

指令	說明
R0 (config)#ip route 172.30.0.0 255.255.0.0 10.0.0.2	R0 加入遠端網路並設定 next hop IP
R2 (config)#ip route 172.30.0.0 255.255.0.0 10.0.0.1	R2 加入遠端網路並設定 next hop IP

5.4 多重存取網路

甚麼是**多重存取 (multiple access network)** 網路？此類型網路可以接多個終端設備或網路設備，乙太網路就是一個典型的多重取存網路，有些協定在多重取存網路會有特別例外的處理方式，例如：OSPF (5.7 節)、FR，本章節示範靜態路由在此類型網路的設定方式的一些注意事項，我們使用 底下的 MA 網路架構來做實驗。

圖表 5-20 MA 網路架構

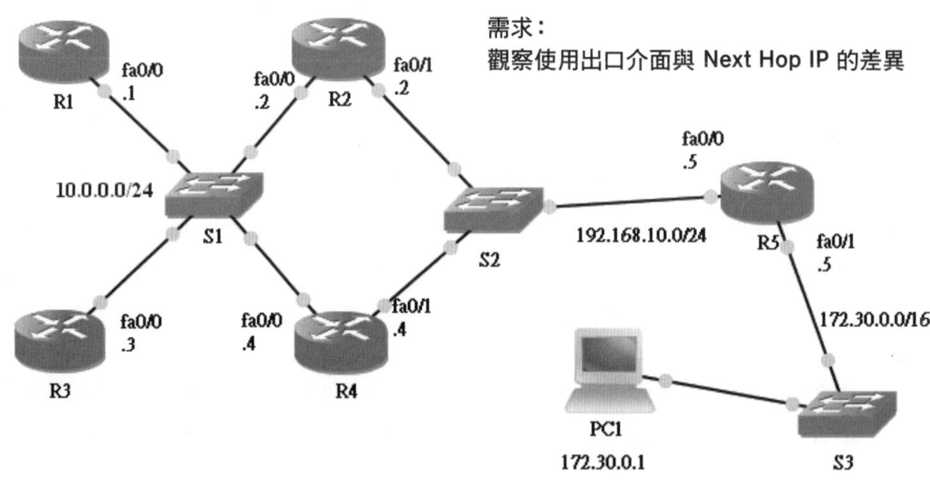

使用出口介面當靜態路由的方向

增加一筆靜態路由可以使用出口介面及 next hop ip 兩種方式，什麼情況要使用哪一種方式會比較合適？這裡有個準則，當路由器之間的網路連線是**點對點(point-to-point、p2p)**，此時使用出口介面來設定路由，若路由器之間的網路連線是多重存取網路，則使用 next hop ip 來設定路由。

如上圖所示為多重存取網路環境，如果 R1 要設一筆靜態路由到 R4 的 192.168.10.0 網路，這時候我們用 R1 的 fa0/0 當出口介面作為靜態路由設定，當 R1 有封包要到 192.168.10.0 時，會從 R1 的 fa0/0 送去後就不知道要往那一個路由器。我們來做個有趣的實驗，在 R1 加入一筆靜態路由 192.168.10.0/24 並使用出口介面，如下表所示，請在 R1 執行。

圖表 5-21 R1 的 192.168.10.0 出口介面的靜態路由指令

指令	說明
R1 (config)# ip route 192.168.10.0 255.255.255.0 fa0/0	R1 使用出口介面加入遠端網路

R1 ping 192.168.10.5

接著我們在 R1 執行 **ping 192.168.10.5** (R5 的 fa0/0 介面 IP)，這時候 R1 會選擇 R2 還是 R4 將 ping 封包送到 192.168.10.5？答案是不一定，R1 先會執行 ARP 來詢問 192.168.10.5 的 MAC，結果 R2 與 R4 都會回應該 ARP 的詢問，此時就看哪一台路由器先回應成功，R1 就會選擇該路由器。

為何 R2 與 R4 會回應 R1 的 ARP 詢問？這是因為 R2 與 R4 都有 192.168.10.0/24 路由資訊，才會回應該 ARP 的詢問，若沒有的話就不會回應，下面 R1 ping 172.30.0.1 就是說明這種狀況。所以在本範例若要指定由那一台路由器來繞送，此時就改用 next hop ip 來設定 R1 到 192.168.10.0 的網路，我們選擇 next hop ip 為 R4 的 fa0/0 上的 10.0.0.4，如此當 R1 有封包要到 192.168.10.5 時，就很明確往 R4 送，請先將原先的出口介面的靜態路由取消，設定指令如下表所示。

圖表 5-22 R1 的 192.168.10.0 next hop ip 的靜態路由指令

指令	說明
R1 (config)# no ip route 192.168.10.0 255.255.255.0 fa0/0	取消 R1 使用出口介面加入遠端網路
R1 (config)# ip route 192.168.10.0 255.255.255.0 10.0.0.4	R1 使用 next hop ip 加入遠端網路

在多重存取網路下，如果要控制路由路徑，最好的選擇是使用 next hop ip。

R1 ping 172.30.0.1

當 R1 執行 **ping 172.30.0.1** (PC1)，就不能使用出口介面來設定，當在 R1 執行 **ip route 172.30.0.0 255.255.0.0 fa0/0** 後，觀察 R1 的 ARP 與 Ping 的封包，當 R1 執行 ping 172.30.0.1，此時 R1 會先執行 ARP 封包詢問 172.30.0.1，這時候 R2 與 R4 都沒有回應該 ARP 的詢問，這是因為 R2 與 R4 都不知道 172.30.0.0/16，R1 的 ping 就失敗，這時候就一定要使用 next hop ip 的設定，R1 才有辦法送出 ping 172.30.0.1 的封包。我們在 R1 執行下表指令後，再觀察 R1 的 ARP 與 Ping 的封包，這時候 ping 封包會送往 R4，但 R4 沒有 172.30.0.0 的路由資訊，所以就無法繼續繞送。可以在 R4 加入 172.30.0.0 的靜態路由，再重複測試一次。

圖表 5-23 R1 的 172.30.0.0 next hop ip 的靜態路由指令

指令	說明
R1 (config)# no ip route 172.30.0.0 255.255.0.0 fa0/0	取消 R1 使用出口介面加入遠端網路
R1 (config)# ip route 172.30.0.0 255.255.0.0 10.0.0.4	R1 使用 next hop ip 加入遠端網路

next hop ip 與出口介面混搭

使用 next hop ip 的好處就是很明確往那一個鄰居路由器，但是會查詢兩次路由表，也就是會發生路由表的遞迴查詢，因此使用 next hop ip 可以搭配出口介面一起設定，這樣就可以避免路由表的遞迴查詢，因此上表的靜態路由指令可以改寫為 **ip route 172.30.0.0 255.255.0.0 fa0/0 10.0.0.4**。

5.5 預設路由

本節將介紹預設路由的特性，預設路由為最後一個參考的繞送資訊，我們使用下列 default-route 網路架構實際操作。

圖表 5-24 default-route 網路架構

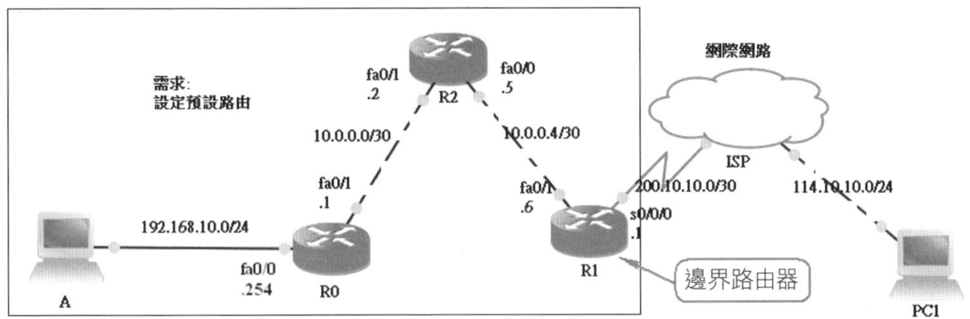

路由器轉送流程

路由表的功能就是提供路由器做繞送的決定，當路由器要轉送一個資料封包時，若在路由表找不到該封包的目的網路的相關路由資訊時，路由器就無轉送該封包，而該封包將會被丟棄，此時路由器透過 ICMP 協定送出 **Destination host unreachable** 訊息給來源端。

所以為了要將任何資料送到任何的網路，路由表就必須要有全世界的遠端網路資訊，可是全世界的所有網路有好幾千萬個，如此每個路由器中路由表的路由資訊也要有好幾千萬筆，這是一個很大數目，一般的路由器中根本沒有這麼大的記憶體來存放這些路由資料，因此一般路由器的路由表只會存放公司內部的遠端網路資訊，其他公司外的網路就交給 ISP 來轉送。

請注意：ISP 路由器經過路由**壓縮 (summary)** 之後，路由表中大概有四十萬筆路由資訊用來繞送到全世界各個國家的 ISP 網路。

請注意：為了改善路由器的轉送效率，Cisco 提出 CEF(Cisco Express Forwarding) 技術，將路由表與 ARP Table 資料結構優化並用特殊硬體來處理，在第 22 章會討論 CEF 架構。

邊界路由器

default-route 網路架構為一般公司網路架構，公司內部網路可以連上網際網路 (Internet) 都是透過 ISP 業者，而公司內網中跟 ISP 連接的路由器稱為**邊界路由器**，R1 即為邊界路由器，作為公司內網與 ISP 之間的橋樑，當公司內網有封包要到公司以外的網路時，R1 就將封包送往 ISP 來轉送，ISP 路由器的路由表就會包含 Internet 上的所有網路資訊，因此公司內部的路由器就不需要知道網際網路那一邊的網路資訊，只要知道公司內部網路資訊就夠了。但是如果 PCA 有一個資料要送到網際網路上的 PC1，此時 R0 無法判斷要如何轉送？由於 R0 的路由表沒有 PC1 所在 114.10.10.0 的網路資訊，封包一樣會被 R0 丟棄，所以 R0 就要使用預設路由功能，將封包送往邊界路由器。

預設路由

預設路由(default route)的設計目的就是用來當作路由表的最後一個繞送的路由資訊，也就是說當一個封包在路由表中找不到該封包的目的網路資訊時，路由器就會去參考預設路由的資訊，如果沒有設定預設路由，該封包才會被丟棄。

例如：本節的網路架構中 R0 要將資料送到 PC1，但路由表中又沒有 114.10.10.0 的路由資訊，R0 必須設定一筆預設路由，如下表所示，此指令跟靜態路由設定方式一樣，只是遠端網路為 **0.0.0.0/0**，這網路表示**任何網路(any network)**的意思，如果用數學中集合的概念來說明，0.0.0.0 是包含所有的網路，也就是其它網路都是它的子集合。下表為設定預設路由指令，本範例使用 next hop ip 做示範，當然也可以使用出口介面。

圖表 5-25 R0 中設定預設路由指令

指令	說明
R0#conf t	進入組態模式
R0 (config)# ip route 0.0.0.0 0.0.0.0 10.0.0.2	R0 設定一筆靜態預設路由

查詢預設路由

設定預設路由的方式有很多種，靜態路由設定只是其中一種方法，後面章節會示範使用動態路由協定來傳送預設路由，如下所示：

圖表 5-26 R0 中設定預設路由

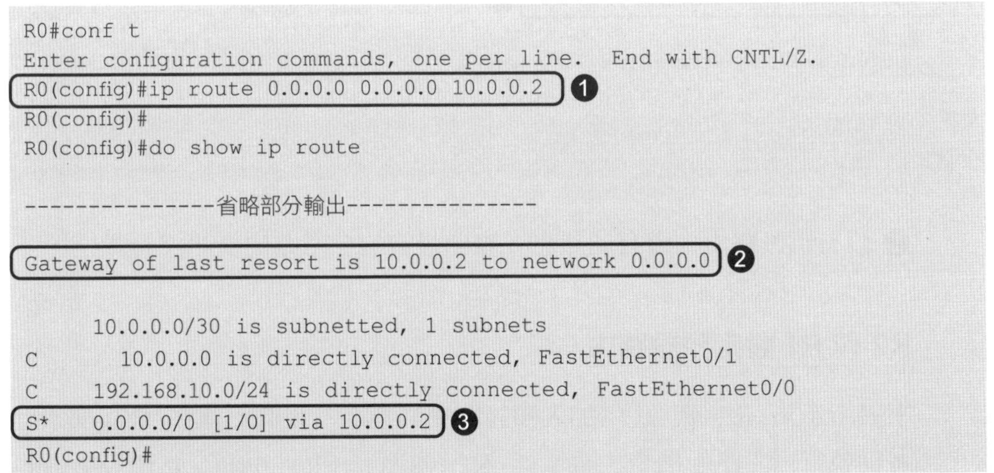

```
R0#conf t
Enter configuration commands, one per line.  End with CNTL/Z.
R0(config)#ip route 0.0.0.0 0.0.0.0 10.0.0.2   ❶
R0(config)#
R0(config)#do show ip route

---------------省略部分輸出---------------

Gateway of last resort is 10.0.0.2 to network 0.0.0.0   ❷

     10.0.0.0/30 is subnetted, 1 subnets
C       10.0.0.0 is directly connected, FastEthernet0/1
C    192.168.10.0/24 is directly connected, FastEthernet0/0
S*   0.0.0.0/0 [1/0] via 10.0.0.2   ❸
R0(config)#
```

❶ 執行預設路由的設定。

❷ 此訊息代表說有設定預設路由，其中 **last resort** 的意思是最後參考的路由資訊為往 10.0.0.2 的方向。

❸ R0 設定預設路由後的路由表內容，標示的那一筆路由即為預設路由，其中 **S*** 要分開來解讀，**S** 表示靜態路由，而『*』表示預設路由，也就是說此筆預設路由是用靜態路由方式設定。

所有路由器都需要預設路由

接下來探討預設路由的方向，一般預設路由的方向會往 ISP，因此在 R0 設定預設路由為往 ISP 的方向，所以 R0 要送給 PC1 的資料就往 fa0/1 介面送出，接下來換 R2 要負責轉送該資料封包給 PC1，但 R2 的路由表如下圖，也沒有該 114.10.10.0 路由資訊，所以在 R2 也一樣要設定預設路由，否則封包到 R2 之後就會被丟棄。

圖表 5-27 R2 的路由表內容

```
R2>en
R2#show ip route

---------------省略部分輸出---------------

Gateway of last resort is not set ❶

     10.0.0.0/30 is subnetted, 2 subnets
C       10.0.0.0 is directly connected, FastEthernet0/1
C       10.0.0.4 is directly connected, FastEthernet0/0
R2#
```

❶ 沒有預設路由則會有此訊息，表示最後的參考路由資訊沒有設定。

R2 與 R1 設定預設路由

下表所示為 R2 與 R1 加入預設路由的指令，我們一樣在 R2 與 R1 各別執行預設路由指令，請注意 R1 使用 serial 0/0/0 當預設路由的出口介面，此介面就是跟 ISP 路由器相接，最後要給 PC1 的資料封包就會交由 ISP 路由器來負責轉送。

圖表 5-28 R2 與 R1 設定預設路由指令

指令	說明
R2 (config)# ip route 0.0.0.0 0.0.0.0 10.0.0.6	R2 設定一筆靜態預設路由
R1 (config)# ip route 0.0.0.0 0.0.0.0 s0/0/0	R1 設定一筆靜態預設路由

測試預設路由

三個路由器都設定預設路由後，PCA 就可以送資料到 PC1，我們可以在 PCA 執行 **ping 114.10.10.1** (PC1 的 IP)，PCA 的 ping echo request 封包有送到 PC1，但是 PC1 的 ping echo reply 封包卻無法回送給 PCA，這是因為 R1 與 R2 的路由表沒有 192.168.10.0/24 的路由資訊。若要完整回應，就要在 R1 與 R2 加入 192.168.10.0/24 遠端網路。

5.6 虛擬介面 (loopback)

本節要介紹在路由器中**虛擬介面 (loopback)** 的建立與刪除，我們使用下列 Loopback 網路架構來說明 loopback 介面的作用。

圖表 5-29 Loopback 網路架構

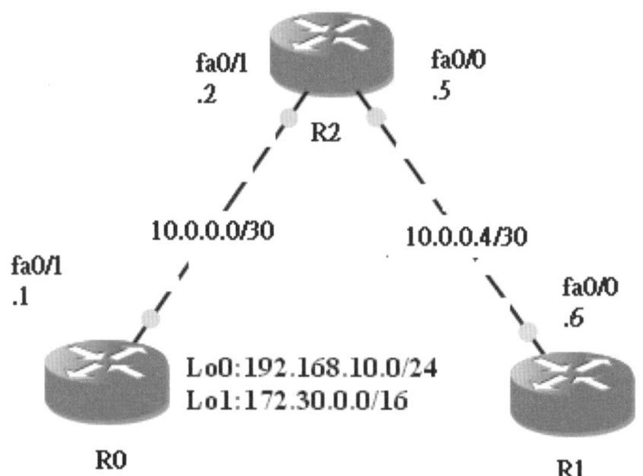

需求：在 R0 設定測試介面 Lo3:172.160.0.1

Loopback 介面稱為**虛擬介面**或**測試介面**，表示這介面是虛擬出來的，用來做測試用或其他用途，其功能跟實體介面一樣，只是沒有實際的網路 Port 來接網路線，以上圖所示，R0 目前有一個實體的 port fa0/1，其設定的網路為 10.0.0.0/30，另外 R0 也有設定兩個測試介面。

現在來觀察 R0 的 Loopback 介面，在 R0 執行 **show ip int brief** 如下所示：

圖表 5-30 具有 Loopback 路由表

```
R0#show ip int brief
Interface              IP-Address      OK?  Method   Status                Protocol

FastEthernet0/0        unassigned      YES  unset    administratively down down

FastEthernet0/1        10.0.0.1        YES  manual   up                    up

Loopback0              192.168.10.1    YES  manual   up                    up

Loopback1              172.30.0.1      YES  manual   up                    up

Vlan1                  unassigned      YES  unset    administratively down down
R0#
R0#show ip route

---------------省略部分輸出---------------


     10.0.0.0/30 is subnetted, 1 subnets
C       10.0.0.0 is directly connected, FastEthernet0/1
C     172.30.0.0/16 is directly connected, Loopback1
C     192.168.10.0/24 is directly connected, Loopback0
R0#
```

❶ 兩個虛擬介面，並有設定 IP 位址，所以也有產生兩個虛擬網路。

❷ 有兩筆網路資訊就是用 loopback 介面所建立出來的，不用實際的網路連線就可以建立出來的虛擬網路，功能跟實際的網路一樣。

新增 loopback

接下來說明要如何建立 loopback 介面，在組態模式下執行 **int loopback x**，其中 loopback 是關鍵字，x 表示整數編號，如下所示：

圖表 5-31 建立 loopback 介面

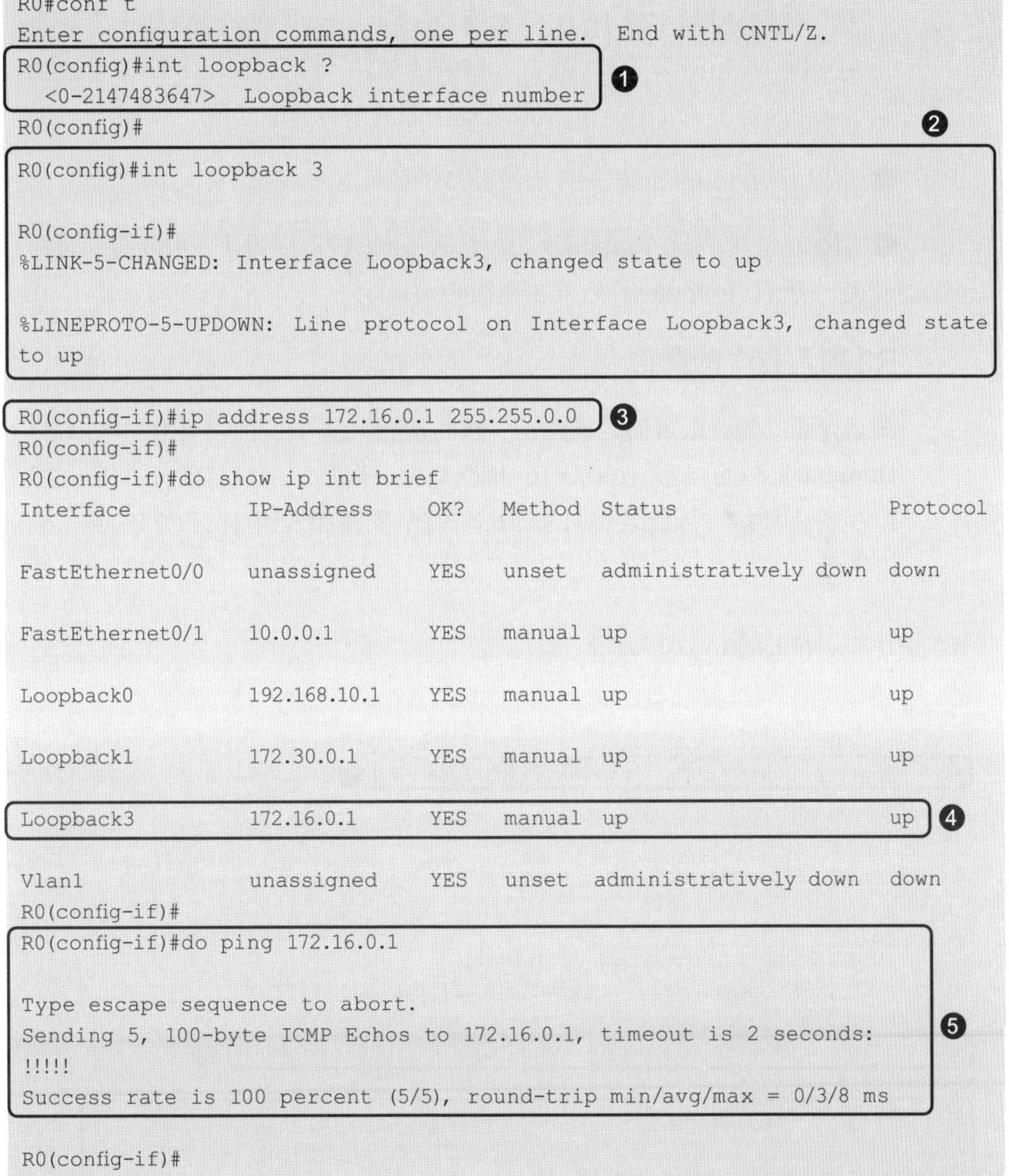

```
R0#conf t
Enter configuration commands, one per line.  End with CNTL/Z.
R0(config)#int loopback ?
  <0-2147483647>  Loopback interface number
R0(config)#
R0(config)#int loopback 3

R0(config-if)#
%LINK-5-CHANGED: Interface Loopback3, changed state to up

%LINEPROTO-5-UPDOWN: Line protocol on Interface Loopback3, changed state
to up

R0(config-if)#ip address 172.16.0.1 255.255.0.0
R0(config-if)#
R0(config-if)#do show ip int brief
Interface         IP-Address     OK?  Method  Status                Protocol

FastEthernet0/0   unassigned     YES  unset   administratively down down

FastEthernet0/1   10.0.0.1       YES  manual  up                    up

Loopback0         192.168.10.1   YES  manual  up                    up

Loopback1         172.30.0.1     YES  manual  up                    up

Loopback3         172.16.0.1     YES  manual  up                    up

Vlan1             unassigned     YES  unset   administratively down down
R0(config-if)#
R0(config-if)#do ping 172.16.0.1

Type escape sequence to abort.
Sending 5, 100-byte ICMP Echos to 172.16.0.1, timeout is 2 seconds:
!!!!!
Success rate is 100 percent (5/5), round-trip min/avg/max = 0/3/8 ms

R0(config-if)#
```

❶ 顯示 x 編號的範圍 **<0-2147483647>**，這數目夠大了吧!!

❷ 在 R0 執行 **int loopback 3** 後，R0 就會建立一個介面 loopback 3 而且會自動啟動，不需要再打 **no shutdown** 來啟動，而且虛擬介面不會壞掉。

❸ 在 loopback 3 中設定 IP Address，這就跟實體介面的指令都一樣，我們使用 172.16.0.1 當作 loopback 3 的介面 IP，當設定好 IP Address 之後就有一個新的網路 172.16.0.0/16。當建立 loopback 3 介面後，再來看看路由器的所有介面狀況。

❹ 可以看到 loopback 3 介面及其 IP 位址。

❺ 用 ping 來測試 loopback 3，輸入 **ping 172.16.0.1**，可以看到有回應，所以 loopback 是有在運作的。

R2 加入 Lo3 的網路

測試介面的網路跟實體的網路是一樣的功能，就 R2 而言 R0 中的 **Lo3 (loopback 3)**的 172.16.0.0/16 網路是遠端網路，所以目前 R2 無法跟 Lo3 介面連線，因此要將 172.16.0.0/16 網路加入到 R2 的路由表，如下所示：

圖表 5-32 R2 中路由表加入 Lo3 的網路

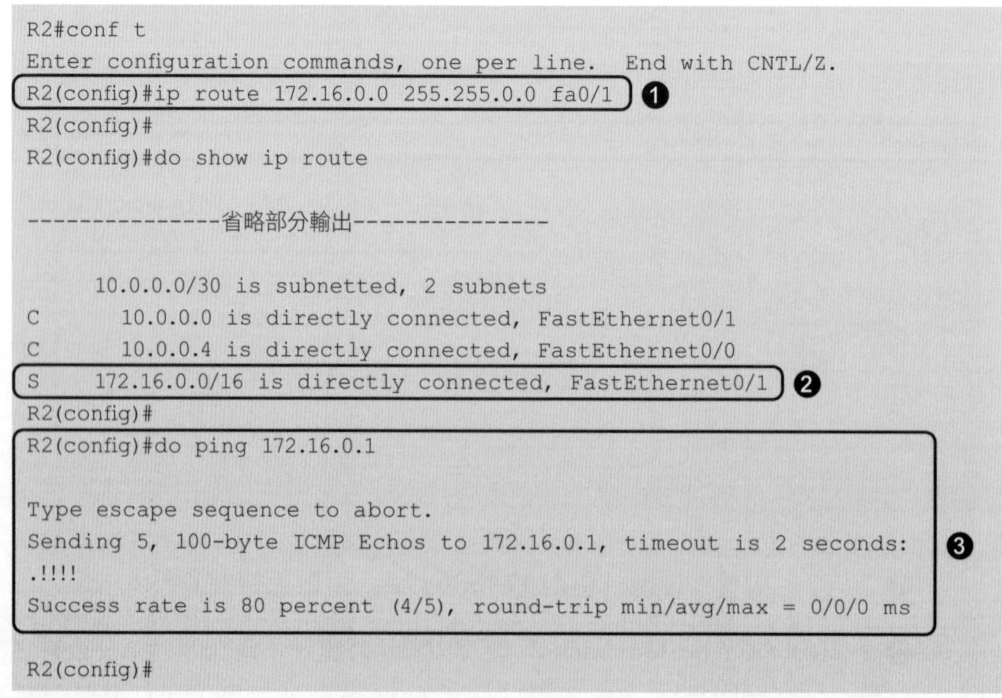

```
R2#conf t
Enter configuration commands, one per line.  End with CNTL/Z.
R2(config)#ip route 172.16.0.0 255.255.0.0 fa0/1  ❶
R2(config)#
R2(config)#do show ip route

---------------省略部分輸出---------------

     10.0.0.0/30 is subnetted, 2 subnets
C       10.0.0.0 is directly connected, FastEthernet0/1
C       10.0.0.4 is directly connected, FastEthernet0/0
S    172.16.0.0/16 is directly connected, FastEthernet0/1  ❷
R2(config)#
R2(config)#do ping 172.16.0.1

Type escape sequence to abort.
Sending 5, 100-byte ICMP Echos to 172.16.0.1, timeout is 2 seconds:  ❸
.!!!!
Success rate is 80 percent (4/5), round-trip min/avg/max = 0/0/0 ms

R2(config)#
```

❶ R2 加入 172.16.0.0 的網路。

❷ 查詢 R2 的路由表。

❸ 由 R2 測試與 Lo3 的連線狀況，目前顯示已經成功。

刪除 Loopback 介面

接下來介紹如何刪除一個測試介面，以刪除 R0 中 loopback 3 為例，在 R0 的組態模式下執行 **no int loopback 3** 即可刪除，如下所示：

圖表 5-33 刪除 R0 的測試介面

```
R0(config)#
R0(config)#no int loopback 3                                    ❶
R0(config)#
%LINK-5-CHANGED: Interface Loopback3, changed state to administratively
down

%LINEPROTO-5-UPDOWN: Line protocol on Interface Loopback3, changed state to
down
                                                                 ❷
R0(config)#do show ip int brief
Interface          IP-Address     OK? Method  Status                  Protocol

FastEthernet0/0    unassigned     YES  unset   administratively   down  down

FastEthernet0/1    10.0.0.1       YES  manual  up                       up

Loopback0          192.168.10.1   YES  manual  up                       up

Loopback1          172.30.0.1 YES manual   up                          up

Vlan1              unassigned     YES  unset   administratively   down  down
R0(config)#
```

❶ 刪除 loopback 3 介面。

❷ 查詢路由器所有介面後，已經沒有 loopback 3 的測試介面。請注意要取消 IOS 設定，只要將原來的設定指令前面加上 **no**。

5.7 動態路由協定介紹

本節開始要介紹動態路由協定，我們將介紹 RIP、EIGRP 與 OSPF 三種路由協定，本節先介紹路由協定的原理，下節將先示範 RIP 的設定，使用下列 RIP 網路架構來做實驗，此網路架構也會用來練習 EIGRP 與 OSPF，以方便各種路由協定練習，請讀者先熟悉本網路架構。

圖表 5-34 RIP 網路架構

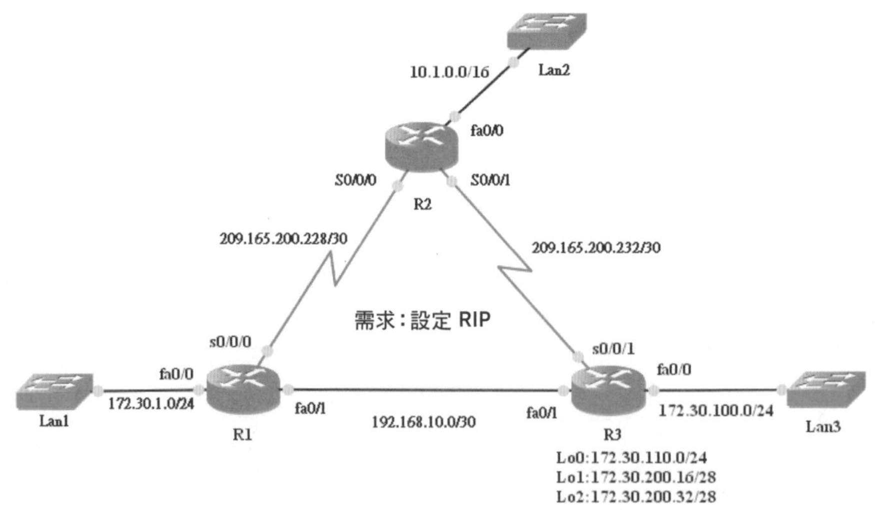

動態路由目的與發展

路由器的路由表無法自動記錄遠端網路資訊，到目前為止我們學會使用靜態路由的指令，由管理者一筆一筆將遠端網路資訊加入到路由表中，如果遠端網路有很多的時候，使用靜態路由的方式就變得很沒效率，維護也變得麻煩。以上圖的網路為例，對於 R1 而言，遠端網路有 6 個，其中包含三個 loopback 及三個實體網路，使用靜態路由方式就要設定六次，R2 與 R3 也是一樣要做同樣的設定，所以只用靜態路由方式來加入遠端網路，會使網路管理工作變成複雜。

動態路由協定 (Routing Protocol) 的發展就是為了提供自動將遠端網路資訊加入到路由表中，有了動態路由協定，網路管理者只要負責啟動路由協定及設定相關參數，就可以透過路由協定去學習遠端網路資訊，再寫入路由表中。

目前的路由協定都已經是很成熟的技術，所以沒有更新的版本推出，下圖所示為路由協定的發展過程，最新的版本在 1999 年後就沒有再更新，因此路由協定是很穩定的協定，讀者學會後就可以用很久，不用苦於新版的路由協定出現而要重新學習。

圖表 5-35 常見路由協定的發展時間

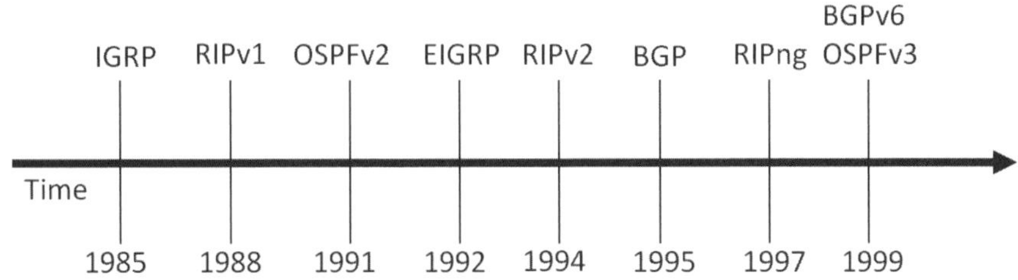

動態路由種類

動態路由協定只有幾種而已，常見的有 RIP、OSPF、EIGRP 等等，每一種路由協定都是用程式開發出來的，因此會有其不同的使用方法或**演算法 (Algorithm)**。下圖所示為動態路由協定的分類，首先以路由協定適用的範圍分為 **IGP(Interior Gateway Protocol)** 與 **EGP(Exterior Gateway Protocol)**，屬於 IGP 的路由協定一般是用在公司或組織內部，而在 EGP 則是用於各個 ISP 之間的網路，所以主要是 ISP 業者在使用。

請注意 EGP 的路由協定只有 BGP 一種，其設定相較於 EIGRP 或 IOSPF 複雜，BGP 主要是 ISP 業者在使用，讀者若有意在 ISP 公司服務，一定要熟悉 BGP 運作。

圖表 5-36
動態路由協定分類

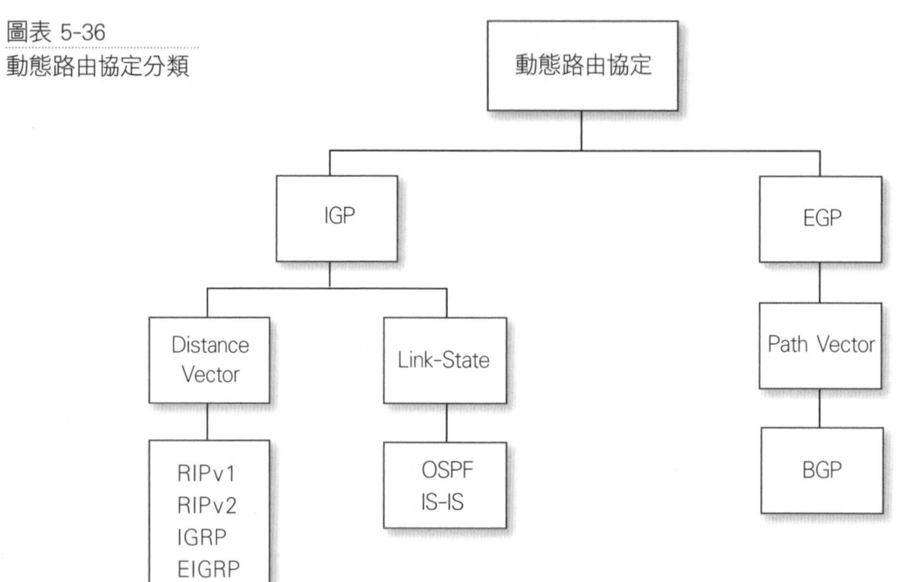

IGP 範圍的路由協定

在 IGP 中有兩種方法所開發的路由協定，**距離向量 (Distance Vector)** 與**連接狀態 (Link-State)**兩種，如下表所示，常見的 IGP 路由協定有 RIP、Cisco EIGRP 及 OSPF，每個又有三種版本支援 **Classful**、**Classless** 及 **IPv6**，這些後續的章節都會討論。

圖表 5-37 IGP 動態路由協定的版本

Interior Gateway Protocols (內部路由協定)			
	Distance Vector		Link State
Classful	RIP	IGRP	
Classless	RIPv2	EIGRP	OSPFv2
IPv6	RIPng	EIGHP for IPv6	OSPFv3

距離向量

使用距離向量方法所開發出來的路由協定，以 RIP 為典型代表，此方式學習遠端網路的特性是靠著鄰居路由器來通報，通報的資訊含有遠端網路的**距離(distance)**及**方向(vector)**。以本單元的 RIP 網路架構為例，R1 可以由 R3 或 R2 通報知道在 R3 有網路 172.30.100.0/24；如果是 R3 通知 R1 有關 172.30.100.0/24，R1 就會知道有一個 172.30.100.0 的網路在 fa0/1 的方向，距離有 1 hop。

相對的，R2 怎麼會知道有 172.30.100.0 的網路存在，要由 R3 通知給 R2 知道，R2 可以再通報給 R1 知道，在 R1 中此筆由 R2 通報的 172.30.100.0 的網路方向是 S0/0/0，距離 172.30.100.0 網路 (R1-->R2-->R3)有 2 hop，因此 R1 知道 172.30.100.0 的資訊就有兩筆，其他的遠端網路資訊就是用這種鄰居傳遞方式知道。

連接狀態

使用連接狀態方法所開發出來的路由協定，以 OSPF 為典型代表，此方法是每個路由器都會去收集整個網路中其它路由器的**連接狀況 (link-state)**，由此資訊讓每個路由器可以計算出整個**網路連接架構 (Topology)**，也是就是知道所有的遠端網路，之後每一台路由器再使用最短路徑演算法自己決定遠端網路的前往方向。

以本節 RIP 網路的架構為例，R1 會收集 R2 及 R3 的連接狀態，此連接狀態包含**網路介面種類**、**IP 位址**、**成本**與**鄰居**這幾個資訊，R1 知道 R2 及 R3 的連接狀態後就等於知道整個網路架構，因此 R1 就可以自己決定每個遠端網路的送出方向，R2 及 R3 也是一樣的做法。

兩種方法的比較

距離向量與連接狀態的最大不同在於遠端網路的學習方式，距離向量是靠鄰居通報的方式來學習到遠端網路，而連接狀態是靠自己先收集網路架構，當自己有了網路架構就好像有一張網路圖，再從自己的網路圖去計算遠端網路的資訊，以下是這兩個路由協定的演算法的比較。

- 距離向量路由協定就像使用**路標**指示目的端一樣，僅是提供關於距離和方向的資訊。
- 連接狀態路由協定則如同使用**地圖**一樣，有了地圖，你就可以看到所有可能的路徑並確定自己的最佳路徑。

動態路由運作原理 (距離向量)

路由協定就是一支程式，該程式在路由器執行會將自己的直連網路送出，如下圖所示，R1 的路由協定會將 192.168.10.0/24 放在更新封包送出給 R2，R2 的路由協定收到該更新封包後，R2 就可以知道有個 192.168.10.0/24 的遠端網路在 s0/0/0 的方向，並記錄到路由表作為繞送的根據。R2 的路由協定也會做一樣的事，將 192.168.30.0/24 放在更新封包送給 R1，所有路由器就可以學習到所有的遠端網路的資訊了。

請注意路由器的遠端網路的方向為從那個介面學習進來的反方向。例如：如下圖所示，R2 從 s0/0/0 學習到 192.168.10.0/24 網路，表示 R2 的路由表紀錄往 192.168.10.0/24 網路的方向是 s0/0/0。

圖表 5-38 動態路由協定的原理

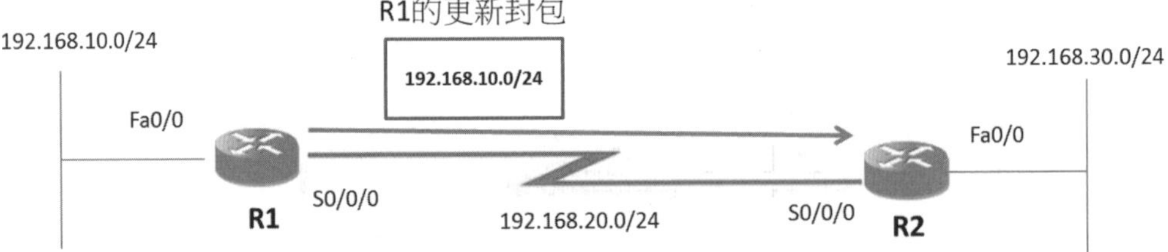

5.8 RIP 啟動

本節將以 RIP 來示範路由協定設定的觀念，我們使用上一節的 RIP 網路架構來做實驗。下表為啟動 RIP 的相關指令。

圖表 5-39 常用 RIP 相關指令

指令	說明
Router(config)#router rip	啟動 RIP 路由協定
Router(config-router)#network 172.30.0.0	宣告傳出的 172.30.0.0 網路位址
Router(config-router)#no auto-summary	關閉自動路由壓縮
Router(config-router)#passive-interface fa0/0	設定 fa0/0 為被動介面
Router(config-router)#version 2	更換為 RIP v2
Router(config-router)#distance 85	將 RIP 的 AD 改為 85
Router#debug ip rip events	查看 RIP 底層運作情況
Router#show ip protocol	查看路由協定執行相關資訊

現在來啟動第一個路由協定 **RIP (Routing Information Protocol)**，我們必須在組態模式下啟動 RIP，其指令為 **router rip**，此指令就好像把 RIP 的程式執行起來，當路由器啟動 RIP 後，這時候還不能學習到遠端的網路，必須還要宣告網路。目前在 IPv4 的 RIP 有兩個版本，version1 與 version2，第一次啟動 RIP 時預設為 version 1，若要改為 version 2 則在 RIP 的組態模式下使用 **version 2** 指令，至於 version 1 與 version 2 的功能差異為何？這就關係到路由更新行為，version 1 為**級別路由(classful routing)**，而 version 2 為**無級別路由(classless routing)**，這兩種路由行為將在下一小節討論。

宣告傳出的網路

當啟動 RIP 後，接下來就是相關的設定，其中 **network** 指令主要是宣告該路由器有哪些直連網路要透過 RIP 傳送出去給其他路由器知道，當然 RIP 不能只啟動在一個路由器，所有要交換網路資訊的路由器都要啟動 RIP，這樣路由器之間的 RIP 才能互相傳遞路由資訊。另外 network 指令還有一個含義：定義哪個網路介面要負責傳送或接收 RIP 更新的封包，這點是很重要的觀念，在以下的練習過程中會再解釋。

實際練習

在 RIP 網路架構中，將三個路由器全部啟動 RIP，並且宣告所有直連網路都要傳出，所有設定如下表所示。請注意要取消在 IOS 設定，只要將原來的設定指令前面加上 no，例如：R1 中的 **network 172.30.1.0** 要取消，只要執行 **no network 172.30.1.0**。

圖表 5-40 三個路由器啟動 RIP

指令	說明
R1(config)#router rip R1(config-router)#network 172.30.1.0 R1(config-router)#network 209.165.200.228 R1(config-router)#network 192.168.10.0	啓動 R1 的 RIP，並宣告三個網路要送出 Next

指令	說明
R2(config)#router rip R2(config-router)#network 10.1.0.0 R2(config-router)#network 209.165.200.228 R2(config-router)#network 209.165.200.232	啓動 R2 的 RIP，並宣告三個網路要送出
R3(config)#router rip R3(config-router)#network 209.165.200.232 R3(config-router)#network 192.168.10.0 R3(config-router)#network 172.30.100.0 R3(config-router)#network 172.30.110.0 R3(config-router)#network 172.30.200.16 R3(config-router)#network 172.30.200.32	啓動 R3 的 RIP，並宣告六個網路要送出

查看 R1 學習到的遠端網路資訊

我們來看一下透過 RIP 所學習到的遠端網路資訊，以下所示為 R1 的路由表內容，很明顯看到有兩筆以 R 開頭，表示這兩筆路由資訊是由 RIP 學習到的，但再仔細算一下，R1 的遠端網路應該有六個，理論上應該也要有六筆 R 開頭的路由資訊，所以 R1 的 RIP 少學四筆遠端網路資訊，這其中有兩個因素造成，一個因素是**路由更新的行為**，另一個因素為**路由資訊的壓縮**，接下的小節將會來探討這兩個因素。

圖表 5-41 查看 R1 的路由表的 RIP 內容

```
R1#show ip route
Codes: C - connected, S - static, I - IGRP, R - RIP, M - mobile, B - BGP
       D - EIGRP, EX - EIGRP external, O - OSPF, IA - OSPF inter area
       N1 - OSPF NSSA external type 1, N2 - OSPF NSSA external type 2
       E1 - OSPF external type 1, E2 - OSPF external type 2, E - EGP
         i - IS-IS, L1 - IS-IS level-1, L2 - IS-IS level-2, ia - IS-IS
inter area
       * - candidate default, U - per-user static route, o - ODR
       P - periodic downloaded static route

Gateway of last resort is not set
```

Next

```
R     10.0.0.0/8 [120/1] via 209.165.200.230, 00:00:22, Serial0/0/0
      172.30.0.0/24 is subnetted, 1 subnets
C       172.30.1.0 is directly connected, FastEthernet0/0
      192.168.10.0/30 is subnetted, 1 subnets
C       192.168.10.0 is directly connected, FastEthernet0/1
      209.165.200.0/30 is subnetted, 2 subnets
C       209.165.200.228 is directly connected, Serial0/0/0
R       209.165.200.232 [120/1] via 209.165.200.230, 00:00:22, Serial0/0/0
R1#
```

查看 RIP 的底層運作

使用 **debug ip rip events** 指令來觀察 RIP 的底層運作的事件，如下所示為在 R1 中的部分 debug 訊息，透過這些訊息可幫助我們了解路由協定的運作。要關閉 debug，請輸入指令 **no debug all**。

圖表 5-42 R1 中 RIP 的 debug 訊息

```
R1#debug ip rip
RIP protocol debugging is on
R1#RIP: received v1 update from 192.168.10.2 on FastEthernet0/1
      10.0.0.0 in 2 hops
      172.30.0.0 in 1 hops                                          ❶
      209.165.200.0 in 1 hops
RIP: received v1 update from 209.165.200.230 on Serial0/0/0
     10.0.0.0 in 1 hops
     209.165.200.232 in 1 hops
RIP: sending  v1 update to 255.255.255.255 via FastEthernet0/0
(172.30.1.1)
RIP: build update entries
     network 10.0.0.0 metric 2
     network 192.168.10.0 metric 1
     network 209.165.200.0 metric 1
RIP: sending  v1 update to 255.255.255.255 via Serial0/0/0
(209.165.200.229)
RIP: build update entries
     network 172.30.0.0 metric 1
     network 192.168.10.0 metric 1                                  ❷
RIP: sending  v1 update to 255.255.255.255 via FastEthernet0/1
(192.168.10.1)
RIP: build update entries
     network 10.0.0.0 metric 2
     network 172.30.0.0 metric 1
     network 209.165.200.0 metric 1
```

Next

```
R1#no debug all
All possible debugging has been turned off
R1#
```

❶、❷ RIP 的 debug 訊息說明可參閱下表，其中 RIP 預設每三十秒會將自己的路由資訊更新出去給鄰居，路由更新資訊是以廣播方式傳遞。

圖表 5-43 R1 中 RIP 的 debug 訊息說明

Debug 訊息	說明
RIP: received v1 update from 192.168.10.2 on FastEthernet0/1 10.0.0.0 in 2 hops 172.30.0.0 in 1 hops 209.165.200.0 in 1 hops	R1 由 fa0/1 介面收到鄰居 R3 透過 RIPv1 送過來的遠端網路資訊，有三筆路由資訊及其成本，但無子網路遮罩資訊
RIP: sending v1 update to 255.255.255.255 via FastEthernet0/1 (192.168.10.1) RIP: build update entries network 10.0.0.0 metric 2 network 172.30.0.0 metric 1 network 209.165.200.0 metric 1	R1 將三筆路由資訊放到 update 封包，透過 RIPv1 由 fa0/1 介面傳送給鄰居 R3，傳送方式用廣播 (255.255.255.255)

請注意目前 debug 訊息中的路由更新沒有子網路遮罩，其原因是路由更新的方式影響。

5.9 路由更新方式

早期的路由協定在開發的時候，並沒有太多的子網路分割需求，原因很簡單，當時電腦還很少，而可用的 IP 還很多，所以公司在規劃網路的遮罩都一樣，路由協定在更新路由資訊的時候就沒有連同子網路遮罩的資訊一起更新出去，從上面 RIPv1 Debug 訊息說明可以看出 RIPv1 在更新時只有網路資訊，但是沒有子網路遮罩資訊，這種路由行為稱為**級別路由更新 (Classful Routing)**，也就是早期的路由協定，RIPv1、IGRP 都是屬於此類。

反之，**無級別路由更新 (Classless Routing)** 的路由協定在更新路由資訊時，就會連成子網路遮罩一起更新出去，這樣才能知道子網路的資訊，RIPv2、EIGRP、OSPF 路由協定都是屬於此類。

所以我們只要將 RIP 改為 version 2 就可以改變路由更新為無級別方式，將三個路由器啟動 RIP，接下來啟動 RIPv2，如下表所示，只要在 RIP 模式下輸入 **version 2**，這樣就把 RIPv1 變成 RIPv2。

圖表 5-44 三台路由器啟動 RIPv2

指令	說明
R1(config)#router rip **R1(config-router)#version 2**	設定 R1 的 RIP 為 version2
R2(config)#router rip **R2(config-router)#version 2**	設定 R2 的 RIP 為 version2
R3(config)#router rip **R3(config-router)#version 2**	設定 R3 的 RIP 為 version2

請注意：有做子網路切割規劃的網路架構，一定要使用無級別路由更新的路由協定，目前幾乎不用 RIPv1 與 IGRP 這種早期的路由協定。

啟動 RIPv2 的路由表

我們再來查詢 R1 的路由表，發現子網路變成四筆，還是少了兩筆遠端網路資訊，這就表示遠端的子網路資訊還是沒有完全傳送到 R1。

圖表 5-45 使用 RIPv2 後 R1 的路由表內容

```
R1#show ip route
Codes: C - connected, S - static, I - IGRP, R - RIP, M - mobile, B - BGP
       D - EIGRP, EX - EIGRP external, O - OSPF, IA - OSPF inter area
       N1 - OSPF NSSA external type 1, N2 - OSPF NSSA external type 2
       E1 - OSPF external type 1, E2 - OSPF external type 2, E - EGP
         i - IS-IS, L1 - IS-IS level-1, L2 - IS-IS level-2, ia - IS-IS
inter area
       * - candidate default, U - per-user static route, o - ODR
       P - periodic downloaded static route

Gateway of last resort is not set

R    10.0.0.0/8 [120/1] via 209.165.200.230, 00:00:00, Serial0/0/0
     172.30.0.0/16 is variably subnetted, 2 subnets, 2 masks
```

Next

```
R       172.30.0.0/16 [120/1] via 192.168.10.2, 00:00:03, FastEthernet0/1
C       172.30.1.0/24 is directly connected, FastEthernet0/0
     192.168.10.0/30 is subnetted, 1 subnets
C       192.168.10.0 is directly connected, FastEthernet0/1
     209.165.200.0/24 is variably subnetted, 3 subnets, 2 masks
R       209.165.200.0/24 [120/1] via 192.168.10.2, 00:00:03, FastEthernet0/1
C       209.165.200.228/30 is directly connected, Serial0/0/0
R       209.165.200.232/30 [120/1] via 209.165.200.230, 00:00:00, Serial0/0/0
R1#
```

我們再觀察 RIPv2 的 debug 訊息，可以看到每筆路由資訊更新都有包含子網路遮罩資訊，如下所示，這裡是用前置碼方式來表示該子網路遮罩，另外 RIPv2 傳送路由更新資訊是用群播方式，**群播位址 (Multicast address)** 為 224.0.0.9。

圖表 5-46 R1 中 RIP v2 Debug 訊息

```
R1#debug ip rip event
RIP event debugging is on
R1#RIP: received v2 update from 192.168.10.2 on FastEthernet0/1
      10.0.0.0/8 via 0.0.0.0 in 2 hops
      172.30.0.0/16 via 0.0.0.0 in 1 hops
      209.165.200.0/24 via 0.0.0.0 in 1 hops
RIP: sending  v2 update to 224.0.0.9 via FastEthernet0/0 (172.30.1.1)
RIP: build update entries
      10.0.0.0/8 via 0.0.0.0, metric 2, tag 0
      172.30.0.0/16 via 0.0.0.0, metric 2, tag 0
      192.168.10.0/24 via 0.0.0.0, metric 1, tag 0
      209.165.200.0/24 via 0.0.0.0, metric 1, tag 0
RIP: sending  v2 update to 224.0.0.9 via FastEthernet0/1 (192.168.10.1)
RIP: build update entries
      10.0.0.0/8 via 0.0.0.0, metric 2, tag 0
      172.30.0.0/16 via 0.0.0.0, metric 1, tag 0
      209.165.200.0/24 via 0.0.0.0, metric 1, tag 0
RIP: sending  v2 update to 224.0.0.9 via Serial0/0/0 (209.165.200.229)
RIP: build update entries
      172.30.0.0/16 via 0.0.0.0, metric 1, tag 0
      192.168.10.0/24 via 0.0.0.0, metric 1, tag 0
      209.165.200.0/24 via 0.0.0.0, metric 2, tag 0

R1#no debug all
All possible debugging has been turned off
R1#
```

5.10 路由壓縮 (Routing Summary)

既然 RIPv2 在更新路由資訊時已經有包含子網路遮罩了，R1 卻無法看到所有遠端子網路資訊，其原因就是路由壓縮所造成。**路由資訊壓縮**或稱**路由摘要(Routing Summary)**就是路由器將路由資訊更新出去時，將數筆路由資訊壓縮成一筆資訊之後再更新出去，而壓縮方式分為**自動壓縮**與**手動壓縮**兩種方式。

自動壓縮

自動壓縮(Auto Summary)方式的壓縮以子網路所屬的主網路為最後壓縮結果，例如：四個子網路 172.30.100.0/24、172.30.110.0/24、172.30.200.16/28 及 172.30.200.32/28 會壓縮為 class B 主網路 172.30.0.0/16，路由協定就以這筆網路資訊 172.30.0.0/16 更新出去。

在本單元 RIP 網路架構中 R3 會以 172.30.0.0/16 路由資訊更新給 R1，所以在 R1 的路由表中會有一筆 172.30.0.0/16 的路由資訊。使用 **show ip protocol** 來查詢 RIP 執行相關資訊，此指令是可以查詢所有路由協定執行的資訊，如下所示，其中『**Automatic network summarization is in effect**』訊息表示 RIP 的自動壓縮功能是啟動。

圖表 5-47 查詢 R1 路由自動壓縮情況

```
R1#show ip protocol
Routing Protocol is "rip"
Sending updates every 30 seconds, next due in 20 seconds
Invalid after 180 seconds, hold down 180, flushed after 240
Outgoing update filter list for all interfaces is not set
Incoming update filter list for all interfaces is not set
Redistributing: rip
Default version control: send version 2, receive 2
  Interface          Send  Recv  Triggered RIP  Key-chain
  FastEthernet0/0     2     2
  FastEthernet0/1     2     2
  Serial0/0/0         2     2
Automatic network summarization is in effect
Maximum path: 4
```

Next

```
Routing for Networks:
       172.30.0.0
       192.168.10.0
       209.165.200.0
Passive Interface(s):
Routing Information Sources:
 Gateway           Distance       Last Update
 209.165.200.230        120       00:00:27
 192.168.10.2           120       00:00:24
Distance: (default is 120)
R1#
```

請注意：RIP 與 EIGRP 的自動壓縮功能預設是啟動的，而 OSPF 無自動壓縮功能。

手動壓縮

手動壓縮(Manually Summary)需要用計算才能知道最後壓縮的結果，要進行手動壓縮的網路，首先將這些網路轉為二進位，如下表所示，從最左邊的位元往右邊進行比對，一樣的位元就保留，一直比對到某個位元不一樣時就停止比對，之後的位元全部補 0，一樣的位元就當作網路位元。

以這兩個子網路 172.30.100.0/24、172.30.110.0/24 要進行路由手動壓縮，最後結果為 172.30.96.0/20。手動壓縮將在第 6 章 EIGRP 實際操作。

圖表 5-48　手動壓縮計算方式

Network IP	二進位
172.30.100.0	10101100.00011110.01100100.00000000
172.30.110.0	10101100.00011110.01101110.00000000
172.30.96.0/20	**10101100.00011110.01100000.00000000 ==>壓縮結果**

不連續網路的問題

下圖所示為一個不連續的網路規劃，以 172.30.0.0/16 的兩個子網路分別設定在 R1 與 R3 的 fa0/0，在 R2 的兩個網路卻是 10.0.0.0/8 的子網路，因此形成 172.30.0.0/16 下的兩個子網路不連續。

若三台路由器也都啟動 RIPv2，此時因為自動壓縮的功能，R1 會將 172.30.10.0/24 壓縮為 172.30.0.0/16 更新給 R2，R3 也會將 172.30.20.0/24 壓縮為 172.30.0.0/16 更新給 R2，所以 R2 的路由表會記錄 172.30.0.0/16 可能會往 R1 或 R3，如此當 R2 要送資料到 172.30.10.0/24，就不一定能送到 R1，這就是不連續網路的問題。若將自動壓縮關閉，R1 與 R3 就會分別更新各自的子網路資訊到 R2，這樣就能解決不連續網路所造成的路由更新問題。

圖表 5-49 不連續網路

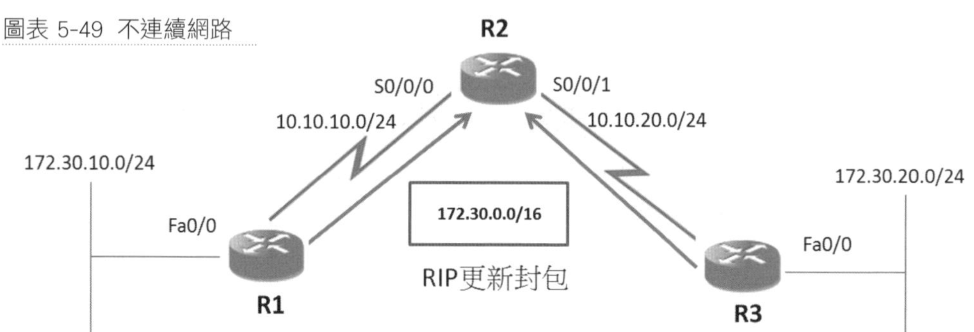

路由壓縮的優點

針對上述的不連續的網路，路由壓縮確實會造成路由更新的盲點，但在實際的應用上，路由壓縮是很有用的。綜合路由壓縮的優點如下：

- 減少路由更新封包的大小。
- 因為路由更新封包變小，所以減少路由更新封包傳送時所用的網路頻寬。
- 減少路由表中的路由資訊的數目。這是主要優點，當路由表中的路由資訊少，路由器在做路由查詢才能快，增加繞送效率。
- 增加一筆路由資訊可以涵蓋繞送的網路數目。這跟路由匹配原則有關係，本章節後面會有詳細探討。

關閉自動路由壓縮

RIPv2 與 EIGRP 的自動壓縮預設是啟動，而 OSPF 沒有自動壓縮功能，在 OSPF 章節將會解說。現在把 RIPv2 的自動壓縮關閉，如下表所示，**no auto-summary** 為關閉自動壓縮關閉指令。

圖表 5-50 三台路由器的關閉自動壓縮指令

指令	說明
R1(config)#router rip **R1(config-router)#no auto-summary**	關閉 R1 自動壓縮功能
R2(config)#router rip **R2(config-router)# no auto-summary**	關閉 R2 自動壓縮功能
R3(config)#router rip **R3(config-router)# no auto-summary**	關閉 R3 自動壓縮功能

接著查詢 R1 關閉自動壓縮訊息，如下所示：

圖表 5-51 R1 關閉與查詢自動壓縮功能

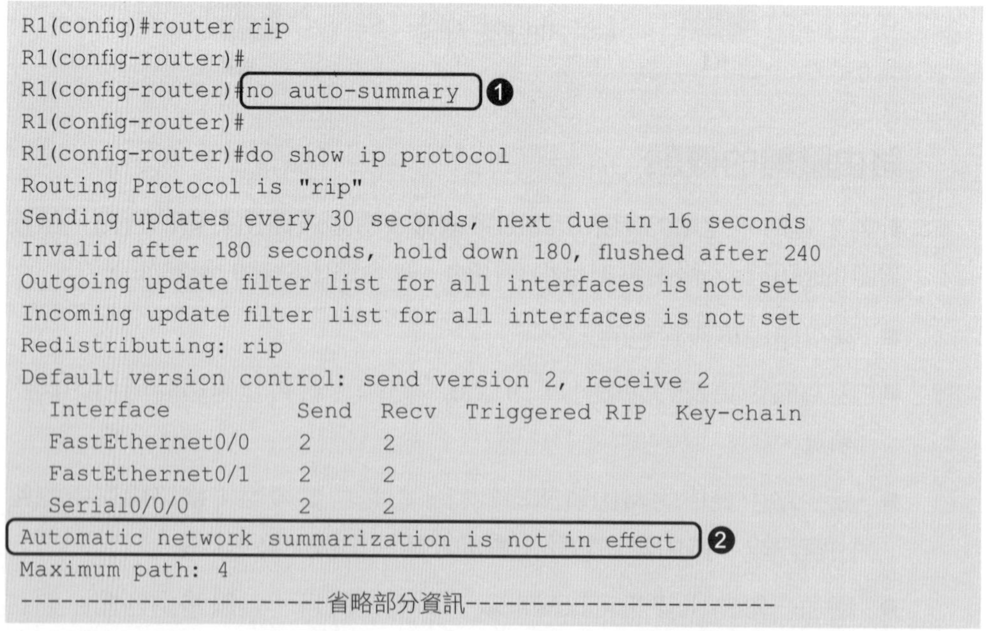

```
R1(config)#router rip
R1(config-router)#
R1(config-router)#no auto-summary ❶
R1(config-router)#
R1(config-router)#do show ip protocol
Routing Protocol is "rip"
Sending updates every 30 seconds, next due in 16 seconds
Invalid after 180 seconds, hold down 180, flushed after 240
Outgoing update filter list for all interfaces is not set
Incoming update filter list for all interfaces is not set
Redistributing: rip
Default version control: send version 2, receive 2
  Interface          Send  Recv  Triggered RIP  Key-chain
  FastEthernet0/0    2     2
  FastEthernet0/1    2     2
  Serial0/0/0        2     2
Automatic network summarization is not in effect ❷
Maximum path: 4
----------------------省略部分資訊----------------------
```

❶ 關閉 R1 的自動壓縮功能後，再查詢 RIP 的執行資訊。

❷ 『**Automatic network summarization is not in effect**』訊息表示 RIP 的自動壓縮功能已經關閉。

查看路由表最後結果

接下來再看 R1 的路由表，使用 **show ip route rip** 來查看，此指令只會出現 RIP 的路由資訊，這樣其它的路由資訊就不會出現，如下圖所示，現在可以看到所有子網路資訊，但是又似乎太多筆數了，此時就必須經過一段時間讓 RIP **收斂(converge)**，R1 的路由表就會只有 6 個遠端網路資訊，R2 與 R3 也是一樣，如果想快一點看到最後結果，三台路由器都執行 clear ip route * 將路由表清空，讓 RIP 再重新學習。因此如果要設定一個路由協定，一定要深入去探討及了解一些路由行為，如此才有辦法控制路由資訊的更新行為。

圖表 5-52 關閉自動壓縮後之 R1 的路由表

```
R1#show ip route rip
     10.0.0.0/8 is variably subnetted, 2 subnets, 2 masks
R       10.0.0.0/8 [120/1] via 209.165.200.230, 00:00:50, Serial0/0/0
R       10.1.0.0/16 [120/1] via 209.165.200.230, 00:00:20, Serial0/0/0
     172.30.0.0/16 is variably subnetted, 6 subnets, 3 masks
R       172.30.0.0/16 [120/1] via 192.168.10.2, 00:00:48, FastEthernet0/1
R       172.30.100.0/24 [120/1] via 192.168.10.2, 00:00:20, FastEthernet0/1
R       172.30.110.0/24 [120/1] via 192.168.10.2, 00:00:20, FastEthernet0/1
R       172.30.200.16/28 [120/1] via 192.168.10.2, 00:00:20, FastEthernet0/1
R       172.30.200.32/28 [120/1] via 192.168.10.2, 00:00:20, FastEthernet0/1
     192.168.10.0/24 is variably subnetted, 2 subnets, 2 masks
R       192.168.10.0/24 [120/2] via 209.165.200.230, 00:00:20, Serial0/0/0
     209.165.200.0/24 is variably subnetted, 3 subnets, 2 masks
R       209.165.200.0/24 [120/1] via 192.168.10.2, 00:00:48, FastEthernet0/1
R       209.165.200.232/30 [120/1] via 209.165.200.230, 00:00:20, Serial0/0/0
                           [120/1] via 192.168.10.2, 00:00:20, FastEthernet0/1
R1#
```

5.11 路由協定編號 (AD)

本節要繼續說明路由表中的路由資訊代表的意思，由上述查詢路由表的內容中，我們看到每一筆路由資訊都有一個中括號 **[xx/xx]**，在中括號中的第一個數字代表路由協定的**編號 (AD 值)**，另外一個數字表示到達目的網路的**成本 (cost)**。

路由資訊的 AD 值

先來解釋 AD 值的意義，每一個路由協定都有一個編號，此編號稱為 **AD 值 (Administrative Distance)**，下表為常見 AD 值。

圖表 5-53 常見 AD 值

路由協定	AD 值
RIP	120
OSPF	110
EIGRP	90
靜態網路	1
直連網路	0

上表的 AD 值都是 Cisco IOS 預設的值，管理者可以改變 AD 值，只有直連網路的 AD 值不能改變，其他協定的 AD 值可以被改變，設定 AD 值的範圍為 1 到 255，如果使用 255 當 AD，是無寫入路由表。**AD 值主要目的是給每個路由協定來定義其寫入路由表的優先權**，AD 越小表示擁有的優先權越大來寫入其路由資訊到路由表，例如：在路由器 R1 同時啟動 RIP 與 EIGRP 兩種路由協定，這兩種路由協定都會學習到遠端網路 172.30.100.0/24 的網路資訊，而路由表中同一個網路的路由資訊只能有一筆，此時這筆 172.30.100.0/24 路由資訊是由 RIP 來記錄到路由表中還是 EIGRP 來記錄，這時候就要比 AD 值，AD 值越小優先權越高，因此 EIRGP 優先將 172.30.100.0/24 的路由資訊記錄到路由表中。

請注意：EIGRP 有分內部及外部 AD 值，預設分別為 90 及 170，OSPF 也有分 Inter-area，Intra-area 及 external 三種 AD 值，預設三種都是 110，RIP 則只有一種AD。而 AD 另一種用途是在於路由協定之間互相做匯入 (Redistribute) 功能時，防止產生次佳路徑問題，此部分屬於 CCNP 課程範圍。

浮動路由規劃

浮動路由是用來建立備援路由，平常時候，備援路由是不會出現在路由表，在路由表中所有路由都是主要路由，當主要路由的路徑斷線，備援路由就會出現在路由表，好像這筆備援路由是浮出來到路由表，所以又稱為浮動路由，要做到這個效果可以使用 AD 值來達成。繼續使用 RIP 設定好的範例，使用 **show ip route rip** 查看 R1 路由表中只會有 6 筆 RIP 的路由資訊，如下所示，接著專注 172.30.100.0/24 的路由資訊，目前此筆路由是由 RIP 寫到路由表。我們接下來要為這筆路由來規劃備援路由。

圖表 5-54 R1 收斂後之路由表

```
R1#show ip route rip
     10.0.0.0/16 is subnetted, 1 subnets
R       10.1.0.0 [120/1] via 209.165.200.230, 00:00:22, Serial0/0/0
     172.30.0.0/16 is variably subnetted, 5 subnets, 2 masks
R       172.30.100.0/24 [120/1] via 192.168.10.2, 00:00:23, FastEthernet0/1
R       172.30.110.0/24 [120/1] via 192.168.10.2, 00:00:23, FastEthernet0/1
R       172.30.200.16/28 [120/1] via 192.168.10.2, 00:00:23, FastEthernet0/1
R       172.30.200.32/28 [120/1] via 192.168.10.2, 00:00:23, FastEthernet0/1
     209.165.200.0/30 is subnetted, 2 subnets
R       209.165.200.232 [120/1] via 209.165.200.230, 00:00:22, Serial0/0/0
                        [120/1] via 192.168.10.2, 00:00:23, FastEthernet0/1
R1#
```

在 R1 加入一筆 172.30.100.0/24 靜態路由

接著在 R1 中使用靜態路由的方式將 172.30.100.0/24 加入，再查詢 R1 的路由表，如下所示：

圖表 5-55 R1 加入一筆 172.30.100.0/24 靜態路由

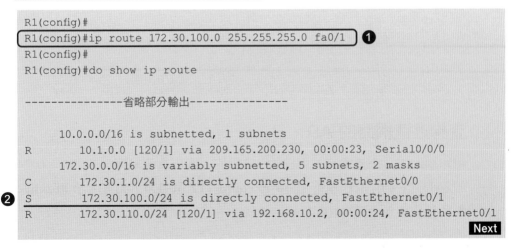

```
R1(config)#
R1(config)#ip route 172.30.100.0 255.255.255.0 fa0/1   ❶
R1(config)#
R1(config)#do show ip route

---------------省略部分輸出---------------

     10.0.0.0/16 is subnetted, 1 subnets
R       10.1.0.0 [120/1] via 209.165.200.230, 00:00:23, Serial0/0/0
     172.30.0.0/16 is variably subnetted, 5 subnets, 2 masks
C       172.30.1.0/24 is directly connected, FastEthernet0/0
❷ S     172.30.100.0/24 is directly connected, FastEthernet0/1
R       172.30.110.0/24 [120/1] via 192.168.10.2, 00:00:24, FastEthernet0/1
```

Next

```
R       172.30.200.16/28 [120/1] via 192.168.10.2, 00:00:24, FastEthernet0/1
R       172.30.200.32/28 [120/1] via 192.168.10.2, 00:00:24, FastEthernet0/1
     192.168.10.0/30 is subnetted, 1 subnets
C       192.168.10.0 is directly connected, FastEthernet0/1
     209.165.200.0/30 is subnetted, 2 subnets
C       209.165.200.228 is directly connected, Serial0/0/0
R       209.165.200.232 [120/1] via 209.165.200.230, 00:00:23, Serial0/0/0
                        [120/1] via 192.168.10.2, 00:00:24, FastEthernet0/1
R1(config)#
```

❶ 將 172.30.100.0/24 設定為靜態路由。

❷ 原先為 RIP 的 172.30.100.0/24 的路由已經變成 Static，這表示靜態路由優先於 RIP 寫入路由表。

查詢靜態路由的 AD

靜態路由的 AD 不會出現在路由表中，除非使用 next hop ip 的方式來設定靜態路由，讀者可自行測試，使用 **show ip route 172.30.100.0** 可以查詢單筆路由資訊的詳細資料，如下所示 **distance 1** 的地方表示靜態路由的 AD 為 1。

圖表 5-56 查詢靜態路由的 AD

```
R1#show ip route 172.30.100.0
Routing entry for 172.30.100.0/24
Known via "static", distance 1, metric 0 (connected)
  Redistributing via rip
  Advertised by rip
  Routing Descriptor Blocks:
  * directly connected, via FastEthernet0/1
      Route metric is 0, traffic share count is 1
R1#
```

查詢直連網路的 AD

用同樣的方式來查詢直連網路的 AD 值，查詢直連網路 172.30.1.0/24 的 AD 值，在 R1 執行 **show ip route 172.30.1.0**，如下所示 **distance 0** 的地方表示直連路由的 AD 值為 0。

圖表 5-57 查詢直連網路的 AD

```
R1#show ip route 172.30.1.0
Routing entry for 172.30.1.0/24
Known via "connected", distance 0, metric 0 (connected, via
interface)
  Redistributing via rip
  Advertised by rip
  Routing Descriptor Blocks:
  * directly connected, via FastEthernet0/0
      Route metric is 0, traffic share count is 1
R1#
```

請注意直連路由的 AD 值無法修改，其它路由的 AD 值都可以修改。

修改靜態路由 AD

靜態路由 AD 是可以修改的，修改的方式是在設定靜態路由的時候，如下所示：

圖表 5-58 修改靜態路由 AD

```
R1(config)#ip route 172.30.100.0 255.255.255.0  fa0/1 ? ❶
  <1-255>  Distance metric for this route
  <cr>
R1(config)#
R1(config)#ip route 172.30.100.0 255.255.255.0  fa0/1 121 ❷
R1(config)#
R1(config)#do show ip route

---------------省略部分輸出---------------

     10.0.0.0/16 is subnetted, 1 subnets
R       10.1.0.0 [120/1] via 209.165.200.230, 00:00:25, Serial0/0/0
     172.30.0.0/16 is variably subnetted, 5 subnets, 2 masks
C       172.30.1.0/24 is directly connected, FastEthernet0/0
R       172.30.100.0/24 [120/1] via 192.168.10.2, 00:00:11, FastEthernet0/1 ❸
R       172.30.110.0/24 [120/1] via 192.168.10.2, 00:00:11, FastEthernet0/1
R       172.30.200.16/28 [120/1] via 192.168.10.2, 00:00:11, FastEthernet0/1
R       172.30.200.32/28 [120/1] via 192.168.10.2, 00:00:11, FastEthernet0/1
     192.168.10.0/30 is subnetted, 1 subnets
C       192.168.10.0 is directly connected, FastEthernet0/1
     209.165.200.0/30 is subnetted, 2 subnets
C       209.165.200.228 is directly connected, Serial0/0/0
R       209.165.200.232 [120/1] via 209.165.200.230, 00:00:25, Serial0/0/0
R1(config)#
```

❶ 使用問號查詢可以修改 AD 的範圍。

❷ 將靜態路由的 AD 值修改為 121。

❸ 表示路由表中原先 172.30.100.0/24 的靜態路由已經被 RIP 的取代，原因是目前 RIP 的 AD 小於靜態路由的 AD。

請注意：目前使用 **show ip route 172.30.100.0** 查詢的 AD 值是 RIP 不是靜態路由的 AD，若要查詢目前設定靜態路由的 AD，只能從 show run 中來看設定。

浮動靜態路由

最後我們來做**浮動靜態路由 (floating static route)** 效果，浮動靜態路由的目的是當作路由的備援，例如：RIP 因為某種原因無法更新遠端網路，這時候靜態路由就會自動出現在路由表，如此就可以達到備援路由的作用。要做到浮動路由的效果，必須先將靜態路由的 AD 調整大於目前 RIP 的 AD，如此路由表會以 RIP 的路由為優先記錄，當 RIP 的路由出問題時，靜態路由就會寫入路由表。

本範例目前 172.30.100.0/24 的靜態路由 AD 已經調整大於 RIP，所以在 R1 的路由表中 172.30.100.0/24 路由資訊為 RIP 寫入，如上圖所示，所以我們來模擬 RIP 出問題的時後，看是否路由表會自動出現 172.30.100.0/24 靜態路由，如下所示：

圖表 5-59 浮動靜態路由

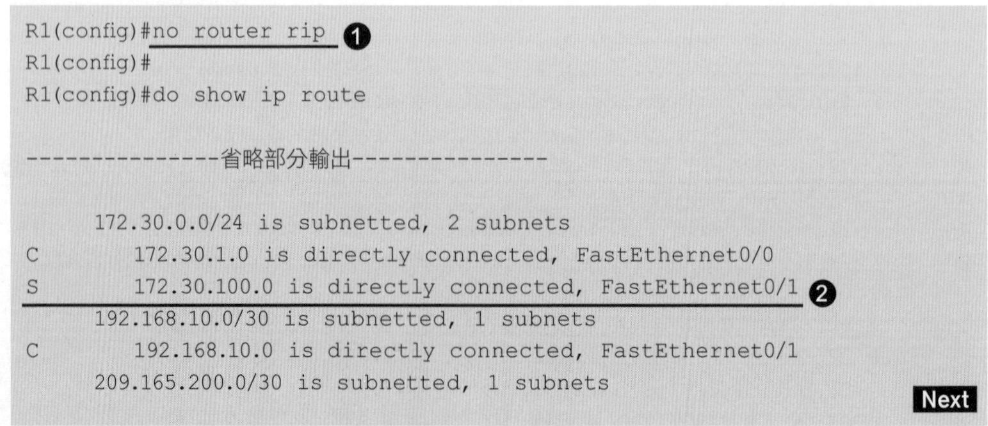

```
R1(config)#no router rip ❶
R1(config)#
R1(config)#do show ip route

---------------省略部分輸出---------------

     172.30.0.0/24 is subnetted, 2 subnets
C       172.30.1.0 is directly connected, FastEthernet0/0
S       172.30.100.0 is directly connected, FastEthernet0/1 ❷
     192.168.10.0/30 is subnetted, 1 subnets
C       192.168.10.0 is directly connected, FastEthernet0/1
     209.165.200.0/30 is subnetted, 1 subnets
```

Next

```
C        209.165.200.228 is directly connected, Serial0/0/0
R1(config)#
R1(config)#do show ip route 172.30.100.0
Routing entry for 172.30.100.0/24
Known via "static", distance 121, metric 0 (connected)
  Routing Descriptor Blocks:       ❸
  * directly connected, via FastEthernet0/1
      Route metric is 0, traffic share count is 1
R1(config)#
```

❶ 把 RIP 關閉來模擬 RIP 出問題。

❷ 查看 R1 路由表，目前已經出現 172.30.100.0/24 靜態路由。

❸ 查詢 172.30.100.0/24 靜態路由的 AD，此 AD 值是之前設定的 121，如此就可以達到浮動靜態路由效果。

請注意只要控制好 AD 值的調整，所有動態路由協定都可以做到浮動路由效果，動態路由協定的 AD 調整將在第 6 章 EIGRP 章節說明。

5.12 路由協定成本 (Cost)

在同一個路由協定，針對同一筆遠端網路，如果有兩條以上的路徑可以到達的話，則以成本最小的記錄到路由表。

路由成本

現在來探討在路由資訊中括號中的第二個數字，這代表路由成本，每一種路由協定計算成本的單位不一樣，RIP 以 Hop 當其路由成本的單位，OSPF 與 EIGRP 的成本計算與網路頻寬有關，同樣來看 R1 路由表中的 172.30.100.0 的路由資訊，其路由成本為 1 hop，也就是由 R1 到達 172.30.100.0 只要 1 hops 的成本。

但我們來觀察 RIP 啟動的網路架構圖，由 R1 到達 172.30.100.0 有兩種路徑，第一條路徑為 R1-->R2-->R3-->172.30.100.0，其路由成本為 2 hops，第二條路徑為 R1-->R3-->172.30.100.0，其路由成本為 1 hops，R1 的 RIP 都會學習到這兩條路徑，但是只有一筆會記錄到路由表，因此路由成本較低的路由路徑會被記錄到路由表，也就是第二條路徑會被記錄進到路由表中，其結果為 **R 172.30.100.0/24 [120/1]**，所以當有多條路徑可以到達同一網路時，路由協定會選擇成本較低來記錄到路由表。讀者可以將 R1 與 R3 的連線中斷，R1 的 RIP 就會選擇 R1-->R2-->R3-->172.30.100.0 這條路徑。

路由的負載平衡

如果同一個網路有兩條路徑的成本是一樣，則這兩條路徑都會被記錄到路由表中，作為**路由的負載平衡(route load-balance)**，例如：在 R2 的路由表中要到達 192.168.10.0 有兩條成本一樣的路徑，這兩條路徑同時會出現在 R2 的路由表中，如下圖所示，192.168.10.0 可以選擇從 s0/0/0 與 s0/0/1 的路徑出去。

圖表 5-60 查看 R2 的路由表內容

```
R2#show ip route

---------------省略部分輸出---------------

     10.0.0.0/16 is subnetted, 1 subnets
C       10.1.0.0 is directly connected, FastEthernet0/0
     172.30.0.0/16 is variably subnetted, 5 subnets, 2 masks
R       172.30.1.0/24 [120/1] via 209.165.200.229, 00:00:09, Serial0/0/0
R       172.30.100.0/24 [120/1] via 209.165.200.234, 00:00:09, Serial0/0/1
R       172.30.110.0/24 [120/1] via 209.165.200.234, 00:00:09, Serial0/0/1
R       172.30.200.16/28 [120/1] via 209.165.200.234, 00:00:09, Serial0/0/1
R       172.30.200.32/28 [120/1] via 209.165.200.234, 00:00:09, Serial0/0/1
     192.168.10.0/30 is subnetted, 1 subnets
R       192.168.10.0 [120/1] via 209.165.200.234, 00:00:09, Serial0/0/1
                     [120/1] via 209.165.200.229, 00:00:09, Serial0/0/0
     209.165.200.0/30 is subnetted, 2 subnets
C       209.165.200.228 is directly connected, Serial0/0/0
C       209.165.200.232 is directly connected, Serial0/0/1
R2#
```

請注意不同路由協定學習到相同路由資訊，此時要比較的是 AD 值。

5.13 Network 指令涵義

到目前為止，讀者對路由協定的啟動應該都有練習相關指令，如下表所示為上單元的 RIP 網路架構，將三台路由器啟動 RIPv2，在 R3 啟動 RIPv2 的所有相關指令，這些 RIP 的設定指令包含啟動 RIP、設定為 version 2、宣告那些網路資訊要傳遞出去及關閉自動壓縮，其中宣告直連網路指令部份可以再精簡。

圖表 5-61 R3 啟動 RIP 相關設定

指令	說明
R3(config)#router rip	啟動 R3 的 RIP
R3(config-router)#version2	將 RIP 切換到 version2
R3(config-router)#network 209.165.200.232 R3(config-router)#network 192.168.10.0 R3(config-router)#network 172.30.100.0 R3(config-router)#network 172.30.110.0 R3(config-router)#network 172.30.200.16 R3(config-router)#network 172.30.200.32	宣告所有 R3 的直連網路
R3(config-router)#no auto-summary	關閉 R3 自動壓縮功能

指令 network 使用主網路位址

上述的指令會存在 running 組態檔，我們來查詢 R3 的 running 組態檔內容，如下頁圖所示，發現組態檔中的 network 指令數目與輸入的 network 指令數目有差異，我們輸入的 network 有六個，但是只有三個 network 指令存在組態中，而且 network 後面的網路參數也不一樣了，這是為什麼？

其原因是 **RIP 只能使用主網路位址的宣告方式儲存於組態檔中**，所以當你輸入 network 172.30.110.0 時，RIP 會以 network 172.30.0.0 的方式處理並儲存在 running 組態檔中，也就是 RIP 會將所有 R3 中 172.30.0.0/16 的所有子網路一起宣告傳出，所以在輸入 network 指令時，就不需要輸入所有子網路資訊，只要輸入主網路位址就可以，這樣就可以少輸入 network 指令。

圖表 5-62 存在 R3 組態檔中的 RIP 指令

```
R3#show run
----------------------省略部分資訊----------------------
 shutdown
!
interface Serial0/0/1
 ip address 209.165.200.234 255.255.255.252
!
interface Vlan1
 no ip address
 shutdown
!
router rip
 version 2
 network 172.30.0.0
 network 192.168.10.0
 network 209.165.200.0
 no auto-summary
!

----------------------省略部分資訊----------------------
```

修改 R3 的 RIP 啟動指令

我們可以將 R3 的 RIP 宣告網路指令修改為以主網路方式，如下表所示，兩種方式的指令輸入的結果都是一樣。讀者可能會有疑問，如果 R3 上有一個子網路 172.30.200.16/28 不想被宣告傳出，這樣不是無法做到了？答案是對的，因為 network 172.30.0.0 的宣告會包含此子網路，所以 RIP 沒有辦法達到這樣的需求，但是 EIGRP 可以做到此項需求，我們將在下一章 EIGRP 中提出如何設定。

圖表 5-63 修改後的啟動 RIP 指令

指令	說明
R3(config)#router rip	啟動 R3 的 RIP
R3(config-router)#version2	將 RIP 切換到 version2
R3(config-router)#network 209.165.200.0 R3(config-router)#network 192.168.10.0 R3(config-router)#network 172.30.0.0	使用主網路的方式宣告 R3 的直連網路
R3(config-router)#no auto-summary	關閉 R3 自動壓縮功能

宣告路由協定的傳送介面

Network 指令除了宣告那些網路資訊要傳送出去之外，還有另一個隱含的功能，也就是**間接宣告那些網路介面要參與路由資訊的運作**，也就是要傳送與接收路由資訊的更新封包。

使用 **show ip protocol** 來查看路由協定在路由器運行的狀況，以下所示為 RIP 在 R3 的運作情況。

圖表 5-64 R3 中 RIP 的運作情況

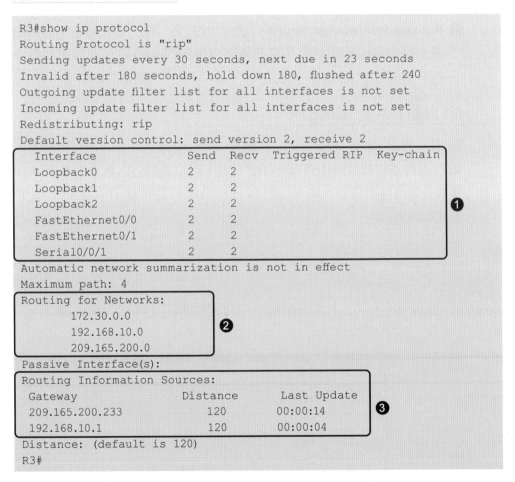

```
R3#show ip protocol
Routing Protocol is "rip"
Sending updates every 30 seconds, next due in 23 seconds
Invalid after 180 seconds, hold down 180, flushed after 240
Outgoing update filter list for all interfaces is not set
Incoming update filter list for all interfaces is not set
Redistributing: rip
Default version control: send version 2, receive 2
  Interface             Send  Recv  Triggered RIP  Key-chain
  Loopback0             2     2
  Loopback1             2     2
  Loopback2             2     2                              ❶
  FastEthernet0/0       2     2
  FastEthernet0/1       2     2
  Serial0/0/1           2     2
Automatic network summarization is not in effect
Maximum path: 4
Routing for Networks:
       172.30.0.0
       192.168.10.0                ❷
       209.165.200.0
Passive Interface(s):
Routing Information Sources:
 Gateway              Distance      Last Update
 209.165.200.233         120          00:00:14         ❸
 192.168.10.1            120          00:00:04
Distance: (default is 120)
R3#
```

請注意在 RIP 啟動模式下執行 timers 可以修改 RIP update 送出的時間。

❶ 表示有六個介面會參與 RIP 的運作，傳送與接收 RIPv2 的路由更新封包，這意味的當在 R3 輸入上表的 network 指令後，隱含也宣告這六個介面要執行傳送與接收 RIPv2 的路由更新封包，例如：network 209.165.200.0 所包含的介面有 s0/0/1、network 192.168.10.0 所包含的介面有 fa0/1 及 network 172.30.0.0 所包含的介面有 fa0/0、Loopback0、Loopback1、Loopback2 四個。

❷ **Routing for Networks** 表示目前 RIP 宣告要送出的網路，目前 R3 的 RIP 要送出的網路有 3 個，此部分都是使用主網路的方式表示，這與 R3 使用 network 宣告一樣。

❸ **Routing Information Sources** 表示 R3 的 RIP 會從哪個鄰居路由器學習到遠端網路資訊，這部份是用 **next hop ip** 來表示鄰居路由器，目前 R3 的 RIP 可以從 R1 與 R2 學習到遠端網路資訊。

R3 啟動 RIP 的 debug

在 R3 啟動 RIP 的 debug 來觀察 RIP 底層的運作，由下圖所示為 RIP 再傳送與接收路由資訊的詳細資料，可以看到這六個介面參予 RIP 資料更新傳送與接受，其中 IP 為 224.0.0.9 為群播 IP，RIPv2 更新方式為群播 IP。

圖表 5-65 介面傳送與接收路由更新

```
R3#debug ip rip events
RIP event debugging is on
RIP  sending  v2 update to 224.0.0.9 via Loopback0 (172.30.110.1)
RIP  build update entries
** 省略部分輸出
RIP  sending  v2 update to 224.0.0.9 via Loopback1 (172.30.200.17)
** 省略部分輸出
RIP  sending  v2 update to 224.0.0.9 via Loopback2 (172.30.200.33)
** 省略部分輸出
RIP  sending  v2 update to 224.0.0.9 via FastEthernet0/0 (172.30.100.1)
** 省略部分輸出
RIP  sending  v2 update to 224.0.0.9 via FastEthernet0/1 (192.168.10.2)
** 省略部分輸出
RIP  sending  v2 update to 224.0.0.9 via Serial0/0/1 (209.165.200.234)
** 省略部分輸出
RIP  received v2 update from 192.168.10.1 on FastEthernet0/1
** 省略部分輸出
RIP  received v2 update from 209.165.200.233 on Serial0/0/1
** 省略部分輸出
```

5.14 被動介面 (Passive Interface)

本節將介紹如何減少不需要的路由更新封包，以降低網路頻寬使用，或者進一步防止路由資訊洩漏及惡意路由注入攻擊等資安問題，我們再使用 5-28 頁 RIP 的網路架構來說明。

不必要的路由更新

讀者已經知道被宣告的介面會參與路由協定的運作，執行路由更新封包的傳遞與接收，接下來我們再細部討論介面傳遞與接收路由更新封包，以 RIP 網路架構中三個路由器網路架構當例子來觀察，R1 已經啟動了 RIPv2 的相關指令，所以有三個介面執行 RIPv2 路由更新資料的傳遞與接受，讀者可以使用 **show ip protocol** 來觀察。

這三個介面為 fa0/0、fa0/1 與 S0/0/0，R1 的 fa0/1 介面會傳遞 R1 的路由更新封包給 R3，也會從 R3 接收路由更新封包，而 R1 的 S0/0/0 也會跟 R2 做同樣的路由更新封包的傳遞與接收，再觀察 R1 的 fa0/0 也會送出路由更新封包，但此路由更新封包沒有路由器會接受，雖然 fa0/0 沒有對應的路由器會接收，fa0/0 持續每隔 30 秒就會送出更新封包，這個更新封包的傳送就沒有意義，反而會浪費頻寬。

另外考量路由資訊的資安問題有路由資訊洩漏及惡意路由注入攻擊兩種，以下圖為例，Hacker 架設一台路由器在公司內網並啟動 RIP，此時 Hacker 路由器跟 R1 就會彼此交換 RIP 封包，Hacker 路由器會收到 R1 傳送的 RIP 路由資訊，這樣就會洩漏公司網路資訊給 Hacker 知道，進一步 Hacker可以使用 loopback 建立幾千個網路，再透過 RIP 更新給 R1，R1 再更新給 R2 與 R3，如此公司每一台路由器的路由表中就有幾千筆路由資訊，如此就達成了惡意路由注入攻擊，這些無效的路由資訊占用路由表空間導致路由器的繞送效能變差。

圖表 5-66 Hacker 路由器的網路架構

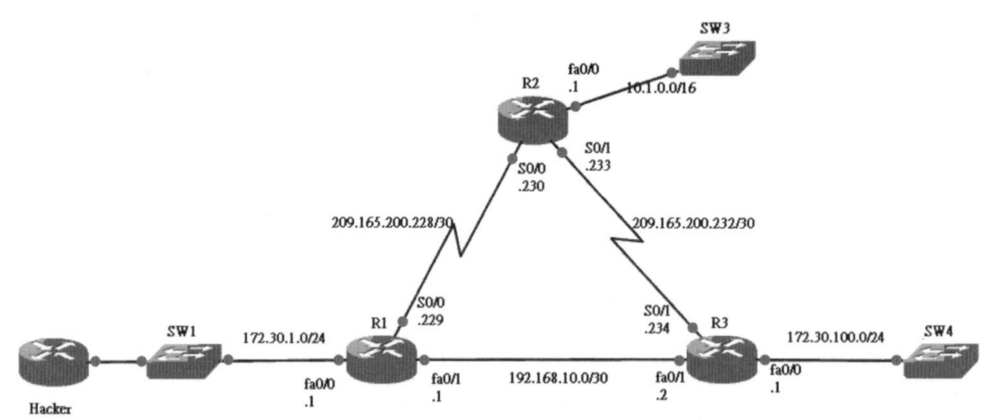

設定被動介面

由上述觀察，我們希望 R1 的 fa0/0 不用傳送更新封包，這樣可以省頻寬也可以減少 fa0/0 的工作負擔，被動介面就是這個目的。介面被設定為被動介面後，此介面就不會再傳送路由更新資料出去，但是還會接收路由更新資料，所以 RIP 的被動介面只能防止路由洩漏，無法避免惡意路由的注入攻擊，而 EIGRP 與 OSPF 的被動介面可以防止這兩種路由資安問題。現在來設定 fa0/0 為被動介面，指令如下面所示，注意要在 RIP 的模式下使用 **passive-interface** 指令。

請注意：可以先將路由器全部的介面都設定為被動介面，再將需要送出 RIP 封包介面的被動介面功能關閉，此為正向表列方式來規劃路由器中介面要送出 RIP 封包，要將全部介面都設定為被動，請在 RIP 啟動模式下執行 passive-interface default，而取消 fa0/1 介面的被動功能為 no passive-interface fa0/1。另外 EIGRP 與 OSPF 也適用這種方式。

圖表 5-67 R1 中 fa0/0 設定為被動介面指令

指令	說明
R1(config)#router rip R1(config-router)#passive-interface fa0/0	將 R1 的 fa0/0 設定為被動介面

查詢 R1 的被動介面

當設定完成後，我們再查看 R1 上的路由協定執行情況，可以看到參與 RIP 的介面少了一個 fa0/0，而在 passive-interface 下增加了一個 fa0/0，如下所示：

圖表 5-68 設定與查看 R1 中被動介面

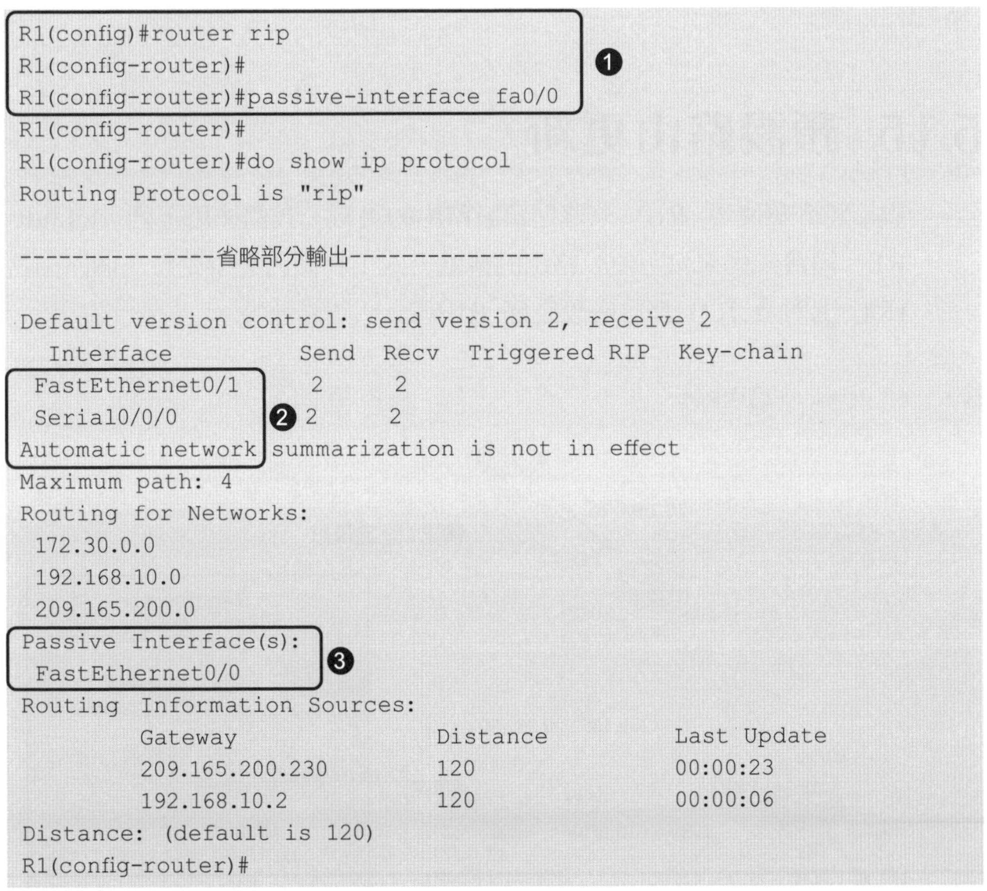

```
R1(config)#router rip
R1(config-router)#
R1(config-router)#passive-interface fa0/0          ❶
R1(config-router)#
R1(config-router)#do show ip protocol
Routing Protocol is "rip"

---------------省略部分輸出---------------

Default version control: send version 2, receive 2
  Interface          Send  Recv  Triggered RIP  Key-chain
 FastEthernet0/1      2     2
 Serial0/0/0       ❷ 2     2
Automatic network summarization is not in effect
Maximum path: 4
Routing for Networks:
 172.30.0.0
 192.168.10.0
 209.165.200.0
Passive Interface(s):
 FastEthernet0/0   ❸
Routing Information Sources:
        Gateway             Distance        Last Update
        209.165.200.230     120             00:00:23
        192.168.10.2        120             00:00:06
Distance: (default is 120)
R1(config-router)#
```

❶ 設定 fa0/0 為被動介面。

❷ 目前正在執行 RIP 的介面 。

❸ 設定被動介面的名稱。要注意 fa0/0 還是會執行接收路由更新封包，只是不會再送出任何路由更新封包。

請注意：當介面被設定為被動時，介面上的網路還是會被宣告通報出去。

5.15 預設路由更新

本節將介紹使用 RIP 來傳送預設路由的更新，我們使用下列 default-RIP 網路架構來說明預設路由的傳遞方式，我們已經事先將三個路由器 (R1、R2 及 R3) 都已經設定好 RIPv2。

圖表 5-69 default-RIP網路架構

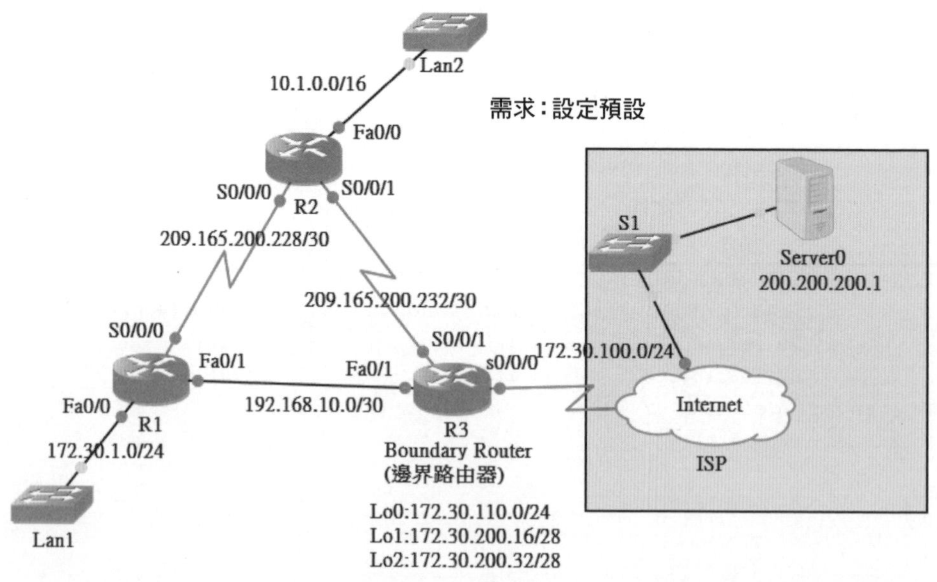

先前已經有介紹預設路由的目的與設定指令，所以每個路由器應該都要有一筆預設路由，這樣封包才不會在路由器找不到目的路由資訊而被丟棄。在上圖中的網路架構中有模擬跟 ISP 連接，我們已經將內網的

三個路由器都啟動 RIPv2 而且關閉自動壓縮，邊界路由器 R3 中的 s0/0/0 是接到 ISP，但是 ISP 路由器不會啟動 RIP 來跟 R3 交換路由資訊，因此內網的三個路由器都沒有 Internet 上的網路資訊，現在如果要從 R1 連接 Server0 是不會成功，讀者可以在 R1 的管理者模式執行 **ping 200.200.200.1**，結果會是失敗。

設定靜態預設路由

既然內網的路由器無法學習到 Internet 上的網路資訊，所以內網的路由器都要設定一筆預設路由，如此送往 Internet 的封包才不會被丟棄，但是要使用靜態方式來設定所有內網路由器的預設路由，又是一件很麻煩的事，所以我們要利用 RIP 來協助傳送預設路由的資訊。

首先在邊界路由 R3 中設定一筆預設路由資訊從 s0/0/0 出去到 ISP，如下表指令所示，當 R3 設定了一筆預設路由，路由表內容就有一筆 **S*** 的靜態預設路由出現。

圖表 5-70 R3 設定靜態預設路由

指令	說明
R3(config)#ip route 0.0.0.0 0.0.0.0 s0/0/0	設定靜態預設路由使用 s0/0/0

R3 使用 default-information originate 宣告

接下來 R1 與 R2 應該也都要設定一筆預設路由資訊往 R3，因為 ISP 是接在 R3，但每台路由器都要用靜態預設路由方式設定會很麻煩，既然三個路由器都已經啟動 RIPv2，我們希望 R3 的預設路由可以經由 RIPv2 的更新傳遞出去給 R1 與 R2，這樣就省去人工方式一個一個去設定每台路由器的預設路由，以下是設定傳遞預設路由的指令 **default-information originate**，此指令要在 RIP 的模式下使用，OSPF 也支援此指令，但 EIGRP 不支援這指令，必須用其他指令，下一章 EIGRP 章節再介紹。

圖表 5-71 R3 傳遞預設路由指令

指令	說明
R3(config)#router rip	切換到 RIP 模式
R3(config-router)#default-information originate	在 R3 啟動傳遞預設路由功能

R3 的 RIP debug 的資訊

我們先來看 R3 的 RIP debug 的資訊，如下所示，可以看到有一筆 **0.0.0.0/0 via 0.0.0.0, metric 1, tag 0** 的路由更新資料，此筆就是預設路由，會透過 fa0/1 送出去給 R1。

圖表 5-72 R3 中 RIP 的 debug 訊息

```
R3#debug ip rip events
RIP event debugging is on
RIP  build update entries
      0.0.0.0/0 via 0.0.0.0, metric 1, tag 0
      10.1.0.0/16 via 0.0.0.0, metric 2, tag 0
      172.30.100.0/24 via 0.0.0.0, metric 1, tag 0
      172.30.110.0/24 via 0.0.0.0, metric 1, tag 0
      172.30.200.16/28 via 0.0.0.0, metric 1, tag 0
      172.30.200.32/28 via 0.0.0.0, metric 1, tag 0
      209.165.200.232/30 via 0.0.0.0, metric 1, tag 0
RIP  sending  v2 update to 224.0.0.9 via FastEthernet0/1 (192.168.10.2)
** 省略部分輸出
```

R1 的 R* 預設路由如下所示：

圖表 5-73 R1 的預設路由

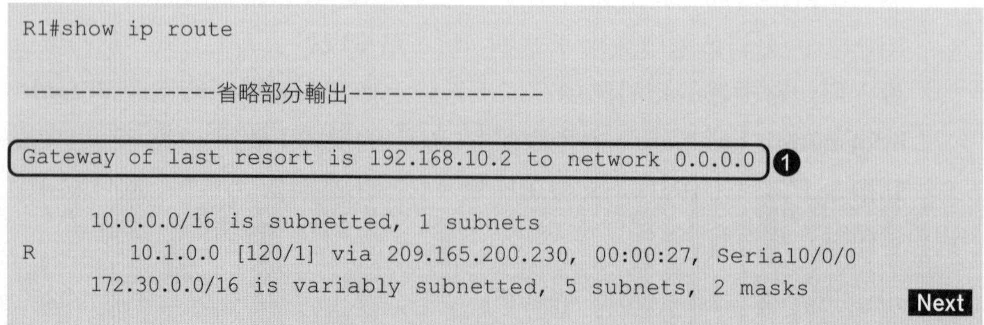

```
R1#show ip route

---------------省略部分輸出---------------

Gateway of last resort is 192.168.10.2 to network 0.0.0.0  ❶

     10.0.0.0/16 is subnetted, 1 subnets
R       10.1.0.0 [120/1] via 209.165.200.230, 00:00:27, Serial0/0/0
     172.30.0.0/16 is variably subnetted, 5 subnets, 2 masks
```

Next

```
C        172.30.1.0/24 is directly connected, FastEthernet0/0
R        172.30.100.0/24 [120/1] via 192.168.10.2, 00:00:13, FastEthernet0/1
R        172.30.110.0/24 [120/1] via 192.168.10.2, 00:00:13, FastEthernet0/1
R        172.30.200.16/28 [120/1] via 192.168.10.2, 00:00:13, FastEthernet0/1
R        172.30.200.32/28 [120/1] via 192.168.10.2, 00:00:13, FastEthernet0/1
     192.168.10.0/30 is subnetted, 1 subnets
C        192.168.10.0 is directly connected, FastEthernet0/1
     209.165.200.0/30 is subnetted, 2 subnets
C        209.165.200.228 is directly connected, Serial0/0/0
R        209.165.200.232 [120/1] via 192.168.10.2, 00:00:13, FastEthernet0/1
                         [120/1] via 209.165.200.230, 00:00:27, Serial0/0/0
R*   0.0.0.0/0 [120/1] via 192.168.10.2, 00:00:13, FastEthernet0/1 ❷
R1#
```

❶ 表示 R1 有設定預設路由往 192.168.10.2 方向。

❷ 一筆 **R*** 的預設路由資訊。此筆 * 號的預設路由是透過 RIP 寫入到路由表中。

讀者可能會疑惑 ❷ 為什麼不是 S*？先來解釋 **R*** 的含意：R 是 RIP 而 * 是預設路由，這解讀為此筆預設路由為透過 RIP 方式更新到路由表中，所以此筆預設路由不是在 R1 使用靜態路由指令設定。R2 的路由表也是一樣，此部份就留給讀者驗證。我們再來測試 R1 與 Server0 的連線狀況，R1 執行 **ping 200.200.200.1**，就會成功。

5.16 RIP 的 Hop 數限制

RIP 最多可以學習到多遠的遠端網路資訊是有極限的，RIP 可以學習到 15 hops 以內的遠端網路，超過 15hops 的遠端網路 RIP 學習不到，我們使用下列的 15-hops 網路架構來做實驗。

圖表 5-74　15-hops 網路架構

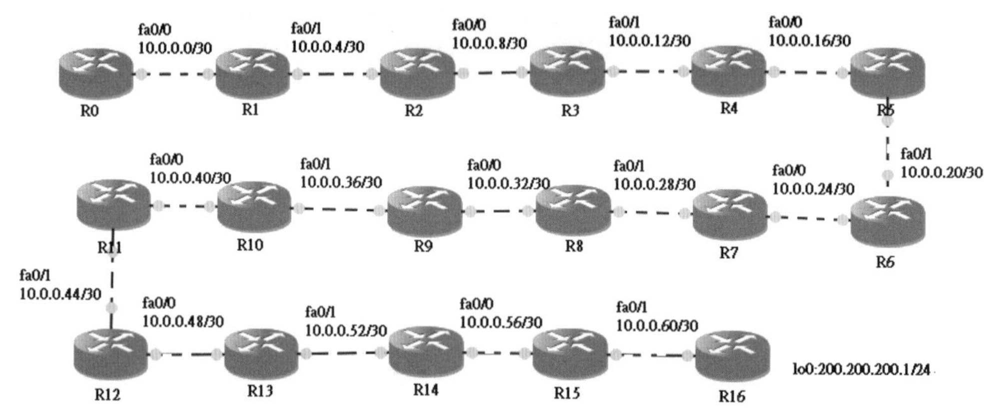

根據上圖，我們來數數看 R0 與 R16 中的 200.200.200.0/24 距離有多少個 hops，答案是 16 hops，現在將所有的路由器啟動 RIPv2，接著觀察 R0 的路由表是否會出現 200.200.200.0/24 的網路。

啟動 RIP 指令

在 17 台路由器啟動 RIP，R0 到 R15 的啟動指令一樣，如下表所示，讀者可以用剪貼的方式來設定會比較快，R16 要多一個 **network 200.200.200.0** 的宣告，接著觀察 R0 是否有辦法學習到 200.200.200.0/24 的網路。

圖表 5-75
路由器啟動 RIP 指令

指令	說明
R(config)#router rip R(config-router)#version 2 R(config-router)#no auto-summary R(config-router)#network 10.0.0.0	路由器啟動 RIP 相關指令

查看 R0、R1 的路由表

如下所示為目前 R0 的路由表內容，沒有看到 200.200.200.0/24，這不是設定上的問題，而是 RIP 的限制，我們看最後一筆 10.0.0.60/30 的成本為 15hops，此網路在 R15 與 R16 中間，所以 200.200.200.0/24 是 16hops，R0 就學不到了。

圖表 5-76　查看 R0 的路由表

```
R0# show ip route
-----------------------省略部分資訊-----------------------
Gateway of last resort is not set

     10.0.0.0/30 is subnetted, 16 subnets
C       10.0.0.0 is directly connected, FastEthernet0/0
R       10.0.0.4 [120/1] via 10.0.0.2, 00:00:03, FastEthernet0/0
R       10.0.0.8 [120/2] via 10.0.0.2, 00:00:03, FastEthernet0/0
R       10.0.0.12 [120/3] via 10.0.0.2, 00:00:03, FastEthernet0/0
R       10.0.0.16 [120/4] via 10.0.0.2, 00:00:03, FastEthernet0/0
R       10.0.0.20 [120/5] via 10.0.0.2, 00:00:03, FastEthernet0/0
R       10.0.0.24 [120/6] via 10.0.0.2, 00:00:03, FastEthernet0/0
R       10.0.0.28 [120/7] via 10.0.0.2, 00:00:03, FastEthernet0/0
R       10.0.0.32 [120/8] via 10.0.0.2, 00:00:03, FastEthernet0/0
R       10.0.0.36 [120/9] via 10.0.0.2, 00:00:03, FastEthernet0/0
R       10.0.0.40 [120/10] via 10.0.0.2, 00:00:03, FastEthernet0/0
R       10.0.0.44 [120/11] via 10.0.0.2, 00:00:03, FastEthernet0/0
R       10.0.0.48 [120/12] via 10.0.0.2, 00:00:03, FastEthernet0/0
R       10.0.0.52 [120/13] via 10.0.0.2, 00:00:03, FastEthernet0/0
R       10.0.0.56 [120/14] via 10.0.0.2, 00:00:03, FastEthernet0/0
R       10.0.0.60 [120/15] via 10.0.0.2, 00:00:03, FastEthernet0/0
R0#
```

我們從 R0 前進一台到 R1 觀察，R1 距離 200.200.200.0/24 有 15hops，現在來查看 R1 的路由表，如下所示有看到 200.200.200.0/24，其成本剛好為 15 hops，由此可見 RIP 真的只能學習到 15 hops 內的遠端網路。

圖表 5-77　查看 R1 的路由表

```
R1# show ip route
-----------------------省略部分資訊-----------------------
Gateway of last resort is not set

     10.0.0.0/30 is subnetted, 16 subnets
C       10.0.0.0 is directly connected, FastEthernet0/0
C       10.0.0.4 is directly connected, FastEthernet0/1
R       10.0.0.8 [120/1] via 10.0.0.6, 00:00:15, FastEthernet0/1
R       10.0.0.12 [120/2] via 10.0.0.6, 00:00:15, FastEthernet0/1
R       10.0.0.16 [120/3] via 10.0.0.6, 00:00:15, FastEthernet0/1
R       10.0.0.20 [120/4] via 10.0.0.6, 00:00:15, FastEthernet0/1
R       10.0.0.24 [120/5] via 10.0.0.6, 00:00:15, FastEthernet0/1
R       10.0.0.28 [120/6] via 10.0.0.6, 00:00:15, FastEthernet0/1
R       10.0.0.32 [120/7] via 10.0.0.6, 00:00:15, FastEthernet0/1
R       10.0.0.36 [120/8] via 10.0.0.6, 00:00:15, FastEthernet0/1
R       10.0.0.40 [120/9] via 10.0.0.6, 00:00:15, FastEthernet0/1
R       10.0.0.44 [120/10] via 10.0.0.6, 00:00:15, FastEthernet0/1
R       10.0.0.48 [120/11] via 10.0.0.6, 00:00:15, FastEthernet0/1
R       10.0.0.52 [120/12] via 10.0.0.6, 00:00:15, FastEthernet0/1
R       10.0.0.56 [120/13] via 10.0.0.6, 00:00:15, FastEthernet0/1
R       10.0.0.60 [120/14] via 10.0.0.6, 00:00:15, FastEthernet0/1
R    200.200.200.0/24 [120/15] via 10.0.0.6, 00:00:15, FastEthernet0/1
R1#
```

5.17 路由表的最長匹配 (LDM) 原則

最後本節將介紹路由器如何選擇路由表中的路由資訊來使用，我們使用下列 LDM 網路架構來驗證路由表最常匹配的行為。

圖表 5-78 LDM 網路架構

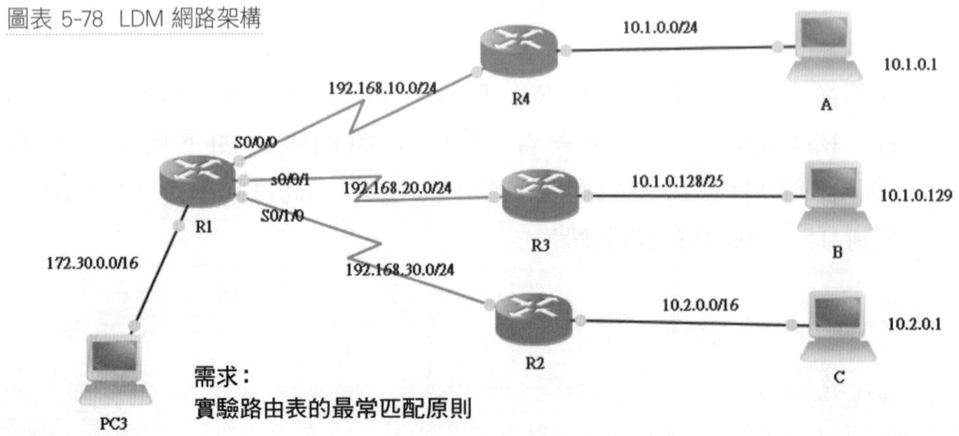

路由匹配原則

路由器如何選擇路由資訊來使用，這必須符合**匹配 (match)** 原則，此匹配原則會從路由表中的路由資訊與傳送封包的目的 IP 位址的二進位從最左側開始，必須達到一個最少的匹配位數，這個最少匹配位數由路由表中對應路由資訊的子網路遮罩決定，當滿足最少匹配位數，此筆路由資訊就可以拿來做繞送使用。以下表為例，路由器有三筆路由資訊，當路由器收到一個封包要送到目的 IP 為 172.16.0.1，路由器可以選擇那一筆路由資訊？

圖表 5-79 路由匹配方式

	十進位	二進位
目的封包 IP	172.16.0.1	10101100.00010000.00000000.00000001

Routing Table

路由資訊 1	172.16.0.0/20	**10101100.00010000. 0000**0000.00000000
路由資訊 2	172.16.0.0/24	**10101100.00010000. 00000000**.00000000
路由資訊 3	172.16.0.0/26	**10101100.00010000. 00000000.00**000000

如果要使用路由資訊 1 (172.16.0.0/20)，則目的 IP 172.16.0.1 的二進位必須至少前 20 位元要跟 172.16.0.0/20 一樣，因此路由器可以選擇路由資訊 1，同樣的方式，目的 IP 匹配路由資訊 2 與路由資訊 3 分別要至少前 24 位元與 26 位元要一樣，本範例的三個路由資訊都有符合**最少匹配原則**，但是路由器只能選擇一筆路由資訊當作轉送根據，此時就要使用**最長匹配（Long Distance Match）**原則，此原則為路由表中與封包的目的 IP 位址從最左側開始存在最多匹配位數的路由資訊，以本範例，路由資訊 3 最少匹配 26 位元，而路由資訊 1 與路由資訊 2 的最少匹配分別為 20 位元與 24 位元，所以路由資訊 3 與目的 IP 位址有較多的最少匹配位元，因此路由器根據最長匹配原則選擇路由資訊 3 當作繞送資訊。

0.0.0.0/0 的路由匹配

由上述的匹配原則，如果路由表中有設定 **0.0.0.0/0** 路由，那此路由不是不用匹配就可以使用，所以當路由器收到一個封包，就不會有找不到可匹配的路由資訊，因為至少 0.0.0.0/0 路由可以匹配成功，所以我們就把 0.0.0.0/0 視作預設路由，其他網路要當預設路由，就要使用 **ip default-network** 指令來設定。

實驗最長匹配原則

查詢 R1 的路由表如下所示，其中的靜態路由為預先設定好的。當 PC3 執行 **ping 10.1.0.1** 後，當 R1 收到 ping 封包時，R1 有三筆路由資訊符合最少匹配 (10.1.0.0/16、10.1.0.0/24 及 10.1.0.0/25)，根據最長匹配原則，R1 會選擇 10.1.0.0/25 路由資訊，但此路由資訊的出口介面為 s0/1/0，因此 ping 封包就無法傳送到 PCA。

如果 PC3 執行 **ping 10.1.0.129** 後，R1 有兩筆路由資訊符合最少匹配(10.1.0.0/16 及 10.1.0.0/24)，R1 最後選擇 10.1.0.0/24 路由資訊，此路由資訊的出口介面為 s0/0/1，這樣就可以到達 PCB。

圖表 5-80 實驗匹配 R1 的路由表

```
R1#show ip route
-----------省略部分輸出-------------
Gateway of last resort is 0.0.0.0 to network 0.0.0.0

     10.0.0.0/8 is variably subnetted, 4 subnets, 3 masks
S       10.1.0.0/16 is directly connected, Serial0/0/0
S       10.1.0.0/24 is directly connected, Serial0/0/1
S       10.1.0.0/25 is directly connected, Serial0/1/0
S       10.2.0.0/16 is directly connected, Serial0/1/0
C    172.30.0.0/16 is directly connected, FastEthernet0/0
C    192.168.10.0/24 is directly connected, Serial0/0/0
C    192.168.20.0/24 is directly connected, Serial0/0/1
C    192.168.30.0/24 is directly connected, Serial0/1/0
C    192.168.40.0/24 is directly connected, Loopback0
S*   0.0.0.0/0 is directly connected, Loopback0
R1#
```

請注意：使用 show ip route IP 位址可以檢查該 IP 是否有存在路由表，例如：show ip route 10.1.0.1，可以檢查 10.1.0.1 是否存在路由表，如果沒有就顯示 Subnet not in table，如果有就會顯示路由網路的詳細資訊。

路由行為

當路由資訊選取時，若所有路由資訊都沒有符合匹配原則，此時就要看是否有設定預設路由，如果沒有設定預設路由，封包則被丟棄，若有設定預設路由，此時要使用預設路由還是要根據路由行為，路由行為主要有兩種，**有級別路由行為 (no ip classless)** 及**無級別路由行為 (ip classless)**，若是有級別路由行為則不會使用預設路由，封包一樣被丟棄，**只有無級別路由行為會使用預設路由**。

以下表為例，使用 **no ip classless** 來設定路由器為有級別路由行為，目的封包無匹配的路由資訊，雖然有設定預設路由，但封包仍會被丟棄。我們再使用 **ip classless** 將路由器設定為無級別路由行為，此時目的封包就可以使用預設路由。請注意路由器預設為無級別路由行為。

圖表 5-81 路由行為

目的封包 IP	172.16.255.1	10101100.00010000.11111111.00000001

Routing Table

路由資訊 1	172.16.0.0/20	**10101100.00010000. 0000**0000.00000000
路由資訊 2	172.16.0.0/24	**10101100.00010000. 00000000**.00000000
路由資訊 3	172.16.0.0/26	**10101100.00010000. 00000000.00**000000
預設路由	0.0.0.0/0	00000000.00000000.00000000.00000000

請注意：路由器的繞送不一定是要參考路由表資訊，PBR (Policy Base Route) 用於在路由器查詢路由表之前，直接指定封包的方向 (設定出口介面或下一站 IP)，PBR 需要使用 Route-map 來修改封包的方向，如此封包繞送就可以不用使用路由表，PBR 屬於 CCNP 課程範圍。

MEMO

CHAPTER 6

Cisco EIGRP 路由協定介紹與設定

本章節將介紹進階的路由協定的運作原理並示範其設定，我們將沿用上一章節 RIP 的練習設定架構來示範，並做。RIP 及 EIGRP 路由協定之間的功能差異比較。

6.1 啟動與設定 EIGRP

EIGRP (Enhanced Interior Gateway Routing Protocol)為 Cisco 公司開發的路由協定，屬於 Cisco 專利，因此非 Cisco 的路由器不會支援 EIGRP。

EIGRP 的前一個版本為 IGRP，屬於 Classful Routing，EIGRP 增強 IGRP 功能則為 Classless Routing。除此之外，EIGRP 還增加幾項功能有別於其他距離向量路由協定 (如 RIP)，例如：擴散更新演算法 (DUAL)、鄰居表 (Neighbor Tables)、拓樸表 (Topology Tables)、可靠傳輸通訊協定 (RTP) 和最大 hop count 為 255 hops 等，讓 EIGRP 功能更為強大，我們將以下圖架構示範如何設定 EIGRP，過程中會講解其運作原理。

圖表 6-1 EIGRP 網路架構

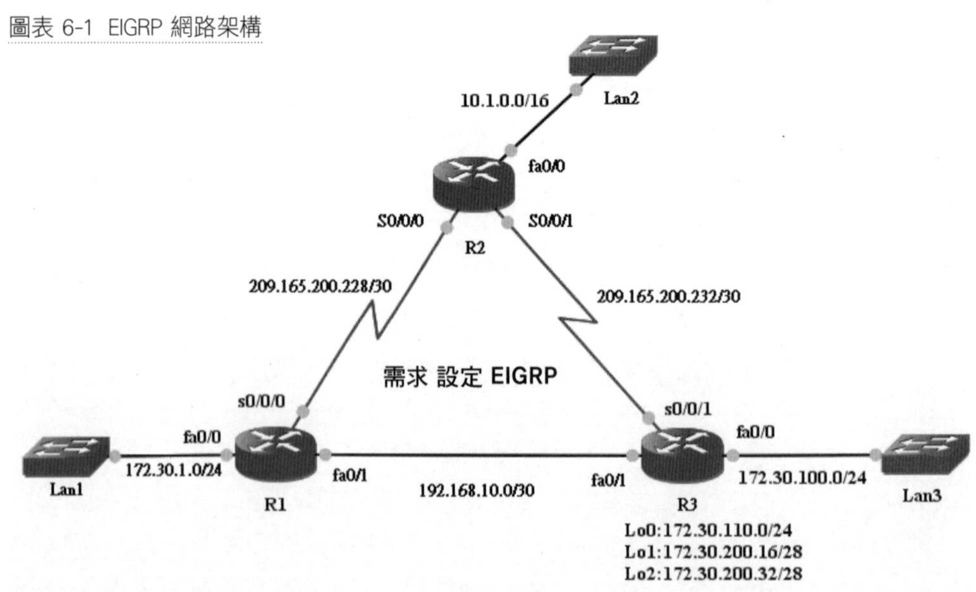

在啟動 EIGRP 之前，先將上圖三個路由器的 RIPv2 啟動，並將每個路由器的直連網宣告傳出，並關閉自動路由壓縮功能，如此可以觀察路由器同時啟動兩種路由協定的影響，在本單元的 EIGRP 網路架構已經啟動 RIPv2，從 R1 的路由表可以看到其他兩個路由器的所有網路，如下所示，上述的 RIP 相關設定請參考上一章節。

圖表 6-2　範例檔案中 R1 中 RIPv2 的路由資訊

```
R1#show ip route
------------ 省略部分資訊 ---------------
Gateway of last resort is not set

     10.0.0.0/16 is subnetted, 1 subnets
R       10.1.0.0 [120/1] via 209.165.200.230, 00:00:20, Serial0/0/0
     172.30.0.0/16 is variably subnetted, 5 subnets, 2 masks
C       172.30.1.0/24 is directly connected, FastEthernet0/0
R       172.30.100.0/24 [120/1] via 192.168.10.2, 00:00:01, FastEthernet0/1
R       172.30.110.0/24 [120/1] via 192.168.10.2, 00:00:01, FastEthernet0/1
R       172.30.200.16/28 [120/1] via 192.168.10.2, 00:00:01, FastEthernet0/1
R       172.30.200.32/28 [120/1] via 192.168.10.2, 00:00:01, FastEthernet0/1
     192.168.10.0/30 is subnetted, 1 subnets
C       192.168.10.0 is directly connected, FastEthernet0/1
     209.165.200.0/30 is subnetted, 2 subnets
C       209.165.200.228 is directly connected, Serial0/0/0
R       209.165.200.232 [120/1] via 209.165.200.230, 00:00:20, Serial0/0/0
                        [120/1] via 192.168.10.2, 00:00:01, FastEthernet0/1
R1#
```

EIGRP 常用指令

常用到的 EIGRP 相關指令如下表，啟動的方式、宣告網路、關閉路由自動壓縮與宣告被動介面等等的指令觀念與 RIP 大致相同，比較特別的地方在於啟動 EIGRP 時要加一個數字，稱為**自治區編號 (AS number)**。

圖表 6-3　常用 EIGRP 相關指令

指令	說明
Router(config)#router eigrp 10	啟動 EIGRP 路由協定，AS=10
Router(config-router)#network 172.30.0.0	宣告傳出的網路位址
Router(config-router)#no auto-summary	關閉自動路由壓縮
Router(config-router)#passive-interface fa0/0	設定 fa0/0 為被動介面
Router(config-router)#variance	修改不同成本的路由負載平衡
Router#show ip protocol	查看路由器正在執行路由協定
Router#show ip eigrp neighbor	查看鄰居表
Router#show ip eigrp topology	查看拓樸表
Router#show ip eigrp interfaces 10	查看 AS=10 EIGRP 執行的介面
Router#show ip eigrp traffice	查看 EIGRP 封包數目
Router#debug eigrp packets	查看 EIGRP 低層封包狀況

EIGRP 自治區編號

在啟動 EIGRP 時後面一定要加一個**自治區編號 (Autonomous System number)**，簡稱 AS 編號，否則無法啟動 EIGRP，此編號目的在於分組進行 EIGRP 路由資訊更新，如下圖為例，所有路由器皆啟動 EIGRP，但 AS 編號有兩個 10 跟 20，如此分為兩個 EIGRP 群組。

編號 10 這組有 R1、R2 與 R3，編號 20 這組有 R2 與 R4，在編號 10 的這組三個路由器之間會互相交換 EIGRP 路由資訊，但不會跟 R4 交換 EIGRP 路由資訊，而在編號 20 的兩個路由器之間會互相交換 EIGRP 路由資訊，不會跟 R1 與 R3 交換。比較特別的是 R2 同時屬於編號 10 與 20 兩組，也就是 R2 有啟動兩個 EIGRP 路由協定，這點在 RIP 就不行了，因此 R2 會同時跟兩組內的路由器交換 EIGRP 路由資訊。

要注意的是 R2 不會將兩組的路由資訊互相傳遞給對方的路由器，例如：R2 不會將 R4 的路由資訊傳遞給 R1 與 R3，反之亦然，除非使用**匯入功能 (Redistribute)**，此功能在 CCNP 的課程範圍在此先略過不提。至於要讓路由器屬於編號 10 的這組，只要在啟動 EIGRP 時後面接數字 10 即可。

圖表 6-4 兩組 EIGRP 的運作情況

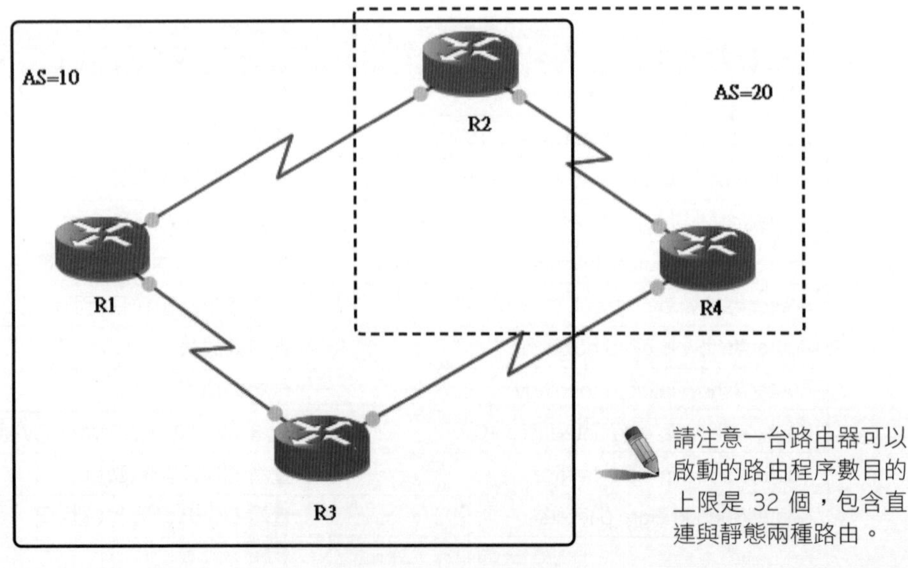

請注意一台路由器可以啟動的路由程序數目的上限是 32 個，包含直連與靜態兩種路由。

三台路由器啟動 EIGRP 的指令

我們在三個路由器統一使用 AS 編號為 10 來啟動 EIGRP 並將其所有直連網路宣告傳出，如下表所示，啟動 EIGRP 相關指令。

圖表 6-5 啟動 EIGRP 相關指令

指令	說明
R1(config)#router eigrp 10 R1(config-router)#network 172.30.1.0 R1(config-router)#network 209.165.200.228 R1(config-router)#network 192.168.10.0	啟動 R1 的 eigrp，AS=10，並宣告三個網路要送出
R2(config)#router eigrp 10 R2(config-router)#network 10.1.0.0 R2(config-router)#network 209.165.200.228 R2(config-router)#network 209.165.200.232	啟動 R2 的 eigrp，AS=10，並宣告三個網路要送出
R3(config)#router eigrp 10 R3(config-router)#network 209.165.200.232 R3(config-router)#network 192.168.10.0 R3(config-router)#network 172.30.100.0 R3(config-router)#network 172.30.110.0 R3(config-router)#network 172.30.200.16 R3(config-router)#network 172.30.200.32	啟動 R3 的 eigrp，AS=10，並宣告六個網路要送出

R1 啟動 EIGRP

接著實際來設定 R1，如下所示：

圖表 6-6 R1 啟動 EIGRP 及查詢 EIGRP 介面

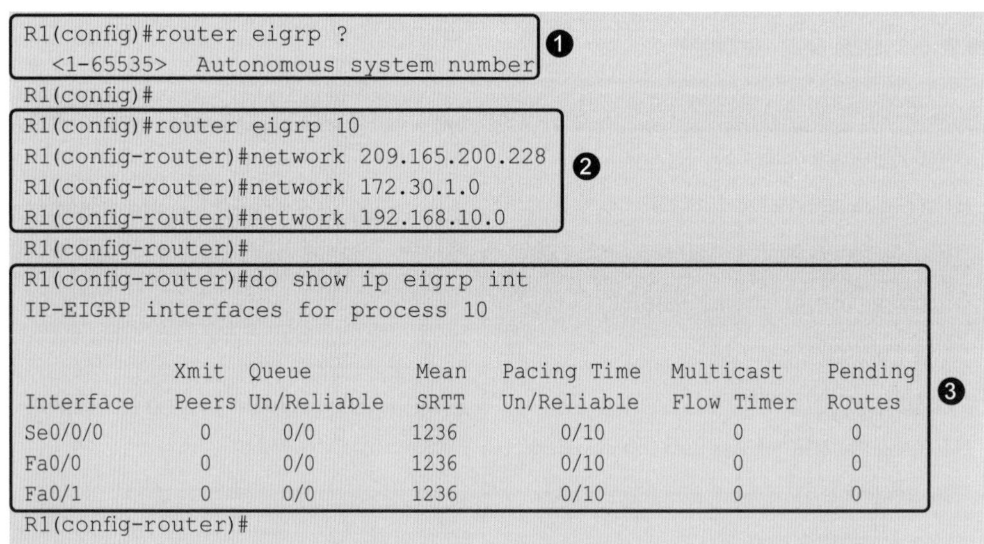

```
R1(config)#router eigrp ?
  <1-65535>  Autonomous system number
R1(config)#
R1(config)#router eigrp 10
R1(config-router)#network 209.165.200.228
R1(config-router)#network 172.30.1.0
R1(config-router)#network 192.168.10.0
R1(config-router)#
R1(config-router)#do show ip eigrp int
IP-EIGRP interfaces for process 10

            Xmit  Queue         Mean   Pacing Time   Multicast    Pending
Interface   Peers Un/Reliable   SRTT   Un/Reliable   Flow Timer   Routes
Se0/0/0       0       0/0       1236       0/10           0          0
Fa0/0         0       0/0       1236       0/10           0          0
Fa0/1         0       0/0       1236       0/10           0          0
R1(config-router)#
```

❶ 我們先使用指令 **router eigrp ?** 來查詢可用的自治區編號範圍。

❷ 接著使用 **router eigrp 10** 來啟動編號為 10 的 EIGRP，當 R1 的所有直連網路宣告傳出之後，另一個含意也宣告 R1 的 s0/0/0、fa0/0 與 fa0/1 開始參與 EIGEP 的運作，這跟 RIP 中宣告網路的含義是一樣的。

❸ 使用 **show ip eigrp int** 來查詢目前正在運作的 EIGRP 介面，如果介面被設定為被動，則被動介面不會顯示出來。

R2 啟動 EIGRP

在 R2 啟動了 EIGRP 時，當使用 network 宣告 209.165.200.228 網路位址時，此網路位址包含的介面 s0/0/0 就會參與 EIGRP 的運作，並開始與 R1 的 s0/0/0 交換 EIGRP 封包，開始建立鄰居關係，如下所標示的地方出現建立 EIGRP 的鄰居訊息『**Neighbor 209.165.200.229**』，此 IP 即為 R1 中 s0/0/0 的 IP，R2 與 R1 已經建立鄰居關係，這是因為 EIGRP 要傳出路由資訊之前，要先建立鄰居關係。請注意如果沒有 EIGRP 鄰居建立的訊息，那就是設定有問題。

圖表 6-7　R2 啟動 EIGRP 及建立鄰居訊息

```
R2(config)#router eigrp 10
R2(config-router)#network 209.165.200.228
R2(config-router)#
%DUAL-5-NBRCHANGE: IP-EIGRP 10: Neighbor 209.165.200.229 (Serial0/0/0)
is up: new adjacency
R2(config-router)#network 209.165.200.232
R2(config-router)#network 10.1.0.0
R2(config-router)#
```

R3 啟動 EIGRP

在 R3 啟動了 EIGRP 時，當宣告 209.165.200.232 與 192.168.10.0 網路位址後，會出現兩筆鄰居建立的訊息如下所示：

圖表 6-8　R3 啟動 EIGRP 及建立鄰居訊息

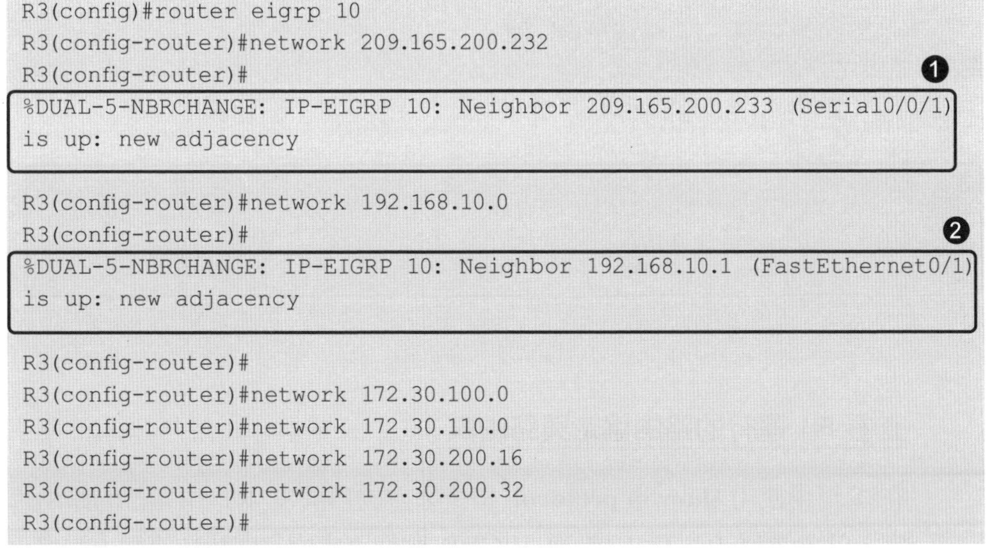

```
R3(config)#router eigrp 10
R3(config-router)#network 209.165.200.232
R3(config-router)#                                                    ❶
%DUAL-5-NBRCHANGE: IP-EIGRP 10: Neighbor 209.165.200.233 (Serial0/0/1)
is up: new adjacency
R3(config-router)#network 192.168.10.0
R3(config-router)#                                                    ❷
%DUAL-5-NBRCHANGE: IP-EIGRP 10: Neighbor 192.168.10.1 (FastEthernet0/1)
is up: new adjacency
R3(config-router)#
R3(config-router)#network 172.30.100.0
R3(config-router)#network 172.30.110.0
R3(config-router)#network 172.30.200.16
R3(config-router)#network 172.30.200.32
R3(config-router)#
```

❶『Neighbor 209.165.200.233 (Serial0/0/1)』表示其鄰居為 R2。

❷『Neighbor 192.168.10.1 (FastEthernet0/1)』表示 R1 為其鄰居。

R1 查看 EIGRP 鄰居

我們來查看 R1 的 EIGRP 的鄰居有哪幾個，使用 **show ip eigrp neighbors** 指令，如下所示，目前 R1 有兩個鄰居建立，其中欄位資訊如下：

- **H 欄位**：R1 發現鄰居的先後順序的編號。
- **Address 欄位**：R1 鄰居的 IP 位址。
- **Interface 欄位**：表示 R1 跟鄰居相接的本地介面名稱。
- **Hold 欄位**：R1 跟鄰居關係剩下時間，每次收到 Hello 封包時，此值即被重置為最大保持時間，然後倒數計時，到零為止。如果到達了零，則認為該鄰居進入 "down"。
- **Uptime 欄位**：R1 的鄰居被增加到 R1 鄰居表以來的時間。
- **SRTT 和 RTO 欄位**：使用 RTP 傳送 EIGRP 封包的資訊。
- **Queue Count**：應該始終為零，如果大於零，表示 R1 的介面有 EIGRP 封包等待要發送。
- **Sequence Number 欄位**：EIGRP 封包的編號，用於追蹤更新、查詢和回覆封包。

圖表 6-9　R1 中 EIGRP 鄰居資訊

```
R1#show ip eigrp neighbors
IP-EIGRP neighbors for process 10
H    Address          Interface      Hold Uptime   SRTT    RTO    Q    Seq
                                     (sec)         (ms)           Cnt  Num
0    209.165.200.230  Se0/0/0        14  00:04:05  40      1000   0    8
1    192.168.10.2     Fa0/1          13  00:01:35  40      1000   0    19

R1#
```

查看 R1 運行的路由協定與路由表

在 R1 中使用 **show ip protocol** 指令來查詢目前在 R1 中運行的路由協定，就會看到 R1 有 RIP 與 EIGRP 兩個路由協定同時在運行，這表示路由器上可以同時啟動多個路由協定。

如下所示可以看到有 RIP 的路由資訊也有 EIGRP 的路由資訊，其中 **D** 代表為 EIGRP，但是 EIGRP 的路由資訊都沒有包含其它遠端網路的子網路的資訊，這是因為 EIGRP 預設也是啟動自動路由壓縮功能，這點跟 RIP 是一樣的。

圖表 6-10 R1 的路由表

```
R1#show ip route
Codes: C - connected, S - static, I - IGRP, R - RIP, M - mobile, B - BGP
       D - EIGRP, EX - EIGRP external, O - OSPF, IA - OSPF inter area

------------ 省略部分資訊 ---------------
   10.0.0.0/8 is variably subnetted, 2 subnets, 2 masks
D     10.0.0.0/8 [90/2172416] via 209.165.200.230, 00:05:42, Serial0/0/0
R     10.1.0.0/16 [120/1] via 209.165.200.230, 00:00:21, Serial0/0/0
   172.30.0.0/16 is variably subnetted, 6 subnets, 3 masks
D     172.30.0.0/16 is a summary, 00:10:31, Null0
C     172.30.1.0/24 is directly connected, FastEthernet0/0
R     172.30.100.0/24 [120/1] via 192.168.10.2, 00:00:08, FastEthernet0/1
R     172.30.110.0/24 [120/1] via 192.168.10.2, 00:00:08, FastEthernet0/1
R     172.30.200.16/28 [120/1] via 192.168.10.2, 00:00:08, FastEthernet0/1
R     172.30.200.32/28 [120/1] via 192.168.10.2, 00:00:08, FastEthernet0/1
   192.168.10.0/24 is variably subnetted, 2 subnets, 2 masks
D     192.168.10.0/24 is a summary, 00:10:22, Null0
C     192.168.10.0/30 is directly connected, FastEthernet0/1
   209.165.200.0/24 is variably subnetted, 3 subnets, 2 masks
D     209.165.200.0/24 is a summary, 00:10:31, Null0
C     209.165.200.228/30 is directly connected, Serial0/0/0
D     209.165.200.232/30 [90/2681856] via 209.165.200.230, 00:05:59, Serial0/0/0
R1#
```

關閉 EIGRP 自動壓縮

EIGRP 的自動路由壓縮的指令為 **no auto-summary**，在 R1 關閉 EIGRP 自動壓縮功能，如下所示：

圖表 6-11 R1 關閉 EIGRP 的自動壓縮

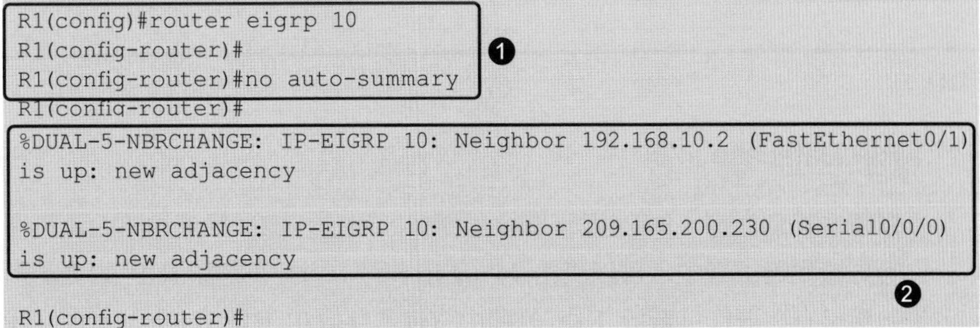

```
R1(config)#router eigrp 10
R1(config-router)#
R1(config-router)#no auto-summary
R1(config-router)#
%DUAL-5-NBRCHANGE: IP-EIGRP 10: Neighbor 192.168.10.2 (FastEthernet0/1)
is up: new adjacency

%DUAL-5-NBRCHANGE: IP-EIGRP 10: Neighbor 209.165.200.230 (Serial0/0/0)
is up: new adjacency

R1(config-router)#
```

❶ R1 在 EIGRP 的模式下執行 **no auto-summary** 指令。

❷ 當關閉自動壓縮功能後 EIGRP 會重新建立鄰居關係，因此會看到有兩筆鄰居建立訊息，同樣的在 R2 與 R3 也關閉 EIGRP 自動壓縮功能。

請注意 **no auto-summary** 必須要同一個 EIGRP 的自治區編號執行。

AD 值的行為

再來查看 R1 的路由表內容，如下所示，可以發現 EIGRP 的路由資訊已經包含了遠端的子網路，這是因為自動壓縮功能關閉的結果，但是剛剛在路由表中的 RIP 路由資訊不見了，其原因就是路由協定的 AD 值，RIP 的 AD 值為 120 而 EIGRP 的 AD 值為 90，所以針對相同的路由資訊，EIGRP 的路由資訊有優先權先記錄到路由表中。

圖表 6-12 關閉自動壓縮後 R1 的路由表

```
R1#show ip route
------------ 省略部分資訊 ---------------

Gateway of last resort is not set

   10.0.0.0/16 is subnetted, 1 subnets
D     10.1.0.0 [90/2172416] via 209.165.200.230, 00:10:50, Serial0/0/0
   172.30.0.0/16 is variably subnetted, 5 subnets, 2 masks
C     172.30.1.0/24 is directly connected, FastEthernet0/0
D     172.30.100.0/24 [90/30720] via 192.168.10.2, 00:10:43, FastEthernet0/1
D     172.30.110.0/24 [90/156160] via 192.168.10.2, 00:10:43, FastEthernet0/1
D     172.30.200.16/28 [90/156160] via 192.168.10.2, 00:10:43, FastEthernet0/1
D     172.30.200.32/28 [90/156160] via 192.168.10.2, 00:10:43, FastEthernet0/1
   192.168.10.0/30 is subnetted, 1 subnets
C     192.168.10.0 is directly connected, FastEthernet0/1
   209.165.200.0/30 is subnetted, 2 subnets
C     209.165.200.228 is directly connected, Serial0/0/0
D     209.165.200.232 [90/2172416] via 192.168.10.2, 00:10:43, FastEthernet0/1
R1#
```

RIP Database

這裡要特別注意，RIP 並沒有停止運作，只是 RIP 學到的路由資訊沒有記錄到路由表中，可以使用 **debug ip rip events** 來查看 RIP 的更新封包還是有在運作，至於 RIP 的路由資訊會存放在 RIP database 中，我們使用 **show ip rip database** 來查看，如下所示。

圖表 6-13 R1 中 RIP Database

```
R1#show ip rip database
10.1.0.0/16    auto-summary
10.1.0.0/16
  [1] via 209.165.200.230, 00:00:27, Serial0/0/0
172.30.1.0/24    auto-summary
172.30.1.0/24    directly connected, FastEthernet0/0
172.30.100.0/24    auto-summary
172.30.100.0/24
  [1] via 192.168.10.2, 00:00:00, FastEthernet0/1
172.30.110.0/24    auto-summary
172.30.110.0/24
  [1] via 192.168.10.2, 00:00:00, FastEthernet0/1
------------ 省略部分資訊 ---------------
R1#
```

修改 RIP 的 AD 值

當有需求要在 R1 的路由表中需要看到 RIP 的路由資訊時，我們可以修改路由協定的 AD 值，此時可以將 RIP 的 AD 值調整比 EIGRP 的 AD 值小，反之亦然，如下所示：

圖表 6-14 修改 RIP 的 AD 值及查看 R1 的路由表

```
R1(config)#router rip
R1(config-router)#distance 85   ❶
R1(config-router)#
R1(config-router)#do show ip route
------------ 省略部分資訊 ---------------

Gateway of last resort is not set

   10.0.0.0/16 is subnetted, 1 subnets
R     10.1.0.0 [85/1] via 209.165.200.230, 00:00:00, Serial0/0/0
   172.30.0.0/16 is variably subnetted, 5 subnets, 2 masks
C     172.30.1.0/24 is directly connected, FastEthernet0/0
R     172.30.100.0/24 [85/1]❷via 192.168.10.2, 00:00:02, FastEthernet0/1
R     172.30.110.0/24 [85/1] via 192.168.10.2, 00:00:02, FastEthernet0/1
R     172.30.200.16/28 [85/1] via 192.168.10.2, 00:00:02, FastEthernet0/1
R     172.30.200.32/28 [85/1] via 192.168.10.2, 00:00:02, FastEthernet0/1
   192.168.10.0/30 is subnetted, 1 subnets
---------------省略部分輸出---------------
```

❶ 在 RIP 的模式下使用 **distance** 指令來修改 R1 中 RIP 的 AD 值，我們將 RIP 的 AD 值改為 85 後，查詢 R1 的路由表內容，此時 EIGRP 的路由資訊已經被 RIP 的蓋過。

❷ 在每筆 RIP 的路由資訊中的 AD 值都出現 85 (在中括弧裡面)。

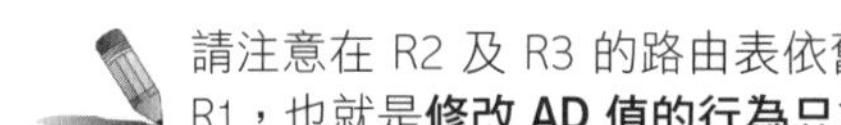

請注意在 R2 及 R3 的路由表依舊還是 EIGRP，因為在 R1 修改 RIP 的 AD 值，只會影響 R1，也就是**修改 AD 值的行為只會影響本地的路由器**。

請注意 AD 的修改也可以針對特定的路由來修改，例如：只將 R1 中 RIP 172.30.100.0/24 路由的 AD 修改為 85，其他 RIP 路由維持一樣 120，要達到這樣的效果，distance 指令需要搭配 ACL 條件撰寫，此部分屬於 CCNP 課程範圍。

修改 EIGRP 的 AD 值

EIGRP 的 AD 值也可以修改，但要特別注意 EIGRP 的 AD 值有兩部分，EIGRP **內部路由 (Internal)** 與**外部路由 (External)**，內部路由是由同一組 EIGRP 學習到的路由資訊，外部路由匯入到 EIGRP 的路由(此為 CCNP 課程範圍)，我們目前討論的 EIGRP 的 AD 值為內部路由的 AD (預設 90)，修改 EIGRP 的 AD 的指令如下表所示，修改完畢後可以用 **show ip protocol** 來查詢，AD 的資訊會顯示在最後面。

圖表 6-15 修改 R1 中 EIGRP 的 AD 值指令

指令	說明
R1(config)#router eigrp 10	切換到 eigrp 的啟動模式
R1(config-router)#distance eigrp 80 170	修改 eigrp 的內部 AD 為 80，外部 AD 為 170

執行 R1 中修改 EIGRP 的 AD 值指令

以下為在 R1 執行修改 EIGRP 的 AD 值指令：

圖表 6-16 執行 R1 的 AD 值指令

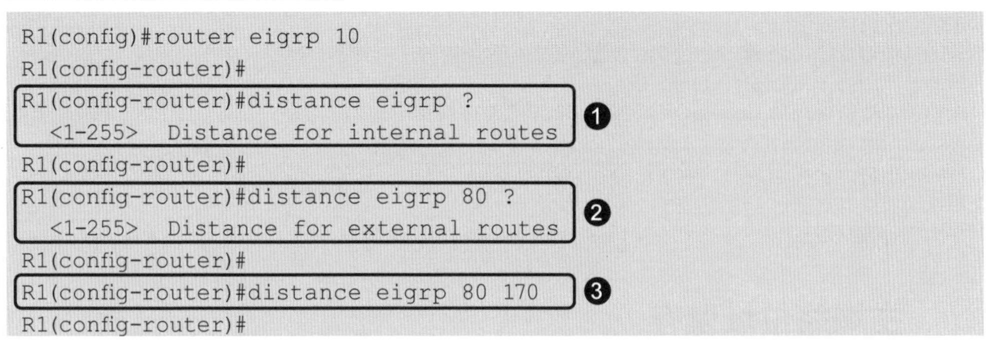

```
R1(config)#router eigrp 10
R1(config-router)#
R1(config-router)#distance eigrp ?                  ❶
  <1-255>  Distance for internal routes
R1(config-router)#
R1(config-router)#distance eigrp 80 ?               ❷
  <1-255>  Distance for external routes
R1(config-router)#
R1(config-router)#distance eigrp 80 170             ❸
R1(config-router)#
```

❶ 查詢 EIGRP 內部路由 AD 的參數範圍。

❷ 查詢 EIGRP 外部路由 AD 的參數範圍。

❸ 修改 EIGRP 的內部 AD 為 80，外部 AD 為 170，當執行完畢，R1 的路由表又變回為 EIGRP 的路由，請讀者驗證。

當兩個路由協定的 AD 一樣

當兩個路由協定的 AD 被設定為一樣的時候，這樣要如何比較路由的優先權，這時候路由器會根據預設的 AD 值來做比較，例如：在 R1 中將 RIP 的 AD 值調成 85，EIGRP 的 AD 值也調成 85，當兩個路由協定 AD 值一樣，R1 會選擇預設 AD 值最小的為優先寫入到路由表，也就是 EIGRP。

6.2 傳送指定子網路資訊

我們先將 R1 中 EIGRP 與 RIP 的 AD 值調回各自的預設值 90 與 120，接下來觀察設定 EIGRP 指令後，存在 running 組態檔中的結果，如下所示為 R3 啟動 EIGRP 設定的所有指令，其中有六個 network 的宣告。

圖表 6-17 R3 啟動 eigrp 輸入設定的所有指令

```
R3(config)#router eigrp 10
R3(config-router)#network 209.165.200.232
R3(config-router)#network 192.168.10.0
R3(config-router)#network 172.30.100.0
R3(config-router)#network 172.30.110.0
R3(config-router)#network 172.30.200.16
R3(config-router)#network 172.30.200.32
R3(config-router)#no auto-summary
```

主網路位址儲存

以下所示為在 R3 中查詢 running 組態檔中 EIGRP 的設定，其中 network 的宣告變成三筆，此情況也在設定 RIP 時發生，EIGRP 也是會針對 network 宣告以主網路位址的方式存在 running 組態檔中，因此在設定 EIGRP 時就只要在 network 後輸入主網路位址，就會包含該主網路的所有子網路位址及對應的網路介面參與 EIGRP 的運作。

圖表 6-18 查詢 R3 的 running 中的 EIGRP 設定

```
R3#show run
------------ 省略部分資訊 ---------------
router eigrp 10
 network 209.165.200.0
 network 192.168.10.0
 network 172.30.0.0
 no auto-summary
!
router rip
 version 2
 network 172.30.0.0
 network 192.168.10.0
 network 209.165.200.0
 no auto-summary
------------ 省略部分資訊 ---------------
```

萬用遮罩

在 EIGRP 有提供使用**萬用遮罩 (wildcard mask)** 功能來限定只將某個子網路宣告傳出，此功能 RIP 就無支援，而萬用遮罩可以看作子網路遮罩的反遮罩，某個網路的萬用遮罩計算方式為 **255.255.255.255 – 該網路的 subnet mask**，例如：172.30.10.0/25 的萬用遮罩為 **0.0.0.127** (255.255.255.255-255.255.255.128)。

我們以 R3 為例，針對 172.30.0.0 的子網路，我們只要將 172.30.100.0/24 傳出，首先將之前設定的 EIGRP 先取消，使用 **no router eigrp 10** 的指令就可將 R3 中 EIGRP 取消。

宣告指定的子網路傳出

接下來在 R3 重新啟動 EIGRP 編號 10 並將網路宣告傳出，如下表所示，其中兩筆用主網路位址宣告，另外一筆宣告使用**子網路+萬用遮罩**，子網路 172.30.100.0/24 的萬用遮罩為 **255.255.255.255 –255.255.255.0=0.0.0.255**。

圖表 6-19 R3 中使用 Wildcard Mask 來宣告

指令	說明
R3(config)#router eigrp 10	啟動 R3 的 EIGRP，AS=10
R3(config-router)#network 209.165.200.0	使用主網路方式宣告
R3(config-router)#network 192.168.10.0	使用主網路方式宣告
R3(config-router)#network 172.30.100.0 0.0.0.255	限定子網路方式宣告
R3(config-router)#no auto-summary	關閉自動壓縮功能

我們查詢使用網路遮罩後 R3 的 running 組態檔中的 eigrp 設定，可以發現 172.30.100.0 沒有用主網路方式存在 running 組態檔了。

圖表 6-20 查詢使用網路遮罩後 R3 的 running 中的 EIGRP 設定

```
R3#show run
------------ 省略部分資訊 ---------------
router eigrp 10
 network 209.165.200.0
 network 192.168.10.0
 network 172.30.100.0 0.0.0.255
 no auto-summary
!
router rip
 version 2
 network 172.30.0.0
 network 192.168.10.0
 network 209.165.200.0
 no auto-summary
------------ 省略部分資訊 ---------------
```

查看 R1 的 172.30.100.0 的路由資訊

在 R1 中查看其路由表 (請注意要將 EIGRP 與 RIP 的 AD 值修改為預設值)，如下圖所示可以看到 172.30.100.0/24 的子網路是由 EIGRP 記錄到路由表，其它 R3 的 172.30.0.0 的子網路並沒有被 EIGRP 宣告傳出，因此其它 R3 的 172.30.0.0/24 的子網路就由 RIP 的記錄到路由表，別忘了RIP還是有在運行。

圖表 6-21 查詢指定子網路 R1 的路由表內容

```
R1#show ip route
 ------------ 省略部分資訊 ---------------
   10.0.0.0/16 is subnetted, 1 subnets
D     10.1.0.0 [90/2172416] via 209.165.200.230, 00:25:26, Serial0/0/0
   172.30.0.0/16 is variably subnetted, 5 subnets, 2 masks
C     172.30.1.0/24 is directly connected, FastEthernet0/0
D     172.30.100.0/24 [90/30720] via 192.168.10.2, 00:14:54, FastEthernet0/1
R     172.30.110.0/24 [120/1] via 192.168.10.2, 00:00:27, FastEthernet0/1
R     172.30.200.16/28 [120/1] via 192.168.10.2, 00:00:27, FastEthernet0/1
R     172.30.200.32/28 [120/1] via 192.168.10.2, 00:00:27, FastEthernet0/1
   192.168.10.0/30 is subnetted, 1 subnets
C     192.168.10.0 is directly connected, FastEthernet0/1
   209.165.200.0/30 is subnetted, 2 subnets
C     209.165.200.228 is directly connected, Serial0/0/0
D     209.165.200.232 [90/2172416] via 192.168.10.2, 00:25:26, FastEthernet0/1
R1#
```

請注意 EIGRP 也可以啟動路由過濾的功能來控制通報的路由，例如：本範例在 R3 執行 distribute-list 指令來控制只有 17.30.100.0/24 通報出去，其餘的路由都不通報，如此就可以達到本範例的效果，不過 distribute-list 指令必須配合 ACL 或 Prefix-list 或 Route-map 來撰寫過濾路由的條件，詳細的路由過濾功能屬於 CCNP 課程範圍。

快速啟動 EIGRP

到目前為止我們已經知道 network 指令的用法，所以當 network 後面接的是 0.0.0.0/0 的網路，那就是包含路由器上所有網路都宣告傳送的意思，另一個含意是路由器上的所有介面參與路由協定的運作，下表為本範例快速啟動 EIGRP 的指令，另外 RIP 也適用。

圖表 6-22 快速啟動 EIGRP 指令

指令	說明
R1(config)#router eigrp 10 R1(config-router)#network 0.0.0.0 R1(config-router)#no auto-summary	啟動 R1 的 eigrp，AS=10，並宣告所有網路要送出，並關閉自動壓縮
R2(config)#router eigrp 10 R2(config-router)#network 0.0.0.0 R2(config-router)#no auto-summary	啟動 R2 的 eigrp，AS=10，並宣告所有網路要送出，並關閉自動壓縮
R3(config)#router eigrp 10 R3(config-router)#network 0.0.0.0 R3(config-router)#no auto-summary	啟動 R3 的 eigrp，AS=10，並宣告所有網路要送出，並關閉自動壓縮

6.3 手動路由壓縮

本節將實際操作手動路由資訊壓縮，我們繼續上個單元的 EIGRP 網路架構來操作，我們將 R3 的所有直連網路宣告並關閉自動壓縮功能，此時所有路由器都有啟動 RIPv2 與 EIGRP。

手動壓縮步驟

先前有介紹路由壓縮分為自動路由壓縮與手動路由壓縮兩種方式，自動路由壓縮會將幾個子網路壓縮成對應的主網路，手動路由壓縮必須計算才會知道最後壓縮結果，我們現在要將 R3 的兩個子網路 172.30.100.0 與 172.30.110.0 要進行壓縮成一筆網路，手動壓縮步驟如下：

1. 將網路 172.30.100.0 與 172.30.110.0 轉換為二進位。
2. 從左到右找出所有連續相同的位元。
3. 當發現某一列中的位元不相同時，在此處停下來，此處就是壓縮邊界。
4. 統計左側相同位元的數量，本例中為 20，此數字即為壓縮路由的子網路遮罩：/20（即 255.255.240.0）
5. 要找出壓縮後的網路位址，請將相同的 20 位元複製下來，然後在其末尾補零，補足 32 位。

最後再將其二進位轉換為十進位可得到網路 172.30.96.0/20，此筆網路為 172.30.100.0 與 172.30.110.0 手動壓縮結果，如下表所示：

圖表 6-23 R3 中兩個網路進行手動壓縮計算

Network IP	二進位
172.30.100.0	10101100.00011110.01100100.00000000
172.30.110.0	10101100.00011110.01101110.00000000
172.30.96.0/20	**10101100.00011110.01100000.00000000 ==>壓縮結果**

EIGRP 手動路由壓縮設定

當我們算出了手動路由壓縮的最後結果，還需要在 EIGRP 的介面進行設定才會生效，我們將 R3 的 EIGRP 重新再設定為將所有子網路全部宣告傳出，並關閉自動路由壓縮，如下圖所示，network 後面用主網路表示，設定完成後在 R1 的路由表中就會出現所有 R3 的子網路。

圖表 6-24 R3 重新設定 EIGRP

```
R3(config)#router eigrp 10
R3(config-router)#network 209.165.200.0
R3(config-router)#network 192.168.10.0
R3(config-router)#network 172.30.0.0
R3(config-router)#no auto-summary
```

R3 的 S0/0/1 設定手動路由壓縮

根據上圖的設定，在 R3 中會將 EIGRP 封包送給 R1 與 R2 的網路介面有 s0/0/1 與 fa0/1，我們希望將 172.30.100.0 與 172.30.110.0 兩筆子網路以壓縮後的 172.30.96.0/20 網路送出，而壓縮的動作會在網路介面進行，我們必須在網路介面 s0/0/1 與 fa0/1 中設定壓縮指令 **ip summary-address eigrp 10 172.30.96.0 255.255.240.0**，其中 **eigrp 10** 是針對 EIGRP 自治區編號 10 進行手動壓縮成 172.30.96.0/20。如下所示：

圖表 6-25 設定 R3 中 s0/0/1 設定手動壓縮運作

```
R3(config)#int s0/0/1
R3(config-if)#ip summary-address eigrp 10 172.30.96.0 255.255.240.0   ❶
R3(config-if)#
%DUAL-5-NBRCHANGE: IP-EIGRP 10: Neighbor 209.165.200.233 (Serial0/0/1)
is up: new adjacency
                                                                        ❷
%DUAL-5-NBRCHANGE: IP-EIGRP 10: Neighbor 192.168.10.1 (FastEthernet0/1)
is up: new adjacency

R3(config-if)#
```

❶ 在 R3 的 s0/0/1 執行壓縮指令。

❷ 設定完成後 EIGRP 的鄰居資訊會重新再建立的訊息。

執行壓縮指令後的 R3 路由表

當執行壓縮指令後，R3 中路由表會出現該壓縮結果的路由資訊，如下所示：

圖表 6-26 執行壓縮指令後的 R3 路由表及壓縮路由的 AD 值

```
R3#show ip route eigrp
   10.0.0.0/16 is subnetted, 1 subnets
D     10.1.0.0 [90/2172416] via 209.165.200.233, 00:07:46, Serial0/0/1
   172.30.0.0/16 is variably subnetted, 6 subnets, 3 masks
D     172.30.1.0/24 [90/30720] via 192.168.10.1, 00:07:47, FastEthernet0/1
D      172.30.96.0/20 is a summary, 00:09:42, Null0 ❶
   209.165.200.0/30 is subnetted, 2 subnets
D     209.165.200.228 [90/2172416] via 192.168.10.1, 00:07:47, FastEthernet0/1
R3#
R3#show ip route 172.30.96.0
Routing entry for 172.30.96.0/20 ❷
Known via "eigrp 10", distance 5, metric 28160, type internal
  Redistributing via eigrp 10
  Last update from 0.0.0.0 on Null0, 00:09:54 ago
  Routing Descriptor Blocks:
  * 0.0.0.0, from 0.0.0.0, 00:09:54 ago, via Null0
      Route metric is 28160, traffic share count is 1
      Total delay is 100 microseconds, minimum bandwidth is 100000 Kbit
      Reliability 255/255, minimum MTU 1500 bytes
      Loading 1/255, Hops 0
R3#
```

❶ 壓縮結果為 172.30.96.0/20，其中 **Null0** 表示 R3 會將收到封包要送往 172.30.96.0/20 就丟棄，此設計是為了避免路由迴圈。

❷ 表示該壓縮路由的 AD 值為 5，在 running 組態檔也會出現，此 AD 值只在 R3 有效，若是該壓縮路由傳到 R1，其 AD 值一樣是以 R1 目前 EIGRP 的 AD 值為主。

查看 R1 路由表中手動壓縮的結果

接下來在 R1 查看路由表資訊如下，我們可以發現有一筆 EIGRP 的路由資訊為 172.30.96.0/20，其方向為 s0/0/0，此筆路由資訊即為 R3 透過 s0/0/1 將兩筆 172.30.100.0 與 172.30.110.0 進行 EIGRP 手動路由壓縮後傳送到 R2，再由 R2 傳送更新到 R1 的路由表中，但是在 R1 的路由表中還是可以看到 EIGRP 的 172.30.100.0 與 172.30.110.0 兩筆路由資訊，這是因為這兩筆 EIGRP 路由資訊是由 R3 的 fa0/1 介面傳送到 R1 的路由表，這點是值得思考的地方。請注意 172.30.96.0 的 AD 值為 90，這跟 R3 的不一樣。

圖表 6-27 查看 R1 路由表中 R3 的 s0/0/1 手動壓縮的結果

```
R1#show ip route
------------ 省略部分資訊 ---------------
   10.0.0.0/16 is subnetted, 1 subnets
D     10.1.0.0 [90/2172416] via 209.165.200.230, 00:13:23, Serial0/0/0
   172.30.0.0/16 is variably subnetted, 6 subnets, 3 masks
C     172.30.1.0/24 is directly connected, FastEthernet0/0
D     172.30.96.0/20 [90/2684416] via 209.165.200.230, 00:00:15, Serial0/0/0
D     172.30.100.0/24 [90/30720] via 192.168.10.2, 00:00:13, FastEthernet0/1
D     172.30.110.0/24 [90/156160] via 192.168.10.2, 00:00:13, FastEthernet0/1
D     172.30.200.16/28 [90/156160] via 192.168.10.2, 00:00:13, FastEthernet0/1
D     172.30.200.32/28 [90/156160] via 192.168.10.2, 00:00:13, FastEthernet0/1
   192.168.10.0/30 is subnetted, 1 subnets
C     192.168.10.0 is directly connected, FastEthernet0/1
   209.165.200.0/30 is subnetted, 2 subnets
C     209.165.200.228 is directly connected, Serial0/0/0
D     209.165.200.232 [90/2172416] via 192.168.10.2, 00:00:13, FastEthernet0/1
R1#
```

R3 的 fa0/1 設定手動路由壓縮

繼續在 R3 中 fa0/1 網路介面設定相同的壓縮指令，其結果如下所示：

圖表 6-28 設定 R3 中 fa0/1 設定手動壓縮運作

```
R3(config-if)#int fa0/1
R3(config-if)#ip summary-address eigrp 10 172.30.96.0 255.255.240.0
R3(config-if)#
%DUAL-5-NBRCHANGE: IP-EIGRP 10: Neighbor 192.168.10.1 (FastEthernet0/1)
is up: new adjacency

%DUAL-5-NBRCHANGE: IP-EIGRP 10: Neighbor 209.165.200.233 (Serial0/0/1)
is up: new adjacency

R3(config-if)#
```

查看 R1 路由表最後結果

最後再查看 R1 路由表中的變化，可以看到 EIGRP 的 172.30.100.0 與 172.30.110.0 兩筆路由資訊已經不見了，但是出現 RIP 的 172.30.100.0 與 172.30.110.0 兩筆路由資訊，這是因為 RIP 還有在運作，當 EIGRP 的 172.30.100.0 與 172.30.110.0 兩筆路由資訊沒有更新到 R1，所以 R1 就使用 RIP 的記錄到路由表中。請注意 R1 的路由表中 172.30.96.0/20 的方向改為 fa0/1，這是因為 s0/0/0 方向的 EIGRP 的成本比較高，另外壓縮路徑的成本是取被壓縮的路由中成本最低的。

圖表 6-29 最後查看 R1 路由表中 R3 手動壓縮的結果

```
R1#sh ip route
------------ 省略部分資訊 ---------------
   10.0.0.0/16 is subnetted, 1 subnets
D     10.1.0.0 [90/2172416] via 209.165.200.230, 00:16:12, Serial0/0/0
   172.30.0.0/16 is variably subnetted, 6 subnets, 3 masks
C     172.30.1.0/24 is directly connected, FastEthernet0/0
D     172.30.96.0/20 [90/30720] via 192.168.10.2, 00:01:10, FastEthernet0/1
R     172.30.100.0/24 [120/1] via 192.168.10.2, 00:00:19, FastEthernet0/1
R     172.30.110.0/24 [120/1] via 192.168.10.2, 00:00:19, FastEthernet0/1
D     172.30.200.16/28 [90/156160] via 192.168.10.2, 00:01:10, FastEthernet0/1
D     172.30.200.32/28 [90/156160] via 192.168.10.2, 00:01:10, FastEthernet0/1
   192.168.10.0/30 is subnetted, 1 subnets
C     192.168.10.0 is directly connected, FastEthernet0/1
   209.165.200.0/30 is subnetted, 2 subnets
C     209.165.200.228 is directly connected, Serial0/0/0
D     209.165.200.232 [90/2172416] via 192.168.10.2, 00:01:10, FastEthernet0/1
R1#
```

我們也可以使用靜態路由來達成 EIGRP 手動壓縮的結果，以本範例中 R3 不要宣告 172.30.100.0/24 及 172.30.110.0/24 這兩個網路，但還是要計算這兩個網路的壓縮結果為 172.30.96.0/20，在 R3 使用靜態路由 ip route 172.30.96.0 255.255.240.0 null0，接著在 R3 的 eigrp 中宣告此靜態路由 network 172.30.96.0 0.0.15.255，其結果跟本範例結果一樣，如此省下在介面宣告 EIGRP 壓縮指令。

6.4 EIGRP 封包

EIGRP 是使用可靠傳輸通訊協定 (RTP) 在傳送 EIGRP 的封包，可以使用**單播傳送 (unicast)** 的傳送方式也可用**群播傳送 (multicast)**，其群播位址為 **224.0.0.10**。

封包種類

EIGRP 有五種封包種類，每類封包都有其目的。我們延用前面的 EIGRP 網路架構，輸入 **debug eigrp package** 來觀察。

Hello 封包

EIGRP 的更新不同於 RIP，EIGRP 必須先建立了鄰居連線後，才會進行更新封包的傳送，Hello 封包就是用於偵測或維繫 EIGRP 的鄰居，並建立**鄰居表 (neighbor table)**，當鄰居連線建立後，Hello 封包還是要定期送出來維繫鄰居關係。Hello 封包的兩種時間計時為：**間隔時間 (Interval time)** 及**保留時間 (Hold Time)**，間隔時間為 Hello 封包週期送出時間，而保留時間為維繫鄰居關係，當保留時間截止後還未收到鄰居的 Hello 封包，則 EIGRP 將宣告該鄰居路由發生故障，一般保留時間是間隔時間的三倍。

例如：當間隔時間 =5 秒，則保留時間 =15 秒，Hello 封包每隔 5 秒送出一次，若 15 秒內未收到鄰居路由器的 Hello 封包，則宣告該鄰居路由發生故障。

請注意：兩台路由器的 Hello 間隔時間不一致，不會影響 EIGRP 的鄰居建立，但是 OSPF 就會有影響，在 OSPF 章節討論。

更新封包

更新封包 (update) 用於將路由資訊傳送給鄰居，EIGRP 對鄰居的更新封包不是定期送出，而且必要時才發送更新封包，更新封包不會將路由表整個送出 (RIP 是將整個路由表送出)，而是包含需要的路由資訊，並只發送給需要該資訊的路由器，當有多台路由器需要更新封包時，透過多點傳送發送，當只有一台路由器需要更新封包時，則透過單點傳送發送。

查詢和回覆封包

查詢及回覆封包 (**QUERY** 及 **REPLY**) 這兩種封包是成對，當路由器對於某個遠端網路不知道時，會使用查詢封包送給鄰居作為詢問該遠端網路，鄰居路由器收到後，若知道該筆遠端網路，則用回覆封包回傳給路由器，若不知道，則繼續向其鄰居發送查詢封包，一直查詢下去，最後產生 **SIA (Stuck in Active)** 現象。在 SIA 等待時間 (3 分鐘) 到了，整個 EIGRP 鄰居關係重新建立，整個 EIGRP 的路由重新計算，如此 EIGRP 的收斂時間變長。要減少 QUERY 的範圍有三種方式，第一種是規劃路徑壓縮 (SUMMARY)，第二種可以設定 FS 路徑 (備援路徑)及第三種使用末梢路由 (STUB ROUTER)，這三種方式的探討屬於 CCNP 課程。查詢可以使用多點傳送或單點傳送，而回覆則始終以單點傳送發送。

確認封包

確認封包 (ACK) 是當作 EIGRP 在使用可靠傳輸時發送所使用的確認封包，對於 EIGRP 更新、查詢和回覆三種封包會使用到確認封包以作為可靠傳輸，也就是當收到鄰居送來的這三種封包時，必須回一個確認封包給鄰居以作為收到確認，另外 Hello 封包不需要確認封包。

觀察 EIGRP 封包運作

我們使用上單元的 EIGRP 網路架構來查看 EIGRP 封包，其中三個路由器已經啟動 EIGRP，在使用 debug 指令前，要先設定 console 的同步，這是讓 debug 訊息不會中斷我們打的指令，**logging synchronous** 為設定 console 同步的指令，我們在 R1 執行下表的指令。

圖表 6-30 在 console 設定 logging synchronous

指令	說明
R1(config)#line console 0	進入 console 模式
R1(config-line)#logging synchronous	設定 console 同步的指令

接下來使用 **debug eigrp packets** 來觀察 EIGRP 的五種封包，一開始只會看到很多的 Hello 封包，因為目前網路已經穩定，沒有任何異動，所以不會有其他封包出現，我們先將 R1 的所有網路介面關閉之後再重新啟動，這樣網路就有異動，就會看到其他的 EIGRP 封包，如下所示。

圖表 6-31 Debug EIGRP 底層封包傳送情況

```
R1#debug eigrp packets
EIGRP Packets debugging is on
    (UPDATE, REQUEST, QUERY, REPLY, HELLO, ACK )
R1#
EIGRP  Sending HELLO on Serial0/0/0
  AS 10, Flags 0x0, Seq 21/0 idbQ 0/0 iidbQ un/rely 0/0
EIGRP  Received HELLO on Serial0/0/0 nbr 209.165.200.230
  AS 10, Flags 0x0, Seq 17/0 idbQ 0/0
 ** 省略部分輸出
EIGRP  Enqueueing QUERY on FastEthernet0/1 nbr 192.168.10.2 iidbQ un/rely
0/0 peerQ un/rely 0/0 serno 2-2
EIGRP  Requeued unicast on FastEthernet0/1
EIGRP  Sending QUERY on FastEthernet0/1
  AS 10, Flags 0x0, Seq 8136/0 idbQ 0/0 iidbQ un/rely 0/0
** 省略部分輸出
EIGRP  Enqueueing REPLY on Serial0/0/0 nbr 209.165.200.230 iidbQ un/rely 0/0
peerQ un/rely 0/0 serno 2-2
EIGRP  Requeued unicast on Serial0/0/0
** 省略部分輸出
```

Next

```
EIGRP  Enqueueing UPDATE on FastEthernet0/1 nbr 192.168.10.2 iidbQ un/rely
0/0 peerQ un/rely 0/0 serno 2-2
EIGRP  Requeued unicast on FastEthernet0/1
EIGRP  Received ACK on FastEthernet0/1 nbr 192.168.10.2
  AS 10, Flags 0x0, Seq 0/38 idbQ 0/0
 iidbQ un/rely 0/0 peerQ un/rely 0/0
R1#no debug all
```

使用 **show ip eigrp traffice** 來查看 R1 的 EIGRP 封包送出及收到的數目，如下所示，讀者自己做的實驗數目不會跟以下的訊息一樣。

圖表 6-32 查看 R1 的 EIGRP 封包傳送與接收數目

```
R1#show ip eigrp traffic
IP-EIGRP Traffic Statistics for process 10
  Hellos sent/received: 681/442
  Updates sent/received: 39/47
  Queries sent/received: 9/5
  Replies sent/received:  5/9
  Acks sent/received:  61/51
  Input queue high water mark 1, 0 drops
  SIA-Queries sent/received: 0/0
  SIA-Replies sent/received: 0/0

R1#
```

請注意上圖中的 SIA-Queries 及 SIA-Replies 是為了避免 SIA 發生時，路由器將 EIGRP 鄰居斷線，此機制屬於 CCNP 課程範圍。

6.5 EIGRP Metric 計算方式

本節將介紹 EIGRP 的 Metric 計算方式，也就是 EIGRP 成本的計算方式，EIGRP 成本的計算比 RIP 或 OSPF 複雜許多，我們以下列 EIGRP-Metric 網路架構來示範如何算出 EIGRP 成本。

圖表 6-33 EIGRP-Metric 網路架構

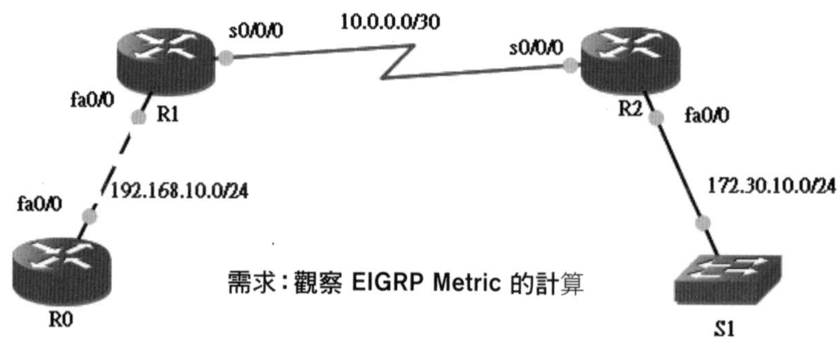

EIGRP 成本的計算參數

EIGRP 用四個參數來計算成本，有**頻寬(Bandwidth)**、**延遲(Delay)**、**可靠度(Reliablity)**及**負載度(Load)**，稍後介紹如何查詢這四個參數，參數解釋如下：

- **頻寬**：此部份是使用網路介面的參考頻寬，而不是實際的頻寬，選取由來源端到目的端中，所有路由器的出口網路介面上最小參考頻寬的值，**頻寬單位使用 kilobits**，但 EIGRP 使用頻寬還要做一次轉換 **10^7 / 參考頻寬**。

- **延遲**：由來源端到目的端中，**加總**所有路由器的出口網路介面上參考延遲的值，延遲單位使用 microsecond (usec)，但成本的計算會以 10 microsecond 為一個單位，在計算成本時要除以 10，EIGRP 使用的延遲為**加總延遲/10**。

- **可靠度**：從來源端到目的端中最差的可靠度，使用 keepalives 封包來計算。

- **負載度**：從來源端到目的端中傳送封包的負載度。

EIGRP 成本的計算

EIGRP 使用上述的四個參數來帶入下列公式來計算成本：

```
256*([K1*bandwidth]+[K2*bandwidth]/[256-Load]+K3*Delay)*(K5/
Reliability+K4])
```

其中 K1~K5 就是用來調控這四個參數的計算，預設是 K1=1、K2=0、K3=1、K4=0、K5=0，如下所示：

請注意 EIGRP 的成本公式有分 Class 與 Wide 公式兩種，本節探討的是 Class 計算公式，Wide 成本計算適用在網路介面頻寬大於10G。

圖表 6-34 查看 EIGRP 計算成本的 K 值

```
R0#show ip protocols

Routing Protocol is "eigrp  10 "
  Outgoing update filter list for all interfaces is not set
  Incoming update filter list for all interfaces is not set
  Default networks flagged in outgoing updates
  Default networks accepted from incoming updates
  EIGRP metric weight K1=1, K2=0, K3=1, K4=0, K5=0
  EIGRP maximum hopcount 100
  EIGRP maximum metric variance 1
----------- 省略部分資訊 ---------------
```

所以預設的 EIGRP 計算公式為：256 * (bandwidth + delay)，只跟頻寬與延遲有關，這樣就簡單多了，如果有需要修改 K 值時，要注意當 EIGRP 鄰居的K值不一樣，將會導致 EIGRP 鄰居無法形成。

為了方便計算，我們將 R1 中 s0/0/0 的參考頻寬改為 1000k，指令如下表所示，請注意 s0/0/0 預設的參考頻寬為 1544K。

圖表 6-35 修改 R1 中 s0/0/0 的參考頻寬

指令	說明
R1(config)#int s0/0/0	切換到 s0/0/0 介面模式
R1(config-if)# bandwidth 1000	修改 s0/0/0 介面的參考頻寬

查詢網路介面四個參數

使用 **show int s0/0/0** 來查詢，此指令會顯示 s0/0/0 介面的詳細資訊，如下所示：

圖表 6-36 查看 EIGRP 計算成本的四個參數

```
R1#show int s0/0/0
Serial0/0/0 is up, line protocol is up (connected)
  Hardware is HD64570
  Internet address is 10.0.0.1/24
  MTU 1500 bytes, BW 1000 Kbit, DLY 20000 usec,
     reliability 255/255, txload 1/255, rxload 1/255   ❶
  Encapsulation HDLC, loopback not set, keepalive set (10 sec)
  Last input never, output never, output hang never
------------ 省略部分資訊 ---------------
```

❶ EIGRP 四個參數，其中 BW 已經為 1000K(預設序列埠頻寬為 1544K)。

實際計算 EIGRP 成本

我們實際來演算 EIGRP 計算成本的過程，以 R0 到達 172.30.10.0/24 的成本 **3077120** 為例，如以下訊息所示，查看 R0 的路由表就可得到 172.30.10.0/24 的成本。

圖表 6-37 查看 R0 的路由表中 172.30.10.0 的成本

```
R0#show ip route

 ------------ 省略部分資訊 ---------------

   10.0.0.0/24 is subnetted, 1 subnets
D     10.0.0.0 [90/3074560] via 192.168.10.1, 00:21:59, FastEthernet0/0
   172.30.0.0/24 is subnetted, 1 subnets
D     172.30.10.0 [90/3077120] via 192.168.10.1, 00:21:59, FastEthernet0/0
C  192.168.10.0/24 is directly connected, FastEthernet0/0
R0#
```

R0 到達 172.30.10.0/24 的頻寬

R0 到達 172.30.10.0/24 會經過 R0 fa0/0 --> R1 s0/0/0 --> R2 fa0/0，依照定義要取這些路由器出口介面中頻寬最小，經過查詢 R0 fa0/0 為 BW 100000 K、R1 s0/0/0 為 BW 1000 K 及 R2 fa0/0 為 BW 100000 K，此部份要取最小的頻寬為 1000 K，再經過轉換 **10^7 /1000 =10000**，此為 EIGRP 頻寬參數的值。請注意參考頻寬的基本單位為 K。

R0 到達 172.30.10.0/24 的延遲

同樣的步驟，R0 到達 172.30.10.0/24 會經過 R0 fa0/0 --> R1 s0/0/0 --> R2 fa0/0，依照定義要加總這些路由器出口介面中延遲，查詢結果 R0 fa0/0 為 DLY 100 usec、R1 s0/0/0 為 DLY 20000 usec 及 R2 fa0/0 為 DLY 100 usec，加總後為 20200 usec，請注意該部份還要除以 10，**20200 usec /10 = 2020 usec** 才是要帶入公式的延遲的值。

計算 R0 到達 172.30.10.0/24 的 EIGRP 成本

我們將上述頻寬與延遲的值帶入 256 * (bandwidth + delay)，計算結果 **256*(10000+2020)= 3077120**。其它網路的成本以此類推，請讀者驗證。

請注意：我們可以修改網路介面的參考頻寬或延遲來影響 EIGRP 的成本運算，但是不建議這樣做，因為介面參考頻寬不只是 EIGRP 會用到，其他的協定也會用到，所以要調整 EIGRP 成本的最好方式是使用 offset-list 來直接修改，相關 offset-list 使用方式為 CCNP 課程範圍。

MEMO

CHAPTER 7

OSPF 與 BGP 路由協定的介紹與設定

OSPF (Open Shortest Path First) 是由 Internet 工程工作小組 (IETF) 於 1987 年著手開發，採用連接狀態 (Link-State) 方式收集網路架構並使用最短路徑優先 (SPF) 演算產生最佳路由資訊記錄到路由表；另一種 IS-IS 路由協定也是採用類似的方式。本章會先介紹連接狀態演算法，接著示範 OSPF 設定，最後路由協定 BGP 也會在本章節介紹。

7.1 Link-State 演算法介紹

使用 Link-State 方法所開發出來的路由協定，以 OSPF 為典型代表，此方法是每個路由器都會去收集整個網路中其它路由器的連接狀態 (link-state)，由此資訊每個路由器就可以計算出整個網路連接架構，也是就是知道所有的遠端網路，之後每一個路由器再使用最短路徑演算法，自己決定遠端網路的前往方向。

我們使用下列 OSPF 網路架構來示範 OSPF 的設定操作。

圖表 7-1　OSPF 網路架構

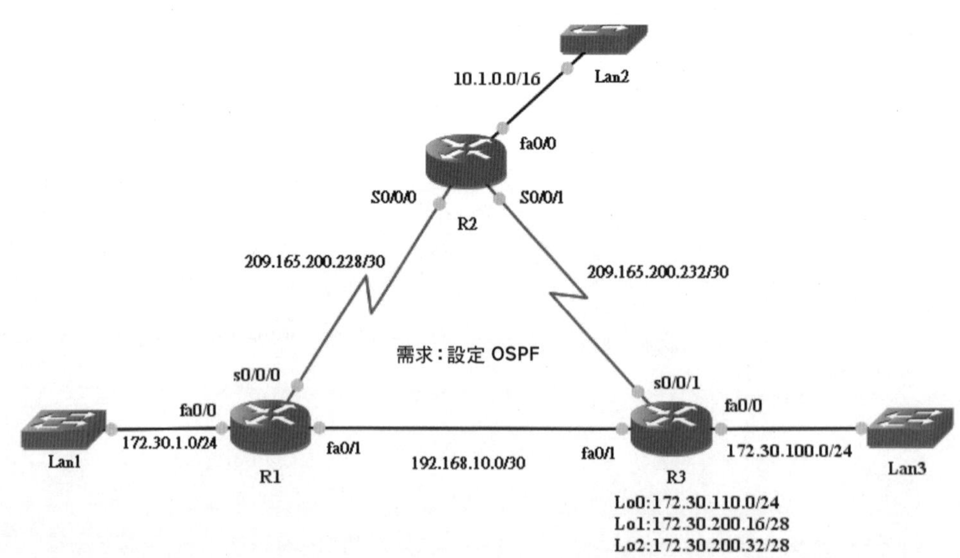

連接狀態

OSPF 學習遠端網路資訊到路由表時，必須先知道整個網路的連接情況，也就是要有整個網路的架構。每個 OSPF 路由器會通報連接狀態給其它 OSPF 路由器，**連接狀態 (LS)** 就包含該路由器的所有網路介面資訊。以上面的 OSPF 網路架構為例，R1 的連接狀態記錄三個網路介面(fa0/0、fa0/1 及 s0/0/0)，每個網路介面資訊包含 **IP 位址、介面種類、成本與鄰居資訊**，例如：Fa0/0 介面資訊有 172.30.1.0/24、乙太網路、成本=1、鄰居=無鄰居，R1 的連接資訊會放入 LS 封包，送給整個區域的 OSPF 路由器，其它 OSPF 路由器也會將其 LS 封包送出，最後 R1、R2 及 R3 都會有彼此的連接狀態資訊，這三個路由器根據自己收集到的 LS 資訊就可以算出整個網路的連線架構。

這些連接狀態資料會存在每台路由的**連接狀態資料庫(LS Database)**中，因此最後每個 OSPF 路由器的連接狀態資料庫應該都要一樣，接下來每個 OSPF 路由器使用最短路徑優先計算每個遠端網路的最短路徑，最後將最短路徑作為路由資訊記錄到路由表中。

OSPF vs EIGRP 演算過程比較

OSPF 的演算過程跟 EIGRP 有點相似，都有三個階段，如下圖所示。第一階段兩者都使用 Hello 封包來建立鄰居關係，第二階段由鄰居收集相關資訊，OSPF 是收集每個路由器的 LS 封包來建構網路圖 (即 LS Database)，EIGRP 則使用 DUAL 來過濾學習到的遠端網路資訊到 Topology Table；最後一個階段 OSPF 使用最短路徑演算法在本地路由器計算最短路徑寫到路由表，而 EIGRP 則從 Topology Table 挑出最佳路徑寫到路由表。

圖表 7-2　OSPF vs EIGRP 演算過程比較

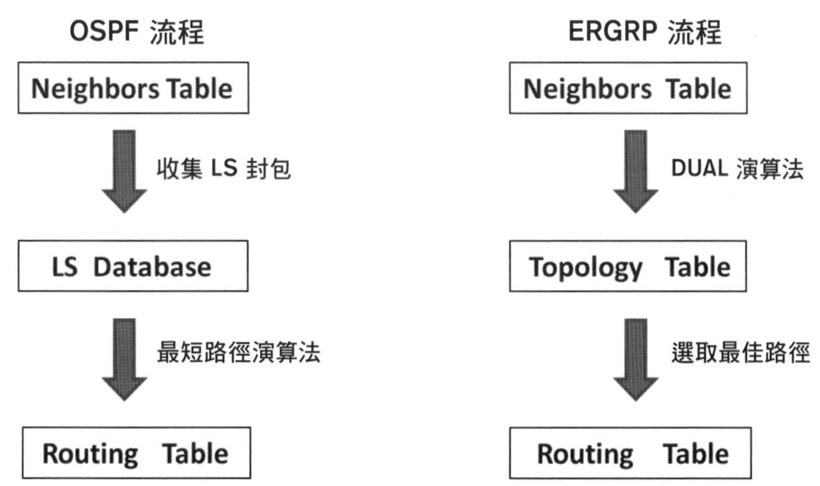

DAUL 演算法是 EIGRP 的的核心演算法，用來計算無迴圈的計算最佳路徑及備援路徑。

OSPF 架構

OSPF 是有區域架構之分，為何要分區域，主要是控制 LS 封包，每個 OSPF 路由器會使用**泛洪 (flood)** 傳遞 LS 封包給區域內的所有 OSPF 路由器，不同區域的 OSPF 路由器就不會收到。

OSPF 的區域是從 Area 0 開始，稱為**主幹區域(Backbone Area)**，其它區域必須跟主幹區域的 OSPF 路由器連接，如下圖所示，R1、R2 及 R3 在主幹區域中，另外 R2 及 R3 分別又是在 Area 10 及 Area 30，如此 Area 10 及 Area 30 分別藉由 R2 及 R3 跟 Area0 就連接在一起，R2 及 R3 稱為**區域邊界路由器(Area Border Routers，ABR)**。

另外要注意 OSPF 路由器在哪一個區域是用該路由器的網路介面來看，一個網路介面只能屬於一個區域，例如：R2 的 s0/0 介面宣告屬於 Area0，另外 s1/1 及 s0/1 介面宣告屬於 Area10，所以一台路由器可以屬於多個 OSPF 區域，本章節將針對單一區域的 OSPF 來做解說。

圖表 7-3 OSPF 區域架構

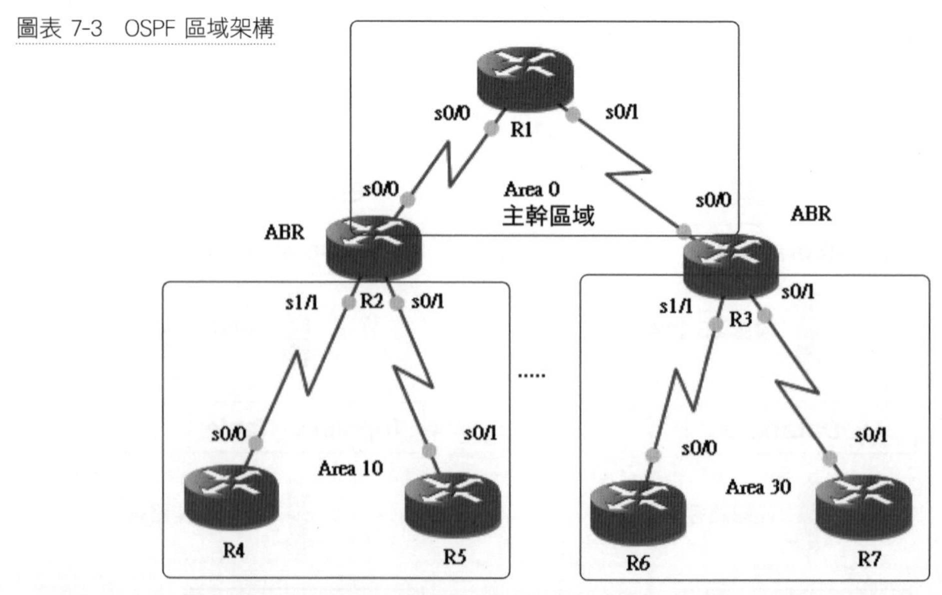

請注意如果有非 0 的區域沒有跟主幹區域相連時，此時可以利用 Virtual Link 將非 0 的區域與主幹區域做虛擬連線，Virtual Link 的設定屬於 CCNP 課程範圍。

7.2 啟動 OSPF

我們將使用上一節的 OSPF 網路架構來操作 OSPF，常用 OSPF 的指令如下表所示。

圖表 7-4　常用 OSPF 相關指令

指令	說明
R(config)#router ospf 10	啟動 OSPF 路由協定，行程編號=10
R(config-router)#network 172.30.0.0 0.0.255.255 area 0	宣告傳出的網路位址
R(config-router)#passive-interface fa0/0	設定 fa0/0 為被動介面
R(config-router)#distance 100	修改 OSPF 的 AD 為 100
R(config-router)# default-information originate	啟動 OSPF 傳送預設路由
R(config-router)#router-id 1.1.1.1	修改 OSPF 的 router ID 為 1.1.1.1
R(config-if)#ip ospf priority 10	修改 OSPF 介面的優先權為 10
R#show ip ospf neighbor	查看 OSPF 鄰居表
R#show ip ospf interface	查看執行 OSPF 的介面
R#debug ip ospf events	查看 OSPF 低層封包狀況

三台路由器啟動 OSPF

先在 R1 中啟動 OSPF，使用指令 **router ospf process-id** 啟動 OSPF，參數**行程編號**（process-id）範圍 1 和 65535 之間的數字，由使用者選定，然而 process-id 僅在本地有效，要注意路由器之間不需要使用相同的 process-id 來啟動 OSPF，這一點與 EIGRP 不同，EIGRP 要求路由器之間的 AS 編號（即自治區編號）需要一樣才能建立鄰居關係，下圖為啟動三台路由器 OSPF 的指令。

圖表 7-5　啟動 OSPF 相關指令

指令	說明
R1(config)#router ospf 10 R1(config-router)#network 172.30.1.0 0.0.0.255 area 0 R1(config-router)#network 209.165.200.228 0.0.0.3 area 0 R1(config-router)#network 192.168.10.0 0.0.0.3 area 0	啟動 R1 的 OSPF，process-id=10，並宣告三個網路要送出
R2(config)#router ospf 20 R2(config-router)#network 10.1.0.0 0.0.255.255 area 0 R2(config-router)#network 209.165.200.228 0.0.0.3 area 0 R2(config-router)#network 209.165.200.232 0.0.0.3 area 0	啟動 R2 的 OSPF，process-id=20，並宣告三個網路要送出
R3(config)#router ospf 30 R3(config-router)#network 172.30.0.0 0.0.255.255 area 0 R3(config-router)#network 192.168.10.0 0.0.0.3 area 0 R3(config-router)#network 209.165.200.232 0.0.0.3 area 0	啟動 R3 的 OSPF，process-id=30，並宣告三個網路要送出，其中 172.30.0.0 的子網路都會被宣告出去

R1 執行 OSPF 指令

圖表 7-6　R1 啟動 OSPF

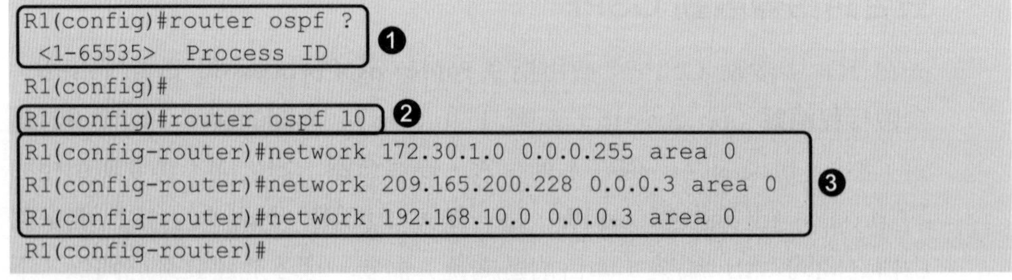

```
R1(config)#router ospf ?
  <1-65535>   Process ID
R1(config)#
R1(config)#router ospf 10
R1(config-router)#network 172.30.1.0 0.0.0.255 area 0
R1(config-router)#network 209.165.200.228 0.0.0.3 area 0
R1(config-router)#network 192.168.10.0 0.0.0.3 area 0
R1(config-router)#
```

❶ 表示可以使用的 OSPF process-id 的範圍。

❷ 實際在 R1 使用 10 當 proccess-id 來啟動 OSPF。

❸ 宣告哪一個網路要傳出，請注意 network 後面要接三個參數，分別是**網路 IP**、**萬用遮罩(wildcard-mask)**及**區域號碼(area id)**，其中萬用遮罩跟 EIGRP 使用一樣，讀者可以參考 EIGRP 的部分，area 0 表示該網路介面參與的區域編號，**network 172.30.1.0 0.0.0.255 area 0** 表示網路 172.30.1.0 所包含的網路介面啟動 OSPF 並加入到 area 0，該 network 所包含的範圍有 fa0/0 介面並啟動於 area 0。

請注意目前只啟動單一 OSPF 區域，因此只能從主幹區域開始，即為 area 0。

R2 啟動 OSPF

接下來在 R2 啟動 OSPF，我們選用 proccess-id 為 20，如下圖所示，當宣告 **network 209.165.200.228 0.0.0.3 area 0** 時，R2 的 S0/0/0 介面就參與 OSPF 運作，此時 R2 的 S0/0/0 會跟 R1 的 S0/0/0 互相交換 OSPF 的 Hello 封包來建立鄰居關係，這點跟 EIGRP 是一樣。

圖表 7-7 R2 啟動 OSPF

```
R2(config)#router ospf 20
R2(config-router)#network 10.1.0.0 0.0.255.255 area 0
R2(config-router)#network 209.165.200.228 0.0.0.3 area 0
R2(config-router)#
00:47:30: %OSPF-5-ADJCHG: Process 20, Nbr 209.165.200.229 on Serial0/0/0   ❶
from LOADING to FULL, Loading Done

R2(config-router)#network 209.165.200.232 0.0.0.3 area 0
R2(config-router)#
R2(config-router)#do show ip ospf neighbor
                                                                            ❷
Neighbor ID     Pri   State       Dead Time  Address          Interface
209.165.200.229   0   FULL/ -     00:00:31   209.165.200.229  Serial0/0/0
R2(config-router)#
```

❶ 表示 R1 與 R2 建立鄰居關係的訊息，此訊息出現的速度比 EIGRP 的慢多了，操作後請讀者要等一下。

❷ 表示目前 R2 的鄰居表中已經有一個鄰居，即為 R1，此處的 Neighbor ID 不是 Next Hop IP，而是 Router-ID。

請注意：process-id 不一樣並不會影響 OSPF 路由器之間運作，當 R1 與 R2 建立鄰居關係後，就開始互相傳送 LS 封包。

R3 啟動 OSPF

最後 R3 使用 process-id=30 啟動 OSPF，如下所示，其中 R3 有四個 172.30.0.0/16 的子網路，如果有某一些子網路不想被傳出，則需要個別宣告，若四個子網路全部要宣告傳出，則可以用主網路來代替所有子網路，當使用 **network 172.30.0.0 0.0.255.255 area 0**，代表網路範圍從 **172.30.0.0 ~ 172.30.255.255 (172.30.0.0+0.0.255.255)** 的網路都會被宣告，而且此網路範圍內的介面都要參與 OSPF 運作。

接著宣告 192.168.10.0 與 209.165.200.232 之後，R3 分別會跟 R1 與 R2 建立鄰居關係。

請注意 wildcard 的比較是有優先順序，例如：同時宣告 network 10.1.12.2 0.0.0.0 area 1 與 network 10.1.12.2 0.0.255.255 area 0，此時 OSPF 決定 network 優先順序是以 wildcard 中0 最多的為優先，所以 10.1.12.2 包含的介面會優先加入 area 1，其他 10.1.0.0~10.1.255.255 包含的介面會加入 area 0，此部分在多重 OSPF 區域宣告時，特別要留意。

圖表 7-8　R3 啟動 OSPF

```
R3(config)#router ospf 30
R3(config-router)#network 172.30.0.0 0.0.255.255 area 0
R3(config-router)#network 192.168.10.0 0.0.0.3  area 0
R3(config-router)#
00:49:57: %OSPF-5-ADJCHG: Process 30, Nbr 209.165.200.229 on
FastEthernet0/1 from LOADING to FULL, Loading Done                  ❶

R3(config-router)#
R3(config-router)#network 209.165.200.232 0.0.0.3 area 0
R3(config-router)#
00:50:19: %OSPF-5-ADJCHG: Process 30, Nbr 209.165.200.233 on Serial0/0/1
from LOADING to FULL, Loading Done                                   ❷

R3(config-router)#
R3(config-router)#do show ip ospf neighbor

Neighbor ID     Pri State    Dead Time Address         Interface     ❸
209.165.200.229   1 FULL/DR  00:00:36  192.168.10.1    FastEthernet0/1
209.165.200.233   0 FULL/ -  00:00:33  209.165.200.233 Serial0/0/1
R3(config-router)#
```

❶、❷ 分別是 R3 分別跟 R1 與 R2 建立鄰居關係的訊息，R3 也開始跟 R1 與 R2 互相傳送 LS 封包。

❸ 表示 R3 的鄰居表中有兩個鄰居，即為 R1 與 R2。

查看 R1 的鄰居表

在 R1 使用 **show ip ospf neighbor** 來查看鄰居表，指令如下所示，表示 R1 有兩個鄰居資訊，其欄位資訊如下：

- **Neighbor ID**：該相鄰路由器的表示 Router ID，稍後會介紹 Router ID 的產生。
- **Pri (priority)**：該介面的 OSPF 優先順序用來選擇 DR。
- **State**：該介面的 OSPF 狀態，OSPF 有 7 種狀態，最後一個狀態為 FULL 狀態，其表示該路由器和其鄰居具有相同的 OSPF 連接狀態資料庫。BDR 表示備用 DR。
- **Dead Time**：路由器在宣告鄰居進入 down（不可用）狀態之前等待該設備發送 Hello 封包所剩餘的時間。
- **Address**：R1 的鄰居用於與 R1 直連的介面的 IP 位址，即為 next hop IP。
- **Interface**：R1 用於與該鄰居 OSPF 路由器建立鄰居關係的介面。

圖表 7-9　R1 的鄰居資訊

```
R1#show ip ospf neighbor

Neighbor ID     Pri  State      Dead Time  Address         Interface
172.30.200.33     1  FULL/BDR   00:00:38   192.168.10.2    FastEthernet0/1
209.165.200.233   0  FULL/ -    00:00:36   209.165.200.230 Serial0/0/0
R1#
```

查看 R2 的 OSPF 路由表

接下來查看 R2 的路由表內容，如下所示，其中 **O** 開頭的路由資訊表示由 OSPF 寫入到路由表，在中括弧中第一個數字表示 OSPF 的 AD 值為 110，第二個數字為 OSPF 成本。

圖表 7-10　查看 R2 的路由表

```
R2#show ip route
Codes: C - connected, S - static, I - IGRP, R - RIP, M - mobile, B - BGP
       D - EIGRP, EX - EIGRP external, O - OSPF, IA - OSPF inter area

-------------省略部分資訊-------------

   10.0.0.0/16 is subnetted, 1 subnets
C     10.1.0.0 is directly connected, FastEthernet0/0
   172.30.0.0/16 is variably subnetted, 5 subnets, 2 masks
O     172.30.1.0/24 [110/65] via 209.165.200.229, 00:19:49, Serial0/0/0
O     172.30.100.0/24 [110/65] via 209.165.200.234, 00:17:02, Serial0/0/1
O  ❶ 172.30.110.1/32 [110/65] via 209.165.200.234, 00:17:02, Serial0/0/1
O     172.30.200.17/32 [110/65] via 209.165.200.234, 00:17:02, Serial0/0/1
O     172.30.200.33/32 [110/65] via 209.165.200.234, 00:17:02, Serial0/0/1
   192.168.10.0/30 is subnetted, 1 subnets
O  ❷ 192.168.10.0 [110/65] via 209.165.200.229, 00:17:02, Serial0/0/0
                  [110/65] via 209.165.200.234, 00:17:02, Serial0/0/1
   209.165.200.0/30 is subnetted, 2 subnets
C     209.165.200.228 is directly connected, Serial0/0/0
C     209.165.200.232 is directly connected, Serial0/0/1
R2#
```

❶ 路由資訊為 /32 的網路，這些 /32 的路由資訊主要是由 R3 的 loopback 網路， 若要讓 loopback 的網路實際反映在 OSPF 的路由表中，則需要改變 loopback 介面的 OSPF 網路型態，改變網路介面的 OSPF 網路型態的指令為 **ip ospf network point-to-point**，此指令必須在網路介面模式執行。

❷ 192.168.10.0 路由資訊有兩筆，兩筆路徑成本一樣，所以 OSPF 支援成本相同的路由負載平衡。

請注意單一區域中的 OSPF 並沒有自動路由壓縮功能，這是因為 OSPF 不是透過更新路由資訊給鄰居，而是使用 LS 封包學到整個網路連接狀態，再使用最短路徑優先演算法計算出路由資訊，因此 OSPF 中所有的路由資訊都是在本地產生，但是 OSPF 在多重區域之間有路由壓縮功能。

其他啟動 OSPF 方式

除了前述說明的啟動方式，OSPF 還有兩種宣告網路的方式，這兩種方式是可以對照比較，我們取消先前的 OSPF 設定再做實驗。

Network 0.0.0.0 255.255.255.255 宣告方式

由於 network 指令後面接著網路位址有包含的概念，如上述的範例當使用 **network 172.30.0.0 0.0.255.255 area 0**，代表從 172.30.0.0 ~ 172.30.255.255 (172.30.0.0+wildcard)的網路都會被宣告，而且此網路範圍內的介面都要參與 OSPF 運作，所以當使用 **network 0.0.0.0 255.255.255.255 area 0**，表示網路範圍從 0.0.0.0 到 255.255.255.255 的網路都被宣告。

另外路由器所有網路介面都會參與 OSPF 運作並加入到 area 0，如此啟動 OSPF 就只要輸入一次 network，如下表所示就可以在 OSPF 練習架構啟動，但是此種方式只適合在單一區域的 OSPF 啟動，若有多重區域則不能這樣做。

圖表 7-11 將路由器所有網路介面一次宣告

指令	說明
R1(config)#router ospf 10 R1(config-router)#network 0.0.0.0 255.255.255.255 area 0	將所有網路介面啟動 OSPF 並加入 area 0
R2(config)#router ospf 20 R2(config-router)# network 0.0.0.0 255.255.255.255 area 0	將所有網路介面啟動 OSPF 並加入 area 0
R3(config)#router ospf 30 R3(config-router)# network 0.0.0.0 255.255.255.255 area 0	將所有網路介面啟動 OSPF 並加入 area 0

Network Int IP

另外一種 OSPF 的 network 宣告更是明確指定特定網路介面加入 OSPF 運作，例如：使用 **network 172.30.1.1 0.0.0.0 area 0**，表示從 172.30.1.1 到 172.30.1.1 的網路都會被宣告，由於 172.30.1.1 是主機 IP，因此很明確的指定這個 IP 所在網路介面會加入 OSPF 運作，所以在啟動多重區域的 OSPF 時候，建議使用這種方式，才不會誤啟動其它網路介面並加入到不對的區域。下表為在 OSPF 練習架構範例，使用明確指定網路介面加入 OSPF 的指令，取消先前的 OSPF 設定再做實驗。

圖表 7-12 路由器中的網路介面各別宣告

指令	說明
R1(config)#router ospf 10 R1(config-router)#network 172.30.1.1 0.0.0.0 area 0 R1(config-router)#network 209.165.200.229 0.0.0.0 area 0 R1(config-router)#network 192.168.10.1 0.0.0.0 area 0	明確指定 R1 中的 fa0/0、fa0/1 及 s0/0/0 啟動 OSPF
R2(config)#router ospf 20 R2(config-router)#network 10.1.0.1 0.0.0.0 area 0 R2(config-router)#network 209.165.200.230 0.0.0.0 area 0 R2(config-router)#network 209.165.200.233 0.0.0.0 area 0	明確指定 R2 中的 fa0/0、s0/0/0 及 s0/0/1 啟動 OSPF
R3(config)#router ospf 30 R3(config-router)#network 172.30.100.1 0.0.0.0 area 0 R3(config-router)#network 172.30.110.1 0.0.0.0 area 0 R3(config-router)#network 172.30.200.17 0.0.0.0 area 0 R3(config-router)#network 172.30.200.33 0.0.0.0 area 0 R3(config-router)#network 192.168.10.2 0.0.0.0 area 0 R3(config-router)#network 209.165.200.234 0.0.0.0 area 0	明確指定 R3 中的 fa0/0、fa0/1、s0/0/1 及三個 loopback 啟動 OSPF

請注意這種啟動方式等同於在介面直接宣告啟動 OSPF 程序，例如：在 fa0/0 介面下執行 ip ospf 10 area 0，表示 fa0/0 啟動 OSPF 10 程序並將 fa0/0 網路通報出去，此種啟動方式效果跟 network 172.30.1.1 0.0.0.0 area 0 啟動方式一樣。

7.3 OSPF 的 Router ID

OSPF 協定使用 **Router ID** 來用於唯一標識 OSPF 路由區域內的每台 OSPF 路由器，沒有 Router ID 則 OSPF 無法運行，讀者可自行做實驗，用一個單獨的路由器沒有設定任何 IP 位址，就直接啟動 OSPF，會出現無法啟動的訊息，請注意當同一個 OSPF 區域內的兩台路由器具有相同的 Router ID 時，OSPF 將無法正常運作，如果兩台相鄰路由器的 Router ID 相同，則無法建立 OSPF 相鄰關係。

查看 Router ID

我們使用上一節的 OSPF 網路架構，請確認三台路由器都已經啟動 OSPF，要查看 R1 中 OSPF 的 Router ID，執行指令 **show ip protocol** 就可查到 Router ID，如下所示，標示的地方 209.165.200.229 就是 R1 的 Router ID。注意 **Router ID 必須是 IP 的格式**，這格式在 IPv6 OSPF 版本還是繼續使用。讀者可以自行查詢 R2 與 R3 的 Router ID 分別為 209.165.200.233 與 172.30.200.33。

圖表 7-13 查詢 R1 的啟動路由協定詳細資訊

```
R1#show ip protocols

Routing Protocol is "ospf 10"
 Outgoing update filter list for all interfaces is not set
 Incoming update filter list for all interfaces is not set
 Router ID 209.165.200.229
 Number of areas in this router is 1. 1 norm
-------------省略部分資訊-------------
```

Router ID 產生

接下來介紹 Router ID 產生方式，OSPF 路由器根據下列四個條件算出該路由器的 Router ID：

1 使用透過 **router-id** 指令來設定的 Router ID。

2 如果沒有使用指令 router-id 來設定，則選擇以**虛擬介面 (loopback)** 之間的最高 IP 位址。

3 如果未設定虛擬介面，則選擇以**實體介面**之間最高的 IP 位址。

4 若路由器沒有設定 IP 位址，則無法啟動 OSPF。

驗證 R1 的 Router ID

根據上面的原則來驗證 R1 的 Router ID 為 209.165.200.229，由於 R1 沒有使用指令的方式設定 Router ID，因此只有虛擬介面與實體介面的 IP 可以選擇。我們先來查看 R1 的所有介面狀況，如下所示，R1 中並沒有虛擬介面的設定，只有三個實體介面的設定，所以只能選擇以實體介面之間最高的 IP 位址當作 Router ID，S0/0/0 介面上的 209.165.200.229 為最高的 IP，因此 OSPF 選擇此 IP 當作 Router ID，請注意要用啟動 (UP) 的介面上的 IP。使用相同的方式，讀者驗證 R2 的 Router ID 為 209.165.200.233。

圖表 7-14 R1 的所有介面資訊

```
R1#show ip int brief
Interface          IP-Address      OK? Method Status                Protocol

FastEthernet0/0    172.30.1.1      YES manual up                    up

FastEthernet0/1    192.168.10.1    YES manual up                    up

Serial0/0/0        209.165.200.229 YES manual up                    up

Serial0/0/1        unassigned      YES unset  administratively down down

Vlan1              unassigned      YES unset  administratively down down
R1#
```

驗證 R3 的 Router ID

接下來驗證 R3 的 Router ID 為何是 172.30.200.33，R3 一樣沒有使用指令設定 Router ID，因此從介面查起，以下所示為 R3 的所有介面狀態，其中 R3 有設定三個虛擬介面，所以 OSPF 會以虛擬介面之間的最高 IP 位址當作 Router ID，Loopback2 介面 172.30.200.33 為三個虛擬介面之間的最高 IP 位址，因此該 IP 為 R3 的 Router ID。

圖表 7-15　R3 的所有介面資訊

```
R3#show ip int brief
Interface          IP-Address      OK? Method Status                Protocol

FastEthernet0/0    172.30.100.1    YES manual up                    up

FastEthernet0/1    192.168.10.2    YES manual up                    up

Serial0/0/0        unassigned      YES unset  administratively down down

Serial0/0/1        209.165.200.234 YES manual up                    up

Loopback0          172.30.110.1    YES manual up                    up

Loopback1          172.30.200.17   YES manual up                    up

Loopback2          172.30.200.33   YES manual up                    up

Vlan1              unassigned      YES unset  administratively down down
R3#
```

修改 Router ID

OSPF 的 Router ID 何時選出，當我們使用啟動 OSPF 命令後就選定，當 OSPF 決定 Router ID 的值後，要修改 Router ID 則必須重新啟動 OSPF，接下來我們使用 **router-id** 指令來修改 R1 的 Router ID，如下所示，proccess-id 10 是先前啟動 R1 中 OSPF 的行程編號，因此必須使用相同的 process-id 進到 OSPF 模式。

圖表 7-16　修改 R1 的 Router ID

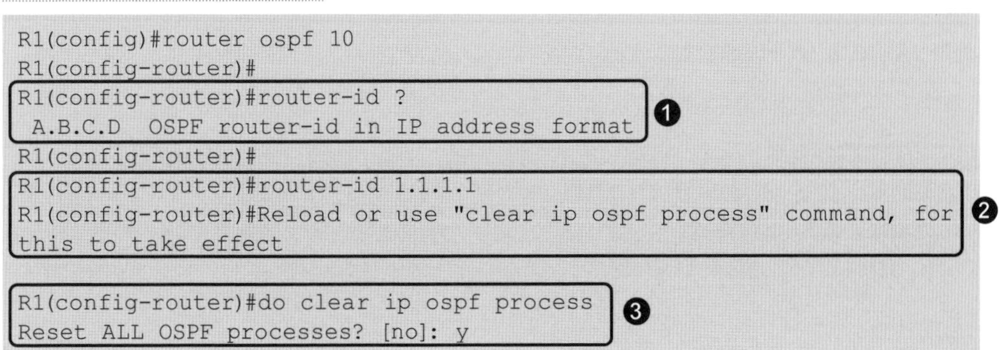

```
R1(config)#router ospf 10
R1(config-router)#
R1(config-router)#router-id ?                                  ❶
 A.B.C.D  OSPF router-id in IP address format
R1(config-router)#
R1(config-router)#router-id 1.1.1.1                            ❷
R1(config-router)#Reload or use "clear ip ospf process" command, for
this to take effect

R1(config-router)#do clear ip ospf process                     ❸
Reset ALL OSPF processes? [no]: y
```

❶ 顯示 router-id 後面必須接 IP 格式，我們選用 1.1.1.1 當作 R1 新的 router-id 以便好辨識。

❷ R1 執行 **router-id 1.1.1.1** 之後，會出現此訊息，提示使用者要重新啟動 OSPF 才會讓 Router ID 生效。

❸ 使用 **clear ip ospf process** 來重新啟動 OSPF，如此 R1 的 Router ID 才會更新，讀者請使用 **show ip protocol** 來查看結果。請讀者使用相同的方法設定 R2 的 Router ID 為 2.2.2.2 與 R3 的 Router ID 為 3.3.3.3。

重新啟動 OSPF 後再來查看 R1 的 Router ID，如下所標示的地方，R1 的 Router ID 已經更改為 1.1.1.1。

圖表 7-17 查看 R1 修改後的 Router ID

```
R1#show ip protocol

Routing Protocol is "ospf 10"
 Outgoing update filter list for all interfaces is not set
 Incoming update filter list for all interfaces is not set
 Router ID 1.1.1.1
 Number of areas in this router is 1. 1 normal 0 stub 0 nssa

  -------------省略部分資訊-------------

R1#
```

接著再查看 R1 的鄰居資訊，如下所標示的地方可以看到鄰居的 R2 與 R3 的 Neighbor ID (Router ID) 也更新，並且更好辨識那一個鄰居是 R2 或 R3。

圖表 7-18 查看 R1 的 OSPF 鄰居資訊

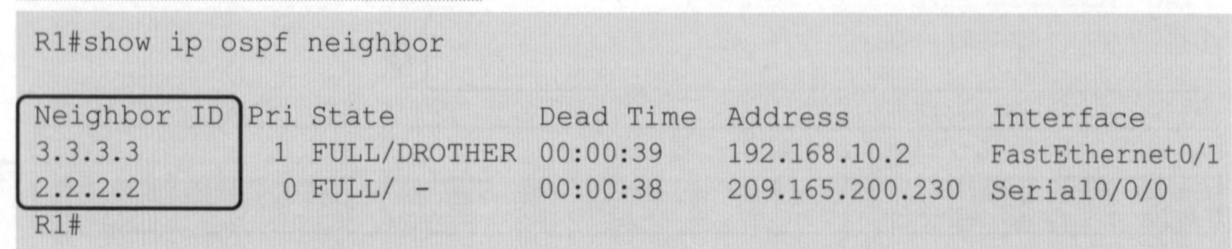

```
R1#show ip ospf neighbor

Neighbor ID Pri State          Dead Time  Address          Interface
3.3.3.3       1 FULL/DROTHER  00:00:39   192.168.10.2     FastEthernet0/1
2.2.2.2       0 FULL/ -        00:00:38   209.165.200.230  Serial0/0/0
R1#
```

7.4 OSPF 預設路由更新

靜態的預設路由也可以藉由 OSPF 來傳出更新到其它路由器，這跟 RIP 是一樣的方式，我們使用圖表 7-1 的 OSPF 網路架構來練習。

R3 設定靜態預設路由

首先假設 R3 的 Loopback0 介面是接 ISP，設定一筆靜態的預設路由往 Loopback0 的方向，之後在 R3 使用 **default-information originate** 指令來啟動 OSPF 傳出預設路由功能，如下表指令所示，process-id 30 為先前設定在 R3 中 OSPF 的行程編號。

圖表 7-19 R3 設定靜態預設路由

指令	說明
R3(config)#ip route 0.0.0.0 0.0.0.0 loopback0	設定預設路由
R3(config)#router ospf 30	切換到 OSPF 30 模式
R3(config-router)#default-information originate	啟動 OSPF 傳送預設路由

查看更新的預設路由

在 R1 查看更新的預設路由，如下所示：

圖表 7-20 查看 R1 更新的預設路由

```
R1#show ip route
Codes: C - connected, S - static, I - IGRP, R - RIP, M - mobile, B - BGP
       D - EIGRP, EX - EIGRP external, O - OSPF, IA - OSPF inter area
       N1 - OSPF NSSA external type 1, N2 - OSPF NSSA external type 2
       E1 - OSPF external type 1, E2 - OSPF external type 2, E - EGP
       i - IS-IS, L1 - IS-IS level-1, L2 - IS-IS level-2, ia - IS-IS inter area
       * - candidate default, U - per-user static route, o - ODR
       P - periodic downloaded static route

Gateway of last resort is 209.165.200.230 to network 0.0.0.0

     10.0.0.0/16 is subnetted, 1 subnets
O       10.1.0.0 [110/65] via 209.165.200.230, 00:14:02, Serial0/0/0
     172.30.0.0/16 is variably subnetted, 5 subnets, 2 masks
C       172.30.1.0/24 is directly connected, FastEthernet0/0
O       172.30.100.0/24 [110/129] via 209.165.200.230, 00:13:32, Serial0/0/0
```

❶

Next

```
O        172.30.110.1/32 [110/129] via 209.165.200.230, 00:13:32, Serial0/0/0
O        172.30.200.17/32 [110/129] via 209.165.200.230, 00:13:32, Serial0/0/0
O        172.30.200.33/32 [110/129] via 209.165.200.230, 00:13:32, Serial0/0/0
     192.168.10.0/30 is subnetted, 1 subnets
C        192.168.10.0 is directly connected, FastEthernet0/1
     209.165.200.0/30 is subnetted, 2 subnets
C        209.165.200.228 is directly connected, Serial0/0/0
O        209.165.200.232 [110/128] via 209.165.200.230, 00:13:42, Serial0/0/0
O*E2 0.0.0.0/0 [110/1] via 209.165.200.230, 00:00:27, Serial0/0/0 ❷
R1#
```

❶ **E2** 表示此路由為一條 OSPF 第 2 類外部路由，此部分在多重區域 OSPF 討論。

❷ 有一筆預設路由是由 OSPF 更新到 R1 的路由表中。

7.5 OSPF 封包

OSPF 有五種封包類型，每種封包在 OSPF 路由過程中都有其作用，OSPF 有兩個群播位址 **224.0.0.5** 或 **224.0.0.6**，一般 OSPF 路由器送給鄰居都是使用 224.0.0.5，但是如果有 DR 產生，一般 OSPF 路由器傳送 LS 封包給 DR 會使用 224.0.0.6，DR 送給鄰居也是使用 224.0.0.5。

OSPF 的五種封包類型

接著為您介紹 OSPF 的五種封包，分別是 Hello 封包、DBD 封包、LSR 封包、LSU 封包、LSAck 封包。這五種封包在 OSPF Message Type 的編號表示是 Hello 為 message type 1，DBD 為message type 2，LSR 為 message type 3，LSU 為 message type 4 以及 LSAck 為 message type 5。

Hello 封包

Hello 封包用於發現 OSPF 鄰居並建立相鄰關係，使用 Hello 封包建立 OSPF 相鄰關係之前，有三個參數 **Hello 間隔時間**、**故障間隔時間 (Dead time)**和**網路類型(network type)**必須要一致，Hello 間隔時間為

Hello 封包周期送出時間，而故障間隔時間為建立鄰居關係後，當保留時間截止後還未收到鄰居的 Hello 封包，則 OSPF 將宣告該鄰居路由發生故障。

DBD 封包

DBD 封包為 **LS 資料庫描述(DataBase Description)**，此封包內容記錄發送端路由器的連接狀態資料庫的清單，此清單類似一本書的目錄，接收端路由器使用本封包與其本地連接狀態資料庫做比對，此比對動作不會比對資料庫內容，僅比對清單，若有差異就會發送 LSR 封包，讀者可以使 **show ip ospf database** 指令來查詢連接狀態資料庫，詳細 OSPF Database 資訊屬於 CCNP 課程範圍。

LSR 封包

連接狀態請求 (LS Request) 封包用來跟 OSPF 鄰居請求在 DBD 中有缺少的 LS 資訊。

LSU 封包

連接狀態更新 (LS Update) 封包用於回復 LSR 或主動通告鄰居新資訊，一個 LSU 封包可能包含 11 種類型的**連接狀態通告 (LSA)**，此部分為 CCNP 課程範圍。

LSAck 封包

當 OSPF 路由器收到 LSU 封包後，會發送一個**連接狀態確認 (LS Ack)** 封包來做為確認接收到了 LSU 封包，類似 EIGRP 的 Ack 封包。

查看 OSPF 封包

在 R1 使用 **debug ip ospf events** 指令來查看 R1 中 OSPF 的封包傳送情況，當網路穩定時候，只會看到 Hello 封包傳送用來維繫鄰居關係，因此將 R2 的 s0/0/0 手動關閉之後再啟動，就會看到其它 OSPF 的封包傳送，如下所示：

圖表 7-21 查看 R1 中 OSPF 封包運作

```
R1#debug ip ospf events
OSPF events debugging is on
R1#
00:18:38: OSPF: Rcv hello from 209.165.200.233 area 0 from Serial0/0/0
209.165.200.230
00:18:38: OSPF: End of hello processing
%LINK-5-CHANGED: Interface Serial0/0/0, changed state to down
%LINEPROTO-5-UPDOWN: Line protocol on Interface Serial0/0/0, changed
state to down
00:18:46: OSPF: Interface Serial0/0/0 going Down
00:18:46: OSPF: Neighbor change Event on interface Serial0/0/0
00:18:46: %OSPF-5-ADJCHG: Process 10, Nbr 209.165.200.233 on Serial0/0/0
from FULL to DOWN, Neighbor Down: Interface down or detached
%LINK-5-CHANGED: Interface Serial0/0/0, changed state to up
%LINEPROTO-5-UPDOWN: Line protocol on Interface Serial0/0/0, changed
state to up
00:18:51: OSPF: Interface Serial0/0/0 going Up
00:19:01: OSPF: Rcv DBD from 209.165.200.233 on Serial0/0/0 seq 0x432d
opt 0x00 flag 0x7 len 32  mtu 1500 state INIT
** 省略部分輸出
R1#no debug all
All possible debugging has been turned off
```

OSPF 建立鄰居過程的狀態

OSPF 建立鄰居要經過 7 個狀態才算是完成，可以透過查看 OSPF 鄰居來觀察目前處在那一個狀態，如下圖所示，其中第 3 個 **Two-way** 狀態特別要注意，此狀態是 OSPF 的鄰居已經互相認識，但是還未完整建立，所以只會交換 Hello 封包，還不能交換 DBD 與 LS 封包。

圖表 7-22 OSPF 建立鄰居過程的狀態

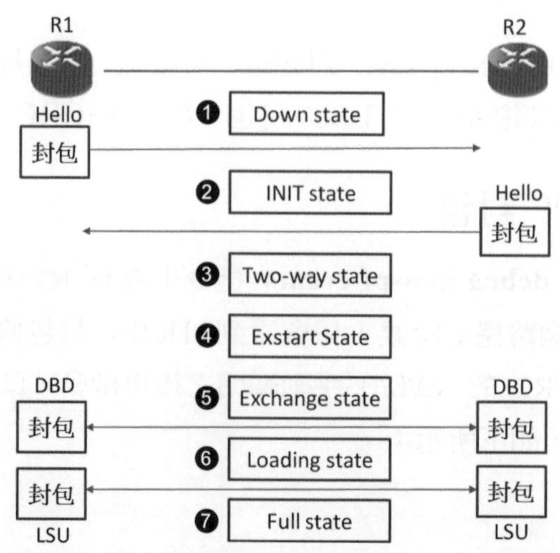

以下是針對 OSPF 的各個狀態的說明：

❶ **Down state**：路由器還沒送出 Hello 封包。

❷ **INIT state**：兩個路由器開始在交換 Hello 封包，但還沒進行 Hello 封包的驗證。

❸ **Two-way state**：兩個路由器收到彼此的 Hello 封包，並可以使用 **show ip ospf neighbors** 的指令來查詢，在鄰居表中可看到鄰居資訊，但此時鄰居關係還未完整，此狀態要特別注意，當有 DR 的情況，有些路由器的鄰居狀態只會停留 **two-way** 階段，不會進入到下一個狀態，後面講到 DR 時候就可以看到。

❹ **Exstart state**：即將開始交換 DBD 封包。

❺ **Exchange state**：兩個路由器開始互相傳送的 DBD 封包。

❻ **Loading state**：路由器處理 DBD 封包，若收到的 DBD 資訊與本身的不一樣就開始送出 LSR 封包，跟對方路由器請求 LSU 資訊。

❼ **Full state**：完成鄰居建立。

OSPF 無法形成相鄰關係

Hello 封包為建立與維繫 OSPF 路由器的相鄰關係，當兩台路由器不會建立 OSPF 相鄰關係，可能有下列幾種原因：

- 兩個路由器的 OSPF Hello 送出間隔時間或 Dead 間隔時間不一致。(此點 EIGRP 不受影響)
- 兩個路由器的 OSPF 區域號碼不一樣。
- IP 設定錯誤，兩台路由器分處於不同的網路中。
- OSPF 網路類型不一致。
- 缺少或不正確的 OSPF network 命令。
- 啟動路由認證密碼不一致。

OSPF 網路類型有五種，網路類型會影響 OSPF 的鄰居是否能自動建立與 DR 的產生，這五種類型網路屬於 CCNP 課程範圍。

我們使用 **show ip ospf int** 來查看每個 OSPF 介面的 Hello 送出間隔時間、故障間隔時間 (Dead time) 和網路類型。

查詢 R1 中 fa0/1 與 s0/0/0 的 OSPF 介面資訊

如下所示為先前的 OSPF 網路架構，三台路由器已經設定 OSPF，R1 中 fa0/1 與 s0/0/0 的各別 OSPF 介面資訊，其中 fa0/1 為乙太網路介面、s0/0/0 為序列埠介面，兩個介面的 OSPF 資訊會有一點不一樣。

圖表 7-23　R1 中 fa0/1 與 s0/0/0 的 OSPF 介面資訊

```
R1#show ip ospf int fa0/1
FastEthernet0/1 is up, line protocol is up
 Internet address is 192.168.10.1❶0, Area 0          ❷             ❸
 Process ID 10, Router ID 209.165.200.229, Network Type BROADCAST, Cost: 1
 Transmit Delay is 1 sec, State DR, Priority 1❹
 Designated Router (ID) 209.165.200.229, Interface address 192.168.10.1
 Backup Designate❺Router (ID) 172.30.200.33, Interface address 192.168.10.1
 Timer intervals configured, Hello 10, Dead 40, Wait 40, Retransmit 5
   Hello due in 00:00:08                   ❻
 Index 2/2, flood queue length 0
 Next 0x0(0)/0x0(0)
 Last flood scan length is 1, maximum is 1
 Last flood scan time is 0 msec, maximum is 0 msec
 Neighbor Count is 1, Adjacent neighbor count is 1
   Adjacent with neighbor 172.30.200.33
 Suppress hello for 0 neighbor(s)
R1#
R1#show ip ospf int s0/0/0
Serial0/0/0 is up, line protocol is up
 Internet address is 209.165.200.229/30, Area 0          ❼
 Process ID 10, Router ID 1.1.1.1, Network Type POINT-TO-POINT, Cost: 64
 Transmit Delay is 1 sec, State POINT-TO-POINT, Priority 0❽
 No designated router on this network
 No backup designated router on this network❾
 Timer intervals configured, Hello 10, Dead 40, Wait 40, Retransmit 5
   Hello due in 00:00:05
 Index 3/3, flood queue length 0
 Next 0x0(0)/0x0(0)
 Last flood scan length is 1, maximum is 1
 Last flood scan time is 0 msec, maximum is 0 msec
 Neighbor Count is 1 , Adjacent neighbor count is 1
   Adjacent with neighbor 2.2.2.2
 Suppress hello for 0 neighbor(s)
```

❶ R1 的 Router ID。

❷ fa0/1 的 OSPF 網路型態，fa0/1 為乙太網路，所以網路為廣播型態。

❸ 表示目前 fa0/1 介面的 OSPF 成本，OSPF 成本與頻寬有關。

❹ fa0/1 的 OSPF 優先權，用來競選 DR，預設值為 1。

❺ DR 的 Router ID，OSPF 在廣播的網路環境下會有 DR 的產生。

❻ fa0/1 送出 Hello 的間隔時間。

❼ s0/0/0 的 OSPF 網路型態為點對點，這跟 fa0/1 的網路型態就不同。

❽ s0/0/0 的 OSPF 優先權，在點對點的網路環境下不會有 DR 產生，所以 OSPF 優先權為 0 表示不會競選 DR。

❾ 表示沒有 DR 的訊息。

7.6 修改 OSPF 介面資訊

OSPF 介面的資訊可以手動修改，常見的修改有 Hello 封包的時間及 OSPF 介面成本，以下就針對這兩部分來說明如何修改，繼續使用前面的的 OSPF 網路架構來練習，請確認三台路由器的 OSPF 啟動正常。

修改 Hello 時間

當兩個路由器之間的 OSPF Hello 間隔時間或 Dead 間隔時間不一致會導致 OSPF 相鄰關係建立不起來，這點 EIGRP 就不受影響，如何修改 Hello 封包的時間，要從 OSPF 介面個別設定，下表為修改 R1 中 fa0/1 的 OSPF Hello 的時間，要注意 Hello Dead 間隔時間要大於 Hello 送出的間隔時間，否則永遠無法建立 OSPF 鄰居關係，例如：Hello Dead 間隔設為 10 秒而 Hello 送出的間隔 15 秒，表示在 10 秒內沒收到任何一個 Hello 封包，OSPF 鄰居關係就宣告故障，再經過 5 秒鐘，Hello 封包收到了，OSPF 鄰居又建立成功，再經過 10 秒鐘，Hello Dead 時間到了，OSPF 鄰居關係又宣告故障，如此重複 OSPF 鄰居關係建立成功後又故障，所以 Hello Dead 時間要大於 Hello 間隔時間。

請注意當 Hello 時間修改，如果沒有設定 dead 時間，則 dead 的時間會自動修改為 Hello 時間的四倍。

圖表 7-24 路由器中的修改 Hello 送出間隔時間及 Dead 間隔時間的指令

指令	說明
R1(config)#int fa0/1	切換到 fa0/1 介面模式
R1(config-if)#ip ospf dead-interval 20	修改 fa0/1 的 OSPF Hello Dead 間隔時間為 20 秒
R1(config-if)#ip ospf hello-interval 5	修改 fa0/1 的 OSPF Hello 送出的間隔時間為 5 秒

將上述指令在 R1 執行，如下所示：

圖表 7-25 R1 中 fa0/1 的修改 Hello 時間並查詢結果

```
R1(config-if)#int f0/1
R1(config-if)#ip ospf  dead-interval 20   ❶
R1(config-if)#ip ospf hello-interval 5
R1(config-if)#
03:05:45: %OSPF-5-ADJCHG: Process 10, Nbr 3.3.3.3 on FastEthernet0/1
from FULL to DOWN, Neighbor Down: Dead timer expired
                                                                       ❷
03:05:45: %OSPF-5-ADJCHG: Process 10, Nbr 3.3.3.3 on FastEthernet0/1
from FULL to DOWN, Neighbor Down: Interface down or detached

R1(config-if)#do show ip ospf int fa0/1
FastEthernet0/1 is up, line protocol is up
  Internet address is 192.168.10.1/30, Area 0
  Process ID 10, Router ID 1.1.1.1, Network Type BROADCAST, Cost: 1
  Transmit Delay is 1 sec, State DR, Priority 1
  Designated Router (ID) 1.1.1.1, Interface address 192.168.10.1
  Backup Designated Router (ID) 1.1.1.1, Interface address 192.168.10.1
  Timer intervals configured, Hello 5, Dead 20, Wait 20, Retransmit 5
  Hello due in 00:00:02                              ❸
 -------------省略部分資訊-------------
R1(config-if)#
```

❶ 修改 fa0/1 的 Hello 時間，當讀者執行完畢後，等一會時間，R1 與 R3 的鄰居關係就斷掉了。

❷ R1 與 R3 鄰居斷掉的訊息，但是 R1 與 R2 的鄰居關係不變，只要 R3 中 fa0/1 的 OSPF Hello 時間也改成一樣，R1 與 R3 就恢復鄰居關係，讀者在 R3 的 fa0/1 執行上表指令，就會看到 R1 與 R3 恢復鄰居關係的訊息。

❸ 修改後的 fa0/1 的 hello 時間。

7.7 OSPF 成本計算

OSPF 成本計算是跟頻寬有關，頻寬越大其成本越小，這跟 EIGRP 是一樣的，OSPF 計算成本的公式為 **100M/介面的參考頻寬**或是 **10^8/介面的參考頻寬**，因此在所有 Fa 開頭的網路介面，其頻寬為 100M，所以成本都為 1，讀者可以使用 show ip ospf int fa0/0 來驗證。

請注意 OSPF 成本公式中 100M 是可以調整，在 OSPF 啟動模式下執行 auto-cost reference-bandwidth 來調整。

查詢 s0/0/0 的參考頻寬

但在 s 開頭的網路介面(s0/0/0)其成本如何計算，首先要去查 s0/0/0 的參考頻寬，使用指令 **show int s0/0/0** 來查詢，如下所示，s0/0/0 的參考頻寬為 1544K，這也是序列埠參考頻寬的預設值，此處的參考頻寬不代表該介面實際的頻寬，參考頻寬只是給路由協定計算成本使用。

圖表 7-26 查詢 R1 中 s0/0/0 的參考頻寬

```
R1#show int s0/0/0
Serial0/0/0 is up, line protocol is up (connected)
 Hardware is HD64570
 Internet address is 209.165.200.229/30
 MTU 1500 bytes, BW 1544 Kbit, DLY 20000 usec,
    reliability 255/255, txload 1/255, rxload 1/255
 Encapsulation HDLC, loopback not set, keepalive set (10 sec)
-------------省略部分資訊-------------
```

參考頻寬

查詢 s0/0/0 的 OSPF 成本

將上述的 s0/0/0 的參考頻寬帶入 OSPF 成本公式，計算 s0/0/0 的 OSPF 成本為 100000K/1544K=64.766，取整數為 64，我們使用 **show ip ospf int s0/0/0** 來查詢 s0/0/0 的 OSPF 成本，如下所示。

圖表 7-27 查詢 R1 中 s0/0/0 的 OSPF 成本

```
R1#show ip ospf int s0/0/0
Serial0/0/0 is up, line protocol is up
 Internet address is 209.165.200.229/30, Area 0
 Process ID 10, Router ID 1.1.1.1, Network Type POINT-TO-POINT, Cost: 64
 Transmit Delay is 1 sec, State POINT-TO-POINT, Priority 0
 No designated router on this network
 No backup designated router on this network
-------------省略部分資訊-------------
```

s0/0/0 的 OSPF 成本

路由表 OSPF 成本計算

在路由表中的 OSPF 成本計算是根據**每個出口網路介面的 OSPF 成本累加起來**，如下圖所示為 R1 的路由表，其中一筆 10.1.0.0 的路由資訊成本為 65，這要如何計算，先看 R1 要到 10.1.0.0 網路路徑為 R1 的 s0/0/0--> R2 的 f0/0，再查看 R1 中 s0/0/0 的 OSPF 成本為 64，R2 的 f0/0 為 1，再將所有介面的 OSPF 成本累加，因此為 64+1=65，請參考下圖。其他在路由表中的 OSPF 路由的成本也是如此計算，請讀者驗證。

圖表 7-27.1

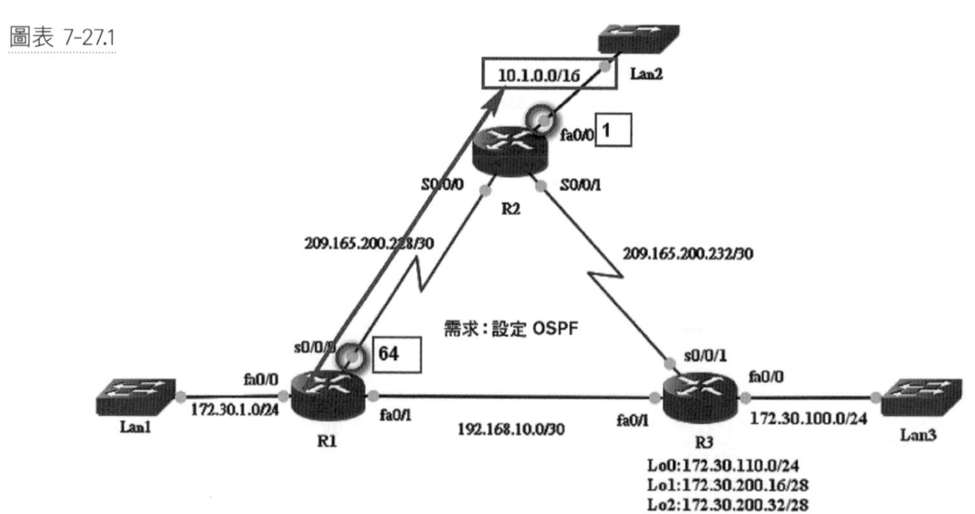

圖表 7-28 查詢 R1 到 10.1.0.0 的 OSPF 成本

```
R1#show ip route
-------------省略部分資訊-------------
   10.0.0.0/16 is subnetted, 1 subnets
O     10.1.0.0 [110/65] via 209.165.200.230, 01:36:02, Serial0/0/0
   172.30.0.0/16 is variably subnetted, 5 subnets, 2 masks
C     172.30.1.0/24 is directly connected, FastEthernet0/0
O     172.30.100.0/24 [110/129] via 209.165.200.230, 00:47:04, Serial0/0/0
O     172.30.110.1/32 [110/129] via 209.165.200.230, 00:47:04, Serial0/0/0
O     172.30.200.17/32 [110/129] via 209.165.200.230, 00:47:04, Serial0/0/0
O     172.30.200.33/32 [110/129] via 209.165.200.230, 00:47:04, Serial0/0/0
   192.168.10.0/30 is subnetted, 1 subnets
C     192.168.10.0 is directly connected, FastEthernet0/1
   209.165.200.0/30 is subnetted, 2 subnets
C     209.165.200.228 is directly connected, Serial0/0/0
O     209.165.200.232 [110/128] via 209.165.200.230, 00:47:04, Serial0/0/0
R1#
```

修改介面 OSPF 成本

修改 OSPF 介面的成本有兩種方式，一種是透過修改網路介面的參考頻寬，讓 OSPF 介面的成本重新計算，另一種方式是直接設定 OSPF 介面成本的值，如下表所示的指令，在 R1 中 s0/0/0 中修改參考頻寬為 100k，在 fa0/1 直接設定 OSPF 介面成本為 1000 的值。

圖表 7-29 修改路由器中 OSPF 成本值的方式

指令	說明
R1(config)#int s0/0/0	切換到 s0/0/0 介面模式
R1(config-if)# bandwidth 100	修改 s0/0/0 介面的參考頻寬，OSPF 成本會重新計算
R1(config-if)#int fa0/1	切換到 fa0/1 介面模式
R1(config-if)#ip ospf cost 1000	直接修改 fa0/1 的 OSPF cost 為 1000

依上表指令修改 R1 中 s0/0/0 的參考頻寬，如下所示：

圖表 7-30 修改 R1 中 s0/0/0 的參考頻寬

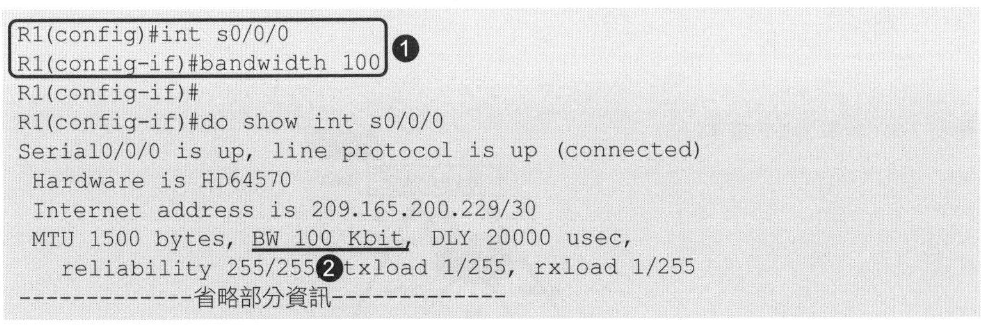

```
R1(config)#int s0/0/0
R1(config-if)#bandwidth 100   ❶
R1(config-if)#
R1(config-if)#do show int s0/0/0
Serial0/0/0 is up, line protocol is up (connected)
 Hardware is HD64570
 Internet address is 209.165.200.229/30
 MTU 1500 bytes, BW 100 Kbit, DLY 20000 usec,
   reliability 255/255❷txload 1/255, rxload 1/255
------------省略部分資訊------------
```

❶ 修改 s0/0/0 的參考頻寬為 100。

❷ 查詢該改過後的參考頻寬。

重新計算 R1 中 s0/0/0 的 OSPF 成本

將上述修改後的 s0/0/0 參考頻寬，依照介面的 OSPF 成本的公式重新計算後的成本為 100000K/100K=1000，如下所示，標示的地方表示 s0/0/0 目前的 OSPF 成本為 1000。

圖表 7-31 重新計算 R1 中 s0/0/0 的 OSPF 成本

```
R1(config-if)#do sh ip ospf int s0/0/0
Serial0/0/0 is up, line protocol is up
 Internet address is 209.165.200.229/30, Area 0
 Process ID 10, Router ID 1.1.1.1, Network Type POINT-TO-POINT, Cost: 1000
 Transmit Delay is 1 sec, State POINT-TO-POINT, Priority 0
 No designated router on this network
 No backup designated router on this network
-------------省略部分資訊-------------
```

重新計算 R1 中路由表的 OSPF 成本

當 s0/0/0 的 OSPF 成本改變後，路由表中的某些 OSPF 的路由資訊也要跟著改變成本及路徑，如下所示為 R1 重新查詢的路由表，我們觀察 10.1.0.0 的路由資訊，原先出口介面是 s0/0/0，現在改變為 fa0/1，這是因為由 s0/0/0 的路徑成本變大，由 65 變成 1001，所以 OSPF 只好選擇成本較小的路徑，由 fa0/1 的路徑為 R1 的 fa0/1-->R3 的 s0/0/1-->R2 的 fa0/0，此路徑成本為 1+64+1=66，請參考下圖。

圖表 7-32 計算 OSPF 成本

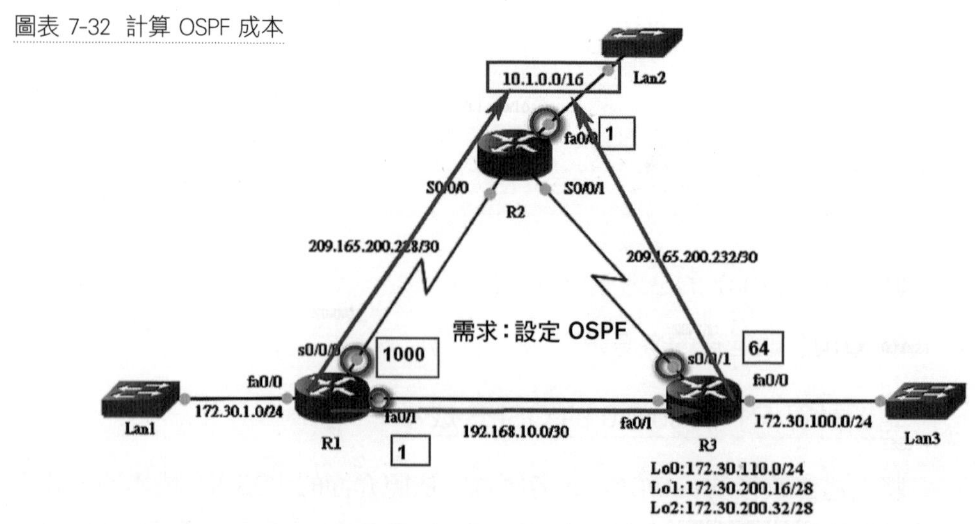

圖表 7-33 查詢修改後 R1 到 10.1.0.0 的 OSPF 成本

```
R1(config-if)#do sh ip route
-------------省略部分資訊-------------

   10.0.0.0/16 is subnetted, 1 subnets
O     10.1.0.0 [110/66] via 192.168.10.2, 00:00:26, FastEthernet0/1
   172.30.0.0/16 is variably subnetted, 5 subnets, 2 masks
C     172.30.1.0/24 is directly connected, FastEthernet0/0
O     172.30.100.0/24 [110/2] via 192.168.10.2, 00:19:36, FastEthernet0/1
O     172.30.110.1/32 [110/2] via 192.168.10.2, 00:19:36, FastEthernet0/1
O     172.30.200.17/32 [110/2] via 192.168.10.2, 00:19:36, FastEthernet0/1
O     172.30.200.33/32 [110/2] via 192.168.10.2, 00:19:36, FastEthernet0/1
   192.168.10.0/30 is subnetted, 1 subnets
C     192.168.10.0 is directly connected, FastEthernet0/1
   209.165.200.0/30 is subnetted, 2 subnets
C     209.165.200.228 is directly connected, Serial0/0/0
```

直接設定 R1 中 fa0/1 的成本

請注意修改 Fa 介面頻寬的指令為 **speed**，此為修改實際介面的頻寬，OSPF 介面成本不會參考此實際的頻寬，所以也要用 **bandwidth** 指令來修改參考頻寬，我們直接設定 R1 中 fa0/1 的 OSPF 成本，指令執行如下所示：

圖表 7-34 直接設定 R1 中 fa0/1 的 OSPF 成本

```
R1(config)#int fa0/1
R1(config-if)#ip ospf cost 1000    ❶
R1(config-if)#
R1(config-if)#do show ip ospf int fa0/1
FastEthernet0/1 is up, line protocol is up
 Internet address is 192.168.10.1/30, Area 0
 Process ID 10, Router ID 1.1.1.1, Network Type BROADCAST, Cost: 1000
 Transmit Delay is 1 sec, State BDR, Priority 1                   ❷
 Designated Router (ID) 3.3.3.3, Interface address 192.168.10.2
 Backup Designated Router (ID) 1.1.1.1, Interface address 192.168.10.1
 -------------省略部分資訊-------------
```

❶ 設定 fa0/1 的 OSPF 成本為 1000。

❷ 我們可以看到 fa0/1 的 OSPF 成本是以直接設定的為主。

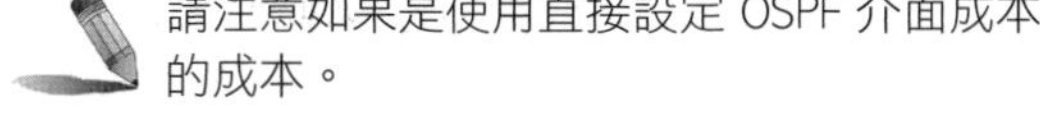

請注意如果是使用直接設定 OSPF 介面成本，此介面就不會再用公式去計算該 OSPF 介面的成本。

查詢 R1 的 OSPF 成本

此時再來查看 R1 的路由表，我們一樣觀察 10.1.0.0 的路由資訊，此路徑的出口介面又變回原來的 s0/0/0，這是因為從 fa0/1 出口介面的路徑成本變大，路徑為 R1 的 fa0/1-->R3 的 s0/0/1-->R2 的 fa0/0，所以成本累計為 1000+64+1=1065 (請參考下圖)，比 s0/0/0 出口的路徑成本 1001 大，所以 OSPF 就選成本小的路徑寫入路由表中。

圖表 7-35

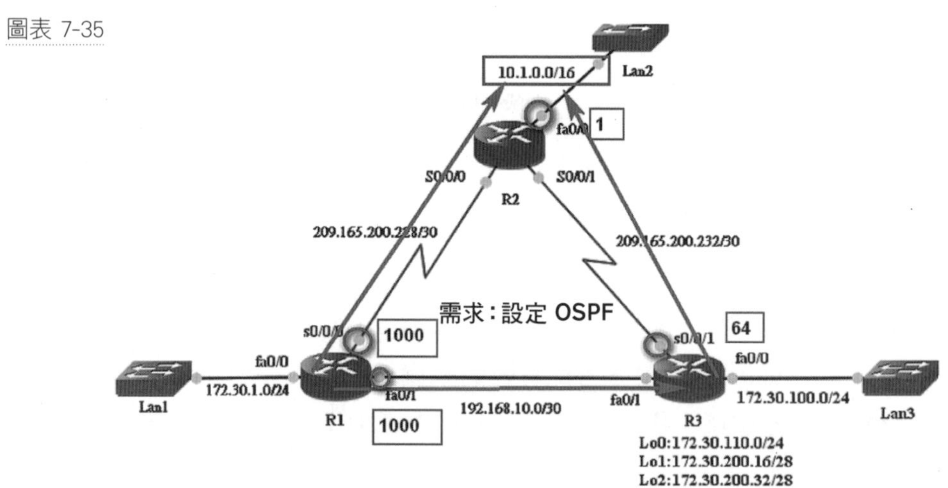

請注意路徑成本最小不見得是最快路徑，因為成本可以手動調整。

圖表 7-36 查詢修改 fa0/1 後 R1 到 10.1.0.0 的 OSPF 成本

```
R1(config-if)#do sh ip route

-------------省略部分資訊-------------

   10.0.0.0/16 is subnetted, 1 subnets
O     10.1.0.0 [110/1001] via 209.165.200.230, 00:00:04, Serial0/0/0
   172.30.0.0/16 is variably subnetted, 5 subnets, 2 masks
C     172.30.1.0/24 is directly connected, FastEthernet0/0
O     172.30.100.0/24 [110/1001] via 192.168.10.2, 00:00:04, FastEthernet0/1
O     172.30.110.1/32 [110/1001] via 192.168.10.2, 00:00:04, FastEthernet0/1
O     172.30.200.17/32 [110/1001] via 192.168.10.2, 00:00:04, FastEthernet0/1
O     172.30.200.33/32 [110/1001] via 192.168.10.2, 00:00:04, FastEthernet0/1
   192.168.10.0/30 is subnetted, 1 subnets
C     192.168.10.0 is directly connected, FastEthernet0/1
   209.165.200.0/30 is subnetted, 2 subnets
C     209.165.200.228 is directly connected, Serial0/0/0
O     209.165.200.232 [110/1064] via 209.165.200.230, 00:00:04, Serial0/0/0
```

7.8 DR 的產生

本章節介紹 OSPF 中 DR 與 BDR 的角色意義，並手動來調整 DR 產生的順序，我們使用下圖的 DR 網路架構來做 DR 的練習，本範例的六台路由器都已經正常啟動 OSPF，並且每台路由器的 Router ID 已經設定為 R1=1.1.1.1、R2=2.2.2.2、R3=3.3.3.3、R4=4.4.4.4、R5=5.5.5.5 及 R6=6.6.6.6。

圖表 7-37 DR 網路架構

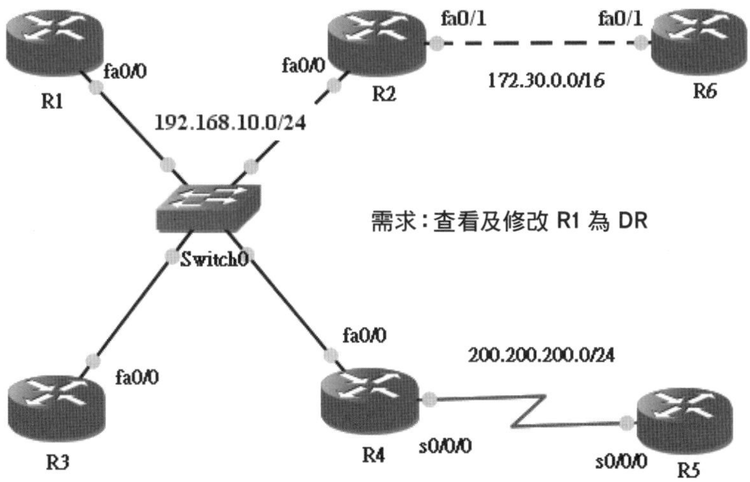

OSPF 面對啟動介面的網路，有定義了五種網路類型：

- 點對點 (P2P，Point to Point)
- 廣播多重存取 (BMA，Broadcast Multiple Access)
- 非廣播多重存取 (NBMA，Non-Broadcast Multiple Access)
- 點對多點 (P2M，Point to Many)
- 點對多點非廣播 (P2M non-broadcast))

每種網路類型在建立 OSPF 的連線都有不一樣的方式，此部分屬於 CCNP 課程範圍。此處我們將針對**多重存取的網路**做進一步介紹。

多重存取網路的 DR 路由器

在**多重存取網路 (Multiple Access Network)** 類型中，例如：乙太網路、Frame-Relay，網路中有多台主機共用。如 DR 網路架構中，四台路由器共用 192.168.10.0/24 的網路，在此網路下 R1 的有 3 個 OSPF 鄰居 R2、R3 及 R4，因此 R1 會透過此網路將 LS 封包**泛洪(flood)**給 OSPF 鄰居，R2 也同樣有 3 個 OSPF 鄰居也會泛洪 LS 封包給鄰居，R3 與 R4 也會進行同樣的動作，如此在網路 192.168.10.0/24 的網路中，將被 OSPF 的 LS 封包消耗大量頻寬。

為了避免這種狀況，OSPF 在多重存取的網路中，會選擇一個特定的路由器來統一傳送 LS 封包給所有其它 OSPF 路由器，此路由器稱為**委任路由器 (DR，Designated Router)**，另外還會選擇一台路由器當作 DR 的備援稱為 **BDR (Backup DR)**，由 DR 收集其它路由器的 LS 封包，再由 DR 統一送出 LS 封包給其鄰居，以節省 LS 封包佔用的網路頻寬。

請注意 OSPF 在多重存取網路會產生 DR 的另外一個主要因素，是為了在 LS 資料庫能夠描述多重存取網路下的 OSPF 路由器的接線情況，如此才能夠過 LS 資料庫將 OSPF 網路架構連線畫出，此部分為 CCNP 課程範圍。

請注意在 DR 網路架構中，R4 與 R5 是點對點的網路，所以不會有 DR 的產生，而 R2 與 R6 雖然也是兩台路由器對接，不過是經由乙太網路，所以也是多重存取網路，因此也會有 DR 產生。

OSPF 封包更新的群播 IP

OSPF 封包更新時會使用兩個群播 IP 位址，分別是 224.0.0.5 及 224.0.0.6，一般 OSPF 路由器傳送 LS 封包給鄰居時是使用 224.0.0.5，但如果 DR 產生的時候，非 DR 的 OSPF 傳送 LS 封包給 DR 或 BDR 會使用 224.0.0.6，DR 再使用 224.0.0.5 傳送給其它 OSPF 路由器。

DR 與 BDR 的選擇

OSPF 什麼時候決定 DR 產生？當多重存取網路中第一台路由器啟用了 OSPF 介面開始工作時，OSPF 即開始進行 DR 和 BDR 的選擇，如果在多重存取網路中仍有部分路由器未完成啟動 OSPF，DR 可能已經產生了。而 DR 的產生屬於**不可插隊 (non-preemptive)** 特性，所以一旦某台路由器為 DR 後，將保持 DR 地位，其它路由器就沒有機會變成 DR，除非這台 DR 路由器故障了，或是重新啟動 OSPF，才會重新選擇 DR。因此如果有特定的路由器要規劃為 DR，必須留意 OSPF 的啟動順序，以下是 DR 產生的優先順序。

1. DR：具有最高 **OSPF 介面優先順序 (ospf int prority)** 的路由器，OSPF 介面優先順序預設都一樣為 1，若被設定為 0，則該 OSPF 介面不參與 DR 的選擇。請注意點對點介面的 OSPF 介面優先順序預設為 0。
2. BDR：具有第二高 OSPF 介面優先順序的路由器。
3. 若彼此的 OSPF 介面優先順序相等，則選擇 **Router ID** 最高者當 DR，次高者當 BDR。

特殊情況 DR 會被搶走

雖然 DR 具**不可插隊**特性，但是如果有兩台路由器同時宣告當 DR 時，當兩台 DR 路由器鄰居關係形成，此時還是要依照 DR 產生的優先順序，其中一台路由器必需退出 DR 變成 DROther。此種情況的發生通常是因為 Hello 封包間隔時間不對或是 OSPF 認證等等因素，導致鄰居關係突然斷掉，但是路由器的多重網路介面仍然啟動；此時路由器找不到其它路由器來比較 DR 優先順序，這時候就會先自行宣告為 DR，一旦 OSPF 鄰居再建立後，多台 DR 路由器之間還是要選擇一台當 DR，此時就有路由器的 DR 會被移掉。

DR 與 BDR 的查詢

使用 DR 網路架構來查詢哪一台路由器為 DR，由於預設的 OSPF 介面優先順序預設都一樣為 1，因此使用 Router ID 來決定 DR，所以 R4 會被選為 DR，R3 為 BDR，使用 **show ip ospf neighbor** 來查看 OSPF 鄰居資訊，如下所示，查看 R1 的 OSPF 鄰居。

圖表 7-38　查看 R1 的 OSFP 鄰居資訊

```
R1#show ip ospf neighbor

Neighbor ID     Pri   State           Dead Time   Address         Interface
4.4.4.4           1   FULL/DR         00:00:32    192.168.10.4    FastEthernet0/0
3.3.3.3           1   FULL/BDR        00:00:32    192.168.10.3    FastEthernet0/0
2.2.2.2           1   2WAY/DROTHER    00:00:32    192.168.10.2    FastEthernet0/0
R1#
                  ❶         ❷
```

❶ OSPF 介面優先順序。

❷ State 欄位發現 Router ID 4.4.4.4(表示 R4)為 DR，R3 為 BDR，至於 R2 為 DROTHER 表示不是 DR 也不是 BDR。另外 State 欄位有 Full 與 2WAY，FULL 代表 R1 與 OSPF 鄰居關係建立完成，而 2WAY 表示 R1 與 R2 的鄰居關係未建立完成(處於建立中狀態)。

請注意**只有 DROther 與 DROther 之間的鄰居關係會是 2WAY 狀態**，DR (或 BDR) 與其他 OSPF 路由器一定是 FULL 狀態。

OSPF 建立鄰居關係步驟

OSPF 建立鄰居關係有下列幾個步驟：

```
Down State-->Init State-->Two-Way State-->Exstart State--> Exchange
State-->Loading State-->Full State
```

當狀態為 FULL 表示鄰居建立成功，現在來查看 R4 的 OSPF 鄰居，如下圖，State 欄位有出現 Full，表示 R4 的所有 OSPF 鄰居建立成功，這是因為所有在多重存取網路上的路由器只會跟 DR 或 BDR 完成建立鄰居關係，如此每台路由器才會跟 DR 或 BDR 傳送 LS 封包。

DROTHER 路由器之間是不會完成建立鄰居關係，狀態會一停留在 2-WAY，本範例為 R1 與 R2 的鄰居關係為 2-WAY。

請注意 R5 與 R4 之間為點對點網路，不會有 DR 產生，因此 R5 的 OSPF 優先順序為 0，表示 R5 不會競爭 DR，所以狀態不是 DR、BDR 及 DROther，

圖表 7-39 查看 R4 的 OSFP 鄰居資訊

```
R4#show ip ospf neighbor

Neighbor ID     Pri  State           Dead Time   Address         Interface
1.1.1.1           1  FULL/DROTHER    00:00:39    192.168.10.1    FastEthernet0/0
3.3.3.3           1  FULL/BDR        00:00:38    192.168.10.3    FastEthernet0/0
2.2.2.2           1  FULL/DROTHER    00:00:38    192.168.10.2    FastEthernet0/0
5.5.5.5           0  FULL/  -        00:00:38    200.200.200.2   Serial0/0/0
R4#
```

從 OSPF 介面查詢 DR 的方式

另一種查詢 DR 的方式是使用 **show ip ospf int** 來查看 OSPF 介面資訊，以下所示為 R1 的 OSPF 介面 fa0/0 的資訊。

圖表 7-40 R1 的 OSPF 介面的資訊

```
R1#show ip ospf int fa0/0
FastEthernet0/0 is up, line protocol is up
 Internet address is 192.168.10.1/24, Area 0
 Process ID 100, Router ID 1.1.1.1, Network Type BROADCAST, Cost: 1
 Transmit Delay is 1 sec, State DROTHER, Priority 1 ❶
 Designated Router (ID) 4.4.4.4, Interface address 192.168.10.4
 Backup Designate❷Router (ID) 3.3.3.3, Interface address 192.168.10.3
 Timer intervals configured, Hello 10, Dead 40, Wait 40, Retransmit 5
   Hello due in 00:00:06
 Index 1/1, flood queue length 0
 Next 0x0(0)/0x0(0)
 Last flood scan length is 1, maximum is 1
 Last flood scan time is 0 msec, maximum is 0 msec
 Neighbor Count is 3, Adjacent neighbor count is 2
   Adjacent with neighbor 4.4.4.4  (Designated Router)               ❸
   Adjacent with neighbor 3.3.3.3  (Backup Designated Router)
 Suppress hello for 0 neighbor(s)
R1#
```

❶ 可以看到 R1 是 DROTHER 及 Priority=1。

❷ DR 的 Router-ID。

❸ 另外鄰居資訊有三個，但是建立成功的只有兩個，Adjacent neighbor 表示 Full 狀態的鄰居關係只有兩個，而 2WAY 狀態的鄰居關係有一個。

查看 R4 中 fa0/0 的 OSPF 介面

我們再來查看 R4 中 fa0/0 的 OSPF 介面資訊，如下所示：

圖表 7-41 R4 中 fa0/0 的 OSPF 介面的資訊

```
R4#show ip ospf int fa0/0
FastEthernet0/0 is up, line protocol is up
 Internet address is 192.168.10.4/24, Area 0
 Process ID 100, Router ID 4.4.4.4, Network Type BROADCAST, Cost: 1
 Transmit Delay is 1 sec, State DR, Priority 1❶
 Designated Router (ID) 4.4.4.4, Interface address 192.168.10.4
 Backup Designated Router (ID) 3.3.3.3, Interface address 192.168.10.3
 Timer intervals configured, Hello 10, Dead 40, Wait 40, Retransmit 5
   Hello due in 00:00:02
 Index 1/1, flood queue length 0
 Next 0x0(0)/0x0(0)
 Last flood scan length is 1, maximum is 1
 Last flood scan time is 0 msec, maximum is 0 msec
 Neighbor Count is 3, Adjacent neighbor count is 3
   Adjacent with neighbor 1.1.1.1
   Adjacent with neighbor 3.3.3.3  (Backup Designated Router)   ❷
   Adjacent with neighbor 2.2.2.2
 Suppress hello for 0 neighbor(s)
R4#
```

❶ 可以看到 R4 是 DR 及 Priority=1。

❷ 有三個鄰居資訊，三個鄰居全部建立成功，這點與 R1 的鄰居狀態不同。

查看 R4 中 s0/0/0 的 OSPF 介面

R4 使用 s0/0/0 與 R5 做點對點的連線，查看 R4 中 s0/0/0 的 OSPF 介面，如下所示：

圖表 7-42 R4 中 s0/0/0 的 OSPF 介面的資訊

```
R4#show ip ospf int s0/0/0
Serial0/0/0 is up, line protocol is up
 Internet address is 200.200.200.1/24, Area 0
 Process ID 100, Router ID 4.4.4.4, Network Type POINT-TO-POINT, Cost: 64
 Transmit Delay is 1 sec, State POINT-TO-POINT, Priority 0❶
 No designated router on this network❷
 No backup designated router on this network
 Timer intervals configured, Hello 10, Dead 40, Wait 40, Retransmit 5
   Hello due in 00:00:08
 Index 2/2, flood queue length 0
 Next 0x0(0)/0x0(0)
 Last flood scan length is 1, maximum is 1
 Last flood scan time is 0 msec, maximum is 0 msec
 Neighbor Count is 1 , Adjacent neighbor count is 1   ❸
   Adjacent with neighbor 5.5.5.5
 Suppress hello for 0 neighbor(s)
R4#
```

❶ 表示在點對點的網路下 Priority 自動會設成 0。

❷ 表示不用選擇 DR。

❸ 表示 R4 有一個 R5 的鄰居。

R2 中的鄰居與 DR 資訊

另外要特別注意的是 R2 與 R6 是使用乙太網路的 port 對接，雖然 R2 與 R6 對接，這跟 R4 與 R5 對接連接方式是一樣，但就網路型態來看不是點對點的網路，所以 R2 與 R6 之間還是會有 DR 的產生，查詢 R2 的 OSPF 鄰居表，如下所示，R2 有四個 OSPF 鄰居，但有兩個 OSPF 鄰居是 DR，這是因為每一個乙太網路就會有一個 DR，R2 的兩個接線的介面都是乙太網路，也就是多重存取網路。

圖表 7-43 查詢 R2 中的鄰居與 DR 資訊

```
R2#show ip ospf neighbor

Neighbor ID  Pri State         Dead Time  Address        Interface
1.1.1.1        1  2WAY/DROTHER 00:00:35   192.168.10.1   FastEthernet0/0
3.3.3.3        1  FULL/BDR     00:00:34   192.168.10.3   FastEthernet0/0
4.4.4.4        1  FULL/DR      00:00:34   192.168.10.4   FastEthernet0/0
6.6.6.6        1  FULL/DR      00:00:35   172.30.0.2     FastEthernet0/1
R2#
```

修改介面優先順序

DR 必須負責整個多重存取網路中 LS 封包的傳送工作，所以它必須具有足夠的 CPU 和儲存性能才能擔此重責，與其依賴 Router ID 決定 DR 和 BDR 結果，我們還可以使用 **ip ospf priority** 指令來決定那一台路由器要當 DR。假設規劃 R1 為 DR，目前所有路由器 OSPF 介面的優先順序值預設為 1，因此只要將 R1 的 OSPF 介面的優先順序值修改成大於 1，如下所示：

圖表 7-44 修改 R1 中 fa0/0 的 OSPF 介面的優先順序

```
R1(config)#int fa0/0
R1(config-if)#ip ospf priority 10 ❶
R1(config-if)#
R1(config-if)#do show ip ospf int fa0/0
FastEthernet0/0 is up, line protocol is up
 Internet address is 192.168.10.1/24, Area 0
 Process ID 100, Router ID 1.1.1.1, Network Type BROADCAST, Cost: 1
 Transmit Delay is 1 sec, State DROTHER, Priority 10 ❷
 Designated Router (ID) 4.4.4.4, ❸ Interface address 192.168.10.4
 Backup Designated Router (ID) 3.3.3.3, Interface address 192.168.10.3
 Timer intervals configured, Hello 10, Dead 40, Wait 40, Retransmit 5
  Hello due in 00:00:08
------------省略部分資訊------------
```

❶ 將 R1 的 OSPF 介面 Fa0/0 的優先順序值改為 10，請注意 **ip ospf priority 10** 必須在 R1 的 Fa0/0 模式下執行。

❷ 表示 OSPF 介面的優先順序值已經修改為 10。

❸ 顯示修改後 DR 還是 R4，這是因為 DR 有不可插隊特性。

強迫重新選擇 DR

如果要讓 R1 當 DR，除了修改 OSPF 介面的優先順序值，還要強迫 OSPF 重新選擇 DR，將四台路由器的 fa0/0 介面執行 **shutdown**，要注意啟動的順序，要當 DR 的路由器要先啟動，如此就可以看到結果 R1 為 DR，如下所示：

圖表 7-45 R1 變為 DR

```
R1#show ip ospf int fa0/0
FastEthernet0/0 is up, line protocol is up
 Internet address is 192.168.10.1/24, Area 0
 Process ID 100, Router ID 1.1.1.1, Network Type BROADCAST, Cost: 1
 Transmit Delay is 1 sec, State DR, Priority 10 ❶
❷Designated Router (ID) 1.1.1.1, Interface address 192.168.10.1
 Backup Designated Router (ID) 4.4.4.4, Interface address 192.168.10.4
❸Timer intervals configured, Hello 10, Dead 40, Wait 40, Retransmit 5
  Hello due in 00:00:04
 Index 1/1, flood queue length 0
 Next 0x0(0)/0x0(0)
                                                              Next
```

```
 Last flood scan length is 1, maximum is 1
 Last flood scan time is 0 msec, maximum is 0 msec
 Neighbor Count is 3, Adjacent neighbor count is 3
   Adjacent with neighbor 2.2.2.2
   Adjacent with neighbor 3.3.3.3
   Adjacent with neighbor 4.4.4.4  (Backup Designated Router)   ❹
 Suppress hello for 0 neighbor(s)
R1#
```

❶ 表示 R1 狀態為 DR。

❷ DR 的 Router ID 為 1.1.1.1，也就是 R1。

❸ 表示 BDR 為 R4，這是因為 R2、R3 及 R4 的 OSPF int Priority=1，所以這三台路由器使用 Router ID 來選舉 BDR。

❹ R1 的鄰居有三個，而且都是 Full 狀態的鄰居關係。

全部 OSPF int priority 都設為 0

現在來做一個有趣的實驗，將 R1 到 R4 這四台路由器中 fa0/0 的 OSPF 優先順序的值設成為 0 時後，會有什麼樣的情況發生，在設定之前我們先查看 R1 的路由表，如下所示目前有兩筆的 OSPF 路由資訊。

圖表 7-46 R1 的路由表中有兩筆 OSPF 的路由資訊

```
R1#show ip route
-------------省略部分資訊-------------

O  172.30.0.0/16 [110/2] via 192.168.10.2, 00:02:09, FastEthernet0/0
C  192.168.10.0/24 is directly connected, FastEthernet0/0
O  200.200.200.0/24 [110/65] via 192.168.10.4, 00:02:09, FastEthernet0/0
R1#
```

現在將 R1 到 R4 這四台路由器中 fa0/0 的 OSPF 優先順序的值設成為 0，記得四台路由器要全部重新啟動 OSPF，由於目前四台路由器中 fa0/0 的 OSPF 優先順序的值都是 0，所以四台路由器沒有人要競爭 DR，因此就沒有 DR 產生，如下所示：

圖表 7-47 全部 OSPF int priority 都設為 0 的結果

```
R1#show ip ospf neighbor
                                                                          ❶
Neighbor ID Pri State            Dead Time  Address         Interface
2.2.2.2        0  2WAY/DROTHER   00:00:34   192.168.10.2   FastEthernet0/0
3.3.3.3        0  2WAY/DROTHER   00:00:33   192.168.10.3   FastEthernet0/0
4.4.4.4        0  2WAY/DROTHER   00:00:37   192.168.10.4   FastEthernet0/0
R1#
R1#show ip route

------------省略部分資訊-------------

C     192.168.10.0/24 is directly connected, FastEthernet0/0 ❷
R1#
```

❶ 表示 R1 沒有跟其它三台路由器形成 Full 鄰居，如此 OSPF 就無法交換 LS 封包，就沒有 LS 資料庫，所以已經無法計算遠端網路資訊。

❷ 沒有 OSPF 的路由資訊，因此在多重存取的網路環境之下，一定要有 DR 的產生，否則 OSPF 無法正常運作。

7.9 BGP 概論

BGP (Border Gateway Protocol) 跟之前介紹的 RIP、EIGRP 及 OSPF 在演算法與使用場合都有很明顯的不同。BGP 通常使用於 ISP 業者，各家 ISP 業者使用 BGP 在 Internet 網路中交換路由資訊。在演算法部分，BGP 使用的是路徑向量 (Path Vector)，路徑向量在學習遠端網路類似距離向量 (Distance Vector)，BGP 路由器會通報路由資訊給 BGP 鄰居，不過 BGP 決定最佳路徑是根據不同的路徑屬性 (Path Attributes)，這點跟 RIP、EIGRP 及 OSPF 有很明顯不一樣。本單元將介紹 BGP 概論，BGP 實作部分以 eBGP 作為簡單的示範，更詳細 BGP 的介紹屬於 CCNP 課程範圍。

BGP 介紹

BGP 是屬於 EGP (Exterior Gateway Protocol 分類，反觀 IGP(Interior Gateway Protocol) 分類的路由協定有 RIP，EIGRP 及

OSPF，由分類大概可以看出 IGP 使用的範圍在一家公司內部，不會跨到 Internet；EGP 使用的對象則是各家 ISP，各家 ISP 組成的網路稱為 Internet，所以 BGP 就是各家 ISP 經過 Internet 使用的路由協定。

BGP 是以自治區 (Autonomous System，簡稱 AS) 為單位，BGP 在 AS 之間交換路由資訊，所以 BGP 路由器必須屬於一個 AS 才能運作，如下圖所示，有四個 AS 區域，公司 BGP 路由器通報一筆 200.200.200.0/24 網路，ISP3 的路由器收到 200.200.200.0/24，路徑是以 AS 為主，不是以路由器當作路徑，ISP3 到 200.200.200.0/24 的路徑 ASN3--> ASN2-->ASN1-->ASN10。

圖表 7-48 BGP 在 AS 之間通報路由

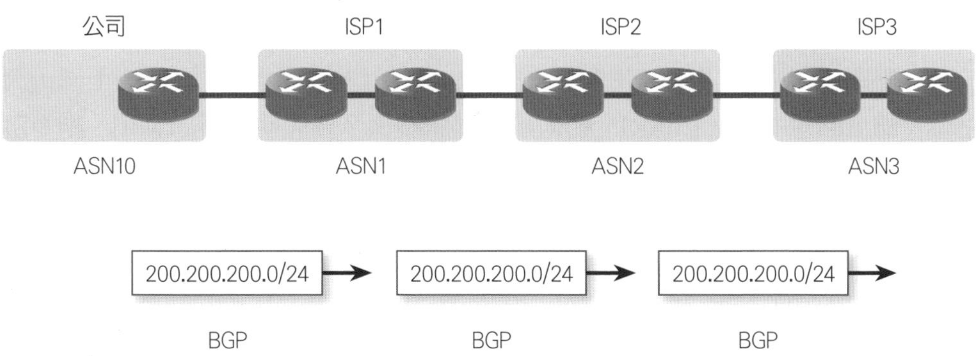

AS 號碼 (ASN)

AS 號碼由 IANA 統一管理，如同 IP 位址一樣，AS 號碼也有分公有 AS 跟私有 AS，公有 AS 號碼必須申請才能使用，私有 AS 可以任意使用但不能連上 Internet，AS 號碼的範圍如下圖所示。目前公有 AS 號碼也遇到分配完畢的現象，所以 IANA 有推出 32bit AS 號碼。

圖表 7-49 16 bit 的 AS 號碼範圍及用途

AS 號碼範圍	目的
0	保留
1~64, 495	公有 AS 號碼，由 IANA 分配使用
64, 496~64, 511	保留
64, 512~65, 534	私有 AS 號碼，公司無須申請即可使用
65, 535	保留

請注意 EIGRP 啟動的編號也稱為 AS 號碼，這跟 BGP 的 AS 號碼是不一樣的用途。

7.10 BGP 的鄰居關係

BGP 路由器之間在通報路由資訊之前，需要先建立 BGP 鄰居關係，這點跟 EIGRP 與 OSPF 是一樣的，只是建立鄰居關係的方式不同，請讀者回想一下，EIGRP 如何建立鄰居關係？要先使用 network 指令啟動 EIGRP 網路介面，兩台直連路由器的 EIGRP 網路介面彼此互相交換 Hello 封包後，EIGRP 的鄰居關係就建立起來。但是 BGP 建立鄰居關係不需要靠網路介面，也不需要直接的路由器，BGP 透過 TCP 的 179 port 來尋找 BGP 路由器並建立鄰居關係。BGP 鄰居關係有兩類：

- **eBGP 鄰居** (External BGP)：兩台 BGP 路由器的 AS 號碼不一樣，建立的 BGP 鄰居關係為 eBGP，如下圖所示，R1 與 P1-1 兩台路由器分別屬於 AS=11 與 AS=1，所以 R1 與 P1-1 為 eBGP 鄰居。
- **iBGP 鄰居** (Internal BGP)：兩台 BGP 路由器的 AS 號碼一樣，建立的 BGP 鄰居關係為 iBGP，如下圖所示，P1-1 與 P1-2 兩台路由器的 AS 號碼都為 1，因此 P1-1 與 P1-2 為 iBGP 鄰居。另外 P1-1 路由器有三個 BGP 鄰居，兩台是 eBGP 鄰居，另一個是 iBGP 鄰居。BGP 鄰居不一定是要直連的路由器，例如:P3-1 與 P2-1 兩台路由器的 TCP 可以互通，就可以建立 eBGP 鄰居。

圖表 7-50 BGP 鄰居關係

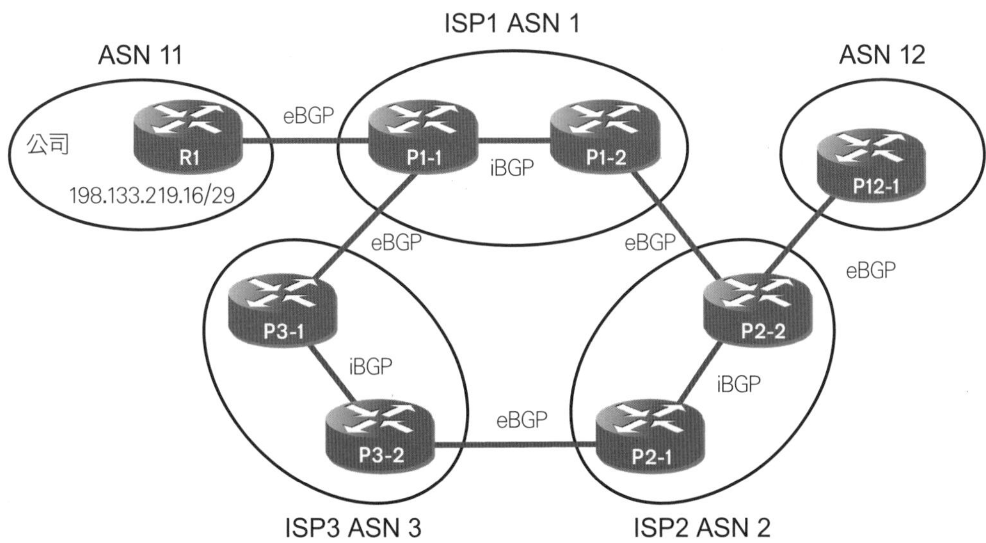

BGP 鄰居狀態

在建立 BGP 鄰居過程中會有 6 個狀態的轉換，如果 BGP 鄰居建立失敗，可以從 BGP 鄰居狀態來判斷建立失敗的原因，BGP 鄰居狀態的 6 個狀態及說明如下圖所示。

圖表 7-51 BGP 鄰居關係狀態

BGP 鄰居狀態	說明
Idle	BGP 程序被關閉或等待 TCP 連線
Connect	BGP 正在使用 TCP 建立連線中
Active	BGP 建立 TCP 連線成功，但還沒跟鄰居交換 BGP 封包
Opensent	本地 BGP 透過 TCP 送出 BGP Open 封包，此封包類似 EIGRP 的 Hello 封包，但本地 BGP 還未收到鄰居的 BGP Open 封包
Openconfirm	本地 BGP 與鄰居 BGP 已經互相交換 BGP Open 封包，正在進行比對參數或認證驗證
Established	本地 BGP 與鄰居 BGP 完成鄰居完成建立，開始交換 BGP Update 封包及 BGP Keepalive 封包

BGP 封包

BGP 有 4 種封包類型，4 種 BGP 封包及用途說明如下表所示。

圖表 7-52 BGP 封包

BGP 封包	說明
Open	用來建立 BGP 鄰居關係的封包，類似 EIGRP 的 Hello 封包，本地 BGP 收到 BGP 鄰居的 Open 封包，本地 BGP 要跟 Open 封包中有一些參數或密碼驗證要做比對，通過後 BGP 鄰居關係就能建立成功。
Keepalive	當 BGP 鄰居關係建立成功後，Keepalive 封包用於維繫 BGP 鄰居關係，Keepalive 封包會定期送出，此封包也類似 EIGRP 的 Hello 封包。
Update	BGP Update 包含通報的網路 IP 位址、遮罩長度及相關的路徑屬性，類似 EIGRP 的 Update 封包。
Notification	當 BGP 有錯誤時，使用 Notification 封包來通知 BGP 鄰居。

7.11 eBGP 設定

本節將以 eBGP 來示範 BGP 的初階設定，進階 BGP 屬於 CCNP 課程範圍。我們使用下列的 BGP 網路架構來示範，此 BGP 網路架構與 OSPF 網路架構是一樣。

圖表 7-53 BGP 網路架構

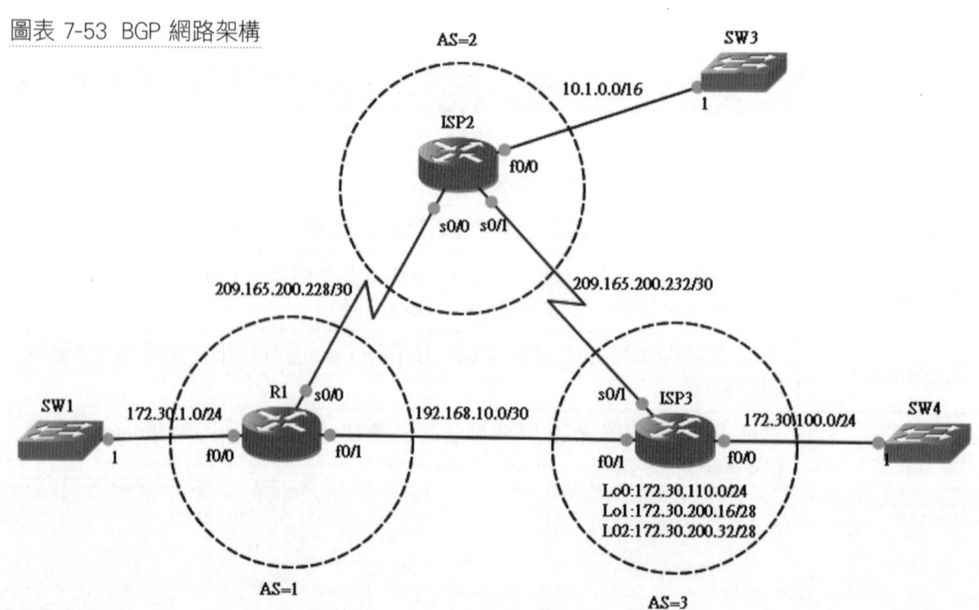

建立 eBGP

BGP 的鄰居建立是透過 TCP 連線建立，兩台路由器能夠透過 TCP 連通就可以建立 BGP 鄰居，當 BGP 鄰居關係建立完成後，接下來要設定那些路由資訊要透過 BGP 通報出去。根據需求，三台路由器要先建立 BGP 鄰居，我們先以 R1 為例，R1 啟動 BGP 的 AS=1，並與 ISP2 與 ISP3 建立鄰居，R1 啟動指令的說明如下圖。

圖表 7-54 R1 啟動 BGP 並與 ISP2 及 ISP3 建立鄰居指令

指令	說明
R1(config)#router bgp 1	啟動 R1 的 BGP AS=1
R1(config-router)#neighbor 209.165.200.230 remote-as 2	宣告 ISP2 為 R1 的鄰居，其中 IP 為 ISP2 的 s0/0，remote-as 為 ISP2 的 BGP AS
R1(config-router)#neighbor 192.168.10.2 remote-as 3	宣告 ISP3 為 R1 的鄰居，其中其中 IP 為 ISP3 的 fa0/1，remote-as 為 ISP3 的 BGP AS

在 R1 執行啟動 BGP 如下圖所示，設定 R1 與 ISP2 及 ISP3 為 BGP 鄰居關係，建立 BGP 鄰居的指令為 **neighbor IP remote-as AS**，其中 IP 為 BGP 鄰居的 IP，remote-as 的參數為 BGP 鄰居路由器啟動 BGP 的 AS，**neighbor 209.165.200.230 remote-as 2** 指令為 R1 與 ISP2 建立 BGP 鄰居關係，ISP2 的 BGP AS=2 與 R1 的 BGP AS=1 不一樣，所以 R1 與 ISP2 為 eBGP 鄰居關係，同樣的 R1 與 ISP3 也是 eBGP 鄰居關係。

圖表 7-55 R1 啟動 BGP

```
R1(config)#router bgp 1
R1(config-router)#neighbor 209.165.200.230 remote-as 2
R1(config-router)#neighbor 192.168.10.2 remote-as 3
R1(config-router)#
```

請注意：路由器只能啟動一個 BGP AS 號碼，無法同時啟動多個 AS 號碼。

請注意：R1 不需要等待鄰居建立成功，R1 就會先將鄰居資訊寫入 BGP 鄰居表中。

查詢 BGP 鄰居表

查詢 BGP 的指令為 **show ip bgp summary**，如下圖所示，目前只有 R1 宣告與 ISP2 及 ISP3 建立 BGP 鄰居，但 ISP2 及 ISP3 都還未宣告 R1 為 BGP 鄰居，所以目前 BGP 鄰居尚未建立完成，但可以看到 R1 的 BGP 鄰居表中的一些狀態，重要的欄位說明如下：

- **Neighbor**：此為 R1 宣告 BGP 鄰居路由器的 IP 位址。
- **AS**：BGP 鄰居路由器啟動 BGP 的 AS 號碼。
- **Up/Down**：UP 表示 BGP 鄰居建立成功後維繫的時間，時間越久表示 BGP 鄰居關係越穩定，Down 表示 BGP 鄰居關係斷線多久時間，**never** 表示都還沒有建立過鄰居關係。如何判斷目前 BGP 鄰居關係是 UP 還是 Down，這要從 State/pfxRcd 欄位來判斷。
- **State/pfxRcd**：State/PfxRcd 欄位有兩個意義，State 表示 BGP 鄰居建立的狀態，目前為 Active 表示 R1 與 BGP 鄰居路由器的 TCP 連線是成功，但是還未交換 OPEN 封包，所以 BGP 鄰居關係還未建立成功。PfxRcd (Prefix Recieved) 表示收到的 BGP 路由更新的數目。所以 State/PfxRcd 欄位中出現是英文字表示 State 狀態，意味 BGP 鄰居關係還未建立成功；當 State/PfxRcd 欄位是出現數字表示 PfxRcd 狀態，可以判斷 BGP 鄰居關係建立成功，等待接收 BGP 路由通報。

圖表 7-56 R1 查詢 BGP 鄰居

```
R1# show ip bgp summary
BGP router identifier 209.165.200.229, local AS number 1
BGP table version is 1, main routing table version 1

Neighbor        V    AS  MsgRcvd  MsgSent  TblVer  InQ OutQ  Up/Down  State/PfxRcd
192.168.10.2    4    3      0        0        0     0    0    never     Active
209.165.200.230 4    2      0        0        0     0    0    never     Active
```

ISP2 與 ISP3 啟動 BGP

ISP2 與 ISP3 啟動 BGP 及設定 BGP 鄰居關係指令如下圖所示：

圖表 7-57 ISP2 與 ISP3 啟動 BGP 的指令

ISP2(config)#router bgp 2 ISP2(config-router)#neighbor 209.165.200.229 remote-as 1 ISP2(config-router)#neighbor 209.165.200.234 remote-as 3	ISP2 啟動 BGP AS=2，並設定 R1 與 ISP3 為鄰居關係
ISP3(config)#router bgp 3 ISP3(config-router)#neighbor 209.165.200.233 remote-as 2 ISP3(config-router)#neighbor 192.168.10.1 remote-as 1	ISP3 啟動 BGP AS=3，並設定 R1 與 ISP2 為鄰居關係

我們觀察在 ISP3 執行相關的 BGP 啟動時，會出現 IOS 訊息『*Mar 1 01:07:12.187: %BGP-5-ADJCHANGE: neighbor 209.165.200.233 Up』表示 ISP3 與 ISP2 的 BGP 鄰居建立成功，另外也會出現 ISP3 與 R1 的 BGP 鄰居建立成功的 IOS 訊息，如下圖所示。

圖表 7-58 ISP3 啟動 BGP 的指令

```
ISP3(config)#router bgp 3
ISP3(config-router)#neighbor 209.165.200.233 remote-as 2
*Mar  1 01:07:12.187: %BGP-5-ADJCHANGE: neighbor 209.165.200.233 Up
ISP3(config-router)#neighbor 192.168.10.1 remote-as 1
ISP3(config-router)#
*Mar  1 01:07:41.931: %BGP-5-ADJCHANGE: neighbor 192.168.10.1 Up
ISP3(config-router)#
```

請注意 BGP 建立鄰居的過程較久，所以約略等 30 秒後才會出現鄰居建立成功訊息。

查詢 ISP3 的 BGP 鄰居表

接下來查詢 ISP3 的 BGP 鄰居表，如下圖所示，其中 MsgRcvd 與 MsgSent 表示 ISP3 由 BGP 鄰居收到與送出給 BGP 鄰居的封包數目，Up/Down 目前已經有時間，ISP3 與 R1 建立 BGP 鄰居已經有 8 分 54 秒。BGP 的 State 目前已經是 Established，如果要看到整個 BGP 鄰居狀態的轉換，需使用 debug ip bpg 來觀看。最後 PfxRcd 為 0 表示目前沒有收到任何 BGP 更新封包，所以路由表中目前沒有 BGP 的路由，請讀者查看路由表，應該沒有 B 開頭的路由資訊，BGP 的路由代碼為 B。

圖表 7-59 查詢 ISP3 的 BGP 鄰居表

```
ISP3#show ip bgp summary
BGP router identifier 172.30.200.33, local AS number 3
BGP table version is 1, main routing table version 1

Neighbor        V AS MsgRcvd MsgSent TblVer InQ OutQ Up/Down State/PfxRcd
192.168.10.1    4 1     12      12      1    0    0  00:08:54      0
209.165.200.233 4 2     13      13      1    0    0  00:09:24      0
ISP3#
```

手動關閉與啟動 BGP 鄰居

當 BGP 鄰居關係建立成功後，我們可以手動關閉與啟動 BGP 鄰居，在 BGP 啟動模式下執行 neighbor IP shutdown 指令為關閉 BGP 鄰居，no neighbor IP shutdown 指令為啟動 BGP 鄰居，如下圖所示，在 R1 手動關閉與啟動 ISP3 的 BGP 鄰居關係，並使用 debug ip bpg 來觀看 BGP 鄰居建立的過程的事件，其中可以觀察 R1 與 ISP3 建立 BGP 鄰居的狀態過程，Idle to Active、Active to OpenSent、 OpenSent to OpenConfirm、OpenConfirm to Established 最後鄰居關係建立成功。

圖表 7-60 手動關閉與啟動 R1 與 ISP3 鄰居關係

```
R1(config)#router  bgp 1
R1(config-router)#neighbor 192.168.10.2 shutdown    關閉 BGP 鄰居
R1(config-router)#
*Mar  1 01:36:01.907: %BGP-5-ADJCHANGE: neighbor 192.168.10.2
                                             Down Admin. shutdown
R1(config-router)#do debug ip bgp
BGP debugging is on for address family: IPv4 Unicast
R1(config-router)#
R1(config-router)#no neighbor 192.168.10.2 shutdown    啟動 BGP 鄰居
R1(config-router)#
*Mar  1 01:36:27.927: BGP: 192.168.10.2 went from Idle to Active
*Mar  1 01:36:27.935: BGP: 192.168.10.2 open active, local address 192.168.10.1
*Mar  1 01:36:28.003: BGP: 192.168.10.2 went from Active to OpenSent
*Mar  1 01:36:28.003: BGP: 192.168.10.2 sending OPEN, version 4, my as:
                                           1, holdtime 180 seconds
省略部分輸出
*Mar  1 01:36:28.055: BGP: 192.168.10.2 went from OpenSent to OpenConfirm
*Mar  1 01:36:28.055: BGP: 192.168.10.2 went from OpenConfirm to Established
*Mar  1 01:36:28.055: %BGP-5-ADJCHANGE: neighbor 192.168.10.2 Up
```

7.12 BGP 路由通報方式

當 BGP 鄰居建立成功後，最後設定透過 BGP 通報的路由資訊，BGP 使用 network 指令來指定要通報的路由，BGP 的 network 指令跟 IGP 路由協定的 network 指令觀念完全不一樣，BGP 的 network 沒有啟動 BGP 網路介面，也沒有 BGP 網路介面，請注意 BGP 是透過 TCP 建立 BGP 鄰居關係，所以 BGP 的 network 只有指定 BGP 通報的路由資訊，network 指定的路由資訊必須從路由表中去挑選。BGP 選擇通報路由的指令為 network IP Mask，路由表中的路由資訊必須跟 IP 與 MASK 完全符合，BGP 才會通報該路由資訊。

請注意：BGP 的 network 指令沒有包含子網路也要通報。

請注意：BGP 表中的路由產生的方式有四種：

1. 使用 network 指令,從路由表中抓取。
2. 透過 BGP 路由壓縮。
3.使用 redistribute, 將外部路由匯入到 BGP。
4.透過 BGP 鄰居通報, 本章節只示範使用 network 方式, 其餘的屬於 CCNP 課程範圍。

ISP3 設定 BGP 通報路由

先設定將 ISP3 的路由表中 172.30.100.0/24 路由資訊透過 BGP 通報出去，如下圖所示，在 ISP3 的 BGP 啟動模式執行 network 172.30.100.0 mask 255.255.255.0 指令，若沒有加 mask，則以級別網路方式通報，也就是路由表中必須要有 172.30.0.0/16 才會進行通報。請注意 BGP 不會通報 172.30.0.0/16 之下的子網路。

圖表 7-61 設定 ISP3 的 BGP 通報 172.30.100.0/24

```
ISP3(config)#router bgp 3
ISP3(config-router)#network 172.30.100.0 mask 255.255.255.0
```

使用 show ip bgp neighbors IP advertised-routes 指令可以查詢通報給 BGP 鄰居的路由，如下圖所示為查看 ISP3 的 BGP 通報路由給 R1 的路由資訊。

圖表 7-62 查看 ISP3 的 BGP 通報路由給鄰居的資訊

```
ISP3#show ip bgp neighbors 192.168.10.1 advertised-routes
BGP table version is 2, local router ID is 172.30.200.33
Status codes: s suppressed, d damped, h history, * valid,
                                              > best, i - internal,
           r RIB-failure, S Stale
Origin codes: i - IGP, e - EGP, ? - incomplete

   Network          Next Hop            Metric  LocPrf   Weight   Path
*> 172.30.100.0/24   0.0.0.0                 0           32768     i

Total number of prefixes 1
```

R1 查詢 BGP 通報路由

BGP 通報的路由資訊會先存在 BGP 表中，再從 BGP 表中選擇一筆最佳路由寫入到路由表中，所以 BGP 表類似 EIGRP Topology Table，使用 show ip bgp 來查詢 BGP 表，如下圖所示為 R1 的 BGP 表，其中 172.30.100.0/24 已經透過 ISP3 與 ISP2 通報給 R1，所以 R1 的 172.30.100.0/24 有兩個路徑，分別 Next Hop IP 為 209.165.200.230 與 192.168.10.2，接著 BGP 會根據路徑屬性選擇一條最佳路徑寫到路由表。路徑屬性非單一參數能決定，例如：Next Hop、Metric、LocPrf、Weight 及 Path 都是路徑屬性的參數之一，路徑屬性探討屬於 CCNP 課程範圍。讀者只要知道哪一條才是最佳路徑即可，目前 R1 選擇 Next Hop IP 為 192.168.10.2 這條路徑為最佳並寫入到路由表中，該路徑前面有 > 符號，> 表示最佳路徑，path 表示經該路徑通過的 AS 號碼。

請注意所有路由協定只會通報最佳路徑的路由。

圖表 7-63 查詢 R1 的 BGP 表

```
R1#show ip bgp
BGP table version is 2, local router ID is 209.165.200.229
Status codes: s suppressed, d damped, h history, * valid,
                                              > best, i - internal,
           r RIB-failure, S Stale
Origin codes: i - IGP, e - EGP, ? - incomplete

   Network          Next Hop         Metric  LocPrf   Weight   Path
*  172.30.100.0/24   209.165.200.230                   0        2 3 i
*>                   192.168.10.2      0               0        3 i
```

下圖為查詢 BGP 表中的 172.30.100.0/24 路由詳細資訊，其中 **external** 表示是透過 eBGP 學習到的路由，**best** 表示最佳路徑。

圖表 7-64 查詢 172.30.100.0/24 的詳細資訊

```
R1#show ip bgp 172.30.100.0/24
BGP routing table entry for 172.30.100.0/24, version 2
Paths: (2 available, best #2, table Default-IP-Routing-Table)
  Advertised to update-groups:
     1
  2 3
    209.165.200.230 from 209.165.200.230 (209.165.200.233)
      Origin IGP, localpref 100, valid, external
  3
    192.168.10.2 from 192.168.10.2 (172.30.200.33)
      Origin IGP, metric 0, localpref 100, valid, external, best
```

R1 查詢路由表

在 R1 路由表中可看到一筆 B 開頭的路由資訊，172.30.100.0/24 其 next hop ip 為 192.168.10.2，其中 AD 為 20，成本為 0。BGP 的 AD 有兩種，透過 eBGP 學到的路由資訊，AD 為 20，透過 iBGP 的 AD 為 200。讀者也可以將 ISP3 中的 172 開頭的網路透過 BGP 通報出去。

圖表 7-65 查詢 R1 的路由表

```
R1#show ip route

省略部分輸出

     192.168.10.0/30 is subnetted, 1 subnets
C       192.168.10.0 is directly connected, FastEthernet0/1
     172.30.0.0/16 is variably subnetted, 2 subnets, 2 masks
C       172.30.1.0/30 is directly connected, FastEthernet0/0
B       172.30.100.0/24 [20/0] via 192.168.10.2, 00:31:06
     209.165.200.0/30 is subnetted, 1 subnets
C       209.165.200.228 is directly connected, Serial0/0
```

BGP 通報預設路由

BGP 也可以通報預設路由，我們先在 ISP3 建立一筆靜態的預設路由往 null0 (表示丟棄介面)，再透過 BGP 通報出去，如下圖所示。

圖表 7-66 ISP3 透過 BGP 通報預設路由

```
ISP3(config)#ip route 0.0.0.0  0.0.0.0  null 0
ISP3(config)#router bgp 3
ISP3(config-router)#network 0.0.0.0
```

在 R1 查詢 BGP 表與路由表，可以查詢到預設路由的資訊，如下圖所示。

圖表 7-67 R1 查詢 BGP 通報的預設路由

```
R1#show ip bgp
------------- 省略部分輸出 -------------
   Network          Next Hop            Metric  LocPrf  Weight  Path
*  0.0.0.0          209.165.200.230                          0   2 3 i
*>                  192.168.10.2             0               0     3 i
*  172.30.100.0/24  209.165.200.230                          0   2 3 i
*>                  192.168.10.2             0               0     3 i
R1#
R1#show ip route
------------- 省略部分輸出 -------------
     192.168.10.0/30 is subnetted, 1 subnets
C       192.168.10.0 is directly connected, FastEthernet0/1
     172.30.0.0/16 is variably subnetted, 2 subnets, 2 masks
C       172.30.1.0/30 is directly connected, FastEthernet0/0
B       172.30.100.0/24 [20/0] via 192.168.10.2, 01:04:14
     209.165.200.0/30 is subnetted, 1 subnets
C       209.165.200.228 is directly connected, Serial0/0
B*   0.0.0.0/0 [20/0] via 192.168.10.2, 00:05:10
R1#
```

7.13 路由協定比較總整理

最後我們整理 RIP、EIGRP、OSPF 與 BGP 四種路由協的各種行為的比較，下表針對四種路由協特點做比較，例如：演算法的部分 RIP 與 EIGRP 使用距離向量，OSPF 使用連接狀態，而 BGP 使用路徑向量等等。

圖表 7-68 路由協定特點比較表

特點\路由	RIPv1	RIPv2	EIGRP	OSPF	BGP
Classless	No	Yes	Yes	Yes	Yes
應用範圍	IGP	IGP	IGP	IGP	EGP
演算法	距離向量 (Distance Vector)	距離向量	距離向量	連接狀態 (Link State)	路徑向量 Path Vector)
啟動介面	network	netowrk	network+wildmask	network+wildmask	無
自動壓縮	Yes	Yes	Yes	No	No
手動壓縮	Yes	Yes	Yes	Yes (多重區域)	Yes
更新位址	255.255.255.255	224.0.0.9	224.0.0.10	224.0.0.5 224.0.0.6(DR)	TCP 179
路由認證	No	Yes	Yes	Yes	Yes
收斂速度	慢	慢	快	快	慢
建立鄰居	No	No	Yes	Yes	Yes
路由介面	Yes	Yes	Yes	Yes	No
IPv6 版本	RIPng		EIGRPv6	OSPFv3	MPBGP
更新位址	FF02::9		FF02::A	FF02::5 FF02::6	TCP 179

下表根據四種路由協的主要查詢指令做整理，例如：查看路由協定資料庫的指令，RIP 使用 show ip rip database，而 EIGRP 使用 show ip eigrp topology 等等。

圖表 7-69 四種路由協定常用查詢指令表

查詢\路由協定	RIP	EIGRP	OSPF	BGP
查詢啟動資訊	show ip protocol	show ip protocol	show ip protocol	show ip protocol
查詢路由介面	show ip protocol	show ip eigrp int	show ip ospf int	無
查詢鄰居表	無	show ip eigrp neighbor	show ip ospf neighbor	show ip bgp summary
查詢資料庫	show ip rip database	show ip eigrp topology	show ip ospf database	show ip bgp

下表所示為四種路由協定建立鄰居的方式，例如：RIP 不會自動建立鄰居，但是可以手動建立鄰居關係。

圖表 7-70 各種路由協定建立鄰居的比較

建立方式\路由協定	RIP	EIGRP	OSPF	BGP
自動建立鄰居	無	有	有	無
手動建立鄰居	有	有	有	有
手動建立鄰居指令	neighbor 鄰居的IP	neighbor 鄰居的IP+出口介面	neighbor 鄰居的IP	neighbor IP remote-as ASN
自動建立鄰居指令	無	使用 network 啟動網路介面	使用 network 啟動網路介面	無
鄰居表	無	有	有	有
鄰居是否要直接連線	要	要	要	不需要

下表整理四種路由協定的封包種類，例如：RIP 只有一種 Update 封包。

圖表 7-71 各種路由協定的封包類型

封包類型\路由協定	RIP	EIGRP	OSPF	BGP
建立鄰居封包	無	Hello	Hello	OPEN
維繫鄰居封包	無	Hello，可以修改送出的間隔時間與保留時間	Hello，送出的間隔時間與保留時間	Keepalive，可以修改送出的間隔時間與保留時間
更新封包	有，固定 30 秒更新一次	觸發更新，立即送出更新封包	觸發更新，立即送出更新封包	觸發更新，iBGP 5 秒鐘，eBGP30 秒鐘送出，可以修改
請求封包	無	Query	LSU	無
回應封包	無	Reply	LSR	無
比對封包	無	無	LSDBD	無
確認封包	無	ACK	ACK	TCP

下表整理四種路由協定的認證比較，例如：每種路由協定都有支援 md5 加密認證。

圖表 7-72 各種路由協定的認證功能比較

特徵\路由協定	RIPv2	EIGRP	OSPF	BGP
明文認證	有	無	有	無
加密認證	md5 加密	md5 加密	md5 加密	md5 加密
密碼宣告方式	使用 key chain	使用 key chain	網路介面宣告	建立鄰居宣告密碼
認證啟動方式	網路介面啟動	網路介面啟動	網路介面啟動 OSPF 啟動模式下	建立鄰居啟動認證

下表整理四種路由協定 Router-ID 需求，例如：RIP 不需要 Router-ID，其它三種路由協定都需要 Router-ID 作為特定用途。

圖表 7-73 各種路由協定的 Router-ID 比較

Router-ID\路由協定	RIP	EIGRP	OSPF	BGP
Router-ID	無	有	有	有
設定指令	無	eigrp router-id	router-id	bgp router-id
查詢指令	無	show ip eigrp topology	show ip protocol	show ip bgp summary
唯一性	無	不用	需要	需要
主要作用	無	匯入功能使用	建立 OSPF 鄰居 建立 OSPF 資料庫	建立 BGP 鄰居 比較最佳路徑

MEMO

CHAPTER

8

網際網路協定 IPv6 介紹與設定

大家都可以預期 IPv4 位址將會有分配完畢的一天，雖然目前 NAT、VLSM 等技術在緩和 IPv4 的使用時間，但是 ISP 業者可以分配的公有 IP 位址已經越來越少，因此使用 IPv6 來取代 IPv4 來解決 IP 位址不足是根本方案。

IPv6 除了能提供更多 IP 位址之外，IPv6 還發展一種功能更強的通訊協定，例如：IPv6 使用簡化的 L3 的標頭檔、增加安全功能、支援行動裝置、位址自動設定等等功能，讓 IPv6 可以符合未來網路應用的需求。

8.1 IPv6 表頭檔

IPv6 的表頭檔比 IPv4 的表頭檔簡化許多，如此可以減少路由器在處理 IP 的表頭檔的時間與資源的使用，這有助提升路由器的繞送封包的效能。下圖分別為 IPv6 與 IPv4 表頭檔。

圖表 8-1　IPv6 表頭檔

<table>
<tr><td>Version</td><td>Traffic Class</td><td>Flow Label</td><td>PayloadLength</td><td>NextHeader</td><td>HopLimit</td></tr>
<tr><td colspan="6">Source Address</td></tr>
<tr><td colspan="6">Destination Address</td></tr>
</table>

圖表 8-2　IPv4 表頭檔

<table>
<tr><td>Version</td><td>IHL</td><td>Type of Service</td><td colspan="2">Total Length</td></tr>
<tr><td colspan="3">Identification</td><td>Flags</td><td>Fragment Offset</td></tr>
<tr><td>Time to Live</td><td colspan="2">Protocol</td><td colspan="2">Header Checksum</td></tr>
<tr><td colspan="5">Source Address</td></tr>
<tr><td colspan="5">Destination Address</td></tr>
</table>

以下是 IPv6 表頭檔中的欄位說明：

- **Version**：表示 IP 的版本。
- **Traffic Class**：如同 IPv4 中 Type of Service，將資料流量分類，以便做 QoS。
- **Flow Label**：搭配 Traffic Class，作資料串流使用。
- **Payload Length：**記錄 Payload 的長度以 Byte 為計量單位，不含表頭，這與 IPv4 的 Total Length 不同。
- **Next Header：**沿用 IPv4 中 Protocol，表示所攜帶的上一層通訊協定，另外還有一種功能就是可以作為擴充標頭，IPv6 擴充標頭沒有最大尺寸，因此可以擴充以存放 IPv6 通訊所需的所有擴充資料。

Next Header code 請參考 https://www.iana.org/assignments/ipv6-parameters/ipv6-parameters.xhtml#extension-header 或 google "iana ipv6 next header"。

- **Hop Limit：**如同 IPv4 的 TTL (Time To Live)，為了避免封包無法到達目的端，而在網路中一直傳遞，所以封包需要有個存活時間，使用的單位是 Hop。每經過一部路由器，值就減 1，一旦減到了 0，路由器便丟棄該封包不予轉送。

另外 IPv6 拿掉了幾個原來在 IPv4 有的欄位，包括：IHL (Internet Header Length)、Identification、Flag Fragment Offset 與 Header Checksum。

8.2 IPv6 位址表示

本節將定義 IPv6 的格式及表示方式，另外 IPv6 的位址結構和 IPv4 有些不一樣。

IPv4 位址是由 32 位元組成，每 8 位元為一組以十進位表示，共有四組，格式為 X.X.X.X，例如：192.168.10.1，而 IPv6 位址有 128 位元組成，每 16 位元為一組，共有 8 組，以十六進位表示，每個十六進位需要 4 個位元，如下所示為二進位與十六進位對照，所以每組有 4 個十六進位，一個 IPv6 位址有 32 個十六進位。

圖表 8-3 二進位與十六進位對照表

二進位	十六進位
0000	0
0001	1
0010	2
0011	3
0100	4
0101	5
0110	6
0111	7

二進位	十六進位
1000	8
1001	9
1010	A
1011	B
1100	C
1101	D
1110	E
1111	F

IPv6 位址中每組之間用冒號來隔開，格式為 X:X:X:X:X:X:X:X，例如：2001:0DB8:AAAA:1111:0000:0000:0000:0100，其表示方式如下圖所示。

圖表 8-4 IPv6 位址表示方式

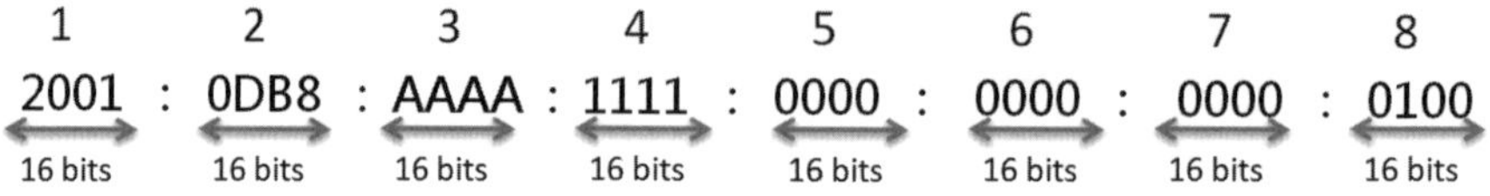

1		2		3		4		5		6		7		8
2001	:	0DB8	:	AAAA	:	1111	:	0000	:	0000	:	0000	:	0100
16 bits		16 bits		16 bits		16 bits		16 bits		16 bits		16 bits		16 bits

IPv6 位址簡化方式

由上述可見 IPv6 的表示方式比 IPv4 複雜許多，但是 IPv6 有簡化長度的表示方式，其原則如下。

1. **每組中的前面為零可省略**，例如：0DB8 可以簡化 DB8，0000 簡化 0，因此 2001:0DB8:AAAA:1111:0000:0000:0000:0100 簡化表示為 2001:DB8:AAAA:1111:0:0:0:100，簡化對應如下表所示。

圖表 8-5 前面為零可省略

2001 : ~~0~~DB8 : AAAA : 1111 : ~~000~~0 : ~~000~~0 : ~~000~~0 : ~~0~~100

2001 : DB8 : AAAA : 1111 : 0 : 0 : 0 : 100

2. **連續的零可用兩個冒號 "::" 表示**，不過這種縮寫方法在一個 IPv6 位址中只能使用一次。例如：2001:DB8:AAAA:1111:0:0:0:100 又可簡化 2001:DB8:AAAA:1111::100，簡化對應如下表所示。

圖表 8-6 連續的零可用兩個冒號

2001 : DB8 : AAAA : 1111 : ~~0 : 0 : 0~~ :100

2001 : DB8 : AAAA : 1111 :: 100

為什麼兩個冒號『::』只能使用一次？由於簡化後的 IPv6 是給管理者方便記錄，但對於電腦來說是要看到完整的 IPv6 位址，所以簡化後的 IPv6 還是要還原成完整的 IPv6 位址，因此兩個冒號如果使用兩次以上將無法還原成完整的 IPv6 位址，例如：2001:b02::f4::95 要還原完整 IPv6 位址則有下列可能，無法得知原來的 IPv6 位址。

- 2001:0b02:0000:0000:00f4:0000:0000:0095
- 2001:0b02:0000:0000:0000:00f4:0000:0095
- 2001:0b02:0000:00f4:0000:0000:0000:0095

所以若要簡化 2001 : 0b01 : **0000 : 0000** : 00f4 : **0000 : 0000** : 0095 只能簡化為 2001:b01:0:0:f4**::**95 或 2001:b01**::**f4:0:0:95。

不正確的 IPv6 表示方式

以下範例是**不正確** IPv6 表示方式。

```
2001.1111.2222.3333.4444.5555.6666.7777 ==> 組跟組之間必須用冒號。

2001:AAAA:BBBB:CCCC:DDDD:EEEE:FFFF:GGGG ==>G 不是十六進位。

2001:FACE:ACE0:CAFE:1111:2222:3333:4444:5555:6666 ==>只能有八組。

2001:1111:2222:3333:44444:55555:6666:7777 ==> 每組只有四個十六進位，
                                              但可以簡化，所以可能少
                                              於八組或者每組可能會少
                                              於四個十六進位。
2001:b01::00f4::95 ==> 兩個冒號出現兩次。
```

還原成完整的 IPv6 位址

至於要如何從簡化的 IPv6 還原成完整的 IPv6 位址，首先要觀察缺幾組才能補足八組，在 :: 中用 0 補上，之後針對每組中是否有四個十六進位，若不足則前面補 0，例如：要 2001:101::A:B 還原 2001:0101:0000:0000:0000:0000:000A:000B，其流程如下所示。

圖表 8-7 還原 IPv6 位址流程

```
2001:101::A:B
        ↓先觀察缺幾組才能補足八組，在 :: 中補上
2001:101:0:0:0:0:A:B
        ↓每組中補足四個十六進位
2001:0101:0000:0000:0000:0000:000A:000B
```

IPv6 位址的結構

在 IPv4 的 32 位元中分為兩部份：**網路位元**與**主機位元**，以此來定義 IPv4 結構，IPv6 的 128 位元大致也可以分為兩大部分，**前置碼 (prefix)** 位元與**介面 ID (Interface ID)** 位元來對應 IPv6 結構，如下圖所示。介面 ID 位元如同 IPv4 的主機位元，而 IPv6 在前置碼位元部份如同 IPv4 的網路位元。

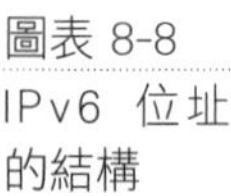
圖表 8-8 IPv6 位址的結構

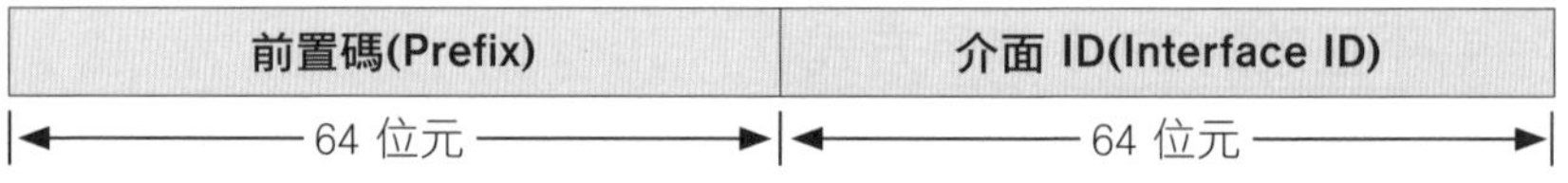

在表示 IP 結構方式，IPv4 有前置碼及子網路遮罩，例如：一個 IPv4 結構表示 192.168.10.0/24 或是 255.255.255.0，但是 IPv6 只有前置碼的表示方式，試想如果用子網路遮罩來表示 IPv6 結構，那這遮罩是不是要很長？所以 IPv6 只採用前置碼來表示其結構。

例如：一個 IPv6 網路位址 2001:0DB8:AAAA:1111:0000:0000:0000:0000/64 或是 2001:DB8:AAAA:1111::/64，其中網路部分為 2001:DB8:CAFE:1111，主機部份為 0000:0000:0000:0001。要判讀 IPv6 不同前置碼的網路與主機部份方式，有以下三個原則：

1. 網路位元是 16 的倍數，網路與主機部份判讀則以組來看。
2. 網路位元是 4 的倍數，網路與主機部份判讀則以十六進位來看。
3. 網路位元不是 4 的倍數，網路與主機部份判讀則以二進位來看。

IPv6 不同前置碼部份的範例

以下是 IPv6 不同前置碼的網路與主機部份的範例：

- 2001::1/96 表示網路位元= 96 及主機位元 = 32，網路部分為 2001:0:0:0:0:0 及主機部份為 0:1。
- 2001::1/80 表示網路位元= 80 及主機位元 = 48，網路部分為 2001:0:0:0:0 及主機部份為 0:0:1。

- 2001::1/16 表示網路位元= 16 及主機位元 = 112，網路部分為 2001 及主機部份為 0:0:0:0:0:0:1。
- 2001::1/8 表示網路位元= 8 及主機位元 = 120，網路部分為 20 及主機部份為 NN01:0:0:0:0:0:0:1，其中 N 表示空值。
- 2001::1/4 表示網路位元= 4 及主機位元 = 124，網路部分為 2 及主機部份為 N001:0:0:0:0:0:0:1，其中 N 表示空值。
- 2001::1/3 表示網路位元= 3 及主機位元 = 125，此部份要將 2001 換成二進位 **001**0 0000 0000 0001，所以網路部分為 001，剩下則為主機部份。

IPv6 前置碼結構

在 IPv6 的前置碼位元中又可細分為**子網路前置碼(Subnet Prefix)**、**站點前置碼(Site Prefix)**、**網路服務商前置碼(ISP Prefix)**及**區域網際網路前置碼(RIR，Regional Internet registry)**，如此讓每個 IPv6 的位址更有結構化、都很容易可以被分辨，如下圖所示。

圖表 8-9 IPv6 前置碼結構

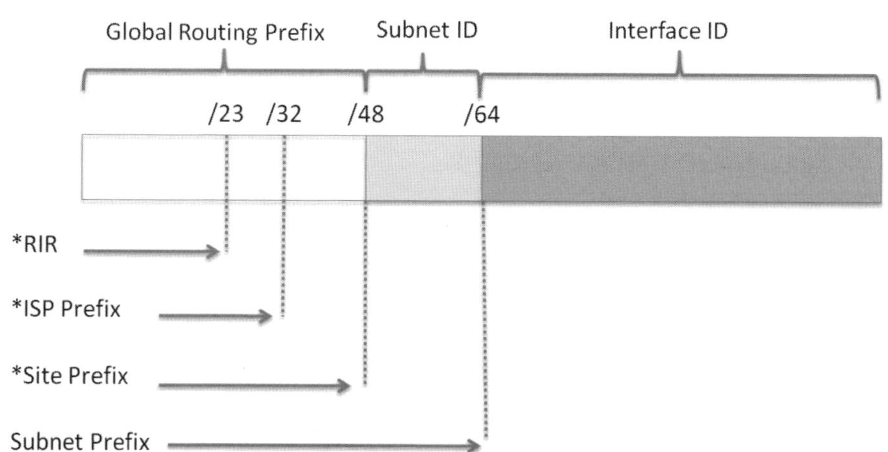

IPv6 的配發與 IPv4 同樣是有階層式的配發，在 IPv6 上前置碼的部份有定義比較清楚。IPv6 一樣是由 IANA 統籌管理與分配，IANA 以 **/23** 分配給其下的五大 RIR 中心，每個 RIR 中心再以 **/32** 分配給該區域中的 ISP 使用，之後 ISP 使用 **/48~64** 再配給公司或組織。在**前置碼 /48** 稱為 **Global Routing Prefix**，主要是給 ISP 之間主幹網路繞送(Routing)使用，接著**前置碼/48~64** 部份則留給 ISP 或公司進行**子網路切割(Subnetting)**，此部份就類似 IPv4 的子網路切割，差別於 IPv6 沒有分級別網路 (ClassA、ClassB、Class C)。

所以在 IPv6 結構規劃上有 **3** 組 - **1** 組 - **4** 組 (IPv6 總共有 8 組)的規則，3 組表示 Global Routing Prefix、1 組表示 Subnet ID 及 4 組為 Interface ID，如下圖所示。

圖表 8-10
IPv6 的 3-1-4 規則

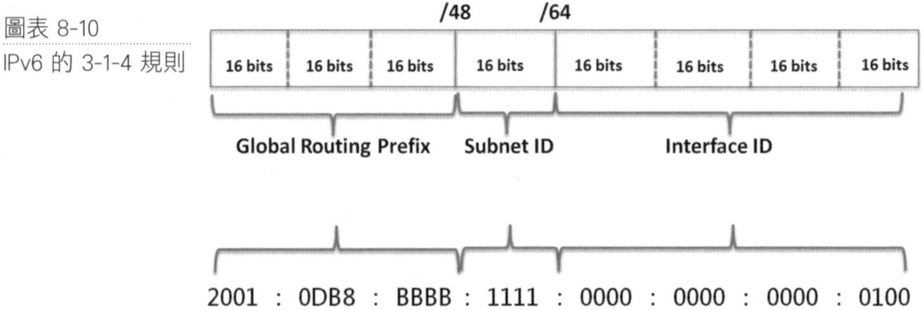

當然若 Subnet ID 不夠用，也可以跟 Interface ID 借位，這跟 IPv4 的 VLSM 一樣，只是不建議這樣做，因為 Interface ID 不足 64 位元時會影響 EUI-64 計算結果。

IPv6 子網路切割

根據 IPv6 的 3-1-4 規則，當我們分配到一組 IPv6 位址 2001:2222:3333::/48，可能的子網路位址有如下：

```
2001:1111:3333:0000::/64
2001:1111:3333:0001::/64
……..
2001:1111:3333:FFFE::/64
2001:1111:3333:FFFF::/64
```

總共有 2^{16} 個子網路數目。若這樣的子網路數目還不夠，還可以再將 Subnet ID 延長，例如：我們使用 64 位元當作 Subnet ID，可以產生的子網路位址如下：

```
2001:2222:3333 : 0000 : 0000 : 0000 : 0000 : :/112
2001:2222:3333 : 0000 : 0000 : 0000 : 0001 : :/112
......
2001:2222:3333 : FFFF : FFFF : FFFF : FFFE : :/112
2001:2222:3333 : FFFF : FFFF : FFFF : FFFF : : /112
```

總共就有 2^{64} 個子網路，前置碼的部份就有 112 位元，如下圖所示。

圖表 8-11　擴充 IPv6 的 Subnet ID

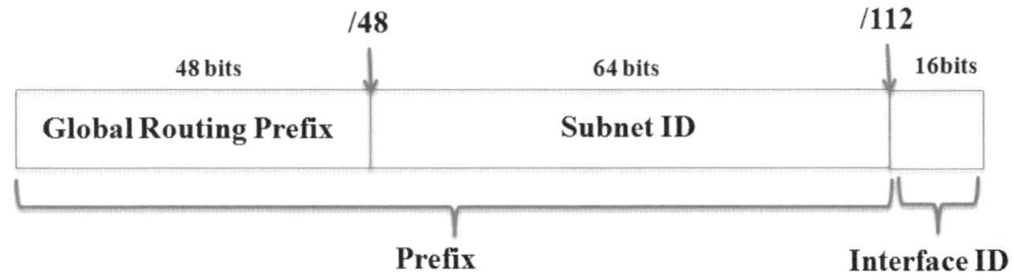

Nibble boundary

建議在 Subnet ID 是要以 **4 倍數的位元為邊界** (又稱為 **Nibble boundary**)，如此所產生的子網路位址就可以直接由十六進位來推算，否則就要將十六進位轉為二進位來計算子網路位址。例如：Subnet ID 為 20 位元，此位元數為 4 的倍數，即為 5 個 nibble，有符合 nibble boundary，其結構如下圖所示。

圖表 8-12　IPv6 的 Subnet ID 為 20 位元

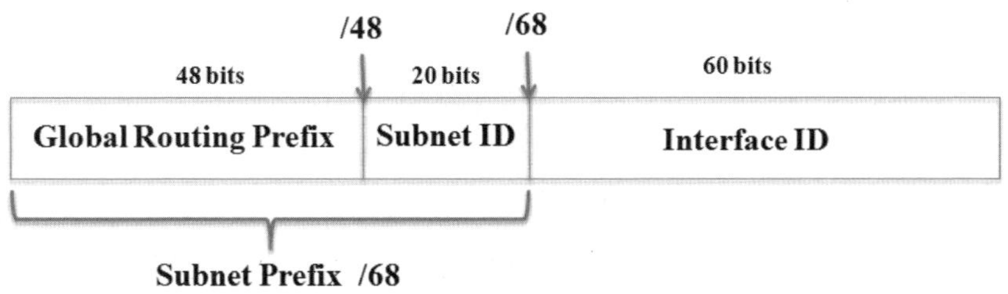

使用 2001:2222:3333::/48 → /68 位址計算，其子網路位址的計算就直接使用十六進位來推算即可，子網路位址可以這樣表示 2001:2222:3333:**SSSS:S**000::/68，其中 S 表示子網路，其範圍為 0~F，所以產生的子網路位址如下，如此計算 IPv6 的子網路位址就很容易。

```
2001:2222:3333:0000:0000::/68
2001:2222:3333:0000:1000::/68
2001:2222:3333:0000:2000::/68
......
2001:2222:3333:FFFF:F000::/68
```

我們也可以從某一個子網路再進行子網路切割，例如：子網路 2001:2222:3333::/64 借位 8 位元，2001:2222:3333::/72，所以剛好是 2 個 nibble，所以子網路位址為 2001:2222:3333:0000:SSHH:HHHH:HHHH:HHHH/72。

不是 Nibble boundary

接著我們繼續探討若 Subnet ID 不是以 4 倍的位元數時，子網路的計算會遇到的難度，如下圖所示 Subnet ID 為 22 位元。

圖表 8-13 IPv6 的 Subnet ID 為 22 位元

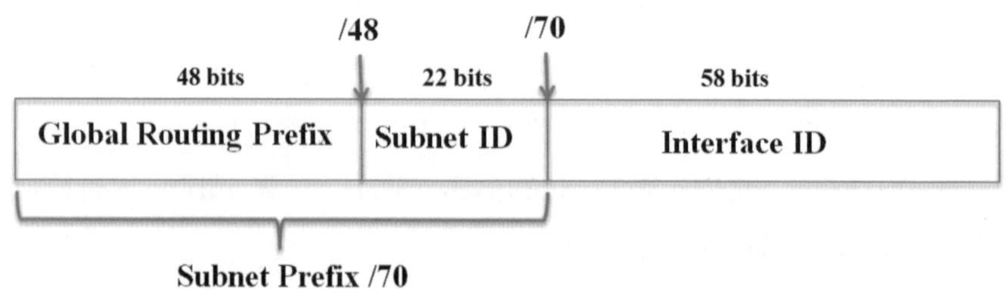

使用 2001:2222:3333::/48 → /70 位址計算，其網路部分有 70 位元，第 70 位元剛好落在第 18 個十六進位中，所以必須將第 18 個十六進位轉為二進位，其前面兩個位元是網路位元，後面兩個位元為主機位元，如下圖所示，兩個網路位元組合有 00、01、10 及 11，再將其轉回十六進位即為 0、4、8 及 C，所以計算出來的子網路位址 2001:2222:3333:SSSS:X000::/70，其中 S 及 X 表示子網路，其 S 範圍為 0~F 及 X=0、4、8 及 C，總共有 $\mathbf{2^{22}}$ 個子網路數目。

圖表 8-14 Subnet ID 為 22 位元的子網路位址計算

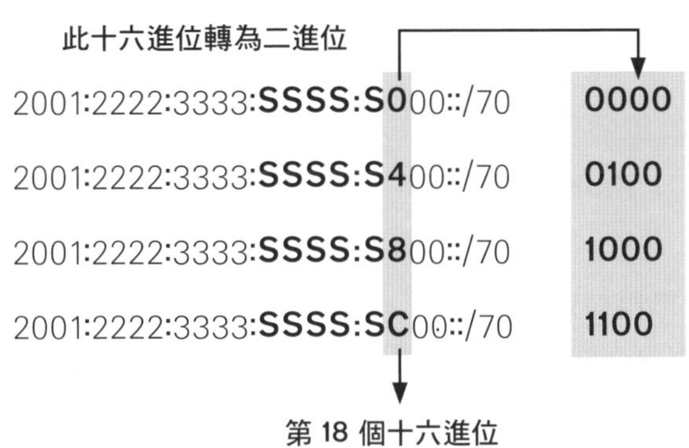

8.3 IPv6 位址種類

在 IPv4 位址中可區分為**單播位址(Unicast Address)**、**群播位址(Multicast Address)**及**廣播位址(Broadcast Address)**三種類型的位址，單播位址為定義在主網路 ClassA、ClassB、ClassC 中的 IP 位址 (扣掉網路位址與廣播位址)，群播位址定義在 ClassD 中 IP 位址，廣播位址定義為全部 IPv4 的 32 位元為 1，即為 255.255.255.255，或者是每個網路中的廣播位址(主機位元全部為 1)。在傳送機制上的意義，單播位址能做點對點(one to one)的傳送，而群播位址能做一對多(one to many)傳送，最後廣播位址能做一對全部(one to all)傳送。

而在 IPv6 位址中也定義三種位址，**單播位址**、**群播位址**及**任播位址(Anycast Address)**，如下圖所示，其中單播位址及群播位址的傳輸意義跟 IPv4 一樣，但是 IPv6 增加任播位址，而用群播位址來取代廣播位址，以下將介紹這三種 IPv6 位址的格式。

圖表 8-15 IPv6 位址種類

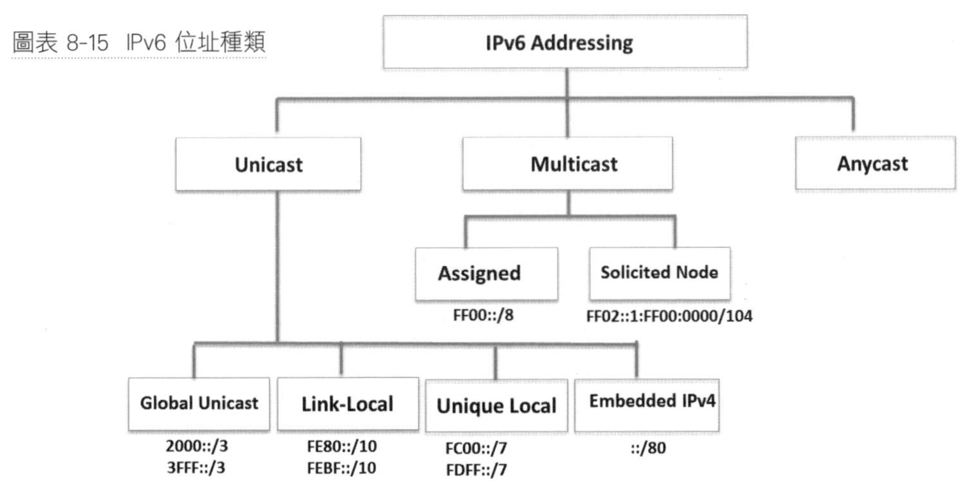

單播位址

IPv6 的單播位址又分為 4 種，**Global Unicast**、**Link-Local**、**Unique Local** 及 **Embedded IPv4**，其中 Global Unicast 與 Unique Local 分別如同 IPv4 單播位址的公有 IP 與私有 IP，但 Link-Local 算是 IPv6 特有的單播位址，Link-Local 位址不能跨路由器，所以只能在一個網路中存在。以下就分別介紹這三種 IPv6 單播位址。

- **Global Unicast 位址**：IPv6 Global Unicast 位址固定前面三個位元為『001』，第四個位元可以為 0 或 1，所以十六進位就可以為 **0010=2** 或 **0011=3**。在整個 IPv6 的表示上，這種位址通常以 2 或 3 開頭，而且在全世界具有唯一性，其它網路介面不會有相同的位址，並且是可被 Internet 繞送的 (Routable)，所以此位址的功用如同 IPv4 的公有位址。下圖為 IPv6 的 Global Unicast 位址格式。

圖表 8-16
Global Unicast 位址格式

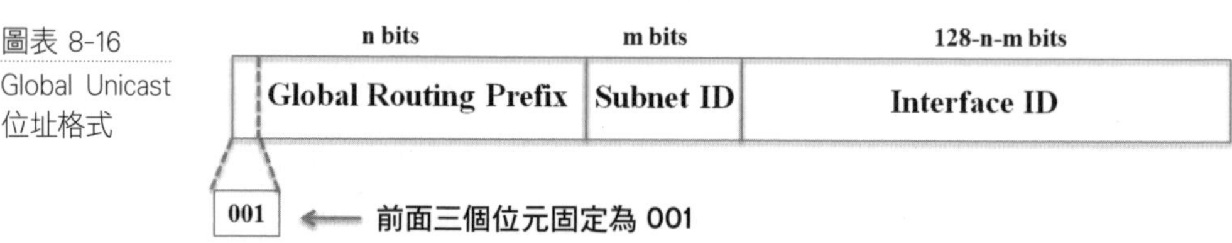

- **Unique Local 位址**：IPv6 Unique Local 位址類似 IPv4 的私人位址功能，任何人都可以隨意使用不需註冊，但這些網段不能進入網際網路的繞送。Unique Local 位址前一版為 Site Local 位址，但 RFC 3879 已不贊成使用此類位址，因此改為 Unique Local，其結構如下，Unique Local 位址主要有 **FC00::/8** 與 **FD00::/8**，其中 FC00::/8 的網路，當然也不能參與網際網路的繞送，但是仍然需要註冊 **Global ID 欄位**內的數值，以維持獨特性 (unique)，而以 FD00::/8 的 Global ID 欄位中的數字可以任意設定，不需註冊。

圖表 8-17
Unique Local 位址格式

7 bits	1 bits	40 bits	16 bits	64 bits
Prefix	L	Global ID	Subnet ID	Interface ID

- **Link Local 位址**：IPv6 Link Local 位址定義用前 10 位元固定為『1111111010』，這種位址的前 12 bits 可以是『1111111010xx』，如下圖所示，換算成 16 進位為 FE8、FE9、FEA 或 FEB 開始，因此『FE8~FEB』開頭的位址代表 Link Local 位址，其網路位址範圍 **FE80::/10~ FEBF::/10**。此類位址僅供特定實體網段上的本地通信使用，通常用於鏈路通信，例如：自動 IP 位址設定、相鄰設備發現和路由器發現等，所以 **Link-Local 不能繞送**，只能存在於一個 link 上或一個網路中，其產生的方式通常會伴隨 Global Unicast 位址設定而自動產生，也可以獨立設定，在後面的實作範例將會詳細介紹 Link-Local 位址的產生。

請注意 Link Local 常被當作 next hop ip。

圖表 8-18 Link Local 位址格式

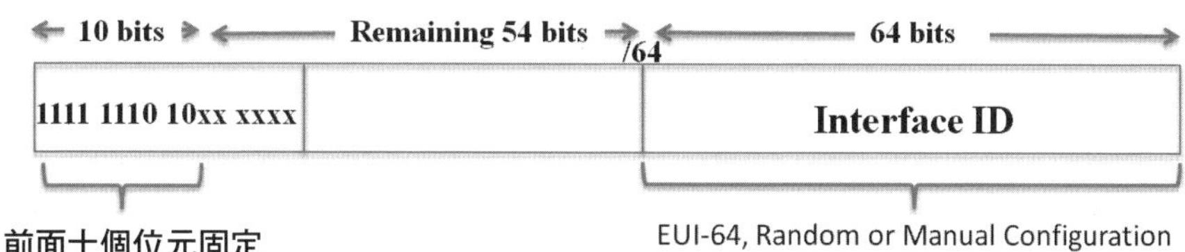

群播位址

IPv6 的群播傳送整合了 IPv4 的群播傳送和廣播傳送，適用於一對多的資料傳送，這種類型的 IPv6 位址用前 8 位元固定為『11111111』，最後的 112 位元為『群組位址』，因此『**FF**』開頭的位址代表 IPv6 的群播位址，其位址格式如下圖所示。

圖表 8-19 Multicast 位址格式

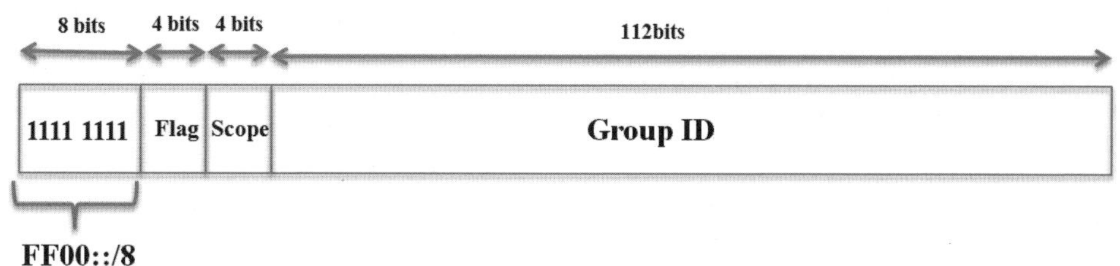

Flag 欄位為 **0** 表示該群播位址是 Well-known 的位址，由 IANA 分配，Flag 欄位為 **1** 表示動態產生的群播位址，**Scope 欄位**表示該群播位址的範圍，常見的範圍如下：

- Scope=1 表示 Interface-Local scope
- Scope=2 表示 Link-Local scope
- Scope=5 表示 Site-Local scope
- Scope=8 表示 Organization-Local scope

常見 Well-known 群播位址如下表所示，如何查看路由器有加入哪些群播位址，可以使用 **show ipv6 int** 來查看，稍後會有示範。

圖表 8-20 常見 Well-known 群播位址

位址	說明
ff02::1	All nodes on the local network segment
ff02::2	All router on the local network segment
ff02::5	OSPFv3 AllSPF routers
ff02::6	OSPFv3 AllDR routers
ff02::9	RIP routers
ff02::a	EIGRP routers
ff02::d	PIM routers
ff02::1:2	All DHCP servers and relay agents on the local network site
ff02::101	Network Time Protocol
ff02::108	Network information Service

另外一類的群播位址為**邀請節點的群播位址(Solicited Node Multicast)**，此群播位址會從邀請節點的電腦 IPv6 位址計算出來，主要用於**鄰居尋找(Neighbor Discovery)**，此部份就是取代廣播功能，在後面會有詳細介紹。

任播位址

IPv6 允許同一個單播位址設定在不同的網路介面，如此設定就稱為**任播位址**，但是傳送給此位址的封包，並非真的將封包送到這些網路介面，而僅僅是送給距離最近的一個網路介面。任播位址通常是對應某種特定的服務，服務內容視應用需求而定，所以任播位址不能當來源位址，不能指定給 hosts，只能設定在路由器。在使用單播位址當作任播位址時，必須明確公告給使用者這個任播位址服務內容。詳細的任播位址宣告對應到特定服務在進階課程討論。

8.4 IPv6 配置方式

IPv6 位址使用介面 ID 來標示連線上的介面，介面 ID 位元為 64 位，可從 MAC 中動態獲取 (EUI-64) 或者由管理者自行規劃。在配置 IPv6 位址分為靜態配置與動態配置，如下圖所示。

圖表 8-21

IPv6 位址配置方式種類

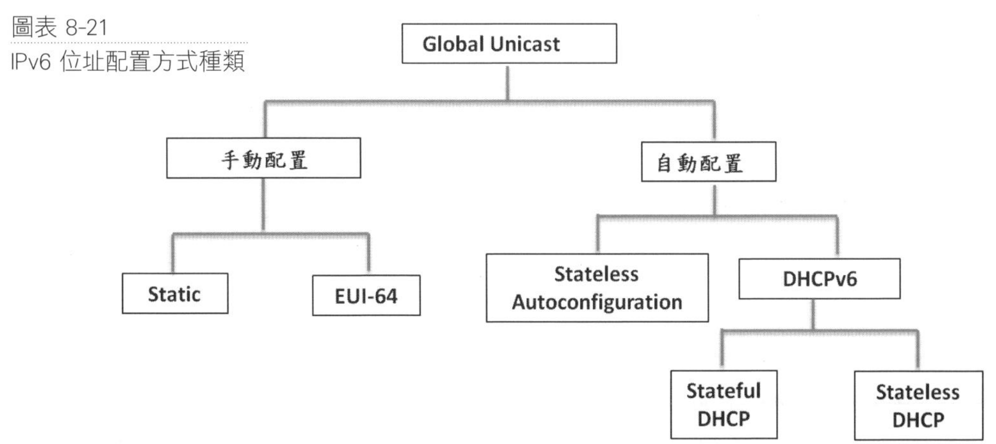

靜態配置

- **手動指定 IPv6：**由管理者手動指定 IPv6 位址的前置碼 (網路) 部分和介面 ID 部分。

- **EUI-64 配置：**此方式管理者只要手動指定 IPv6 位址的前置碼 (網路) 部分，介面 ID 部分會從網路介面的 MAC 位址提取，此部份稱為 EUI-64 介面 ID。但 MAC 只有 48 位元，而介面 ID 有 64 位元，中間差了 16 位元，EUI-64 的作法是將 MAC 中間插入 FFFE 的 16 位元，例如：網路介面 MAC 為 00:03:6B:E9:D4:80，使用 EUI-64 方式介面 ID 為 02:03:6B:**FF:FE** :E9:D4:80，如下圖步驟所示。

請注意使用 EUI-64 的前置碼只能用 /64。

圖表 8-22 使用 EUI-64 方式

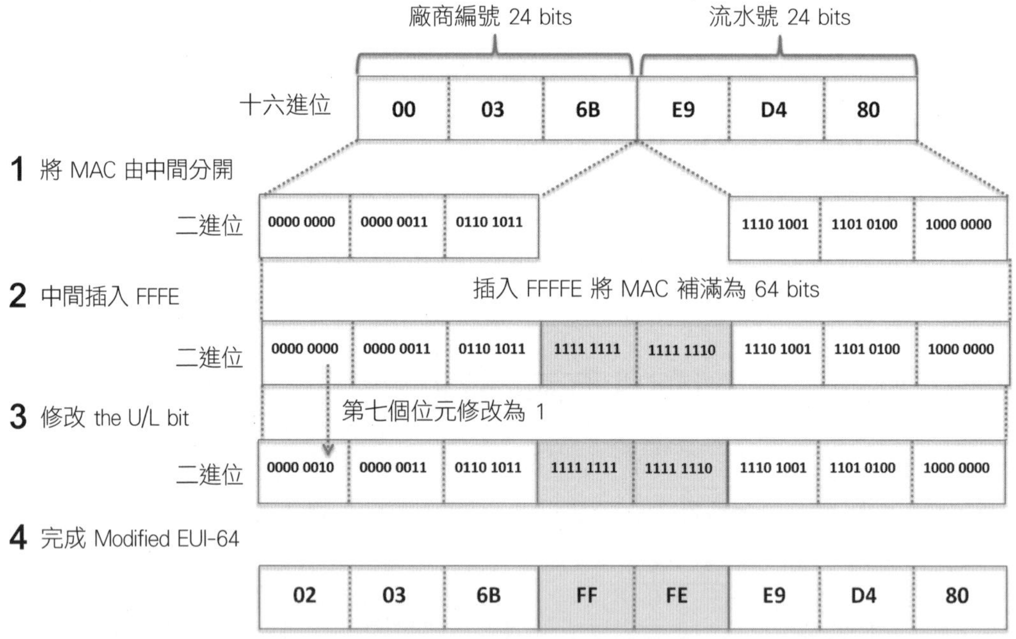

特別要注意的是 MAC 的第七個位元表示 **U/L bit(Universal/Local)**，如果**第七個位元=0** 表示是全球統一管理，如果**第七個位元=1** 表示是本地自行管理，由於 MAC 是全球統一分配管理而且是唯一，所以 MAC 的第七個位元都是為 0，但透過 EUI-64 方式已經修改了原來的 MAC，因此第七個位元要修改為 1，表示是本地自行修改。

另外要注意的是 MAC 的第八個位元，如果**第八個位元=0** 表示是單播位址(unicast)，如果**第八個位元=1** 表示是廣播位址(broadcast)或群播位址(multicast)，後面講到 IPv6 multicast 位址時會用到。

動態配置

動態的 IPv6 配置有三種，分別是**自動設定 (Auto-Configuration)**、**DHCPv6(Stateful)**與**混合配置(Auto-Configuration+Stateless DHCP)**。

- **自動設定：**此設定方式類似即插即用的觀念，當電腦接上 IPv6 網路，電腦會發送 **RS(Router Solicitation)**跟路由器請求前置碼 (網路) 部分，路由器則回應 **RA(Router Advertisement)**給電腦，電腦收到 RA 之後再使用 EUI-64 方式補上介面 ID 部分，由於電腦配置的 IPv6 的資訊不會記錄在路由器中，所以此種方式又稱為**無狀態自動設定(SLAAC，StateLess Address AutoConfiguration)**。
- **DHCPv6**：由 DHCP 伺服器來配置 IPv6 位址連同 DNS 資訊給電腦主機使用，並且 DHCP 伺服器有記錄分配出去的 IPv6 位址與電腦主機的資訊，所以此種方式稱為**有狀態 DHCP 的配置 (Stateful DHCP)**。
- **混合配置：**此方式是將第一種與第二種方式一起使用，由於自動設定方式，路由器送出 RA 的封包中只有包含前置碼 (網路) 與預設閘道的資訊，沒有 DNS 的資訊，因此電腦若需要 DNS 資訊則必需要搭配 DHCP，DHCP 伺服器僅是送出 DNS 資訊給電腦，沒有維護 IP 與電腦資訊，所以此種方式又稱為 Stateless DHCP。

M bit 與 O bit

至於路由器要使用的哪一種方式來配置 IPv6 組態，是由兩個旗標 M bit 與 O bit 的組合決定，其組合有三種情況，如下：

- **M=1 及 O=0 or 1：**所有資訊 (包括 Prefix、DNS 等等資訊) 都是由 DHCPv6 伺服器配置給電腦，並且伺服器中會記錄分配出去的資訊與配置的電腦，即為 Stateful DHCPv6。
- **M=0 及 O=1：**使用路由器網路介面中的前置碼與預設閘道分配給電腦，但是 DNS 等等資訊，請電腦使用 DHCPv6 取得，即為**混合配置**。
- **M=0 及 O=0：**電腦將只得到路由器的前置碼與預設閘道，無法取得 DNS 等資訊，即為 **Auto configuration**。

如何設定路由器的 M bit 與 O bit 兩個旗標，必須在網路介面下各別設定，稍後實作範例會示範。

IPv6 過渡政策

目前全世界的網路環境還是以 IPv4 為主，不可能一夕之間全部換成 IPv6，有些組織或公司會轉換比較快，但是有些礙於技術或經費不會進行使用 IPv6，因此需要有一段時間讓 IPv4 網路與 IPv6 網路共同存在，再讓 IPv6 逐漸取代 IPv4，在這段整合的過程中，需要有些機制讓兩種網路能互通，此稱為過渡政策，目前主要有三種機制，**雙重堆疊 (Dual Stack)**、**通道 (tunnel)** 及 **NAT-通訊協定轉換 (NAT-PT)**，稍後另有說明。

8.5 手動配置 IPv6 位址

首先使用 IPv4 與 IPv6 兩種位址一起設定到網路介面中，若網路介面支援兩種 IP 協定運作稱為**雙堆疊 (Dual Stack)**，我們使用下列 IPv6 網路架構來說明。

圖表 8-23 IPv6 設定網路架構

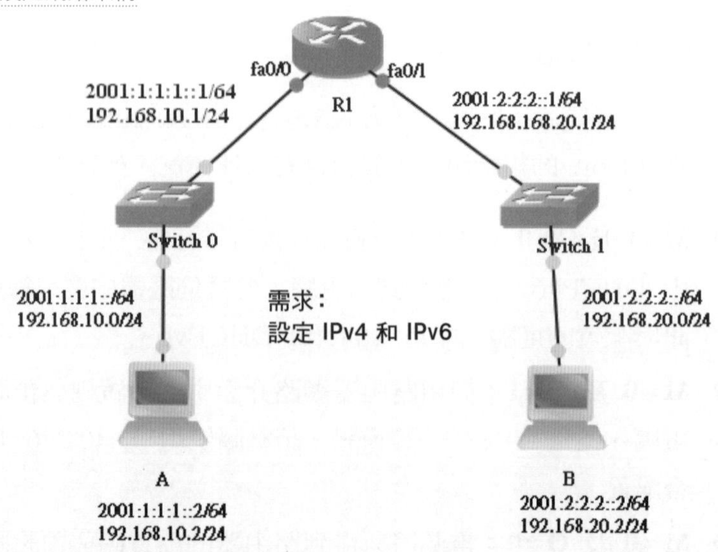

設定 IPv4 與 IPv6 指令

根據需求，在 R1 的 fa0/0 介面有兩個網路，一個為 192.168.10.0/24 的 IPv4 網路，另一個為 2001:1:1:1::/64 的 IPv6 網路，同樣在 R1 的 fa0/1 有 192.168.20.0/24 及 2001:2:2:2::/64 兩個網路，設定 IPv6 位址的指令格式跟 IPv4 類似，下表指令為在 R1 中設定 IPv4 與 IPv6 位址。

圖表 8-24 R1 中手動設定 IPv4 與 IPv6 指令

指令	說明
R1(config)#ipv6 unicast-routing	啟動 IPv6 路由協定
R1(config)#int fa0/0	切換到 fa0/0 介面模式
R1(config-if)#ipv6 address 2001:1:1:1::1/64	設定 IPv6 位址
R1(config-if)#ip address 192.168.10.1 255.255.255.0	設定 IPv4 位址
R1(config-if)#no shutdown	啟動 fa0/0 介面
R1(config-if)#int fa0/1	切換到 fa0/1 介面模式
R1(config-if)#ipv6 address 2001:2:2:2::1/64	設定 IPv6 位址
R1(config-if)#ip address 192.168.20.1 255.255.255.0	設定 IPv4 位址
R1(config-if)#no shutdown	啟動 fa0/1 介面

請注意 IPv4 的路由功能預設是啟動，而 IPv6 的路由功能是關閉，所以要測試 IPv6 的網路必須先啟動 IPv6 的路由功能，請在 R1 的組態模式下執行 "ipv6 unicast-routing"。

查詢 IPv4 設定結果

依序執行上表所列指令，現在來查詢設定結果，查詢 IPv4 與 IPv6 網路介面上的位址要分開來查。首先來查詢 IPv4 的設定狀況，如下所示都有正確設定 IPv4 位址且介面都有啟動。

圖表 8-25 查看 R1 中的 IPv4

```
R1#show ip int brief
Interface          IP-Address     OK? Method Status              Protocol

FastEthernet0/0      192.168.10.1    YES manual up                 up

FastEthernet0/1      192.168.20.1    YES manual up                 up

Vlan1          unassigned     YES unset  administratively down down
R1#
```

查詢 IPv6 設定結果

再來使用 **show ipv6 int brief** 來查詢 IPv6 的設定狀況，如下所示，兩個網路介面的 IPv6 位址已經設定並且都有啟動，但是每個網路介面都有兩個 IPv6 位址，一個是我們手動設定，另一個為網路介面自己產生的 Link-Local 位址，其中 Link-Local 的前置碼以 **FE80** 開頭，介面 ID 則是用 **EUI-64** 方式產生，當然 Link-Local 位址也可以手動設定，這部份在後面範例會探討。

圖表 8-26
查看 R1 中的 IPv6

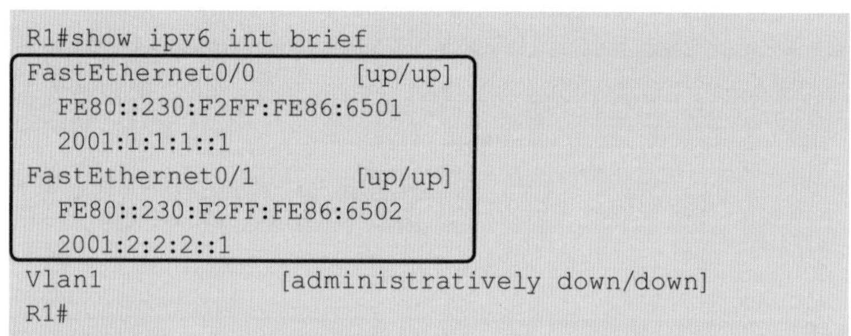

```
R1#show ipv6 int brief
FastEthernet0/0        [up/up]
  FE80::230:F2FF:FE86:6501
  2001:1:1:1::1
FastEthernet0/1        [up/up]
  FE80::230:F2FF:FE86:6502
  2001:2:2:2::1
Vlan1               [administratively down/down]
R1#
```

查看啟動 IPv6 介面

使用 **show ipv6 int fa0/0** 來詳細查看 fa0/0 網路介面的 IPv6 的 Link-Local 與 Global Unicast 位址，如下所示，

圖表 8-27
查看 R1 中的 fa0/0 的 IPv6

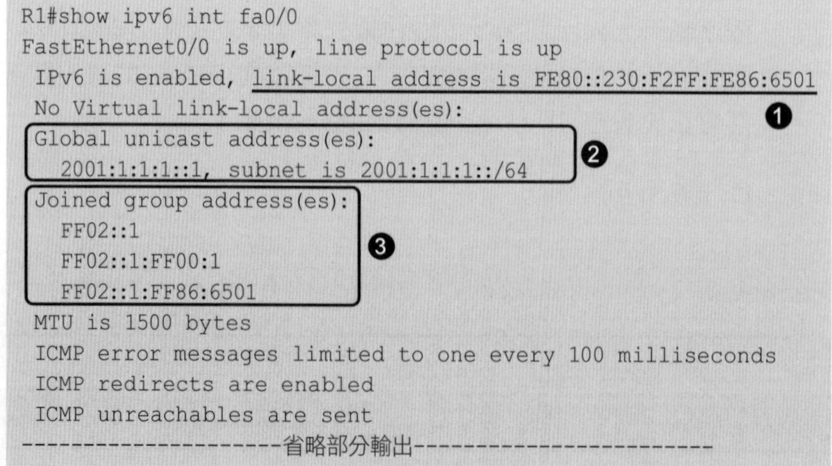

```
R1#show ipv6 int fa0/0
FastEthernet0/0 is up, line protocol is up
 IPv6 is enabled, link-local address is FE80::230:F2FF:FE86:6501
 No Virtual link-local address(es):                              ❶
 Global unicast address(es):
   2001:1:1:1::1, subnet is 2001:1:1:1::/64     ❷
 Joined group address(es):
   FF02::1
   FF02::1:FF00:1                               ❸
   FF02::1:FF86:6501
 MTU is 1500 bytes
 ICMP error messages limited to one every 100 milliseconds
 ICMP redirects are enabled
 ICMP unreachables are sent
---------------------省略部分輸出------------------------
```

❶ Link-Local 位址，請注意 Link-Local 位址只能設定一組。

❷ Global Unicast 位址，請注意 Global Unicast 位址可以設定多組，而且可以不同網路的 IPv6，這點是與 IPv4 很不一樣的地方。

❸ **Joined group address**，此部份是 R1 有加入的群播 IPv6 的位址，FF02::1 為 Well-known 的群播位址，表示 Link 上或一個網路中所有節點。另外 FF02::1:FF00:1 及 FF02::1:FF86:6501 為 R1 的**邀請群播位址(Solicited Multicast)**。此部份分別使用 R1 中 fa0/0 的 Global Unicast 與 Link-Local 位址計算出來，如何計算在後面會介紹。

設定 PC 上 IP 位址

PC 端 IPv4 的設定方式不變，但是 IPv6 沒有子網路遮罩，使用前置碼來表示，另外 IPv6 網路中也是有預設閘道的觀念，因此當 PCA 要連出去到 PCB 時，必須通過 2001:1:1:1::/64 網路的預設閘道，此網路的預設閘道 IPv6 位址為 fa0/0 上 IPv6 位址，PCA 的 IP 組態設定如下所示, PCB 的設定方式也是一樣。

圖表 8-28
設定 PCA 的 IPv4 與 IPv6

PCA IP Configuration	
Static	
IP Address	192.168.10.2
Subnet Mask	255.255.255.0
Default Gateway	192.168.10.1
DNS Server	
IPv6 Configuration	
Static	
IPv6 Address	2001:1:1:1::2/64
Link Local Address	FE80::290:21FF:FEEB:B390
IPv6 Gateway	2001:1:1:1::1
IPv6 DNS Server	

驗證 IPv4 與 IPv6 傳輸

使用 ping 的指令來測試 PCA 與 PCB 的連線，如下圖所示分別使用 IPv6 網路與 IPv4 網路測試 PCA 與 PCB 連線結果。

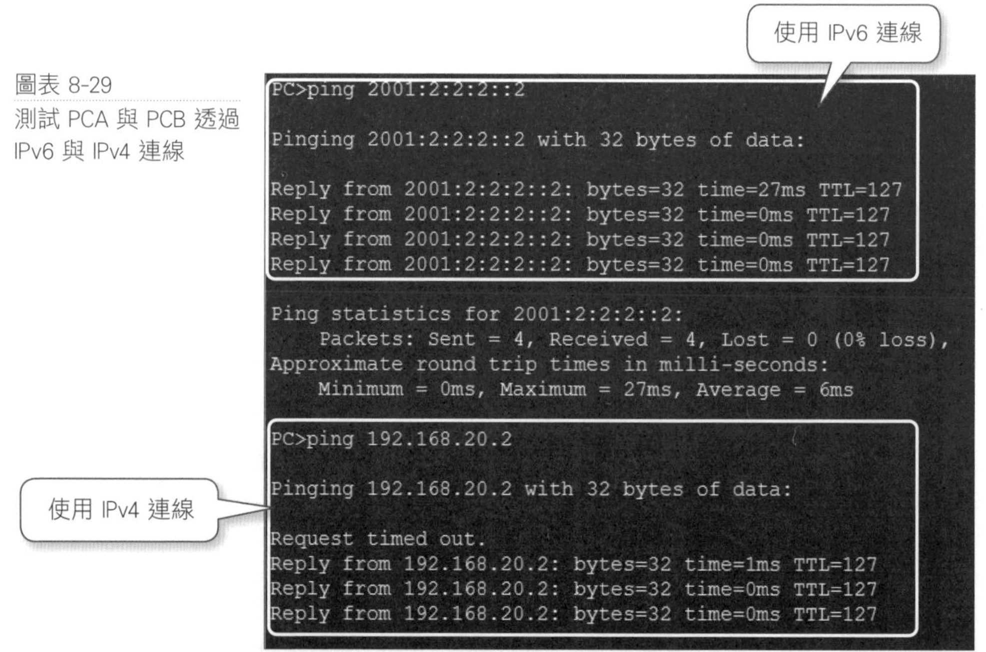

圖表 8-29 測試 PCA 與 PCB 透過 IPv6 與 IPv4 連線

8.6 EUI-64 方式設定 IPv6 位址

使用手動設定 IPv6 需要規劃前置碼 (網路) 部分和介面 ID 部分，EUI-64 只要考量規劃前置碼部分，介面 ID 部分就給 EUI-64 自動設定，如此就可以節省管理者的設定工作，我們使用下列 EUI-64 網路架構來示範，其中路由器上的網路介面，使用 EUI-64 方式來設定 IPv6 位址，本範例 IPv6 網路有三個。

圖表 8-30 EUI-64 網路架構

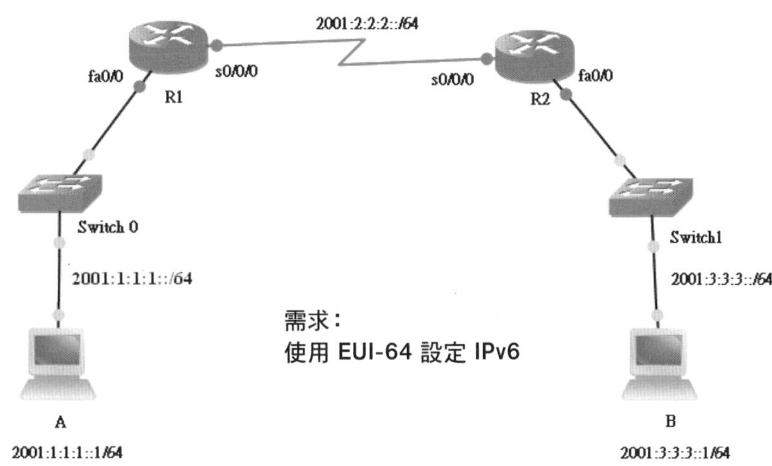

設定 R1 中 IPv6 位址

要使用 EUI-64 設定 IPv6 指令與手動設定的指令一樣，使用 **ipv6 address**，不同的是在 EUI-64 方式中最後面的參數要加 EUI-64，如下表所示，設定 R1 的網路介面中 IPv6 位址的指令。

圖表 8-31 R1 中使用 EUI-64 設定 fa0/0 及 s0/0/0 的 IPv6

指令	說明
R1(config)#ipv6 unicast-routing	啟動 IPv6 路由協定
R1(config)#int fa0/0	切換到 fa0/0 介面模式
R1(config-if)#ipv6 address 2001:1:1:1::/64 eui-64	用 eui-64 方式設定 IPv6
R1(config-if)#no shut	開啟 fa0/0 介面
R1(config-if)#int s0/0/0	切換到 s0/0/0 介面模式
R1(config-if)#ipv6 address 2001:2:2:2::/64 eui-64	用 eui-64 方式設定 IPv6
R1(config)#no shut	開啟 s0/0/0 介面

查詢 EUI-64 設定 IPv6 位址

將上表的指令在 R1 中執行就完成設定 IPv6，接著使用 **show ipv6 int brief** 來查詢 R1 中的 IPv6 設定，如下所示。

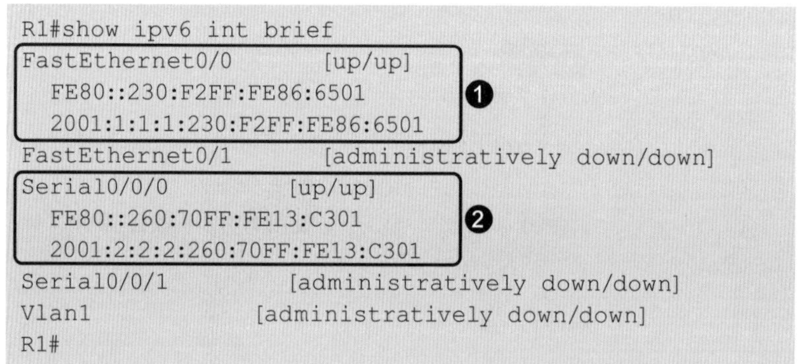

```
R1#show ipv6 int brief
FastEthernet0/0        [up/up]
  FE80::230:F2FF:FE86:6501
  2001:1:1:1:230:F2FF:FE86:6501
FastEthernet0/1        [administratively down/down]
Serial0/0/0          [up/up]
  FE80::260:70FF:FE13:C301
  2001:2:2:2:260:70FF:FE13:C301
Serial0/0/1          [administratively down/down]
Vlan1              [administratively down/down]
R1#
```


圖表 8-32 查詢 R1 中使用 EUI-64 設定的 IPv6

❶、❷ 分別為 fa0/0 與 s0/0/0 中 EUI-64 有自動將介面 ID 補上，變成一個完整的 IPv6 位址，另外 Link-local 位址的介面 ID 也是使用 EUI-64 方式產生。

查詢 R1 中 fa0/0 的 IPv6 資訊

如下所示，Global Unicat Address 已經有產生了，其中標示的地方有 **[EUI]** 資訊，表示該 Global Unicat Address 是使用 EUI-64 的方式。

圖表 8-33 查詢 R1 中 fa0/0 的 IPv6 資訊

```
R1#show ipv6 int fa0/0
FastEthernet0/0 is up, line protocol is up
 IPv6 is enabled, link-local address is FE80::230:F2FF:FE86:6501
 No Virtual link-local address(es):
 Global unicast address(es):
  2001:1:1:1:230:F2FF:FE86:6501, subnet is 2001:1:1:1::/64 [EUI]
 Joined group address(es):
  FF02::1
  FF02::1:FF86:6501
 MTU is 1500 bytes
 ICMP error messages limited to one every 100 milliseconds
 ICMP redirects are enabled
 ICMP unreachables are sent
--------------------省略部分輸出-----------------------
```

驗證 EUI-64 設定 IPv6 位址

接下來驗證 EUI-64 使用的介面 ID，我們先查詢 R1 中 fa0/0 的 MAC 位址，使用 **show int fa0/0** 指令，如下所示，fa0/0 的 MAC 位址為 0030.f286.6501，而 fa0/0 的 IPv6 介面 ID 為 0230:F2**FF:FE**86:6501，EUI-64 確實有將 FFFE 加入到 fa0/0 MAC 位址中做為介面 ID，請注意第七個位元已經被改成 1，代表 **Global Unit**。

圖表 8-34 查詢 R1 中 fa0/0 的 MAC

```
R1#show int fa0/0
FastEthernet0/0 is up, line protocol is up (connected)
 Hardware is Lance, address is 0030.f286.6501 (bia 0030.f286.6501)
 MTU 1500 bytes, BW 100000 Kbit, DLY 100 usec,
   reliability 255/255, txload 1/255, rxload 1/255
 Encapsulation ARPA, loopback not set
 ARP type: ARPA, ARP Timeout 04:00:00,
--------------------省略部分輸出-----------------------
```

設定 R2 中 IPv6 位址

R2 使用 EUI-64 設定 IPv6 位址跟 R1 的一樣，指令如下表所示，我們將下表指令在 R2 中執行，並驗證結果。

圖表 8-35 R2 中使用 EUI-64 設定 fa0/0 及 s0/0/0 的 IPv6

指令	說明
R1(config)#ipv6 unicast-routing	啟動 IPv6 路由協定
R2(config)#int fa0/0	切換到 fa0/0 介面模式
R2(config-if)#**ipv6 address 2001:3:3:3::/64 eui-64**	用 eui-64 方式設定 IPv6
R2(config-if)#no shut	開啟 fa0/0 介面
R2(config-if)#int s0/0/0	切換到 s0/0/0 介面模式
R2(config-if)#**ipv6 address 2001:2:2:2::/64 eui-64**	用 eui-64 方式設定 IPv6
R2(config)#no shut	開啟 s0/0/0 介面

R2 的 IPv6 設定結果，如下所示，fa0/0 與 s0/0/0 都有 IPv6 位址。

圖表 8-36
查詢 R2 中 IPv6 資訊

```
R2#show ipv6 int brief
FastEthernet0/0        [up/up]
  FE80::20C:CFFF:FE69:4B01
  2001:3:3:3:20C:CFFF:FE69:4B01
FastEthernet0/1        [administratively down/down]
Serial0/0/0          [up/up]
  FE80::2D0:58FF:FE06:B301
  2001:2:2:2:2D0:58FF:FE06:B301
Serial0/0/1          [administratively down/down]
Vlan1              [administratively down/down]
R2#
```

驗證連線

兩台 PC 的 IPv6 的設定方式跟上述的一樣，記得要將預設閘道設定，設定完成後，在 PCA 來 ping R1 的 fa0/0 及 s0/0/0 中的 IPv6，如下圖所示。

圖表 8-37
PCA 可以 ping 到 R1 的 fa0/0 及 s0/0/0

```
PC>ping 2001:1:1:1:230:F2FF:FE86:6501                                      ①

Pinging 2001:1:1:1:230:F2FF:FE86:6501 with 32 bytes of data:

Reply from 2001:1:1:1:230:F2FF:FE86:6501: bytes=32 time=1ms TTL=255
Reply from 2001:1:1:1:230:F2FF:FE86:6501: bytes=32 time=1ms TTL=255
Reply from 2001:1:1:1:230:F2FF:FE86:6501: bytes=32 time=0ms TTL=255
Reply from 2001:1:1:1:230:F2FF:FE86:6501: bytes=32 time=0ms TTL=255

Ping statistics for 2001:1:1:1:230:F2FF:FE86:6501:
    Packets: Sent = 4, Received = 4, Lost = 0 (0% loss),
Approximate round trip times in milli-seconds:
    Minimum = 0ms, Maximum = 1ms, Average = 0ms

PC>ping 2001:2:2:2:260:70FF:FE13:C301                                      ②

Pinging 2001:2:2:2:260:70FF:FE13:C301 with 32 bytes of data:

Reply from 2001:2:2:2:260:70FF:FE13:C301: bytes=32 time=1ms TTL=255
Reply from 2001:2:2:2:260:70FF:FE13:C301: bytes=32 time=1ms TTL=255
Reply from 2001:2:2:2:260:70FF:FE13:C301: bytes=32 time=81ms TTL=255
Reply from 2001:2:2:2:260:70FF:FE13:C301: bytes=32 time=0ms TTL=255

Ping statistics for 2001:2:2:2:260:70FF:FE13:C301:
    Packets: Sent = 4, Received = 4, Lost = 0 (0% loss),
Approximate round trip times in milli-seconds:
    Minimum = 0ms, Maximum = 81ms, Average = 20ms
```

❶ 連接 fa0/0 有成功。

❷ 連接 s0/0/0 有成功，我們也使用 PCA 測試 R1 中 fa0/0 及 s0/0/0 的 Link-local 位址，結果連線也都會成功。

但是 PCA 中 ping PCB 的 IPv6 位址，就發生問題，如下圖所示，出現『**Destination host unreachable**』的訊息，表示 R1 無法繞送該封包，這時候就跟路由表有關係。

圖表 8-38 PCA 無法 ping 到 PCB

```
PC>ping 2001:3:3:3::1

Pinging 2001:3:3:3::1 with 32 bytes of data:

Reply from 2001:1:1:1:230:F2FF:FE86:6501: Destination host unreachable.
Reply from 2001:1:1:1:230:F2FF:FE86:6501: Destination host unreachable.
Reply from 2001:1:1:1:230:F2FF:FE86:6501: Destination host unreachable.
Reply from 2001:1:1:1:230:F2FF:FE86:6501: Destination host unreachable.
```

查詢 R1 中 IPv6 路由表

使用 **show ipv6 route** 來查詢 R1 中 IPv6 路由表，如下所示。

圖表 8-39 查詢 R1 中 IPv6 路由表

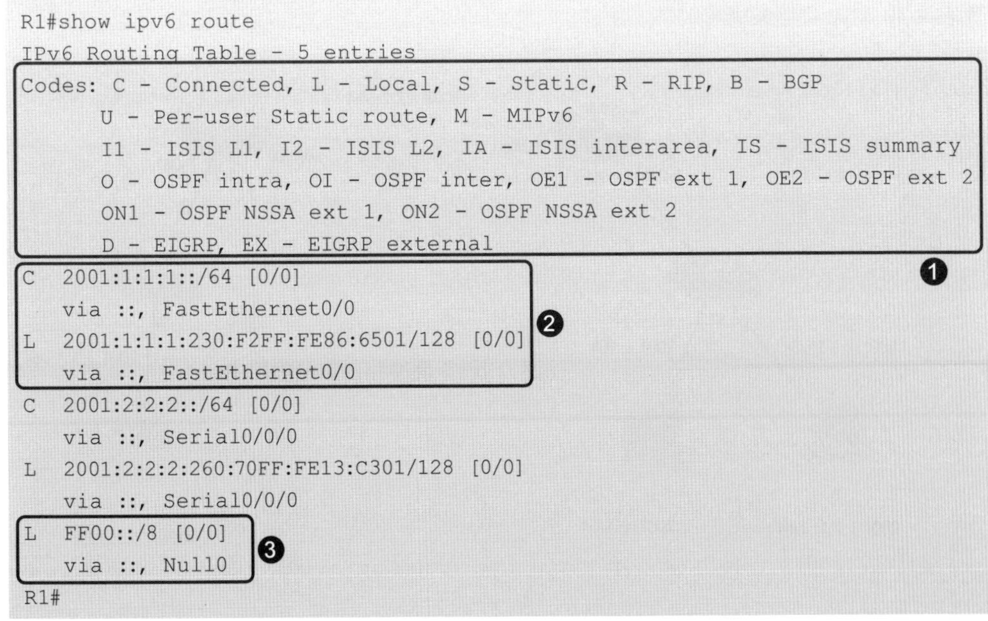

```
R1#show ipv6 route
IPv6 Routing Table - 5 entries
Codes: C - Connected, L - Local, S - Static, R - RIP, B - BGP
       U - Per-user Static route, M - MIPv6
       I1 - ISIS L1, I2 - ISIS L2, IA - ISIS interarea, IS - ISIS summary
       O - OSPF intra, OI - OSPF inter, OE1 - OSPF ext 1, OE2 - OSPF ext 2
       ON1 - OSPF NSSA ext 1, ON2 - OSPF NSSA ext 2
       D - EIGRP, EX - EIGRP external                                  ❶
C   2001:1:1:1::/64 [0/0]
    via ::, FastEthernet0/0
L   2001:1:1:1:230:F2FF:FE86:6501/128 [0/0]                     ❷
    via ::, FastEthernet0/0
C   2001:2:2:2::/64 [0/0]
    via ::, Serial0/0/0
L   2001:2:2:2:260:70FF:FE13:C301/128 [0/0]
    via ::, Serial0/0/0
L   FF00::/8 [0/0]                                              ❸
    via ::, Null0
R1#
```

❶ IPv6 路由表中路由資訊的代碼，這些比 IPv4 少了幾個，其中已經沒有『*』預設路由的代碼。

❷ 除了會有 IPv6 的直連網路資訊之外，還會有該直連網路設定在網路介面的主機 IP 位址，該筆主機 IP 位址以 **L** 表示為**本地繞送 (Local Routing)**，所以從 IPv6 路由表也可以直接查詢到網路介面設定的 IP 位址，這點也是 IPv4 路由表沒有的。

❸ 所顯示的為群播位址，該群播位址的出口為 **Null0**，此 Null0 介面好像是路由黑洞，有去無回，所以有不要的封包都可以往 Null0 介面送去。從 R1 中 IPv6 路由表中沒有 2001:3:3:3::0/64 的 IPv6 網路，所以上述的 PCA ping PCB 就會失敗，下一節將介紹如何加入 IPv6 靜態路由與動態路由。

8.7 加入 IPv6 靜態路由

本節要介紹如何設定建立 IPv6 靜態路由與預設路由，我們使用下列 IPv6 網路架構來示範，請注意 R1 中 fa0/0 有兩個 IPv6 網路設定。

圖表 8-40 IPv6 網路架構

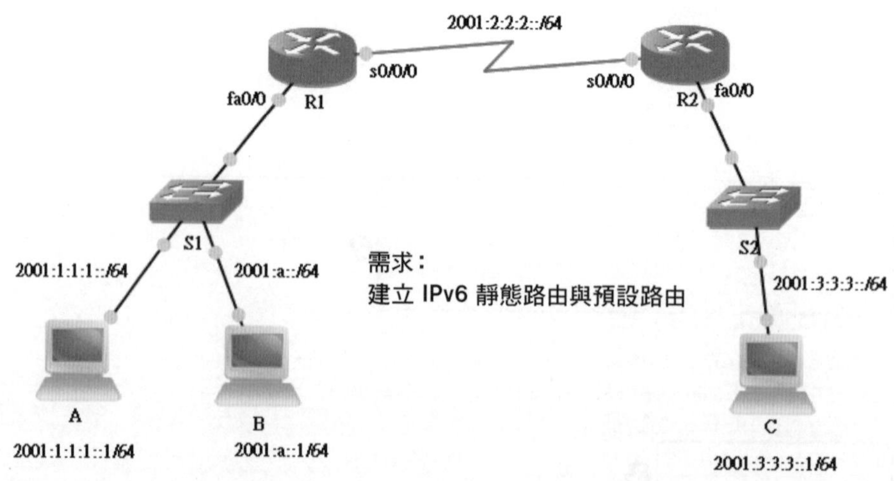

查詢 R1 中 fa0/0 的兩個 IPv6 位址

如下所示，標示的地方為 fa0/0 有 4 個 Global unicast address，2001:1:1:1::/64 網路中有兩個 IP 位址，2001:A::/64 網路中也設定兩個 IP 位址，這表示 IPv6 的網路介面允許設定多個 IP 位址，並且可以同一網路或不同網路的 IP 位址。

圖表 8-41 查詢 R1 中 fa0/0 的 4 個 IPv6 位址

```
R1#show ipv6 int fa0/0
FastEthernet0/0 is up, line protocol is up
 IPv6 is enabled, link-local address is FE80::230:F2FF:FE86:6501
 No Virtual link-local address(es):
 Global unicast address(es):
  2001:1:1:1::2, subnet is 2001:1:1:1::/64
  2001:1:1:1:230:F2FF:FE86:6501, subnet is 2001:1:1:1::/64 [EUI]
  2001:A::2, subnet is 2001:A::/64
  2001:A::230:F2FF:FE86:6501, subnet is 2001:A::/64 [EUI]
 Joined group address(es):
  FF02::1
  FF02::1:FF00:2
  FF02::1:FF86:6501
 MTU is 1500 bytes
 ICMP error messages limited to one every 100 milliseconds
 ICMP redirects are enabled
 ICMP unreachables are sent
 ND DAD is enabled, number of DAD attempts: 1
 ND reachable time is 30000 milliseconds
 ND advertised reachable time is 0 milliseconds
---------------------省略部分輸出------------------------
```

R1 的 IPv6 路由表如下所示，在 fa0/0 下有兩個網路：

圖表 8-42 查詢 R1 中 IPv6 路由表

```
R1#show ipv6 route
IPv6 Routing Table - 10 entries
Codes: C - Connected, L - Local, S - Static, R - RIP, B - BGP
   U - Per-user Static route, M - MIPv6
   I1 - ISIS L1, I2 - ISIS L2, IA - ISIS interarea, IS - ISIS summary
   O - OSPF intra, OI - OSPF inter, OE1 - OSPF ext 1, OE2 - OSPF ext 2
   ON1 - OSPF NSSA ext 1, ON2 - OSPF NSSA ext 2
   D - EIGRP, EX - EIGRP external
C  2001:1:1:1::/64 [0/0]
   via ::, FastEthernet0/0
L  2001:1:1:1::2/128 [0/0]                          ❶
   via ::, FastEthernet0/0
L  2001:1:1:1:230:F2FF:FE86:6501/128 [0/0]
   via ::, FastEthernet0/0
C  2001:2:2:2::/64 [0/0]
   via ::, Serial0/0/0
L  2001:2:2:2:260:70FF:FE13:C301/128 [0/0]
   via ::, Serial0/0/0
C  2001:A::/64 [0/0]
   via ::, FastEthernet0/0
L  2001:A::2/128 [0/0]                              ❷
   via ::, FastEthernet0/0
L  2001:A::230:F2FF:FE86:6501/128 [0/0]
   via ::, FastEthernet0/0
L  FF00::/8 [0/0]
   via ::, Null0
R1#
```

❶ 表示 2001:1:1:1::/64 網路，並有兩個 Local Route 的 IP 位址。

❷ 表示 2001:A::/64 網路，並也有兩個 Local Route 的 IP 位址。

設定 R1 中 2001:3:3:3::/64 靜態路由

在上圖中 R1 路由表中並沒有遠端網路 2001:3:3:3::/64，所以 PCA 或 PCB 都無法與電腦 C 連通，所以要在 R1 中加入 IPv6 靜態路由指令使用 **ipv6 route**，如下表所示，這與 IPv4 靜態路由設定方式一樣，可以使用出口介面或是 Next Hop IP，此處使用的方式為出口介面。

圖表 8-43 IPv6 網路加入靜態路由指令

指令	說明
R1(config)#ipv6 unicast-routing	啟動 IPv6 路由協定
R1(config)#ipv6 route 2001:3:3:3::/64 s0/0/0	將網路 2001:3:3:3::/64 加入到 R1 的 IPv6 路由表中，並以 s0/0/0 為出口介面

使用 **show ipv6 route** 來查詢 R1 中的 IPv6 路由表，如下所示：

圖表 8-44 查詢 R1 中 IPv6 路由表中靜態路由

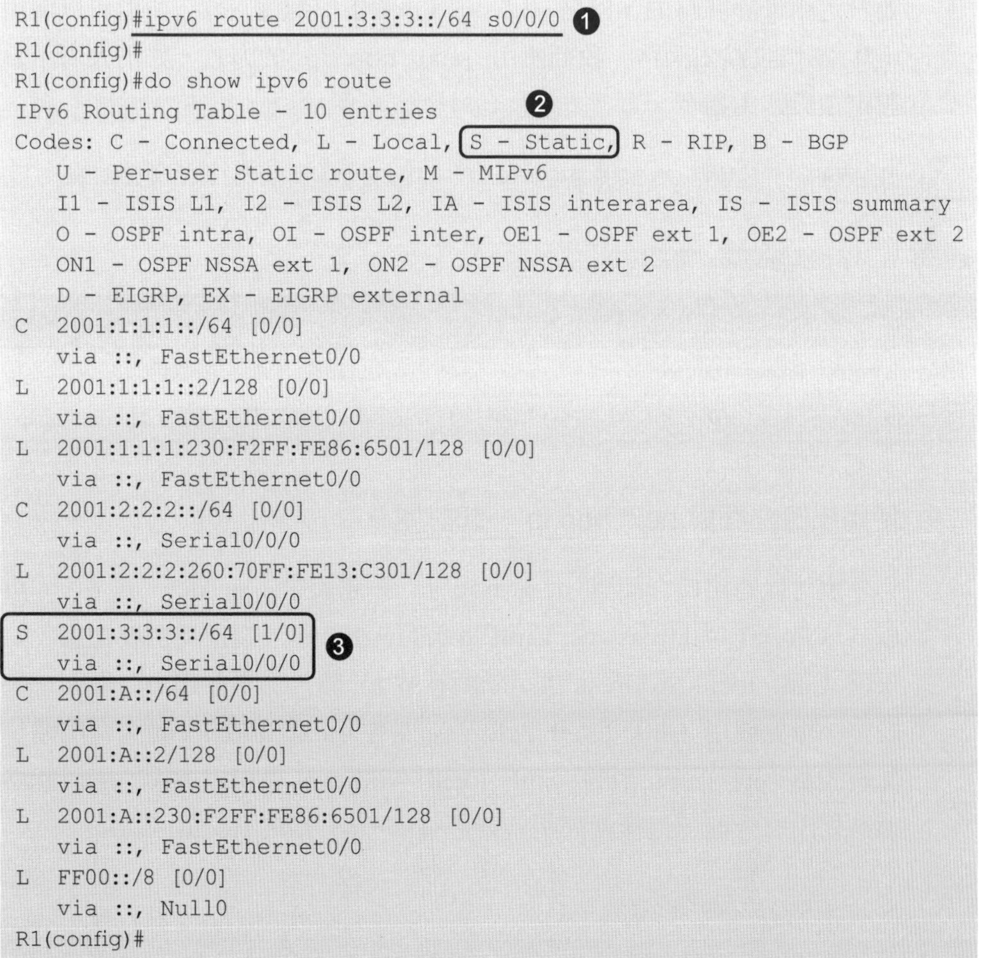

```
R1(config)#ipv6 route 2001:3:3:3::/64 s0/0/0 ❶
R1(config)#
R1(config)#do show ipv6 route
IPv6 Routing Table - 10 entries                    ❷
Codes: C - Connected, L - Local, S - Static, R - RIP, B - BGP
   U - Per-user Static route, M - MIPv6
   I1 - ISIS L1, I2 - ISIS L2, IA - ISIS interarea, IS - ISIS summary
   O - OSPF intra, OI - OSPF inter, OE1 - OSPF ext 1, OE2 - OSPF ext 2
   ON1 - OSPF NSSA ext 1, ON2 - OSPF NSSA ext 2
   D - EIGRP, EX - EIGRP external
C  2001:1:1:1::/64 [0/0]
   via ::, FastEthernet0/0
L  2001:1:1:1::2/128 [0/0]
   via ::, FastEthernet0/0
L  2001:1:1:1:230:F2FF:FE86:6501/128 [0/0]
   via ::, FastEthernet0/0
C  2001:2:2:2::/64 [0/0]
   via ::, Serial0/0/0
L  2001:2:2:2:260:70FF:FE13:C301/128 [0/0]
   via ::, Serial0/0/0
S  2001:3:3:3::/64 [1/0]
   via ::, Serial0/0/0     ❸
C  2001:A::/64 [0/0]
   via ::, FastEthernet0/0
L  2001:A::2/128 [0/0]
   via ::, FastEthernet0/0
L  2001:A::230:F2FF:FE86:6501/128 [0/0]
   via ::, FastEthernet0/0
L  FF00::/8 [0/0]
   via ::, Null0
R1(config)#
```

❶ 設定 IPv6 靜態路由。

❷ 靜態路由的路由代碼。

❸ 有看到一筆 2001:3:3:3::/64 網路的靜態路由，出口為 s0/0/0。此時 PCA 或 PCB 來 ping 電腦 C，還是不通，但是訊息變為『**Request timed out.**』，表示 R1 已經繞送 ping request 封包成功，現在為 ping relpy 封包回不來，這就要設定 R2 的 IPv6 路由表。

設定 R2 的預設路由

由於 R2 的遠端網路有 2001:1:1:1::/64 與 2001:A::/64 兩個，所以要設定兩筆靜態路由，但是 R2 只有一個出口到達 R1，所以可以使用 **::/0** 為預設路由網路，我們使用 next hop ip 的方式，如下表所示為設定預設路由指令。

請注意 IPv4 預設網路 0.0.0.0 網路在 IPv6 為 ::，IPv4 自我測試 IP 127.0.0.1 在 IPv6 為 ::1。

圖表 8-45 R2 加入靜態預設路由指令

指令	說明
R1(config)#ipv6 unicast-routing	啟動 IPv6 路由協定
R2(config)#ipv6 route **::/0** 2001:2:2:2:260:70FF:FE13:C301	R2 設定預設路由，以 next hop ip

使用出口介面與 next hop ip 一起設定

另外也可以將出口介面與 next hop ip 一起設定，而 next hop ip 可以為 Global Address 或 Link local Address，這裡特別要注意，如果以 Link local Address 為 next hop ip 時，一定要跟出口介面一起設定，單獨使用 Link local Address 當作 next hop ip 設定會出錯，其原因為不同 Link 中的 Link local Address 是可以重複，所以就必須搭配出口介面，這樣就很明確要送往那一個 Link local Address。

圖表 8-46 IPv6 網路加入靜態路由指令

指令	說明
ipv6 route ::/0 s0/0/0 2001:2:2:2:260:70FF:FE13:C301	Global Address 為 next hop ip
ipv6 route ::/0 s0/0/0 FE80::260:70FF:FE13:C301	Link-local 為 next hop ip

查詢 R2 路由表中預設路由

圖表 8-47 查詢 R2 中 IPv6 路由表中預設路由

```
R2(config)#ipv6 route ::/0 2001:2:2:2:260:70FF:FE13:C301 ❶
R2(config)#
R2(config)#do show ipv6 route
IPv6 Routing Table - 6 entries
Codes: C - Connected, L - Local, S - Static, R - RIP, B - BGP
   U - Per-user Static route, M - MIPv6
   I1 - ISIS L1, I2 - ISIS L2, IA - ISIS interarea, IS - ISIS summary
   O - OSPF intra, OI - OSPF inter, OE1 - OSPF ext 1, OE2 - OSPF ext 2
   ON1 - OSPF NSSA ext 1, ON2 - OSPF NSSA ext 2
   D - EIGRP, EX - EIGRP external
S  ::/0 [1/0]
   via 2001:2:2:2:260:70FF:FE13:C301 ❷
C  2001:2:2:2::/64 [0/0]
   via ::, Serial0/0/0
L  2001:2:2:2:2D0:58FF:FE06:B301/128 [0/0]
   via ::, Serial0/0/0
C  2001:3:3:3::/64 [0/0]
   via ::, FastEthernet0/0
L  2001:3:3:3:20C:CFFF:FE69:4B01/128 [0/0]
   via ::, FastEthernet0/0
L  FF00::/8 [0/0]
   via ::, Null0
R2(config)#
```

❶ 使用 Global Address 為 next hop ip 的預設路由設定。

❷ 表示為靜態路由，此靜態路由為預設路由，此處沒有『*』特別來表示為預設路由。

電腦 C 測試 PCA 與 PCB

最後在電腦 C 分別執行 **ping 2001:1:1:1::1** 與 **ping 2001:a::1**，如下圖所示：

請注意：IPv6 的路由功能預設是關閉，而 IPv4 的路由功能預設是啟動，因此需要在組態模式下執行 "ipv6 unicast-routing" 才能啟動 IPv6 路由功能，在本範例請記得啟動 IPv6 路由功能。

圖表 8-48
電腦 C 測試 PCA 與 PCB

```
PC>ping 2001:1:1:1::1

Pinging 2001:1:1:1::1 with 32 bytes of data:

Reply from 2001:1:1:1::1: bytes=32 time=1ms TTL=126
Reply from 2001:1:1:1::1: bytes=32 time=1ms TTL=126
Reply from 2001:1:1:1::1: bytes=32 time=1ms TTL=126
Reply from 2001:1:1:1::1: bytes=32 time=1ms TTL=126

Ping statistics for 2001:1:1:1::1:
    Packets: Sent = 4, Received = 4, Lost = 0 (0% loss),
Approximate round trip times in milli-seconds:
    Minimum = 1ms, Maximum = 1ms, Average = 1ms

PC>ping 2001:a::1

Pinging 2001:a::1 with 32 bytes of data:

Reply from 2001:A::1: bytes=32 time=1ms TTL=126
Reply from 2001:A::1: bytes=32 time=1ms TTL=126
Reply from 2001:A::1: bytes=32 time=1ms TTL=126
Reply from 2001:A::1: bytes=32 time=1ms TTL=126
```

❶ 表示電腦 C 測試 PCA 連線成功。

❷ 表示電腦 C 測試 PCB 連線成功。

8.8 啟動 IPv6 的動態路由

IPv6 網路傳送中也需要路由器來繞送 IPv6 的封包，跟 IPv4 一樣繞送需要路由表提供路由資訊，上述已經示範將一筆靜態路由資訊加入到 IPv6 的路由表中，接下來要介紹啟動 IPv6 的路由協定。

支援 IPv6 的路由協定有 RIPng、OSPFv3 與 EIGRPv6。RIPng 為 RIP 的 IPv6 路由協定，一樣使用距離向量的方式，但是 RIPng 在啟動的方式跟 RIP 有很明顯的不一樣，少了 network 指令來定義宣告的直連網路，OSPFv3 與 EIGRPv6 也是一樣，這是要特別注意的地方。我們使用下列 RIPng 網路架構來示範，其中所有的 IPv6 位址都已經設定，並且**有五個網路**，R1 與 R2 中 fa0/0 都各有兩個網路。

圖表 8-49 RIPng 網路架構

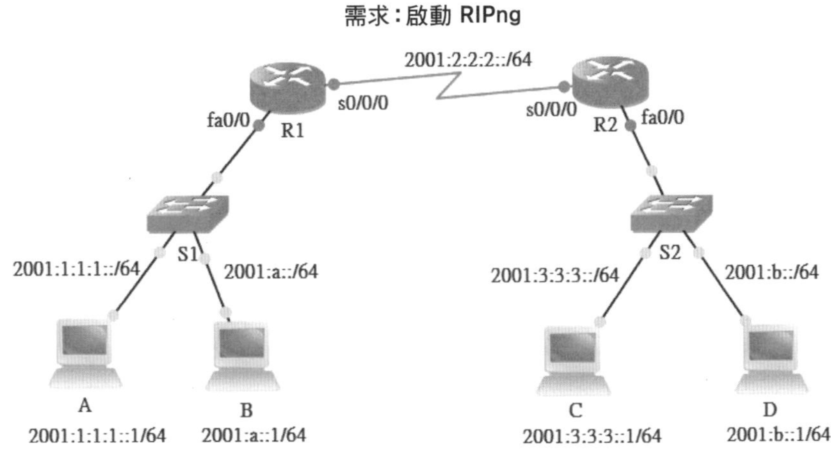

設定 RIPng

路由器預設是關閉 IPv6 的路由協定，因此要使用 IPv6 的路由協定前，請使用 **ipv6 unicast-routing** 指令來啟動 IPv6 的路由協定。在設定 IPv6 的路由協定有兩大步驟，**第一步驟必須啟動路由協定程序，第二步驟在介面上啟用該路由程序** (此步驟取代 network 的宣告)。

下表為 R1 設定 RIPng 的相關指令，其中 RIPng 使用跟 OSPF 類似的程序號碼，所以一台路由器可以啟動好幾個 RIPng 協定程序，另外該網路介面上的網路有要宣告傳出，則要在該介面啟動 RIPng 協定程序，此處代替 network 指令，在 R1 中 fa0/0 啟動 RIPng，表示 fa0/0 介面開始執行 RIPng 封包傳送與接收，並且會將 fa0/0 下的網路 2001:1:1:1::/64 與 2001:A::/64 都送出，因此要在 R1 中 fa0/0 與 s0/0/0 啟動 RIPng 協定程序，在 R1 的 RIPng 程序號碼使用 p100，R1 中設定 RIPng 指令如下表所示。

圖表 8-50 R1 中設定 RIPng 指令

指令	說明
R1(config)#ipv6 unicast-routing	啟動 IPv6 路由協定
R1(config)#ipv6 router rip p100	啟動 RIPng 程序號碼 p100
R1(config-rtr)#exit	離開 RIPng 模式
R1(config)#int fa0/0	切換到 fa0/0 介面模式
R1(conf ig-if)#ipv6 rip p100 enable	在該介面啟動 RIPng 程序號碼 p100
R1(config-if)#int s0/0/0	切換到 s0/0/0 介面模式
R1(config-if)#ipv6 rip p100 enable	在該介面啟動 RIPng 程序號碼 p100

R2 啟動 RIPng 也使用相同的指令，啟動指令如下表所示，要注意 RIPng 程序號碼使用 p200，也就是不同路由器的 RIPng 程序號碼不需要一樣。

圖表 8-51 R2 中設定 RIPng 指令

指令	說明
R2(config)#ipv6 unicast-routing	啟動 IPv6 路由協定
R2(config)#ipv6 router rip p200	啟動 RIPng 程序號碼 p200
R2(config-rtr)#exit	離開 RIPng 模式
R2(config)#int fa0/0	切換到 fa0/0 介面模式
R2(config-if)#ipv6 rip p200 enable	在該介面啟動 RIPng 程序號碼 p200
R2(config-if)#int s0/0/0	切換到 s0/0/0 介面模式
R2(config-if)#ipv6 rip p200 enable	在該介面啟動 RIPng 程序號碼 p200

IPv4 RIP 與 RIPng 指令比較

現在來比較 IPv4 RIP 與 RIPng 指令，如下表所示，其中比較明顯不一樣的是程序號碼與網路宣告方式。

圖表 8-52 IPv4 RIP 與 RIPng 指令比較

RIPng	IPv4 RIP
R1(config)#ipv6 unicast-routing	**不需要**
R1(config)#ipv6 router rip p100	**R1(config)#router rip**
R1(config-rtr)#exit	
R1(config)#int fa0/0	
R1(config-if)#ipv6 rip p100 enable	**R1(config-router)#network x.x.x.x**
R1(config-if)#int s0/0/0	
R1(config-if)#ipv6 rip p100 enable	**R1(config-router)#network x.x.x.x**

檢查 RIPng

將上表的指令在 R1 與 R2 中執行後，使用 **show ipv6 protocols** 指令來查詢 R1 的 IPv6 路由協定的啟動狀況，如下圖所示，其中『**rip p100**』表示 RIPng 程序號碼 p100，並且有兩個網路介面執行 rip p100 程序。

圖表 8-53 查詢 R1 中啟動的 IPv6 路由協定

```
R1#show ipv6 protocols
IPv6 Routing Protocol is "connected"
IPv6 Routing Protocol is "static
IPv6 Routing Protocol is "rip p100"
 Interfaces:
  FastEthernet0/0
  Serial0/0/0
R1#
```

查看 RIPng 封包

我們使用 wireshark 在 R1 與 R2 捕捉 RIPng 封包來觀察，如下圖所示為 RIPng 的封包內容，❶ 表示目的 IP 為群播，**FF02::9** 為 RIPng 的群播 IP 位址，這與 IPv4 RIP 群播為 **224.0.0.9** 一樣意思，❷ 表示 RIPng 使用 UDP 方式傳送，Port no. 為 521。❸ 表示目前 RIPng 封包中有 3 筆 IPv6 路由資訊要更新給鄰居路由器。

圖表 8-54 查看 RIPng 的封包內容

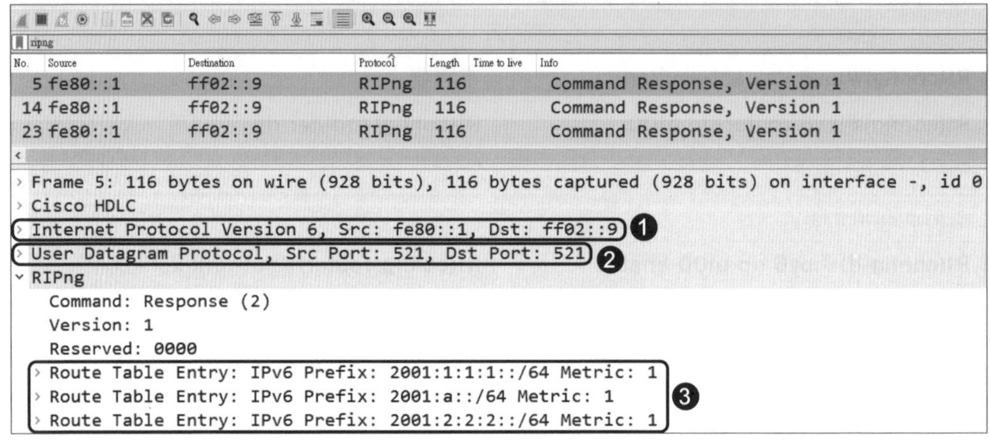

查看 R1 中 IPv6 路由表內容

如下所示，有兩筆 R 開頭的路由資訊，這兩筆路由資訊為 R2 中 fa0/0 下的兩個網路，透過 RIPng 送到 R1，另外動態路由學習到路由資訊中的 next hop ip 都是使用 Link-local 位址。R2 的 IPv6 路由表也有兩筆 RIPng 的路由資訊，請讀者驗證。

圖表 8-55 R1 中查詢 IPv6 路由表中 RIPng 路由資訊

```
R1#show ipv6 route
---------------------省略部分輸出-----------------------
C   2001:1:1:1::/64 [0/0]
    via ::, FastEthernet0/0
L   2001:1:1:1::2/128 [0/0]
    via ::, FastEthernet0/0
L   2001:1:1:1:230:F2FF:FE86:6501/128 [0/0]
    via ::, FastEthernet0/0
C   2001:2:2:2::/64 [0/0]
    via ::, Serial0/0/0
L   2001:2:2:2:260:70FF:FE13:C301/128 [0/0]
    via ::, Serial0/0/0
R   2001:3:3:3::/64 [120/2]
    via FE80::2D0:58FF:FE06:B301, Serial0/0/0
C   2001:A::/64 [0/0]
    via ::, FastEthernet0/0
```

Next

```
L  2001:A::2/128 [0/0]
   via ::, FastEthernet0/0
L  2001:A::230:F2FF:FE86:6501/128 [0/0]
   via ::, FastEthernet0/0
R  2001:B::/64 [120/2]
   via FE80::2D0:58FF:FE06:B301, Serial0/0/0
L  FF00::/8 [0/0]
   via ::, Null0
R1#
```

8.9 啟動 OSPFv3 與 EIGRPv6

我們繼續使用上一節的 RIPng 網路架構，先示範如何設定 OSPFv3 後，再啟動 EIGRPv6，來觀察兩個 IPv6 的路由協定同時啟動後，其結果是否會跟 IPv4 的路由協定一樣，AD 較小的路由協定會優先寫入路由表中。請注意 IPv6 路由協定的 AD 值跟 IPv4 的一樣。

圖表 8-56 RIPng 網路架構

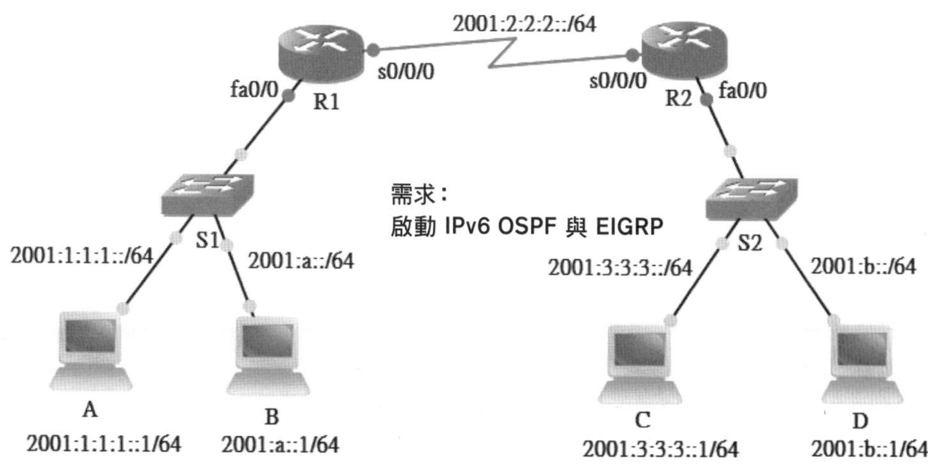

設定 OSPFv3

啟動方式類似 RIPng，要先啟動 IPv6 的路由協定功能，在設定 OSPFv3 時，**Router-ID 必須手動指定**，其原因是 OSPFv3 的 Router-ID 還是使用 IPv4 格式，所以無法從 IPv6 網路介面選擇 IPv6 位址來當作 Router-ID，R1 啟動 OSPFv3 的步驟如下表指令，R1 的 OSPF 程序編號使用 100，Router ID 使用 1.1.1.1，並在 fa0/0 與 s0/0/0 介面將 ospf 100 啟動在 area 0。

圖表 8-57 設定 R1 的 OSPFv3

指定	說明
R1(config)#ipv6 unicast-routing	啟動 IPv6 路由協定
R1(config)#ipv6 router ospf 100	啟動 OSPFv3 程序號碼 100
R1(config-rtr)# #router-id 1.1.1.1	手動設定 Router ID
R1(config-rtr)#exit	離開 OSPFv3 模式
R1(config)#int fa0/0	切換到 fa0/0 介面模式
R1(config-if)#ipv6 ospf 100 area 0	該介面在 area0 啟動 ospf 程序號碼 100
R1(config-if)#int s0/0/0	切換到 s0/0/0 介面模式
R1(config-if)# ipv6 ospf 100 area 0	該介面在 area0 啟動 ospf 程序號碼 100

下表為設定 R2 的 OSPFv3 的指令，OSPF 程序編號使用 200，Router ID 使用 2.2.2.2，並在 fa0/0 與 s0/0/0 介面將 ospf 200 啟動在 area 0。請注意 Router-ID 不能重複。

圖表 8-58 設定 R2 的 OSPFv3

指定	說明
R2(config)#ipv6 unicast-routing	啟動 IPv6 路由協定
R2(config)#ipv6 router ospf 200	啟動 OSPFv3 程序號碼 200
R2(config-rtr)# router-id 2.2.2.2	手動設定 Router ID
R2(config-rtr)#exit	離開 OSPFv3 模式
R2(config)#int fa0/0	切換到 fa0/0 介面模式
R2(config-if)#ipv6 ospf 200 area 0	該介面在 area0 啟動 ospf 程序號碼 200
R2(config-if)#int s0/0/0	切換到 s0/0/0 介面模式
R2(config-if)# ipv6 ospf 200 area 0	該介面在 area0 啟動 ospf 程序號碼 200

OSPFv3 與 IPv4 OSPF 指令比較

如下表所示，其中比較明顯不一樣的地方為 router-id 設定的部分及網路宣告的方式。

圖表 8-59 OSPFv3 與 IPv4 OSPF 指令比較

OSPFv3	IPv4 OSPF
R1(config)#ipv6 unicast-routing	不需要
R1(config)#ipv6 router ospf 100	R1(config)#router ospf 100
R1(config-rtr)# router-id 1.1.1.1	**可以手動設定或讓 OSPF 自己選出**
R1(config-rtr)#exit	
R1(config)#int fa0/0	
R1(config-if)#ipv6 ospf 100 area 0	**R1(config-router)#network x.x.x.x x.x.x.x area 0**
R1(config-if)#int s0/0/0	
R1(config-if)# ipv6 ospf 100 area 0	**R1(config-router)#network x.x.x.x x.x.x.x area 0**

R1 執行設定 OSPFv3 指令，如下所示：

圖表 8-60 R1 執行設定 OSPFv3 指令

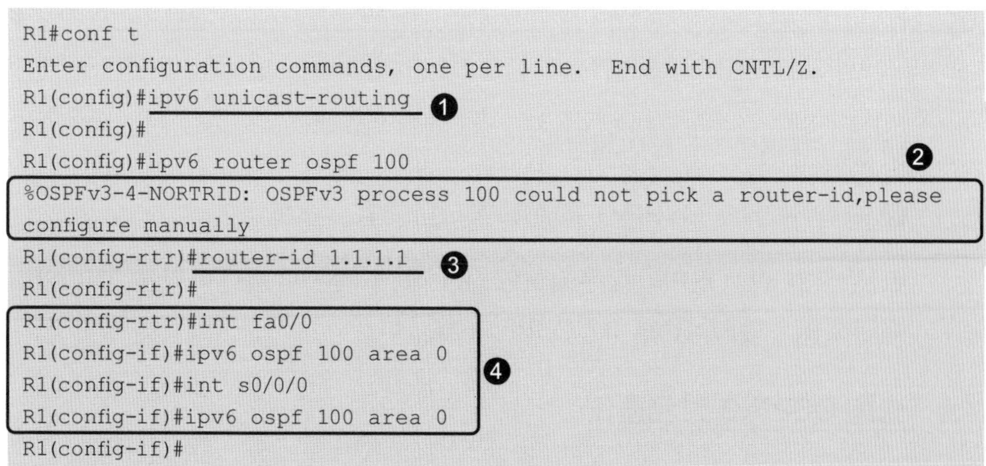

```
R1#conf t
Enter configuration commands, one per line.  End with CNTL/Z.
R1(config)#ipv6 unicast-routing  ❶
R1(config)#
R1(config)#ipv6 router ospf 100                                    ❷
%OSPFv3-4-NORTRID: OSPFv3 process 100 could not pick a router-id,please
configure manually
R1(config-rtr)#router-id 1.1.1.1  ❸
R1(config-rtr)#
R1(config-rtr)#int fa0/0
R1(config-if)#ipv6 ospf 100 area 0
R1(config-if)#int s0/0/0                ❹
R1(config-if)#ipv6 ospf 100 area 0
R1(config-if)#
```

❶ 啟動 IPv6 路由功能。

❷ 提示 Router-ID 必須手動指定的訊息，否則介面的 OSPF 會無法啟用。

❸ 手動設定 Router-ID 為 1.1.1.1。

❹ 在兩個網路介面中啟動 OSPF。

R2 執行設定 OSPFv3 指令，如下所示：

圖表 8-61 R2 執行設定 OSPFv3 指令

```
R2(config)#ipv6 unicast-routing
R2(config)#
R2(config)#ipv6 router ospf 200
%OSPFv3-4-NORTRID: OSPFv3 process 200 could not pick a router-id,
please configure manually
R2(config-rtr)#router-id 2.2.2.2
R2(config-rtr)#
R2(config-rtr)#int fa0/0
R2(config-if)#ipv6 ospf 200 area 0
R2(config-if)#int s0/0/0
R2(config-if)#ipv6 ospf 200 area 0
R2(config-if)#                                                    ❶
00:03:58: %OSPFv3-5-ADJCHG: Process 200, Nbr 1.1.1.1 on Serial0/0/0
from LOADING to FULL, Loading Done

R2(config-if)#do show ipv6 ospf neighbor
                                                                  ❷
Neighbor ID     Pri   State       Dead Time   Interface ID   Interface
1.1.1.1           0   FULL/ -     00:00:35    3              Serial0/0/0
R2(config-if)#
```

❶ 建立 OSPFv3 鄰居訊息。

❷ 查詢 R2 的 OSPFv3 的鄰居表，目前有一個鄰居。

雖然 R2 的 OSPF 程序編號跟 R1 的不同，但還是可以建立 OSPF 鄰居關係，這跟 IPv4 的 OSPF 一樣。

查詢 OSPFv3 封包運作

使用 **debug ipv6 ospf events** 來觀察 OSPFv3 封包的運作情況，如下所示：

圖表 8-62 OSPFv3 的封包與狀態

```
R1#debug ipv6 ospf events ❶
OSPFv3 events debugging is on
R1#clear ipv6 ospf proces ❷
Reset ALL OSPF processes? [no]: y

R1#
00:02:44: OSPF: DR/BDR election on FastEthernet0/0

00:02:44: OSPF: Elect BDR 0.0.0.0
                                                        ❸
00:02:44: OSPF: Elect DR 1.1.1.1

00:02:44:    DR: 1.1.1.1 (Id)    BDR: none

00:02:44: %OSPFv3-5-ADJCHG: Process 100, Nbr 2.2.2.2 on Serial0/0/0
from FULL to   DOWN, Neighbor Down: Adjacency forced to reset

00:02:44: %OSPFv3-5-ADJCHG: Process 100, Nbr 2.2.2.2 on Serial0/0/0
from FULL to   DOWN, Neighbor Down: Interface down or detached

00:02:51: OSPF: Rcv hello from 2.2.2.2 area 0 from Serial0/0/0
FE80::2D0:58FF:FE06:B301

00:02:51: OSPF: Rcv DBD from 2.2.2.2 on Serial0/0/0 seq 0x277b opt
0x00 flag 0x7 len 28  mtu 1500 state EXSTART

00:02:51: OSPF: NBR Negotiation Done. We are the SLAVE

00:02:51: OSPF: Rcv DBD from 2.2.2.2 on Serial0/0/0 seq 0x277c opt
0x00 flag 0x3 len  128 mtu 1500 state EXCHANGE

00:02:51: OSPF: Rcv DBD from 2.2.2.2 on Serial0/0/0 seq 0x277d opt
0x00 flag 0x1 len 28  mtu 1500 state EXCHANGE

00:02:51: %OSPFv3-5-ADJCHG: Process 100, Nbr 2.2.2.2 on Serial0/0/0
from LOADING to FULL, Loading Done
```

❶ 啟動 OSPFv3 debug 功能。

❷ 使用 **clear ipv6 ospf process** 重新啟動 OSPFv3，如此就可以看到啟動的過程。

❸ 選舉 DR，因為 fa0/0 為乙太網路，之後就可看到 OSPFv3 的封包與狀態轉換。

請注意 OSPFv3 也是使用群播，其群播位址為 **FF02::5** 與 **FF02::6**，這與 IPv4 OSPF 的兩個 224.0.0.5 與 224.0.0.6 是一樣的效果。

查詢 OSPFv3 結果與介面內容

在 R1 中使用 **show ipv6 protocol** 查詢 OSPFv3 啟動狀況，如下所示有一個 ospf 100 程序啟動，使用介面有 fa0/0 與 s0/0/0 並在 area0 中運作。

圖表 8-63 查詢 R1 的 IPv6 路由協定啟動狀況

```
R1#show ipv6 protocols
IPv6 Routing Protocol is "connected"
IPv6 Routing Protocol is "static
IPv6 Routing Protocol is "ospf 100"
 Interfaces (Area 0)
  FastEthernet0/0
  Serial0/0/0

R1#
```

下圖所示為 R1 中 fa0/0 的 OSPFv3 的介面內容，這與 IPv4 OSPF 介面內容大同小異，其中 IP 位址都是以 fa0/0 的 Link-local 位址表示。

圖表 8-64 查詢 R1 中 fa0/0 的 OSPFv3 的介面內容

```
R1#show ipv6 ospf int fa0/0
FastEthernet0/0 is up, line protocol is up
 Link Local Address FE80::230:F2FF:FE86:6501, Interface ID 1
 Area 0, Process ID 100, Instance ID 0, Router ID 1.1.1.1
 Network Type BROADCAST, Cost: 1
 Transmit Delay is 1 sec, State DR, Priority 1
 Designated Router (ID) 1.1.1.1, local address FE80::230:F2FF:FE86:6501
 No backup designated router on this network
 Timer intervals configured, Hello 10, Dead 40, Wait 40, Retransmit 5
  Hello due in 00:00:04
--------------------省略部分輸出----------------------
```

R1 的 IPv6 路由表內容

最後來看 R1 的 IPv6 路由表內容，如下所示有兩筆 2001:3:3:3::/64 與 2001:B::/64 路由資訊是由 OSPFv3 學習到，而 AD 值一樣為 110。

圖表 8-65 查詢 R1 的 IPv6 路由表中的 OSPFv3

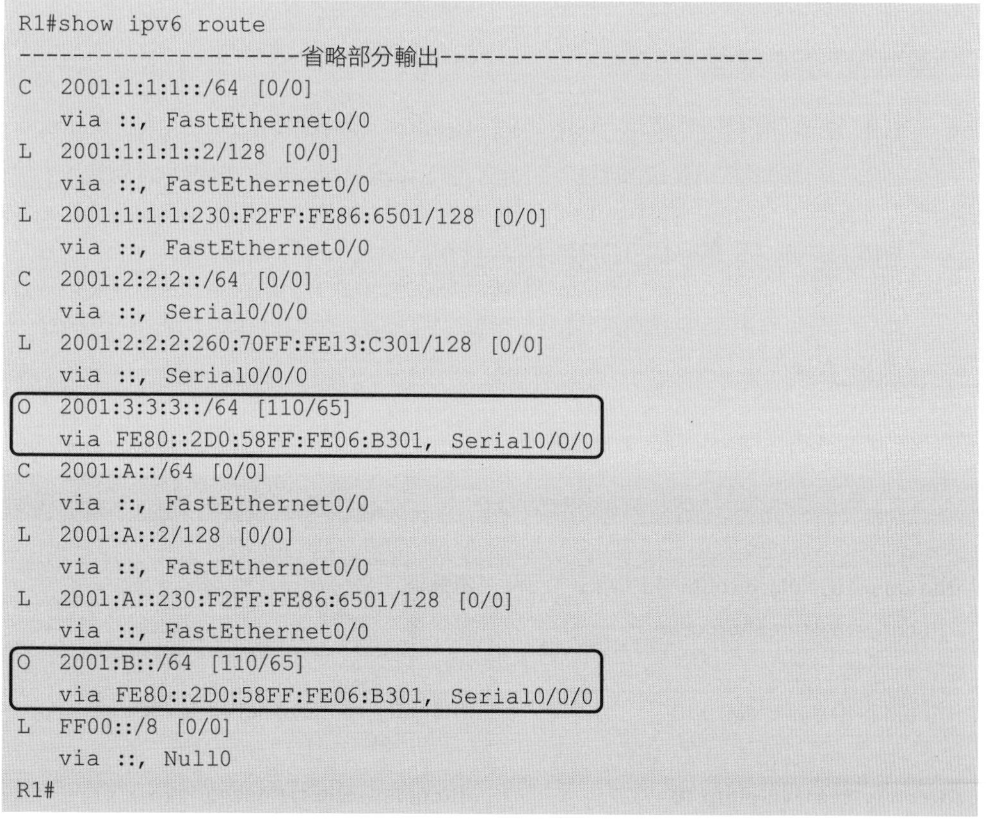

```
R1#show ipv6 route
---------------------省略部分輸出------------------------
C   2001:1:1:1::/64 [0/0]
    via ::, FastEthernet0/0
L   2001:1:1:1::2/128 [0/0]
    via ::, FastEthernet0/0
L   2001:1:1:1:230:F2FF:FE86:6501/128 [0/0]
    via ::, FastEthernet0/0
C   2001:2:2:2::/64 [0/0]
    via ::, Serial0/0/0
L   2001:2:2:2:260:70FF:FE13:C301/128 [0/0]
    via ::, Serial0/0/0
O   2001:3:3:3::/64 [110/65]
    via FE80::2D0:58FF:FE06:B301, Serial0/0/0
C   2001:A::/64 [0/0]
    via ::, FastEthernet0/0
L   2001:A::2/128 [0/0]
    via ::, FastEthernet0/0
L   2001:A::230:F2FF:FE86:6501/128 [0/0]
    via ::, FastEthernet0/0
O   2001:B::/64 [110/65]
    via FE80::2D0:58FF:FE06:B301, Serial0/0/0
L   FF00::/8 [0/0]
    via ::, Null0
R1#
```

設定 EIGRPv6

接下來在原架構設定 EIGRPv6，如下表所示指令為啟動 EIGRPv6，**ipv6 unicast-routing** 已經在 OSPFv3 中執行，所以不用再執行，比較特別的有兩點，第一要在 eigrp 模式下執行 **no shutdown** 指令，另外一點要設定 Router-ID，這點跟 OSPF 一樣。

圖表 8-66 設定 R1 的 EIGRP 指令

指令	說明
R1(config)#ipv6 router eigrp 10	啟動 eigrp 10
R1(config-rtr)#**eigrp router-id 1.1.1.1**	設定 router-id 給 eigrp 10
R1(config-rtr)#**no shutdown**	執行 eigrp 10
R1(config)#int fa0/0	切換到 fa0/0 介面
R1(config-if)#ipv6 eigrp 10	該介面使用 eigrp 10
R1(config-if)#int s0/0/0	切換到 s0/0/0 介面
R1(config-if)#ipv6 eigrp 10	該介面使用 eigrp 10

R2 也是執行相同指令，但是要把 Router-ID 的設定為 eigrp router-id 2.2.2.2，請注意 Router-ID 沒有設定，EIGRPv6 不會送出任何封包。

EIGRPv6 與 IPv4 EIGRP 指令比較

如下表所示，其中比較明顯不一樣的地方為 router-id 的設定與網路宣告的方式。

圖表 8-67 EIGRPv6 與 IPv4 EIGRP 指令比較

EIGRPv6	IPv4 EIGRP
R1(config)#ipv6 router eigrp 10	R1(config)# router eigrp 10
R1(config-rtr)#eigrp router-id 1.1.1.1	**不需要**
R1(config-rtr)#no shutdown	**不需要**
R1(config)#int fa0/0	
R1(config-if)#ipv6 eigrp 10	**R1(config-router)#network x.x.x.x**
R1(config-if)#int s0/0/0	
R1(config-if)#ipv6 eigrp 10	**R1(config-router)#network x.x.x.x**

請注意 EIGRP 有另一種語法稱為命名式 EIGRP (Named EIGRP)，此種語法使用 AF (Address Family) 可以在同一個啟動模式下直接撰寫 IPv4 及 IPv6 的 EIGRP 指令，如此在同時啟動 IPv4 及 IPv6 的 EIGRP 時，就不用一直切換模式來下指令，OSPF 與 RIP 也都有支援 AF 語法，有關 AF 語法屬於 CCNP 課程的探討範圍，這裡就不詳細介紹了。

查詢 R1 中路由協定與 EIGRPv6 相關資訊

將上述 EIGRPv6 指令在 R1 與 R2 執行後，查詢 R1 中路由協定啟動狀態，如下所示：

圖表 8-68 查詢 R1 中 EIGRP 啟動狀態

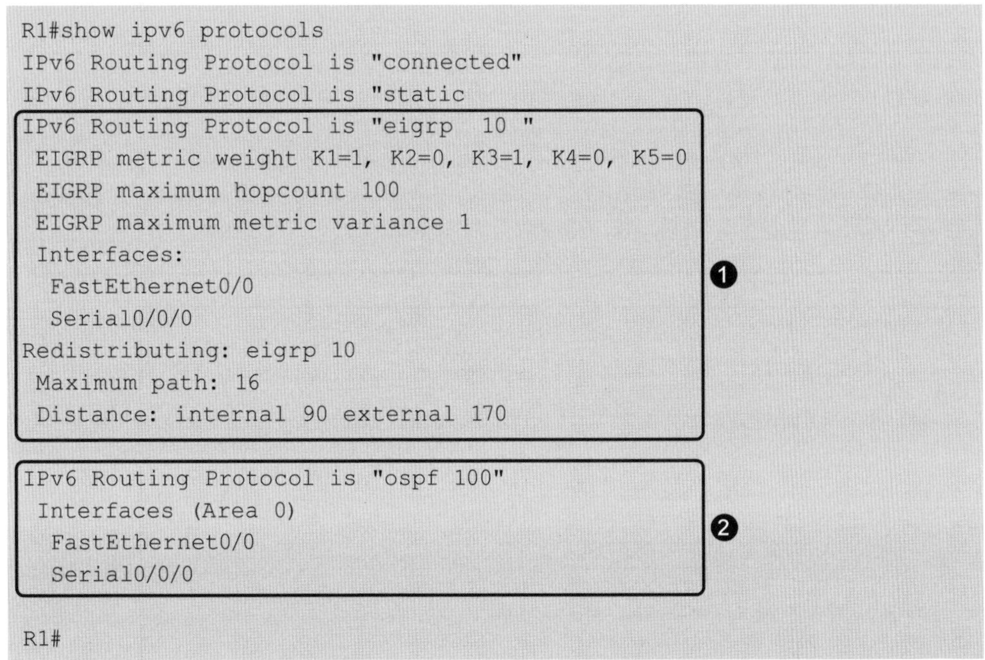

```
R1#show ipv6 protocols
IPv6 Routing Protocol is "connected"
IPv6 Routing Protocol is "static
IPv6 Routing Protocol is "eigrp  10 "
 EIGRP metric weight K1=1, K2=0, K3=1, K4=0, K5=0
 EIGRP maximum hopcount 100
 EIGRP maximum metric variance 1
 Interfaces:
  FastEthernet0/0
  Serial0/0/0
Redistributing: eigrp 10
 Maximum path: 16
 Distance: internal 90 external 170

IPv6 Routing Protocol is "ospf 100"
 Interfaces (Area 0)
  FastEthernet0/0
  Serial0/0/0

R1#
```


❶ EIGRPv6 啟動資訊。

❷ OSPFv3 啟動資訊，所以 R1 中有兩個 IPv6 的路由協定在運作。

接著查詢 R1 的 EIGRPv6 相關資訊，如下所示：

圖表 8-69 查詢 R1 中 EIGRP 相關資訊

```
R1#show ipv6 eigrp neighbors
IPv6-EIGRP neighbors for process 10
H  Address            Interface  Hold   Uptime   SRTT   RTO      Q      Seq
                                 (sec)           (ms)           Cnt     Num
0  Link-local address:   Se0/0/0  12     00:01:11   40    1000      0       5
   FE80::2D0:58FF:FE06:B301
```
❶

```
R1#
R1#show ipv6 eigrp interfaces
IPv6-EIGRP interfaces for process 10

                   Xmit Queue   Mean    Pacing Time   Multicast      Pending
Interface      Peers  Un/Reliable   SRTT   Un/Reliable   Flow Timer    Routes
Fa0/0          0        0/0        1236      0/10          0             0
Se0/0/0        1        0/0        1236      0/10          0             0
R1#
```
❷

```
R1#show ipv6 eigrp topology
IPv6-EIGRP Topology Table for AS 10/ID(1.1.1.1)

Codes: P - Passive, A - Active, U - Update, Q - Query, R - Reply,
    r - Reply status

P 2001:1:1:1::/64, 1 successors, FD is 28160
    via Connected, FastEthernet0/0
P 2001:A::/64, 1 successors, FD is 28160
    via Connected, FastEthernet0/0
P 2001:2:2:2::/64, 1 successors, FD is 2169856
    via Connected, Serial0/0/0
P 2001:3:3:3::/64, 1 successors, FD is 2172416
    via FE80::2D0:58FF:FE06:B301 (2172416/28160), Serial0/0/0
P 2001:B::/64, 1 successors, FD is 2172416
    via FE80::2D0:58FF:FE06:B301 (2172416/28160), Serial0/0/0
R1#
```
❸

❶ R1 的 EIGRPv6 鄰居表，目前只有一個鄰居，next hop ip 用鄰居路由器的 Link-local 位址表示。

❷ R1 執行 EIGRPv6 的網路介面。

❸ R1 中 EIGRPv6 的拓樸表，內容意義與 IPv4 EIGRP 一樣，其中 ID(1.1.1.1)為 Router-ID。

查詢 R1 的 IPv6 路由表內容

最後如下所示，2001:3:3:3::/64 與 2001:B::/64 兩筆路由資訊為 EIGRPv6 路由，而 OSPFv3 也有在運作，但是兩個 IPv6 路由協定的 AD 值比較結果，EIGRPv6 優先寫到路由表中，這點與 IPv4 路由協定一樣，若要修改 AD 值，一樣使用 **distance** 指令。

圖表 8-70 查詢 R1 的 IPv6 路由表中 EIGRPv6 路由

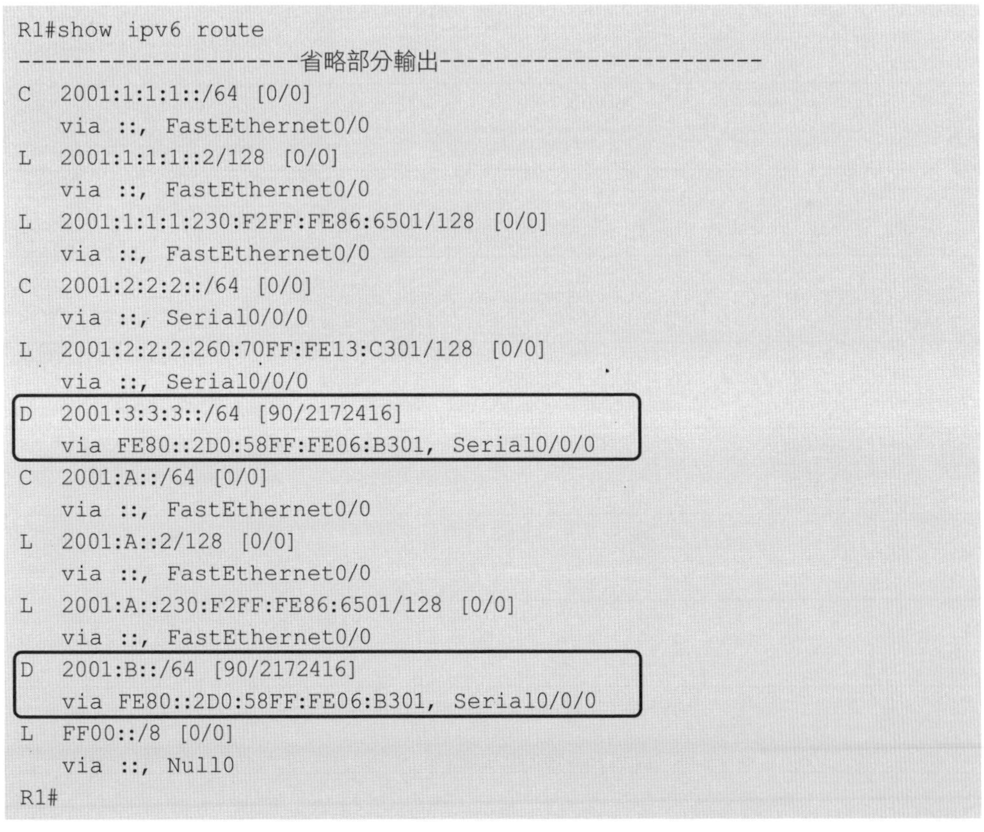

```
R1#show ipv6 route
---------------------省略部分輸出------------------------
C  2001:1:1:1::/64 [0/0]
   via ::, FastEthernet0/0
L  2001:1:1:1::2/128 [0/0]
   via ::, FastEthernet0/0
L  2001:1:1:1:230:F2FF:FE86:6501/128 [0/0]
   via ::, FastEthernet0/0
C  2001:2:2:2::/64 [0/0]
   via ::, Serial0/0/0
L  2001:2:2:2:260:70FF:FE13:C301/128 [0/0]
   via ::, Serial0/0/0
D  2001:3:3:3::/64 [90/2172416]
   via FE80::2D0:58FF:FE06:B301, Serial0/0/0
C  2001:A::/64 [0/0]
   via ::, FastEthernet0/0
L  2001:A::2/128 [0/0]
   via ::, FastEthernet0/0
L  2001:A::230:F2FF:FE86:6501/128 [0/0]
   via ::, FastEthernet0/0
D  2001:B::/64 [90/2172416]
   via FE80::2D0:58FF:FE06:B301, Serial0/0/0
L  FF00::/8 [0/0]
   via ::, Null0
R1#
```

MEMO

CHAPTER

9

進階 IPv6 NDP、Auto-Config、IPv6 DHCP 與 ICMPv6 協定介紹

本章將針對 IPv6 群播運作進一步說明，IPv6 網路中已經沒有 ARP，取而代之的為 NDP，另外 Auto-Config 中 RS 與 RA 的運作，都跟 IPv6 群播有關，並且全部整合在 ICMPv6 中。

9.1 IP 群播運作原理

IPv6 群播功能分為一般 **Well-known 群播**與 **Solicited Node 群播**，本節先介紹電腦處理單播資料、廣播資料與群播資料的運作，其中 IPv4 與 IPv6 群播位址必須透過計算，在本章節都有詳細的說明。

電腦處理封包的流程

電腦如果**收到(Receive)**一個封包時會如何處理？按照網路模型**解封裝(Decapsulation)** 流程，會先解開 L2 的資訊，檢查 MAC 位址；其中 MAC 位址又分 **Unicast MAC** 及 **Multicast/Braodcast MAC**。針對 Unicast MAC 會檢查電腦中網卡的 MAC，針對 Multicast/Braodcast MAC 會由電腦加入 Multicast/Braodcast IP 位址計算出來，所以當電腦收到封包時會先檢查 MAC，若封包中的 MAC 與電腦的 MAC 不符合則立即**丟棄 (Drop)**，若符合則繼續解開 L3 的資訊，開始檢查 IP 位址。

在 IPv4 中 L3 的位址可以是**單播 IP**、**群播 IP** 或**廣播 IP**，而在 IPv6 中 L3 的位址可以是 **Global Unicast**、**Link Local**、**Unique Local**、**Multicast** 或 **Anycast**，當封包中的 IP 與電腦的 IP 不符合也是立即丟棄，若符合則該封包即交給應用程式處理，這表示電腦**處理(Deliver)**該封包，因此電腦從**收到(Receive)**封包直到**處理(Deliver)**需要通過 L2 與 L3 的檢查。

可以試想當你收到一封信件，信件上的收件人名字不是你的名字，那你就要退回該信件，這個退回信件動作就好像丟棄封包，如果是你的名字，你就可以拆開信件來看，這個拆開信件動作就好像是處理封包。

IPv4 封包的處理程序

以下先舉例 IPv4 的 Unicast、Multicast 及 Broadcast 封包的處理過程。

IPv4 Unicast IP and MAC 位址

當電腦收到一個 IPv4 單播封包時，此時電腦會比較封包中的 MAC 及 IPv4 位址與電腦中 MAC 及 IPv4 位址，由於電腦的單播 MAC 與單播 IP，這兩個位址分別存在網路卡中與電腦的 IP 組態中，單播 MAC 是由網路卡製造商燒錄在網路卡晶片中，使用者不可以更改，而單播 IP 是由管理者設定，單播 MAC 與單播 IP 在檢查的流程跟上述的一樣。

例如：下圖所示有一台電腦 IP 設定為 192.168.10.1，此為單播 IP 位址，MAC 為 00-19-D2-8C-E0-4C，此為單播 MAC，當此電腦收到 IPv4 單播封包，先比對封包中的 MAC 是否為 00-19-D2-8C-E0-4C，若不是電腦的網路卡立即丟棄封包，此部份處理由網路卡就可以完成，所以不會影響電腦效能，若封包中的 MAC 為 00-19-D2-8C-E0-4C，網路卡就將封包交給電腦的作業系統處理 IP 的比對，若封包中的 IP 為 192.168.10.1，則電腦的作業系統就將封包交給應用程式處理，相對的若 IP 不是 192.168.10.1，電腦的作業系統就丟棄封包。請注意 IP 比對的工作會消耗電腦系統的資源。

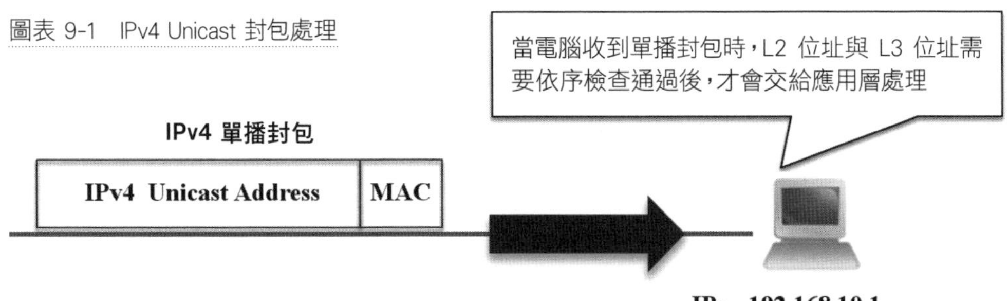

圖表 9-1 IPv4 Unicast 封包處理

IPv4 Broadcast IP and MAC 位址

廣播封包通常是用來尋找網路中特定電腦，例如：ARP、DHCP 中的第一個封包就是廣播封包，當電腦收到 IPv4 廣播封包，廣播的 IP 位址可以為 255.255.255.255 或者該網路的廣播位址。

例如下圖所示，該網路的廣播位址為 192.168.10.255，而廣播的 MAC 位址為 FF-FF-FF-FF-FF-FF，所以當電腦收到廣播封包時，L2 位址與 L3 位址不用檢查就直接將封包交給應用層處理，若沒有應用層來處理該廣播封包，電腦的作業系統就將此廣播丟棄。假設電腦收到 DHCP DISCOVER 的廣播封包，本身又不是 DHCP 伺服器，如此就白白浪費時間處理該廣播封包，所以處理廣播封包就會影響到電腦的效能，一些駭客 (Hacker) 會利用廣播封包的特性來攻擊網路或電腦，造成網路的癱瘓或電腦當機，因此在 IPv6 中已經把廣播功能移除。

圖表 9-2 IPv4 Broadcast 封包處理

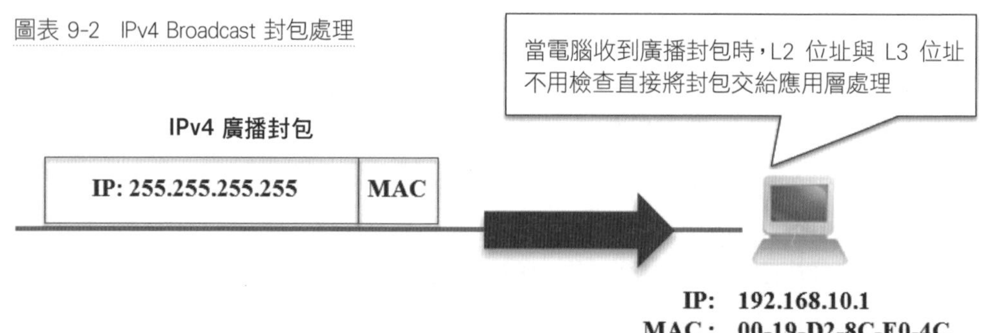

IPv4 Multicast IP and MAC 位址

群播封包主要是用來改善廣播的缺點，也可以達到廣播的效果，但做法比較複雜，網路設備支援群播傳遞的協定稱為 **IGMP (Internet Group Management Protocol)**。

當電腦收到群播封包時，一樣要檢查封包中的 Multicast MAC 位址與 Multicast IP 位址，問題是電腦又沒設定的 Multicast MAC 位址與 Multicast IP 位址，這樣要如何進行檢查？如下圖所示，IPv4 的群播 IP 位址定義在 Class D (第一個十進位在 224~~239 範圍)，電腦透過 IGMP 可以**加入(Join)**一個或多個群播群組，每一個群播群組需要一個群播 IP 來表示，當電腦加入 227.138.0.1 的群播群組時，其 MAC 位址必須由該群播 IP 計算出來。本範例計算結果為 01-00-5E-0A-00-

01，如此電腦中就有 Multicast MAC 位址與 Multicast IP 位址，就可以與封包中的 Multicast MAC 位址與 Multicast IP 位址進行比較。

圖表 9-3 IPv4 Mulitcast 封包處理

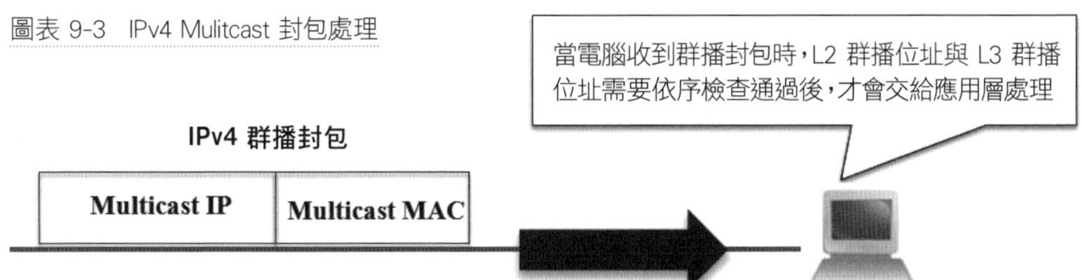

計算 IPv4 群播的 MAC 位址

IPv4 群播的 MAC 要由電腦加入的群播 IP 位址來計算，群播 MAC 前面 24 個位元固定為 **000000010000000001011110**，轉成十六進位為 **01-00-5E**，此為群播 MAC 前置碼，第 25 位元保留，其值為 0，剩下後面的 23 位元要由群播 IP 後面 23 位元來補齊。

以本範例電腦加入 227.138.0.1 群播 IP，將其轉為二進位 11100011.1**0001010.00000000.00000001**，取出後面的 23 位元 0001010.00000000.00000001，結合群播 MAC 前置碼與保留位元，如下圖所示，換算出來的群播 MAC 為 01-00-5E-0A-00-01，其它的群播 IP 所對應的群播 MAC 位址也是如此計算。

關於群播運作的詳細解說屬於 CCNP 課程範圍，此處不深入探討。

圖表 9-4
IPv4 Mulitcast MAC 位址計算

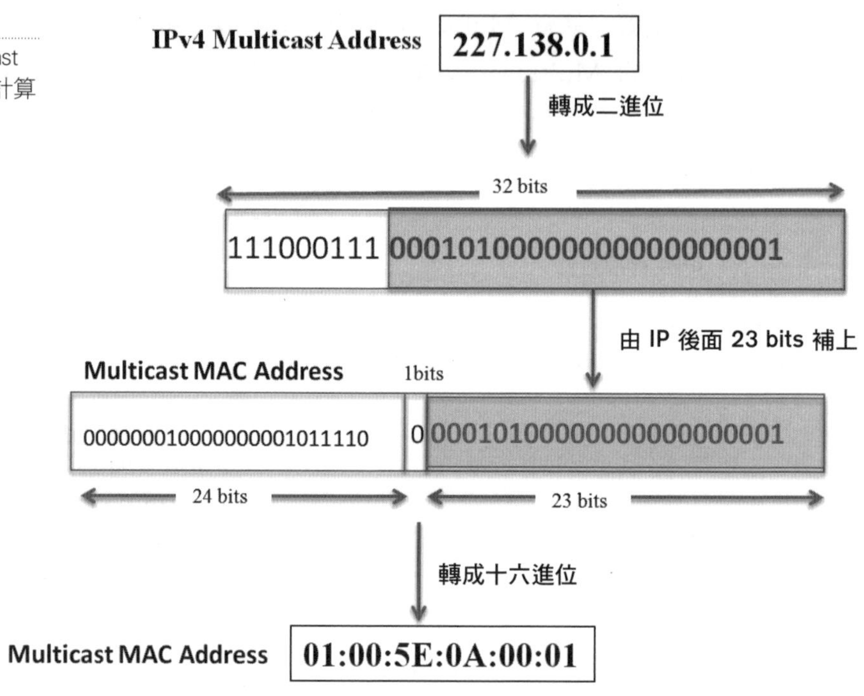

IPv6 的封包處理程序

以下我們將分別介紹 IPv6 單播與群播封包的運作方式以及 MAC 位址計算。

IPv6 Unicast IP and MAC 位址

接著來看 IPv6 單播封包運作，下圖所示為一個 IPv6 單播封包送往一台電腦時，電腦收到時會從 L2 位址檢查，目前區網是乙太網路為主，L2 位址以 MAC 來檢查，這跟 IPv4 的是相同，所以當封包中的 MAC 為 00-19-D2-8C-E0-4C，L2 位址檢查就通過，接著檢查 L3 位址，電腦中的 IPv6 單播位址可以設定 Global Unicast 與 Link Local 同時存在，或者多組 Global Unicast IP，所以當封包中的 IPv6 位址為 2001:2222:3333:0001:0000:0000:0000:1200 或者 FE80::AAAA:BBBB:1234:5678 都算是檢查通過，這點就跟 IPv4 不一樣，IPv6 比較有彈性。

圖表 9-5 IPv6 Unicast 封包處理

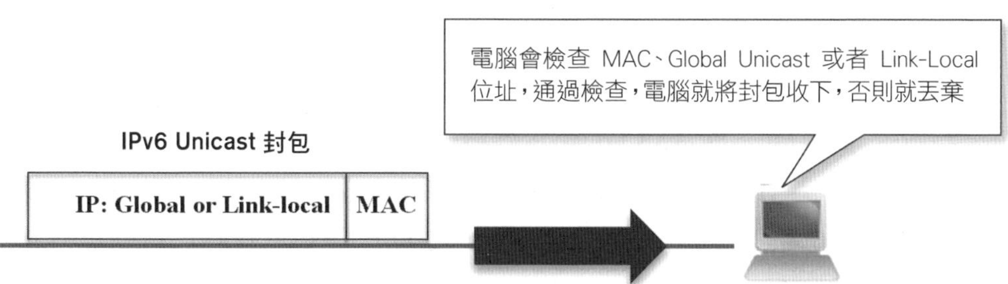

IPv6 Multicast IP and MAC 位址

電腦加入 IPv6 的群播位址與 IPv4 方式相同，只是計算群播 MAC 位址方式不一樣，例如：在下圖中電腦加入 FF02::1 的 IPv6 群播，其計算出來的群播 MAC 為 33-33-00-00-00-01，當群播封包中的 MAC 與 IP 分別為 33-33-00-00-00-01 與 FF02::1，電腦就會通過檢查。

圖表 9-6 IPv6 Multicast 封包處理

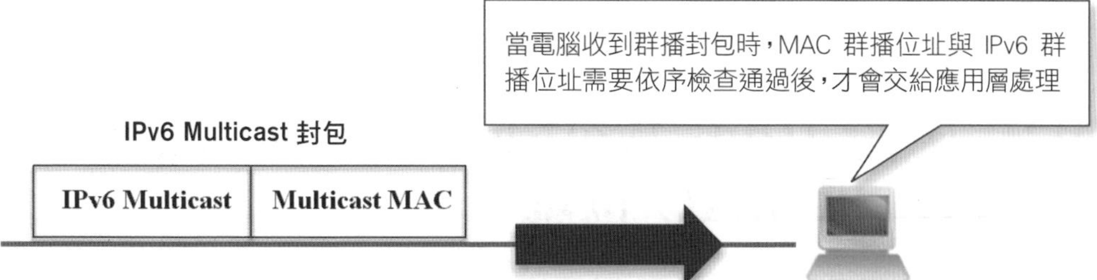

計算 IPv6 群播 MAC

由於 IPv6 與 MAC 都是用十六進位來表示，使用 IPv6 群播位址來計算群播 MAC 位址就相對容易，IPv6 群播 MAC 前面四個十六進位固定為 **3333**，此為群播 MAC 的前置碼，後面八個十六進位則由 IPv6 群播位址的後面八個十六進位來補足，如下圖所示，將 IPv6 群播 FF02::1 還原 FF02:0000: 0000: 0000: 0000: 0000: **0000:0001**，取出後面八個十六進位 **0000:0001**，加入前置碼 3333 成為 33-33-**00-00-00-01**。

圖表 9-7　IPv6 Multicast MAC 位址計算

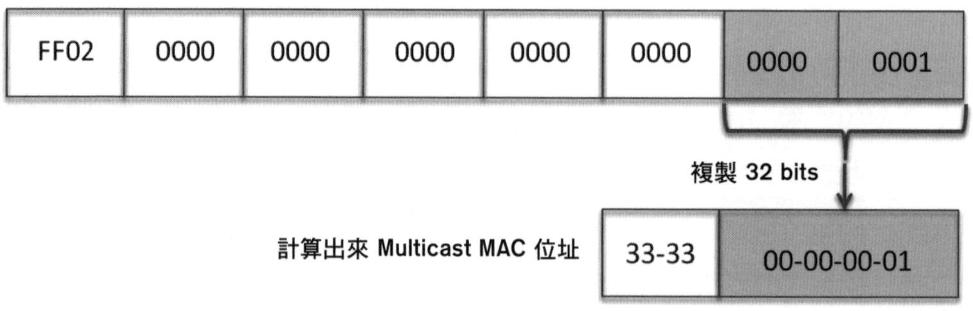

9.2 驗證 IPv6 Well-known Multicast IP 和 MAC 位址

IPv6 群播功能有分為一般 **Well-known 群播**與 **Solicited Node 群播**，本節將詳細驗證這兩種群播的運作，我們使用下列 IPv6 Multicast 網路架構來觀察 IPv6 群播運作。

圖表 9-8
IPv6 Multicast 網路架構

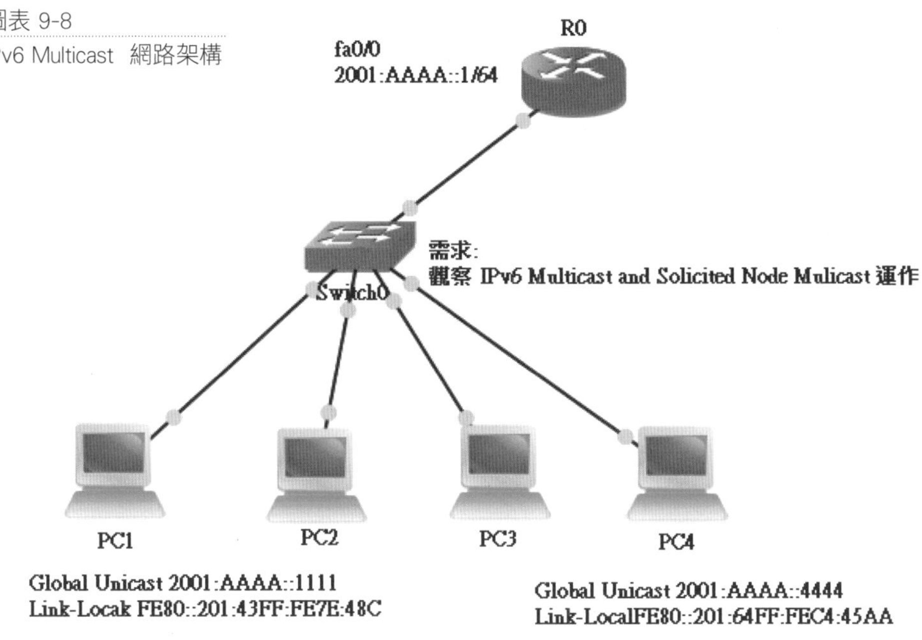

在 IPv6 Multicast 網路架構中 R0 中 fa0/0 已經設定 IPv6 2001:AAAA::1/64，如圖表 9-9 所示，**Join goup address(es)**表示目前 R0 中 fa0/0 可以收到的群播 FF02::1 及 FF02::2 為 **Well-known 的群播 IP**，FF02::1:FF00:1 與 FF02::1:FF4A:3101 為 **Solicited Node 群播 IP**。

當路由器中的網路介面啟動 IPv6 功能時，就會加入 **FF02::1**，此群播 IP 表示一個網路中所有的 IPv6 節點 (node)，因此 ping FF02::1 相當於傳送封包給一個網路中所有電腦，其效果類似 ping 255.255.255.255，但是電腦處理群播封包與廣播封包還是有不一樣。當路由器啟動 **ipv6 unicast-routing** 功能時，就會加入 **FF02::2**，此群播 IP 表示一個網路中所有的路由器，常用來給 Auto-config 功能使用，最後 Solicited Node 群播 IP 在稍後介紹。

圖表 9-9 查看 R0 加入的群播 IP

```
R0#show ipv6 int fa0/0
FastEthernet0/0 is up, line protocol is up
 IPv6 is enabled, link-local address is FE80::20C:85FF:FE4A:3101
 No Virtual link-local address(es):
 Global unicast address(es):
  2001:AAAA::1, subnet is 2001:AAAA::/64
 Joined group address(es):
  FF02::1
  FF02::2
  FF02::1:FF00:1
  FF02::1:FF4A:3101
 MTU is 1500 bytes
-------------省略部分輸出-------------
```

加入 RIPng 群播位址

如果路由器有啟動更多的服務，就會加入更多的群播 IP，例如：在 R0 中 fa0/0 啟動 RIPng 功能，R0 就會加入 RIPng 群播 IP 為 **FF02::9**，如下所示，

圖表 9-10 查看 RIPng 的群播 IP

```
R0(config)#ipv6 router rip 100
R0(config-rtr)#int fa0/0                  ❶
R0(config-if)#ipv6 rip 100 enable
R0(config-if)#
R0(config-if)#do show ipv6 int fa0/0
FastEthernet0/0 is up, line protocol is up
 IPv6 is enabled, link-local address is FE80::20C:85FF:FE4A:3101
 No Virtual link-local address(es):
 Global unicast address(es):
  2001:AAAA::1, subnet is 2001:AAAA::/64
 Joined group address(es):
  FF02::1
  FF02::2
  FF02::9 ❷
  FF02::1:FF00:1
  FF02::1:FF4A:3101
 MTU is 1500 bytes
-------------省略部分輸出-------------
```

❶ 在 fa0/0 中啟動 RIPng 功能。

❷ 顯示 fa0/0 介面有加入 **FF02::9**。

同樣的方式在 R0 中 fa0/0 啟動 EIGRPv6，就會看到 EIGRPv6 群播 IP 為 **FF02::A**。

群播位址測試

在 PC1 執行 **ping FF02::1**，如下所示，由於 FF02::1 表示一個網路中所有節點，所以每台電腦都會加入此群播 IP，因此所有電腦 (包含路由器) 都有回應給 PC1，請注意電腦或路由器回應的來源 IP 都是以 Link-Local 位址。

圖表 9-11
PC1 執行 ping FF02::1

```
PC>ping FF02::1

Pinging FF02::1 with 32 bytes of data:

Reply from FE80::20A:F3FF:FED0:4AC5: bytes=32 time=12ms TTL=128
Reply from FE80::290:CFF:FEE3:22A9: bytes=32 time=35ms TTL=128
Reply from FE80::201:64FF:FEC4:45AA: bytes=32 time=34ms TTL=128
Reply from FE80::20C:85FF:FE4A:3101: bytes=32 time=35ms TTL=255
Reply from FE80::20C:85FF:FE4A:3101: bytes=32 time=0ms TTL=255
Reply from FE80::20A:F3FF:FED0:4AC5: bytes=32 time=0ms TTL=128
Reply from FE80::290:CFF:FEE3:22A9: bytes=32 time=1ms TTL=128
Reply from FE80::201:64FF:FEC4:45AA: bytes=32 time=0ms TTL=128
Reply from FE80::20C:85FF:FE4A:3101: bytes=32 time=0ms TTL=255
Reply from FE80::20A:F3FF:FED0:4AC5: bytes=32 time=0ms TTL=128
Reply from FE80::290:CFF:FEE3:22A9: bytes=32 time=0ms TTL=128
Reply from FE80::201:64FF:FEC4:45AA: bytes=32 time=0ms TTL=128
Reply from FE80::20C:85FF:FE4A:3101: bytes=32 time=0ms TTL=255
Reply from FE80::20A:F3FF:FED0:4AC5: bytes=32 time=0ms TTL=128
Reply from FE80::290:CFF:FEE3:22A9: bytes=32 time=0ms TTL=128
Reply from FE80::201:64FF:FEC4:45AA: bytes=32 time=0ms TTL=128
```

接著在 PC1 執行 **ping FF02::9**，如下所示，只有 R0 中 fa0/0 回應，FE80::20C:85FF:FE4A:3101 為 R0 中 fa0/0 的 Link-Local 位址，因為 FF02::9 表示有啟動 RIPng 的網路介面，目前只有 R0 中 fa0/0 有加入 FF02::9 群播。

圖表 9-12
PC1 執行 ping FF02::9

```
PC>ping FF20::9

Pinging FF20::9 with 32 bytes of data:

Reply from FE80::20C:85FF:FE4A:3101: bytes=32 time=1ms TTL=255
Reply from FE80::20C:85FF:FE4A:3101: bytes=32 time=0ms TTL=255
Reply from FE80::20C:85FF:FE4A:3101: bytes=32 time=1ms TTL=255
Reply from FE80::20C:85FF:FE4A:3101: bytes=32 time=0ms TTL=255
```

驗證 IPv6 群播 MAC 位址

現在驗證 IPv6 群播 MAC 位址，我們在 PC1 與 R0 之間使用 wireshark 捕捉 ping 封包，在 PC1 執行 **ping FF02::9**，如下圖所示，標記 ❷ 表示目的 IPv6 是 RIPng 的群播 IP ff02::9，在 ❶ 的 DEST MAC 部份就是 FF02::9 的群播 MAC 位址為 **3333.0000.0009**，其它 R0 的加入的群播 IP 對應到群播 MAC 位址，請讀者用相同的方式驗證。

圖表 9-13 查看 FF02::9 的群播 MAC 位址

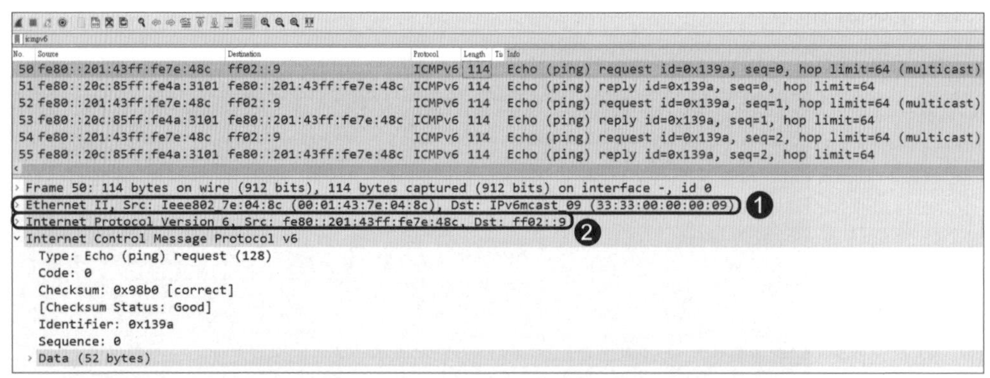

9.3 Solicited Node Multicast IP 和 MAC 位址

IPv6 已經沒有使用廣播機制，所以要在網路中要尋找某一台電腦就很不方便，例如：ARP 就無法透過 IPv6 運作，為了達到廣播的效果，每一台電腦必須有自己的群播位址，此群播位址必須由電腦的 IPv6 Unicast 位址計算出來，所以此種群播位址又稱為**邀請節點群播 (Solicited Node Multicast)**，如下圖所示，Global Unicast 位址會產生對應的 Multicast IP 與 Multicast MAC，Link-local 位址也一樣，因此要跟該電腦聯繫就有四種 IP 位址。

圖表 9-14
IPv6 Solicited Node Multicast 位址

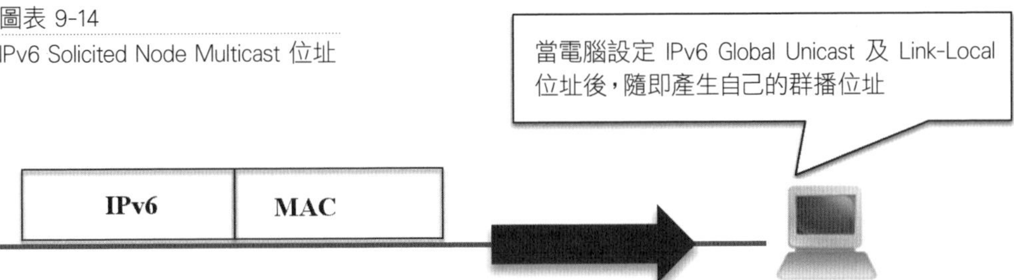
當電腦設定 IPv6 Global Unicast 及 Link-Local 位址後，隨即產生自己的群播位址
IPv6
MAC

Global Unicast : 2001:2222:3333:0001:0000:0000:0000:1200
Solicited Node Multicast: FF02::1:FF00:1200
Solicited Node MAC: 33-33-FF-00-12-00

Link-local : FE80::AAAA:BBBB:1234:5678
Solicited Node Multicast: FF02::1:FF34:5678
Solicited Node MAC: 33-33-FF-34-56-78

MAC:00-19-D2-8C-E0-4C

計算 Solicited Node Multicast 位址

如何從 IPv6 Unicast 位址計算出 Solicited Node Multicast 位址？其計算規則如下圖所示，Solicited Node Multicast IP 的前置碼固定為 **FF02:0:0:0:0:1:FF00::/104**，後面 24 位元從 IPv6 Unicast 位址後面 24 位元補齊，簡單的計算就將 **FF02::1:FF** 再加上 IPv6 Unicast 位址後面的六個十六進位。而 Solicited Node Multicast MAC 的計算跟上述計算 IPv6 multicast MAC 的一樣，前面固定為 **3333** 後面再由 Solicited Node Multicast IP 後面取出八個十六進位來補齊。

圖表 9-15 Solicited Node Multicast 位址計算規則

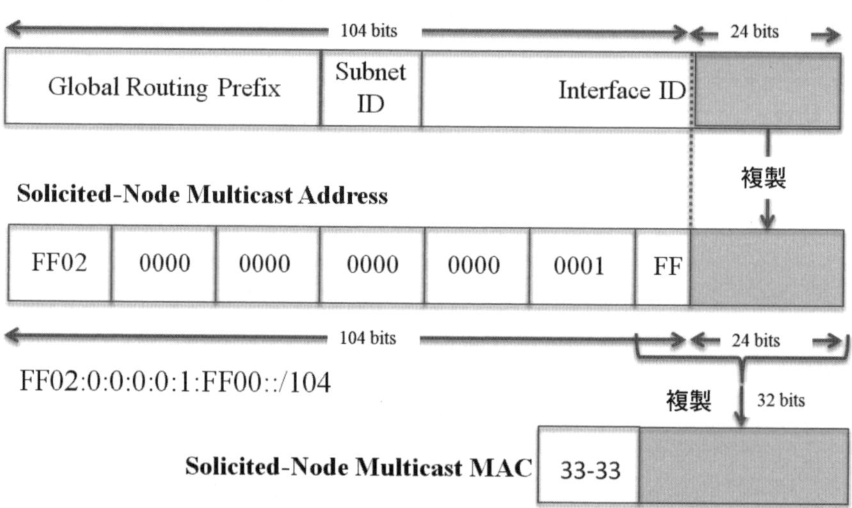

在本範例中的電腦 Global Unicast 為 2001:2222:3333:0001:0000:0000:0000:1200，轉換成 Solicited Node Multicast IP 與 MAC 位址的流程如下。

圖表 9-16 Global Unicast 的 Solicited Node Multicast 計算

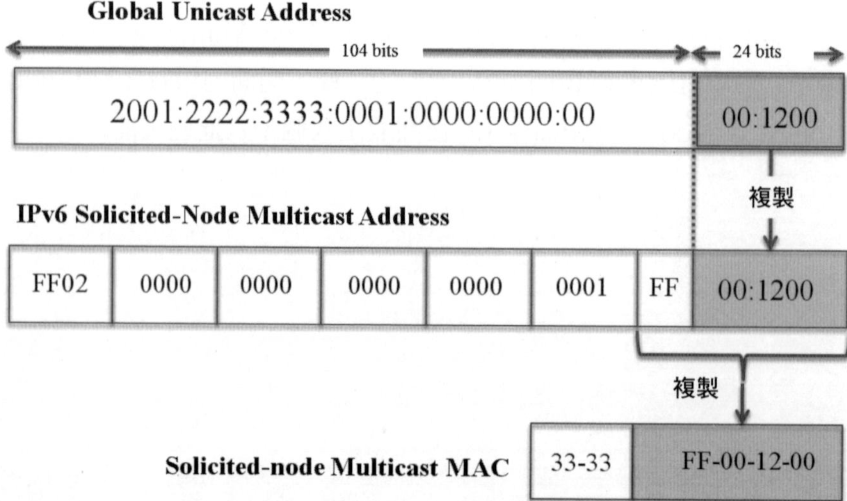

Link-Local 的 Solicited Node Multicast IP 與 MAC 位址

電腦 Link-Local 為 FE80::AAAA:BBBB:1234:5678，轉換成 Solicited Node Multicast IP 與 MAC 位址的流程如下。請注意如果 Global Unicast 與 Link-Local 位址的後面六個十六進位一樣，其轉出的 Solicited Node Multicast IP 與 MAC 位址也會一樣。

圖表 9-17 Link-Local 的 Solicited Node Multicast 計算

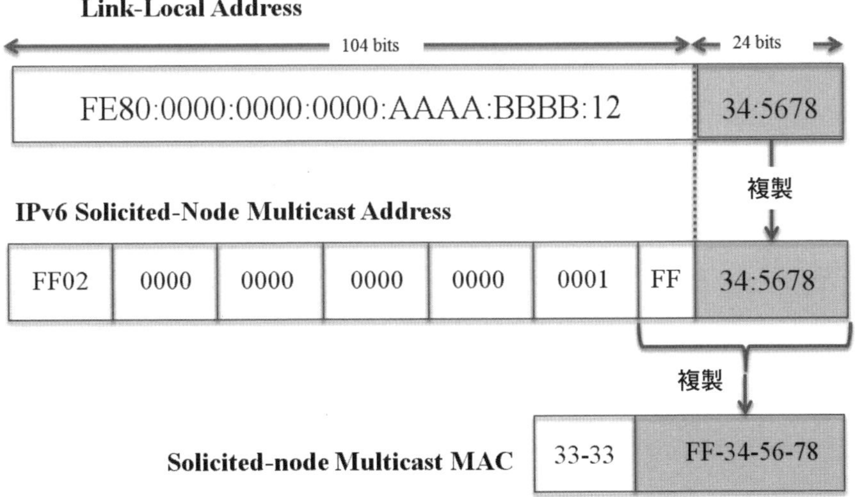

實驗 Solicited Node Multicast 位址

我們繼續使用圖表 9-8 的 IPv6 Multicast 網路架構，R0 中 fa0/0 的 Global Unicast 位址為 2001:AAAA::1/64，Link-Local 位址為 FE80::20C:85FF:FE4A:3101，根據上述 Solicited Node Multicast 計算，Global Unicast 的 Solicited Node Multicast 為 FF02::1:FF00:1，Link-Local 的 Solicited Node Multicast 為 FF02::1:FF4A:3101，所以 R0 會自動將這兩個群播 IP 加入，如下所示。

圖表 9-18 查詢 R0 的 Solicited Node Multicast IP

```
R0#show ipv6 int fa0/0
FastEthernet0/0 is up, line protocol is up
 IPv6 is enabled, link-local address is FE80::20C:85FF:FE4A:3101
 No Virtual link-local address(es):
 Global unicast address(es):
  2001:AAAA::1, subnet is 2001:AAAA::/64
 Joined group address(es):
  FF02::1
  FF02::2
  FF02::9
  FF02::1:FF00:1
  FF02::1:FF4A:3101
 MTU is 1500 bytes
-------------省略部分輸出-------------
```

Solicited Node Multicast 測試

接著 PC1 執行 **ping FF02::1:FF00:1**，此為 R0 的 Global Unicast 的 Solicited Node Multicast IP 位址，如下圖所示，R0 中 fa0/0 有回應給 PC1，R0 會以 fa0/0 的 Link-local 當作來源位址。

圖表 9-19 PC1 執行 ping FF02::1:FF00:1

```
PC>ping FF02::1:FF00:1

Pinging FF02::1:FF00:1 with 32 bytes of data:

Reply from FE80::20C:85FF:FE4A:3101: bytes=32 time=0ms TTL=255
Reply from FE80::20C:85FF:FE4A:3101: bytes=32 time=0ms TTL=255
Reply from FE80::20C:85FF:FE4A:3101: bytes=32 time=0ms TTL=255
Reply from FE80::20C:85FF:FE4A:3101: bytes=32 time=0ms TTL=255
```

現在來驗證 FF02::1:FF00:1 的 MAC 位址是否為 3333.FF00.0001，使用 wireshark 在 R1 與 Switch 之間捕捉封包，在 PC1 執行 **ping FF02::1:FF00:1**，將封包打開，如下圖所示，DEST MAC 就是 R0 的 Global Unicast 的 Solicited Node Multicast MAC 位址。另外 Link-Local 的 Solicited Node Multicast MAC 位址就請讀者驗證。

圖表 9-20 觀察 FF02::1:FF00:1 的 MAC 位址

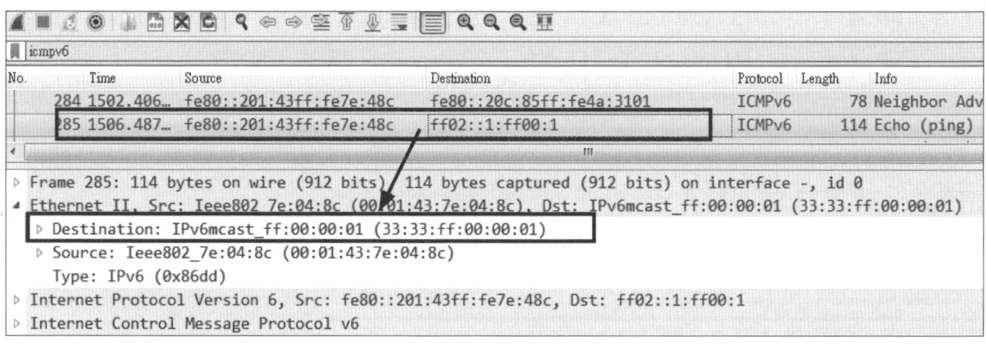

在電腦部份也有 Solicited Node Multicast 位址，本實驗範例中的 PC4 的 Global Unicast 為 2001:AAAA::4444 及 Link-Local 為 FE80::201:64FF:FEC4:45AA，換算其對應的 Solicited Node Multicast IP 位址分別為 FF02::1:FF00:4444 及 FF02::1:FFC4:45AA，在 PC1 執行 **ping FF02::1:FF00:4444**，如下圖所示，此部分 PC4 會以自己的 Link-local 位址回應，請注意除了 PC4 會有回應外，R0 的 fa0/0 也會回應。另外測試 FF02::1:FFC4:45AA，請讀者驗證。

圖表 9-21 在 PC1 執行 ping FF02::1:FF00:4444

```
PC>ping FF02::1:FF00:4444

Pinging FF02::1:FF00:4444 with 32 bytes of data:

Reply from FE80::20C:85FF:FE4A:3101: bytes=32 time=1ms TTL=255
Reply from FE80::201:64FF:FEC4:45AA: bytes=32 time=3ms TTL=128
Reply from FE80::20C:85FF:FE4A:3101: bytes=32 time=0ms TTL=255
Reply from FE80::201:64FF:FEC4:45AA: bytes=32 time=0ms TTL=128
Reply from FE80::20C:85FF:FE4A:3101: bytes=32 time=0ms TTL=255
Reply from FE80::201:64FF:FEC4:45AA: bytes=32 time=0ms TTL=128
Reply from FE80::20C:85FF:FE4A:3101: bytes=32 time=0ms TTL=255
Reply from FE80::201:64FF:FEC4:45AA: bytes=32 time=0ms TTL=128
```

最後在 PC4 中 Global Unicast 的 Solicited Node MAC 及 Link-Local 的 Solicited Node MAC 計算結果分別為 3333.FF00.4444 與 3333.FFC4.45AA，使用 wireshark 在 PC1 與 Switch 之間捕捉封包，

在 PC1 執行 **ping FF02::1:FF00:4444**，封包如下圖所示，DEST MAC 即為 PC4 的 Global Unicast 的 Solicited Node MAC 位址，請注意 Source IP 會以 PC1 的 Link-local。請讀者驗證 Link-Local 的 Solicited Node MAC 部份。

圖表 9-22 查看 PC4 的 Global Unicast 的 Solicited Node MAC 位址

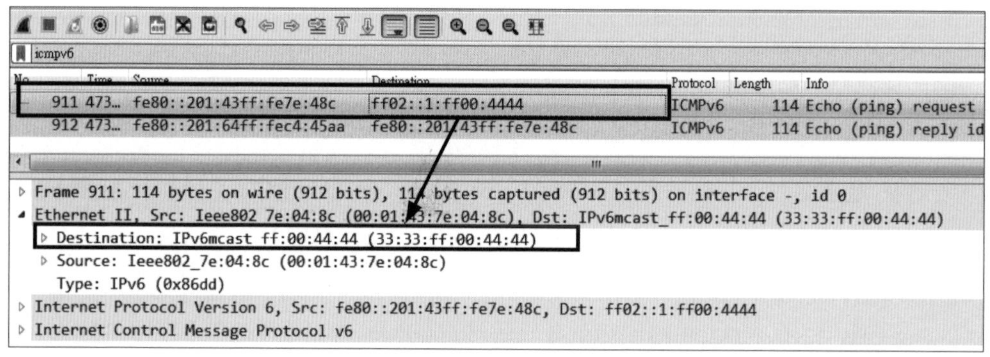

9.4 IPv6 鄰居找尋協定 (Neighbor Discover Protocol)

IPv4 中 ARP 協定主要功能是尋找目的 IP 電腦中的 MAC，ARP 是利用 IPv4 的廣播功能來尋找目的 IP 電腦，由於在 IPv6 的網路沒有廣播功能，所以在 IPv6 中也沒有 ARP 協定，取而代之的是 **NDP (Neighbor Discover Protocol)**。

NDP 運作原理

L3 位址如何對應到 L2 位址一直是很基本的問題，在 IPv4 使用 ARP 協定，ARP 是用廣播方式來解決，但是在 IPv6 採用 NDP 協定，其使用方式是利用 Solicited Node Multicast，所以要知道 NDP 的運作一定要知道 Solicited Node Multicast 位址計算。

以圖表 9-23 為例，PC1 要 ping PC2，所以執行 **ping 2001:2222:3333:0001::1200**，其中 2001:2222:3333:0001::1200 是 PC2 的 Global Unicast IP 位址，此時 PC1 只知道 PC2 的 Global Unicast IP 位址，但不知道 PC2 的 MAC 位址，這樣就沒辦法封裝 (Encapsulation) L2 的資訊，如何讓 PC1 得到 PC2 的 MAC 位址，最直接的方式就是 PC1 使用廣播去詢問目的 IP 2001:2222:3333:0001::1200 的 MAC 位址，但是 IPv6 沒有廣播，PC1 只能使用 PC2 的 Solicited Node Multicast 位址，問題來了，PC1 怎麼知道 PC2 的 Solicited Node Multicast 位址？

圖表 9-23 IPv6 NDP 運作原理

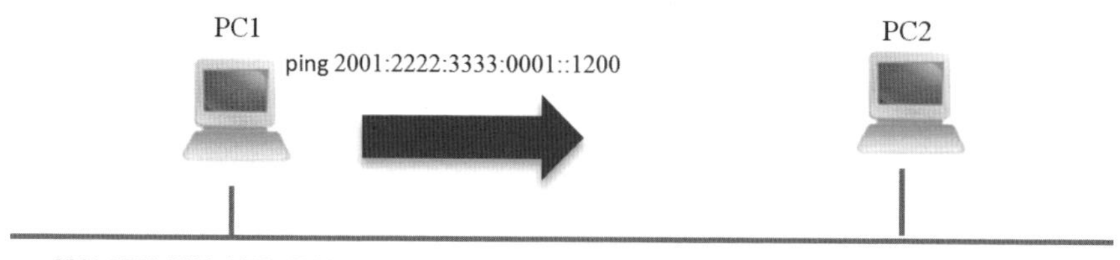

目前 PC1 只知道 PC2 的 Global Unicast IP 位址 2001:2222:3333:0001::1200，別忘了 Solicited Node Multicast 位址可以由 Global Unicast IP 計算出來，所以 PC1 利用 PC2 的 Global Unicast IP 位址 2001:2222:3333:0001::1200，計算結果知道 PC2 的 Global Unicast Solicited Node Multicast IP 與 MAC 位址分別為 FF02::1:FF00:1200 與 33-33-FF-00-12-00，PC1 就先使用 PC2 的 Solicited Node Multicast IP 與 MAC 位址去尋找 PC2，此部份做法就類似 ARP。NDP 還有另一個功能就是用來查發現是否重複的 IPv6 位址，即為 **Duplicate Address Detection (DAD)**，此部分類似 IPv4 **Gratuitous ARP**。

NDP 的 NS 與 NA

NDP 運作中會有兩種封包，分別是 **NS(Neighbor Solicitation)** 與 **NA(Neighbor Advertisement)**。如下圖所示，當 PC1 執行 **ping 2001:2222:3333:0001::1200** 時，PC1 計算出 PC2 的 Solicited Node Multicast IP 與 MAC 位址後，產生 NS 封包，封包中的 Dest. MAC 填入 Solicited Node Multicast MAC 位址，Destination IPv6 填入 Solicited Node Multicast IP 位址，並使用 ICMPv6 協定將 NS 封包送出，當 PC2 收到此 NS 封包，確認封包中的 Solicited Node Multicast 位址跟自己的一樣後，即回應 NA 封包送出到 PC1，此封包內含有 PC2 的 MAC 位址，當 PC1 收下 NA 封包後，PC1 就得到了 PC2 的 MAC 位址，之後就可以將 ping 封包的封裝完成並且送出。

圖表 9-24 NS 封包

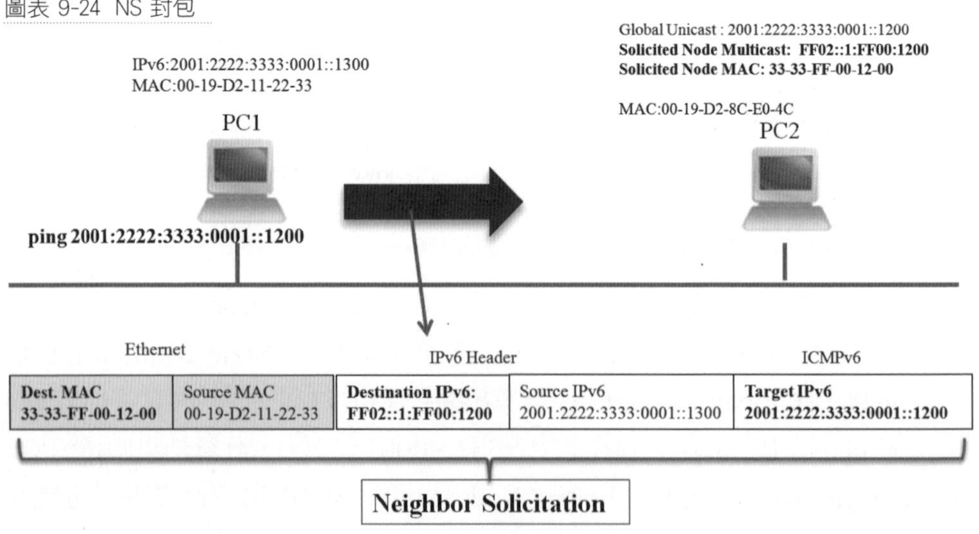

請注意下列兩點：

- 當 PC1 執行 NDP 得到 PC2 的 MAC 後，PC1 會將此結果記錄起來**(Cache)**，之後 PC1 再 ping PC2 就不會執行 NDP，此情況跟 ARP 一樣，只是查詢 Cache 記錄的指令不一樣。

- NDP 跟 ARP 一樣有分**同一網路的 NDP** 與**跨不同網路的 NDP**，同一網路的 NDP 會直接尋找目的電腦的 MAC 位址，跨不同網路的 NDP 會先尋找預設閘道的 MAC 位址。

9.5 IPv6 自動設定 (Auto-Config)

IPv6 Auto-config 功能可以讓電腦自動設定 IPv6 位址，但其運作又跟 DHCP 分配 IP 位址給電腦是不一樣的方式，本節將詳細探討 Auto-Config 功能。

Auto-Config 運作原理

DHCP 功能是由電腦尋找並請求 DHCP 伺服器配置一組 IP 組態給自己使用，其組態包含主機 IP 位址、遮罩資訊、預設閘道、DNS 位址等等，DHCP 伺服器並記錄該 IP 組態配置給那一台電腦使用，因為有這種記錄資訊，所有稱為**有狀態的 DHCP(Stateful DHCP)** 。

IPv6 Auto-Config 功能可以由電腦尋找路由器，路由器回應**網路前置碼**與**預設閘道**給電腦，或者路由器定期送出網路前置碼與預設閘道給網路中的電腦，電腦收到網路前置碼與預設閘道後，自己的 IPv6 位址必須自己計算。其計算方法是將網路前置碼，結合 EUI-64 方式產生介面 ID 部份，計算出來 IPv6 位址並不會通知路由器，所以路由器沒有記錄那一台電腦設定 IPv6 的資訊，所以稱之為**無狀態 (Stateless)**，這一點就跟 DHCP 很大的差異。

在 IPv6 的 DHCP 又有分 **Stateful DHCP** 與 **Stateless DHCP**，Stateful DHCP 就是上述所說明的，Stateless DHCP 是 IPv6 特有的功能，在 IPv4 的 DHCP 並無這種功能，IPv6 需要 Stateless DHCP 的原因是由 Auto-Config 產生的 IPv6 組態並沒有 DNS 資訊，所以電腦若需要 DNS 位址時，此時就要跟 DHCP 請求，DHCP 僅僅送出 DNS 資訊，並無記錄電腦的資訊，所以稱之為 Stateless DHCP。

執行 Auto-config 的步驟

在 IPv6 Auto-Config 功能中，電腦找到路由器的作法跟 NDP 協定有點類似，但電腦不知道路由器的 IPv6 位址，所以就沒辦法計算路由器的 Solicited Multicast 位址。不過有所謂的 **Well-known Multicast** 位址可以使用，**FF02::2** 這個 Well-known Multicast 位址代表一個網路中的所有路由器，也就是所有路由器都會加入此群播位址。因此執行 Auto-config 有三個步驟：

1. 電腦送出 **RS (Router Solicitation)** 封包尋找路由器。

2. 路由器回應 **RA(Router Advertisement)** 封包。

3. 電腦收到 RA 封包，根據 RA 封包中的資訊自己計算 IPv6 位址。

如下圖所示：

圖表 9-25 IPv6 Auto-Config 運作原理

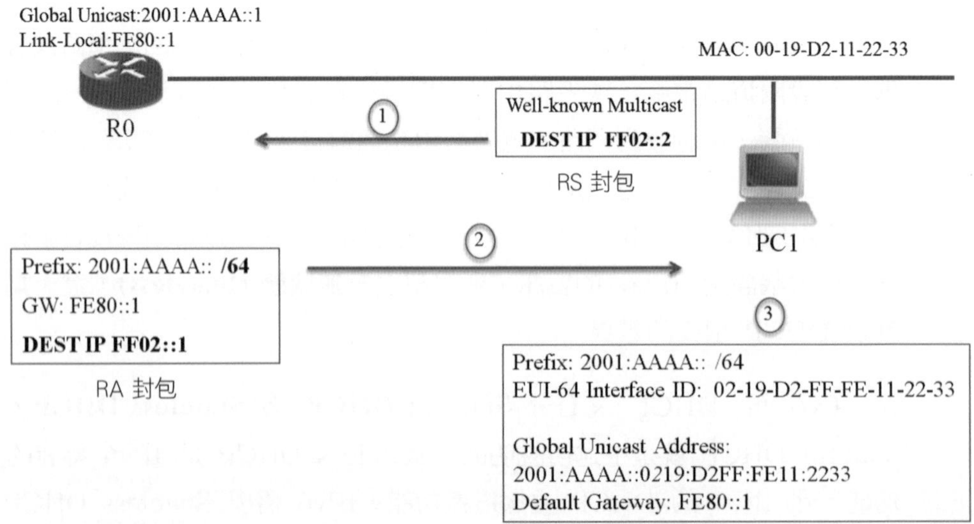

第一步驟 PC1 送出 RS 群播封包來尋找路由器，RS 封包使用 FF02::2 當目的 IP 位址。

第二步驟 R0 收到 RS 封包後，R0 將網路前置碼與預設閘道的資訊放入 RA 群播封包並送給 PC1，此範例中網路前置碼與預設閘道分別為 2001:AAAA::/64 與 FE80::1。這裡要特別注意 RA 的目的 IP 位址不是 PC1 的 IP 位址，RA 封包使用 FF02::1 當作目的 IP 位址，此 Well-known 群播 IP 代表一個網路中的所有電腦，所以 RA 使用群播封包送給所有電腦，除了 PC1 收到 RA 封包，其它電腦也是會收到該 RA 封包。

第三步驟 PC1 收到 RA 封包後，根據 RA 封包中的網路前置碼並使用 EUI-64 方式產生介面 ID，本範例中 PC1 的 MAC 位址 00-19-D2-11-22-33，經過 EUI-64 方式產生介面 ID 為 0219:D2FF:FE11:2233，所以 PC1 計算後的 IPv6 位址為 2001:AAAA::0219:D2FF:FE11:2233。

IPv6 重新編號功能

請注意路由器會定期送出 RA 封包，路由器不一定要收到 RS 封包才會回應 RA 封包，因此又延伸出**重新編號 (Renumbering)** 功能，此功能的應用在於當管理者要更換網路 IPv6 位址時，網路中的電腦不用一台一台去更新電腦 IP 位址，只要更改路由器的網路前置碼，RA 封包就會送出給所有電腦，電腦就會重新計算新的 IPv6 位址。例如上述範例，我們將 R0 的 IPv6 位址改為 2001:BBBB::1，等待 R0 定期送出 RA 封包，PC1 就會重新計算 IPv6 位址為 2001:BBBB::0219:D2FF:FE11:2233。

9.6 IPv6 DHCP Server

路由器啟動 IPv6 DHCP 指令如下，跟 IPv4 DHCP 的方式雷同(請參考 Ch16 的 DHCP 章節)，都需要宣告一個儲存區，另外 IPv6 DHCP 要多宣告三個選項，第一個是哪一個介面收到 DHCP 請求封包時要回應，第二個是宣告 O bit，及第三個是宣告 M bit，為何要宣告 O bit 與 M bit，其原因是在電腦的 IP 組態設定中，並無 Auto-config 的選項，所以要用哪一種 Auto-config 方式就必須靠 O bit 與 M bit 來表示。

圖表 9-26 路由器啟動 DHCPv6 指令

指令	說明
R0(config)# ipv6 dhcp pool mypool	設定 IPv6 DHCP 存儲區
R0(config-dhcpv6)# dns-server 2001:AAAA::1111	設定 DNS 位址
R0(config-dhcpv6)# #address prefix bbbb::/64	DHCP 使用 bbbb::/64 空間來配置 IPv6
R0(config)#int fa0/0	切換 fa0/0 介面
R0(config)# ipv6 dhcp server mypool	指定 fa0/0 使用 IPv6 DHCP 存儲區
R0(config)#ipv6 nd other-config-flag	設定 O bit=1, DHCP 僅會送出 DNS 資訊
R0(config)#ipv6 nd managed-config-flag	設定 M bit=1, DHCP 負責 IPv6 位址配發

M bit 與 O bit

至於路由器要使用的哪一種方式來配置 IPv6 組態，是由兩個旗標 M bit 與 O bit 的組合決定，其組合有三種情況，如下：

1. **M=1 及 O=0 or 1**：所有資訊 (包括 Prefix、DNS 等等資訊) 都是由 DHCPv6 伺服器配置給電腦，並且伺服器中會記錄分配出去的資訊與配置的電腦，即為 Stateful DHCPv6。

2. **M=0 及 O=1**：使用路由器網路介面中的前置碼與預設閘道分配給電腦，但是 DNS 等等資訊請電腦使用 DHCPv6 取得，即為 Stateless DHCPv6。

3. **M=0 及 O=0**：電腦將只得到路由器的前置碼與預設閘道，無法取得 DNS 等資訊，即為 Auto config。沒有設定 M bit 與 O bit, 預設值 M=0 與 O=0。此種配置 IPv6 方式稱為 SLAAC (StateLess Address AutoConfiguration)。

使用 WireShark 測試 Auto-config

R1 中 fa0/0 設定 2001:AAAA::1 並啟動 **ipv6 unicast-routing**。

圖表 9-27 使用 WireShark 測試 Auto-config 架構

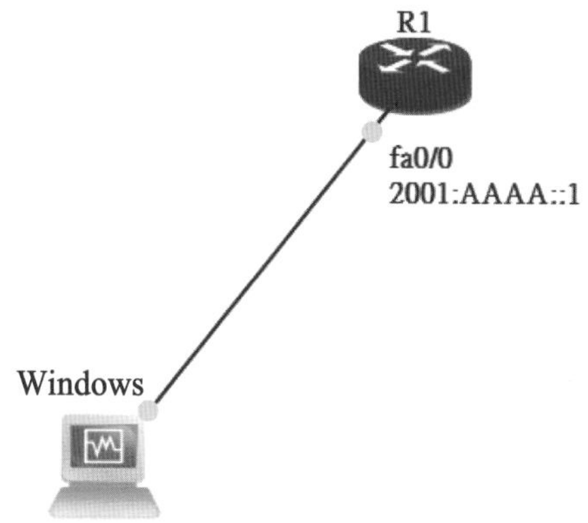

下圖為在設定 R1 中設定 IPv6 DHCP Pool，其中只有 DNS-Server 資訊，在 fa0/0 中啟動使用 IPv6 DHCP，並設定 O bit。

圖表 9-28 R1 中設定 DHCP Pool 並設定 O bit

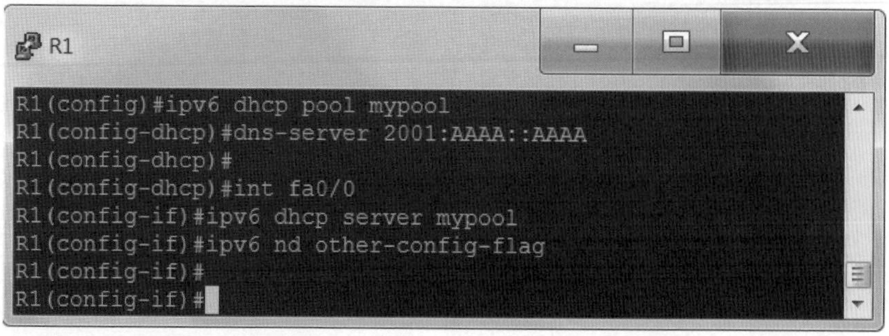

```
R1
R1(config)#ipv6 dhcp pool mypool
R1(config-dhcp)#dns-server 2001:AAAA::AAAA
R1(config-dhcp)#
R1(config-dhcp)#int fa0/0
R1(config-if)#ipv6 dhcp server mypool
R1(config-if)#ipv6 nd other-config-flag
R1(config-if)#
R1(config-if)#
```

在 Windows 中啟動 Auto-config

如圖所示，Windows 並沒有提供選擇啟動 Auto-config，只有選擇 IPv6 DHCP 功能，在標示的地方選擇使用 DHCP，此時 Windows 會發出 RS 封包，路由器就根據 O bit 與 M bit 設定來決定要如何分配 IPv6，在本範例只設定 O bit，所以路由器會使用 **Auto-config+Stateless DHCP** 方式。

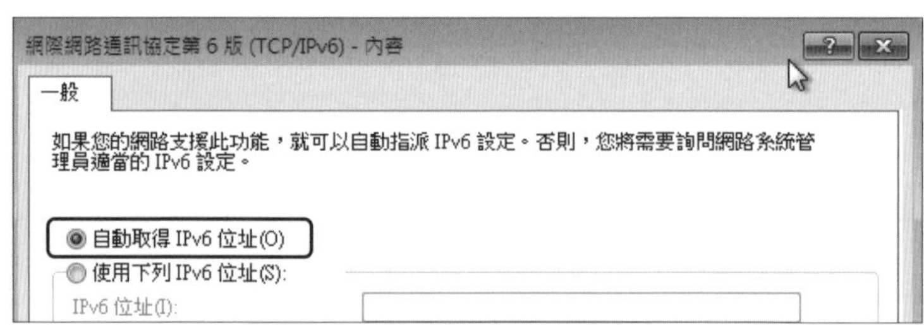

圖表 9-29 Windows 中啟動 Auto-config

如下圖所示，目前 Windows 已經透過 Auto-config 計算出 IPv6 位址。

請注意路由器的介面 IPv6 位址可以使用 Auto-config 來取得，在網路介面模式下輸入 ipv6 address autoconfig 指令。

圖表 9-30 Windows 的 IPv6 組態

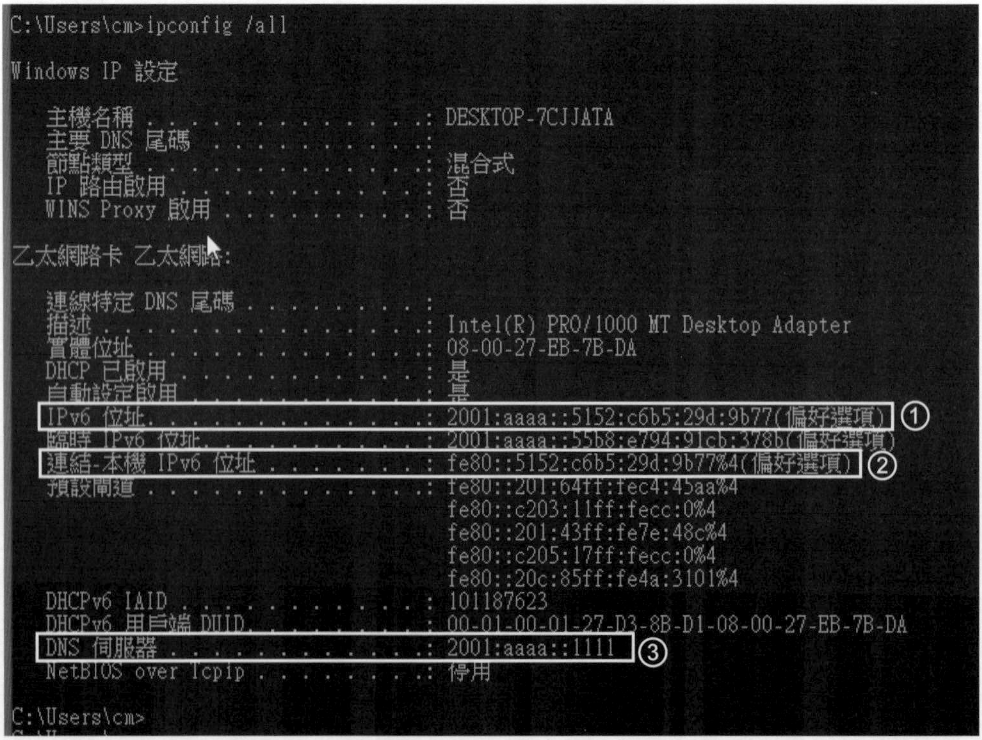

```
C:\Users\cm>ipconfig /all

Windows IP 設定

   主機名稱 . . . . . . . . . . . . . : DESKTOP-7CJJATA
   主要 DNS 尾碼 . . . . . . . . . . :
   節點類型 . . . . . . . . . . . . . : 混合式
   IP 路由啟用 . . . . . . . . . . . : 否
   WINS Proxy 啟用 . . . . . . . . . : 否

乙太網路卡 乙太網路:

   連線特定 DNS 尾碼 . . . . . . . . :
   描述 . . . . . . . . . . . . . . . : Intel(R) PRO/1000 MT Desktop Adapter
   實體位址 . . . . . . . . . . . . . : 08-00-27-EB-7B-DA
   DHCP 已啟用 . . . . . . . . . . . : 是
   自動設定啟用 . . . . . . . . . . . : 是
   IPv6 位址 . . . . . . . . . . . . : 2001:aaaa::5152:c6b5:29d:9b77(偏好選項) ①
   臨時 IPv6 位址 . . . . . . . . . . : 2001:aaaa::55b8:e794:91cb:378b(偏好選項)
   連結-本機 IPv6 位址 . . . . . . . : fe80::5152:c6b5:29d:9b77%4(偏好選項) ②
   預設閘道 . . . . . . . . . . . . . : fe80::201:64ff:fec4:45aa%4
                                         fe80::c203:11ff:fecc:0%4
                                         fe80::201:43ff:fe7e:48c%4
                                         fe80::c205:17ff:fecc:0%4
                                         fe80::20c:85ff:fe4a:3101%4
   DHCPv6 IAID . . . . . . . . . . . : 101187623
   DHCPv6 用戶端 DUID . . . . . . . . : 00-01-00-01-27-D3-8B-D1-08-00-27-EB-7B-DA
   DNS 伺服器 . . . . . . . . . . . . : 2001:aaaa::1111 ③
   NetBIOS over Tcpip . . . . . . . . : 停用

C:\Users\cm>
```

❶ 目前的 IPv6 位址 但是此 IPv6 中的介面 ID 部份不是用 EUI-64，Windows 預設是使用**亂數(Random)**產生介面 ID，如果要使用 EUI-64，要在 Windows 執行 **netsh interface ipv6 set global randomizeidentifiers=disabled**。

❷ Link-local 位址。

❸ 取得到的 DNS 位址。請注意要重新取得 IPv6 位址，請執行 **ipconfig/release6** 與 **ipconfig/renew6**。

使用 Wireshark 查看 RS 與 RA 封包

最後使用 WireShark 來捕捉 Auto-config 封包，如下圖所示：

圖表 9-31 使用 Wireshark 查看 RS 與 RA 封包

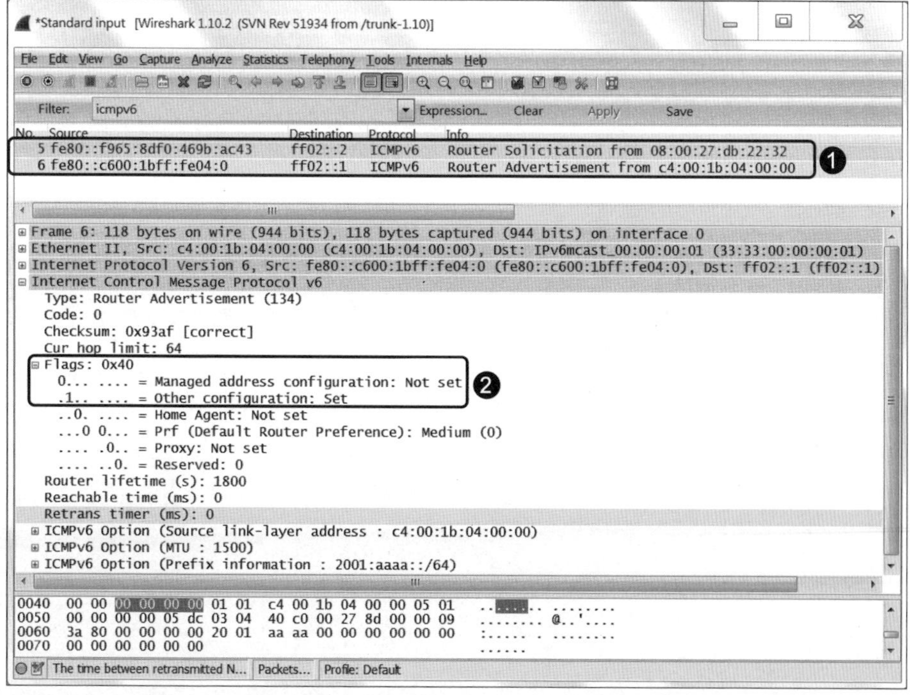

❶ RS 與 RA 封包，No.5 為 Windows 送出的 RS 封包，其目的 IPv6 位址 ff02::2，而來源 IPv6 位址是 Windows 的 Link-local。No.6 為 RA 封包，其目的 IPv6 為 ff02::1，來源 IPv6 位址為 R1 中 fa0/0 的 Link-local。

❷ RA 封包內容中 M bit 與 O bit 啟動狀態，目前只有 O bit 啟動。

Stateful DHCP

在 R1的 fa0/0 繼續執行 ipv6 nd managed-config-flag 來設定 M bit = 1，IPv6 的配發完全由 DHCP 在控制，目前 DHCP POOL 中設定 bbbb::/64 的 IPv6 區塊來配置 IP 給電腦，此時就不會用到 auto-config 設定。如下圖所示，目前電腦已經配置到 IPv6 DHCP 配置 bbbb::/64 的 IP 位址。

請注意，當 M bit 被設定後，就以 M bit 為主，就無需參考 O bit。

圖表 9-32 IPv6 DHCP 配置的 IP 位址

```
C:\Users\cm>ipconfig /all

Windows IP 設定

   主機名稱 . . . . . . . . . . . . . . : DESKTOP-7CJJATA
   主要 DNS 尾碼 . . . . . . . . . . . :
   節點類型 . . . . . . . . . . . . . . : 混合式
   IP 路由啟用 . . . . . . . . . . . . : 否
   WINS Proxy 啟用 . . . . . . . . . . : 否

乙太網路卡 乙太網路:

   連線特定 DNS 尾碼 . . . . . . . . . :
   描述 . . . . . . . . . . . . . . . . : Intel(R) PRO/1000 MT Desktop Adapter
   實體位址 . . . . . . . . . . . . . . : 08-00-27-EB-7B-DA
   DHCP 已啟用 . . . . . . . . . . . . : 是
   自動設定啟用 . . . . . . . . . . . . : 是
   IPv6 位址 . . . . . . . . . . . . . : 2001:aaaa::5152:c6b5:29d:9b77(偏好選項)
   IPv6 位址. . . . . . . . . . . . . . : bbbb::b12f:548d:de0f:4754(偏好選項)
   租用取得 . . . . . . . . . . . . . . : 2021年6月2日 下午 03:14:31
   租用到期 . . . . . . . . . . . . . . : 2021年6月4日 下午 03:14:31
   臨時 IPv6 位址. . . . . . . . . . . : 2001:aaaa::55b8:e794:91cb:378b(偏好選項)
   連結-本機 IPv6 位址 . . . . . . . . : fe80::5152:c6b5:29d:9b77%4(偏好選項)
   預設閘道 . . . . . . . . . . . . . . : fe80::201:64ff:fec4:45aa%4
                                          fe80::c203:11ff:fecc:0%4
                                          fe80::201:43ff:fe7e:48c%4
                                          fe80::c205:17ff:fecc:0%4
                                          fe80::20c:85ff:fe4a:3101%4
   DHCPv6 IAID . . . . . . . . . . . . : 101187623
   DHCPv6 用戶端 DUID. . . . . . . . . : 00-01-00-01-27-D3-8B-D1-08-00-27-EB-7B-DA
   DNS 伺服器 . . . . . . . . . . . . . : 2001:aaaa::1111
   NetBIOS over Tcpip . . . . . . . . . : 停用

C:\Users\cm>
```

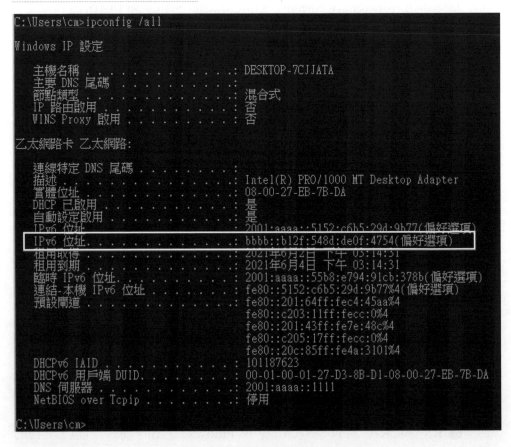

我們將 wireshark 中最新的 RA 封包打開來觀察，如下圖所示，O bit 與 M bit 都是被設定為 1。

圖表 9-33 O bit 與 M bit 的設定

```
File Edit View Go Capture Analyze Statistics Telephony Wireless Tools Help
icmpv6
No. Source                     Destination  Protocol Length Info
  8 fe80::201:64ff:fec4:45aa   ff02::1      ICMPv6   118    Router Advertisement from 00:01:64:c4:45:aa
  9 fe80::20c:85ff:fe4a:3101   ff02::1      ICMPv6   118    Router Advertisement from 00:0c:85:4a:31:01

> Frame 9: 118 bytes on wire (944 bits), 118 bytes captured (944 bits) on interface -, id 0
> Ethernet II, Src: Cisco_4a:31:01 (00:0c:85:4a:31:01), Dst: IPv6mcast_01 (33:33:00:00:00:01)
> Internet Protocol Version 6, Src: fe80::20c:85ff:fe4a:3101, Dst: ff02::1
v Internet Control Message Protocol v6
    Type: Router Advertisement (134)
    Code: 0
    Checksum: 0xe489 [correct]
    [Checksum Status: Good]
    Cur hop limit: 64
  v Flags: 0xc0, Managed address configuration, Other configuration, Prf (Default Router Preference): Medium
      1... .... = Managed address configuration: Set
      .1.. .... = Other configuration: Set
      ..0. .... = Home Agent: Not set
      ...0 0... = Prf (Default Router Preference): Medium (0)
      .... .0.. = Proxy: Not set
      .... ..0. = Reserved: 0
    Router lifetime (s): 1800
    Reachable time (ms): 0
```

我們再將 wireshark 中最新的 DHCPv6 的封包打開來觀察，如下圖所示，❶ 表示目前 DHCP 配置給電腦的 IPv6 位址，❷ 表示 DHCP 通知電腦的 DNS Server 資訊。

圖表 9-34 IPv6 DHCP 封包

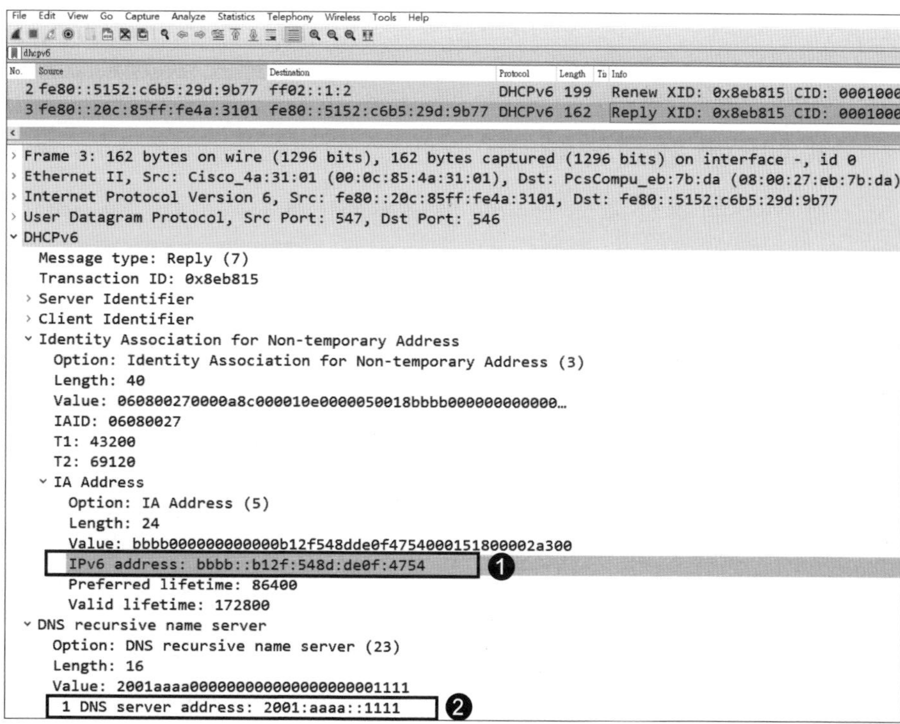

```
File Edit View Go Capture Analyze Statistics Telephony Wireless Tools Help
dhcpv6
No. Source                     Destination                Protocol Length Info
  2 fe80::5152:c6b5:29d:9b77   ff02::1:2                  DHCPv6   199    Renew XID: 0x8eb815 CID: 0001000
  3 fe80::20c:85ff:fe4a:3101   fe80::5152:c6b5:29d:9b77   DHCPv6   162    Reply XID: 0x8eb815 CID: 0001000

> Frame 3: 162 bytes on wire (1296 bits), 162 bytes captured (1296 bits) on interface -, id 0
> Ethernet II, Src: Cisco_4a:31:01 (00:0c:85:4a:31:01), Dst: PcsCompu_eb:7b:da (08:00:27:eb:7b:da)
> Internet Protocol Version 6, Src: fe80::20c:85ff:fe4a:3101, Dst: fe80::5152:c6b5:29d:9b77
> User Datagram Protocol, Src Port: 547, Dst Port: 546
v DHCPv6
    Message type: Reply (7)
    Transaction ID: 0x8eb815
  > Server Identifier
  > Client Identifier
  v Identity Association for Non-temporary Address
      Option: Identity Association for Non-temporary Address (3)
      Length: 40
      Value: 060800270000a8c000010e0000050018bbbb000000000000…
      IAID: 06080027
      T1: 43200
      T2: 69120
    v IA Address
        Option: IA Address (5)
        Length: 24
        Value: bbbb000000000000b12f548dde0f4754000151800002a300
        IPv6 address: bbbb::b12f:548d:de0f:4754   ❶
        Preferred lifetime: 86400
        Valid lifetime: 172800
  v DNS recursive name server
      Option: DNS recursive name server (23)
      Length: 16
      Value: 2001aaaa000000000000000000001111
      1 DNS server address: 2001:aaaa::1111   ❷
```

9.7 ICMPv6 協定

ICMP 在 IPv4 網路運作主要用來回報網路狀況給管理者，常使用的測試工具有 ping，而 ICMPv6 在 IPv6 網路運作也會回報網路狀況，使用的測試工具也是 ping，但還增加支援 NDP 與 Auto-Config 運作，我們使用以下的 IPv6-ICMPv6 網路架構來觀察 ICMPv6 運作。

圖表 9-35 IPv6-ICMPv6 網路架構

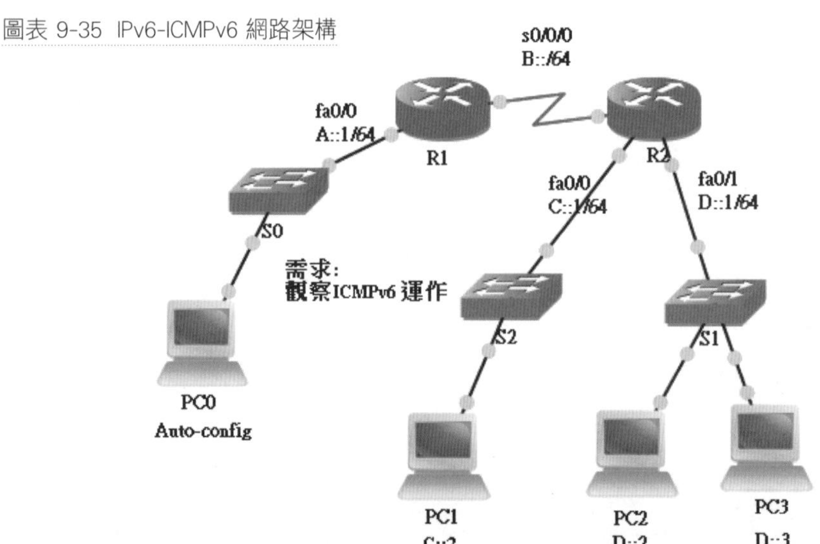

ICMPv6 訊息種類

除了有網路狀況通報的**訊息種類編號(message type)**，ICMPv6 增加支援 NDP與Auto-Config運作，所以在訊息種類編號也增加來辨識NDP封包與 Auto-Config，如右表所示，NDP協定主要有NS與NA兩種封包，ICMPv6 使用135與136分別代表NS與NA封包，在 Auto-Config 協定也有RS與RA兩種封包，ICMPv6使用133與134來代表RS與RA封包。

圖表 9-36 常見 CMPv6 種類說明

Type	Type 描述
128	Echo Request
129	Echo Reply
133	Router Solicitation message (RS)
134	Router Advertisement message(RA)
135	Neighbor Solicitation message(NS)
136	Neighbor Advertisement message (NA)
137	Redirect message

詳細的 ICMPv6 的 Type 請參考 https://www.iana.org/assignments/icmpv6-parameters/icmpv6-parameters.xhtml 或 google "iana icmpv6"。

ICMPv6 的測試指令

ICMPv6 的測試指令也是 ping 與 tracert 指令，我們使用 PC0 來測試這兩個指令，如下所示：

圖表 9-37 ICMPV6 的 ping 與 tracert 指令

```
PC>ping -n 2 C::2

Pinging C::2 with 32 bytes of data:
                                                      ①
Reply from A::1: Destination host unreachable.
Reply from A::1: Destination host unreachable.

Ping statistics for C::2:
    Packets: Sent = 2, Received = 0, Lost = 2 (100% loss),

PC>ping -n 2 D::2

Pinging D::2 with 32 bytes of data:                   ②

Request timed out.
Request timed out.

Ping statistics for D::2:
    Packets: Sent = 2, Received = 0, Lost = 2 (100% loss),

PC>ping -n 2 D::3

Pinging D::3 with 32 bytes of data:
                                                      ③
Reply from D::3: bytes=32 time=1ms TTL=126
Reply from D::3: bytes=32 time=1ms TTL=126

Ping statistics for D::3:
    Packets: Sent = 2, Received = 2, Lost = 0 (0% loss),
Approximate round trip times in milli-seconds:
    Minimum = 1ms, Maximum = 1ms, Average = 1ms

PC>tracert D::3

Tracing route to D::3 over a maximum of 30 hops:

  1   0 ms      0 ms      0 ms      A::1              ④
  2   0 ms      1 ms      0 ms      B::2
  3   0 ms      0 ms      1 ms      D::3

Trace complete.

PC>
```

❶ PC0 ping PC1，其中 **–n** 為控制 ping request 數目，訊息『Reply from A::1: Destination host unreachable.』表示路由器沒法繞送 ping 封包，讀者可以查詢 R1 的 IPv6 路由表，沒有 C::/64 路由資訊。

❷ PC0 ping PC2，訊息『Request timed out.』表示等待 ping reply 封包逾時，讀者可以檢查 PC2 的實體線路有問題。

❸ PC0 ping PC3，訊息『Reply from D::3: bytes=32 time=31ms TTL=126』表示成功。

❹ PC0 traceroute PC3，其中 A::1 與 B::2 分別為 R1 與 R2，表示 PC0 的封包經過 **R1-->R2-->PC3**。

由上述的觀察，ICMPv6 的測試指令與反應訊息都跟在 IPv4 一樣。

查看 ICMPv6 的 ping 封包

在 PC0 與 R1 之間使用 wireshark 來補捉 ICMPv6 封包來觀察, 如下圖所示，Type 128 表示 ping 的 request 封包。

圖表 9-38 PC0 ping PC3 的封包內容

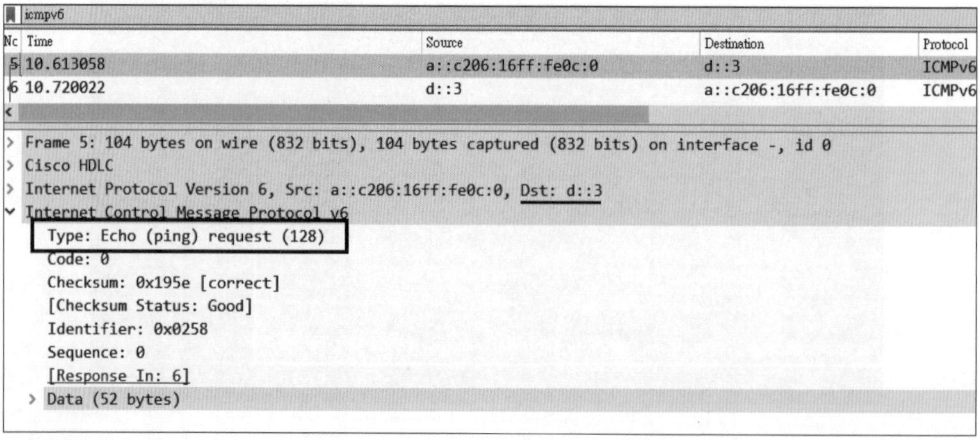

icmpv6

No	Time	Source	Destination	Protocol
5	10.613058	a::c206:16ff:fe0c:0	d::3	ICMPv6
6	10.720022	d::3	a::c206:16ff:fe0c:0	ICMPv6

```
> Frame 5: 104 bytes on wire (832 bits), 104 bytes captured (832 bits) on interface -, id 0
> Cisco HDLC
> Internet Protocol Version 6, Src: a::c206:16ff:fe0c:0, Dst: d::3
v Internet Control Message Protocol v6
    Type: Echo (ping) request (128)
    Code: 0
    Checksum: 0x195e [correct]
    [Checksum Status: Good]
    Identifier: 0x0258
    Sequence: 0
    [Response In: 6]
  > Data (52 bytes)
```

測試 Auto-Config

在 PC0 與 R1 之間使用 wireshark 補捉 RS 與 RA 封包來觀察，如下圖所示，Type 133 表示是 Auto-Config 的 RS 封包。

圖表 9-39 PC0 產生 RS 封包

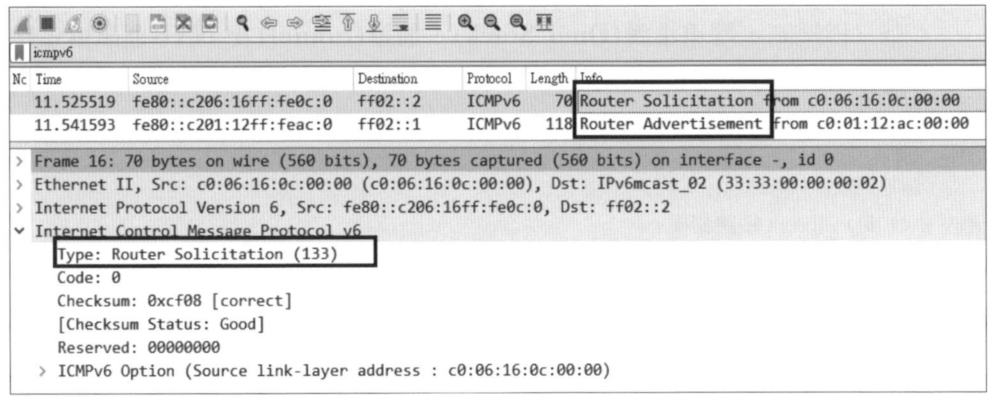

測試 NDP

在 PC0 與 R1 之間使用 wireshark 來補捉 NDP 的 NS 與 NA 兩種封包來觀察，如下圖所示，Type 136 表示 NA 封包。

圖表 9-40 PC0 產生 NS 封包

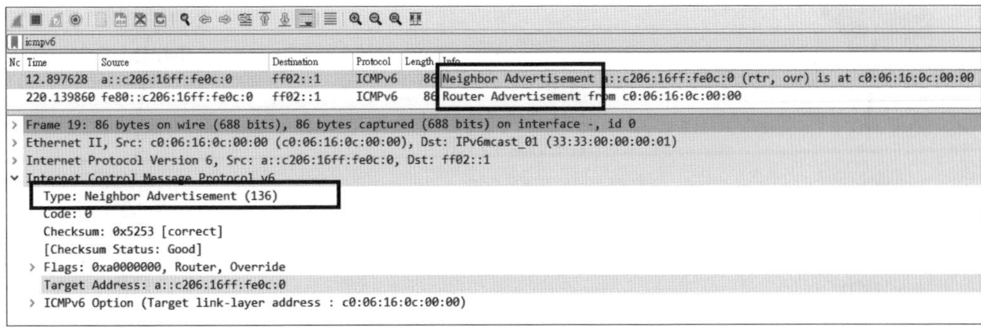

9.8 IPv6 Tunnel 轉換機制

目前 Internet 主幹還是以 IPv4 網路為主，不可能一夕之間全部換成 IPv6 網路，所以需要有一段時間讓全世界的網路是 IPv4 網路與 IPv6 網路共同存在，讓 IPv6 逐漸取代 IPv4 的環境，在這段整合的過程中，需要有些機制讓兩種網路能互通，此稱為過渡政策，目前主要有三種機制，**雙重堆疊(Dual Stack)、通道(tunnel)**及 **NAT-通訊協定轉換(NAT-PT)**，本章節將示範 IPv6 Tunnel 轉換機制，我們使用下列 IPv6-Tunnel 網路架構來做實驗。

圖表 9-41 IPv6-Tunnel 網路架構

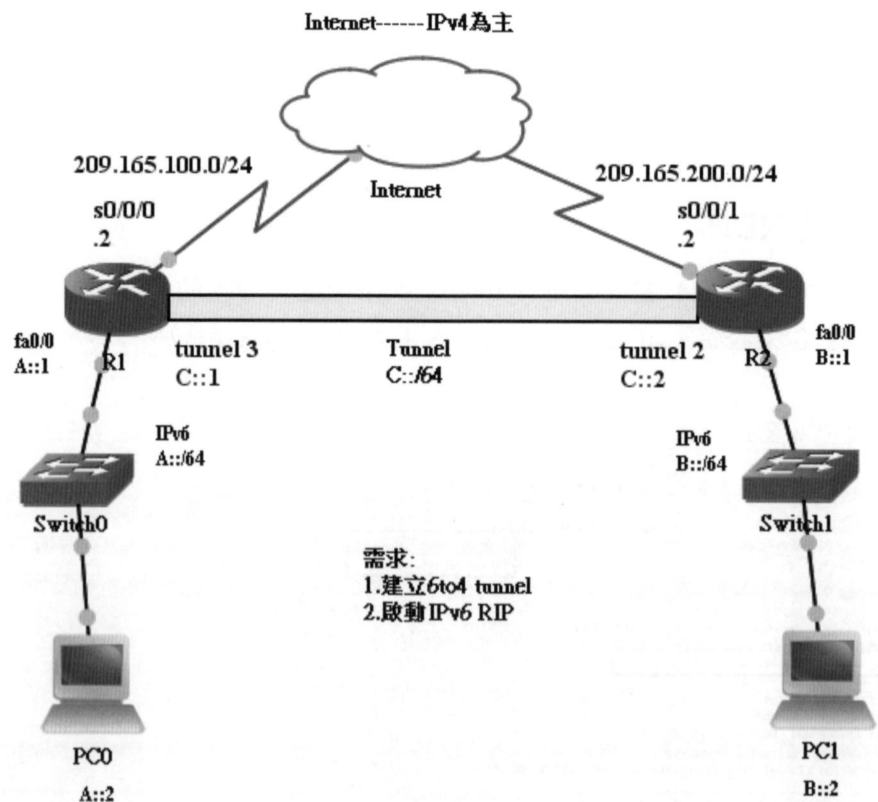

通道 (tunnel) 的作法

目前的 Tunnel 方案有 Manual Tunnel (IPv6 over IP、GRE)、Automatic Tunnel(6to4、ISATAP)、Tunnel Broker 及 Teredo Tunnel。Manual Tunnel 的運作原理如圖所示，假設兩端的網路為 IPv6，中間網路為 IPv4，要讓兩台 IPv6 電腦連線，可以在 IPv4 建立 Tunnel，透過 Tunnel 來傳送 IPv6 封包。

可以將 Tunnel 想像成一條專線，此專線建立在 IPv4 網路環境中，在專線中可以傳送 IPv6 封包，所以當 IPv6 電腦送出 IPv6 封包到 Tunnel 時，此時 IPv6 表頭檔不用解封裝，而是直接再封裝 IPv4 表頭檔，如此就可以在 IPv4 網路中傳送。到達 Tunnel 的另一端後，將 IPv4 表頭檔解封裝，此時就看到原先的 IPv6 封包，藉此機制傳送到另一端的 IPv6 網路中。

圖表 9-42 Tunnel 運作原理

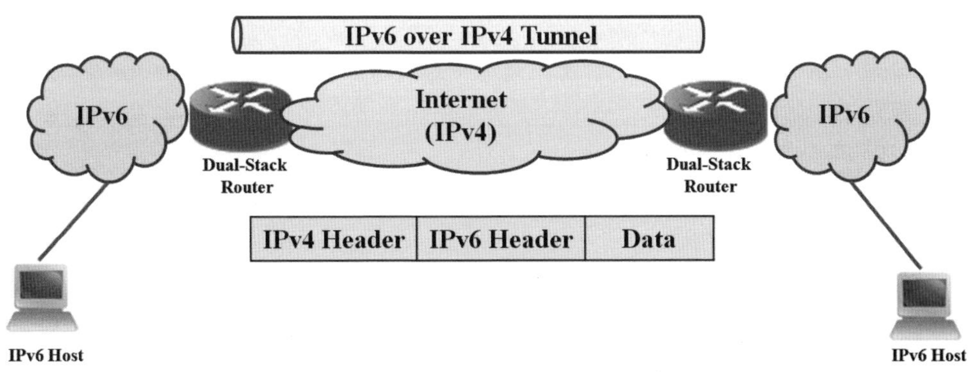

在 IPv6-Tunnel 網路架構中，兩個內網為 IPv6 網路，Internet 為 IPv4 網路，因此目前 PC0 與 PC1 不能透過 Internet 互通，我們希望在 Internet 中建立一條 Tunnel 來傳送 IPv6 的封包，首先 R1 的 s0/0/0 必須與 R2 的 s0/0/1 透過 IPv4 連通，在 R1 執行 ping 209.165.200.2，結果應該成功。

建立 Tunnel 介面

現在要在 R1 與 R2 各建立一個 **Tunnel 介面**，此介面為虛擬介面，類似 loopback 介面，Tunnel 的連線就是藉由 Tunnel 介面，使用 **int tunnel x** 來建立 Tunnel 介面。其中 **x 為整數**，當 Tunnel 介面建立成功後，必須指定 Tunnel 介面要從哪一個實體介面連出 **(Tunnel source)**與要連到哪一個遠端的路由器介面 **(Tunnel destination)**。

當 Tunnel 建立成功後，Tunnel 也需要規劃一組網路，想像一下 Tunnel 連線就好像是專線一樣，專線中也是要規劃 IP 位址，而此 Tunnel 是要將兩個 IPv6 的內網連接起來，因此必須規劃 IPv6 位址給 Tunnel 設定，我們使用 C::/64 規劃 Tunnel。詳細建立 Tunnel 介面指令如下表所示。

請注意兩台路由器 Tunnel 介面編號不一樣沒關係。

圖表 9-43 設定 R1 、R2 的 IPv6 over IPv4 tunnel 指令

指令	說明
R1(config)#int tunne1 3	建立 tunnel3 介面
R1(config-if)# ipv6 address C::1/64	設定 tunnel3 介面 IP
R1(config-if)# tunnel mode ipv6ip	設定 tunnel3 使用的模式
R1(config-if)#tunnel source s0/0/0	設定 tunnel3 的來源
R1(config-if)#tunnel destination 209.165.200.2	設定 tunnel3 的目的
R2(config)#int tunnel 2	建立 tunnel2 介面
R2(config-if)# ipv6 address C::2/64	設定 tunnel2 介面 IP
R2(config-if)# tunnel mode ipv6ip	設定 tunnel2 使用的模式
R2(config-if)#tunnel source s0/0/1	設定 tunnel2 的來源
R2(config-if)#tunnel destination 209.165.100.2	設定 tunnel2 的目的

執行 R1 中 tunnel 3 介面指令

圖表 9-44 執行 R1 中 tunnel 3 介面相關指令

```
R1(config)#int tunnel 3

R1(config-if)#
%LINK-5-CHANGED: Interface Tunnel3, changed state to up        ❶

R1(config-if)#ipv6 address c::1/64
R1(config-if)#
R1(config-if)#do show ipv6 int brief
FastEthernet0/0         [up/up]
  FE80::1
  A::1
FastEthernet0/1         [administratively down/down]
Serial0/0/0            [up/up]                                    ❷
Serial0/0/1            [administratively down/down]
Tunnel3               [up/down]
  FE80::202:17FF:FE60:8A49
  C::1
Vlan1                 [administratively down/down]
R1(config-if)#
R1(config-if)#tunnel mode ipv6ip                                  ❸
R1(config-if)#
R1(config-if)#tunnel source s0/0/0
R1(config-if)#
%LINEPROTO-5-UPDOWN: Line protocol on Interface Tunnel3, changed
state to up                                                       ❹

R1(config-if)#tunnel destination 209.165.200.2
R1(config-if)#
```

❶ 建立 tunnel 3 介面，雖然 tunnel 介面是虛擬介面，但是還沒指定 tunnel source 及 tunnel destination 時，tunnel 介面只會 L1 是 up。

❷ 設定 tunnel 3 介面 IPv6 位址並查詢 IPv6 介面狀況，目前 tunnel 3 中 L1 up、L2 down。

❸ 設定 tunnel 模式為 IPv6 over IPv4。

❹ 指定 tunnel source 及 tunnel destination 時，當指定成功後，tunnel 3 中 L2 就會 up。請讀者在 R2 執行設定 tunnel 2 介面相關指令。

查詢 Tunnel 介面

圖表 9-45 查詢 R1 中 tunnel 3 介面資訊

```
R1#show int tunnel 3
Tunnel3 is up, line protocol is up (connected)
 Hardware is Tunnel
 MTU 17916 bytes, BW 100 Kbit/sec, DLY 50000 usec,
   reliability 255/255, txload 1/255, rxload 1/255
 Encapsulation TUNNEL, loopback not set ❶
 Keepalive not set
 Tunnel source 209.165.100.2 (Serial0/0/0), destination 209.165.200.2
 Tunnel protocol/transport IPv6/IP ❷
  Key disabled, sequencing disabled
  Checksumming of packets disabled
 Tunnel TTL 255
 Fast tunneling enabled
 Tunnel transport MTU 1476 bytes
-------------省略部分輸出-------------
```

❶ 顯示目前 Tunnel 3 介面的封裝格式。

❷ 表示 Tunnel 的資訊，包含 Tunnel 的來源與目的及使用的模式。

測試 IPv6 over IPv4 Tunnel

在 R1 執行 ping C::2，結果是可以成功，別忘了目前 Internet 是 IPv4 網路，而 R1 是送出 IPv6 ping 封包，IPv6 ping 封包怎麼有辦法在 IPv4 網路傳遞？我們使用 wireshark 在 R1 與 Internet 之間捕捉 ICMPv6 封包，如下圖所示，目前有兩個 L3 的表頭檔，外層 L3 表頭檔為 IPv4，因此 ICMPv6 封包就是靠著 IPv4 表頭檔在 Internet 做繞送。

圖表 9-46 R1 ping C::2 的封包內容

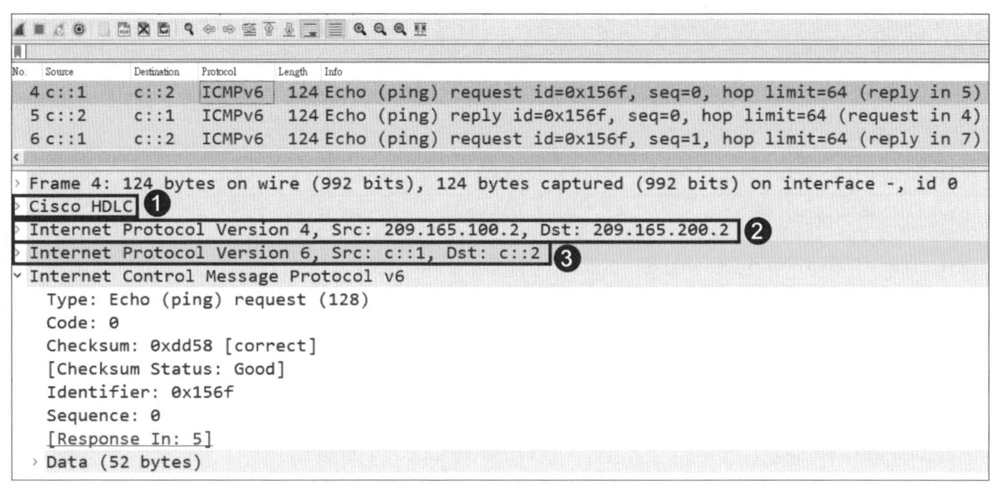

❶ 目前 WAN 使用的 L2 協定為 HDLC。

❷ IPv4 表頭檔，其 IP 位址為 tunnel 3 的來源與目的 IP 位址。

❸ IPv6 表頭檔，這是 ping C::2 的 IPv6 封包。

從封裝過程來看，原始 IPv6 封包被封裝在 IPv4 表頭檔中，如此就好像在 IPv4 網路建立一個通道給 IPv6 封包傳遞，這就是 Tunnel 運作原理。

設定 IPv6 路由協定

目前 PC0 與 PC1 還是無法連線，其原因是 R1 的 IPv6 路由表沒有 B::/64 網路的路由資訊，所以要啟動路由協定來學習，請注意觀察 R1 要透過 tunnel 3 介面學習 B::/64 網路的路由資訊，我們使用 RIPng，啟動指令如下表所示，我們在 R1 與 R2 執行下表指令。

請注意 R1 的 s0/0/0 與 R2 的 s0/0/1 不要啟動 RIPng。

圖表 9-47 設定 R1 、R2 的 RIPng 指令

指令	說明
R1(config)#ipv6 router rip p100	啟動 RIPng p100
R1(config-rtr)#int tunnel 3	切換到 tunnel 3 介面模式
R1(config-if)#ipv6 rip p100 enable	啟動 RIPng p100
R1(config-if)#int fa0/0	切換到 fa0/0 介面模式
R1(config-if)#ipv6 rip p100 enable	啟動 RIPng p100
R2(config)#ipv6 router rip p100	啟動 RIPng p100
R2(config-rtr)#int tunnel 2	切換到 tunnel 2 介面模式
R2(config-if)#ipv6 rip p100 enable	啟動 RIPng p100
R2(config-if)#int fa0/0	切換到 fa0/0 介面模式
R2(config-if)#ipv6 rip p100 enable	啟動 RIPng p100

查看 R1 中 IPv6 路由表

如下所示，有一筆 RIP 的路由資訊，其出口介面為 tunnel3，所以封包要送往 B::/64 網路就從 tunnel 3 介面送出，只要是由 Tunnel 介面送出的封包，就會再封裝一次 L3 表頭檔，IP 位址為該 Tunnel 介面的 tunnel source 與 tunnel destination 的 IP 位址。

圖表 9-48 查看 R1 的 IPv6 路由表中 Tunnel 介面

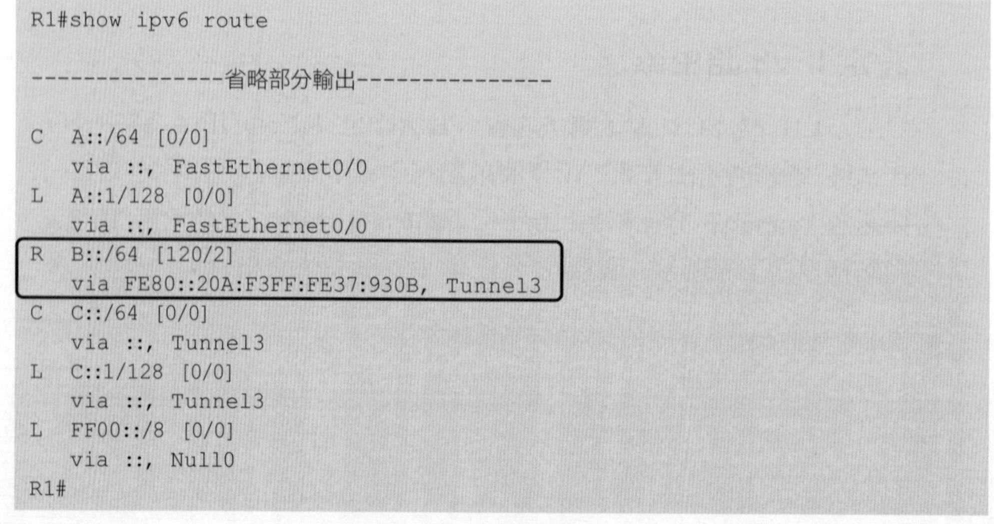

```
R1#show ipv6 route

---------------省略部分輸出---------------

C   A::/64 [0/0]
    via ::, FastEthernet0/0
L   A::1/128 [0/0]
    via ::, FastEthernet0/0
R   B::/64 [120/2]
    via FE80::20A:F3FF:FE37:930B, Tunnel3
C   C::/64 [0/0]
    via ::, Tunnel3
L   C::1/128 [0/0]
    via ::, Tunnel3
L   FF00::/8 [0/0]
    via ::, Null0
R1#
```

測試 PC0 與 PC1

圖表 9-49 PC0 測試 PC1 的結果

```
PC>ping B::2

Pinging B::2 with 32 bytes of data:

Reply from A::1: Destination host unreachable.
Reply from A::1: Destination host unreachable.   ①
Reply from A::1: Destination host unreachable.
Reply from A::1: Destination host unreachable.

Ping statistics for B::2:
    Packets: Sent = 4, Received = 0, Lost = 4 (100% loss),

PC>ping B::2

Pinging B::2 with 32 bytes of data:

Reply from B::2: bytes=32 time=12ms TTL=126
Reply from B::2: bytes=32 time=2ms TTL=126       ②
Reply from B::2: bytes=32 time=2ms TTL=126
Reply from B::2: bytes=32 time=2ms TTL=126

Ping statistics for B::2:
    Packets: Sent = 4, Received = 4, Lost = 0 (0% loss),
```

❶ 在還沒設定 RIPng 時，PC0 執行 ping B::2，其結果是失敗。

❷ 當 R1 路由表學習到 B::/64 路由資訊，PC0 再執行 ping B::2，其結果就成功。

請注意：更詳細的 Tunnel 運作原理，請參考 Chapter 14 進階廣域網路。

MEMO

CHAPTER 10

交換器基礎功能 - Vlan、Vlan Routing、Trunk 與 DTP

本章將介紹交換器的 Vlan 設定，交換器除了能避免傳送資料的碰撞外，也提供 IOS 來做進階交換器網路規劃，交換器網路規劃主要以 Vlan 網路為主，要規劃 Vlan 網路需要了解 VTP、DTP 及 Inter-vlan Routing 功能，本章節主要以 Vlan 管理作說明。

10.1 交換器介紹

一般市面上賣的交換器大部份是 **Switch-Hub**，這種 Switch-Hub 只具備**沒有碰撞**的功能，其它進階設定的功能就沒有。而 Cisco Switch 有提供 IOS，所以提供相當多的進階功能可以設定，甚至有些功能跟路由器的功能是重疊的，因此又可以把交換器分為 **Layer2 Switch** 與 **Layer3 Switch (Multilayer Switch)**。

圖表 10-1 L3 交換器 vs 路由器

特徵	L3 Switch	Router
Routing 功能	支援	支援
WAN 支援	不支援	支援
進階路由協定	不支援	支援

請注意 L3 交換器又稱為 Multilayer 交換器。

L2 與 L3 交換器區別

交換器有分 L2 與 L3，L2 交換器只會根據 MAC 來處理資料，不需要解析 IP 資訊，但是 L3 交換器有提供繞送功能，因此需要根據 IP 資訊來做繞送，左表為 L3 交換器與路由器的比較，有部分功能是一樣，在稍後也會示範 L3 交換器的操作，詳細 L3 交換器介紹請參考 CCNP 書籍。

要連接交換器的 IOS 的方式跟路由器一樣有兩種方式，一種是從 console，另一種是由遠端登入。交換器的 IOS 操作方式跟路由器一樣有四種模式，基本的 IOS 指令相同，但是部分進階指令會因為交換器與路由器的功能而有差別，稍後的交換器實驗就可以知道。

10.2 Switch 管理 IP

本節將介紹交換器的 IOS 操作及管理 IP 的設定，我們使用下列管理 IP 網路架構來做說明。

圖表 10-2 管理 IP 網路架構

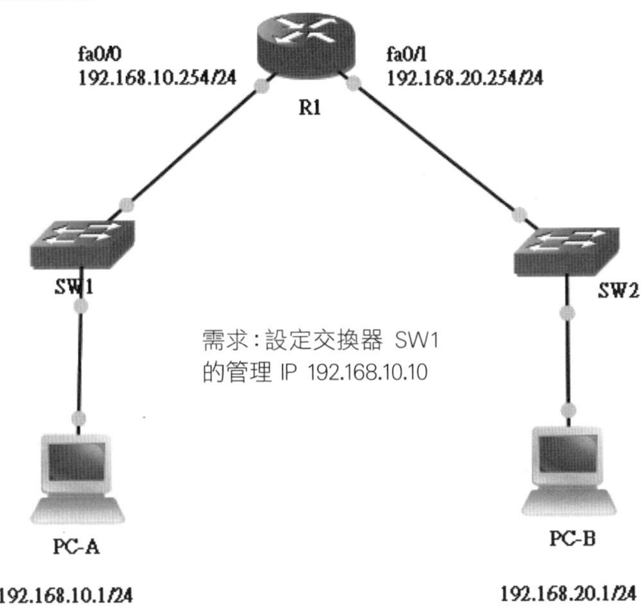

管理 IP 目的

L2 交換器不需要設定 IP 就可以運作，那為何要設定一個管理 IP？主要是作為遠端登入 (telnet) 使用，而此管理 IP 要設定在哪一個網路介面？使用 **show ip int brief** 來查詢交換器 S1 的網路介面，如下所示為交換器中所有網路介面狀況，由於交換器設計目的是用來連接一般終端設備，所以查詢結果會有很多網路介面，其中 fa0/1 與 fa0/2 的介面已經啟動，這是因為這兩個介面分別連接 R1 與 PCA，請注意交換器的網路介面只要有正常連接網路線，網路介面就自動啟動，這跟路由器的網路介面需要手動啟動是不一樣的。

圖表 10-3 交換器的所有網路介面

```
S1>en
S1#show  ip  int  brief
Interface          IP-Address OK? Method Status                  Protocol
FastEthernet0/1    unassigned YES manual up                      up
FastEthernet0/2    unassigned YES manual up                      up
**省略部份輸出
FastEthernet0/24   unassigned YES manual down                    down
Vlan1              unassigned YES manual administrativelydown   down
S1#
```

交換器的虛擬介面

由上圖所示可以發現有一個網路介面名稱為 **Vlan1**，跟其他網路介面名稱不一樣，此介面為交換器上的虛擬介面，如同路由器上的 Loopback 虛擬介面，交換器上的虛擬介面的關鍵字為 Vlan，建立虛擬介面的指令為 **int Vlan X**，其中 X 為正整數。交換器出廠時已經建好一個 **Vlan 1** 虛擬介面，此介面就是用來設定管理 IP。

請注意這個 int vlan 的介面稱為 SVI (Switch Virtual Interface)，int vlan 1 為預設的管理介面名稱。

設定管理 IP

接下來要示範將管理 IP 為 192.168.10.10 設定到 S1 中，如下所示：

圖表 10-4 設定 S1 的管理 IP

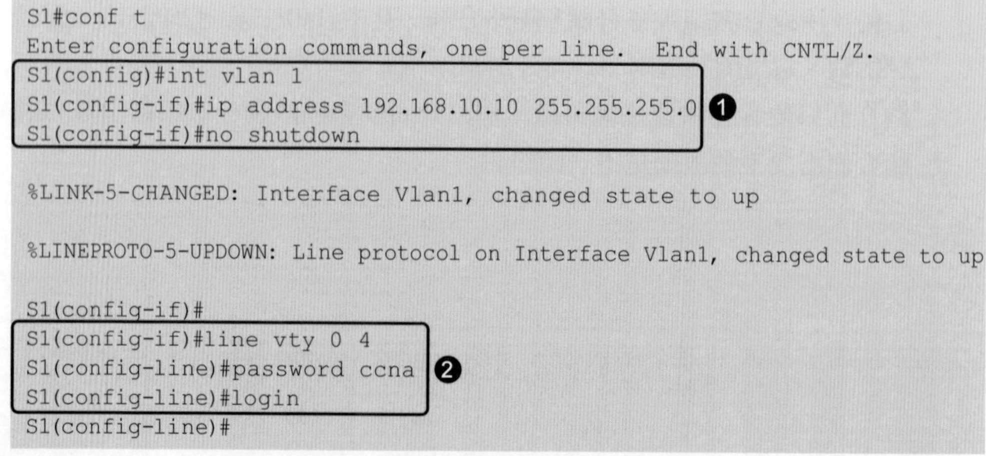

```
S1#conf t
Enter configuration commands, one per line.  End with CNTL/Z.
S1(config)#int vlan 1
S1(config-if)#ip address 192.168.10.10 255.255.255.0  ❶
S1(config-if)#no shutdown

%LINK-5-CHANGED: Interface Vlan1, changed state to up

%LINEPROTO-5-UPDOWN: Line protocol on Interface Vlan1, changed state to up

S1(config-if)#
S1(config-if)#line vty 0 4
S1(config-line)#password ccna  ❷
S1(config-line)#login
S1(config-line)#
```

❶ 進入到 Vlan1 的介面模式下，使用 **ip address** 指令來設定 IP，請注意 Vlan 1 介面預設是關閉的，必須使用 **no shutdown** 來啟動。

❷ 接著來設定交換器遠端連線密碼，密碼使用 ccna。

接著測試遠端連線, 在 PCA 執行 ping 與 telnet，如下所示：

圖表 10-5 測試 S1 的遠端連線

```
PC>ping 192.168.10.10

Pinging 192.168.10.10 with 32 bytes of data:

Request timed out.
Reply from 192.168.10.10: bytes=32 time=0ms TTL=255
Reply from 192.168.10.10: bytes=32 time=0ms TTL=255
Reply from 192.168.10.10: bytes=32 time=0ms TTL=255      ❶

Ping statistics for 192.168.10.10:
  Packets: Sent = 4, Received = 3, Lost = 1 (25% loss),
Approximate round trip times in milli-seconds:
  Minimum = 0ms, Maximum = 0ms, Average = 0ms

PC>telnet 192.168.10.10
Trying 192.168.10.10 ...Open


User Access Verification      ❷

Password:
S1>
```

❶ 在 PCA 執行 **ping 192.168.10.10**，PCA 與 S1 連線成功。

❷ 接著執行 **telnet 192.168.10.10**，輸入 ccna 密碼就可以連到 S1 的 IOS。

現在從 PCB 來遠端登入 S1，在 PCB 執行 **telnet 192.168.10.10**，結果無法連上，再使用 **ping 192.168.10.10** 來測試，出現『**time out**』的訊息，表示 PCB 跟 S1 的網路連線有問題，其原因出在 S1 沒有設定預設閘道，在其它網路區域的連線，S1 就無法回應。

設定交換器的預設閘道

S1 所在的網路區域的預設閘道為 R1 的 fa0/0，使用 **ip default-gateway** 來設定 S1 的預設閘道，如下所示：

圖表 10-6 設定 S1 的預設閘道

```
S1#conf t
Enter configuration commands, one per line.  End with CNTL/Z.
S1(config)#
S1(config)#ip default-gateway 192.168.10.254 ❶
S1(config)#
S1(config)#do ping 192.168.20.1

Type escape sequence to abort.
Sending 5, 100-byte ICMP Echos to 192.168.20.1, timeout is 2 seconds:
.!!!!                                                                  ❷
Success rate is 80 percent (4/5), round-trip min/avg/max = 0/0/0 ms

S1(config)#
```

❶ 在 S1 的組態模式下執行 **ip default-gateway 192.168.10.254**。

❷ 接著直接在 S1 測試與 PCB 的連線，結果顯示 S1 與 PCB 的網路連線成功。

10.3 Vlan 的定義

本節將介紹**虛擬網路 (Vlan，Virtual Lan)** 的產生，路由器可以阻擋廣播封包，所以可以劃分廣播區域，進而規劃網路；交換器預設不能阻擋廣播區域，但有進階功能的交換器可以用設定的方式來阻擋廣播封包，所以也可以用交換器來規劃網路，我們使用下列 Router-Switch 網路架構來說明。

圖表 10-7 Router-Switch 網路架構

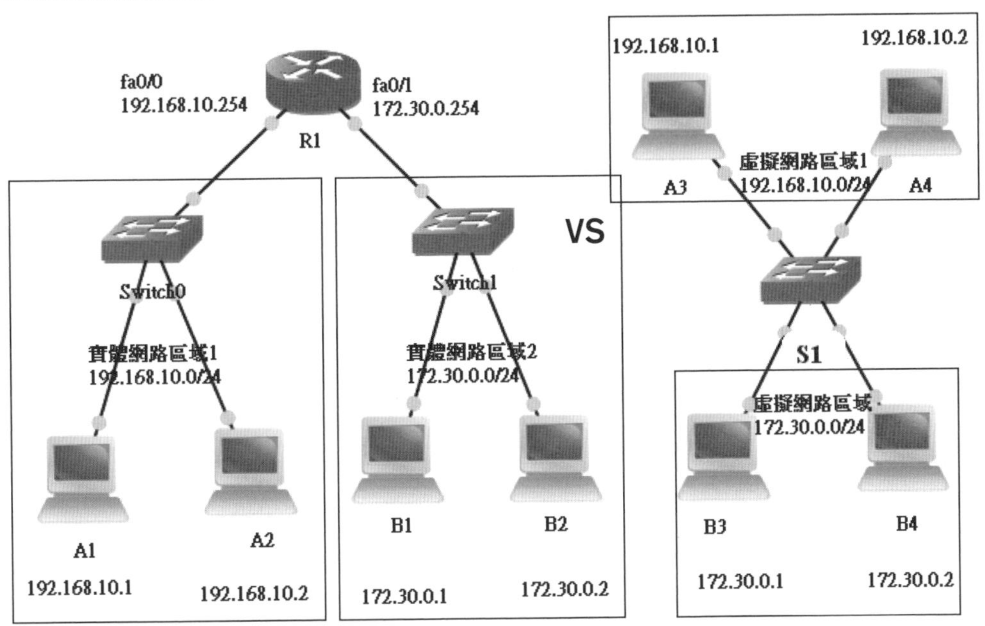

路由器產生的網路

一個廣播區域可以定義為一個網路，而廣播區域的劃分則產生網路區域；在此我們稱路由器產生的網路為實體網路，交換器產生的網路為虛擬網路。如上圖所示，R1 產生了 **2 個廣播區域 = 2 個實體網路區域**，在 A1 執行 **ping 192.168.10.255**，由於目的 IP 為廣播 IP，所以就會產生廣播封包，但廣播封包會被 R1 阻擋，如此就產生 **1 個廣播區域**，也就是 1 個網路。由於路由器的預設功能就是會阻擋廣播封包，路由器產生的網路不需要再做額外的設定，所以我們稱之為**實體網路**，以區別交換器產生的網路。

交換器產生的網路

在 S1 中的 4 台電腦的 IP 設定與 R1 一樣，我們希望會產生 2 個網路，在 A3 執行 **ping 192.168.10.255**，但是交換器 S1 並不會阻擋 A3 的 ping 廣播封包，因此交換器 S1 只產生 **1 個廣播區域**也就是 1 個網路。如果要在 S1 產生 2 個廣播區域，則需要在 S1 做額外的設定，也就是要在 S1 定義兩廣播區域，再將電腦分別指定到這兩個廣播區域中，因此由交換器設定產生的網路我們稱之為**虛擬網路 (Vlan)**。

交換器如何定義廣播區域，觀念是將交換器的 port 分組 (group)，在同一組的 port 彼此會收到同一組的 port 發送的廣播封包，某一組的廣播封包不會傳遞到另一組的 port，在交換器將 port 分組的設定就是在規劃廣播區域，一個分組就是一個廣播區域，稱為 Vlan，每個分組需要用一個標號來識別，此編號稱為 Vlan id，所以要在交換器上產生網路有兩個步驟，第一步驟先建立 Vlan 號碼，也就是建立群組編號，第二步驟將 port 指定到 Vlan 號碼，最後將一個 IP 區塊分配到此 Vlan 號碼，效果跟路由器產生的網路是一樣，因此，用交換器就可以大量的規劃網路。

10.4 建立 Vlan

本節接著介紹如何在交換器上建立虛擬網路，我們使用下列 vlan 網路架構來做示範。

圖表 10-8 vlan 網路架構

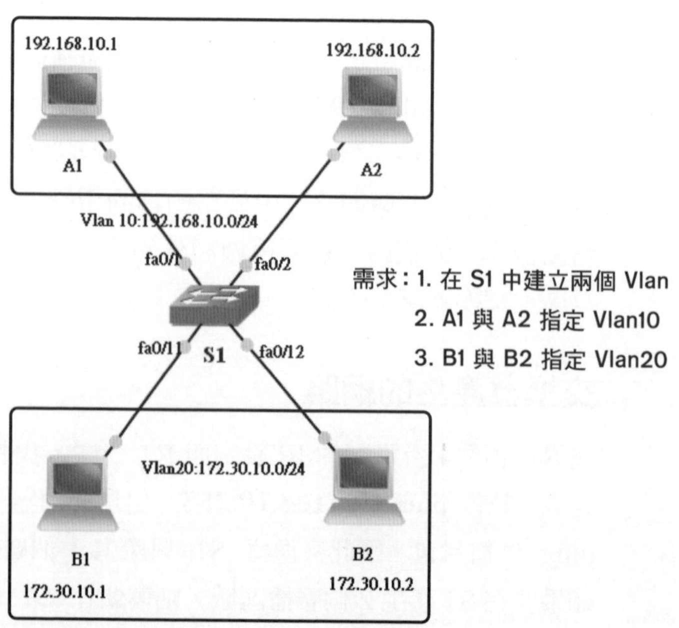

一台交換器中不同 Vlan

首先針對一台交換器來建立 Vlan，本範例要在 S1 建立 Vlan10 與 20 兩個虛擬網路，並將 A1 及 A2 電腦分配到 Vlan10，B1 及 B2 分配到 Vlan20，另外虛擬網路也需要**網路位址(network IP)**，規劃 IP 位址空間為 Vlan10 使用 192.168.10.0/24，Vlan20 使用 172.30.10.0/24。

查詢交換器的初始 Vlan 資訊

在交換器建立 Vlan 資料之前，先來看 Vlan 的初始資料，使用 **show vlan** 來查詢 Vlan 狀態，如下所示：

圖表 10-9 查詢 S1 初始的 Vlan 狀態

```
S1#sh vlan

VLAN  Name                  Status    Ports
----  -------------------- --------- -------------------------------
1     default               active    Fa0/1, Fa0/2, Fa0/3, Fa0/4
                                      Fa0/5, Fa0/6, Fa0/7, Fa0/8
                                      Fa0/9, Fa0/10, Fa0/11, Fa0/12
                                      Fa0/13, Fa0/14, Fa0/15, Fa0/16
                                      Fa0/17, Fa0/18, Fa0/19, Fa0/20
                                      Fa0/21, Fa0/22, Fa0/23, Fa0/24      ❶
1002 fddi-default           act/unsup
1003 token-ring-default     act/unsup
1004 fddinet-default        act/unsup   ❷
1005 trnet-default          act/unsup
---------------- 省略部分資訊 --------------------
```

❶ 有一個 **Vlan 1**，這個 Vlan 是交換器出廠的預設值，在交換器上所有的 port 預設都屬於 Vlan1。

❷ 有 **Vlan1002~1005** 則是保留給其他協定使用的 Vlan，另外還有延伸的範圍 1006～4094，此範圍稱為延伸 Vlan (Extended Vlan)。

請注意 Vlan 1、1002～1005 這五個 Vlan 是系統自動產生，無法刪除。

建立 Vlan

要建立一個新的 Vlan，只要在組態模式下使用 **vlan** 指令，後面跟著一個編號，此編號就是 Vlan 的 ID。而每個 Vlan 可以取一個名稱，此名稱若不指定，系統會用預設的名稱，如下表所示為建立兩個 Vlan 分別為 vlan10 與 20，其對應名稱為 student 及 teacher，Vlan 的名稱不一定需要，但 Vlan 的 ID 一定要。請注意 Vlan id 可以視為分組的編號。

圖表 10-10 建立 S1 的兩個 Vlan

指令	說明
S1 (config)#vlan 10	建立一個 vlan 編號 10
S1 (config-vlan)#name student	命名 vlan 10 為 student 名稱
S1 (config-vlan)#vlan 20	建立一個 vlan 編號 20
S1 (config-vlan)#name teacher	命名 vlan 20 為 teacher 名稱

將上述指令在 S1 中執行後，再查詢一次 Vlan 的狀態，如下所示：

圖表 10-11 建立及查詢 S1 的 Vlan 資訊

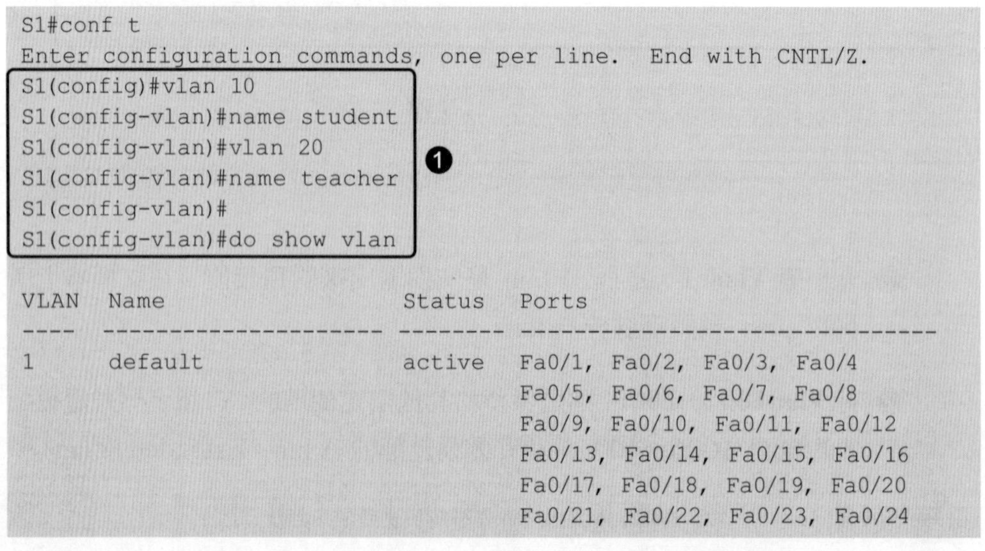

```
S1#conf t
Enter configuration commands, one per line.  End with CNTL/Z.
S1(config)#vlan 10
S1(config-vlan)#name student
S1(config-vlan)#vlan 20                ❶
S1(config-vlan)#name teacher
S1(config-vlan)#
S1(config-vlan)#do show vlan

VLAN Name                             Status    Ports
---- -------------------------------- --------- -------------------------------
1    default                          active    Fa0/1, Fa0/2, Fa0/3, Fa0/4
                                                Fa0/5, Fa0/6, Fa0/7, Fa0/8
                                                Fa0/9, Fa0/10, Fa0/11, Fa0/12
                                                Fa0/13, Fa0/14, Fa0/15, Fa0/16
                                                Fa0/17, Fa0/18, Fa0/19, Fa0/20
                                                Fa0/21, Fa0/22, Fa0/23, Fa0/24
```

```
10      student                         active
20      teacher                         active      ❷
1002    fddi-default                    act/unsup
1003    token-ring-default              act/unsup
1004    fddinet-default                 act/unsup
1005    trnet-default                   act/unsup
---------------- 省略部分資訊 --------------------
```

❶ 建立兩個 Vlan。

❷ 查詢產生兩個新的 Vlan，目前這兩個 Vlan 中沒有任何 port。

指定 Port 到 Vlan 中

根據需求 A1 與 A2 電腦要規劃在 Vlan10 中，要達到此目的，要先查看 A1 與 A2 電腦接到 S1 中的 port 編號，分別為 fa0/1 及 fa0/2，所以只要將這兩個 port 指定到 Vlan10 就等於將 A1 與 A2 電腦建立在 Vlan10 中，如何將 fa0/1 及 fa0/2 分配到 Vlan10，使用 **switchport access vlan** 的指令，如下表所示，B1 與 B2 電腦規劃到 Vlan20 也是一樣的方式。

圖表 10-12 指定 port 到特定的 Vlan 中

指令	說明
S1(config)#int fa0/1 S1(config-if)#switchport access vlan 10	切換到 fa0/1 介面模式，指定該 port 到 vlan 10
S1(config)#int fa0/2 S1(config-if)#switchport access vlan 10	切換到 fa0/2 介面模式，指定該 port 到 vlan 10
S1(config)#int fa0/11 S1(config-if)#switchport access vlan 20	切換到 fa0/11 介面模式，指定該 port 到 vlan 20
S1(config)#int fa0/12 S1(config-if)#switchport access vlan 20	切換到 fa0/12 介面模式，指定該 port 到 vlan 20

在 S1 中執行上述指令，再查詢 Vlan 狀態，如下所示：

圖表 10-13 指定及查詢 Vlan 中有那些 Port

```
S1#conf t
Enter configuration commands, one per line.  End with CNTL/Z.
S1(config)#int fa0/1
S1(config-if)#switchport access vlan 10
S1(config-if)#int fa0/2
S1(config-if)#switchport access vlan 10
S1(config-if)#                               ❶
S1(config-if)#int fa0/11
S1(config-if)#switchport access vlan 20
S1(config-if)#int fa0/12
S1(config-if)#switchport access vlan 20
S1(config-if)#
S1(config-if)#do show vlan

VLAN  Name                 Status   Ports
----  -------------------- -------- -----------------------------
1     default              active   Fa0/3, Fa0/4, Fa0/5, Fa0/6
                           Fa0/7,   Fa0/8, Fa0/9, Fa0/10
                           Fa0/13,  Fa0/14, Fa0/15, Fa0/16
                           Fa0/17,  Fa0/18, Fa0/19, Fa0/20
                           Fa0/21,  Fa0/22, Fa0/23, Fa0/24
10    student              active   Fa0/1, Fa0/2
20    teacher              active   Fa0/11, Fa0/12               ❷
---------------- 省略部分資訊 --------------------
```

❶ 指定 port 到特定的 Vlan 中。此種配置稱為靜態 Vlan 配置，另外一種為動態 Vlan 配置，動態配置需要 VLAN Management Policy Server (VMPS)，VMPS 中記錄每一台 PC 應該屬於哪一個 Vlan，如此 PC 連接到任何一 Port，PC 的 Vlan 資訊就不會變。

❷ 可以看到原先在 Vlan1 的 4 個 port(fa0/1、fa/2、fa0/11 與 fa0/12)，現在已經被重新分配，fa0/1 及 fa0/2 屬於 Vlan10，fa0/11 與 fa0/12 屬於 Vlan20。我們可以解讀 fa0/1 與 fa02 分配在 10 號這一組，fa0/11 與 fa0/12 分配在 20 號這一組，每一組的廣播封包只會在自己的組別傳遞，如此一個分組就是一個廣播區域。

請注意一個 port 只能屬於一個 vlan。但是當交換器的 Port 有串接 PC 與 IP Phone 時，該 Port 就要分配 2 個 Vlan id 分別給 PC 與 IP Phone，例如: 分配 Vlan 10 給 PC，Vlan 20 給 IP Phone，如此 PC 使用 Vlan 10 傳資料，IP Phone 使用 Vlan 20 傳 Voice 資料。Vlan 10 又稱為 Data Vlan，而 Vlan 20 稱為 Voice Vlan。配置 Voice Vlan 指令 switchport voice vlan id。

請注意查詢個別 Vlan 的資訊，使用 **show vlan id** 指令，例如：show vlan id 10 只會出現 Vlan 10 的資訊。

請注意 fa0/1 執行 no switchport access vlan 10 後，fa0/1 會回到屬於 vlan 1。

指定 port 到還沒有建立的 Vlan

如果指定 port 到還沒有建立的 Vlan，會發生甚麼錯誤呢？例如：將 S1 中 fa0/1 指定到 Vlan100，但是目前 Vlan100 還沒建立，如下所示：

圖表 10-14 指定 port 到還沒有建立的 Vlan

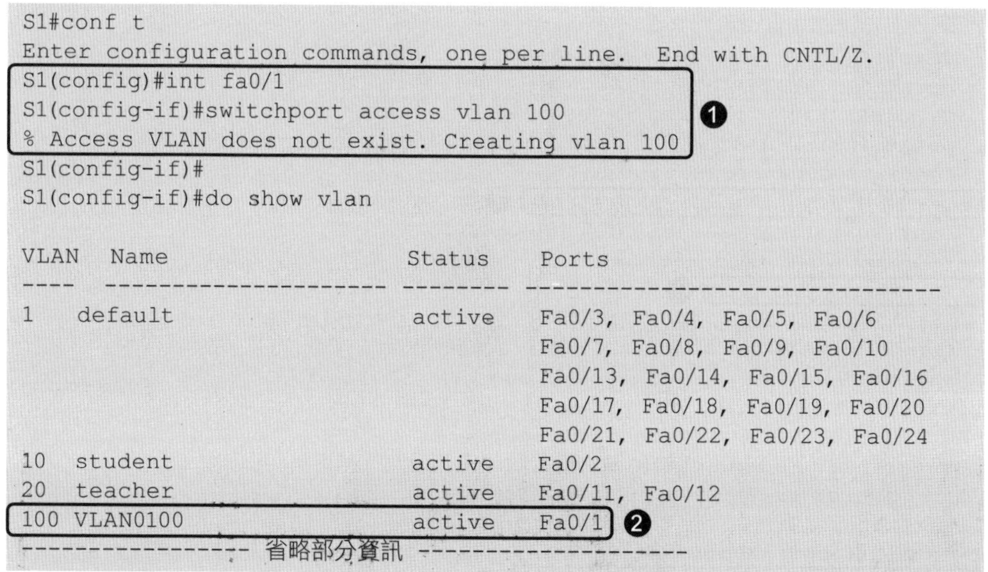

```
S1#conf t
Enter configuration commands, one per line.  End with CNTL/Z.
S1(config)#int fa0/1
S1(config-if)#switchport access vlan 100                      ❶
% Access VLAN does not exist. Creating vlan 100
S1(config-if)#
S1(config-if)#do show vlan

VLAN  Name                  Status    Ports
----  --------------------- --------- -------------------------------
1     default               active    Fa0/3, Fa0/4, Fa0/5, Fa0/6
                                      Fa0/7, Fa0/8, Fa0/9, Fa0/10
                                      Fa0/13, Fa0/14, Fa0/15, Fa0/16
                                      Fa0/17, Fa0/18, Fa0/19, Fa0/20
                                      Fa0/21, Fa0/22, Fa0/23, Fa0/24
10    student               active    Fa0/2
20    teacher               active    Fa0/11, Fa0/12
100   VLAN0100              active    Fa0/1  ❷
----------------- 省略部分資訊 --------------------
```

❶ 這時候 IOS 會出現『**% Access VLAN does not exist. Creating vlan 100**』的訊息，此訊息表示 IOS 自動幫你建立 Vlan100 並把 fa0/1 指定到 Vlan100。

❷ 顯示 S1 有建立 Vlan100，並且 fa0/1 已經在 Vlan100 中。

Vlan 刪除與關閉

刪除 vlan 指令為 **no vlan id**，當 Vlan 被刪除時，該 Vlan 就不會出現在 Vlan 列表中 (show vlan)，另外該 Vlan 所有對應的 port 就無法跟其他 port 做溝通。例如：上述範例中將 Vlan 100 刪除(no vlan 100)，fa0/1 設定的對應還是 Vlan 100，此時 Vlan 100 已經是 inactive 狀態，fa0/1 的燈號會一直呈現橘色燈號，而且 fa0/1 無法跟

fa0/2 溝通。如果誤刪 Vlan id，只要重新將 Vlan 建立回來即可，無需要重新設定 port 的 Vlan。 如下圖所示為 Vlan 刪除與查詢，其中 **show int fa0/1 switchport** 為查詢 fa0/1 介面的 Vlan 相關資訊。

圖表 10-15 Vlan 刪除與查詢

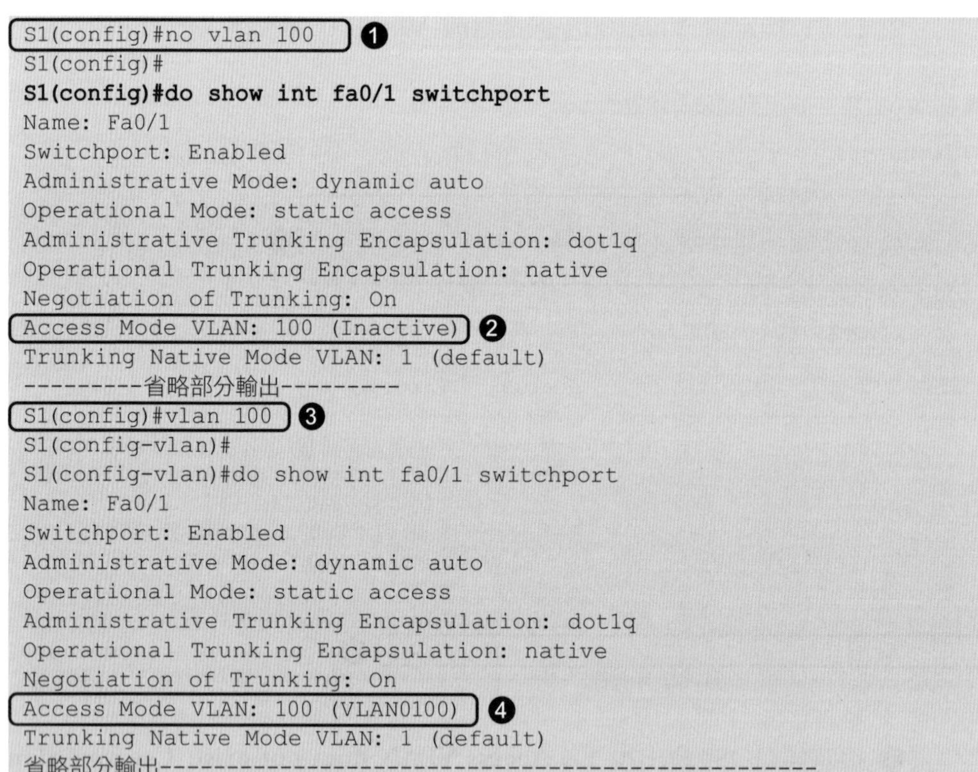

```
S1(config)#no vlan 100 ❶
S1(config)#
S1(config)#do show int fa0/1 switchport
Name: Fa0/1
Switchport: Enabled
Administrative Mode: dynamic auto
Operational Mode: static access
Administrative Trunking Encapsulation: dot1q
Operational Trunking Encapsulation: native
Negotiation of Trunking: On
Access Mode VLAN: 100 (Inactive) ❷
Trunking Native Mode VLAN: 1 (default)
---------省略部分輸出---------
S1(config)#vlan 100 ❸
S1(config-vlan)#
S1(config-vlan)#do show int fa0/1 switchport
Name: Fa0/1
Switchport: Enabled
Administrative Mode: dynamic auto
Operational Mode: static access
Administrative Trunking Encapsulation: dot1q
Operational Trunking Encapsulation: native
Negotiation of Trunking: On
Access Mode VLAN: 100 (VLAN0100) ❹
Trunking Native Mode VLAN: 1 (default)
省略部分輸出-----------------------------------------------
```

❶ 刪除 Vlan 100

❷ Vlan 100 變為 Inactive

❸ 建立 Vlan 100

❹ Vlan 100 變為 Active

另外也可以在 Vlan 模式下，執行 shutdown 將 Vlan 關閉，關閉的 Vlan 還是能在 Vlan 列表中看到，而關閉的 Vlan 所有對應的 port 就無法跟其他 port 做溝通，如下圖所示，在 S1 關閉 Vlan 10，此時在 Vlan 列表中的 Vlan 10 就變成 lshut (local shutdown)狀態，所有 S1 的 Vlan10 對應的 port，都是不能與其他 port 溝通，其他交換器的 Vlan 不受影響，可以繼續運作。

圖表 10-16 Vlan 關閉與查詢

```
S1(config)#vlan 10
S1(config-vlan)#shutdown
S1(config-vlan)#exit
S1(config)#
S1(config-if)#do show vlan
VLAN Name                 Status      Ports
---- ------------------- ---------   -------------------------
1    default              active      Fa0/3, Fa0/4, Fa0/5, Fa0/6
                                      Fa0/7, Fa0/8, Fa0/9,
10   student              act/lshut   Fa0/1, Fa0/2
20   teacher              active      Fa0/11, Fa0/12
----------------- 省略部分資訊 ---------------------
```

將 vlan 10 關閉

請注意 Vlan 狀態有三種 Active、Shutdown 及 Suspended，三種狀態需要配合 VTP 運作，這屬於 CCNP 課程範圍。

設定電腦 IP 位址

將四台電腦的 IP 位址設定，A1 電腦的 IP 為 192.168.10.1/24，要注意的是 Default Gateway(預設閘道)目前還不知道，所以先不用填寫，其它 A2 為 192.168.10.2/24、B1 為 172.30.10.1/24 與 B2 為 172.30.10.2/24，都是一樣的設定方式。

測試 Vlan

一個 Vlan 等同一個廣播區域，所以在 Vlan10 中產生廣播封包，只有 Vlan10 的電腦會收到，Vlan20 中的電腦就收不到該廣播封包，在電腦 A1 中執行 **ping 192.168.10.255**，相當於 A1 產生 ping request 廣播封包給所有電腦，如下圖所示，只有 192.168.10.2 的電腦 A2 有回應，B1 與 B2 電腦根本無接收到此 ping 的廣播封包，如此 A1 與 A2 就處在同一個廣播區域，同樣的方式，B1 與 B2 也處在同一個廣播區域。

圖表 10-17
A1 產生廣播封包

```
PC>ping 192.168.10.255

Pinging 192.168.10.255 with 32 bytes of data:

Reply from 192.168.10.2: bytes=32 time=31ms TTL=128
Reply from 192.168.10.2: bytes=32 time=0ms TTL=128
Reply from 192.168.10.2: bytes=32 time=0ms TTL=128
Reply from 192.168.10.2: bytes=32 time=0ms TTL=128
```

現在已經成功測試了**一個 Vlan 確實等於一個廣播區域**，也是相當於由路由器劃分的網路區域，但是由交換器產生的 Vlan 跟路由器產生的網路區域還是有不一樣的地方，交換器上的 Vlan 是封閉的網路區域，表示 Vlan 之間不能互通，如下圖所示，A1 電腦只能跟 Vlan10 中的電腦 A2 連線成功，但無法與 Vlan20 中的電腦 B1 連線，這是因為我們使用的交換器屬於 L2 設備，沒有 routing 功能，因此，無法傳送不同 Vlan 之間的封包。稍後會介紹 4 種 Inter-Vlan Routing 的技術，來協助 Vlan 之間的資料傳送。

請注意還有一種 Private VLAN(Pvlan)， Pvlan 是將 Vlan 中進行第二層 Vlan 切割，如此 Vlan 中第二層全部的 Vlan 都共用一個 IP 位址區塊， 對於 ISP 業者方便規劃 IP 位址給客戶租用的主機，這部分在屬於 CCNP 課程範圍。

圖表 10-18
A1 無法跟 B1 連通

```
PC>ping 192.168.10.2

Pinging 192.168.10.2 with 32 bytes of data:

Reply from 192.168.10.2: bytes=32 time=0ms TTL=128
Reply from 192.168.10.2: bytes=32 time=0ms TTL=128
Reply from 192.168.10.2: bytes=32 time=16ms TTL=128
Reply from 192.168.10.2: bytes=32 time=0ms TTL=128

Ping statistics for 192.168.10.2:
    Packets: Sent = 4, Received = 4, Lost = 0 (0% loss
Approximate round trip times in milli-seconds:
    Minimum = 0ms, Maximum = 16ms, Average = 4ms

PC>
PC>ping 172.30.10.1

Pinging 172.30.10.1 with 32 bytes of data:

Request timed out.
Request timed out.
Request timed out.
Request timed out.
```

A1 與 A2 連線成功

A1 與 B1 連線失敗

10.5 不同交換器中相同 Vlan 串接

本節針對不同交換器中建立相同 Vlan 並且要連通，我們使用下列 vlan 串接網路架構為例，S1 中建立 Vlan10 與 20 兩個虛擬網路，在 S2 中也建立相同編號的 Vlan10 與 20 兩個虛擬網路，S1 中的 Vlan10 有 A1 及 A2 電腦，在 S2 的 Vlan10 中有 A3 及 A4 電腦，這四台電腦應該同屬一個網路區域(Vlan10)，雖然他們在不同交換器上，而且 B1、B2、B3 及 B4 也是一樣同屬於另外一個網路區域 (Vlan20)，另外 IP 分配如圖所示標示。

圖表 10-19 vlan 串接網路架構

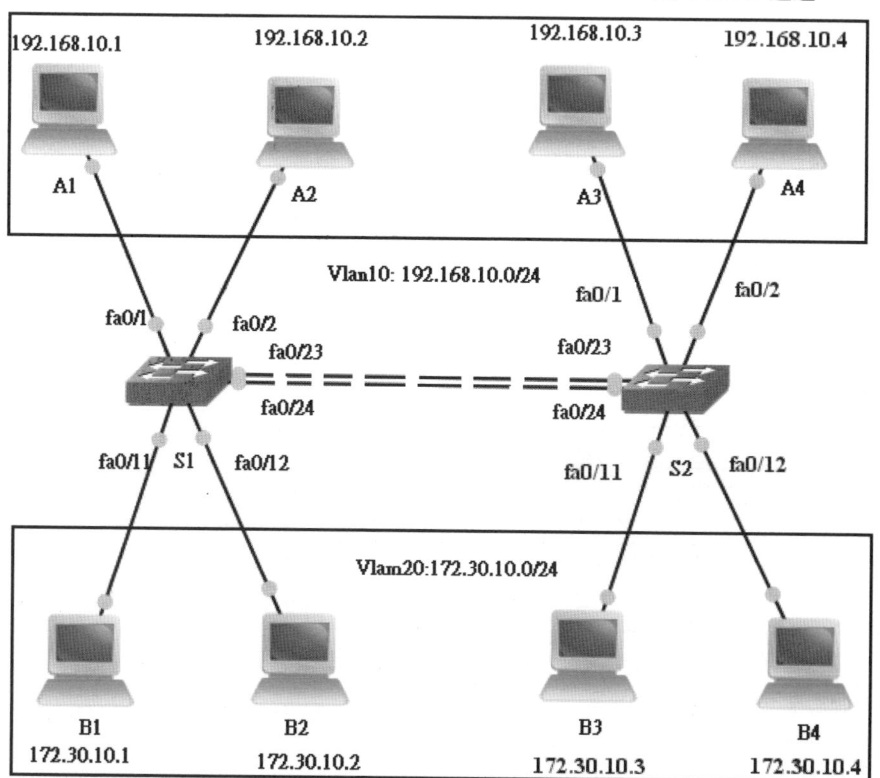

建立 Vlan 及指定 port 的 Vlan

根據上圖需求，要在 S1 建立兩個 Vlan10 及 20，fa0/1 與 fa0/2 (A1 與 A2 電腦所連接的 port) 分配到 Vlan10，fa0/11 與 fa0/12 (B1 與 B2 連接的 port) 分配到 Vlan20，既然 fa0/1 與 fa0/2 都是要分配 Vlan10，其分配的指令都一樣，因此使用 **int range** 這個指令，一次進入到多個介面模式下執行指令，如下表所示，**int range fa0/1 – 2** 表示進入到 S1 中 fa0/1 及 fa0/2 介面模式下，當執行 **switchport access vlan 10** 指令時，fa0/1 及 fa0/2 都會生效。

圖表 10-20 S1 中新增 Vlan 與分配 Port 指令

指令	說明
S1(config)#vlan 10 S1 (config-vlan)#vlan 20	在 S1 中，建立兩個 Vlan10 及 20
S1(config)#int range fa0/1 - 2 S1(config-if-range)#switchport access vlan 10	在 S1 中，同時切換到 fa0/1 與 fa0/2，指定兩個 port 到 vlan10
S1(config-if-range)#int range fa0/11 - 12 S1(config-if-range)#switchport access vlan 20	在 S1 中，同時切換到 fa0/11 與 fa0/12，指定兩個 port 到 vlan20

執行與查詢 Vlan 資訊

將上述的指令在 S1 中執行，再查詢 Vlan 狀態，如下所示：

圖表 10-21 S1 中執行與查詢 vlan

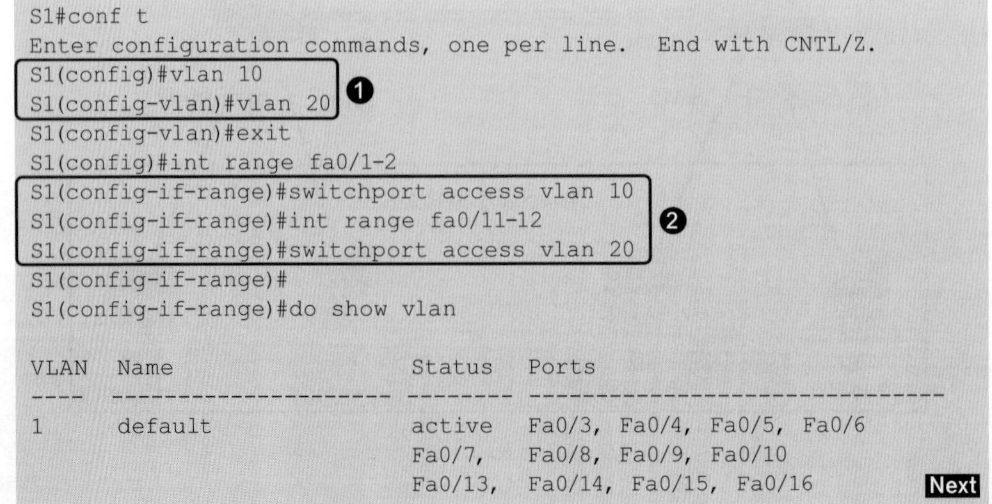

```
S1#conf t
Enter configuration commands, one per line.  End with CNTL/Z.
S1(config)#vlan 10
S1(config-vlan)#vlan 20   ❶
S1(config-vlan)#exit
S1(config)#int range fa0/1-2
S1(config-if-range)#switchport access vlan 10
S1(config-if-range)#int range fa0/11-12          ❷
S1(config-if-range)#switchport access vlan 20
S1(config-if-range)#
S1(config-if-range)#do show vlan

VLAN Name                 Status   Ports
---- -------------------- -------- -------------------------------
1    default              active   Fa0/3, Fa0/4, Fa0/5, Fa0/6
                          Fa0/7,   Fa0/8, Fa0/9, Fa0/10
                          Fa0/13,  Fa0/14, Fa0/15, Fa0/16
```

Next

```
                              Fa0/17,  Fa0/18, Fa0/19, Fa0/20
                              Fa0/21,  Fa0/22, Fa0/23, Fa0/24
10    VLAN0010                active   Fa0/1, Fa0/2
20    VLAN0020                active   Fa0/11, Fa0/12          ❸
---------------- 省略部分資訊 -------------------
```

❶ 建立兩個 Vlan 其中 Vlan 名稱沒有指定，系統就使用標號當預設值作為 Vlan 名稱。

❷ 使用 int range 指令來指定 port 屬於特定 vlan。

❸ 顯示 Vlan 10 與 Vlan20 的 port。

查詢 Range 的效果

使用 **show run** 來查詢 **int range fa0/1-2** 設定結果，如下所示，兩個 port 的介面模式生效的指令都一樣。請注意如果要進入的多個介面有連續及不連續的介面編號，則分別使用 '-' 與 ','，例如：一次要進入 fa0/1、fa0/3、fa0/5、fa0/6、fa0/7 這五個介面，則執行 **int range fa0/1,fa0/3,fa0/5-7**，另外也可以使用巨集指令來定義多個介面的名稱，例如：在組態模式執行 **define interface-range mytest fa0/1,fa0/3,fa0/5-7**，之後只要輸入 **int range macro mytest**，就可以同時進入這五個介面模式，如此對於常常要一起設定的多個介面，這種用法非常方便。

圖表 10-22 使用 int range fa0/1-2 設定結果

```
S1#show run
Building configuration...

Current configuration : 1106 bytes
!
version 12.1
no service timestamps log datetime msec
no service timestamps debug datetime msec
no service password-encryption
!
hostname S1
!
!
spanning-tree mode pvst
!
interface FastEthernet0/1
 switchport access vlan 10
!
interface FastEthernet0/2
 switchport access vlan 10
!
interface FastEthernet0/3
 --More--
```

S2 建立 Vlan

S2 跟 S1 的設定一樣，要建立兩個 Vlan，並分配 fa0/1 及 fa0/2 給 Vlan10，指定 fa0/11 與 fa0/12 到 vlan20，其設定指令如下表所示。

圖表 10-23 S2 中新增 Vlan 與分配 Port 指令

指令	說明
S2(config)#vlan 10 S2 (config-vlan)#vlan 20	在 S2 中，建立兩個 Vlan10 及 20
S2(config)#int range fa0/1 - 2 S2(config-if-range)#switchport access vlan 10	在 S2 中，同時切換到 fa0/1 與 fa0/2，指定兩個 port 到 vlan10
S2(config-if-range)#int range fa0/11-12 S2(config-if-range)#switchport access vlan 20	在 S2 中，同時切換到 fa0/11 與 fa0/12，指定兩個 port 到 vlan20

測試 Vlan

八台電腦的 IP 位址設定完成後，在 A1 執行 **ping192.168.10.255**，結果只有 A2 有回應，A1 再執行 **ping 192.168.10.3**，結果沒有回應，表示 A1 與 A3 連線失敗，這表示 S1 的 Vlan10 與 S2 的 Vlan10 無法連通，這是因為連接 S1 與 S2 的兩條連線的 fa0/23 與 fa0/24 還是屬於 Vlan1，因此，無法傳遞 Vlan10 的封包，同樣的原因，S1 與 S2 的 Vlan20 的封包也無法互通。

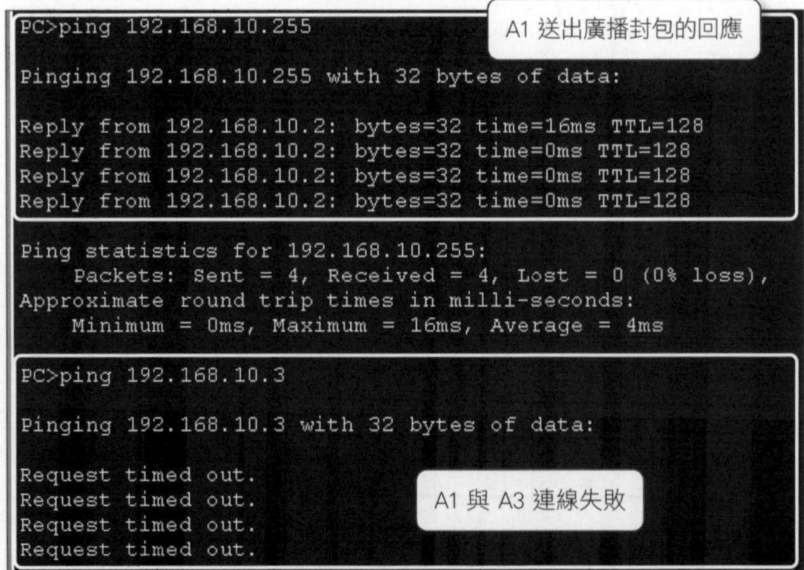

圖表 10-24 A1 與 A3 連線失敗

S1 與 S2 連線分配到 Vlan

將 S1 中 fa0/23 與 fa0/24 分別指定到 Vlan 20 與 10，在 S2 也同樣分配 fa0/23 與 fa0/24 分別指定到 Vlan 20 與 10，如此 S1 中的 Vlan10 的封包就會經由 S1 的 fa0/24 送到 S2 的 fa0/24 後，再傳送到 S2 中的 Vlan10，同樣的傳送方式也用於 Vlan20 中。

測試 S1 與 S2 的 Vlan10

現在在 A1 電腦執行 **ping 192.168.10.255** 發送 ping 廣播封包，如下圖所示，192.168.10.2、192.168.10.3 及 192.168.10.4 都有回應，表示 A1、A2、A3 及 A4 屬於同一廣播區域，其中 A1 的廣播封包傳送的路徑為 **S1 fa0/1-->S1 fa0/24--> S2 fa0/24-->S2** 中所有 Vlan10 的 port。S1 與 S2 的 Vlan20 中的電腦也一樣同屬於一個廣播區域。請注意 B1 產生廣播封包要使用 **ping 172.30.10.255**。

圖表 10-25 A1 送出廣播封包的回應結果

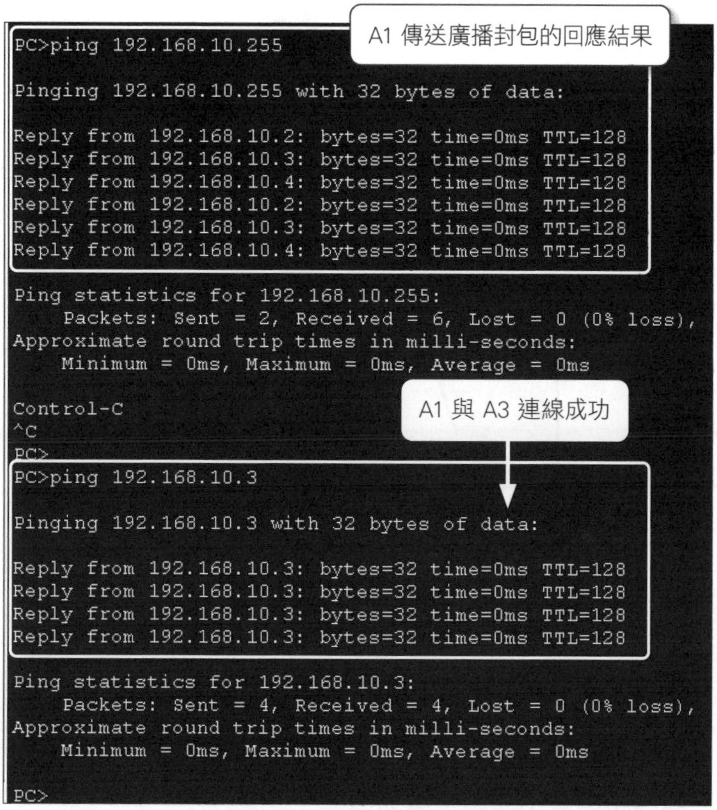

```
PC>ping 192.168.10.255

Pinging 192.168.10.255 with 32 bytes of data:

Reply from 192.168.10.2: bytes=32 time=0ms TTL=128
Reply from 192.168.10.3: bytes=32 time=0ms TTL=128
Reply from 192.168.10.4: bytes=32 time=0ms TTL=128
Reply from 192.168.10.2: bytes=32 time=0ms TTL=128
Reply from 192.168.10.3: bytes=32 time=0ms TTL=128
Reply from 192.168.10.4: bytes=32 time=0ms TTL=128

Ping statistics for 192.168.10.255:
    Packets: Sent = 2, Received = 6, Lost = 0 (0% loss),
Approximate round trip times in milli-seconds:
    Minimum = 0ms, Maximum = 0ms, Average = 0ms

Control-C
^C
PC>
PC>ping 192.168.10.3

Pinging 192.168.10.3 with 32 bytes of data:

Reply from 192.168.10.3: bytes=32 time=0ms TTL=128
Reply from 192.168.10.3: bytes=32 time=0ms TTL=128
Reply from 192.168.10.3: bytes=32 time=0ms TTL=128
Reply from 192.168.10.3: bytes=32 time=0ms TTL=128

Ping statistics for 192.168.10.3:
    Packets: Sent = 4, Received = 4, Lost = 0 (0% loss),
Approximate round trip times in milli-seconds:
    Minimum = 0ms, Maximum = 0ms, Average = 0ms

PC>
```

A1 傳送廣播封包的回應結果

A1 與 A3 連線成功

10.6 Vlan 之間的路由功能

在交換器中建立的 **Vlan 為封閉的網路**，也就是 Vlan 之間資料無法互通，其原因目前所用的交換器為 L2 交換器，**無繞送 (routing)** 功能，但是 Vlan 之間要能互相傳遞資料，這樣才能發揮其功能，因此要使用路由器中的繞送功能來協助交換器中 Vlan 之間的資料傳遞。Inter-vlan routing 的方式有 4 種，第 1 種使用 Router 的介面當 Vlan 的預設閘道，第 2 種使用 L3 Switch，方法跟第 1 種類似，第 3 種使用 Router 的子介面與 Trunk 的技術，第 4 種使用 L3 Switch 的 SVI 與 Trunk 的技術，本節先介紹第 1 種 Inter-Vlan routing 方式。我們使用下列 vlan-routing 網路架構來做示範說明。

圖表 10-26 vlan-routing 網路架構

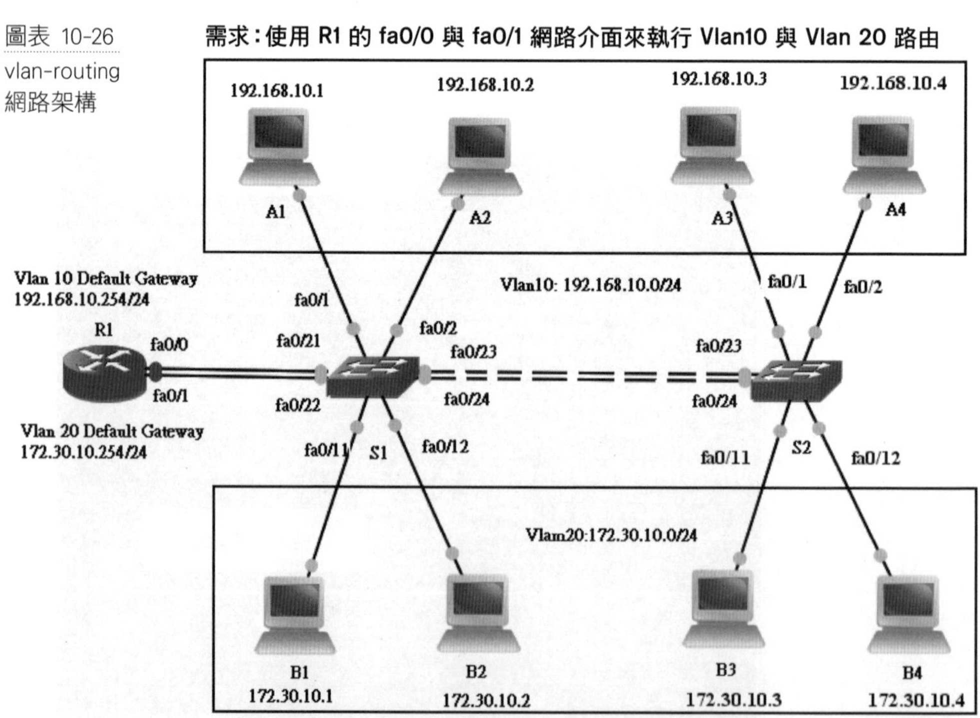

如上圖的設定範例，規劃路由器的 fa0/0 當作 Vlan10 的預設閘道，其 IP 位址 192.168.10.254/24，路由器的 fa0/1 則為 Vlan20 的預設閘道，其 IP 位址 172.30.10.254/24，如此 Vlan10 與 20 就可以透過路由器來互相傳遞資料。

啟動 R1 介面

R1 的 fa0/0 與 fa0/1 兩個介面啟動並設定分配的 IP 位址，fa0/0 設定 192.168.10.254，fa0/1 設定 172.30.10.254，並確認兩個介面都 L1 與 L2 都有出現啟動成功訊息。

設定預設閘道

在這個時候 Vlan10 中的電腦就有預設閘道為路由器的 fa0/0，而 Vlan20 中的電腦對應的預設閘道為路由器的 fa0/1，我們將 A1 的預設閘道設定，如下表所示，其它 A2、A3 及 A4 的預設閘道也設定為 192.168.10.254，另外 Vlan20 中四台電腦 B1、B2、B3 及 B4 的預設閘道設定為 172.30.10.254。

圖表 10-27 設定 A1 電腦的預設閘道

A1 IP Configuration	
Static	
IP Address	192.168.10.1
Subnet Mask	255.255.255.0
Default Gateway	192.168.10.254
DNS Server	

測試預設閘道

在 A1 執行 **ping 192.168.10.254** 來測試預設閘道連線狀態，此時 A1 連線到預設閘道失敗，其原因就出現在 S1 與路由器的接線，S1 使用 fa0/21 與路由器 fa0/0 實體連線，因此 S1 的 fa0/21 要屬於 Vlan10 才會傳送 Vlan10 的封包，同樣 S1 的 fa0/22 要屬於 Vlan20。

S1 與路由器的連線分配到 Vlan

在 S1 執行將 fa0/21 指定到 Vlan10 及 fa0/22 指定到 Vlan20，並查詢 Vlan 狀態確認結果。

測試 Vlan10 的預設閘道

先在測試 A1 與預設閘道的連線情況，如下圖所示，A1 已經可以連通預設閘道，其連線的路徑為 **A1-->S1 fa0/1-->S1 fa0/21-->R1 fa0/0**。

圖表 10-28
A1 與預設閘道連線成功

A1 與預設閘道連線成功

```
PC>ping 192.168.10.254

Pinging 192.168.10.254 with 32 bytes of data:

Reply from 192.168.10.254: bytes=32 time=16ms TTL=255
Reply from 192.168.10.254: bytes=32 time=0ms TTL=255
Reply from 192.168.10.254: bytes=32 time=0ms TTL=255
Reply from 192.168.10.254: bytes=32 time=15ms TTL=255
```

測試 Vlan10 到 Vlan20

確認 A1 跟其預設閘道連線沒有問題後，接下來測試 A1 連線 Vlan20 中的電腦，在 A1 執行 **ping 172.30.10.2** 及 **ping 172.30.10.4**，結果都有成功回應，表示 A1 與 B2 及 B4 連線成功，也就是 Vlan10 中電腦與 Vlan20 中的電腦可以互相傳遞資料，其中 A1 傳遞封包到 B4 的傳遞路徑為 **A1-->S1 fa0/1-->S1 fa0/21-->R1 fa0/0-->R1 fa0/1-->S1 fa0/22--> S1 fa0/23--> S2 fa0/23--> S2 fa0/12-->B4**。

圖表 10-29
A1 與 B2 及 B4 連線成功

A1 與 B2 連線成功

A1 與 B4 連線成功

```
PC>ping 172.30.10.2

Pinging 172.30.10.2 with 32 bytes of data:

Request timed out.
Reply from 172.30.10.2: bytes=32 time=0ms TTL=127
Reply from 172.30.10.2: bytes=32 time=0ms TTL=127
Reply from 172.30.10.2: bytes=32 time=0ms TTL=127

Ping statistics for 172.30.10.2:
    Packets: Sent = 4, Received = 3, Lost = 1 (25% loss),
Approximate round trip times in milli-seconds:
    Minimum = 0ms, Maximum = 0ms, Average = 0ms

PC>ping 172.30.10.4

Pinging 172.30.10.4 with 32 bytes of data:

Request timed out.
Reply from 172.30.10.4: bytes=32 time=0ms TTL=127
Reply from 172.30.10.4: bytes=32 time=0ms TTL=127
Reply from 172.30.10.4: bytes=32 time=0ms TTL=127
```

10.7 使用 L3 Switch 當路由器

除了路由器有繞送 (routing) 功能外，L3 Switch 也是有繞送 (routing) 功能，本單元將示範如何使用 L3 Switch 來作 Vlan 之間的繞送，我們使用下列 vlan-routing-L3-switch 網路架構來做設定示範，請注意本單元網路架構與上一節的網路架構是一樣的，只是將路由器換成 L3 Switch。

圖表 10-30 vlan-routing-L3-switch 網路架構

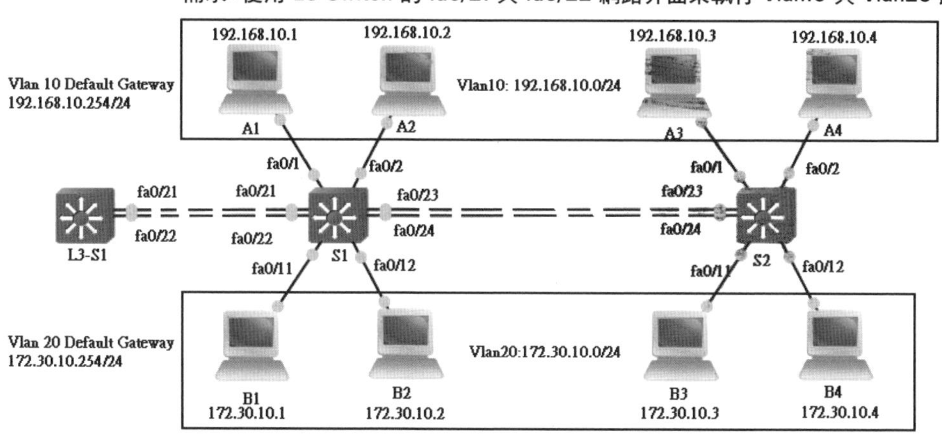

L3 Switch 介紹

L3 Switch 又稱為 Multilayer Switch，意思是同時具備 L2 與 L3 功能，正常情況下可以把這種交換器當作一般 L2 Switch 來使用，如果有需要 L3 的功能，就把 L2 的功能關閉即可，上述討論的 Vlan 的功能及指令完全一樣可以用在 L3 Switch，本範例中的交換器都是使用 L3 Switch，其中 S1 與 S2 當作 L2 Switch 來使用，而 L3_S1 就啟動 L3 Switch 的功能。

L3 Switch 關閉 L2 功能

根據規劃，L3_S1 中 fa0/21 與 fa0/22 必須分別當作 Vlan10 與 Vlan20 的預設閘道，所以這兩個 port 必須設定 IP 位址，但是預設

L3 Switch 的所有 port 都只有 L2 功能，無法設定 IP 位址，因此必須使用 **no switchport** 指令將 L2 功能關閉，如此就有 L3 功能，這樣就可以當作路由器的 port 來使用，下表所示為將 fa0/21 與 fa0/22 的 L2 功能關閉及設定 IP 位址，在 L3_S1 交換器執行。

請注意本範例中 S1 中 fa0/21 與 fa0/22 還未指定正確的 Vlan，要將 S1 中 fa0/21 分配到 Vlan10 與 fa0/22 分配到 Vlan20。

圖表 10-31 L3 Switch 設定 IP 位址與啟動路由功能

指令	說明
L3-S1(config)#int fa0/21	進入 fa0/21 介面模式
L3-S1(config-if)#no switchport	關閉 L2 功能
L3-S1(config-if)#ip address 192.168.10.254 255.255.255.0	設定 Vlan 10 GW 的 IP
L3-S1(config-if)#int fa0/22	進入 fa0/22 介面模式
L3-S1(config-if)#no switchport	關閉 L2 功能
L3-S1(config-if)#ip address 172.30.10.254 255.255.255.0	設定 Vlan 10 GW 的 IP

請注意 L3 Switch 中可以規劃幾個 port 有 L2 功能，另外幾個 port 有 L3 功能，但一個 port 只能有一種功能，L2 功能與 L3 功能是互斥的。

查看 L3_S1 的路由表

如何查看 L3 Switch 的 IP 相關資訊，其指令跟路由器一樣，現在來查詢路由表，如下圖所示，已經有兩筆直連的路由資訊。

圖表 10-32 查看 L3 Switch 的路由表

```
L3 _ S1#show ip route
Codes: C - connected, S - static, I - IGRP, R - RIP, M - mobile, B - BGP
   D - EIGRP, EX - EIGRP external, O - OSPF, IA - OSPF inter area
   N1 - OSPF NSSA external type 1, N2 - OSPF NSSA external type 2
   E1 - OSPF external type 1, E2 - OSPF external type 2, E - EGP
   i - IS-IS, L1 - IS-IS level-1, L2 - IS-IS level-2, ia - IS-IS inter area
   * - candidate default, U - per-user static route, o - ODR
   P - periodic downloaded static route

Gateway of last resort is not set

   172.30.0.0/24 is subnetted, 1 subnets
C    172.30.10.0 is directly connected, FastEthernet0/22
C   192.168.10.0/24 is directly connected, FastEthernet0/21
L3 _ S1#
```

請注意若沒有看到路由表，這時候要在 L3_S1 的組態模式執行 ip routing 指令來啟動路由功能。

啟動 L3 Switch 繞送功能

路由器的 IPv4 的繞送功能預設是啟動的，但是 L3 Switch 是關閉的，要使用繞送功能必須要啟動，啟動指令為 ip routing，這樣兩個 Vlan 才能互通，如下表指令所示，在 L3_S1 交換器執行，再測試兩個 Vlan。

圖表 10-33 啟動 L3 Switch 的 Routing 功能

指令	說明
L3-S1#conf t	進入組態模式
L3-S1(config)#ip routing	啟動 L3 Switch 的 Routing 功能

10.8 主幹協定 (Trunk)

交換器之間的實體連線會因 Vlan 數目的增加而變多，例如：S1 與 S2 中的 Vlan10 要連通就需要一條實體連線，同樣的兩台交換器中的 Vlan20 要連通也需要一條實體連線，如此當有兩台交換器中有 15 個 Vlan 要連通就要有 15 條實體連線，這樣的 Vlan 就不太實用，因此我們希望用一條實體連線就可以連通交換器之間的多個 Vlan。但是要如何在一條實體連線中，來傳送不同 Vlan 的封包，這就要使用 **Vlan 主幹協定 (Vlan Trunk)**。我們使用下列 vlan-trunk 網路架構來示範。

圖表 10-34 vlan-trunk 網路架構

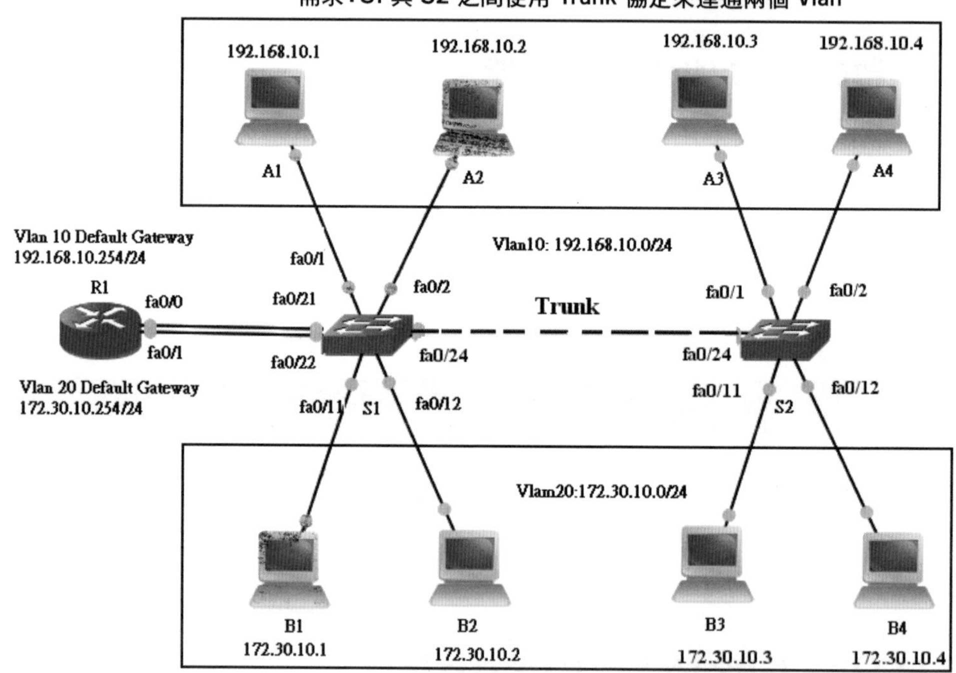

Trunk 的運作

Trunk 協定有兩種，一種為 **IEEE 802.1Q**，另外一種為 **Cisco ISL**，本章節只討論 IEEE 802.1Q 的 Trunk 協定。由於交換器屬於 L2 的設備，因此交換器只能辨識資料中的**乙太網表頭資訊 (Ethernet Header)**，而乙太網表頭資訊中沒有辨識任何 VLAN 的相關資訊，802.1Q 協定的目的就是將 Vlan ID 資訊**標記 (tag)** 到乙太網表頭資訊。

如下圖所示，在標準的乙太網路表頭檔中會從 Type 欄位空出 12bits 來填入 Vlan id，12 bits 剛好可以滿足 1~4096 的 Vlan id 數目，有 Vlan id 欄位的表頭檔又稱為 802.1Q 表頭檔具有辨識 Vlan id 功能，跟標準的乙太網路表頭檔已經不一樣，如此當資料經過主幹連線時，就有辦法辨識資料是要傳到哪一個目的 Vlan 中。以上圖為設定範例，S1 與 S2 中的兩個 Vlan 使用 Trunk 來進行連線。

圖表 10-35 乙太表頭檔標記 Vlan id 的地方

Preamble	Destination MAC address	Source MAC address	Type	PayLoad	CRC/FCS	標準的乙太網路表頭檔
Preamble	Destination MAC address	Source MAC address	802.1Q header (VLAN ID)	Type	PayLoad	Recalculated field CRC/FCS	802.1Q 表頭檔

設定 Trunk

根據 vlan-trunk 網路架構兩台交換器之間的實體連線是透過 S1 的 fa0/24 與 S2 的 fa0/24，若要把這條連線設定為執行 Trunk 協定，要從 fa0/24 的介面模式來設定，如下表指令所示，在兩台交換器的 fa0/24 介面模式執行 **switchport mode trunk** 指令，如此 fa0/24 就成為 trunk port，當資料要離開 S1 的 trunk port 時，802.1Q 協定就會將 Vlan ID 標記 (tag) 到資料裡面，而資料要進入 S2 的 trunk port 時，802.1Q 協定會將 Vlan ID 從資料中**拿掉 (untag)**。

圖表 10-36 S1 中 fa0/24 設定 Trunk 的指令

指令	說明
S1(config)#int fa0/24 S1(config-if)#switchport mode trunk	在 S1 中進到 fa0/24 介面模式中，設定該介面為 trunk port

將上述指令在 S1 中執行，如下所示，設定 fa0/24 為 Trunk 後，使用 **show int trunk** 來查詢 S1 中有那些是 trunk port，目前只有 fa0/24 是 trunk port，請注意目前 Trunk 的協定是使用 802.1Q。

圖表 10-37 S1 中 fa0/24 設定及查詢 Trunk

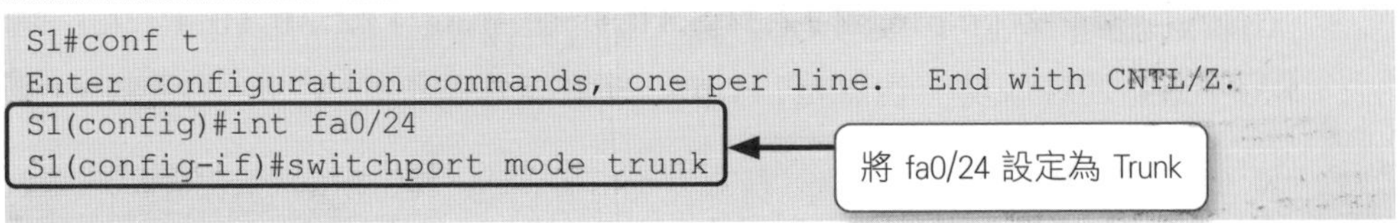

S1#conf t
Enter configuration commands, one per line. End with CNTL/Z.
S1(config)#int fa0/24
S1(config-if)#switchport mode trunk
將 fa0/24 設定為 Trunk

Next

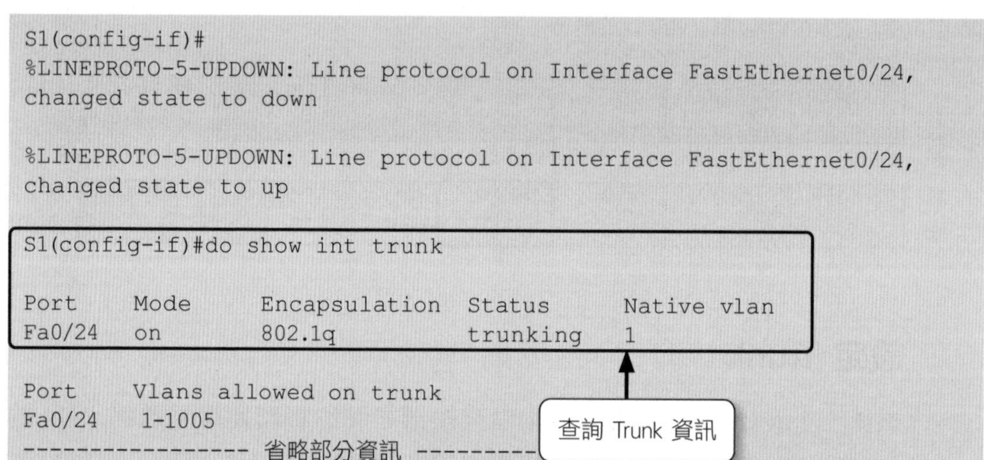

```
S1(config-if)#
%LINEPROTO-5-UPDOWN: Line protocol on Interface FastEthernet0/24,
changed state to down

%LINEPROTO-5-UPDOWN: Line protocol on Interface FastEthernet0/24,
changed state to up

S1(config-if)#do show int trunk

Port      Mode         Encapsulation  Status        Native vlan
Fa0/24    on           802.1q         trunking      1

Port      Vlans allowed on trunk
Fa0/24     1-1005
---------------- 省略部分資訊 ---------
```


S2 中 fa0/24 設定 Trunk

相同的指令在 S2 中執行，並查詢 S2 的 trunk port 結果，目前 fa0/24 已經為 trunk port。

Trunk port 不屬於 Vlan

當交換器的 port 被設定為 trunk port 時，此 trunk port 已經不屬於任何 vlan，如下所示，在 S1 中查詢 Vlan 的狀態，已經看不到 fa0/24。

圖表 10-38 查詢 fa0/24 屬於那一個 Vlan

看不到 fa0/24

```
S1#show vlan

VLAN Name                 Status   Ports
---- -------------------- -------- ------------------------------
1    default              active   Fa0/3, Fa0/4, Fa0/5, Fa0/6
                                   Fa0/7, Fa0/8, Fa0/9, Fa0/10
                                   Fa0/13, Fa0/14, Fa0/15, Fa0/16
                                   Fa0/17, Fa0/18, Fa0/19, Fa0/20
10   VLAN0010             active   Fa0/1, Fa0/2, Fa0/21
20   VLAN0020             active   Fa0/11, Fa0/12, Fa0/22, Fa0/23
```

在 A1 電腦執行 **ping 192.168.10.4** 與 **ping 172.30.10.4**，A1 與 A4、B4 連線成功，也就是 Trunk 確實能傳遞不同 Vlan 的資料。

請注意：有一種進階的 Trunk port 稱為 Trunk Tunneling (或稱為 QinQ)，其技術就是做 Double-Vlan Tagging，如果 Port 被設定為 Trunk Tunneling，那該 port 就必須設定屬於某個 Vlan，詳細的探討屬於 CCNP 課程範圍。

Trunk 的 Tag 與 Untag 的運作

Trunk 的 Tag 與 Untag 是成對在運作，否則資料傳送將會產生問題，如下圖所示，兩台交換器的 fa0/1 都有設定 Trunk，資料從 PCA1 傳遞到 SW1 的 fa0/1 送出時就要做 Tag 10 的動作，此時資料的 L2 封裝是用 802.1Q 表頭檔，資料傳遞到 SW2 的 fa0/1 時就要做 untag 10 的動作，讓 L2 表頭檔回復成標準的乙太網路格式，如此 SW2 才有辦法將資料在傳遞給 PCA2；反之亦然，PCB 要傳送資料給 PCA 也是要做一樣的動作。所以設定 Trunk port 時一定要確定兩邊交換器對接的 port 都有設定 Trunk port。請注意資料從 Trunk port 送出就是做 Tag 動作，Trunk port 收到資料就需要做 untag 動作。

圖表 10-39 Trunk 中 tag 與 untag

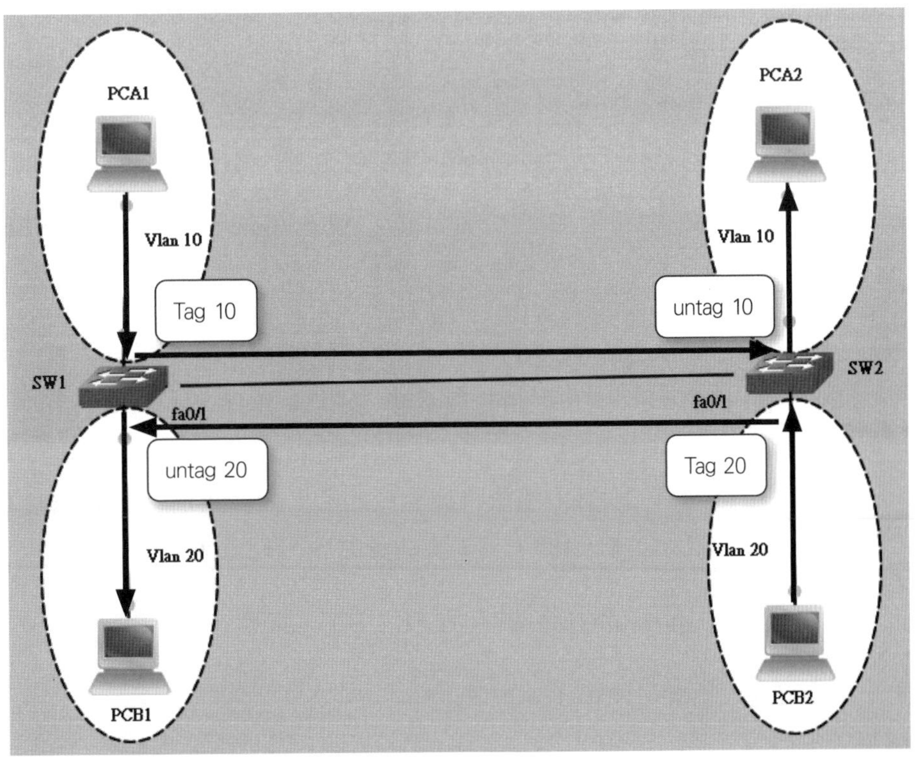

請注意：電腦只能辨識標準的乙太網路表頭檔，無法辨識 802.1Q 表頭檔，所以電腦收到封包中的 L2 是封裝為 802.1Q 表頭檔，則會執行 drop 動作。

驗證 Trunk 的 Tag 運作

我們使用圖 10-34 的 vlan-trunk 網路架構來觀察資料經過 Trunk 連線的變化，在 A1 電腦執行 **ping 192.168.10.4**，我們使用 wireshark 捕捉 A1 到 S1 的 ping request 封包來觀察封包進到 S1 時的內容，如下圖所示，請注意目前乙太網表頭資訊沒有任何 Vlan ID，此處為標準的乙太網表頭資訊。

圖表 10-40 Ping request 封包進入 S1

```
icmp
No  Time        Source          Destination     Protocol  Length  Info
    64.830675   192.168.10.1    192.168.10.2    ICMP      114     Echo (ping) request  id=0x0001, seq
    64.860912   192.168.10.2    192.168.10.1    ICMP      114     Echo (ping) reply    id=0x0001, seq
    64.873592   192.168.10.1    192.168.10.2    ICMP      114     Echo (ping) request  id=0x0001, seq

> Frame 58: 114 bytes on wire (912 bits), 114 bytes captured (912 bits) on interface -, id 0
v Ethernet II, Src: c0:01:79:58:00:00 (c0:01:79:58:00:00), Dst: c0:02:21:b0:00:00 (c0:02:21:b0:00:00)
  > Destination: c0:02:21:b0:00:00 (c0:02:21:b0:00:00)
  > Source: c0:01:79:58:00:00 (c0:01:79:58:00:00)
    Type: IPv4 (0x0800)
> Internet Protocol Version 4, Src: 192.168.10.1, Dst: 192.168.10.2
> Internet Control Message Protocol
```

請注意乙太網路表頭檔中的 Type 值表示傳遞哪一種協定，例如：0x0800 表示標準 IPv4 協定，0x0086 表示 ARP 協定，0x8847 表示 MPLS 協定，而 0x8100 就是表示 802.1Q Trunk 協定。

接下來再捕捉 S1 到 S2 的 ping 封包，觀察封包要離開 S1 時的內容，如下圖所示，Ping 封包要透過 fa0/24 離開 S1，由於目前 fa0/24 為 trunk port，因此 802.1Q 會拆開該乙太網表頭檔、標記 VLAN ID、重新計算 FCS，然後將標記後的乙太網表頭檔從 fa0/24 出去，下圖為 802.1Q 表頭檔，其中要注意的地方有三個：

❶ 目前 Type=0x8100 表示是 802.1Q 表頭檔。

❷ 表示 Vlan ID為 10 的資訊。

❸ 802.1Q 表頭檔中的 Type=0x0800 表示後面接著是 IPv4 協定。

圖表 10-41 Ping request 封包離開 S1

```
icmp
No.   Source         Destination    Protocol Length Info
2193 192.168.10.1   192.168.10.2   ICMP     118 Echo (ping) request  id=0x0004, seq=3/768,
2194 192.168.10.2   192.168.10.1   ICMP     118 Echo (ping) reply    id=0x0004, seq=3/768,
2195 192.168.10.1   192.168.10.2   ICMP     118 Echo (ping) request  id=0x0004, seq=4/1024
> Frame 2193: 118 bytes on wire (944 bits), 118 bytes captured (944 bits) on interface -, id 0
v Ethernet II, Src: c0:01:79:58:00:00 (c0:01:79:58:00:00), Dst: c0:02:21:b0:00:00 (c0:02:21:b0:00:00)
  > Destination: c0:02:21:b0:00:00 (c0:02:21:b0:00:00)
  > Source: c0:01:79:58:00:00 (c0:01:79:58:00:00)
    Type: 802.1Q Virtual LAN (0x8100) ❶
v 802.1Q Virtual LAN, PRI: 0, DEI: 0, ID: 10 ❷
    000. .... .... .... = Priority: Best Effort (default) (0)
    ...0 .... .... .... = DEI: Ineligible
    .... 0000 0000 1010 = ID: 10
    Type: IPv4 (0x0800) ❸
> Internet Protocol Version 4, Src: 192.168.10.1, Dst: 192.168.10.2
> Internet Control Message Protocol
```

驗證 Trunk 的 Untag 運作

繼續觀察 Ping 封包傳送到 S2 時，此 ping 封包的 L2 是封裝 802.1Q 的表頭檔，如上圖所示，其中標記的 Vlan ID 為 10，S2 由 trunk port fa0/24 收到此封包時，會先查詢標記的 Vlan ID 來得知此封包是要給 Vlan 10，接下來後將標記**拿掉 (untag)** 回復標準的乙太網表頭檔，再將封包送給屬於 Vlan 10 的 port。

10.9 單臂路由 (Router on a Stick)

在上述示範的 Vlan 之間的繞送，路由器與交換器之間的實體連線的數目也是會跟 Vlan 數目一樣，這不是很符合實際網路環境，我們希望路由器與交換器也可以用 Trunk 方式來傳送 Vlan 的資料，這種 Vlan 的路由作法稱為**單臂路由 (Router on a Stick)**，我們使用下列的 router-on-stick 網路架構來設定解說。

圖表 10-42 router-on-stick 網路架構

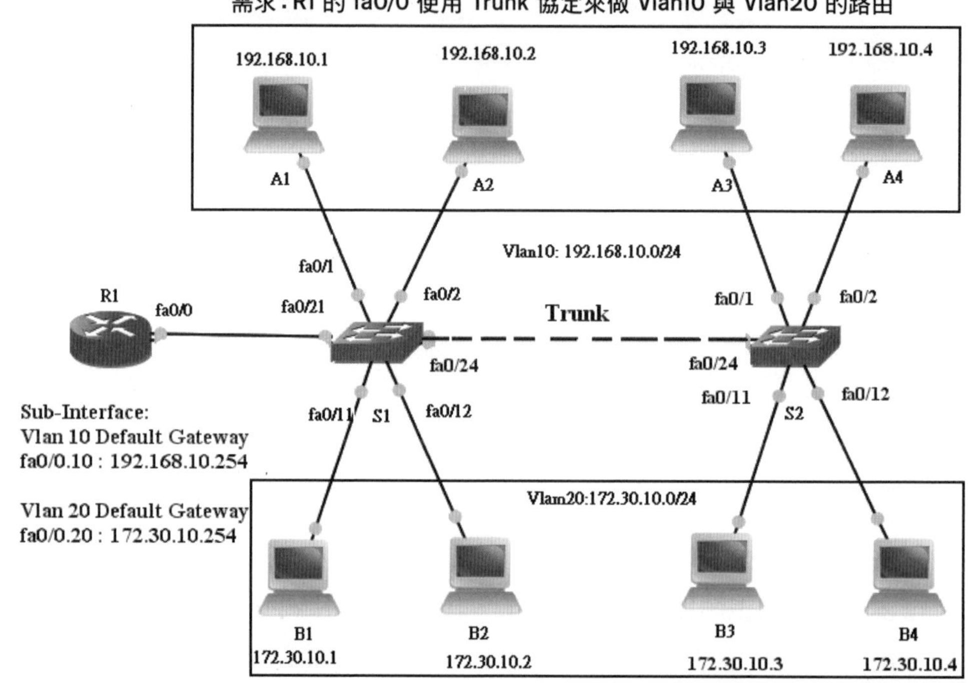

如上圖所示，目前在 R1 中只有 fa0/0 與 S1 的 fa0/21 的實體連線，R1 的 fa0/0 要負責交換器中 Vlan10 與 Vlan20 的繞送，因此此條實體連線必須設定為 Trunk 才能傳送不同 Vlan 的資料，交換器設定 trunk port 已經知道怎麼設定，問題在路由器如何設定 trunk port？而且在 fa0/0 如何設定兩個 Vlan10 與 Vlan20 的預設閘道 IP 位址？ 要解決這些問題，就要使用**子介面 (Sub-Interface)**的方式。

子介面產生方式

一個乙太網路的實體介面可以建立子介面，**子介面本身為一個虛擬介面**，但是必須在實體介面上建立，這跟 Loopback 的虛擬介面獨立產生的方式不一樣，例如：在 fa0/0 實體介面中建立子介面的指令 **int fa0/0.1**，則產生一個 fa0/0.1 的子介面，看到子介面名稱就可以分辨是由哪一個實體介面產生，而 fa0/0.1 子介面是依附在 fa0/0 產生的虛擬介面，功能跟實體介面一樣，例如：設定 IP 位址等等。

若要再產生 fa0/0 的其他的子介面，則再執行 **int fa0/0.X，X 為整數**。有了子介面產生後，規劃產生兩個 fa0/0 的子介面來當兩個 Vlan 的預設閘道，fa0/0.10 與 fa0/0.20 分別作為 Vlan10 與 Vlan20 的預設閘道。

子介面的意義

子介面如何運作，我們以下圖來解說，當在 fa0/0 之下的產生兩個子介面 fa0/0.10 與 fa0/0.20，示意圖可以想像如下圖，其中 fa0/0 為實體的 port，具有實際的網路線連接功能，而子介面 fa0/0.10 與 fa0/0.20 為虛擬介面，並沒有實際的網路連線，只是邏輯上呈現好像有兩條線路。實際的資料傳送與接收還是要透過實體介面 fa0/0，但在邏輯上要如何辨識資料是從哪一個子介面收到或傳出，這就要靠 802.1Q 表頭檔的 Vlan id 來辨識，所以子介面一定要設定為 trunk 模式並要指定 Vlan id 給子介面，例如：規劃 fa0/0.10 配置 Vlan 10、fa0/0.20 配置 Vlan 20，而 fa0/0 實體介面只要啟動(up)，無需要設 trunk，當子介面執行 trunk 協定後，就具備有 tag 與 untag 功能。

圖表 10-43 fa0/0 之下的兩個子介面

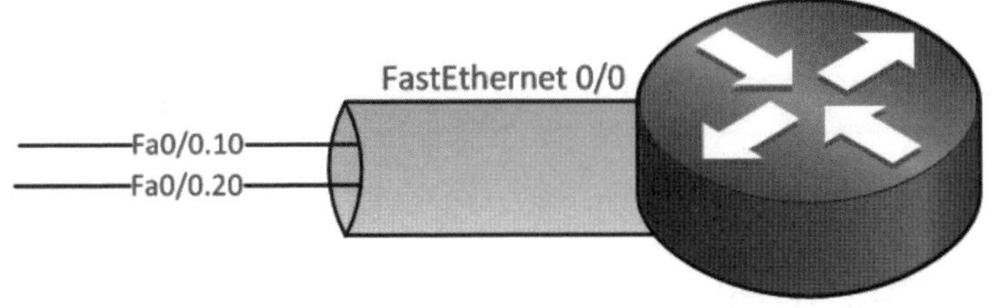

子介面的 untag 運作

當實體介面 fa0/0 收到 802.1Q 的資料時，如下圖所示，fa0/0 會查詢資料的 Vlan id，如果 Vlan id 為 10，邏輯上表示從 fa0/0.10 收到，並做 untag 動作將資料轉成標準乙太網路，再由 fa0/0 比對 MAC 檢查通過後，解封裝 L2 表頭檔，最後做路由動作。如果路由表匹配的結果不是要從子介面送出，而是要從其他實體介面送出，就不用執行 tag 動作。

圖表 10-44 子介面的 untag 動作

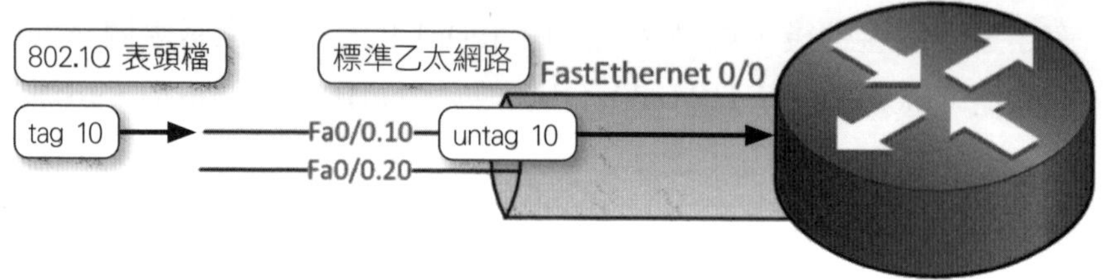

請注意：子介面的 MAC 與實體介面 MAC 內容一樣。

子介面的 tag 運作

當路由器收到一筆資料後，經過路由表匹配結果是要從 fa0/0.20介面送出去時，如下圖所示，此時 fa0/0 先將資料封裝為標準乙太網路，接著查詢 fa0/0.20 分配的 Vlan id後 (目前配置20)，fa0/0 執行 tag vlan 20 動作，邏輯上呈現好像是資料從 fa0/0.20 介面送出，此資料封裝 802.1Q 的表頭檔。

圖表 10-45 子介面的 tag 動作

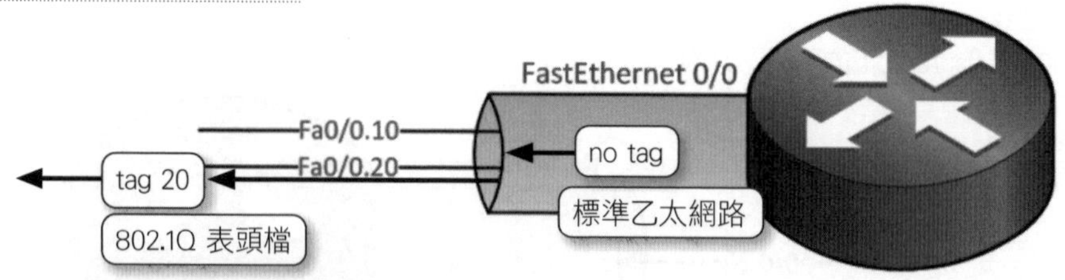

路由器的 Trunk 設定

子介面已經解決每個 Vlan 的預設閘道問題，接下來如何讓 fa0/0.10 子介面能辨識 Vlan 10 的資料，這裡就要將 fa0/0.10 子介面設定為 Trunk 協定，在子介面執行 **encapsulation dot1Q 10** 指令，其中 dot1Q 表示 802.1Q 的 Trunk 協定，10 表示 Vlan 10，這表示 fa0/0.10 會接收 Vlan 10 的資料，並且要從 fa0/0.10 送出的資料會被標記 Vlan 10，同樣的設定也在 fa0/0.20 子介面執行，下表為建立子介面與設定 802.1Q 協定的指令。

請注意：要先設定子介面為 Trunk 協定後才能設定 IP 位址。

圖表 10-46 R1 的 fa0/0 中建立兩個子介面並設定 802.1Q Trunk 封裝

指令	說明
R1(config)#int fa0/0 R1(config-if)#no shut	啟動 fa0/0 實體介面
R1(config-if)#int fa0/0.10	產生 fa0/0.10 子介面
R1(config-subif)#encapsulation dot1Q 10	在 fa0/0.10 子介面下設定 802.1Q 的 trunk 協定
R1(config-subif)#ip address 192.168.10.254 255.255.255.0	設定 fa0/0.10 子介面 IP 位址
R1(config--subif)#int fa0/0.20	產生 fa0/0.20 子介面
R1(config-subif)#encapsulation dot1Q 20	在 fa0/0.20 子介面下設定 802.1Q 的 trunk 協定
R1(config-subif)#ip address 172.30.10.254 255.255.255.0	設定 fa0/0.20 子介面 IP 位址

將上述指令在 R1 中執行，結果如下所示，請注意子介面的啟動與關閉會跟隨的實體介面，因此只要確定實體介面是啟動狀態。

圖表 10-47 執行建立子介面與 Trunk 協定

```
R1(config)#int fa0/0
R1(config-if)#no shutdown                          啟動 fa0/0 介面

%LINK-5-CHANGED: Interface FastEthernet0/0, changed state to up

%LINEPROTO-5-UPDOWN: Line protocol on Interface FastEthernet0/0, changed
state to up

R1(config-if)#int fa0/0.10          建立 fa0/0.10 子介面並設定為 802.1Q 封裝
R1(config-subif)#
%LINK-5-CHANGED: Interface FastEthernet0/0.10, changed state to up

%LINEPROTO-5-UPDOWN: Line protocol on Interface FastEthernet0/0.10,
changed state to up

R1(config-subif)#encapsulation dot1q 10
R1(config-subif)#ip address 192.168.10.254 255.255.255.0
R1(config-subif)#
R1(config-subif)#int fa0/0.20       建立 fa0/0.20 子介面並設定為 802.1Q 封裝
%LINK-5-CHANGED: Interface FastEthernet0/0.20, changed state to up

%LINEPROTO-5-UPDOWN: Line protocol on Interface FastEthernet0/0.20,
changed state to up

R1(config-subif)#encapsulation dot1Q 20
R1(config-subif)#ip address 172.30.10.254 255.255.255.0
R1(config-subif)#
```

查詢子介面狀況

接著在 R1 執行 **show ip int brief** 來查詢子介面運作，如下所示可以看到 fa0/0 中的子介面 L1 與 L2 啟動成功，並且設定 IP 位址。

圖表 10-48 查詢 R1 中子介面

```
R1#show ip int brief
Interface           IP-Address      OK? Method   Status                 Protocol

FastEthernet0/0     unassigned      YES  unset   up                     up

FastEthernet0/0.10  192.168.10.254  YES  manual  up                     up

FastEthernet0/0.20  172.30.10.254   YES  manual  up                     up

FastEthernet0/1     unassigned      YES unset  administratively down down
```

查詢 R1 路由表

當子介面啟動且設定 IP 位址後，在路由表就可以看到子介面產生路由資訊，如下圖所示，172.30.10.0 網路的出口介面為 fa0/0.20，而 192.168.10.0 網路的出口介面是 fa0/0.10，因此所有要從 fa0/0.10 或 fa0/0.20 送出的資料，都要執行 tag 動作。

圖表 10-49 R1 路由表

```
R1#show ip route
---------------------省略部分資訊
Gateway of last resort is not set
   172.30.0.0/24 is subnetted,1 subnets
C  172.30.10.0 is directly connected,FastEthernet0/0.20
C  192.168.10.0/24 is directly connected,FastEthernet0/0.10
R1#
```

S1 設定 Trunk

請注意要將 S1 的 fa0/21 設定為 Trunk，這個步驟常常會被忘記，設定 S1 的 Trunk Port 如下表所示。

圖表 10-50 S1 的 fa0/21 設定為 Trunk

指令	說明
S1(config)#int fa0/21 S1(config-if)#switchport mode trunk	設定 S1 的 fa0/21 為 Trunk

單臂路由的繞送過程

我們根據 router-on-stick 網路架構，當 A1 電腦 (192.168.10.1) 要傳送資料到 B1 電腦 (172.30.10.1) 時，A1 傳送資料往 GW 192.168.10.254，經過 S1 的 fa0/21 trunk port 時，資料會被 tag 10，如下圖所示，當路由器的 fa0/0 收到時，就執行 untag，解封裝 L2 表頭檔後，拿出資料中的 L3 資訊中目的 IP 172.30.10.1 到路由表查詢，路由匹配結果要從 f0/0.20 子介面送出，路由器開始封裝新 L2 表頭檔，再 tag 20 後，將資料送出，當 S1 的 fa0/21 trunk port 收到資料並查詢 tag 資訊後，S1 會將資料往 Vlan 20 送出，最後 B1 電腦 (172.30.10.1) 收到此筆資料。

圖表 10-51 單臂路由的繞送過程

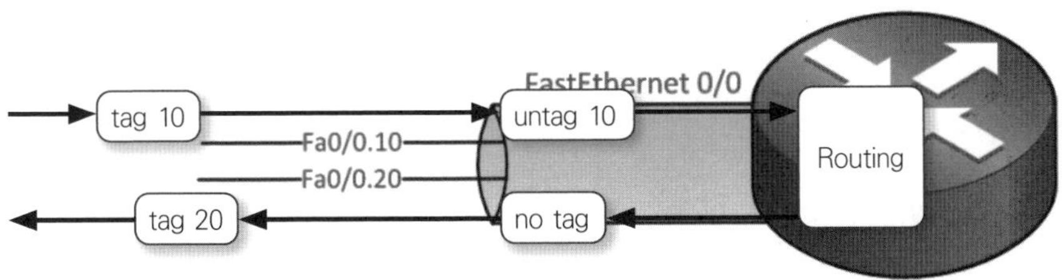

測試單臂路由

在 A4 電腦執行 **ping 172.30.10.4**，結果 A4 與 B4 連線成功，其 A4 傳送 ping 封包的路徑為 **A4-->S2 fa0/2-->S2 fa0/24-->S1 fa0/24-->S1 fa0/21-->R1 fa0/0.10-->R1 fa0/0.20-->S1 fa0/21-->S1 fa0/24-->S2 fa0/24-->S2 fa0/12-->B4**。

10.10 L3 Switch 規劃單臂路由

L3 Switch 也可以做到單臂路由架構，但是做法與路由器有點不一樣，L3 Switch 不支援子介面技術，改用 SVI 技術來做 Inter-vlan routing，我們使用 L3-switch-on-stick 網路架構來示範設定單臂路由，本單元網路架構與上個單元的網路架構是一樣的，只是將路由器換成 L3 Switch。

圖表 10-52 L3-switch-on-stick 網路架構

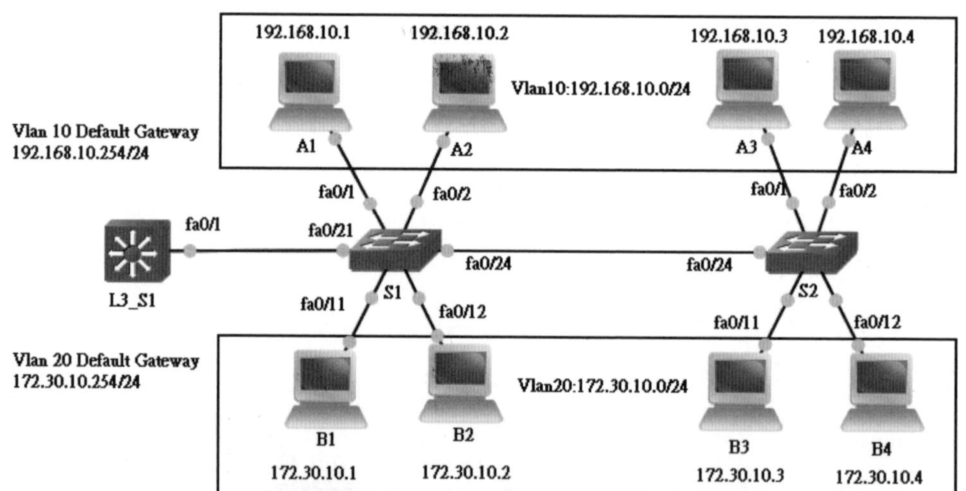

L3 Switch SVI 功能

交換器的 **SVI (Switch virtual interfaces)** 就是 Switch 的虛擬介面，跟路由器的 Loopback 虛擬介面很像，只不過 SVI 會對應到 Vlan，在交換器會有一個預設的 Vlan 1 及一個 SVI 就是 int Vlan1，這個 int Vlan1 介面就是設定交換器的管理 IP 位址，在 L3 Switch 中每個 Vlan 的 SVI 可以當做該 Vlan 的 GW，所以可以使用 L3 Switch 中 SVI 來做 Vlan 之間的繞送，讀者可能會有疑問，為何不用子介面？這是因為 L3 Switch 沒有支援子介面功能。

請注意：L3 Switch 的 SVI 詳細功能介紹屬於 CCNP 課程。

規劃 SVI

在 L3_S1 中 fa0/1 必須設定 trunk 模式，建議在 S1 中設定 fa0/21 為 trunk 模式，L3_S1 中 fa0/1 會被協商為 trunk 模式，如果直接在 L3 Switch 設定 trunk 還要指定 trunk 要用 802.1Q 或是 ISL 的封裝。接著規劃 Vlan 10 與 Vlan 20 及對應的 SVI int Vlan 10 與 int Vlan 20，下表指令為建立 L3_S1 的 SVI 相關指令。

請注意 SVI 必須要有對應的 Vlan，否則該 SVI 介面會無法啟動。

請注意 int Vlan 10 表示虛擬介面 Vlan10。

圖表 10-53 使用 L3 Switch 的 SVI 設定 IP 位址與啟動路由功能

指令	說明
L3-S1(config)#vlan 10	建立 Vlan10
L3-S1(config)#vlan 20	建立 Vlan20
L3-S1(config)#int vlan 10	建立 SVI 10
L3-S1(config-if)#ip address 192.168.10.254 255.255.255.0	設定 Vlan 10 GW 的 IP
L3-S1(config-if)#int vlan 20	建立 SVI 20
L3-S1(config-if)#ip address 172.30.10.254 255.255.255.0	設定 Vlan 10 GW 的 IP
L3-S1(config-if)#exit	離開介面模式
L3-S1(config)#ip routing	啟動繞送功能

將上表指令在 L3_S1 交換器執行成功後，接著來查看 L3_S1 的路由表，如下所示，可以觀察到兩筆直連網路，這兩個直連網路分別接在 int Vlan20 與 int Vlan10，請注意繞送功能也要啟動，這時候測試兩個 Vlan 之間連線就可以成功。

圖表 10-54 查看 L3_S1 的路由表中 SVI 直連網路

```
L3 _ S1#show ip route
Codes: C - connected, S - static, I - IGRP, R - RIP, M - mobile, B - BGP
   D - EIGRP, EX - EIGRP external, O - OSPF, IA - OSPF inter area
   N1 - OSPF NSSA external type 1, N2 - OSPF NSSA external type 2
   E1 - OSPF external type 1, E2 - OSPF external type 2, E - EGP
   i - IS-IS, L1 - IS-IS level-1, L2 - IS-IS level-2, ia - IS-IS inter area
   * - candidate default, U - per-user static route, o - ODR
   P - periodic downloaded static route

Gateway of last resort is not set

  172.30.0.0/24 is subnetted, 1 subnets
C    172.30.10.0 is directly connected, Vlan20
C  192.168.10.0/24 is directly connected, Vlan10
L3 _ S1#
```

10.11 動態偵測 Trunk 協定 (DTP)

本章節要介紹交換器上的連接埠 (port) 的模式有**存取模式 (Access)** 及**主幹模式 (Trunk)** 兩種，要如何設定成那一種模式可使用手動設定及動態設定兩種方式，存取模式處理標準乙太網路表頭檔，而主幹模式處理標準 802.1Q 表頭檔，我們使用下列 DTP 網路架構來操作示範。

圖表 10-55 DTP 網路架構

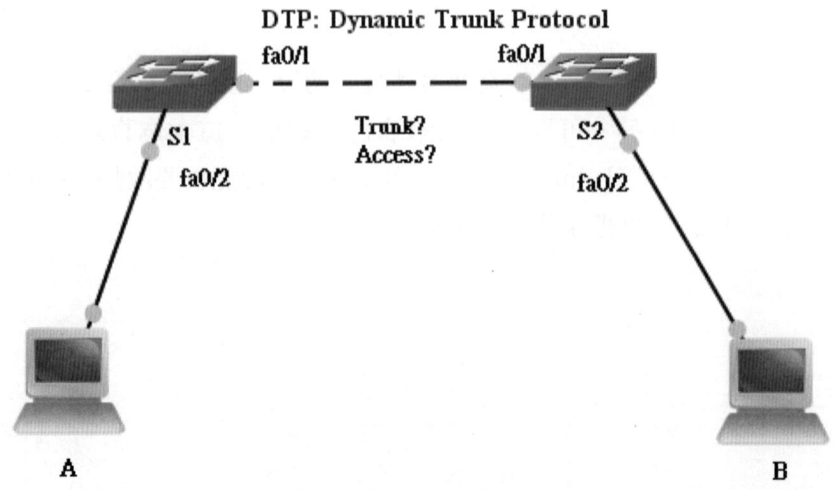

查詢交換器的連接埠模式

交換器上的連接埠不是**存取模式(Access mode)**就是**主幹模式(Trunk mode)**，如 DTP 網路架構，S1 的 fa0/2 連接電腦 A，fa0/2 的模式為何？在 S1 執行 **show int fa0/2 switchport** 來查詢，如下所示。

圖表 10-56 查詢 S1 中 fa0/2 switchport 的狀態

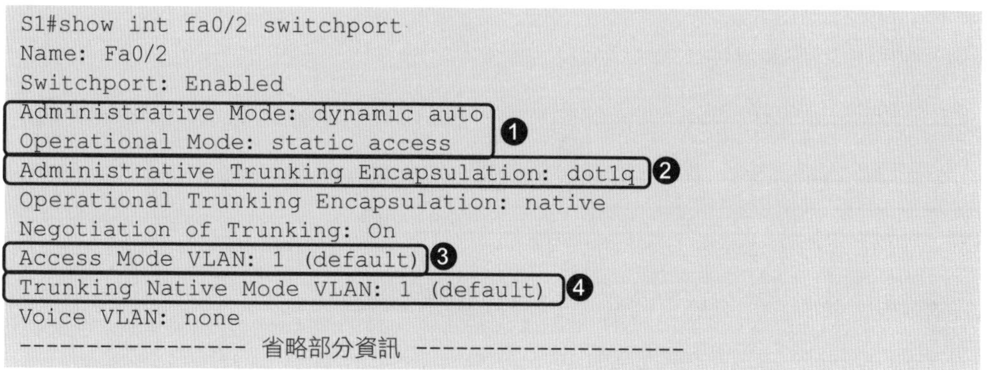

```
S1#show int fa0/2 switchport
Name: Fa0/2
Switchport: Enabled
Administrative Mode: dynamic auto              ❶
Operational Mode: static access
Administrative Trunking Encapsulation: dot1q   ❷
Operational Trunking Encapsulation: native
Negotiation of Trunking: On
Access Mode VLAN: 1 (default)                  ❸
Trunking Native Mode VLAN: 1 (default)         ❹
Voice VLAN: none
---------------- 省略部分資訊 -------------------
```

❶ 表示 **Operational Mode** 欄位表示目前 fa0/2 處在的模式，static access 表示存取模式，另外 **Administrative Mode** 欄位表示決定 fa0/2 為哪一種模式的方式，dynamic 表示是用動態協商方式決定，若是出現 access 或 trunk 表是手動設定方式，還有其他關於 fa0/2 的資訊。

❷ 表示 trunk 的預設封裝協定為 802.1Q。

❸ 表示 fa0/2 目前在那一個 Vlan 下。

❹ 表示 Natvie Vlan。

手動設定連接埠模式

如何手動設定一個連接埠的模式？使用指令 **switchport mode access** 為設定連接埠為存取模式，指令 **switchport mode trunk** 為設定連接埠為主幹模式，我們手動設定 S1 的 fa0/1 為主幹模式，如下所示：

圖表 10-57 手動設定 fa0/1 為主幹模式

```
S1(config)#int fa0/1
S1(config-if)#switchport mode trunk

S1(config-if)#
%LINEPROTO-5-UPDOWN: Line protocol on Interface FastEthernet0/1,
changed state to down

%LINEPROTO-5-UPDOWN: Line protocol on Interface FastEthernet0/1,
changed state to up

S1(config-if)#do show int fa0/1 switchport
Name: Fa0/1
Switchport: Enabled
Administrative Mode: trunk
Operational Mode: trunk
Administrative Trunking Encapsulation: dot1q
Operational Trunking Encapsulation: dot1q
Negotiation of Trunking: On
Access Mode VLAN: 1 (default)
Trunking Native Mode VLAN: 1 (default)
Voice VLAN: none
----------------- 省略部分資訊 --------------------
```

❶ 設定 fa0/1 為主幹模式，在 fa0/1 介面模式下執行 **switchport mode trunk**。

❷ 查詢 fa0/1 連接埠的狀況，其中 **Administrative Mode：trunk** 表示管理者手動設定方式，**Operational Mode：trunk** 表示 fa0/1 在主幹模式。

❸ 顯示目前 Trunk 運行的封裝格式為 802.1Q。

請注意兩台交換器的 VTP domain 不同時，無法進行 DTP 協商。

自動協商 DTP

接下來使用 **DTP (Dynamic Trunk Protocol)** 來自動協商連接埠的模式，下表為 DTP 自動協商參數對應的結果，desirable 模式與 auto 模式有各自的特性，desirable 模式會主動送出 DTP 封包來協商 Trunk，而 auto 模式不會送出 DTP 封包，是被動接受到 DTP 封包來被協商為 Trunk，另外手動設定 Trunk 模式也會主動送出 DTP 封包，如果沒有 DTP 封包就不協商為 Trunk，就會維持 access 模式，可以使用 show dtp 指令查看 DTP 包封送出及收到資訊，例如：S1 的 fa0/1 是 DTP auto 與 S2 的 fa0/1 是 DTP auto 時，auto 對 auto 協商結果為 access 模式。

請注意手動設定時不要一邊設定為 trunk 模式，而另外一邊設定為 access 模式，如此 Trunk port 傳送資料的 L2 是用 802.1Q 表頭檔，而 access port 無法解析 802.1Q 表頭檔，這樣資料就無法傳遞。

圖表 10-58 DTP 參數對應表

	Auto	Desirable	Trunk	Access
Auto	access	trunk	trunk	access
Desirable	trunk	trunk	trunk	access
Trunk	trunk	trunk	trunk	N/A
Access	access	access	N/A	access

修改 DTP 參數

Cisco 交換器上連接埠預設為 DTP auto 模式，而 DTP 提供 **auto 與 desirable** 兩個參數，現在將 S1 的 fa0/1 修改為 DTP desirable，如下圖所示：

圖表 10-59 修改 S1 中 fa0/1 DTP 參數

```
S1(config)#int fa0/1
S1(config-if)#switchport mode ?
 access   Set trunking mode to ACCESS unconditionally
 dynamic  Set trunking mode to dynamically negotiate access or trunk mode   ❶
 trunk  Set trunking mode to TRUNK unconditionally
S1(config-if)#
S1(config-if)#switchport mode dynamic ?
 auto     Set trunking mode dynamic negotiation parameter to AUTO
 desirable  Set trunking mode dynamic negotiation parameter to   ❷
 DESIRABLE
S1(config-if)#
S1(config-if)#switchport mode dynamic desirable
```

```
S1(config-if)#
%LINEPROTO-5-UPDOWN: Line protocol on Interface FastEthernet0/1,
changed state to up

S1(config-if)#do show int fa0/1 switchport
Name: Fa0/1
Switchport: Enabled
```

Next

```
Administrative Mode: dynamic desirable
Operational Mode: trunk                    ❹
Administrative Trunking Encapsulation: dot1q
Operational Trunking Encapsulation: dot1q
Negotiation of Trunking: On
Access Mode VLAN: 1 (default)
---------------- 省略部分資訊 --------------------
```

❶ 查看 switchport 模式的參數，總共有三個參數可以選擇。

❷ 顯示 dynamic (DTP) 的參數，有 auto 與 desirable 兩個。

❸ 在 fa0/1 介面模式下執行 **switchport mode dynamic desirable**，表示修改 DTP 參數為 desirable。

❹ 查詢 fa0/1 連接埠的狀況，其中 **Administrative Mode：dynamic desirable** 表示修改成功。

DTP 協商結果

在 S2 中 fa0/1 是預設 dynamic auto，我們來查看 S2 的 fa0/1 連接埠的狀況，如下所示，目前 fa0/1 運作的模式為主幹模式，對照 DTP 參數對應表，desirable 對 auto 結果為 trunk，如下所示：

圖表 10-60 DTP 協商結果

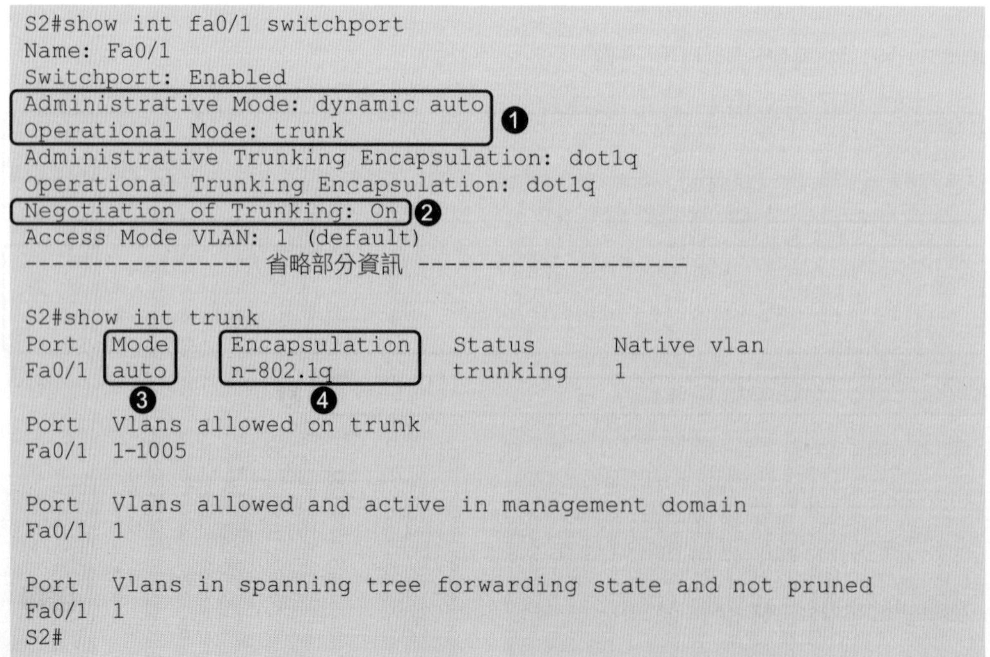

```
S2#show int fa0/1 switchport
Name: Fa0/1
Switchport: Enabled
Administrative Mode: dynamic auto
Operational Mode: trunk                    ❶
Administrative Trunking Encapsulation: dot1q
Operational Trunking Encapsulation: dot1q
Negotiation of Trunking: On ❷
Access Mode VLAN: 1 (default)
---------------- 省略部分資訊 --------------------

S2#show int trunk
Port   Mode      Encapsulation   Status      Native vlan
Fa0/1  auto      n-802.1q        trunking    1
        ❸            ❹
Port   Vlans allowed on trunk
Fa0/1  1-1005

Port   Vlans allowed and active in management domain
Fa0/1  1

Port   Vlans in spanning tree forwarding state and not pruned
Fa0/1  1
S2#
```

❶ 查詢 S2 中 fa0/1 的狀態，目前已經協商為 trunk。

❷ 顯示協商功能是啟動，接著使用 **show int trunk** 來查詢 S2 的主幹模式有哪些 port，結果有 fa0/1。

❸ **Mode 欄位**為 auto 表示 fa0/1 是 dynamic auto 模式。Mode 欄位會出現三種代碼，auto、desirable 及 on，desirable 表示 dynamic desirable，而 on 是表示手動。

❹ **Encapsulation 欄位**中 **n-802.1q**，**n** 表主幹模式是用**協商(negotiate)**設定。手動設定不會出現 n，只會顯示 802.1Q。

停止協商

針對資安考量，會建議將 DTP 功能關閉以避免 switch 的 port 被 hacker 協商為 trunk，詳細 DTP 攻擊與保護，請參考第 21 章。**switchport nonegotiate** 指令為停止 DTP 協商，若要停止 DTP 協商，則停止 DTP 協商的交換器就不會送出 DTP 封包，也不會處理收到 DTP 封包，要停止 S1 中 fa0/1 的 DTP 運作，如下所示：

圖表 10-61 停止 S1 中 fa0/1 的 DTP 協商

```
S1(config)#int fa0/1
S1(config-if)#switchport nonegotiate                                        ❶
Command rejected: Conflict between 'nonegotiate' and 'dynamic' status.
S1(config-if)#
S1(config-if)#switchport mode trunk ❷

S1(config-if)#
%LINEPROTO-5-UPDOWN: Line protocol on Interface FastEthernet0/1,
changed state to down

%LINEPROTO-5-UPDOWN: Line protocol on Interface FastEthernet0/1,
changed state to up

S1(config-if)#switchport nonegotiate ❸
S1(config-if)#
S1(config-if)#do show int fa0/1 switchport
Name: Fa0/1
Switchport: Enabled
Administrative Mode: trunk
Operational Mode: trunk
Administrative Trunking Encapsulation: dot1q
Operational Trunking Encapsulation: dot1q
```

Next

```
Negotiation of Trunking: Off ❹
Access Mode VLAN: 1 (default)
Trunking Native Mode VLAN: 1 (default)
---------------- 省略部分資訊 -------------------
```

❶ 要停止 DTP 協商功能，必須將 fa0/1 手動設定為存取或主幹模式，就可以停止 fa0/1 的 DTP。

❷ 設定 S1 中 fa0/1 為 trunk。

❸ 顯示 fa0/1 就可以成功執行 **switchport nonegotiate**，此時 S1 中 fa0/1 就不會送 DTP 封包給 S2 的 fa0/1 作協商運作。

❹ 查詢 S1 中 fa0/1 狀態，顯示協商已經關閉。

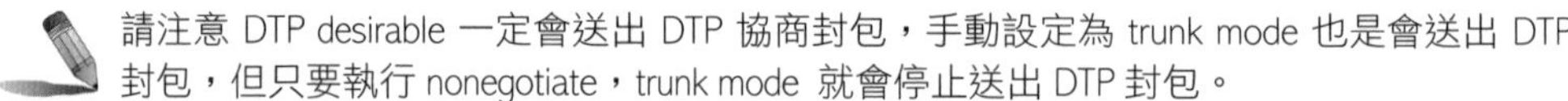

請注意 DTP desirable 一定會送出 DTP 協商封包，手動設定為 trunk mode 也是會送出 DTP 封包，但只要執行 nonegotiate，trunk mode 就會停止送出 DTP 封包。

請注意：為資安考量會建議將交換器中沒有用到的 Port 要手動關閉 (Administrative shutdown)， 並手動設定為 Access 模式及配置到不常用的 Vlan id (例如：Vlan 99)。

10.12 修改原生 Native Vlan

在使用 802.1Q 的主幹協定，有一個特殊的 Vlan 稱為 **Natvie Vlan (原生 Vlan)**，本節將介紹 Natvie Vlan 的目的及修改方式，我們使用下列 native-vlan 網路架構來實驗。

圖表 10-62 native-vlan 網路架構

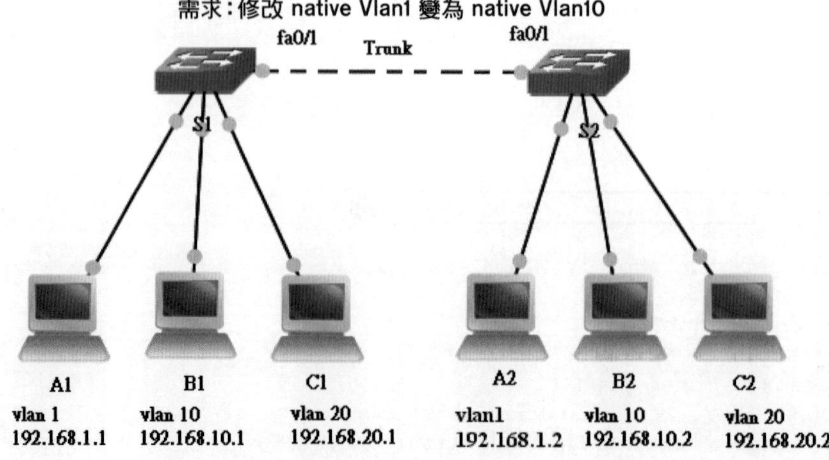

查詢 Natvie Vlan

交換器預設的 **Natvie Vlan** 為 Vlan 1，可以使用查詢主幹 Port 的指令 **show int trunk**，如下所示：

圖表 10-63 查詢 S1 中 Native Vlan 資訊

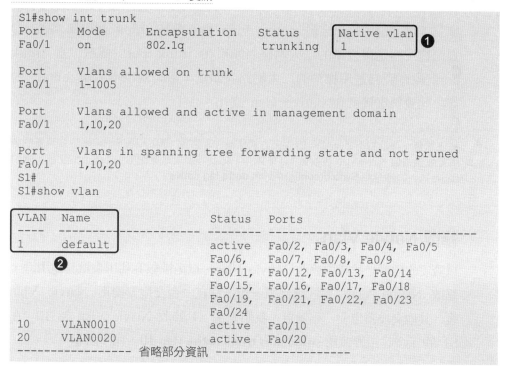

```
S1#show int trunk
Port      Mode         Encapsulation    Status        Native vlan  ❶
Fa0/1     on           802.1q            trunking      1

Port      Vlans allowed on trunk
Fa0/1      1-1005

Port      Vlans allowed and active in management domain
Fa0/1      1,10,20

Port      Vlans in spanning tree forwarding state and not pruned
Fa0/1      1,10,20
S1#
S1#show vlan

VLAN   Name                             Status   Ports
----  -------------------------------- -------- -------------------------------
1      default                          active   Fa0/2, Fa0/3, Fa0/4, Fa0/5
  ❷                                      Fa0/6,   Fa0/7, Fa0/8, Fa0/9
                                        Fa0/11,  Fa0/12, Fa0/13, Fa0/14
                                        Fa0/15,  Fa0/16, Fa0/17, Fa0/18
                                        Fa0/19,  Fa0/21, Fa0/22, Fa0/23
                                        Fa0/24
10     VLAN0010                         active   Fa0/10
20     VLAN0020                         active   Fa0/20
---------------- 省略部分資訊 -------------------
```

❶ 查詢 S1 的主幹 Port，其中 fa0/1 設定為主幹 Port，**Native vlan** 欄位表示原生 Vlan，目前為預設 Vlan1，Natvie Vlan 可以修改為其它 Vlan。

請注意一台交換器的 Native Vlan 只能有一個。

❷ **預設 Vlan** (default) 也是 Vlan1，是交換器出廠時的預設 Vlan，固定為 Vlan1，不能修改也不能刪除。

Natvie Vlan 的運作

在 802.1Q 的主幹協定中，當資料目的是 Natvie Vlan，該資料經過 Trunk Port 時，是不用標記 (tag) Vlan 編號，也就是所有**沒有 tag 資料都會往 Natvie Vlan**，在 A1 執行 **ping 192.168.1.2**，由於 A2 是在 Natvie Vlan 中，因此 ping request 封包經過 S1 中 fa0/1 主幹時不會標記，也就是資料來自於 native vlan 是不會被 trunk 封裝為 802.1Q 表頭檔，而是以標準的乙太網路表頭檔在 trunk port 傳遞，當 trunk port 收到資料是用標準的乙太網路表頭檔，這時候也不用作 untag 動作，此資料直接就往 native vlan 送出。

請注意有一種針對 Native Vlan 的入侵方式稱為 Vlan跳躍 (Vlan hopping)，所以就資安的角度會建議強迫 Native Vlan 也要做 tag 的動作，如此等於就是關閉 Native Vlan 的功能，關閉 Native Vlan 的指令為 **Switch(config)# vlan dot1q tag native**。

修改 Natvie Vlan

以資安的角度是建議要修改 Natvie Vlan，以免被駭客利用來做其他用途，修改 Natvie Vlan 要注意必須一致，當在一台交換器變更 Natvie Vlan 後，其他交換器也要一起變更。我們先在 S1 修改 Natvie Vlan 為 10，在 S1 的 fa0/1 主幹使用 **switchport trunk native vlan 10**，如下所示。

圖表 10-64 修改 S1 中 Native Vlan 為 vlan10

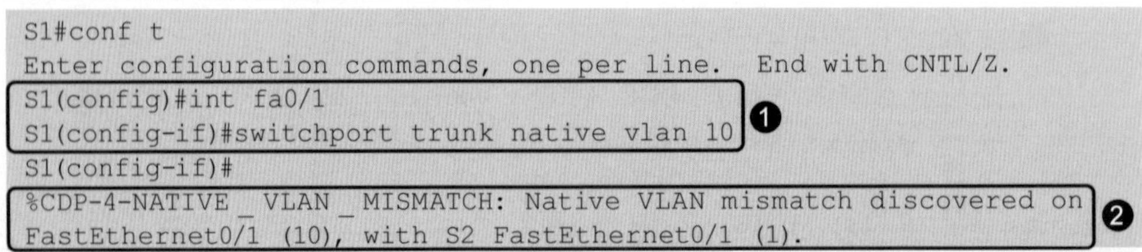

```
S1#conf t
Enter configuration commands, one per line.  End with CNTL/Z.
S1(config)#int fa0/1
S1(config-if)#switchport trunk native vlan 10          ❶
S1(config-if)#
%CDP-4-NATIVE_VLAN_MISMATCH: Native VLAN mismatch discovered on
FastEthernet0/1 (10), with S2 FastEthernet0/1 (1).              ❷
```

❶ 將 S1 中 fa0/1 主幹的 Natvie Vlan 更改為 Vlan 10，更改後等一會時間出現 Natvie Vlan 不一致的訊息。

❷ 『**%CDP-4-NATIVE_VLAN_MISMATCH：Native VLAN mismatch discovered on FastEthernet0/1 (10), with S2 FastEthernet0/1 (1).**』訊息，表示 Natvie Vlan 資訊不一致，這是因為 S2 fa0/1 主幹辨識的 Natvie Vlan 還是 Vlan 1，Natvie Vlan 資訊不一致會產出資料無法傳遞的後果，如下圖所示，例如：B1 執行 ping 192.168.10.2(B2)，很奇怪的是 ping 封包會從 B1 送到 A2，這是因為目前 S2 的 fa0/1 的 Native Vlan 還是 Vlan 1，所以收到 untag 資料都會往 Vlan1 送，只要將 S2 的 fa0/1 主幹的更改為 Vlan 10，就不會有這種問題，而且上述 Native Vlan 不一致的訊息就不會再出現。

圖表 10-65 Native vlan 不一致的問題

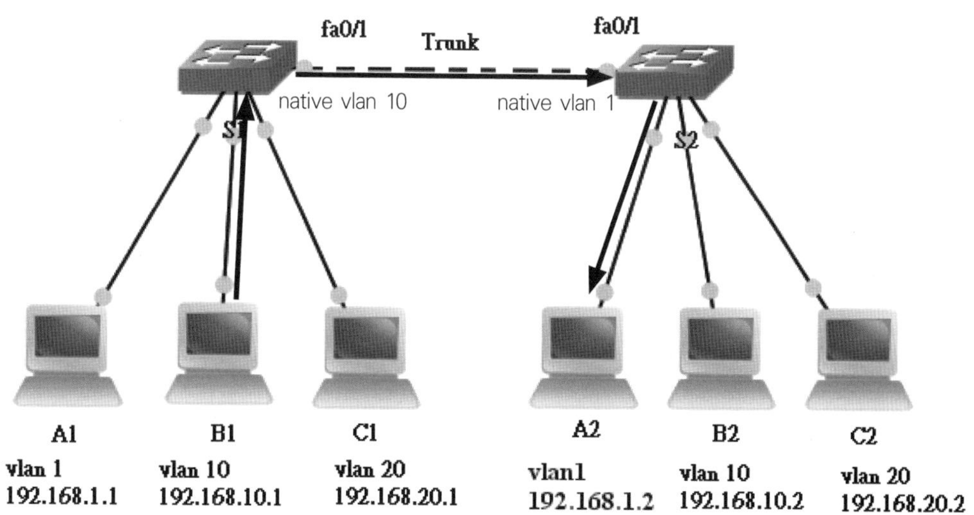

查詢修改後的 Natvie Vlan

當 S2 的 fa0/1 主幹的更改為 Vlan 10 後，使用兩種方式來查詢修改後的 Natvie Vlan，我們使用 **show int trunk** 與 **show int fa0/1 switchport** 來查詢，如下所示。

圖表 10-66 查詢修改後的原生 Vlan

```
S1#show int trunk
Port      Mode        Encapsulation    Status        Native vlan  ❶
Fa0/1     on          802.1q           trunking      10

Port      Vlans allowed on trunk
Fa0/1     1-1005

Port      Vlans allowed and active in management domain
Fa0/1     1,10,20

Port      Vlans in spanning tree forwarding state and not pruned
Fa0/1     1,10,20
S1#
S1#show int fa0/1 switchport
Name: Fa0/1
Switchport: Enabled
Administrative Mode: trunk
Operational Mode: trunk
Administrative Trunking Encapsulation: dot1q
Operational Trunking Encapsulation: dot1q
Negotiation of Trunking: On
Access Mode VLAN: 1 (default)
Trunking Native Mode VLAN: 10 (VLAN0010) ❷
Voice VLAN: none
----------------- 省略部分資訊 --------------------
```

❶ 顯示修改後的 Native Vlan 為 10。

❷ **Trunking Native Mode Vlan 欄位**為 Natvie Vlan，目前是 Vlan10。此時 Vlan 10 的資料經過 Trunk 時都是使用標準的乙太網路表頭檔。

路由器的 Native Vlan

請注意在前一章節有介紹 Vlan 的單臂路由，若在交換器這邊已經修改了 Natvie Vlan 為 Vlan 10，路由器中的 fa0/0.10 的子介面也要設定為 Natvie Vlan，需要執行 R1(config-subif)#encapsulation dot1Q 10 **native**。

10.13 Trunk 限制 Vlan 傳送

本節要介紹如何在主幹 Port 中限制特定 Vlan 傳送資料，預設 trunk 是傳送所有 Vlan 的資料，但可以設定來做到限制 Vlan 的資料傳送，我們使用下列 trunk-allow 網路架構來做示範實驗。

圖表 10-67 trunk-allow 網路架構

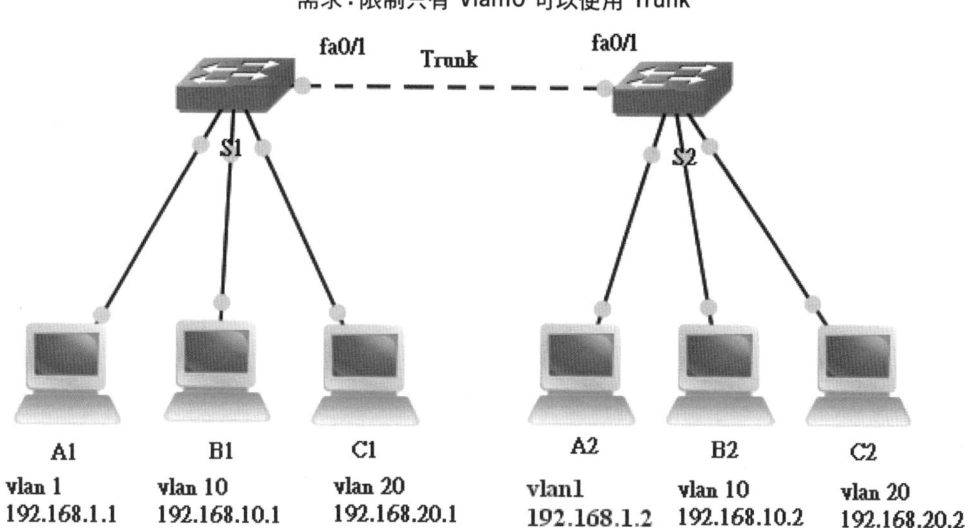

查看主幹 port 允許 Vlan

當交換器設定了主幹 port 之後，還可以進階設定哪些 Vlan 可以使用主幹連線，預設是全部的 Vlan 都可以使用，使用 **show int trunk** 查詢 S1 主幹狀態，如下所示，其中 **Vlans allowed on trunk 欄位**顯示可用主幹連線的 Vlan，目前為 Vlan1-1005，也就是沒限制使用主幹連線。

圖表 10-68 查詢可以通過 Trunk 的 Vlan 資訊

```
S1#show int trunk
Port      Mode       Encapsulation    Status      Native vlan
Fa0/1     on         802.1q           trunking    1

Port      Vlans allowed on trunk
Fa0/1     1-1005

Port      Vlans allowed and active in management domain
Fa0/1     1,10,20

Port      Vlans in spanning tree forwarding state and not pruned
Fa0/1     1,10,20
S1#
```

設定限制使用主幹連線

現在來限制只有 Vlan10 可使用主幹連線，如下所示：

圖表 10-69 設定允許 vlan10 可以通過 Trunk

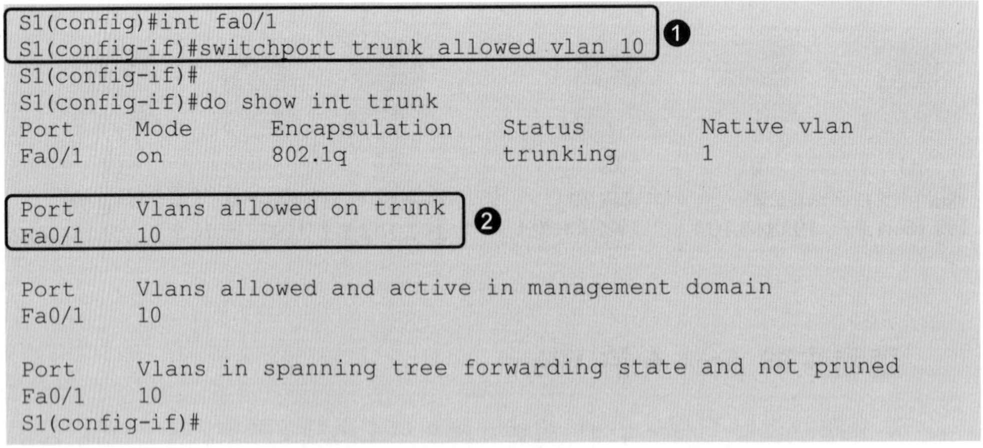

```
S1(config)#int fa0/1
S1(config-if)#switchport trunk allowed vlan 10   ❶
S1(config-if)#
S1(config-if)#do show int trunk
Port      Mode       Encapsulation    Status         Native vlan
Fa0/1     on         802.1q           trunking       1

Port      Vlans allowed on trunk   ❷
Fa0/1     10

Port      Vlans allowed and active in management domain
Fa0/1     10

Port      Vlans in spanning tree forwarding state and not pruned
Fa0/1     10
S1(config-if)#
```

❶ S1 的 fa0/1 主幹執行 **switchport trunk allowed vlan 10** 指令，來限制只有 Vlan10 可以使用主幹連線。

❷ 顯示 **Vlans allowed on trunk 欄位**只有 Vlan 10。

請注意 S2 的 Trunk port 建議也要設定允許 Vlan 通過，否則所有 Vlan 的流量會從 S2 的 Trunk port 送出，Vlan 流量到 S1 時，才讓 S1 過濾其他 Vlan 流量，如此會浪費 Trunk 的頻寬。

switchport trunk allowed 其它用法

除了前述的用法直接允許 Vlan 使用 Trunk 之外，還有許多用法，如下所示：

圖表 10-70 switchport trunk allowed 其它用法

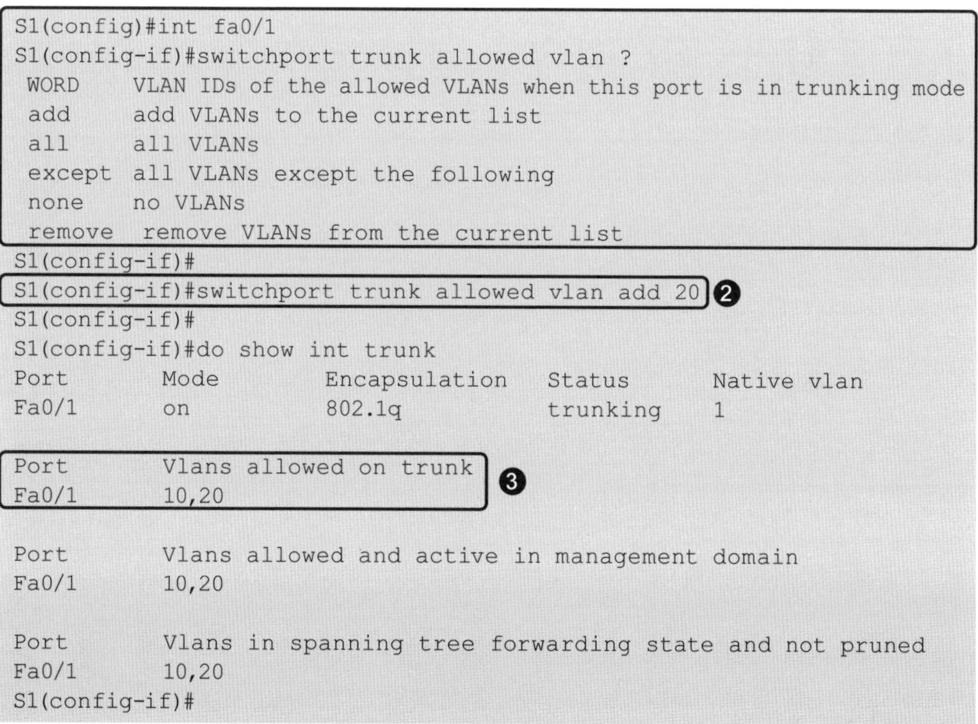

```
S1(config)#int fa0/1
S1(config-if)#switchport trunk allowed vlan ?
 WORD     VLAN IDs of the allowed VLANs when this port is in trunking mode
 add      add VLANs to the current list
 all      all VLANs
 except   all VLANs except the following
 none     no VLANs
 remove   remove VLANs from the current list
S1(config-if)#
S1(config-if)#switchport trunk allowed vlan add 20
S1(config-if)#
S1(config-if)#do show int trunk
Port        Mode         Encapsulation  Status        Native vlan
Fa0/1       on           802.1q         trunking      1

Port        Vlans allowed on trunk
Fa0/1       10,20

Port        Vlans allowed and active in management domain
Fa0/1       10,20

Port        Vlans in spanning tree forwarding state and not pruned
Fa0/1       10,20
S1(config-if)#
```

❶ 顯示如何加入或移除 Vlan 來使用 Trunk。

❷ 使用 **add** 參數將 Vlan20 加入使用 Vlan 的列表。

❸ 查詢目前有 Vlan10 與 Vlan20 可以使用 Trunk。

測試連線

在 A1 執行 **ping 192.168.1.2**，此時主幹 port 不允許 Vlan1 資料通過，A1 出現『**Request timed out.**』訊息，在 B1 執行 ping 192.168.10.2，此時主幹 port 會傳遞 Vlan10 的資料，B1 與 B2 連線就成功。

MEMO

CHAPTER 11

交換器進階功能 - VTP 與 STP

本章將繼續介紹 L2 Switch 其它重要的功能，包括 Vlan 管理協定 (VTP) 與擴張樹協定 (STP: Spanning Tree Protocool)。在介紹 VTP之前，要先了解 Vlan 資料庫儲存的地方與備援方式。

11.1 Vlan 備援與復原

本節將介紹 Vlan 資訊儲存的地方，並且示範如何做到 Vlan 資訊的備份與復原的動作，藉此了解 Vlan 資訊維護，進一步熟悉 VTP 的運作原理。我們使用下列 vlan-backup 網路架構來做說明。

圖表 11-1 vlan-backup 網路架構

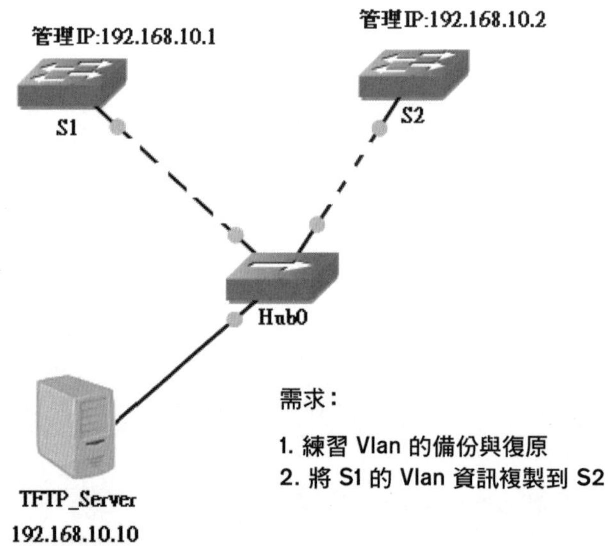

Vlan 資訊儲存的地方

當交換器建立好 Vlan 後，設定 Vlan 資訊會存在 run 的組態檔嗎？答案是不會。Vlan 的資訊比較特別，是存在 flash 中的 **Vlan.dat**，在 S1 執行 **show flash:** 來查詢目前 S1 中 flash 記憶體的資料，如下所示：

圖表 11-2 Vlan 資訊儲存在 flash 的 vlan.dat 檔案中

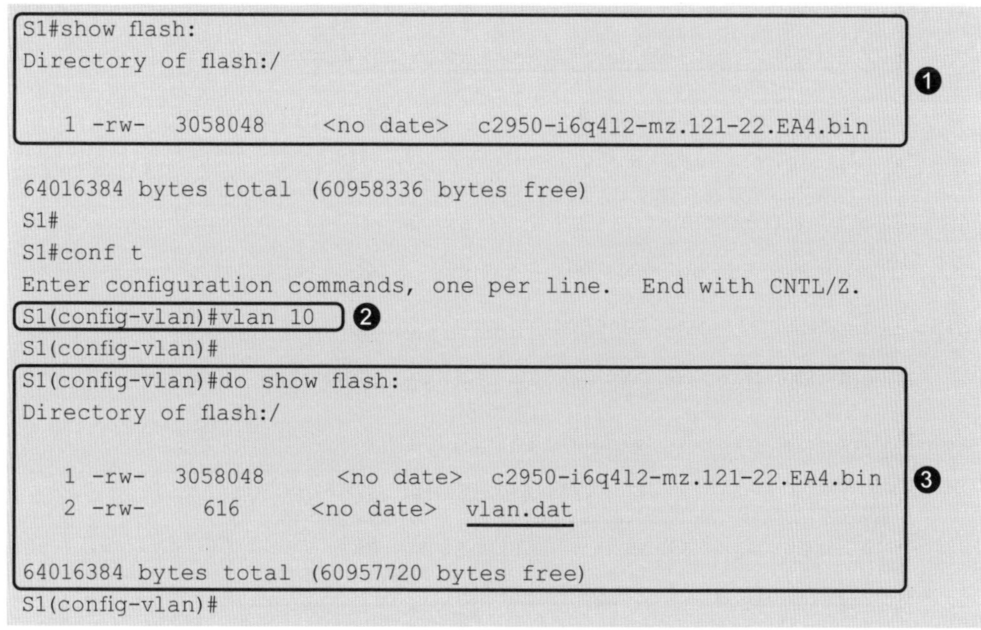

```
S1#show flash:
Directory of flash:/

   1 -rw-   3058048     <no date>  c2950-i6q4l2-mz.121-22.EA4.bin

64016384 bytes total (60958336 bytes free)
S1#
S1#conf t
Enter configuration commands, one per line.  End with CNTL/Z.
S1(config-vlan)#vlan 10
S1(config-vlan)#
S1(config-vlan)#do show flash:
Directory of flash:/

   1 -rw-   3058048      <no date>  c2950-i6q4l2-mz.121-22.EA4.bin
   2 -rw-    616      <no date>  vlan.dat

64016384 bytes total (60957720 bytes free)
S1(config-vlan)#
```

❶ 顯示目前 flash 中的檔案只有一個 IOS 開機檔。

❷ 接著建立 Vlan 10。

❸ 再執行 **show flash:**，此時可發現 flash 多一個 Vlan.dat，此檔案就是 Vlan 資訊儲存的地方。

用 **show run** 來查詢 run 組態檔，將找不到任何有關 Vlan 設定指令。所以要備份 Vlan 資訊就是備份 Vlan.dat 這個檔案，另外在 VTP 更新 Vlan 的資訊就是複製 Vlan.dat 出去給其它台交換器。

請注意：若要將交換器的所有 Vlan 刪除，必須刪除 Vlan.dat 檔案。

交換器的 port 屬於 Vlan 的資訊

關於交換器的 port 屬於哪一個 Vlan 的資訊，卻是存在 run 組態檔，如下所示：

圖表 11-3　Port 屬於 vlan10 的資訊儲存在 run 組態檔

```
S1(config)#int fa0/2
S1(config-if)#switchport access vlan 10
S1(config-if)#
S1(config-if)#do show run
Building configuration...

Current configuration : 1008 bytes
!
version 12.1
no service timestamps log datetime msec
no service timestamps debug datetime msec
no service password-encryption
!
hostname S1
!
!
spanning-tree mode pvst
!
interface FastEthernet0/1
!
interface FastEthernet0/2
 switchport access vlan 10
!
interface FastEthernet0/3
----------------- 省略部分資訊 --------------------
```

指定 port 到 Vlan10

port 屬於 Vlan10 記錄在 run 組態檔

因此要備份完整 Vlan 設定，就必須備份 Vlan.dat 及 run 組態檔。

備援 Vlan 資訊

備援與復原的指令都是使用 copy 指令，如下表所示。

圖表 11-4　Vlan 備援與復原相關指令

指令	說明
copy flash: tftp:	將 flash 的檔案備份到 tftp sever
copy tftp: flash:	從 tftp sever 復原檔案到 flassh

如下所示，在 S1 執行 **copy flash: tftp:**，IOS 會提示要複製 flash 哪一個檔案及 tftp server 的 IP 位址，輸入正確資訊就可以成功備援到 tftp server。請注意目前 S1 只有建立 Vlan 10 的資訊，所以備份的 Vlan.dat 也只有 Vlan 10 的資訊。

圖表 11-5　將 S1 的 flash 中的 vlan.dat 備份到 tftp

```
S1#copy flash: tftp:
Source filename []? vlan.dat
Address or name of remote host []? 192.168.10.10
Destination filename [vlan.dat]?

Writing vlan.dat....!!
[OK - 616 bytes]

616 bytes copied in 3.007 secs (0 bytes/sec)
S1#
```

將 vlan.dat 復原到 S2 的 flash 中

目前的 S2 沒有新建的 Vlan，如下所示。

圖表 11-6　S2 的預設 Vlan 資訊

```
S2#show vlan

VLAN Name                             Status    Ports
---- -------------------------------- --------- -------------------------------
1    default                          active    Fa0/1, Fa0/2, Fa0/3, Fa0/4
                                                Fa0/5, Fa0/6, Fa0/7, Fa0/8
                                                Fa0/9, Fa0/10, Fa0/11, Fa0/12
                                                Fa0/13, Fa0/14, Fa0/15, Fa0/16
                                                Fa0/17, Fa0/18, Fa0/19, Fa0/20
                                                Fa0/21, Fa0/22, Fa0/23, Fa0/24
1002 fddi-default                     act/unsup
1003 token-ring-default               act/unsup
1004 fddinet-default                  act/unsup
----------------- 省略部分資訊 ---
```

在 S2 執行 **copy tftp: flash:**，從 tftp 將 vlan.dat 復原到 S2 的 flash 中，如下所示，只要輸入 IOS 會提示的正確資訊，就可以成功複製 Vlan.dat 到 S2 的 flash 中。

圖表 11-7　從 tftp 將 vlan.dat 復原到 S2 的 flash 中

```
S2#copy tftp: flash:
Address or name of remote host []? 192.168.10.10
Source filename []? vlan.dat
Destination filename [vlan.dat]?

Accessing tftp://192.168.10.10/vlan.dat....
Loading vlan.dat from 192.168.10.10: !
[OK - 616 bytes]

616 bytes copied in 3.004 secs (205 bytes/sec)
S2#
```

查詢 S2 的 Vlan 資訊

當複製 Vlan.dat 到 S2 的 flash 後，如果馬上去查詢 Vlan 的資訊，會看不到有任何新增的 Vlan，必須將 S2 重新開機，就會有新增的 Vlan。交換器如何重新開機？由於交換器沒有電源開關，所以只能使用 reload 指令來重新載入 IOS。S2 重新開機後，再去查詢 Vlan 資訊就會看到 Vlan 10，如下所示。由此過程，可以觀察到交換器之間的 Vlan 資訊更新，只要傳遞 Vlan.dat 給其它交換器，而 VTP 就是自動幫我們做這件事情。

圖表 11-8 S2 從 vlan.dat 復原的 Vlan 資訊

```
S2#show vlan

VLAN Name                      Status    Ports
---- ------------------        ------    ------------------------------
1    default                   active    Fa0/1, Fa0/2, Fa0/3, Fa0/4
                                         Fa0/5, Fa0/6, Fa0/7, Fa0/8
                                         Fa0/9, Fa0/10, Fa0/11, Fa0/12
                                         Fa0/13, Fa0/14, Fa0/15, Fa0/16
                                         Fa0/17, Fa0/18, Fa0/19, Fa0/20
                                         Fa0/21, Fa0/22, Fa0/23, Fa0/24
10   VLAN0010                  active
1002 fddi-default              act/unsup
1003 token-ring-default        act/unsup
```

11.2 Vlan 資訊管理協定（VTP）

當交換器網路中要建立一個 Vlan20，此時必須要到每一台交換器中來建立編號 20 的 Vlan，如下圖所示有 5 台交換器，這樣就要在這 5 台交換器各別建立 Vlan20，如此將造成管理 Vlan 資訊的問題。**VTPs(Vlan Trunk Protocol)**提供 Vlan 資訊更新的服務，只要在 1 台交換器中設定 Vlan20，VTP 自動會將此資訊更新給其它 4 台交換器，以下將會有詳細操作介紹，我們使用下列 vtp 網路架構來示範操作。

圖表 11-9 vtp 網路架構

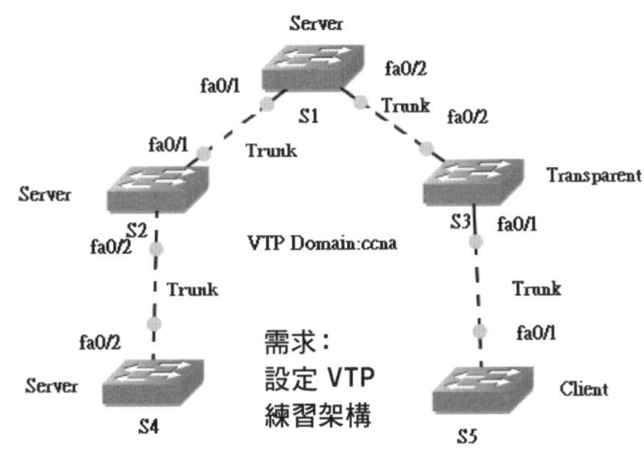

VTP 常用指令

VTP 常用指令整理如下，另外也將進階主幹設定指令一併整理。

圖表 11-10 VTP 常用相關指令

指令	說明
Switch(config)#vtp mode server	設定 VTP 為 Server 模式
Switch(config)#vtp domain ccna	設定 VTP Domain 名稱為 ccna
Switch(config)#vtp password cisco	設定 VTP 密碼為 cisco
Switch(config-if)#switchport trunk native vlan 10	修改原生 vlan 為 10
Switch(config-if)#switchport trunk allowed vlan 10	限制只有 vlan 10 可使用主幹連線
Switch#show vtp status	查詢 VTP 狀態
Switch#show vtp password	查詢 VTP 密碼
Switch#show int fa0/1 switchport	查詢 fa0/1 連接埠狀態
Switch#show int trunk	查詢主幹 Port(trunk port)

VTP 運作的條件

交換器中 VTP 的功能預設已經啟動，只是 VTP 更新封包要能順利傳送到其他交換器，必須要符合 VTP 運作的環境，以下為 VTP 運作環境的條件。

1. 交換器之間的連線必須為主幹模式。
2. 交換器之間要有一台當作 Server。

3. 所有交換器的 VTP Domain 名稱必須一樣。

4. 如果有設定 VTP 密碼，所有交換器都要設定相同密碼。

以上條件除了第 4 點是選擇性設定，其它 3 點一定要符合，如此 VTP 更新封包就可以傳送。

請注意 VTP 更新不包含連接埠屬於哪一個 Vlan 資訊，單純只是更新建立 Vlan 的資料。

交換器 VTP 模式

VTP 有 3 種模式，**Server mode**、**Client mode** 及 **Transparent mode**，每種模式都有它的運作方式，介紹如下。

- **Server 模式**：交換器預設 VTP 模式，在模式下可以建立、修改及刪除本地 Vlan，並產生 VTP 更新封包，也接收其它 Server 的 VTP 更新封包來修改本地 Vlan 資訊。
- **Client 模式**：在模式下無法自行建立、修改及刪除本地 Vlan，也無法產生 VTP 更新封包，但是可以接收 VTP 更新封包並根據更新封包來建立、修改及刪除本地 Vlan。
- **Transparent 模式**：在模式下只會協助傳送 VTP 更新封包，不會根據 VTP 更新封包來修改本地 Vlan，但是此模式可以建立、修改及刪除本地 Vlan，但不會產生 VTP 更新封包。

請注意 VTP 有三種版本，VTP v1 與 VTP v2 兩種版本相容，主要差別在於 VTP v2 支援 Token Ring 網路；除此之外，VTP v1 與 VTP v2 都只能支援一般 Vlan id 範圍的傳遞，只有 VTPv3 才有支援延伸 Vlan id 範圍。VTPv3 與 VTP Pruning 功能屬於 CCNP 課程範圍。

Server 模式

交換器的 VTP 預設模式為 Server 模式，使用 **show vtp status** 來查詢 VTP 狀態，以下所示為查詢 S1 的 VTP 狀態，其中 **VTP Operation Mode** 表示目前 VTP 運作模式為 Server 模式。

圖表 11-11 查詢 S1 的 VTP 資訊

```
S1#show vtp status
VTP Version                         : 2
Configuration Revision              : 0
Maximum VLANs supported locally     : 255
Number of existing VLANs            : 5
VTP Operating Mode                  : Server
VTP Domain Name                     :
VTP Pruning Mode                    : Disabled
VTP V2 Mode                         : Disabled
----------------- 省略部分資訊 --------------------
```

Client 模式

接下來將 S5 設定為 VTP client 模式，如下所示：

圖表 11-12 S5 設定 client 模式

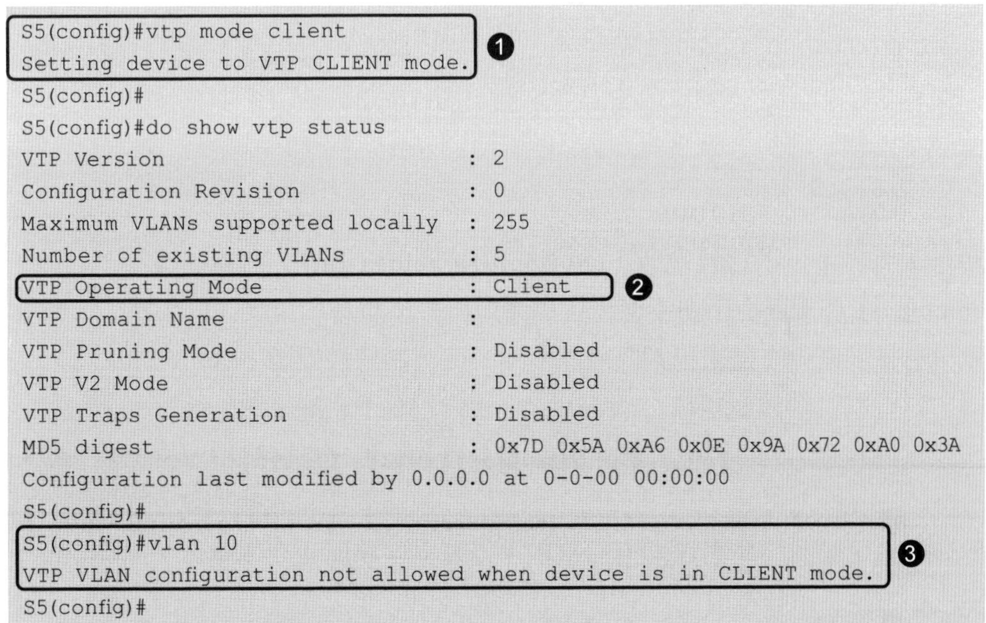

```
S5(config)#vtp mode client
Setting device to VTP CLIENT mode.
S5(config)#
S5(config)#do show vtp status
VTP Version                         : 2
Configuration Revision              : 0
Maximum VLANs supported locally     : 255
Number of existing VLANs            : 5
VTP Operating Mode                  : Client
VTP Domain Name                     :
VTP Pruning Mode                    : Disabled
VTP V2 Mode                         : Disabled
VTP Traps Generation                : Disabled
MD5 digest                          : 0x7D 0x5A 0xA6 0x0E 0x9A 0x72 0xA0 0x3A
Configuration last modified by 0.0.0.0 at 0-0-00 00:00:00
S5(config)#
S5(config)#vlan 10
VTP VLAN configuration not allowed when device is in CLIENT mode.
S5(config)#
```

❶ 在 S5 組態模式下執行 **vtp mode client** 就變成 client 模式。

❷ 使用 **show vtp status** 查看，其中 **VTP Operation Mode** 欄位已經為 **Client**。

❸ 測試在 Client 模式下不能建立 Vlan，執行 **vlan 10**，結果出現『**VTP VLAN configuration not allowed when device is in CLIENT mode.**』訊息，表示不能建立 vlan。

請注意 Client 模式若要建立 Vlan 必須接收 VTP 更新封包來建立。

Transparent 模式

VTP Transparent 模式可以說是不參與 VTP 更新運作，只會幫忙**傳送 (by pass)** 收到 VTP 更新封包，如下所示：

圖表 11-13 設定 S3 為 transparent 模式

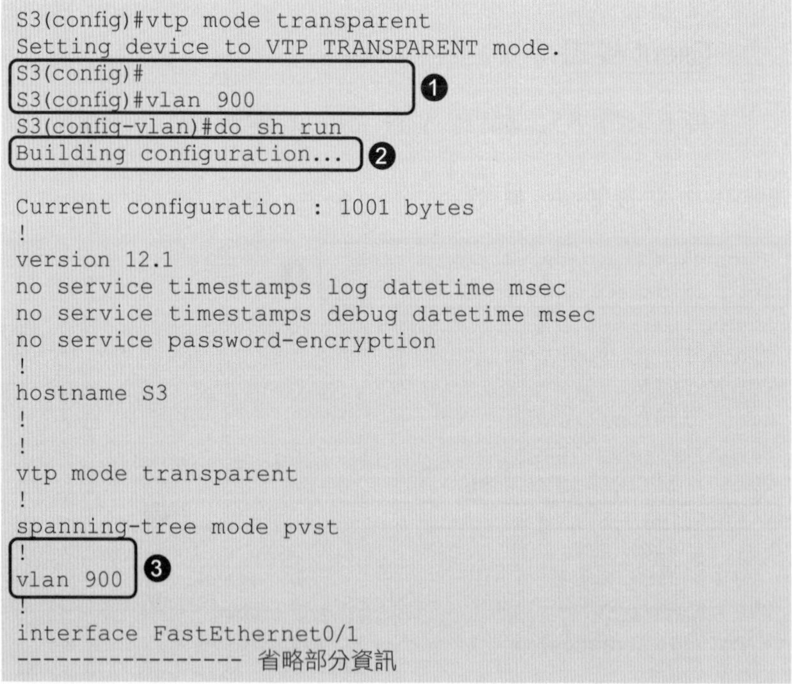

```
S3(config)#vtp mode transparent
Setting device to VTP TRANSPARENT mode.
S3(config)#
S3(config)#vlan 900
S3(config-vlan)#do sh run
Building configuration...

Current configuration : 1001 bytes
!
version 12.1
no service timestamps log datetime msec
no service timestamps debug datetime msec
no service password-encryption
!
hostname S3
!
!
vtp mode transparent
!
spanning-tree mode pvst
!
vlan 900
!
interface FastEthernet0/1
----------------- 省略部分資訊
```

❶ 在 S3 下執行 **vtp mode transparent**，其中 **VTP Operating Mode** 已經為 Transparent。

❷ 測試 transparent 模式下建立 vlan 900，結果顯示建立成功。

❸ 這裡比較特別，transparent 模式下建立 vlan 資訊會存在 run 組態中。

請注意 transparent 不會產生 VTP 更新封包，也不會根據 VTP 更新封包來修改本地的 Vlan。

請注意 VTP 模式只有 Transparent 模式會將 Vlan 的資訊存在 run 組態擋中，而 Server 與 Client 模式中 Vlan 的資訊存在 Vlan.dat 中，如果將 Server 或 Client 模式切換為 Transparent 模式，則 Vlan 的資訊會轉存到 run 組態擋中。相反的，Transparent 模式切換到 Server 或 Client 模式則 Vlan 的資訊會從 run 組態檔中移出，轉存到 Vlan.dat 中。

VTP 封包

VTP 運作過程有三種封包，三種封包的名稱及說明，如下表所示。

圖表 11-14 三種 VTP 封包

VTP 封包	說明
Summary advertisements(摘要通報)	當 VTP Server 的 Vlan 資料庫有異動時，由 VTP Server 送出摘要通報封包給鄰居 VTP Server 或 VTP Client 比對，類似 OSPF DBD，每 300 秒或 Vlan 有異動時由 VTP SEVER 送出
Advertisement request(請求通報)	根據摘要通報封包，比對本地 Vlan 資料庫，在發送請求通報封包，類似 OSPF LSR，由 VTP Client 或 Server 送出
Subset advertisements(更新通報)	根據請求通報封包，VTP Server 送出更新通報封包，類似 OSPF LSU

VTP 三種封包的運作過程如下圖所示：

圖表 11-15 VTP 運作過程

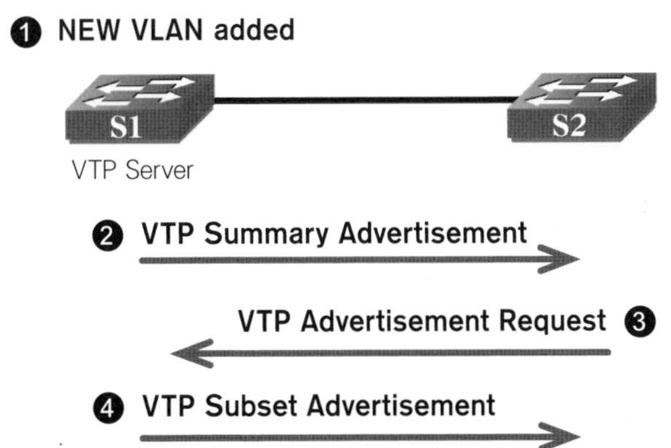

❶ 當 S1 (VTP Server) 的 Vlan 資料庫有異動時，可能是新增、修改或刪除 Vlan。

❷ 由 S1 送出摘要通報封包給鄰居 S2(VTP Server 或 Client) 比對。當 S2 收到後，S2 會比對摘要通報封包中 Domain 名稱與 Revision 次數與 S2 本地 VTP 紀錄，如果 Domain 名稱不一樣，S2 即丟棄該摘要通報封包，另外如果 Revision 次數小於 S2 本地 VTP 紀錄，表示 S1 的 Vlan 資料比 S2 還要舊，此時會由 S2 直接送出更新通報給 S1。

❸ S2 根據摘要通報封包，比對本地 Vlan 資料庫，S2 發送請求通報封包。

❹ S1 根據 S2 的請求通報封包， S1 送出更新通報給 S2，S2 根據更新封包來修改本地 Vlan 資料庫。

設定 VTP 運作環境

VTP 更新封包要傳送出去必須透過主幹模式，現在把所有交換器的連線設定為主幹模式，如下所示：

圖表 11-16 設定 S2 中 fa0/1 及 fa0/2 為 Trunk

```
S2#conf t
Enter configuration commands, one per line.  End with CNTL/Z.
S2(config)#int range fa0/1-2                          ❶
S2(config-if-range)#switchport mode trunk


S2(config-if-range)#
%LINEPROTO-5-UPDOWN: Line protocol on Interface FastEthernet0/1,
changed state to down

%LINEPROTO-5-UPDOWN: Line protocol on Interface FastEthernet0/1,
changed state to up

%LINEPROTO-5-UPDOWN: Line protocol on Interface FastEthernet0/2,
changed state to down

%LINEPROTO-5-UPDOWN: Line protocol on Interface FastEthernet0/2,
changed state to up
```

Next

```
S2(config-if-range)#do show int trunk
Port      Mode      Encapsulation     Status        Native vlan
Fa0/1     on        802.1q            trunking      1
Fa0/2     on        802.1q            trunking      1
---------------- 省略部分資訊 --------------------
```
❷

❶ 在 S2 中在 **int range fa0/1-2**，執行 **switchport mode trunk** 直接手動設定兩條主幹連線。

❷ 使用 **show int trunk** 查詢 S2 的 fa0/1 與 fa0/2 已經為 trunk port，其中 S1 的 fa0/1 與 S4 的 fa0/2 也會被 DTP 協商成為 trunk port，以相同的方式在 S3 設定。如此就可以快速的將 8 個 port 設定為 Trunk 模式。

查詢 VTP Domain 名稱

VTP 在傳遞更新資料時，會根據交換器的 **VTP Domain** 名稱，名稱設定一樣的才會互相傳送 VTP 更新封包，交換器的 VTP Domain 名稱預設為**空值(NULL)**，以下所示為查詢 S1 的 VTP 狀態，其中 **VTP Domain Name** 欄位為空值，所以此時 VTP 還無法將 VTP 更新封包傳遞出去，此時其他交換器的 VTP Domain Name 欄位為空值，請讀者驗證。

圖表 11-17 查詢 S1 中 VTP 的 Domain name

```
S1#show vtp status
VTP Version                         : 2
Configuration Revision              : 0
Maximum VLANs supported locally     : 255
Number of existing VLANs            : 5
VTP Operating Mode                  : Server
VTP Domain Name                     :
VTP Pruning Mode                    : Disabled
VTP V2 Mode                         : Disabled
---------------- 省略部分資訊 --------------------
```

接著設定 VTP Domain 名稱如下所示：

圖表 11-18 S1 設定 VTP Domain 名稱

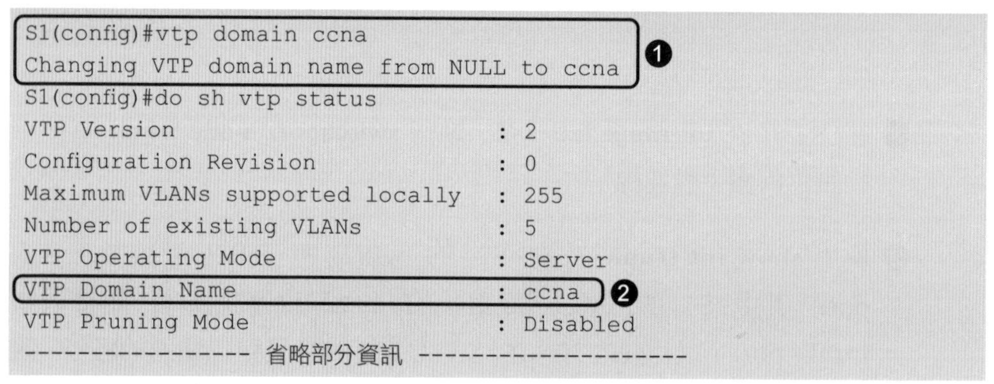

```
S1(config)#vtp domain ccna
Changing VTP domain name from NULL to ccna
S1(config)#do sh vtp status
VTP Version                          : 2
Configuration Revision               : 0
Maximum VLANs supported locally      : 255
Number of existing VLANs             : 5
VTP Operating Mode                   : Server
VTP Domain Name                      : ccna
VTP Pruning Mode                     : Disabled
----------------- 省略部分資訊 --------------------
```

❶ 使用 **vtp domain** 指令將 S1 的 VTP Domain 名稱設定為 ccna。

❷ 顯示 VTP Domain Name 欄位已經變成 ccna 名稱。

驗證 VTP 更新

除了 S1 之外，其它交換器的 VTP Domain 名稱都還是空值，我們可以將其它交換器手動設定 VTP Domain 名稱為 ccna，但是其實不需要這麼麻煩，S1 傳遞出去的 VTP 更新封包會將 VTP Domain 名稱是空值的**強迫更新**為 ccna。

為了讓 S1 馬上送出 VTP 更新封包，在 S1 建立 Vlan10 與 Vlan 20，如此 S1 有 Vlan 10 與 20，這兩個 Vlan 資訊會更新給其它交換器。現在來查 S5 的 VTP 資訊，如下所示：

圖表 11-19 查看 S5 的 VTP 與 Vlan 資訊

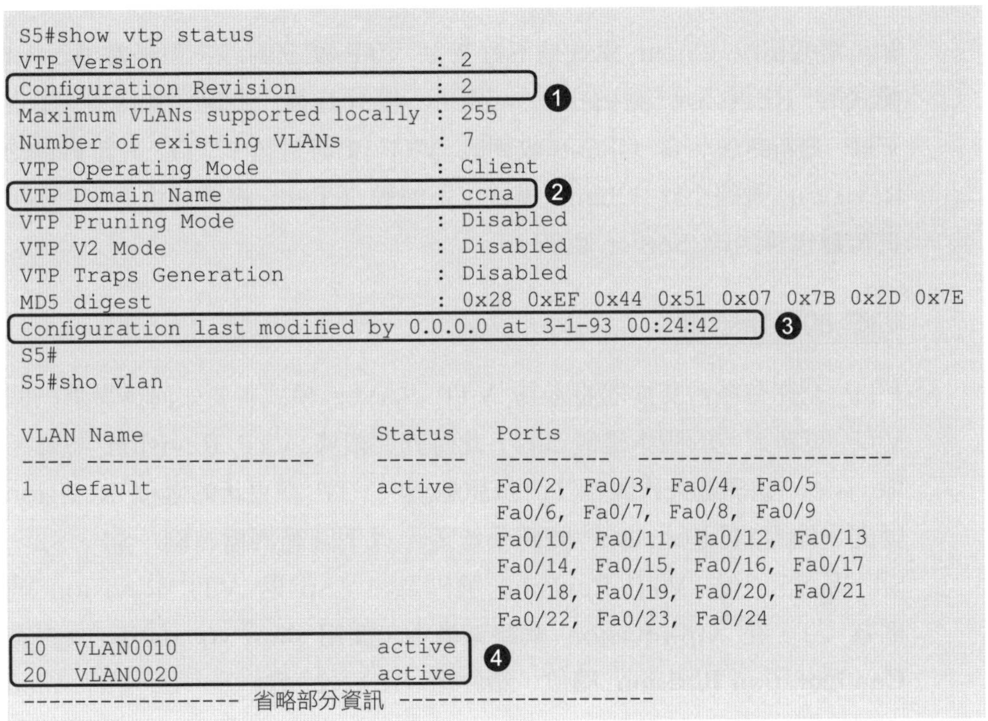

```
S5#show vtp status
VTP Version                     : 2
Configuration Revision          : 2
Maximum VLANs supported locally : 255
Number of existing VLANs        : 7
VTP Operating Mode              : Client
VTP Domain Name                 : ccna
VTP Pruning Mode                : Disabled
VTP V2 Mode                     : Disabled
VTP Traps Generation            : Disabled
MD5 digest                      : 0x28 0xEF 0x44 0x51 0x07 0x7B 0x2D 0x7E
Configuration last modified by 0.0.0.0 at 3-1-93 00:24:42
S5#
S5#sho vlan

VLAN Name                             Status    Ports
---- -------------------------------- --------- -------------------------------
1    default                          active    Fa0/2, Fa0/3, Fa0/4, Fa0/5
                                                Fa0/6, Fa0/7, Fa0/8, Fa0/9
                                                Fa0/10, Fa0/11, Fa0/12, Fa0/13
                                                Fa0/14, Fa0/15, Fa0/16, Fa0/17
                                                Fa0/18, Fa0/19, Fa0/20, Fa0/21
                                                Fa0/22, Fa0/23, Fa0/24
10   VLAN0010                         active
20   VLAN0020                         active
----------------- 省略部分資訊 --------------------
```

❶ 顯示 **Configuration Revision** 欄位為 2，此欄位的值代表本地 Vlan 修改的次數。

❷ 顯示 **VTP Domain Name** 欄位已經從空值變成 ccna。

❸ 表示 VTP 更新封包的來源交換器的 IP 位址，由於目前交換器都沒有設定管理 IP，所以 IP 顯示為 0.0.0.0，可以將每台交換器設定管理 IP 位址，這樣可以清楚看到 VTP 更新封包來自哪一台交換器。

❹ 查詢 S5 的 Vlan 資訊，VTP 已經將 Vlan10 與 20 更新給 S5。但是 S3 為 Transparent 模式，不會有任何更新。

Client 模式產生 VTP 更新

在正常的情況 Client 模式是不會產生 VTP 更新封包，但是當 Server 模式的 Revision 號碼小於 Client 模式時後，此時 Server 產生 VTP 更新封包，當 Client 收到此 VTP 更新封包，VTP 更新封包的 Revision 號碼小於 Client 模式，這時候 Client 模式就會產生 VTP 更新封包傳送給 Server 更新。

VTP 的更新號碼

VTP 允許有多台交換器設定為 VTP Server 模式，要如何辨識那一個 VTP 更新封包的版本是最新的，此時就要根據 VTP Revision 號碼，Revision 號碼越大代表 VTP 資訊越新。VTP 在更新的過程 Revision 號碼大的會將 Revision 號碼小覆蓋，以下圖範例檔為例，S1、S2、S4 及 S5 中的 VTP Revision 號碼為 1，S6 的 VTP Revision 號碼為 21，在 vtp-revision 網路架構中，使用 **show vtp status** 來查看 **Configuration Revision** 欄位，請注意 S1、S2、S4 及 S5 中的 Vlan 有 10 與 20。

圖表 11-20 vtp-revision 網路架構

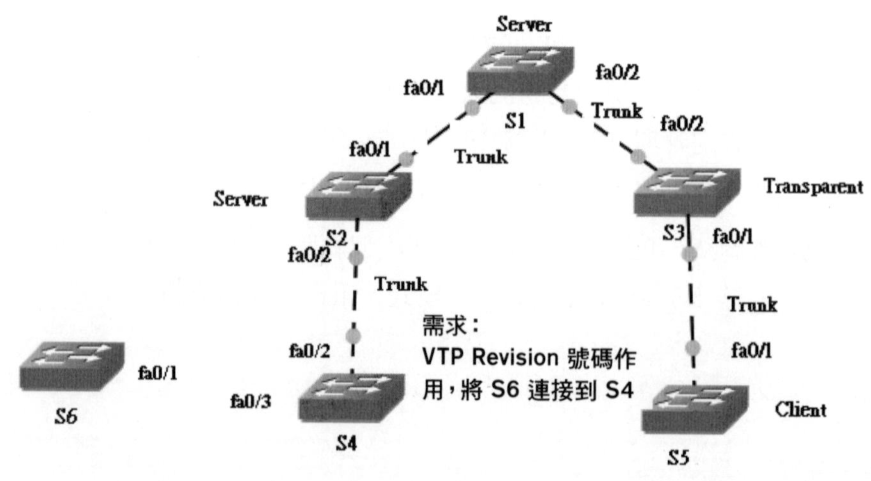

S6 連接到 S4

用跳線連接 S6 中 fa0/1 與 S4 中 fa0/3，由於 S6 的 VTP Revision 號碼都比其它交換器還大，因此 S6 的 Vlan 資訊會更新到所有其他交換器 (S3 除外)，請注意 VTP 更新是用**覆蓋**的方式，所以 S6 的 Vlan 資訊會覆蓋原先的 Vlan10 與 20，我們查詢 S1 的 VTP 與 Vlan 的資訊如下所示：

圖表 11-21 查詢 S1 中 VTP 與 Vlan 資訊

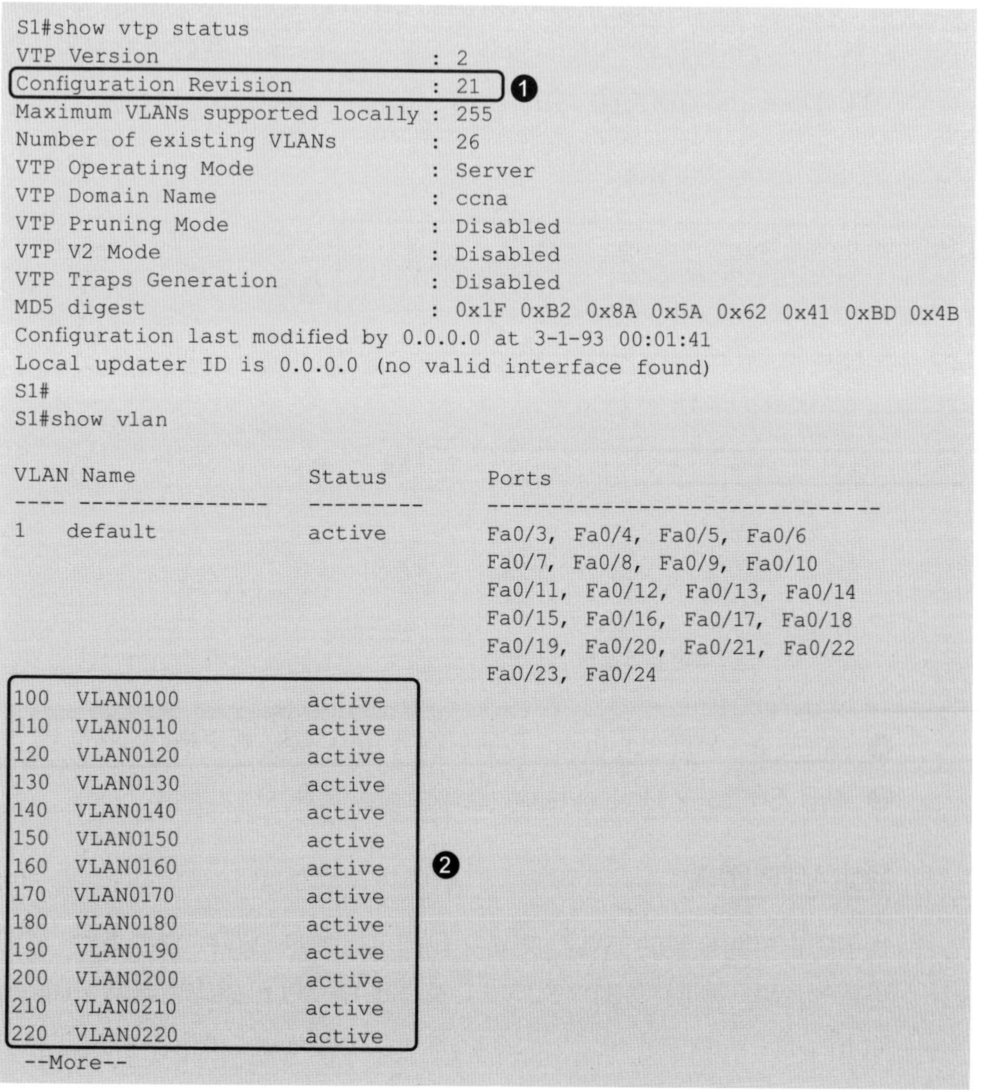

```
S1#show vtp status
VTP Version                     : 2
Configuration Revision          : 21        ❶
Maximum VLANs supported locally : 255
Number of existing VLANs        : 26
VTP Operating Mode              : Server
VTP Domain Name                 : ccna
VTP Pruning Mode                : Disabled
VTP V2 Mode                     : Disabled
VTP Traps Generation            : Disabled
MD5 digest                      : 0x1F 0xB2 0x8A 0x5A 0x62 0x41 0xBD 0x4B
Configuration last modified by 0.0.0.0 at 3-1-93 00:01:41
Local updater ID is 0.0.0.0 (no valid interface found)
S1#
S1#show vlan

VLAN Name                 Status    Ports
---- -------------------- --------- -------------------------------
1    default              active    Fa0/3, Fa0/4, Fa0/5, Fa0/6
                                    Fa0/7, Fa0/8, Fa0/9, Fa0/10
                                    Fa0/11, Fa0/12, Fa0/13, Fa0/14
                                    Fa0/15, Fa0/16, Fa0/17, Fa0/18
                                    Fa0/19, Fa0/20, Fa0/21, Fa0/22
                                    Fa0/23, Fa0/24
100  VLAN0100             active
110  VLAN0110             active
120  VLAN0120             active
130  VLAN0130             active
140  VLAN0140             active
150  VLAN0150             active
160  VLAN0160             active    ❷
170  VLAN0170             active
180  VLAN0180             active
190  VLAN0190             active
200  VLAN0200             active
210  VLAN0210             active
220  VLAN0220             active
 --More--
```

❶ 顯示 **Configuration Revision** 欄位由 1 變成 21。

❷ 顯示 Vlan 的資訊已經沒有 Vlan10 與 20，完全被 S6 的 Vlan 資訊覆蓋。

請注意 VTP 更新的覆蓋的方式，可能會造成原先交換器的 Vlan 網路環境的破壞，如上述的範例，S6 是外面買來舊的交換器接到公司內部 Vlan 網路環境，如此就破壞公司的 Vlan 網路環境。

重設 VTP Revision 號碼

為了防止上述的情況發生，可以先將 S6 的 VTP Revision 號碼重設為 0，這不會影響 Vlan 資訊，VTP Revision 號碼重設方式是將 VTP Domain 名稱更換，如下所示：

圖表 11-22 重設 VTP Revision 號碼

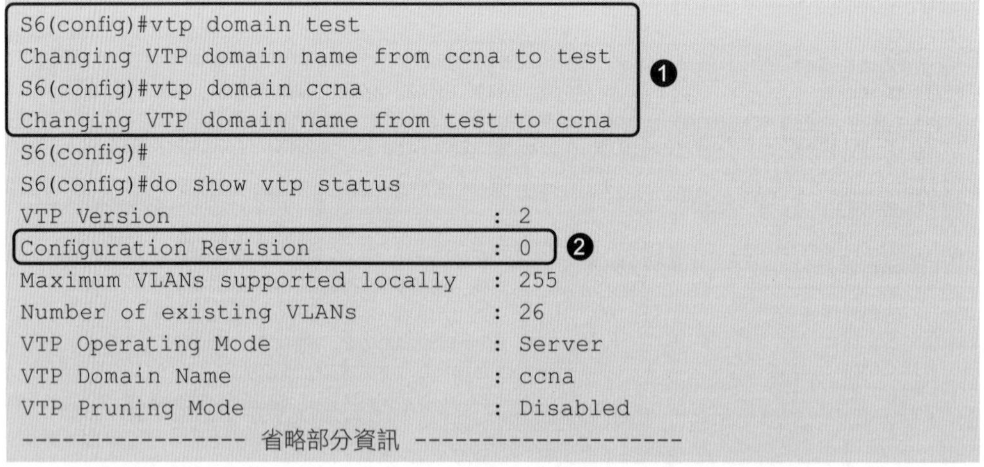

```
S6(config)#vtp domain test
Changing VTP domain name from ccna to test
S6(config)#vtp domain ccna
Changing VTP domain name from test to ccna      ❶
S6(config)#
S6(config)#do show vtp status
VTP Version                         : 2
Configuration Revision              : 0  ❷
Maximum VLANs supported locally     : 255
Number of existing VLANs            : 26
VTP Operating Mode                  : Server
VTP Domain Name                     : ccna
VTP Pruning Mode                    : Disabled
---------------- 省略部分資訊 -------------------
```

❶ 將 S6 的 VTP Domain 名稱更換為 test 後，再更換回 ccna。

❷ 顯示 S6 的 VTP Revision 號碼已經重設為 0。

設定 VTP 密碼

為了防止不明來源的 VTP 更新，我們可以設定 VTP 密碼來做 VTP 更新的認證，規劃在 S1、S2、S4 及 S5 中 VTP 設定密碼為 cisco，如下所示：

圖表 11-23 設定 S4 中VTP 密碼

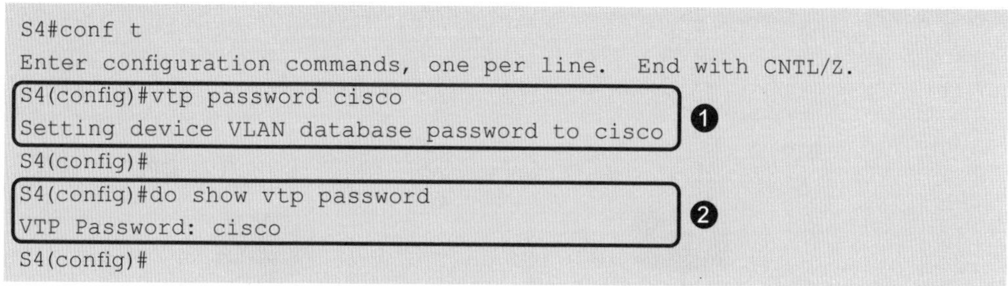

```
S4#conf t
Enter configuration commands, one per line.  End with CNTL/Z.
S4(config)#vtp password cisco
Setting device VLAN database password to cisco        ❶
S4(config)#
S4(config)#do show vtp password
VTP Password: cisco                                   ❷
S4(config)#
```

❶ 在 S4 使用 vtp password 來設定密碼，其他三台交換器也要全部設定同一個密碼。

❷ 使用 **show vtp password** 來查詢密碼，請注意 vtp 的密碼不是存在 run 組態檔，而是存在 Vlan.dat 中。

詳細的 VTP 攻擊與保護實作，請參考第 21 章節。

11.3 擴張樹協定 (STP)

擴張樹協定 (STP、Spanning-Tree Protocol) 主要是邏輯上防止交換器之間實際連線迴圈，也就是說交換器之間允許連線的迴圈，擴張樹協定演算法會邏輯上將迴圈打掉，如此來解決迴圈所產生的問題。

多餘的架構

在一些比較重要的網路環境下，網路是不允許斷線的，所以一些備援機制就要使用，常用的備源機制就是**多餘架構（Redundant Topology）**，也就是本來需要一台網路設備就可以運作，這時就再多買一台當備援，或者本來只需要一條網路線，這時就多拉一條網路線當作備援使用，例如：下圖所示，當 switch0 壞掉，這時電腦 A 可以透過路由器 R2 連到 Internet。

圖表 11-24 具有備援線路的網路架構

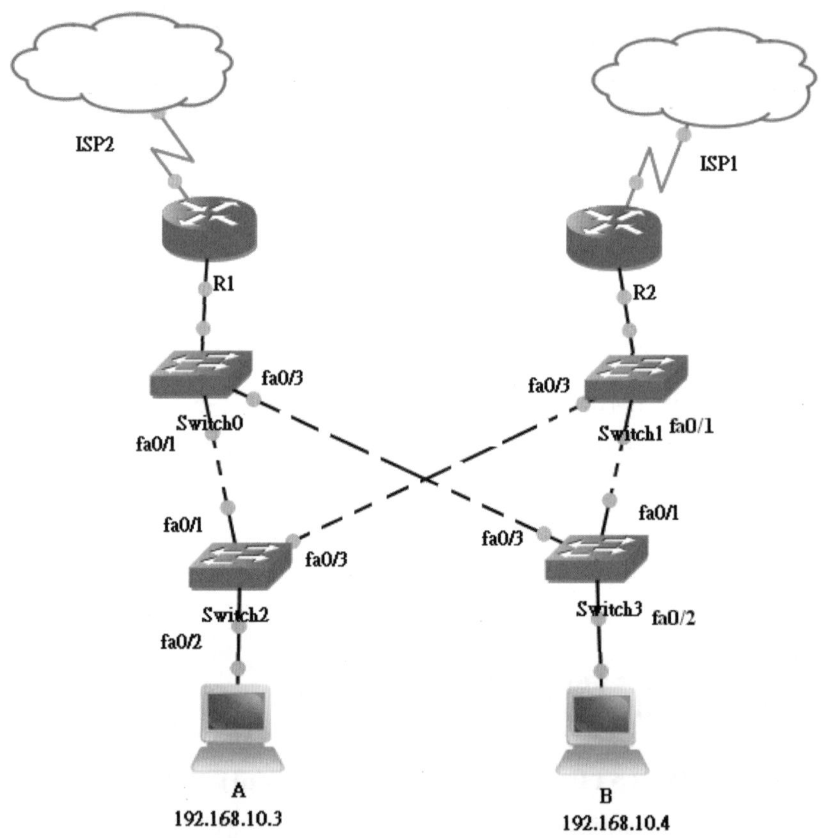

迴圈問題

網路線的多餘架構雖然可以提供線路的備援機制，但是會產生交換器之間的實體連線會有**迴圈 (Loop)** 現象，也就是從一台交換器的連線出去，不要走同樣的線路，到最後又回到原來的交換器，這樣就是迴圈，例如：上圖所示，當傳送路徑為 **S2 fa0/3-->S1 fa0/3-->S1 fa0/1-->S3 fa0/1-->S3 fa0/3-->S0 fa0/3-->S0 fa0/1-->S2 fa0/1** 就是一個迴圈路徑，當實體接線有迴圈時，會有很多問題產生，其中一個最嚴重的問題就是**廣播風暴 (broadcast storm)**。

此現象產生很容易理解，例如：S2 發送一個廣播封包，交換器處理廣播封包的方式就是全部的連接埠都轉送**(flooding)**一份出去，當 S2 的廣播封包沿著上述的迴圈路徑傳遞時，到最後 S2 又會收到自己的送出的廣播封包，如此循環傳送此廣播封包，廣播封包數目會越來越多，一直到廣播封包將所有網路頻寬耗盡或是交換器當機為止，此現象就是廣播風暴的產生。因此，當線路有迴圈時，網路就很可能會不通，要特別小心處理。

請注意如果是路由器的線路形成迴圈，不會產生廣播風暴現象，因為路由器會阻擋廣播封包。

擴張樹協定目的

STP 主要是解決實體線路迴圈的情況，邏輯上會刻意**封鎖 (block)** 可能導致迴圈的路徑，以確保網路中所有目的地之間只有一條邏輯路徑，如下圖所示，四台交換器的實體接線形成迴路，但是 STP 封鎖 S4 中 fa0/3 使得資料流量無法通過，如此邏輯上解決迴圈問題，而且為了提供備援功能，這些實體路徑實際依然存在，一旦有其它線路故障，STP 就會重新計算路徑，將封鎖的埠解除，使備援路徑進入正常運作狀態。我們使用下列 STP 網路架構來說明 STP 運作原理。

圖表 11-25
STP 網路架構

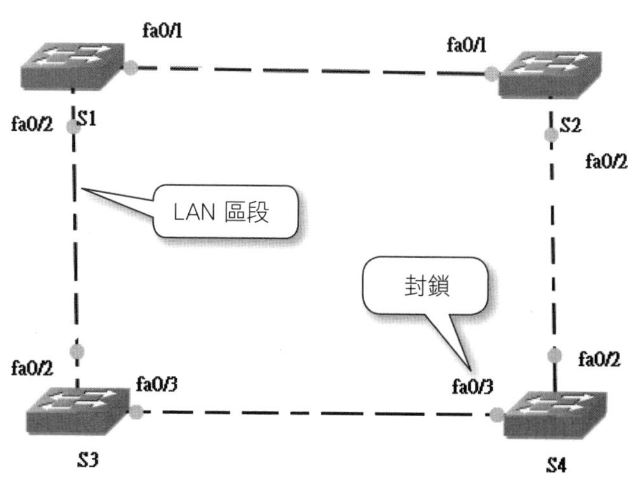

常用的 STP 指令

下表為常用的 STP 相關設定與查詢指令。

圖表 11-26 STP 相關指令

指令	說明
Switch(config)#spanning-tree vlan 1 priority 28672	調整交換器的 BID Priority 為 28672
Switch(config)#spanning-tree vlan l root primary	設定交換器為 root 交換器
Switch(config)#spanning-tree portfast default	將交換器中所有的埠都啟動 PortFast
Switch (config-if)#spanning-tree portfast	將該介面啟動 PortFast
Switch#show spanning-tree	查詢 STP 執行狀況
Switch#show spanning-tree vlan 10	只查詢 vlan 10 的 STP 執行狀況

STP 的運作流程

交換器的 STP 功能預設已經啟動，當網路線連接到交換器的埠時，交換器的連接埠燈號會閃橘燈，表示 STP 開始在運作，等連接埠燈號會變為綠燈時，表示 STP 已經計算完成，之後若有網路連線異動，STP 隨時會重新計算路徑，所以 STP 的重點不是在如何啟動，而是要了解其運作，例如：本單元網路架構所示 STP 為何選擇 S4 中 fa0/3 封鎖？接下來要探討的是 STP 如何選擇要封鎖的連接埠。

STP 的運作步驟首先會在交換器之間選擇一個領袖，稱為**根交換器 (Root Bridge)**，再依據根交換器進行連接埠的角色設定，運作規則如下：

1. **選擇根交換器**：交換器之間根據每台交換器的 **BID (bridge ID)** 來決定誰要當根交換器。
2. **選擇根連接埠**：每一台非根交換器都會有一個**根連接埠(RP、Root Port)**，非根交換器使用**路徑成本 (Path Cost)**，如果路徑成本一樣，會根據 port 往上接 (**Upstream**) 的交換器的 BID 來做比較，如果 BID 又一樣，最後用本地交換器的 port 往上接的交換器的 port ID 來比較。我們可以將RP看作是一台交換器中到達 Root Bridge 最快速的 Port。

3. **選擇委任連接埠**：每一個 **LAN 區段**只會有一個**委任連接埠(DP、Designated Port)**，如果 LAN 區段有兩個 DP，根據 LAN 區段內的交換器之間路徑成本，路徑成本最低者當 DP，其他 Port 為 NDP，如果路徑成本一樣，則比較交換器之間的 BID。我們可以將 DP看作是一個Lan Segment 中到達 Root Bridge 最快速的 Port。

4. **選擇非委任連接埠**：未被選為委任連接埠就被設定為非委任連接埠，此埠會被封鎖。

請注意 DP 功能是送出 BPDU 封包, 而 RP 功能是接收 BPDU 封包。

以下我們使用 STP 網路架構來說明 STP 運作流程及注意事項。

選擇根交換器

當網路線接到交換器的連接埠時，STP 在每台交換器會透過連接埠交換彼此的 **BPDU (Bridge Protocol Data Unit)**封包，BPDU 內有一個 8 bytes **BID** (Bridge ID) 欄位，如下圖所示，BID 包含兩個值，分別為**交換器優先權 (Bridge Priority)**及 **MAC 位址**，BID 主要用來選擇交換器之間的 Root 交換器，交換器的 BID 值最小者成為 Root 交換器，BID 比較會先比交換器優先權，如果交換器優先權一樣，再來比較 MAC 位址，由於交換器優先權預設值都一樣，因此會直接比較 MAC 位址。

請注意 STP 的比較都是比小的，值最小就獲勝。

BPDU 封包有兩種，一種是 Config BPDU，另一種為 TCN BPDU，本章節介紹的是 Config BPDU，而 TCN BPDU 是當 STP 架構有變化時才會產生，此部分是 CCNP 課程範圍。

圖表 11-27 BID 欄位

我們來查看本單元 STP 網路架構的四台交換器那一台成為 Root 交換器，使用 **show spanning-tree** 指令來查看 STP 運行狀況，如下所示為 S1 運行 STP 狀況。

圖表 11-28 S1 中 STP 運作狀況

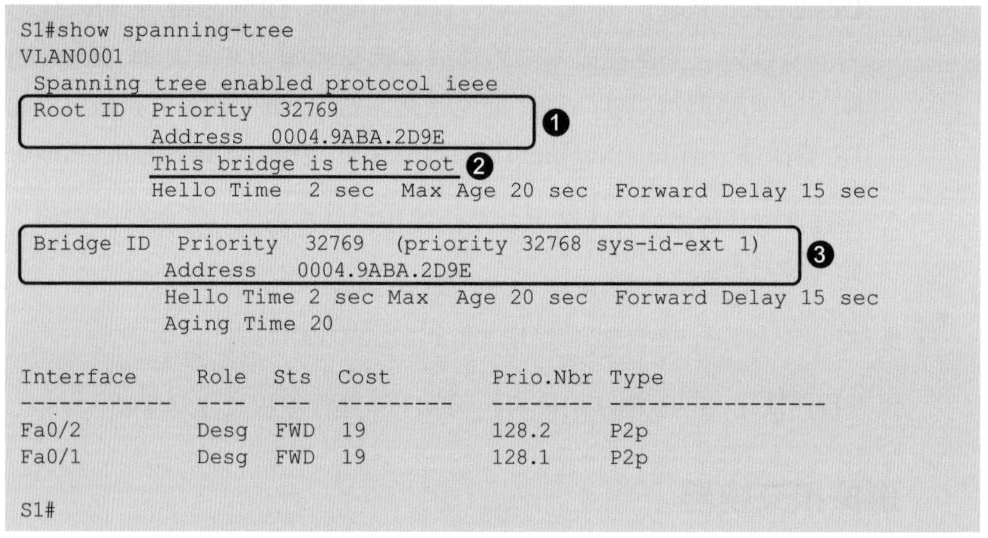

```
S1#show spanning-tree
VLAN0001
 Spanning tree enabled protocol ieee
 Root ID   Priority   32769
           Address   0004.9ABA.2D9E
           This bridge is the root ❷
           Hello Time  2 sec  Max Age 20 sec  Forward Delay 15 sec

 Bridge ID  Priority  32769  (priority 32768 sys-id-ext 1)
            Address   0004.9ABA.2D9E
            Hello Time 2 sec Max  Age 20 sec  Forward Delay 15 sec
            Aging Time 20

Interface      Role  Sts  Cost         Prio.Nbr Type
------------   ----  ---  ---------    -------- -----------------
Fa0/2          Desg  FWD  19           128.2    P2p
Fa0/1          Desg  FWD  19           128.1    P2p

S1#
```

❶ **Root ID 欄位**表示 Root 交換器的 BID 資訊。

❷ **『This bridge is the root』**訊息表示目前交換器就是 Root 交換器。

❸ **Bridge ID 欄位**表示 S1 的 BID 資訊，如何判斷 S1 使否為根交換器，可以從 Root ID 欄位中是否有出現『This bridge is the root』 訊息，另外也可以比對 Root ID 欄位中的 Address 與 Bridge ID 欄位中的 Address 是否有一樣，很明顯的 S1 為根交換器。

由上可查到 S1 的 BID 的 MAC 為 0004.9ABA.2D9E，此 MAC 為交換器系統的 MAC，可從 **show version** 查到，如下所示查詢 S1 的系統 MAC。

圖表 11-29 S1 交換器系統 MAC Address

```
S1#show version
 ----------------- 省略部分資訊 --------------------

63488K bytes of flash-simulated non-volatile configuration memory.
Base ethernet MAC Address: 0004.9ABA.2D9E
Motherboard assembly number: 73-5781-09
Power supply part number: 34-0965-01
Motherboard serial number: FOC061004SZ
Power supply serial number: DAB0609127D
Model revision number: C0
----------------- 省略部分資訊 --------------------
```

選擇根連接埠

當 Root 交換器決定後，接下來要決定連接埠的**角色 (Port Role)**，有三種連接埠的角色可以選擇，**根連接埠 (RP、Root Port)、委任連接埠(DP、Designated Port)、非委任連接埠 (NDP、Non-Designated Port)**，交換器中每一個連接埠都會被指定一個角色。

首先 STP 會選出 RP，STP 會在每一台 Non-Root 交換器中選出一個 RP，RP 為此交換器到達 Root 交換器的最佳路徑，例如：以 S3 為例，在 S3 中有兩個連接埠 fa0/2 及 fa0/3，S3 要從那一個連接埠達到 Root 交換器是最佳路徑，這時候要使用**埠成本(Port-Cost)**來換算，下表為連接埠成本的算換，我們可以看出當連接埠的連線速度越快，換算出來的成本越小。

先來看 S3 中 fa0/3 到根交換器的路徑 S3-->S4-->S2-->S1，目前每個路徑的速度為 100M，所以 fa0/3 的**路徑成本 (Path Cost)** 為經過的埠成本即為 19+19+19=57，同樣的算法 S3 的 fa0/2 埠成本為 19，路徑成本也是 19，因此比較兩個 Port 到 Root 交換器的路徑成本，在 S3 中選擇 fa0/2 為 RP。

請注意 Port cost 也可以直接指定，無須透過速度來換算，而 Path cost 為路徑上所有出口介面 port cost 的累加。

圖表 11-30 埠成本的換算

連接埠的速度	對應成本
10G	2
1G	4
100M	19
10M	100

查詢根連接埠

查詢 S3 的根連接埠，一樣使用 **show spanning-tree** 指令，如下所示：

圖表 11-31 S3 的 RP 資訊

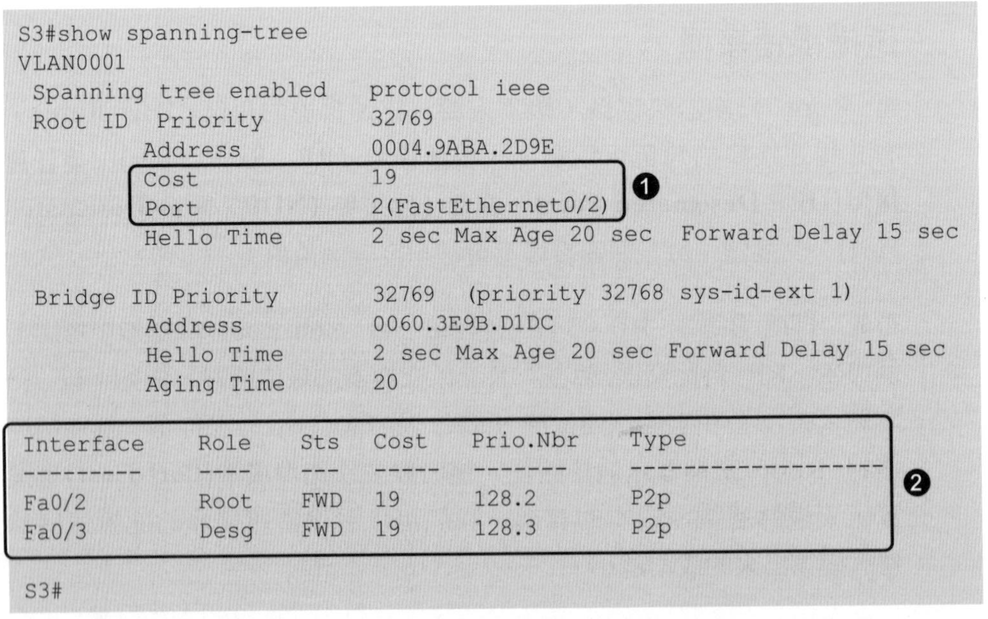

```
S3#show spanning-tree
VLAN0001
 Spanning tree enabled     protocol ieee
 Root ID  Priority         32769
          Address          0004.9ABA.2D9E
          Cost             19
          Port             2(FastEthernet0/2)        ❶
          Hello Time       2 sec Max Age 20 sec  Forward Delay 15 sec

 Bridge ID Priority        32769  (priority 32768 sys-id-ext 1)
          Address          0060.3E9B.D1DC
          Hello Time       2 sec Max Age 20 sec Forward Delay 15 sec
          Aging Time       20

Interface     Role    Sts   Cost    Prio.Nbr   Type
---------     ----    ---   -----   -------    --------------------
Fa0/2         Root    FWD   19      128.2      P2p                  ❷
Fa0/3         Desg    FWD   19      128.3      P2p

S3#
```

❶ S3 不是根交換器，所以在 Root ID 中沒有出現『This bridge is the root』訊息，但是會顯示 RP 為 fa0/2 的資訊，其中 Cost = 19 表示 S3 到達 Root 交換器的路徑成本，另外 Port 2 表示 RP 為 fa0/2。

❷ 顯示從連接埠的資訊中 **Role 欄位**為 Root 表示為 RP，**Cost 欄位**表示該連接埠目前 Port Cost，並不是到達根交換的路徑成本，目前 fa0/2 與 fa0/3 的 Port Cost 都為 19，這是因為 fa (FasterEthernet) 的速度為 100M。

修改連接埠速度

現在來修改 S3 的 fa0/2 速度來觀察 Port Cost 的變化，在 fa0/2 介面模式下執行 **speed 10** 指令來修改 fa0/2 的速度為 10M，再來查看對應的 Port Cost，如下所示，當設定 fa0/2 速度為 10M 後，fa0/2 的 Port Cost 由 19 改為 100，並且 RP 變成 fa0/3。

請特別留意 Port Cost 與 Path Cost 出現的地方及意義，Port Cost 表示目前該 port 連接的頻寬所算出的成本，而 Path Cost 是該 port 到 Root 交換器所經過 Port Cost 累加的值，例如：fa0/3 的 Port Cost 為 19，Path Cost 為 57。

圖表 11-32 修改 S3 中 fa0/2 連接埠成本並查詢 STP

```
S3#conf t
Enter configuration commands, one per line.  End with CNTL/Z.
S3(config)#int fa0/2
S3(config-if)#speed 10
S3(config-if)#
S3(config-if)#do show spanning-tree
VLAN0001
 Spanning tree enabled protocol ieee
 Root ID     Priority      32769
             Address       0004.9ABA.2D9E
             Cost          57
             Port          3(FastEthernet0/3)
             Hello Time    2 sec  Max Age 20 sec  Forward Delay 15 sec

 Bridge ID   Priority      32769  (priority 32768 sys-id-ext 1)
             Address       0060.3E9B.D1DC
             Hello Time    2 sec  Max Age 20 sec  Forward Delay 15 sec
             Aging Time    20

Interface     Role  Sts  Cost   Prio.Nbr  Type
-----------   ----  ---  -----  --------  ----------------------
Fa0/2         Altn  BLK  100    128.2     P2p
Fa0/3         Root  FWD  19     128.3     P2p

S3(config-if)#
```

(圖中標示：Path Cost；Port Cost)

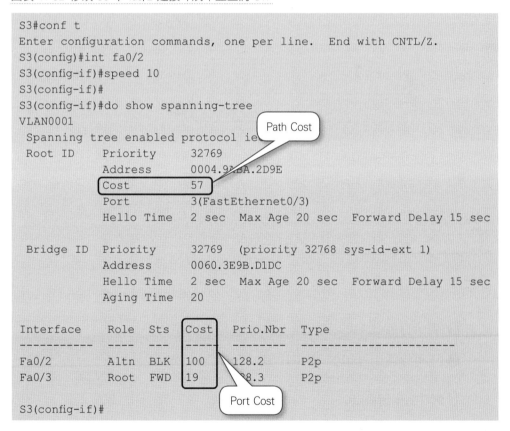

請注意查看完畢後要將 S3 的 fa0/2 回復原速度設定，請執行 **speed auto**，以便後續的實驗。

路徑成本相同

當交換器的連接埠到達 Root 交換器的路徑成本相同時，此時就要比較根據 Port 往上接(Upstream)的交換器的 BID 及 Port ID 來做比較。以 S4 來觀察，兩個連接埠 fa0/2 與 fa0/3 的路徑成本都一樣，接下來要先比較 Port 往上接(Upstream)的交換器的 BID，S4 中 fa0/2 往上接的交換器為 S2，而 S4 中 fa0/3 往上接的交換器為 S3，所以要先比要 S2 與 S3 的 BID，目前 S2 的 BID 比較小，所以 S4 選擇 fa0/2 為 RP。如下所示：

圖表 11-33 查詢 S4 中 RP 狀況

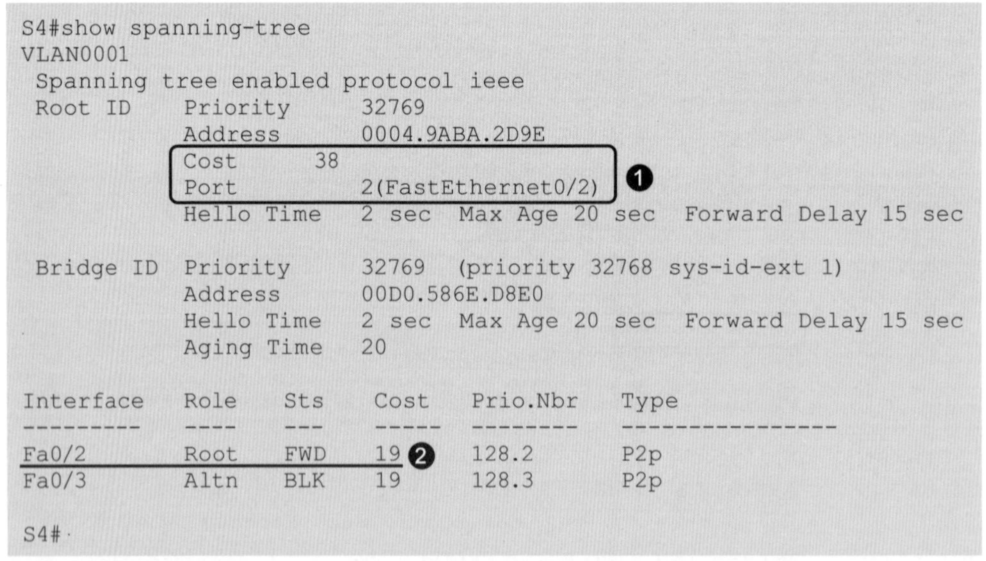

```
S4#show spanning-tree
VLAN0001
 Spanning tree enabled protocol ieee
 Root ID     Priority        32769
             Address         0004.9ABA.2D9E
             Cost       38
             Port            2(FastEthernet0/2)  ❶
             Hello Time      2 sec   Max Age 20 sec   Forward Delay 15 sec

 Bridge ID   Priority        32769   (priority 32768 sys-id-ext 1)
             Address         00D0.586E.D8E0
             Hello Time      2 sec   Max Age 20 sec   Forward Delay 15 sec
             Aging Time      20

Interface    Role    Sts     Cost     Prio.Nbr    Type
---------    ----    ---     -----    --------    ----------------
Fa0/2        Root    FWD     19 ❷     128.2       P2p
Fa0/3        Altn    BLK     19       128.3       P2p

S4#
```

❶ 表示目前 S4 的 RP 為 fa0/2 及路徑成本為 38。

❷ 也可以看出 fa0/2 為 RP 及 Port Cost 為 19。

比較 Port-priority

STP 什麼情況才會用 Port-priority 選擇 RP？如下圖 port-priority 網路架構，目前 S1 為 Root 交換器，所以 S2 中 fa0/1 與 fa0/2 要競爭當 RP，S2 先比較兩個 Port 到達 Root 交換器的路徑成本，結果一樣，再比較兩個 Port 往上接交換器的 BID，目前都是 S1，所以 BID

又是一樣，最後比較兩個 Port 往上接交換器的 Port 的 Port-priority 值，Port-priority 以 Port-ID 比較，所以 S2 中 fa0/1 往上接是 S1 的 fa0/4，S2 中 fa0/2 往上接是 S1 的 fa0/2，因此 S2 會選擇 fa0/2 當 RP。

請注意 STP 比較的值都是以較小則優先權較高。

圖表 11-34
port-priority 網路架構

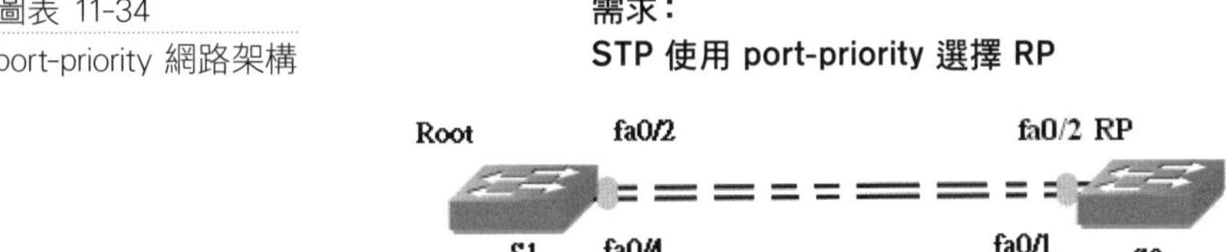

接下來使用 **show spanning-tree** 來查看上圖 S2 的 STP 狀態，如下所示：

圖表 11-35 查詢 S2 中 port-priorty 狀況

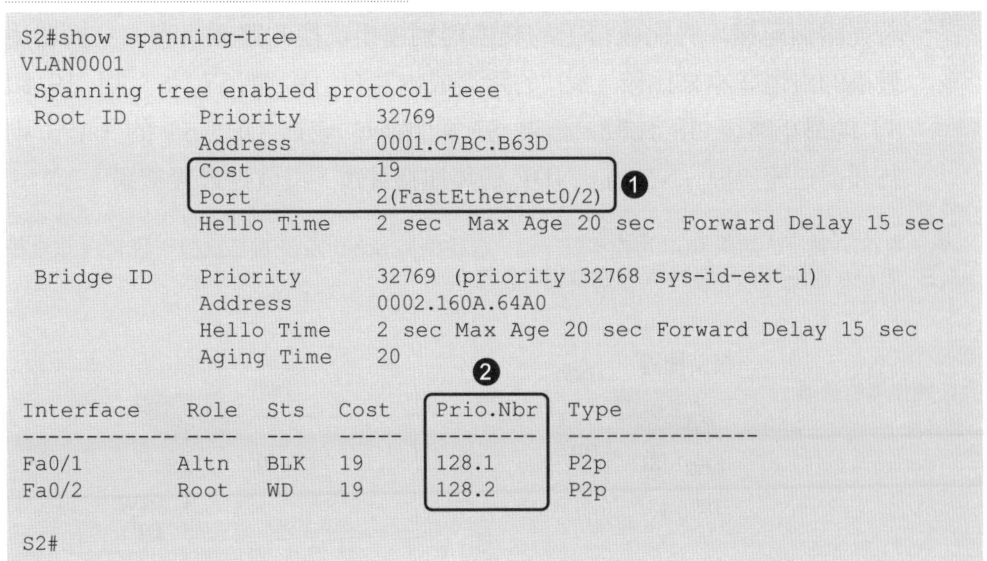

```
S2#show spanning-tree
VLAN0001
 Spanning tree enabled protocol ieee
 Root ID        Priority        32769
                Address         0001.C7BC.B63D
                Cost            19
                Port            2(FastEthernet0/2)   ❶
                Hello Time      2 sec   Max Age 20 sec   Forward Delay 15 sec

 Bridge ID      Priority        32769  (priority 32768 sys-id-ext 1)
                Address         0002.160A.64A0
                Hello Time      2 sec Max Age 20 sec Forward Delay 15 sec
                Aging Time      20
                                               ❷
Interface      Role   Sts    Cost     Prio.Nbr   Type
------------  ----   ---    -----    --------   ---------------
Fa0/1         Altn   BLK    19       128.1      P2p
Fa0/2         Root   WD     19       128.2      P2p

S2#
```

❶ 表示 RP 為 fa0/2。

❷ 表示 Port-priority，128 表示預設的優先權，後面接著是 Port-ID。Port-priority 可以調整，在網路介面模式使用 **spanning-tree Port-priority** 來設定優先權值。

請注意 NDP port Role 顯示 Altn，表示 Alternative Port 備援功能，我們可以視為 Altn Port 是 RP 的備援，當 RP 故障，Altn Port 就會啟動變成 RP。

選取委任連接埠

我們繼續回到 STP 網路架構來說明，當每台 Non-Root 交換器選出 RP 後，接下來要決定委任連接埠(DP)，選取的原則為每一個 **LAN 區段 (LAN Segment)**只會有一個 DP，決定原則先根據 LAN 區段內的交換器之間到達根交換器的最小路徑成本，較小者為 DP，如果路徑成本一樣，就以交換器的 BID 來決定，BID 較小者為 DP。

快速選擇委任連接埠

先把剩下無角色的連接埠，全部暫時設定為 DP，再來檢查一個 LAN 區段只會有一個 DP 的規定，如下圖所示，目前只有 S3 的 fa0/3 與 S4 的 fa0/3 在同一個 LAN 區段，而且都是 DP。

首先兩個連接埠先比較自己的交換器到達根交換的路徑成本，交換器用最小的路徑成本來比較，S3 的路徑成本為有 19 與 57，S3 用 19 跟 S4 的最小路徑 38 比較，結果 S3 的 fa0/3 成為 DP，S4 的 fa0/3 則為非委任連接埠 (NDP)，**NDP 的埠即為封鎖**，這就是最後結果。

在 STP 運行的結果 NDP 可能不只一個，但是每台 Non-Root 交換器只有一個 RP，以及每個 LAN 區段只有一個 DP，這點請讀者留意。

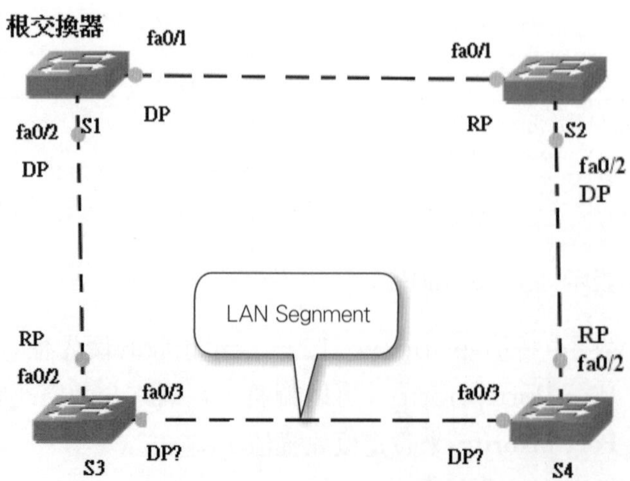

圖表 11-36
委任連接埠的選擇

請注意 Root Bridge 中的 port 一定都是 DP，當 STP 建好之後，Root Bridge 會定期送出 BPDU 以維護 STP 架構，在此我們可以將 DP 視作是送出 BPDU的port，而 RP 則是接收 BPDU 的 port，如果 DP 收到 BPDU，那表示 STP 架構出問題，必須重新計算 STP，此部分 STP 詳細運作j是 CCNP 課程範圍。

11.4 手動調整 STP

本節將介紹調整 STP 運作結果，我們繼續使用 STP 網路架構來說明 STP 的手動調整根交換器。

手動指定根交換器

當有交換器的 Port 被 STP 封鎖，會有個現象就是大部分的資料流量會經過 Root 交換器，Root 交換器就需要性能較好的交換器，如果上述 STP 運行的結果是不符合實際交換器網路需求時，則必須要用手動指定特定交換器為根交換器，這樣對網路設備才能有效的配置。

請注意 Root Bridge 除了效能要好之外，外另 Root Bridge 放在網路中的哪一個位置也會影響網路的傳輸效能，此部分是 CCNP 課程範圍。

修改 BID Priority

STP 網路架構需要指定 S4 為根交換器，目前由 STP 系統預設計算出來的根交換器為 S1，因此只要將 S4 的 BID 調整小於 S1 交換器，由於 BID 由兩部份組成，MAC 無法修改，所以只能調整 BID 的 Priority，每台交換器的 BID Priority 預設為 32769，要注意的是調整時必須以 4096 的倍數，原因稍後說明。在 S4 組態模式下執行 **spanning-tree vlan 1 priority 28672**，其中 Vlan 1 表示修改目前 Vlan 1 中的 STP 的 BID，不同的 Vlan 會有自己的 STP，稍後會介紹多 Vlan 的 STP。

查看指定的 Root 交換器

現在來查看 S4 是否變成了 Root 交換器，如下所示：

圖表 11-37 指定 S4 為根交換器

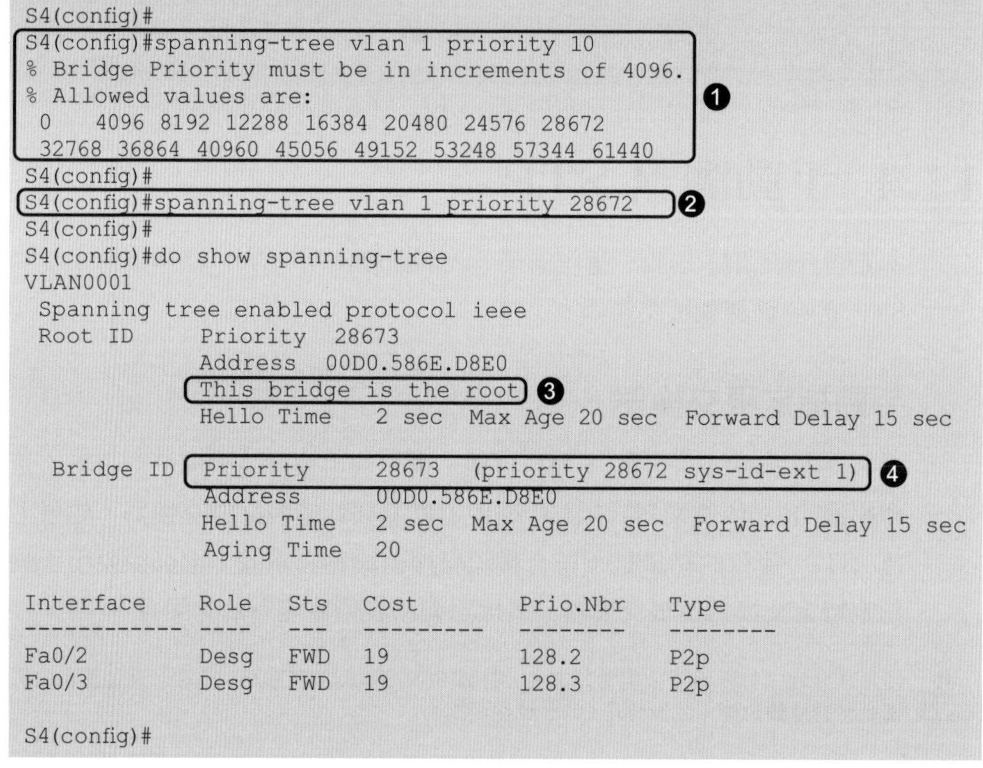

```
S4(config)#
S4(config)#spanning-tree vlan 1 priority 10
% Bridge Priority must be in increments of 4096.
% Allowed values are:
 0    4096 8192 12288 16384 20480 24576 28672
 32768 36864 40960 45056 49152 53248 57344 61440
S4(config)#
S4(config)#spanning-tree vlan 1 priority 28672
S4(config)#
S4(config)#do show spanning-tree
VLAN0001
 Spanning tree enabled protocol ieee
 Root ID      Priority  28673
              Address   00D0.586E.D8E0
              This bridge is the root
              Hello Time    2 sec  Max Age 20 sec  Forward Delay 15 sec

  Bridge ID  Priority      28673   (priority 28672 sys-id-ext 1)
              Address       00D0.586E.D8E0
              Hello Time    2 sec  Max Age 20 sec  Forward Delay 15 sec
              Aging Time   20

Interface      Role   Sts   Cost        Prio.Nbr   Type
------------  ----   ---   ---------   --------   --------
Fa0/2          Desg   FWD   19          128.2      P2p
Fa0/3          Desg   FWD   19          128.3      P2p

S4(config)#
```

❶ 表示 BID 的 Priority 不能隨便給定一個值，必須要 4096 的倍數。

❷ 設定 S4 中 BID 的 Priority 為 28672。

❸ 表示 S4 已經為 Root 交換器。

❹ 顯示 BID 的 priority 為 28673，跟上面設定的值不一樣，其原因是 28673 有含 Vlan 1 的編號資訊，因此要減 1 才是 priority 的值。

root primary 指令

另外一種指定 Root 交換器的方式，可以在組態模式執行 **spanning-tree vlan l root primary** 指令，即可指定該交換器為 Root 交換器，而 **spanning-tree vlan l root secondary** 指令為指定該交換器為備援 Root 交換器，但是使用 root primary 指令並不會儲存在 run 組態檔，root primary 會自動挑選一個合適的 BID priority 儲存在 run 組態檔：

請注意使用 root primary 指令時，只會挑選一次較低的 BID priority 可以當選 Root Bridge，當有其它交換器設定更低的 BID priority 時，root primary 就不會自動再挑選一次 BID priority，除非再重新執行 root primary 指令一次。實務上建議直接手動設定 BID priority 比較穩定。

圖表 11-38 S4 使用 root primary 指令設定根交換器

```
S4(config)#
S4(config)#no spanning-tree vlan 1 priority 28672  ❶
S4(config)#
S4(config)#spanning-tree vlan 1 root primary  ❷
S4(config)#
S4(config)#do show run
Building configuration...

Current configuration : 1003 bytes
!
version 12.1
no service timestamps log datetime msec
no service timestamps debug datetime msec
no service password-encryption
!
hostname S4
!
!
spanning-tree mode pvst
spanning-tree vlan 1 priority 24576  ❸
!
interface FastEthernet0/1
---------------- 省略部分資訊 --------------------
```

❶ 取消設定 BID priority 指令。

❷ 使用 root primary 來指令 S4 為 Root 交換器。

❸ 顯示 root primary 選擇的 BID priority 的值。

連接埠狀態 (Port State)

STP 的運作目的主要是要決定連接埠是否要封鎖，以解決實體連線路有迴圈問題，在 STP 運作的過程中，交換器經由互相交換 BPDU 來獲知資訊，STP 即是根據這些資訊進行運作，STP 運作過程有五種**連接埠狀態 (Port State)**。

- **封鎖 (Block)**：STP 開始運作時，連接埠會先進入到封鎖狀態，此狀態連接埠不能轉送資料，但可以接收 BPDU 來確定根交換器的位置和根交換器 ID。

- **接收(Listen)**：此狀態的連接埠不僅會接收 BPDU，它還會發送自己的 BPDU，通知鄰居交換器此交換器連接埠正準備參與 STP。
- **學習(Learn)**：此狀態的連接埠即將可以轉送資料，並開始學習 MAC 到 MAC Table 中。請注意 BPDU 封包在 L2 運作，本身就有 MAC 資訊。
- **轉送(Forward)**：此狀態的連接埠可以正常轉送資訊，同時也會發送和接收 BPDU。
- **停用(Disable)**：該連接埠由管理者關閉，連接埠即進入停用狀態，不會參與 STP 運作。

請注意 802.1D 的 STP 中有三種計時器，其預設時為 Hello Time 2 sec Max Age 20 sec Forward Delay 15 sec，使用 show spanning-tree 會顯示三個計時器，在接收與學習狀態都需要 forward delay 15 秒時間，因此整個STP運作完成需要大約 30 秒時間，這三種計時器的討論是 CCNP 課程範圍。

查詢連接埠狀態

查詢 S4 的連接埠狀態，如下圖所示，可看到目前 fa0/2 與 fa0/3 目前分別在**學習狀態 (LRN)** 與**接收 (LSN) 狀態**，這不是最後狀態，在 STP 運作結束前來執行 **show spanning-tree** 查詢。

圖表 11-39 查詢 S4 連接埠狀態

```
S4#show spanning-tree
VLAN0001
 Spanning tree enabled protocol ieee
 Root ID      Priority 24577
              Address   00D0.586E.D8E0
              This bridge is the root
              Hello Time  2 sec  Max Age 20 sec  Forward Delay 15 sec

 Bridge ID    Priority  24577  (priority 24576 sys-id-ext 1)
              Address    00D0.586E.D8E0
              Hello Time 2 sec  Max Age 20 sec  Forward Delay 15 sec
              Aging Time 20

Interface          Role  Sts  Cost        Prio.Nbr      Type
---------------- ---- --- ---------  --------      ---------
Fa0/2              Desg  LSR  19          128.2         P2p
Fa0/3              Desg  LSN  19          128.3         P2p

S4#
```

11.5 多個虛擬網路的擴張樹 (PVST)

本節將介紹 STP 在多個 Vlan 環境中的運作情況，我們使用下列 Vlan-PVST 網路架構來示範多個 Vlan 的 STP 運作。

圖表 11-40 Vlan-PVST 網路架構

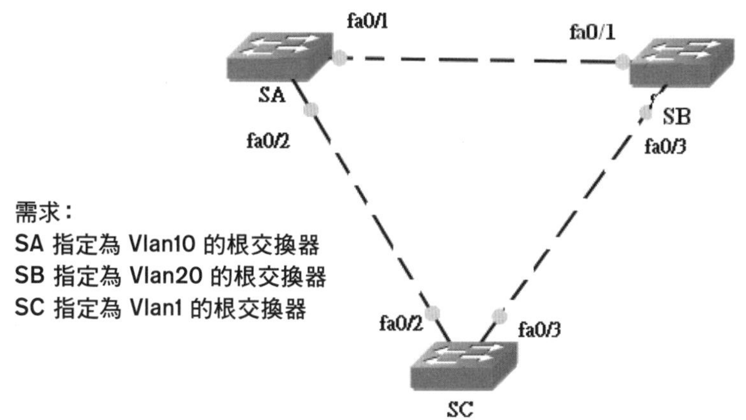

Cisco 的 STP 版本

STP 主要分為 IEEE 與 Cisco 的版本，這兩種版本有一個主要的差別，IEEE 版本的 STP 在運作的時候不會管交換器的 Vlan 數目，而 Cisco 版本的 STP 則會根據 Vlan 來運作 STP，如下圖所示為 IEEE 與 Cisco 各種 STP 版本。

圖表 11-41 各種 STP 的版本

各種 STP 協定	版本	耗費資源	收斂速度	STP 的數目
STP	IEEE 802.1D	低	慢	一個
PVST	Cisco	高	慢	每個 Vlan 一個
RSTP	IEEE 802.1w	中	快	一個
Rapid PVST	Cisco	很高	快	每個 Vlan 一個

Cisco 的 STP 會在每個虛擬網路 (Vlan) 中執行，當交換器有建立 Vlan 時，STP 的執行是以每個 Vlan 獨立執行，因此每一個 Vlan 都有自己的 Root 交換器及埠的狀態，稱為**多個虛擬網路的擴張樹** (Per

Vlan Spanning tree)。以本範例來看，有三個交換器，每個交換器中有三個 Vlan，分別為 Vlan1 、Vlan 10 、Vlan 20，所以每個交換器會有三個 STP 在運作。

請注意 Cisco 的 PVST 是利用 IEEE STP 演算法實作在每個 Vlan 中，所以 Cisco PVST 是使用 802.1D 在每個 Vlan 執行，Cisco Rapid PVST 則實作 802.1w 在每個 Vlan 運作，另外 IEEE 也定 802.1s 的 MST 針對 Vlan 分組來運作 STP，RSTP 與 MST 是 CCNP 課程範圍。

查詢 STP 總表

先查詢 STP 總表，在 SA 執行 **show spanning-tree summary** 指令，可以很清楚的列出目前 STP 的總表，如下所示，有三個 STP 分別在三個 Vlan 運行，每個 STP 的連接埠狀態。另外也可以看到 SA 執行的是 Cisco pvst，若要改為 Rapid-pvst，在組態模式下執行 spanning-tree mode rapid-pvst。

圖表 11-42 查詢 SA 中 STP 狀態總表

```
SA#show spanning-tree summary
Switch is in pvst mode
Root bridge for:
Extended system ID              is enabled
Portfast Default                is disabled
PortFast BPDU Guard Default     is disabled
Portfast BPDU Filter Default    is disabled
Loopguard Default               is disabled
EtherChannel misconfig guard    is disabled
UplinkFast                      is disabled
BackboneFast                    is disabled
Configured Pathcost method used is short

Name                 Blocking Listening Learning Forwarding STP Active
-------------------- -------- --------- -------- ---------- ----------
VLAN0001                    1         0        0          1          2
VLAN0010                    1         0        0          1          2
VLAN0020                    1         0        0          1          2

-------------------- -------- --------- -------- ---------- ----------
3 vlans                     3         0        0          3          6

SA#
```

PVSTP 的 BID 欄位

在標準的 STP 的 BID 欄位中 **Priority 有 16 bits(2 bytes)**，但是在 PVSTP 中為了在 BID 中可以識別哪一個 Vlan，所以就在 **Priority**

的 16 bits 中分出 12bits 給 Vlan id(稱為 Extend System ID)，剩下的 4bits 留給 Priority 使用，如下圖所示，Priority 的 4bits 在 Vlan id 之前，由於這樣的關係，當手動調整 Priority 的值時，只能動到前面的 4bits，後面的 12bits 不能動，所以 Priority 的值只能是 4096 的倍數(2^{12})。另外在查詢 STP 時，BID 的 Priority 會是以 **32778 (priority 32768 sys-id-ext 10)**格式呈現，priority 32768 表示 4bits 部份，而 sys-id-ext 10 表示 12bits 部份。請注意 sys-id-ext 為 **Extend System ID，也就是 Vlan ID。**

圖表 11-43
PVST 修改 BID 欄位

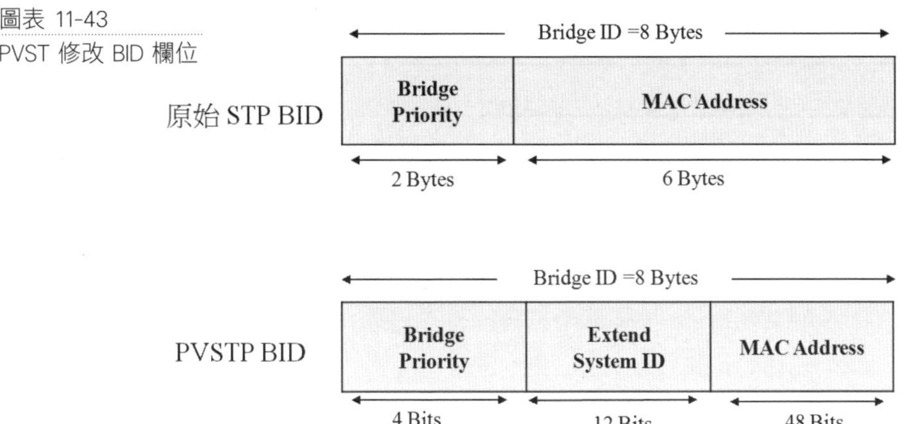

查看 Vlan 的 STP

先觀察 SA 中的 STP 執行情況，可用 **show spanning-tree** 來查看所有 SA 上的 STP 結果，礙於畫面輸出，使用 **show spanning-tree vlan 10, 20** 查看 Vlan10 及 Vlan20 的 STP 執行情況，如下圖所示可看到兩個 STP 執行，其結果都是一樣，這是因為每個 Vlan 一開始執行 STP 的條件預設都一樣，Vlan 1 的結果與 Vlan10 及 Vlan20 也是一樣，因此 SA 中三個 Vlan 中的 STP 執行的結果都一樣。

另外也可以看到每個 Vlan 執行的是 IEEE 版本的 STP，在下圖中 Spanning tree enabled protocol ieee 資訊，其中 ieee 是指 802.1D，如果將 SA 的 STP 改為 Cisco Rapid-PVST，則此資訊會變為 Spanning tree enabled protocol rstp，其中 rstp 即為 IEEE 802.1w。

在 SB、SC 執行 **show spanning-tree** 的指令來查看 STP 的執行結果。我們得到三個 Vlan 的 Root 交換器為 SC，NDP 為 SA 的 fa0/1，STP 封鎖 SA 的 fa0/1，所以 Vlan1、Vlan10 及 Vlan20 的資料流量將不會經過 SA 的 fa0/1，這會導致 SA 與 SB 的連線頻寬的閒置，並且資料流量將集中經過 SC，結果讓資料流量無法平均使用每條連線，網路傳輸效能就會變差，所以需要規劃調整此種現象，以讓有多個 Vlan 的交換器網路更有傳輸效能。

圖表 11-44 查看 SA 中 Vlan10 與 Vlan20 的 STP

```
SA#show spanning-tree vlan 10,20
VLAN0010
 Spanning tree enabled protocol ieee
 Root ID    Priority    32778
            Address     0001.425C.21C4
            Cost        19
            Port        2(FastEthernet0/2)
            Hello Time  2 sec  Max Age 20 sec  Forward Delay 15 sec

 Bridge ID Priority    32778  (priority 32768 sys-id-ext 10)
            Address     0090.2BA1.CBAC
            Hello Time  2 sec  Max Age 20 sec  Forward Delay 15 sec
            Aging Time  20

Interface    Role   Sts  Cost       Prio.Nbr   Type
----------   ----   ---  ---------  --------   -------------------------
Fa0/2        Root   FWD  19         128.2      P2p
Fa0/1        Altn   BLK  19         128.1      P2p

VLAN0020
 Spanning tree enabled protocol ieee
 Root ID   Priority     32788
           Address      0001.425C.21C4
           Cost         19
           Port         2(FastEthernet0/2)
           Hello Time   2 sec  Max Age 20 sec  Forward Delay 15 sec

 Bridge ID  Priority   32788  (priority 32768 sys-id-ext 20)
       Address          0090.2BA1.CBAC
       Hello Time       2 sec  Max Age 20 sec  Forward Delay 15 sec
       Aging Time       20

Interface    Role    Sts   Cost       Prio.Nbr   Type
----------   ----    ---   ---------  --------   ------------------------
Fa0/2        Root    FWD   19         128.2      P2p
Fa0/1        Altn    BLK   19         128.1      P2p
```

Vlan10 STP

Vlan20 STP

交換器資料流量平衡

以資料流量來觀察，三個 Vlan 的流量將會集中在 Root 交換器 SC 中，要如何改善這種狀況，只要讓每個 Vlan 的 Root 交換器為不同台交換器即可，如此可將不同 Vlan 的資料流量平均分擔到每個交換器上。我們使用手動方式來調整每個 Vlan 的 STP 的 Root 交換器為不同的交換器，這樣每個 Vlan 的流量都有一個主要的交換器在負責。規劃將 SA 指定給 Vlan10 的 STP 當 Root 交換器，SB 指定給 Vlan20 的 STP 當 Root 交換器，至於 SC 則維持當 Vlan1 的 Root 交換器，這樣每個 Vlan 的資料流量就不會集中在一台交換器上。

指定 Vlan 的 Root 交換器

手動指定 Root 交換器有兩種作法，我們使用 **spanning-tree vlan ID root primary** 來執行調整 Root 交換器，其中 Vlan ID 為 Vlan 10 與 Vlan 20，以下表指令為更改 Vlan10 與 Vlan20 中 STP 的 Root 交換器分別為 SA 與 SB，請注意 SA 要執行 **spanning-tree vlan 10 root primary**，SB 要執行 **spanning-tree vlan 20 root primary**。

圖表 11-45 指定 Vlan10、20 的 Root 交換器

指令	說明
SA(config)#spanning-tree vlan 10 root primary	將 SA 指定給 Vlan10 的 STP 當 Root 交換器
SB(config)#spanning-tree vlan 20 root primary	將 SB 指定給 Vlan20 的 STP 當 Root 交換器

查看 SA 的 STP

當執行完上述的指令後，我們來觀察重新執行擴張樹協定後的結果，由 SA 執行 show spanning-tree vlan 10, 20 指令後如下所示，SA 已經為 Vlan10 中 STP 的 Root 交換器，其中 fa0/2 為 Vlan20 中 STP 的 NDP 埠，此埠將封鎖 Vlan20 的資料流量。

圖表 11-46 SA 為 Vlan10 中 STP 的 Root 交換器

```
SA#show spanning-tree vlan 10,20
VLAN0010
 Spanning tree enabled protocol ieee
 Root ID    Priority      24586
            Address       0090.2BA1.CBAC
            This bridge   is the root
            Hello Time    2 sec  Max Age 20 sec  Forward Delay 15 sec

 Bridge ID Priority       24586  (priority 24576 sys-id-ext 10)
            Address       0090.2BA1.CBAC
            Hello Time    2 sec  Max Age 20 sec  Forward Delay 15 sec
            Aging Time    20

Interface    Role  Sts  Cost       Prio.Nbr   Type
----------   ----  ---  ---------  --------   ---------------------
Fa0/2        Desg  FWD  19          128.2     P2p
Fa0/1        Desg  FWD  19          128.1     P2p
```



```
VLAN0020
 Spanning tree enabled protocol ieee
 Root ID    Priority      24596
            Address       0001.429B.5A23
            Cost          19
            Port          1(FastEthernet0/1)
            Hello Time    2 sec  Max Age 20 sec  Forward Delay 15 sec

 Bridge ID  Priority      32788  (priority 32768 sys-id-ext 20)
        Address           0090.2BA1.CBAC
        Hello Time        2 sec  Max Age 20 sec  Forward Delay 15 sec
        Aging Time        20

Interface     Role  Sts  Cost       Prio.Nbr   Type
---------     ----  ---  ---------  --------   ----------------------
Fa0/2         Altn  BLK  19         128.2      P2p
Fa0/1         Root  FWD  19         128.1      P2p
```


查看 SB 的 STP

在 SB 執行 **show spanning-tree vlan 10, 20** 指令後如下所示，SB 為 Vlan20 中 STP 的 Root 交換器，其中 fa0/3 為 Vlan10 中 STP 的 NDP 埠，此埠將封鎖 Vlan10 的資料流量。

圖表 11-47 SB 為 Vlan20 中 STP 的 Root 交換器

```
SB#show spanning-tree vlan 10,20
VLAN0010
 Spanning tree enabled protocol ieee                    Vlan10 STP
 Root ID     Priority      24586
             Address       0090.2BA1.CBAC
             Cost          19
             Port          1(FastEthernet0/1)
             Hello Time    2 sec  Max Age 20 sec  Forward Delay 15 sec

 Bridge ID   Priority      32778  (priority 32768 sys-id-ext 10)
             Address       0001.429B.5A23
             Hello Time    2 sec  Max Age 20 sec  Forward Delay 15 sec
             Aging Time    20

Interface    Role    Sts   Cost         Prio.Nbr   Type
----------   ----    ---   ---------    --------   ------------------
Fa0/1        Root    FWD   19           128.1      P2p
Fa0/3        Altn    BLK   19           128.3      P2p

VLAN0020
 Spanning tree enabled protocol ieee                    Vlan20 STP
 Root ID    Priority       24596
            Address        0001.429B.5A23
            This bridge is the root
            Hello Time     2 sec  Max Age 20 sec  Forward Delay 15 sec

 Bridge ID Priority        24596   (priority 24576 sys-id-ext 20)
            Address        0001.429B.5A23
            Hello Time     2 sec  Max Age 20 sec  Forward Delay 15 sec
            Aging Time     20

Interface    Role    Sts   Cost         Prio.Nbr   Type
----------   ----    ---   ---------    -------    -----------------
Fa0/1        Desg    FWD   19           128.1      P2p
Fa0/3        Desg    FWD   19           128.3      P2p
```

經過調整後，每個 Vlan 的 Root Bridge 就錯開，Vlan 10 的流量會集中往交換器傳送SA，Vlan 20 的流量往 SB，最後 Vlan 1 的流量送往 SC，如下圖所示，整體交換器的網路中，流量就達到平衡：

圖表 11-48 交換機網路流量平衡

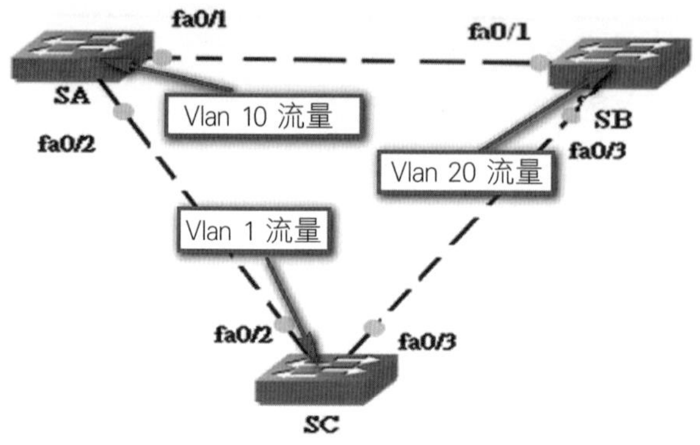

11.6 STP BPDU Guard

BPDU Guard 是用來當作偵測是否有收到 BDPU 封包，如果有偵測收到 BDPU 封包，IOS 將用 **error disable** 方式將網路介面關閉，我們使用下列 BPDU-Guard 網路架構來說明 BPDU Guard 原理與目的。

圖表 11-49 BPDU-Guard 網路架構

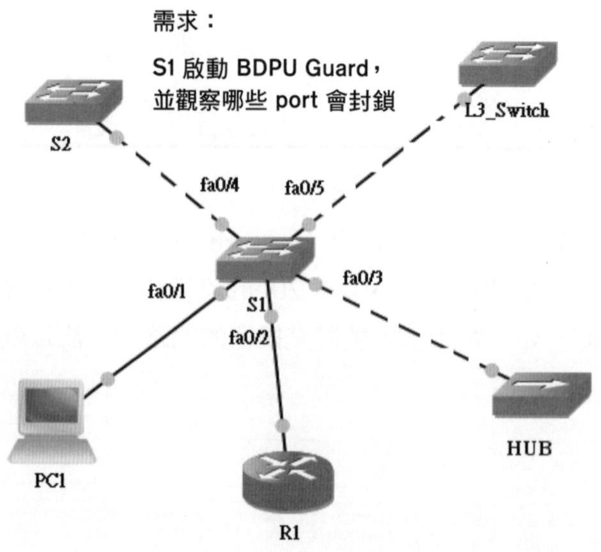

BPDU Guard 運作原理

當交換器的網路介面如果不想收到 BPDU 的封包時，就可以啟動 BPDU Guard 功能，如下圖所示，SW2 的 fa0/1 已經啟動 BPDU Guard，所以當 SW1 的 Fa0/1 送 BPDU 封包給 SW2 時，SW2 的 fa0/1 收到該 BPDU 封包後，馬上會進入到 **Error disable** 的狀態並將該 Port 關閉。讀者也許開始納悶，交換器本身就是會執行 STP，所以就是會送出與接收 BPDU 封包，為何要有 BPDU Guard？這個就跟網路規劃有關係。例如：當交換器規劃 fa0/1 只能連線一般的 PC，此時 fa0/1 就不可能會接收到 BPDU 封包，萬一 fa0/1 有收到 BPDU 封包，就有可能誤接到其他交換器或是 Hacker 發動 STP 攻擊，這時候需要啟動 BPDU Guard 來保護交換器。

圖表 11-50
BPDU Guard 運作原理

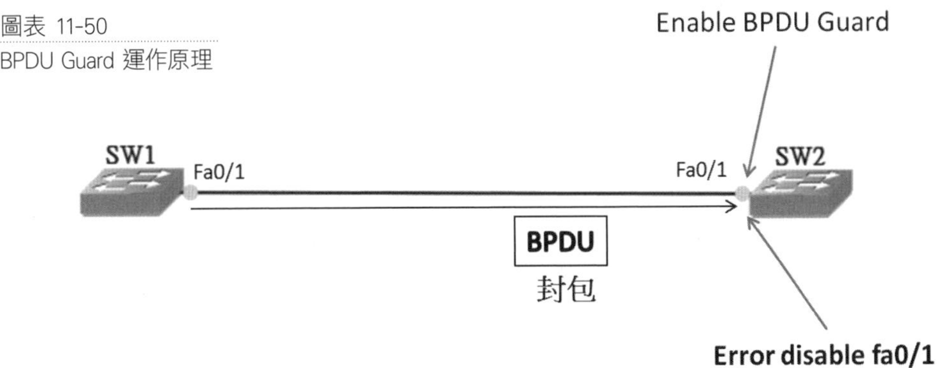

BPDU Guard 啟動與關閉指令

BPDU Guard 啟動與關閉指令有分兩種方式，全部、以及介面設定 BPDU Guard 功能，如下表所示。

圖表 11-51 BPDU Guard 啟動與關閉指令

指令	說明
S1(config)#spanning-tree portfast bpduguard default	交換器所有 port 預設啟動 BPDU Guard 功能
S1(config)#int fa0/1 S1(config-if)#spanning-tree bpduguard enable	在 fa0/1 啟動 BPDU Guard 功能
S1(config)#int fa0/1 S1(config-if)#spanning-tree bpduguard disable	在 fa0/1 停用 PDU Guard 功能

BPDU Guard 功能預設是關閉，現在將 S1 全部的 Port 都啟動 BPDU Guard 功能，我們使用 **int range fa0/1-24** 方式來將全部介面都設定啟動 BPDU Guard 功能，如下圖所示：

圖表 11-52 S1 所有的 Port 啟動 BPDU Guard 功能

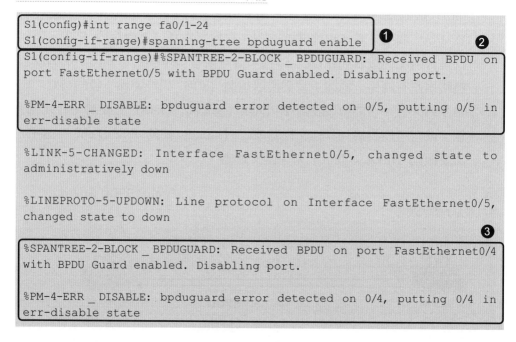

```
S1(config)#int range fa0/1-24
S1(config-if-range)#spanning-tree bpduguard enable        ❶
                                                          ❷
S1(config-if-range)#%SPANTREE-2-BLOCK_BPDUGUARD: Received BPDU on
port FastEthernet0/5 with BPDU Guard enabled. Disabling port.

%PM-4-ERR_DISABLE: bpduguard error detected on 0/5, putting 0/5 in
err-disable state

%LINK-5-CHANGED: Interface FastEthernet0/5, changed state to
administratively down

%LINEPROTO-5-UPDOWN: Line protocol on Interface FastEthernet0/5,
changed state to down
                                                          ❸
%SPANTREE-2-BLOCK_BPDUGUARD: Received BPDU on port FastEthernet0/4
with BPDU Guard enabled. Disabling port.

%PM-4-ERR_DISABLE: bpduguard error detected on 0/4, putting 0/4 in
err-disable state
```

❶ S1 全部的 Port 都啟動 BPDU Guard 功能。

❷ fa0/5 收到 BPDU 封包，BPDU Guard 功能馬上 error disable 的訊息。

❸ fa0/4 收到 BPDU 封包，BPDU Guard 功能馬上 error disable 的訊息，本範例只有 fa0/4 與 fa0/5 被關閉，其它的 fa0/1、fa0/2 與 fa0/3 不會被關閉，這是因為 PC、Router 與 Hub 沒有 STP 功能，所以不會送出 BPDU 封包。

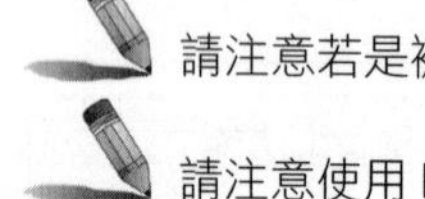

請注意若是被 **error disable 關閉**的 Port，要啟動必須先 **shutdown** 再執行 **no shutdown**。

請注意使用 BPDU Guard 功能可以防止 STP 攻擊，詳細請參考第 21 章。

11.7 STP PortFast

本節介紹交換器的 Port 如何跳過 STP 運作，使用 PortFast 功能用來跳過 STP 運作，直接進入 Forward 狀態，這跟停用 STP 是不一樣的功能。我們使用下列 PortFast 網路架構來說明 PortFast 功能的目的。

圖表 11-53 PortFast 網路架構

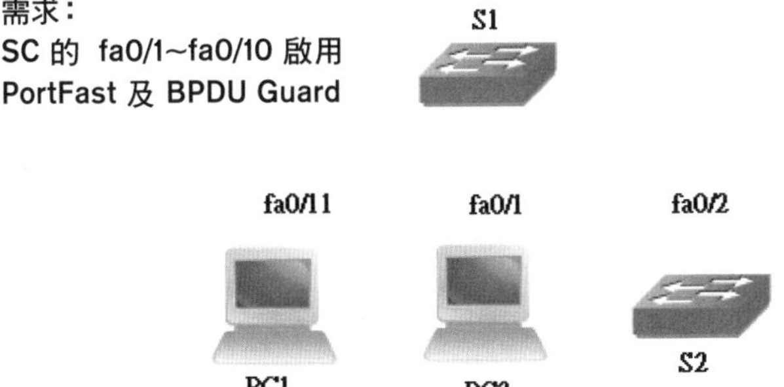

PortFast 原理

當交換器的埠是接一般的終端設備時，例如：PC、工作站，這時候線路不可能會有迴圈發生，但是 STP 還是會運作檢查，此時應該將連接埠的 STP 運作狀態直接變成轉送狀態，讓 PC 連接到交換器時馬上就可以傳送資料，PortFast 功能就是為此目的而開發。PortFast 是 Cisco 開發的技術，其主要目的是跳過 STP 運作，當交換器連接埠如果被設定為 PortFast 時，該連接埠會直接從封鎖狀態轉換到轉送狀態，跳過正常的 STP 偵聽和學習狀態，所以我們可以規劃在交換器上會連接 PC 的這些埠中，啟動 PortFast 功能，以便這些設備立即可以使用網路，而不必等待 STP 運作完畢。啟動 spanning-tree portfast 功能也有助縮短 STP 的收斂 (Convergence) 時間。

請注意要停用 STP 功能在組態模式下或者介面模式下執行 **no spanning-tree vlan 1**。

請注意 PortFast 還有另一項功能就是穩定 STP 架構變化，當交換器 的 Port 有 UP 或 Down 變化時，交換器就會產生 TCN BPDU 給所有交換器，表示 STP 架構有變化，MAC-Table 就要縮短 Age time，當有 PortFast 啟動時，只有 Port 變 UP 時，才會產生 TCN BPDU。

PortFast 的啟動與規劃

PortFast 功能預設是關閉，啟動的方式有兩種，一種是全部的埠都啟用 PortFast，另一種是針對特定的埠來啟動 PortFast，其指令如下。

圖表 11-54 啟動 PortFast 功能指令

指令	說明
S1(config)#spanning-tree portfast default	將 S1 中所有的埠都啟動 PortFast
S1(config)#int fa0/5 S1(config-if)#spanning-tree portfast	將 S1 中的第 fa0/5 啟動 PortFast

規劃 PortFast

在本範例中規劃交換器 S1 的 fa0/1~fa0/10 啟用 PortFast，表示這些 Port 是要用來連接 PC，讓 PC 連上後馬上就可以使用網路，為了防止這些 Port 接到交換器，所以搭配 BPDUGuard 功能，如下圖所示，使用 **int range** 的指令一次設定 10 個 Port。

圖表 11-55 S1 中 fa0/1~fa0/10 啟動 PortFast 及 BPDUGuard 功能

```
S1(config)#int range fa0/1-10
S1(config-if-range)#spanning-tree portfast
%Warning: portfast should only be enabled on ports connected to a single
 host. Connecting hubs, concentrators, switches, bridges, etc... to this
 interface  when portfast is enabled, can cause temporary bridging loops.
 Use with CAUTION

%Portfast will be configured in 10 interfaces due to the range command
 but will only have effect when the interfaces are in a non-trunking mode.   ❶
S1(config-if-range)#
S1(config-if-range)#spanning-tree bpduguard enable   ❷
S1(config-if-range)#
```

❶ 當啟動 PortFast 功能後，系統會有警告訊息出現，這是正常情況。

❷ 啟動 BPDUGuard 功能。

查詢 PortFast 運作

如下圖所示，現在將 PC1 連接到 S1 的 fa0/11 及 PC2 連接到的 fa0/1，可以觀察到 fa0/11 的燈號為橘燈表示在運作 STP，所以 PC1 不能馬上使用網路，但在 PC2 接到 S1 的 fa0/1 時，馬上燈號就變綠燈，PC2 就可以立即使用網路，另外將 S2 接到 S1 的 fa0/2 表示誤接了有啟動 PortFast 功能的 Port，不過有啟動 BPDUGuard 功能，S1 的 fa0/2 會進入到 **error disable** 狀態，燈號會變成紅燈。

圖表 11-56
觀察 Portfast 運作

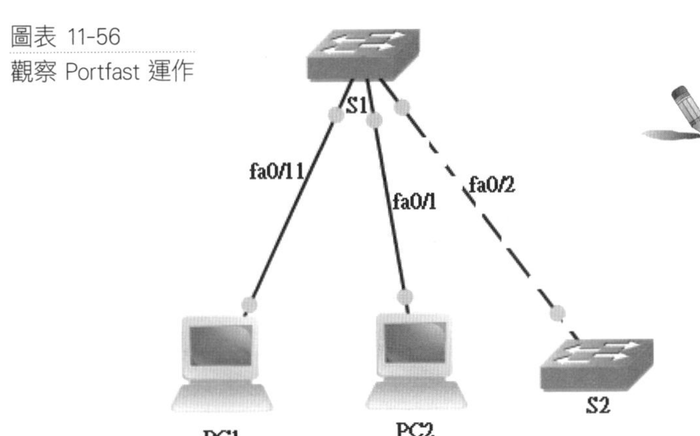

請注意 STP 有兩個主要課題分別為改善 STP 收斂時間及保護 STP 架構，在改善 STP 收斂功能有 UplinkFast,BackboneFast,Portfast，另外 STP 的保護功能有 Root Guard、BPDU Guard、Loop Guard、BPDU Filter，除了 Portfast 及 BPDU Guard 在本章節有探討，其餘功能屬於 CCNP 課程範圍。

11.8 RSTP 的介紹

最早開發 **STP (Spanning Tree Protocol)** 是在 1998 年的 IEEE 802.1D，但是此版本 STP 的缺點是收斂時間太長，大約在 30 秒左右，2001 年 IEEE 定義 802.1W，提出 **RSTP (Rapid STP)**版本，RSTP 新增兩個 Port 角色，並減少 Port State 數目，以減少收斂時間。

STP 的 Port State

在 STP 的 Port State 有五個停用 (Disable)、封鎖 (block)、接收 (Listen)、學習 (Learn) 與轉送 (Forward)，因此收斂時間太長，在 RSTP 中只有三種 Port State，**丟棄 (Discard)、學習 (Learn) 與轉送 (Forward)**，RSTP 將 802.1D 中的停用 (Disable)、封鎖 (block) 與接收 (Listen) 三個 Port State 統一合併為**丟棄 (Discard)**，下表為 STP

與 RSTP 的 Port State 比較。在 Port State 的狀態轉換也有不同的地方，在 STP 中 Port State 的轉換需要依賴**計數器 (Timer)**，所以 STP 都是在 30 秒左右會收斂完成，但是在 RSTP 中 Port Stat 轉換是用**主動協商 (Proposal and Agreememt)**，因此可以加快收斂時間。

圖表 11-57 RSTP VS STP 的 Port State 比較

STP Port State	RSTP Port State	學習 MAC 地址
停用(Disable)	丟棄(Discard)	No
封鎖(block)	丟棄(Discard)	No
接收(Listen)	丟棄(Discard)	No
學習(Learn)	學習(Learn)	Yes
轉送(Forward)	轉送(Forward)	Yes

RSTP Port Role

在 RSTP 中取消了 NDP 角色，新增 **Alternate Port** 與 **Backup Port** 兩個角色，Root Port (RP) 與 Designated Port (DP) 沿用 STP 的定義，下表為 RSTP 與 STP 的 Port Role 比較，並顯示由 Port Role 對應到 Port State。詳細 RSTP 如何選擇 Port Role 在 CCNP 課程範圍。

另外 MST 是將 Vlan 分組，每組各別執行 STP，這改善 PVST 需要每個 Vlan 都要執行 STP，MST 設定是 CCNP 課程範圍。

圖表 11-58 RSTP VS STP 的 Port Role 比較

<table>
<tr><th>STP Port Role</th><th>RSTP Port Role</th><th>STP Port State</th><th>RSTP Port State</th></tr>
<tr><td>Root Port(RP)</td><td>Root Port(RP)</td><td>Forward</td><td>Forward</td></tr>
<tr><td>Designated Port(DP)</td><td>Designated Port(DP)</td><td>Forward</td><td>Forward</td></tr>
<tr><td rowspan="2">NDP</td><td>Alternative Port</td><td rowspan="2">Block</td><td rowspan="2">Discard</td></tr>
<tr><td>Backup port</td></tr>
<tr><td>Disable</td><td>Disable</td><td>未定義</td><td>Discard</td></tr>
<tr><td rowspan="2">轉換過渡</td><td rowspan="2">轉換過渡</td><td>Listen</td><td rowspan="2">Learn</td></tr>
<tr><td>Learn</td></tr>
</table>

CHAPTER 12

EtherChannel 與 FHRP 介紹與實作

本章主要介紹 EtherChannel 與 GW Redundancy 兩種備援機制，EtherChannel 可以當作線路備援，而 FHRP 則是 GW 的備援。

12.1 EtherChannel 介紹

本節將介紹 EtherChannel 運作原理與運作，另外進行 EtherChannel 設定之前一定要先知道 Channel-group 與 Port-channel 之間的關係。

EtherChannel 運作介紹

EtherChannel 為 Cisco 提供的技術，此技術主要用來將二個交換器之間多條實體線路**捆綁(bundle)**成一條虛擬線路，可以達到實體線路備援及增加頻寬的優點。例如：圖表 12-1 所示，兩台交換器的 fa0/1 與 fa0/2 兩條實體連線作 EtherChannel 的捆綁，就等於擁有一條 200Mbps 的頻寬；如果以全雙工（Full Duplex）的方式來傳輸，更可達到 400Mbps 的傳輸速度。除了可以增加頻寬之外，如果 fa0/1 或 fa0/2 其中一條實體線路故障，另外一條實體線路還可以繼續運作以達到線路備援的效果。

要是以 Gigabit Ethernet 或 10 Gigabit Ethernet 的 port 來作 EtherChannel 的捆綁，要擁有超高速的頻寬來提供網路設備間的連線，將不再是一件難事，如此一來，管理者將不再需要擔心網路設備連線需要高速的頻寬的需求。另外 EtherChannel 還可以做到**平衡負載（Load Balancing）**以提供網路流量平衡，不只可讓每條實體線路的頻寬使用更為平均，還能依照管理者的需求，以 MAC address 與 IP address 來進行流量的分散，達到流量最佳化。

圖表 12-1 EtherChannel 的運作原理

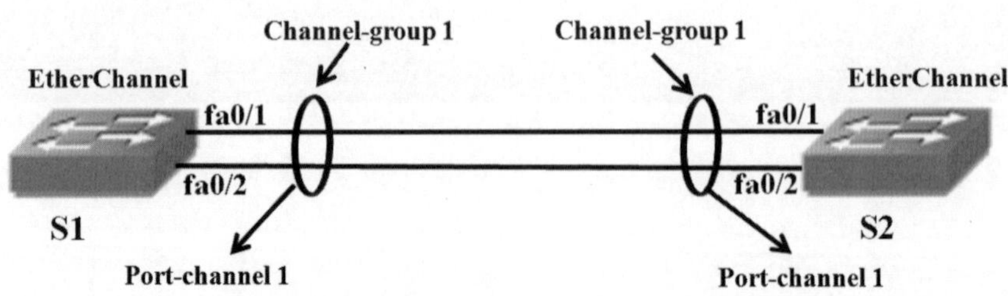

除了上述的優勢外，當一台交換器中使用 EtherChannel 的技術將幾個 Port 被捆綁成一條虛擬線路，最明顯的好處就在於 STP 運作時不會為了 loop 將多條實體線路中封鎖。例如：上圖的兩條實體連線已經有了 loop，所以 STP 會將一個 Port 封鎖起來，也就是只能使用一條實體線路，如此雖然有備援線路，但卻無法提高頻寬，更不用提兩條線路的平衡負載，所以當這兩個 fa0/1 與 fa0/2 使用 EtherChannel 捆綁後，STP 的運作就會將 fa0/1 與 fa0/2 視作一條線路，如此線路就沒有 loop 問題，也就沒有任何 Port 會被封鎖，進而才有增加頻寬及平衡負載的優點。

其它的交換器協定，例如：DTP、VTP 或 CDP 等等也可以在 EtherChannel 中運作，不會有任何影響。

EtherChannel 中的分組 Channel-Group

在設定 EtherChannel 時就好像在分組一樣，把要捆綁的 Port 分成同一組，這個 EtherChannel 的分組稱為 Channel-groups (通道群組)，例如：圖表 12-1 中 S1 將 fa0/1 與 fa0/2 分在同一個通道群組中，並給定通道群組編號為 1，所以 fa0/1 與 fa0/2 就捆綁在 Channel-group 1 這組中，當然一台交換器可以分好幾個通道群組，但是一個 Port 只能被分配在一個通道群組中。至於每台交換器最多可以分幾個通道群組及每通道群組中可以有幾個 Port，這就要根據每台交換器的規格。

EtherChannel 產生 Port-Channel

當在交換器將幾個 Port 設定為同一個通道群組時，EtherChannel 也會產生一個邏輯的 Port 來代表這幾個 Port，此邏輯的 Port 稱為 Port-channel，例如：圖表 12-1 中 S1 設定 fa0/1 與 fa0/2 在 Channel-group 1 中，S1 同時也會建立一個 Port-channel 1 來代表 fa0/1 與 fa0/2，此處的 1 跟 Channel-group 的 1 是對應的，這個 Port-channel 1 代表 Channel-group 1 中所有的 Port，因此當設定好 EtherChannel 後，若要修改 Port 的設定，就要透過 Port-channel 來設定。

請注意 EtherChannel 中一個 Port-channel 只能連接兩個不同的交換器，所以不能由一台交換器透過一個 Port-channel 傳送資料給兩台以上的交換器，如下圖所示為不正確的 EtherChannel 的使用。

圖表 12-2 不正確的 EtherChannel 的使用

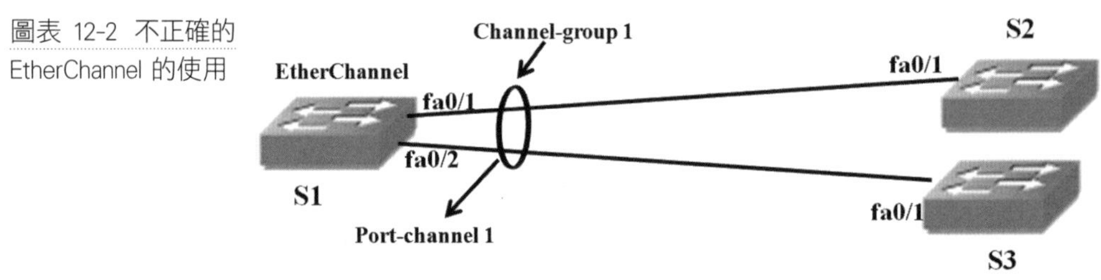

請注意當交換器有支援 vPC (virtual port channel) 功能時，上圖的接線方式也可以使用 EtherChannel，vPC 功能通常是用在資料中心。

12.2 EtherChannel 的 PAGP 與 LACP 協商

本章節要解說如何形成 EtherChannel，EtherChannel 是兩邊交換器的 Port 形成類似 Trunk 的觀念，兩邊交換器的 port 要形成 Trunk，這樣 Trunk 才能運作起來，如何確定兩邊交換器的 Port 形成 Trunk，使用 DTP 協定來協商。同樣的方式，用協定來協商兩邊交換器的 Port 形成 EtherChannel。EtherChannel 有兩個協定 PAgP 與 LACP 可用來協商 EtherChannel Port 的形成，我們使用下列 EtherChannel 網路架構來解說 EtherChannel 協商機制運作原理與設定。

圖表 12-3 EtherChannel 網路架構

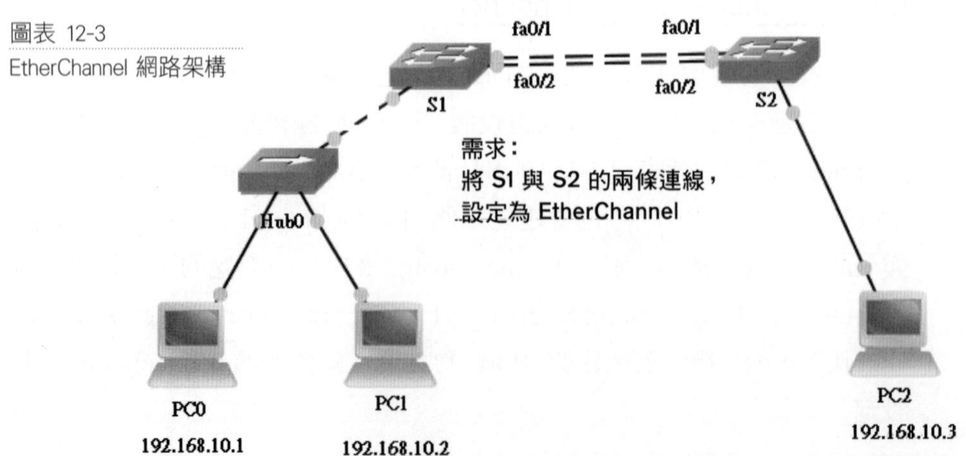

EtherChannel 的設定方式

EtherChannel 的設定觀念有點雷同 DTP，讀者可以用 DTP 協商 Trunk 的方式來思考 EtherChannel 的設定。設定 EtherChannel 可以分為手動設定與動態協商，手動設定就是直接將 Port 指定運作 EtherChannel，但會無法知道其它 Port 的狀態，所以不建議用手動設定；而動態協商則有 **PAgP** (Port Aggregation Protocol) 與 **LACP** (Link Aggregation Control Protocol) 兩種，這兩者都是要協商 Port 為 EtherChannel，跟 DTP 協商 Port 為 Trunk 運作過程是一樣的。

另外要設定幾個 Port 為 EtherChannel 時，要先確認這幾個要捆綁 Port 的執行狀態和配置都要一樣，幾個注意的地方如下：

- 每個 Port 的速度要一樣。
- 每個 Port 的 Duplex 要一致。
- 每個 Port 的 Access 模式或 Trunk 模式要一致。
- 每個 Access Port 要屬於同一個 Vlan ID。
- 每個 Trunk Port 的 Native Vlan 要一致。
- 每個 Trunk Port 允許哪幾個 Vlan 通過的資訊要一致。

Cisco PAgP 協商

PAgP 為 Cisco 開發出來的技術用來協商兩台交換器中 EtherChannel 的形成，協商的參數如下表所示，讀者應該可以發現這些參數跟 DTP 的一樣，因為 DTP 也是 Cisco 開發的協定，三個參數解釋如下：

- **On：**表示手動設定為 EtherChannel，如果一邊使用手動設定 EtherChannel，另外一邊也要使用手動設定，這樣兩邊的 EtherChannel 才能建立成功。
- **Auto：**表示被動協商，如果兩邊都設定為 Auto，也就是兩邊都是被動，則兩邊的 EtherChannel 無法建立。
- **Desirable：**表示主動協商，所以一邊設定 Desirable，另外一邊可以設定為 Auto 或 Desirable，這樣兩邊的 EtherChannel 建立成功。

請注意主動協商會送出協商封包，被動協商是不會送出協商封包。

圖表 12-4
PAgP 協商參數表

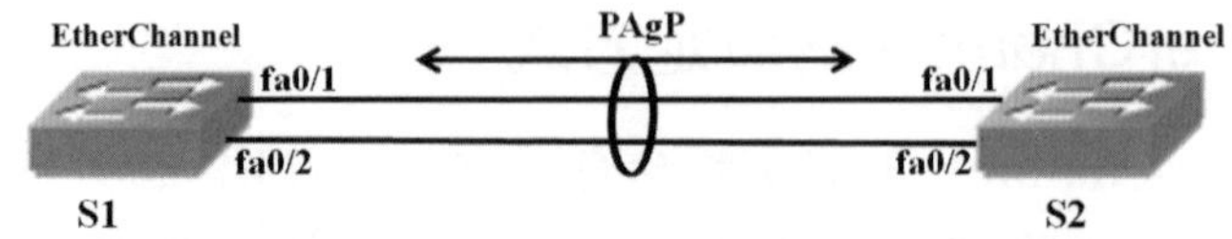

Channel 能否建立	On	Desirable	Auto
On	YES	NO	NO
Desirable	NO	YES	YES
Auto	NO	YES	NO

IEEE LACP 協商

IEEE 也制定了類似的協商標準規範，稱之為 LACP，也就是 IEEE 802.3ad，因此只要網路設備有支援 IEEE 802.3ad 的標準，就可以使用 EtherChannel 的功能，通常是 non-Cisco 設備會使用 LACP，其協商參數如下圖所示，跟 PAgP 參數目的一樣，不過 LACP 使用的關鍵字比較貼切。

請注意兩邊交換器用的協商協定要一樣，不可以一邊使用 LACP 另一邊卻使用 PAgP。

- **On：**一樣是手動設定為 EtherChannel。
- **Passive：**表示被動協商，如同關鍵字的英文意思，功能跟 PAgP 的 Auto 一樣效果。
- **Active：**表示主動協商，功能跟 PAgP 的 Desirable 一樣效果。

圖表 12-5
LACP 協商參數表

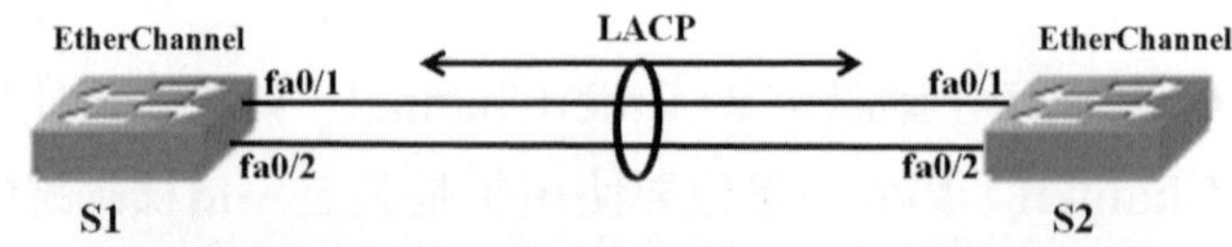

Channel 能否建立	On	Active	Passive
On	YES	NO	NO
Active	NO	YES	YES
Passive	NO	YES	NO

12.3 EtherChannel 設定

本節要示範實作與檢查 EtherChannel 的運作狀況，我們使用 EtherChannel 網路架構來做設定示範。根據需求要將兩台交換器中的 fa0/1 與 fa0/2 捆綁成 EtherChannel，所以在 S1 與 S2 各別建立一個通道群組，將 fa0/1 與 fa0/2 指定到通道群組，我們使用 Channel-group 1 來建立通道群組。

這裡要注意的是通道群組的編號兩台交換器可以不一樣，另外要加入通道群組的 Port 編號也不一定要連續的 Port。

S1 建立通道群組

使用指令 **channel-group 1** 為建立通道群組 1 號，此指令必須在介面模式執行，因此要加入 channel-group 1 的 Port 都要執行該指令，另外還要指定用甚麼方式來建立 EtherChannel，是要用手動設定還是用 PAgP 或 LACP，下表指令為用 LACP 來協商 EtherChannel 建立。另外當建立 Channel-group 1 時，同時也會建立邏輯介面 Port-channel 1。

請注意兩台交換器對接的 Port 編號不一定要一樣。

圖表 12-6 S1 與 S2 各別建立 1 個 Channel-Group

指令	說明
S1(config)#int range fa0/1-2 S1(config-if-range)#channel-group 1 mode active	在 S1 設定 fa0/1 與 fa0/2 在通道群組 1 號中，並使用 LACP 來協商
S2(config)#int range fa0/1-2 S2(config-if-range)#channel-group 1 mode active	在 S2 設定 fa0/1 與 fa0/2 在通道群組 1 號中，並使用 LACP 來協商

接著在 S1 上執行通道群組指令，如下所示：

圖表 12-7 S1 建立 Channel-Group 1

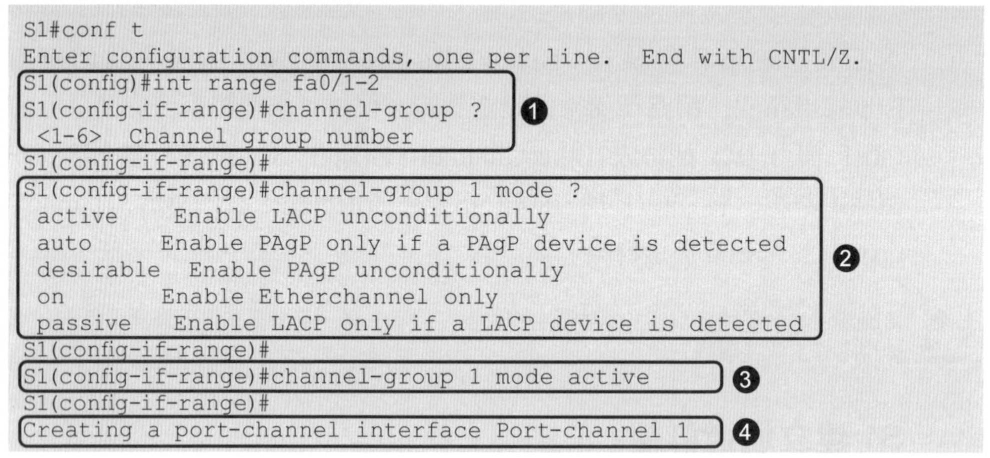

```
S1#conf t
Enter configuration commands, one per line.  End with CNTL/Z.
S1(config)#int range fa0/1-2
S1(config-if-range)#channel-group ?
 <1-6>  Channel group number
S1(config-if-range)#
S1(config-if-range)#channel-group 1 mode ?
 active    Enable LACP unconditionally
 auto      Enable PAgP only if a PAgP device is detected
 desirable  Enable PAgP unconditionally
 on        Enable Etherchannel only
 passive   Enable LACP only if a LACP device is detected
S1(config-if-range)#
S1(config-if-range)#channel-group 1 mode active
S1(config-if-range)#
Creating a port-channel interface Port-channel 1
```

❶ 在 fa0/1 與 fa0/2 介面模式下執行建立通道群組，目前為查詢通道群組的範圍，S1 能夠建立的通道群組編號有 6 個。

❷ 表示建立通道群組 1 號，目前為通道群組中要設定為 EtherChannel 的方式，目前有五種參數，分別為手動設定、LACP 與 PAgP 的參數。

❸ 顯示使用 LACP 的 active 當作協商 Channel-group 1 中所有的 Port 為 EtherChannel。

❹ 訊息『**Creating a port-channel interface Port-channel 1**』表示自動建立 Port-channel 1 的邏輯介面代表 Channel-group 1 中所有的 Port。

使用相同的方式在 S2 的 fa0/1 與 fa0/2 介面下執行建立 Channel-group 1。

查詢 Port-channel 執行狀態

當建立 Channel-group 時，也會一起建立對應的 Port-channel，Port-channel 為邏輯介面，所以也會有 L1 與 L2 的啟動狀態，使用 **show ip int brief** 來查詢，如下所示為 S1 中 Port-channel 1 目前介面狀態，其 L1 與 L2 都是 down 的狀態，這表示 Channel-group 1 中沒有任何一個 Port 形成 EtherChannel，此時如果 S2 的 Channel-group 1 已經建立完畢，則 Port-channel 1 介面狀態應該都是 up。

請注意只要 Channel-group 中有任何一個 Port 有執行 EtherChannel 成功，則對應的 Port-channel 介面狀態都為 up。

圖表 12-8 查詢 S1 建立 Port-channel 介面狀態

```
S1#show ip int brief
Interface          IP-Address   OK? Method Status          Protocol
----------------- 省略部分資訊 --------------------
FastEthernet0/24  unassigned   YES manual up                   up
 Vlan1            unassigned   YES manual administratively down down
Port-channel 1    unassigned   YES manual down                 down
S1#
```

查詢 EtherChannel 執行狀態

當 S1 與 S2 都在 fa0/1 與 fa0/2 設定在 Channel-group 1，此時 LACP 就會在兩台交換器開始協商為 EtherChannel。如何知道 EtherChannel 已經形成？使用 **show etherchannel summary** 來查詢 Channel-group 狀態，如下所示：

圖表 12-9 查詢 S1 中 Channel-group 狀態

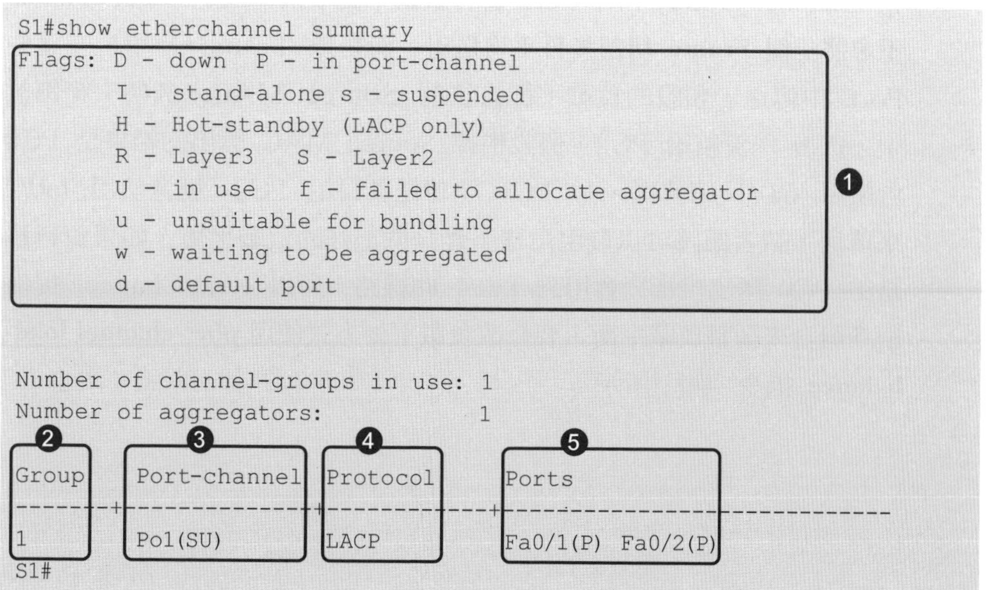

```
S1#show etherchannel summary
Flags: D - down    P - in port-channel
       I - stand-alone s - suspended
       H - Hot-standby (LACP only)
       R - Layer3    S - Layer2
       U - in use    f - failed to allocate aggregator
       u - unsuitable for bundling
       w - waiting to be aggregated
       d - default port

Number of channel-groups in use: 1
Number of aggregators:           1
Group  Port-channel  Protocol    Ports
------+-------------+-----------+-----------------------------------
1      Po1(SU)       LACP        Fa0/1(P)  Fa0/2(P)
S1#
```

❶ 代碼說明。

❷ 目前通道群組的編號，目前只有 1 個 Channel-group 1 的通道群組。

❸ 表示 Channel-group 1 對應的 Port-Channel 1，此處 Po1 為 Port-Channel 1 的縮寫，S 表示目前為 L2 的 EtherChannel，U 表示 Port-Channel 1 可以使用。

❹ 顯示目前使用的協商協定為 LACP。

❺ 表示目前 Channel-group 1 中所有 Port 的資訊，目前有兩個 fa0/1 與 fa0/2，其中 P 表示在 Po1 中被使用。在 Channel-group 中有 port 的連線壞掉，只要還有其他 port 連線成功，Etherchannel 還是可以維持正常運作。

另外一個查詢指令為 **show etherchannel port-channel**，此指令可以顯示更詳細的 EtherChannel 資訊。

查詢 EtherChannel 的 Load-balance 狀態

在 Channel-group 中的 Port 會有負載平衡效果，但是 **EtherChannel 不會將一個 Frame 切割後再平均送出**，而是以 Frame 為單位在這些 Port 中傳送，預設的負載平衡方法為 Source MAC，例如：範例檔中，PC0 送資料給 PC2，假設根據 Source MAC 算出的結果是 PC0 會使用 fa0/1 來傳送，而 PC1 要傳送資料給 PC2，就會使用 fa0/2 來傳送，讀者應該可以發現這樣不是一個很好的負載平衡，如果資料都是由 PC0 送出，那只會用到 fa0/1 的線路，所以 EtherChannel 提供很多組合來調整負載平衡，要修改負載平衡方式使用 **port-channel load-balance** 指令，如下所示：

圖表 12-10 修改及查詢 S1 中 EtherChannel 的負載平衡方式

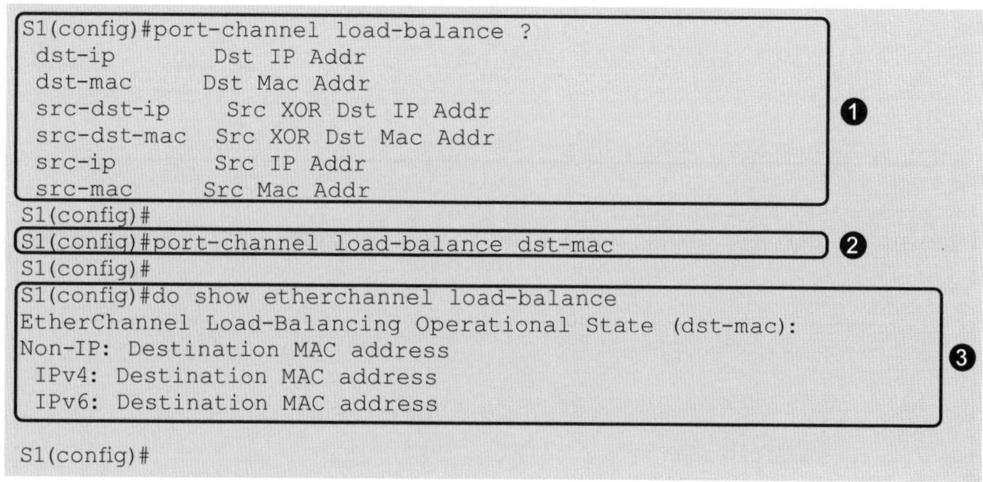

```
S1(config)#port-channel load-balance ?
 dst-ip         Dst IP Addr
 dst-mac        Dst Mac Addr
 src-dst-ip      Src XOR Dst IP Addr
 src-dst-mac   Src XOR Dst Mac Addr
 src-ip          Src IP Addr
 src-mac        Src Mac Addr                       ❶
S1(config)#
S1(config)#port-channel load-balance dst-mac       ❷
S1(config)#
S1(config)#do show etherchannel load-balance
EtherChannel Load-Balancing Operational State (dst-mac):
Non-IP: Destination MAC address
 IPv4: Destination MAC address
 IPv6: Destination MAC address                      ❸

S1(config)#
```

❶ 顯示所有負載平衡方式，請注意只能選擇 MAC 的方式，若要使用 IP 則要使用 L3 交換器。

❷ 修改負載平衡方式為 dst-mac，請注意在要組態模式下執行。

❸ 使用 **show etherchannel load-balance** 指令查詢負載平衡方式。

請注意如果 Load-balance 方式選擇 src-dest，只能 src ip － dest ip 或 src mac-dest mac，不能 src ip － dest mac 混搭組合。

動態加入 EtherChannel

繼續本範例練習，我們將 S1 與 S2 的 fa0/10 互相接線，由於 S1 與 S2 已經在運作 EtherChannel，所以剛接線的 fa0/10 是沒有在 EtherChannel 中，如何將 fa0/10 加入正在運行的 EtherChannel 中，只要將 fa0/10 加入目前的 Channel-group1 中即可，另外協商協定要使用同一種。

圖表 12-11 S1 與 S2 各別加入 fa0/10 到 Channel-group 1 中

指令	說明
S1(config)#int fa0/10 S1(config-if-range)#channel-group 1 mode active	在 S1 設定 fa0/10 在通道群組 1 號中，並使用 LACP 來協商
S2(config)#int fa0/10 S2(config-if-range)#channel-group 1 mode active	在 S2 設定 fa0/10 在通道群組 1 號中，並使用 LACP 來協商

接著在 S1 執行 fa0/10 動態加入 EtherChanel，如下所示：

圖表 12-12 S1 中 fa0/10 動態加入 EtherChannel

```
S1#conf t
Enter configuration commands, one per line.  End with CNTL/Z.
S1(config)#int fa0/10
S1(config-if)#channel-group 1 mode desirable
%EC-5-L3DONTBNDL2: Fa0/10 suspended: PAGP currently not enabled on the
remote port.                                                          ❶
S1(config-if)#
S1(config-if)#channel-group 1 mode active
S1(config-if)#
%LINEPROTO-5-UPDOWN: Line protocol on Interface FastEthernet0/10,
changed state to down                                                 ❷

%LINEPROTO-5-UPDOWN: Line protocol on Interface FastEthernet0/10,
changed state to up
```

❶ 顯示將 fa0/10 加入 Channel-group 1 使用 PAgP 來協商 EtherChannel，但出現『**%EC-5-L3DONTBNDL2: Fa0/10 suspended: PAGP currently not enabled on the remote port.**』錯誤訊息，其原因是 Channel-group 1 已經在運作而且使用的是 LACP，因此後來加入的要用一樣的協商協定。

❷ 改用 LACP 就可以將 fa0/10 加入到 Channel-group 1。S2 也執行同樣的動作，這樣兩邊的 EtherChannel 捆綁三個 Port。

請注意不同的 Channel-group 的協商機制可以不一樣，例如：channel-groop 1 使用 PAGP，而 channel-group 2 可以使用 LACP。

12.4 EtherChannel 運行 DTP、CDP 和 STP

本節要使用 EtherChannel 做進階的設定，將 EtherChannel 運作於 DTP、CDP and STP 等協定中，來觀察這些協定在 EtherChannel 中運作狀況。我們使用下列 Etherchannel-STP 練習架構來觀察 L2 協定在 EtherChannel 運作狀況。

圖表 12-13 Etherchannel-STP 練習架構

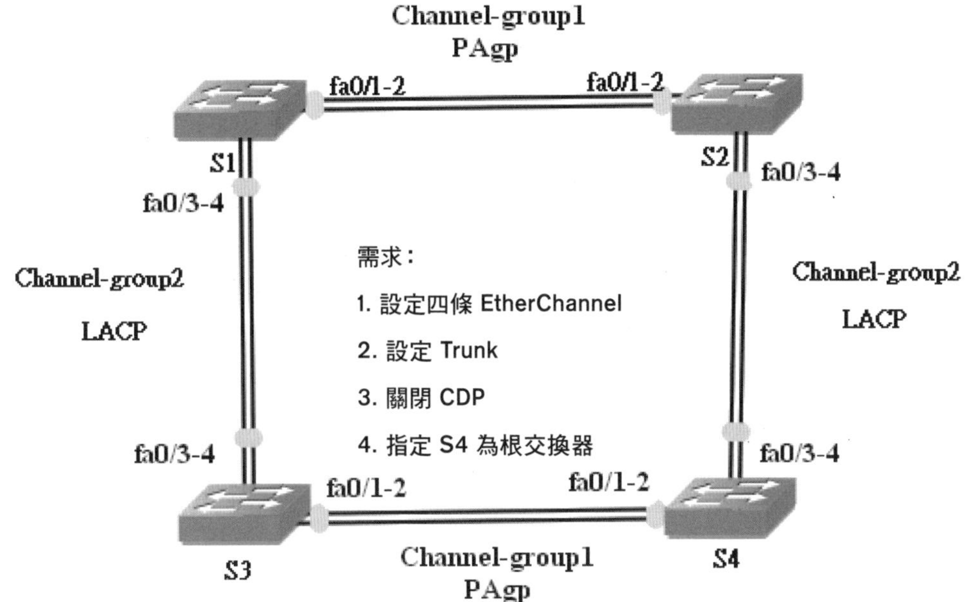

設定四台交換器中 EtherChannel

根據需求每一台交換器要兩個 EtherChannel，因此要建立兩個通道群組分別為 Channel-group 1 與 Channel-group 2，這兩個通道群組使用的協商分別為 PAgP 與 LACP，因此指令如下表所示，由於四台交換器的需求都一樣，我們在四台交換器執行下表指令來建立 EtherChannel。

圖表 12-14 S1 建立 Channel-group 1 與 Channel-group 2

指令	說明
S1(config)#int range fa0/1-2 S1(config-if-range)#channel-group 1 mode desirable	在 S1 設定 fa0/1 與 fa0/2 在通道群組 1 號中並使用 PAgP 來協商，設定 fa0/3 與 fa0/4 在通道群組 2 號中並使用 LACP 來協商
S1(config-if-range)#int range fa0/3-4 S1(config-if-range)#channel-group 2 mode active	

查看 S1 的 EtherChannel 狀態

使用 **show etherchannel summary** 來查詢 S1 兩個 EtherChannel 狀態，如下圖所示，目前有兩個 channel-group，group 1 中有 fa0/1 與 fa0/2 並使用 PAgP，group2 中有 fa0/3 與 fa0/4 並使用 LACP。

圖表 12-15 查詢 S1 中 Channel-group 1 與 Channel-group 2 的狀態

```
S1#show etherchannel summary
----------------- 省略部分資訊 --------------------

Number of channel-groups in use: 2
Number of aggregators:       2

Group   Port-channel  Protocol    Ports
-------+-------------+-----------+------------------------------

1       Po1(SU)       PAgP        Fa0/1(P)  Fa0/2(P)
2       Po2(SU        LACP        Fa0/3(P)  Fa0/4(P)
S1#
```

設定四條 EtherChannel 執行 Trunk

EtherChannel 要設定 Trunk 必須在 Port-channel 介面設定，當 Port-channel 介面為 Trunk 後，設定 Trunk 指令統一會記錄在屬於這個 Channel-group 的所有 Port 中，目前每台交換器都有兩個 Port-channel 介面要設定為 Trunk，我們藉由 DTP 協商來設定 Trunk，因此選擇 S1 與 S4 來設定 Trunk，指令如圖表 12-16 所示，S2 與 S3 的 Port-channel 會被 DTP 協商為 Trunk。請注意 po1 為 Port-channel 1 的縮寫。

將 S1 與 S4 的 Po1 及 Po2 設定為 Trunk 後，使用 **show int trunk** 來查詢 S1 的 Trunk 狀態，如圖表 12-17 所示。

圖表 12-16 S1 與 S4 中 Po1 與 Po2 設定 Trunk

指令	說明
S1(config)#int po1 S1(config-if)#switchport mode trunk S1(config-if)#int po2 S1(config-if)#switchport mode trunk	S1 設定 port-channel 1 及 port-channel 2 為 trunk
S4(config)#int po1 S4(config-if)#switchport mode trunk S4(config-if)#int po2 S4(config-if)#switchport mode trunk	S4 設定 port-channel 1 及 port-channel 2 為 trunk

圖表 12-17 查詢 S1 中 Trunk 的狀態

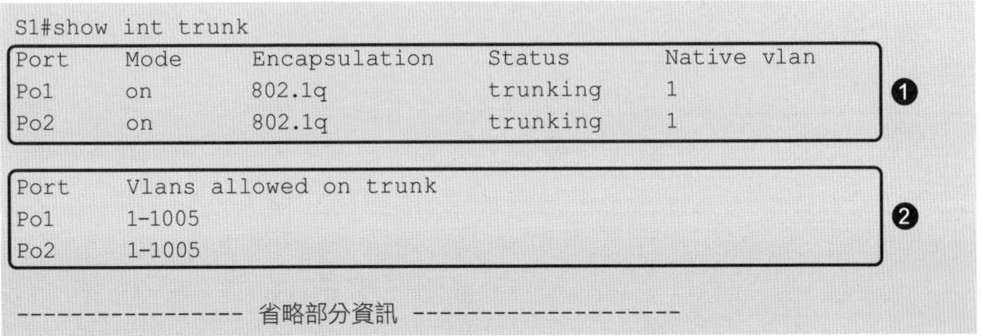

```
S1#show int trunk
Port      Mode      Encapsulation      Status        Native vlan
Po1       on        802.1q             trunking      1
Po2       on        802.1q             trunking      1            ❶

Port      Vlans allowed on trunk
Po1       1-1005
Po2       1-1005                                                 ❷

---------------- 省略部分資訊 --------------------
```

❶ 表示目前 Po1 與 Po2 介面已經為 802.1q 的 Trunk。

❷ Po1 與 Po2 介面可以通過的 Vlan。所以當 EtherChannel 設定為 Trunk 後，就可以傳送所有 Vlan 資料。另外要修改 Native Vlan 與允許那些 Vlan 資料通過，也是一樣在 Port-Channel 介面中設定。

接著查詢 S2 的 Trunk 狀態，如下所示，目前 Po1 與 Po2 介面已經為 Trunk，但此 Trunk 是被 DTP 協商而來，在標示中**欄位 Mode** 為 auto 表示 DTP 的參數，**欄位 Encapsulation** 為 n-802.1q 表示 802.1q 是使用協商，其中 n 表示 negotiate。另外 S3 也是一樣用 DTP 協商為 Trunk。

圖表 12-18 查詢 S2 中 Trunk 的狀態

```
S2#show int trunk
Port      Mode      Encapsulation    Status       Native vlan
Po1       auto      n-802.1q         trunking     1
Po2       auto      n-802.1q         trunking     1

Port      Vlans allowed on trunk
Po1       1-1005
Po2       1-1005
---------------- 省略部分資訊 -------------------
```

關閉與查看 CDP 運作

CDP 功能一樣可以透過 EtherChannel 在運作，現在將 po1 介面的 CDP 功能關閉，如下所示：

圖表 12-19 關閉與查詢 S1 中 CDP

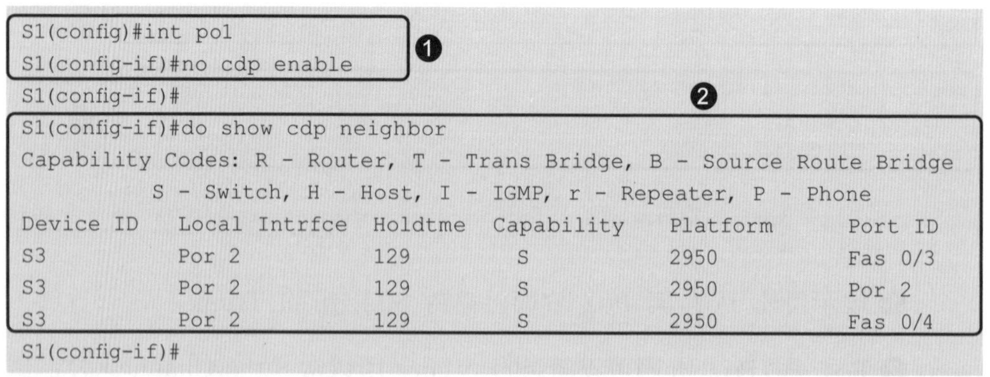

```
S1(config)#int po1
S1(config-if)#no cdp enable                          ❶
S1(config-if)#                                                 ❷
S1(config-if)#do show cdp neighbor
Capability Codes: R - Router, T - Trans Bridge, B - Source Route Bridge
          S - Switch, H - Host, I - IGMP, r - Repeater, P - Phone
Device ID     Local Intrfce   Holdtme   Capability   Platform    Port ID
S3            Por 2           129         S          2950        Fas 0/3
S3            Por 2           129         S          2950        Por 2
S3            Por 2           129         S          2950        Fas 0/4
S1(config-if)#
```

❶ 在 Port-channel 1 介面下執行 **no cdp enable** 來關閉該介面的 CDP 功能。

❷ 查詢 S1 的 CDP 鄰居資訊，目前只剩 S3，S1 使用 Port-channel 2 連接 S3 的 Port-channel 2。請注意修改 CDP 設定後需要等待一段時間。

查詢 EtherChannel 中 STP 運作

在 S1 執行 **show spanning-tree** 查詢 STP 運作狀態，如下所示：

圖表 12-20 Port-Channel 形成的 STP 狀態

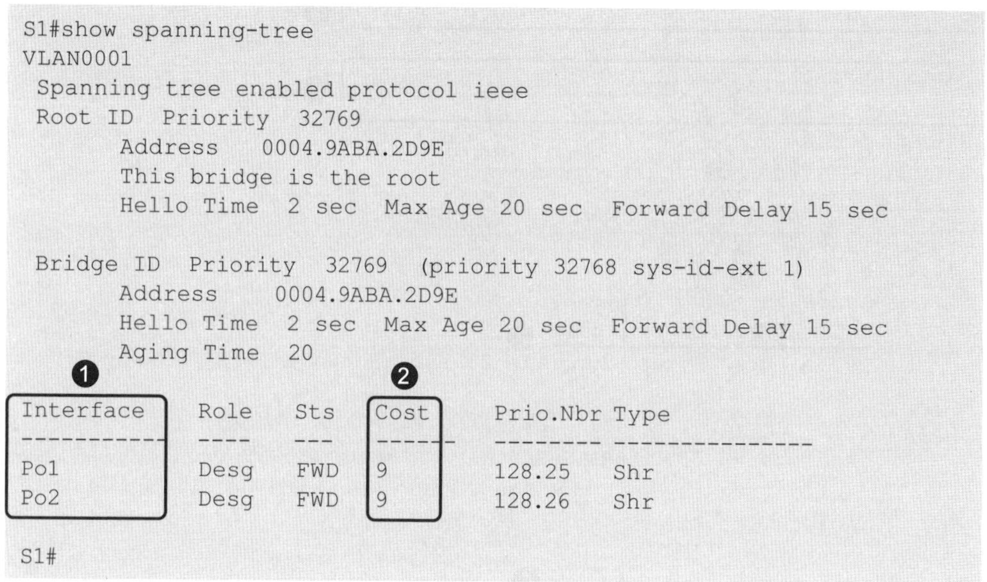

```
S1#show spanning-tree
VLAN0001
 Spanning tree enabled protocol ieee
 Root ID  Priority  32769
       Address    0004.9ABA.2D9E
       This bridge is the root
       Hello Time  2 sec  Max Age 20 sec  Forward Delay 15 sec

 Bridge ID  Priority  32769  (priority 32768 sys-id-ext 1)
       Address     0004.9ABA.2D9E
       Hello Time  2 sec  Max Age 20 sec  Forward Delay 15 sec
       Aging Time  20
      ❶                      ❷
Interface    Role   Sts    Cost      Prio.Nbr Type
----------   ----   ---    -----     -------- ---------------
Po1          Desg   FWD    9         128.25   Shr
Po2          Desg   FWD    9         128.26   Shr

S1#
```

❶ 介面有 Po1 與 Po2 兩個 Port-channel 介面，這表示 STP 運作以 Port-channel 介面為主。

❷ Port-channel 介面成本，可以看到 Port-channel 介面的成本比 Fa 介面成本還底，這是因為 Port-channel 介面的頻寬是加總 Channel-group 中的 Port 頻寬，因此 Port-channel 介面頻寬比較快反應的成本就比較低。

 詳細 port speed 轉換 port-cost 請參考 http://goo.gl/VTCp5S。

這裡要注意的是 STP 的成本計算是根據 Channel-group 中的所有 Port 頻寬總合，但不管這些 Port 是否有在運作。

修改 S4 為 Root Bridge 及 EtherChannel 速度

STP 要指定 Root Bridge 其實跟 EtherChannel 沒有關係，Root Bridge 是依據每台交換器的 BID 的值來決定，要修改 BID 是在組態模式下修改 BID 中的 Priority，但要修改 EtherChannel 的速度就要在 Port-channel 介面下修改，如下所示：

圖表 12-21 指定 S4 為 Root Bridge 並修改 Po1 的頻寬

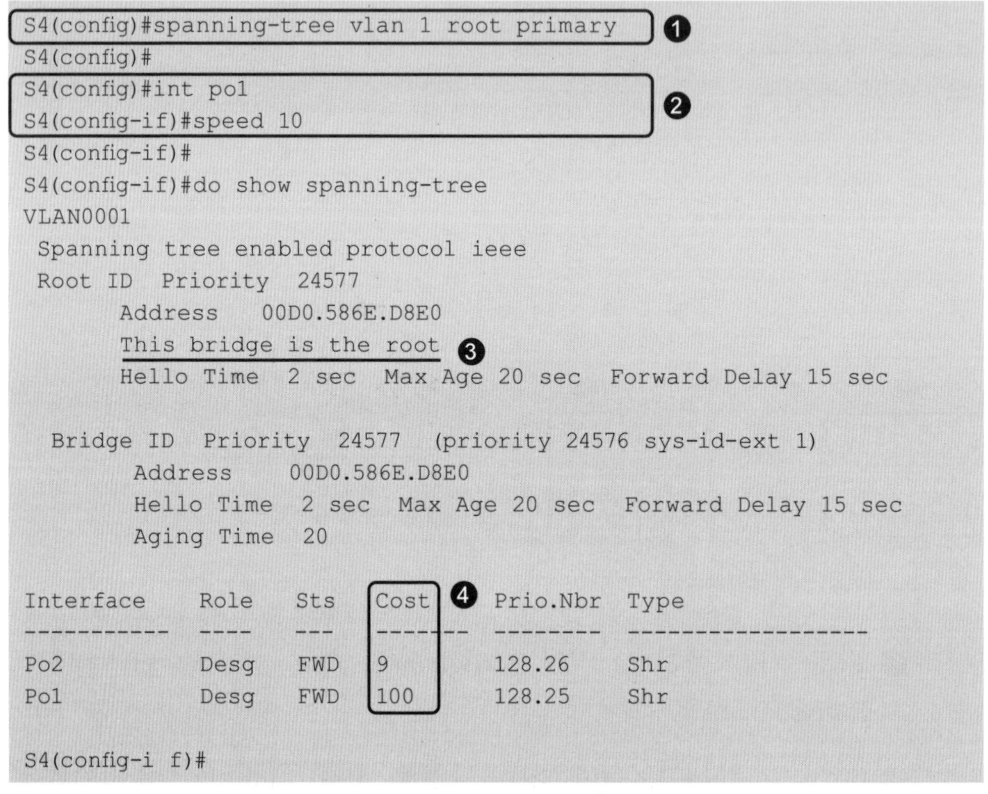

```
S4(config)#spanning-tree vlan 1 root primary   ❶
S4(config)#
S4(config)#int po1                               ❷
S4(config-if)#speed 10
S4(config-if)#
S4(config-if)#do show spanning-tree
VLAN0001
 Spanning tree enabled protocol ieee
 Root ID  Priority  24577
       Address    00D0.586E.D8E0
       This bridge is the root  ❸
       Hello Time  2 sec  Max Age 20 sec  Forward Delay 15 sec

  Bridge ID  Priority  24577  (priority 24576 sys-id-ext 1)
        Address    00D0.586E.D8E0
        Hello Time  2 sec  Max Age 20 sec  Forward Delay 15 sec
        Aging Time  20

Interface     Role   Sts   Cost  ❹ Prio.Nbr  Type
-----------   ----   ---   --------  --------  ------------------
Po2           Desg   FWD   9         128.26    Shr
Po1           Desg   FWD   100       128.25    Shr

S4(config-i f)#
```

❶ 設定 S1 為 Root Bridge，此處在組態模式執行。

❷ 修改 Po1 的速度為 10M。

❸ 顯示目前 S4 為 Root Bridge。

❹ 修改 Po1 的速度後的成本。

12.5 L3 EtherChannel 規劃

上一節建立的 EtherChannel 都是屬於 L2 EtherChannel，本單元將介紹如何設定 L3 EtherChannel，要建立 L3 EtherChannel 一定要使用 L3 Switch (Multilayer Switch)，我們使用下列 L3-Etherchannel 網路架構來示範如何設定，應用在於電腦到 GW 之間也需具備增加頻寬與備援的優點。

圖表 12-22 L3-Etherchannel 網路架構

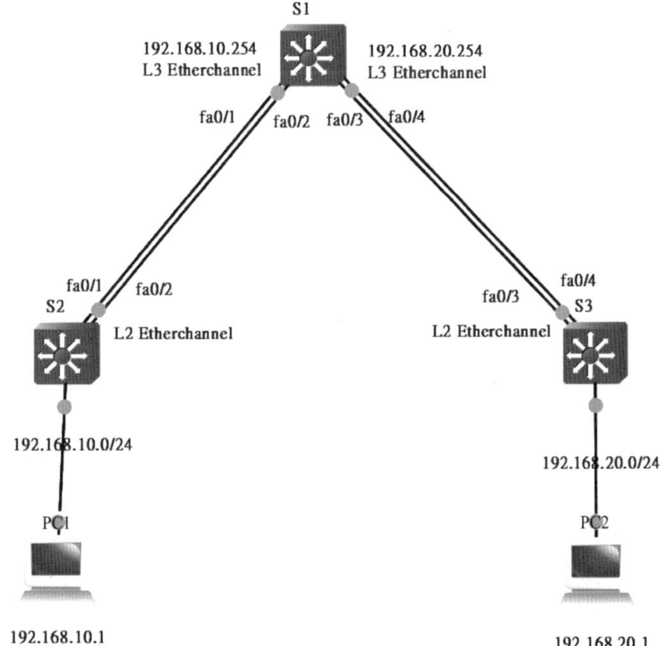

L3 EtherChannel 產生方式

如何區分建立是 L3 EtherChannel 或是 L2 EtherChannel？其原理就是在於用分配交換器的 port 到 Channel-group 時，交換器的 port 是屬於 switch port (L2) 還是 route port (L3)。在 L3 Switch (Multilayer Switch) 預設所有的 port 都是 switch port (L2)，此因要先將交換器的 port 設定為 route port，再將 route port 分配到同一組 Channel-group，而 Channel-group 產生 Port-channel 就具備 L3 能力，並在 Port-channel 中進行設定 IP 位址，達到使用 L3 EtherChannel 來規畫網路效果，另外交換器兩邊的 EtherChannel 可以規劃為 L3 EtherChannel 對 L2 EtherChannel 或者 L3 EtherChannel 對 L3 EtherChannel 或為 L2 EtherChannel 對 L2 EtherChannel 的組合。

規劃 L3 EtherChannel

在 L3-Etherchannel 網路架構中 S1 需要兩個 L3 EtherChannel 分別對接到 S2 與 S3 的 L2 EtherChannel，兩邊的 EtherChannel 在協商的時候是不管 L2 或 L3，我們使用 L3 EtherChannel 對 L2 EtherChannel 是來建立 EtherChannel。只是 L3 EtherChannel 要在其對應的 Port-Channel 設定 IP 位址，S2 在 192.168.10.0/24 網路，而 S3 在 192.168.20.0/24 網路，所以在 S1 的兩個 L3 EtherChannel 分別要設定 192.168.10.254 與 192.168.20.254 來當 GW，PC1 與 PC2 就透過 EtherChannel 來傳遞資料。

設定 L3 EtherChannel

S1 需要建立兩條 L3 EtherChannel，如下表所示，fa0/1 與 fa0/2 先設定為 route-port 後，再分配在同一組 Channel-group 1，產生的 Port-channel 1 設定 192.168.10.254 當作 GW，同樣的方式在 fa0/3 與 fa0/4 設定。

圖表 12-23 設定 S1 的兩個 L3 EtherChannel

指令	說明
S1(config)#int range fa0/1-2	進入到 fa0/1和 fa0/2 介面模式
S1(config-if-range)#no switchport	fa0/1 和 fa0/2 設定為 route-port
S1(config-if-range)#channel-group 1 mode active	fa0/1 和 fa0/2 配置 channel-group 1
S1(config-if-range)#int Port-channel 1	進入到 Port-channel 1 介面模式
S1(config-if)#ip address 192.168.10.254 255.255.255.0	在 Port-channel 1 中設定 IP
S1(config)#int range fa0/3-4	進入到 fa0/3 和 fa0/4 介面模式
S1(config-if-range)#no switchport	fa0/3 和 fa0/4 設定為 route-port
S1(config-if-range)#channel-group 2 mode active	fa0/3 和 fa0/4 配置 channel-group 2
S1(config-if-range)#int port-channel 2	進入到 Port-channel 2 介面模式
S1(config-if)#ip address 192.168.20.254 255.255.255.0	在 Port-channel 2 中設定 IP

查詢 L3 EtherChannel

使用 show etherchannel summary 來查詢 EtherChannel 運作狀況摘要，如下圖所示，由於 S2 與 S3 都還沒設定 EtherChannel，因此在 S1 的 EtherChannel 是還沒建立成功，兩個 Port-channel 介面還是 down。

圖表 12-24 設定 S1 的 L3 EtherChannel 查詢

```
S1#show etherchannel summary
Flags:  D - down        P - in port-channel
        I - stand-alone s - suspended
        H - Hot-standby (LACP only)
        R - Layer3      S - Layer2
        U - in use      f - failed to allocate aggregator
        u - unsuitable for bundling
        w - waiting to be aggregated
        d - default port


Number of channel-groups in use: 2
Number of aggregators:           2

Group  Port-channel  Protocol    Ports
------+-------------+-----------+--------------------------

1      Po1(RD)  ❶        LACP   Fa0/1(I)  Fa0/2(I) ❷
2      Po2(RD)           LACP   Fa0/3(I)  Fa0/4(I)
S1#
```

❶ 表示 Port-channel 是運作在 L3。

❷ 表示 EtherChannel 還沒形成，port 還沒綁進 Channel-group 中。

設定 L2 EtherChannel

在 S2 與 S3 各別設定一條 L2 EtherChannel，如下表所示，當 S2 與 S3 設定好 L2 EtherChannel 後，會跟 S1 的 L3 EtherChannel 協商，如此兩條 EtherChannel 建立成功。

圖表 12-25 設定 S2 與 S3 各別設定一個 L2 EtherChannel

指令	說明
S2(config)#int range fa0/1-2	進入到 fa0/1 和 fa0/2 介面模式
S2(config-if-range)#channel-group 1 mode active	fa0/1 和 fa0/2 配置 channel-group 1
S3(config)#int range fa0/3-4	進入到 fa0/3 和 fa0/4介 面模式
S3(config-if-range)#channel-group 1 mode active	fa0/3 和 fa0/4 配置 channel-group 2

查詢 S1 Port-channel

當兩條 EtherChannel 建立成功，S1 的兩個 Port-channel 跟著也啟動，如下圖所示，目前的 Port-channel 1 與 Port-channel 2 已經設定 IP 位址並且啟動成功。

圖表 12-26 查詢 S1 的兩個 Port-channel 狀況

```
S1#show ip int brief
Interface              IP-Address      OK? Method Status                Protocol
Port-channel1          192.168.10.254  YES manual up                    up
Port-channel2          192.168.20.254  YES manual up                    up
FastEthernet0/1        unassigned      YES unset  up                    up
FastEthernet0/2        unassigned      YES unset  up                    up
```

查詢 S1 路由表

當 S1 的 Port-channel 1 與 Port-channel 2 啟動成功後，其所設定 IP 位址的網路會寫入路由表，如下圖所示，請注意 L3 Switch 的路由功能是關閉，要啟動路由功能才會產生路由表。

圖表 12-27 查詢 S1 的路由表

```
S1(config)#ip routing ❶
S1(config)#
S1(config)#do show ip route
Codes: C - connected, S - static, I - IGRP, R - RIP, M - mobile, B - BGP
       D - EIGRP, EX - EIGRP external, O - OSPF, IA - OSPF inter area
       N1 - OSPF NSSA external type 1, N2 - OSPF NSSA external type 2
       E1 - OSPF external type 1, E2 - OSPF external type 2, E - EGP
       i - IS-IS, L1 - IS-IS level-1, L2 - IS-IS level-2, ia - IS-IS inter area
       * - candidate default, U - per-user static route, o - ODR
       P - periodic downloaded static route

Gateway of last resort is not set

C    192.168.10.0/24 is directly connected, Port-channel1
C    192.168.20.0/24 is directly connected, Port-channel2 ❷

S1(config)#
```

❶ 指令 ip route 啟動路由功能。

❷ 192.168.10.0/24 與 192.168.20.0/24 兩個網路的出口介面分別為 Po1 與 Po2。

最後 PC1 與 PC2 設定好 IP 組態後，PC1 送資料到 PC2，會使用 EtherChannel 送到 GW，如此電腦到 GW 之間具備增加頻寬與備援的優點。

12.6 交換器堆疊 (Switch Stack) 介紹

一般要將幾台交換器串接起來是使用網路連線，如下圖所示，在此網路架構的缺點有接線混亂、不方便管理每一台交換器及無法提高交換器的可用性(Availability)，例如：要管理 A1、A2、A3 及 A4 四台交換器，必須要分別連線到四台交換器的 Console port，或是使用遠端管理也需要 4 組 IP 位址。如果能將四台交換器經過連線變成一台邏輯的交換器，在管理上只要針對這台邏輯的交換器即可，除此之外 STP 的運作會簡化及 EtherChannel 規劃更有效率。

圖表 12-28 多台交換器使用網路線來串接

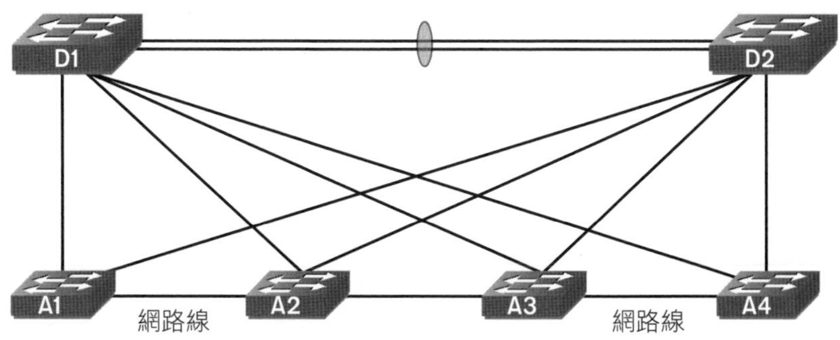

交換器堆疊串接 (Stack)

交換器堆疊串接需要用堆疊模組，不是使用網路介面，如下圖所示，四台交換器用堆疊串接成一台邏輯交換器，四台交換器之間根據 Stack priority 選出一台交換器當 Master，Master 交換器負責協調其他交換器運作並儲存 Running 組態檔。堆疊的設定不在本單元討論。

請注意 Switch Stack 技術常使用於存取層的交換器，Cisco 有另外一種 Chassis Aggregation 技術，主要用於 Distribution 或 Core 的交換器的串接，提供的功能比 Switch Stack 更為強大。

圖表 12-29 堆疊串接

堆疊串接的網路架構

將上述的多台交換器使用堆疊串接後的網路架構，如下圖所示，網路的接線很明顯簡化，另外所有交換器中的 L2 及 L3 的協定不用分散在四台交換器執行，全部集中在邏輯交換器執行，在邏輯交換器中設定 L2 及 L3 的協定方式與單台交換器一樣。例如：本來 STP 要在四台運作，這樣可能會產生迴圈，導致有些 port 會被封鎖，現在 STP 只要在邏輯交換器上運作，所以不就會有迴圈問題產生。針對 Vlan 設定與流量也集中在邏輯交換器。另外 EtherChannel 的規劃也只要針對邏輯交換器設定，如此讓 EtherChannel 執行更有效率，提高整個交換器網路的高可用性 (High Availability)。

圖表 12-30 堆疊串接的網路架構

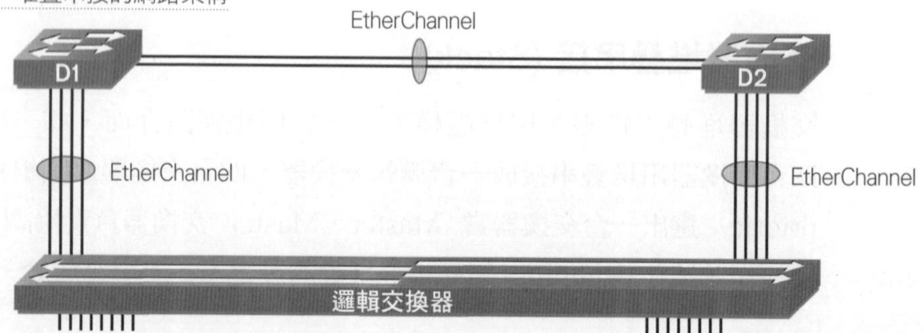

12.7 改良三層式網路架構

傳統的三層式網路架構，如果達到完整的備援階層式設計，如下圖所示，每一層的網路設備要有兩套，設備之間線路也要有兩條，才有辦法達到完整的備援需求，但是這樣規劃導致於凌亂的網路連線，不容易管理與除錯。

圖表 12-31 傳統的三層式網路架構 (圖片來源 cisco)

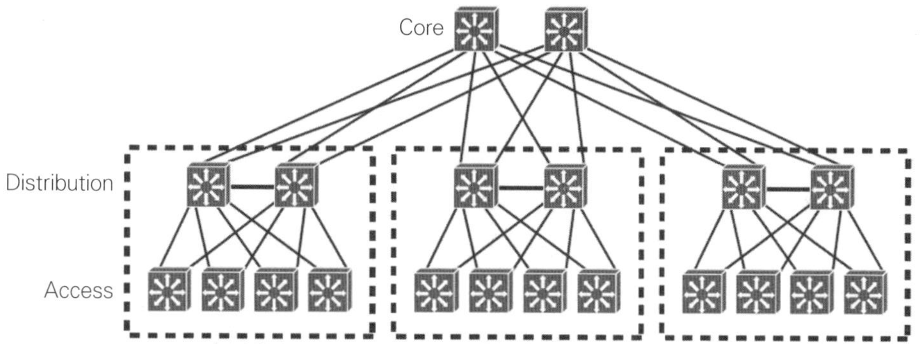

在三層式網路架構規劃交換器設備使用堆疊技術與備援線路使用 EtherChannel 技術，如下圖所示，整個網路架構井然有序並有完整的備援設計，在管理與擴充也比較容易。

圖表 12-32 改良三層式網路架構 (圖片來源 cisco)

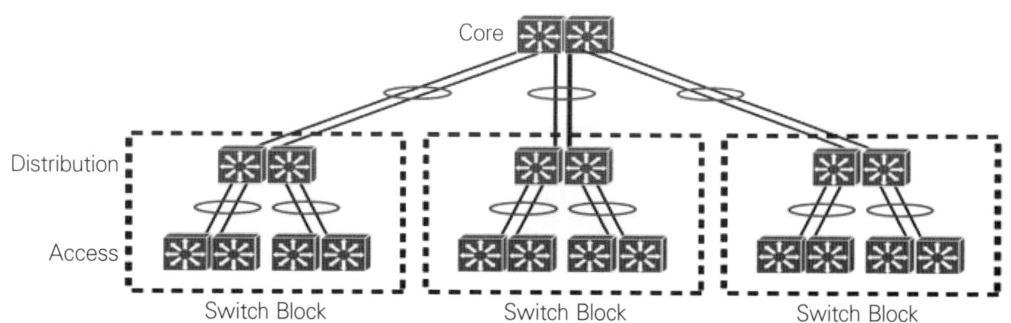

12.8 FHRP 備援機制

FHRP (First Hop Redundancy Protocol) 是用來做預設閘道 (GW) 備援機制。預設閘道 (GW) 主要是一個網路的出口與入口，GW 備援機制 (Redundancy)主要是針對網路的出口來設計備援機制，當一個網路有兩個 GW 時就有備援效果，電腦要選擇哪一個 GW，可以使用 GW 備援協定來自動幫電腦選擇 GW，本章節要介紹 HSRP、GLBP 和 VRRP 三種 GW 備援協定。

手動調整 GW 備援

一個網路的出口就是在 GW(預設閘道)，所以一個網路中一定會有一個 GW，若 GW 不通，則網路就變封閉，資料出不去也進不到這個網路，因此 GW 需要提供備援機制。如下圖所示，在一個網路中設計有兩個 GW 可以連到 Internet，PC1 透過 GW1 連到 Internet，而 PC2 透過 GW2 連上 Internet，如果當 GW1 壞掉了，PC1 就無法連上 Internet，此時還有 GW2 可以使用，管理者只要將 PC1 的預設閘道改為 GW2，如此 PC1 又可以連上 Internet，這就是 GW 備援的好處。

但是讀者應該可以發現 PC1 是要手動去改 GW，如果有 100 台電腦要改 GW，這樣就會造成管理上的困擾，如果能不用手動去修改 GW，電腦自己選擇 GW，這樣的 GW 備援就比較實用。

圖表 12-33 兩個 GW 架構

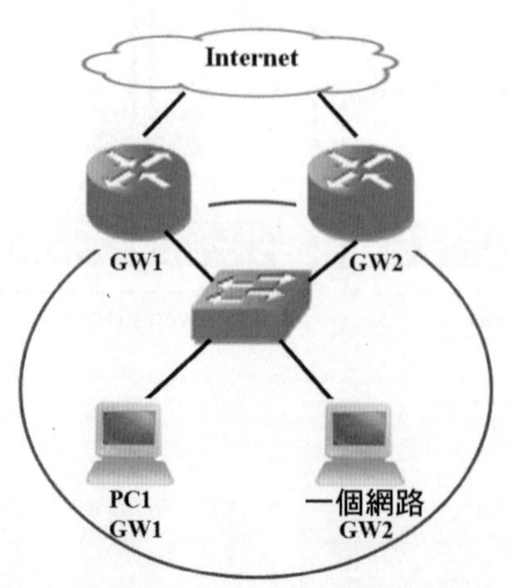

自動調整 GW 備援

為了不要手動更改電腦中的預設閘道，造成管理上的不方便，GW 自動備援機制可以提供自動切換 GW 功能，但是電腦的 GW 要如何設定？如下圖所示，R1 與 R2 會協調出一個**虛擬路由器 (Virtual Router)**，這台虛擬路由器有自己的 IP 與 MAC，電腦的 GW 就設定虛擬路由器 GW3 的 IP，由於虛擬路由器是 R1 與 R2 共同負責，因此只要有 GW1 或 GW2 其中一個可以連線，電腦就都可以連上 Internet。

因此當 PC1 送資料給 GW3 時，此時 R1 或 R2 就要負責接收 PC1 的資料，至於是 R1 還是 R2 來負責接收資料，這就要看使用哪一種 GW 備援協定，目前有 HSRP、GLBP 和 VRRP 三種 GW 備援協定，其中 HSRP 與 GLBP 為 Cisco 開發，VRRP 為 IEEE 標準，稍後使用 HSRP 來示範實作。

圖表 12-34 自動 GW 架構

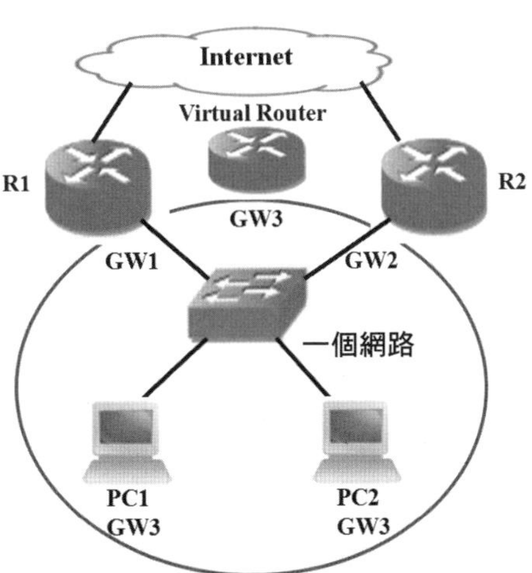

12.9 HSRP 運作原理

本節將介紹 HSRP (Hot Standby Router Protocol) 運作原理，並介紹虛擬路由器的 IP 與 MAC 位址的關係來做到 GW 自動備援機制，及 HSRP 的負載平衡規劃。我們使用下列 HSRP 網路架構來解說 HSRP 運作原理。

圖表 12-35 HSRP 網路架構

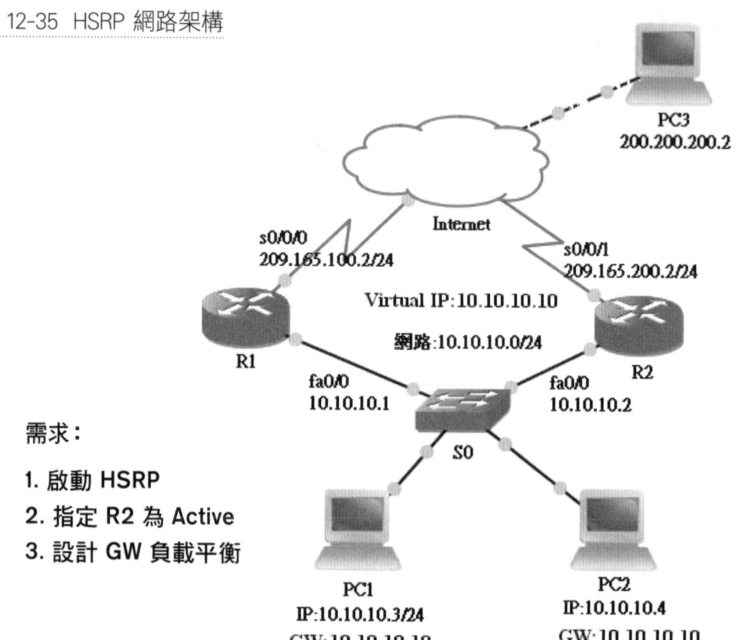

HSRP 運作原理

HSRP 為 Cisco 制定的規格，目前已經發展到 Version2。當 R1 與 R2 使用 HSRP 時，兩台路由器會使用 Hello 封包來通溝，HSRPv2 的 Hello 封包使用群播方式，其群播 IP 為 224.0.0.102。HSRP 開始運作時，首先要決定誰來主要負責虛擬路由器，主要負責的路由器稱為 **Active Router**，另外一台則當備援路由器稱為 **Standby Router**，之後 Standby 也是使用 Hello 封包來監視 Active Router 的狀態，若 Actvie Router 出現問題，Standby Router 就自己變為 Actvie Router 來負責虛擬路由器。

如以下圖所示，R1 與 R2 設定一組 HSRP 編號 10 號，這組 HSRP 中 R1 與 R2 設定 10.10.10.10 為虛擬路由器的 IP 位址，所以在這個網路下的電腦就使用 10.10.10.10 當預設閘道，當然也可以使用 R1 或 R2 的 IP 當預設閘道，但這樣就沒有自動切換 GW 的功能。

HSRPv2 的虛擬 MAC 格式

HSRPv2 虛擬路由器的 MAC 固定為 0000.0C9F.FXXX，其中 XXX 為 HSRP 群組編號，此群組編號範圍 <0-4095>，以本範例虛擬 MAC 為 0000.0C9F.F00A。當 PC1 要連線 10.10.10.10 時，PC1 會使用 ARP 來詢問 10.10.10.10 的 MAC，此時會由 Actvie Router (目前為 R1) 負責虛擬路由器的 ARP 回應，R1 回應虛擬 MAC 0000.0C9F.F00A 給 PC1，如此 PC1 就會將資料送往 R1。

圖表 12-36 HSRP 運作原理

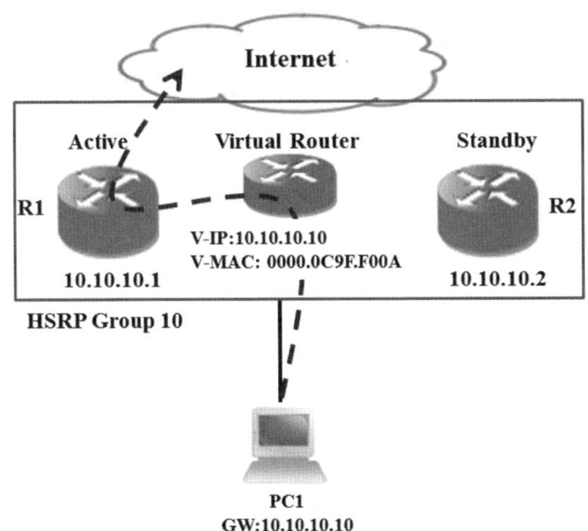

Active Router 的選擇

HSRP、GLBP 和 VRRP 三種 GW 備援協定的 Active Router 的選擇順序都是一樣，先比較同一組的路由器的優先權，優先權的值最大者當 Active Router，優先權預設為 100，當優先權一樣時，就比較路由器的介面 IP 位址，介面 IP 位址最大者當 Active Router。

請注意 VRRP 中 Virtual IP 如果使用路由器的 IP 位址，則該路由器優先為 Active Router，其他兩種協定不可以使用路由器的 IP 位址當作 Virtual IP。

HSRP 狀態

在啟動 HSRP 後，HSRP 介面會經歷五個狀態，最後一個狀態不是 Active 就是 Standby，HSRP 狀態及說明如下表所示。

圖表 12-37 HSRP 狀態

狀態	說明
Initial	HSRP 設定啟動或是已經設定 HSRP 介面由關閉變成啟動
Learn	路由器還不知道 Virtual IP, 等待其他路由器的 Hello 封包
Listen	路由器已經知道 Virtual IP, 但還不是 Active 或 Standby 角色的狀態, 等待其他路由器的 Hello 封包
Speak	路由器定期送出 Hello 封包，並主動參加 Active 角色的競選
Standby	Standby Router 持續監控 Active Router, 並定期送出 Hello 封包
Active	Active Router 負責回應 Virtual MAC 位址, 並定期送出 Hello 封包

HSRP 版本比較

HSRP 目前有兩個版本，這兩個版本差異如下表所示。其中虛擬 MAC 項目中的 X 表示群組編號。

圖表 12-38 HSRP 版本比較

比較項目	Version1	Version2
群組編號	<0～255>	<0～4095>
虛擬 MAC	0000.0C07.ACXX	0000.0C9F.FXXX
群播位址	224.0.0.2	224.0.0.102
IPv6	不支援	支援
Hello timer 最小單位	秒 (second)	毫秒 (Millisecond)

GW 負載平衡

由上述 HSRP 運作可以觀察，所有要往 Internet 的流量都會傳送到 Active Router，Standby Router 不會有流量通過，這是因為 HSRP 主要設計是針對 GW 備援，沒有考量到 GW 負載平衡，但可以使用多個 HSRP 群組來手動設計 GW 負載平衡，例如：上圖範例，我們可以設計兩個 HSRP 群組分別為 Group 10 與 Group 20，在 Group 10 中指定 R1 為 Active Router，另外 Group 20 中指令 R2 為 Active Router，在網路中的電腦一部分使用 Group 10 的虛擬路由器當 GW，另外一部份電腦就使用 Group 20 的虛擬路由器當 GW，如此就可以簡單的達成 GW 負載平衡。

請注意一個 HSRP 群組中如果有兩台路由器以上的數目，只有兩台路由器會分別當 Active 與 Standby，其它台路由器則會在 Listen 狀態。

請注意一個 HSRP 群組只能配置一個虛擬路由器的 IP 位址，如果需要兩個虛擬路由器的 IP 位址，就要使用兩個 HSRP 群組。

12.10 HSRP 實作設定

我們使用 HSRP 網路架構來設定 HSRP，在介面模式使用指令 **standby** 來設定虛擬路由器的 IP 位址，目前 R1 與 R2 都使用 fa0/0 介面連接在 10.10.10.0/24 網路，所以要在 fa0/0 介面設定 HSRP 的群組與虛擬路由器的 IP 位址，使用 10 當 HSRP 的群組編號與 10.10.10.10 當虛擬路由器的 IP，指令如下表所示。

請注意兩台路由器設定的虛擬路由器 IP 位址要一樣，而且此虛擬 IP 位址不能為路由器介面設定的 IP 位址，但是 VRRP 可以允許。

圖表 12-39 R1 與 R2 中 f0/0 啟動 HSRP 指令

指令	說明
R1(config-if)#int fa0/0 R1(config-if)#standby 10 ip 10.10.10.10	在 fa0/0 介面設定 HSRP 群組編號 10 及虛擬路由器 IP 為 10.10.10.10
R2(config)#int fa0/0 R2(config-if)#standby 10 ip 10.10.10.10	在 fa0/0 介面設定 HSRP 群組編號 10 及虛擬路由器 IP 為 10.10.10.10

執行結果如下所示：

圖表 12-40 設定與查詢 R1 的 HSRP 狀態

```
R1(config)#int fa0/0
R1(config-if)#standby 10 ip 10.10.10.10   ❶
R1(config-if)#                                                   ❷
%HSRP-6-STATECHANGE: FastEthernet0/0 Grp 10 state Speak -> Standby

%HSRP-6-STATECHANGE: FastEthernet0/0 Grp 10 state Standby -> Active

R1(config-if)#do show standby
FastEthernet0/0 - Group 10 (version 2)
 State is Active ❸
  5 state changes, last state change 00:01:48              ❹
 Virtual IP address is 10.10.10.10
 Active virtual MAC address is 0000.0C9F.0000
  Local virtual MAC address is 0000.0C9F.F00A (v2 default)
 Hello time 3 sec, hold time 10 sec ❺
  Next hello sent in 2.224 secs
 Preemption disabled ❻
 Active router is local
 Standby router is 10.10.10.2 ❼
 Priority 100 (default 100) ❽
 Group name is hsrp-Fa0/0-10 (default)
R1(config-if)#
```

❶ 設定 HSRP 群組編號 10 及虛擬路由器 IP 為 10.10.10.10。

❷ HSRP 狀態改變的訊息，HSRP 有五種狀態分別為 Initial、Listen、Speak、 Standy 及 Active。

❸ 顯示目前 R1 為 Active Router。

❹ 顯示虛擬 IP 與 MAC 位址。

❺ Hello 送出的間隔時間為 3 秒，hold time 為 10 秒，如果 10 秒內沒有收到對方路由器的封包，就判斷對方連線出問題。

❻ 可插隊功能 **(Preempt)** 關閉，表示目前的 Active Router 是不可被強走。

❼ Standby Router 的 IP 位址，目前為 R2。

❽ 優先權用來決定選擇 Active Router，值越大表示優先權越大，若優先權一樣則比較 IP 位址，預設為 100。

指定 Active Router

目前 R1 當 Active Router，但是可插隊功能關閉的情況下，那一台路由器要當 Active 取決於設定的順序，因此如果要指定某一台路由器當 Active，此時就要開啟可插隊功能，由優先權用來決定選擇 Active Router，以本範例我們指定 R2 為 Active，指令如下表所示。請注意優先權的範圍 <0-255>。

圖表 12-41 指定 R2 為 HSRP Active

指令	說明
R2(config)#int fa0/0	切換到 fa0/0 介面模式
R2(config-if)#standby 10 preempt	啟動可插隊功能
R2(config-if)#standby 10 priority 150	設定優先權為 150

圖表 12-42 執行與查詢 R2 指定為 Active

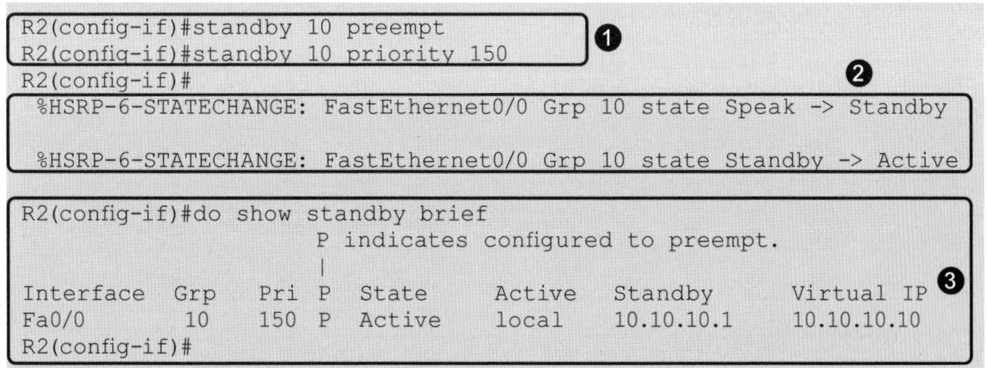

```
R2(config-if)#standby 10 preempt                           ❶
R2(config-if)#standby 10 priority 150
R2(config-if)#                                                  ❷
 %HSRP-6-STATECHANGE: FastEthernet0/0 Grp 10 state Speak -> Standby

 %HSRP-6-STATECHANGE: FastEthernet0/0 Grp 10 state Standby -> Active

R2(config-if)#do show standby brief
                    P indicates configured to preempt.
                    |
Interface   Grp  Pri P State   Active  Standby     Virtual IP  ❸
Fa0/0        10  150 P Active  local   10.10.10.1  10.10.10.10
R2(config-if)#
```

❶ 啟動可插隊功能與設定優先權為 150。

❷ HSRP 狀態改變為 Active 訊息。

❸ 使用 **show standby brief** 查詢目前 HSRP 狀態摘要。

12.11 VRRP 介紹

Virtual Router Redundancy Protocol (VRRP) 為 IEEE 定義的標準 GW 備援協定，VRRP 類似 HSRP，除了名詞定義不一樣之外，其他的功能都差不多。

HSRP 與 VRRP 比較

以下為 HSRP 與 VRRP 比較，使用 HSRP version2 進行比較，特別要注意的是路由器角色的名詞與虛擬 IP 位址限制。

圖表 12-43 HSRP 與 VRRP 比較

比較項目	HSRP	VRRP
開發廠商	Cisco proprietary, 1994	IETF 1998-2005, RFC 3768.
群組數目	<0-255>	<0-255>
角色定義	**1 台 active，1 台 standby，其他為候選者 .**	**1 台 master，其他為 backups.**
虛擬 IP 位址	**Virtual IP 位址不能跟同一組 HSRP 中路由器的 IP 位址一樣**	**Virtual IP 位址可以跟同一組 VRRP 中路由器的 IP 位址一樣**
群播位址	224.0.0.2	224.0.0.18
追蹤功能	可以追蹤介面與物件	只能追蹤物件
預設 Hello 時間	間隔時間 3 sec、過時時間 10 sec .	間隔時間 1sec、過時時間 3sec .

VRRP 運作原理

VRRP 運作跟 HSRP 一樣要選擇一台 Active Router，此處 VRRP 稱為 Master Router，而 Standby Router 在 VRRP 稱為 Backup Router，VRRP 的 Backup Router 可以好幾個，HSRP 的 Standby Router 只能有一個。在設定 VRRP 的也是要設定虛擬路由器 IP 位址，此虛擬 IP 位址可以獨立也可以跟某一台路由器的 IP 一樣，當 VRRP 設定的虛擬 IP 位址是獨立，則 Master 的選擇跟 HSRP 選擇 Active 方式一樣。如下圖所示，虛擬路由器 IP 位址跟 R1 的介面 IP 位址一樣，所以 R1 優先當 Master，其餘路由器就當 Backup，如果 Master 故障，Backup 之間再使用優先權與 IP 位址大小來選擇 Master，而 Master 的虛擬 MAC 格式為 00-00-5E-00-01-XX，其中 X 為 VRRP 群組編號。在 PC 端一樣設定虛擬 IP 位址當作預設閘道，PC 的 ARP 請求會由 Master 來回應。

圖表 12-44 VRRP 運作原理

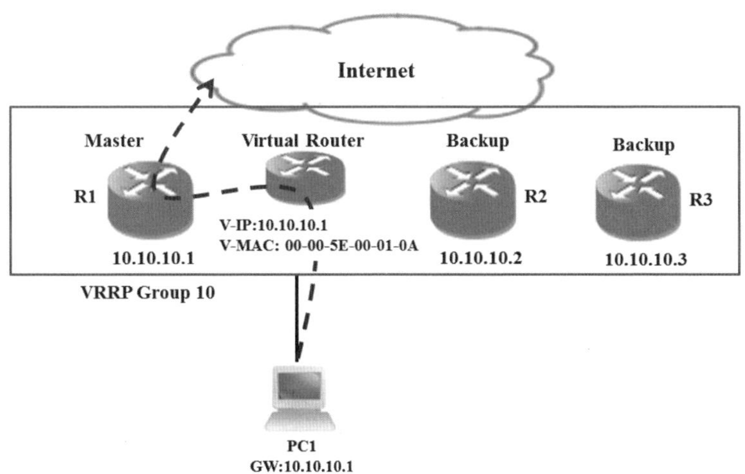

VRRP 指令

VRRP 指令與 HSRP 指令很雷同，我們使用在 HSRP 設定的指令，對照 VRRP 的指令。

圖表 12-45 HSRP 與 VRRP 指令比較

HSRP 指令	VRRP 指令
R1(config-if)#int fa0/0 R1(config-if)#standby 20 ip 10.10.10.20 R1(config-if)#standby 20 preempt R1(config-if)#standby 20 priority 150	R1(config-if)#int fa0/0 R1(config-if)#vrrp 20 ip 10.10.10.20 R1(config-if)# vrrp 20 preempt R1(config-if)# vrrp 20 priority 150
R1#show standby R1#show standby brief	R1#show vrrp R1#show vrrp brief

12.12 GLBP 介紹

GLBP (Gateway Load Balancing Protocol) 跟 HSRP 與 VRRP 有很大的不同，GLBP 為 Cisco 針對 GW 的負載平衡專門設計，因此使用 GLBP 會有 GW 自動備援與 GW 負載平衡兩項功能。

GLBP 運作原理

GLBP 的路由器會有兩種角色 **AVG**(Active Virtual Gateway)與 **AVF**(Active Virtual Forwarder)。AVG 角色類似 HSRP 的 Active ，一個 GLBP 群組中路由器之間只有一個會選為 AVG，選擇 AVG 的原則跟 HSRP 選擇 Active 一樣，根據優先權與路由器介面 IP 位址大小來決定。至於哪一台路由器要當 AVF，在 GLBP 群組中所有路由器都可以當 AVF。AVG 路由器負責虛擬路由器的請求，但是實際傳送資料的路由器是由 AVF 來擔任，也就是說 GLBP 群組中所有路由器都可以傳送資料，至於是哪一台 AVF 來傳送資料，由 AVG 來挑選。

在設定 GLBP 群組一樣要給定一個獨立的 IP 位址當作虛擬路由器的 IP，如下圖所示，虛擬 IP 位址為 10.10.10.10，電腦的預設閘道就設定這個虛擬 IP 位址，但 GLBP 會產生多個虛擬 MAC 給每一台 AVF，GLBP 虛擬 MAC 規格為 0007:B400:XXYY，其中 XX 為群組號碼，YY 為 AVF 路由器 ID，有了這些虛擬 MAC，AVG 的工作就是回應 PC 的 ARP 請求，如果回應 0007.b400.1002，等於就是挑選 R2 來負責傳送流量到 Internet，所以 AVG 如何回應 PC 的 ARP 請求會影響 GW 的負載平衡效能。

GLBP 的負載平衡方式

GLBP 主要提供三種負載平衡方式，也就是 AVG 如何挑選 AVF 來傳送資料。請注意 AVG 路由器也可以兼任 AVF 工作。

圖表 12-46 GLBP 運作原理

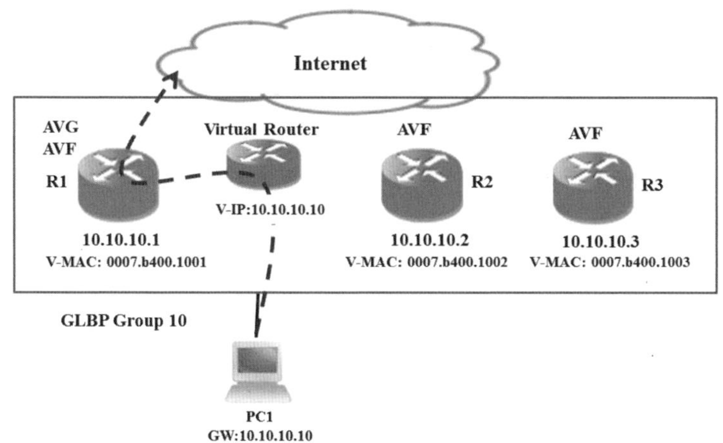

- **Weighted load-balacning**：設定每一台 AVF 路由器的權重，權重越大的 AVF，AVG 挑到的機會就越大，此種方式針對效能較佳的路由器權重就要設越大，如此流量大部份就會送往效能較佳的路由器。
- **Host-dependent load-balacning**：根據電腦來選擇 AVF，固定電腦使用的 AVF 將會是同一台路由器。
- **Round-Robin load-balacning**：輪迴方式，AVG 輪著挑選 AVF，此方式每個 AVF 路由器會平均被選到。

GLBP 指令

GLBP 指令與 HSRP 指令很雷同，下表為 GLBP 對照 HSRP 的指令。

圖表 12-47 HSRP 與 GLBP 指令比較

HSRP 指令	GLBP 指令
R1(config-if)#int fa0/0 R1(config-if)#standby 20 ip 10.10.10.20 R1(config-if)#standby 20 preempt R1(config-if)#standby 20 priority 150	R1(config-if)#int fa0/0 R1(config-if)#glbp 20 ip 10.10.10.20 R1(config-if)#glbp 20 preempt R1(config-if)# glbp 20 priority 150
R1#show standby R1#show standby brief	R1#show glbp R1#show glbp brief

GLBP 的運作與實作屬於 CCNP 課程範圍。

CHAPTER 13

基礎廣域網路介紹 - HDLC、PPP、MLPPP 與 PPPoE

LAN 主要連接一棟大樓內或其它較小地理區域內的電腦，所以 LAN 的實體連線的佈線主要是企業自行負責，**WAN (Wide Area Network)** 廣域網路則允許跨越更遠的距離來傳輸資料，由於 WAN 的距離很遠，建置實體線路的工作不可能有企業來進行，因此企業必須向 WAN 服務供應商 (ISP) 訂購服務才可以使用 WAN 電信網路服務，例如：向中華電信租線路。WAN 的 L2 協定跟 LAN 的不一樣，本章節針對 HDLC 與 PPP 相關技術作探討。

13.1 WAN 的實體線路

WAN 的實體線路必須由電信公司租用線路，如下圖所示，電信公司會將租用的線路建置到公司的機房，並放置一台 **DSU/CSU (Data Service Unit/ Channel Service Unit)** 設備。

圖表 13-1 WAN 實體線路架構

DSU/CSU 與 MODEM 比較

DSU/CSU 設備可以視作兩種介面，DSU 為連接路由器，主要負責管理路由器的輸出與輸入訊號，CSU 為連接電信公司的實體線路，主要負責傳送與接收電信公司連線的數位訊號、測試迴路是否已中斷連線，並可測試另一端的 CSU 是否正常運作。

DSU/CSU 與 MODEM (MOdulator and DEModulator) 常常被來拿比較，這兩個設備都是用來介接路由器與電信公司的線路，當電信公司的線路是專線 (傳送數位訊號)，此時就要用 DSU/CSU 來跟路由器對接，路由器送出數位訊號給 DSU/CSU，DSU/CSU 再將數位訊號轉送到專線上，傳送到遠端的 DSU/CSU。當電信公司的線路是電話線(傳送類比訊號)，此時就要用 MODEM 來與路由器對接，路由器一樣送出數位訊號給 MODEM，MODEM 會將數位訊號轉換為類比訊號，再透過電話線將類比訊號傳給遠端的 MODEM，遠端 MODEM 再將類比訊號轉成數位訊號傳給遠端路由器。

DCE 與 DTE 的角色

路由器與 DSU/CSU 扮演的角色分別為 **DTE(Data Terminal Equipment)**與 **DCE(Data Circuit-Terminating Equipment)**，DTE 是由路由器來扮演，作為資料終端設備，而 DSU/CSU 則是當 DCE 角色，作為電信公司的通訊設備的末端，另外 DCE 要負責送出**時脈(Clock Rate)**給 DTE 以保持同步，所以我們可以將 DTE 當作使用者端，而 DCE 則為電信業者提供服務。

路由器與 DSU/CSU 的線材

路由器與 DSU/CSU 或 MODEM 之間對接的線材，並沒有像 LAN 的部分有統一的 RJ45 網路線，而是有很多不同種類的接頭，如下圖所示：

圖表 13-2 WAN 線材接頭種類

上圖中的照片為 V.35 接頭。

13.2 WAN 連線方式

路由器中有另一種網路介面稱為**序列埠(serial port)**，主要用來連接 WAN 的線路，這跟 LAN 是使用**乙太網路埠(Ethernet Port)**不一樣。LAN 使用乙太網路埠的 L2 協定固定是乙太網路協定，也就是會有 MAC 址位，但是 WAN 的 L2 協定並不固定，根據連線方式會採用不同的 L2 協定，因此在 WAN 的 L2 協定就看不到 MAC 位址。

在 WAN 的連接方式主要可以分為**專屬型(Dedicated)**與**交換型(Switched)**，如下圖所示。

圖表 13-3 WAN 接線方式

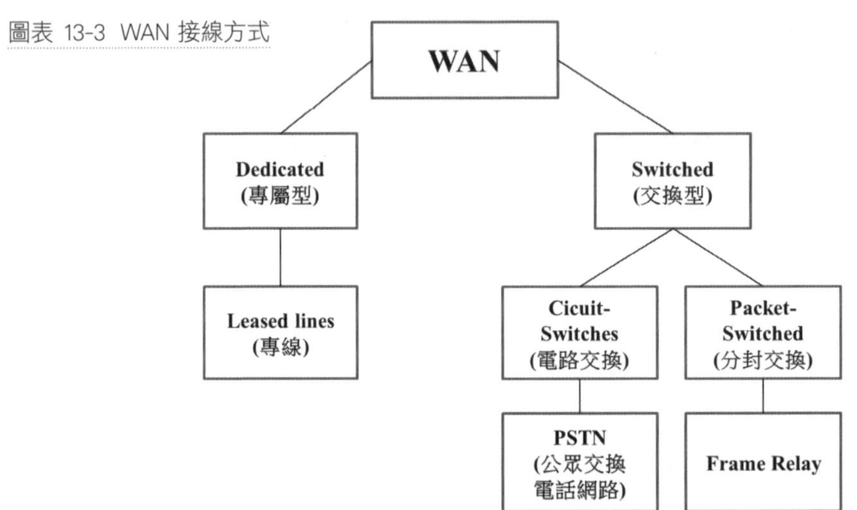

專屬型接線方式

此種連線方式又稱為點對點接線，如下圖所示，R1 與 R2 的實體連線是跟電信公司租用線路，而這條線路是這兩台路由器專用，不會有第三台路由器來使用這條線路，因此稱之為**專線(Leased Lines)**。

下圖中 R1 與 R2 使用 s0/0/0 序列埠來連接專線，在 IP 位址的規劃上 R1 與 R2 中 s0/0/0 要規劃在同一個網路，而且這網路有個特點就是只有兩個主機 IP 址位，一個主機 IP 是要分配給 R1 的 s0/0/0，另一個主機 IP 分配給 R2 的 s0/0/0，所以專線連線產生的網路規劃上都以 **/30** 子網路為主。在專線連接的網路中 WAN 的 L2 協定有 HDLC、PPP 等等。

圖表 13-4 專線連線方式

交換型的接線方式

交換型有分兩種**電路交換**與**分封交換**。電路交換就是使用現有的電話系統，當電路交換的線路建立連線後，其行為就像是專線，所以專線可以用的協定，大部分也可以用在電路交換的連線中。

而分封交換連線方式就跟專線很不一樣，以圖表 13-5 所示，電信公司會在 WAN 的環境中建置快速的交換器，再將這些交換器的頻寬租用給企業，由於頻寬是共享的，因此可以降低租用成本。在下圖的三台路由器會使用專線的方式接到電信公司的 Frame-Relay 交換器，之後就共同使用交換器的頻寬，在規劃 IP 位址上，三台路由器的 s0/0/0 會規劃在同一個網路，這點是跟專線不一樣的地方。在分封交換連接的網路中 WAN 的 L2 協定有 ATM、Frame-Relay 等等。

圖表 13-5 分封交換連線方式

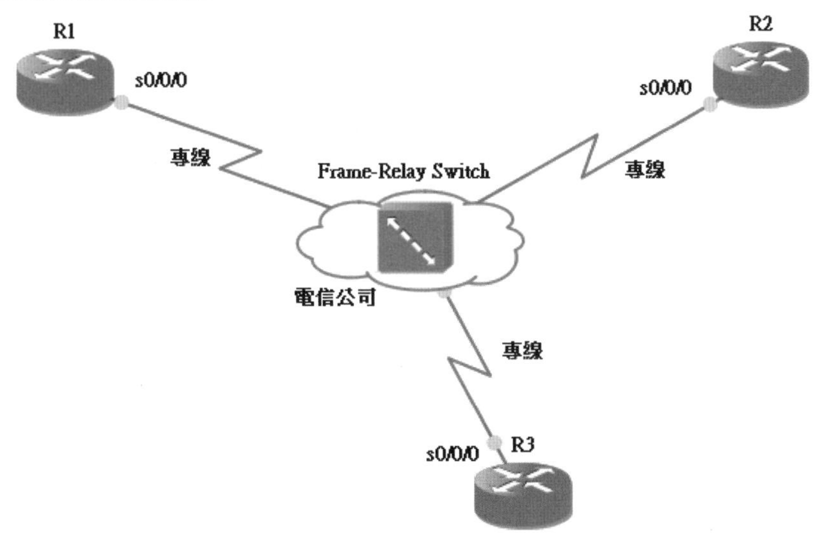

13.3 路由器時脈設定

本章節介紹如何找出路由器的序列埠的 DCE 端並設定**時脈(clock rate)**，以完成設定 WAN 基本連線，我們使用下列 WAN-DCE 網路架構來示範時脈設定。

圖表 13-6 WAN-DCE 網路架構

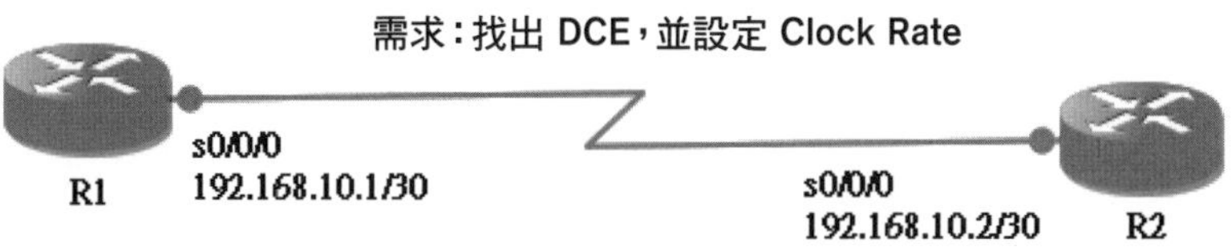

序列埠 s0/0/0 設定

路由器使用序列埠來接 WAN 時，需要做一些額外的設定，這點跟使用 FastEthernet 埠來接 LAN 是不一樣的。按照之前設定路由器中 FastEthernet 介面的步驟，如下表指令為設定 R1 與 R2 的序列埠 s0/0/0。

圖表 13-7 設定 R1 與 R2 中 s0/0/0 的 IP 位址

指令	說明
R1(config)#int s0/0/0 R1(config-if)#ip address 192.168.10.1 255.255.255.252 R1(config-if)#no shutdown	設定 R1 中 s0/0/0 的 IP 位址與啟動介面
R2(config)#int s0/0/0 R2(config-if)#ip address 192.168.10.2 255.255.255.252 R2(config-if)#no shutdown	設定 R2 中 s0/0/0 的 IP 位址與啟動介面

上表指令在 R1 與 R2 執行後，接著測試 R1 與 R2 的連線，如下所示：

圖表 13-8 測試 R1 與 R3 連線及查詢 s0/0/0 狀態

```
R1#ping 192.168.10.2

Type escape sequence to abort.
Sending 5, 100-byte ICMP Echos to 192.168.10.2, timeout is 2 seconds:
.....
Success rate is 0 percent (0/5)                                          ❶

R1#show ip int brief
Interface          IP-Address     OK? Method   Status                Protocol

FastEthernet0/0    unassigned     YES unset    administratively down down

FastEthernet0/1    unassigned     YES unset    administratively down down

Serial0/0/0        192.168.10.1   YES manual   up                    down ❷

Serial0/0/1        unassigned     YES unset    administratively down down

Vlan1              unassigned     YES unset    administratively down down
R1#
```

❶ 顯示 R1 與 R2 的連線失敗，所以燈號為綠燈不代表連線正常。

❷ 查詢 R1 介面狀態，其中 L2 的資訊是 **down**，這就是連線不成功的原因。

設定時脈

目前路由器中序列埠的 L2 有問題是出現在時脈(Clock)沒設定，這是因為用序列埠接線需要用時脈來決定傳輸頻寬，而時脈要設定在 DCE 的序列埠中，另外一種序列埠為 DTE 是接收時脈的角色，所以序列埠的 DCE 與 DTE 角色是成對。要查詢哪一個序列埠是 DCE，可以在 R1 使用 **show controllers s0/0/0** 指令，如下所示，其結果為 R1 的 s0/0/0 是 DCE 而且沒有設定時脈，另外 R2 的 s0/0/0 一定就是 DTE 的角色。

圖表 13-9 查詢 DCE 與 DTE

```
R1#show controllers s0/0/0
Interface Serial0/0/0
Hardware is PowerQUICC MPC860
DCE V.35, no clock
idb at 0x81081AC4, driver data structure at 0x81084AC0
SCC Registers:
General [GSMR]=0x2:0x00000000, Protocol-specific [PSMR]=0x8
Events [SCCE]=0x0000, Mask [SCCM]=0x0000, Status [SCCS]=0x00
Transmit on Demand [TODR]=0x0, Data Sync [DSR]=0x7E7E
Interrupt Registers:
Config [CICR]=0x00367F80, Pending [CIPR]=0x0000C000
Mask   [CIMR]=0x00200000, In-srv
--------------------省略部分輸出------------------------
```

接著要在 DCE 的序列埠設定時脈，在 R1 的 s0/0/0 介面模式下執行 clock rate 後面接 "?" 來查詢目前這個序列埠可以支援的時脈，如下所示：

圖表 13-10 DCE 設定 Clock Rate

```
R1#conf t
Enter configuration commands, one per line.  End with CNTL/Z.
R1(config)#int s0/0/0
R1(config-if)#clock rate ?
Speed (bits per second
 1200
 2400
 4800
 9600
 19200
 38400
 56000
 64000
 72000
 125000
 128000
 148000
 250000
 500000
 800000
 1000000
 1300000
 2000000
 4000000
 <300-4000000>  Choose clockrate from list above
R1(config-if)#clock rate 64000
R1(config-if)#
%LINEPROTO-5-UPDOWN: Line protocol on Interface Serial0/0/0, changed
state to up

R1(config-if)#
```

❶ 顯示目前 s0/0/0 介面可以支援的各種時脈。

❷ 設定 clock rate 64000，這表示我們決定 WAN 的頻寬為 64K，在此讀者可能很高興自已就可以決定 WAN 的頻寬，但是在實際的 WAN 的連線中，ISP 的 DSU/CSU 永遠當 DCE 的角色，所以是由 ISP 決定時脈。

❸ 選定時脈後出現 L2 連線成功的訊息。

請注意不同種的序列埠支援的時脈會不同。

請注意查看 L1 資訊使用 show controller，查看 L2 資訊使用 show int，最後要查看 L3 資訊使用 show ip int brief。

請注意 LAN Port (又稱乙太網路 port) 與 WAN (又稱序列 port) 主要的不同在於 L1 與 L2 的封裝，L3 以上的封裝都一樣。另外 LAN Port 不需要設定 Clock rate。

上述使用時脈設定頻寬為 64K，但是使用 **show int s0/0/0** 查詢介面狀態，如下所示，**BW 1544 Kbit** 表示預設的參考的頻寬為 **T1(1.544M)**，此頻寬不是實際的傳輸頻寬，而是給路由協定計算成本使用，所以 WAN 的實際傳輸頻寬是要看時脈的設定。

圖表 13-11 查詢 s0/0/0 的參考頻寬

```
R1#show int s0/0/0
Serial0/0/0 is up, line protocol is up (connected)
 Hardware is HD64570
 Internet address is 192.168.10.1/30
 MTU 1500 bytes, BW 1544 Kbit, DLY 20000 usec,
   reliability 255/255, txload 1/255, rxload 1/255
 Encapsulation HDLC, loopback not set, keepalive set (10 sec)
 Last input never, output never, output hang never
 Last clearing of "show interface" counters never
 Input queue: 0/75/0 (size/max/drops); Total output drops: 0
--------------------省略部分輸出------------------------
```

常見的 WAN 頻寬

常見的 WAN 頻寬的表示分為美規與歐規，美規以 T 開頭，例如：T1 表示 1.544M，歐規以 E 開頭，例如：E1 表示 2M，下列為美規與歐規常見的 WAN 頻寬表示。

美規	歐規
1.544 Mbit/s (24 user channels) **(T1)**	2.048 Mbit/s (32 user channels) **(E1)**
6.312 Mbit/s (96 Ch.) **(T2)**	8.448 Mbit/s (128 Ch.) **(E2)**
44.736 Mbit/s (672 Ch.) **(T3)**	34.368 Mbit/s (512 Ch.) **(E3)**
274.176 Mbit/s (4032 Ch.)**(T4)**	139.264 Mbit/s (2048 Ch.) **(E4)**

13.4 HDLC 協定

本章節將介紹 WAN 連線成功後，路由器的序列埠是用哪種 WAN 的 L2 協定，我們繼續使用圖表 13-6 的 **WAN-DCE** 網路架構來說明。

在 R1 中執行 **show int s0/0/0** 指令，如下所示，其中 **Encapsulation** 後面顯示的就是目前使用的 WAN 的 L2 協定封裝方式。由於之前我們並沒有指定要使用哪一種 WAN 的 L2 協定，所以目前使用預設的 L2 協定，畫面顯示的 **HDLC 就是連接兩台路由器的預設 L2 封裝方法**。

圖表 13-12 看 R1 中 s0/0/0 的 WAN L2 協定

```
R1#show int s0/0/0
Serial0/0/0 is up, line protocol is up (connected)
 Hardware is HD64570
 Internet address is 192.168.10.1/30
 MTU 1500 bytes, BW 1544 Kbit, DLY 20000 usec,
   reliability 255/255, txload 1/255, rxload 1/255
 Encapsulation HDLC, loopback not set, keepalive set (10 sec)
 Last input never, output never, output hang never
--------------------省略部分輸出-----------------------
```

HDLC 協定有兩種版本，一種是 IEEE 的版本，另一種為 Cisco 版本，如下圖表 13-13 所示為兩種版本的表頭檔，很明顯兩種版本的表頭檔不相容，差別在於處理 L3 協定，IEEE 的版本只能處理 IP 協定，相對的 Cisco 版本可以處理多種 L3，例如：IP、IPX、Apple Talk。

另外由於 HDLC 是路由器預設的 L2 協定，所以當 Cisco 路由器跟其他廠牌路由器使用 WAN 對接時，兩台的預設 HDLC 不相容，Cisco 路由器當然用 Cisco 版本的 HDLC，其他廠牌路由器一定使用 IEEE 版本，因此此種狀況就不能使用 HDLC 協定，就要改用其它 WAN 的 L2 封裝協定，例如：下一節介紹的 PPP 協定。

請注意 HDLC 使用於 P2P 連線(專線)。

圖表 13-13 兩種版本的 HDLC 表頭檔

IEEE HDLC

Flag	Address	Control	Data	FCS	Flag

Cisco HDLC

FLAG	Address	Control	Proprietary	Data	FCS	Flag

13.5 PPP 協定

本節將介紹更換不同的 WAN 的 L2 協定，我們將進行 PPP 的設定示範，使用下列 WAN-PPP 網路架構來說明，其中下圖的 DCE 為 R1 的 s0/0/0 介面並已經設定 Clock rate。

圖表 13-14 WAN-PPP 網路架構

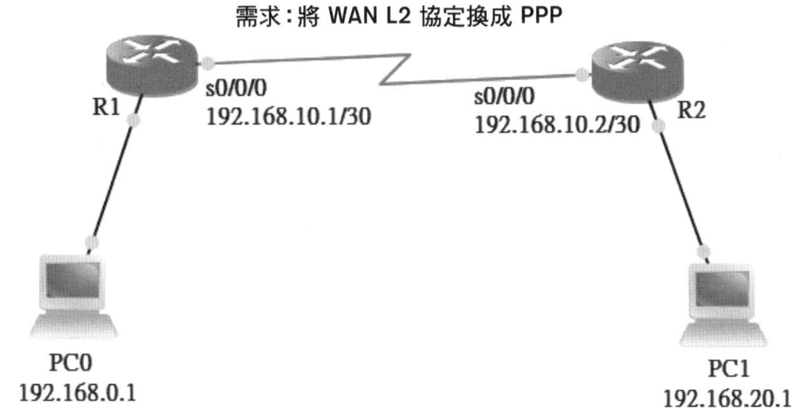

觀察封包中 L2 的切換

在切換 WAN 的 L2 為 PPP 之前，我們先觀察封包中的 L2 封裝的改變，我們在 PC0 與 R1 之間使用 wireshark 捕捉 ICMP 封包，在 PC0 執行 **ping 192.168.20.1**，如下圖所示，表示 ICMP 封包在乙太網路時的封裝內容，可以看到目前的 L2 表頭檔為乙太網路。

圖表 13-15 ICMP 封包在乙太網路的封裝

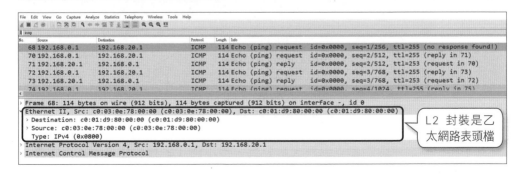

```
File Edit View Go Capture Analyze Statistics Telephony Wireless Tools Help
icmp
No. Source          Destination     Protocol Length Info
 68 192.168.0.1     192.168.20.1    ICMP     114 Echo (ping) request  id=0x0000, seq=1/256, ttl=255 (no response found!)
 70 192.168.0.1     192.168.20.1    ICMP     114 Echo (ping) request  id=0x0000, seq=2/512, ttl=255 (reply in 71)
 71 192.168.20.1    192.168.0.1     ICMP     114 Echo (ping) reply    id=0x0000, seq=2/512, ttl=253 (request in 70)
 72 192.168.0.1     192.168.20.1    ICMP     114 Echo (ping) request  id=0x0000, seq=3/768, ttl=255 (reply in 73)
 73 192.168.20.1    192.168.0.1     ICMP     114 Echo (ping) reply    id=0x0000, seq=3/768, ttl=253 (request in 72)
 74 192.168.0.1     192.168.20.1    ICMP     114 Echo (ping) request  id=0x0000, seq=4/1024, ttl=255 (reply in 75)

> Frame 68: 114 bytes on wire (912 bits), 114 bytes captured (912 bits) on interface -, id 0
v Ethernet II, Src: c0:03:0e:78:00:00 (c0:03:0e:78:00:00), Dst: c0:01:d9:80:00:00 (c0:01:d9:80:00:00)
  > Destination: c0:01:d9:80:00:00 (c0:01:d9:80:00:00)
  > Source: c0:03:0e:78:00:00 (c0:03:0e:78:00:00)
    Type: IPv4 (0x0800)
> Internet Protocol Version 4, Src: 192.168.0.1, Dst: 192.168.20.1
> Internet Control Message Protocol
```

L2 封裝是乙太網路表頭檔

同時在 R1 與 R2 之間用 wireshark 捕捉 ICMP 封包，如下圖所示，很明顯 L2 的表頭檔已經改變了，現在 L2 封裝的為 HDLC，因此一個封包在網路傳送的過程，L2 表頭檔會經常改變，但是 L3 表頭檔不會變。

圖表 13-16 ICMP 封包在 WAN 的封裝

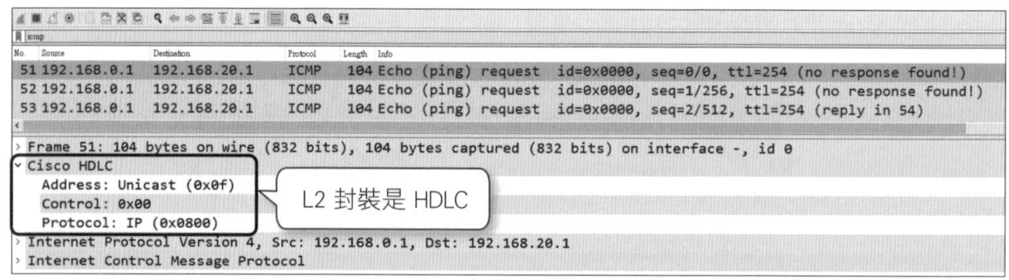

建立 PPP 協定連線

PPP(point to point)主要是用在專線上 WAN 的 L2 封裝協定，其功能比 HDLC 更強大。PPP 主要分 LCP、NCP 兩個模組協定，如下圖所示，**鏈路控制通訊協定 (LCP、Link Control Protocol)**用於建立、設定和測試資料鏈結連接，提供功能有壓縮、認證功能、錯誤偵測及多連結（Multilink），**網路控制協定 (NCP，Network Control Protocol)**用於建立和設定各種網路層通訊協定，例如：IP、Novell IPX、Appletalk。

圖表 13-17 PPP 的兩個模組

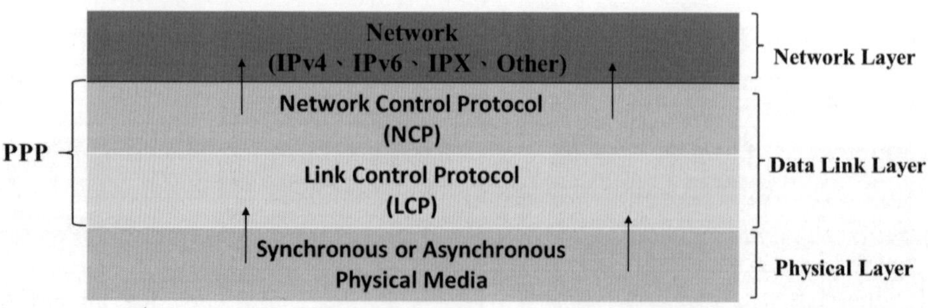

PPP 協定連線的建立過程大致分為三個步驟 **L2 連線建立、認證確認、L3 連線處理**三個階段。

1. **L2 連線建立階段**

   這個步驟的主要工作就是要建立 PPP 協定與 L2 的連線，此步驟由 LCP 負責，在這個階段中，每一個使用 PPP 協定的路由器都會發送 LCP 協定的封包，以便設定和測試 L2 連線，可以透過 LCP 協定的設定值來設定 PPP 協定的連線，其設定包含最多能接收的封包單位數目、壓縮設定以及認證協定的設定等等，如果此時沒有設定這些設定值，就會自動採用預設值。

2. **認證確認階段**

   一旦 L2 連線建立，接下來看是否有啟動認證，此階段也是在 LCP 執行，如果沒有認證就跳到下一階段，如果有設定 PPP 認證，就要通過認證才會進到下一階段，PPP 支援的認證有 PAP 和 CHAP。

3. **L3 連線處理階段**

   這個階段是 PPP 與網路層協定的處理階段，這階段是由 NCP 負責，由於 PPP 可以支援多種網路層協定，因此 PPP 會發送 NCP 協定封包來選擇，並且設定一個以上的網路層協定，決定網路層的協定後，就完成 PPP 建立連線。

PPP 常用指令

圖表 13-18 PPP 常用相關指令

指令	說明
R1(config-if)#encapsulation ppp	更改 WAN L2 封裝為 ppp
R1(config-if)#ppp authentication pap	啟動 PAP 認證功能
R2(config-if)#ppp pap sent-username cisco password ccna	送出 PAP 認證的使用者名稱及密碼
R1(config)#username cisco password ccna	建立使用者名稱及密碼
R1(config-if)#ppp authentication chap	啟動 CHAP 認證
R1(config-if)#ppp authentication chap pap	啟動 CHAP 與 PAP 混合認證
R1#show int s0/0/0	查詢 s0/0/0 的 L2 封裝
R1#debug ppp authentication	啟動 PPP debug

設定 WAN 的 L2 為 PPP

將 R1 與 R2 的 WAN 的 L2 封裝改為 PPP，在網路介面模式下使用 **encapsulation** 指令來設定 WAN 的 L2 封裝種類，如下表所示將 R1 中 s0/0/0 的 L2 協定設定為 PPP。

圖表 13-19 設定 R1 中 s0/0/0 為 PPP 指令

指令	說明
R1(config)#int s0/0/0	切換到 S0/0/0 介面模式
R1(config-if)#encapsulation ppp	更改 WAN L2 封裝為 ppp

將上面指令在 R1 中執行並使用 **show int s0/0/0** 來查詢 s0/0/0 介面狀態，如下所示：

圖表 13-20 設定並查詢 R1 中 s0/0/0 的 PPP 協定

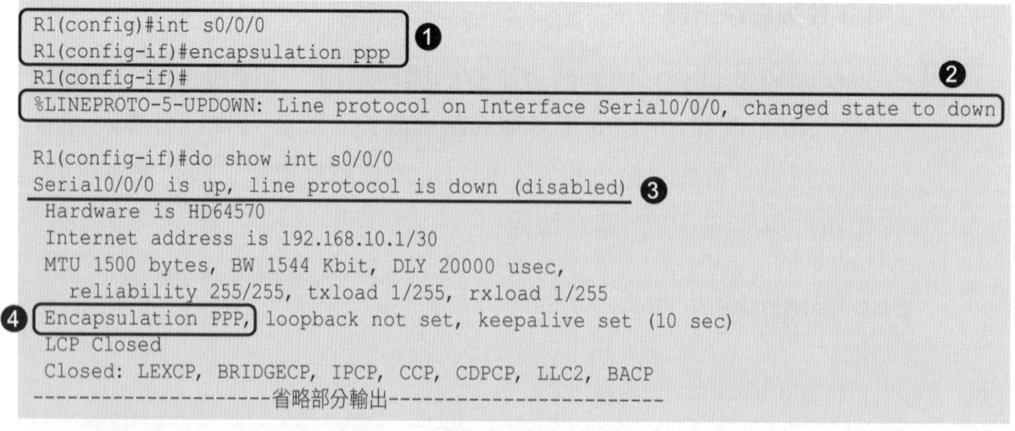

```
R1(config)#int s0/0/0
R1(config-if)#encapsulation ppp
R1(config-if)#
%LINEPROTO-5-UPDOWN: Line protocol on Interface Serial0/0/0, changed state to down

R1(config-if)#do show int s0/0/0
Serial0/0/0 is up, line protocol is down (disabled)
 Hardware is HD64570
 Internet address is 192.168.10.1/30
 MTU 1500 bytes, BW 1544 Kbit, DLY 20000 usec,
   reliability 255/255, txload 1/255, rxload 1/255
 Encapsulation PPP, loopback not set, keepalive set (10 sec)
 LCP Closed
 Closed: LEXCP, BRIDGECP, IPCP, CCP, CDPCP, LLC2, BACP
--------------------省略部分輸出-----------------------
```

❶ 設定 s0/0/0 為 ppp 封裝。

❷ 顯示 L2 變成失敗的訊息。

❸ 顯示目前 s0/0/0 的 L2 是沒有啟動。

❹ **Encapsulation PPP** 表示設定 s0/0/0 以 PPP 方式進行 L2 連線，但是在查看 R1 的 s0/0/0 介面狀態時出現 **line protocol is down**，表示 L2 是不通的，這是因為 R2 中 s0/0/0 的 L2 還是 HDLC，兩邊的 WAN 的 L2 協定不一樣，當然 L2 會啟動失敗。

用相同的指令在 R2 中 s0/0/0 啟動 ppp，就會看到 L2 啟動的訊息。請注意本範例的 Clock Rate 已經設定。

13.6 設定 PPP 認證

PPP 中的 **LCP 模組**允許 PPP 在進行連線協商使用**認證 (Authentication)** 對方的身份功能，不過 PPP 的認證功能是選擇性的啟動，預設是關閉的。

PPP 提供兩種認證功能 **PAP(Password Authentication Protocol)** 與 **CHAP(Challenge Handshake Authentication Protocol)**。PAP 是非常基本的**雙向交握協定 (2-way handshake)**，未經任何加密，用戶名稱和密碼以純文字格式發送。而 CHAP 比 PAP 更安全，它透過**三向交握 (3-way handshake)** 交換共用金鑰 (pre-share key)。

PAP 功能

PAP 使用雙向交握為對方路由器提供了一種簡單的驗證方法，使用 **ppp authentication pap** 指令為啟動 PAP 功能，有啟動 PAP 功能的路由器稱為 PAP Server，此時會等待對方路由器 (PAP Client) 發送使用者名稱和密碼，直到確認 PAP Client 的用戶名稱與密碼或終止連接為止，如下圖所示，HQ 路由器啟動 PAP，並使用 **username** 指令來設定認證使用者與密碼，由 Branch 路由發起第一個交握封包，此封包含有使用者與密碼，HQ 路由器收到 PAP 請求連線就會驗證帳密是否符合，HQ 回給第二個交握封包告訴 Branch 是否可連線。

因此可以啟動單一台路由器 PAP 功能來認證對方路由器的 PPP 連線，也可以兩台路由器都啟動 PAP 功能來互相認證彼此的 PPP 連線。

請注意發送第一個交握封包的是 PAP Client，也就是有執行 **PAP sent-username** 指令的路由器。

圖表 13-21 PAP 認證流程

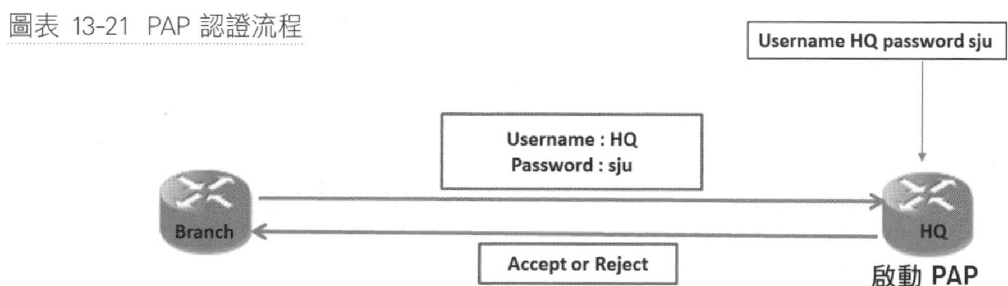

PAP 單向認證

接著我們啟動路由器的 PAP 認證功能，使用下列 PAP-single 網路架構來做單向 PAP 設定示範，如下圖所示，R1 為 PAP Server，R2 則為 PAP Client，當 R2 要跟 R1 進行 PPP 連線時，會有兩個步驟完成 PAP 認證：

1. R2 傳送使用者名稱及密碼到 R1。
2. R1 確認使用者名稱及密碼後，決定要拒絕或同意 PPP 連線。

圖表 13-22 PAP-single 網路架構

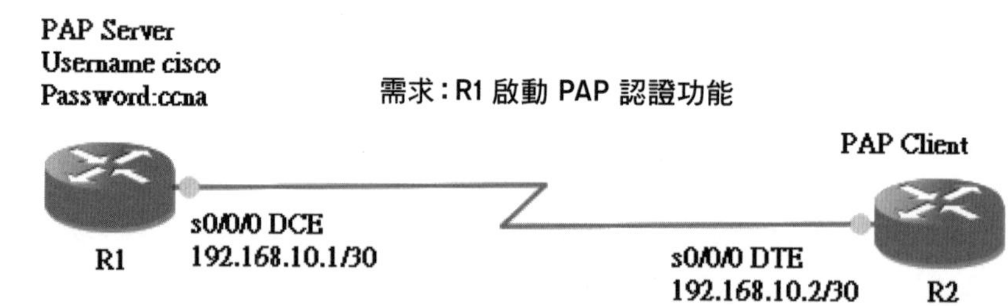

設定 PAP Server 認證使用者名稱及密碼

範例需求為在 R1 建立認證使用者名稱及密碼，分別為 cisco 及 ccna，首先要設定 R1 檢查認證使用者名稱及密碼，如下表的指令所示，R1 中建立認證資料。請注意認證使用者名稱及密碼可以設定多組。

圖表 13-23 R1 中建立 PAP 認證資料

指令	說明
R1#conf t	進入組態模式
R1(config)#username cisco password ccna	建立使用者名稱及密碼

接下來在 R1 啟動 PAP 的認證功能，由於 PAP 功能是 PPP 協定提供，因此要先將 s0/0/0 介面的 L2 協定改為 PPP 後，才能啟動 PAP 認證。

圖表 13-24 R1 中 s0/0/0 使用 PPP 封裝及 PAP 認證

指令	說明
R1(config)#int s0/0/0	切換到 S0/0/0 介面模式
R1(config-if)#encapsulation ppp	設定 L2 協定為 ppp
R1(config-if)#ppp authentication pap	啟動 PAP 認證功能

在 R2 中將 s0/0/0 介面設定為 PPP 協定，如下表所示：

圖表 13-25 R2 中 s0/0/0 使用 PPP 封裝

指令	說明
R2(config)#int s0/0/0	切換到 S0/0/0 介面模式
R2(config-if)#encapsulation ppp	設定 L2 協定為 ppp

將上述指令各在 R1 與 R2 執行，以下為 R1 執行結果：

圖表 13-26 R1 執行設定 PAP 認證

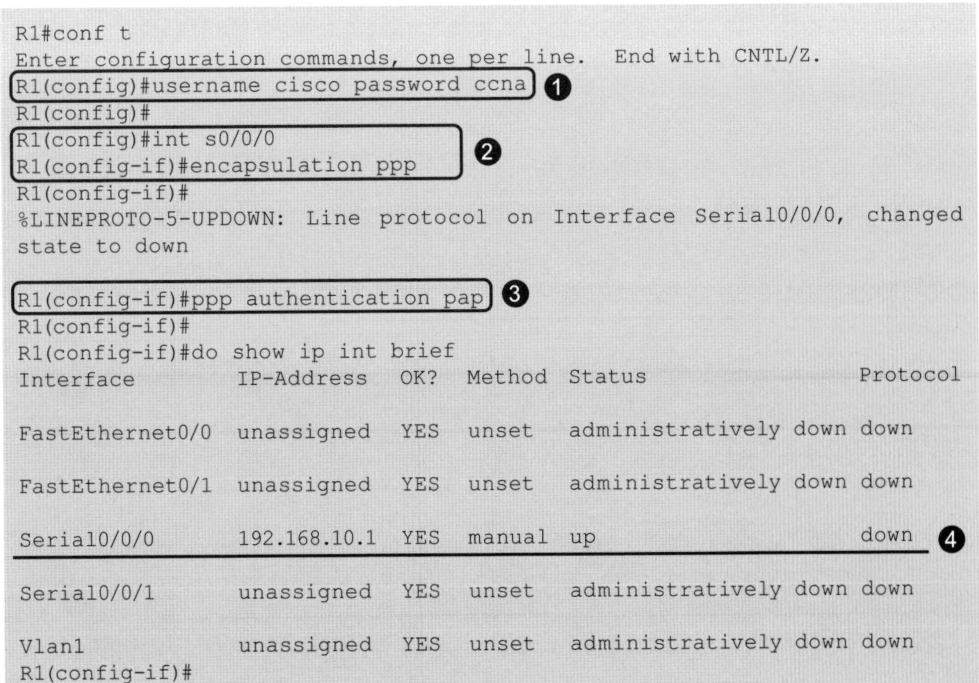

```
R1#conf t
Enter configuration commands, one per line.  End with CNTL/Z.
R1(config)#username cisco password ccna ❶
R1(config)#
R1(config)#int s0/0/0
R1(config-if)#encapsulation ppp ❷
R1(config-if)#
%LINEPROTO-5-UPDOWN: Line protocol on Interface Serial0/0/0, changed
state to down

R1(config-if)#ppp authentication pap ❸
R1(config-if)#
R1(config-if)#do show ip int brief
Interface          IP-Address    OK?  Method  Status                Protocol

FastEthernet0/0    unassigned    YES  unset   administratively down down

FastEthernet0/1    unassigned    YES  unset   administratively down down

Serial0/0/0        192.168.10.1  YES  manual  up                    down ❹

Serial0/0/1        unassigned    YES  unset   administratively down down

Vlan1              unassigned    YES  unset   administratively down down
R1(config-if)#
```

❶ 設定認證使用者名稱及密碼。

❷ 啟動 s0/0/0 為 PPP 協定。

❸ 將啟動 s0/0/0 的 PPP PAP 認證功能。

❹ s0/0/0 介面狀態目前 L2 是未啟動。

雖然 R1 與 R2 的 s0/0/0 都已經使用 PPP 協定，但是 R1 有啟動 PAP 認證功能，此時 R2 還未送認證資料給 R1，所以兩個路由器的 s0/0/0 介面的 Protocol (L2) 是 down。

在 R2 送出認證資料

若要使 PPP 連線成功，R2 必須送認證的使用者名稱及密碼給 R1 做認證使用，如下表指令，R2 送出使用者為 cisco 及密碼 ccna 到 R1 檢查。

圖表 13-27 R2 送出使用者及密碼的指令

指令	說明
R2(config)#int s0/0/0	切換到 s0/0/0 介面
R2(config-if)#ppp pap sent-username cisco password ccna	送出 PAP 認證的使用者名稱及密碼

將上述指令在 R2 中執行，如下所示：

圖表 13-28 R2 執行送出 PAP 使用者及密碼

```
R2(config)#int s0/0/0
R2(config-if)#encapsulation ppp
R2(config-if)#
R2(config-if)#ppp pap sent-username cisco password ccna ❶
R2(config-if)#
%LINEPROTO-5-UPDOWN: Line protocol on Interface Serial0/0/0, changed state to up
                                                                      ❷
R2(config-if)#do show ip int brief
Interface        IP-Address    OK?  Method  Status                 Protocol

FastEthernet0/0  unassigned    YES  unset   administratively down  down

FastEthernet0/1  unassigned    YES  unset   administratively down  down

Serial0/0/0      192.168.10.2  YES  manual  up                     up   ❸

Serial0/0/1      unassigned    YES  unset   administratively down  down

Vlan1            unassigned    YES  unset   administratively down  down
R2(config-if)#
```

❶ 執行 PAP 送出認證使用者名稱及密碼，當 R2 送出正確的使用者名稱及密碼後。

❷ 出現 L2 啟動的訊息。

❸ 查詢 s0/0/0 介面狀態，目前介面正常。

PAP 雙向認證

PAP 雙向認證即為兩台路由器同時啟動 PAP 認證，兩台路由器要認證的使用者名稱及密碼可以設成不一樣，以下圖為設定範例，R1 要檢查的使用者與密碼各為 cisco 與 ccna，而 R2 設定使用者與密碼各為 cisco1 與 ccna1 來認證 R1 的 PPP 連線。我們使用下列 PAP-bidirect 網路架構來做 PAP 雙向認證設定說明。

圖表 13-29 PAP-bidirect 網路架構

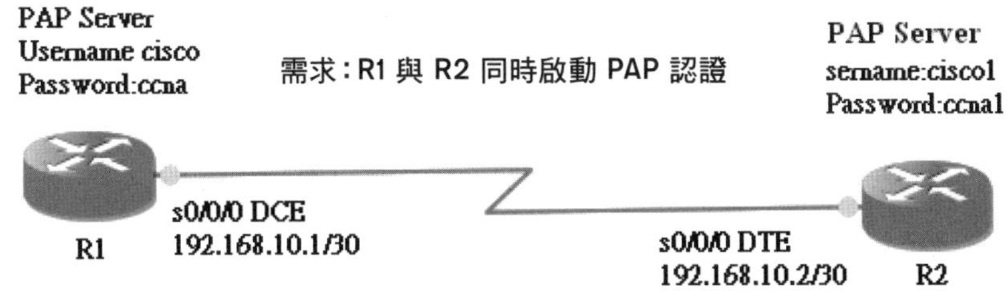

設定認證使用者名稱及密碼

R1 與 R2 同時啟動 PAP 認證，兩台路由器需要設定認證資料，如下表指令，R1 設定 cisco 與 ccna 為認證資料，R2 設定 cisco1 與 ccna1 為認證資料。

圖表 13-30 R1、R2 中建立 PAP 認證資料

指令	說明
R1(config)#username cisco password ccna	設定 R1 的認證資料
R2(config)#username cisco1 password ccna1	設定 R2 的認證資料

啟動 PPP 及 PAP 認證

接下來兩台路由器中的 s0/0/0 設定 L2 協定為 PPP 並啟動 PAP 認證，由於兩台路由器都要認證，因此 R1 需要送出 cisco1 與 ccna1 到 R2 做認證，而 R2 送出 cisco 與 ccna 到 R1 做認證，下表為相關設定指令。請注意送出認證的使用者與密碼是設定在對方路由器中。

圖表 13-31 R1、R2 中 s0/0/0 使用 PPP 封裝及 PAP 認證

指令	說明
R1(config)#int s0/0/0 R1(config-if)#encapsulation ppp R1(config-if)#ppp authentication pap **R1(config-if)#ppp pap sent-username cisco1 password ccna1**	設定 R1 中 s0/0/0 為 PPP 並啟動 PAP 認證功能，並送出 cisco1 與 ccna1 與 R2 進行 PPP 連線
R2(config)#int s0/0/0 R2(config-if)#encapsulation ppp R2(config-if)#ppp authentication pap **R2(config-if)#ppp pap sent-username cisco password ccna**	設定 R2 中 s0/0/0 為 PPP 並啟動 PAP 認證功能，並送出 cisco 與 ccna 與 R1 進行 PPP 連線

查看 PAP 認證封包內容

我們使用 Wireshark 在 R1 與 R2 之間捕捉 PPP 協商封包，如下圖所示，在 PAP 的認證過程中，使用者名稱及密碼都是使用明文傳遞，所以直接使用 Wireshark 就可以看到使用者名稱及密碼分別為 cisco 及ccna。這種使用明文傳送資料是很不安全的。

圖表 13-32 查看 PAP 封包內容

```
No. Source      Destination  Protocol  Length Info
25 N/A          N/A          PPP LCP   18 Configuration Request
26 N/A          N/A          PPP LCP   18 Configuration Request
27 N/A          N/A          PPP LCP   18 Configuration Ack
28 N/A          N/A          PPP LCP   18 Configuration Ack
29 N/A          N/A          PPP PAP   19 Authenticate-Request (Peer-ID='cisco', Password='ccna')
30 N/A          N/A          PPP PAP   21 Authenticate-Request (Peer-ID='cisco1', Password='ccna1')
31 N/A          N/A          PPP PAP    9 Authenticate-Ack (Message='')
32 N/A          N/A          PPP PAP    9 Authenticate-Ack (Message='')
33 N/A          N/A          PPP IPCP  14 Configuration Request

> Frame 29: 19 bytes on wire (152 bits), 19 bytes captured (152 bits) on interface -, id 0
> Point-to-Point Protocol
v PPP Password Authentication Protocol
    Code: Authenticate-Request (1)
    Identifier: 2
    Length: 15
  v Data
      Peer-ID-Length: 5
      Peer-ID: cisco
      Password-Length: 4
      Password: ccna
```

使用者名稱 cisco 與密碼 ccna

CHAP 認證

CHAP 需要三向交握才能完成，不同於 PAP 直接將使用者與密碼傳送出去做 PPP 連線認證，CHAP 使用**雜湊函數 (hash)** 方式進行加密，不會將使用者與密碼資料傳送，在安全性上會比 PAP 好。

如圖表 13-33 所示，**發送第一個交握封包是 CHAP Server**，也就是啟動 CHAP 認證功能的路由器，這點跟 PAP 是不同的，HQ 送出第一個交握封包會有一個字串要給 Branch，Branch 就利用這個字串與密碼 sju 做 md5 的 hash 運作得到一個結果，此結果會在第二個交握封包送回給 HQ，HQ 收到此結果會跟自已用 md5 的 hash 運算的結果做比較，由於 md5 的特性就是相同的內容作 hash 運算結果都會一樣，因此兩個路由器針對相同字串與密碼作 hash 運作的結果應該要一樣，如果不一樣，HQ 就拒絕 PPP 連線。

請注意 CHAP 的密碼兩台路由器一定要設定一樣，使用者名稱為對方的主機名稱，另外 CHAP 跟 PAP 一樣都有單向及雙向認證。

圖表 13-33 CHAP 認證流程

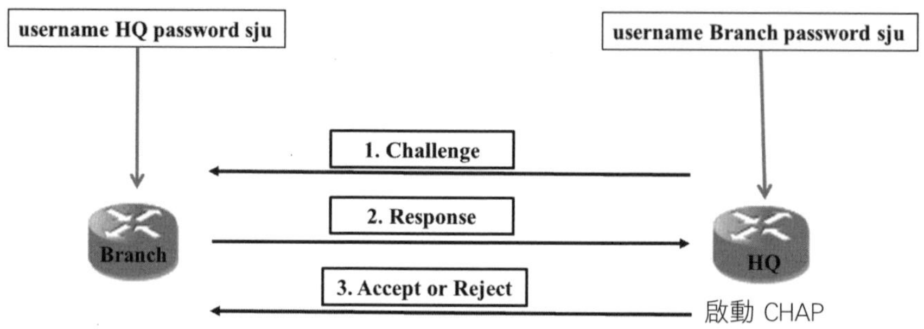

CHAP 單向認證

在設定認證資料時 CHAP 就沒有比 PAP 更有彈性，如下圖 CHAP 的設定示範，不管是單向還是雙向 CHAP 認證，R1 與 R2 設定的 CHAP 認證資料密碼必須要一樣，而使用者名稱必須是對方路由器的主機名稱，如此才能使用雜湊函數 (hash) 方式進行認證。我們使用下列 CHAP-single 網路架構來進行 CHAP 單向認證設定示範。

圖表 13-34 CHAP-single 網路架構

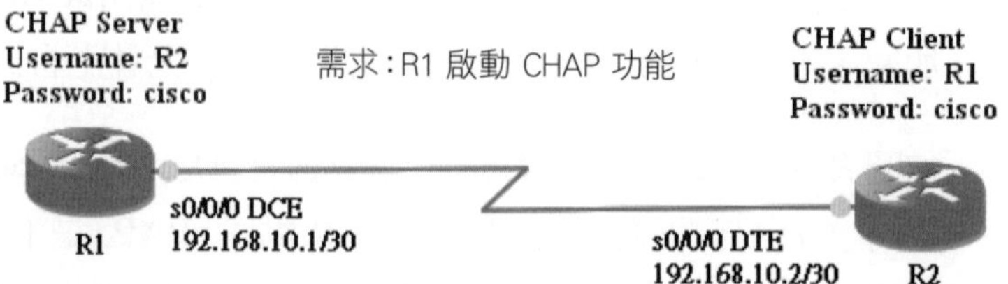

啟動 CHAP 功能

ppp authentication chap 指令為啟動 CHAP 認證功能，有啟動 CHAP 的路由器就當 CHAP Server，如上圖所示，R1 啟動 CHAP，但 R2 沒有啟動 CHAP 功能，所以 R1 為 CHAP Server，R2 為 CHAP Client，因此當 R2 要跟 R1 進行 PPP 連線時，會有三個步驟完成 CHAP：

1. 由 R1 傳送 CHAP 訊息給 R2。

2. R2 收到 CHAP 訊息，將 CHAP 訊息加上自己的密碼後利用 Hash 算出一個結果，將此結果傳回給 R1。

3. R1 收到 R2 的 Hash 的結果後，決定要拒絕或同意 PPP 連線。

下表指令為設定 R1 中的認證資料並啟動 CHAP 功能，其中使用者名稱必須為對方路由器的主機名稱。

圖表 13-35 R1 設定為 PPP CHAP Server

指令	說明
R1(config)#username R2 password cisco	設定認證資料，使用者名稱必須為對方路由器的主機名稱
R1(config)#int s0/0/0	切換到 s0/0/0 介面模式
R1(config-if)#encapsulation ppp	設定 s0/0/0 的 L2 為 PPP 協定
R1(config-if)#ppp authentication chap	啟動 CHAP 認證

R2 沒有啟動 CHAP，但仍須設定 CHAP 的認證資料，使用者名稱必須為 R1 路由器的主機名稱，密碼也必須和 R1 設定的認證密碼一樣，下表為 R2 設定為 PPP CHAP 認證資料指令。

圖表 13-36 R2 設定為 PPP CHAP 認證資料

指令	說明
R2(config)#username R1 password cisco	設定認證資料
R2(config)#int s0/0/0	切換到 s0/0/0 介面模式
R2(config-if)#encapsulation ppp	設定 s0/0/0 的 L2 為 PPP 協定

將上述的指令分別在 R1 與 R2 執行後，PPP 連線就成功。

查看 CHAP 認證過程

我們使用指令 **debug ppp authentication** 的 CHAP 認證的 debug 訊息，可以清楚看到 CHAP 三個回合的過程。

圖表 13-37 查看 R1 中 CHAP 連線的情況

```
R1#debug ppp authentication
PPP authentication debugging is on
R1#
*Mar  1 00:20:37.967: Se0/0 PPP: Authorization required
*Mar  1 00:20:37.995: Se0/0 CHAP: O CHALLENGE id 50 len 23 from "R1"
*Mar  1 00:20:38.019: Se0/0 CHAP: I RESPONSE id 50 len 23 from "R2"
*Mar  1 00:20:38.023: Se0/0 PPP: Sent CHAP LOGIN Request
*Mar  1 00:20:38.027: Se0/0 PPP: Received LOGIN Response PASS
*Mar  1 00:20:38.035: Se0/0 PPP: Sent LCP AUTHOR Request
*Mar  1 00:20:38.039: Se0/0 LCP: Received AAA AUTHOR Response PASS
*Mar  1 00:20:38.039: Se0/0 CHAP: O SUCCESS id 50 len 4
*Mar  1 00:20:38.047: Se0/0 PPP: Sent CDPCP AUTHOR Request
*Mar  1 00:20:38.051: Se0/0 CDPCP: Received AAA AUTHOR Response PASS
R1#
```

CHAP 雙向認證

繼續上述的範例，R1 已經啟動 CHAP，所以 R1 為 CHAP Server，現在再將 R2 執行 **ppp authentication chap** 來啟動 CHAP，R2 也為 CHAP Server，如此 R1 與 R2 都會執行 CHAP 認證過程。請注意當某一台路由器設定使用 CHAP 認證時，所有其他想要與這台路由器建立 PPP 連線的路由器都必須使用 CHAP 協定才行，否則將無法通過認證。

混合啟動 PPP 認證

PPP 的兩種認證可以搭配在一起使用，指令 **ppp authentication pap chap**，表示這個指令會先試著採用 PAP 認證，如果認證成功就連線成功，失敗就不能建立連線，也不會嘗試執行 CHAP，但是如果連進來的 PPP 連線並不是使用 PAP 認證協定，則會改試 CHAP 認證。

另外指令 **ppp authentication chap pap**，也是用相同的邏輯，但是只要有啟動 CHAP，則一定會有 CHAP 連線，因為是 CHAP Server 發起第一個交握封包，CHAP Client 一定會回第二個交握封包，所以該寫法永遠只會使用 CHAP。但是 **ppp authentication pap chap** 寫法有可能會執行 CHAP，因為只要不執行 pap sent-username，就不會有 PAP 第一個交握封包，也就沒有 PAP 連線，此時就會嘗試執行 CHAP。

13.7 Multilink PPP (MLPPP)

當點對點的連線要有備援機制時，需要再連接一條專線，如此就有兩條點對點的連線，如下圖所示，這樣的連線架構就可以達到點對點連線的備援，但是無法針對 IP 封包繞送及線路平衡做調整，自然無法讓這兩條線路有更好的使用效能。例如：R1 要到 200.200.200.0/24，R1 使用 EIGRP，R1 與 R2 在鄰居表中會有兩筆，R1 會學到兩條路徑到達 200.200.200.0/24，如果兩條路徑成本不一樣，那只有一條路徑會被使用，另外一條路徑則單純當備援，不會有流量。除此之外，兩條線路需要規畫兩組 IP 網路，造成浪費 IP 位址。

圖表 13-38 兩條點對點連線架構

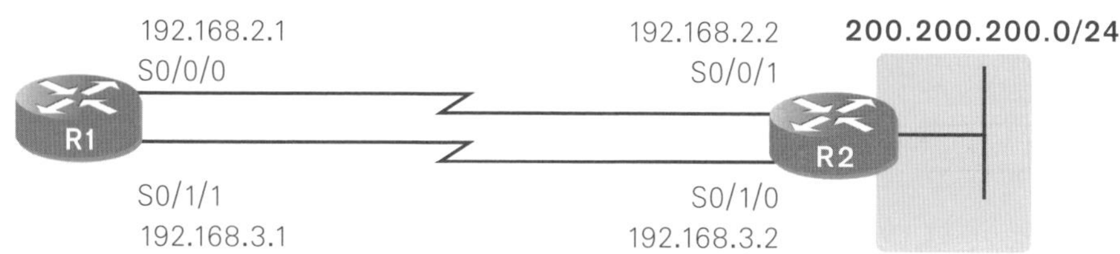

MLPPP 介紹

PPP 中的 LCP 模組有提供多條點對點連線的綑綁(bundle)功能，稱為 Multilink PPP(MLPPP)，類似 EtherChannel 綑綁線路的觀念。如下圖所示，MLPPP 將兩條線路綑綁成一條邏輯線路，如此 R1 到 200.200.200.0/24 只有一條路徑，而 R1 與 R2 在鄰居表中只有一筆；另外 MLPPP 會產生一個 Multilink 的邏輯介面來代表兩個序列埠，所以只要 Multilink 介面設定 IP 位址，兩個序列埠無須設定 IP 位址，在 IP 網路規劃只要規劃一組 IP 位址，如此可以節省 IP 位址。

圖表 13-39 MLPPP 將兩條線路綑綁成一條邏輯線路

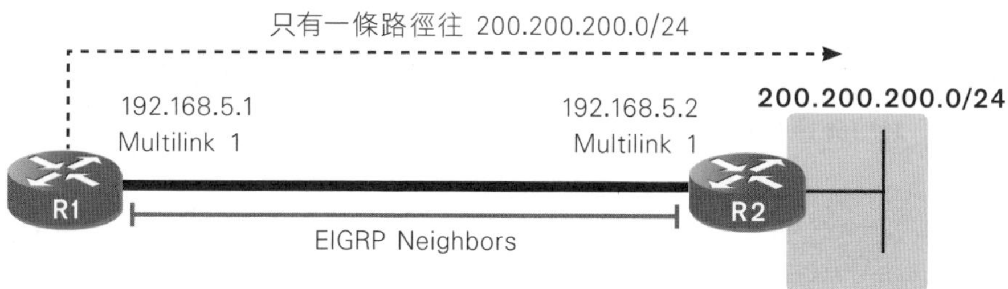

MLPPP 路徑平衡

在 EtherChannel 的路徑平衡不會將 Frame 切割，而是以 Frame 為單位，根據 EtherChannel 的多種平衡演算法，將 Frame 往某一條路徑傳送，所以 EtherChannel 的路徑平衡並不是真的達到平衡。MLPPP 路徑平衡是以 IP 封包(Packet)為單位，其做法是將 IP 封包平均分割(Fragments)再分別送出，因此，可以達到真正的路徑平衡。如下圖所示，R1 收到一個 IP 封包，R1 會將 IP 封包平均分割為兩份，再分別封裝 PPP 表頭檔後，分別往兩條連線送出，當到達 R2 時，R2 再將兩份切割的 IP 封包組合成原來的 IP 封包。

圖表 13-40 MLPPP 的路徑平衡

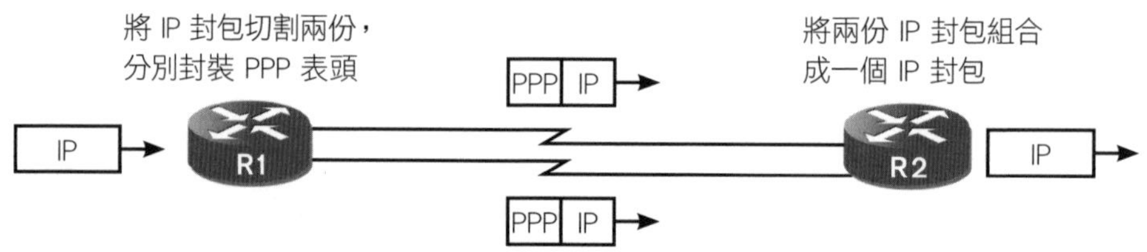

MLPPP 練習架構

我們使用下列 MLPP 網路架構來設定 MuliLink PPP 示範，在本範例檔案中有兩條點對點的連線，分配一組 192.168.10.0/30 網路，請使用 MLPPP 將兩條點對點連線合併成一條邏輯連線，兩台路由器啟動 EIGRP，R1 透過 MLPPP 邏輯介面學習 200.200.200.0/24。

圖表 13-41 MLPP 網路架構

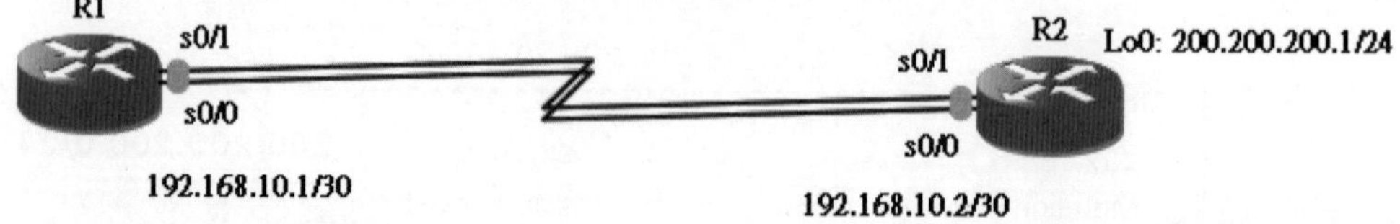

MLPPP 設定

首先要建立 MLPPP 的 Multilink 邏輯介面，使用 **int Multilink** 指令，在 Multilink 邏輯介面中設定 IP 位址、L2 封裝格式為 PPP、啟動 Multilink 功能及宣告 multilink group，請注意所有的號碼都要一致，例如：Multilink 邏輯介面使用 1 號，multilink group 的號碼也要用 1 號，鄰居路由器的 Multilink 介面與 multilink group 號碼都要用 1 號，否則連線將無法建立成功；另外 multilink group 當作 Multilink 邏輯介面的 L1 介面。R1 的 MLPPP 指令如下圖所示，R2 的 MLPPP 指令跟 R1 的一樣，但 R2 的 Multilink 介面 IP 位址要改為 192.168.10.2 255.255.255.252。

圖表 13-42 R1 的 MLPPP 指令

R1 的設定	說明
R1(config)#interface multilink 1 R1(config-if)#ip address 192.168.10.1 255.255.255.252	建立 Multilink 邏輯介面號碼為 1 號，並設定 IP 位址
R1(config-if)#encapsulation ppp R1(config-if)#ppp multilink R1(config-if)#ppp multilink group 1	Multilink 邏輯介面宣告封裝 PPP，啟動 PPP Multilink 功能；設定 ppp multilink group 號碼為 1 號
R1(config-if)#interface Serial0/0 R1(config-if)#no shut R1(config-if)#encapsulation ppp R1(config-if)#ppp multilink R1(config-if)#ppp multilink group 1	啟動 S0/0 介面 S0/0 介面宣告封裝 PPP，無須設定 IP 啟動 PPP Multilink 功能 設定 ppp multilink group 號碼為 1 號
R1(config-if)#interface Serial0/1 R1(config-if)#no shut R1(config-if)#encapsulation ppp R1(config-if)#ppp multilink R1(config-if)#ppp multilink group 1	啟動 S0/1 介面 S0/1 介面宣告封裝 PPP，無須設定 IP 啟動 PPP Multilink 功能 設定 ppp multilink group 號碼為 1 號

MLPPP 介面查詢

將上述的指令在 R1 與 R2 執行後， 路由器會多出一個 Multilink 1 的介面，查詢 Multilink 介面資訊如下圖所示，可以看到 Multilink 1 的介面正常啟動、Multilink1 介面的 L1 介面為 multilink group 及 PPP 的 LCP 啟動 multilink 功能。

圖表 13-43 查詢 R1 的 Multilink 1 邏輯介面

```
R1#show int multilink 1
Multilink1 is up, line protocol is up                ❶
  Hardware is multilink group interface
  Internet address is 192.168.10.1/30
  MTU 1500 bytes, BW 3088 Kbit, DLY 100000 usec,
     reliability 255/255, txload 1/255, rxload 1/255
  Encapsulation PPP, LCP Open, multilink Open ❷
  Open: IPCP, CDPCP, loopback not set
-------省略部分輸出------
```

❶ multilink group 為 Multilink1 介面的 L1 介面。

❷ LCP 啟動 multilink 功能。

查詢 R1 的 PPP Multilink 狀態

下圖所示為查詢 R1 的 PPP Multilink 狀態，可以觀察到有一個 Multilink1 的介面，及綑綁的實體介面資訊。

圖表 13-44 查詢 R1 的 PPP Multilink 狀態

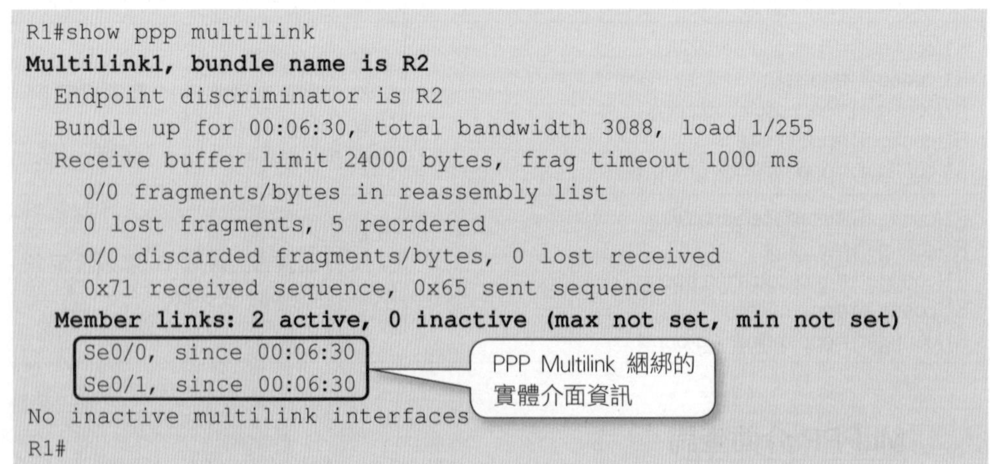

```
R1#show ppp multilink
Multilink1, bundle name is R2
  Endpoint discriminator is R2
  Bundle up for 00:06:30, total bandwidth 3088, load 1/255
  Receive buffer limit 24000 bytes, frag timeout 1000 ms
    0/0 fragments/bytes in reassembly list
    0 lost fragments, 5 reordered
    0/0 discarded fragments/bytes, 0 lost received
    0x71 received sequence, 0x65 sent sequence
  Member links: 2 active, 0 inactive (max not set, min not set)
    Se0/0, since 00:06:30
    Se0/1, since 00:06:30
No inactive multilink interfaces
R1#
```


S0/0 介面查詢

查詢 S0/0 實體介面的資訊如下圖所示，可以看出 PPP 的 LCP 已經啟動 Multilink 功能，並且綑綁在 Multilink1 的邏輯介面。

圖表 13-45 查詢 R1 的 s0/0 狀態

```
R1#show int s0/0
Serial0/0 is up, line protocol is up
  Hardware is GT96K Serial
  MTU 1500 bytes, BW 1544 Kbit, DLY 20000 usec,
     reliability 255/255, txload 1/255, rxload 1/255
  Encapsulation PPP, LCP Open, multilink Open
  Link is a member of Multilink bundle Multilink1, loopback not set
-------省略部分輸出------
```

PPP LCP 啟動 Multilink, s0/0 綑綁在 Multilink1

啟動 EIGRP

在 R1 與 R2 啟動 EIGRP，在 R1 查詢 EIGRP 鄰居，如下圖所示可以看到 R1 的鄰居表只有一筆，連出介面為 Mu1(Multilink 1)。

圖表 13-46 R1 的 EIGRP 鄰居

```
R1#show ip eigrp neighbors
IP-EIGRP neighbors for process 10
H   Address          Interface   Hold  Uptime    SRTT    RTO   Q    Seq
0   192.168.10.2      Mu1         12   00:00:11   21     200   0     4
```

下圖所示為在 R1 路由表中可以看到一筆 200.200.200.0/24 路由資訊，出口介面為 Multilink1 邏輯介面。

圖表 13-47 R1 的路由表

```
R1#show ip route
省略部分輸出-----------------------------
D     200.200.200.0/24 [90/3516928] via 192.168.10.2, 00:13:49, Multilink1
      192.168.10.0/24 is variably subnetted, 2 subnets, 2 masks
C     192.168.10.2/32 is directly connected, Multilink1
C     192.168.10.0/30 is directly connected, Multilink1
```

測試 MLPPP

在 R1 執行 ping 200.200.200.1，200.200.200.0/24 路由資訊的出口介面為 Multilink1 介面，所以 ICMP 的封包會被分割後再經由 S0/0 與 S0/1 兩條線路送出，下圖所示為使用 WireShark 捕捉的 ICMP 的封包，其網路模型已經有 PPP Multilink 的表頭檔。

圖表 13-48 MLPPP 練習架構

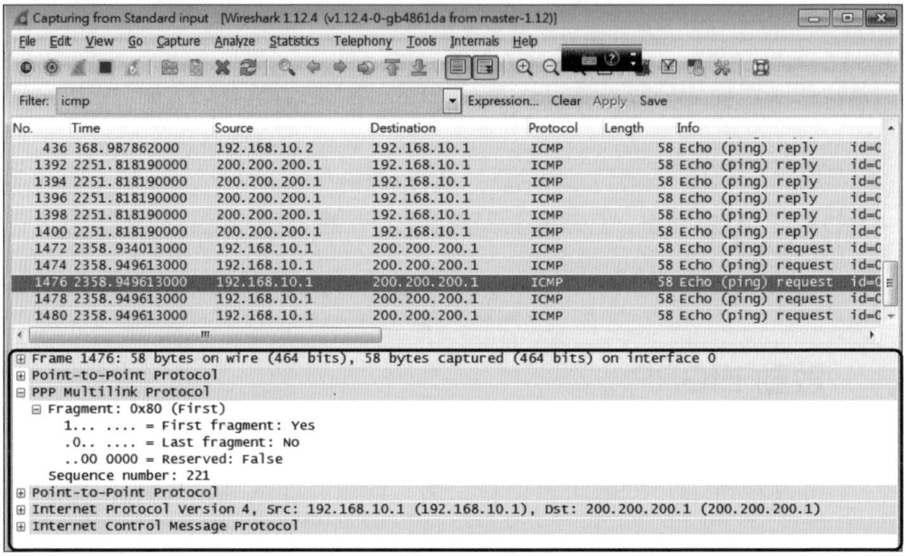

```
Capturing from Standard input [Wireshark 1.12.4 (v1.12.4-0-gb4861da from master-1.12)]
File Edit View Go Capture Analyze Statistics Telephony Tools Internals Help
Filter: icmp                              Expression... Clear Apply Save
No.  Time             Source           Destination      Protocol Length Info
 436 368.987862000    192.168.10.2     192.168.10.1     ICMP     58 Echo (ping) reply    id=C
1392 2251.818190000   200.200.200.1    192.168.10.1     ICMP     58 Echo (ping) reply    id=C
1394 2251.818190000   200.200.200.1    192.168.10.1     ICMP     58 Echo (ping) reply    id=C
1396 2251.818190000   200.200.200.1    192.168.10.1     ICMP     58 Echo (ping) reply    id=C
1398 2251.818190000   200.200.200.1    192.168.10.1     ICMP     58 Echo (ping) reply    id=C
1400 2251.818190000   200.200.200.1    192.168.10.1     ICMP     58 Echo (ping) reply    id=C
1472 2358.934013000   192.168.10.1     200.200.200.1    ICMP     58 Echo (ping) request  id=C
1474 2358.949613000   192.168.10.1     200.200.200.1    ICMP     58 Echo (ping) request  id=C
1476 2358.949613000   192.168.10.1     200.200.200.1    ICMP     58 Echo (ping) request  id=C
1478 2358.949613000   192.168.10.1     200.200.200.1    ICMP     58 Echo (ping) request  id=C
1480 2358.949613000   192.168.10.1     200.200.200.1    ICMP     58 Echo (ping) request  id=C

⊞ Frame 1476: 58 bytes on wire (464 bits), 58 bytes captured (464 bits) on interface 0
⊞ Point-to-Point Protocol
⊟ PPP Multilink Protocol
  ⊟ Fragment: 0x80 (First)
      1... .... = First fragment: Yes
      .0.. .... = Last fragment: No
      ..00 0000 = Reserved: False
    Sequence number: 221
⊞ Point-to-Point Protocol
⊞ Internet Protocol Version 4, Src: 192.168.10.1 (192.168.10.1), Dst: 200.200.200.1 (200.200.200.1)
⊞ Internet Control Message Protocol
```

13.8 PPP over Ethernet (PPPoE)

在上述的 PPP 設定都在序列埠 (Serial port) 做點對點連線，由於寬頻高速的需求，傳統的 PPP 以序列埠連接的方式已經不符需求，目前寬頻高速的連線都是使用乙太網路 (Ethernet)，使用乙太網路來支援 PPP 協定的技術稱為 PPPoE (Point to Point Protocol over Ethernet)。

PPPoE 概念

PPPoE 概念是在乙太網路中封裝 PPP 的資料，廣泛使用於 ADSL 或是 Cable modem 寬頻上網。如下圖所示為 ADSL modem 寬頻上網，用戶端跟 ISP 租用 ASDL Modem 連上 Internet，用戶端的電腦使用 RJ45 網路線接到 ASDL Modem，用戶端的電腦就直接使用 L2 的乙太網路來傳送資料即可，為何還要再使用 L2 的 PPP 協定？這是因為 ISP 業者需要管理與驗證用戶端的帳戶資訊，以便計量收費，而乙太網路協定並沒有支援這方面的功能，所以 PPPoE 協定整合了 PPP 協定來提供乙太網路所沒有的帳戶驗證功能。

圖表 13-49 用戶端跟 ISP 租用 ASDL Modem 連上 Internet

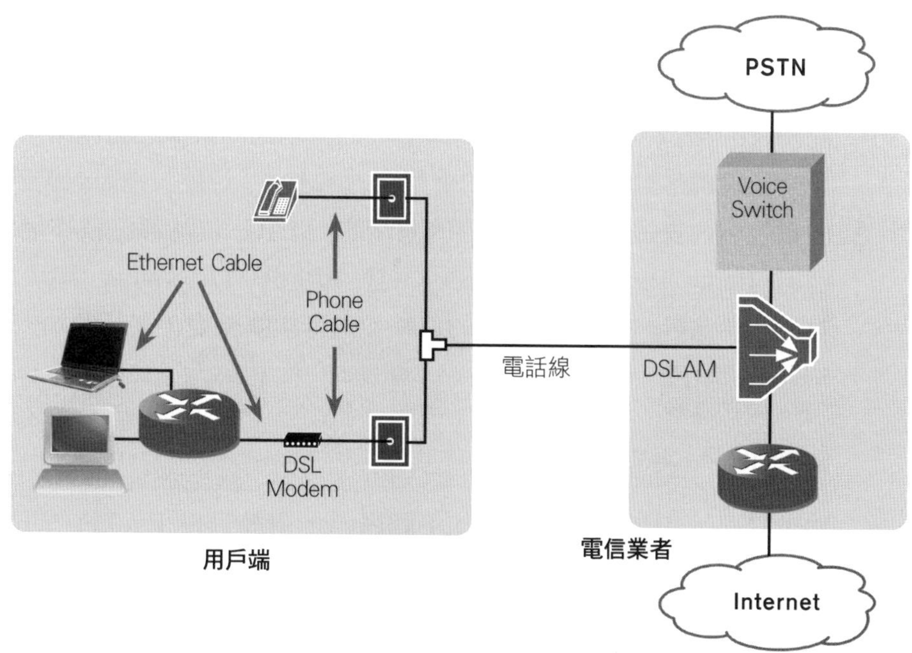

PPPoE 封裝

PPP 封包是被 Ethernet 表頭檔封裝，因此，在傳送的過程中 L2 的資料是使用 Ethernet 網路的 MAC 位址，這有點類似 Tunnel 的觀念，但是不用指定 Tunnel source 與 Tunnel destination 的 IP 位址，如下圖所示，客戶端將 PPP 的表頭檔資訊插入 Ethernet Frame 中傳送到 ISP 端，ISP 解封裝後就可以看到 PPP 表檔頭，如此客戶端與 ISP 之間就可以建立 PPP Session，進而使用 PPP 的其他功能，例如：帳號的驗證功能。

圖表 13-50 PPP over Ethernet 運作

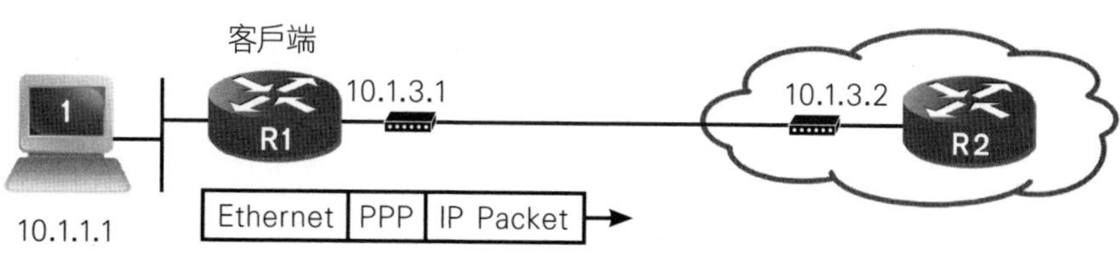

PPPoE 運作過程

PPPoE 運作過程分為 PPPoE Discovery 和 PPPoE Session 兩個階段。PPP 是運作在點對點的連線上，而乙太網路是多重取存(Multi-access)，所以 PPP 協定的封包要在乙太網路的架構上面運作，必須先找到乙太網路封包中目的端和來源端的 MAC 位址，進而封裝到 PPP 的封包，代表這個點對點連線的兩端的 MAC 位址都已經被定位，這個過程就是 PPPoE Discovery。當 PPPoE Discovery 階段完成，可以開始進行 PPPoE 資料的傳輸並進行帳號驗證，表示開始 PPPoE Session 階段。

調整 IP Packet 的 MTU

PPP over Ethernet 封包如下圖所示，由於 IP Packet 的 MTU (maximum transmission unit) 為 1500 bytes，當 PPPoE 的表頭檔插入 Ethernet Frame 中會多出 8 bytes，需要調整 IP Packet 的 MTU 為 1492 bytes，如此 PPPoE 表頭檔插入到 Ethernet Frame 就不會超過 IP Packet 的 MTU 的上限。

圖表 13-51 PPP over Ethernet 封包

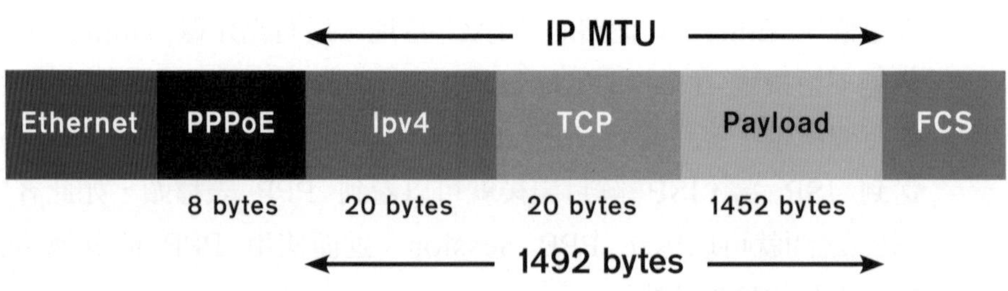

PPPoE 練習架構

我們使用下列 PPPoE 網路架構來解釋 PPP over Ethernet 的運作與設定示範，本範例 ISP 部分已經設定 PPPoE 相關指令，並已經啟動 EIGRP 10，我們針對 R1 設定 PPPoE 並啟動 EIGRP 10。請注意 IP 位址不是設定在 fa0/0 乙太網路介面，另外 ISP 的 PPPoE 設定與用戶端的設定不太一樣，ISP 的 PPPoE 設定不在課程探討。

圖表 13-52
PPoE 網路架構

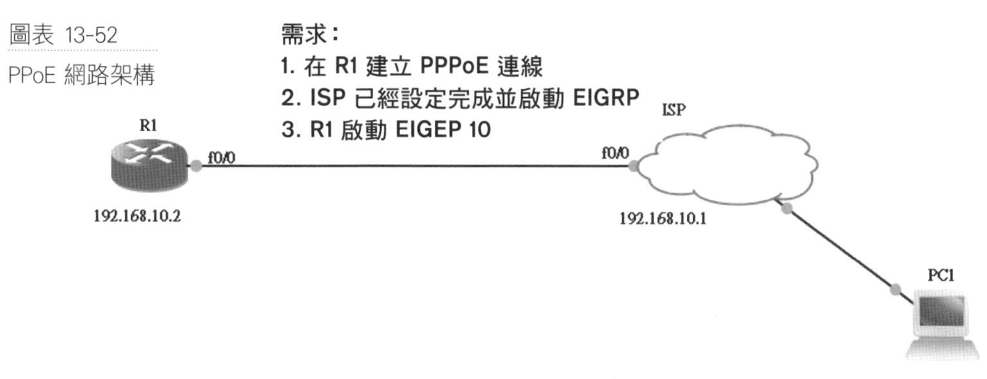

PPPoE 設定

PPPoE 必須分別從兩種介面來進行設定，第一種介面為撥號介面 (interface dialer) 與第二種介面為乙太網路介面 (interface fa0/0)，我們可以從撥號介面與乙太網路介面的關係來理解 PPPoE 的設定，如下圖所示，撥號介面是一種虛擬介面，在此介面中需要設定 IP 位址與 PPP 相關指令，分別表示撥號介面的 L3 設定與 L2 設定，另外在撥號介面還要調整 MTU 為 1492 與宣告 dialer pool 號碼給乙太網路介面使用，dialer pool 號碼可視為 PPP 使用的 L1 封裝介面；在乙太網路的設定只要將介面啟動、指定使用哪一個 dialer pool 號碼並啟動 PPPoE 功能，乙太網路介面不需要設定 IP 位址，所以在乙太網路介面不需要 L3，也就是沒有繞送能力，乙太網路介面的 L1 使用撥號介面定義的 dialer pool 號碼。

請注意：dialer pool 號碼跟撥號介面的號碼不用一樣。

請注意：在乙太網路介面設定使用 dialer pool 號碼之後，PPPoE 功能自動啟動。

圖表 13-53 撥號介面與乙太網路介面的關係

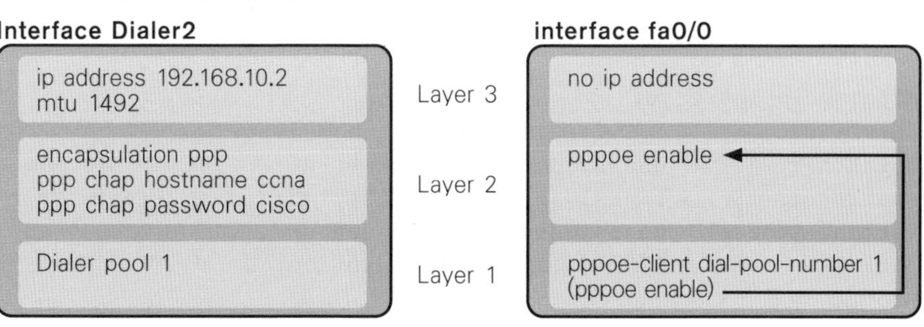

R1 啟動 PPPoE 的指令

R1 啟動 PPPoE 相關的設定如下表所示，ISP 部分則已經設定。請注意在 ISP 已經設定 CHAP 的認證資訊 ccna/cisco，所以 R1 的 CHAP 的認證資訊也要設定 ccna/cisco。

圖表 13-54 R1 啟動 PPPoE 設定

指令	說明
R1(config)#interface dialer 2 R1(config-if)#ip address 192.168.10.2 255.255.255.0 R1(config-if)#mtu 1492	建立 dialer 2 介面，並設定 IP 位址與 mtu 為 1492 bytes
R1(config-if)#encapsulation ppp R1(config-if)#ppp chap hostname ccna R1(config-if)#ppp chap password cisco	設定 L2 封裝為 PPP 並設定 CHAP 認證的使用者與密碼，在 ISP 已經設定 CHAP 的認證資訊 ccna/cisco
R1(config-if)#dialer pool 1	設定 L1 封裝為 dialer pool 1 給 int fa0/0 使用
R1(config-if)#interface fa0/0 R1(config-if)#no shutdown R1(config-if)#pppoe-client dial-pool-number 1	啟動 int fa0/0, 並宣告 fa0/0 使用 dialer pool 1 當作 L1
R1(config-if)#pppoe enable	啟動 PPPoE，此指令在宣告 dial pool 時已經自動執行，可以不用設定

查詢 R1 的 PPPoE

當 R1 執行上述的 PPPoE 的設定指令後，此時由 R1 ping 192.168.10.1 就可以連通，我們先來查詢 R1 的所有介面，如下圖所示，除了增加 Dialer2 介面外，還有一個 Virtual-Access1 介面，此介面也是一種邏輯介面，基本上看到這個介面產生並運作正常，表示 PPPoE 啟動成功。

圖表 13-55 查詢 R1 的介面

```
R1#show ip int brief
Interface          IP-Address     OK? Method Status                Protocol
FastEthernet0/0    unassigned     YES unset  up                    up
FastEthernet0/1    unassigned     YES unset  administratively down down
Virtual-Access1    unassigned     YES unset  up                    up
Dialer2            192.168.10.2   YES manual up                    up
R1#
```

Virtual-Access 介面

Virtual-Access1(ViA1)介面會去連接 Dialer2(Di2)介面，Dialer2 介面會再去連接 fa0/0 介面，這三個介面雖然是分開的，但三個介面之間的運作緊密來一起合作啟動 PPPoE 運作，三個介面的關係如下圖所示，我們可以將 Virtual-Access 視為是 PPPoE 的介面，而 PPPoE 的介面由撥號介面與乙太網路界面運作產生。

圖表 13-56 Virtual-Access 介面的角色

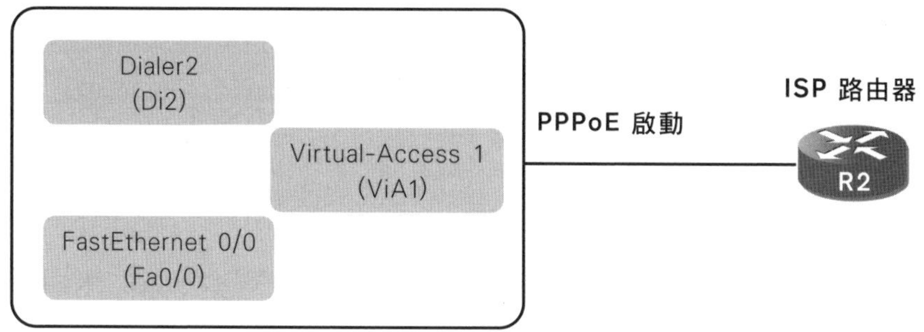

查詢 Virtual-Access 介面

現在查詢 Virtual-Access 介面，如下圖所示，可以看到 Virtual-Access 介面去連接撥號介面(Di2)，使用 show int dialer2 來查詢撥號介面的資訊也會看到撥號介面去連接 Fa0/0 與 Virtual-Access 介面。

圖表 13-57 查詢 R1 的 Virtual-access1 介面資訊

```
 R1#show int virtual-access1
Virtual-Access1 is up, line protocol is up
  Hardware is Virtual Access interface
  MTU 1492 bytes, BW 56 Kbit, DLY 20000 usec,
     reliability 255/255, txload 1/255, rxload 1/255
  Encapsulation PPP, LCP Open
  Listen: CDPCP
  Open: IPCP
  PPPoE vaccess, cloned from Dialer2
  Vaccess status 0x44, loopback not set
  Keepalive set (10 sec)
  DTR is pulsed for 5 seconds on reset
  Interface is bound to Di2 (Encapsulation PPP)
  Last input 00:00:04, output never, output hang never
  ------ 省略部分輸出 ------
```

Virtual-Access 介面連接 Dialer 2 介面

測試 R1 的 PPPoE

在 R1 啟動 EIGRP 10 來學習遠端網路 200.200.200.0/24，路由表如下圖所示，可以看到 200.200.200.0/24 的出口介面為 Dialer2 介面，所有封包由 Dialer 介面送出就，這點跟 Tunnel 介面的運作雷同，只是 Tunnel 額外封裝的是 tunnel 的 source 與 destination IP 位址。

圖表 13-58 R1 啟動 EIGRP 10 與查詢路由表

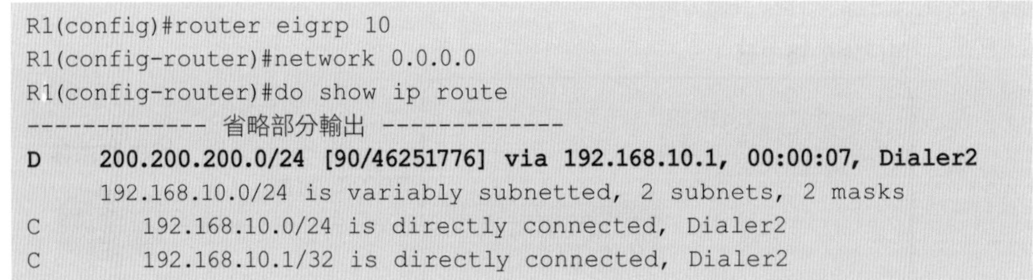

```
R1(config)#router eigrp 10
R1(config-router)#network 0.0.0.0
R1(config-router)#do show ip route
------------- 省略部分輸出 -------------
D    200.200.200.0/24 [90/46251776] via 192.168.10.1, 00:00:07, Dialer2
     192.168.10.0/24 is variably subnetted, 2 subnets, 2 masks
C       192.168.10.0/24 is directly connected, Dialer2
C       192.168.10.1/32 is directly connected, Dialer2
```

在 R1 執行 ping 200.200.200.1，並使用 Wireshark 來捕捉封包，如下圖所示，在網路模型中可以看到 ICMP 的封包被 PPP 與 Ethernet 封裝起來。

圖表 13-59 查詢 ICMP 經由 PPPoE 封裝送出

*Standard input [Wireshark 1.12.4 (v1.12.4-0-gb4861da from master-1.12)]

File Edit View Go Capture Analyze Statistics Telephony Tools Internals Help

Filter: Expression... Clear Apply Save

No.	Time	Source	Destination	Protocol	Length	Info
5510	13755.289051000	192.168.10.2	192.168.10.2	ICMP	122	Echo (ping) reply
5511	13755.304651000	192.168.10.2	192.168.10.2	ICMP	122	Echo (ping) reply
5512	13755.320251000	192.168.10.2	192.168.10.2	ICMP	122	Echo (ping) request
5513	13755.335851000	192.168.10.2	192.168.10.2	ICMP	122	Echo (ping) request
5514	13755.351451000	192.168.10.2	192.168.10.2	ICMP	122	Echo (ping) reply
5515	13755.367051000	192.168.10.2	192.168.10.2	ICMP	122	Echo (ping) reply
5516	13755.382651000	192.168.10.2	192.168.10.2	ICMP	122	Echo (ping) request
5517	13755.398251000	192.168.10.2	192.168.10.2	ICMP	122	Echo (ping) request
5518	13755.413851000	192.168.10.2	192.168.10.2	ICMP	122	Echo (ping) reply

```
⊞ Frame 5516: 122 bytes on wire (976 bits), 122 bytes captured (976 bits) on interface 0
⊞ Ethernet II, Src: c0:01:0e:94:00:00 (c0:01:0e:94:00:00), Dst: c0:02:0e:ec:00:00 (c0:02:0e:ec:00:00)
⊞ PPP-over-Ethernet Session
⊞ Point-to-Point Protocol
⊞ Internet Protocol Version 4, Src: 192.168.10.2 (192.168.10.2), Dst: 192.168.10.2 (192.168.10.2)
⊞ Internet Control Message Protocol
```

CHAPTER 14

進階廣域網路 - VPN、GRE、IPsec 與 DMVPN 介紹與實作

公司連上 Internet 都會使用 VPN 以確保資料的安全，VPN 的技術主要結合通道技術與加密技術，本章先介紹 GRE 通道技術，接著介紹各種加密技術特性及應用，最後以 IPsec 安全框架來實作 VPN，如此 IPsec VPN 就能夠保護資料 Internet 傳送的安全性。另外 DMVPN 為多點 VPN 技術也會在本章節一起介紹。

14.1 VPN

本章節將介紹 VPN 運作原理，並使用 GRE 實作 VPN 的通道，也會進一步介紹常見的加密演算法及 IPsec 的框架，實際將 GRE 通道中的資料傳遞進行加密，最後介紹動態多點 VPN 架構 (DMVPN)。

VPN 概念

VPN 是 **Virtual Private Network 虛擬私有網路**的縮寫，其概念是將 Internet 當作自己私有網路來使用，省下租用專線的成本，所以 VPN 需要有兩種技術的支援，第一要有 **Tunnel (通道)** 技術來做到**虛擬線路 (Virtual)** 的部分，第二要有**加密**的技術來支援**私有 (Private)** 的部分，有了這兩個特點 VPN 就類似專線連線一樣運作，好像有專屬的線路，資料傳送有安全性。

如下圖所示，HQ 建立兩個虛擬線路 (Tunnel) 分別連到 Site1 與 Site2，這兩條虛擬線路可以想像是專線連線，此虛擬線路是透過 Internet 現有的網路頻寬，所以虛擬線路無法有專屬的頻寬，必須跟 Internet 使用者競爭頻寬，而且封包在 Internet 上傳送也較容易被截取，所以使用 VPN 就要有加密的技術，如此封包即使被截取或被竄改內容，也都有辦法防備。

圖表 14-1 VPN 架構示意圖

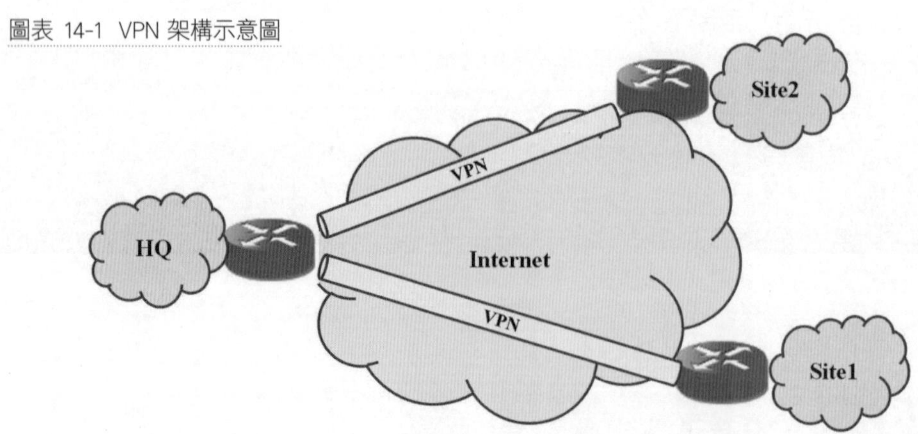

VPN 優點

VPN 線路類似專線連線，所以有專線連線的好處，例如：藉由 Internet 連線、安全性高，但是也改善專線的一些缺點，例如：昂貴的租線成本、擴充性差等等，以下是使用 VPN 的優點：

- **節省成本(Cost Savings)**：VPN 是透過現有的 Internet 建立虛擬線路，此因只需要連上 Internet 費用，無須負擔租用專線的成本，例如：上圖所示 HQ、Site1 與 Site2 只要連上 Internet，就可以透過 Internet 建立 VPN 的線路。
- **擴充性(Scalability)**：VPN 的建立無須額外的基礎建置，不像建置專線，需要建置實體線路，而且 VPN 的線路是虛擬的，所以建立可以很快速。
- **相容性(Compatibility)**：VPN 的連線建立可以來自各種使用者端，例如：**Site to Site** 的 VPN 連線、**Remote-access to Site** 的 VPN。Remote-access 可以是 **mobile user**，適合出差在外的商業人士使用 VPN 連線回來公司內網，較常見的 **SSL VPN** 技術可以支援 Remote-access to Site 的 VPN，使用者只要透過瀏覽器中 SSL 加密就可以建立 VPN 連線。另外使用者端可以透過各種實體線路種類，例如：DSL、Cable 來進行 VPN 連線建立，如此提高建立 VPN 線路的相容性。
- **安全性(Security)**：VPN 可以提供加密與認證功能，來防止未授權的使用者來存取資料，例如：**IPsec**、**SSL** 技術。

14.2 GRE Tunnel

GRE Tunnel (Generic Routing Encapsulation)是一個很基本的建立 VPN 的**通道 (Tunnel)** 技術，但是這個通道沒有安全性，由於不用設定加密方式，所以設定上相當容易，可以讓讀者快速了解 VPN 的概念，我們使用 GRE-Tunnel 網路架構來示範 GRE Tunnel 的建立。

圖表 14-2 GRE-Tunnel 網路架構

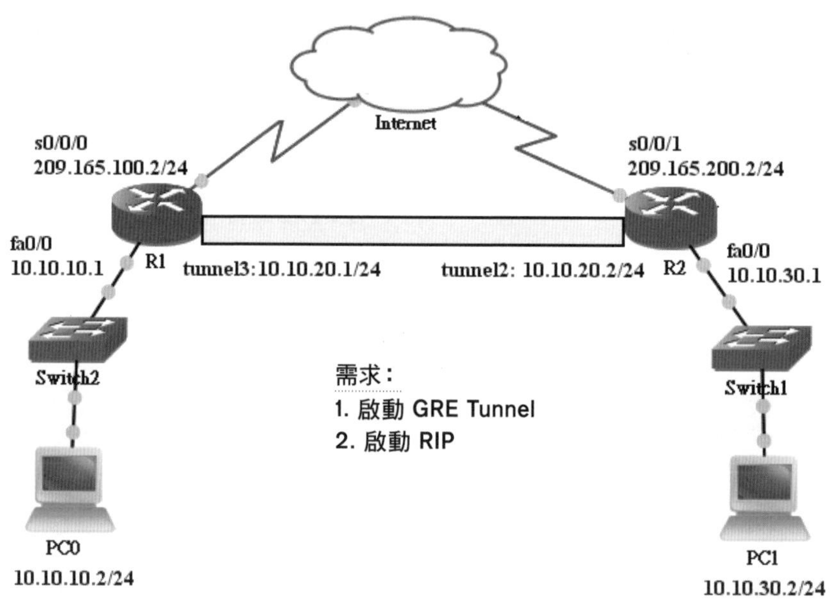

本範例是要將 R1 與 R2 的內部網路使用 GRE Tunnel 串通，好像是專線一樣，目前內網是使用 10.0.0.0 的子網路，目前兩個內網是無法互通，使用 GRE-Tunnel 網路架構來測試 PC0 ping PC1，結果是無法連通。而 GRE 通道是要建立在 R1 與 R2 之間，所以 R1 的 s0/0/0 要通過 Internet 與 R2 的 s0/0/1 連線成功，如此 GRE 通道才能使用 Internet 來建立，在 R1 執行 ping 209.165.200.2，結果應該是連線成功。

GRE 通道運作原理

GRE 為 Cisco 開發的通道協定之一，此 GRE Tunnel 的特點有簡單設定、可以封裝任何 L3 協定、並可支援傳送 multicast 封包，所以是少數通道協定可以支援路由協定，GRE 通道的建立是將**原始的 IP 封包再封裝一層新的 IP 資訊**，如下圖所示，Site1 中不管用什麼 L3 協定 (IPv4 或 IPv6)，經過 GRE 通道時，會再封裝一層新 IP 表頭檔，新的 IP 一定要能在 Internet 連通，否則就無法傳送原始封包資料到目的端 Site2，所以 GRE Trunnel 又稱為**承載協定(Carrier Protocol)**，負責將原始 IP Packet 包裝起來送往目的端，傳遞過程原始 IP Packet 不會進行任何解封裝的動作。

另外 GRE 的通訊協定編號為 **47**，而且沒有加密功能，所以 GRE Tunnel 只能做到 VPN 的 Virtual 功能，也就是虛擬連線。

圖表 14-3 GRE Tunnel 示意圖

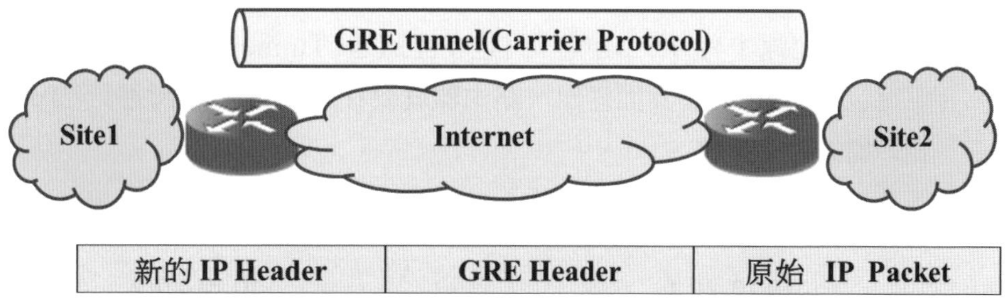

建立 R1、R2 通道介面

GRE 通道需要一個**通道介面(Tunnel Intface)**，所以 R1 與 R2 要各建立一個通道介面，GRE 通道就靠這兩個通道介面來溝通，而通道介面也是一種虛擬介面，類似 Loopback 介面，建立方式使用 **int tunnel** 指令。

由於 R1 與 R2 的通道介面要透過 Internet 來連線，因此要指定通道介面的**來源(tunnel source)**與**目的(tunnel destination)**，以 R1 的通道介面，來源為 R1 的 s0/0/0，目的為 R2 的 s0/0/1，如此 R1 的通道介面就會從 R1 的 s0/0/0 出去，透過 Internet 到達 R2 的 s0/0/1，相對的 R2 的通道介面也要指定來源與目的，其來源為 R2 的 s0/0/1，目的為 R1 的 s0/0/0。當 GRE 通道建立後，通道也是一種網路連線，可視為虛擬的線路，因此必須分配 IP 位址給通道。請注意 tunnel source IP 位址與 tunnel destination IP 位址作為新 IP Header，封包在 Internet 繞送是根據新 IP Header，而不是原始 IP Header。

Tunnel 的三種 IP 關係

由上述建立 Tunnel 介面時，需要有三種 IP 位址，Tunnel 介面 IP，Tunnel Source IP 與 Tunnel Destination IP。雖然 Tunnel 介面為虛擬介面，由兩台路由器的 Tunnel 介面建立的 Tunnel 連線也是虛擬線路，如下圖所示，這條虛擬線路是連接 R1 與 R2，這條虛擬線路可視為是專線連接 R1 與 R2，必須規劃一組網路 IP 位址給虛擬線路使用，因此，在兩台路由器的 Tunnel 介面必須指定 IP 位址，這樣 Tunnel 連線才有 L3 功能，封包才能透過 Tunnel 介面傳送出去，只要封包從 Tunnel 介面送出，路由器就要在原始 IP 包封進行 Tunnel 表頭檔的封裝動作。

圖表 14-4 Tunnel 虛擬線路

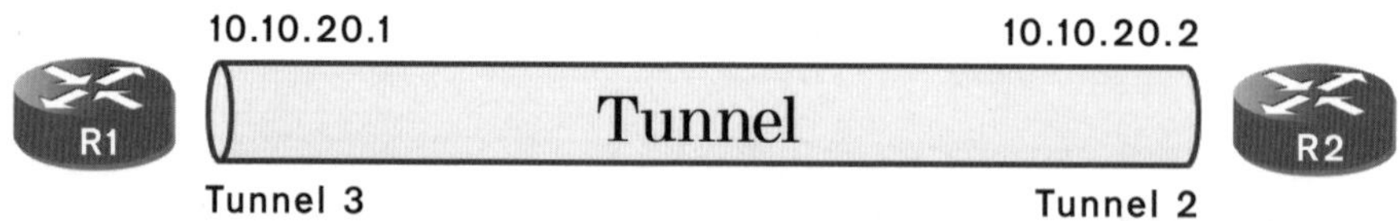

Tunnel 表頭檔的來源與目的 IP 位址怎麼得到，就是使用在 Tunnel 介面中宣告 Tunnel Source IP 與 Tunnel Destination IP，在 R1 與 R2 都有建立 Tunnel 介面，所以兩台路由器的 Tunnel 介面中的 Tunnel Source 與 Destination IP 位址是有一種對應關係，並且這兩個 IP 位址之間路由一定要互通。如下圖所示，R1 的 Tunnel source IP 要當作 R2 的 Tunnel Destination IP 位址，而 R1 的 Tunnel Destination IP 為 R2 的 Tunnel Source IP 位址。了解 Tunnel Source 與 Destination IP 對應關係，有助在設定 Tunnel 與除錯 Tunnel 問題。

圖表 14-5 兩台路由器的 Tunnel Source 與 Destination IP 對應關係

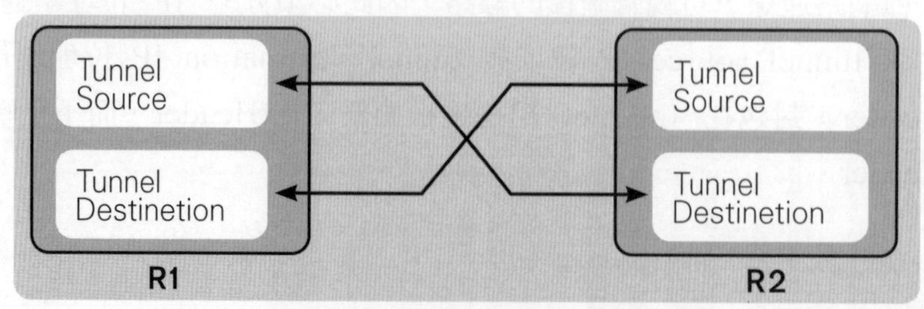

路由器何時會將 tunnel source IP 與 tunnel destination IP 進行封裝為新的 IP 表頭檔，這跟路由 (routing) 有關係，當封包要往 tunnel 介面送出時，會產生新的 IP 表頭檔，所以 tunnel 介面 IP 位址一定要設定，這樣路由表中才會有 tunnel 介面的出口。

詳細建立通道介面及指定通道介面的來源與目的指令，如下表所示。

圖表 14-6 設定 R1 、R2 的 tunnel 指令

指令	說明
R1(config)#int tunnel 3	建立 tunnel 3 介面
R1(config-if)# ip address 10.10.20.1 255.255.255.0	設定 tunnel 3 介面 IP
R1(config-if)# tunnel mode gre ip	設定 tunnel 3 使用的模式為 gre ip
R1(config-if)#tunnel source s0/0/0	設定 tunnel 3 的來源
R1(config-if)#tunnel destination 209.165.200.2	設定 tunnel 3 的目的
R2(config)#int tunnel 2	建立 tunnel 2 介面
R2(config-if)# ip address 10.10.20.2 255.255.255.0	設定 tunnel 2 介面 IP
R2(config-if)# tunnel mode gre ip	設定 tunnel 2 使用的模式為 gre ip
R2(config-if)#tunnel source s0/0/1	設定 tunnel 2 的來源
R2(config-if)#tunnel destination 209.165.100.2	設定 tunnel 2 的目的

使用 **int tunnel x** 來建立，其中 **x 為整數**，由於通道介面也是虛擬介面，所以 x 的整數範圍可以很大。

建立 R1 的通道介面

在 R1 中執行圖表 14-6 中的指令，如下所示：

圖表 14-7 建立與查詢 R1 中 Tunnel 的資訊

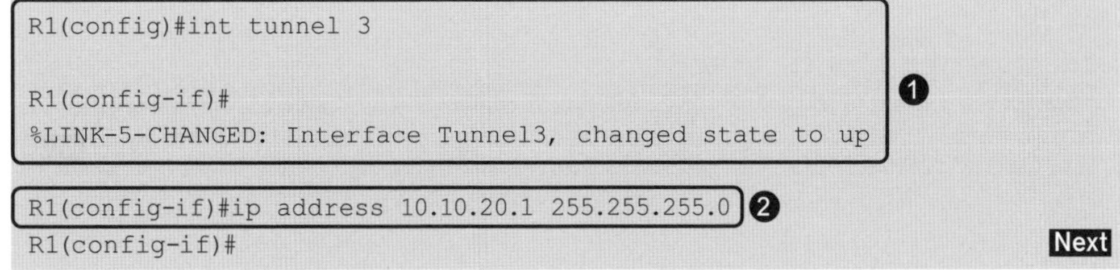

```
R1(config)#int tunnel 3

R1(config-if)#
%LINK-5-CHANGED: Interface Tunnel3, changed state to up
```
❶

```
R1(config-if)#ip address 10.10.20.1 255.255.255.0
```
❷

```
R1(config-if)#
```
Next

```
R1(config-if)#do show ip int brief
Interface          IP-Address     OK? Method Status                Protocol

FastEthernet0/0    10.10.10.1     YES manual up                    up

FastEthernet0/1    unassigned     YES unset  administratively down down

Serial0/0/0        209.165.100.2  YES manual up                    up

Serial0/0/1        unassigned     YES unset  administratively down down

Tunnel3            10.10.20.1     YES manual up                    down    ❸

Vlan1              unassigned     YES unset  administratively  down down
R1(config-if)#
```

❶ 在 R1 建立 tunnel 3。

❸ 當建立好 tunnel 介面時，此時介面狀態是 **L1 up、L2 down**，雖然 tunnel 是虛擬介面，不過 tunnel 來源端與目的端還未指定時，L2 會是 down。

❷ 指定 IP 位址給通道介面，通道的網路規劃為 10.10.20.0/24。如果 tunnel 介面本身沒有 L3 位址，這樣 tunnel 介面就無法執行 IP 封包的繞送功能。

接著指定 R1 中 tunnel 3 的通道來源與目的：

圖表 14-8 設定 R1 中 Tunnel 3 的實體來源與目的

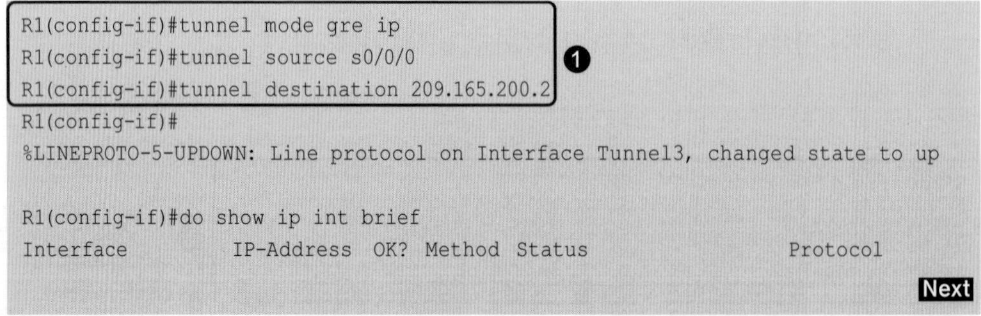

```
R1(config-if)#tunnel mode gre ip
R1(config-if)#tunnel source s0/0/0                    ❶
R1(config-if)#tunnel destination 209.165.200.2
R1(config-if)#
%LINEPROTO-5-UPDOWN: Line protocol on Interface Tunnel3, changed state to up

R1(config-if)#do show ip int brief
Interface         IP-Address   OK? Method  Status                Protocol
                                                                    Next
```

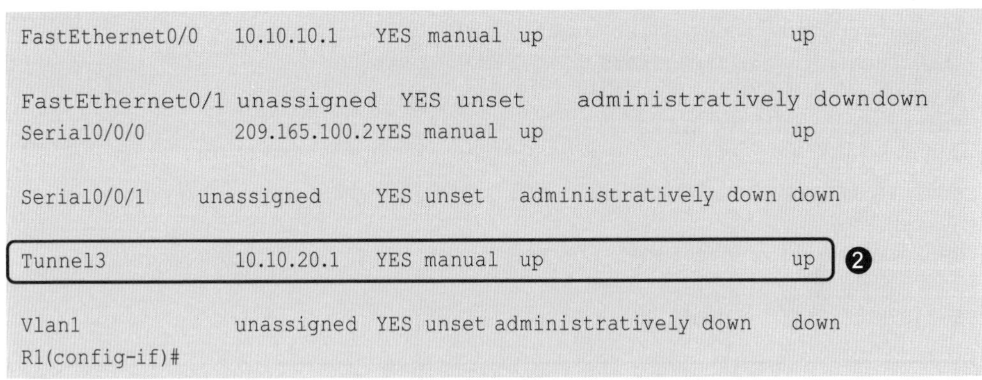

```
FastEthernet0/0   10.10.10.1   YES manual up                    up

FastEthernet0/1 unassigned  YES unset   administratively downdown
Serial0/0/0       209.165.100.2YES manual  up                   up

Serial0/0/1     unassigned    YES unset  administratively down down

Tunnel3           10.10.20.1   YES manual  up                   up   ❷

Vlan1             unassigned  YES unset administratively down   down
R1(config-if)#
```

❶ 在 tunnel 3 的介面模式下指定來源與目的，來源為可以用介面或 IP 位址來表示，目的只能使用 IP 位址，指令 **tunnel source s0/0/0** 表示指定 tunnel 3 介面的來源為 s0/0/0，指令 **tunnel destination 209.165.200.2** 表示 tunnel 3 介面的目的為 209.165.200.2。

❷ 當 tunnel 3 介面來源與目的指定完成後，L2 就啟動。

建立 R2 的通道介面

一樣請在 R2 上執行圖表 14-6 中的指令，如下所示：

圖表 14-9 設定 R2 中 GRE Tunnel 2

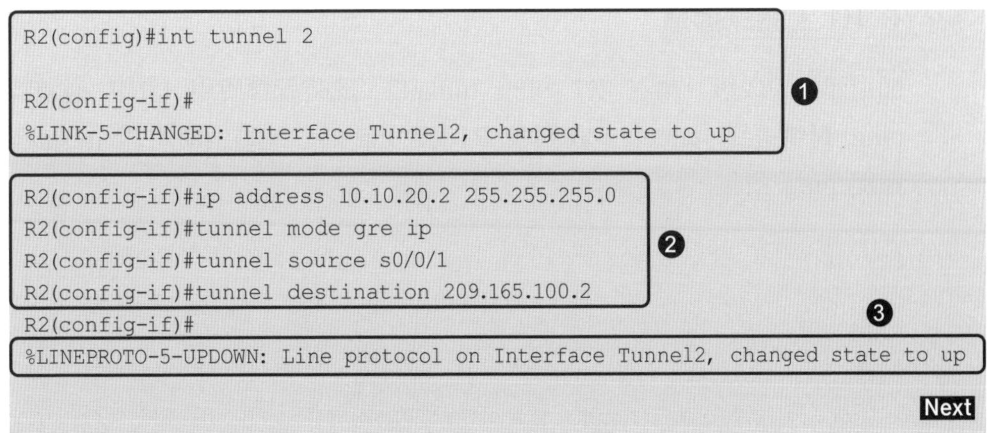

```
R2(config)#int tunnel 2

R2(config-if)#
%LINK-5-CHANGED: Interface Tunnel2, changed state to up        ❶

R2(config-if)#ip address 10.10.20.2 255.255.255.0
R2(config-if)#tunnel mode gre ip
R2(config-if)#tunnel source s0/0/1                             ❷
R2(config-if)#tunnel destination 209.165.100.2
R2(config-if)#                                                 ❸
%LINEPROTO-5-UPDOWN: Line protocol on Interface Tunnel2, changed state to up
Next
```

```
R2(config-if)#do show ip int brief
Interface          IP-Address     OK? MethodStatus                    Protocol

FastEthernet0/0   10.10.30.1      YES  manual   up                     up

FastEthernet0/1   unassigned      YES  unset administratively downdown

Serial0/0/0       unassigned      YES  unset administratively downdown

Serial0/0/1       209.165.200.2   YES  manual   up                     up

Tunnel2           10.10.20.2      YES  manual   up                     up   ❹

Vlan1             unassigned      YES  unset    administratively down  down
R2(config-if)#
```

❶ 建立一個通道介面 tunnel 2，此時只有 L1 為 up。

❷ 設定 tunnel 2 的 IP 位址，指定 tunnel2 的來源為 s0/0/1 與目的為 209.165.100.2，當設定完成後，L2 就啟動。

❸ L2 啟動的訊息。

❹ tunnel 2 介面啟動狀況。

在 R1 上測試通道

通道建立完成後，請在 R1 ping tunnel2，此時就會使用 GRE 通道將 ping 封包送到 tunnel2，我們在 R1 與 Internet 連線中使用 Wireshark 捕捉 ping 封包，如下圖所示：

圖表 14-10 R1 執行 ping 10.10.20.2 的 ICMP 封裝內容

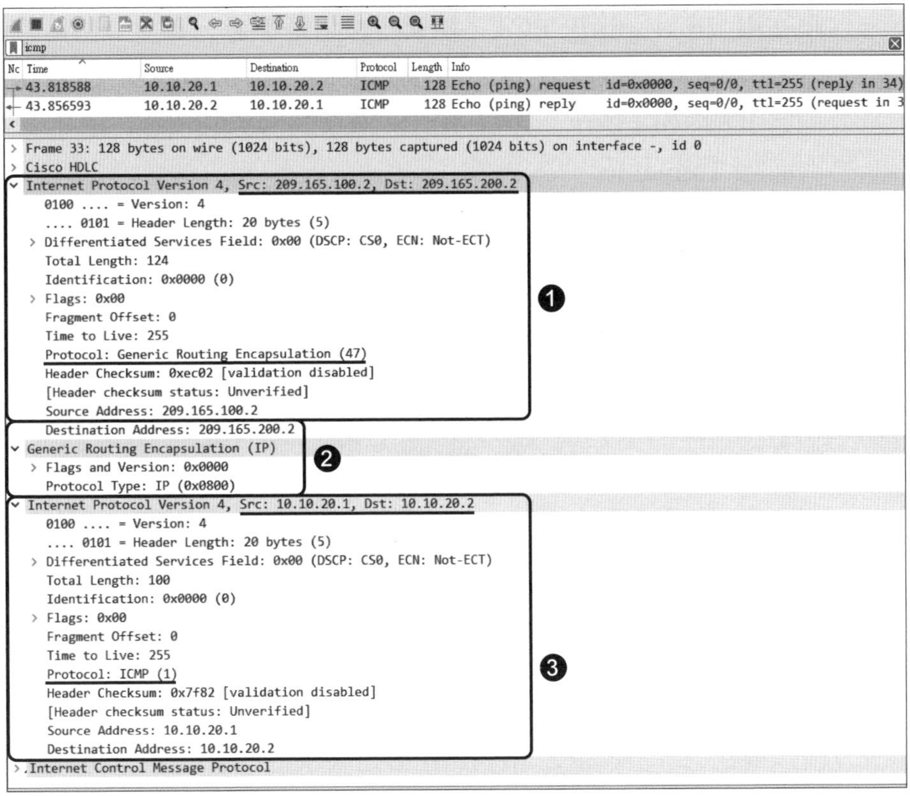

```
icmp
No. Time       Source      Destination  Protocol Length Info
→ 43.818588    10.10.20.1  10.10.20.2   ICMP     128 Echo (ping) request  id=0x0000, seq=0/0, ttl=255 (reply in 34)
← 43.856593    10.10.20.2  10.10.20.1   ICMP     128 Echo (ping) reply    id=0x0000, seq=0/0, ttl=255 (request in 3

> Frame 33: 128 bytes on wire (1024 bits), 128 bytes captured (1024 bits) on interface -, id 0
> Cisco HDLC
v Internet Protocol Version 4, Src: 209.165.100.2, Dst: 209.165.200.2
    0100 .... = Version: 4
    .... 0101 = Header Length: 20 bytes (5)
  > Differentiated Services Field: 0x00 (DSCP: CS0, ECN: Not-ECT)
    Total Length: 124
    Identification: 0x0000 (0)
  > Flags: 0x00
    Fragment Offset: 0
    Time to Live: 255
    Protocol: Generic Routing Encapsulation (47)
    Header Checksum: 0xec02 [validation disabled]
    [Header checksum status: Unverified]
    Source Address: 209.165.100.2
    Destination Address: 209.165.200.2
v Generic Routing Encapsulation (IP)
  > Flags and Version: 0x0000
    Protocol Type: IP (0x0800)
v Internet Protocol Version 4, Src: 10.10.20.1, Dst: 10.10.20.2
    0100 .... = Version: 4
    .... 0101 = Header Length: 20 bytes (5)
  > Differentiated Services Field: 0x00 (DSCP: CS0, ECN: Not-ECT)
    Total Length: 100
    Identification: 0x0000 (0)
  > Flags: 0x00
    Fragment Offset: 0
    Time to Live: 255
    Protocol: ICMP (1)
    Header Checksum: 0x7f82 [validation disabled]
    [Header checksum status: Unverified]
    Source Address: 10.10.20.1
    Destination Address: 10.10.20.2
> Internet Control Message Protocol
```

❶ 新的 IP 表頭檔，使用 tunnel 介面中定義的 source 與 destination IP 位址，Protocol 欄位為 47，表示此 IP 表頭檔攜帶的協定為 GRE，封包在 Internet 使用新表頭檔中的資訊進行遶送。

❷ GRE 表頭檔中 Protocol type 為 0x0800，表示 GRE 攜帶的協定為 IP，此 IP 為原始 IP。

❸ 原始 IP 表頭檔，Protocol type 為 1，表示 IP 表頭檔攜帶的協定是 ICMP，原始 IP 表頭檔視作 payload 資料。

請注意 GRE 沒有加密，所以在 Internet 傳送會較不安全。

使用通道來學習遠端網路

現在由 PC0 ping PC1，結果連線還是不通，為何無法使用通道讓 PC0 與 PC2 連通，其原因是 R1 沒有 10.10.30.0/24 路由資訊，R1 的路由表內如下所示，其中 10.10.20.0/24 為通道網路 IP 位址，出口介面為 Tunnel3。

請注意封包要往 tunnel 介面送出時，才會產生新的 IP 表頭檔。

圖表 14-11 查看 R1 路由表中的 10.10.20.0 的路由資訊

```
R1#show ip route
---------------------省略部分輸出-----------------------

   10.0.0.0/24 is subnetted, 2 subnets
C     10.10.10.0 is directly connected, FastEthernet0/0
C     10.10.20.0 is directly connected, Tunnel3
C   209.165.100.0/24 is directly connected, Serial0/0/0
D   209.165.200.0/24 [90/2681856] via 209.165.100.1, 00:07:18, Serial0/0/0
R1#
```

所以要在 R1 與 R2 啟動路由協定來學習遠端網路，請注意 R1 要透過 tunnel 來學習 10.10.30.0/24 網路，所以 network 宣告只要 10.0.0.0 網路，不要宣告 209.165.100.0/24，R1 與 R2 啟動 RIP 指令如下表所示。

圖表 14-12 設定 R1 、R2 的 RIP 指令

指令	說明
R(config)#router rip R(config-router)#version 2 R(config-router)#no auto-summary R(config-router)#network 10.0.0.0	R1 、R2 啟動 RIP 指令

查詢 RIP 執行介面

在 R1 使用 **show ip protocol** 來查看 RIP 執行狀況，如下所示，標示中的 RIP 執行介面有 fa0/0 與 tunnel3。請注意 RIP 執行介面不能有 s0/0/0，不然 10.10.30.0/24 網路會由 s0/0/0 學習到，如此 PC0 與 PC1 的連線將會透過 Internet，就不會使用 tunnel 連線。

圖表 14-13 查看 R1 中執行 RIP 的介面

```
R1#show ip protocols

Routing Protocol is "rip"
Sending updates every 30 seconds, next due in 16 seconds
Invalid after 180 seconds, hold down 180, flushed after 240
Outgoing update filter list for all interfaces is not set
Incoming update filter list for all interfaces is not set
Redistributing: rip
Default version control: send version 2, receive 2
 Interface         Send  Recv  Triggered RIP  Key-chain
 FastEthernet0/0 2       2
 Tunnel3           2     2
Automatic network summarization is not in effect
Maximum path: 4
 --------------------省略部分輸出------------------------
```

查詢 R1 路由表

如下所示，標示中有一筆 RIP 學習到 10.10.30.0/24 的路由資訊，其出口介面為 Tunnel3，如此 R1 要送封包往 10.10.30.0/24 就會使用 tunnel 來傳送。

圖表 14-14 查看 R1 中路由表中透過 Tunnel 介面學習的路由資訊

```
R1#show ip route
--------------------省略部分輸出------------------------

   10.0.0.0/24 is subnetted, 3 subnets
C     10.10.10.0 is directly connected, FastEthernet0/0
C     10.10.20.0 is directly connected, Tunnel3
R     10.10.30.0 [120/1] via 10.10.20.2, 00:00:15, Tunnel3
C   209.165.100.0/24 is directly connected, Serial0/0/0
D   209.165.200.0/24 [90/2681856] via 209.165.100.1, 00:14:37, Serial0/0/0
R1#
```

測試 PC0 與 PC1 使用 tunnel 連線

在 PC0 ping PC1，ping 封包到 R1 時，R1 會使用 10.10.30.0 tunnel3 這筆路由，所以 ping 封包會從 R1 的 tunnel3 介面送出，此時符合新 IP 表頭檔的產生，R1 會使用 tunnel3 介面定義的 tunnel source 與 dest IP 位址來封裝新的 IP 表頭檔。我們在 R1 與 Internet 連線中使用 Wireshark 捕捉 ping 封包來觀察，如下圖所示。

圖表 14-15 PC0 的 ICMP 封包離開 R1 的封裝內容

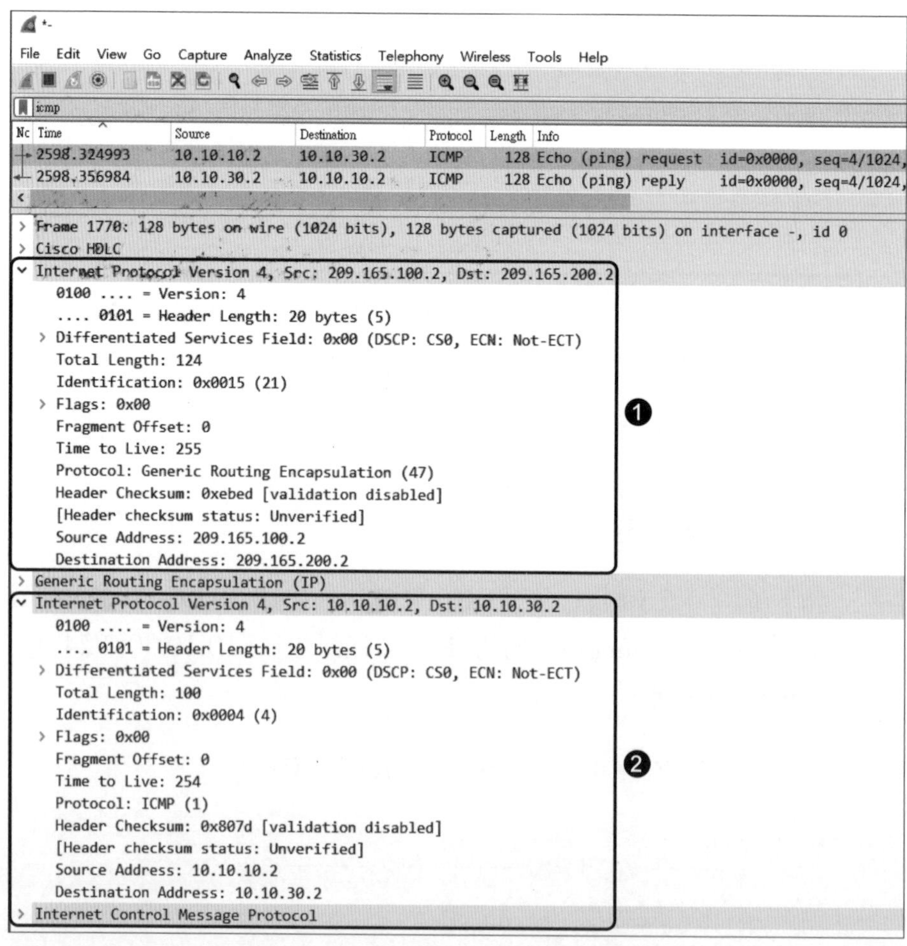

❶ 表示新的 IP 表頭檔，source IP 與 dest IP 分別為 209.165.100.2 與 209.165.200.2，兩個 IP 位址都定義在 tunnel3 介面。

❷ 表示原始 IP 表頭檔，source IP 與 dest IP 分別為 10.10.10.2 與 10.10.30.2，兩個 IP 位址分別是 PC0 與 PC1 的 IP 位址。

請注意 Tunnel 只是虛擬的連線概念，實際傳送的路徑還是透過 Internet。

14.3 IPsec 介紹

建立點對點 VPN 的加密技術為 IPsec (IP Security)，此 IPsec 是 IETF 的標準，直接運作在網路層來保護及認證 IP 封包，IPsec是個開放標準的框架 (framework)，沒有限定於哪一種加密演算法，IPsec主要提供四種服務：

1. **資料保密性 (Confidentiality)**：資料保密性主要是靠**加密演算法**來達成，也就是即使封包被截取到了，內容也是加密過，無法讀取。
2. **資料完整性 (Data Integrity)**：防止封包內容被竄改，使用者收到的資料會跟送出時候的資料一模一樣，此種檢查可以使用一般的**chechsums**機制或用**雜湊函數 (hash)** 來檢查資料是否有被修改過。
3. **認證功能 (Authentication)**：確認連線使用者的身分，IPsec 會使用**IKE**來交換認證的 pre-share-key 或電子簽章，以達到確認身分功能。
4. **不可重複性 (Anti-replay protection)**：保證封包不可重複性，也就是相同的封包不會重複送出或被複製，通常使用**序列號碼 (sequence number)**，每個封包都有獨一無二的序列號碼來檢查重複的封包，讓每個封包都是唯一不會重複。

IPsec 框架

IPsec 本身不提供加解密演算法，而是一種開放標準的框架，讓各種安全的演算法可以崁入到 IPsec 框架中一起運算，如下圖所示，IPsec 框架主要提供四類安全演算法的崁入，**Confidentiality**、Data Integrity、Authentication 及 Key 產生 (DH)，前面三種如上述，而兩邊加解密所需要的 Key 值產生是靠 DH 演算法計算出來。

圖表 14-16 IPsec 框架 (圖片來源 cisco)

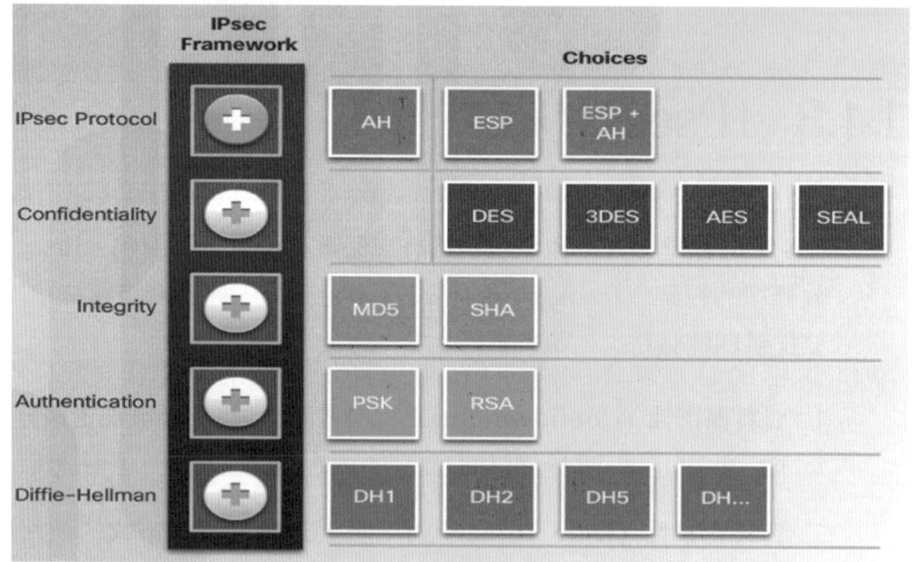

IPsec 表頭檔

IPsec 有兩種表頭檔，分別是 AH 與 ESP，協定編號各別為 51 及 50，AH 只提供認證與完整性，不提供加密，而 ESP 提供認證、完整性與加密，所以大部分應用都會選擇 ESP。ESP 在加密的部分有兩種方式，分別是 Transport mode 與 Tunnel mode。Transport mode 的做法為原始 IP 表頭不加密，而且只有一個 IP 表頭，如下圖所示。

圖表 14-17 Transport Mode (圖片來源 cisco)

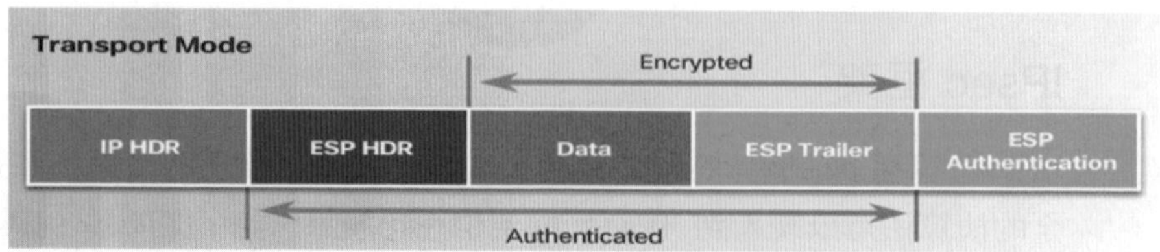

在 Tunnel Mode 的作法會先增加一個新的 IP 表頭檔，如同 GRE Tunnel 會有兩個 IP表頭檔，在原始 IP 表頭加密，只留新的表頭檔不做加密，如下圖所示，新的 IP 表頭檔給路由器做繞送 (routing) 使用。

圖表 14-18 Tunnel Mode (圖片來源 cisco)

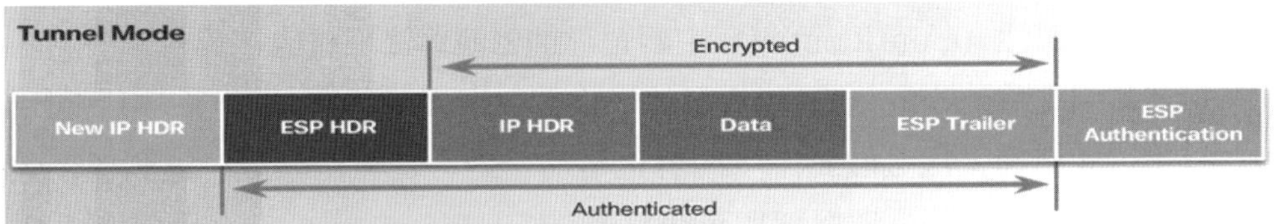

加密點與解密點

一端做加密另一端就做解密，所以做加密的地方稱為加密點，做解密的地方稱為解密點，建議當通信點 (產生資料送出的地方) 與加密點是一台路由器時使用 Transport mode，如下圖所示，而在通信點與加密點是分開的則使用 Tunnel mode。通常通信點與加密點都是分開的情況較多，因此 IPsec 都是以 Tunnel mode 為主，預設也是 Tunnel mode。

圖表 14-19 通訊點與加密點

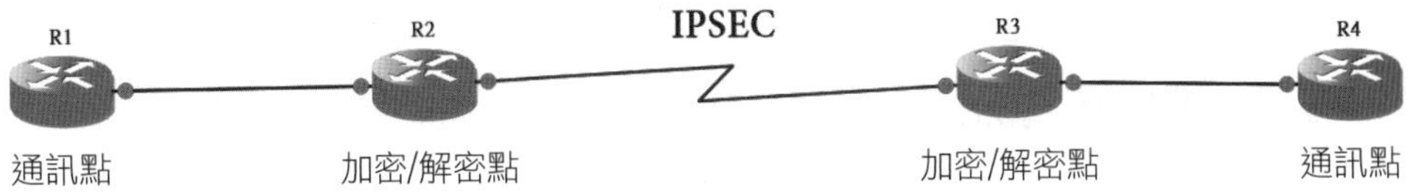

14.4 安全演算法介紹

要使用 IPsec 的框架一定要知道安全演算法的特性，如此才能正確地將不同的安全演算法崁入到 IPsec 的框架中，以下針對 Confidentiality、Data Integrity、Authentication 及 DH 這四類演算法的特性做介紹。

Confidential

資料保密性 (Confidential) 主要是靠**加密演算法**來達成，資料未被加密稱為明文 (plaintext)，而資料加密後稱為密文 (ciphertext)。如下圖所示，即使密文被截取到了，內容也是加密過，是無法讀取，達到保密效果。加密演算法分種對稱加密演算法 (Symmetric Encryption) 與非對稱加密演算 (Asymmetric Encryption)。

圖表 14-20 加密的效果

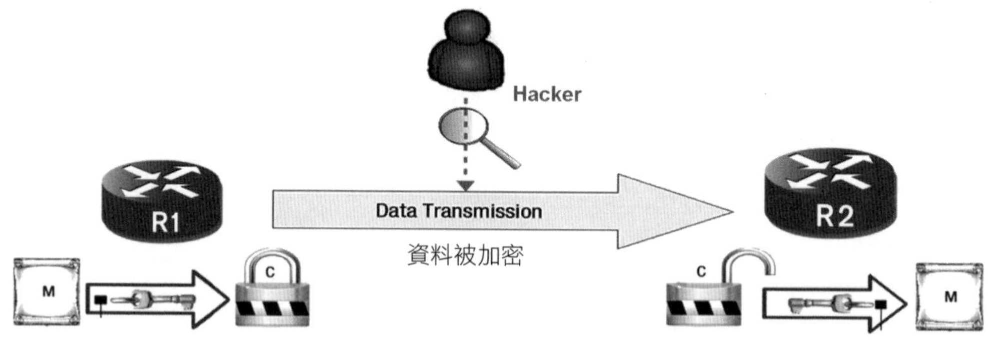

對稱加密演算法

如下圖所示，對稱演算法的特性是加密與解密是用同一個 key 值，這個 key 值很重要，如果被洩漏，密文就能夠解密為明文，所以這個 key 值又稱為密鑰 (secret key)，密鑰如何在傳送端與接收端之間安全地互相交換是個主要挑戰。在 IPsec 中主要用對稱加密演算法於資料保密性，常見的對稱演算法有 DES、3DES、AES、SEAL 等等，每種演算法又支援不同的 key 值長度，key 值越長加密效果越高，越不好破解，相對地要消耗更多的 CPU 來運算。如果選擇適合 key 值長度及 key 值的管理，也是一個重要的課題。

圖表 14-21 對稱加密演算法流程

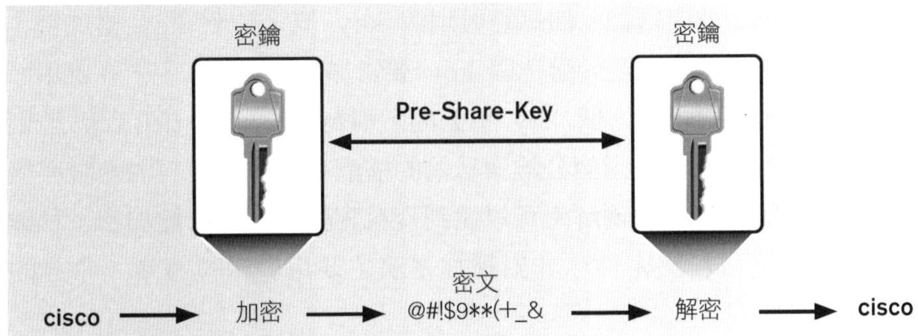

對稱加密優缺點

特點

1. 同一個密鑰用於加解密。
2. 使用 DH (Diffie-Hellman) 來產生密鑰。

優點

1. 資料加解密速度快。
2. 使用強度高的演算法，安全性高，例如：AES 強度比 DES 高。
3. 明文加密後成為密文，密文不會變太大，例如：明文1k 資料加密後，密文大小會變 1.1k。

缺點

1. 密鑰在網路傳遞，容易出現中途劫持和竊聽的問題。
2. 密鑰數量是以參與者數量平方的速度增長 (指數增長)。
3. 密鑰數量過多，所以管理和存儲會有很大問題。
4. 無法做數位簽章和不可否認性。

非對稱加密演算

如下圖所示，非對稱加密演算需要兩個 key 值，一個 key 當加密，另一個 ey 就是解密，至於哪一個 key 要當加密，沒有一定。在應用面，非對稱加密演算會將一個 key 值公開，稱為公鑰，另一個 key 值則不公開，稱為私鑰，這兩個公鑰與私鑰的搭配可以達到資料的認證與機密性，用私鑰加密，公鑰解密可以達到資料認證，而用公鑰加密，私鑰解密可以達到資料機密性。非對稱加密演主要用於數位簽章，常見的有 RSA、DH。

圖表 14-22 非對稱加密演算法流程

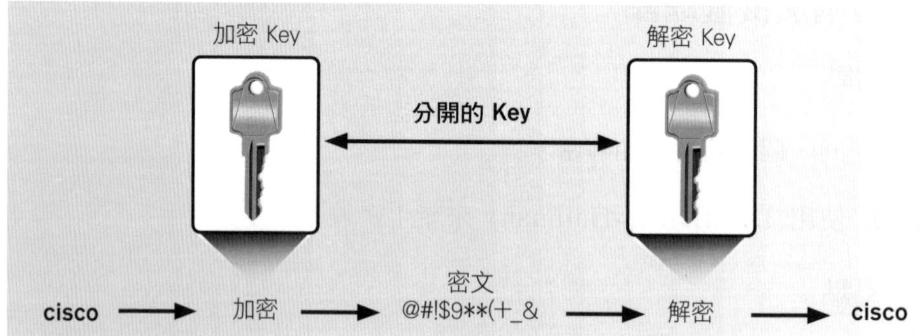

非稱加密優缺點

特點

1. 用一個 key 值加密的明文只能用另一個 key 值來解密。

優點

1. 比對稱加密演法的安全性高。
2. 私鑰是不會送出，所以非對稱加密不必擔心金鑰被中途截獲的問題。
3. Key 值數目和參與者的數目一樣。
4. 技術支援數位簽章和不可否認性。

缺點

1. 非對稱加解密速度非常非常慢。

2. 加密後的密文會變很大，所以不適合作大資料加密。

Integrity (完整性)

資料完整性的檢查是防止封包內容被竄改，使用者收到的資料會跟送出時候的資料一模一樣。如下圖所示，當 R1 傳送資料到 R2，R2 如何知道收到的資料是與 R1 送出的資料內容一樣，最常用的方式是使用 Hash 函數，使用 Hash 的特點是，接收端可以檢查資料是否有被修改。

圖表 14-23 資料完整性目的

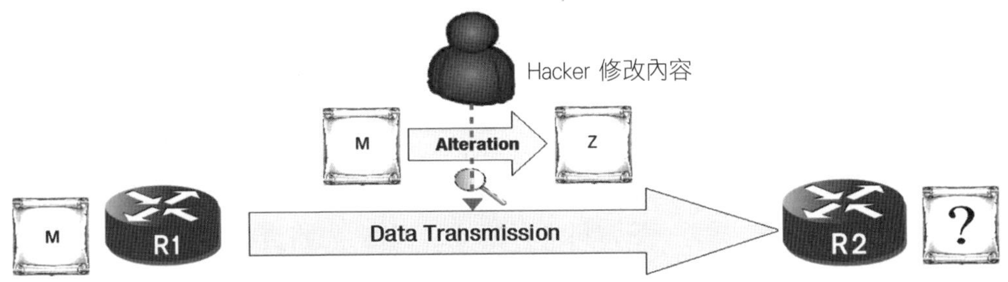

Hash 運作

Hash 是一種單向的加密函數，資料加密後是無法解密，如下圖所示，假設將一個字串 Cisco 做 Hash 運算後得到一個結果 C'，我們無法從 C' 回推原來的字串，但 Hash 有一個特點，字串 Cisco 經過 Hash 得到的結果 C'，這個結果，沒有任何字串經 Hash 後會得到相同的 C'，只有字串 Cisco 經過 Hash 才能對應到 C'，透過這個特性，達到完整性檢查。常見的 Hash 函數有 MD5 及 SHA。

圖表 14-24 Hash 函數

資料完整性檢查

知道 Hash 特性後，我們可以使用 Hash 來做資料完整性檢查，如下圖所示，當 R1 要送一筆資料 M 給 R2，R1 先將資料 M 做 Hash，假設得到的結果為 m'，R1 將資料 M 與 Hash 結果 m' 送出，R2 收到被修改的資料 Z 及 m'，R2 將資料 Z 做 hash 結果一定不是 m'，這是 hash 的特性，如此 R2 知道收到的資料被修改過。

圖表 14-25 資料完整性檢查

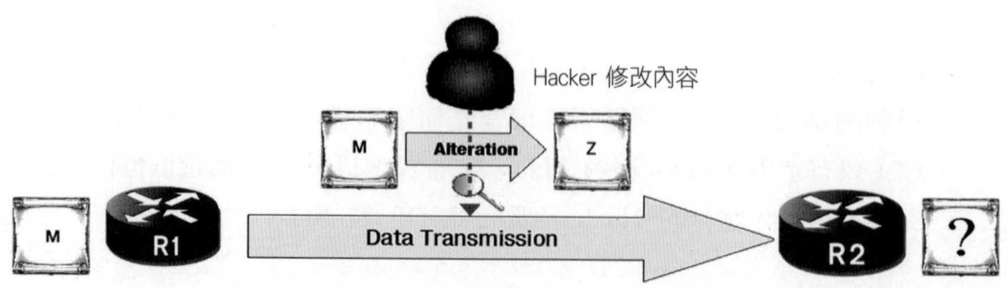

Authentication (認證)

傳送端與接收端的兩邊彼此確認連線使用者的身分，最簡單的身分確定是使用 Pre-share-key (PSK)，將兩端預先設定一組一樣的密碼或稱為 key值，如下圖所示，Alice 與 Bob 彼此要確認身分，兩人預先設定 PSK 為 cisco，當 Alice 要透過網路傳送資料時，Alice 會先使用 PSK=cisco 傳給Bob，Bob 比對自己的 PSK 也是 cisco，這樣 Bob 就能夠確定 Alice 身分，當然在傳送 PSK 時要做加密的動作，否則 PSK 也有洩漏的風險。另一種身分認證是使用電子簽章，安全性會較高，電子簽章需要申請電子憑證，過程會比較麻煩。

圖表 14-26 認證過程

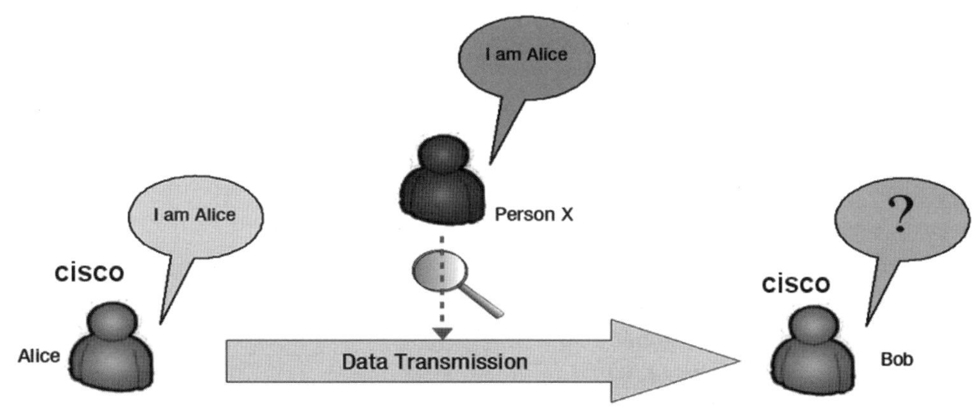

DH 演算法

Diffie-Hellman (DH) 演算法是 Whitfield Diffie and Martin Hellman 兩位數學家發明，使用 DH 可以自動算出傳送端與接收端的兩邊一樣密鑰，如此傳送端與接收端的對稱加密演算法就有密鑰可以進行加解密。DH 演算法厲害的地方在於密鑰不會在網路傳遞中出現，而傳送端與接收端兩邊竟然有辦法產生一樣的 key 值來當密鑰。在還沒有 DH 演算法時，需要人為方式將 key 值在傳送端與接收端兩端來輸入，而且key 值需要經常更換，人工方式是很不方便，有了 DH 之後，key 值長度與更換時間變成很容易調整。

14.5 IPsec SA 協商

了解 IPsec 框架與安全演算法之後，傳送端與接收端需要進行資料加解密時，兩邊需要先溝通好要使用的演算法，如果兩邊用的演算法不一樣，傳送端傳送的密文，接收端就無法解密了。

安全關聯 (SA)

安全關聯 SA (Security Association) 是基本建立安全連線的區塊，SA 可以視為 IPsec 框架中參數，當建立 VPN 連線時，兩邊的 IPsec 的框架中的演算法參數要一樣・如此兩邊才能共用相同的演算法、建立 shared key、協商加密參數等等。如下圖所示，傳送端與接收端可以各自定出數個 SA，在建立 VPN 連線時，兩邊必須協商出來一個 SA 中的參數都是一樣的，例如：傳送端的加密演算法使用 AES，接收端的加密演算法也要一樣用 AES，其它的 Integrity、Authentication、Diffie-Hellman 的演算法也是要一致。

圖表 14-27 SA 的協商 (圖片來源 cisco)

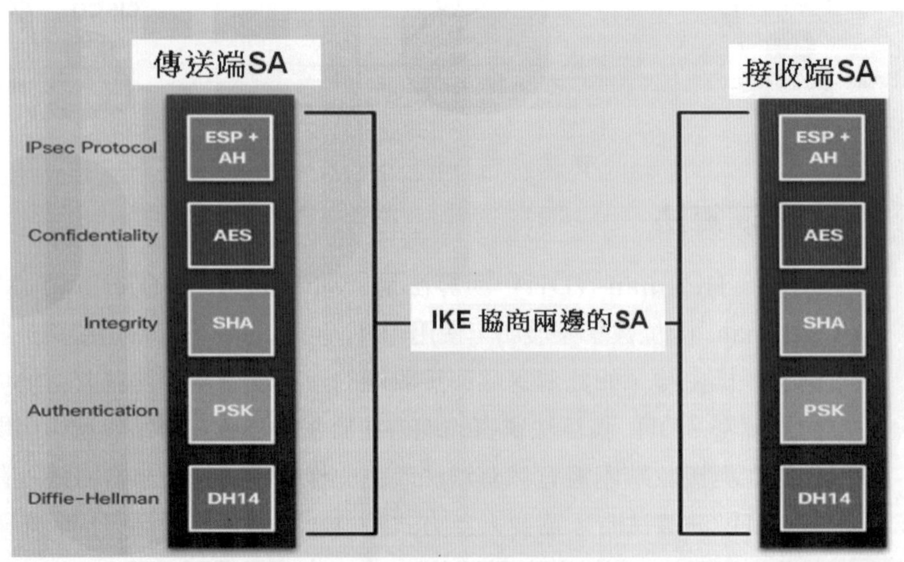

IKE 機制

SAKMP (IP Security Association Key Management Protocol) 定義了封包交換的體系結構，包括兩個 IPsec 過程 (Phase) 來定義封裝格式和協商包交換的方式 (SA)，並由 Internet Key Exchange (IKE) 實現，SAKMP 協定主要負責功能主要如下：

1. 兩個路由器之間的認證
2. 交換公鑰與密鑰, 產生密鑰資源,管理密鑰
3. 協商 SA參數 (封裝,加密方式,驗證方式 ...)

SAKMP 有兩個 Phase 要協商，每一個 Phase 都會建立一個 IPsec 通道 (或稱為安全通道)，Phase 1 的 IPsec 通道主要用在傳遞 Phase 2 的 IPsec 參數，當 Phase 2 的 IPsec 通道建立後，資料加密是使用 Phase 2 的 IPsec 通道進行。如下圖所示，Phase 1 目的先建立一個安全通道來傳遞下一個 Phase 2 需要的參數，換言之 Phase 2 是利用 Phase 1 所建立的安全通道來進行 IPsec SA 的協商。

圖表 14-28 IKE 兩個 phase

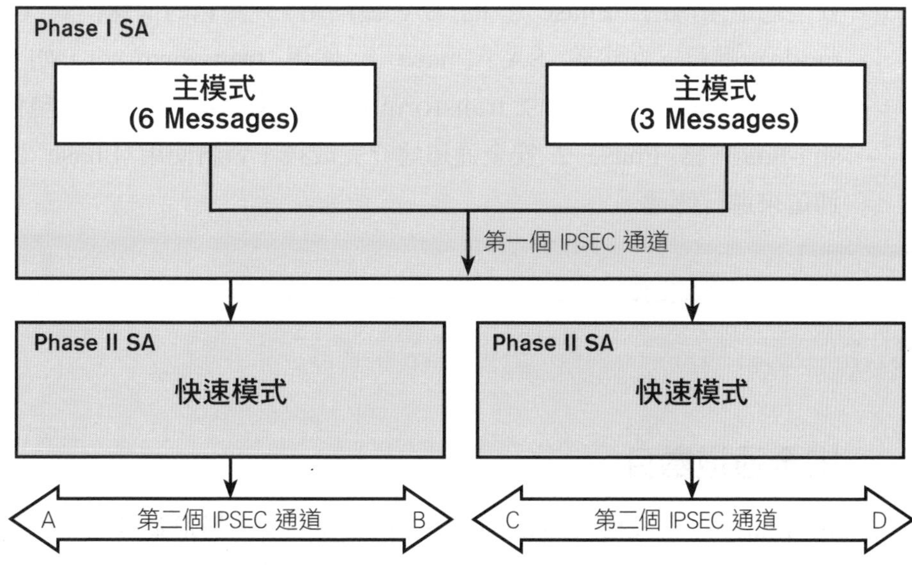

Phase 1 SA 協商

如上圖所示，在 Phase 1 的 SA 協商有兩種模式分別是 6 個封包的交換與 3 個封包的交換主模式 (main mode)，主要差別在於傳遞認證的 Pre-shared-key 時 6 封包的主模式會將其加密，較為安全。如何定義 Phase 1 的 SA？使用 crypto isakmp policy 指令即可，如下圖所示，定義一組 policy 1，IPsec SA 參數為加密使用 AES 256、認證使用 Pre-shared-key、完整性使用 SHA 及 Diffie-Hellman 使用 DH1。每一台路由器都可以定義數個 policy，再進行匹配。

圖表 14-29 Phase 1 SA 定義

```
crypto isakmp policy 1
hash sha
encryption aes 256
authentication pre-share
group 1
```

Phase 2 SA 協商

當 Phase 1 安全通道建立後，要建立 Phase 2 的參數就使用 Phase 1 安全通道來傳遞，Phase 2 的 SA 協商用 3 封包的快速模式 (Quick mode) 進行。在定義 SA，Phase 2 使用 transform-set，如下圖所示，定義一組 R1-R2 的 transform-set，加密使用 AES、完整性使用 sha-hmc。當 Phase 2 安全通道建立完成後，資料使用 Phase 2 安全通道來進行傳遞。

圖表 14-30 Phase 2 SA 定義

```
crypto IPsec transform-set R1-R2 esp-aes esp-sha-hmac
```

安全通道數目

在 Phase 1 (又稱 ISAKMP SA) 建立的安全通道為雙向，如下圖所示，Site A 與 Site B 的 Phase 2 SA 協商參數在 Phase 1 安全通

道傳遞，而 Phase 2 (又稱 IPsec SA) 建立的安全通道為單向，Site A 傳送資料給 Site B 有自己的安全通道，另外 Site B 傳送資料給 Site A 也有自己的安全通道，所以 Phase 2 的安全通道有兩個。

圖表 14-31 安全通道數目

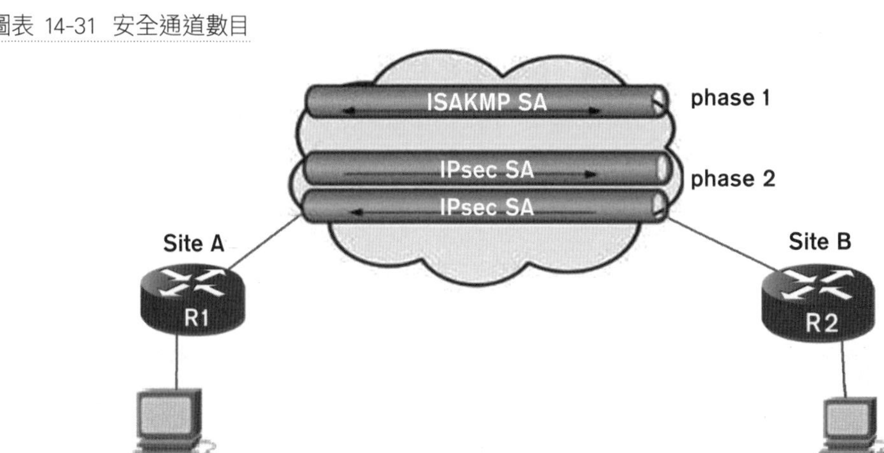

14.6 Tunnel SVTI 實作

GRE 通道沒有提供任何的加密、認證及完整性功能，是一種不安全的通道，我們將 IPsec 用於 GRE 通道，如此 GRE 通道變成安全的通道。VTI (Virtual Tunnel Interface) 技術可以達到將 IPsec 用於 GRE 通道，稱為通道級別的 IPsec。VTI 的特點如下：

1. 不使用 crypto map 宣告套用到實體介面，直接在 tunnel 模式選擇 IPsec。
2. 不會有 GRE 表頭檔。
3. 不用使用 ACL 來定義感興趣流量 (需要加密的流量)，只要透過路由的控制，讓流量從 tunnel 出去就是感興趣流量，一律加密。
4. 解決 IPsec multicast 問題。
5. 可以直接套用 ACL、NAT 與 QoS。

SVTI 實作

VTI 分為兩種：SVTI (Static VTI) 及 DVTI (Dynamic VTI)，本節示範 SVTI 操作。我們使用 GRE-Tunnel 網路架構來操作 SVTI 的設定，在 R1 的指令如下，首先使用 Policy 定義 Phase 1 的 SA，由於認證使用 Pre-Share-key，所以需要先定一組密碼在 R1 與 R2 中，使用 cisco123 當兩台路由器的 Pre-Share-key，接著使用 transform-set 定義 Phase 2 的 SA，最後在 tunnel 介面指定模式使用 IPsec 並套用 IPsec profile。

圖表 14-32 R1 設定指令

指令	說明
crypto isakmp policy 1 hash sha encryption aes 256 authentication pre-share group 1 lifetime 3600	使用 policy 定義 isakmp Phase 1 SA，加密使用 AES256、完整性使用 SHA、認證使用 pre-shared-key、DH 使用 group1、通道的有效時間 3600 秒
crypto isakmp key cisco123 address 209.165.200.2	定義 pre-shared-key 為 cisco123，認證對象為 R2
crypto IPsec transform-set R1-R2 esp-aes esp-sha-hmac	使用 transform-set 定義 phase 2 SA，加密使用 AES、完整性使用 SHA
crypto IPsec profile R1-R2-Prof set transform-set R1-R2	定義 IPsec profile，用來指定使用哪一組的 transform-set
interface tunnel 3 ip address 10.10.20.1 255.255.255.0 tunnel source s0/0 tunnel destination 209.165.200.2 tunnel mode IPsec ipv4 tunnel protection IPsec profile R1-R2-Prof	在 tunnel 介面指定模式為 IPsec 並套用 IPsec profile，其他的設定跟 GRE tunnel 一樣
ip route 10.10.30.0 255.255.255.0 tunnel 3	R1 到 PC1 的網路，出口一定要是 tunnel3，如此才會封包新的 IP 表頭檔並且會做 IPsec 加密

R2 SVTI 設定

R2 的 SVTI 設定指令如下表所示，跟 R1 的設定指令不同之處，在定義認證使用 Pre-Share-key 的對象改變為 R1，其餘的部分不變。

圖表 14-33 R2 設定指令

指令	說明
crypto isakmp policy 1 hash sha encryption aes 256 authentication pre-share group 1 lifetime 3600	使用 policy 定義 isakmp Phase 1 SA，加密使用 AES256、完整性使用 SHA、認證使用 pre-shared-key、DH 使用 group1、通道的有效時間 3600秒
crypto isakmp key cisco123 address 209.165.100.2	定義 pre-shared-key 為 cisco123，認證對象為 R1
crypto IPsec transform-set R1-R2 esp-aes esp-sha-hmac	使用 transform-set 定義 phase 2 SA，加密使用 AES、完整性使用 SHA
crypto IPsec profile R1-R2-Prof set transform-set R1-R2	定義 IPsec profile，用來指定使用哪一組的 transform-set
interface tunnel 2 ip address 10.10.20.2 255.255.255.0 tunnel source s0/1 tunnel destination 209.165.100.2 tunnel mode IPsec ipv4 tunnel protection IPsec profile R1-R2-Prof	在 tunnel 介面指定模式為 IPsec 並套用 IPsec profile，其他的設定跟 GRE tunnel 一樣
ip route 10.10.10.0 255.255.255.0 tunnel 2	R1 到 PC0 的網路，出口一定要是 tunnel2，如此才會封包新的 IP 表頭檔並且會做 IPsec 加密

執行 SVTI

我們將上述的設定指令分別在 R1 與 R2 執行，並在 R1 與 R2 之間使用 wireshark 捕捉封包來觀察。執行 PC0 ping PC1，R1 已經有設定一筆靜態路由到 PC1 的網路，出口介面為 tunnel3，所以 PC0 的 ping 封包往 tunnel3 介面送出，此時 tunnel3 會先建立 phase1 與 phase2 的安全通道，如下圖所示，phase1 與phase2 協商過程。

圖表 14-34 Phase1 與 Phase2 的協商封包

```
isakmp
Source          Destination      Protocol   Length  Info
209.165.100.2   209.165.200.2    ISAKMP     124     Informational
209.165.200.2   209.165.100.2    ISAKMP     212     Identity Protection (Main Mode)
209.165.100.2   209.165.200.2    ISAKMP     136     Identity Protection (Main Mode)
209.165.200.2   209.165.100.2    ISAKMP     304     Identity Protection (Main Mode)[Malformed Packet]
209.165.100.2   209.165.200.2    ISAKMP     304     Identity Protection (Main Mode)[Malformed Packet]
209.165.200.2   209.165.100.2    ISAKMP     140     Identity Protection (Main Mode)
209.165.100.2   209.165.200.2    ISAKMP     108     Identity Protection (Main Mode)
209.165.200.2   209.165.100.2    ISAKMP     220     Quick Mode
209.165.100.2   209.165.200.2    ISAKMP     220     Quick Mode
209.165.200.2   209.165.100.2    ISAKMP      92     Quick Mode

> Frame 359: 212 bytes on wire (1696 bits), 212 bytes captured (1696 bits) on interface -, id 0
> Cisco HDLC
> Internet Protocol Version 4, Src: 209.165.200.2, Dst: 209.165.100.2
> User Datagram Protocol, Src Port: 500, Dst Port: 500
> Internet Security Association and Key Management Protocol
```

❶ 為 Phase1 的主模式 6 個封包。

❷ 為 Phase 2 的快速模式的 3 個封包。

查詢 Phase 1 的安全通道

使用 show crypto isakmp sa 指令查詢 Phase 1 的安全通道是否有建立成功，如下圖所示，已經在 R1 與 R2 之間建立安全通道，此通道使雙向，R1 送出與接收 Phase 2 的參數都使用相同的通道，R2 也是一樣。請注意如果沒有 Phase 1 的安全通道，Phase2 是不會進行。

圖表 14-35 Tunnel Mode

```
R1#show crypto isakmp sa
dst             src             state          conn-id slot status
209.165.100.2   209.165.200.2   QM_IDLE              1    0 ACTIVE

R1#
```

查看 ping 封包

從 wireshark 捕捉的封包完全看不到 ping 封包，這是因為 ping 封包當作資料 payload 部分，被 IPsec 進行加密，所以看不到 ping 的表頭檔，如下圖所示，只看到 IPsec 的 ESP 表頭檔，其它的內容都被加密，另外可以觀察到 tunnel 介面有幫 ping 封包封裝新的 IP 表頭檔，新的 IP 表頭檔的定義跟 GRE Tunnel 是一樣，要定義 tunnel source 與 tunnel destination IP 位址。

圖表 14-36 ping 封包被 IPsec 加密

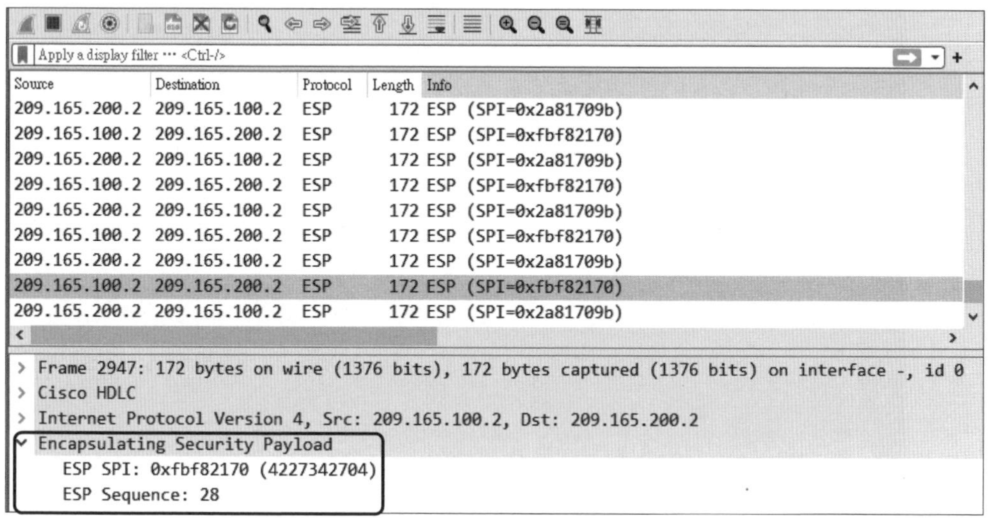

查詢 Phase 2 的安全通道

使用 show crypto IPsec sa 指令查詢 Phase 2 的安全通道是否有建立成功，而 Phase 2 的安全通道會有兩個單向的安全通道，一個安全通道是送出資料做加密，而另一個安全通道是用來收資料做解密，如下圖所示。

❶ 為 IPsec 運作的地方為 tunnel3 介面。

❷ 表示 R1 是加密點而 R2 是解密點。

❸ 表示這是 R1 的一個收資料做解密的安全通道，這個安全通道的另一端 R2 則會做加密，這條安全通道是使用 IPsec ESP 表頭檔。

❹ 表示這是 R1 的一個送出資料做加密的安全通道，通道另一端 R2 則會做解密動作。

圖表 14-37 查詢 Phase 2 的安全通道

```
R1#show crypto ipsec sa

interface: Tunnel3 ①
    Crypto map tag: Tunnel3-head-0, local addr 209.165.100.2

   protected vrf: (none)
   local  ident (addr/mask/prot/port): (0.0.0.0/0.0.0.0/0/0)
   remote ident (addr/mask/prot/port): (0.0.0.0/0.0.0.0/0/0)
   current_peer 209.165.200.2 port 500
     PERMIT, flags={origin_is_acl,}
    #pkts encaps: 63, #pkts encrypt: 63, #pkts digest: 63
    #pkts decaps: 64, #pkts decrypt: 64, #pkts verify: 64
    #pkts compressed: 0, #pkts decompressed: 0
    #pkts not compressed: 0, #pkts compr. failed: 0
    #pkts not decompressed: 0, #pkts decompress failed: 0
    #send errors 0, #recv errors 0
                                                                                  ②
     local crypto endpt.: 209.165.100.2, remote crypto endpt.: 209.165.200.2
     path mtu 1500, ip mtu 1500, ip mtu idb Serial0/0
     current outbound spi: 0xFBF82170(4227342704)

     inbound esp sas:
      spi: 0x2A81709B(713126043)
        transform: esp-aes esp-sha-hmac ,
        in use settings ={Tunnel, }
        conn id: 2001, flow_id: SW:1, crypto map: Tunnel3-head-0              ③
        sa timing: remaining key lifetime (k/sec): (4584465/2127)
        IV size: 16 bytes
        replay detection support: Y
        Status: ACTIVE

     inbound ah sas:

     inbound pcp sas:

     outbound esp sas:
      spi: 0xFBF82170(4227342704)
        transform: esp-aes esp-sha-hmac ,
        in use settings ={Tunnel, }
        conn id: 2002, flow_id: SW:2, crypto map: Tunnel3-head-0              ④
        sa timing: remaining key lifetime (k/sec): (4584465/2125)
        IV size: 16 bytes
        replay detection support: Y
        Status: ACTIVE
```

查看安全通道

使用 show crypto engine connections active 可以看到所有的安全通道，如下圖所示。

圖表 14-38 查詢 Phase1 與 Phase 2 的安全通道

```
R1#show crypto engine connections active

  ID Interface            IP-Address      State  Algorithm           Encrypt  Decrypt
   2 Serial0/0            209.165.100.2   set    HMAC SHA+AES 256 C        0        0
2001 Serial0/0            209.165.100.2   set    AES+SHA                   0        3
2002 Serial0/0            209.165.100.2   set    AES+SHA                   5        0

R1#
```

❶ 表示 Phase 1 的安全通道，只有一個而且是雙向，這個安全通道只給 Phase 2 協商的參數傳遞使用。

❷ 表示 Phase 2 的安全通道，有兩個而且都是單向，在 R1 一個專門送出資料做加密的通道，另一個是專門收到資料做解密的通道，在 R2 就是相反，R1 做加密 R2 就做解密。

14.7 mGRE、NHRP 與 DMVPN 概論

前述探討的 GRE Tunnel 是 1 對 1 的 tunnel 連線關係，進階的 GRE Tunnel 演變為動態的 1 對多的 tunnel 連線關係，稱為 Multipoint GRE (mGRE) Tunnel，由於 mGRE Tunnel 介面中 Tunnel Destination IP 有多個，所以需要搭配 Next Hop Resolution Protocol (NHRP) 來動態決定 Tunnel Destination IP 位址，如果 mGRE 再搭配 IPsec 加密技術就稱為 Dynamic Multipoint VPN (DMVPN)，DMVPN 為目前企業在 WAN 上最常見的解決方案。

mGRE Tunnel 連線架構

點對點 GRE Tunnel，變成點對多 GRE Tunnel (mGRE)，其連線的架構就跟 FR 網路一樣，類似 FR 用 VC 來規劃網路連線，可以架構出多種變化的網路連線，在 mGRE 的 Tunnel 連線就如同 FR 的 VC 連線。mGRE 網路連線主要可以分 Hub-and-Spoke 與 Spoke-to-Spoke 兩種連線架構。

Hub-and-Spoke 連線架構

如下圖所示為 Hub-and-Spoke mGRE Tunnel 連線架構，此處的 Hub-and-Spoke 又稱為星狀的連線 (Star)，總部的路由器當作線路的集中點，所有分公司的路由器都要跟總部建立 Tunnel 連線，分公司之間沒有連線，在總部的路由器必須提供一個 mGRE Tunnel 介面來連接所有分公司路由器的 Tunnel 連線，分公司路由器只需要用一般 Tunnel 介面。在 Hub-and-Spoke 架構下，總公司方便管理所有分公司。

圖表 14-39 Hub-and-Spoke mGRE Tunnel 連線架構

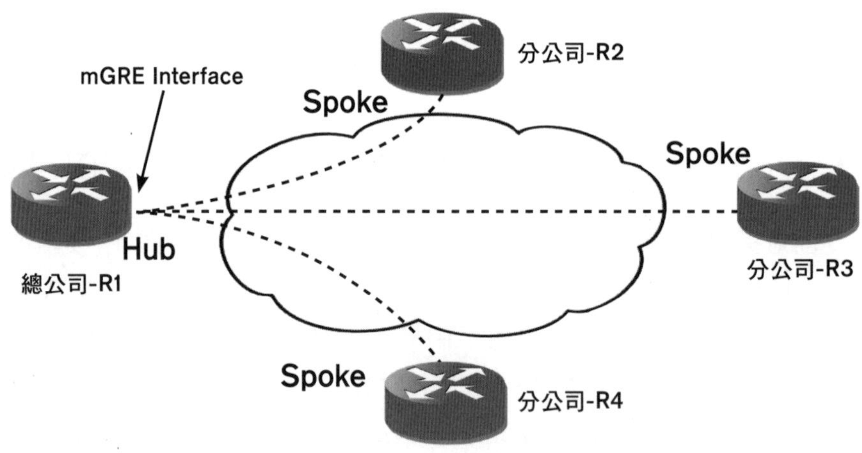

Spoke-to-Spoke 連線架構

Spoke-to-Spoke mGRE Tunnel 連線架構又稱為 Full mesh 架構，如下圖所示，每台路由器之間都可以建立 Tunnel 連線，所以每台路由器都要提供一個 mGRE Tunnel 介面來連接其他路由器的 Tunnel 連線。Full mesh 架構又稱簡化為 Partial mesh 連線架構，表示部分路由器之間不直接做連線，如此使用 mGRE Tunnel 來規劃連線架構就有很多種變化。

圖表 14-40 Spoke-to-Spoke mGRE Tunnel 連線架構

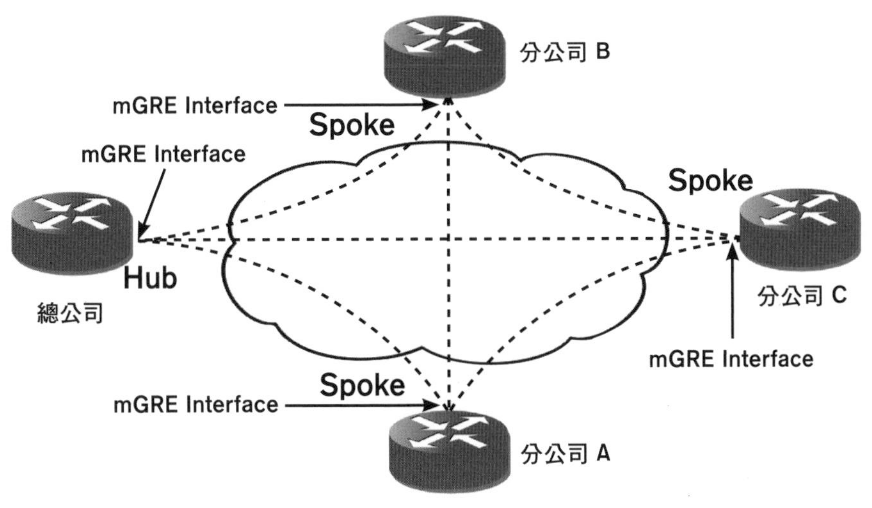

手動建立多點 GRE Tunnel

要建立 mGRE Tunnel 方式有分手動跟動態兩種，手動方式就是利用點對點方式來建立多點 GRE Tunnel，如圖表 14-41 所示，R1 要與 R2、R3、R4 分別建立 GRE Tunnel，在 R1 建立三個 Tunnel 介面，每個 Tunnel 介面分別設定各自的 Tunnel 介面 IP、Tunnel Source IP 與 Tunnel Destination IP，在 R2、R3 與 R4 三台路由器只要建立一個 Tunnel 介面對應到 R1 的 Tunnel 介面。

例如：R1 與 R2 建立 GRE Tunnel，在 R1 建立一個 Tunnel2 介面，其介面 IP 為 10.0.0.1/30，並指定 Tunnel Source IP 為 150.1.1.1 與 Tunnel Destination IP 為 150.1.2.2；相對的在 R2 也需要建立 Tunnel2 介面並指定介面 IP 位址為 10.0.0.2/30、Tunnel Source IP 為 150.1.2.2 與 Tunnel Destination IP 為 150.1.1.1。R1 與 R3、R4 建立 GRE Tunnel 也需要做相同的設定。由此可見，手動建立多點 GRE Tunnel 要維護上將會不方便，擴充性也差。

圖表 14-41
手動建立多點 GRE Tunnel

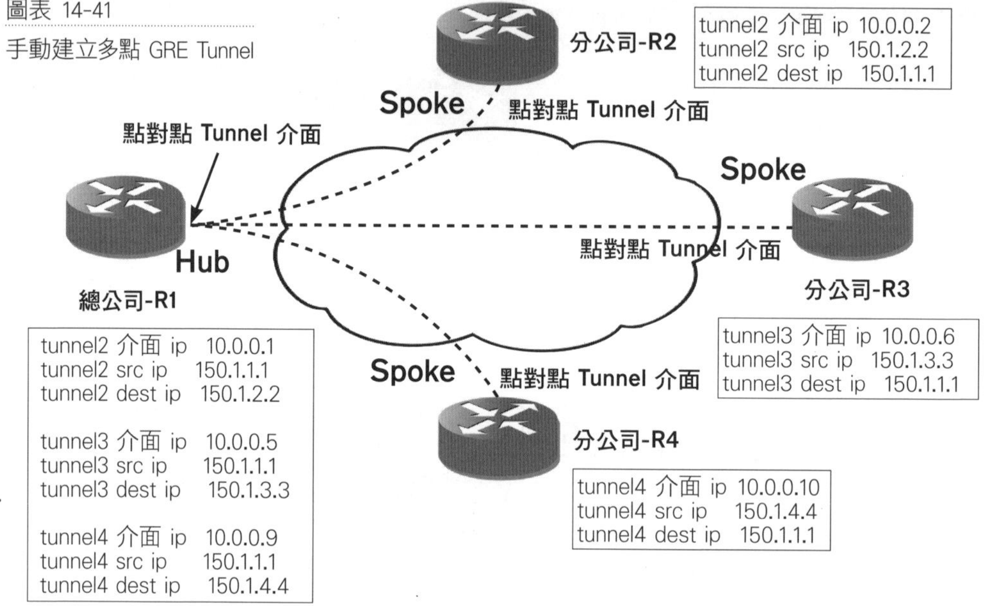

動態 mGRE Tunnel

動態 mGRE Tunnel 的設定上就簡化，如圖表 14-41 所示，在 R1 只需要建立一個 Tunnel 介面來與 R2、R3、R4 分別建立 GRE Tunnel 連線，這種 Tunnel 介面稱為 mGRE Tunnel 介面，在 mGRE Tunnel 介面中不用指定 Tunnel Destination IP 位址，只需要設定 Tunnel 介面 IP 與 Tunnel Source IP 即可，但沒有 Tunnel Destination IP，Tunnel 的封裝就無法完成，動態 GRE Tunnel 的特點就是當要建立 Tunnel 連線時，Tunnel Destination IP 位址才會決定，例如：R1 要建立 Tunnel 連線到 R2，此時 Tunnel Destination IP 才會決定用 150.1.2.2。R1 如何知道所有 Tunnel 連線時所要用的 Tunnel Destination IP，需要使用 NHRP 來收集資訊。

NHRP 運作

NHRP (Next Hop Resolution Protocol)協定是根據 Next Hop IP 來對應出 Tunnel Destination IP，類似 ARP 協定目的，根據 IP 位址找出對應的 MAC 位址。NHRP 運作是 Client-Server 架構，所以會有一台路由器當作 Server，其餘路由器為 Client 角色，Client 路由器必須跟

Server 註冊，並把自己的 Tunnel 介面 IP 與 Tunnel Source IP 位址傳送給 Server，因此，Server 路由器會維護 NHRP 資料庫來記錄每一台 Client 路由器的 Tunnel 介面 IP 與 Tunnel Source IP。

例如：根據圖表 14-42 所示，R1 當 NHRP 的 Server，其餘路由器當 NHRP Client，R1 的 NHRP 資料庫已經有所有 Client 路由器的 Tunnel 介面 IP 與 Tunnel Source IP 位址的對應，當 R1 有封包要經過 Tunnel 介面送到 R2 時，此時封包的 Next Hop IP 就是 R2 的 Tunnel 介面 IP 位址 10.0.0.2，在 R1 的 NHRP 資料庫可以查詢到 10.0.0.2 會對應到 150.1.2.2，所以 R1 就使用 150.1.2.2 當作 Tunnel Destination IP，而 R1 的 Tunnel Source IP 已經設定為 150.1.1.1，如此 R1 就可以進行 GRE Tunnel 封裝。R1 有封包要經由 Tunnel 送到 R3 或 R4，其運作方式一樣，由此觀察 Tunnel 建立是動態產生。在 Client 路由器有封包要透過 Tunnel 送出，Client 路由器會去詢問 Server 路由器的 NHRP 資料庫，Next Hop IP 與 Tunnel Destination IP 的對應關係。

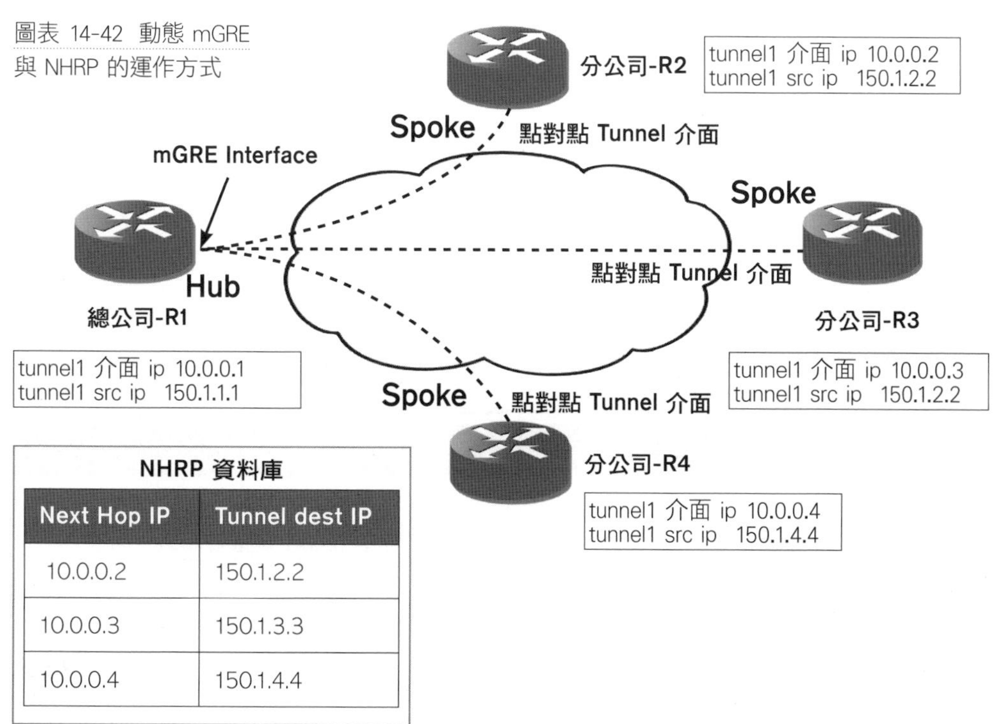

圖表 14-42 動態 mGRE 與 NHRP 的運作方式

mGRE+NHRP 練習

我們使用下列的練習架構來示範 mGRE 與 NHRP 的運作，在本例中 Tunnel 介面使用的 IP 位址為 10.0.0.0/24，Tunnel Destination IP 為 Loopback0(Lo0)，另外 NHRP 已經設定，讀者只要啟動 mGRE Tunnel 介面，觀察 mGRE 如何搭配 NHRP 來動態產生 Tunnel 連線。

圖表 14-43 mGRE+NHRP 練習架構

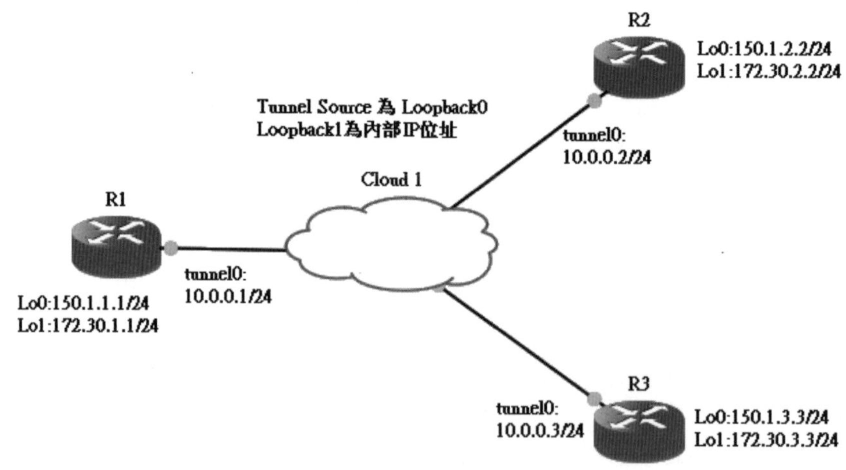

mGRE Tunnel 介面設定

建立 mGRE Tunnel 介面設定跟點對點 Tunnel 介面一樣，使用 int Tunnel 指令，並設定 Tunnel 介面 IP、Tunnel Source IP 及 Tunnel 模式為 mGRE，Tunnel Destination IP 不用設定，如下圖所示為三台路由器設定 mGRE Tunnel 介面的指令。

圖表 14-44 三台路由器設定 mGRE Tunnel 指令

指令	說明
R1(config)#interface Tunnel0	建立 Tunnel 介面
R1(config-if)# ip address 10.0.0.1 255.255.255.0	指定 Tunnel 介面 IP 位址
R1(config-if)# tunnel source Loopback0	設定 Tunnel Source 為 Lo0
R1(config-if)# tunnel mode gre multipoint	Tunnel 模式為 mGRE

Next

R2(config)#interface Tunnel0 R2(config-if)# ip address 10.0.0.2 255.255.255.0 R2(config-if)# tunnel source Loopback0 R2(config-if)# tunnel mode gre multipoint	建立 Tunnel 介面 指定 Tunnel 介面 IP 位址 設定 Tunnel Source 為 Lo0 Tunnel 模式為 mGRE
R3(config)#interface Tunnel0 R3(config-if)# ip address 10.0.0.3 255.255.255.0 R3(config-if)# tunnel source Loopback0 R3(config-if)# tunnel mode gre multipoint	建立 Tunnel 介面 指定 Tunnel 介面 IP 位址 設定 Tunnel Source 為 Lo0 Tunnel 模式為 mGRE

查詢 NHRP 資料庫

使用 show ip nhrp 指令來查詢 NHRP 資料庫，在 NHRP 資料庫可以看到 R2 已經註冊 Tunnel 介面 IP 10.0.0.2 與 Tunnel Source IP 150.1.2.2，其中 type:dynamic 表示該筆對應是動態學習，另外 R3 也是已經註冊的相關資訊。請讀者使用 show ip nhrp 查詢 R2 與 R3 的 NHRP 資料庫，目前應該只有一筆靜態對應。

圖表 14-45 R1 的 NHRP 資料庫

```
R1#show ip nhrp
10.0.0.2/32 via 10.0.0.2, Tunnel0 created 03:10:04, expire 00:00:31
  Type: dynamic, Flags: authoritative unique registered used      ❶
  NBMA address: 150.1.2.2
10.0.0.3/32 via 10.0.0.3, Tunnel0 created 03:09:51, expire 00:00:42
  Type: dynamic, Flags: authoritative unique registered used      ❷
  NBMA address: 150.1.3.3
```

❶ R2 註冊的資訊。

❷ R3 註冊的資訊。

查詢 R1 的路由表

在 R1 的路由表有兩筆 EIGRP 學到的遠端網路，如果有封包要送往 172.30.2.0 網路，R1 的路由表會使用 Next Hop IP 10.0.0.2 出口介面為 Tunnel0，當 R1 將封包往 Tunnel0 介面送出，該封包就要被 Tunnel0 Source IP 與 Tunnel 0 Destination IP 位址封裝，R1 的 Tunnel0 Source IP 已經指定為 150.1.1.1，而 Tunnel0 Destination

IP 則使用 Next Hop IP 10.0.0.2 透過 NHRP 資料庫查詢，所以 R1 就使用 150.1.2.2 當作 Tunnel0 Destination IP。

圖表 14-46 查詢 R1 的路由表

```
R1#show ip route
------- 省略部分輸出 -------
C    200.200.200.0/24 is directly connected, FastEthernet0/0
     172.30.0.0/24 is subnetted, 3 subnets
D       172.30.2.0 [90/297372416] via 10.0.0.2, 03:31:24, Tunnel0
D       172.30.3.0 [90/297372416] via 10.0.0.3, 03:31:11, Tunnel0
C       172.30.1.0 is directly connected, Loopback1
     10.0.0.0/24 is subnetted, 1 subnets
C       10.0.0.0 is directly connected, Tunnel0
     150.1.0.0/24 is subnetted, 3 subnets
S       150.1.3.0 [1/0] via 200.200.200.3
S       150.1.2.0 [1/0] via 200.200.200.2
C       150.1.1.0 is directly connected, Loopback0
S    150.0.0.0/8 is directly connected, FastEthernet0/0
```

測試 mGRE+NHRP

在 R1 執行 ping 172.30.2.2，並使用 Wireshark 捕捉 ICMP 封包來觀察網路模型，如下圖所示，我們可以看到原始 ICMP 封包的來源與目的 IP 分別為 10.0.0.1 與 172.30.2.2，經過 GRE 封裝的來源與目的 IP 分別為 150.1.1.1 與 150.1.2.2。

圖表 14-47 查詢 ICMP 網路模型

```
Capturing from Standard input  [Wireshark 1.12.1 (v1.12.1-0-g01b65bf from master-1.12)]
File Edit View Go Capture Analyze Statistics Telephony Tools Internals Help
Filter: icmp                                  Expression... Clear Apply Save
No.  Time      Source       Destination   Protocol Length Info
 21 11.76:172.30.2.2   10.0.0.1      ICMP     142 Echo (ping) reply    id=0x0000, seq=1
 22 11.77:10.0.0.1     172.30.2.2    ICMP     142 Echo (ping) request  id=0x0000, seq=2
 23 11.78(172.30.2.2   10.0.0.1      ICMP     142 Echo (ping) reply    id=0x0000, seq=2
 24 11.79(10.0.0.1     172.30.2.2    ICMP     142 Echo (ping) request  id=0x0000, seq=3
 25 11.81(172.30.2.2   10.0.0.1      ICMP     142 Echo (ping) reply    id=0x0000, seq=3
 26 11.82(10.0.0.1     172.30.2.2    ICMP     142 Echo (ping) request  id=0x0000, seq=4
 27 11.83(172.30.2.2   10.0.0.1      ICMP     142 Echo (ping) reply    id=0x0000, seq=4
⊞ Frame 26: 142 bytes on wire (1136 bits), 142 bytes captured (1136 bits) on interface 0
⊞ Ethernet II, Src: c0:01:19:d4:00:00 (c0:01:19:d4:00:00), Dst: c0:02:0f:2c:00:00 (c0:02:0f:2c:00:00)
⊞ Internet Protocol Version 4, Src: 150.1.1.1 (150.1.1.1), Dst: 150.1.2.2 (150.1.2.2)
⊞ Generic Routing Encapsulation (IP)
⊞ Internet Protocol Version 4, Src: 10.0.0.1 (10.0.0.1), Dst: 172.30.2.2 (172.30.2.2)
⊞ Internet Control Message Protocol
```

CHAPTER 15

IPv4 與 IPv6 ACL 介紹與實作

路由器在收到一個封包時，就會開始做繞送的工作，若此封包的目的網路在路由器的路由表中找到，路由器就會無條件將此封包傳送出去，但是有時候管理者需要管理公司網路的連線，例如：上班時間不能上 Internet，因此路由器就需要進行封包過濾 (filter) 的動作，本章節將介紹 IPv4 與 IPv6 網路的封包過濾機制，並有多個練習 ACL 的設定範例。

15.1 ACL 介紹

存取清單(ACL，Access Control List)就是在路由器定義過濾封包的條件，為理解路由器如何使用封包過濾這一項功能，你可以想像一下在出國時，要出境時航警都會檢查護照，如果你的名字出現在禁止出境的名單，那你就出不了國門了，所以禁止出境的名單就好像是存取清單。

要定義存取清單，如同在寫程式一樣，要根據需求，使用 ACL 語法寫入到存取清單中，由於每個人的思考邏輯不一樣，同樣的需求，每個人寫出來的 ACL 會有不同的結果。另外要注意使用 ACL 時務必小心謹慎、關注細節，一旦設定不符合需求可能導致代價極高的後果，例如：停機、耗時的故障排除以及糟糕的網路服務，因此，在開始設定 ACL 之前，必須進行基本的規劃及驗證。

ACL 語法

ACL 語法類似 **IF (條件) then (動作)** 的**敘述(statement)**，表示條件成立就會進行動作，這是在寫程式時常會用的邏輯判斷式。以下圖網路架構為例，R1 要讓電腦 A 的封包可以經過，但是禁止電腦 B 的封包通過，我們的邏輯可以這樣想：

圖表 15-1 ACL 敘述範例

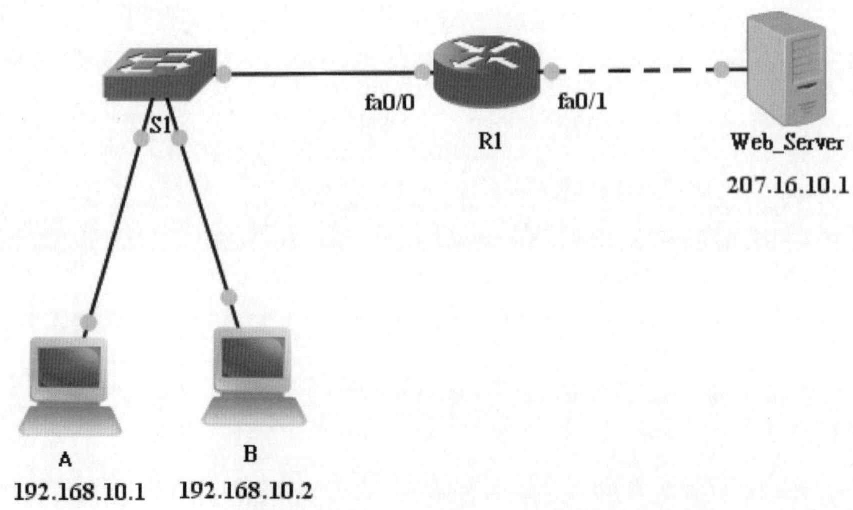

```
IF (條件=封包來自電腦 A) then (動作=允許 )
```

及

```
IF (條件=封包來自電腦 B) then (動作=阻擋)
```

這兩個邏輯敘述就可以做到這個需求。只要將這兩個邏輯敘述轉成 ACL 語法，路由器就知道怎麼執行。

ACL 語法的思考邏輯會將動作寫在前面、條件寫在後面，以前述範例，原先 **IF (條件=封包來自電腦 A) then (動作=允許)** 的判斷邏輯，應變為 **(動作=允許) (條件=封包來自電腦 A)**，再將換成 ACL 的關鍵字變成 **(動作=permit) (條件=host 192.168.10.1)**，最後將中文及括號去掉就是 ACL 語法：

```
permit host 192.168.10.1
```

另外 **IF (條件=封包來自電腦 B) then (動作=阻擋)** 的邏輯換成 ACL 的語法就是：

```
deny host 192.168.10.2
```

ACL 中的動作就只有 deny 及 permit 兩種，**permit** 表示路由器允許封包通過，而 **deny** 表示路由器阻擋封包通過。由以上介紹，如果你的需求更複雜，ACL 就好像在寫程式一樣，會有很多 ACL 邏輯敘述。

ACL 的執行

當我們將 **permit host 192.168.10.1** 與 **deny host 192.168.10.2** 在 R1 中設定後，此時這兩行 ACL 的敘述只是存在 run 組態中，R1 還不會根據這兩行 ACL 來進行封包的過濾，因此還要有啟動 ACL 執行的指令，而路由器啟動 ACL 是在網路介面啟動。

ACL 執行的方向性

在網路介面啟動 ACL 時還要注意方向性，也就是封包有**進入(inbound)**與**離開(outbound)**網路介面的行為，必須在介面啟動 ACL 時要設定，所以要完整啟動 ACL 必須在網路介面定義封包進入或離開時觸發 ACL 執行。

ACL 種類

ACL 語法有分為兩種，**標準 ACL(Standard access list)**及**延伸 ACL(Extended access list)**，這兩種 ACL 主要的差別在於檢查的條件，標準 ACL 只能檢查封包的來源，例如：上述的 **deny host 192.168.10.2** 就是標準 ACL，延伸 ACL 能檢查封包的來源、目的、協定及服務四種條件，稍後會有詳細的介紹及示範設定。

ACL 敘述的設定方式

在路由器中要寫 ACL 語法的指令有兩種方式，一種是使用**編號的方式(Number)**，另一種是用**命名的方式(Name)**。若使用編號時，標準 ACL 分配的編號範圍 1~99，而延伸 ACL 分配的編號範圍 100~199，如下表所示，命名的方式就無限制。

圖表 15-2 ACL 設定方式

IPv4 ACL 種類	數字範圍或名稱
Number Standard	1-99, 1300-1999
Number Extended	100-199, 2000-2699
Named(Standard and Extended)	Name

ACL 執行的順序

當寫好了幾項 ACL 敘述時，路由器執行 ACL 敘述順序如下圖所示，路由器會先執行第一項的 ACL 敘述，測試是否**符合條件(Match)**，如果符合就**執行動作(Deny or Permit)**，第二項以後的 ACL 敘述就不會執行，但是第一項 ACL 敘述測試不符合條件，就會執行第二項 ACL 敘述測試，以此類推，但是要注意若最後一項 ACL 敘述測試仍然沒有符合條件，這時候路由器就會執行 **deny any**，其中 **any** 表示任何條件都符合，也就是**隱含的全部阻擋(Implicit Deny)**，因此這個敘述就是全部封包阻擋。

另外有一個 **permit any** 表示全部封包都允許通過，如果 ACL 敘述測試都失敗後，最後要讓封包通過路由器，此時最後一項 ACL 敘述就要加上 **permit any**，這點要特別留意。

圖表 15-3 ACL 執行的測試的邏輯

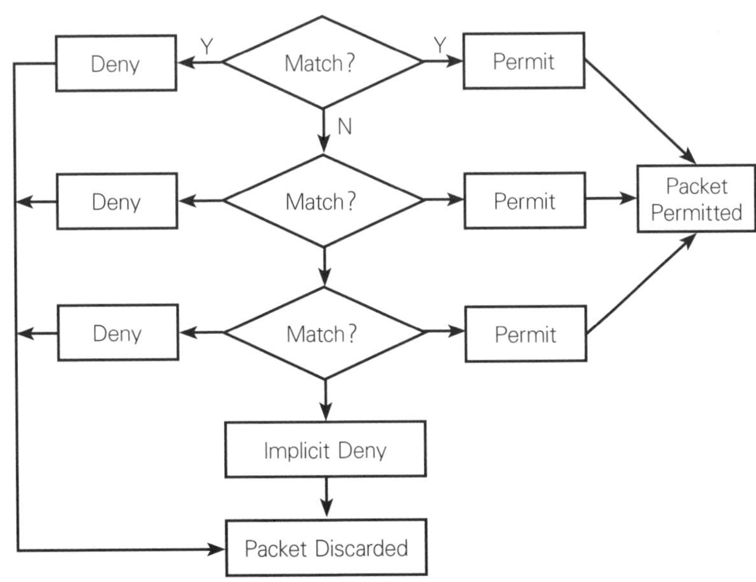

以上述的範例中兩個 ACL 敘述，如下表所示，如果第一項的條件有符合就會執行 permit 的動作，之後就不會再執行第二項 ACL 敘述，如果第一項的條件不符合，才會去執行第二項 ACL 敘述，若第二項的條件再不符合，此時已經沒有 ACL 敘述，路由器預設最後就會執行 **deny any**。請注意如果路由器啟動一個空的 ACL，則不會有 deny any 的執行。

圖表 15-4 ACL 執行的順序

項次	ACL 敘述
1	permit host 192.168.10.1
2	deny host 192.168.10.2

15.2 標準 ACL 設定

本節將以標準 ACL 來做設定示範，我們使用下列 ACL-basic 網路架構來示範 ACL 設定。

圖表 15-5 ACL-basic 網路架構

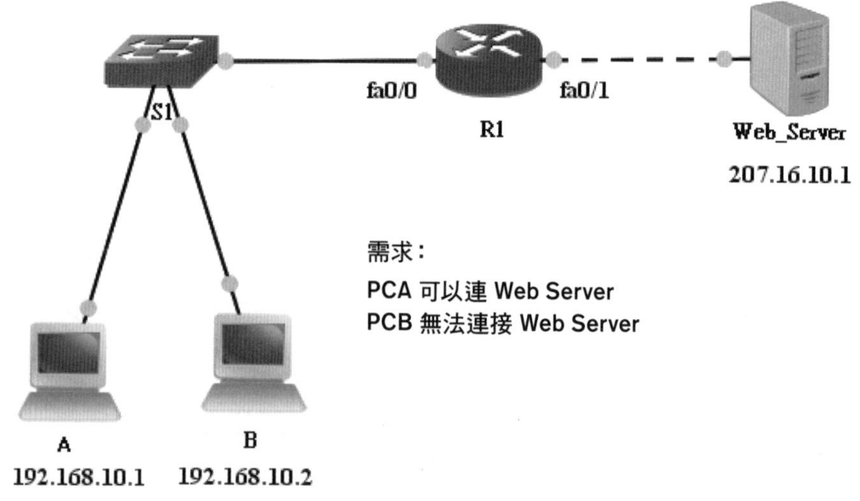

規劃 ACL 指令

本範例需求為 A 電腦可以連接 Web Server，而 B 電腦不能連接 Web Server，根據此需求要先決定在 R1 的那一個介面要阻擋 B 電腦連接 Web Server 的封包，先選擇 R1 的 fa0/1 來執行 ACL 的動作。

接下來要思考在封包進入或離開 fa0/1 時來觸發 ACL 的過濾，由於目前使用的是標準 ACL 只能檢查封包來源，所以只能選擇封包離開 fa0/1 來觸發 ACL 的過濾，因此使用 **deny host 192.168.10.2** 來阻擋 B 電腦的封包通過，而 **permit host 192.168.10.1** 則允許 A 電腦通過，使用編號的方式執行 **access-list** 將此敘述設定到路由器中，相關指令如下表所示。

請注意本範例也可以選擇 fa0/0 來執行 ACL，但是啟動方向要為進入 fa0/0，如此才能檢查到來源為電腦 A 與電腦 B。

圖表 15-6 R1 中設定及啟動標準 ACL 指令

指令	說明
R1(config)#access-list 10 permit host 192.168.10.1	新增一筆編號 10 的 ACL 敍述
R1(config)#access-list 10 deny host 192.168.10.2	新增一筆編號 10 的 ACL 敍述
R1(config)#int fa0/1	切換到 fa0/1
R1(config-if)#ip access-group 10 out	在 fa0/1 啟動編號 10 ACL 檢查封包出去

上表中 **access-list 10** 為使用**編號方式**將 ACL 設定到路由器，目前使用是**標準 ACL**，所以可以用的**編號範圍 1~99**，目前使用 10 號，請注意要一起執行的 ACL 敘述，其編號都要一樣。

設定好 ACL 敘述後，此時還未啟動 ACL 的執行，接著要在 fa0/1 介面模式下啟動編號 10 的 ACL，使用 **ip access-group** 指令來啟動，另外還要注意要觸發 ACL 執行的方向，**out** 表示當封包離開 fa0/1 時會觸發編號 10 的 ACL 執行，若是封包進到 fa0/1 就不會執行。以下是完整執行 ACL 的設定。

圖表 15-7 R1 執行啟動標準 ACL 指令

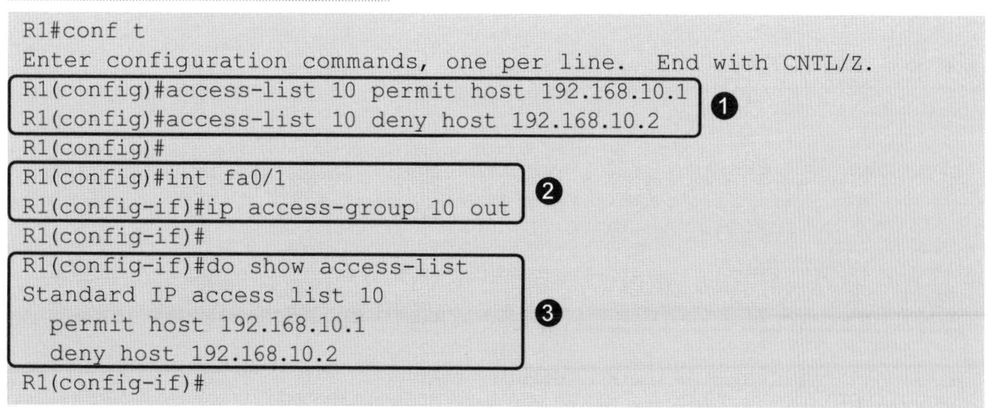

```
R1#conf t
Enter configuration commands, one per line.  End with CNTL/Z.
R1(config)#access-list 10 permit host 192.168.10.1
R1(config)#access-list 10 deny host 192.168.10.2
R1(config)#
R1(config)#int fa0/1
R1(config-if)#ip access-group 10 out
R1(config-if)#
R1(config-if)#do show access-list
Standard IP access list 10
  permit host 192.168.10.1
  deny host 192.168.10.2
R1(config-if)#
```


❶ 設定編號 10 的兩個 ACL 敘述。

❷ 在 fa0/1 中 out 的方向啟動編號 10 的 ACL。

❸ 使用 **show access-list** 來查詢 ACL 設定及執行狀況。

請注意：如果有一個 ACL 敘述句寫錯了，使用 no access-list 10 來刪除，但是會將編號 10 的 ACL 敘述句全部刪除，所以建議先用記事本來編輯 ACL 敘述句，確定無誤之後，再使用剪貼方式在路由器執行全部 ACL 敘述句。

查詢 ACL 敘述儲存

當設定完成 ACL 敘述後，讀者可以使用 **show run** 查詢 run 組態檔中，會出現上面有設定的兩個 ACL 敘述，如下所示。

圖表 15-8 查詢 R1 儲存 ACL 敘述的地方

```
R1#show run
Building configuration...
**省略部分輸出
access-list 10 permit host 192.168.10.1
access-list 10 deny host 192.168.10.2
**省略部分輸出
```

查詢介面啟動 ACL

使用 **show ip int fa0/1** 來查詢 ACL 在 fa0/1 啟動狀況，如下所示，**Outgoing access list 欄位**表示封包離開介面會觸發的 ACL，目前是編號 10 的 ACL，**Inbound access list 欄位**表示封包進入 fa0/1 會觸發的 ACL，目前沒有設定。

請注意在一個介面中同一個方向只能啟動一組 ACL 的標號，若啟動兩組，最後啟動會覆蓋前面啟動，所以一個網路介面總共可以啟動兩組，in 與 out 各一組。

圖表 15-9 查詢 R1 中 fa0/1 啟動 ACL 狀況

```
R1#show ip int fa0/1
FastEthernet0/1 is up, line protocol is up (connected)
 Internet address is 207.16.10.254/24
 Broadcast address is 255.255.255.255
 Address determined by setup command
 MTU is 1500 bytes
 Helper address is not set
 Directed broadcast forwarding is disabled
 Outgoing access list is 10
 Inbound  access list is not set
 Proxy ARP is enabled
 Security level is default
-------------------省略部分輸出-------------------
```

測試 ACL

先在 R1 執行 **show access-list** 後，接著在 PCA 執行 **ping 207.16.10.1**，如下所示 PCA 與 Web Server 連線成功，但是還不知道是否有經過 ACL 敘述的檢查。

圖表 15-10 PCA 可以連接 Web Server

```
PC>ping 207.16.10.1

Pinging 207.16.10.1 with 32 bytes of data:

Request timed out.
Reply from 207.16.10.1: bytes=32 time=0ms TTL=127
Reply from 207.16.10.1: bytes=32 time=0ms TTL=127
Reply from 207.16.10.1: bytes=32 time=0ms TTL=127
```

查看 ACL 執行結果

在 R1 再執行一次 **show access-list**，請比較兩次執行的結果如下所示：

圖表 15-11 查詢 R1 中 ACL 執行結果

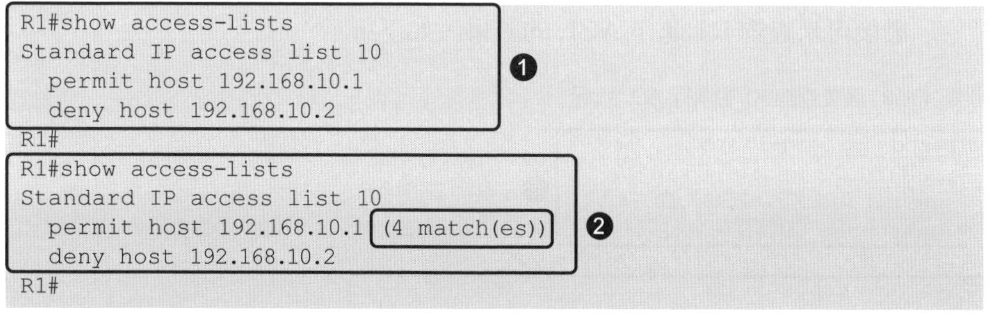

```
R1#show access-lists
Standard IP access list 10
  permit host 192.168.10.1
  deny host 192.168.10.2
R1#
R1#show access-lists
Standard IP access list 10
  permit host 192.168.10.1 (4 match(es))
  deny host 192.168.10.2
R1#
```

❶ PCA ping Server 之前的 show access-list 結果。

❷ PCA ping Server 後的 show access-list 結果，其中多了 **(4 match(es))**的訊息出來，表示有四個封包符合 **permit host 192.168.10.1** 敘述中的條件，執行動作為 permit，所以這四個封包即為 PCA 所送出的四個 ping request 封包都通過 R1。

請注意讀者實驗中 **matches** 數字可能會不太一樣，只要 matches 數字有增加就表示有封包符合該項 ACL 條件，至於該封包要阻擋還是要通過就要看該項 ACL 的動作為何(deny or permit)。

測試 PCB 連線

接著在 PCB 執行 **ping 207.16.10.1**，結果如下圖所示『**Destination host unreachable.**』訊息表示 PCB 與 Web Server 連線失敗，這表示 ACL 阻擋成功。

請注意此訊息與路由器無法繞送封包的訊息一樣。

圖表 15-12
PCB 無法連接 Web Server

```
PC>ping 207.16.10.1

Pinging 207.16.10.1 with 32 bytes of data:

Reply from 192.168.10.254: Destination host unreachable.
Reply from 192.168.10.254: Destination host unreachable.
Reply from 192.168.10.254: Destination host unreachable.
Reply from 192.168.10.254: Destination host unreachable.
```

查看 ACL 執行結果

最後再來查詢 R1 運作 ACL 的結果，如下所示：

圖表 15-13 最後查詢 R1 中執行 ACL 狀況

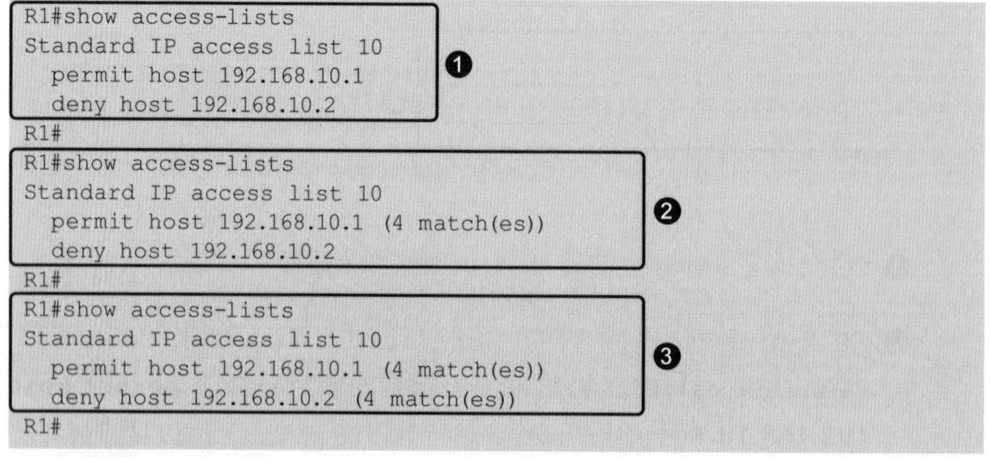

```
R1#show access-lists
Standard IP access list 10
  permit host 192.168.10.1
  deny host 192.168.10.2
R1#
R1#show access-lists
Standard IP access list 10
  permit host 192.168.10.1 (4 match(es))
  deny host 192.168.10.2
R1#
R1#show access-lists
Standard IP access list 10
  permit host 192.168.10.1 (4 match(es))
  deny host 192.168.10.2 (4 match(es))
R1#
```

❶ 第一次執行 show access-list 的結果。

❷ 第二次執行 show access-list 的結果。

❸ 第三次的 **show access-list** 執行結果，其中在 **deny host 192.168.10.2** 後多出 **(4 match(es))**的訊息出來，表示有四個封包符合 **deny host 192.168.10.2** 敘述的條件，執行動作為 deny，所以 PCB 的封包被拒絕通過。

重設 ACL 執行計數器

如果想重新將執行 **show access-list** 結果中的 **match 數目歸零**，只要在 R1 的管理者模式執行 **clear access-list counters** 就可以歸零。

15.3 延伸 ACL

本節要介紹延伸 ACL 功能，延伸 ACL 能檢查封包的來源、目的、協定及服務四種條件，讓過濾的條件更能進階設定，我們使用下列的 ACL-extended 網路架構來解說延伸 ACL 的運作與設定示範。

圖表 15-14 ACL-extended 網路架構

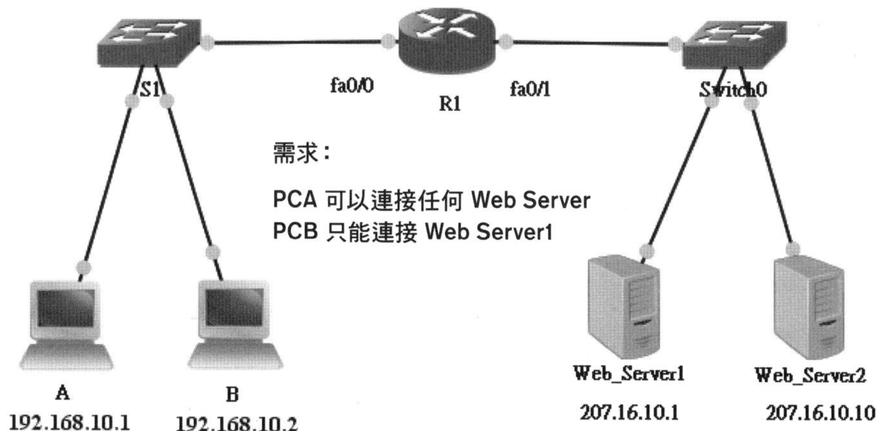

延伸 ACL 檢查條件

根據本範例需求，PCA 可以連接任何 Web Server，而 PCB 只能連接 Web Server 1，這種需求必須檢查封包的來源與目的，而標準 ACL 只能用封包來源作為檢查的條件，因此使用標準 ACL 是無法完成本範例的需求。

延伸 ACL 能針對包的來源、目的、協定及服務作檢查，以下為四種條件的說明。

- **來源**：檢查封包來源 IP 位址。
- **目的**：檢查封包目的 IP 位址。
- **協定**：檢查封包使用協定，例如：IP、TCP、ICMP….。
- **服務**：檢查封包使用服務，例如：Telnet、WWW、ftp……。

例如以下延伸型的 ACL 語法：

```
access-list 101 permit tcp host 192.168.1.5 eq 3999 host 192.168.3.7 eq 80
```

上述語法表示會檢查封包中的來源為 192.168.1.5 與目的為 192.168.3.7，並且封包要使用 TCP 協定與使用 Http 服務 (eq 80)，另外 eq 3999 表示要檢查封包的 source port number 為 3999，如此才能符合該 ACL 敘述的條件。如下圖所示為延伸 ACL 的四個條件的語法，其中服務是檢查 Destination port number，寫在目的電腦 IP 的後面，但是來源電腦也可以檢查 Source Port number，只是 Source Port number 為視窗編號，檢查沒有意義，所以通常不會寫出來。

請注意封包的協定不是 TCP 或 UDP 時，就無需檢查服務，因為沒有 port number。

圖表 15-15 延伸 ACL 檢查的四個條件

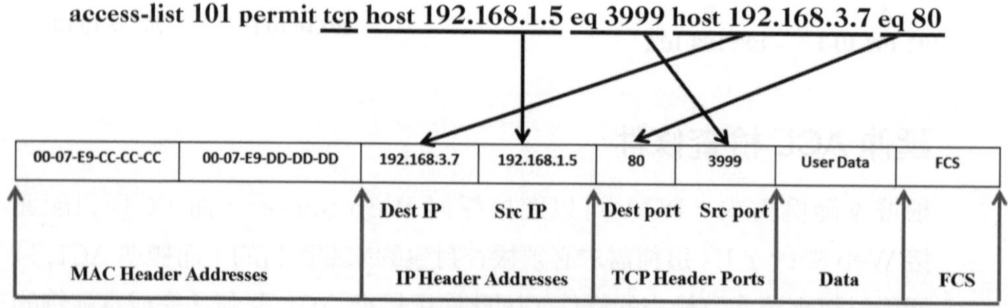

請注意 eq 為 equal，eq 80 表示 port number 要等於 80，還有其它運算子的選項，例如：大於或小於某個 port number 等等，如下表所示。

圖表 15-16 檢查 port number 運算子

參數	描述
eq	等於給定 port number
gt	大於給定 port number
lt	小於給定 port number
neq	不等於給定 port number
range	在給定 port number 之間的範圍

延伸 ACL 的規劃與執行

當使用延伸 ACL 時，一個敘述要成立必須四個條件全部符合。首先選擇 R1 的 fa0/1 介面，當封包離開 fa0/1 時來執行 ACL，設計三個延伸 ACL 敘述來達成本需求，其中的服務沒有限制就不需要寫，詳細指令如下：

```
1. permit ip host 192.168.10.1 any
```

檢查條件為來源為 192.168.10.1 ，目的是為任何網路，協定使用 IP，三個條件都符合就會執行 permit。

```
2. permit ip host 192.168.10.2 host 207.16.10.1
```

檢查條件為來源為 192.168.10. 2，目的為 207.16.10.1，協定使用 IP，三個條件都符合就會執行 permit。

```
3. deny ip host 192.168.10.2 host 207.16.10.10
```

檢查條件為來源為 192.168.10.2，目的是 207.16.10.10，協定使用 IP，三個條件都符合就會執行 deny。

接著使用編號的方式將上述的三個延伸 ACL 敘述設定到 R1 中，其中使用編號 100，請注意延伸 ACL 可用的編號範圍 100~199，並在 fa0/1 中啟動執行 ACL。完整執行指令如下表。

圖表 15-17 R1 中設定延伸 ACL 敘述

指令	說明
R1(config)#access-list 100 permit ip host 192.168.10.1 any	如前頁所述
R1(config)#access-ist 100 permit ip host 192.168.10.2 host 207.16.10.1	如前頁所述
R1(config)#access-list 100 deny ip host 192.168.10.2 host 207.16.10.10	如前頁所述
R1(config)#int fa0/1 R1(config-if)#ip access-group 100 out	在 fa0/1 中 out 方向 啟動編號 100 的 ACL

測試 PCA 連線

有們在 PCA 執行 **ping 207.16.10.1** 及 **ping 207.16.10.10**，結果應該都是連線成功。再來檢查 R1 是否執行 ACL 的敘述，在 R1 執行 **show access-list** 來查看，結果如下所示：

圖表 15-18 查看 R1 執行 ACL 結果

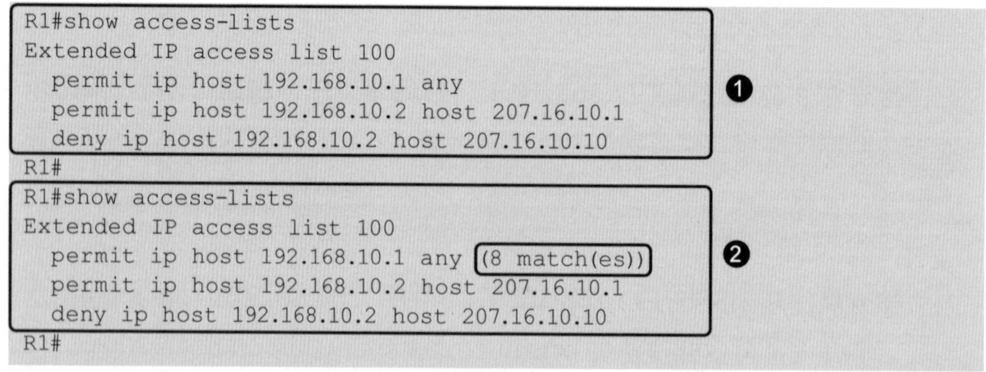

❶ PCA 執行 ping 之前的 show access-list 結果。

❷ PCA 執行 ping 測試後的 show access-list 結果，其中有 **8 matches** 符合 **permit ip host 192.168.10.1 any**。

測試 PCB 連線

繼續在 PCB **ping 207.16.10.1** 及 **ping 207.16.10.10**，結果如下所示：

圖表 15-19 PCB 只能連接 Web Server1

```
PC>ping 207.16.10.1

Pinging 207.16.10.1 with 32 bytes of data:

Reply from 207.16.10.1: bytes=32 time=1ms TTL=127   ①
Reply from 207.16.10.1: bytes=32 time=9ms TTL=127
Reply from 207.16.10.1: bytes=32 time=0ms TTL=127
Reply from 207.16.10.1: bytes=32 time=1ms TTL=127

Ping statistics for 207.16.10.1:
    Packets: Sent = 4, Received = 4, Lost = 0 (0% loss),
Approximate round trip times in milli-seconds:
    Minimum = 0ms, Maximum = 9ms, Average = 2ms

PC>
PC>ping 207.16.10.10

Pinging 207.16.10.10 with 32 bytes of data:

Reply from 192.168.10.254: Destination host unreachable.   ②
Reply from 192.168.10.254: Destination host unreachable.
Reply from 192.168.10.254: Destination host unreachable.
Reply from 192.168.10.254: Destination host unreachable.
```

❶ 表示連線 Web Server1 成功。

❷ 顯示連接 Web Server 2 失敗，如此就有符合本範例需求。

最後檢查 ACL 執行結果

在 R1 一樣檢查 ACL 執行狀況，如下所示：

圖表 15-20 查詢 R1 中執行延伸 ACL 狀況

```
R1#show access-lists
Extended IP access list 100
  permit ip host 192.168.10.1 any
  permit ip host 192.168.10.2 host 207.16.10.1        ❶
  deny ip host 192.168.10.2 host 207.16.10.10
R1#
R1#show access-lists
Extended IP access list 100
  permit ip host 192.168.10.1 any (8 match(es))       ❷
  permit ip host 192.168.10.2 host 207.16.10.1
  deny ip host 192.168.10.2 host 207.16.10.10
R1#
R1#show access-lists
Extended IP access list 100
  permit ip host 192.168.10.1 any (8 match(es))       ❸
  permit ip host 192.168.10.2 host 207.16.10.1 (4 match(es))
  deny ip host 192.168.10.2 host 207.16.10.10 (4 match(es))
R1#
```

❶、❷ 為 PCB 執行測試之前的檢查 ACL 執行結果。

❸ PCB 執行測試的 ACL 執行結果，其中 **permit ip host 192.168.10.2 host 207.16.10.1** 有 **4 matches** 與 **deny ip host 192.168.10.2 host 207.16.10.10** 有 **4 matches**，表示 PCB 送出的 8 個 ping request 封包，4 個通過而 4 個被阻擋下來。

上述使用三個延伸 ACL 敘述達到本範例的需求，這裡要強調的是這三個延伸 ACL 敘述解答不是標準答案，而且在不同介面設計 ACL 的邏輯也會不一樣，讀者可以思考一下使用兩個延伸 ACL 敘述來完成本需求。

ACL 使用建議設計原則

ACL 的其他使用原則及注意事項整理如下：

- 根據需求要過濾的封包，決定要使用的 ACL 種類，要使用是標準 ACL 還是延伸 ACL。
- 決定要在那一個網路介面，那一個方向啟動 ACL。
- 每個網路介面的每一個方向只能啟動一組 ACL。
- 最後 ACL 敘述為隱含的 deny any，此為路由器主動執行。
- ACL 的條件嚴謹度，在越前面幾項的 ACL 敘述條件要嚴謹，越後面 ACL 敘述條件要越寬鬆。

ACL 放置的介面選擇

目前已經介紹標準 ACL 與延伸 ACL 的使用，這兩種 ACL 都應該放置在最能發揮作用的網路介面，其基本的規則如下：

- 延伸 ACL 盡可能靠近要拒絕流量的來源，如此才能在要阻擋的資料流量傳送目的網路之前將其過濾掉。
- 標準 ACL 應該盡可能靠近目的地，因為標準 ACL 不能指定目的位址，只能檢查封包的來源。

請注意交換器也可以設定 ACL，稱為 Vlan ACL(VACL) 及 Port ACL(PACL)，而路由器的 ACL 稱為 RACL，VACL 及 PACL 能針對 MAC 來進行流量的過濾，VACL 及 PACL 屬於 CCNP 課程範圍。

15.4 使用命名方式設定 ACL

本節將使用命名方式來設定 ACL 敘述，並且練習延伸 ACL 來過濾特定協定與服務，我們使用下列 ACL-name 網路架構來示範命名 ACL 的設定。

圖表 15-21 ACL-name 網路架構

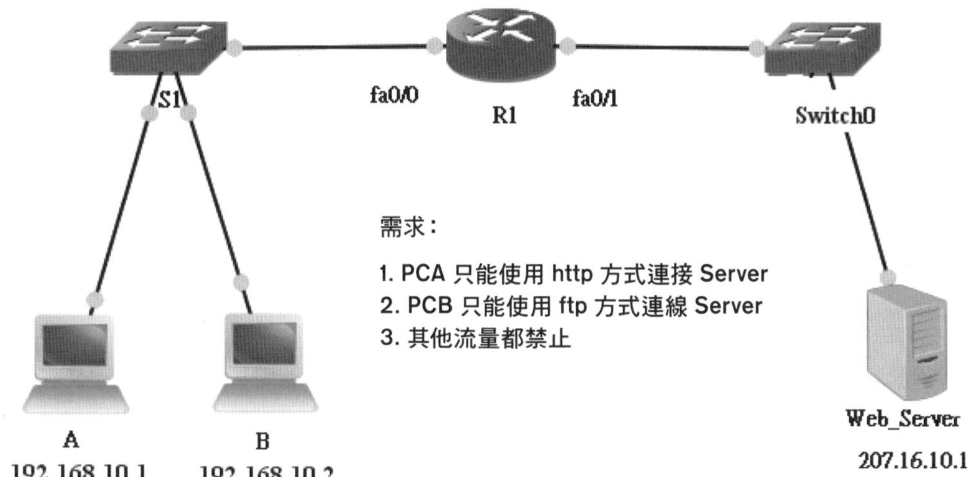

ACL 規劃

本範例需求 PCA 只能使用 http 方式連接 Server 及 PCB 只能使用 ftp 連線 Server，其他種類的封包將被阻擋下來，所以本範例需求也是要用延伸 ACL 來達成。針對 PCA 只能使用 http 方式連接 Server，其中服務 http 就是 WWW 網頁服務，而且 WWW 服務使用的是 TCP 傳輸協定，因此使用 **permit tcp host 192.168.10.1 any eq www** 來檢查來源為 192.168.10.1，目的為任何網路，協定為 TCP 及服務為 WWW 等四個條件，符合條件的封包就可以通過，其中 **eq www** 也可以使用 port number 來表示，WWW 服務的 port number 為 80，所以也可以寫成 **eq 80**。

針對 PCB 只能使用 ftp 連線 Server，其中 ftp 也是使用 TCP 協定，所以使用 **permit tcp host 192.168.10.2 any eq ftp** 來檢查 PCB 使用 ftp 連線，另外 **deny ip any any** 為延伸 ACL 的全部阻擋，此敘述如果使用者不設定，路由器本身也會自動預設在 ACL 最後面，不過建議自行設定此敘述，這樣在查詢 **show access-list** 的結果才會出現 **deny ip any any** 這條敘述。完成本需求的詳細 ACL 敘述如下表。

若使用延伸 ACL 要設定全部通過的敘述，請使用 **permit ip any any**。

圖表 15-22 使用 Port no. 在 R1 中設定命名的延伸 ACL 敘述

指令	說明
R1(config)#ip access-list extended R1-ACL	使用命名方式
R1(config-ext-nacl)#permit tcp host 192.168.10.1 any eq www	允許 PCA 的 http 封包通過
R1(config-ext-nacl)#permit tcp host 192.168.10.2 any eq ftp	允許 PCB 的 ftp 封包通過
R1(config-ext-nacl)#deny ip any any	全部拒絕
R1(config)#int fa0/0 R1(config-if)#ip access-group R1-ACL in	在介面 fa0/0 執行 ACL

執行命名延伸 ACL 敘述

將上述的 ACL 敘述使用命名的方式在 R1 設定，**ip access-list extended** 為設定命名延伸 ACL 指令，使用 **R1-ACL** 當名稱，並且在 fa0/0 介面 in 的方向啟動，如下所示：

圖表 15-23 在 R1 設定及執行命名的延伸 ACL

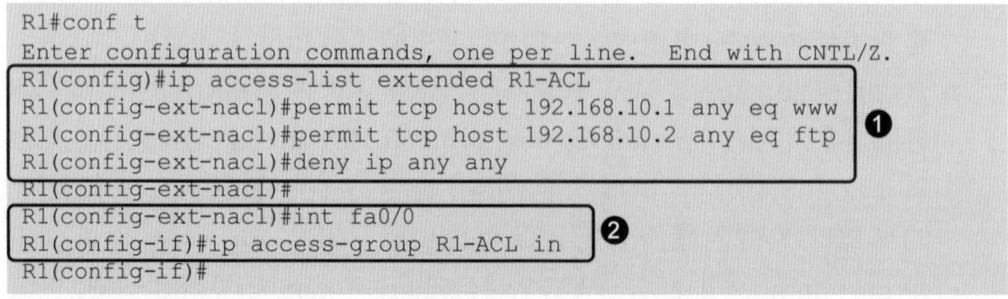

```
R1#conf t
Enter configuration commands, one per line.  End with CNTL/Z.
R1(config)#ip access-list extended R1-ACL
R1(config-ext-nacl)#permit tcp host 192.168.10.1 any eq www
R1(config-ext-nacl)#permit tcp host 192.168.10.2 any eq ftp
R1(config-ext-nacl)#deny ip any any
R1(config-ext-nacl)#
R1(config-ext-nacl)#int fa0/0
R1(config-if)#ip access-group R1-ACL in
R1(config-if)#
```


❶ 使用命名 R1-ACL 方式設定延伸 ACL 的敘述。

❷ 啟動名稱 ACL 在 fa0/0 中 in 的方向執行，如此就完成 R1 設定及執行命名的延伸 ACL。

PCA 測試連線

請讀者在 PCA 先使用 ICMP 的封包測試連線，在 PCA 執行 **ping 207.16.10.1**，結果 ICMP 封包不能通過 R1，換成使用 Browser 方式連線 Server，結果成功。

檢查 ACL 執行結果

接下來在 R1 查詢 ACL 執行狀況，使用 **show access-list** 結果如下所示，其中所顯示的序號 (10、20、30) 可以讓管理者刪除某個特定 ACL 敘述，也可以插入ACL 敘述，例如：在 R1-ACL 模式中執行 "no 10"，這個敘述 permit tcp host 192.168.10.1 any eq www 就被刪除，執行 "25 permit tcp host 192.168.10.1 any eq www"，"25" 之後的敘述就會插入在序號20與30之間，如此就可以方便調整 ACL 敘述。

圖表 15-24　查詢 R1 中執行延伸 ACL 檢查 http 狀況

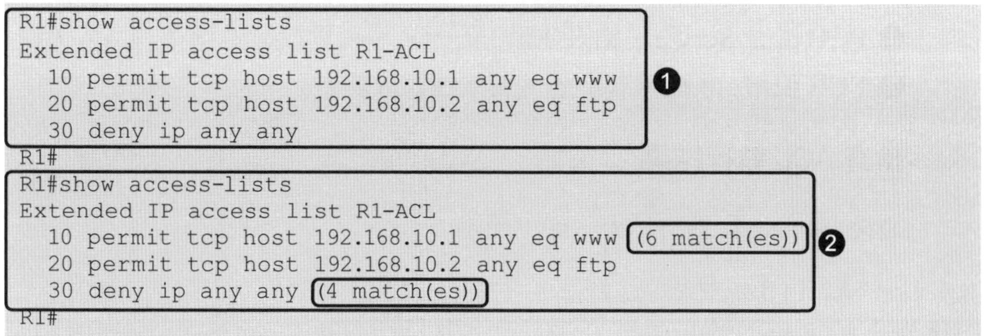

```
R1#show access-lists
Extended IP access list R1-ACL
  10 permit tcp host 192.168.10.1 any eq www
  20 permit tcp host 192.168.10.2 any eq ftp
  30 deny ip any any
R1#
R1#show access-lists
Extended IP access list R1-ACL
  10 permit tcp host 192.168.10.1 any eq www (6 match(es))
  20 permit tcp host 192.168.10.2 any eq ftp
  30 deny ip any any (4 match(es))
R1#
```


❶ 測試前的 ACL 執行狀況。

❷ PCA 執行測試後的 ACL 執行狀況，其中 R1-ACL 為使用命名 ACL 的名稱，**permit tcp host 192.168.10.1 any eq www** 後面有 **6 matches** 表示使用 PCA 使用 http 連線 Web Server 成功，另外 **deny ip any any** 後面有 **4 matches** 表示 PCA 使用 ping 連線 Web Server 失敗。

請注意如果在設定 ACL 時沒有設定 deny ip any any，雖然路由器會預設最後執行，但是就不會出現在 **show access-list** 結果中。

測試 PCB 的 ping 與 ftp 連線

接著來測試 PCB 的 ping 與 ftp 連線，如下所示：

圖表 15-25 PCB 執行 ping 與 ftp 連線測試

```
PC>ping 207.16.10.1

Pinging 207.16.10.1 with 32 bytes of data:

Reply from 192.168.10.254: Destination host unreachable.   ①
Reply from 192.168.10.254: Destination host unreachable.
Reply from 192.168.10.254: Destination host unreachable.
Reply from 192.168.10.254: Destination host unreachable.

Ping statistics for 207.16.10.1:
    Packets: Sent = 4, Received = 0, Lost = 4 (100% loss),

PC>
PC>ftp 207.16.10.1
Trying to connect...207.16.10.1
Connected to 207.16.10.1
220- Welcome to PT Ftp server
Username:cisco                                             ②
331- Username ok, need password
Password:
230- Logged in
(passive mode On)
ftp>
```

❶ PCB ping Server，結果連線失敗。

❷ PCB 使用 ftp 連線 Server，結果連線成功。

檢查 ACL 執行結果

最後查詢 ACL 執行結果，如下所示：

圖表 15-26 查詢 R1 中執行延伸 ACL 檢查 ftp 狀況

```
R1#show access-lists
Extended IP access list R1-ACL
    10 permit tcp host 192.168.10.1 any eq www             ❶
    20 permit tcp host 192.168.10.2 any eq ftp
    30 deny ip any any
R1#
R1#show access-lists
Extended IP access list R1-ACL
  10 permit tcp host 192.168.10.1 any eq www (6 match(es))   ❷
  20 permit tcp host 192.168.10.2 any eq ftp
  30 deny ip any any (4 match(es))
R1#
R1#show access-lists
Extended IP access list R1-ACL
  10 permit tcp host 192.168.10.1 any eq www (6 match(es))
  20 permit tcp host 192.168.10.2 any eq ftp (7 match(es))   ❸
  30 deny ip any any (8 match(es))
R1#
```

❶、❷ 測試 PCB 之前結果。

❸ PCB 測試後結果，其中 **permit tcp host 192.168.10.2 any eq ftp** 後面有 **7 matches** 表示 PCB 的 ftp 連線的封包有 7 個，**deny ip any any** 後面 **8 matches** 比 ❷ 中的多了 **4 個 matches**，表示 PCB 的 ping 封包。

請注意讀者測試結果的 matches 數字可能會有不同。

15.5 檢查 Source port 的 ACL

本範例將使用來源的 port number 作為 ACL 的過濾條件，我們使用下列 ACL-source 網路架構來做設定示範。

檢查 source port 的 ACL 用法會用在有狀態防火牆 (stateful firewall) 語法中，例如：Reflexive ACL 就會檢查 source port，對防火牆技術有興趣的讀者，要好好了解這種用法。

圖表 15-27 ACL-source 網路架構

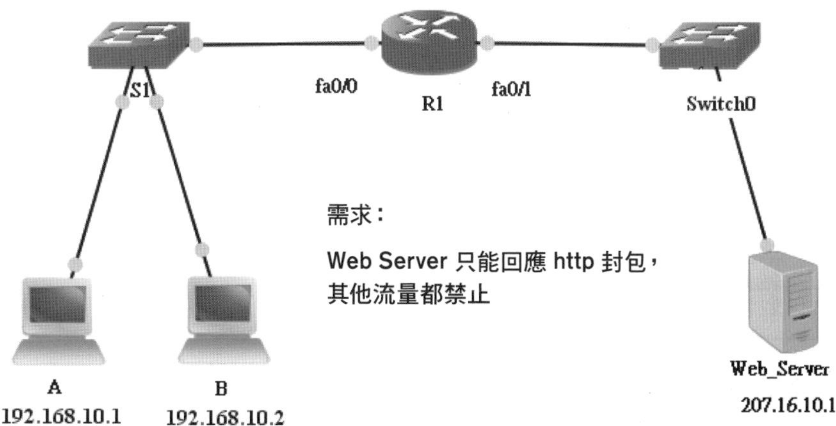

規劃 ACL 敘述

本範例需求 Web Server 只能**回應 HTTP 封包**，其它流量都禁止，我們以 R1 的 fa0/1 中 in 方向來設計，由於 Web Server 回應 http 封包會由自己的 source port number 為 80 送出，所以要檢查來源 IP 位址的 source port number，本需求的 ACL 指令為：

```
permit tcp host 207.16.10.1 eq 80 any
```

請注意 eq 80 要寫在來源 IP 的後面，表示檢查該封包的 source port number，如果 eq 80 寫在目的 IP 後面，表示檢查該封包的 destination port number，完成本需求的詳細 ACL 敘述如下表。

此種應用在於讓 Server 只回應 http 流量，避免其它種類流量向 Server 請求回應，如此也可以保護 Server 回應不正常流量。

圖表 15-28 使用 source port number 在 R1 中設定命名的延伸 ACL 敘述

指令	說明
R1(config)#access-list 100 permit tcp host 207.16.10.1 eq 80 any	檢查來源 port number 的 ACL
R1(config)#access-list 100 deny ip any any	阻擋所有封包通過
R1(config)#int fa0/1 R1(config-if)#ip access-group 100 in	在 fa0/1 中 in 的方向啟動編號 100 的 ACL

如果以 R1 中 fa0/1 的 out 方向來設計 ACL 也可以，其 ACL 指令為 **access-list 100 permit tcp any host 207.16.10.1 eq 80**，此時 eq 80 就要放在目的 IP 的後面。另外一般 ACL 檢查 source port number 比較沒有需要，因為一般電腦送出的 TCP 封包，其 source port number 表示視窗編號，要 ACL 來過濾視窗編號就沒有意義。

驗證 ACL

先在 PCA ping Web Server，結果如下所示，其中『**Request timed out.**』訊息表示等待 ping reply 逾時，這跟之前的『**Destination host unreachable.**』訊息不太一樣，其原因是 ping request 封包有通過 R1，但是 ping reply 封包被 fa0/1 中 in 方向的 ACL 阻擋。

圖表 15-29 PCA ping Web Server

```
PC>ping 207.16.10.1

Pinging 207.16.10.1 with 32 bytes of data:

Request timed out.
Request timed out.
Request timed out.
Request timed out.
```

接著在 PCA 再使用 Brower 來連線 Web Server，Web Server 就會回應 http 封包送給 PCA，R1 就讓 http 封包通過。

查詢 ACL 執行結果，如下所示：

圖表 15-30 檢查 source port number ACL 執行狀況

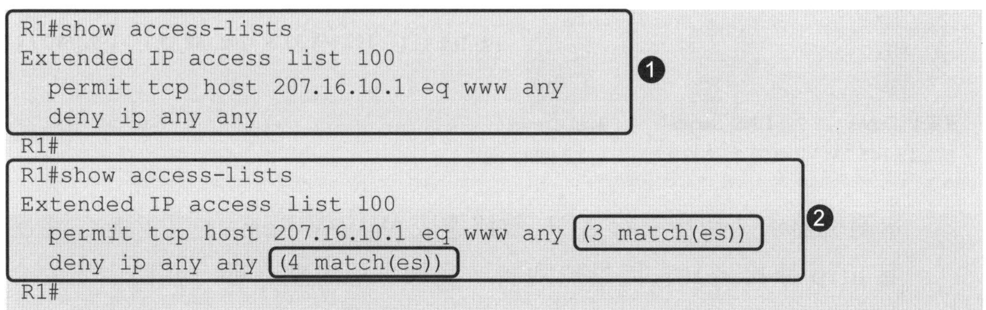

```
R1#show access-lists
Extended IP access list 100
  permit tcp host 207.16.10.1 eq www any
  deny ip any any
R1#
R1#show access-lists
Extended IP access list 100
  permit tcp host 207.16.10.1 eq www any (3 match(es))
  deny ip any any (4 match(es))
R1#
```

❶ PCA 執行測試之前的 ACL 執行結果。

❷ PCA 執行 ping 與 http 連線測試的 ACL 執行結果，其中 **3 matches** 表示有 3 個 http 封包進入到 R1 中 fa0/1 允許通過，**4 matches** 表示有 4 個 ping reply 封包進入到 fa0/1 被 R1 阻擋。

15.6 進階 ACL 設定

本節使用較複雜需求來設定 ACL 敘述，我們使用下列 ACL-complex 網路架構來示範複雜的 ACL 設定。

圖表 15-31 ACL-complex 網路架構

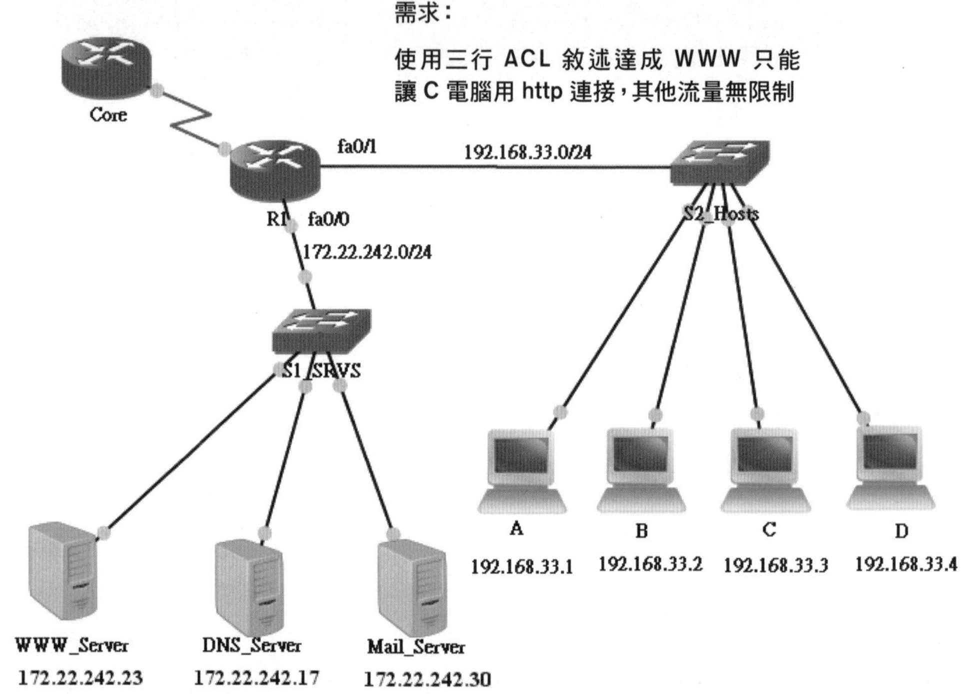

本範例需求為使用**三行 ACL 敘述**達成 WWW Server 只能讓 C 電腦用 http 連接，其它流量無限制。我們先思考要在哪一個路由器的介面設定 ACL 較為適合，要檢查的封包為到達 WWW Server，因此在 R1 中 fa0/0 的 out 方向啟動 ACL 來過濾封包會最合適，使用以下指令：

```
permit tcp host 192.168.33.3 host 172.22.242.23 eq 80
```

只讓電腦 C 使用 http 方式連接到 WWW Server：

```
deny tcp any host 172.22.242.23 eq 80
```

來阻擋其他所有電腦用 http 方式連線 WWW Server，最後 **permit ip any any** 用來允許所有封包通過。如果讀者沒設定 **permit ip any any**，路由器最後是採用預設的 **deny ip any any**。

下表為達到本需求的 ACL 敘述，請特別注意三個 ACL 的設定順序，若順序不對其結果也會改變。

圖表 15-32 R1 中規劃三行 ACL Statement

指令	說明
R1(config)#access-list 100 permit tcp host 192.168.33.3 host 172.22.242.23 eq 80	來源電腦C，目的 WWW Server，協定 tcp，服務 http
R1(config)#access-list 100 deny tcp any host 172.22.242.23 eq 80	來源任何電腦，目的 WWW Server，協定 tcp，服務 http
R1(config)#access-list 100 permit ip any any	全部允許
R1(config)#int fa0/0 R1(config-if)#ip access-group 100 out	在 fa0/0 啟動 ACL

測試需求

請讀者將上述的進階 ACL 敘述使用編號 100 設定在 R1，並在 fa0/0 中 out 方向啟動編號 100 的 ACL。接著進行測試，本範例需求為使用三行 ACL 敘述達成 WWW Server 只能讓 C 電腦用 http 連接，其它流量無限制，先來測試『**只有 C 電腦可以用 http 連接 WWW Server**』，結果 http 連接 WWW Server 成功，接著使用 PCA 用 http 連接 WWW Server，結果會顯示 "Request Timeout" 訊息表示連線失敗。

最後驗證『**其它流量無限制**』，即為除了 http 以外所有電腦都可以連線到 WWW Server，使用 PCA 執行 **ping 172.22.242.23**，其結果如下，PCA 用 ICMP 與 WWW Server 連線成功。

圖表 15-33 PCA 可以用 ICMP 連接 WWW Server

```
PC>ping 172.22.242.23

Pinging 172.22.242.23 with 32 bytes of data:

Reply from 172.22.242.23: bytes=32 time=0ms TTL=127
Reply from 172.22.242.23: bytes=32 time=0ms TTL=127
Reply from 172.22.242.23: bytes=32 time=0ms TTL=127
Reply from 172.22.242.23: bytes=32 time=0ms TTL=127

Ping statistics for 172.22.242.23:
    Packets: Sent = 4, Received = 4, Lost = 0 (0% loss),
Approximate round trip times in milli-seconds:
    Minimum = 0ms, Maximum = 0ms, Average = 0ms
```

檢查 ACL 執行結果

上述的測試後，查詢 ACL 執行結果如下所示，**6 matches** 表示電腦 C 連接 WWW Server 的封包符合此項 ACL 敘述條件，動作 R1 執行通過，**12 matches** 表示電腦 A 連接 WWW Server 的封包符合此項 ACL 敘述條件，動作 R1 執行阻擋，最後 **4 matches** 表示電腦 A 的 ping 封包符合此項 ACL 敘述條件，動作 R1 執行通過。

圖表 15-34 三行 ACL 執行結果

```
R1#show access-lists
Extended IP access list 100
  permit tcp host 192.168.33.3 host 172.22.242.23 eq www  (6 match(es))
  deny tcp any host 172.22.242.23 eq www (12 match(es))
  permit ip any any (4 match(es))
R1#
```

更改需求

如果將需求修改為：『使用三行 ACL 敘述達成 WWW Server 只能讓 C 用 http 連接，**其它流量也限制連接到 WWW Server**』，要達成此需求只要修改前列的第二項 ACL 敘述為：

```
access-list 100 deny ip any host 172.22.242.23
```

表示沒有任何電腦可以連線到 WWW Server，包含電腦 C 也不行。不過第一項 ACL 敘述就已經讓電腦 C 用 http 連線到 WWW Server，所以只有電腦 C 用其它服務連到 WWW Server 才會符合第二項 ACL 敘述，結果會被拒絕通過。

圖表 15-35 R1 中規劃三行 ACL 敘述

指令	說明
R1(config)#access-list 100 permit tcp host 192.168.33.3 host 172.22.242.23 eq 80	來源電腦 C，目的 WWW Server，協 tcp，服務 http
R1(config)#**access-list 100 deny ip any host 172.22.242.23**	來源任何電腦，目的 WWW Server，協定 ip
R1(config)#access-list 100 permit ip any any	全部允許
R1(config)#int fa0/0 R1(config-if)#ip access-group 100 out	在 fa0/0 啟動 ACL

15.7 Established ACL

本節要介紹 ACL 的 established 功能來檢查 TCP 的連線狀態，而 ACL 功能的演進到達防火牆功能是有一連續進化的技術，其演進的技術 **Established ACL-->Reflexive ACL-->Context-based ACL-->Zone-Based ACL**，我們使用下列 ACL-establish 網路架構來示範如何做到防火牆效果。

圖表 15-36 ACL-establish 網路架構

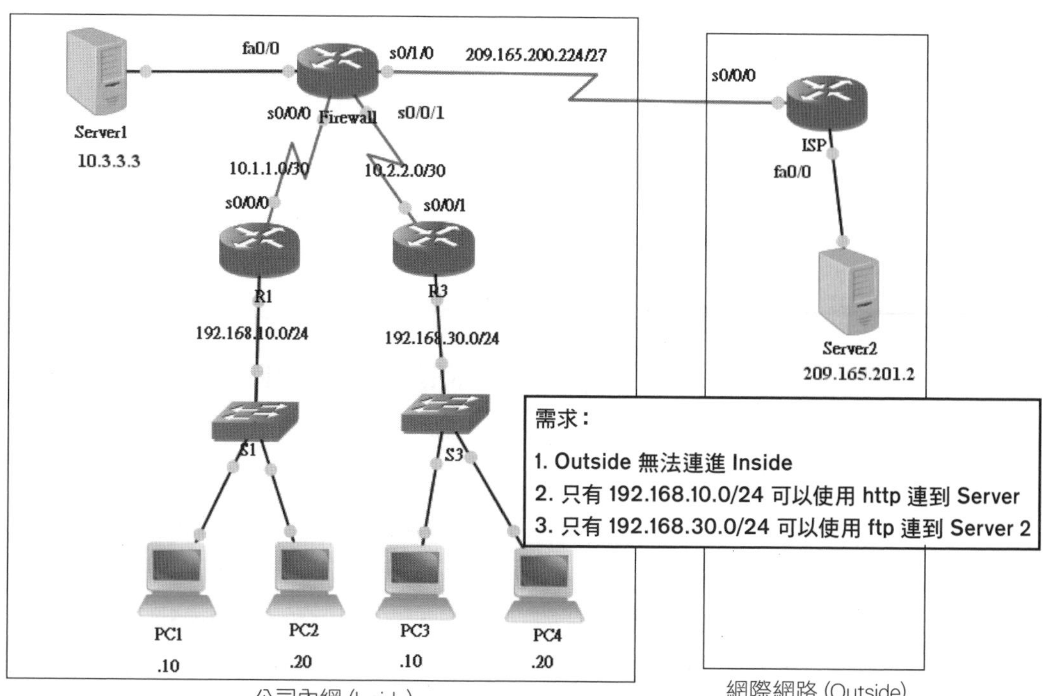

簡易防火牆的規劃

本範例需求為簡易型的防火牆功能，任何網際網路的電腦要連線到公司內網一律阻擋，此需求可用 **deny ip any any** 啟動在 Firewall 路由器的 s0/1/0 進入方向，如此就可達成，這個就是**無敵的防火牆**，沒有任何人可以破解，但是問題是當公司內網有電腦 PC1 要連線到 Server2 時，連線到 Server2 沒問題，但要從 Server2 回應給 PC1 時，回應封包就會被阻擋下來，這表示公司內網完全無法跟網際網路的電腦溝通，因此我們希望由公司內網連線出去後再由網際網路回應回來的封包，Firewall 路由器應該允許通過，因此 Firewall 路由器就要記錄連線資訊 (session)，這種使用連線資訊來決定封包 permit 或 deny 的 ACL 技術稱為 stateful firewall (狀態的防火牆)。

ACL 語法中有個 **established** 功能可以解決這個問題，但是只針對使用 TCP 的連線。

TCP 連線特性

當要使用 TCP 進行資料傳送之前，TCP 的來源端會使用 **3 way handshake** 跟目的端來建立連線，當來源端初始建立連線時，TCP 的表頭檔中 **Flag 欄位**是空的，當目的端回應連線建立時 TCP 的 **Flag 欄位**會被**標記**，因此 established 功能就是會檢查 **Flag 欄位**是否有標記。當封包中 TCP 表頭檔的 Flag 欄位有標記，ACL 檢查的條件就符合 (true)，可以執行 permit 或 deny 動作，否則條件回應為 false，繼續往下一個條件檢查。

建立防火牆功能

我們設計 **permit tcp any any established**，表示檢查任何 TCP 封包中 Flag 欄位是否有被標記，Flag 欄位有標記表示條件成立就執行通過，將以下指令：

```
permit tcp any any established
```

啟動在 Firewall 的 s0/1/0 進入方向，之後再啟動 **deny ip any any**，如此當封包進入 Firewall 的 s0/1/0 時，如果符合 **permit tcp any any established**

則表示此封包是由公司內網所建立的 TCP 連線，如果不符合 **permit tcp any any established** 則會執行 **deny ip any any** 全部阻擋，表示封包來源為網際網路的電腦，如此就可達成簡易型的防火牆功能。

這個 TCP 連線檢查很好欺騙，駭客可以直接修改 TCP 中 **Flag 欄位**就可以騙過 **established** 功能，藉此入侵防火牆。

公司內網需求

本範例的公司內網需求只有 192.168.10.0/24 可以 http 連到 Server2 與只有 192.168.30.0/24 可以 ftp 連到 Server2，**此需求的來源端為一個網路**，這跟之前的需求來源端是一台電腦不太一樣，此處就是要使用**萬用遮罩 (wildcard mask)** 來表示一個網路。

此處使用的萬用遮罩跟在 OSPF 章節使用的是一樣的，在 ACL 使用 **192.168.10.0 0.0.0.255** 表示 192.168.10.0/24 網路，所以使用 **permit tcp 192.168.10.0 0.0.0.255 any eq www** 就表示只有 192.168.10.0/24 網路可以 http 連到 Server2，而若是使用：

```
permit tcp 192.168.30.0 0.0.0.255 any eq ftp
```

表示只有來自 192.168.30.0/24 網路可以 ftp 連到 Server2，以下就是達成本範例需求的 ACL。我們將下表指令在 Firewall 路由器執行。

圖表 15-37 在 Firewall 中建立 ACL

指令	說明
Firewall(config)#ip access-list extended TCPIN Firewall(config-ext-nacl)# permit tcp any any established Firewall(config-ext-nacl)# deny ip any any	使用 established 功能設定的 ACL 當作簡易防火牆
Firewall(config)#ip access-list extended TCPOUT Firewall(config-ext- nacl)# permit tcp 192.168.10.0 0.0.0.255 any eq www Firewall(config-ext- nacl)# permit tcp 192.168.30.0 0.0.0.255 any eq ftp Firewall(config-ext-nacl)# deny ip any any	達成公司內網需求的 ACL
Firewall(config)#int s0/1/0 Firewall(config-if)# ip access-group TCPIN in Firewall(config-if)# ip access-group TCPOUT out	在 Firewall 中 s0/1/0 執行 TCPIN 與 TCPOUT 的 ACL

連線測試

先來測試直接從公司外網連線到公司內網，在 Server2 執行 **ping 10.3.3.3** 與 **ping 192.168.10.10**，結果都會連接失敗。接著檢查 Firewall 的 ACL 執行結果，如下所示其中在 TCPIN 的 ACL 中 **permit tcp any any established** 都沒有封包符合，而 TCPIN 中的 **deny ip any any** 後面有 **8 matches** 為上面 Server2 送出的 ping 封包。

圖表 15-38 查詢 Firewall 中ACL 執行狀況

```
Firewall#show access-lists
Extended IP access list TCPIN
  10 permit tcp any any established
  20 deny ip any any (8 match(es))
Extended IP access list TCPOUT
  10 permit tcp 192.168.10.0 0.0.0.255 any eq www
  20 permit tcp 192.168.30.0 0.0.0.255 any eq ftp
  30 deny ip any any
Firewall#
```

接著測試公司內網連線到 Server2，使用 PC3 的 Web Browser 來連接 Server2，其結果連線失敗，其原因是 PC3 屬於 192.168.30.0/24 的網路，只能用 ftp 進行與 Server2 的連線。在 PC3 執行 http 連線後，查詢 R1 中 ACL 執行狀況，如下所示，在標示中 **deny ip any any** 後面 **12 match** 表示 PC3 送出的 http 封包全部被阻擋。

圖表 15-39 執行 PC3 的 http 後查詢 R1 中 ACL 執行狀況

```
Firewall#show access-lists
Extended IP access list TCPIN
  10 permit tcp any any established
  20 deny ip any any (8 match(es))
Extended IP access list TCPOUT
  10 permit tcp 192.168.10.0 0.0.0.255 any eq www
  20 permit tcp 192.168.30.0 0.0.0.255 any eq ftp
  30 deny ip any any
Firewall#
Firewall#show access-lists
Extended IP access list TCPIN
  10 permit tcp any any established
  20 deny ip any any (8 match(es))
Extended IP access list TCPOUT
  10 permit tcp 192.168.10.0 0.0.0.255 any eq www
  20 permit tcp 192.168.30.0 0.0.0.255 any eq ftp
  30 deny ip any any (12 match(es))
Firewall#
```

在 PC3 執行 **ftp 209.165.201.2**，其結果如下所示，表示 PC3 使用 ftp 連線 Server2 成功。

圖表 15-40 PC3 使用 ftp 連線 Server2 成功

```
PC>ftp 209.165.201.2
Trying to connect...209.165.201.2
Connected to 209.165.201.2
220- Welcome to PT Ftp server
Username:cisco
331- Username ok, need password
Password:
230- Logged in
(passive mode On)
ftp>
```

最後在 PC3 執行 ftp 後查詢 R1 中 ACL 執行狀況，如下所示：

圖表 15-41 執行 PC3 的 ftp 後檢查 R1 中 ACL 執行狀況

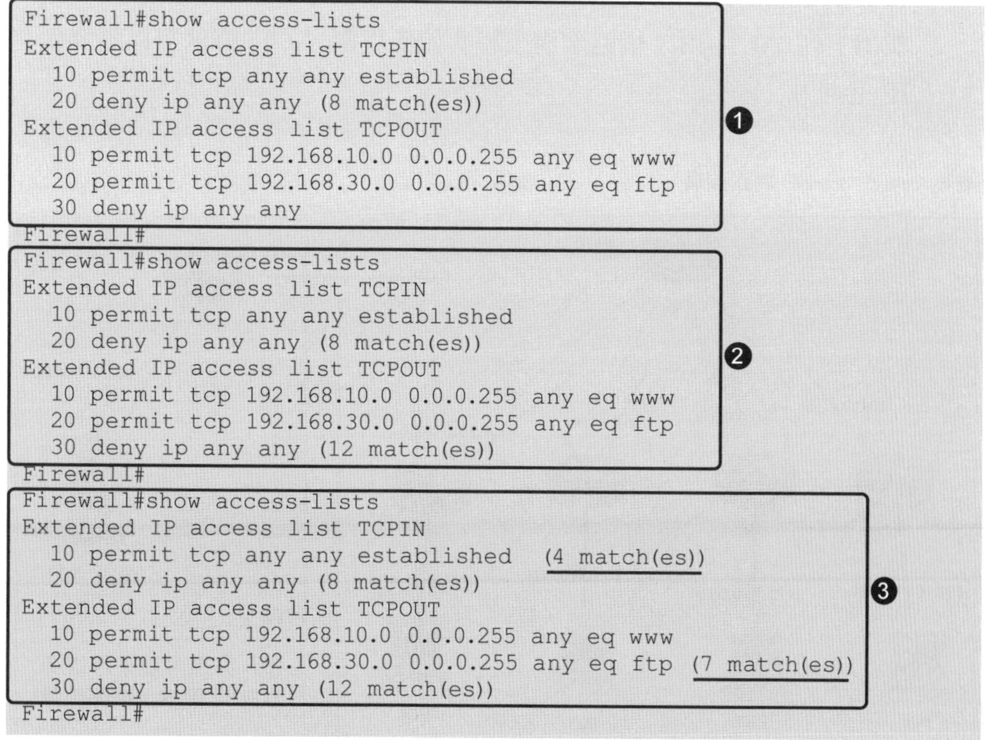

```
Firewall#show access-lists
Extended IP access list TCPIN
  10 permit tcp any any established
  20 deny ip any any (8 match(es))
Extended IP access list TCPOUT
  10 permit tcp 192.168.10.0 0.0.0.255 any eq www
  20 permit tcp 192.168.30.0 0.0.0.255 any eq ftp
  30 deny ip any any
Firewall#
Firewall#show access-lists
Extended IP access list TCPIN
  10 permit tcp any any established
  20 deny ip any any (8 match(es))
Extended IP access list TCPOUT
  10 permit tcp 192.168.10.0 0.0.0.255 any eq www
  20 permit tcp 192.168.30.0 0.0.0.255 any eq ftp
  30 deny ip any any (12 match(es))
Firewall#
Firewall#show access-lists
Extended IP access list TCPIN
  10 permit tcp any any established  (4 match(es))
  20 deny ip any any (8 match(es))
Extended IP access list TCPOUT
  10 permit tcp 192.168.10.0 0.0.0.255 any eq www
  20 permit tcp 192.168.30.0 0.0.0.255 any eq ftp (7 match(es))
  30 deny ip any any (12 match(es))
Firewall#
```


❶、❷ PC3 執行 ftp 前的 ACL 執行結果。

❸ 在 TCPIN ACL 中 **permit tcp any any established** 後面有 **4 matches** 表示有 TCP 連線成功，另外在 TCPOUT ACL 中 **permit tcp 192.168.30.0 0.0.0.255 any eq ftp** 後面有 **7 matches** 表示上面 PC3 執行的 ftp 封包符合此項 ACL 敘述。

請注意若要防止公司內部有惡意流量攻擊，可以啟動路由器 uRPF (Unicast Reverse Path Forwarding) 功能，uRPF 會檢查封包中來源 IP 位址並追蹤該 IP 位址，以防止惡意的攻擊，uRPF 屬於 CCNP 課程範圍。

15.8 ISP 阻擋私有 IP 連線

本節將說明為何私有 IP 不能連上網際網路的設定，在一般的企業中都是透過 ISP 連上網際網路，如果企業內網使用的是私有 IP，此時在 ISP 業者的路由器就啟動 ACL 來阻擋封包的來源端是私有 IP，我們使用下列 ACL-ISP 網路架構來說明如何規劃 ACL 條件可以阻擋私有 IP 位址。

圖表 15-42 ACL-ISP 網路架構

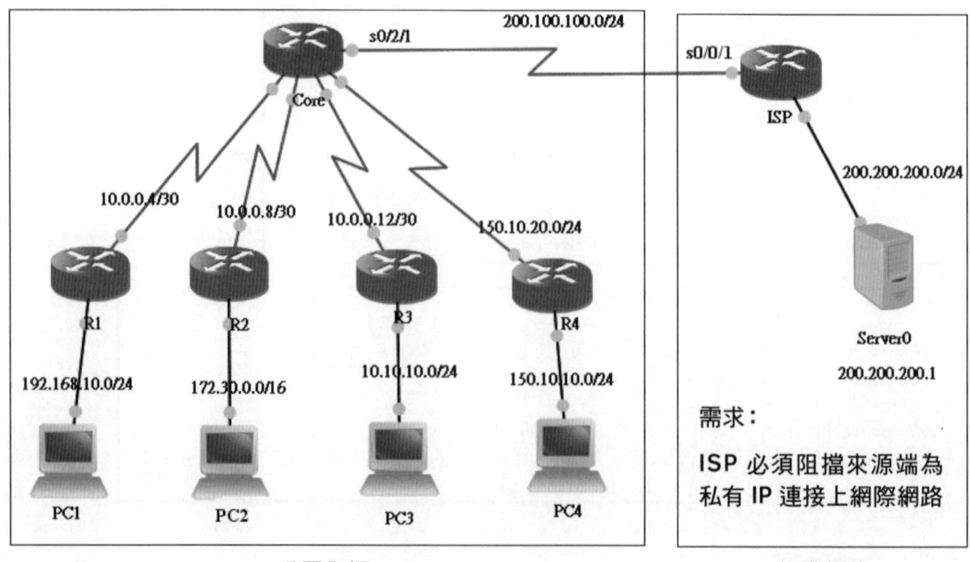

本範例架構中所有路由器的路由表都已經設定完成，PC4 是設定公有 IP，其它 PC1~3 設定為私有 IP，本範例在還沒設定之前，公司內網雖然有三台電腦設定為私有 IP，但是卻都可以連線到網際網路中的 Server0，在 PC1~4 中執行 ping 200.200.200.1 來測試，都應該可以成功。

ACL 敘述規劃

現在我們要扮演 ISP 業者角色，在 ISP 路由器中設計 ACL 來阻擋封包來源端為私有 IP，因為只要檢查封包的來源 IP，所以只需設定標準 ACL，並在封包進入 ISP 路由器的 s0/0/1 介面啟動。

私有 IP 範圍

下表為私有 IP 的範圍，要阻擋 Class A 的私有 IP，ACL 可以使用 **deny 10.0.0.0 0.255.255.255** 即可，但是要阻擋 Class B 的私有 IP，如果直接使用 **deny 172.16.0.0 0.0.255.255**，這樣就無法只阻擋 **172.16.0.0/16~172.31.0.0/16** 範圍中所有 IP，其他 **172.16.0.0/16** 中的公有 IP 也會被阻擋，這時候就必須對於萬用遮罩在 ACL 中的運作要了解，才能設計出適合的萬用遮罩來協助 ACL 運作。

圖表 15-43
私有 IP 範圍

位址級別	子網路遮罩	私有 IP 位址範圍
Class A	255.0.0.0	10.0.0.0/8
Class B	255.255.0.0	172.16.0.0/16 ~ 172.31.0.0/16
Class C	255.255.255.0	192.168.0.0/24 ~ 192.168.255.0/24

萬用遮罩運作

到目前為止我們只知道萬用遮罩的產生，**萬用遮罩 = 255.255.255.255 – 該網路的子網遮罩**，這個公式只是很粗淺算出萬用遮罩，詳細的運作是萬用遮罩在 ACL 中主要告訴路由器應該檢查封包中的 IP 的哪個部分，萬用遮罩使用以下規則：

- **萬用遮罩位元=0**：必須檢查符合位址中對應位元的值。
- **萬用遮罩位元=1**：不用檢查位址中對應位元的值。

例如：**deny 10.0.0.0 0.255.255.255** 中萬用遮罩位元為 0 的有前面 8 位元，其它 24 位元都為 1，萬用遮罩中 0 的部份是要檢查，1 的部份忽略，因此當路由器收到一個封包時，會將封包的來源 IP 跟 10.0.0.0 前面 8 位元比對，如果來源 IP 中前 8 個位元等於 00001010(十進位=10)，此 ACL 敘述就符合，也就是說只要是來源端 IP 是 10 開頭的都符合此 ACL 敘述，所以 **deny 10.X.X.X 0.255.255.255** 中 **X** 的地方可以是任意數字，其結果都一樣。

另外 **deny 192.168.0.0 0.0.255.255** 表示路由器只會檢查封包中來源 IP 的前 16 位元，如果符合 192.168 就是 ACL 敘述成立，也是就可以檢查 Class C 的私有 IP 範圍。

萬用遮罩範例

知道萬用遮罩在 ACL 的作用後，我們來探討下列幾個 ACL 的條件執行結果是否一樣，如下表萬用遮罩範例 1 中，有 4 個 ACL 的條件，萬用遮罩都是一樣用 0.255.255.255，但檢查的 IP 位址都不一樣，根據萬用遮罩中為 0 只有第一個十進位，所以只要比對 IP 位址第一個十進位，4 個 ACL 的 IP 位址第一個十進位都是 10，因此這 4 個 ACL 條件結果都一樣。

圖表 15-44 萬用遮罩範例 1

```
deny 10.0.0.0    0.255.255.255
deny 10.10.0.0    0.255.255.255
deny 10.10.10.0    0.255.255.255
deny 10.10.10.10    0.255.255.255
```

如下表萬用遮罩範例 2 中，萬用遮罩都是一樣用 0.0.255.255，根據萬用遮罩中為 0 有第一個與第二個十進位，所以只要比對 IP 位址第一個與第二個十進位，在下表 2. 3. 4. 的 ACL 的 IP 位址中第一個與第二個十進位都是 10.10，因此 2. 3. 4. 的 ACL 條件是一樣。

圖表 15-45 萬用遮罩範例 2

```
deny 10.0.0.0   0.0.255.255
deny 10.10.0.0   0.0.255.255
deny 10.10.10.0   0.0.255.255
deny 10.10.10.10   0.0.255.255
```

如下表萬用遮罩範例 3 中，萬用遮罩使用 0.0.0.255，根據萬用遮罩中為 0 有前面 3 個十進位，所以只要比對 IP 位址中前面 3 個十進位，在下表 3. 4. 的 ACL 的 IP 位址中前面 3 個十進位都是 10.10.10，因此 3. 4. 的 ACL 條件是一樣。

圖表 15-46 萬用遮罩範例 3

```
deny 10.0.0.0   0.0.0.255
deny 10.10.0.0   0.0.0.255
deny 10.10.10.0   0.0.0.255
deny 10.10.10.10   0.0.0.255
```

如下表萬用遮罩範例 4 中，萬用遮罩使用 0.0.0.0，表示要比對全部 IP 位址，下表 4 個 ACL 中的 IP 位址都不一樣，因此 4 個 ACL 條件都不一樣。

圖表 15-47 萬用遮罩範例 4

```
deny 10.0.0.0   0.0.0.0
deny 10.10.0.0   0.0.0.0
deny 10.10.10.0   0.0.0.0
deny 10.10.10.10   0.0.0.0
```

現在來檢查萬用遮罩範例 5，如下表所示，萬用遮罩使用 127.255.255.255，這時候就不能使用十進位的方式來檢查，必須轉換二進位來檢查 0 的部分，本範例萬用遮罩只有 127 的二進位會有 0 的部分，127 = 01111111，所以只要檢查 IP 位址中第一個十進位，再換算為二進位的第一個位元，10 = 00001010，20 = 00010100，30 = 00011110，40 = 00101000，這 4 個十進位的第一個位元都是一樣. 因此 4 個 ACL 的條件都一樣。

圖表 15-48 萬用遮罩範例 5

```
deny 10.0.0.0   127.255.255.255
deny 20.10.0.0   127.255.255.255
deny 30.10.10.0   127.255.255.255
deny 40.10.10.10   127.255.255.255
```

最後檢查萬用遮罩範例 6，如下表所示，萬用遮罩使用 255.255.255.127，這樣設計的萬用遮罩並沒有錯，一樣按照萬用遮罩檢查原則，看哪一個位元為 0，目前只有 127 = 01111111 有一個位元為 0，因此只要檢查對應的 IP 位址的位元，萬用遮罩中的 127 對應到 IP 位址是第 4 個十進位，所以只要將這個十進位轉換為二進位來觀察第 1 個位元，如此就可以判斷 4 個 ACL 的條件執行結果都是一樣。

圖表 15-49 萬用遮罩範例 6

```
deny 10.0.0.0   255.255.255.127
deny 20.10.0.0   255.255.255.127
deny 30.10.10.0   255.255.255.127
deny 40.10.10.10   255.255.255.127
```

設計萬用遮罩來檢查 Class B 私有 IP

接下來要設計能檢查到 Class B 的私有 IP 的範圍，要先將 Class B 的私有 IP 轉成二進位來觀察會比較清楚，如下表所示，可以發現 172.16.0.0~172.31.0.0 中前面 12 個位元都一樣，所以萬用遮罩的設定只要前面 12 位元都要符合 10101100.0001，也就是要檢查前面 12 位元，其它位元可以忽略，因此萬用遮罩設計為：

```
00000000.00001111.11111111.11111111=0.15.255.255
```

圖表 15-50 Class B 私有 IP 的萬用遮罩

檢查範圍	二進位
172.16.0.0/16 172.17.0.0/16 172.18.0.016 ~ 172.29.0.0/16 172.30.0.0/16 172.31.0.0/16	**10101100.0001**0000.00000000.00000000 **10101100.0001**0001.00000000.00000000 **10101100.0001**0010.00000000.00000000 ~ **10101100.0001**1101.00000000.00000000 **10101100.0001**1110.00000000.00000000 **10101100.0001**1111.00000000.00000000
萬用遮罩	**00000000.0000**1111.11111111.11111111

將上表得到的萬用遮罩換算為十進位 **0.15.255.255**，因此 **deny 172.16.0.0 0.15.255.255** 就可以檢查來源 IP 是否有在 Class B 的私有 IP 範圍。

特殊萬用遮罩

當萬用遮罩為 **0.0.0.0** 表示全部都要符合，萬用遮罩為 **255.255.255.255** 表示全部忽略。

permit 192.168.10.1 0.0.0.0 表示來源 IP 一定要是 192.168.10.1 才是符合這項 ACL 敘述，因此有了關鍵字 **host**，**permit 192.168.10.1 0.0.0.0 = permit host 192.168.10.1**。或簡寫 permit 192.168.10.1。

另外一個例子為 **permit 192.168.10.1 255.255.255.255** 表示任何 IP 都符合這個 ACL 敘述，在此的 192.168.10.1 根本不需要存在，因此有了關鍵字 **any**，**permit 192.168.10.1 255.255.255.255=permit any**。

ISP 設定 ACL

根據上述的萬用遮罩的運作，設計出阻擋所有私有 IP 範圍的 ACL 敘述，如下表所示，其中 **permit any** 一定要在最後設定，如果此項 ACL 沒有設定，路由器最後會自動設定為 **deny any**，如此將沒有任何封包可以通過 ISP 路由器，因此設定 **permit any** 的用意就是不讓路由器有機會執行到 **deny any**。

圖表 15-51 ISP 路由器阻擋私有 IP 的設定

指令	說明
ISP(config)#access-list 10 deny 10.0.0.0 0.255.255.255	阻擋來源 IP 為 10.0.0.0
ISP(config)#access-list 10 deny 172.16.0.0 0.15.255.255	阻擋來源 IP 為 172.16.0.0~172.31.0.0
ISP(config)#access-list 10 deny 192.168.0.0 0.0.255.255	阻擋來源 IP 為 192.168.0.0~192.168.255.0
ISP(config)#access-list 10 permit any	私有 IP 之外，其它 IP 都允許通過
ISP(config)#int s0/0/1	進入 s0/0/1 介面模式
ISP(config-if)# ip access-group 10 in	啟動 access-list 10

使用編號的方式將 ACL 設定在 ISP 路由器，將上表指令在 ISP 路由器執行，如下所示：

圖表 15-52 ISP 路由器設定阻擋私有 IP 的 ACL

```
ISP(config)#access-list 10 deny 10.0.0.0 0.255.255.255
ISP(config)#access-list 10 deny 172.16.0.0 0.15.255.255      ❶
ISP(config)#access-list 10 deny 192.168.0.0 0.0.255.255
ISP(config)#access-list 10 permit any
ISP(config)#
ISP(config)#int s0/0/1
ISP(config-if)#ip access-group 10 in                          ❷
ISP(config-if)#
```

❶ 阻擋私有 IP 的 ACL 敘述設定。

❷ 啟動編號 10 的 ACL，其中當封包要進入 ISP 路由器的 s0/0/1 介面時，就會啟動編號 10 的 ACL。

測試連線與查詢 ACL 執行狀況

PC2 的 IP 位址為 Class B 的私有 IP，所以 PC2 應該無法通過 ISP 連上 Internet，在 PC2 執行 ping 200.200.200.1 來測試，結果連線失敗，當 ISP 路由器阻擋所有私有 IP 上網，如果公司內網的電腦有上網的需求，此時就要用 NAT 的技術，如此私有 IP 也可連上網際網路。

接著來查看 ISP 路由器執行 ACL 的結果，如下所示其中 **deny 172.16.0.0 0.15.255.255** 後面有 **4 matches**，表示 PC2 的 ping request 封包符合此項 ACL 敘述，動作為阻擋。

圖表 15-53 PC2 測試 ISP 路由器執 ACL 結果

```
ISP#show access-lists
Standard IP access list 10
  deny 10.0.0.0 0.255.255.255
  deny 172.16.0.0 0.15.255.255 (4 match(es))
  deny 192.168.0.0 0.0.255.255
  permit any
ISP#
```

繼續在 PC4 執行 **ping 200.200.200.1**，其結果 PC4 可以連線網際網路，由於 PC4 是設定公有 IP，所以 ISP 路由器不會阻擋公有 IP 上網路。最後再來查看 ISP 路由器執行 ACL 結果，如下所示：

圖表 15-54 PC4 測試 ISP 路由器執行 ACL 結果

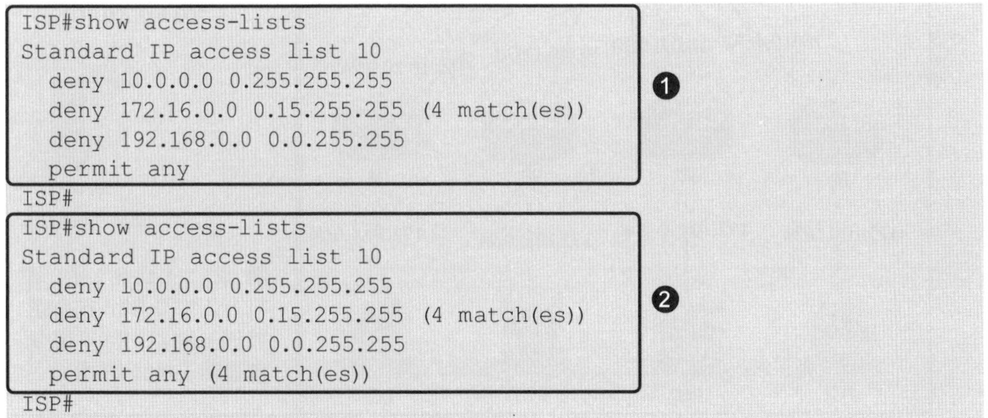

```
ISP#show access-lists
Standard IP access list 10
  deny 10.0.0.0 0.255.255.255
  deny 172.16.0.0 0.15.255.255 (4 match(es))
  deny 192.168.0.0 0.0.255.255
  permit any
ISP#
ISP#show access-lists
Standard IP access list 10
  deny 10.0.0.0 0.255.255.255
  deny 172.16.0.0 0.15.255.255 (4 match(es))
  deny 192.168.0.0 0.0.255.255
  permit any (4 match(es))
ISP#
```


❶ PC4 測試前的 ACL 執行結果。

❷ PC4 測試後 ACL 執行結果，其中 **permit any** 後面有 **4 matches**，表示 PC4 的 ping 封包符合此 ACL 敘述。

請注意如果沒有在最後設定 **permit any** 這個 ACL，路由器就會執行 **deny any**，這時候的結果就是沒有任何封包可以經過 ISP 路由器。

15.9 Wildcard Mask 進階應用

Wildcard Mask 的設定不一定前面都是為 0，如果要檢查一個網路的奇數或偶數網路 IP 位址，此時 0 就會出現在多個 1 之間，我們使用下列 ACL-subnet 網路架構來說明進階的 wildcard mask 的設計。

圖表 15-55 ACL-subnet 網路架構

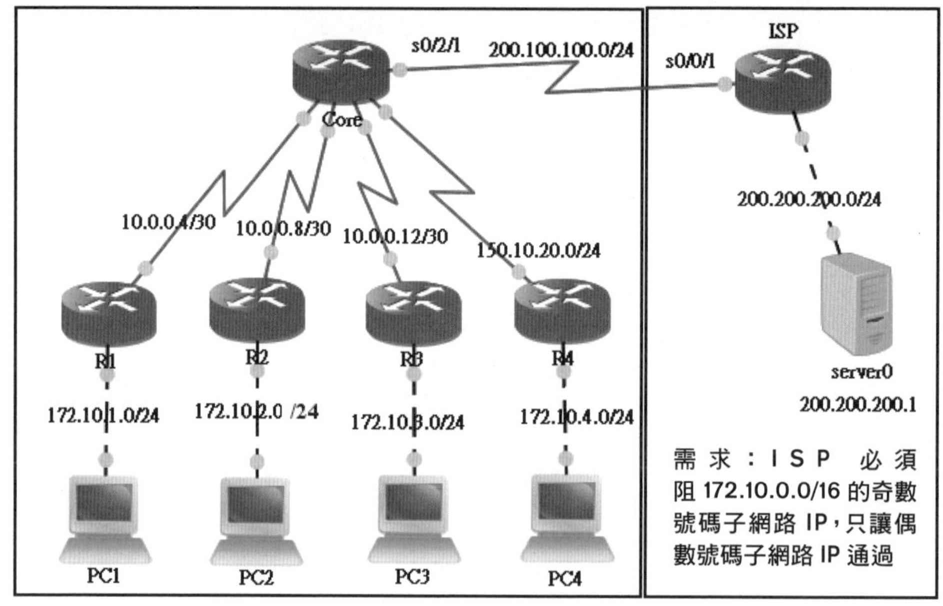

設計 ACL 檢查條件

本範例需求要檢查 172.10.0.0/16 子網路為奇數或偶數網路 IP 位址，偶數子網路 IP 中的電腦可以通過，奇數子網路則要阻擋，我們假設子網路為 172.10.0.0/16-->24，所以要判斷奇數或偶數子網路只要從第 3 個十進位來檢查，但是如何設計 Wildcard Mask 來檢查第 3 個十進位是奇數還是偶數？可以從十進位轉成二進位來思考，當十進位是奇數其對應的二進位最後一個位元一定為 1，相對的，十進位是偶數則對應的最後一個位元一定為 0，例如：5=101，10=1010，所以要判斷奇數或偶數子網路只要檢查第 3 個十進位的對應的二進位最後一個位元即可，因此 Wildcard Mask 設計為：

```
00000000. 00000000.11111110.11111111
```

其中前面 16 位元要檢查 172.10.0.0 的網路，第 24 位元要檢查為奇數或偶數，**permit 172.10.0.0 0.0.254.255** 為檢查偶數子網路，符合就通過，**deny 172.10.1.0 0.0.254.255** 為檢查奇數子網路，符合就阻擋，完整的 ACL 指令如下表所示。

圖表 15-56 ISP 路由器判斷奇數或偶數子網路 ACL 敘述

指令	說明
ISP(config)# access-list 10 permit 172.10.0.0 0.0.254.255	檢查偶數子網路
ISP(config)# access-list 10 deny 172.10.1.0 0.0.254.255	檢查奇數子網路
ISP(config)#access-list 10 permit any	都允許通過
ISP(config)#int s0/0/1	進入 s0/0/1 介面模式
ISP(config-if)# ip access-group 10 in	啟動 access-list 10

測試 ACL 檢查奇數或偶數子網路

先在 PC1 執行 **ping 200.200.200.1**，由於 PC1 所在的子網路 172.10.1.0/24 為奇數，所以 PC1 的 ping 封包會被 ISP 路由器阻擋，檢查 ACL 執行狀況，如下所示， **deny 172.10.1.0 0.0.254.255** 後面多出 **4 matches**，表示 PC1 的 ping 封包符合這項 ACL 的條件，動作執行 deny。

圖表 15-57
ACL 檢查奇數結果

```
ISP#show access-lists
Standard IP access list 10
  permit 172.10.0.0 0.0.254.255
  deny 172.10.1.0 0.0.254.255 (4 match(es))
  permit any
ISP#
```

接著在 PC2 執行 **ping 200.200.200.1**，由於 PC2 所在的子網路 172.10.2.0/24 為偶數，所以結果連線成功，最後檢查 ACL 執行狀況，如下所示，**permit 172.10.0.0 0.0.254.255** 後面多出 **4 matches**，表示 PC2 的 ping 封包有符合這項 ACL 條件，動作執行 permit。

圖表 15-58
ACL 檢查偶數結果

```
ISP#show access-lists
Standard IP access list 10
  permit 172.10.0.0 0.0.254.255
  deny 172.10.1.0 0.0.254.255 (4 match(es))
  permit any
ISP#
ISP#show access-lists
Standard IP access list 10
  permit 172.10.0.0 0.0.254.255 (4 match(es))
  deny 172.10.1.0 0.0.254.255 (4 match(es))
  permit any
ISP#
```

15.10 vty 啟動 ACL

本節要介紹 ACL 在 vty 虛擬終端機啟動，上述的 ACL 都是在實體介面啟動，ACL 也可以在其他地方啟動，例如：在 vty 介面中、NAT 功能中、QoS 中分類功能等等都可以啟用 ACL，本節示範如何 vty 中啟動 ACL 來限制 telnet 連線，我們使用 ACL-vty 網路架構來做示範設定。

圖表 15-59 ACL-vty 網路架構

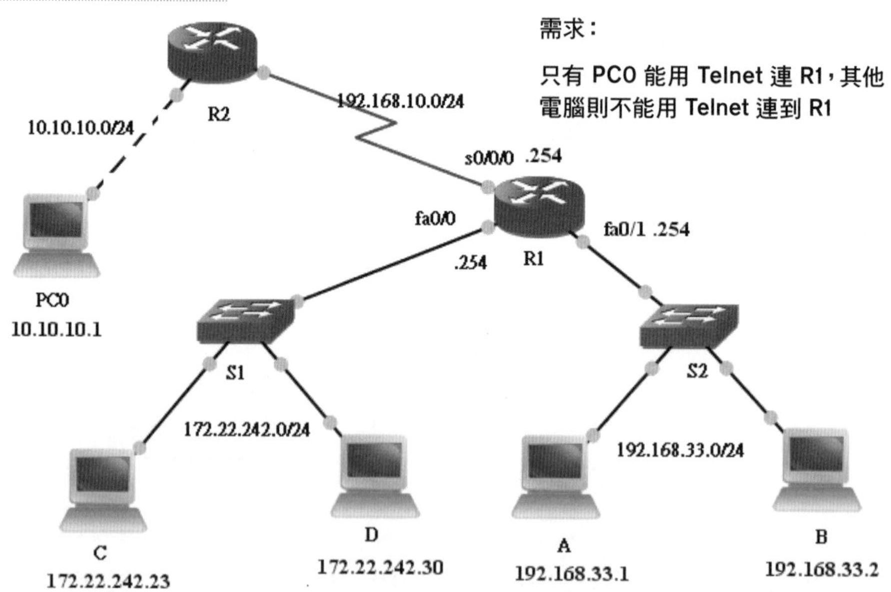

ACL 敘述的規劃

路由器的遠端登入功能 (telnet) 需要在 vty 中啟動密碼才能使用，一個 telnet 連線需要對應一個 vty，本範例需求是要限制只有 PC0 能進行 telnet 連線，其他電腦的 telnet 連線一律拒絕。

根據此需求，如果使用延伸 ACL 為：

```
permit tcp host 10.10.10.1 any eq 23
```

問題是此延伸 ACL 敘述要在哪一個實體介面啟動，目前 R1 有三個實體介面，因此為了要達到本範例需求，必須要在三個介面同時啟動此延伸 ACL 敘述，如此雖然可以完成本範例需求，但是太麻煩。

由於路由器可以讓 ACL 在 vty 中啟動，在此我們將 vty 視作一個介面，所以可以從這邊來重新設計 ACL，因為在 vty 中啟動 ACL，表示會連線到 vty 的封包一定是 telnet 封包，因此不需要檢查協定與服務，所以只要用標準 ACL 就可完成，使用 **permit host 10.10.10.1** 就可以達到需求，而在 vty 模式中使用 **access-class 10 in** 就可以啟動編號 10 的 ACL，下表為設定本需求的相關指令。

圖表 15-60 R1 中設定 ACL 並在 vty 啟動

指令	說明
R1(config)#access-list 10 permit host 10.10.10.1 R1(config)#access-list 10 deny any	允許來源 10.10.10.1，其他一律阻擋
R1(config)#line vty 0 4 R1(config-line)#password ccna R1(config-line)#login	進入 vty 介面模式設定密碼
R1(config-line)#access-class 10 in	在 vty 介面中起動編號 10 號ACL

請注意 vty 啟動的指令跟實體介面啟動的指令有不一樣。

測試 PCA 與 R1 的連線

請讀者在 R1 中執行上表的指令後，在 PCA 執行 **ping 192.168.10.254** 及 **telnet 192.168.10.254**，如下所示：

圖表 15-61 測 PCA 與 R1 的連線

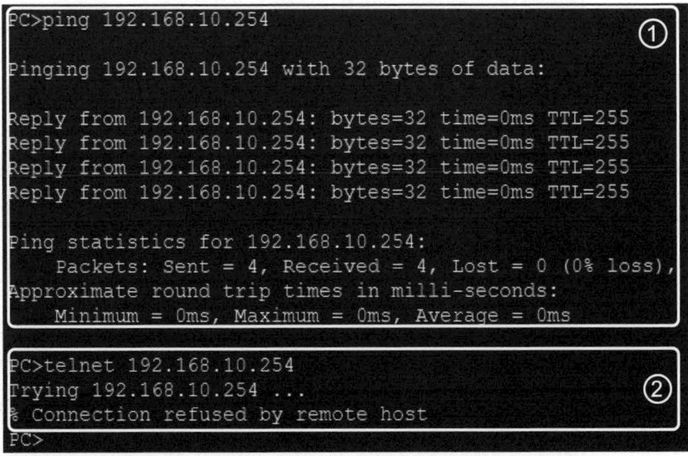
```
PC>ping 192.168.10.254

Pinging 192.168.10.254 with 32 bytes of data:

Reply from 192.168.10.254: bytes=32 time=0ms TTL=255
Reply from 192.168.10.254: bytes=32 time=0ms TTL=255
Reply from 192.168.10.254: bytes=32 time=0ms TTL=255
Reply from 192.168.10.254: bytes=32 time=0ms TTL=255

Ping statistics for 192.168.10.254:
    Packets: Sent = 4, Received = 4, Lost = 0 (0% loss),
Approximate round trip times in milli-seconds:
    Minimum = 0ms, Maximum = 0ms, Average = 0ms

PC>telnet 192.168.10.254
Trying 192.168.10.254 ...
% Connection refused by remote host
PC>
```


❶ PCA 執行 ping 連線成功。

❷ PCA 執行 telnet 連線失敗。

接著查看 R1 中執行 ACL 狀況，如下所示：

圖表 15-62
查看 R1 中 ACL 執行阻擋狀況

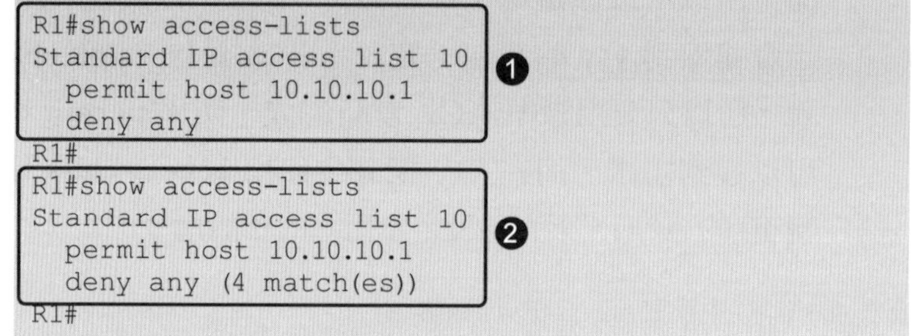

```
R1#show access-lists
Standard IP access list 10
  permit host 10.10.10.1
  deny any
R1#
R1#show access-lists
Standard IP access list 10
  permit host 10.10.10.1
  deny any (4 match(es))
R1#
```

❶ PCA 測試連線前的 ACL 執行狀況。

❷ PCA 測試連線後的 ACL 執行結果，其中 **deny any** 後面有 **4 matches** 表示 PCA 的 telnet 封包被阻擋。

請注意 PCA 的 ping 封包傳遞到路由器的網路介面時並沒有啟動 ACL 的執行，因為 ACL 是在 vty 啟動，ping 封包沒有進到 vty 中。

測試 PC0 與 R1 的連線

繼續在 PC0 執行 **ping 192.168.10.254** 及 **telnet 192.168.10.254**，結果如下所示，兩個連線都成功：

圖表 15-63
測 PC0 與 R1 的連線

```
PC>ping 192.168.10.254

Pinging 192.168.10.254 with 32 bytes of data:

Reply from 192.168.10.254: bytes=32 time=4ms TTL=254
Reply from 192.168.10.254: bytes=32 time=1ms TTL=254
Reply from 192.168.10.254: bytes=32 time=1ms TTL=254
Reply from 192.168.10.254: bytes=32 time=3ms TTL=254

Ping statistics for 192.168.10.254:
    Packets: Sent = 4, Received = 4, Lost = 0 (0% loss),
Approximate round trip times in milli-seconds:
    Minimum = 1ms, Maximum = 4ms, Average = 2ms
```
①

```
PC>telnet 192.168.10.254
Trying 192.168.10.254 ...Open


User Access Verification

Password:
```
②

❶ PC0 執行 ping 成功。

❷ PC0 執行 telnet 成功，請注意 R1 的 telnet 連線的目的 IP 可以是 R1 介面上的任何一個介面 IP。

最後來查看 R1 中 ACL 執行狀況，如下所示，其中 **permit host 10.10.10.1** 後面有 **2 matches** 表示 PC0 的 telnet 封包。由上述測試結果，在 vty 中啟動的 ACL 確實有被執行。

圖表 15-64 查看 R1 中 ACL 執行通過狀況

```
R1#show access-lists
Standard IP access list 10
  permit host 10.10.10.1 (2 match(es))
  deny any (4 match(es))
R1#
```

15.11 ACL 常見的啟動地方及作用

在本章節主要介紹 ACL 過濾封包的功能，但在路由器或交換器的一些功能也會用到 ACL，當 ACL 應用在不同功能中後，permit 和 deny 的作用會有不一樣的效果，針對常見 ACL 啟動的地方及作用，整理如下。

1. **網路介面**：當 ACL 在網路介面中啟動主要的應用是封包過濾，因此當封包若符合 ACL 條件時，permit 表示讓封包通過，deny 表示阻擋封包，這也是本章節主要的 ACL 應用。
2. **vty 介面**：ACL 在 vty 介面啟動，其應用是針對封包能否進入 vty 介面，這也是做封包過濾，若封包符合 ACL 條件，則 permit 表示讓封包可以進入 vty 介面，deny 表示阻擋封包。
3. **HTTP 服務**：ACL 用於 HTTP 服務，作用類似 ACL 在 vty 介面，若封包符合 ACL 條件，則可以使用 HTTP 服務，反之則無法使用 HTTP 服務。
4. **SNMP 功能**：ACL 用於 SNMP 功能中，其作用同上的 ACL 用於 HTTP 服務。

5. **uRPF 功能**：uRPF 功能為檢查封包來源是否非法，如果是非法的封包，uRPF 則會將此封包阻擋，但若 ACL 用在 uRPF 功能，uRPF 判定要封包阻擋，最後還要以 ACL 的條件為主，若該封包符合 ACL 條件，則 permit 表示讓封包通過，deny 才能將該封包阻擋。

6. **NAT 功能**：當 ACL 用於 NAT 功能，其作用是決定能否使用 NAT 轉址服務，當封包若符合 ACL 條件時，permit 表示讓封包使用 NAT 轉址服務，deny 表示不能用 NAT 轉址服務，但不會阻擋封包傳送，所以這時的 ACL 作用並不是用來做過濾封包。

7. **QoS 功能**：在作 QoS 管理時，會用到 C3PL (Cisco Common Classification Policy Language) 語法中的 Class-map 來作封包的分類，此時 Class-map 可以使用 ACL 來做封包的分類，當封包若符合 ACL 條件時，permit 表示分配到管理者定義的分類，deny 則封包不是該分類，因此 ACL 用於 QoS 作用也不是用來做過濾封包。

8. **路由協定**：ACL 也可以用在路由協定中，用來作過濾的效果，但此時的過濾不是針對整個封包，而是針對路由更新封包中的路由資訊，當路由更新封包中的路由資訊符合 ACL 條件，則 permit 表示讓完整的路由更新封包通過，deny 表示移除路由更新封包中的特定的路由資訊。

9. **Route-map 功能**：Route-map 本身就是用來做封包的過濾，其檢查的條件可以很多種類，如果 Route-map 檢查的條件是 IP 位址，此時就可以使用 ACL 用來判斷封包是否符合 IP 位址的條件，若封包符合 ACL 條件，則 permit 只是回傳 true 給 Route-map 知道檢查的條件是成功，再由 Route-map 來決定是否過濾此封包，而 deny 則回傳 false 給 Route-map 知道檢查的條件是失敗。因此 ACL 用於 Route-map 的作用不是用來做過濾封包。

10. **IPSEC**：在 IPSEC 加密技術中，會使用 Crypto map 啟動 ACL 來判斷封包是否要加密，若封包符合 ACL 條件，則 permit 表示封包要加密，而 deny 表示封包不加密，此時 ACL 的不做封包的過濾。

綜合以上 ACL 的應用，有些功能讀者可能還沒學習到，但可以更了解 ACL 的用途不只是過濾封包的功能，還有其他的更進階的應用。

15.12 IPv6 ACL 介紹與練習

在 IPv6 網路也有 ACL 功能，運作原理與 IP4 ACL 大致相同，ACL 分類上 IPv6 已經沒有再分 Standard ACL 與 Extended ACL 語法，統一使用類似 Extended ACL 語法，ACL 寫法也統一用命名的方式，因此使用起來比較簡潔，我們使用下列 ACL-IPv6 網路架構來解說 ACL 用在 IPv6 的流程與設定。

圖表 15-65 ACL-IPv6 網路架構

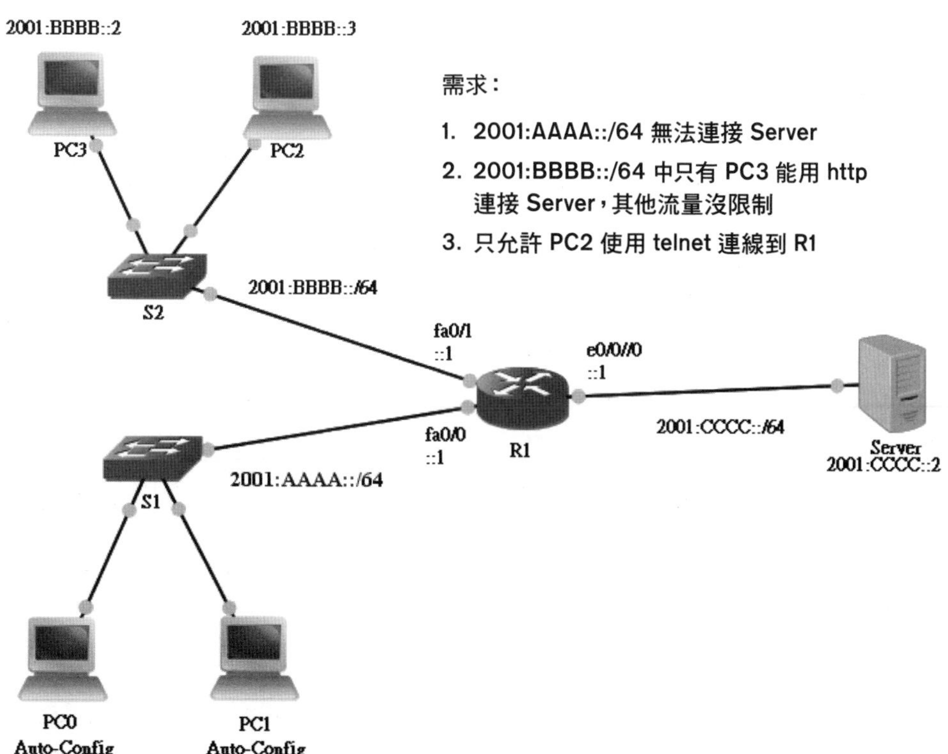

IPv4 與 IPv6 ACL 比較

IPv4 與 IPv6 的 ACL 有幾點不一樣的地方，主要不同的地方有三個，如下所示：

- 在啟動 IPv6 ACL 的指令改為 **ipv6 traffic-filter**，但啟動的方式一樣有分 in 與 out 的方向。
- 在判斷符合條件上已經不使用 Wildcard Mask 方式，而是使用 Prefix，這點是最大的不同地方，所以在細微設定條件上就比較沒有彈性，例如：要設定檢查是否為偶數的子網路，使用 Prefix 就無法設定比較的條件。
- ACL 種類與寫法，IPv6 只有一種分類與一種寫法，在分類上 IPv6 使用類似 Extended 語法，而 Extended 語法也有辦法做到 Standard 語法的效果，另外寫法上都是使用命名方式。

圖表 15-66 IPv4 與 IPv6 ACL 比較表

Features	IPv4	IPv6
執行指令	IP access group	IPv6 traffic-filter
檢查方式	Wildcard Masks	Prefix length
命名方式	支援	支援
數字方式	標準 ACL:1~99 延伸 ACL:100~199	不支援

練習過濾 IPv6 網路

根據 ACL-IPv6 網路架構的需求，我們將三個需求分開來解決，要設計三組 ACL 來解釋，當然最後也可以合併成為一組 ACL。首先練習如何使用 IPv6 ACL 來過濾 IPv6 網路用法，根據需求 2001:AAAA::/64 無法連接 Server，網路的部分使用 Prefix 表示，電腦的部份一樣使用 host 關鍵字，所以要阻擋 2001:AAAA::/64 連接到 Server 的 IPv6 ACL 指令為：

```
deny ipv6 2001:AAAA::/64 host 2001:CCCC::2
```

剩下的就是啟動的部份，如下表指令。

圖表 15-67 R1 中設定阻擋 2001 AAAA /64 網路

指令	說明
R1(config)#ipv6 access-list prefixacl	使用命名方式，名稱為 prefixacl
R1(config-ipv6-acl)#deny ipv6 2001:AAAA::/64 host 2001:CCCC::2	阻擋特定 IPv6 網路連接到 Server
R1(config-ipv6-acl)#permit ipv6 any any	無條件允許 IPv6 封包通過
R1(config-ipv6-acl)#int fa0/0 R1(config-if)#ipv6 traffic-filter prefixacl in	在 fa0/0 介面 in 方向啟動 prefixacl ACL

執行與查詢過濾 IPv6 網路的 ACL，如下所示：

圖表 15-68 啟動與查詢過濾 IPv6 網路的 IPv6 ACL

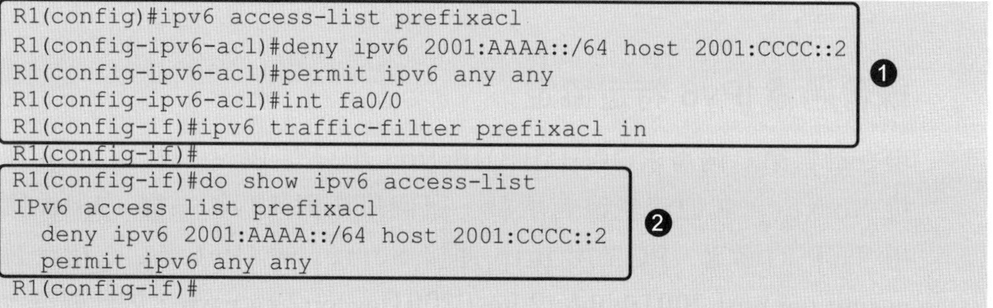

```
R1(config)#ipv6 access-list prefixacl
R1(config-ipv6-acl)#deny ipv6 2001:AAAA::/64 host 2001:CCCC::2
R1(config-ipv6-acl)#permit ipv6 any any
R1(config-ipv6-acl)#int fa0/0
R1(config-if)#ipv6 traffic-filter prefixacl in
R1(config-if)#
R1(config-if)#do show ipv6 access-list
IPv6 access list prefixacl
  deny ipv6 2001:AAAA::/64 host 2001:CCCC::2
  permit ipv6 any any
R1(config-if)#
```

❶ 將上表的指令在 R1 執行。

❷ 使用 **show ipv6 access-list** 來查詢 R1 的 IPv6 ACL，目前只有一組 ACL。

測試過濾 IPv6 網路的 ACL

在 PC0 執行 **ping 2001:CCCC::2**，如下所示，出現『**Destination host unreachable.**』訊息，表示 R1 不繞送該封包，這有可能是路由表有問題或者是 ACL 阻擋。

圖表 15-69
PC0 無法連接 Server

```
PC>ping 2001:CCCC::2

Pinging 2001:CCCC::2 with 32 bytes of data:

Reply from 2001:AAAA::1: Destination host unreachable.
Reply from 2001:AAAA::1: Destination host unreachable.
Reply from 2001:AAAA::1: Destination host unreachable.
Reply from 2001:AAAA::1: Destination host unreachable.
```

現在檢查 R1 的 IPv6 ACL 執行狀況，如下所示，標示的地方出現 **4 matches**，表示剛剛的 4 個 ping 封包符合的該 ACL 條件，動作為阻擋。

圖表 15-70 檢查是否有執行阻擋 IPv6 網路

```
R1#show ipv6 access-list
IPv6 access list prefixacl
  deny ipv6 2001:AAAA::/64 host 2001:CCCC::2 (4 match(es))
  permit ipv6 any any
R1#
```

練習過濾 IPv6 特定協定

現在針對第二個需求 2001:BBBB::/64 中只有 PC3 只能用 http 連接 Server，其他流量沒有限制，這個用法與 IPv4 一樣，http 使用 TCP 的協定，PC3 用 http 連接 Server 的 IPv6 ACL 指令為 **permit tcp host 2001:bbbb::2 host 2001:cccc::2 eq www**，因此要符合這個需求的 IPv6 ACL 如下表指令。

圖表 15-71 R1 中設定過濾特 HTTP 協定

指令	說明
R1(config)#ipv6 access-list httpacl	使用命名方式，名稱為 httpacl
R1(config-ipv6-acl)#permit tcp host 2001:bbbb::2 host 2001:cccc::2 eq www	允許 PC3 使用 http 連接到 Server
R1(config-ipv6-acl)#deny tcp any host 2001:cccc::2 eq www	阻擋任何電腦使用 http 連接到 Server
R1(config-ipv6-acl)#permit ipv6 any any	無條件允許 IPv6 封包通過
R1(config-ipv6-acl)#int fa0/1 R1(config-if)#ipv6 traffic-filter httpacl in	在 fa0/1 介面 in 方向啟動 httpacl ACL

我們在 R1 中執行上述的指令後，現在來測試結果，在 PC3 使用 Browser 來連接 Server，結果會成功，PC2 使用 Browser 來連接 Server，結果會失敗，但是 PC2 使用 ping 連接 Server 就會成功，檢查 IPv6 ACL 執行狀況如下所示：

圖表 15-72 測試過濾 IPv6 http 協定的 ACL

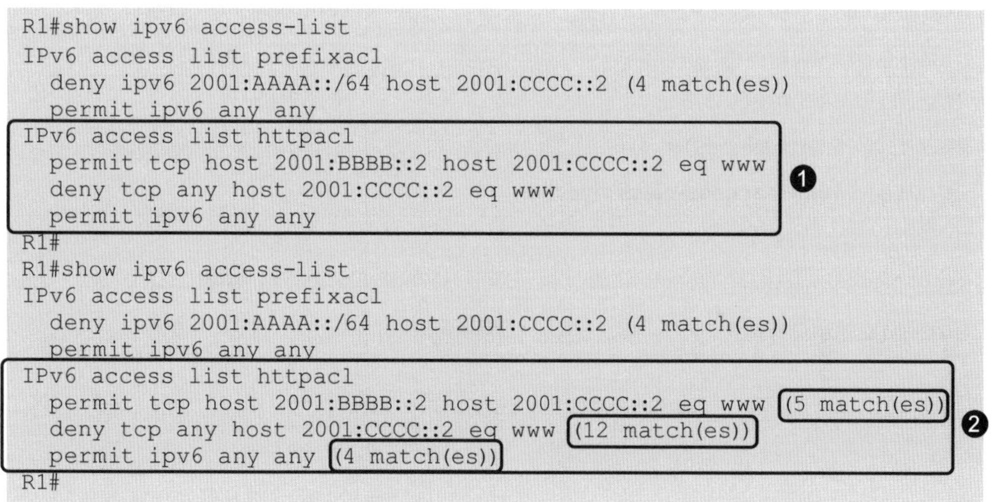

```
R1#show ipv6 access-list
IPv6 access list prefixacl
  deny ipv6 2001:AAAA::/64 host 2001:CCCC::2 (4 match(es))
  permit ipv6 any any
IPv6 access list httpacl
  permit tcp host 2001:BBBB::2 host 2001:CCCC::2 eq www
  deny tcp any host 2001:CCCC::2 eq www
  permit ipv6 any any
R1#
R1#show ipv6 access-list
IPv6 access list prefixacl
  deny ipv6 2001:AAAA::/64 host 2001:CCCC::2 (4 match(es))
  permit ipv6 any any
IPv6 access list httpacl
  permit tcp host 2001:BBBB::2 host 2001:CCCC::2 eq www (5 match(es))
  deny tcp any host 2001:CCCC::2 eq www (12 match(es))
  permit ipv6 any any (4 match(es))
R1#
```


❶ 測試前的 httpacl 這組 ACL 的狀態。

❷ 測試後 httpacl 這組 ACL 的狀態，其中 **5 matches** 為 PC3 使用 Browser 來連接 Server 封包，**12 matches** 為 PC2 使用 Browser 來連接 Server，**4 matches** 為 PC2 使用 ping 連接 Server。

請注意 show ipv6 access-list 中會顯示有兩組 ACL。

練習在 VTY 過濾 IPv6

針對最後一個需求，只允許 PC2 使用 telnet 連線到 R1，此需求啟動需要在 vty 介面中，所以來源為 PC2 就好，目的為任何，此需求的 IPv6 ACL 的指令為：

```
permit ipv6 host 2001:BBBB::3 any
```

因此要符合這個需求的 IPv6 ACL 如下表指令，請注意 vty 啟動 IPv6 ACL 的指令。

圖表 15-73 R1 中 VTY 過濾 IPv6

指令	說明
R1(config)#ipv6 access-list vtyacl	使用命名方式，名稱為 vtyacl
R1(config-ipv6-acl)#permit ipv6 host 2001:BBBB::3 any	允許 PC2 連接到任何地方
R1(config-ipv6-acl)#deny ipv6 any any	全部阻擋
R1(config-ipv6-acl)#line vty 0 4 R1(config-line)#**ipv6 access-class vtyacl in**	在 vty 介面 in 方向啟動 vtyacl ACL
R1(config)#line vty 0 4 R1(config-line)#password ccna R1(config-line)#login	啟動 VTY 密碼

CHAPTER 16

路由器的進階服務 - NAT 與 DHCP

本章節針對路由器提供的進階服務 NAT 與 DHCP 的原理與實務設定進行介紹，Cisco 路由器都有這兩項功能，可提供給使用者來規劃，以下先介紹 NAT 之後，再來說明 DHCP。

16.1 NAT 的轉換原理

網路位址轉換器 (NAT，Network Address Translation)是一種 IP 位址轉換新 IP 位址的技術，此種 IP 位址轉換技術對於目前的 IPv4 位址空間不足提供了解決方案，由於 IPv4 被分為私有 IP 與公有 IP，規定私有 IP 不能連上 Internet，各家 ISP 都會阻擋來源 IP 為私有 IP 的連線，透過 NAT 技術可將私有 IP 轉換為公有 IP，這樣就可連上 Internet。

NAT 運作過程

NAT 如何將 IP 位址轉成另外一個位址，需要有一個**轉換表 (NAT Table)**，此表記錄 IP 位址轉換的對應關係，例如：在下圖架構中，當 PC1 送出封包給 Web Servr 時，來源的 IP 為 PC1 的 192.168.10.1，當封包到達 NAT 路由器時，此時 NAT 路由器會去察看轉換表中 192.168.10.1 要對應到 209.165.200.226，NAT 路由器就將封包中的來源 IP 改為 209.165.200.226，再將封包送往 Internet，當 Web Server 收到該封包後，回應一個新封包給 PC1，此封包中目的 IP 為 209.165.200.226，當封包到達 NAT 路由器時，NAT 路由器會再去查看轉換表中 209.165.200.226 對應到 192.168.10.1，NAT 路由器會將封包中目的 IP 改為 192.168.10.1，如此封包就可以傳送到 PC1。

圖表 16-1 NAT 運作原理

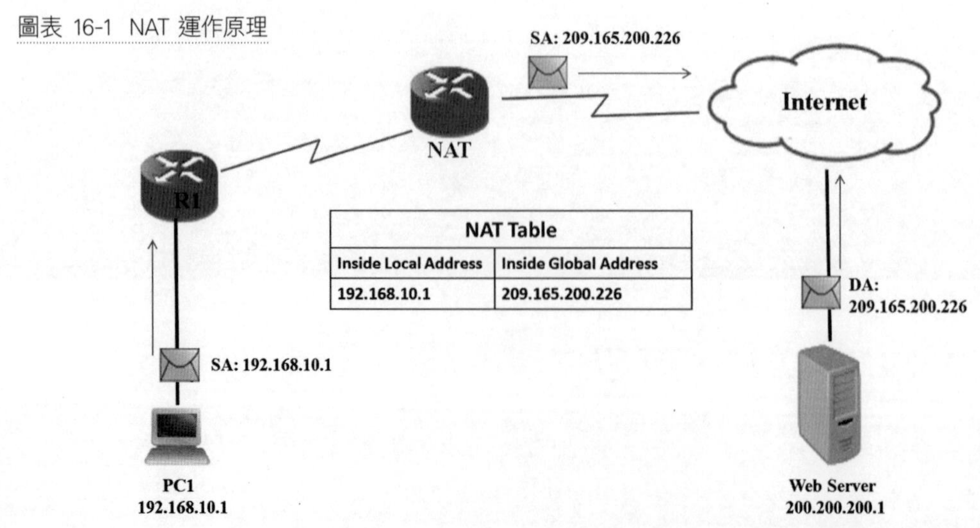

轉換表 (NAT Table)

由上述知道，NAT 服務會根據轉換表來修改封包中的來源 IP 及目的 IP，所以如何定義 NAT Table 就很重要，在上圖的 NAT Table 中 192.168.10.1 稱為 Inside local address，而 209.165.200.226 稱為 Inside global address，這些都是 NAT Table 的位址專有名詞，NAT Table 中總共有四種位址的專有名詞，至於 NAT 要修改來源 IP 還是目的 IP，就要看封包的方向，稍後都會有範例討論。

NAT 的 IP 位址轉換不限制只能私有 IP 轉換為公有 IP，也可以私有 IP 對私有 IP 轉換或公有 IP 對轉，只是一般最常用的還是私有 IP 轉換為公有 IP。另外 NAT 可以針對來源 IP 位址或目的 IP 位址來做轉址的動作。

16.2 NAT 位址表示與轉址方式

本節將介紹 NAT 內部與外部的定義，以及四種 NAT 的位址，我們使用下列 NAT-inside-outside 網路架構來說明 NAT 的四種位址的用法。

圖表 16-2 NAT-inside-outside 網路架構

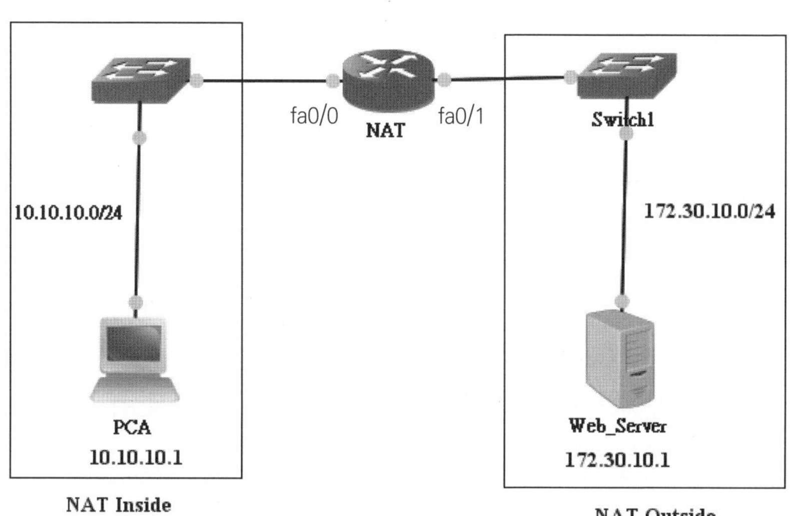

NAT 內部與外部

NAT 在運作前要先定義 **NAT 內部(NAT Inside)**與 **NAT 外部(NAT Outside)**，如何定義 NAT 內部與外部，需要從網路介面中來定義，以本範例圖為例，左邊網路要規劃為 NAT 內部，右邊規劃為 NAT 外部，因此在 fa0/0 介面模式下執行 **ip nat inside** 指令，如此就宣告左邊網路為 NAT 內部，要在 fa0/1 介面模式下執行 **ip nat outside** 指令，如此就宣告右邊網路為 NAT 外部。

Local 與 Global 位址

定義好 NAT 內部與 NAT 外部，NAT 技術中 IP 位址還分成 **Local 位址**與 **Global 位址**，以 NAT 內部的角度來看，解釋的意義如下：

- **Local 位址**：表示 NAT 轉址前的原始 IP 位址。
- **Global 位址**：表示 NAT 轉址後的 IP 位址。

由上可知道，NAT 進行位址轉換是將 Local 位址轉換為 Global 位址，而轉換的對應的資訊會在 NAT Table 中。

NAT 四種位址

了解 Local 位址與 Global 位址的轉換關係，加上 NAT 如何定義內部與外部後，NAT 內部會有兩種位址，NAT 外部也會有兩種位址，NAT 內部定義的兩個位址是針對封包來源 IP 位址做轉換，而 NAT 外部的兩個位址是給封包目的 IP 位址進行轉換使用，接下來解釋 NAT 四種位址。

- **Inside Local Address**：NAT 內部未轉址前 IP 位址，即為內部主機 IP 位址。代表封包中初始的來源 IP 位址。
- **Inside Global Address**：NAT 內部轉址後 IP 位址，此 IP 位址為管理者定義，作為內部主機 IP 位址轉址使用。代表封包中轉址後的來源 IP 位址。

- **Outside Local Address**：NAT 外部未轉址前 IP 位址，由管理者定義 IP 位址，作為轉址到外部主機 IP 位址使用。代表封包中初始的目的 IP 位址。
- **Outside Global Address**：NAT 外部轉址後 IP 位址，即為外部主機 IP 位址。代表封包中轉址後的目的 IP 位址。

所以 NAT 要用 inside 轉址，表示將封包中來源 IP 位址進行轉址，如果要使用 outside 轉址，表示將封包中目的 IP 位址進行轉址，兩種轉址可以同時進行，但是 inside 轉址的應用比較多，例如：將封包中來源是私有 IP 位址轉換成公有 IP 位址，如此封包才能上到 Internet。

NAT 位址範例

以本範例檔為例，NAT 內部對應定義 Local IP 位址轉換為 Global IP 位址為從內部主機 PCA 的 IP 位址 10.10.10.1 轉換到管理者定義的 IP 位址 200.200.200.1，而 NAT 外部對應是由 Local IP 位址轉換到 Global IP 位址，管理者定義的 IP 位址 150.150.150.1 轉換到外部主機 Web Server 172.30.10.1。

要注意，比較容易混淆的是在定義 NAT Outside 對應中 Local IP 位址要由使用者定義，而 Global IP 位址則為 NAT 外部主機 IP 位址，這跟 NAT Inside 對應中剛好相反。一般較少定義 NAT Outside Local 位址轉換到 Outside Global 位址，若無定義 NAT Outside 轉換對應，Outside Local 與 Global Address 都會一樣，即為外部主機 IP 位址 172.30.10.1。因此本範例的 NAT 四種位址如下：

- Inside Local Address：10.10.10.1
- Inside Global Address：200.200.200.1
- Outside Local Address：150.150.150.1
- Outside Global Address：172.30.10.1

在 NAT-inside-outside 網路架構同時進行 inside 與 outside 轉址，當 PCA 執行 ping 150.150.150.1，此時封包的來源 IP 位址為 10.10.10.1，目的 IP 位址為 150.150.150.1，封包經過 NAT 路由器執行 inside 與 outside 轉址後，此時封包的來源 IP 位址變成 200.200.200.1，而目的 IP 位址變成 172.30.10.1，這過程就是 NAT 轉址的結果。如果 PCA 的 IP 位址不是 10.10.10.1，這樣就不會進行 inside 轉址，封包還是可以經由 NAT 送出，所以要成功轉址，封包中的來源 IP 位址一定要 10.10.10.1 這樣才能對應 200.200.200.1，相同情況 outside 轉址中，封包中目的 IP 位址一定要150.150.150.1 才會轉址到 172.30.10.1。

查看 NAT Table

我們使用圖表 16-2 的 NAT-inside-outside 網路架構來示範說明，在 NAT 路由器中執行 **show ip nat translations** 來查看 NAT Table 的轉址對應內容，如下所示，很清楚列出 NAT 四種位址，如何將產生轉址的位址到 NAT Table，將是 NAT 設定的重點。

圖表 16-3 NAT Table 對應內容

```
NAT#show ip nat translations
Pro  Inside global   Inside local   Outside local   Outside global
---  200.200.200.1    10.10.10.1    ---              ---
---  ---             ---            150.150.150.1   172.30.10.1

NAT#
```

NAT Table 產生方式

NAT 服務要進行 IP 位址轉換前，首先要將轉換 IP 位址對應先定義在 NAT Table 中，這樣 NAT 服務才能根據 NAT Table 的內容進行 Local IP 位址轉換為 Global IP 位址，而 NAT Table 產生 Local IP 位址對應 Global IP 位址的方式有三種，**靜態轉址對應(Static Mapping)**、**動態轉址對應(Dynamic Mapping)**和 **PAT 轉址對應(Port Address Translation)**。

NAT 靜態轉址

靜態轉址對應必須在 Local 位址要進行轉換之前，事先已經由管理者定義 IP 位址對應在 NAT Table 中，此筆對應不會移出 NAT Table，除非使用移除靜態 IP 位址對應指令。另外 NAT 靜態轉址可以從 NAT 內部或從 NAT 外部連線，而 NAT 動態轉址只能從 NAT 內部連線。

NAT 動態轉址

動態轉址對應是 Local IP 位址要進行轉址時才在 NAT Table 產生臨時 IP 位址對應，當內部電腦不進行連線時，此筆臨時對應會移出 NAT Table。動態轉址對應需要定義可用的 Global IP 範圍與定義哪些 Local IP 網路可以使用 NAT 功能，設定上相對複雜。

PAT 轉址

PAT 轉址屬於動態轉址的一種，在轉址的過程中會只用到 **Port number**，如此可以讓多個 Local IP 轉址到一個 Global IP 。

16.3 NAT 靜態轉址對應

本章節將示範設定 NAT 靜態轉址對應，轉址對應有分從 NAT 內部進行轉址對應及 NAT 外部進行轉址對應，內部轉址針對封包中的來源 IP 位址，而外部轉址針對封包中的目的 IP 位址，我們使用 NAT-static 網路架構來示範設定 NAT 靜態轉址。

圖表 16-4 NAT-static 網路架構

需求：設定靜態對應到 NAT Table
需求：Inside Local 對應 Inside Global：192.168.20.254 to 200.200.200.1
Outside Local 對應 Outside Global：150.150.150.1 to 209.165.201.2

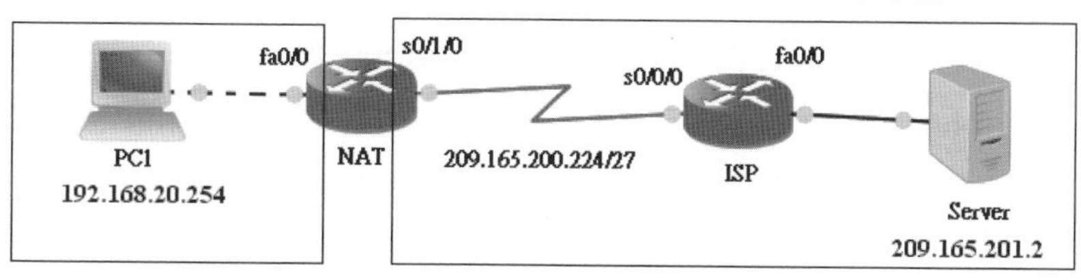

ISP 阻擋私有 IP

在示範設定靜態對應之前，我們在 ACL 章節已經示範 ISP 如何阻檔私有 IP 上 Internet，所以 ISP 會使用 ACL 的技術將來源 IP 位址為私有 IP 的範圍全部阻擋，首先在 ISP 路由器編輯 access-list 10，如下表所示。

圖表 16-5 ISP 路由器阻擋私有 IP 的設定

指令	說明
ISP(config)#access-list 10 deny 192.168.0.0 0.0.255.255	阻擋來源 IP 為 192.168.0.0~192.168.255.0
ISP(config)#access-list 10 deny 10.0.0.0 0.255.255.255	阻擋來源 IP 為 10.0.0.0
ISP(config)#access-list 10 deny 172.16.0.0 0.15.255.255	阻擋來源 IP 為 172.16.0.0~172.31.0.0
ISP(config)#access-list 10 permit any	私有 IP 之外，其它 IP 都允許通過
ISP(config)#int s0/0/0	進入 s0/0/0 介面模式
ISP(config-if)#ip access-group 10 in	啟動 access-list 10

我們將上述的指令在 ISP 路由器執行，執行完畢之後，PC1 就無法連線到 Server 209.165.201.2，因為私有 IP 位址不能通過 ISP 路由器。

NAT 內部靜態轉址對應

為了讓 PC1 可以透過 ISP 上 Internet，使用 NAT 功能將 PC1 送出封包中的來源 IP 位址 192.168.20.254 轉成 200.200.200.1，如此就不受 ISP 的阻擋。由於要轉址封包的來源 IP 位址，要使用 Inside local IP 位址來對應 Inside global IP 位址，在此的 Inside local IP 為 PC1 的 IP 位址，Inside global IP 為管理者定義的 IP 位址 200.200.200.1，接下來把這兩個 IP 位址定義到 NAT Table 中。

我們先在 NAT 路由器執行 **show ip nat translations** 指令來查看 NAT Table 內容，NAT Table 中是沒資料，現在使用靜態對應方式將這兩組 IP 位址存入 NAT Table，執行指令如下表所示。

圖表 16-6 設定 NAT 內部靜態對應

指令	說明
NAT(config)#ip nat inside source static 192.168.20.254 200.200.200.1	使用靜態方式將 NAT 內部的 Inside local IP 位址來對應 Inside global IP 位址

查看 NAT 內部轉址對應表

再使用 **show ip nat translations** 指令來查看 NAT Table 內容，如下所示，已經有一筆 **Inside local IP** 位址 192.168.20.254 來對應 **Inside global IP** 位址 200.200.200.1，若要移除此筆對應資料，需要執行 **no ip nat inside source static 192.168.20.254 200.200.200.1**。

請注意靜態 NAT 的對應會永遠存在，除非執行移除指令，另外只有靜態對應可以由 NAT Outside 連線進到 NAT Inside，動態對應只能由 NAT Inside 連到 NAT Outside。

圖表 16-7 設定 Inside local IP 位址轉換 Inside global IP 位址

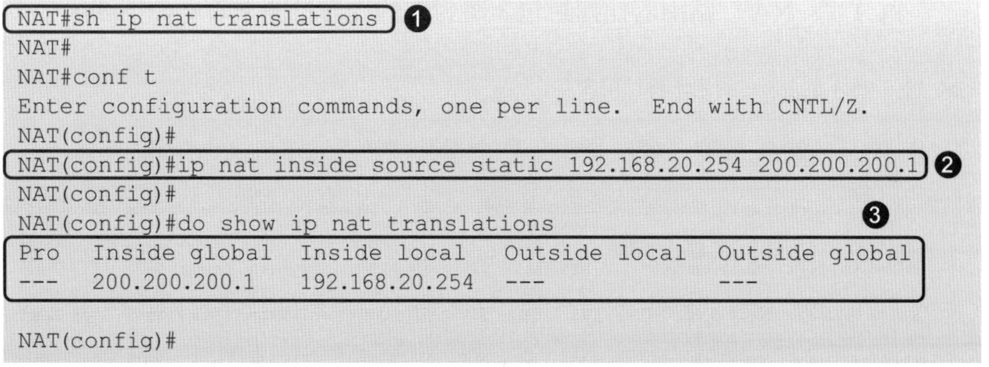

```
NAT#sh ip nat translations ❶
NAT#
NAT#conf t
Enter configuration commands, one per line.  End with CNTL/Z.
NAT(config)#
NAT(config)#ip nat inside source static 192.168.20.254 200.200.200.1 ❷
NAT(config)#
NAT(config)#do show ip nat translations ❸
Pro  Inside global   Inside local    Outside local   Outside global
---  200.200.200.1   192.168.20.254  ---             ---

NAT(config)#
```

❶ NAT Table 目前沒有資料。

❷ 設定一筆內部 NAT 的靜態對應。

❸ NAT Table 已經有一筆靜態對應。

設定 NAT 內部與外部

目前 NAT 路由器還無法執行 NAT 的轉址功能，因為還沒有定義哪一邊是 NAT 內部與外部，依照規劃在 NAT 路由器上 fa0/0 為 NAT 內部，而 s0/1/0 為 NAT 外部，因此在 NAT 路由器執行下列指令即可完成設定 NAT 內部與外部。

圖表 16-8 設定 NAT 內部與外部

指令	說明
NAT(config)#int fa0/0	定義 fa0/0 為 NAT 內部
NAT(config-if)#ip nat inside	
NAT(config)#int s0/1/0	定義 s0/1/0 為 NAT 外部
NAT(config-if)#ip nat outside	

查看 NAT 內部轉址運作

使用 wireshark 來捕捉封包，在 PC1 執行 **ping 209.165.201.2**，在 PC1 與 NAT 路由器捕捉封包，將封包的內容打開來看，如下圖所示，

圖表 16-9 PC1 的 ICMP 封包未轉址前內容

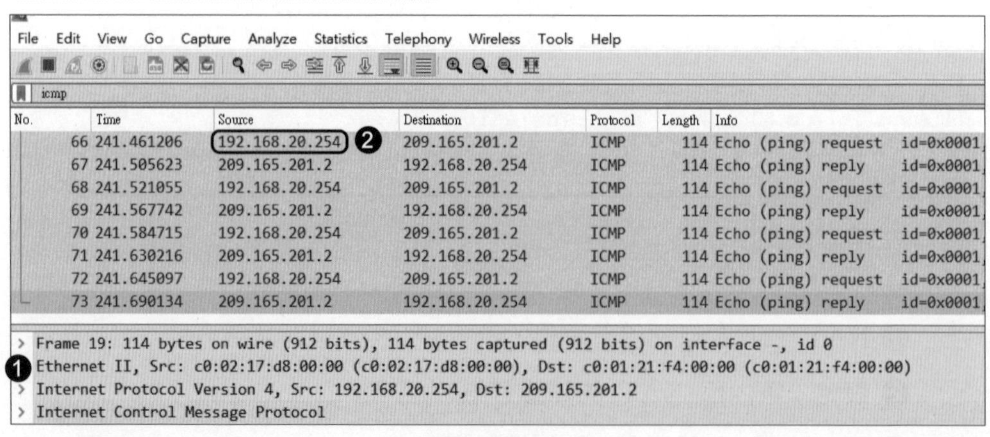

❶ 封包來源的 L2 封裝為乙太網路。

❷ 顯示 Source IP 為 PC1 的 192.168.20.254。

接下來在 NAT 路由器與 ISP 之間用 wireshark 捕捉的封包內容，如下圖所示：

圖表 16-10 PC1 的 ICMP 封包轉址後內容

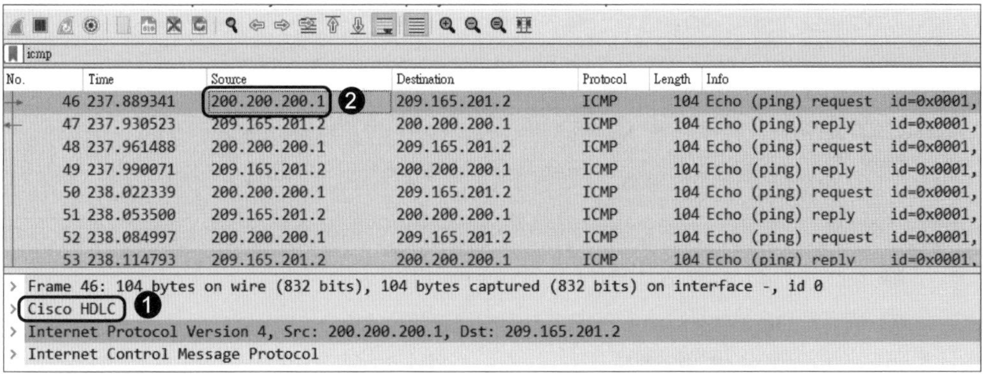

icmp

No.	Time	Source	Destination	Protocol	Length	Info
46	237.889341	200.200.200.1 ❷	209.165.201.2	ICMP	104	Echo (ping) request id=0x0001,
47	237.930523	209.165.201.2	200.200.200.1	ICMP	104	Echo (ping) reply id=0x0001,
48	237.961488	200.200.200.1	209.165.201.2	ICMP	104	Echo (ping) request id=0x0001,
49	237.990071	209.165.201.2	200.200.200.1	ICMP	104	Echo (ping) reply id=0x0001,
50	238.022339	200.200.200.1	209.165.201.2	ICMP	104	Echo (ping) request id=0x0001,
51	238.053500	209.165.201.2	200.200.200.1	ICMP	104	Echo (ping) reply id=0x0001,
52	238.084997	200.200.200.1	209.165.201.2	ICMP	104	Echo (ping) request id=0x0001,
53	238.114793	209.165.201.2	200.200.200.1	ICMP	104	Echo (ping) reply id=0x0001,

> Frame 46: 104 bytes on wire (832 bits), 104 bytes captured (832 bits) on interface -, id 0
> Cisco HDLC ❶
> Internet Protocol Version 4, Src: 200.200.200.1, Dst: 209.165.201.2
> Internet Control Message Protocol

❶ 封包要送出的 L2 封裝改為 HDLC。

❷ 顯示 Source IP 變為 200.200.200.1，表示 NAT 轉址成功，此封包到 ISP 時，ISP 的 ACL 檢查其來源 IP 位址為 200.200.200.1，ISP 就不會阻擋該封包，這裡就是目前私有 IP 能上 Internet 的運作原理。請注意 200.200.200.1 的公有 IP 位址必須跟 ISP 申請，不能使用自已任意取的公有 IP 位址，否則 ISP 業者是不會幫忙繞送。

從 NAT 外部連線到 NAT 內部

IP 位址為 209.165.201.2 的 Sever 在 NAT 外部，PC1 在 NAT 內部，我們來實驗從 NAT 外部連線到 NAT 內部，但不是直接使用 PC1 的 IP 位址 192.168.20.254 來連線，而是使用 200.200.200.1 來連線到 PC1，在 Server 中執行 **ping 200.200.200.1**，在 NAT 路由器與 ISP 之間用 wireshark 捕捉的封包內容來觀察封包進入 NAT 路由器之前的內容，如下圖所示：

圖表 16-11 Server 封包未轉址前內容

icmp

No.	Time	Source	Destination	Protocol	Length	Info
249	1340.210904	209.165.201.2	200.200.200.1 ❷	ICMP	104	Echo (ping) request id=0x0000,
250	1340.241823	200.200.200.1	209.165.201.2	ICMP	104	Echo (ping) reply id=0x0000,
251	1340.273440	209.165.201.2	200.200.200.1	ICMP	104	Echo (ping) request id=0x0000,
252	1340.309767	200.200.200.1	209.165.201.2	ICMP	104	Echo (ping) reply id=0x0000,
253	1340.334804	209.165.201.2	200.200.200.1	ICMP	104	Echo (ping) request id=0x0000,
254	1340.366415	200.200.200.1	209.165.201.2	ICMP	104	Echo (ping) reply id=0x0000,

> Frame 249: 104 bytes on wire (832 bits), 104 bytes captured (832 bits) on interface -, id 0
> Cisco HDLC ❶
> Internet Protocol Version 4, Src: 209.165.201.2, Dst: 200.200.200.1
> Internet Control Message Protocol

❶ Server 封包要送出的 L2 封裝為 HDLC。

❷ 表示 Destination IP 為 200.200.200.1。

在 PC1 與 NAT 路由器使用 wireshark 捕捉封包，觀察 Server 封包離開 NAT 路由器後的內容，如下圖所示：

圖表 16-12 Server 封包轉址後內容

icmp

No.	Time	Source	Destination	Protocol	Length	Info
384	1527.966482	209.165.201.2	192.168.20.254 ❷	ICMP	114	Echo (ping) request id=0x0001,
385	1527.981897	192.168.20.254	209.165.201.2	ICMP	114	Echo (ping) reply id=0x0001,
386	1528.027492	209.165.201.2	192.168.20.254	ICMP	114	Echo (ping) request id=0x0001,
387	1528.043108	192.168.20.254	209.165.201.2	ICMP	114	Echo (ping) reply id=0x0001,
389	1528.089371	209.165.201.2	192.168.20.254	ICMP	114	Echo (ping) request id=0x0001,
390	1528.105251	192.168.20.254	209.165.201.2	ICMP	114	Echo (ping) reply id=0x0001,
391	1528.150901	209.165.201.2	192.168.20.254	ICMP	114	Echo (ping) request id=0x0001,

> Frame 384: 114 bytes on wire (912 bits), 114 bytes captured (912 bits) on interface -, id 0
> Ethernet II, Src: c0:01:21:f4:00:00 (c0:01:21:f4:00:00), Dst: c0:02:17:d8:00:00 (c0:02:17:d8:00:00) ❶
> Internet Protocol Version 4, Src: 209.165.201.2, Dst: 192.168.20.254
> Internet Control Message Protocol

❶ NAT 路由器要送出 Server 封包的 L2 封裝改為乙太網路。

❷ 表示 Destination IP 轉址為 192.168.20.254，此 IP 為 200.200.200.1 轉址後的 IP 位址，表示 NAT 轉址成功。

由上述實驗觀察，在 NAT 啟動內部轉址功能，當連線是由 NAT 內部連線到 NAT 外部，NAT 服務是修改來源 IP 位址，如果由 NAT 外部連線到 NAT 內部則修改目的 IP 位址。另外 NAT 啟動外部轉址功能，則情況就相反。

這種由 NAT 外部連線到 NAT 內部的應用需求也常常見到，例如：允許使用者從 Internet 連線到公司內部一台伺服器，此伺服器設定為私有 IP，此時就可以用靜態 NAT 內部轉址對應，並將 NAT inside Global IP 位址公告給使用者知道，如此伺服器就受到保護。

請注意只有靜態 NAT 設定能夠由 NAT 外部連線到 NAT 內部電腦，動態 NAT 及 PAT 都無法做到，原因是靜態 NAT 的 IP 對應永久存在 NAT Table 中。

NAT 外部靜態轉址對應

接下來示範如何設定 **NAT 外部轉址功能**，針對封包的目的 IP 位址做轉址動作。我們定義 Outside Local IP 位址為 150.150.150.1，Outside Global IP 位址為 Server 的 IP 位址 209.165.201.2，請注意 NAT 外部對應是由從管理者定義的 IP 位址 150.150.150.1 轉換到外部主機 Web Server 209.165.201.2，在 NAT 路由器上執行下表的指令，這跟 NAT 內部設定指令的參數剛好相反，這裡的參數是先輸入 Outside Global IP 位址，接著 Outside Local IP 位址，請讀者留意。

圖表 16-13 設定 NAT 外部靜態對應

指令	說明
NAT(config)# ip nat **outside** source static 209.165.201.2 150.150.150.1	使用靜態方式將 NAT 外部的 Outside local IP 位址來對應 Outside global IP 位址

NAT 外部轉址對應表

再來查看 NAT 路由器中的 NAT Table，如下所示，已經有兩筆轉址對應。

圖表 16-14 查看 NAT 外部轉址對應

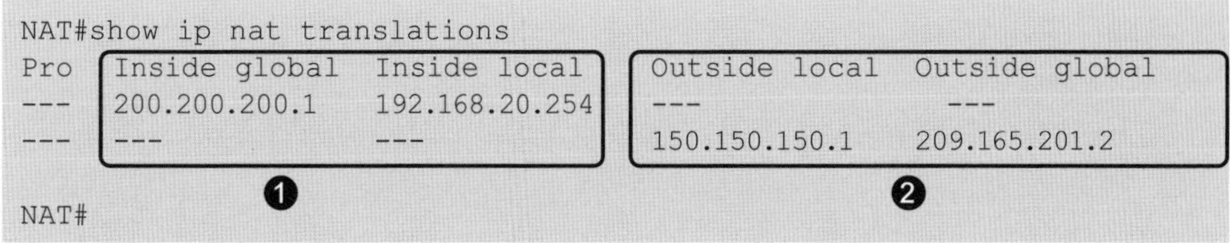

```
NAT#show ip nat translations
Pro  Inside global    Inside local      Outside local    Outside global
---  200.200.200.1    192.168.20.254    ---                 ---
---  ---              ---               150.150.150.1    209.165.201.2
                 ❶                                   ❷
NAT#
```

❶ 這筆為 NAT 內部轉址對應。針對封包中的來源 IP 位址進行轉址。

❷ NAT 外部轉址對應。針對封包中的目的 IP 位址進行轉址。

NAT 外部轉址運作

使用 wireshark 捕捉封包查看 NAT 轉址運作，在 PC1 執行 **ping 150.150.150.1**，此 IP 位址為管理者定義，並不是設定在主機上 IP 位址，在 PC1 與 NAT 路由器使用 wireshark 捕捉封包，表示封包進入 NAT 路由器前的內容，如下圖所示，此時要注意 Source IP 位址 192.168.20.254 與 Destination IP 位址 150.150.150.1，Source IP 使用 **NAT 內部轉址**，另外 Destination IP 使用 **NAT 外部轉址**。

圖表 16-15 PC1 封包未轉址前內容

icmp

No.	Time	Source	Destination	Protocol	Length	Info
197	756.386461	192.168.20.254	150.150.150.1	ICMP	114	Echo (ping) request id=0x0003,
198	756.432317	150.150.150.1	192.168.20.254	ICMP	114	Echo (ping) reply id=0x0003,
199	756.463626	192.168.20.254	150.150.150.1	ICMP	114	Echo (ping) request id=0x0003,
200	756.510294	150.150.150.1	192.168.20.254	ICMP	114	Echo (ping) reply id=0x0003,
201	756.526150	192.168.20.254	150.150.150.1	ICMP	114	Echo (ping) request id=0x0003,
202	756.571545	150.150.150.1	192.168.20.254	ICMP	114	Echo (ping) reply id=0x0003,
203	756.587538	192.168.20.254	150.150.150.1	ICMP	114	Echo (ping) request id=0x0003,
204	756.633517	150.150.150.1	192.168.20.254	ICMP	114	Echo (ping) reply id=0x0003,

```
> Frame 197: 114 bytes on wire (912 bits), 114 bytes captured (912 bits) on interface -, id 0
> Ethernet II, Src: c0:02:17:d8:00:00 (c0:02:17:d8:00:00), Dst: c0:01:21:f4:00:00 (c0:01:21:f4:00:00)
> Internet Protocol Version 4, Src: 192.168.20.254, Dst: 150.150.150.1
> Internet Control Message Protocol
```

在 NAT 路由器與 ISP 之間用 wireshark 捕捉的封包內容，表示封包要離開 NAT 路由器的內容，如下圖所示，Source IP 使用 **NAT 內部轉址**對應，將 192.168.20.254 轉址為 200.200.200.1，在 Destination IP 使用 **NAT 外部轉址**對應，將 150.150.150.1 轉址為 209.165.201.2。

圖表 16-16 PC1 封包轉址後內容

icmp

No.	Time	Source	Destination	Protocol	Length	Info
145	752.818248	200.200.200.1	209.165.201.2	ICMP	104	Echo (ping) request id=0x0003,
146	752.858724	209.165.201.2	200.200.200.1	ICMP	104	Echo (ping) reply id=0x0003,
147	752.888737	200.200.200.1	209.165.201.2	ICMP	104	Echo (ping) request id=0x0003,
148	752.917237	209.165.201.2	200.200.200.1	ICMP	104	Echo (ping) reply id=0x0003,
149	752.963908	200.200.200.1	209.165.201.2	ICMP	104	Echo (ping) request id=0x0003,
150	752.996557	209.165.201.2	200.200.200.1	ICMP	104	Echo (ping) reply id=0x0003,
151	753.027435	200.200.200.1	209.165.201.2	ICMP	104	Echo (ping) request id=0x0003,
152	753.056799	209.165.201.2	200.200.200.1	ICMP	104	Echo (ping) reply id=0x0003,

```
> Frame 145: 104 bytes on wire (832 bits), 104 bytes captured (832 bits) on interface -, id 0
> Cisco HDLC
> Internet Protocol Version 4, Src: 200.200.200.1, Dst: 209.165.201.2
> Internet Control Message Protocol
```

當使用 ping 測試後，再查看一次 NAT Table，如下所示，此時會多出許多對應出來，標示的地方表示 ping 的序號，這些有 ping 序號的對應過一段時間會自動清除，如果要強制清除這些有 ping 序號的對應，可以使用 **clear ip nat translation** * 來清除，但是無法將靜態 NAT 刪除。

圖表 16-17 NAT Table 中 ICMP 的序號

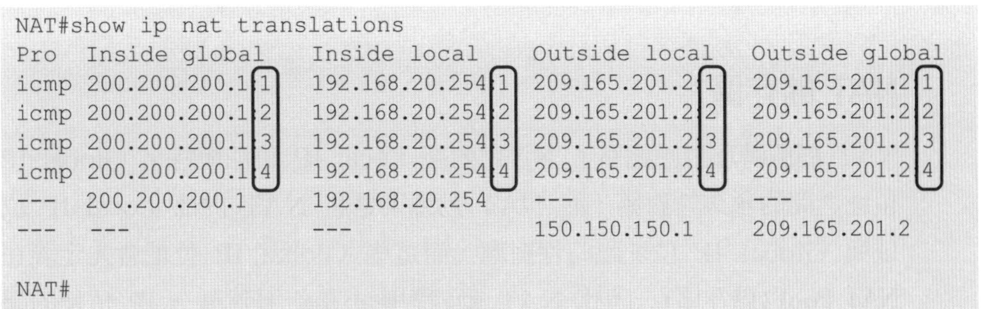

```
NAT#show ip nat translations
Pro   Inside global     Inside local       Outside local      Outside global
icmp  200.200.200.1:1   192.168.20.254:1   209.165.201.2:1    209.165.201.2:1
icmp  200.200.200.1:2   192.168.20.254:2   209.165.201.2:2    209.165.201.2:2
icmp  200.200.200.1:3   192.168.20.254:3   209.165.201.2:3    209.165.201.2:3
icmp  200.200.200.1:4   192.168.20.254:4   209.165.201.2:4    209.165.201.2:4
---   200.200.200.1     192.168.20.254     ---                ---
---   ---               ---                150.150.150.1      209.165.201.2

NAT#
```

16.4 NAT 動態轉址對應

本節將示範設定 NAT 動態轉址，我們使用下列 NAT-dynamic 網路架構來解說 NAT 動態轉址設定步驟，其中三台路由器的 Routing 及 ISP 阻擋私有 IP 的 ACL 都已經設定。

圖表 16-18
NAT-dynamic 網路架構

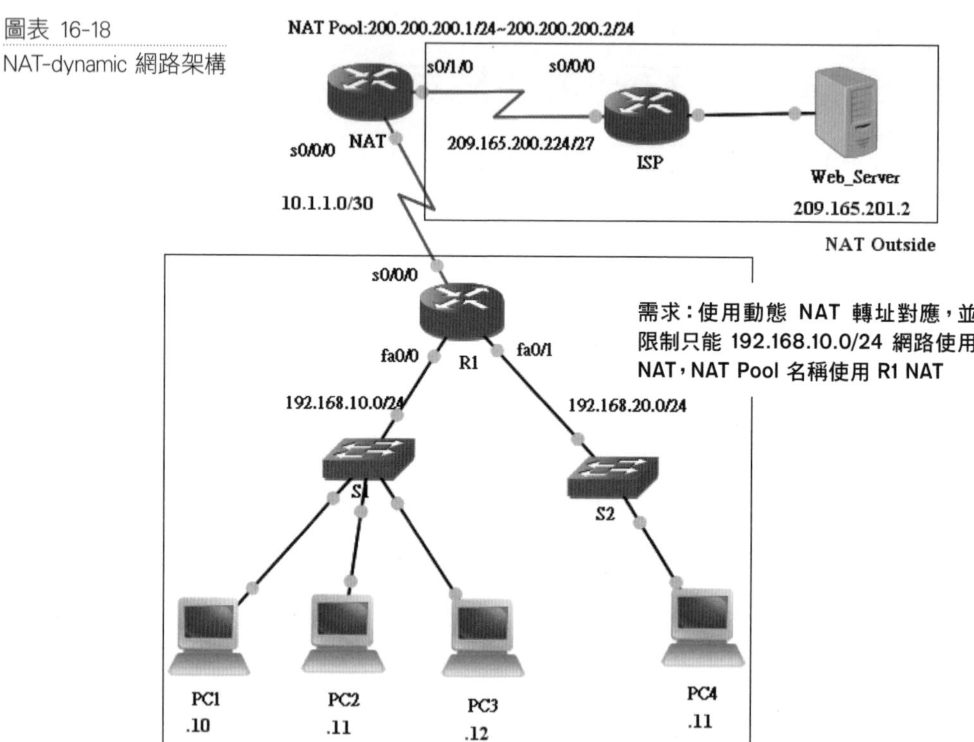

NAT 儲存區

NAT 靜態轉址對應建立了 NAT 內部 Local IP 位址與特定 Global IP 位址之間的永久性對應，而 NAT 動態則是將 NAT 內部 Local IP 位址與 Global IP 位址臨時性對應，而這些 Global IP 位址會先定義在 **NAT Pool (儲存區)**，因此 NAT 動態對應不是新增到單一 IP 位址的靜態對應到 NAT Table，而是使用在儲存區中的 Global IP 位址來動態產生對應到 NAT Table。

設定 NAT 動態轉址對應

NAT 動態轉址對應在應用上比較有彈性，例如：將可用的公有 IP 位址存在 NAT 儲存區、限制內部電腦使用 NAT 功能等等，但是要設定 NAT 動態轉址對應比較複雜，須要有四大步驟。

❶ 定義可用的 NAT 內部 Global IP 位址到儲存區中。

❷ 定義限制內部網路可使用 NAT 儲存區。

❸ 定義內部網路使用指定 NAT 儲存區。

❹ 定義 NAT 內部與外部。

以下針對 NAT 內部轉址，使用 NAT 動態產生轉址對應，規劃兩個 IP 位址 200.200.200.1/24~200.200.200.2/24 為 Global IP 並儲存在 R1NAT 的儲存區，另外限制只有 192.168.10.0/24 網路能使用 NAT，根據這些需求，NAT 動態轉址的設定如下表指令。

請注意靜態 NAT 設定可以與動態 NAT 設定一起使用。

圖表 16-19 設定 NAT 動態轉址的指令

指令	說明
NAT(config)#ip nat pool R1NAT 200.200.200.1 200.200.200.2 netmask 255.255.255.0	設定兩個 Global IP 位址到 R1NAT 的儲存區中
NAT(config)#access-list 1 permit 192.168.10.0 0.0.0.255 NAT(config)#access-list 1 deny any	設定 192.168.10.0/24 網路能使用 NAT
NAT(config)#ip nat inside source list 1 pool R1NAT	設定 access-list 1 使用 R1NAT 的儲存區
NAT(config)#int s0/1/0 NAT(config-if)#ip nat outside NAT(config-if)#int s0/0/0 NAT(config-if)#ip nat inside	設定 s0/1/0 為 NAT 外部，s0/0/0 為 NAT 內部

將上述的設定 NAT 動態轉址的指令，在 NAT 路由器上執行，如下所示：

圖表 16-20 NAT 路由器中設定動態轉址

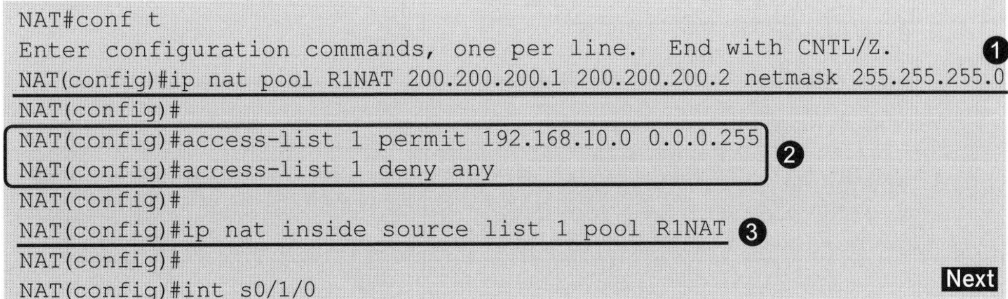

```
NAT#conf t
Enter configuration commands, one per line.  End with CNTL/Z.          ❶
NAT(config)#ip nat pool R1NAT 200.200.200.1 200.200.200.2 netmask 255.255.255.0
NAT(config)#
NAT(config)#access-list 1 permit 192.168.10.0 0.0.0.255   ❷
NAT(config)#access-list 1 deny any
NAT(config)#
NAT(config)#ip nat inside source list 1 pool R1NAT ❸
NAT(config)#
NAT(config)#int s0/1/0
```

Next

```
NAT(config-if)#ip nat outside
NAT(config-if)#int s0/0/0
NAT(config-if)#ip nat inside
NAT(config-if)#
NAT(config-if)#do show ip nat translations
NAT(config-if)#
```

❶ 設定 NAT 儲存區，儲存區名稱為 R1NAT，此儲存區只有兩個公有 IP 位址。

❷ 使用 ACL 來控制那一個網路可以使用 NAT 儲存區。

❸ 指定 ACL 使用指定的 NAT 儲存區。此時 ACL 中的 permit 表示封包可以使用 NAT 服務，而 deny 表示封包不能使用 NAT 服務，但是 NAT 路由器還是會將封包送出。

❹ 設定 NAT Inside 與 Outside。

❺ 查詢 NAT Table，發現目前 NAT Table 中沒有任何資料，這是正常現象，不像靜態設定會在 NAT Tablet 產生永久性轉址對應，動態設定當 NAT 內部有連線時，才臨時在 NAT Tablet 產生轉址對應。

查看動態設定

目前在 NAT 路由器中的 NAT Table 是沒有資料，那怎麼知道 NAT 是否有啟動成功？可以使用 **show ip nat statistics** 指令來查詢 NAT 動態轉址設定內容，如下所示：

圖表 16-21 查看 NAT 動態轉址統計內容

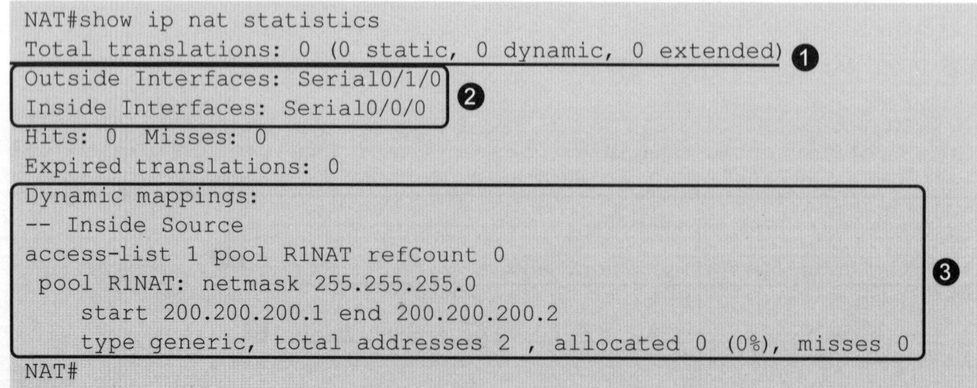

```
NAT#show ip nat statistics
Total translations: 0 (0 static, 0 dynamic, 0 extended)
Outside Interfaces: Serial0/1/0
Inside Interfaces: Serial0/0/0
Hits: 0  Misses: 0
Expired translations: 0
Dynamic mappings:
-- Inside Source
access-list 1 pool R1NAT refCount 0
 pool R1NAT: netmask 255.255.255.0
    start 200.200.200.1 end 200.200.200.2
    type generic, total addresses 2 , allocated 0 (0%), misses 0
NAT#
```

❶ 顯示目前有幾個轉址對應產生。

❷ 顯示 NAT 內部與 NAT 外部的資訊。

❸ 表示有一組 NAT 內部的動態轉址對應設定，R1NAT 儲存區中有兩個 IP 位址。

查看 NAT 動態轉址運作

使用 wireshark 捕捉封包來觀察動態 NAT 轉址，在 NAT 內部中的 PC1 執行 **ping 209.165.201.2**，在 R1 與 NAT 路由器使用 wireshark 捕捉封包，查看封包進入 NAT 路由器前的內容，如下圖所示，Source IP 為 PC1 的 IP 位址 192.168.10.10。

圖表 16-22 PC1 封包到達 NAT 路由器前的內容

icmp

No.	Time	Source	Destination	Protocol	Length	Info
15	31.218465	192.168.10.10	209.165.201.2	ICMP	104	Echo (ping) request
16	31.280967	209.165.201.2	192.168.10.10	ICMP	104	Echo (ping) reply
17	31.327254	192.168.10.10	209.165.201.2	ICMP	104	Echo (ping) request
18	31.354152	209.165.201.2	192.168.10.10	ICMP	104	Echo (ping) reply
19	31.385427	192.168.10.10	209.165.201.2	ICMP	104	Echo (ping) request
20	31.416283	209.165.201.2	192.168.10.10	ICMP	104	Echo (ping) reply

> Frame 15: 104 bytes on wire (832 bits), 104 bytes captured (832 bits) on interface -, id 0
> Cisco HDLC
> Internet Protocol Version 4, Src: 192.168.10.10, Dst: 209.165.201.2
> Internet Control Message Protocol

在 NAT 路由器與 ISP 之間用 wireshark 捕捉的封包內容，查看 PC1 封包離開 NAT 路由器的內容，如下圖所示，Source IP 已經轉址為 200.200.200.1，此 IP 位址是由 R1NAT 的 NAT 儲存區中選出，此筆對應也會記錄在 NAT Table 中，因此 PC1 的封包就可以經過 ISP 到達 Web Server。

圖表 16-23 PC1 封包離開 NAT 路由器的內容

icmp

No.	Time	Source	Destination	Protocol	Length	Info
6	25.743657	200.200.200.1	209.165.201.2	ICMP	104	Echo (ping) request
7	25.789176	209.165.201.2	200.200.200.1	ICMP	104	Echo (ping) reply
8	25.837460	200.200.200.1	209.165.201.2	ICMP	104	Echo (ping) request
9	25.863360	209.165.201.2	200.200.200.1	ICMP	104	Echo (ping) reply
10	25.895637	200.200.200.1	209.165.201.2	ICMP	104	Echo (ping) request
11	25.925491	209.165.201.2	200.200.200.1	ICMP	104	Echo (ping) reply

```
> Frame 6: 104 bytes on wire (832 bits), 104 bytes captured (832 bits) on interface -, id 0
> Cisco HDLC
> Internet Protocol Version 4, Src: 200.200.200.1, Dst: 209.165.201.2
> Internet Control Message Protocol
```

查看 NAT Table 中動態產生轉址

在 NAT 路由器上查看動態產生的 Local IP 位址與 Global IP 位址的對應，如下所示：

圖表 16-24 查看 NAT Table 中動態產生轉址

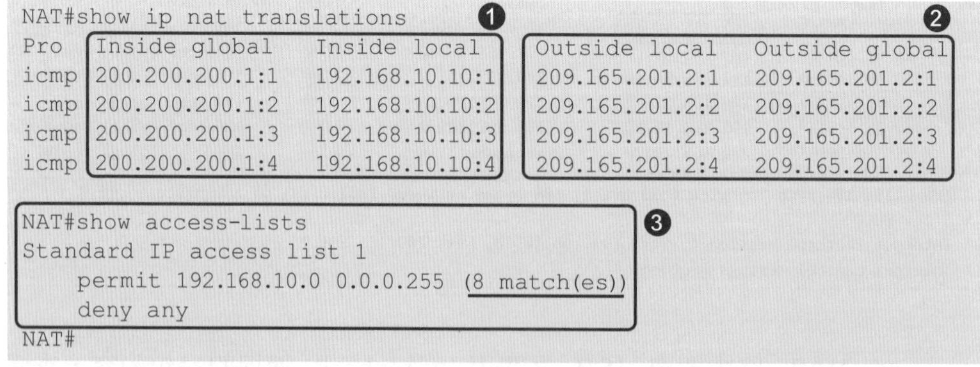

```
NAT#show ip nat translations                                    ❶                                        ❷
Pro  Inside global      Inside local       Outside local      Outside global
icmp 200.200.200.1:1    192.168.10.10:1    209.165.201.2:1    209.165.201.2:1
icmp 200.200.200.1:2    192.168.10.10:2    209.165.201.2:2    209.165.201.2:2
icmp 200.200.200.1:3    192.168.10.10:3    209.165.201.2:3    209.165.201.2:3
icmp 200.200.200.1:4    192.168.10.10:4    209.165.201.2:4    209.165.201.2:4

NAT#show access-lists                                           ❸
Standard IP access list 1
    permit 192.168.10.0 0.0.0.255 (8 match(es))
    deny any
NAT#
```

❶ 顯示 Inside local 為 192.168.10.10 對應到 Inside global 為 200.200.200.1，其中冒號後面的數字代表是 ping 封包的序列號。

❷ Outside local 與 Outside global IP 位址對應，由於我們沒有定義 NAT 外部轉址對應，因此 Outside local 與 Outside global IP 位址都是 Web Server IP 位址 209.165.201.2。另外在動態 NAT 中也會執行 ACL。

❸ 顯示目前有 8 個封包符合 permit 192.168.10.0 0.0.0.255，也就是可以使用 NAT 服務。

PC1~PC3 同時使用 NAT 轉址

現在同時在 PC1、PC2 與 PC3 執行 **ping 209.165.201.2**，由於 R1NAT 儲存區中只有兩個 Global IP 位址，因此會有一台 PC 沒有辦法轉址到 Global IP 位址，如此會有一台 PC 無法跟 Web Server 連線，從 NAT 路由器的 NAT Table 來查看，如下所示，PC1 與 PC2 有轉址成功，而 PC3 無 Global IP 位址可以使用，NAT 路由器會將 PC3 的封包檔下，直到有可用的 Global IP 位址，請注意過一段時間，動態 NAT 的 NAT Table 自動清空。

圖表 16-25 只有 PC1 與 PC2 有轉址成功

```
NAT#show ip nat translations
Pro  Inside global     Inside local      Outside local      Outside global
icmp 200.200.200.1:5   192.168.10.10:5   209.165.201.2:5    209.165.201.2:5
icmp 200.200.200.1:6   192.168.10.10:6   209.165.201.2:6    209.165.201.2:6
icmp 200.200.200.1:7   192.168.10.10:7   209.165.201.2:7    209.165.201.2:7
icmp 200.200.200.1:8   192.168.10.10:8   209.165.201.2:8    209.165.201.2:8
icmp 200.200.200.2:1   192.168.10.11:1   209.165.201.2:1    209.165.201.2:1
icmp 200.200.200.2:2   192.168.10.11:2   209.165.201.2:2    209.165.201.2:2
icmp 200.200.200.2:3   192.168.10.11:3   209.165.201.2:3    209.165.201.2:3
icmp 200.200.200.2:4   192.168.10.11:4   209.165.201.2:4    209.165.201.2:4

NAT#
```

查詢 NAT 分配資訊

使用 **show ip nat statistics** 指令來查看 Global IP 位址分配狀況，如下所示，R1NAT 儲存區有兩個 Global IP 位址。

圖表 16-26 查看 Global IP 位址分配狀況

```
NAT#show ip nat statistics
Total translations: 8 (0 static, 8 dynamic,8 extended)
Outside Interfaces: Serial0/1/0
Inside Interfaces: Serial0/0/0
Hits: 7  Misses: 12
Expired translations: 0
Dynamic mappings:
-- Inside Source
access-list 1 pool R1NAT refCount 8
 pool R1NAT: netmask 255.255.255.0
    start 200.200.200.1 end 200.200.200.2          ❶             ❷
    type generic, total addresses 2 , allocated 2 (100%), misses 4
NAT#
```

❶ 表示已經使用的 Global IP 位址的比例，目前已經 100%分配。

❷ **misses** 表示有幾個連線請求 Global IP 位址失敗的次數，目前有 4 個請求失敗，此處就是 PC3 請求失敗。

PC4 連線到 Web Server

在 PC4 執行 **ping 209.165.201.2**，由於 PC4 位於 192.168.20.0/24，沒有被宣告在 access-list 1 中，所以不能使用 R1NAT 的 NAT 儲存區中的 IP 位址，但是 NAT 路由器還是會進行轉送 PC4 封包前往 Web Server。但此封包會被 ISP 路由器阻擋，因為 NAT 沒有進行轉址動作，此封包中的來源 IP 位址還是私有 IP。

查詢 NAT Debug 訊息

使用 **debug ip nat** 指令進行 NAT Debug 訊息的查看，在 NAT 路由器執行 **debug ip nat** 後，在 PC1 開啟 Browser 連接 **209.165.201.2**，出現的 NAT Debug 訊息如下所示，其中一些代號意義如下：

圖表 16-27 NAT Debug 訊息

```
NAT#debug ip nat
IP NAT debugging is on
NAT#
NAT: s=192.168.10.10->200.200.200.1, d=209.165.201.2 [23]

NAT*: s=209.165.201.2, d=200.200.200.1->192.168.10.10 [21]

NAT: s=192.168.10.10->200.200.200.1, d=209.165.201.2 [24]

NAT*: s=209.165.201.2, d=200.200.200.1->192.168.10.10 [25]

NAT: s=192.168.10.10->200.200.200.1, d=209.165.201.2 [22]

NAT*: s=209.165.201.2, d=200.200.200.1->192.168.10.10 [26]

NAT: s=192.168.10.10->200.200.200.1, d=209.165.201.2 [23]

NAT*: s=209.165.201.2, d=200.200.200.1->192.168.10.10 [27]
```

- **s**：表示來源 IP 位址。
- **192.168.10.10-->200.200.200.2**：表示來源位址 192.168.10.10 被轉換為 200.200.200.2。

- **d**：表示 209.165.201.2 為目的 IP 位址。
- *：表示有快速交換路徑存在，如果快取項目存在，則封包較快通過，若無，則較慢，Session 中第一個封包建立 NAT 快速交換路徑，因此會較慢。

16.5 PAT 的運作與設定

NAT 的轉址運作是將一個 Local IP 位址跟一個 Global IP 位址做一對一的對應，如果 Local IP 為私有 IP 及 Global IP 位址為公有 IP，如此一個私有 IP 就要一個公有 IP，如下表所示，三個私有 IP 需要三個公有位址，如此私有 IP 才能對應出去一個公有 IP，而公有 IP 回來也能對應相同的私有 IP，但是這樣 NAT 的轉址對應就沒有意義，無法解決公有 IP 不足的情況，因此我們希望只用一個公有 IP 位址來對應內部所有私有 IP 位址，如此就可以解決公有 IP 不足的問題。

圖表 16-28 轉址對應為 1 對 1

私有 IP 位址	公有 IP 位址
192.168.10.10	200.200.200.1
192.168.10.11	200.200.200.2
192.168.10.12	200.200.200.3

轉址對應為多對一問題

如果使用一個公有 IP 位址來對應多個私有 IP 位址，這樣就可以解決公有 IP 不足的問題，但是這樣的對應會變成**多對**一的對應關係，如下表所示，三個私有 IP 位址對應到一個公有 IP 位址，當 192.168.10.10 轉址為 200.200.200.1 後，200.200.200.1 要如何再轉址回到 192.168.10.10，這就是多對一的問題，此問題可以使用 Port 位址來解決，也就是 **PAT (Port Address Translations)**。

圖表 16-29 轉址對應多對一問題

私有 IP 位址	公有 IP 位址
192.168.10.10	200.200.200.1
192.168.10.11	200.200.200.1
192.168.10.12	200.200.200.1

使用 Port 位址解決多對一問題

在 L4 傳輸層中有 Port 位址欄位，當電腦打開一個視窗，作業系統會指定一個獨一無二的編號給此視窗，L4 傳輸層就拿此編號來當作來源 Port 位址，而目的 Port 位址則為應用程式服務的號碼，例如：80 為 http、23 為 telnet 等等，因此 PAT 就是將來源的 Port 位址加入到轉址的 IP 位址中，兩個位址之間使用冒號隔開，如下表所示，192.168.10.10:1011 對應到 200.200.200.1:1011，其中 1011 就是 Port 位址，200.200.200.1:1011 就可再轉址對應到 192.168.10.10，如果有兩台電腦的 Port 位址一樣，PAT 轉址也會自動跳號，例如：PC2 與 PC3 剛好產生的 Port 位址都是 2011，轉址之後會 200.200.200.1：2011 與 200.200.200.1：2012，如此就可以將原先的多對一的對應關係變成一對一的對應關係。

圖表 16-30 使用 Port 位址當轉址對應

電腦	私有 IP 位址	公有 IP 位址
PC1	192.168.10.10：1011	200.200.200.1：1011
PC2	192.168.10.11：2011	200.200.200.1：2011
PC3	192.168.10.12：2011	200.200.200.1：2012

PAT 設定步驟

本節將示範如何設定 PAT，我們使用下列 NAT-PAT 網路架構來解說 PAT 運作與設定，其中路由器之間的 Routing 與阻擋私有 IP 的 ACL 都已經設定。

圖表 16-31 NAT-PAT 網路架構

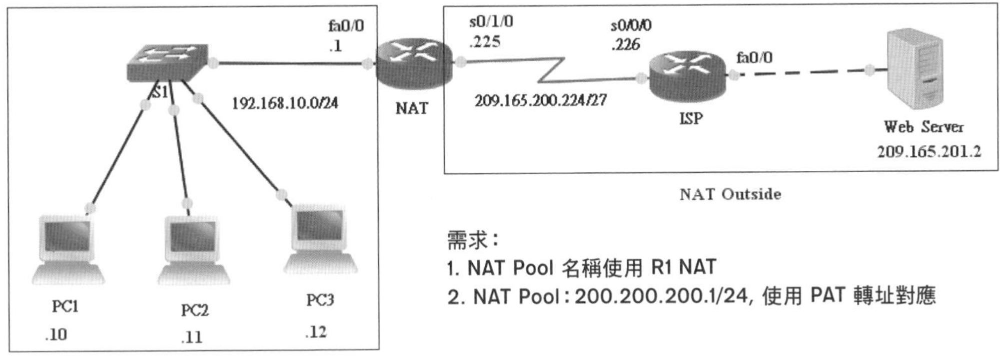

PAT 必須使用動態轉址的設定，因此設定步驟跟設定 NAT 動態轉址對應一樣，差別在於第一步驟與第三步驟，在第一步驟只需要定義一個 Global IP 位址到 NAT 儲存區中，如果定義兩個以上的 Global IP 位址到 NAT 儲存區中，PAT 也只會用到第一個 Global IP 位址，在第三步驟的指令後面多一個 **overload**，此 overload 就是表示轉址時會帶 Port 位址，如下表設定本範例需求的 PAT 相關指令。

圖表 16-32 設定 PAT 的指令

指令	說明
NAT(config)#ip nat pool R1NAT 200.200.200.1 200.200.200.1 netmask 255.255.255.0	設定一個 Global IP 位址到 R1NAT 的儲存區中
NAT(config)#access-list 1 permit 192.168.10.0 0.0.0.255 NAT(config)#access-list 1 deny any	設定 192.168.10.0/24 網路能使用 NAT
NAT(config)#ip nat inside source list 1 pool R1NAT **overload**	設定 access-list 1 使用 R1NAT 的儲存區，並使用 Port 位址
NAT(config)#int s0/1/0 NAT(config-if)#ip nat outside NAT(config-if)#int fa0/0 NAT(config-if)#ip nat inside	設定 s0/1/0 為 NAT 外部，fa0/0 為 NAT 內部

在 NAT 路由器中執行上述指令，如此就完成 PAT 設定步驟。

請注意 PAT 又稱為 NAT overload。

查看 PAT 轉址對應

PAT 也是一種動態轉址方式，由於目前內部電腦還沒有連線，因此 NAT 路由器中的 NAT Table 內容是空的，在 PC1 中打開 Web Browser 來跟 Web Server 做連線，PC2 與 PC3 同樣使用 Web Browser 來跟 Web Server 做連線，雖然我們只定義一個 Global IP 位址到 NAT 儲存區中，但是使用 PAT 轉址，因此三台電腦都可以連到 Web Server。

查詢 NAT Table

在三台電腦跟 Web Server 連線後，來查詢產生的 PAT 轉址對應，如下所示：

圖表 16-33 NAT 路由器產生 PAT 轉址對應

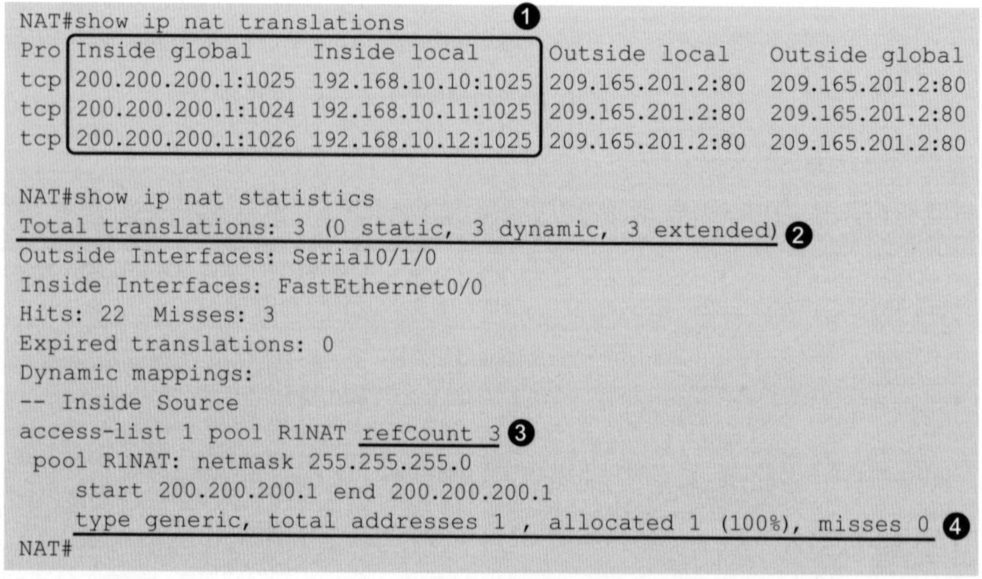

```
NAT#show ip nat translations                                ❶
Pro Inside global       Inside local       Outside local      Outside global
tcp 200.200.200.1:1025  192.168.10.10:1025 209.165.201.2:80   209.165.201.2:80
tcp 200.200.200.1:1024  192.168.10.11:1025 209.165.201.2:80   209.165.201.2:80
tcp 200.200.200.1:1026  192.168.10.12:1025 209.165.201.2:80   209.165.201.2:80

NAT#show ip nat statistics
Total translations: 3 (0 static, 3 dynamic, 3 extended) ❷
Outside Interfaces: Serial0/1/0
Inside Interfaces: FastEthernet0/0
Hits: 22  Misses: 3
Expired translations: 0
Dynamic mappings:
-- Inside Source
access-list 1 pool R1NAT refCount 3 ❸
 pool R1NAT: netmask 255.255.255.0
    start 200.200.200.1 end 200.200.200.1
    type generic, total addresses 1 , allocated 1 (100%), misses 0 ❹
NAT#
```

❶ 顯示三台電腦共用 Global IP 位址 200.200.200.1，其中三台電腦的 Source Port Number 剛好都一樣 1025，PAT 自動跳號 1024 與 1026，如此就能維持一對一的對應關係。

❷ 標示目前轉址成功的數目有三筆，其中 **dynamic** 表示是動態轉址，**extended** 表示透過 PAT 轉址，請注意 PAT 轉址也是透過動態轉址，目前 PAT 轉址三筆也是動態轉址的三筆。

❸ 表示目前使用 NAT Pool 轉址成功的數目。

❹ 表示目前 NAT Pool 使用狀況，其中 misses 表示轉址失敗的數目。

16.6 使用 NAT Outside 介面轉址

由於使用 PAT 功能只需要一個 Global IP 位址，所以不需要特別去定義一個 Global IP 位址到 NAT 儲存區，可以使用 NAT Outside 介面上的 IP 位址當作是 Global IP 位址，如此設定 PAT 就只需要三個步驟，使用下列架構來示範使用介面 IP 設定 PAT，我們使用下列 NAT-interface 網路架構來說明。

圖表 16-34 NAT-interface 網路架構

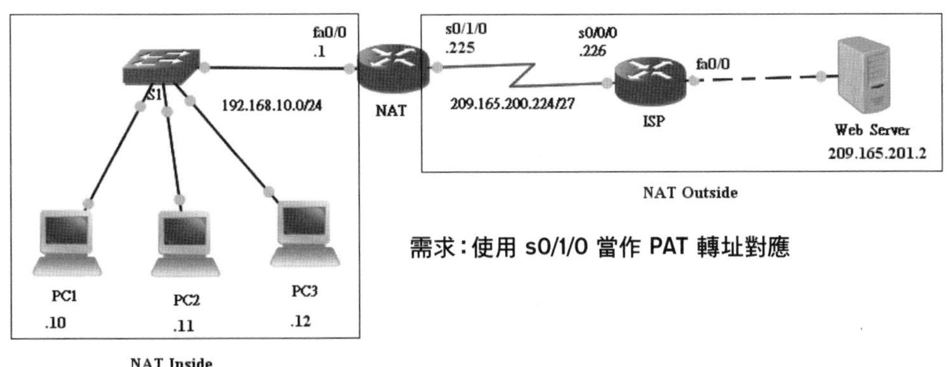

根據上圖需求，設定 PAT 三個步驟的指令如下表所示，此時已經不需要再定義 NAT 儲存區，只要在第二步驟中指定 interface s0/1/0，請注意此介面必須為 NAT 外部的介面。

圖表 16-35 使用介面 IP 設定 PAT 三個步驟

指令	說明
NAT(config)#access-list 1 permit 192.168.10.0 0.0.0.255	設定 192.168.10.0/24 網路能使用 NAT
NAT(config)#access-list 1 deny any	
NAT(config)#ip nat inside source list 1 **interface s0/1/0** overload	設定 access-list 1 使用S0/1/0 的 IP 當作 global IP，並使用 Port 位址
NAT(config)#int s0/1/0	設定 s0/1/0 為 NAT 外部，fa0/0 為 NAT 內部
NAT(config-if)#ip nat outside	
NAT(config-if)#int fa0/0	
NAT(config-if)#ip nat inside	

我們將上表的指令在 NAT 路由器上執行，打開 PC1 使用 Web Broswer 來連線到 Web Server 後，再觀察 PAT 產生的轉址對應，如下圖所示，標示的地方為 Inside Global 為 209.165.200.225，此 IP 位址為 NAT 路由器中 s0/1/0 介面的 IP。

圖表 16-36 PAT 使用 s0/1/0 的 IP

```
NAT#show ip nat translations
Pro Inside global        Inside local       Outside local      Outside global
tcp 209.165.200.225:1025 192.168.10.10:1025 209.165.201.2:80 209.165.201.2:80

NAT#
```

請注意如果有兩個 NAT 對外的網路介面，則第二步驟需要分別針對這兩個對外的網路介面來執行，故要執行兩次。至於要使用哪一個 outside 網路介面的 IP 來做轉址，要靠路由 (routing) 來決定。

16.7 DHCP 介紹

每一台主機要上網路都需要 IP 組態，IP 組態至少要包含主機 IP 位址、子網路遮罩、預設閘道等資訊，如何設定電腦 IP 組態，則有兩種方式，一種是使用手動輸入方式，另一種是 DHCP 自動輸入方式。

在個人電腦中可以選擇網路卡內容，再點選 TCP/IP 就會出現 IP 組態的設定畫面，如下圖所示，如果點選『**自動取得 IP 位址**』，表示電腦為 DHCP Client，會從 DHCP Server 自動取得 IP 組態，如果是選擇『**使用下列的 IP 位址**』，必須由使用者手動將 IP 組態一一輸入。

圖表 16-37 主機設定 IP 位址方式

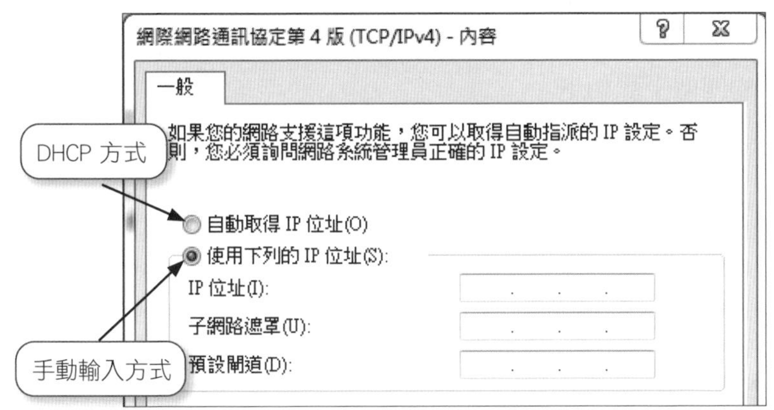

有些電腦設備的 IP 位置不能變動，例如：路由器、伺服器等等，管理者必須手動輸入 IP 組態，不過對於一般使用者的電腦而言，其電腦數目又多，若用手動輸入，是一件很費時費力的事，還好使用者電腦的 IP 位址可以不必固定不變，因此使用 DHCP 方式來設定使用者的電腦的 IP 組態，相對容易管理許多。

DHCP 配置 IP 組態方式

DHCP Server 會負責將基本 IP 組態傳送給 DHCP Client，而 DHCP 有三種不同的位址配置機制，以便彈性地配置 IP 位址：

- **手動配置(Manual)**：管理者為 Client 電腦指定固定的 IP 位址，DHCP Server 將該 IP 位址傳達給該電腦。此運作為 BOOTP (Bootstrap Protocol) 是 DHCP 的前身。
- **自動配置(Automatic)**：DHCP Server 從 **DHCP 儲存區(DHCP Pool)**中選擇靜態 IP 位址，永久地配置給 Client 電腦。

● **動態配置(Dynamic)**：DHCP Server 動態地從 DHCP Pool 中配置 IP 位址給 Client 電腦，但是會有使用期限，該 IP 位址使用期限到期，DHCP Server 必須重新分配 IP 位址給 Client 電腦。

DHCP 分配流程與封包類型

當 DHCP Client 電腦要向 DHCP Server 請求分配一組 IP 位址，需完成四個步驟，如下圖所示，每一個步驟都有一種 DHCP 封包，DHCP 運作的四個步驟如下。

圖表 16-38 DHCP 請求的四個流程

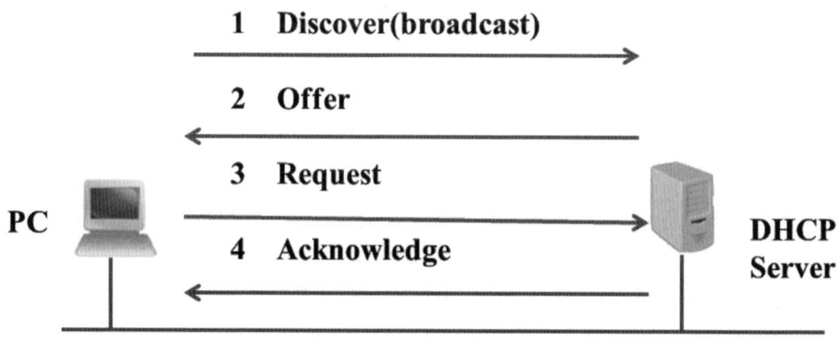

● **第一步驟**：由 DHCP Client 電腦廣播 **DHCPDISCOVER** 封包，DHCPDISCOVER 封包為廣播封包，主要是尋找網路上的 DHCP Server，由於此時的 Client 還沒有 IP 位址，所以 DHCPDISCOVER 封包中的來源 IP 為 0.0.0.0，目的 MAC 為 FF-FF-FF-FF-FF-FF。

● **第二步驟**：當 DHCP Server 收到 DHCDISCOVER 封包時，DHCP Server 會使用 DHCPDISCOVER 封包中 Client 的 MAC 來查詢資料庫是否之前有分配過 IP 位址，如果有就用之前的 IP 位址，如果沒有就從 DHCP Pool 選一個 IP 位址，包含在 **DHCPOFFER** 封包傳送給由 DHCP Client 電腦。在此步驟 DHCP Server 還會檢查分配的 IP 位址是否已經存在其它電腦中，也就是 DHCP Server 會使用 **ping** 及 **gratuitous ARP** 來檢查 IP 衝突(Conflicts)，若該 IP 有偵測到衝突，該 IP 則被移出 DHCP Pool，直到管理者解決此 IP 衝突的問題。

- **第三步驟**：當 DHCP Client 電腦收到來自 DHCP Server 的 DHCPOFFER 封包時，它回傳 **DHCPREQUEST** 封包，此封包正式跟 DHCP Server 申請該 IP 位址。但是當有多台 DHCP Server 存在的時候，此時 Client 電腦會收到多個 DHCPOFFER 封包，這時候會以第一個收到的為主。其他 DHCP Server 收到 DHCPREQUEST 時，就會回收 OFFER 封包中的 IP 位址。

  另外 Client 電腦也會用 **gratuitous ARP** 來檢查 DHCPOFFER 封包提供的 IP 位址是否有其它電腦使用，如果有表示 IP 衝突，Client 電腦會發送 **DHCP DECLINE** 封包給 Server，再重新執行第一步驟。

- **第四步驟**：DHCP Server 收到 DHCP REQUEST 封包後，使用 **DHCPACK** 封包回復 DHCP Client 電腦作為最後確認。請注意當 DHCP Client 電腦已經分配到 IP 位址，這個 IP 是有租期，因此 Client 電腦必須定期發送請求封包給 DHCP Sever 以更新租期。

DHCP 對 IP 衝突檢查方式

IP 衝突檢查機制可以由 Server 端與 Client 端來偵測，當 Server 端要分配新的 IP 出去時會使用 **ping** 來詢問該 IP 是否有其它電腦使用，如果 Server 端發現有 IP 衝突，Server 端就記錄衝突的 IP 並再分配新的 IP 出去。若是之前已經分配出去的 IP，同樣的電腦再來請求時，Server 端還是會配給一樣的 IP，此時 Server 端就不會使用 ping 來測試該 IP。

在 Client 端收到分配 IP 會用 **gratuitous ARP** 來偵測是否有 IP 衝突，若 Client 端發現有 IP 衝突，Client 端會發送 **DHCP DECLINE** 封包給 Server 端，這時候 Server 端就會知道有衝突並記錄衝突的 IP。請注意一般使用手動設定 IP 時，電腦也會使用 **gratuitous ARP** 的機制來檢查是否有 IP 衝突。

Gratuitous ARP 作用

Gratuitous ARP (G-ARP) 也是 ARP 協定，當設備發出 ARP 封包時，封包中的 Source IP 是設備自已的 IP，Source MAC 也是設備自已的 MAC，簡單描述就是設備詢問自己的 ARP，其目的是要告訴其他設備自己的 IP 與 MAC 的對應，或者更新其他設備中 ARP 暫存資料，G-ARP 的做法應用如下:

1. 用於 DHCP 偵測 IP 位址衝突。
2. 告訴同一個網路下的設備 (電腦或網路設備)， 自己 IP 位址及對應的 MAC 位址，更新所有機器的 ARP 暫存資料或 Switch 的 MAC Table，如此 Switch 也就可以知道這個 MAC Address 在哪一個 Port 下。
3. 如果每當網路介面 Link up 時就送 G-ARP，如果常常有 G-ARP 出現，可以表示接線品質不佳。
4. 網路卡更換或重啟，過 G-ARP 可以通知網路中的其他主機，IP 位址與新的 MAC 位址的對應關係。

16.8 路由器當 DHCP Server 設定

Cisco 路由器有支援 DHCP 功能，因此可以直接用 Cisco 路由器當作 DHCP Server 來使用，只需兩個主要設定步驟即可完成，我們使用下列 DHCP-basic 網路架構來做設定說明，其中 DHCP 路由器當作 DHCP Server。

設定 DHCP 儲存區

當 DHCP 路由器收到 DHCP Client 電腦的 DHCPDISCOVER 封包時，必須要從 DHCP 儲存區挑選一個可用的 IP 位址，除了 IP 位址之外，DHCP 儲存區還需提供預設閘道及 DNS 位址，每一個 DHCP 儲存區會負責提供一個網路內的電腦 IP 組態，若有兩個網路需要使用

DHCP，DHCP 路由器必須設定兩個 DHCP 儲存區，以上圖的範例需求，需要提供 DHCP 給 192.168.10.0/24 與 192.168.20.0/24 兩個網路使用，以下為設定兩個 DHCP 儲存區給這兩個網路使用。

請注意：如果有人架設第二台非法 DHCP Server 時，此時 DHCP Client 拿到的 IP 組態就無法固定從合法 DHCP Server 取得，這會造成資安問題，因此我們可以在交換器 S1 中啟動 DHCP snooping 功能，此功能可以在交換器的介面設定為信任 (Trust) 與不信任 (Untrust) 介面，如此我們就可以將合法 DHCP Server 接在交換器中信任的介面。

圖表 16-39
DHCP-basic 網路架構

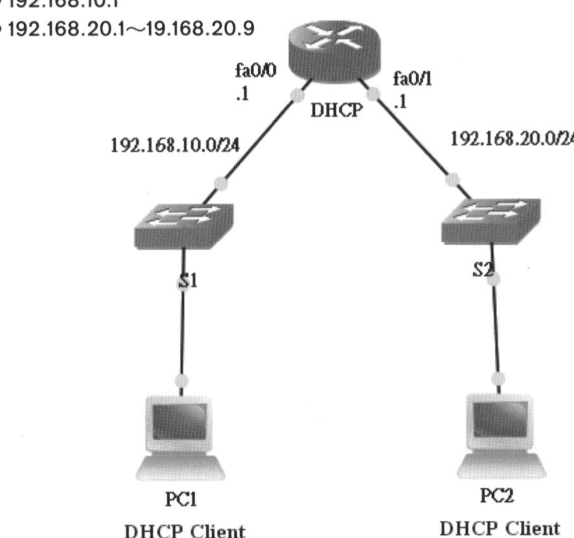

請注意當路由器有設定多個存儲區時，路由器收到電腦的 DHCP 請求封包，會根據收到請求封包的網路介面中 IP 位址去對應到存儲區來分配 IP 位址，所以在 DHCP 路由器的網路介面一定要手動設定 IP 位址。

圖表 16-40 設定兩個 DHCP 儲存區

指令	說明
dhcp(config)#ip dhcp pool Lan10	建立 Lan10 的 DHCP 儲存區
dhcp(dhcp-config)#network 192.168.10.0 255.255.255.0	定義 Lan10 的儲存區可以分配的 IP 位址範圍為 192.168.10.0/24，包含子網路遮罩資訊
dhcp(dhcp-config)#default-router 192.168.10.1	定義該網路 192.168.10.0 的預設閘道

Next

指令	說明
dhcp(dhcp-config)#dns-server 100.100.100.1	定義要分配的 DNS-Server IP 位址
dhcp(config)#ip dhcp pool Lan20	建立 Lan20 的 DHCP 儲存區
dhcp(dhcp-config)#network 192.168.20.0 255.255.255.0	定義 Lan20 的儲存區可以分配的 IP 位址範圍為 192.168.20.0/24，包含子網路遮罩資訊
dhcp(dhcp-config)#default-router 192.168.20.1	定義該網路 192.168.20.0 的預設閘道
dhcp(dhcp-config)#dns-server 100.100.100.1	定義要分配的 DNS-Server IP 位址

設定保留 IP 範圍

當設定完兩個 DHCP 儲存區後，接下來要讓 DHCP 路由器知道那些 IP 位址是不能被分配出去，有些 IP 位址要保留給特定的設備使用，例如：預設閘道的 IP 位址、其它 Server 的 IP 位址等等，根據本範例的需求，要保留 192.168.10.1 及 192.168.20.1~192.168.20.9，不能被 DHCP 路由器分配出去，下表為設定保留 IP 位址的指令。請注意統一在組態模式下設定保留 IP 位址。

圖表 16-41 設定保留 IP 位址

指令	說明
dhcp(config)#ip dhcp excluded-address 192.168.10.1	保留一個 IP:192.168.10.1
dhcp(config)#ip dhcp excluded-address 192.168.20.1 192.168.20.9	保留 9 個 IP: 從 192.168.20.1 到 192.168.20.9

執行 DHCP 設定指令

我們將上述的設定 DHCP 儲存區與保留 IP 位址的指令，在 DHCP 路由器執行。

查詢 DHCP 運作結果

打開 PC1 的 **IP Configuration** 選項，由於 PC1 在 192.168.10.0/24 網路中，因此 DHCP 路由器會從 Lan10 的儲存區中挑選一個 IP 位址，但是 192.168.10.1 被保留，所以 PC1 分配到 192.168.10.2，其

它預設閘道與 DNS Server 的 IP 位址也一起分配。在 PC1 的 DOS 模式下執行 ipconfig /release 指令，將原來的 IP 位址得到釋放，再執行 ipconfig /renew 指令，強迫讓 PC1 廣播 DHCPDISCOVER 訊息來取得 IP 位址。

請注意如果只是執行 ipconfig /renew 指令，PC 只會從 DHCP 的第三步驟送出 DHCPREQUEST 來要求原來的 IP 位址。

同樣的操作，DHCP 路由器會從 Lan20 的儲存區分配一組 IP 位址給 PC2， PC2 跟 DHCP Server 取得 192.168.20.10，因為 192.168.20.1~192.168.20.9 被保留。

查看 DHCP 分配狀況

從 DHCP 路由器來查詢分配出去的 IP 情況，使用 **show ip dhcp binding** 指令，如下圖所示，可以看出已經分配出兩個 IP 位址，另外兩個 MAC 位址分別是 PC1 與 PC2 的 MAC 位址。

圖表 16-42 查看 DHCP 分配 IP 狀況

```
dhcp#show ip dhcp binding
IP address       Client-ID/              Lease expiration        Type
                 Hardware address
192.168.10.2     0004.9ACD.9A24          --                      Automatic
192.168.20.10    0007.EC09.BC86          --                      Automatic
dhcp#
```

查看 DHCP POOL

使用 show ip dhcp pool 來查看 DHCP POOL 的資訊，如下圖所示, 目前 R1 有建立兩個 DHCP POOL，在 Pool LAN10 中，Leased address 欄位表示已經配出 3 個 IP，Current index 表示下次要配發的 IP 位址為 192.168.10.4，而 IP address range 表示該 Pool 可以配發 IP 位址的範圍。

請注意：如果路由器的介面 IP 位址也要從 DHCP Server 取得，在網路介面模式輸入 ip address dhcp，如此該路由器的介面也成為 DHCP Client 角色。

圖表 16-43 查詢 DHCP POOL 的資訊

```
R1#show ip dhcp pool

Pool Lan10 :
 Utilization mark (high/low)    : 100 / 0
 Subnet size (first/next)       : 0 / 0
 Total addresses                : 254
 Leased addresses               : 3
 Pending event                  : none
 1 subnet is currently in the pool :
 Current index        IP address range                    Leased addresses
 192.168.10.4         192.168.10.1     - 192.168.10.254    3

Pool Lan20 :
 Utilization mark (high/low)    : 100 / 0
 Subnet size (first/next)       : 0 / 0
 Total addresses                : 254
 Leased addresses               : 1
 Pending event                  : none
 1 subnet is currently in the pool :
 Current index        IP address range                    Leased addresses
 192.168.20.11        192.168.20.1     - 192.168.20.254    1
R1#
```

16.9 DHCP 封包與 Option 選項介紹與觀察

DHCP 在正常運作的情況下，主要靠 DISCOVER、OFFER、REQUEST 及 ACK 四種封包就可以完成，不過 DHCP 封包的種類定義有 30 幾種，每一種 DHCP 封包都有其特定目的。詳細請參考下列 IANA 網站，或 google "iana dhcp type"：

https://www.iana.org/assignments/bootp-dhcp-parameters/bootp-dhcp-parameters.xhtml

DHCP 封包

在 DHCP-basic 網路架構中，在 DHCP 路由器與 PC 1 之間使用 Wireshark 來捕捉 DHCP 的封包，當 PC 1 透過 DHCP 取得 IP 組態後，捕捉到的 DHCP 封包，如下圖所示，可以清楚的看到 PC 1 送出 DISCOVER 封包，接著 DHCP 路由器回應 OFFER 封包，之後 REQUEST 及 ACK 封包，整個 DHCP 運作過程就成功。接著我們針對 DISCOVER 封包與 OFFER 封包內容進行觀察。

圖表 16-44 使用 Wireshark 來捕捉 DHCP 的封包

dhcp

No.	Time	Source	Destination	Protocol	Length	Info
	141.084646	0.0.0.0	255.255.255.2…	DHCP	344	DHCP Discover - Transaction ID 0x6725f4a8
	142.832253	192.168.10.1	192.168.10.2	DHCP	342	DHCP Offer - Transaction ID 0x6725f4a8
	142.834202	0.0.0.0	255.255.255.2…	DHCP	370	DHCP Request - Transaction ID 0x6725f4a8
	142.864440	192.168.10.1	192.168.10.2	DHCP	348	DHCP ACK - Transaction ID 0x6725f4a8

```
> Frame 46: 344 bytes on wire (2752 bits), 344 bytes captured (2752 bits) on interface -, id 0
> Ethernet II, Src: PcsCompu_eb:7b:da (08:00:27:eb:7b:da), Dst: Broadcast (ff:ff:ff:ff:ff:ff)
> Internet Protocol Version 4, Src: 0.0.0.0, Dst: 255.255.255.255
> User Datagram Protocol, Src Port: 68, Dst Port: 67
> Dynamic Host Configuration Protocol (Discover)
```

DHCP DISCOVER 封包

DHCP Client 使用 DISCOVER 封包來尋找 DHCP Server，我們將 Wireshark 捕捉到的 DHCP DISCOVER 封包展開來觀察，如下圖所示。

圖表 16-45 DHCP DISCOVER 封包詳細資訊

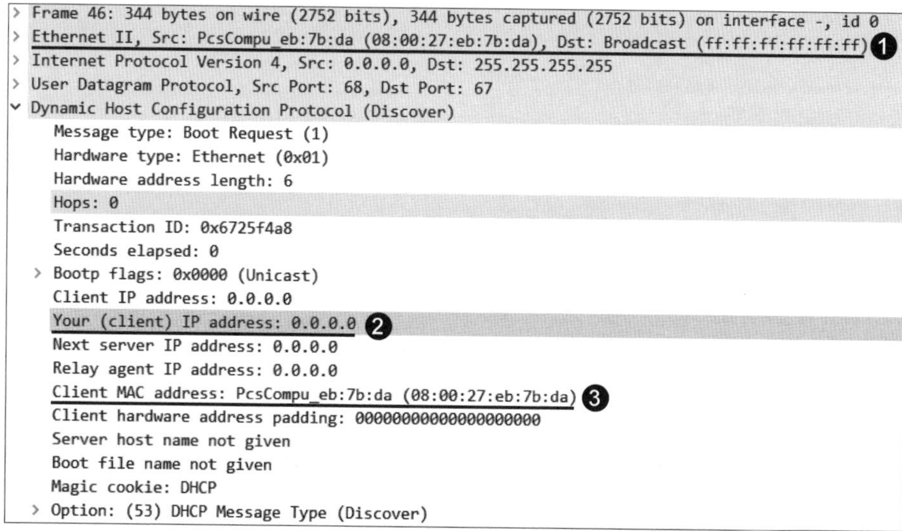

❶ 目的 MAC 為 FF:FF:FF:FF:FF:FF 表示廣播。

❷ 目前 DHCP Client 還沒有 IP 位址，所以封包中的來源 IP 使用 0.0.0.0。

❸ 表示 DHCP Client 的 MAC 位址。

請注意：DHCP 使用兩個 UDP port no. 67 及 68，DHCP Client 使用 68，而 DHCP Server 使用 67。

DHCP OFFER 封包

DHCP OFFER 封包為 DHCP Server 發送給 DHCP Client，用來告知 DHCP Client 一些資訊，最基本的資訊就是配發的 IP 位址，其他的資訊會在 Option 的選項中，我們將 Wireshark 中的 DHCP OFFER 封包展開來觀察，如下圖所示。

圖表 16-46 DHCP OFFER 封包詳細資訊

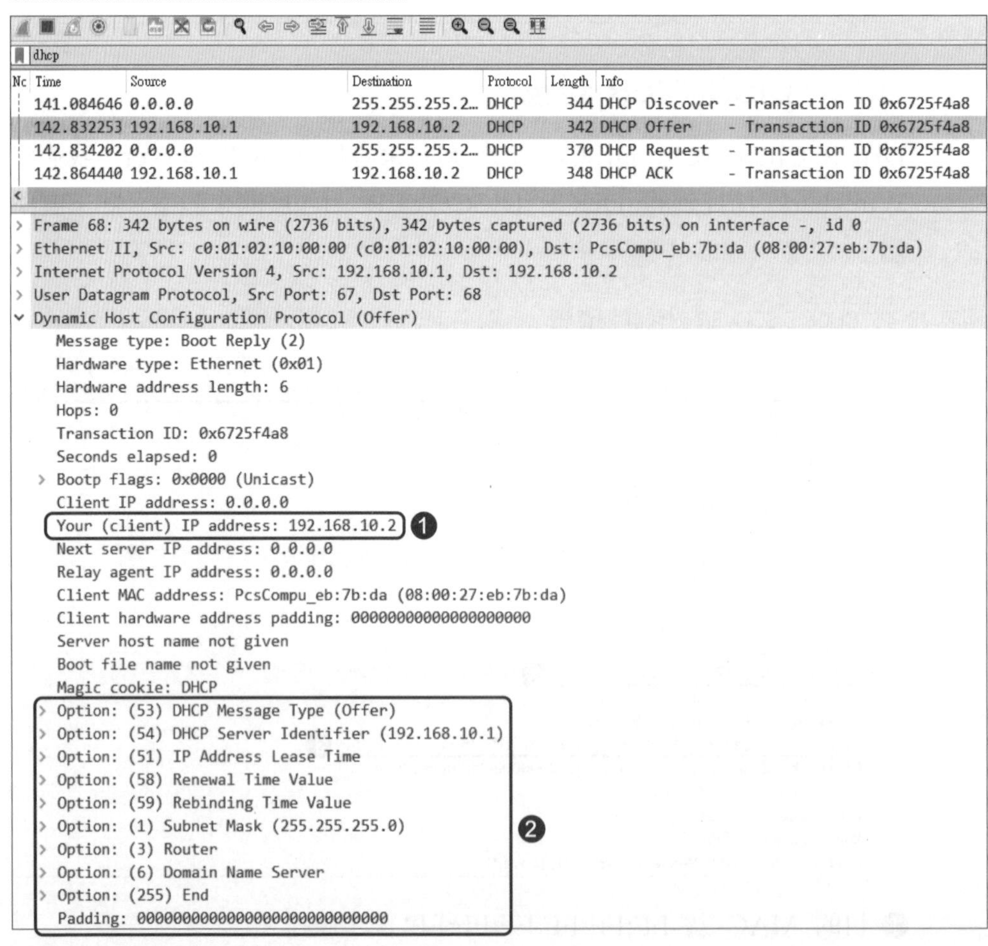

❶ DHCP OFFER 封包中最基本的資訊是通知 DHCP Client 分配到的 IP 位址。

❷ DHCP Server 其他的資訊要分配給 DHCP Client，會使用 Option 的選項。

DHCP Option 的作用

除了 IP 位址，其他的資訊會使用 Option 選項來通知 DHCP Client，DHCP Server 會將特定資訊放入 Option 選項特定的代碼中，每個 Option 選項的代碼要放甚麼資訊都有定義為標準，Option 代碼範圍從 0 ~ 255，有些代碼沒有定義，常見 Option 選項的代碼表示的資訊如下:

- Option 1 表示 subnet mask。
- Option 3 表示 Gateway。
- Option 6 表示 DNS。
- Option 43 表示 Cisco 無線控制器 IP。

其他 Option 代碼可以參考下列 IANA 的網站。或 google "iana dhcp option"：

https://www.iana.org/assignments/bootp-dhcp-parameters/bootp-dhcp-parameters.xhtml

我們將 DHCP OFFER 封包中的 Option 選項展開，如下圖所示，標記解釋如下。

❶ Option 53 表示目前 DHCP 封包的種類。

❷ Option 54 表示 DHCP Server 的 IP 位址。

❸ Option 1 表示配給 Client 的 IP 的子網路遮罩。

❹ Option 3 表示 Client 的預設閘道的資訊。

❺ Option 6 表示配給 Client 的 DNS 的資訊。

圖表 16-47 DHCP Option 選項的詳細資訊

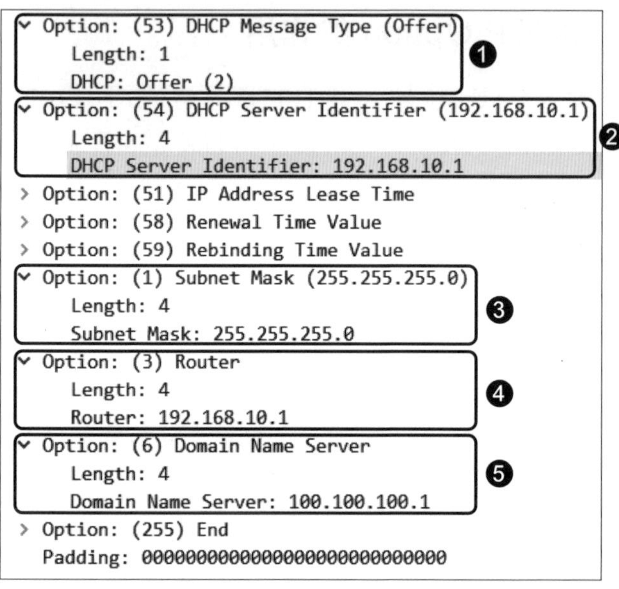

設定 DHCP Option 的內容

DHCP 的 Option 選項內容通常是設定 DHCP Server 時，管理員配置的資訊，例如：使用 default-router 指令來指定預設閘道、dns-server 指令來指定 DNS 等，這些設定資訊就會寫入對應的 Option 選項的代碼中，再透過 OFFER 封包配置到 Client，我們也可以直接使用 Option 代碼直接來設定，如下表所示。

圖表 16-48 使用 Option 代碼來設定特定 IP 位址

指令	說明
DHCP(dhcp-config)# no default-router 192.168. 10.1	取消預設閘道的設定
DHCP(dhcp-config)#option 3 ip 1.1.1.1	在 option 3 設定預設閘道
DHCP (dhcp-config)#option 43 ip 6.6.6.6	在 option 43 設定無線 AP 的控制器 IP

將上表的指令在 DHCP-basic 網路架構中的 DHCP 路由器執行，再重新使用 Wireshark 捕捉 DHCP OFFER 封包，來觀察 Option 3 與 Option 43 選項的內容，如下圖所示，其中 Option 43 的 IP 位址使用十六進位表。

圖表 16-49 觀察 Option 3 與 Option 43 選項的內容

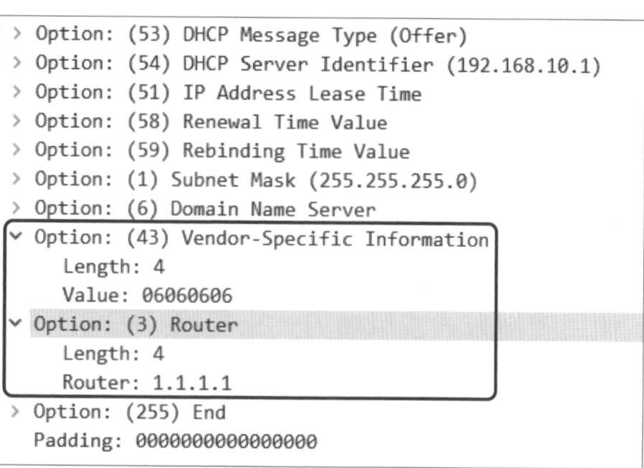
```
> Option: (53) DHCP Message Type (Offer)
> Option: (54) DHCP Server Identifier (192.168.10.1)
> Option: (51) IP Address Lease Time
> Option: (58) Renewal Time Value
> Option: (59) Rebinding Time Value
> Option: (1) Subnet Mask (255.255.255.0)
> Option: (6) Domain Name Server
v Option: (43) Vendor-Specific Information
    Length: 4
    Value: 06060606
v Option: (3) Router
    Length: 4
    Router: 1.1.1.1
> Option: (255) End
  Padding: 0000000000000000
```

16.10 DHCP Relay

DHCP 運作的第一步驟是由 DHCP Client 發送 DHCPDISCOVER 封包，此封包是廣播封包目的是要尋找 DHCP Server，以下圖範例需求為例，在 DHCP 路由器需要提供三個網路 DHCP 的服務，其中 192.168.30.0/24 網路沒有連接在 DHCP 路由器，因此 PC3 的 DHCPDISCOVER 封包無法送到 DHCP 路由器，為了解決此問題，需要啟動 DHCP Relay 服務。我們使用下列 DHCP-relay 網路架構來說明 Relay 的作法。

圖表 16-50 DHCP-relay 網路架構

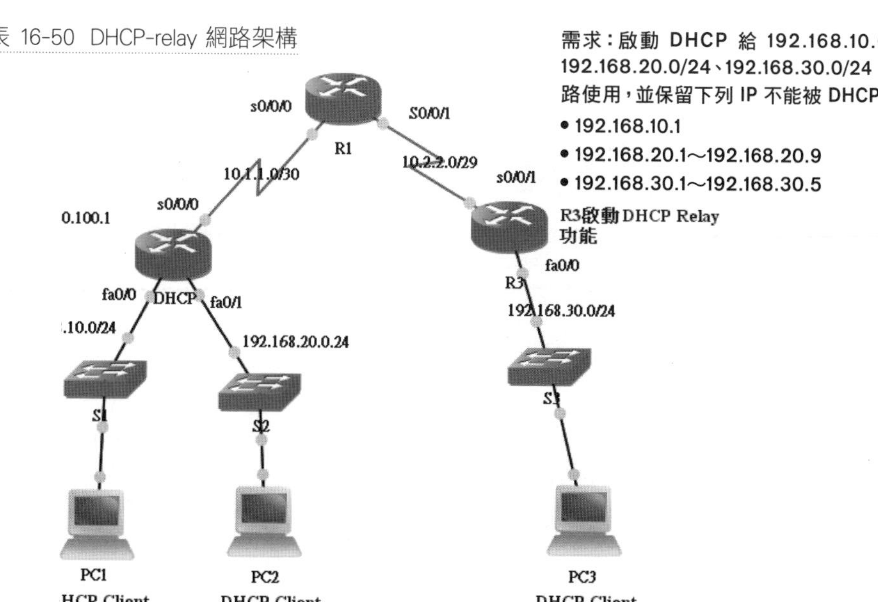

尋找 DHCP Pool

一個網路中的自動 IP 請求需要單獨一個 DHCP Pool 來服務，因此三個網路就需要設定三個 DHCP Pool，只要電腦能找到 DHCP 伺服器及對應的 DHCP Pool，就能順利取得 IP 組態，至於電腦如何找到 DHCP 伺服器，需要使用 DISCOVER 封包，而 DISCOVER 封包使用廣播方式或單播方式來尋找 DHCP 伺服器，當 DISCOVER 封包被 DHCP 伺服器收到後，如果 DISCOVER 封包是廣播，則 DHCP 伺服器使用本地介面的 IP 位址到對應 DHCP Pool 請求 IP 配發，如果 DISCOVER 封包是單播，則 DHCP 伺服器使用 DISCOVER 封包中 Relay Agent IP 位址來找對應的 DHCP POOL 請求 IP 配發，DISCOVER 封包預設是使用廣播，若 DISCOVER 封包變成單播，則需要使用 Relay 方式將廣播封包變成單播封包。

設定三個儲存區與保留 IP

根據上圖需求，在 DHCP 路由器啟動 DHCP 服務功能給 192.168.10.0/24、192.168.20.0/24 及 192.168.30.0/24 三個網路使用，而保留 192.168.10.1、192.168.20.1~192.168.20.9 與 192.168.30.1~192.168.30.5 不能被 DHCP 分配出去，另外 DNS Server IP 為 100.100.100.1，下表設定三個儲存區與保留 IP 的指令設定。

圖表 16-51 設定三個 DHCP 儲存區與保留 IP

指令	說明
dhcp(config)#ip dhcp pool Lan10 dhcp(dhcp-config)#network 192.168.10.0 255.255.255.0 dhcp(dhcp-config)#default-router 192.168.10.1 dhcp(dhcp-config)#dns-server 100.100.100.1	定義 Lan10 的儲存區可以分配的 IP 位址範圍為 192.168.10.0/24，包含子網路遮罩資訊、GW，DNS
dhcp(config)#ip dhcp pool Lan20 dhcp(dhcp-config)#network 192.168.20.0 255.255.255.0 dhcp(dhcp-config)#default-router 192.168.20.1 dhcp(dhcp-config)#dns-server 100.100.100.1	定義 Lan20 的儲存區可以分配的 IP 位址範圍為 192.168.20.0/24，包含子網路遮罩資訊、GW，DNS

Next

指令	說明
dhcp(config)#ip dhcp pool Lan30 dhcp(dhcp-config)#network 192.168.30.0 255.255.255.0 dhcp(dhcp-config)#default-router 192.168.30.1 dhcp(dhcp-config)#dns-server 100.100.100.1	定義 Lan30 的儲存區可以分配的 IP 位址範圍為 192.168.30.0/24，包含子網路遮罩資訊、GW，DNS
dhcp(config)#ip dhcp excluded-address 192.168.10.1 dhcp(config)#ip dhcp excluded-address 192.168.20.1 192.168.20.9 dhcp(config)#ip dhcp excluded-address 192.168.30.1 192.168.30.5	設定保留 IP 不被 DHCP 分配出去

我們將上表指令在 DHCP 路由器執行，接著測試 PC1 與 PC2 的 DHCP 運作情況，兩台 PC 都有順利取得 DHCP 所分配到的 IP，有保留的 IP 位址，就不會被 DHCP 分配出去。但是 PC3 卻無法取得 DHCP 分配 IP，其原因是 PC1 與 PC2 所在的網路為 192.168.10.0/24 與 192.168.20.0/24 都是直接屬於 DHCP 路由器，而 PC3 所在網路 192.168.30.0/24 屬於 R3，因此 PC3 的 DHCP 廣播封包被 R3 阻擋，所以才無法跟 DHCP 路由器聯繫。

請注意當 DHCP 請求失敗後，電腦自己會配置 169.254 開頭的 IP 位址，169.254.0.0/16 稱作 APIPA (Automatic Private IP Addressing)，所以 APIPA 對於小型不作路由的網路環境很實用，無須架設 DHCP Server，電腦就會自動配置 IP 位址，電腦之間就能透過網路連線，而且從 Windows 98 之後的 Windows 作業系統都有支援 APIPA，但是 APIPA 的 IP 位址跟私有 IP 位址一樣，無法連線到 Internet。

因為路由器預設阻擋所有的廣播封包，但是也有例外，可以在路由器做一些設定，**讓路由器可以允許特定的廣播封包轉為單播封包(Unicast)通過路由器**，如此 PC3 的 DHCP 的廣播封包就可以到達 DHCP 路由器。

DHCP Relay 原理

DHCP Relay 功能是將 DHCP 廣播封包轉成單播封包，直接送到 DHCP 路由器，如下圖所示，路由器收到廣播封包的介面，可以設定多個 **Relay IP** (或稱為 **Helper address**)，路由器就會將 DHCP 的廣播封包轉成單播封包，而單播封包的目的 IP 位址為設定的 Relay IP，因此 Relay IP 若設定兩個，就會產生兩個單播封包。另外路由器除了會將 DHCP 的廣播封包轉成單播封包，針對某些協定的廣播封包也可以設定 Relay IP 轉成單播封包。

圖表 16-52 DHCP Relay 運作原理

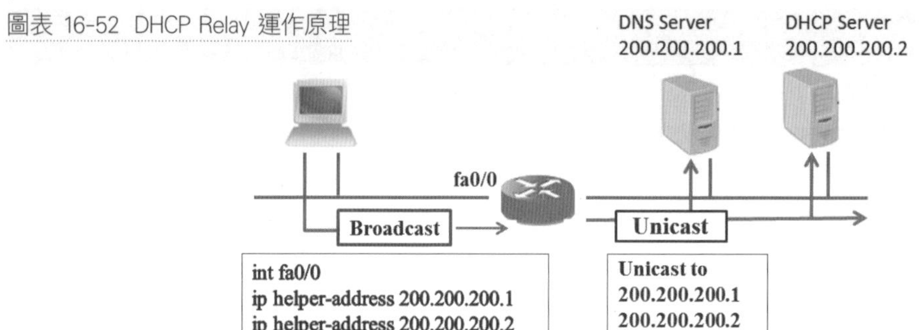

設定 DHCP Relay

由於 R3 是由 fa0/0 收到 PC3 的 DHCP 廣播封包，因此要在 R3 的 fa0/0 介面執行 **ip helper-address** 指令，此指令會將 DHCP 廣播封包以單播傳送的方式送到指定的 IP 位址，如下表指令所示，Relay IP 位址也可以設定兩個 IP 以上，如此路由器就會將廣播封包轉為多個單播封包。

圖表 16-53 在 R3 中 fa0/0 設定 Relay IP 位址

指令	說明
R3(config)#int fa0/0	
R3(config-if)#ip helper-address 10.1.1.1	在 R3 的 fa0/0 設定 DHCP Relay，將 DHCP 廣播封包以單播傳送的方式送到 10.1.1.1

在 R3 的 fa0/0 執行上表的指令後，在 R3 中執行 **show ip int fa0/0** 來查詢設定 Relay IP 位址資訊，如下所示，已經有在 fa0/0 設定 DHCP Relay，Relay IP 為 10.1.1.1，如此當 fa0/0 收到 DHCP 的廣播封包就不會阻擋。

圖表 16-54 查詢 R3 中 fa0/0 啟動 Helper Address 狀況

```
R3#show ip int fa0/0
FastEthernet0/0 is up, line protocol is up (connected)
 Internet address is 192.168.30.1/24
 Broadcast address is 255.255.255.255
 Address determined by setup command
 MTU is 1500 bytes
 Helper address is 10.1.1.1
 Directed broadcast forwarding is disabled
 Outgoing access list is not set
 Inbound  access list is not set
-------------- 省略部分資訊---------------
```

觀察 DHCP Relay 的運作

當 PC3 的 DHCPDISCOVER 封包到達 R3 時，如下圖所示，該封包進入 R3 前 Destination IP 為 255.255.255.255 及 Destination MAC 為 FFFF.FFFF.FFFF，表示為廣播封包。另外 Source IP 為 0.0.0.0 表示目前還未設定 IP 位址。

圖表 16-55 PC3 的 DHCP 封包進入 R3 前的內容

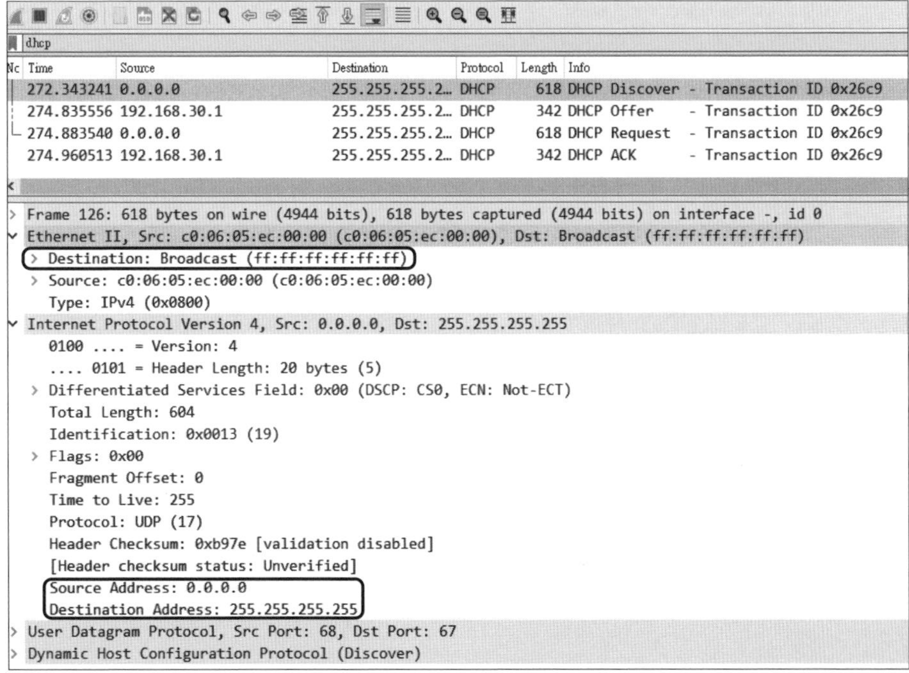

當 DISCOVER 封包離開 R3 後的內容如下圖所示，❶ 的地方表示目前為單播封包，Destination IP 為10.1.1.1 是我們設定的Relay IP，而 Source IP 為 192.168.30.1 (R3 的 fa0/0) 表示在那一個地方設定 Relay IP，R3 的 fa0/0 稱為 Relay Agent，因此 Relay Agent 負責將廣播封包轉為單播封包。❷ 的地方表示 Relay Agent IP 為 192.168.30.1，DHCP 伺服器會根據此 IP 位址去找對應的 DHCP Pool 來請求 IP 配發。

圖表 16-56 PC3 的 DHCP 封包離開 R3 後的內容

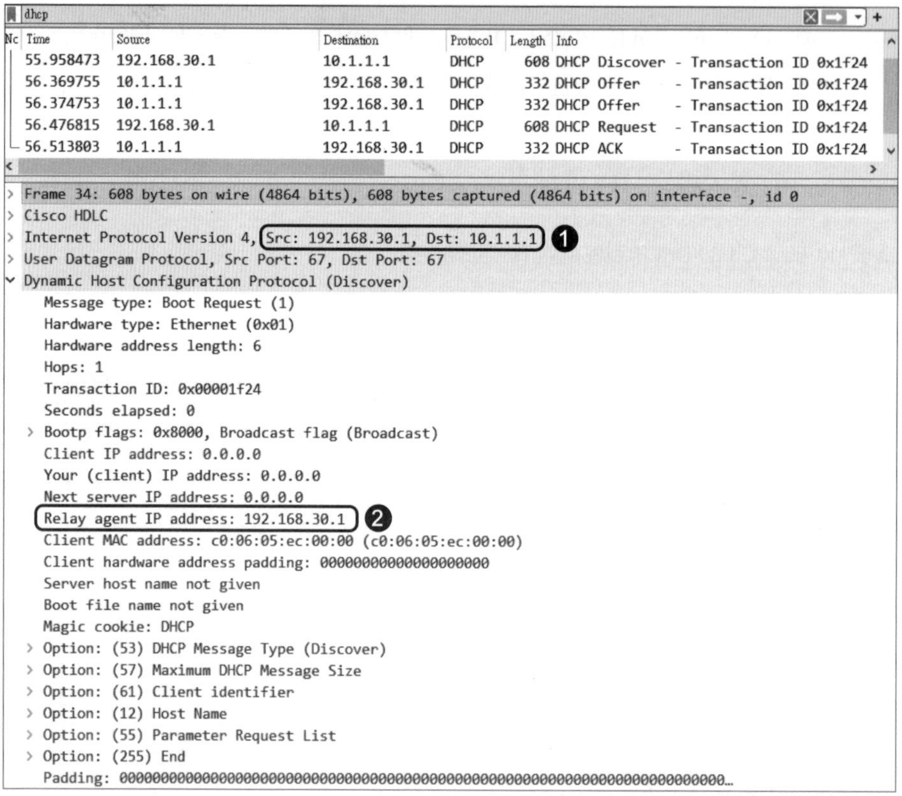

```
dhcp
No. Time        Source          Destination     Protocol Length Info
    55.958473   192.168.30.1    10.1.1.1        DHCP     608 DHCP Discover - Transaction ID 0x1f24
    56.369755   10.1.1.1        192.168.30.1    DHCP     332 DHCP Offer    - Transaction ID 0x1f24
    56.374753   10.1.1.1        192.168.30.1    DHCP     332 DHCP Offer    - Transaction ID 0x1f24
    56.476815   192.168.30.1    10.1.1.1        DHCP     608 DHCP Request  - Transaction ID 0x1f24
    56.513803   10.1.1.1        192.168.30.1    DHCP     332 DHCP ACK      - Transaction ID 0x1f24

> Frame 34: 608 bytes on wire (4864 bits), 608 bytes captured (4864 bits) on interface -, id 0
> Cisco HDLC
> Internet Protocol Version 4, Src: 192.168.30.1, Dst: 10.1.1.1 ❶
> User Datagram Protocol, Src Port: 67, Dst Port: 67
v Dynamic Host Configuration Protocol (Discover)
    Message type: Boot Request (1)
    Hardware type: Ethernet (0x01)
    Hardware address length: 6
    Hops: 1
    Transaction ID: 0x00001f24
    Seconds elapsed: 0
  > Bootp flags: 0x8000, Broadcast flag (Broadcast)
    Client IP address: 0.0.0.0
    Your (client) IP address: 0.0.0.0
    Next server IP address: 0.0.0.0
    Relay agent IP address: 192.168.30.1 ❷
    Client MAC address: c0:06:05:ec:00:00 (c0:06:05:ec:00:00)
    Client hardware address padding: 00000000000000000000
    Server host name not given
    Boot file name not given
    Magic cookie: DHCP
  > Option: (53) DHCP Message Type (Discover)
  > Option: (57) Maximum DHCP Message Size
  > Option: (61) Client identifier
  > Option: (12) Host Name
  > Option: (55) Parameter Request List
  > Option: (255) End
    Padding: 000000000000000000000000000000000000000000000000000000000000000000000000…
```

當 DHCP Relay 運作成功後，PC3 也順利取得 DHCP 分配 IP 為 192.168.30.6，請注意我們有設定 192.168.30.0/4 網路的保留 IP 位址。

最後在 DHCP 路由器查看 DHCP 分配出去的 IP 狀況，如下所示，PC1、PC2 與 PC3 都有分配到 IP，其中 192.168.30.6 為透過 DHCP Relay 分配給 PC3 的 IP。

圖表 16-57 DHCP 路由器透過 DHCP Relay 分配 IP 狀況

```
dhcp#show ip dhcp binding
IP address      Client-ID/           Lease expiration      Type
                Hardware address
192.168.10.2    0004.9ACD.9A24       --                    Automatic
192.168.20.10   0007.EC09.BC86       --                    Automatic
192.168.30.6    0030.F263.BDD6       --                    Automatic
dhcp#
```

請注意 DHCP 運作流程是很容易被攻擊，詳細的 DHCP 攻擊與保護實作，請參考第 21 章。

CHAPTER

17

網路管理工具 - NTP、Syslog、Netflow、SNMP、SPAN

本章節將介紹幾種常用的網路管理工具，包含 NTP 時間對時協定、Syslog 訊息紀錄、Netflow 流量統計、三種版本 SNMP 網管協定，這幾種工具可以在路由器與交換器啟動，以下分別介紹。

17.1 NTP 介紹

NTP (Network Time Protocol) 為網路時間**同步 (Synchronization)** 功能，由於每台路由器的時間會因為硬體的不同而有落差，當一群路由器的時間需要一致時，這群路由器的時間就要進行同步，因此就需要一台伺服器來提供標準時間給其他路由器來對時。我們使用下列 NTP 網路架構來示範設定。

圖表 17-1 NTP 網路架構

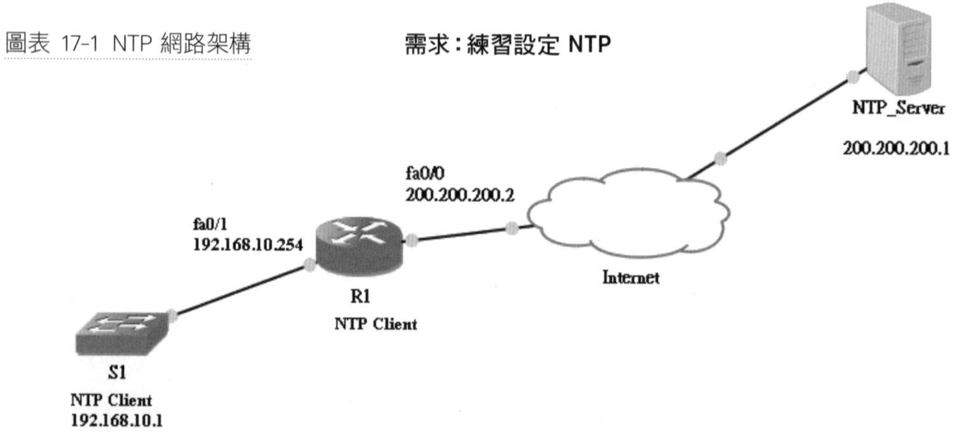

NTP 運行架構

NTP 為 Client-Server 架構，如下圖所示，因此需要有一台 NTP 伺服器，NTP Client 會跟 NTP 伺服器進行同步時間，只要 NTP Client 設定 NTP 伺服器的 IP 位址，NTP Client 就可以與 NTP 伺服器進行同步時間動作，NTP 伺服器也可以設定認證，如此 NTP Client 就要有正確的密碼才能使用 NTP 伺服器。

免費的 NTP 伺服器可以參考國家時間與頻率標準實驗室(http://www.stdtime.gov.tw/)。

圖表 17-2 NTP 運行架構

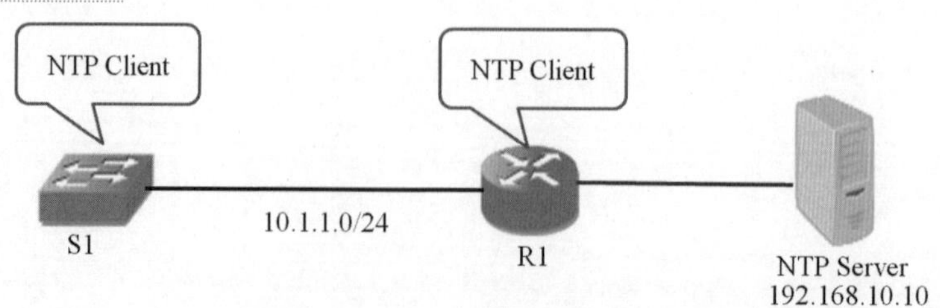

設定 NTP 路由器

Cisco 路由器可以設定為 NTP Server、NTP Client 與 NTP Peer 三種角色，如果路由器當 NTP Server，路由器就提供時間給 NTP Client 同步，此時路由器可以主動或被動來同步 NTP Client 的時間，如果路由器設定為 Peer，則設定為 Peer 的路由器之間可以彼此互相同步時間。

目前 R1 為 NTP Client，目前時間是使用本地時間，我們使用 show clock 先查詢 R1 的時間，如下圖所示，若路由器時間不正確，可在管理者模式下執行 clock 來修改本地路由器時間，clock 指令參數在使用 "?" 來查詢。如果路由器的數量很多，這種修改本地路由器的時間方式顯得比較繁雜，比較方便的做法是路由器的時間跟 NTP Server 同步，設定方式只要定義 NTP Server 的 IP 位址，請參照下圖。

圖表 17-3 設定與查看路由器啟動 NTP 功能

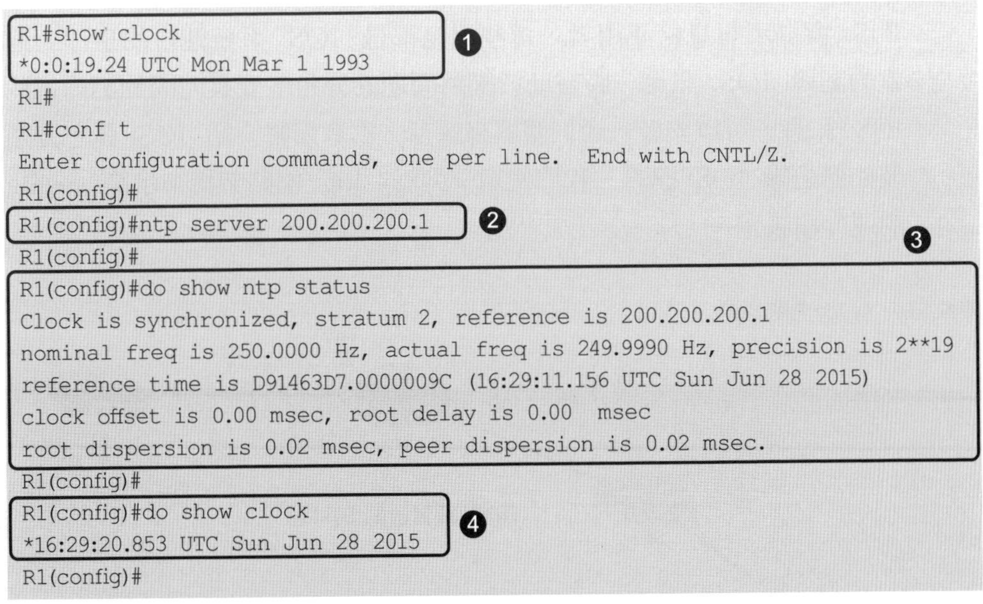
```
R1#show clock
*0:0:19.24 UTC Mon Mar 1 1993
R1#
R1#conf t
Enter configuration commands, one per line.  End with CNTL/Z.
R1(config)#
R1(config)#ntp server 200.200.200.1
R1(config)#
R1(config)#do show ntp status
Clock is synchronized, stratum 2, reference is 200.200.200.1
nominal freq is 250.0000 Hz, actual freq is 249.9990 Hz, precision is 2**19
reference time is D91463D7.0000009C (16:29:11.156 UTC Sun Jun 28 2015)
clock offset is 0.00 msec, root delay is 0.00  msec
root dispersion is 0.02 msec, peer dispersion is 0.02 msec.
R1(config)#
R1(config)#do show clock
*16:29:20.853 UTC Sun Jun 28 2015
R1(config)#
```

❶ 使用 **show clock** 來查詢目前 R1 路由器時間，此時間為路由器出廠時間。

❷ 使用 **ntp server** 指令來設定 NTP 伺服器的 IP 位址，如此就是啟動 R1 使用 NTP 伺服器上的時間來同步自己的時間。如果要設定路由其為 NTP Server，使用 **ntp master** 指令。

❸ 使用 **show ntp status** 來查詢 NTP 狀態，其中『**Clock is synchronized**』表示 R1 已經跟 NTP 伺服器進行同步時間，『**stratum 2**』表示目前 NTP 伺服器的階層為 2 階，也就是此 NTP 伺服器往上還有會跟階層為 1 階的 NTP 伺服器同步時間，此種階層式同步時間跟 DNS 雷同。

❹ 再查詢一次 R1 的時間，已經跟 NTP 伺服器的時間一樣。

請注意為了防止非法的 NTP Server 惡意更新時間，因此 NTP 有支援認證 (Authentication) 功能，NTP 認證設定在 CCNP 課程範圍。

17.2 Syslog 介紹

IOS 會提示訊息給使用者，這些訊息都是 IOS 系統運行的事件，適當的記錄 IOS 訊息，將有助於網路問題的分析。要長時間的記錄這些 IOS 訊息，可以安裝一台伺服器來保存，本章節將介紹 IOS 訊息分類及如何記錄 IOS 訊息，我們使用下列 syslog 網路架構來示範 syslog 的運作與設定。

圖表 17-4 syslog 網路架構

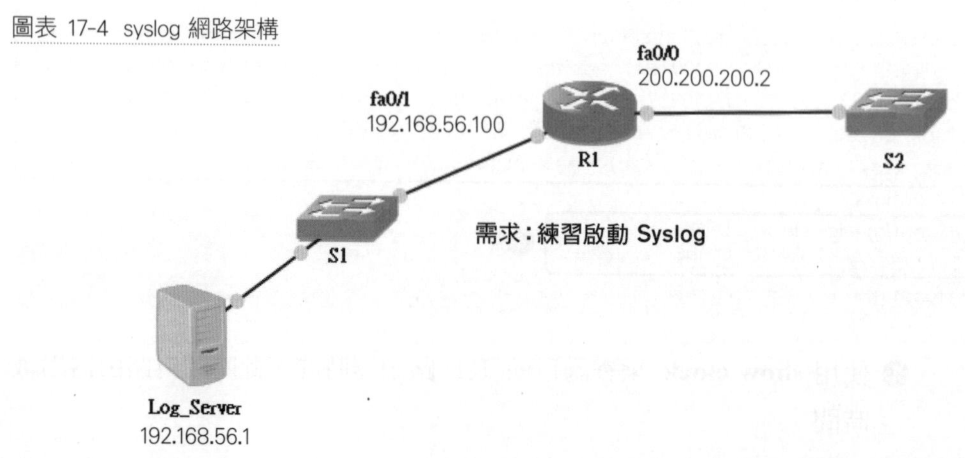

IOS 訊息格式

一個 IOS 訊息主要有三個部份，如下所示為一個 IOS 訊息，此訊息為 fa0/0 介面變為 down 時產生。訊息中第一部份為 IOS 訊息產生的時間，此部份也可以使用序列號(Sequence No.)，第二部份為 IOS 訊息摘要，產生來源、嚴重等級及簡易說明，『**%LINEPROTO-5-UPDOWN**』中 LINEPROTO 為訊息產生來源，5 為嚴重等級，UPDOWN 為該訊息的簡易說明，第三部份為該訊息的詳細內容。

圖表 17-5 IOS 訊息格式

IOS 訊息嚴重等級分類

IOS 將訊息分為 8 個嚴重等級，如下表所示，數字越小表示越嚴重，例如：等級 0 的訊息表示系統無法運作，等級 5 的訊息為一般通知資訊，等級 7 的訊息表示使用者啟動 debug 指令產生的訊息。

圖表 17-6 IOS 訊息分類

等級	關鍵字	說明
0	emergencies	System is unusable
1	alerts	Immediate action is needed
2	critical	Critical conditions exist
3	errors	Error conditions exist
4	warnings	Warning conditions exist
5	Notification	Normal but significant condition
6	Informational	Informational messages only
7	debugging	Debugging messages

IOS 訊息的輸出

IOS 的訊息可以輸出到 **Console 畫面**、**VTY 畫面**、**記憶體緩衝區及 Syslog 伺服器**等，預設 IOS 的訊息只會**記錄(Log)**在 Console 畫面或 VTY 的畫面，當時間太久或離開 Console 後，這些 IOS 訊息就不見。如果需要將 IOS 訊息記錄下來，記錄的地方可以選擇記憶體緩衝區或是伺服器，若是要長時間記錄 IOS 訊息就要選擇伺服器。

查看 IOS 訊息 Log 狀態

接著來查看記錄 IOS 地方，在 R1 執行 **show logging** 來查看目前記錄 IOS 訊息的地方，如下所示：

圖表 17-7 查看 logging 啟動狀況

```
R1#show logging
Syslog logging: enabled (0 messages dropped, 0 messages rate-limited,
     0 flushes, 0 overruns, xml disabled, filtering disabled)

No Active Message Discriminator.


No Inactive Message Discriminator.


❶ Console logging: level debugging, 7 messages logged, xml disabled,
     filtering disabled
❷ Monitor logging: level debugging, 0 messages logged, xml disabled,
     filtering disabled
❸ Buffer logging:  disabled, xml disabled,
     filtering disabled

   Logging Exception size (4096 bytes)
   Count and timestamp logging messages: disabled
   Persistent logging: disabled

No active filter modules.

ESM: 0 messages dropped
   Trap logging: level informational, 7 message lines logged
R1#
```

❶ 顯示 Console 畫面的 log 功能啟動，其中『level debugging』表示目前記錄等級 7 以下的所有 IOS 訊息，目前有 7 筆 IOS 訊息記錄在 Console 畫面。

❷ 顯示 VTY 畫面的 log 功能啟動，目前有 0 筆 IOS 訊息記錄在 VTY 畫面，請注意若要在 VTY 畫面顯示 IOS 訊息，還要在管理者模式執行 **terminal monitor** 來將 IOS 訊息導向 VTY 畫面。

❸ 顯示記憶體緩衝區的記錄功能是關閉，另外也沒有看到 Syslog Server 的設定。

關閉與啟動 IOS 訊息 Log 指令

IOS 訊息預設會記錄到 Console 與 VTY 兩個地方，如果不想看到 Console 畫面出現 IOS 訊息，可以將其關閉，另外可以啟動記錄到記憶體緩衝區或 Log Server，下表為啟動與關閉記錄功能的相關指令。

圖表 17-8 開啟與關閉 IOS 訊息 log 功能

指令	說明
R1(config)# logging console	啟動 Console logging
R1(config)# no logging console	關閉 Console logging
R1(config)# logging monitor	啟動 VTY logging
R1(config)# no logging monitor	關閉 VTY logging
R1(config)# logging buffered	啟動記憶體緩衝區 logging
R1(config)# no logging buffered	關閉記憶體緩衝區 logging
R1(config)# logging host IP	啟動 Log Server
R1(config)# logging trap	指定 Logging IOS 訊息的等級
R1(config)#service timestamps	將 IOS 訊息標記時間
R1(config)#service sequence-numbers	將 IOS 訊息標記序號

請在 R1 上執行上表中關閉 Console 記錄功能與啟動記憶體緩衝區記錄功能指令，如下所示：

圖表 17-9 實作關閉與開啟 Console 記錄

```
R1#conf t
Enter configuration commands, one per line.  End with CNTL/Z.              ❶
R1(config)#
*Mar  1 00:00:56.963: %SYS-5-CONFIG_I: Configured from console by console
R1(config)#no logging console
R1(config)#
R1(config)#logging buffer                ❷
R1(config)#
R1(config)#
R1(config)#exit   ❸
R1#
R1#show logging
Syslog logging: enabled (11 messages dropped, 0 messages rate-limited,
                0 flushes, 0 overruns, xml disabled, filtering disabled)
    Console logging: disabled ❹
    Monitor logging: level debugging, 0 messages logged, xml disabled,
                     filtering disabled
    Buffer logging: level debugging, 1 messages logged, xml disabled,
                    filtering disabled                                  ❺
    Logging Exception size (4096 bytes)
    Count and timestamp logging messages: disabled

No active filter modules.

    Trap logging: level informational, 17 message lines logged
                                                                         ❻
Log Buffer (4096 bytes):

*Mar  1 00:01:26.083: %SYS-5-CONFIG_I: Configured from console by console
R1#
```

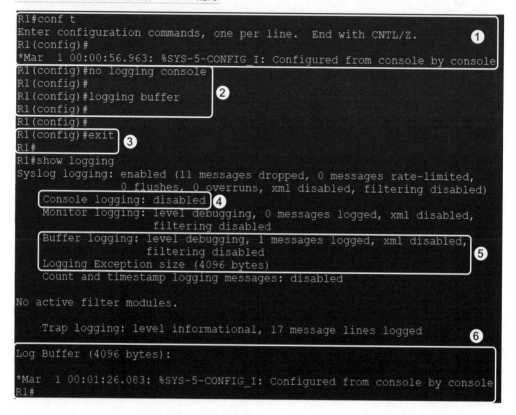

❶ 當離開組態模式時，出現一個等級 5 的 IOS 訊息記錄在 Console 畫面中。

❷ 關閉 Console 記錄功能與啟動記憶體緩衝區記錄功能。

❸ 再離開組態模式時，已經沒有 IOS 訊息出現在 Console 畫面。

❹ 顯示 Console 記錄功能已經閉。

❺ 顯示記憶體緩衝區記錄功能已經啟動，也就是所以等級為 7 以下的 IOS 訊息都會記錄在記憶體中。Buffer 的大小為 4096 bytes。

❻ 記錄到 Buffer 的 IOS 訊息紀錄，目前有一筆等級 5 的 IOS 訊息紀錄。

上述步驟已將 Console 記錄功能關閉，我們再開啟 Console 記錄功能，並且啓動 Log Server，如下所示：

圖表 17-10 實作關閉與開啟 Log Server

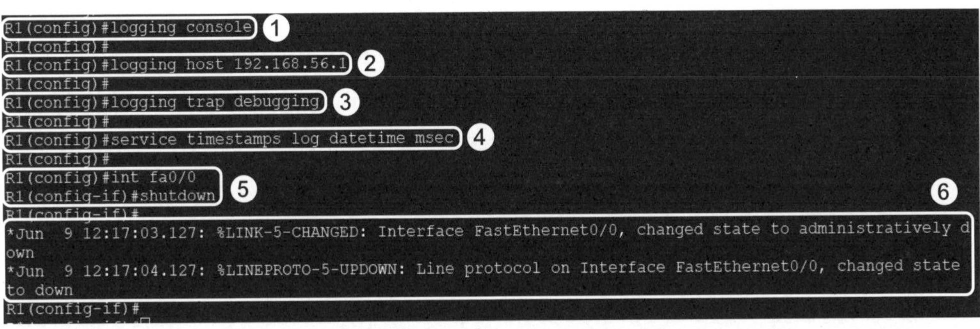
```
R1(config)#logging console
R1(config)#
R1(config)#logging host 192.168.56.1
R1(config)#
R1(config)#logging trap debugging
R1(config)#
R1(config)#service timestamps log datetime msec
R1(config)#
R1(config)#int fa0/0
R1(config-if)#shutdown
R1(config-if)#
*Jun  9 12:17:03.127: %LINK-5-CHANGED: Interface FastEthernet0/0, changed state to administratively d
own
*Jun  9 12:17:04.127: %LINEPROTO-5-UPDOWN: Line protocol on Interface FastEthernet0/0, changed state
to down
R1(config-if)#
```

❶ 開啟 Console 記錄功能。

❷ 設定 Log Server 的 IP 位址，只要有設定 Log Server 的 IP 位址，Log Server 功能就啟動。Log server 可以設定多台。

❸ 設定記錄 IOS 訊息等級為 7(debugging)，請注意此處會記錄的 IOS 訊息為等級 7 以下的所有 IOS 訊息，也就是記錄等級 0~7 的 IOS 訊息，如果設定記錄 IOS 訊息等級為 5，則只會記錄等級 0~5 的 IOS 訊息，其它以此類推。

❹ 啟動 IOS 訊息、log 標記時間為 milliseconds，如果是要產生 debug 訊息紀錄的標記時間為 milliseconds，則使用 "service timestamps debug datetime msec"。

❺ 關閉 fa0/0 介面。

❻ 關閉 fa0/0 介面的兩筆 IOS 訊息。

請注意兩筆 IOS 訊息前面都有標記時間，除了 Console 會記錄這兩筆 IOS 訊息，Log Server 也會記錄，也就是有啟動記錄的地方都會出現這兩筆 IOS 訊息。

查看 Log Server 的設定與紀錄

當 Log Server 設定完成後，使用 show logging 查詢 Log 的設定狀態，如下圖所示，❶ 表示 Console 的 Log 功能已經啟動，目前有 45 個 log資訊已被紀錄，❷ 表示有設定 Log server 為 192.168.56.1，log 資訊使用 UDP Port 514 傳送到 Log server。

圖表 17-11 路由器 Log 設定查詢

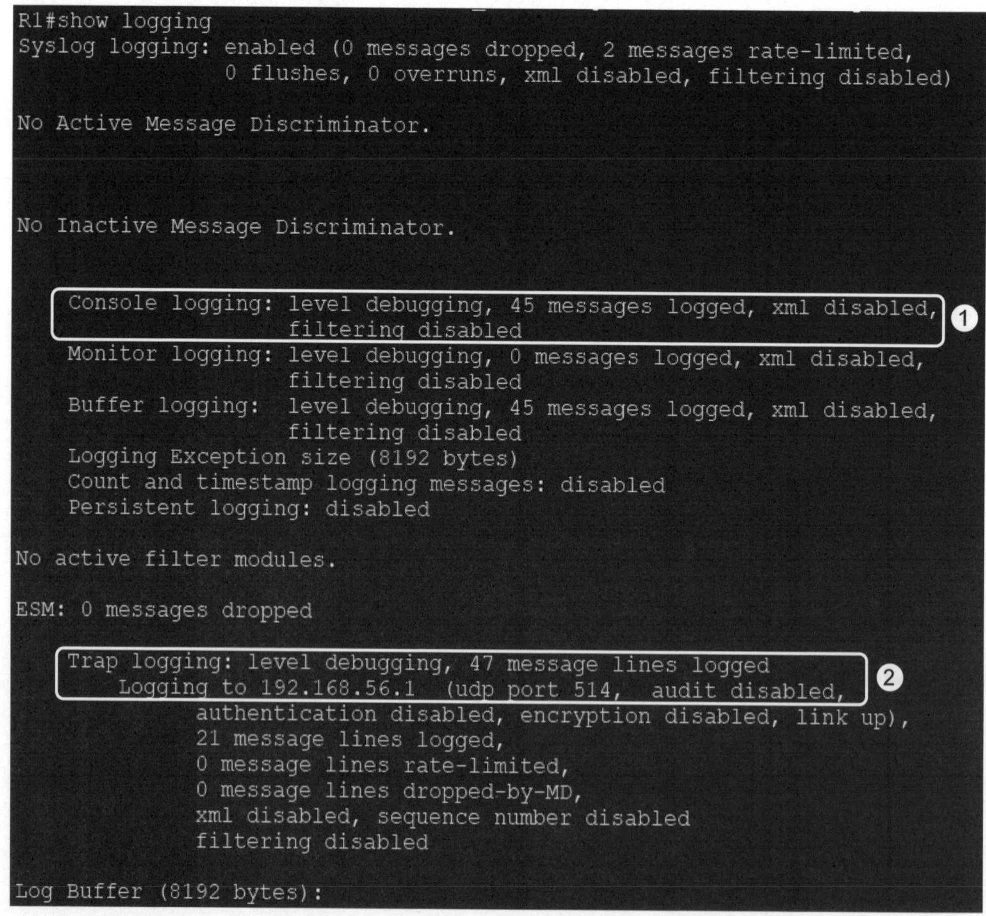

```
R1#show logging
Syslog logging: enabled (0 messages dropped, 2 messages rate-limited,
                0 flushes, 0 overruns, xml disabled, filtering disabled)

No Active Message Discriminator.



No Inactive Message Discriminator.


    Console logging: level debugging, 45 messages logged, xml disabled,
                     filtering disabled
    Monitor logging: level debugging, 0 messages logged, xml disabled,
                     filtering disabled
    Buffer logging:  level debugging, 45 messages logged, xml disabled,
                     filtering disabled
    Logging Exception size (8192 bytes)
    Count and timestamp logging messages: disabled
    Persistent logging: disabled

No active filter modules.

ESM: 0 messages dropped

    Trap logging: level debugging, 47 message lines logged
        Logging to 192.168.56.1  (udp port 514,  audit disabled,
              authentication disabled, encryption disabled, link up),
              21 message lines logged,
              0 message lines rate-limited,
              0 message lines dropped-by-MD,
              xml disabled, sequence number disabled
              filtering disabled

Log Buffer (8192 bytes):
```


我們使用 solarwinds 的 Kiwi Log 軟體，如下圖所示，目前記錄兩筆 log 資訊，表示關閉 R1 的 fa0/0 介面的兩筆 IOS 資訊。

圖表 17-12 查看 Log Server 紀錄資訊

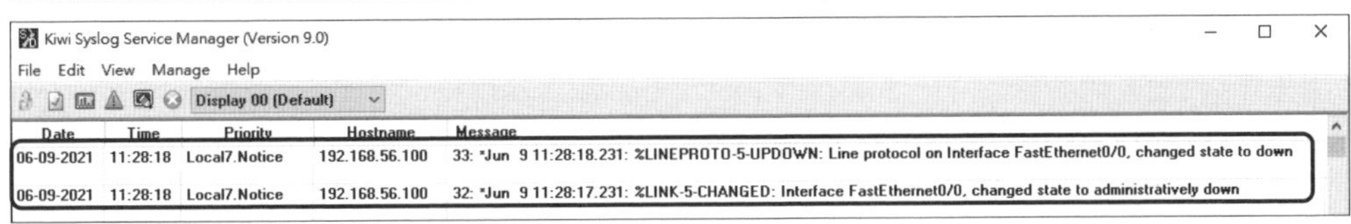

我們使用 wireshark 來捕捉路由器送出 log 資訊到 Log Server，如下圖所示，❶ 表示 log 封包傳送使用 UDP Port 為 514，❷ 表示 log 訊息內容及等級為 NOTICE (level= 5)。

圖表 17-13 Log 封包

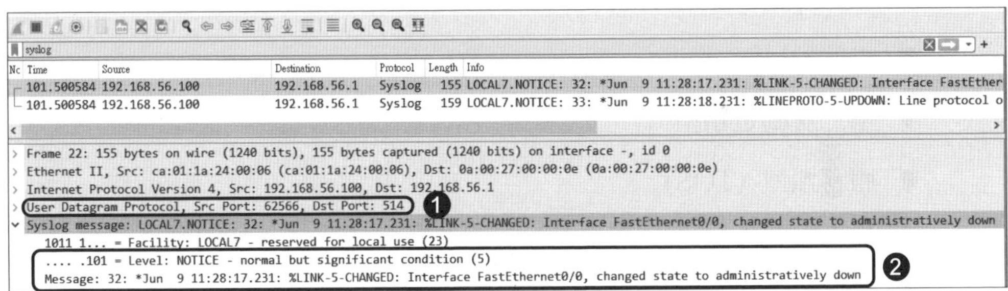

17.3 Netflow 流量分析工具

Cisco 提出 Netflow 功能用來捕捉與分析網路 IP 的流量，其它品牌的路由器也有類似的功能，但名稱不一定叫 Netflow，本章節主要介紹 Netflow 軟體為主。

Netflow 介紹

NetFlow 用來捕捉網路 IP 的流量，並可以整理與分析這些 IP 流量，例如：在某個網路介面送出或收到那些種類 IP 流量，並且可以記錄時間，讀者可以想像 NetFlow 的分析的資料類似電話費帳單，透過電話費帳單明細就很清楚可以知道什麼時候打過電話及打給誰等等，以及每通電話費用的明細資訊，因此使用 NetFlow 軟體可以做到下列工作：

- 記錄及測量有誰在使用網路資源。
- 根據使用網路資源的計量進行收費。

- 利用收集到的測量資訊來進行網路規畫。
- 利用收集到的測量資訊來客制化網路的應用與服務。

Netflow 收集的流量資訊

Cisco 定義**流量(flow)**為路由器的介面中**同一個方向的連續封包**中有相同七種資訊，這七種資訊如下：

- 來源 IP 位址
- 目的 IP 位址
- 來源 port number
- 目的 port number
- 第三層協定類型
- 服務類型 (TOS)
- 輸入邏輯介面

如果來源與目的連續封包中七種資訊都一樣，則是為同一個流量，只要有一項不一樣，就視為不同流量，因此不同流量中的封包數目就有可能一樣或不一樣，路由器的 Netflow 就會將流量 Cache 起來再傳送給 Netflow 伺服器來統計。公司在規劃 Netflow 的導入時，需要考慮的重點有：路由器的 CUP 使用率、Netflow 產生的統計流量資訊要送到哪一台 Netflow Server 及有哪幾台網路設備要使用 Netflow 來統計流量資訊。

Netflow 元件與架構

Netflow 組成的元件有兩部份，如下圖所示，首先路由器要有支援 Netflow 功能，根據管理者定義要收集那一個介面的網路流量資訊，並將 Netflow 收集到的資訊傳送給 **Netflow Collector**，此為安裝在伺服器的 Netflow 軟體，透過 Netflow 軟體來分析及量測 Netflow 收集流量資訊，並可使用圖形化的表示方式，讓管理者更容易清楚的知道網路流量情況，管理者也可以透過路由器查詢的指令，查出目前 Netflow 收到流量資訊摘要，但無圖形顯示。

如下圖所示，以下規劃要在路由器啟動 Netflow 功能來統 s0/0/0 介面進出的流量，並將 Netflow 捕捉到的流量資訊傳送到伺服器端。

圖表 17-14 Netflow 元件與架構

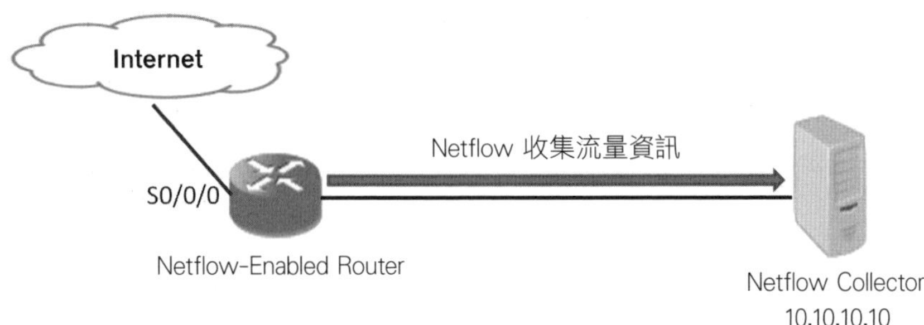

Netflow 指令

指令如下表所示，其中 Netflow 伺服器的 Port 要以安裝 Netflow 軟體上給定的 port，Netflow 版本目前有 1、5 及 9 三種版本。

圖表 17-15 R1 執行 Netflow 指令

指令	說明
R1(config)# int fa0/1	切換到 fa0/1 介面模式
R1(config-if)# ip flow ingress	啟動 netflow 捕捉進來 fa0/1 的流量
R1(config-if)# ip flow egress	啟動 netflow 捕捉出去 fa0/1 的流量
R1(config-if)#exit	回到組態模式
R1(config)# ip flow-export destination 192.168.10.10 9996	設定 Netflow 伺服器 IP 及 Port
R1(config)# ip flow-export version 9	設定 Netflow 版本

實作 Netflow

R1 的 fa0/1 啟動 Netflow 功能來收集 IN 與 OUT 的流量，為了產生流量經過 R1，請在 WIN_7 安裝 NMAP 軟體及在 XP 安裝 HFS 軟體。

圖表 17-16 Netflow 練習架構

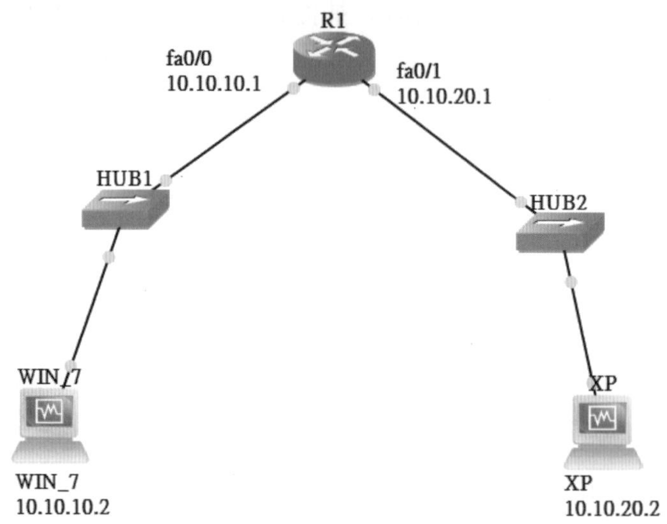

R1 啟動 Netflow 功能

有支援 Netflow 的路由器中的介面中啟動該功能，如下所示：

圖表 17-17 R1 啟動 Netflow 功能

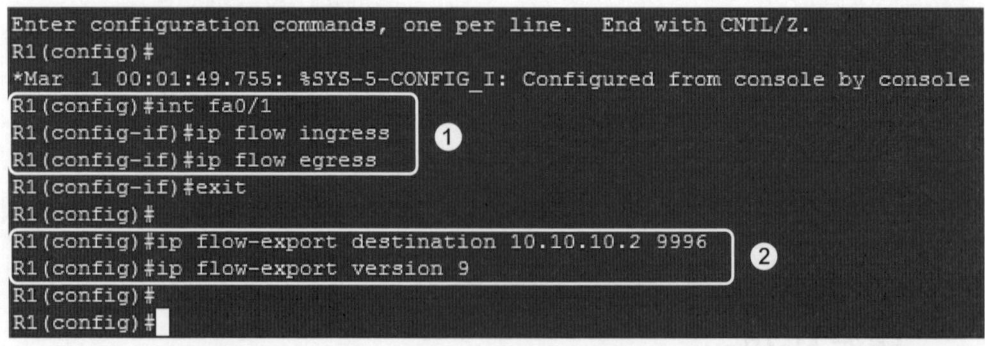

```
Enter configuration commands, one per line.  End with CNTL/Z.
R1(config)#
*Mar  1 00:01:49.755: %SYS-5-CONFIG_I: Configured from console by console
R1(config)#int fa0/1
R1(config-if)#ip flow ingress
R1(config-if)#ip flow egress
R1(config-if)#exit
R1(config)#
R1(config)#ip flow-export destination 10.10.10.2 9996
R1(config)#ip flow-export version 9
R1(config)#
R1(config)#
```


❶ 啟動 Netflow 來捕捉 fa0/1 中 IN 與 OUT 的流量資訊，啟動指令相當簡單，但是 Netflow 重點要於分析流量。

❷ 設定 Netflow 伺服器 IP 位址，路由器會將收集的流量資訊傳送到 Netflow 伺服器來作分析，另外路由器也會保留流量的摘要資訊。

指令執行完成後請查詢 R1 中 Netflow 啟動狀態，如下所示：

圖表 17-18 查詢 R1 啟 動 Netflow 功能

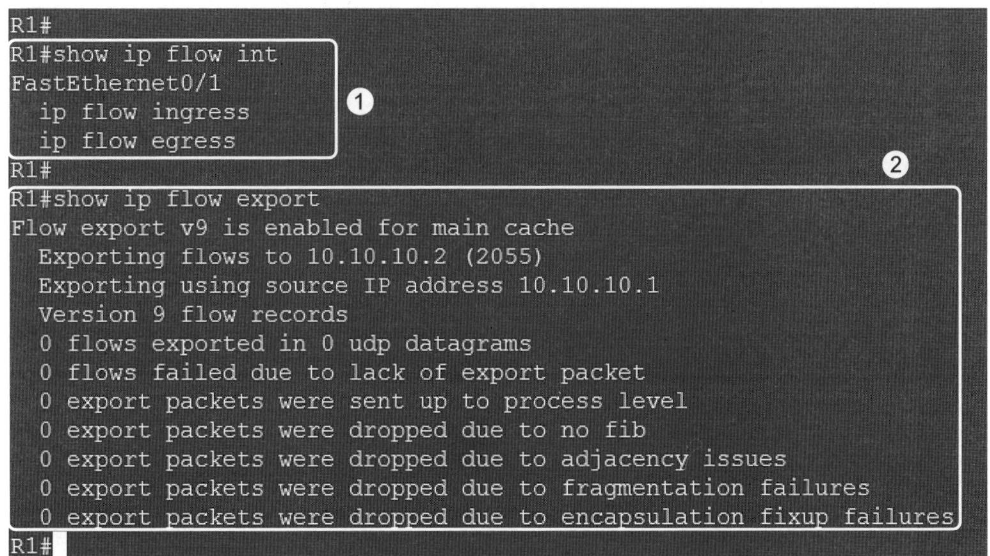

```
R1#
R1#show ip flow int
FastEthernet0/1
  ip flow ingress
  ip flow egress
R1#
R1#show ip flow export
Flow export v9 is enabled for main cache
  Exporting flows to 10.10.10.2 (2055)
  Exporting using source IP address 10.10.10.1
  Version 9 flow records
  0 flows exported in 0 udp datagrams
  0 flows failed due to lack of export packet
  0 export packets were sent up to process level
  0 export packets were dropped due to no fib
  0 export packets were dropped due to adjacency issues
  0 export packets were dropped due to fragmentation failures
  0 export packets were dropped due to encapsulation fixup failures
R1#
```

❶ 查詢 Netflow 的啟動介面。

❷ 查詢 Netflow 伺服器設定及傳送流量相關狀態。

產生流量

此處我們在 XP 電腦中安裝 HFS(HTTP File Server)，並上傳一個大容量檔案提供給 WIN_7 電腦下載。在 WIN_7 電腦上使用瀏覽器來下載 HFS 上的檔案，如此就產生一個 WWW 流量進入到 R1 中 fa0/1 的 IN 方向，使用 **show ip cache flow** 來查詢 R1 捕捉到的流量資訊摘要，如下所示：

圖表 17-19 查詢 R1 的 Netflow Cache

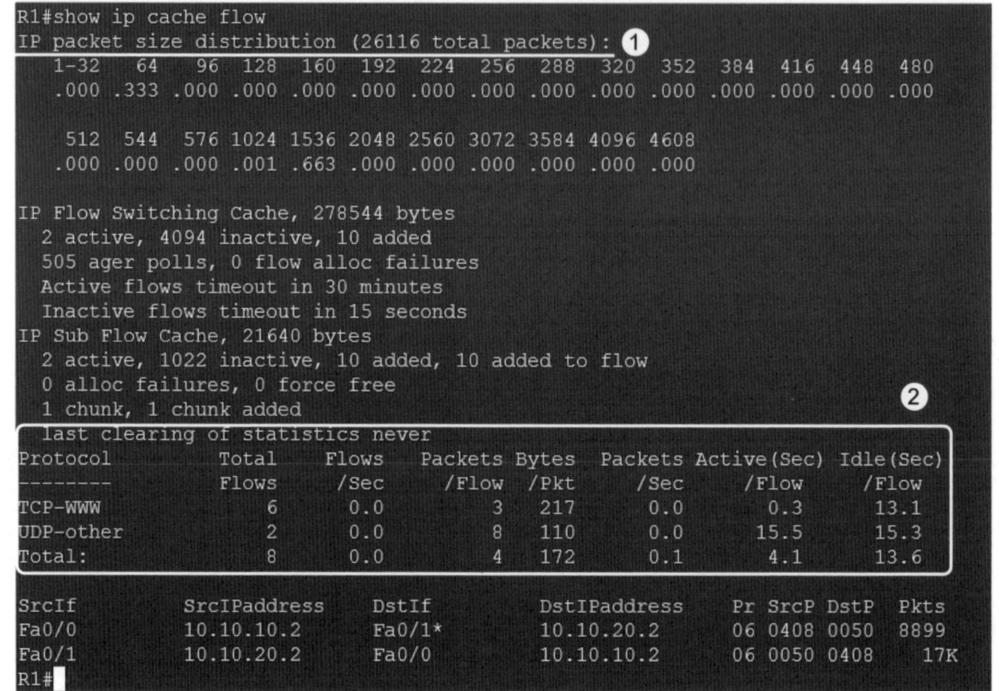

R1#show ip cache flow
IP packet size distribution (26116 total packets): 1
1-32 64 96 128 160 192 224 256 288 320 352 384 416 448 480
.000 .333 .000 .000 .000 .000 .000 .000 .000 .000 .000 .000 .000 .000 .000
512 544 576 1024 1536 2048 2560 3072 3584 4096 4608
.000 .000 .000 .001 .663 .000 .000 .000 .000 .000 .000
IP Flow Switching Cache, 278544 bytes
2 active, 4094 inactive, 10 added
505 ager polls, 0 flow alloc failures
Active flows timeout in 30 minutes
Inactive flows timeout in 15 seconds
IP Sub Flow Cache, 21640 bytes
2 active, 1022 inactive, 10 added, 10 added to flow
0 alloc failures, 0 force free
1 chunk, 1 chunk added
2
last clearing of statistics never
Protocol Total Flows Packets Bytes Packets Active(Sec) Idle(Sec)
-------- Flows /Sec /Flow /Pkt /Sec /Flow /Flow
TCP-WWW 6 0.0 3 217 0.0 0.3 13.1
UDP-other 2 0.0 8 110 0.0 15.5 15.3
Total: 8 0.0 4 172 0.1 4.1 13.6
SrcIf SrcIPaddress DstIf DstIPaddress Pr SrcP DstP Pkts
Fa0/0 10.10.10.2 Fa0/1* 10.10.20.2 06 0408 0050 8899
Fa0/1 10.10.20.2 Fa0/0 10.10.10.2 06 0050 0408 17K
R1#

❶ 經過 fa0/1 的封包總數。

❷ 將經過 fa0/1 的封包分類為流量，目前兩類的流量，TCP-WWW 流量有 6 筆，此為目前 WIN_7 透過 HTTP 方式在下載的流量，UDP-OTHER 流量有 2 筆。

由於目前封包種類還不夠多，所以顯示出來的流量分類就比較少，另外 TCP-WWW 流量只有 6 筆，這是因為還沒有太多其他種類的封包來把 WWW 連續的封包切斷，所以流量就比較集中，也因此流量筆數就較少。

請注意一筆流量為同一個方向的**連續封包**中有相同七種資訊。

接著我們在 WIN_7 電腦上使用 NMAP 來產生更多的封包種類，NMAP 是一套網路偵查的軟體，會針對一台主機做 Port 的掃瞄，因此會發送很多種類的封包，如下圖所示：

圖表 17-20 使用 NMAP 來產生各種封包

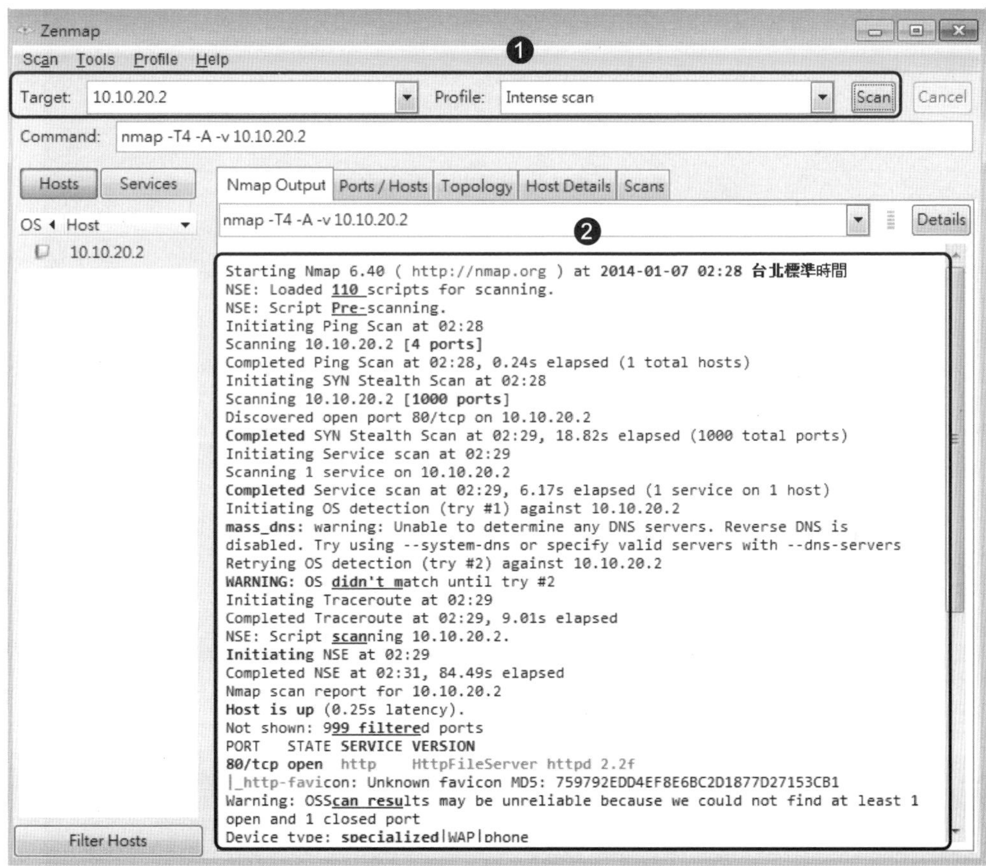

❶ Target 為要偵查的目的主機，Profile 為掃描的方式。

❷ 掃描的過程與結果。請注意在 WIN_7 使用 NMAP 對 XP 電腦做掃描的同時，WIN_7 還持續在下載檔案。

再查詢 R1 中 Netflow Cache，就會有不一樣的變化，如下圖所示：

圖表 17-21 再查詢一次 R1 的 Netflow Cache

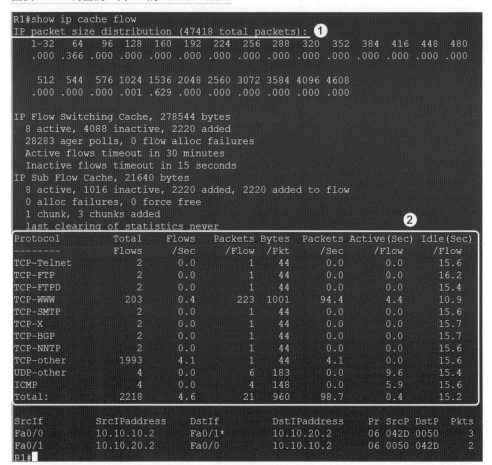

```
R1#show ip cache flow
IP packet size distribution (47418 total packets): ①
   1-32   64   96  128  160  192  224  256  288  320  352  384  416  448  480
   .000 .366 .000 .000 .000 .000 .000 .000 .000 .000 .000 .000 .000 .000 .000

    512  544  576 1024 1536 2048 2560 3072 3584 4096 4608
   .000 .000 .000 .001 .629 .000 .000 .000 .000 .000 .000

IP Flow Switching Cache, 278544 bytes
  8 active, 4088 inactive, 2220 added
  28283 ager polls, 0 flow alloc failures
  Active flows timeout in 30 minutes
  Inactive flows timeout in 15 seconds
IP Sub Flow Cache, 21640 bytes
  8 active, 1016 inactive, 2220 added, 2220 added to flow
  0 alloc failures, 0 force free
  1 chunk, 3 chunks added
  last clearing of statistics never                                    ②
Protocol         Total    Flows   Packets Bytes  Packets Active(Sec) Idle(Sec)
--------         Flows     /Sec     /Flow  /Pkt     /Sec     /Flow     /Flow
TCP-Telnet           2      0.0         1    44      0.0       0.0      15.6
TCP-FTP              2      0.0         1    44      0.0       0.0      16.2
TCP-FTPD             2      0.0         1    44      0.0       0.0      15.4
TCP-WWW            203      0.4       223  1001     94.4       4.4      10.9
TCP-SMTP             2      0.0         1    44      0.0       0.0      15.6
TCP-X                2      0.0         1    44      0.0       0.0      15.7
TCP-BGP              2      0.0         1    44      0.0       0.0      15.7
TCP-NNTP             2      0.0         1    44      0.0       0.0      15.6
TCP-other         1993      4.1         1    44      4.1       0.0      15.6
UDP-other            4      0.0         6   183      0.0       9.6      15.4
ICMP                 4      0.0         4   148      0.0       5.9      15.6
Total:            2218      4.6        21   960     98.7       0.4      15.2

SrcIf         SrcIPaddress    DstIf         DstIPaddress    Pr SrcP DstP  Pkts
Fa0/0         10.10.10.2      Fa0/1*        10.10.20.2      06 042D 0050     3
Fa0/1         10.10.20.2      Fa0/0         10.10.10.2      06 0050 042D     2
R1#
```

❶ 目前經過 fa0/1 的封包總數。

❷ 目前 fa0/1 的封包分類，很明顯有很多種類的封包，其中 TCP-WWW 的流量筆數為 203，比先前查詢的 6 筆增加很多，這是因為目前經過 fa0/1 的封包種類變多，以至於 WWW 封包就無發一直保持連續，所以連續 WWW 封包就會被切斷數個較小的連續封包，因此 WWW 流量筆數就增加。

若需要進一步分析這些流量，可在電腦中安裝 Netflow 軟體，透過 Netflow 軟體提供的圖形化呈現方式及報表，就很容易可以分析網路流量狀態。

若要清除路由器中的 Netflow Cache，請使用 **clear ip flow stats** 指令。

17.4 SNMP 介紹

SNMP (Simple Network Management Protocol) 為應用層的網路管理協定，SNMP 提供標準協定去收集、修改各種廠牌網路設備之間的管理資訊，以便於監視網路設備的運作狀態，讓管理者可以很容易掌握整個網路的運作狀態，我們使用 SNMP 網路架構來示範說明。

圖表 17-22 SNMP 網路架構

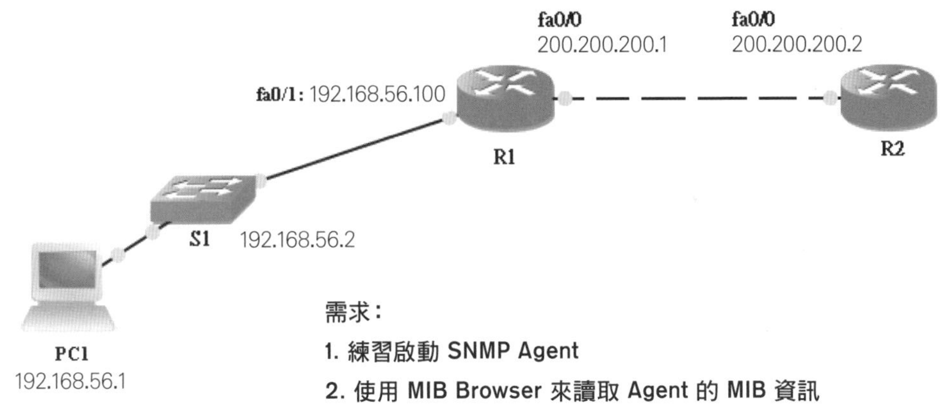

SNMP 運作原理

SNMP 是採用 Client-Server 架構，如下圖所示，Server 會安裝 SNMP Agent 的軟體，Agent 會維護一個 MIB 的資料庫，此 MIB 中記錄了該設備資訊，例如：網路介面資訊、CPU 使用率、溫度等等。

Client 端則安裝 SMMP Manager 軟體，Manager 會定期向 Agent 收集 MIB 中的資訊，匯總所有 Agent 端送過來的 MIB 資訊來產生報表，這些報表通常會用圖形化的方式來表示，讓管理者很容易可以了解目前所有網路設備的狀態，另外還可以設定**臨界值(Thresholds)**，當超過臨界值會發送**觸發(Trigger)**緊急訊息給管理者知道來做處理，例如：網路介面壞掉，管理者應該第一個知道，而不是被動被告知網路不通，此時利用 SNMP 來馬上通知管理者主動來處理。

圖表 17-23 SNMP 運作原理

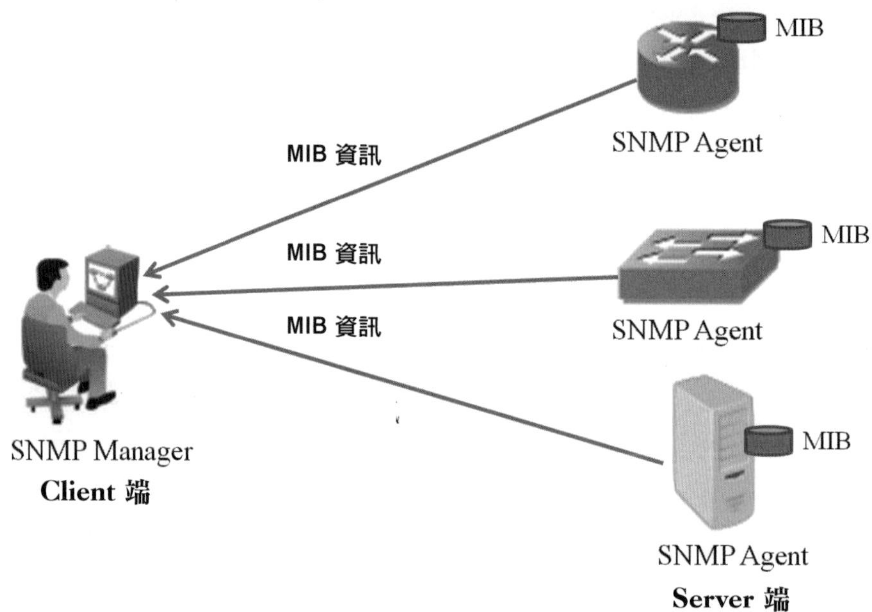

SNMP 動作

SNMP 有三種動作分別為 SNMP Get、SNMP Set 及 SNMP Trap，如下圖所示，SNMP Get 與 SNMP Set 為 Manager 主動發送給 Agent 端，SNMP Get 為 Manager 向 Agent 端要 MIB 資訊，而 SNMP Set 為 Manager 傳送設定值給 Agent 端來設定 MIB 資訊，最後 SNMP Trap 為 Agent 端主動傳送資訊給 Manager，此部份要在 Agent 端設定條件，當符合條件 Agent 端就會發送 SNMP Trap 訊息到 Manager，例如：網路介面壞掉。

圖表 17-24 SNMP 動作

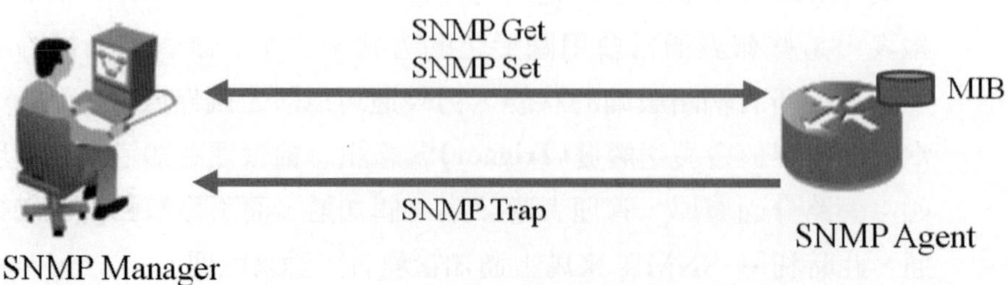

SNMP 版本

Cisco 支援 SNMP 版本可分為 SNMPv1、SNMPv2c 和 SNMPv3，如下表所示。在 SNMPv1 只簡單使用 **Community 名稱**來當密碼作身分認證並且密碼在傳送過程無加密，在安全性上有相當大的疑慮，另外也無法一次傳送**大量(Bulk)**的資料，因此必須花費較多的時間重複地下達命令，才能夠取得 MIB 資料。

SNMPv2c 新增 **getbulkrequest** 命令，讓管理端只要下達一次命令即可取得大量相關資料，而不必藉由多次的存取來取得相關資料，可有效地增進傳送 MIB 資料的效能，另外 SNMPv2c 還新增 Inform request 類似 trap，Inform 有 ACK 機制，比 Trap 更 Reliable。SNMPv3 版本則是在 SNMP V2 的基礎上增強安全功能。

圖表 17-25 SNMP 版本差異

SNMP Version	安全性	Trap/Inform 訊息	大量獲取資訊
SNMP v1	沒加密	Trap	不行
SNMP v2c	沒加密	Trap 或 Inform	可以
SNMP v3	提供加密、認證與完整性三種	Trap	可以

SNMP MIB 資料庫介紹

SNMP 為了收集各廠牌的網路設備運行資訊，必須定義一個標準的資料結構來給各廠牌將其設備資訊寫入與讀出，因此**網管資料庫(MIB，Management Information Base)** 就是用來儲存各廠牌的網路設備運行資訊，每個 SNMP Agent 會維護一個 MIB 資料庫，此資料庫以樹狀結構來儲存設備上的資訊，如下圖所示，樹狀結構上的節點會分配一組唯一的**物件識別碼(OID)**，SNMP 需要網路設備某一個資訊時，就必須找到該資訊所對應的 OID，如此可以將資訊讀出或修改，例如：internet 的 OID 表示方法由樹根開始沿著路徑到該節點上的編號，即使用 iso.org.dod.internet 或 1.3.6.1 來表示 internet 的 OID，SNMP Manager 即利用 OID 來收集或修改 Agent 端網路設備的狀態。

MIB 可進一步分為**標準 MIB** 及**私有 MIB** 兩大類，標準 MIB 適用於所有網絡設備，而私有 MIB 則由開發廠商自行定義，例如：.1.3.6.1.4.1.9 表示私有 MIB 為 Cisco 公司設備資訊，OID 為 .1.3.6.1.4.1.9.9.449 表示 Cisco 路由器上的 EIGRP 資訊，OID 為 .1.3.6.1.2.1.23 是標準 MIB，表示路由器中 RIP 資訊。讀者可以將給定 OID 的值透過 google 搜尋，就可以找到該 OID 代表的資訊為何。

請注意 MIB 的表示方式逐漸會被 Yang Model 取代。

圖表 17-26 MIB Tree 與 OID 範例

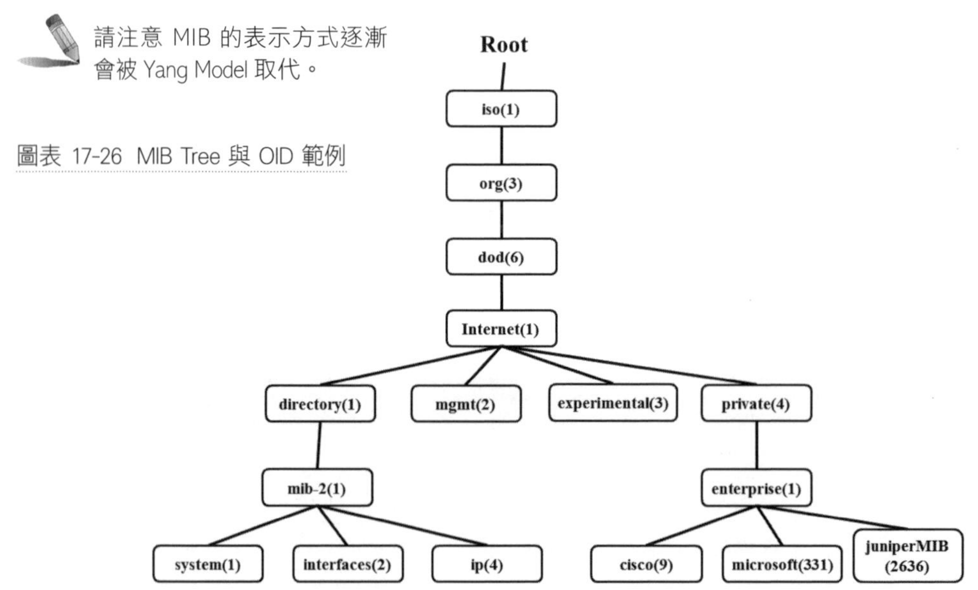

設定 SNMP Agent

啟動 SNMP Agent 指令如下，使用 **snmp-server community** 來啟動 SNMP Agent，後面跟著密碼，其中 RO 表示 Agent 只開放讀取 MIB 資訊給 Manager，RW 表示 Manager 可以讀寫 Agent 的 MIB 資訊。

圖表 17-27 SNMP Agent 指令

指令	說明
R(config)# snmp-server community ccna ro	設定 SNMP 唯讀密碼 ccna
R(config)# snmp-server community cisco rw	設定 SNMP 可讀寫密碼 cisco
R(config)# snmp-server location SJU	設定 SNMP Agent 所在地方
R(config)# snmp-server contact 022081-3131	設定 SNMP Agent 連絡資訊

啟動 SNMP Agent

在 SNMP 網路架構中，使用 **snmp-server community cisco rw** 指令來啟動 S1、R1 與 R2 三台設定的 SNMP Agent，如下圖所示為 R1 啟動 SNMP Agent。請讀者再啟動其他兩台 SNMP Agent。

請注意：SNMPv3 的認證功能屬於 CCNP 課程範圍。

圖表 17-28 R1 啟動 SNMP Agent 指令

```
R1#conf t
Enter configuration commands, one per line.  End with CNTL/Z.
R1(config)#snmp-server community cisco rw
%SNMP-5-WARMSTART: SNMP agent on host R1 is undergoing a warm start
R1(config)#
```

查詢 SNMPAgent

使用 **show snmp community** 指令來查詢 SNMP Agent 啟動的狀態，如下圖所示，可以看到 community 相關資訊。

圖表 17-29 查詢 SNM PAgent

```
R1#show snmp community
Community name: ILMI
Community Index: cisco0
Community SecurityName: ILMI
storage-type: read-only  active

Community name: ccna
Community Index: cisco1
Community SecurityName: ccna
storage-type: nonvolatile  active

Community name: cisco
Community Index: cisco2
Community SecurityName: cisco
storage-type: nonvolatile  active
```

設定 SNMP Trap

SNMPv2 的主動通知機制支援兩種 Trap 與 Inform，Trap message 為不可靠傳送，而 Inform message 為可靠傳送，設定方式如下圖所示。

圖表 17-30 設定 SNMP 主動通知功能

指令	說明
R1(config)#snmp-server host 192.168.10.10 version 2c pwdccna	設定 Trap message 要傳送到 manager IP 及密碼
R1(config)#snmp-server host 192.168.10.10 informs version 2c pwdccna	啟動 inform message 要傳送到 manager IP 及密碼
R1(config)#snmp-server enable traps	啟動 SNMP 通知功能

查詢 SNMP Trap

使用 **show snmp host** 指令來查詢 SNMP 主動通知功能狀態，如下圖所示，其中 Notification host: 192.168.10.10 為 SNMP Manager 安裝的電腦 IP 位址；Trap 與 Inform 都使用 udp-port: 162，但 Inform 本身有加入 ACK 機制，所以是可靠傳送。

圖表 17-31 查詢 SNMP Trap

```
R1#show snmp host
Notification host: 192.168.10.10      udp-port: 162   type: inform
user: pwdccna   security model: v2c

Notification host: 192.168.10.10      udp-port: 162   type: trap
user: pwdccna   security model: v2c###
```

SNMP v3 模式

SNMPv3 有支援完整性(Integrity)、認證(Authentication)及加密(Encrypt)三種安全功能等級，如下表所示，SNMPv3 啟動的指令參數有 noauth 、auth 及 priv，其代表的意義如下：

- **noauth**：不認證也不加密
- **priv**：同時認證與加密
- **auth**：只認證但不加密

圖表 17-32 SNMP3 的三種安全功能等級

指令參數	安全等級	完整性	認證	加密
noauth	noAuthNoPriv	支援	不支援	不支援
auth	authNoPriv	支援	支援	不支援
Priv	authPriv	支援	支援	支援

MIB Browser

我們使用 MangeEngine 公司的 MIB Browser 來測試，如下圖所示，❶ 表示為 MIB Tree，可以直接點選對應的 OID 來查詢，此處選擇查看介面 MAC 的 OID，❷ 為要查的路由器 R1 的 192.168.56.100 IP 位址及 Community=cisco，❸ 為透過 SNMM 的 GET 查詢到的資訊，目前獲得 R1 介面的 MAC 位址為 ca 01 1a 24 00 08 及 ca 01 1a 24 00 06，❹ 表示 MIB Tree 選項所對應的 OID 號碼為.1.3.6.1.2.1.2.2.1.6，讀者可以參考此 OID 的定義 http://oid-info.com/get/1.3.6.1.2.1.2.2.1.6。

圖表 17-33 使用 MIB Browser

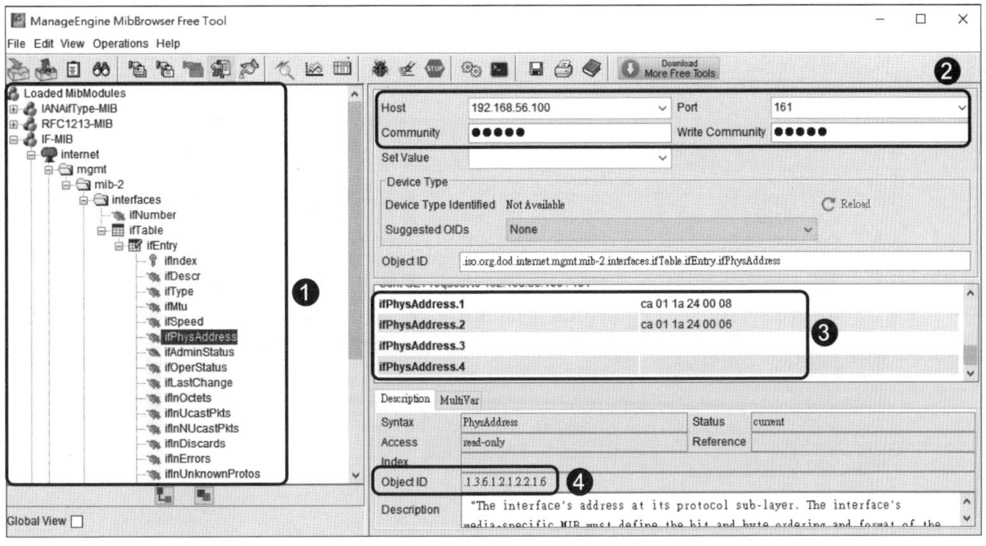

我們實際查詢 R1 的 fa0/0 與 fa0/1 介面的 MAC 位址，如下圖所示，fa0/0 與 fa0/1 的 MAC 分別為 ca01.1a24.0008 及 ca01.1a24.0006，跟上述使用 MIB Browser 獲取到 MAC 是一樣。

圖表 17-34 查詢 R1 介面的 MAC 位址

```
R1#show int fa0/0
FastEthernet0/0 is up, line protocol is up
  Hardware is i82543 (Livengood), address is ca01.1a24.0008
(bia ca01.1a24.0008)
  Internet address is 200.200.200.1/24
……..省略部分輸出

R1#show int fa0/1
FastEthernet0/1 is up, line protocol is up
  Hardware is i82543 (Livengood), address is ca01.1a24.0006
(bia ca01.1a24.0006)
  Internet address is 192.168.56.100/24
……..省略部分輸出
```

我們在 R1 與 PC1 使用 Wireshark 來捕捉由 MIB Browser 送出的封包，如下圖所示為 SMNP 的 GET Request 封包，❶ 表示 SMNP 使用 UDP Port 161 來傳送 SMNP 封包，❷ 顯示 SMNP 的版本為 version 1 與 Community 為 cisco，❸ 表示目前要請求的 OID 為 .1.3.6.1.2.1.2.2.1.6，由於 SNMPv 1 為明文方式傳送，所以很容易可以讀取封包內的資訊。

圖表 17-35 SMNP 的 GET Request 封包

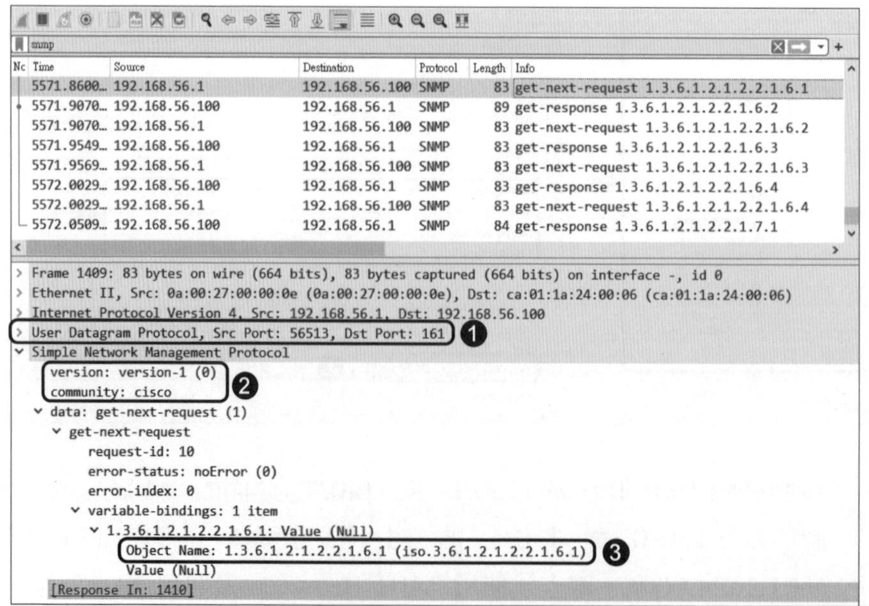

在下圖為 SMNP 的 GET Response 封包，❶ 表示 SMNP 的版本為 version 1 與 Community 為 cisco，❷ 表示要回應的 OID 為. 1.3.6.1.2.1.2.2.1.6.2，❸ 表示針對 OID 為. 1.3.6.1.2.1.2.2.1.6.2 回應的結果為 ca011a240006。

圖表 17-36 SMNP 的 GET Response 封包

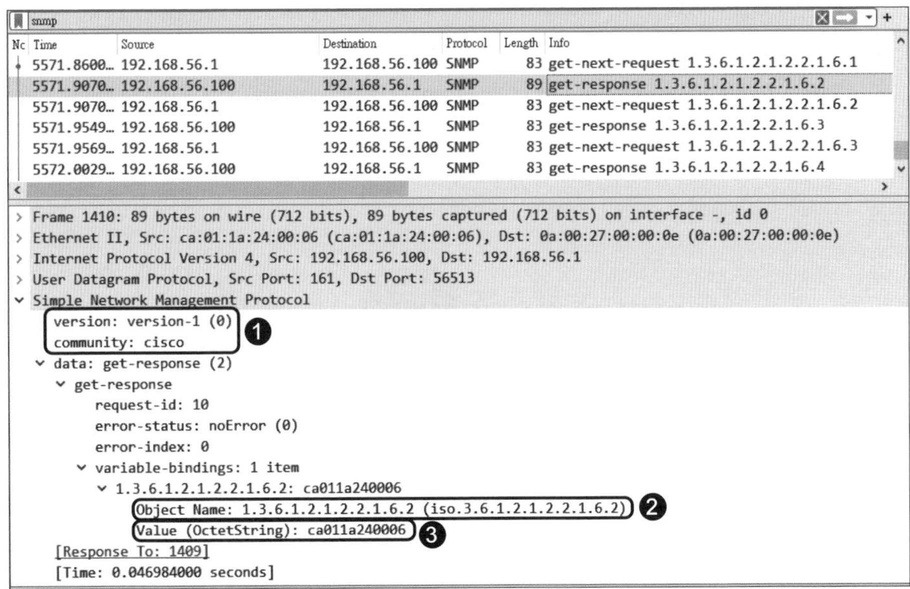

17.5 SPAN 介紹

當交換器網路中有流量需要被分析，此時必須要將流量複製 (copy) 一份出來，讓分析軟體 (Network Analyzer) 來分析，例如：公司疑似受到惡意流量攻擊，管理者需要將流量複製一份到 IDS 系統檢查，此時就可以使用 SPAN (Switched Port Analyzer) 的技術。SPAN 進一步可以分為兩種架構本地 SPAN (Local SPAN) 與遠端 SPAN (Remote SPAN、RSPAN)。

本地 SPAN

SPAN 運作需要定義兩種 port 角色，SPAN Source Port 與 SPAN Destination Port，SPAN Source Port 是要複製流量的來源，如下圖所示，Fa0/1 被定為 SPAN Source Port，流量進入 Fa0/1 或離開 Fa0/1 都可以設定是否要複製。SPAN Destination Port 是複製的流量要傳送的 Port，SPAN Destination Port 會連接分析軟體的設備，如下圖所示，Fa0/3 被定義為 SPAN Destination Port，經過 Fa0/1 流量會被複製一份到 Fa0/3 傳送給分析軟體的設備。本地 SPAN 的定義為 SPAN Source Port 與 SPAN Destination Port 都在同一台交換器。

圖表 17-37 本地 SPAN

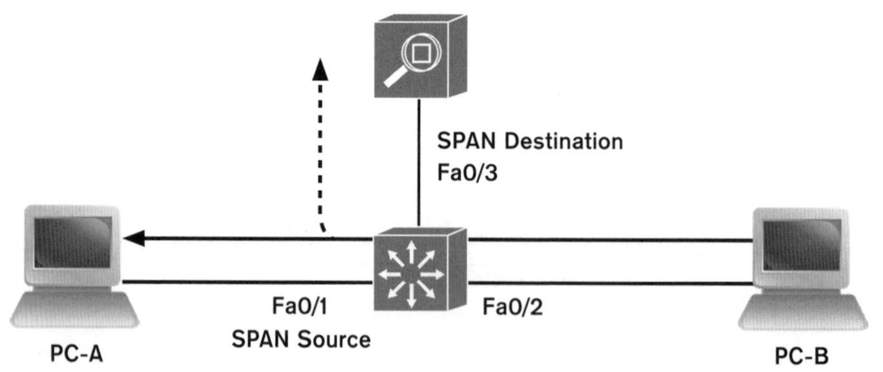

請注意 SPAN Source 可以是多個 port 或多個 Vlan，port 與 Vlan 不能混合使用當 SPAN source。

如上述 SPAN 範例要將 S1 的 Fa0/1 與 Fa0/3 分別設定為 SPAN Source Port 與 SPAN Destination Port，SPAN 設定指令如下圖所示，其中 SPAN Source Port 與 SPAN Destination Port 的 session 的號碼要一樣，一個 session 只能給一個 SPAN destination 使用，多個 SPAN source 可以共用同一個 Session，每一種交換器型號可支援 Session 數量也不一樣，例如：Catalyst 3750-X 可以 2 sessions，Catalyst 6500 支援更多可達 64 sessions。請讀者選擇有支援 SPAN 的交換器來觀察。

圖表 17-38 本地 SPAN 設定指令

指令	說明
S1(config)#monitor session 1 source int fa0/1	定義 fa0/1 為 SPAN source
S1(config)# monitor session 1 destination int fa0/3	定義 fa0/3 為 SPAN destination

遠端 SPAN (RSPAN)

遠端 SPAN 的定義為 RSPAN Source Port 與 RSPAN Destination Port 不在同一台交換器，這時 SPAN Source Port 的流量如何複製到遠端交換器的 SPAN Destination Port，此時就須要靠 RSPAN Vlan 來傳送複製的流量，如下圖所示 RSPAN Source Port 定義在 S1 的 Fa0/1，RSPAN Destination Port 定義在 S3 的 Fa0/3，S1 的 Fa0/1 與 S3 的 Fa0/3 中間需要經過 S2，在 S1、S2 與 S3 的連線必須為 Trunk，這三台都要建立一個 Vlan 並宣告該 Vlan 為 RSPAN Vlan，表示 RSPAN Vlan 只會傳送 RSPAN 複製的流量，不能傳送其他流量。下圖範例的流程為 S1 的 Fa0/1 的流量會被複製傳送到 RSPAN Vlan，RSPAN Vlan 透過 Trunk 將複製流量傳送到 S3 的 Fa0/3。

圖表 17-39 遠端 SPAN

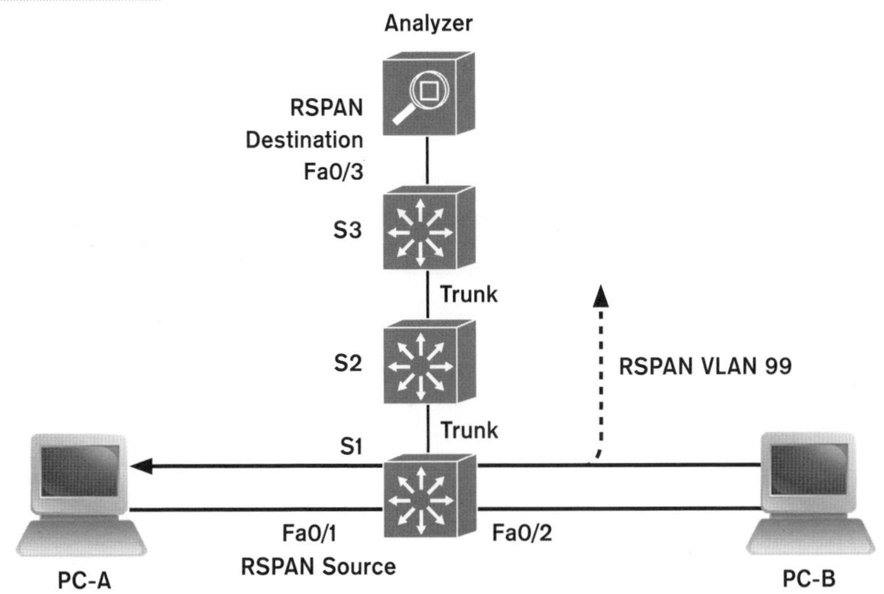

如上述 RSPAN 範例要將 S1 的 Fa0/1 與 S3 的 Fa0/3 分別設定為 RSPAN Source Port 與 RSPAN Destination Port，三台交換器都是設定 RSPAN 專用的 Vlan，使用 Vlan99 當 RSPAN Vlan，所以不能在有任何 port 屬於 Vlan99；在 S1 定義 Fa0/1 為 RSPAN source，而 RSPAN destination 為 Vlan 99，如此 S1 就會從 Fa0/1 複製流量送往 Vlan99；在 S2 只要宣告 Vlan99 為 RSPAN Vlan；在 S3 定義 Vlan 99 為 RSPAN source 與 RSPAN destination 為 Fa0/3，如此複製的流量就會從 Vlan 99 傳送到 Fa0/3。

圖表 17-40 遠端 SPAN 設定

指令	說明
S1(config)# vlan 99 S1(config-vlan)# remote-span S1(config-vlan)# exit S1(config)# monitor session 1 source int fa0/1 S1(config)# monitor session 1 destination remote vlan 99	建立 Vlan99 定義 Vlan99 為 RSPAN 定義 fa0/1 為 RSPAN source 定義 RSPAN destination 為 Vlan 99
S2(config)# vlan 99 S2(config-vlan)# remote-span S2(config-vlan)# exit	S2 只要定義 Vlan99 為 RSPAN Vlan
S3(config)# vlan 99 S3(config-vlan)# remote-span S3(config-vlan)# exit S3(config)# monitor session 1 source remote vlan 99 S3(config)# monitor session 1 destination int fa0/3	建立 Vlan99 定義 Vlan99 為 RSPAN 定義 Vlan 99 為 RSPAN source 定義 RSPAN destination 為 fa0/3

CHAPTER 18

QoS 介紹與實務

在現今的整合式網路中，有著不同種的資料流量 (Data Traffic) 或多樣的應用程式的資料在網路中傳送，每種應用程式的資料流量對於傳送品質的需求都有所不同，例如：網路視訊、網路電話與 Web 網頁資料和檔案傳輸的傳輸服務要求有很大的不同，當網路頻寬足夠，每種應用程式的資料都可以順利傳送，此時就無需要 QoS 機制，但是網路頻寬不足夠時，資料傳送就會產生壅塞 (Congestion)，QoS 機制就要出來調節每種應用程式的頻寬使用。

18.1 Quality of Service (QoS) 概論

當網路頻寬不足夠時，就會產生壅塞 (Congestion)，封包就會產生延遲 (Delay) 或是丟棄 (Loss) 問題，對於一些應用程式遇到封包延遲或是丟棄將無法達到其效果，例如：網路電話 (Voice IP) 的應用。因此，QoS 機制就是將資料流量分等級，定義優先使用網路頻寬的順序。在 QoS 機制主要會根據 Bandwidth、Delay、Jitter 及 Loss 四種參數來定義 QoS 保證資料流量標準，例如：要達到網路電話順暢，QoS 機制要確保 Delay (one-way)：150 ms or less，Jitter：30 ms or less 及 Loss：1% or less。

點對點的延遲 (Delay)

當封包從來源端傳遞到目的端的過程，有三個地方可能會產生延遲，只要有一個地方產生延遲，封包便產生壅塞，而封包壅塞無法解決，最後就要丟棄。產生延遲地方有傳輸延遲、CPU 延遲及佇列延遲，如下圖所示，所以網路頻寬不是唯一會產生雍塞的原因，但是目前的硬體技術的提升，CPU 延遲及佇列延遲都應該能夠克服，網路頻寬不足還是主要產生雍塞的原因。

1. **傳輸延遲**：頻寬或網路媒介決定延遲長短。
2. **CPU 延遲**：CPU 處理資料 (解封裝 重新封裝 路由查詢....) 的時間。
3. **佇列延遲**：在佇列中停留時間，跟頻寬或資料量的多少或佇列演算法有關係。

圖表 18-1 產生延遲的地方

解決頻寬不足方式

當頻寬不足而產生封包的壅塞，解決的方式如下：

1. **升級線路頻寬**：找出點對點傳送線路的瓶頸，如下圖所示，將其頻寬升級，如果不能夠解決點對點頻寬，要避免封包的壅塞，就要考慮資料壓縮或 QoS 方式。
2. **資料壓縮**：資料壓縮再送出是可以節省頻寬使用，但是資料的壓縮與解壓縮會占用到大量 CPU 時間，可能會產生 CPU 延遲。
3. **QoS**：目前最常使用的方式，QoS 會先讓重要的資料送出，優先使用頻寬，不重要的資料就只能壅塞或丟棄，至於什麼樣的資料是重要的，要由管理者來定義。

圖表 18-2 點對點的頻寬問題

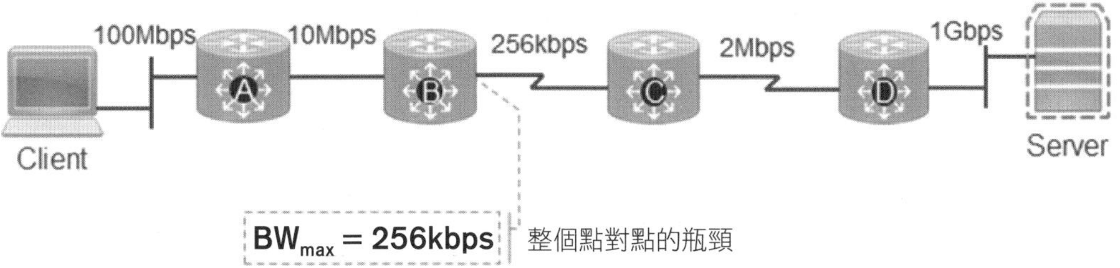

抖動 (Jitter)

封包的壅塞會導致抖動現象，抖動現象是封包跟封包之間延遲時間不等，但封包不會丟棄，還是可以完整的傳送到接收端，因此抖動現象對於有些應用程式沒影響，ex FTP、Telnet 等，但是抖動現象對於語音的應用影響極大，會讓聲音斷斷續續，雖然聲音都有傳到接收端，但接收端聽不清楚，這樣的語音應用就沒效果，解決方法將頻寬加大或使用 QoS 讓語音資料優先使用頻寬。

下圖顯示是封包進入路由器與送出時，封包之間延遲時間都一樣，因此無抖動現象。

圖表 18-3 無抖動

下圖顯示是封包進入路由器與送出時，當封包進入路由器時，封包之間延遲時間都一樣，但是路由器送出時，可能遇到 CPU 延遲或對外頻寬不足，讓封包跟封包之間延遲時間不等，因此有抖動現象。

圖表 18-4 有抖動

丟棄封包 (LoSS)

當封包遇到嚴重壅塞時，就會有丟棄封包 (LoSS) 現象發生，丟棄封包的地方與選擇哪一種類型封包，如下：

1. 丟棄封包可以在任何一台路由器發生。
2. 當路由器 CPU 負荷太重或頻寬不足都會發生丟棄封包現象。
3. 大部分丟棄封包的發生是因為頻寬不足而且路由器的 buffer 也不夠時，當路由器要發生丟棄封包時，可以使用 QoS 方式先選擇不重要的封包丟棄。

圖表 18-5 路由器將封包丟棄

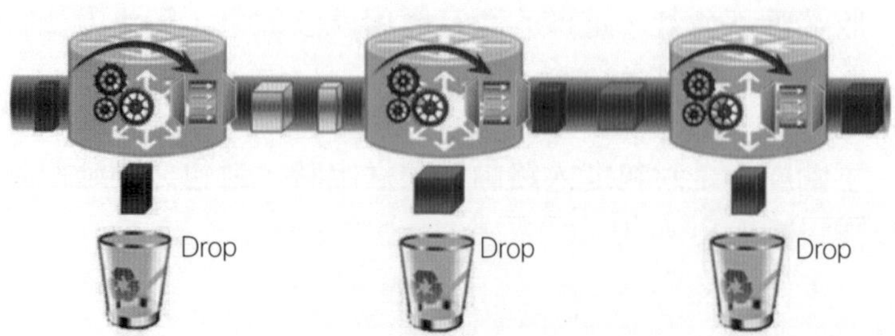

QoS 的模式

QoS 模式主要有分 Best-effort、Integrated services 及 Differentiated services 三種。

1. **Best-effort 模式**：所有資料流量都盡量傳送，這種方式根本沒有針對 Bandwidth、Delay、Jitter 及 Loss 做保證，也就是無 QoS 機制。

2. **Integrated services (IntServ) 模式**：QoS 的保證是從來源端到目的端所經過路由器都要能確保有足夠的資源保留給 QoS 後，應用程式的封包才會傳送出去，如何確定經過的路由器都要保留資源來符合 QoS 的參數要求，就需要使用 Resource Reservation Protocol (RSVP) 來詢問每台路由器並保留頻寬給 QoS 使用。Intserv 優點資源會提前預留，一定保證有 QoS。Intserv 缺點是必須預留資源，不能有效的利用資源，擴充性差，而且並須所有路由器支援 RSVP 協定，所以比較難實現。

3. **Differentiated services (DiffServ) 模式**：此模式會先將封包分類 (Class) 與標記 (Mark)，路由器根據封包的標記來給於封包不同的 QoS 等級，每一台路由器各自根據封包中的標記來做 QoS 行為稱為 PHB (Per Hop Behavior)，這點 IntServ 模式不一樣。Diffserv 優點有擴展性高，無須預先預留資源，並提供多種等級的 QOS 服務，Diffserv 缺點沒有絕對的 QOS 保證及機制複雜，尤其是在做標記與壅塞管理的機制，困難度較高。本單元將針對此種模式的 QoS 做法進行探討。

18.2 DiffServ 模式運作

DiffServ 模式的 QoS 運作流程如下圖所示，當一台路由器收到資料流量時，第一步要將資料流量分類 (Classify)，分類後的封包要做標記 (Mark)，此標記是為了可以辨識分類的流量封包，之後根據封包中的標記來將封包分優先等級；接下來要做壅塞管理 (Congestion Management)，壅塞管理主要是佇列 (Queuing) 的技術，讓優先權較高的封包可以優先送出；當佇列已經快滿了，就要執行壅塞避免 (Congestion Avoidance)，壅塞避免主要就是將封包丟棄，以避免佇列溢出 (Overflow)。

圖表 18-6 DiffServ 模式 QoS 的處理步驟

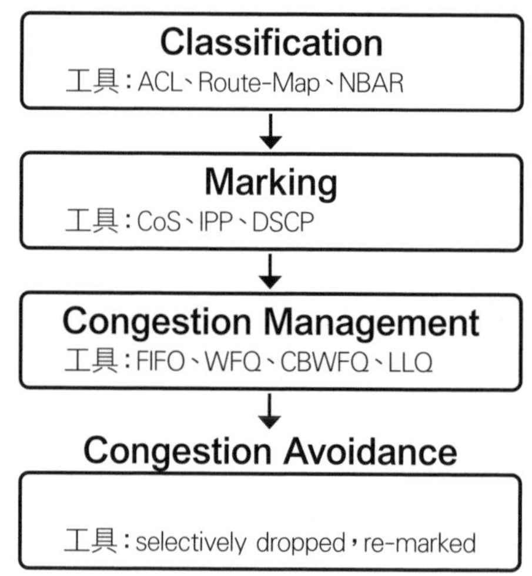

分類 (Classification)

分類是做 QoS 的第一步，分類是將封包識別並且區分開來，分成不同類別，如下圖所示，可以使用 ACL 或 Route-Map 根據封包中的 L2、L3 及 L4 的表頭檔資訊來進行分類，如果要使用封包的 L7 的表頭檔來進行分類就要使用 Network Based Application Recognition (NBAR) 協定。

圖表 18-7 將 IP 封包分類

標記 (Marking) 概念

當資料流量分類完成後，後面的處理步驟是如何得知封包是屬於哪一個分類，標記也稱為著色，用於分類或分類後的辨識，如下圖所示，當本地路由器標記後，下一台路由器可以繼續使用標記來進行分類，所以標記是為了下一台路由器方便處理封包再分類。

圖表 18-8 將 IP 封包進行標記

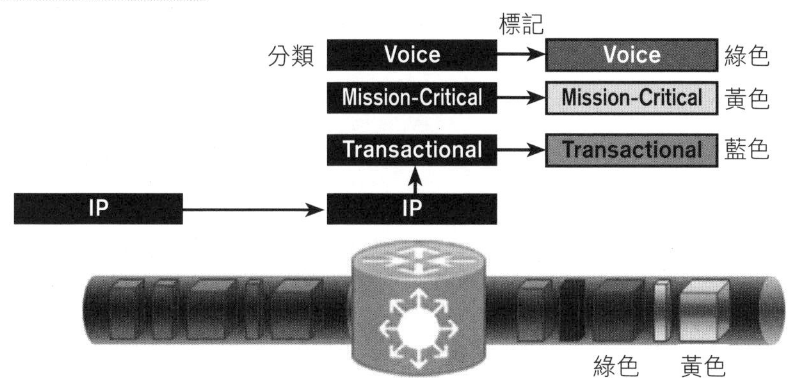

L2 的標記

一個封包完成分類後，在封包中做個標記以便後續的辨識，標記的資訊可以記錄在 L2 或 L3 的表頭檔。以 L2 Ethernet 表頭檔中會有一個欄位 CoS (Ethernet Class of Service)，如下圖所示，CoS 有三個 3bit，所以有 8 種分類可以將封包做標記，其他 L2 協定的標記欄位有 Frame Relay 使用 Discard Eligibility (DE)、ATM 使用 Cell Loss Priority (CLP) 及 MPLS 使用 Traffic Class (TC)。

圖表 18-9 Ethernet 表頭檔的 CoS 欄位

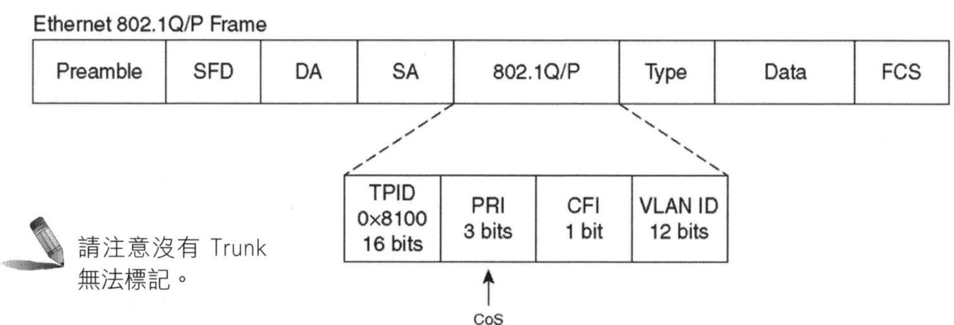

請注意沒有 Trunk 無法標記。

L2 標記的 COS 值有預設定義，如下圖所示，CoS=6 或 7 沒定義之外，其他的皆有定義，例如：CoS=2 比 CoS=1 更重要封包，在設定 QoS 時應給於 CoS=2 封包優先使用頻寬。

圖表 18-10 CoS 欄位的預設值定義

CoS	Application
7	Reserved
6	Reserved
5	Voice Bearer
4	Videoconferencing
3	Call Signaling
2	High-Priority Data
1	Medium-Priority Data
0	Best-Effort Data

L3 的標記

在 L3 以 IP 表頭檔的標記欄位有 ToS (Type of Service)，如下圖所示，ToS 有 8bits，在 IPP (IP Precedence) 定義使用前面 3bits 來將做標記使用，3bits 可以有 8 種分類可以標記；後來又定義 DSCP (Differentiated Services Code Point) 標記規格，DSCP 使用 ToS 欄位前面 6 bits，共有 64 種標記方式。DSCP 可以相容 IPP，適用於 IPv4 與 IPv6。

圖表 18-11 IP 表頭檔的 ToS 欄位

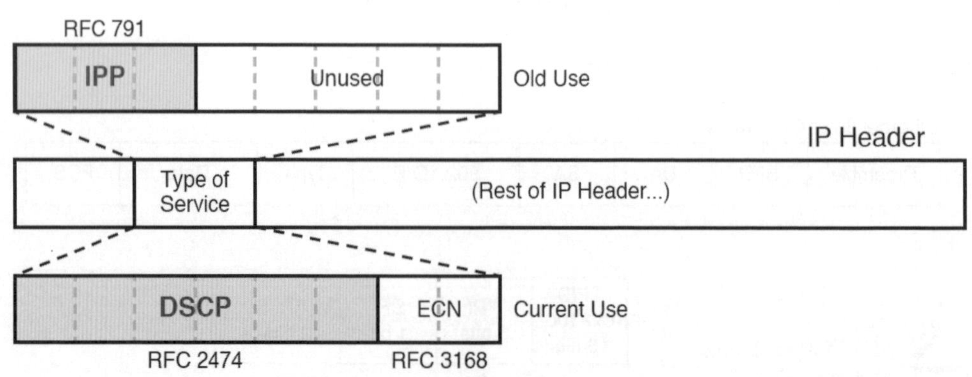

IPP 欄位定義

IPP 的 8 種分類中數字越大定義優先權越高，ex：路由協定的封包預設使用 IPP=6。

1. 111 - Network Control (IPP=7)
2. 110 - Internetwork Control (IPP=6)
3. 101 - CRITIC/ECP (IPP=5)
4. 100 - Flash Override (IPP=4)
5. 011 – Flash (IPP=3)
6. 010 - Immediate (IPP=2)
7. 001 - Priority (IPP=1)
8. 000 – Routine (IPP=0)

DSCP 欄位定義

DiffServ 的 QoS 動作是路由器各自管理 (PHB)，因此在 IPP 與 DSCP 分類都是有預設的定義給管理者參考設定，DSCP 分類有 64 種，分四大類別為 Default、CS、EF 及 AF。

圖表 18-12 DSCP 的 6ibts

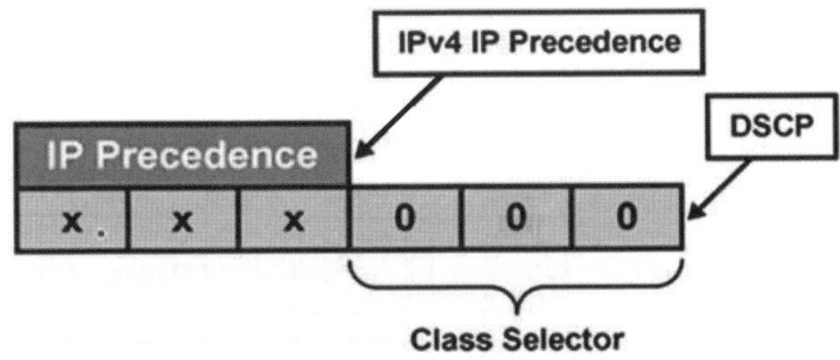

1. Default：6 bits 全部為 0，只有一個，表示先進先出。
2. CS (Class-Selector)：Class Selector 的 3bits 全部為 0，如上圖所示，此大分類兼容 IPP。
3. EF (Expedited Forwarding) bit 固定為 DSCP 101110，只有一個，保證最小延遲及保證頻寬 (頻寬不足時還是能夠轉送)。

4. AF (Assured Forwarding) 定義為最後一個 bit 為 0，AF 最複雜又分為 4 類，每類又有 3 子分類來定義優先丟棄的機率。

AF 分類

AF 定義為最後一個 bit 為 0，如下圖所示，在 aaa 的 3bits 中再分成四類 AF1、AF2、AF3 及 AF4，AF 四個分類有保證最小頻寬，AF1、AF2、AF3、AF4 依序可以得到保證頻寬越高，如有發生壅塞，可以透過 dd 值進行優先丟棄，dd 越大被丟棄機率越大，透過 dd 值定義三種丟棄機率。

圖表 18-13 AF 定義

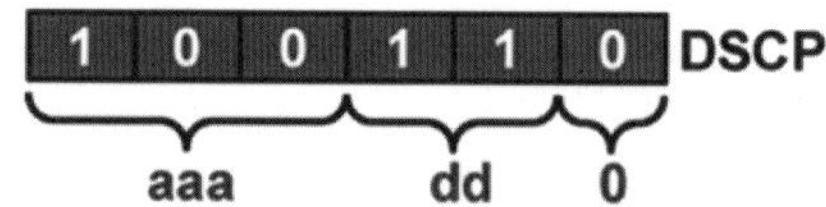

丟棄機率有低、中、高三種，如下圖所示，dd=01 表示封包被丟棄機率較低，dd=10 丟棄機率中等，而 dd=11 為丟棄機率較高。

圖表 18-14 AF 分類及丟棄機率

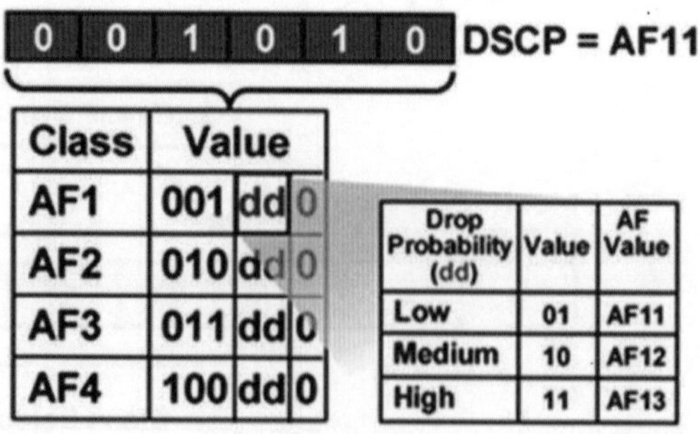

Class	Value		
AF1	001	dd	0
AF2	010	dd	0
AF3	011	dd	0
AF4	100	dd	0

Drop Probability (dd)	Value	AF Value
Low	01	AF11
Medium	10	AF12
High	11	AF13

綜合上述的 DSCP 的四個大分類介紹，我們將 DSCP 的分類總覽整理如下圖所示，針對封包分類完後，要使用 DSCP 標記會比較清楚。

圖表 18-15 DSCP 的分類總覽

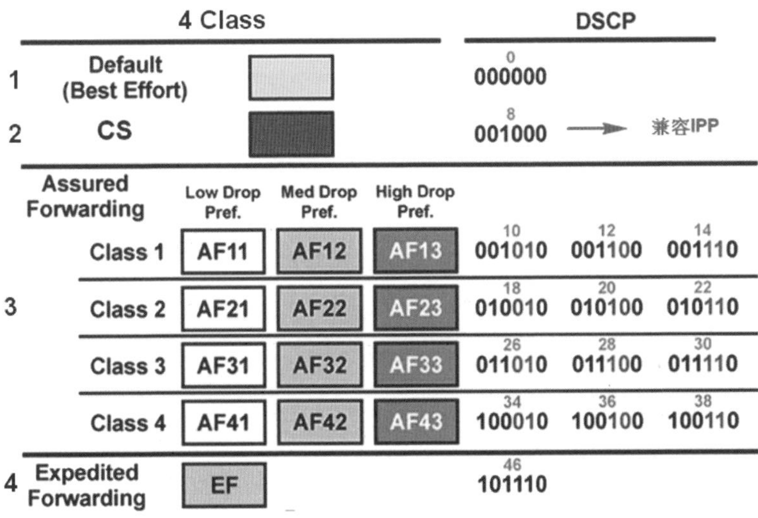

路由器在選擇分類的選項，如下圖所示，也比較容易理解。

圖表 18-16 路由器在選擇 DSCP 分類的選項

```
<0-63>   Differentiated services codepoint value
af11     Match packets with AF11 dscp (001010)
af12     Match packets with AF12 dscp (001100)
af13     Match packets with AF13 dscp (001110)
af21     Match packets with AF21 dscp (010010)
af22     Match packets with AF22 dscp (010100)
af23     Match packets with AF23 dscp (010110)
af31     Match packets with AF31 dscp (011010)
af32     Match packets with AF32 dscp (011100)
af33     Match packets with AF33 dscp (011110)
af41     Match packets with AF41 dscp (100010)
af42     Match packets with AF42 dscp (100100)
af43     Match packets with AF43 dscp (100110)
cs1      Match packets with CS1(precedence 1) dscp (001000)
cs2      Match packets with CS2(precedence 2) dscp (010000)
cs3      Match packets with CS3(precedence 3) dscp (011000)
cs4      Match packets with CS4(precedence 4) dscp (100000)
cs5      Match packets with CS5(precedence 5) dscp (101000)
cs6      Match packets with CS6(precedence 6) dscp (110000)
cs7      Match packets with CS7(precedence 7) dscp (111000)
default  Match packets with default dscp (000000)
ef       Match packets with EF dscp (101110)
```

信任邊界

當封包設定標記後，如果下一台路由器還要使用封包的標記，此時就要設定信任邊界 (Trust Boundary)，當路由器設定屬於信任邊界，則該路由器繼續使用上一台路由器的封包標示，如果不是，則需要重新在做一次分類再標記，所以如何定義 Trust Boundary 的範圍也是在做標記要考慮。

18.3 分類與標記實作

本節將進行示範如何做分類，以及設定標記，我們使用下列 QoS 網路架構來說明。

圖表 18-17 QoS 網路架構

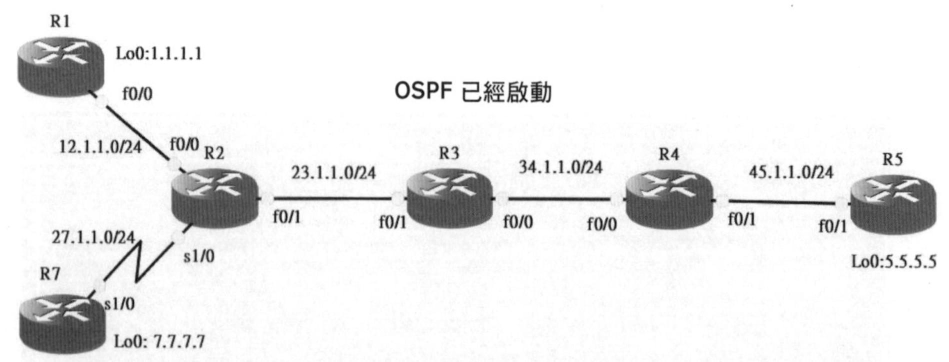

查看 OSPF 的 DSCP

我們使用 Wireshark 在 R2 與 R3 之間抓取 OSPF 封包，如下圖所示，選擇 OSPF 封包中的 "Differentiated Servces Field" 就可以觀察到 DSCP 的資訊，目前 OSPF 預設的 DSCP 為 CS6。

圖表 18-18 OSPF 封包的 DSCP 定義

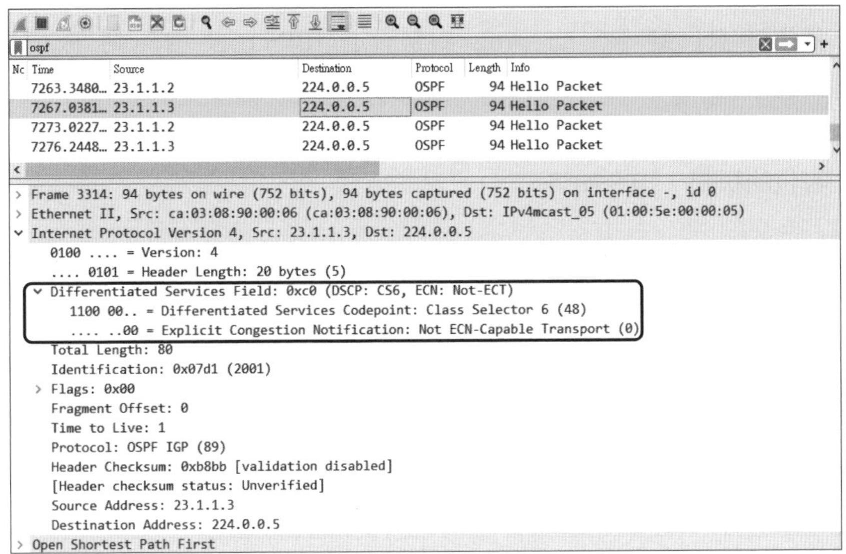

我們再觀察 ping 封包的預設 DSCP 值，在 R1 執行 ping 5.5.5.5 source 1.1.1.1，使用 Wireshark 在 R2 與 R3 之間抓取 ICMP 封包，如下圖所示，可以觀察到 ICMP 封包預設的 DSCP 為 CS0 也就是 default。

圖表 18-19 R1 ping R5 的封包中預設的 DSCP

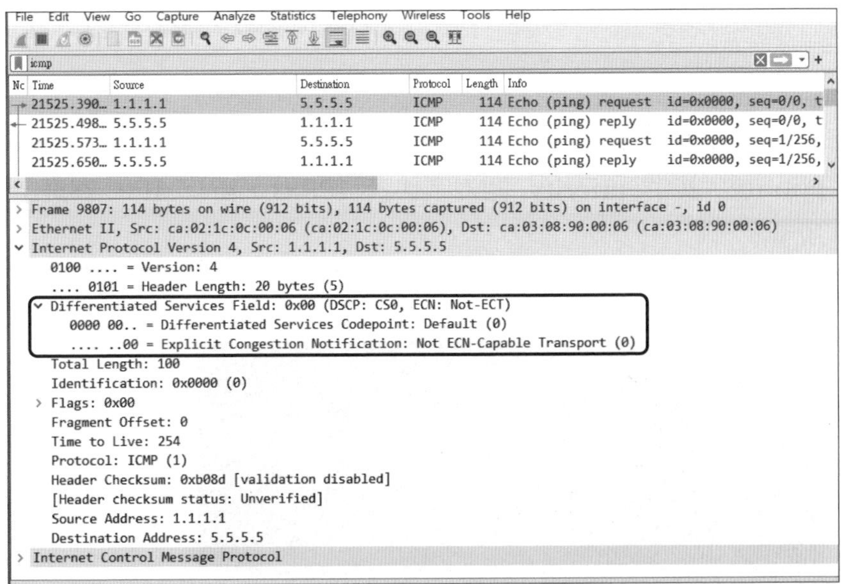

手動修改 DSCP

我們將 R1 到 R5 的 ping 封包設定 IPP=1 及 R7 到 R5 的 ping 封包設定 IPP=6，要設定封包的 IPP 或 DSCP 的內容，可以使用 ACL 與 Route-map 語法，ACL 用於封包的分類，Route-map 用於封包的標記，指令如下。

請注意使用 Route-map 設定標記只能針對 IPP，若要針對所有 DSCP 做設定，則需要使用 MQC (Modular QOS CLI) 語法。

圖表 18-20 將 ping 封包分成兩類

指令	說明
access-list 105 permit ip host 1.1.1.1 host 5.5.5.5 access-list 107 permit ip host 7.7.7.7 host 5.5.5.5	封包符合 ACL 105 及 ACL107 的 permit 各別分成一類
route-map class permit 10 match ip address 105 set ip precedence priority	Route-map 名稱為 class 中進行封包分類及標記 符合 ACL 105 的封包 設定 IPP=1
route-map class permit 20 match ip address 107 set ip precedence internet	Route-map 名稱為 class 中進行封包分類及標記 符合 ACL 105 的封包 設定 IPP=6
interface FastEthernet0/1 ip policy route-map class	將 Route-map 名稱為 class 套用在 Fa0/1

將上述指令在 R3 執行，其中設定 IPP 指令 set ip precedence priority，其中 priority 關鍵字代表 IPP=1，所有 IPP 關鍵字如下圖所示。

圖表 18-21 IPP 關鍵字

```
R3(config-route-map)# set ip precedence ?
  <0-7>            Precedence value
  critical         Set critical precedence (5)
  flash            Set flash precedence (3)
  flash-override   Set flash override precedence (4)
  immediate        Set immediate precedence (2)
  internet         Set internetwork control precedence (6)
  network          Set network control precedence (7)
  priority         Set priority precedence (1)
  routine          Set routine precedence (0)
  <cr>
```

在 R1 執行 ping 5.5.5.5 source 1.1.1.1 與 R7 執行 ping 5.5.5.5 source 7.7.7.7，並在 R3 與 R4 之間使用 Wireshark 捕捉 ping 的封包來觀察 IPP 的設定。下圖為 R1 ping R5 的封包中的 IPP 內容，目前以 DSCP 方式顯示為 CS1，兼容於 IPP=1，所以針對 R1 ping R5 的封包有分類與標記成功。

圖表 18-22 R1 ping R5 的封包中的 IPP

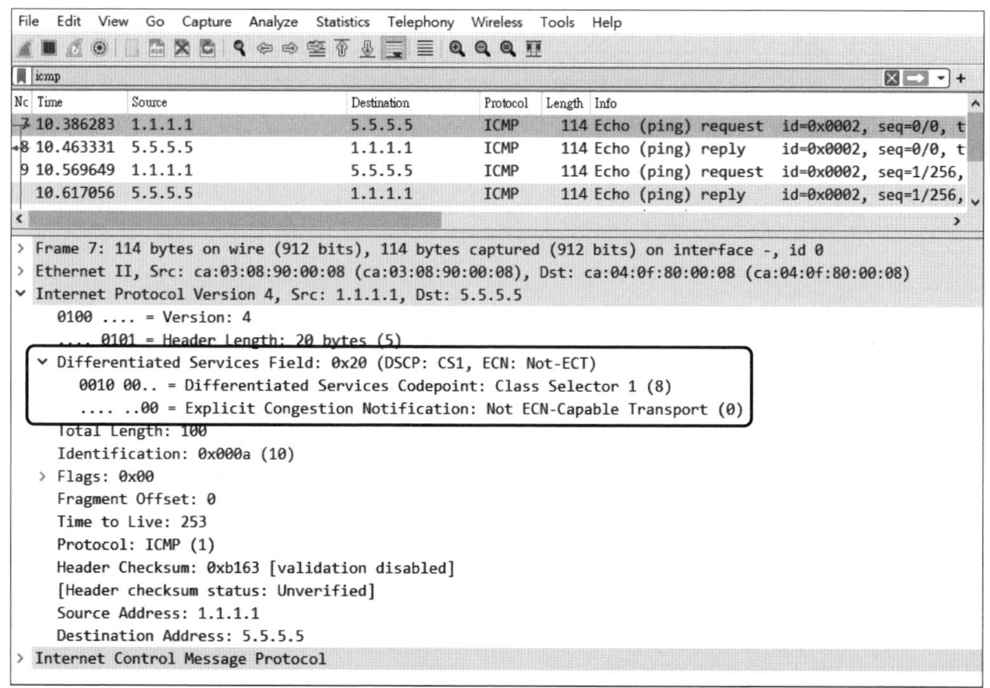

下圖為 R7 ping R5 的封包中的 IPP 內容，目前以 DSCP 方式顯示為 CS6，兼容於 IPP=6，也是有分類與標記成功。如果網路沒有壅塞，這些分類與標記都是白做了，但是當網路有壅塞情況，就要規劃 QoS 的壅塞管理，此時就會參考封包中的分類與標記來分配頻寬。

圖表 18-23 R7 ping R5 的封包中的 IPP

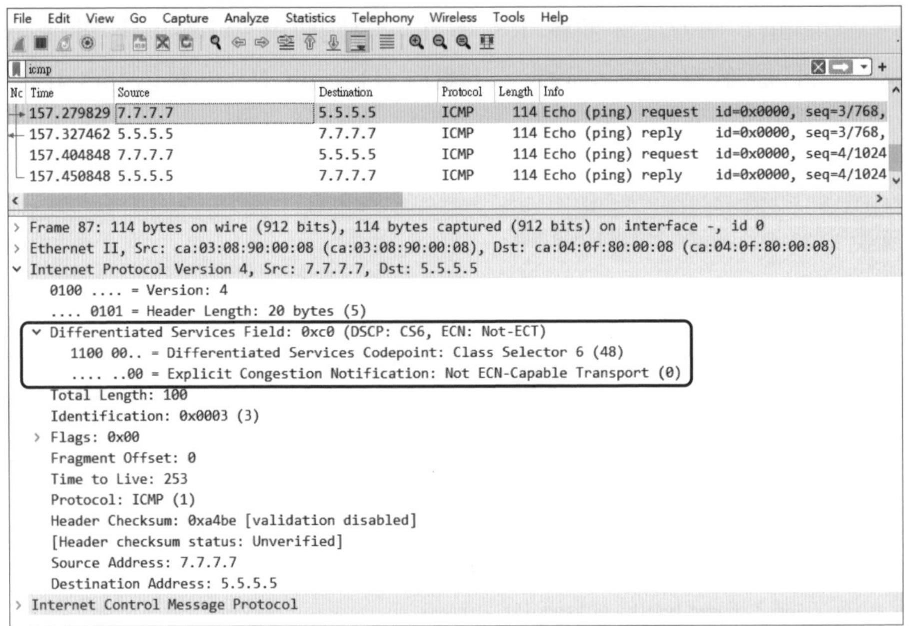

18.4 MQC 語法簡介

MQC 語法是 C3PL (Cisco Common Classification Policy Language is) 用於 QoS 的稱呼，C3PL 語法的配置命令是較有結構化，根據路由器的事件、條件和動作定義流量策略，C3PL 也可以用於防火牆。

MQC 設定步驟

MQC 可以支援的標記地方就比較多樣，MQC 設定有三大步驟，先規劃 Class map 與 Policy map，再套用 Policy，步驟如下。

1. **Class map**：匹配封包來分類，需要定義條件。

2. **Policy map**：Class map 定義的分類做標記及設定 QoS 值。

3. **Service Policy**：將 Policy map 套用在網路介面。

MQC 配置流程，如下圖所示：

圖表 18-24 MQC 配置流程

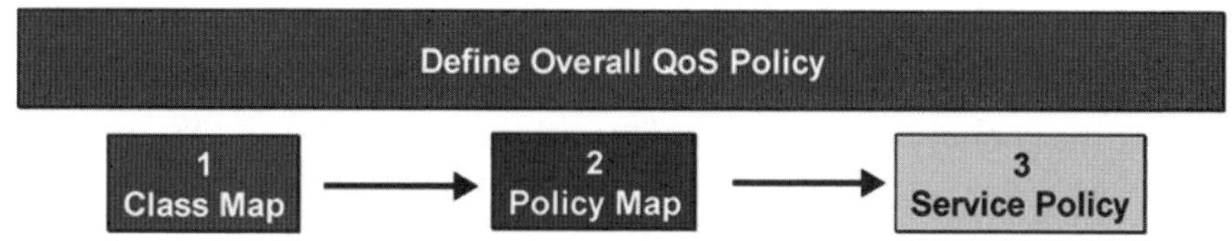

使用 MQC 來做分類與標記

我們使用 QOS 網路架構來示範 MQC 做封包的分類與標記，規劃將 R1 ping R5 的封包分類並設定 dscp=ef，將 R7 telnet R5 的封包分類並設定 dscp=af11，MQC 的指令如下表所示。

圖表 18-25 MQC 定義封包分類及標記的指令配置

指令	說明
access-list 100 permit icmp host 1.1.1.1 host 5.5.5.5 access-list 101 permit tcp host 7.7.7.7 host 5.5.5.5 eq telnet	使用 ACL 來定義封包分類的條件
class-map match-all my-ping match access-group 100 class-map match-all my-telnet match access-group 101	符合 ACL 100 的 permit 就歸屬到 my-ping 的分類 符合 ACL 101 的 permit 就歸屬到 my-telnet 的分類
policy-map my-policy class my-ping set dscp ef class my-telnet set dscp af11 class class-default set dscp af13	定義流量政策名稱為 my-policy 將 my-ping 的封包分類標記為 dscp ef 將 my-telnet 的封包分類標記為 dscp af11 其他未分類的封包標記為 dscp af13
interface FastEthernet0/1 service-policy input my-policy	在 fa0/1 套用流量政策名稱為 my-policy

MQC 配置的查詢

我們將上述指令在 R3 執行，有關 MQC 配置的指令查詢分別是 show class-map、show policy-map 與 show policy-map int fa0/1。當要查詢有哪些封包的分類時，使用指令 show class-map，如下圖所示，目前有看到三種封包分類 class-default、my-ping 及 my-telnet，其中 class-default 是系統預設值，當封包沒有符合任何分類的條件時，最後就歸屬在 class-default。

圖表 18-26 查詢封包分類情況

```
R3#show class-map
 Class Map match-any class-default (id 0)
  Match any

 Class Map match-all my-ping (id 1)
  Match access-group 100

 Class Map match-all my-telnet (id 2)
  Match access-group 101
```

使用 show policy-map 來查詢流量政策，在流量政策中可以為每一個封包分類做很多種處理，例如：將封包分類做標記、限速、分配佇列等等，我們目前只對封包分類做標記處理，如下圖所示，將 my-ping 分類設定 DSCP=EF，my-telnet 分類設定 DSCP=AF11，封包不屬於 my-ping 或 my-telnet 分類，就設定 DSCP=AF13。

圖表 18-27 查詢流量政策

```
R3#show policy-map
 Policy Map my-policy
  Class my-ping
   set dscp ef
  Class my-telnet
   set dscp af11
  Class class-default
   set dscp af13
```

最後查看流量政策套用的網路介面的執行狀況，目前我們將流量政策套用於 R3 的 fa0/1，使用 show policy-map int fa0/1 來查看目前封包進入到 fa0/1 後分配的分類統計數目，目前還沒有送出任何封包，所以都為 0。

圖表 18-28 查詢流量政策套用於網路介面執行狀況

```
R3#show policy-map int fa0/1
 FastEthernet0/1
 Service-policy input:my-policy
  Class-map:my-ping (match-all)
   0 packets,0 bytes
   5 minute offered rate 0 bps,drop rate 0 bps
   Match:access-group 100
   QoS Set
    dscp ef
     Packets marked 0

  Class-map:my-telnet (match-all)
   0 packets,0 bytes
   5 minute offered rate 0 bps,drop rate 0 bps
   Match:access-group 101
   QoS Set
    dscp af11
     Packets marked 0

  Class-map:class-default (match-any)
   32 packets,3140 bytes
   5 minute offered rate 0 bps,drop rate 0 bps
   Match:any
   QoS Set
    dscp af13
     Packets marked 32
```

測試 MQC

我們分別在 R1 執行 ping 5.5.5.5 source 1.1.1.1 及 R7 執行 telnet 5.5.5.5 /source-interface lo0，並在 R3 與 R4 之間使用 Wireshark 來捕捉 ICMP 及 Telnet 封包來觀察。下圖所示為 ICMP 封包，目前 DSCP 已經被設定為 EF。

圖表 18-29 查看 ICMP 封包的 DSCP

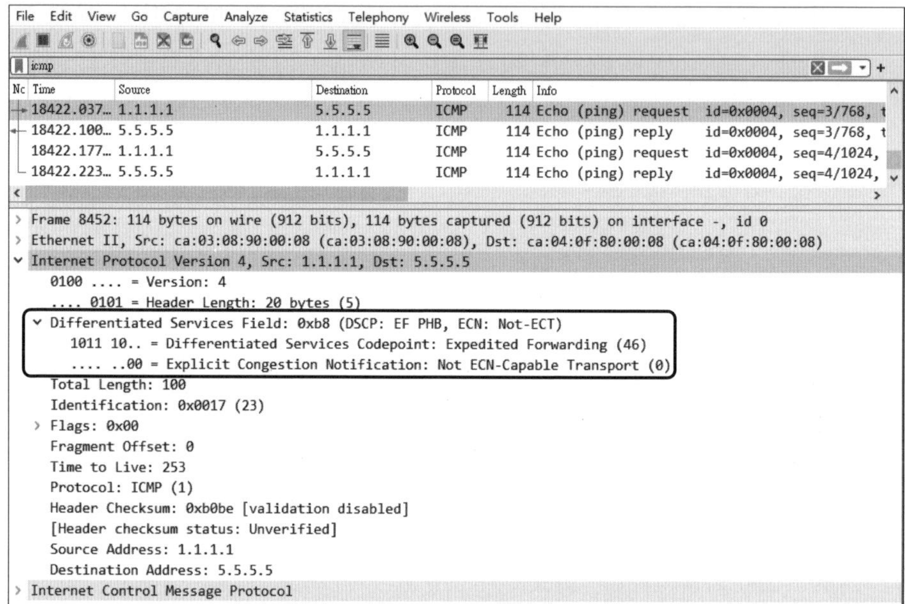

下圖所示為 Telnet 封包，目前 DSCP 已經被設定為 AF11。

圖表 18-30 查看 Telnet 封包的 DSCP

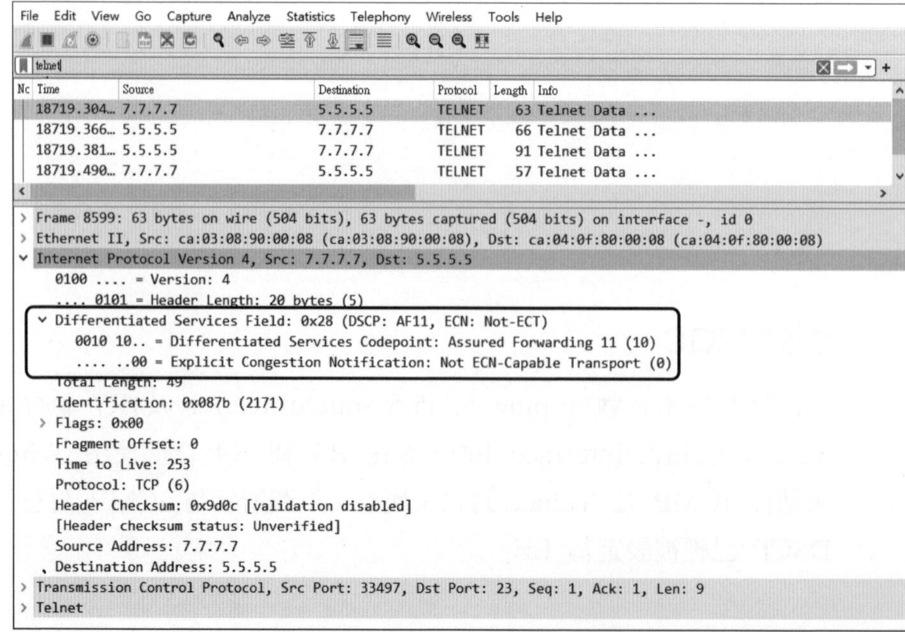

最後來檢查流量政策套用於 R3 的 fa0/1 的封包統計，如下圖所示，❶ 表示目前經過 fa0/1 的封包中，有 5 個封包歸類在 my-ping 分類並且被標記為 EF，❷ 表示有 9 封包歸類在 my-telnet 分類並標記為 AF11，❸ 標示有 925 封包不滿足 my-ping 與 my-telnet 分類，最後被歸類在 class-default 分類，被標記為 AF13。

圖表 18-31 流量政策對封包的統計

```
R3#show policy-map int fa0/1
 FastEthernet0/1

  Service-policy input: my-policy

    Class-map: my-ping (match-all)
      5 packets, 570 bytes
      5 minute offered rate 0 bps, drop rate 0 bps
      Match: access-group 100
      QoS Set
        dscp ef
          Packets marked 5

    Class-map: my-telnet (match-all)
      9 packets, 514 bytes
      5 minute offered rate 0 bps, drop rate 0 bps
      Match: access-group 101
      QoS Set
        dscp af11
          Packets marked 9

    Class-map: class-default (match-any)
      925 packets, 87826 bytes
      5 minute offered rate 0 bps, drop rate 0 bps
      Match: any
      QoS Set
        dscp af13
          Packets marked 925
R3#
```

18.5 壅塞管理 (Congestion Management)

壅塞管理主要是佇列 (Queuing) 的技術，常見五種佇列的技術 First-In-First-Out (FIFO)、優先佇列 (Priority Queuing)、Weighted Fair Queuing (WFQ)、Class-Based Weighted Fair Queuing (CBWFQ) 及 Low Latency Queuing (LLQ)。FIFO 的做法最簡單，其佇列只有一個，按照先進先出的原則，所以不會參考封包的標記，FIFO 沒有 QoS 功能。

優先佇列 (Priority Queuing)

優先佇列會有有多個佇列，預設 4 個佇列，每個佇列都有分優先等級，如下圖所示，Q1 的優先權最高，Q4 最低，路由器會根據封包的標記將封包分配到佇列中，4 個佇列的運作方式為 Q1 中的封包會優先送出，等待 Q1 中的封包傳送完畢，才會開始傳送 Q2 中的封包，所以 Q4 的封包可以傳送必須等到 Q1、Q2 及 Q3 中的封包都傳送完畢。優先佇列有做到 QoS 的效果，缺點是 Q4 的封包有可能都沒機會送出。

圖表 18-32 Priority Queue Queue

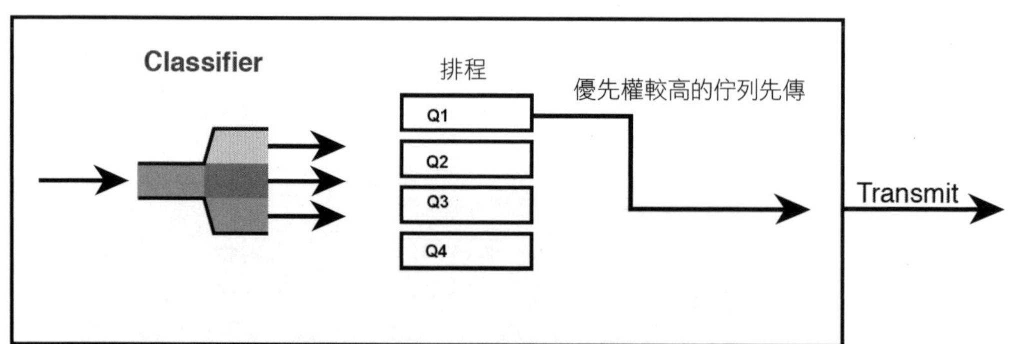

Weighted Fair Queuing (WFQ)

WFQ 是根據 Flow 來分配佇列，而不是根據封包的標記，如下圖所示，而每個佇列根據 Flow 的特性會計算出權重 (Weight)，而佇列之間是用輪迴方式 (Round Robin) 輪流傳送各個佇列中的封包，權重較高的佇列會傳送較多的封包，權重較小的佇列就會傳送比較少的封包，但每個 WFQ 的佇列都有機會輪到送出封包，不像 Priority Queuing，必須要將優先權高的佇列中的封包全部傳送完畢，才會輪到下一個佇列的傳送。WFQ 還不能完全做到 QoS。

圖表 18-33 Weighted Fair Queuing

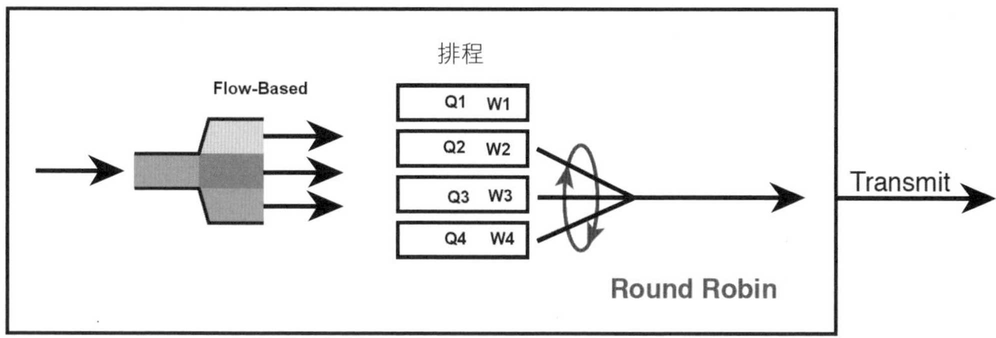

Class-Based Weighted Fair Queuing (CBWFQ)

WFQ 演進為 CBWFQ，CBWFQ 主要分配封包到佇列是根據封包的標記，而不是根據 Flow，每個佇列也可以限制使用的頻寬。CBWFQ 還是沒有辦法保證優權高的封包先傳送，只能達到部分的 QoS 效果。

Low Latency Queuing (LLQ)

為了保證優權高的封包先傳送，必須要有 Priority Queue，但多個 Priority Queue 機制會造成優權低的佇列中封包可能會無法送出，因此，在 LLQ 作法是將 1 個 Priority Queue 加入 CBWFQ，如下圖所示，Priority Queue 只有 1 個，所以要優先使用頻寬的封包就分配 Priority Queue，其餘的就按照 CBWFQ 運作，如此就可以達到 QoS 效果，此種方式又稱為 CB-LLQ。請注意沒有分類的流量會被配分到 Q4 (Default Queue)。

圖表 18-34 Low Latency Queuing (LLQ)

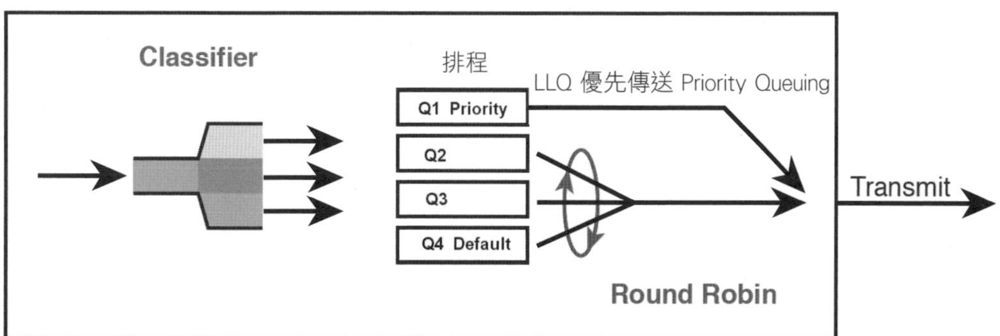

Shaping 與 Policing

Shaping 與 Policing 都是用於限制資料流量傳送的頻寬，Policing 機制是將超出限制頻寬的封包丟棄 (drop)，而 Shaping 會將超出限制頻寬的封包緩衝儲存 (buffer)。例如：資料流量 10K，頻寬使用上限為 9k，Policing 機制會將超出的 1K 封包丟棄，Shaping 會將 1K 緩衝儲存，後續再傳送。

壅塞避免 (Congestion avoidance)

當壅塞管理使用的佇列滿了，此時就必須有封包被丟棄，一般的做法是使用尾端丟棄 (tail drops)，但尾端丟棄會有 TCP synchronization 現象，TCP synchronization 對於線路頻寬的使用較沒有效率，所以應該在佇列都滿之前，提早規劃將封包丟棄 (Early drops)，提早丟棄封包有 Random Early Detection (RED) 及 Weighted RED (WRED) 方式。RED 是在佇列中隨機選擇封包丟棄，而 WRED 會選擇優先權低的封包丟棄。

CHAPTER 19

無線網路

隨著時間的演進，終端設備 (end device) 從固定設備演進到移動裝置，例如：筆電、平板、智慧手機等等，終端設備連上網路的方式也從有線網路進展到無線網路，主幹網路還是以有線網路為主，企業網路面對員工連網的方式也變成多樣化，其中無線網路連線成為必需品，如何管理無線設備及連線已經成為網路規劃的重要課題。

19.1 無線網路分類

無線網路根據無線電波的涵蓋範圍，會有不同的協定運作，主要有分類三種無線網路的範圍。如下圖所示，小型的無線網路範圍在 10 公尺內；中型無線網路的範圍在 100 公尺內，又稱為無線區域網路 (Wireless LAN)，本章節主要探討是 WLAN；範圍在 100 公尺以上稱為都會無線網路。

圖表 19-1 無線網路範圍分類

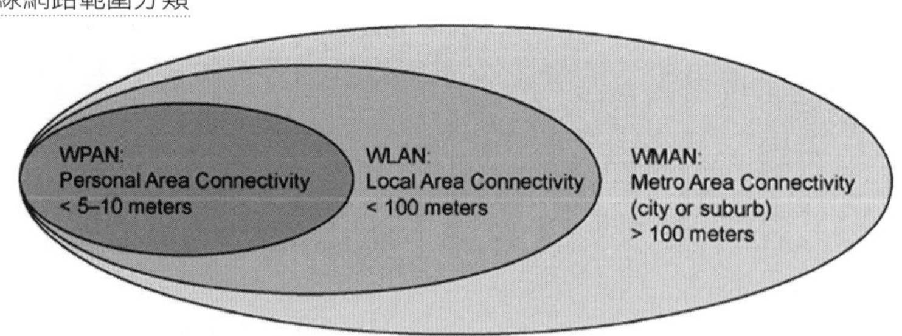

Wireless Personal-Area Networks (WPAN)

小型的無線網路又稱為無線個人網路 (WPAN)，由於無線訊號涵蓋的範圍不大，在 6 到 9 公尺範圍內。WPAN 使用藍芽或紅外線的技術，由於 WPAN 不需要架設無線設備來協助連線，兩台裝置就可以直接互相連線，尤其藍芽的應用已經深入個人使用的設備。如下圖所示，手機使用藍芽直接來連線藍芽啦叭、藍芽印表機等等。藍芽規範定義在 IEEE 802.15，使用的無線電磁波在 2.4-GHz 頻段 (RF)。

圖表 19-2 WPAN 應用

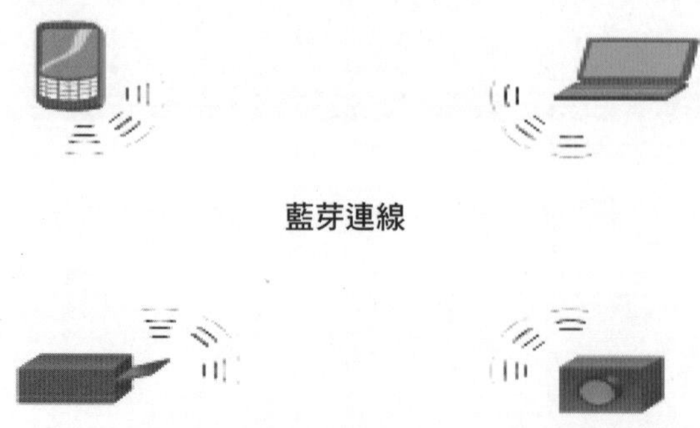

Wireless LANs (WLAN)

中小型無線網路 (WLAN) 的主要應用在讓無線電腦連線到網際網路，跟 WPAN 的架構不一樣，需要額外加設一台無線發射器，稱為無線 AP (Access Point)。如下圖所示，無線電腦透過 WLAN 連上無線 AP，再由無線 AP 連上有線網路到 Internet。WLAN 使用的協定定義在 IEEE 802.11，其電磁波使用 2.4-GHz 或 5-GHz 頻段，目前有個 Wi-Fi 聯盟在促進 WLAN 的快速發展。請注意封包在 WLAN 無線網路傳送與在有線網路 (Ethernet) 傳送，使用的 L2 表頭檔是不一樣。封包使用 802.11 表頭檔在 WLAN 傳遞，而在有線網路使用 Ethernet (802.3) 表頭檔。所以無線 AP 必須支援 IEEE 802.11 與 802.3 協定，才能夠將 802.11 表頭轉成 802.3 表頭檔 (封包從無線網路進入有線網路) 或將 802.3 表頭檔 802.11 表頭檔 (封包從有線網路進入無線網路)。

圖表 19-3 WLAN 架構與應用

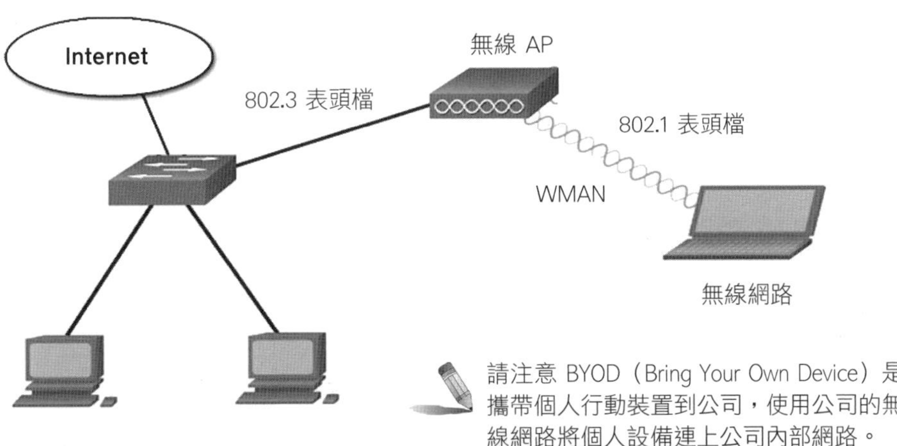

請注意 BYOD (Bring Your Own Device) 是攜帶個人行動裝置到公司，使用公司的無線網路將個人設備連上公司內部網路。

Wireless MANs

無線都會網路 WMAN (Wireless Metropolitan Area Networks) 支援大型無線網路，運作的協定標準是 IEEE 802.16，其電磁波可以 2GHz 至 11GHz 頻道中運作，有效覆蓋範圍可以達數十公里。WiMax 聯盟目標是促進 IEEE 802.16 的應用，但使用 WiMax 需要政府的執照，目前應用較少見到。

圖表 19-4 WMAN 架構

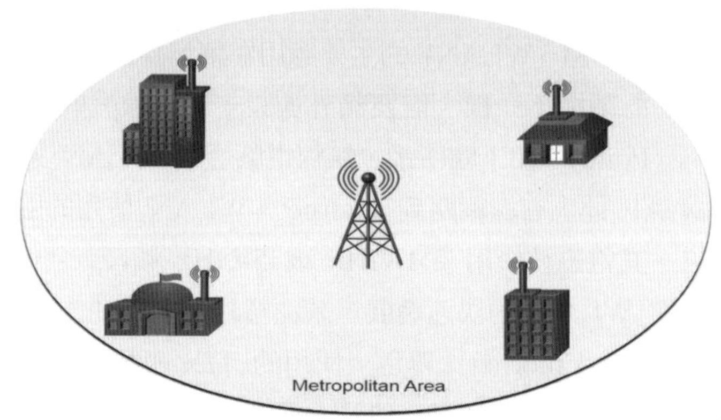

19.2 WLAN 無線區域網路協定

無線區域網路 (WLAN，Wireless LAN) 使用的協定是 IEEE 802.11 又稱為無線乙太網路 (Wireless Ethernet)，這是因為 802.11 的存取技術與乙太網路 (IEEE 802.3) 非常相似，都是共同存取媒介，會有碰撞發生。尤其資料在 WLAN 傳遞的機制跟 HUB 很雷同，因此 WLAN 中很容易擷取資料，無線網路安全更是一個重要課題。

無線網路碰撞解決機制

乙太網路 (Ethernet) 解決碰撞是採用 CSMA/CD，而 IEEE 802.11 的碰撞是採用 CSMA/CA (Carrier Sense Multiple Access with Collision Avoidance，CSMA/CA)，兩者之間的運作模式非常接近。兩個機制的基本原理都是在一個多重存取的環境下，制定一個標準的競爭模式，而每一台電腦就依照此競爭模式來取得網路媒介 (有線或無線) 的使用權。

CSMA/CD vs CSMA/CA

CSMA/CD 的運作是在一個有線的傳輸媒介上，電腦比較容易偵測到所發送的訊號是否有和其他電腦會有碰撞；但在無線網路的環境裡，要偵測訊號是否有和其他電腦碰撞可就比較困難，因此 IEEE 802.11 採用另一種運作模式來避免電腦之間發生碰撞，這個模式就是 CSMA/CA 通訊協定。兩個機制偵測網路媒介是否有資料在傳送的機制是一樣，都是使用 CSMA。不一樣的地方當碰撞要發生解決方式，CD 是可以偵測到碰撞要發生時發出一個 JAM 的訊號來清除碰撞；CA 無法偵測無線網路碰撞，所以使用不同的等待時間來盡量避免碰撞的發生。

CSMA/CA

針對 CSMA/CA 的運作模式，首先無線電腦會去偵測無線網路是否有訊號在傳遞 (CSMA 的功能)，假如無線網路中沒有其他訊號傳遞時，無線電腦會再等待一段隨機時間，在這段時間過後，如果還是沒有偵測到任何信號在傳遞，無線電腦就會將資料傳送到無線網路中。假如一開始就偵測到有訊號使用無線網路，無線電腦會等到無線網路淨空之後，再等待一個隨機的後退 (Backoff) 時間，才重新進入無線網路的競爭模式。由此可見 CSMA/CA 和 CSMA/CD 的運作有一個關鍵性的不同點，在 CSMA/CD 運作下的電腦，電腦如果偵測到網路是淨空時，立即將資料發送到網路上，再來偵測是否有和其他電腦發生碰撞；而 CSMA/CA 則是先等待一段時間之後，再判斷網路是否真正淨空，最後才決定是否發送資料，如此儘可能避免碰撞的發生。

IEEE 802.11 表頭擋

802.11 表頭檔跟 802.3 表頭檔 (乙太網路) 都使用 MAC 位址，在 802.3 表頭檔的 MAC 位址有兩個欄位，分別是來源 MAC 與目的 MAC；但是在 802.11 表頭檔中卻有 4 個 MAC 欄位，如下圖所示，這 4 個 MAC 欄位不一定都會填上 MAC 位址，要根據 Frame Control 欄位中 To DS 與 From DS 的 bit 來決定。此處的 DS (Distribute System) 可以視作 AP (無線存取設備)。

圖表 19-5 802.11 的表頭擋

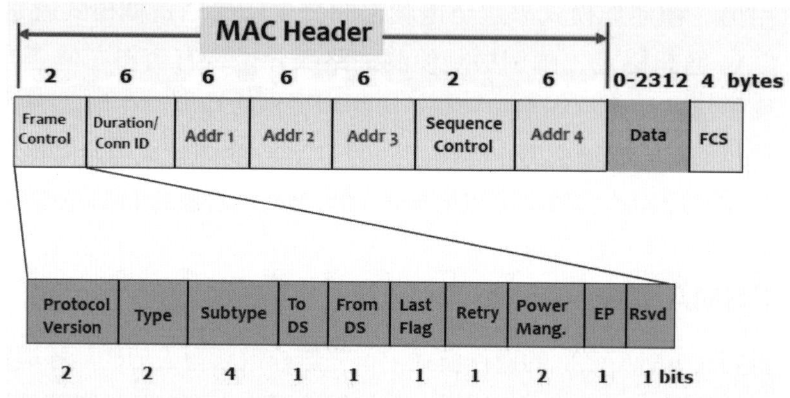

To DS 與 From DS bits

To DS bit 與 From DS bit 這兩個 bit 的組合有 4 種，如圖所示，To DS =1 表示資料要送給 AP，From DS=1 表示資料來自 AP。而 MAC 位址的表示有 3 種，來源電腦、目的電腦及 AP 的 MAC 位址，其中 BSSID 表示 AP 的 MAC。

1. **BSSID**：AP 的 MAC address
2. **SA**：來源電腦的 MAC 地址
3. **DA**：目的電腦的 MAC 地址
4. **TA**：發送端的 AP 的 MAC 地址
5. **RA**：接收端的 AP 的 MAC 地址

如下圖所示，任何 To DS 與 From DS 的組合，802.11 表頭檔的 4 個 MAC 欄位一定會用到 3 個 MAC 欄位，用以表示三種 MAC 分別是來源電腦 MAC、目的電腦 MAC 及 AP MAC (BSSID)。只有在 To DS=1 與 From DS=1 會將 AP MAC 再區分發送端的 AP MAC 地址 (TA) 與接收端的 AP MAC 地址 (RA)，此時 802.11 表頭檔的 4 個 MAC 欄位全部都會用到。請注意這 4 個 MAC 欄位，每一個欄位要填入哪一種 MAC 位址，也要根據 To DS 與 From DS 的組合，例如：Address 1 欄位不是固定填入 DA。

圖表 19-6 802.11 表頭擋中 4 個 MAC 欄位表示

To DS	From DS	Address 1	Address 2	Address 3	Address 4
0	0	DA	SA	BSSID	N/A
0	1	DA	BSSID	SA	N/A
1	0	BSSID	SA	DA	N/A
1	1	RA	TA	DA	SA

802.11 表頭檔 4 個 MAC 意義

To DS 與 From DS 都是 0 表示傳送的是 802.11 管理的 Frame，管理 Frame 的種類在後續單元介紹。若是一般資料 Frame，可以從下圖來解釋甚麼時候 To DS 會設定 1 或 From DS 設定 1，假設無線 PC1 要傳送一個資料 Frame 給無線 PC2。

圖表 19-7 To DS 與 From DS 的意義

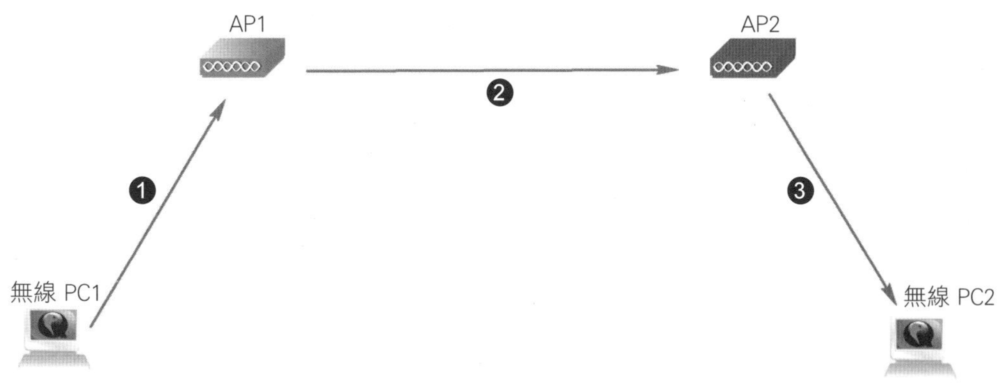

❶ 表示無線 PC1 先傳送 802.11 Frame 到 AP1，此時 To DS=1 與 From DS=0，在這種情況沒有區分發送端的 AP 或接收端的 AP，所以用 BSSID 表示，802.11 的 4 個 MAC 欄位只會用到 3 個欄位，請參考上表所示。

❷ 地方有兩種情況要討論，第 1 種情況 AP1 與 AP2 是透過有線網路連接，此時傳送的乙太網路 Frame 格式，所以會用 802.3 乙太網路的表頭檔。第 2 種情況 AP1 與 AP2 是透過無線網路連接，

AP1 傳送 802.11 Frame 給 AP2，這時候的 To DS=1 與 From DS=1，表示 Frame 是來自 AP 也要傳送到另一個 AP，這時候 AP 的 MAC 就有區分發送端的 AP 的 MAC 與接收端 AP 的 MAC。此時 AP1 為發送端，而 AP2 為接收端，所以 802.11 的 4 個 MAC 欄位全部都會用到。

❸ 表示 AP2 將 Frame 傳送給無線 PC2，此時 To DS=0 與 From DS=1，這個情況跟 ❶ 的地方剛好是相反。

常見 802.11 無線網路標準

無線網路標準定義在 IEEE 802.11 規範中，使用的無線頻率在 2.4 GHz 或 5 GHz，我們以發布的先後年代來區分 802.11 標準，目前已經有六個版本的 802.11 規格推出：

- **第一代 802.11a (Wi-Fi 1)**：1997 年制定，只使用 2.4GHz 頻率，傳輸速度最快 2Mbit/s。
- **第二代 802.11b (Wi-Fi 2)**：只使用 2.4GHz 頻率，傳輸速度最快 11Mbit/s。
- **第三代 802.11g (Wi-Fi 3)**：分別使用 2.4GHz 或 5GHz 頻率，傳輸速度最快 54Mbit/s。
- **第四代 802.11n (Wi-Fi 4)**：可使用 2.4GHz 或 5GHz 頻率，傳輸速度在 20 MHz 與 40MHz 頻寬，下最快達 72Mbit/s 與 150Mbit/s。開始有支援 MIMO 技術。
- **第五代 802.11ac (Wi-Fi 5)**：可使用 2.4GHz 或 5GHz 頻率，傳輸速度最快 6Gbit/s。
- **第六代 802.11ax (Wi-Fi 6)**：可使用 2.4GHz 或 5GHz 頻率，傳輸速度最快是 802.11ac 的四倍。

無線網路標準組織-ITU

國際電信聯盟 (The International Telecommunication Union，ITU) 通過 ITU-R 規範電磁波的頻譜和衛星軌道的分配，而 ITU-R 代表國際電聯無線電通信部門。

圖表 19-8 無線網路標準組織-ITU

無線網路標準組織-IEEE

IEEE 主要制定無線射頻的承載信息標準，IEEE 802 系列的主要標準是 802.3 有線網路的乙太網路規格，而 802.11 則是定義無線網路的乙太網路規格。

圖表 19-9 無線網路標準組織-IEEE

無線網路標準組織-Wi-Fi Alliance

Wi-Fi 聯盟 (The Wi-Fi Alliance) 是一個商業聯盟，致力於促進 WLAN 發展，非營利性行業貿易協會。Wi-Fi 聯盟的目標是認證廠商的無線設備是否有符合規範和標準，來提高 802.11 標準的產品的相容性。Wi-Fi 聯盟也負責制定 Wi-Fi 的標準。

圖表 19-10 無線網路標準組織-Wi-Fi

19.3 802.11 頻道 (Channel) 管理

電腦的資料怎麼透過網路傳遞出去，有線網路靠線材的特性將電腦資料 (數位) 轉成特定的訊號傳遞，例如：雙絞線使用電壓、光纖使用光的折射表示訊號等；無線網路靠空氣怎麼傳遞資料，能傳遞多遠，這要靠電磁波的頻率，將電腦資料轉成訊號藏在電磁波中。本單元探討基本電磁波概念。

頻率 (Frequency)

無線網路如何傳遞資料，要利用電磁波的頻率 (Frequency)，如何計算頻率，每秒鐘有幾個 Cycle。如下圖所示，1 秒鐘有 4 個 Cycle，頻率單位為 Hertz，所以有 4Hertz。

圖表 19-11 頻率的定義

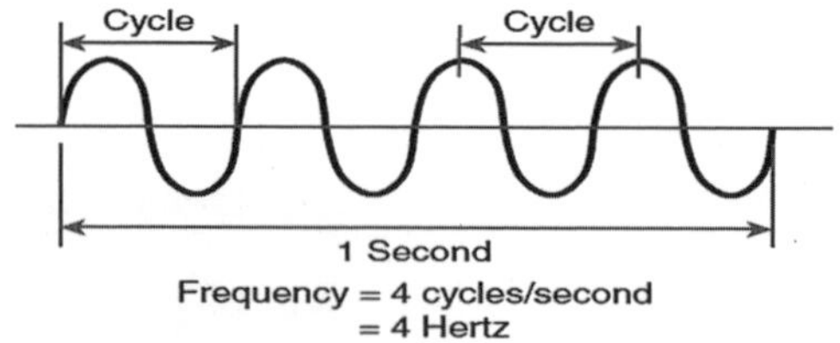

頻率的單位

電磁波的頻率都很高，一秒可能達到幾千萬 Cycle，常見的單位有 K、M 及 G，這跟頻寬的單位一樣，如下圖所示，1K=1000、1M=1000K 及 1G=1000M。

圖表 19-12 頻率單位

單位	表示	意義
Hertz	Hz	Cycles per second
Kilohertz	kHz	1000 Hz
Megahertz	MHz	1,000,000 Hz
Gigahertz	GHz	1,000,000,000 Hz

Wave legth (波長)

電磁波的波長跟頻率是長成反比，頻率愈高，波長愈短。如下圖所示，這跟電磁波的物理特性有關，電磁波的速度是光速，而電磁波速度 = 波長 * 頻率。以下電磁波頻率特點：

1. 頻率越高的電磁波攜帶訊號量越大，這還跟使用的調頻技術有關，例如：DSSS、FHSS、OFDM 等等。
2. 高頻率衰減快，覆蓋範圍小。所以 5GHz 衰減快，覆蓋範圍小。
3. 低頻率衰減慢，覆蓋範圍大。所以 2.4GHz 的衰減慢，覆蓋範圍大。
4. 頻率越高，波長越短，穿越障礙物能力較好，但是穿過障礙物後，能量就衰減，訊號變差。
5. 頻率越低，波長越長，反射能力較好，因此可以繞過障礙物，能量不衰減，訊號一樣。

圖表 19-13 頻率與波長的關係

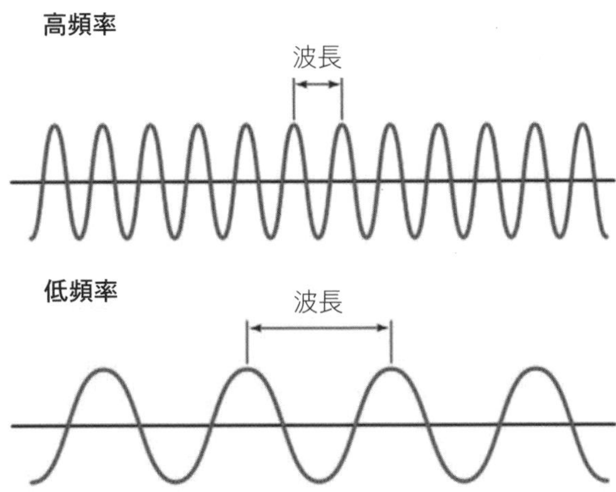

Frequency Spectrum (頻譜)

人們將電磁波的頻率依照使用的特性給予不同的頻率範圍給於名稱，稱為頻譜。依照頻率低往高主要區分的頻譜有音聲、無線電波、微波、紅外線、可見光、紫外線、X 射線與 γ 射線。電磁波頻譜如下圖所示，在 802.11 的無線網路用到頻譜主要落在 Microwave (微波爐) 與 Radar (雷達) 之間，使用頻率範圍 2.4 ~ 2.5 GHz 與 5.150 ~ 5.825 GHz。這也是為甚麼無線網路容易被微波爐或雷達干擾的原因。

圖表 19-14 電磁波頻譜

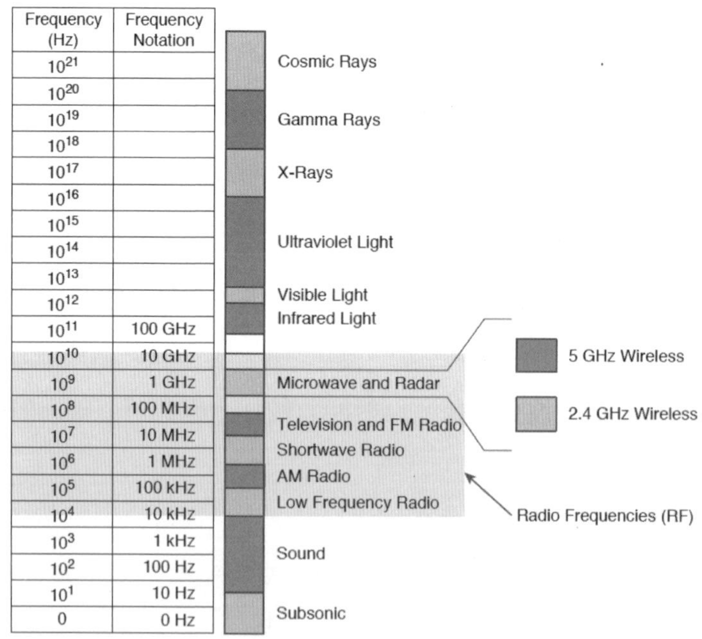

頻道 (Channel) 管理

無線網路設備的發射器和接收器必須調整到特定的頻率才能進行通信，但是要兩端都設定相同的頻率是比較麻煩，目前的做法是將頻率分配定義在一個範圍，然後將這些範圍定義頻道 (Channel) 號碼。所以兩端無線設備只要設定在相同的頻道號碼就可以進行通信。如下圖所示，以 2.4~2.5GHz 為例，802.11 工作小組劃將這段頻率的範圍劃分 14 頻道，這些頻道的使用在每個國家都有各自的法律規範，例如：規定最大的發射功率方式等等，台灣則是由 NCC 來管理。在 2.4 GHz 使用的 WLAN 標準有 802.11b/g/n/ax，使用這些標準無線設備，要注意頻道之間會產生干擾 (Interference) 的問題，因此在 2.4G 的相鄰的 AP 使用的頻道號碼應該錯開，例如：相鄰的 AP 分別使用頻道 1、6、11 才會避免干擾發生。5GHz 規劃的頻道劃分更多，各國的規範使用更是差異很大。詳細的 2.4GHz 與 5GHz 的各國的規範使用，請參考 https://en.wikipedia.org/wiki/List_of_WLAN_channels。

圖表 19-15 2.4~2.5GHz 的頻道規劃

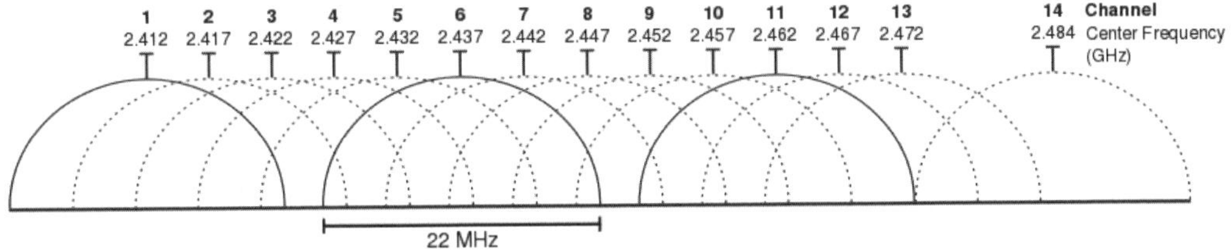

無線訊號功率表示單位

AP 的發射功率表示單位有 W (Watts)、dB，通常 AP 發射電磁波的功率單位用瓦 (Watts)，而無線電波收接器的訊號用 dB，這是因為電磁波的功率衰減很快。標準的無線訊號發射功率都應該要在 0.1W =100mW 以內，AP 發射功率為 100mW，這樣的 AP 功率已經很大，但是跟微波爐的功率 900W 根本差很多，雖然 AP 與微波爐使用的電磁波頻率範圍相似，但發射定功率差很大，所以不用擔心 AP 會造成傷害。無線電波收接器收到訊號也是用功率來表示，但接收到功率都會很小 (電磁波在空氣中衰減很快)，例如：0.000000000000001 (小數點 15 位)，這樣的數值在比較上是無意義。所以需要定一新的單位來表示功率，讓使用者來感受瓦數很大或很小，極小的功率單位 dB 就產生。

dB 計算公式

dB 代表極小的功率，功率表示能量，所以不可能會有負值。但在無線訊號量測結果，常常出現負值的 dB，例如：-150 dB。這負值不是負能量，負值越大代表能量更低，需要用到小數點後很多 0 來表示。我們來看看 dB 的定義：

```
dBm = 10 x log[功率 mW]
```

dBm 是使用 1mW 作為基準值，以 dBm 表示的絕對功率。例如：

- 1mW → 10log1 = 0dBm
- 2mW → 10log2 = 3dBm (小數點去掉)
- 4mW → 10log4 = 6dBm (小數點去掉)

所以當 X=0.000000000000001 (小數點 15 位)，換算為 10lgX=-150 dB，負值表示很多小數點而已。所以量測無線訊號時，Dbm -30 表示是良好的訊號，而 Dbm -70 則表示是很差的訊號。

19.4 802.11 無線架構模式

802.11 無線網路架構模式分為兩種，無 AP 架構及有 AP 架構，無 AP 架構稱為 Ad hoc 模式，有 AP 架構則稱為 Infrastructure 模式；目前在規劃無線網路架構都是以 Infrastructure 為主模式，在 802.11 規格較少在討論 Ad hoc 模式。

Ad hoc mode

兩個設備之間不使用 AP 或無線路由器，如下圖所示，兩台無線電腦直接使用 802.11 無線網卡互相來傳遞資料。有些電腦的作業系統不支援 Ad hoc 模式。

圖表 19-16 Ad hoc mode

Infrastructure mode

無線裝置之間通過無線 AP 互連，如下圖所示，筆電、手機、平板等無線裝置，透過 AP 可以互相傳遞資料或連線到 Internet。當 AP 連接有線網路時，AP 必須具有連接有線網路 (IEEE802.3) 與無線

網路 (IEEE802.11) 的能力，所以 AP 負責將 IEEE802.3 表頭檔與 IEEE802.11 表頭檔互相轉換，例如：無線裝置連線到 AP 使用是 802.11 Frame，AP 必須將 802.11 Frame 解封裝，再重新封裝 802.3 Frame 傳遞到有線網路，反之亦然。在 AP 連接有線網路部分使用 DS (Distribution System) 來稱呼，DS 表示有線網路系統。

圖表 19-17 Infrastructure mode

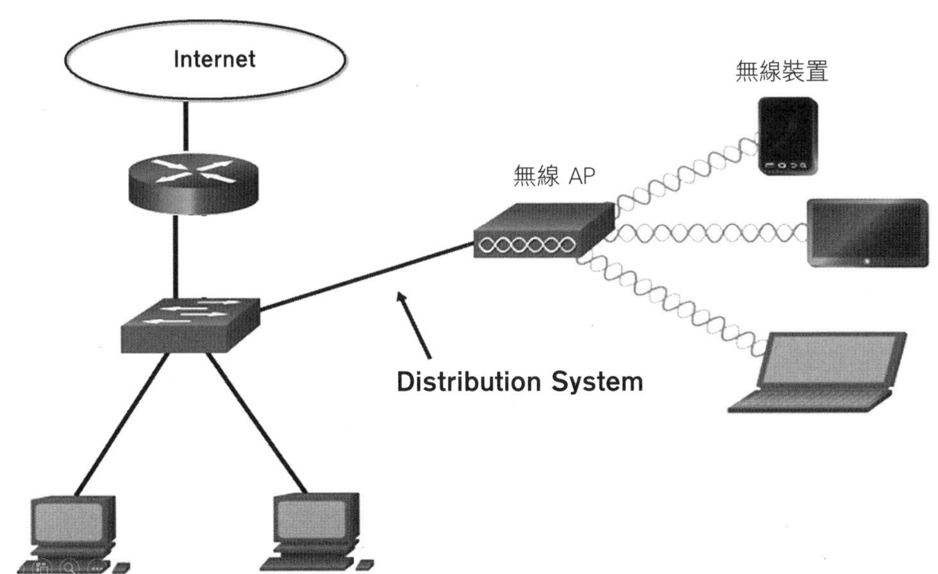

BSS 無線服務範圍定義

要定義 BSS 首先來定義 BSA，如下圖所示，BSA (Basic Service Area) 為一個 AP 的無線電波可以涵蓋的區域範圍。而 BSS (Basic Service Set) 為一個 AP 無線網路下的電腦的集合。另外 BSSID (Service Set Identifier) 則用來辨識 BSS 的 AP 設備的 ID，而且 BSSID 不能重複，BSSID 是 MAC 位址來表示。當 AP 透過無線網路傳送資料給電腦時，使用 BSSID 當作來源 MAC。一個 AP 可以有兩個以上的 BSSID 在 BSA 中，稱 MBSSID，如同一台電腦可以設置多個網卡，就會有多個 MAC 位址。

圖表 19-18 BSA 與 BSSID

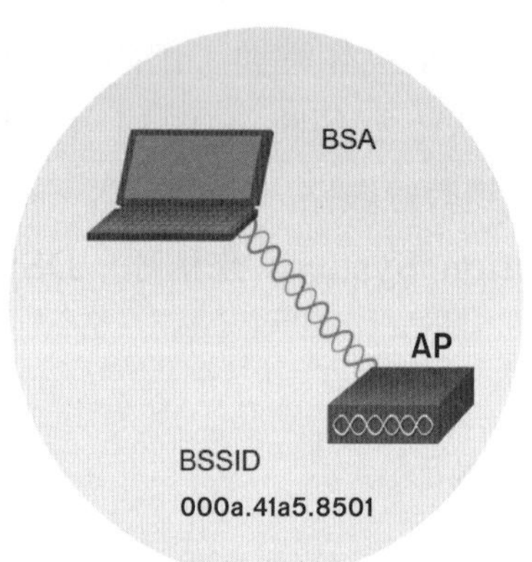

ESS 無線服務範圍定義

一個 AP 無線訊號無法覆蓋全部地理區域範圍，所以需要數個 AP 來佈置將無線訊號涵蓋全部地理區域，這些 AP 服務的電腦集合稱為 ESS (Extended Service Set)，如下圖所示，其中無線訊號涵蓋的範圍稱 ESA (Extended Service Area)。

圖表 19-19 ESS

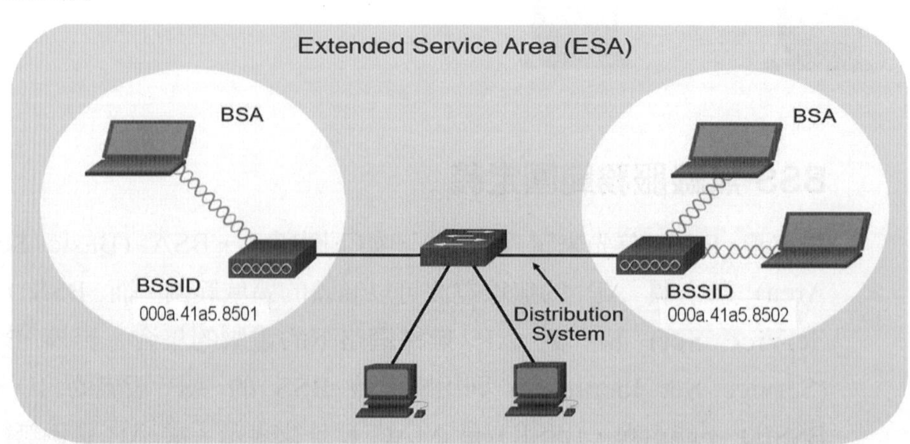

SSID vs BSSID

在上述有定義 BSSID 代表 AP 的 ID，此 ID 使用 MAC 位址，不同的 AP 之間的 BSSID 不能重複。如下圖所示，有一個 SSID

(Service Set Identifier) 是用來辨識 AP 的名稱，這跟 BSSID 是不一樣的表示。不同的 AP 可以用相同的 SSID 名稱，一個 AP 也可以有多個 SSID 名稱或多個 BSSID，請注意 BSSID 一定不能重複。AP 可以透過廣播的方式傳送 SSID 名稱給 BSA 中的電腦。當一個 BSA 中有多個相同的 SSID，無線電腦只會顯示訊號較好的 SSID。

圖表 19-20 BSSID vs SSID

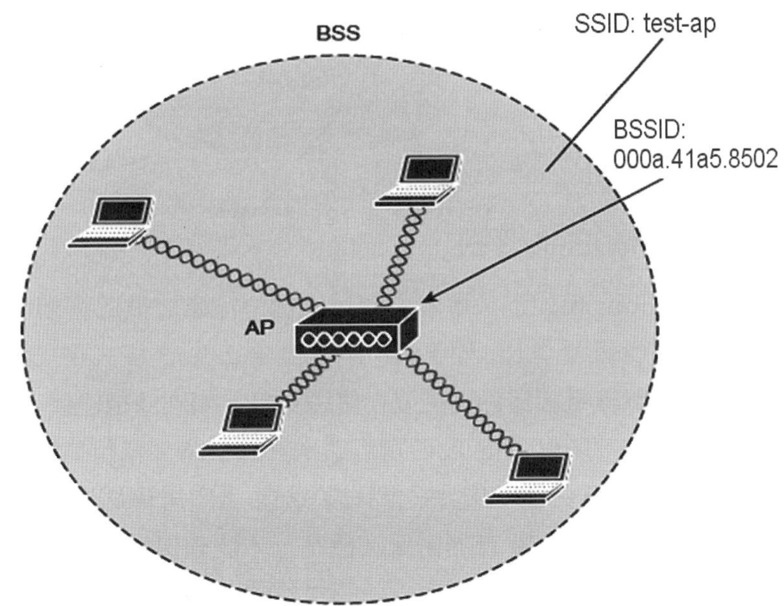

多個 BSSID 應用

一個 AP 可以同時設定多個 BSSID，稱為 MBSSID (Multiple BSSID)，每個 BSSID 用來設定對應的不同的 Vlan。如下圖所示，一個 AP 有 3 個 BSSID 對應 3 個 Vlan，分別對應到 Vlan10、Vlan20 及 Vlan30，另外這 3 個 BSSID 也有對應到 3 個 SSID，分別是 MyNetwrok、YourNetwork 及 Guest。當有無線電腦透過 SSID MyNetwork 關聯上 AP 時，此時會進入到 DS 中的 Vlan 10，若 DS 中有 Vlan 10 有流量，也會傳送給關連到 MyNetwork 的無線電腦。使用這種方式來規劃無線電腦的 Vlan 配置。

圖表 19-21 多個 BSSID 應用 (圖片來源 cisco)

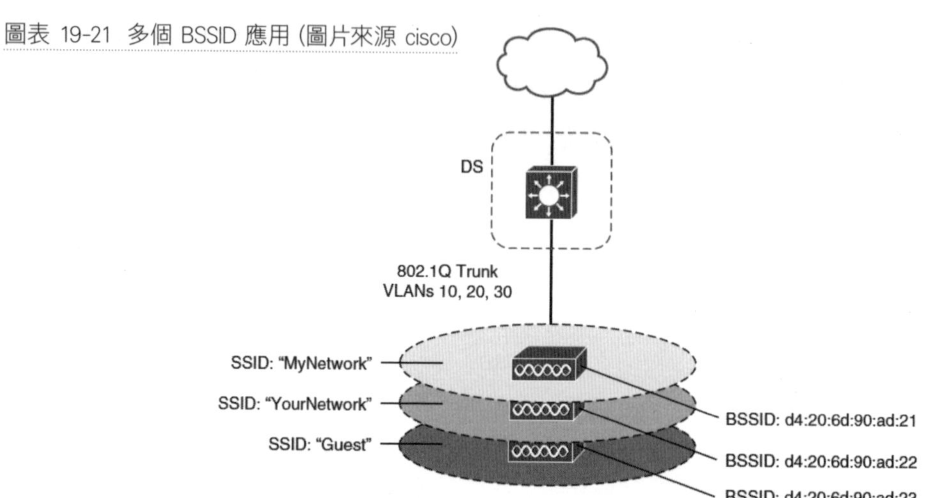

BSS 架構通訊機制

在 Ad hoc 模式下，電腦之間可以透過電磁波彼此互相傳送與接收資料，不需要經過 AP，如下圖所示，但 Ad hoc 模式在 BSS 的架構中使禁止。無線電腦透過電磁波在傳送資料，如同像是連接上 HUB 在傳送資料一樣，所以 Hacker 可以透過無線網路來竊聽到無線電腦在無線網路傳送的資料。無線電腦之間必須透過 AP 來傳送資料，所以 AP 跟無線電腦之間一定要有加密保護機制，才能確保安全，這部分在後續討論。

圖表 19-22 BSS 架構通訊機制

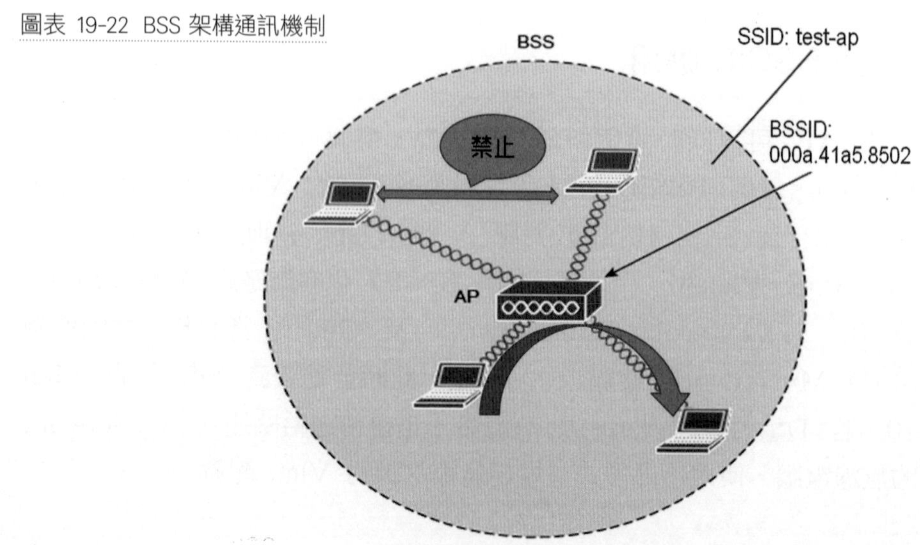

漫遊 (roaming)

無線電腦或裝置會移動，有可能會超出一個 AP 的無線訊號的範圍 (BSA)，如此無線電腦會失去連線而斷網。因此在規劃整個 ESA，需要考慮數個 AP 的無線訊號涵蓋範圍。如下圖所示，當無線電腦移出一個 BSA，可以順利進入另一個 BSA，這動作稱為漫遊 (roaming)。為了讓無線電腦可以在不同的 AP 之間達到無縫漫遊 (seamless roaming)，即不會有瞬間斷網再連網情況發生，兩個 BSA 必須要有重疊的部分，並且在 ESS 中的所有 AP 的 SSID 必須一樣，但 BSSID 依然不能重複。如下圖所示，兩個 BSA 中 AP 的 SSID 都為 MyNetwork，但兩台 AP 的 BSSID 是不一樣。

圖表 19-23 無縫漫遊 (seamless roaming) (圖片來源 cisco)

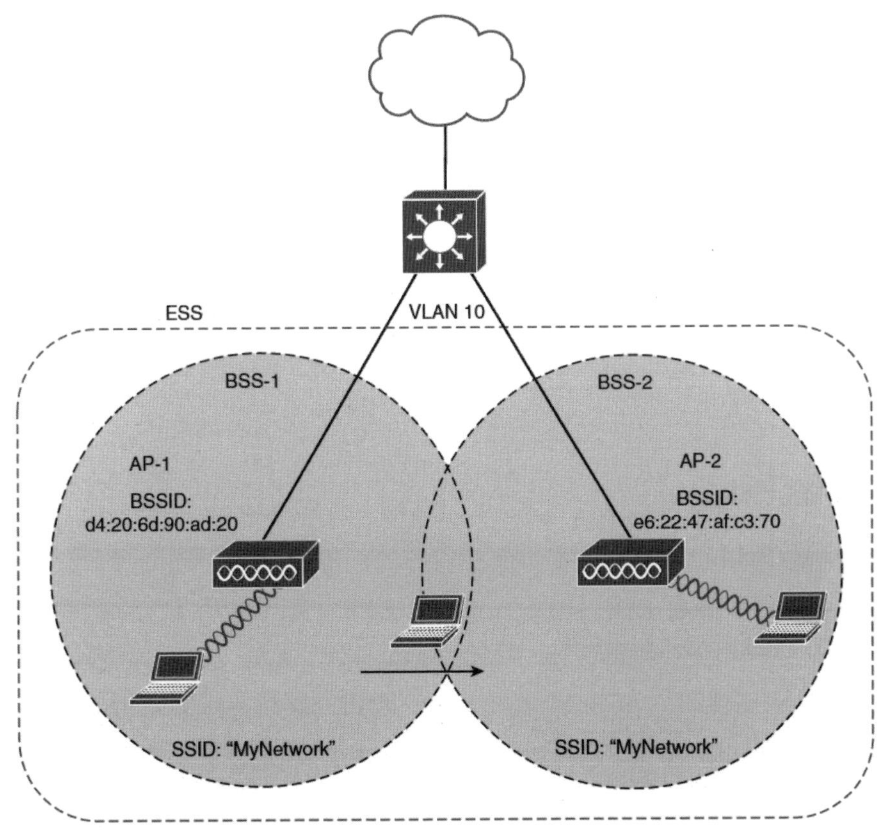

AP Repeater

為了擴大無線訊號的範圍，可以將一台 AP 設定為 Repeater (都沒有接有線網路的 AP)，再用無線網路去連上另一台 AP。如下圖所示，透過一台 Repeater 的 AP，可以將 BSA 範圍擴大，讓距離比較遠的無線電腦還是能夠連上網。這種架構下，AP 與 Repeat 是用無線網路互相連接，802.11 Frame 在 AP 與 Repeater 之間傳遞，802.11 Frame controll 必須將 To DS 與 From DS bit 都設定為 1。

圖表 19-24 Repeater 架構 (圖片來源 cisco)

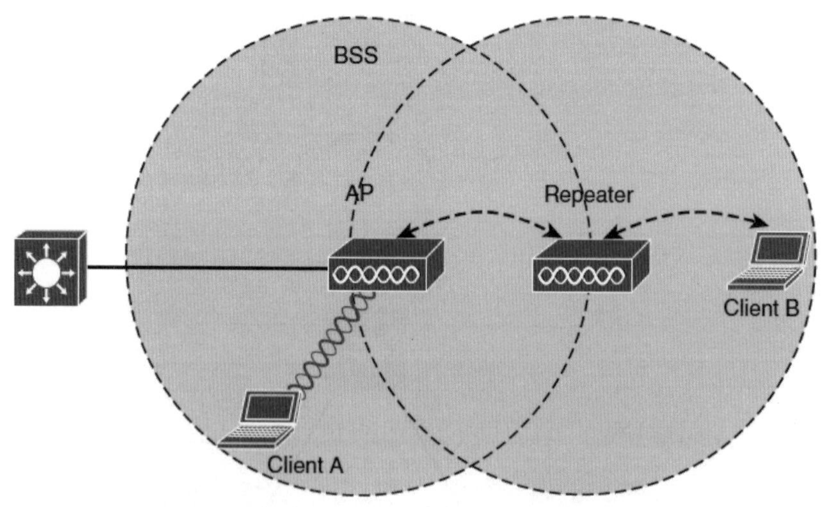

AP Bridge

AP Bridge 架構類似 AP Repeater 的架構，不同之處在於將兩邊為有線網路透過 AP Bridge 來連接起來。如下圖所示，兩邊都是有線網路，中間是無線網路，此時有一邊的 AP 要當 Bridge，將兩邊的有線網路串接起來。請注意 Repeater 的角色是將無線訊號再加強，用以延伸無線訊號的涵蓋範圍。

圖表 19-25 Bridge 架構 (圖片來源 cisco)

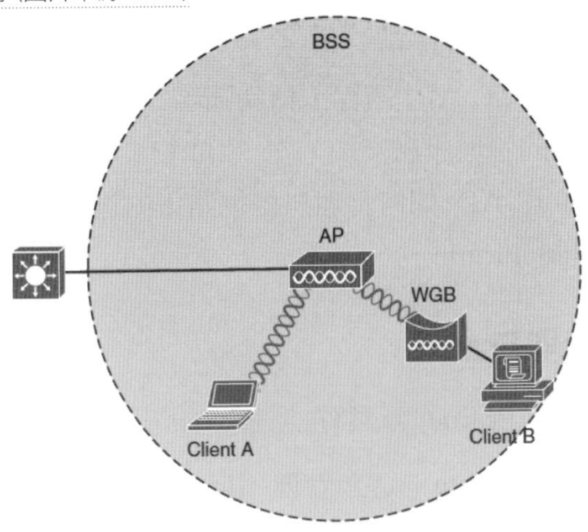

Mesh Network

Mesh 無線架構是透過數個 MAP (Mesh Access Points) 將無線網路範圍不斷地延伸，如下圖所示，整個 Mesh 無線網路下，完全不需要建置網路線，可以快速部屬一個網路來使用。

圖表 19-26 無線 mesh 架構 (圖片來源 cisco)

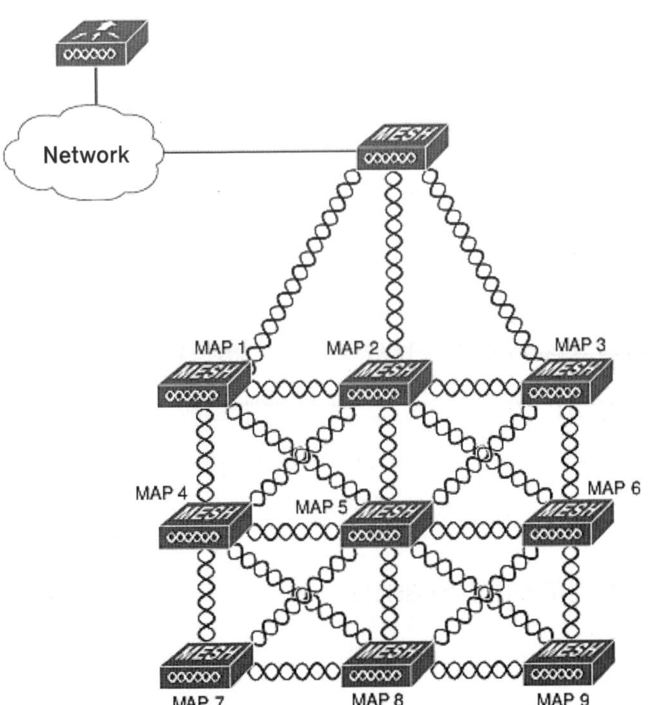

19.5 無線電腦與 AP 關聯的方式

無線電腦連上一台 AP 過程，稱為關聯 (Association) 過程，這過程需要幾個回合的管理訊息交換。在 802.11 有定義管理 Frame 與控制 Frame，要知道 AP 如何管理無線網路下的電腦，必須知道常用的管理 Frame 與控制 Frame。

802.11 管理 Frame

802.11 的管理 Frame 分類有 5 種，如下：

1. **尋找 AP 的 Frame**：這類管理 Frame 目的是如何讓無線電腦尋找 BSA 下 AP，這類管理 Frame 有三個，名稱分別是 Beacon、Probe request 與 Probe response。Beacon 是有 AP 主動廣播 SSID 讓 BSA 下的電腦知道。Probe request 是無線電腦主動透過 SSID 尋找 AP，AP 回應 Probe response。
2. **認證 AP 的 Frame**：無線電腦發出 Authentication request 請求 AP 進行認證，AP 會應 Authentication response。無線電腦認證失敗則無法關連到 AP。
3. **關聯 AP 的 Frame**：在認證通過後，無線電腦開始要關聯 AP，無線電腦發出 Association request，AP 回應 Association response，如此完成無線電腦連線到 AP。
4. **斷線 AP 的 Frame**：AP 要與無線電腦斷線，由 AP 發送 De-authentication Frame 或 Disassociation Frame。這種管理 Frame 常被 Hacker 拿來作攻擊使用，讓無線電腦無法與 AP 連線。
5. **漫遊 AP 的 Frame**：當無線電腦斷線後，可以馬上在進行關聯。無線電腦發送 Re-association request，AP 回應 Re-association response。此種現象通常是漫遊發生瞬間斷線。

802.11 控制的 Frame

802.11 的控制 Frame 分類有 2 種，如下：

1. **控制無線頻道**：這類的控制 Frame 有 RTS (Request to send)、CTS (Clear to send) 與 ACK (acknowledgment)。發送端在傳送資料前先送出 RTS (Request to Send)，接收端在收到此 RTS 時，會送出 CTS (Clear to Send)，告訴發送端可以送出資料並且告訴其他的無線裝置在這段時間內不能傳送任何資料，以避免碰撞。接收端收到資料後，會回應 ACK 表示確定收到。

請注意 IEEE 802.3 的乙太網路沒有 ACK 機制。

2. **無線電腦的省電**：當無線電腦進入省電模式後，AP 會將資料 buffer 起來，之後無線電腦醒來時，會送出 PS-Poll (Power Save Poll) 給 AP，AP 會將 buffer 的資料重新再傳送給無線電腦。

無線電腦關聯 AP 過程

為了使 AP 與無線電腦能夠經過無線網路進行傳送資料，首先無線電腦必須與 AP 進行關聯 (Associate)，802.11 流程的重要部分是發現無線網路中的 AP，然後連接到 AP。如下圖所示，無線電腦需要完成以下三個步驟的過程，才算是連上無線網路。

1. **尋找可用的 AP**：有分為 Passive mode 與 Active mode 來尋找 AP。
2. **認證 AP**：AP 認證無線電腦，通常是使用帳號與密碼。
3. **關聯上 AP**：認證通過後，進行關聯的過程主要是協商無線電腦和 AP 之間在特定參數上是否達成一致。

圖表 19-27 關聯 AP 三步驟

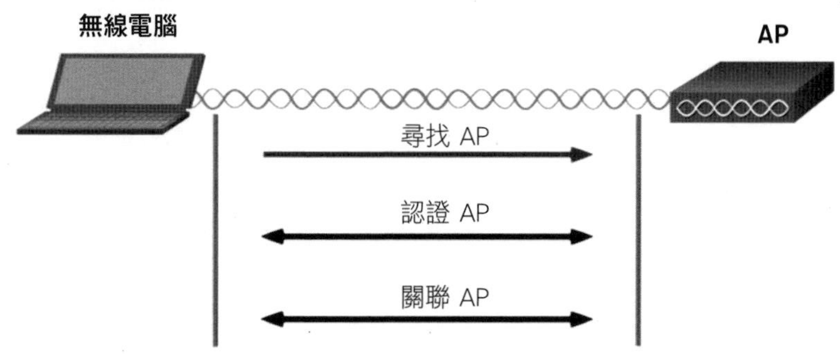

AP 的尋找 - Passive mode

被動模式 (passive mode) 需要 AP 定期發送 beacon 管理 Frame，其內容要有 AP 的 SSID 名稱及支援的無線網路規格及安全的參數，如下圖所示。如果有多個 AP，無線電腦會收到多個 AP 的 beacon，無線電腦可以選擇要使用的 AP。

圖表 19-28 AP 定期發送 Beacon

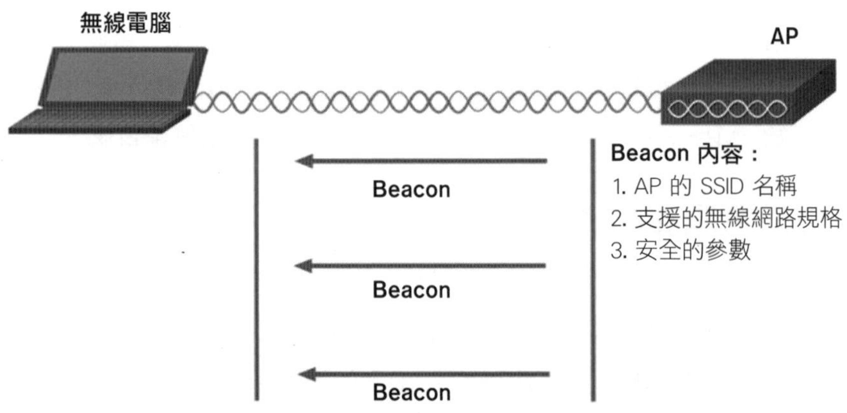

AP 的尋找 - Active mode

主動模式 (active mode) 下，由無線電腦通主動發送 Probe request 的管理 Frame 來尋找 AP，Probe request 要包括 SSID 名稱和支持的無線標準，如下圖所示。無線電腦還可以發送不帶 SSID 名稱的 Probe request，用以發現附近無線網路中的所有 AP。有設定廣播 SSID 的 AP 將使用 Probe response 管理 Frame 回應給無線電腦，並提供 SSID 名稱。如果 AP 禁用廣播 SSID 功能，則 AP 無法回應 Probe request。

圖表 19-29 無線電腦主動尋找 AP

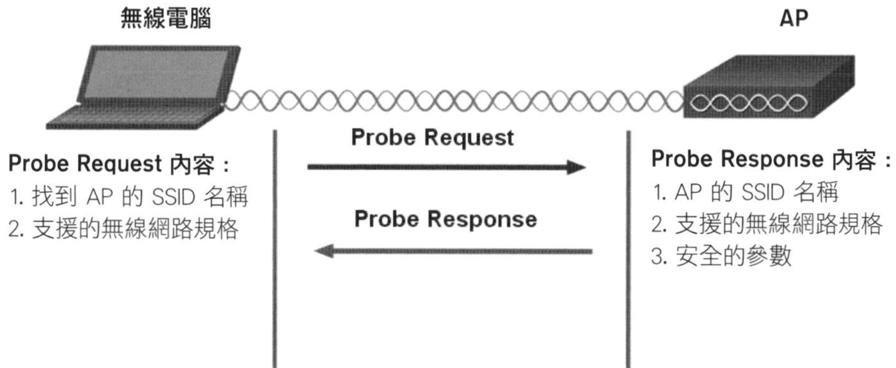

Association 過程

在認證通過後，為了成功建立關聯，無線電腦和 AP 必須在特定參數必須達成一致。所以必須在 AP 上與在無線電腦上配置一樣參數，才能達到成功關聯的協商，成功關聯後就可以開始傳送資料，如下圖所示。這些特定參數常見的如下：

1. **SSID**：SSID 名稱會顯示在無線電腦上的可用無線網路列表中。AP 在使用多個 VLAN 中，每個 SSID 都對應到一個 VLAN。
2. **認證密碼**：無線電腦需要有正確的密碼或使用者帳密才能向 AP 進行身份驗證。
3. **支援的無線規格**：目前的無線網路規格有 802.11a / b / g / n / ac / ax 等標準。AP 和無線電腦可以在混合模式下運行，可以同時支援多種標準進行連接的無線電腦。
4. **安全模式**：無線網路與 AP 要用甚麼安全模式進行資料保護，常見無線網路的安全模式有 WEP、WPA、WPA2 及 WPA3。
5. **無線頻道**：無線網路與 AP 之間使用傳輸頻道 (Channel) 號碼。AP 可以掃描頻道並自動選擇適當的頻道號碼。如果 AP 自動選擇的頻道與另一個 AP 有干擾，也可以手動設置頻道號碼。

圖表 19-30 無線網路關聯過程

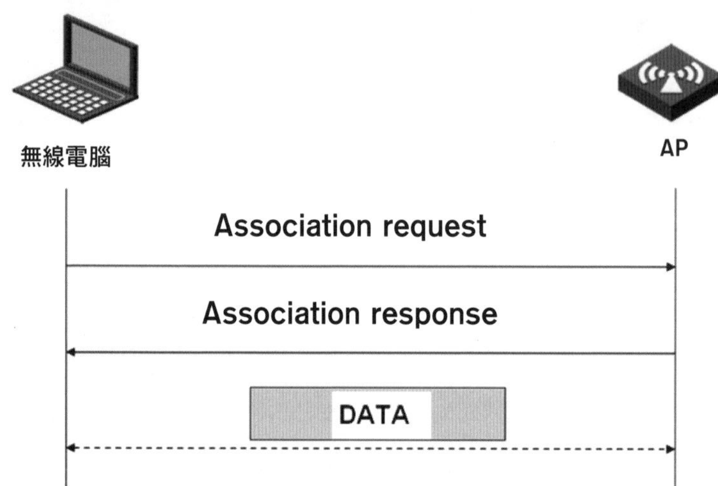

19.6 AP 管理種類與 CAPWAP 通道協議

無線 AP 設備當作有線網路與無線網路的轉接設備，必須進行設定才能順利運作，設定 AP 的操作分為兩種，第一種是直接在 AP 設備進行設定，這類 AP 稱為自治 AP；第二種設定方式是要借助無線網路控制器 (WLC) 來設定 AP，此種 AP 稱為輕量 AP。如何選擇哪一種類 AP，要依據佈署 AP 設備數量來決定，如果數量不多，使用自治 AP 即可，如果 AP 數量達到一定規模，需要使用輕量 AP，再透過 WLC 來管理輕量 AP。

自治 AP

自治 AP (Autonomous APs) 有完整的網管系統，例如：擁有命令行界面 (CLI) 或圖形化介面 (GUI) 配置的獨立設備，如下圖所示，每個 AP 將獨立於其他 AP 進行操作，所以每台 AP 設備可以獨立運作。家庭使用的都是自治 AP，因為整個 AP 設定必須在 AP 本身上進行。如果無線網路需求增加，則將需要更多的 AP，這時候還要針對每個 AP 進行手動配置和管理，造成管理上變成沒效率。

圖表 19-31 自治 AP 架構

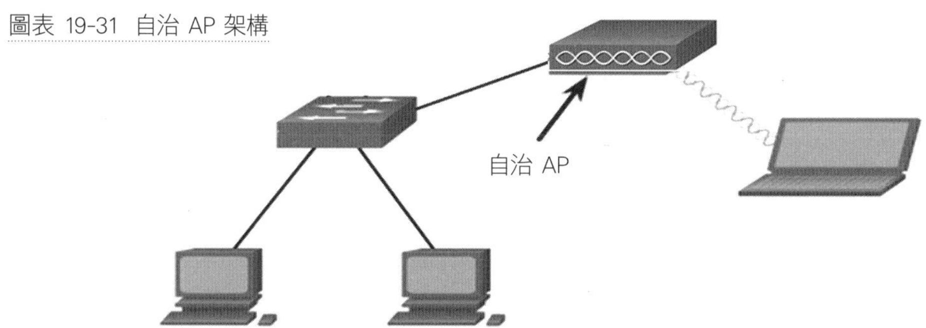

輕量 AP

輕量 AP (LAP，Lightweight AP) 沒有獨立的網管功能，很多功能無法直接在輕量 AP 設備上進行設定，必須透過無線網路控制器 (WLC，WLAN Controller) 來設定輕量 AP 完整功能，如下圖所示。所以輕量 AP 適合在佈署大量 AP 時使用，由 WLC 對所有輕量 AP 進行設定，在管理上非常有方便及有效率。在 WLC 與輕量 AP 之間的通訊也發展出一套通訊協定稱為 CAPWAP 通道協議。

圖表 19-32 輕量 AP 架構

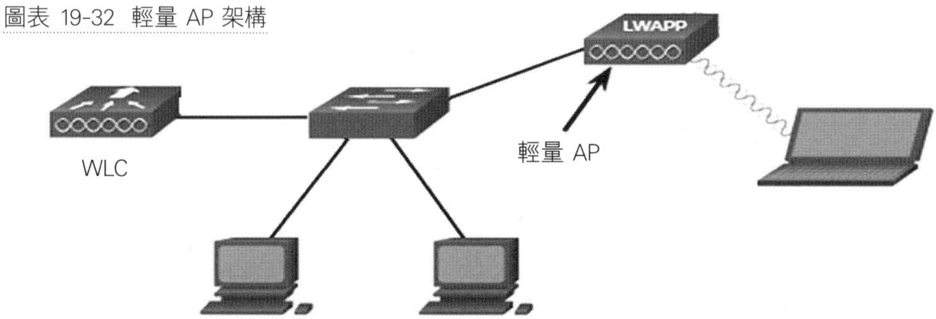

CAPWAP 協議

CAPWAP (Control and Provisioning of Wireless Access Points) 是 IEEE 標準的協議，如下圖所示，WLC 透過 CAPWAP 管理多個輕量 AP (管理功能)，除此之外 CAPWAP 還負責 AP 和 WLC 之間封裝和轉發 WLAN 的電腦流量，資料轉送功能，稱為 Split MAC 轉送方式。

圖表 19-33 CAPWAP 的作用

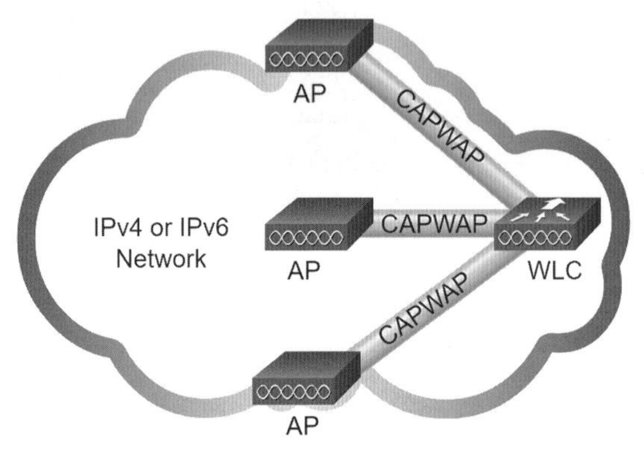

CAPWAP 通道種類

CAPWAP 可以視為通道運作 (Tunnel) 主要是在輕量 AP 與 WLC 建立新的 IP 封包通道來傳送 802.11 Frame，WLC 的 IP 與 AP 的 IP 不一定要在同一 IP 網段，只要能互通即可建立 CAPWAP 通道。如下圖所示，CAPWAP 建立的通道主要有兩種：

1. **管理用的通道**：WLC 對輕量 AP 管理 Frame，通道使用 UDP 5846 並用 DTLS (Datagram Transport Layer Security) 加密。
2. **802.11 資料用的通道**：通道使用 UDP 5247 來傳送與接收 WLC 與 AP 之間的 802.11 資料 Frame，預設不加密。這個 802.11 資料用的通道不一定需要建立。若使用 Split MAC 轉送資料方式，則需要這通道；如果使用 Local MAC 轉送資料方式，則不需要建立通道。

圖表 19-34 兩種 CAPWAP 通道的作用 (圖片來源 cisco)

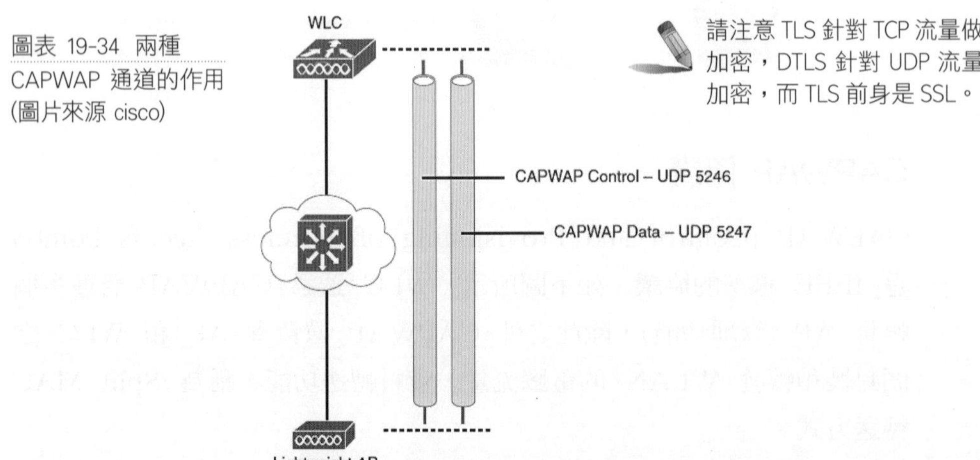

請注意 TLS 針對 TCP 流量做加密，DTLS 針對 UDP 流量加密，而 TLS 前身是 SSL。

WLC 傳送資料方式

AP 基本功能是當作無線網路與有線網路的轉接設備，必須負責將無線網路的 802.11 Frame 與有線網路的 802.3 Frame 互相轉換，自治 AP 設備一定要執行這項轉換動作，但輕量 AP 設備可以將這項轉換動作交給 WLC 來執行。所以在有 WLC 架構，輕量 AP 在傳送資料 Frame 有兩種方式，分別是 Split MAC 與 Local MAC 傳送資料方式。

1. Split MAC 又稱為中心轉送，此種轉送方式 WLC 需要負責 802.11 Frame 與 802.3 Frame 互相轉換的工作。如下圖所示，輕量 AP 從無線網路收到 802.11 Frame 後，再使用 CAPWAP 通道將完整的 802.11 Frame 傳送到 WLC，WLC 再將 802.11 Frame 轉換成 802.3 Frame 送往有線網路，反之亦然。

圖表 19-35 Split MAC 資料 Frame 傳送方式

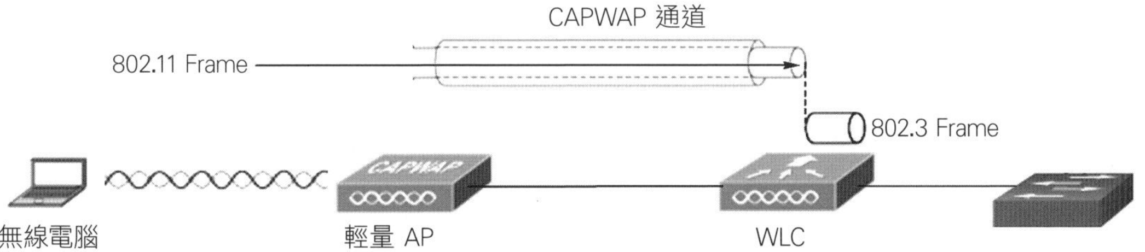

2. Local MAC 又稱為 (本地轉送)，這種轉送方式不需要用到 CAPWAP 通道，如下圖所示，由 AP 自已執行 802.11 Frame 與 802.3 Frame 互相轉換的工作。自治 AP 沒有 WLC，所以自治 AP 只有本地轉送。而輕量 AP 可以選擇使用本地轉送或中心轉發。中心轉發的優點在於資料的傳送可以集中管理，通常 WLC 會搭配 IPS 做惡意流量檢查，以確保資料安全。但是所有輕量 AP 的資料都要由 WLC 負責轉送，這 WLC 會變成流量瓶頸，這時候就可以使用本地轉發。

圖表 19-36 Local MAC 資料 Frame 傳送方式

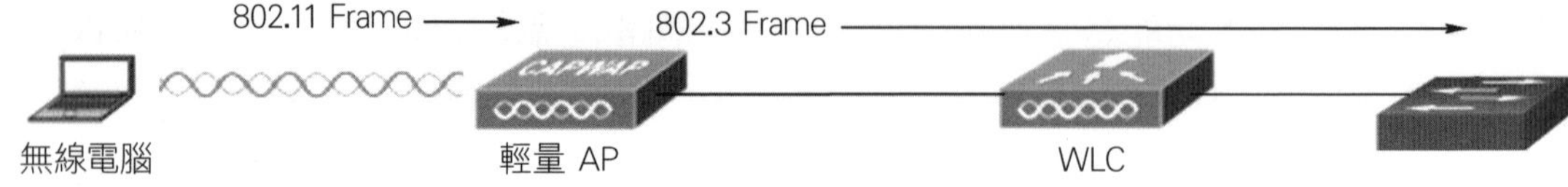

常見 WLC 網管功能

- **Dynamic channel assignment**：WLC 根據無線電腦連接到 AP 的數量，來動態調整 AP 的頻道配置。

- **Transmit power optimization**：WLC 可以根據所需的無線訊號覆蓋區域，自動設置每個 AP 的發射功率。

- **Self-healing wireless coverage**：如果有一台 AP 當機，則可以通過此項功能，自動提高周圍 AP 的發射功率來補足無線網路的覆蓋率。

- **Dynamic client load balancing**：如果兩個或多個 AP 的無線訊號覆蓋相同的地理區域，WLC 可以將無線電腦與使用訊號較好的 AP 進行關聯。這項功能讓無線電腦平均關聯分配到各個 AP 以達到平衡效果。

- **RF monitoring**：WLC 使用一台專用 AP (monitor 模式) 來掃描其他 AP 的頻道並監控 AP 的頻道使用情況。WLC 可以通過監視 AP 的頻道使用來進行遠程收集有關頻道的干擾，這些干擾可能來自惡意 AP。

- **Security management**：當無線電腦要關聯 WLAN 之前，WLC 可以通過 802.1X 對客戶端進行身份驗證，並且可以要求無線電腦從受信任的 DHCP 服務器獲取 IP 地址。

- **Wireless IPS**：WLC 搭配 IPS 功能可以監視無線電腦的傳送資料以檢測和防止惡意活動。

常見 AP 設備模式

- **Local**：AP 在 lightwieght 模式下，將掃描其他 channel 來測量訊號干擾及偵測是否有惡意 AP，並且會搭配入侵檢測系統 (IDS) 事件進行匹配。
- **Monitor**：在監控模式下，AP 完全不發送任何資料，只當無線訊號接收器，用來掃描其他 AP 的頻道並監控 AP 的頻道使用情況。並可以檢測惡意 AP 並確定所在位置。
- **FlexConnect**：即為本地轉送功能，本地 AP 可以直接將 802.11 Frame 轉換 802.3 Frame 傳送到有線網路中，無須經由 CAPWAP 到 WLC。
- **Sniffer**：AP 專門用來接收 802.11 流量，然後將捕獲的流量轉送到流量分析器，例如 WireShark，可以進一步封包分析。
- **Rogue detector**：AP 通過有線網路及無線網路中收集到的資訊，來檢測惡意 AP 設備 (Rogue devices)。
- **Bridge**：AP 成為專用網橋 (點對點或點對多點) 在兩個網路之間。

19.7 無線網路威脅與安全機制

在 WLAN 無線涵蓋範圍內，任何人都可以接收到無線訊號，也可以架設 AP 發送無線訊號，因此無線網路特別容易受到多種威脅，尤其是透過無線網路在傳送資料，一個無線頻道如同一個 HUB 傳送機制，所以每台無線電腦都可以接收到同一頻道傳遞的資料，資料安全是一個無線網路的重要課題。

無線網路威脅

由於無法控制無線訊號接收者，只要無線訊號涵蓋範圍內，任何無線電腦皆可以收到訊號，所以 Hacker 隨時可以針對無線網路進行攻擊。常見的無線網路的威脅及建議保護如下：

- **資料攔截 (Interception of data)**：Hacker 可以掃描無線頻道並收集的無線頻道中資料傳送，或架設惡意 AP 讓使用者連上來收集使用者傳送的資料。所以無線傳輸資料應進行加密，以防止 Hacker 可以讀取捕獲的資料。

- **無線入侵者 (Wireless intruders)**：Hacker 使用一些漏洞關聯上 AP，透過無線網路入侵到公司網路資源。防止方法，簡單的方式有 AP 的 SSID 名稱隱藏或使用 MAC 位址過濾，也可以使用有效的身份驗證技術來阻止未經授權的使用者存取公司網路資源。

- **DoS 攻擊**：無線網路的頻寬與資源是有限，只要 Hacker 發動 Dos 攻擊無線網路，就能達成惡意破壞 WLAN 服務的資源。

- **惡意 AP (Rogue APs)**：任何人都可以架設 AP 設備，Hacker 可以架設 AP 讓使用者來關聯上，稱為惡意 AP，如此 Hacker 在惡意 AP 收集使用者傳送資料。因此使用者要提高警覺不要連上不認識 AP，或者網管人員可以使用管理軟體來檢測到惡意的或未經授權的 AP 架設。

- **Deauth 攻擊**：Hacker 故意發送斷線 AP 的管理 Frame，也就是 De-authentication Frame，惡意將合法連線使用者中斷與 AP 連線，此種攻擊也可以視為 DOS 攻擊，讓使用者的電腦無法連上 AP。

- **無線網路密碼破解**：WEP 及 WAP 都已經有工具可以破解，WAP2 也被 KRACK 方式破解，所以採用新的 WAP3 防止無線安全被破解，如此才能保護資料安全。

無線網路安全機制

無線網路安全有分 Open 與認證加密，如下圖所示，Open 表示不使用密碼就可以關聯上 AP，資料在無線網路傳遞也不加密，這種無線網路應用主要在公共的場合，例如：機場、遊樂園等，方便讓使用者直接連上無線網路，當然沒有考慮到安全性。在企業應用，無線網路安全一定要有認證加密的保護。第一個保護無線網路安全的協定是 WEP

(Wired Equivalent Privacy)，WEP 使用 RC4 加密演算法達到資料的機密性。WEP 安全協定有漏洞，Wi-Fi 聯盟制定一套 WPA (Wi-Fi Protected Access) 安全協議取代。之後無線網路安全協定就以 WPA 的版本為主，目前已經到 WPA3 版本，WPA3 安全強度當然比 WAP 與 WAP2 好。在購買無線網路設備時，要確認是否有支援 WPA3。

圖表 19-37 無線安全機制

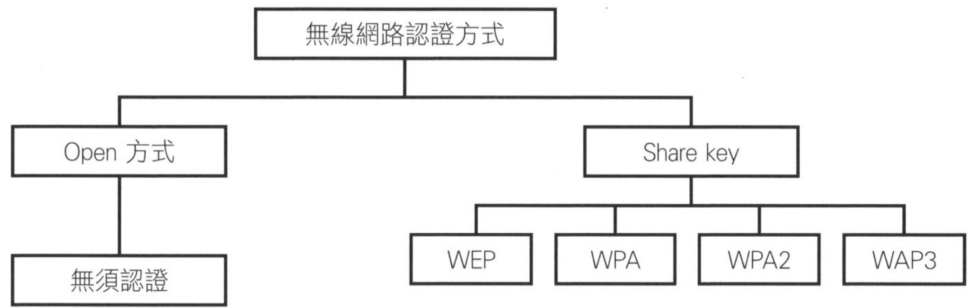

WPA 家族使用的認證與加密演算

網路安全基本要素要滿足 CIA，資料保密性 (Confidentiality)、資料完整性 (Integrity) 及認證功能 (Authentication)，WPA 要保護無線網路也是一樣要達到 CIA。如下表所示，WAP 家族在認證方式支援 Pre-shared keys 與 802.1X 兩種。資料完整性使用 MIC (Message Integrity Check)。加密演算法的強度依序為 TKIP-RC4、CCMP-AES 及 GCMP-AES。WAP3 使用SAE（Simultaneous Authentication of Equals) 來保護無線網路連線的認證，可以避免 KRACK 這類的金鑰破解攻擊。

圖表 19-38 WPA 家族使用的認證與加密演算法

認證方式與加密演算法	WPA	WPA2	WPA3
認證使用 Pre-shared keys	Yes	Yes	Yes
認證使用 802.1X	Yes	Yes	Yes
加密 MIC with TKIP-RC4	Yes	No	No
加密 MIC with CCMP-AES	Yes	Yes	No
加密 MIC with GCMP-AES	No	No	Yes

AP 安全選項

通過 Wi-Fi 認證的 AP 會支援 WPA、WPA2 及 WAP3 無線安全保護。WPA3 是三者中更強的一個，網路管理員需要根據需求，設定 AP 的安全等級，以下是常見的安全選項。

1. WPA 家族有兩種驗證的選項：

   - **WAP Personal 個人**：針對家庭或小型辦公室網路，用戶使用預共享密鑰 (PSK) 進行身份驗證。無線客戶端使用預共享的密碼通過無線 AP 進行身份驗證，不需要特殊的身份驗證服務器，這種認證方式最簡單。

   - **WAP Enterprise 企業**：適用於企業網路，但需要 RADIUS 身份驗證服務器。儘管設置起來比較複雜，但提供了更佳的安全性與管理。

2. 加密用於保護傳送資料。如果入侵者已經捕獲了加密資料，則他們將無法在任何合理的時間內對其進行解密動作。通常要解密成功，以目前的電腦計算能力，都要幾十年的時間。

3. WPA、WPA2 及 WAP3 的加密選擇：

   - TKIP
   - CCMP-AES
   - GCMP-AES

CHAPTER 20

網路安全概論

當網路連通後，隨之而來的就是網路安全的議題。攻擊者經由 Internet 連線直接攻擊公司網路資源或竊取公司機密、公司的惡意員工也可以在公司內部網路發動攻擊。近年來，網路攻擊技術的複雜度和躲避偵測的能力不斷提升，而且攻擊變得越來越具有針對性，並且讓公司造成更大的各種損失。例如：勒索攻擊。如何讓公司建立安全的網路環境，網路管理員必須先了解網路威脅種類及攻擊的方式，再使用合適的資安產品來杜絕任何網路上的攻擊。

20.1 網路安全目標

在 Internet 上隨時都有網路攻擊事件發生，這些攻擊的來源與攻擊的對象，包羅萬象。早期的網路攻擊主要以個人發動，攻擊目的是破壞資料、惡作劇或炫耀自己的能力；近年來是以集團化發動網路攻擊，攻擊目的也較複雜，主要以營利、竊取資料、商業間碟、政治因素等等。例如：駭客組織針對特定公司發動勒索攻擊、國家對國家的網路戰等等。

即時監控網路攻擊

如下圖所示，是一家資安廠商的即時監控 Internet 發生的網路攻擊事件，可以看到全世界隨時都有攻擊事件發生，並且使用不同的方式在進行攻擊。所以網路安全是國家、公司、組織、個人要面對的重要課題。

圖表 20-1 即時監控 Internet 攻擊
https://threatmap.checkpoint.com/

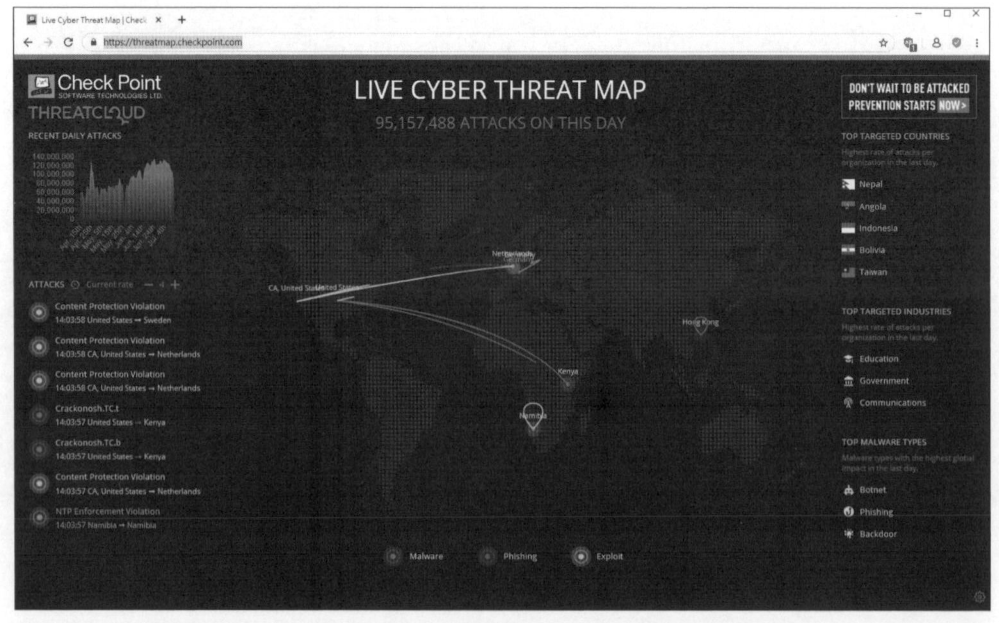

網路安全目標

網路安全的目標以 CIA (Confidentiality、Integrity 及 Availability) 三個方向為主軸。因此，當駭客的攻擊破壞其中一個目標，公司網路就處於不安全狀態。網路安全的三個主要目標，敘述如下：

1. **機密性 (Confidentiality)**：資料只要透過網路傳送，駭客發動第三方攻擊及使用一些捕捉資料工具 (例如 Wireshark)，就可以輕易地將資料捕捉下來。因此，資料的機密性意味沒有經過認證的使用者，是無法開啟資料內容。加解密演算法在資料機密性是關鍵的技術。例如：常見的加密技術 DES、AES、SEAL 等。當駭客捕捉到的資料是加密，而無法解密成功，或者解密需要數十年時間，這樣就算成功保護住資料。只有通過認證的使用者，才能立即將資料解密成為明文，如此達到資料的機密性。資料機密性除了需要加密技術之外，還需要認證技術來確定使用者身分。認證技術可以使用 pre-share-key 或電子簽章，以達到確認身分功能。

2. **完整 (Integrity)**：資料完整性確保資料在傳送過程未被修改，使用 Hash 技術就可以達成。例如：常用的 Hash 技術 md5、sha 等。資料完整性也必須搭配檢查資料的來源是正確，因此 Hash 技術要搭配認證技術。例如：HMAC (Hash-based message authentication code) 是使用 Hash 搭配 pre-share-key。上述的機密性與完整性詳細的作法，可以參考第 14 章節的 IPSEC 中安全演算法介紹。

3. **可用性 (Availability)**：資料可用性是對資料能否成功取得的機會。當使用者透過網路連上伺服器存取資料，成功取得的機會應該是要 100%，才算是達到資料可用性。但是駭客可能向網路設備傳送內容異常的封包，造成無法處理的異常錯誤，讓網路斷線。或者駭客發動 DDoS 攻擊，傳送大量的請求流量，消耗伺服器系統的資源，以阻止系統回應其他的合法請求。如此造成使用者無法順利地透過網路連上伺服器存取資料，破壞資料存取的可用性，這也是讓網路處於不安全狀態。

20.2 網路威脅種類

網路威脅來自有攻擊者的存在，攻擊者會尋找各種方式來入侵公司網路、竊取公司機密，或者破壞公司網路資源。通常攻擊者具備相當的技術能力，能分析網路及系統軟體的漏洞，找出適合的攻擊方式。我們先介紹駭客分類，接著列舉常見的漏洞。

駭客分類

駭客 (Hacker) 通常是指發動攻擊者或入侵系統者，因此駭客本身必須具備高超的技術能力，被稱為駭客本身應該是稱讚一位很厲害的角色。駭客主要有兩種分類。

- **白帽駭客 (White Hat Hackers)**：白帽駭客具備有道德情操，這些駭客將他們的高超的技術能力用於有道德及合法性的攻擊或稱為測試。當白帽駭客發動攻擊或入侵系統，事先要跟客戶簽訂合約，根據合約內容進行攻擊客戶端的網路服務、系統軟體、硬體、甚至韌體。其目的是為了測試公司的安全防護是否完整，在預防真正受到攻擊之前，及早發現系統漏洞，並加以改善修正。這種攻擊測試又稱為滲透測試服務 (PT，Penetration Test)，當測試完畢後，需要分析受測目標的風險層級及改善網路安全計畫給公司。目前滲透測試工程師是一項熱門的工作職缺。
- **黑帽駭客 (Black Hat Hackers)**：黑帽駭客是不道德的犯罪分子，這些駭客為了個人利益，而入侵系統竊取機密資料。或者出於惡意原因，例如：攻擊網路使其無法運作。目前的黑帽駭客都已經是集團化在經營，駭客們彼此分工合作，獲取不正當的利益。所以網路安全的威脅主要來源是這種黑帽駭客發動的攻擊或入侵系統。

漏洞 (Vulnerability)

網路或軟體系統中的漏洞是指可能被駭客利用，進而入侵公司系統來竊取機密資料或進行破壞。不同的漏洞，駭客利用這些漏洞造成的損害也是不同程度。但是有些破壞是屬於非技術的攻擊造成。例如：天災、人為破壞等。此時需要以非技術的手法來抵禦這些攻擊。所以網路管理員在規劃網路安全策略時，應考慮到以下幾種類型的漏洞：

- 實體漏洞。例如：火災、地震等。當公司機房受到火災危害時，如果有先進的滅火系統或在另一個實體位置存放有備份，那麼公司機房的風險可以降到最低。
- 政策漏洞 (Policy flaws)。有些攻擊是來自公司內部人為破壞，而非技術攻擊。這必須定義更嚴密的安全管控來防止人為破壞。例如：使用日誌來記錄系統的修改、機房的安全 (如上鎖的門、監視系統) 等等。
- 應用程式執行的漏洞。例如：過去有 Adobe Flash 或瀏覽器上的 Java 功能有漏洞而頻頻遭到攻擊。
- 網路協定弱點 (Protocol weaknesses)。很多協定都是 30 年前定義，當時的時空背景，並沒有網路安全考量，駭客根據協定的缺失進行攻擊。例如：TCP SYN Flood 攻擊是利用 TCP 的三向式交握、ARP 的毒化攻擊等等。
- 設定錯誤 (Misconfiguration)。例如：網管人員設定 ACL 或防火牆的邏輯有瑕疵，產生漏洞。
- 系統漏洞 (Software vulnerabilities)。常見的有微軟的 Windows 的漏洞，廠商必須及時修復漏洞，避免駭客發動零時差攻擊 (zero-day attack)。其他軟體也是有相同情況。網路管理員需要即時安裝廠商修補程式或稱補丁程式 (Patch)，來修補系統漏洞。
- 人為的漏洞 (包括有意或無意)。主要以社交工程的攻擊，例如：欺騙手法來獲得權限、網路釣魚、誘餌、垃圾郵件等等，都是人為的漏洞。
- 硬體漏洞 (Hardware vulnerabilities)。例如：CPU 設計不當。過去有鴨嘴獸 (Platypus) 攻擊利用 CPU 電力損耗的變化及載入記憶體時所使用的指令來獲取應用程式的快取控制，來建立一個秘密通道來入侵系統。

漏洞管理平台

發現系統或軟體有漏洞時，需要將這些漏洞統一管理，以便給全世界公司參考，避免重複踩到地雷。漏洞與揭露管理平台 CVE (Common Vulnerabilities and Exposures) 是一個專門收集全世界各種資安弱點，並給每一個發現的漏洞一個序號，建立一個資安漏洞資料庫。如下圖所示是 CVE 官方網站。很多資安產品都會根據 CVE 的管理漏洞的資料庫，來掃描公司網路或系統軟體的漏洞。

圖表 20-2 CVE 官方網站 https://cve.mitre.org/cve/

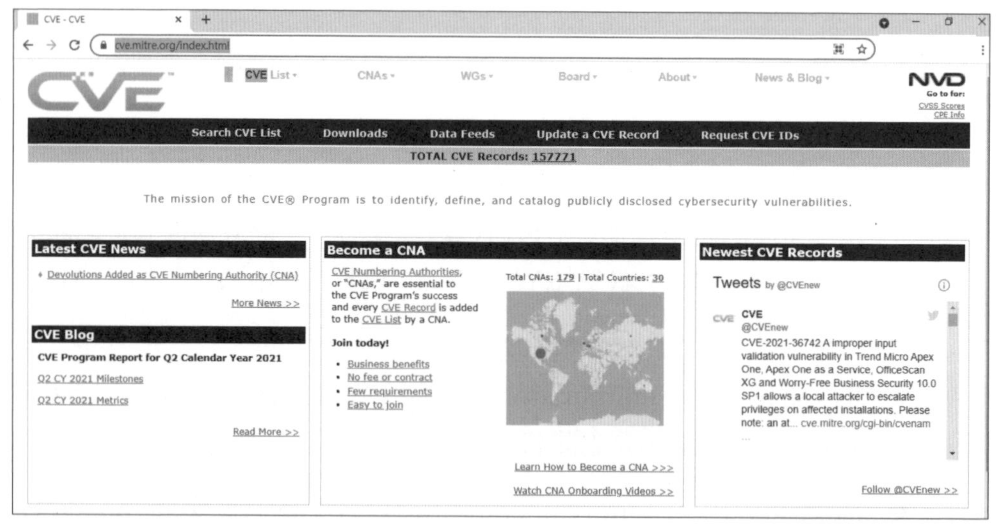

台灣版的漏洞與揭露管理平台，稱為台灣漏洞紀錄 (Taiwan Vulnerability Note，TVN) 平台，目前由台灣網路資訊中心 (TWNIC) 負責維運服務，並申請成為 CVE 弱點編號授權單位。如下圖所示是 TVN 官方網站。其優點是中文介面比較好查詢，但只限制在台灣的漏洞揭露，並回報給 CVE 平台。

圖表 20-3 TVN 官方網站 (https://tvn.twcert.org.tw/)

20.3 網路攻擊分類

網路的威脅來自網路攻擊，駭客攻擊網路要使用現有的漏洞或自己去找出新的漏洞，上述已經探討常見的漏洞及管理平台，接著討論網路攻擊。常見的網路攻擊分為三類型，敘述如下。

被動攻擊

駭客僅監聽網路傳送的資料，不會送出惡意流量，因此被動攻擊很難被發現。例如：駭客在網路上捕捉加密資料並試圖進行解密，或者嘗試要發現管理者密碼。常見的被動式攻擊法：

1. **竊聽** (Eavesdropping)
2. **流量分析** (Traffic Analysis)

主動攻擊

駭客針對獲取機密資料或傳送的資料內容進行偽造或修改。而主動攻擊容易被發現，因為駭客攻擊的封包很容易被檢測到。常見的主動式攻擊法：

1. **偽裝** (Masquerade)
2. **重送攻擊** (Replay)
3. **資料修改** (Message Modification)
4. **阻斷服務攻擊** (Denial of Service)

內部攻擊

在公司內部網路發起攻擊，又稱為區網攻擊。這種攻擊已經是繞過防火牆或入侵偵測系統。常見的內部攻擊攻擊法：

1. MAC-Table 攻擊
2. ARP 毒化攻擊
3. DHCP 攻擊
4. IP 偽造攻擊

20.4 常見網路攻擊技術與工具介紹

黑帽駭客會利用各種漏洞，研擬適合的攻擊方式來入侵系統或癱瘓網路資源。網路管理員必須熟悉常見網路攻擊的方法及原理，建立基本網路安全知識，如此在架設網路設備就能知道要啟動那些功能防止可能的攻擊。例如：啟動 DHCP Snooping 來預防內部網路的 DHCP 攻擊等等；或者設定伺服器時，必須要關閉一些沒使用的服務。例如：關閉 23 號 port 來避免 telnet 入侵到伺服器。進一步再使用合適的資安產品來杜絕任何 Internet 上的外部攻擊。以下是常見的攻擊技術原理說明與相關工具介紹。

偽裝攻擊 (masquerade attack)

駭客欺騙認證系統，非法取用系統資源。例如：駭客假冒管理者身份進入系統，企圖破壞系統或竊取系統資料。最常見的偽裝攻擊是利用社交工程來騙取登入資訊，或者利用網路竊聽的方式取得管理者密碼後登入系統。

修改內容攻擊 (modification of message content)

駭客針對網路傳送的封包內容進行修改，使系統接收錯誤封包，企圖改變系統功能或安全狀態。有些工具可以針對封包的內容進行修改，例如：Hping 不只能針對 ICMP 封包進行修改，還可以針對 TCP、UDP 封包作客製化內容進行網路測試或攻擊。Hping 是指令模式，參數很多，用法請參考 http://www.hping.org/manpage.html。其他修改封包內容的工具有 Scapy、Socat、Yersina、Netcat、Nping 等等。

重送攻擊 (replay attack)

駭客捕捉有效資料 (明文或密文)，並將其在網路中重複傳輸給伺服器系統。駭客不會修改資料內容，所以原始資料是有效性，網路安全機制或伺服器系統都會將此種攻擊視為正常的資料傳輸。重送攻擊可以用來欺騙系統的認證機制，例如：駭客捕捉加密的密碼內容後，再重送一次的方式取得系統登入的授權。重送攻擊也可以用來欺騙電子商務進行重複交易，並以此來允許駭客直接從受害者帳戶中提取資金。但是重送攻擊是很好預防，使用時間戳記 (timestamp) 或序號的基本防禦措施就可以避免簡單的重放攻擊。

探勘攻擊 (Reconnaissance)

探勘攻擊不會對網路或系統進行破壞，是針對攻擊的對象摸索其網路環境，尋找特定伺服器、掃描伺服器的服務號碼 (Port no.) 來發現漏洞。再利用發現的漏洞來規劃用何種攻擊的方式。通常駭客發動攻擊的步驟如下：

- 探勘攻擊
- 取得權限
- 植入惡意程式
- 維持存取權限
- 清除軌跡

探勘攻擊使用各樣的方式來摸索攻擊對象的網路環境及主機資訊，常見的方法與工具如下：

- 使用一些網路工具來搜尋攻擊對象的資訊。例如：使用 Google 搜尋、Shodan 搜尋、whatismyipaddress 查詢 IP 資訊、拜訪攻擊對象的公司網站、透過 whois 查詢網域名稱及聯絡人資訊。如下圖所示為使用 whois 查詢 sju.edu.tw 網域名稱的聯絡人資訊。

圖表 20-4 whois 的查詢

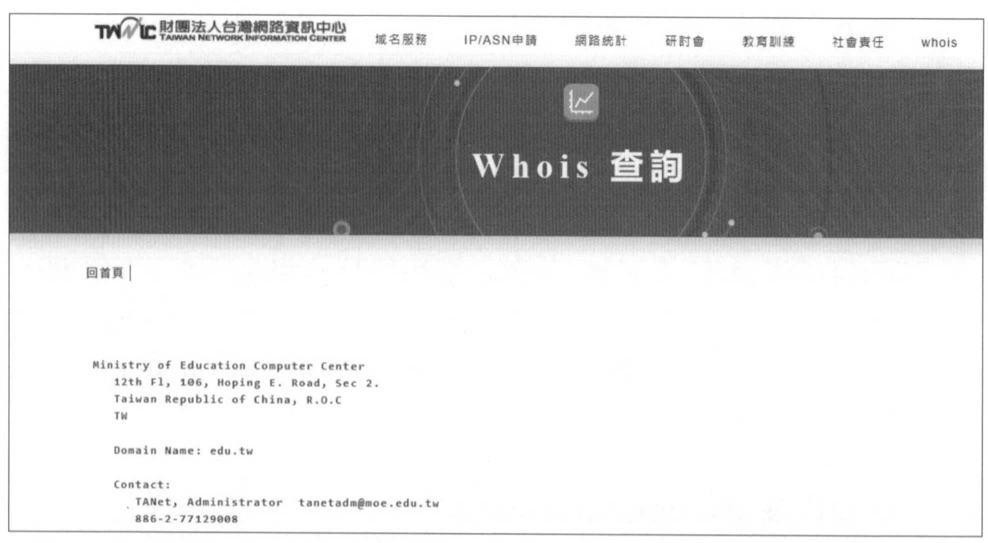

另外一種新型態的搜尋引擎 Shodan 搜尋(又稱暗黑版 google)，號稱世界上最危險的搜尋引擎。Shodan 搜尋方法有別於 Google 以網頁的內容為主，Google 使用爬蟲的方法擷取網站上的資料；

Shodan 以 IP、Port no. 及運行的服務為主的搜尋引擎，能夠搜尋 Internet 連上網的各種裝置。例如：電腦、IOT 設備等等。如下圖所示為 Shodan 網站，需要付費加入會員才能使用。

圖表 20-5 shodan 的查詢網頁 (https://www.shodan.io/)

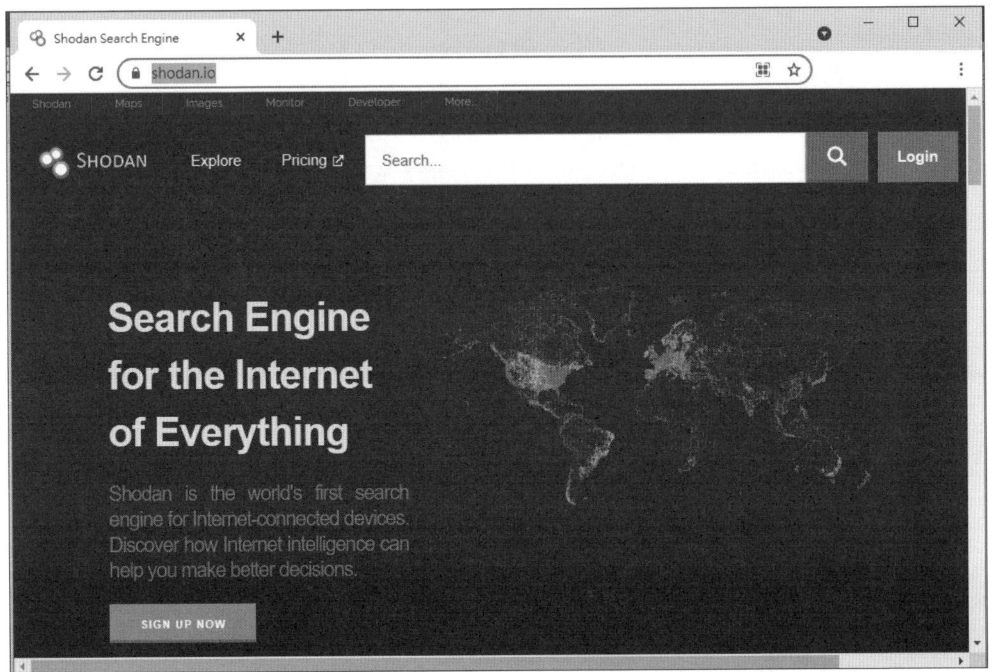

- PING 是最常用的也是最簡單的探勘手段，用來判斷攻擊對象的主機是否存在。Ping Sweep (Ping 掃射) 是對一個大範圍的 Ping，用來確定網路中的存活主機資訊。例如：Nmap 是一套知名的網路探索工具，可以掃描整個子網路下的存活主機、服務掃描、版本偵測、OS 偵測等等，並提供圖形化操作，如下圖所示，操作上更方便。除了 Nmap 之外，還有些工具也是用來測試主機資訊，例如：hping、fping、Angry IP Scanner、Shodan 搜尋等等。

圖表 20-6 NMAP 圖形化介面 (https://nmap.org/)

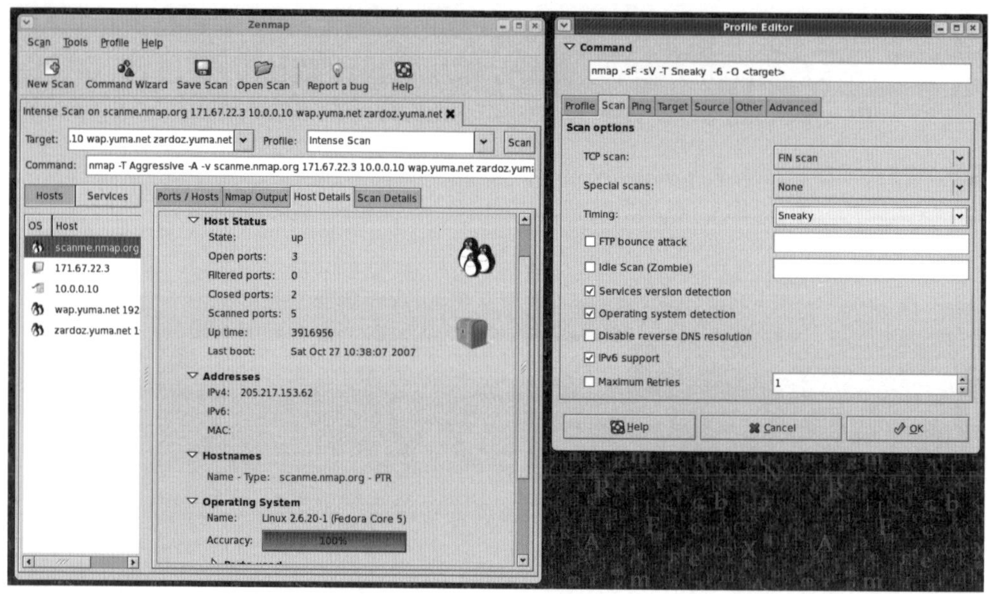

- 當確定主機存活後，開始掃描特定主機的 TCP 或 UDP 的服務資訊。可以使用工具有 Nmap、SuperScan、Angry IP Scanner、NetScan 等等，這些工具都能掃描開啟 TCP 或 UDP 的 Port no.

- 確定攻擊目標後，駭客利用弱點掃描工具來找出伺服器或網路設備是否存在相關的漏洞，當中包含了設備上各個 Port 的狀態、相關的服務，甚至一些伺服器上較為常用的軟體版本與語法的相關漏洞。比較著名弱點掃描工具是 Nessus，對主機或網路安全弱點產生評估報告，不過 Nessus 被 Tenable 公司收購，需要付費使用。通常是公司使用 Nessus 用來提早發現主機、系統軟體、網路的安全漏洞，及時完成修補作業，避免駭客藉由弱點來入侵攻擊。

其他的弱點掃描工具有 Metasploit、OpenVAS、Secunia PSI、Core Impact、Skipfish、Wapiti 等等，其中 Skipfish、Wapiti 針對網頁漏洞掃描工具。請注意弱點掃瞄與滲透測試是有差異，弱點掃瞄的花費較低，主要是倚賴自動化掃描軟體來檢測既有的安全漏洞(現有 CVE ID)，無法檢測出未揭露的資安漏洞或攻擊手法給予修補建議；滲透測試是以駭客思維嘗試入侵公司網站、系統、及軟硬體設備，找出各種潛在的漏洞，目的在於驗證與評估系統與硬體安全性，用來預防可能導致駭客入侵的漏洞。

中間人攻擊 (Man-in-the-middle attack)

中間人攻擊是指駭客劫持來源端與目的端的連線，如下圖所示，所有來源端與目的端之間的資料傳送都會經過駭客，駭客能從中間捕捉資料，而使用者無法察覺。著名的捕捉封包的工具為 Wireshark，在第二章節已有介紹如何使用。其他捕捉封包的工具有 TCPdump、Ettercap、Dsniff、EtherApe、SSLStrip、Fiddler、Burp suite 等等。其中 SSLStrip、Fiddler、Burp suite 專門針對 HTTP 或 HTTPS 封包進行捕捉，尤其是 Burp suite 功能更為強大，除了可以捕捉 Web 流量，還可以對 Web 應用程式進行攻擊或漏洞測試。

圖表 20-7 中間人攻擊

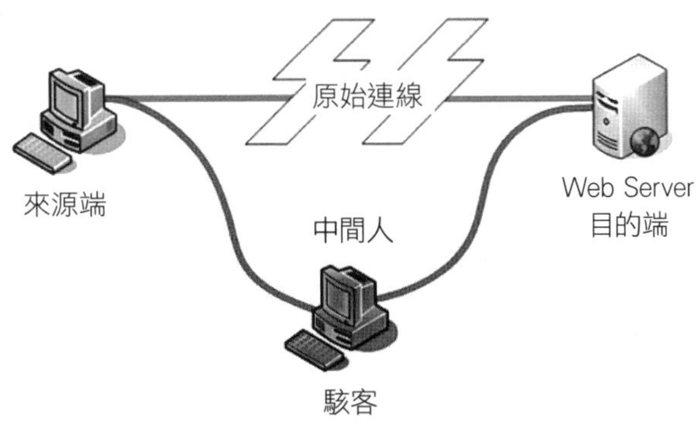

很多攻擊方式需要借助中間人攻擊來取得來源端與目的端的資料。例如：重送攻擊、修改內容攻擊。常見的中間人攻擊技術如下：

- **MAC-Table 泛洪攻擊**：駭客在交換器的環境下，攻擊 MAC-Tabe，讓交換器的傳送方式跟 Hub 一樣，如此駭客就可以捕捉到交換器中傳送的所有資料。比較著名的工具為 macof。

- **ARP 欺騙 (ARP spoofing)**：駭客毒化來源端電腦與目的端電腦中的 ARP 暫存，將其來源端 IP 位址與目的端 IP 位址都對應到駭客電腦的 MAC 位址，如此來源端與目的端之間的資料傳送都會送往駭客電腦。比較著名的工具為 arpspoof。

- **DNS 欺騙 (DNS Spoofing)**：駭客利用 DNS 的設計漏洞來毒化 DNS 暫存，類似毒化 ARP 暫存，讓 DNS 傳回的 IP 位址指向駭客架設的網站，例如：網路釣魚網站。

- **DHCP 欺騙 (DHCP Spoofing)**：駭客架設惡意 DHCP Server，將 DHCP 配發的 GW 資訊改為駭客電腦的 IP 位址。公司內部電腦要連上 Internet 都要經過 GW，所以駭客電腦就可以捕捉公司電腦傳送的資料。比較著名的工具為 Yersinia。

- **WiFi 竊聽 (WiFi Eavesdropping)**：駭客架設惡意的無線 AP，將其免費公開給所有人來連線。當有使用者連上這個無線 AP 後，駭客便能自由地捕捉使用者的資料流量。另外無線網路的傳送機制類似 Hub，駭客只要能收到無線訊號，就能夠將無線傳送的資料捕捉下來。所以在連上無線 AP 時，一定要選擇有啟動加密功能 AP，如此在無線網路傳送資料時，資料才會加密。無線網路的安全有 WEP、WPA、WPA2 及 WPA3，目前只有 WPA3 還未被破解。無線網路安全的破解工具有 Aircrack-ng、Kismet、InSSIDer、KisMAC、Firesheep、Netstumbler 等等。

社交工程 (Social Engineering)

社交工程利用人性的弱點，使用誘惑或欺騙手段，獲取重要資訊。例如：系統管理員的密碼、使用者的 ID 與密碼、信用卡號等等。常見的社交工程攻擊方式如下：

- 利用電話假裝是資訊人員，騙取帳號及密碼。

- 偽裝上級單位人員，利用權勢，騙取管理者的帳號及密碼。

- 網路釣魚是誘騙使用者登入偽裝之網站以騙取帳號及密碼。如下圖所示，這是 facebook 網頁，但是網址是不對，如果使用者沒注意，直接輸入帳號及密碼，駭客直接取得帳號及密碼資訊。

圖表 20-8 網路釣魚的假冒網站

- 利用電子郵件、Line 或電話簡訊誘騙使用者開啟檔案或超連結，以植入惡意程式、暗中收集機密資料。
- 利用社交軟體，例如：Facebook，發佈假訊息，誘騙使用者。

預防社交工程的方式，要加強公司員工資訊安全教育，不開啟來路不明的電子郵件及附加檔案、不連結及登入未經確認的網站、不下載非法軟體及檔案來安裝，就能避免社交工程的攻擊。

惡意程式 (Malware)

惡意程式 (Malicious software，Malware) 也是一種應用程式或程式碼，但會危害電腦系統的安全性。例如：病毒、間諜軟體、蠕蟲等、特洛伊木馬、後門程式、廣告軟體等等。早期駭客是一個人自己設計惡意程式，其目的都是破壞電腦或惡作劇，來滿足自己的樂趣；現今駭客集團設計的惡意程式都是為了金錢，例如：勒索軟體。常見的惡意程式敘述如下：

- **病毒 (Virus)：**一段的惡意程式碼附加在一個執行擋上，當使用者執行該執行檔，也啟動這惡意程式。當電腦中病毒後，病毒可能刪除磁碟上的資料、破壞作業系統、或者傳染給其他電腦。
- **蠕蟲 (Worm)：**蠕蟲可以自己存在，不像病毒需要寄生於執行擋。蠕蟲可以複製自己，藉由郵件通訊錄或系統的漏洞，自行在網路上傳播。由於蠕蟲可以大量的複製及傳播的能力，因此受感染的電腦會消耗大量的記憶體，導致電腦變慢或當機。另外其他惡意程式也可以藉由蠕蟲快速複製來傳染給其他電腦。
- **特洛伊木馬 (Trojan horse)：**也是一種惡意程式，與病毒或蠕蟲不同，特洛伊木馬不會自行傳播，但是同樣具有破壞性。感染木馬的受害電腦會留下一個後門入口，讓駭客可以自由進出電腦系統。過去有名的木馬程式有 Back Orifice、NetBus Pro、SUB7、Waski、MEMZ、SPYEYE 等等。以下是常見木馬程式的功能。
    - **Remote-access Trojan horse**：允許駭客不用經過認證直接使用網路連線到受害者的電腦。
    - **Data-sending Trojan horse**：駭客可以捕獲受害電腦的機密資料。例如：帳號、密碼、信用卡號碼等等。
    - **Destructive Trojan horse**：具有破壞性的木馬，會刪除受害電腦的檔案或其他資訊。
    - **Proxy Trojan horse**：駭客把受害電腦當作跳板，在受害電腦發起攻擊或從事其他非法活動。
    - **FTP Trojan horse**：駭客在受害電腦啟用未經授權的文件傳輸服務。
    - **Security software disabler Trojan horse** ：木馬程式會停用受害電腦的掃毒程式或關閉防火牆。
    - **DoS Trojan horse**：木馬程式控制受害電腦發動 DoS 攻擊來癱瘓網路或系統。
- **勒索軟體 (Ransomware)：**此惡意程式會加密受害電腦的檔案，讓受害者無法讀取檔案。然後會顯示勒索訊息，指出必須付款或執行其他動作，才能解密電腦的檔案。近來勒索病毒攻擊事件頻傳，國內幾家大廠紛紛傳出被勒索消息，氾濫的勒索軟體攻擊已經變成是勒索軟體即服務 (Ransomware-as-a-Service，RaaS) 的新趨勢。過去上過新聞的勒索軟體有 WannaCry、Egregor、Nefilim、REvil、DoppelPaymer、Ryuk 等等。

- **廣告軟體 (Adware)**：這種惡意程式通常會顯示彈出廣告視窗，讓駭客作為廣告收入。廣告程式本身並不危險，只會讓受害者會一直受到彈出廣告視窗的騷擾。
- **間諜軟體 (Spyware)**：這種惡意程式會記錄受害電腦操作或瀏覽的資訊，並將記錄發送給遠端駭客。
- **恐嚇安全性軟體 (Scareware)**：偽裝成為掃毒軟體，但不提供任何保護或掃毒功能的惡意程式。這類惡意程式會在電腦上顯示不存在威脅的警示，讓使用者害怕而購買來獲取利益。

密碼攻擊

要入侵一個系統，最簡單的方式是獲取管理者密碼，直接使用管理者的身分登入系統。駭客可使用以下幾種不同的技術來破解密碼。

- **暴力破解 (Brute-force)**：利用各種的排列組合的方式來猜密碼，密碼一定會被猜到，只是破解時間長短的問題。因此，密碼建議使用大小寫字母混合以及特殊字符號或數字，有助於增加暴力破解攻擊的難度。常見的密碼破解工具有 John the Ripper、Ophcrack、L0phtCrack、THC Hydra、RainbowCrack、Medusa 等等。
- **字典攻擊 (Dictionary Attack)**：改良暴力破解有字典攻擊法，將全世界常用的密碼收集成為一個字典，透過字典來猜密碼，如此可以在短時間內破解密碼。較完整的字典需要花錢購買。
- **彩虹表攻擊 (RainbowCrack)**：大部分的密碼加密的方式都是用 Hash 函數，這種攻擊是將所有可能組合的密碼和其所對應的 Hash 結果預先算出來並儲存，稱為彩虹表。當在執行密碼破解時，參照彩虹表內容，如此省下計算 Hash 時間，加速破解密碼。

- **封包捕獲**：使用封包捕獲工具，例如：Wireshark。如果伺服器傳送的密碼是明文，直接就獲取密碼。但是密碼通常是會加密，所以還是需要使用暴力破解。

- **後門程式 (Back doors)**：後門程式是一種惡意程式，例如：木馬程式。駭客在伺服器系統中植入後門程式，捕獲管理者的密碼。駭客可以透過系統漏洞來植入後門程式，之後就可以自由進出伺服器系統。通常駭客會幫忙維護受害者的系統，避免其他駭客入侵或電腦突然毀損。這台受害電腦就被駭客用是進行收集資料或是當跳板使用。

- **鍵盤側錄 (Keylogger)**：鍵盤側錄有兩種：硬體側錄與軟體側錄。軟體是一個運作在電腦隱藏程式，也是一種間諜軟體，用來記錄使用者的所有電腦操作動作並回傳給駭客或管理者。硬體的側錄不需要安裝軟體，如下圖所示，在電腦與鍵盤的中間使用硬體側錄，使用者在鍵盤的輸入都會被硬體側錄捕獲並透過無線網路傳送給駭客。鍵盤側錄也會被公司當作監控員工在電腦中的操作行為紀錄。

圖表 20-9 硬體的 Keylogger

阻斷服務攻擊 (denial of service attack；DoS attack)

駭客透過網路傳送大量的資料或請求給伺服器，用來消耗伺服器系統的資源以阻斷或減緩網路設備之正常運作。DoS 攻擊的技術很多樣，在後續單元探討。DDoS (Distributed denial of service，DDoS) 加強

DoS 攻擊效果。要發動 DDoS 攻擊必須借助殭屍網路，讓幾萬台電腦或幾百萬台電腦啟動 DoS 攻擊。

殭屍網路 (Botnet)

使用 bot 病毒去感染大量電腦，bot 病毒對電腦不會有任何的破壞。駭客可以控制 bot 電腦 (稱殭屍電腦) 來發起攻擊。Botnet 會搭配 DoS 攻擊手法，形成分散式阻斷服務攻擊 (distributed denial of service attack，DDoS)，攻擊效果加倍。這種威脅是很難避免，因為從殭屍電腦送出的封包都是合法，而且每一台殭屍電腦送出的封包數量不多，很難察覺是攻擊流量。但是十萬台或幾百萬台殭屍電腦同時一起送出封包到特定網路或伺服器，這大量的流量一定會癱瘓網路或伺服器。下一節會探討殭屍網路的架構。

20.5 Botnet 架構及目的

殭屍網路 (Botnet) 又稱為機器人網路 (Robot Network)，感染後的電腦如同僵屍或機器人般地受人操控，而且受害電腦不易察覺。有專門的駭客機構在建立與維護自己的 Botnet，Botnet 大小從幾萬台到幾百萬台的規模。駭客可以使用 Botnet 發送詐騙電子郵件、惡意軟體、勒索軟體、DOS 攻擊，來獲取利益。過去比較知名的殭屍網路有 Necurs、Emotet、Coreflood、Gamarue、Avalanche、Zeus Botnet、Prometei Botnet 等等，這些犯罪集團大都被國際刑警組織破獲。

Botnet 如何擴張

根據觀察，Botnet 通常利用兩種方法擴張：

1. 藉由已經存在的 bot 直接去感染有弱點的電腦。
2. 藉由社交工程 (詐騙) 的手法，讓使用者將 bot 執行起來。

無論是用哪個方法，最終的目的都是要把 bot 惡意程式植入到被害人的電腦裡。近年來物聯網 (Internet of Things，IoT) 發展迅速，殭屍網路正伴隨著物聯網不斷擴張，而且變得更加自動化。由於 IoT 設備比電腦主機還多，而且 IoT 作業系統都較精簡，漏洞較多，所以駭客集團也培養 IoT 殭屍網路。過去專門感染 IoT 設備的 bot 有 Mirai、Reaper、JenX 等等。

Botnet 架構

Botnet 架構是階層式，如下圖所示。遭感染的殭屍電腦 (又稱 Bot) 會主動向 C&C 伺服器 (Command and Control Server) 報到，並等候 C&C 伺服器下達命令。C&C 伺服器可以有好幾台，每一台控制一定數量的 Bots，如果 Bots 量太多，則 C&C 伺服器可以橫向擴充。Botmaster 負責控制 C&C 伺服器，Botmaster 接受他人委託，針對特定目標發動攻擊。例如：商家付費給 Botmaster 請求代發廣告電子郵件，Botmaster 便下達此任務給 C&C 伺服器。C&C 伺服器收到任務後便下達命令給殭屍電腦去執行任務，執行結束後並將結果回傳給 C&C 伺服器。

圖表 20-10 Botnet 架構

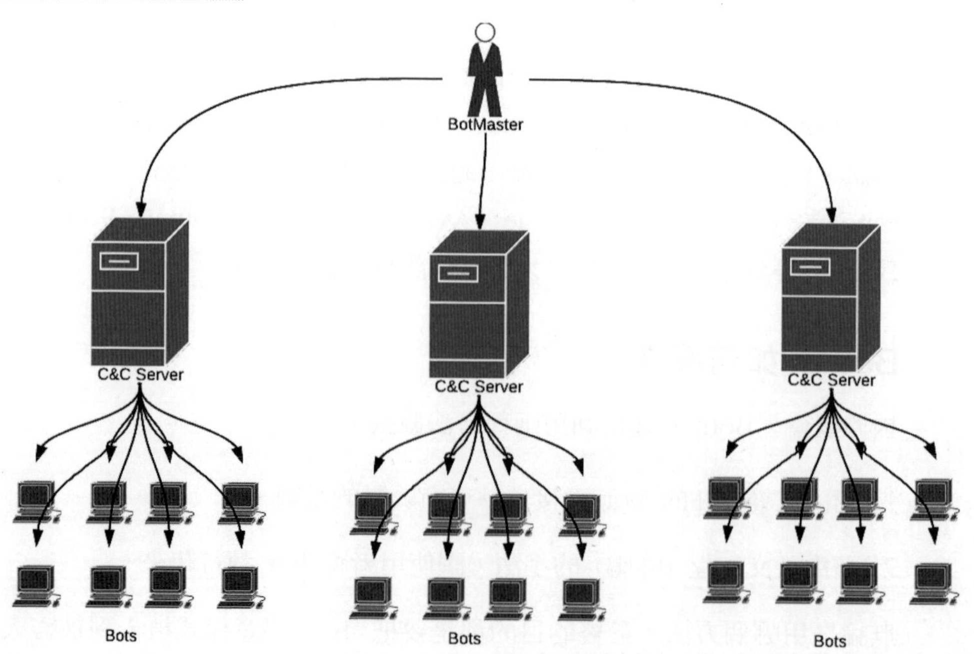

Botnet 營利方式

近年的 Botnet 營利方式變成多樣，早期的 Botnet 是用發動 DDOS 的網路攻擊或是代發廣告電子郵件 (SPAM) 來獲利，Bots 被當作 e-mail 轉送站。現今駭客可以將自已的 Botnet 出租，根據需求要租用幾台 bots 來計費。Botnet 最厲害的還是發起 DDOS 的攻擊。如下圖所示，botmaster 透過 C&C Server 對全世界幾百萬台 bots 下達 DOS 攻擊，針對特定的伺服器產生幾百 GB 流量讓網路癱瘓，藉此來勒索金錢。

圖表 20-11 botnet 發動 DDOS

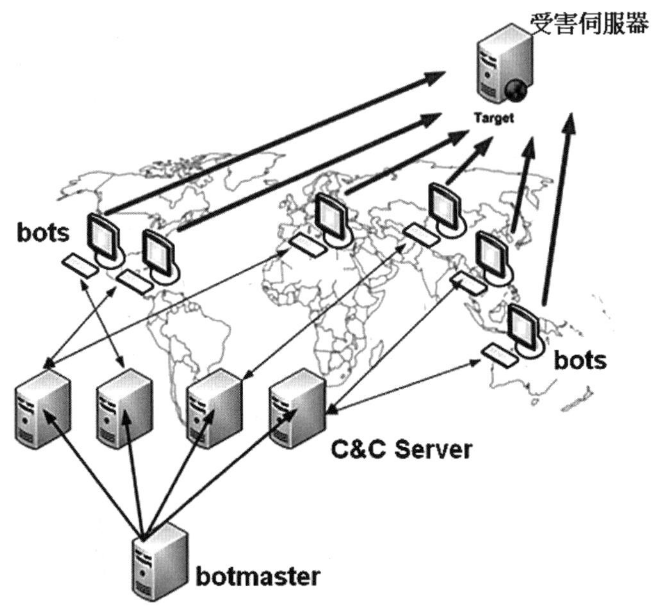

Ransom DDoS

近年來台灣電子交易網站或製造業供應鏈平臺常常受勒索式 DDoS 攻擊 (Ransom DDoS) 的威脅。例如：2021 年博奕網站遭 800 GB 流量勒索式 DDoS 攻擊。DDoS 攻擊為何能夠產生巨大的合法流量，主要是透過全球的 bots 同時發送合法封包，每個 bots 都是合法使用者且發送的封包數量也不多，IPS (Intrusion Prevention System) 入侵偵測系統也無法發揮作用。但這些 bots 從幾十萬台到幾百萬台，同一時間連線到伺服器，伺服器無法處理瞬間的大量流量而癱瘓。要防止這類攻擊要從 ISP 層級來防範境外異常的流量進入境內。

20.6 常見阻斷服務攻擊 (DOS)

阻斷服務攻擊 (Denial of Service attack，DoS) 是用來阻斷正常使用者的網路或伺服器的服務，駭客利用協定漏洞或是程式錯誤來製作工具，破壞網路或是系統服務的可用性 (Availability)。而分散式阻斷服務攻擊 (distributed denial of service attack，DDoS) 是駭客使用很多的主機，同時對目標伺服器發動阻斷服務攻擊。上述的 Botnet 是發動 DDoS 攻擊的基礎架構。

DoS 攻擊目的

DoS 攻擊可以具體分成兩種形式：

1. **頻寬消耗型**：以消耗網路頻寬為目的，使正常用戶因連線頻寬耗盡而無法連線到網站或系統服務。
2. **資源消耗型**：以耗盡伺服器的記憶體或處理器資源為目的，癱瘓伺服器服務處理合法請求。

這兩種形式都是透過大量合法流量或偽造的請求占用大量網路及設備資源，以達到癱瘓網路設備及伺服器服務為目的。近年來駭客集團發動 DDoS 攻擊的數量倍增，受攻擊的產業範圍也更加廣泛，例如：銀行、保險業、遊戲業、資通訊業、製造業等，都是 DDoS 攻擊者經常鎖定的目標。駭客集團藉此攻擊來勒索業者，獲取不當的利益。

DoS 常用方法

阻斷服務攻擊的方法主要兩種，一種是修改封包的表頭檔中欄位內容，讓接收端電腦無法辨識封包的表頭檔而產生當機或影響執行效能；另一種是使用大量的流量讓接收端電腦無法處理，而讓系統變慢或當機。常見的攻擊手法有針對 TCP 協定、UDP 協定、ICMP 協定及 IP 協定等的攻擊，例如：TCP 泛洪攻擊、UDP 泛洪攻擊、ICMP 泛洪攻擊等。這些攻擊技術，敘述如下：

TCP 泛洪攻擊

TCP 泛洪攻擊 (TCP SYN Flood) 是利用 TCP 的三向式交握 (Three-Way Handshake) 機制的缺點，詳細請參考第二章節。如下圖所示，駭客針對目標伺服器送出連續的 TCP 連線請求，來源 IP 位址是偽造的 SYN 封包。當目標伺服器收到 SYN 封包，就要回應 SYN/ACK 給來源 IP 位址，但此 IP 位址不存在，SYN/ACK 如同傳送到黑洞 (Black hole)，如此伺服器根本不可能收到請求端的 ACK 封包，形成半開放連線 (Half-open connections)。於是大量無法建立 TCP 連線佔住伺服器的資源，而正常的 TCP 連線無法建立連線，阻斷伺服器的服務能力或無法連線。這種攻擊著名有 LAND Attack。防止 TCP 泛洪攻擊的方式是關閉伺服器不必要的 Port 服務，如發現有特定來源 IP，持續使用此攻擊，對此特定的來源 IP 送來之 TCP 連線要求，拒絕其連線請求。

圖表 20-12 TCP 泛洪攻擊

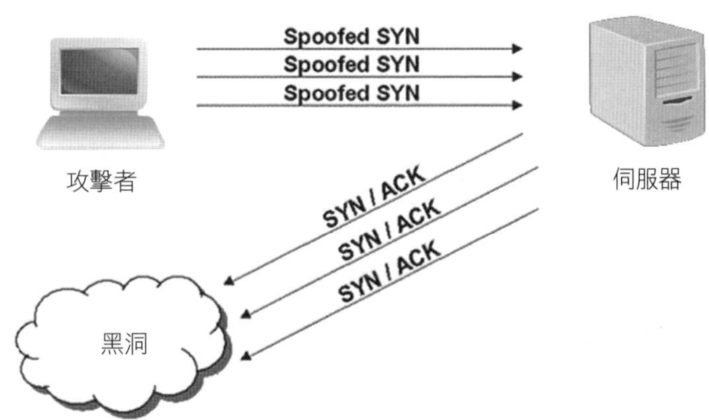

UDP 泛洪攻擊

UDP 不像 TCP 協定需要經過三次交握建立連線，UDP 泛洪攻擊主要是傳送含有隨意 port no 的 UDP 封包進行大流量的攻擊目標伺服器。當伺服器收到這些 UDP 封包後，檢查相關的應用程式，如果沒有相關的服務，就會回覆一個『目標不可達』(destination unreachable) 的訊息。隨著接收到的 UDP 封包越來越多，伺服器變得不堪負荷，出現反應變慢的現象。另外在 UDP 泛洪攻擊的架構下，駭客可以偽裝目標伺服器的 IP 位址進行攻擊，如下圖所示，當大量的主機回傳 UDP 回應訊息給目標伺服器，此種攻擊稱作反射攻擊。這種攻擊的工具有 Fraggle 攻擊、UDP 獨角獸 (UDP Unicorn)、低軌道離子炮 LOIC (Low Orbit Ion Cannon)。

圖表 20-13 UDP 泛洪攻擊

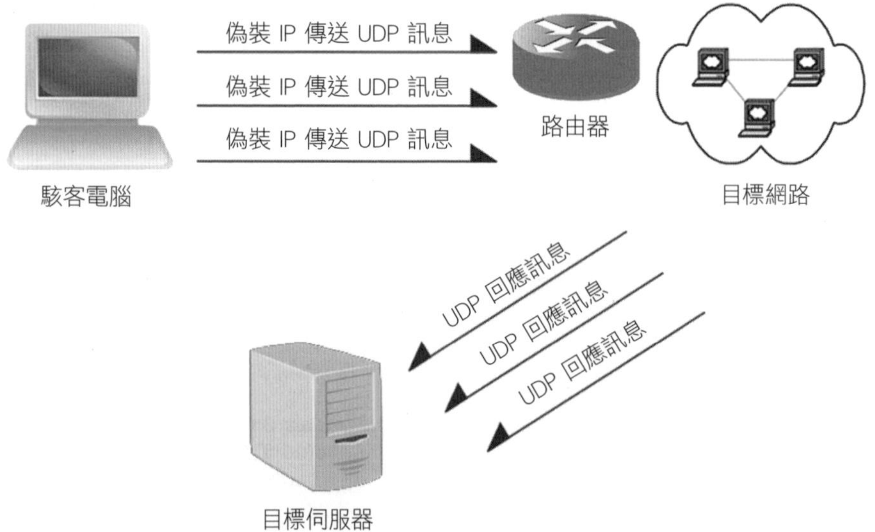

Ping Flooding

駭客傳送大量的 ICMP ECHO 封包到目標電腦，當電腦收到 ICMP ECHO 封包必須回應 ICMP Reply 封包，如此來耗損目標電腦的系統資源。缺點是攻擊者容易被辨識出來，並可能收到大量的 ICMP Reply 封包而使自己電腦耗損。改良方式使用反射攻擊，將 ICMP ECHO 封包的來源 IP 位址設定為目標電腦的 IP。如下圖所示，大量電腦收到 ICMP ECHO 封包，都會回應 ICMP Reply 封包到目標電腦，如此來消耗頻寬及電腦資源。類似的攻擊有 Smurf。由於 Windows 已經將 ICMP Reply 功能關閉，這類攻擊已經無效。

圖表 20-14 Ping Flooding

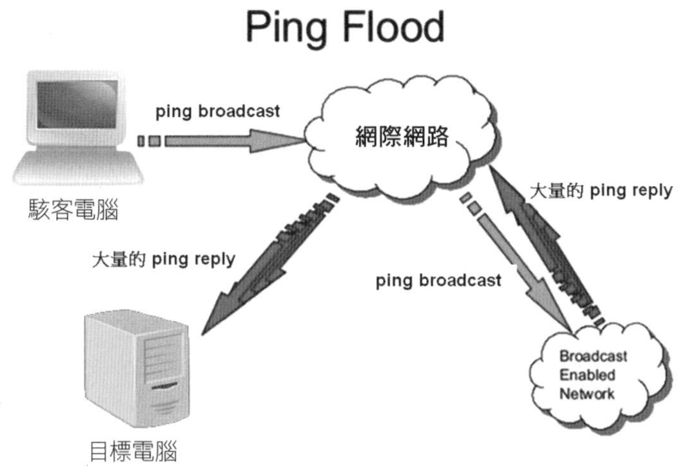

Ping of death

控制 Ping 封包大小，產生超過 IP 協定最大封包上限大小，一個 IP 封包大小上限為 65535 bytes，因此一個大於 65,535 bytes 的封包將使系統當機。如下圖所示，目標電腦的作業系統沒有能力檢查超過上限的 IP 封包，使得電腦系統當機。或者這些超大封包會分段 (fragmentation)，但是最後目標電腦還是會重組回來，才發現 IP 封包已經超過上限，造成溢位 (Buffer Overflow) 而當機。現今的作業系統都已經修正，大部份都已經可以自動偵測這類型的攻擊。

圖表 20-15 Ping of death

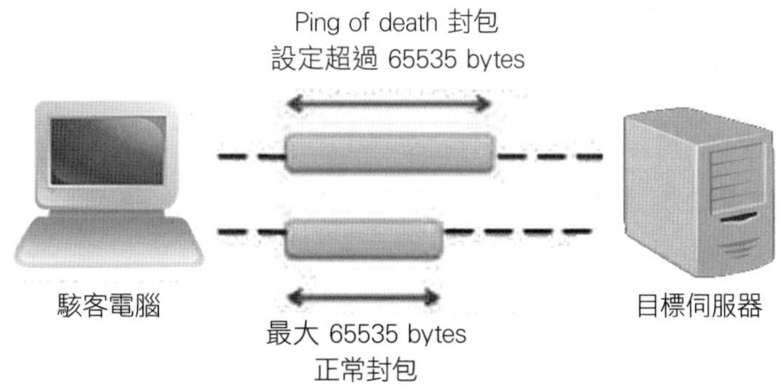

Teardrop

IP 的 MTU 為 1500 bytes，當傳送端的 IP 封包超過 MTU 時，需要將 IP 封包進行分段 (fragmentation) 再傳送出去，接收端收到這些分段封包需要重新組裝回原來的 IP 封包。在 IP 分段含有該分段所包含的是原始封包的哪一段的編號，如此才能正常組裝回來。如下圖所示，Teardrop 攻擊將分段的編號打亂，不正常分段編號無法正常組裝回原來的 IP 封包，導致系統當機。

圖表 20-16 Teardrop

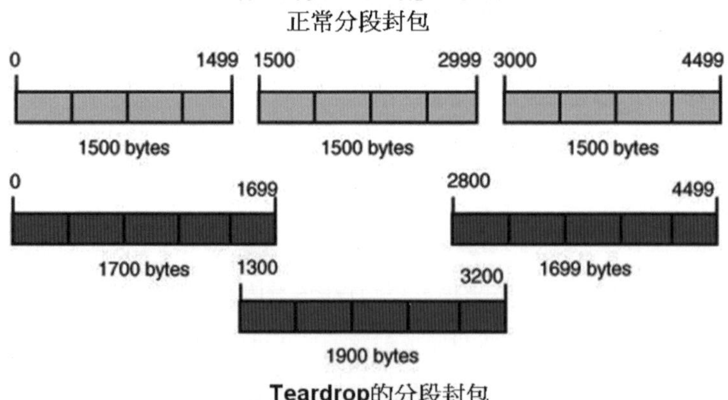

DNS Amplification 攻擊技術

這種攻擊技術使用反射式攻擊 (Reflection)，又把反射的封包大小放大 (Amplification)，達到更加強的攻擊力道。當 DNS 收到 Query 時，會回應 DNS Reply，此 Reply 封包大小是 Query 封包大小的 100 倍，有放大的效果。如下圖所示，駭客藉由不斷發送偽造成目標電腦 IP 位址的 DNS Query 封包來進行遞迴查詢，DNS Reply 封包就會送往目標電腦，將其頻寬塞滿及耗損電腦資源。

圖表 20-17 DNS Amplification 攻擊技術

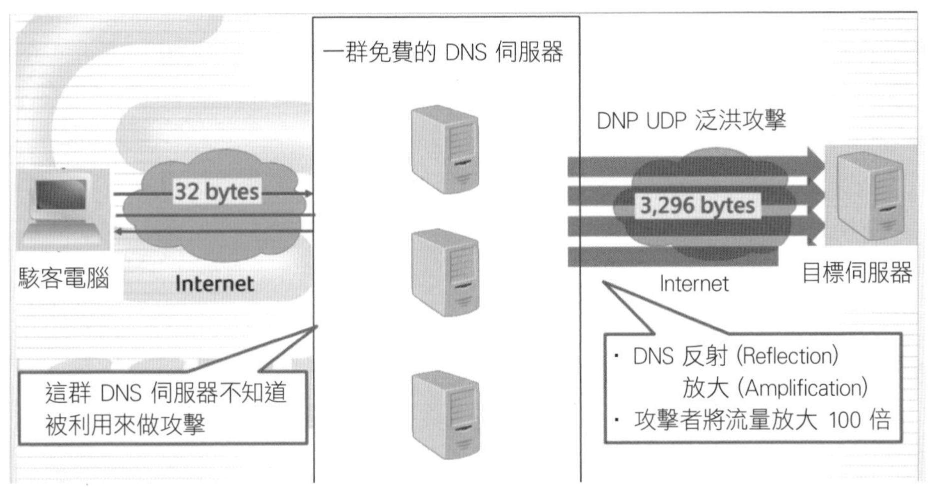

其他放大式攻擊

類似 DNS 放大式攻擊，駭客也在尋找特定協定或應用程式，其回應封包大小是請求封包大小的數百倍以上，這樣攻擊力道的效果更佳。NTP 與 CHARGEN 協定都有百倍以上的放大效果。

- **NTP Amplification**：駭客使用網路校時協定 (NTP，Network TimeProtocol)，NTP Client 發送請求封包就能造成 NTP Server 回應大量資料。放大效果約 190 倍。

- **CHARGEN Amplification**：CHARGEN (Character Generator Protocol) 是一種中文字元符號產生協定。駭客利用 UDP 連線方式，向 Server 端發送偽造來源 IP 位址的封包，讓提供此服務的 Server 向受害主機不斷傳送含有亂數字元的封包。放大效果約 358.8 倍。

當網路管理員了解上述的網路威脅種類及攻擊的技術，針對這些攻擊的方式，選擇合適的資安產品來杜絕任何網路上的攻擊，建立一個安全的網路環境。網路安全不只是技術層面攻擊的問題，還有一些是屬於非技術破壞網路資源的手法，網路管理員需要廣泛制定安全策略，以防止可能破壞網路安全的任何威脅。

MEMO

CHAPTER

21

常見 LAN 攻擊與防護實務

網路攻擊會從公司外部網路攻擊，也會從內部網路發起，兩者的防禦方式有所不同，外網攻擊主要使用防火牆或入侵偵測系統，內部網路發起的攻擊主要依賴交換器的功能來防護，本章節將介紹常見的區網攻擊與相對的防護功能。

21.1 區網安全防護

區域網路 (LAN) 攻擊主要是從內部電腦發起，因此必須從電腦連接到公司內網的設備開始進行保護，電腦通常是透過交換器連線再進入到公司網路，保護的動作從交換器的 Port 開始進行，如下圖所示，當電腦連線到交換器的 Port 時，交換器可以使用 Port ACL、IEEE 802.1X 及 Port-security 來進行 Port 的保護。每一個交換器的 Port 都會屬於一個 Vlan，當電腦的封包能夠進入到 Port 後，接下來要靠 Vlan 層級的保護，在 Vlan 範圍內可以設定 Vlan ACL 來進行封包的過濾，類似路由器的 ACL 用來過濾封包的效果。

針對偽造攻擊的保護，首先必須確保電腦拿到公司合法配發的 IP 與 MAC，DHCP Snooping 功能可以確保電腦的 IP 與 MAC 的合法配對，有了正確的 IP 與 MAC 資料後，可以設定進階的 Dynamic ARP Inspection 功能用於保護 ARP 攻擊，另外 IP Source Guard 功能用於偵測到 IP 偽造。在交換器提供了這些層級的保護，用來阻擋內部電腦發動的一些攻擊。以下單元將從 Port 層級的保護功能介紹，依序深入探討 Vlan 層級的保護及偽造攻擊的防守。

圖表 21-1 區網安全防護

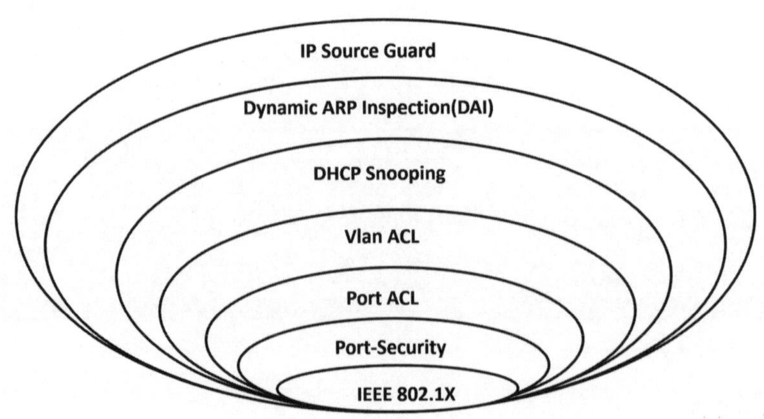

21.2 802.1X 介紹與實作

目前有兩種機制來管理電腦連線到交換器的 Port，一種是 IEEE 802.1X，另一種為 Port-Security。IEEE 802.1X 是使用驗證使用者與密碼的機制，而 Port-Security 則是使用 MAC 檢查機制，兩種機制都是用來決定電腦是否可以使用交換器的 Port 來傳送正常的流量封包，藉以保護交換器的 Port 安全。

IEEE 802.1X 介紹

802.1X 是驗證使用者與密碼的機制，必須搭配 AAA 認證，所以不會檢查電腦的 MAC，是以使用者為主來決定電腦是否可以正常使用交換器的 Port，如下圖所示，交換器啟動 802.1X 之後，交換器就變成驗證者，在還沒驗證使用者與密碼通過之前，交換器只會接收 802.1X 的封包，其餘的封包是不允許通過交換器的 port，如此來保護交換器的 Port。請注意有啟動 802.1X 的交換器 port 通常是 Access 模式，不會是 Trunk 模式。

圖表 21-2 Switch 當作 802.1x Authenticator

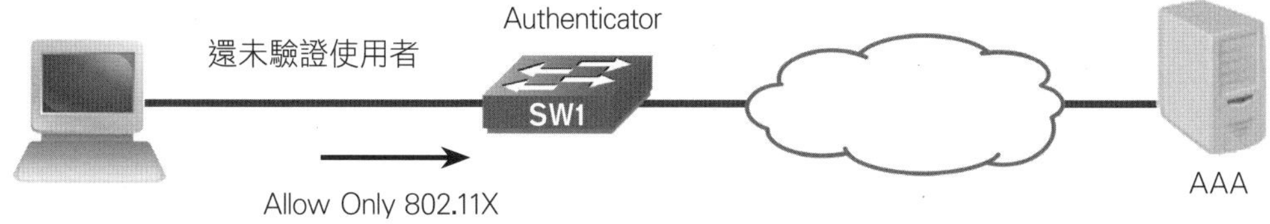

IEEE 802.1X 運作流程

在 802.1X 的運作過程，電腦為 802.1X 的 Client 端稱為請求者(supplicant)，交換器則當作驗證者(Authenticator)，驗證伺服器必須使用 AAA Server，所有使用者與密碼都存放在 AAA Server。電腦與交換器之間使用 EAP(Extensible Authentication Protocol) 的協定來交換使用者與密碼，因此，在電腦的作業系統必須支援 EAP 協定，下圖所示為 802.1X 的運作過程。

圖表 21-3 802.1X 運作流程

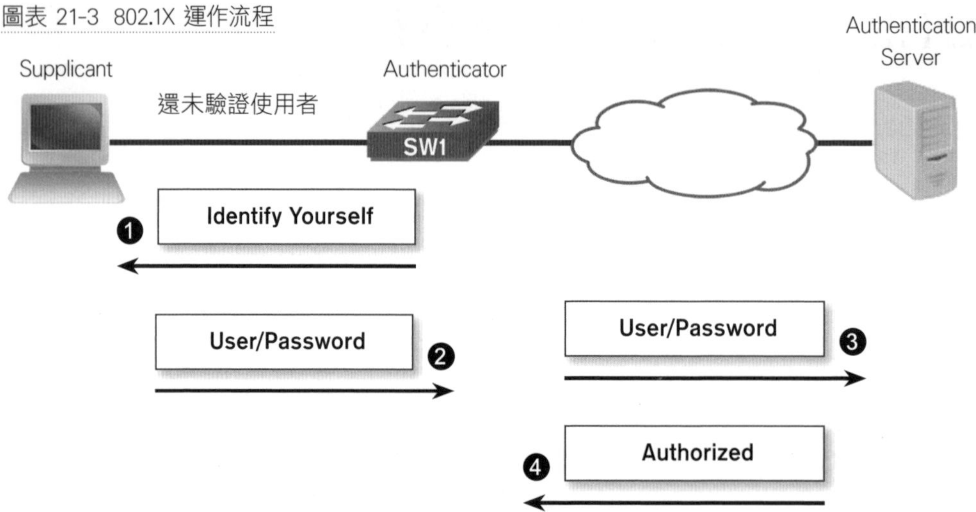

❶ 當電腦啟動時，交換器就會送出 802.1X 的封包請求電腦端輸入認證資訊。

❷ 電腦送出使用者與密碼。

❸ 交換器將使用者與密碼送給 AAA Server 來驗證

❹ 當交換器收到 AAA Server 驗證通過的封包後，交換器就授權 port 來傳送電腦的正常資料。請注意在未驗證完成之前，交換器的 port 是阻擋電腦傳送的正常封包。

802.1X 實作

我們使用 802.1X 網路架構來示範在交換器中啟動 802.1X 認證，其中在 AAA Server 已經設定好一組帳密 ccna/ccna，及設定一個 pre-shared-key 為 cisco 來給 S1 使用。S1 執行 radius-server host 192.168.10.100 key cisco 來指定使用 AAA Server，其中 host 192.168.10.100 為 AAA Server 的 IP 及 key cisco 就是在 AAA server 中要設定的 pre-shared-key。

圖表 21-3.2
802.1X 網路架構

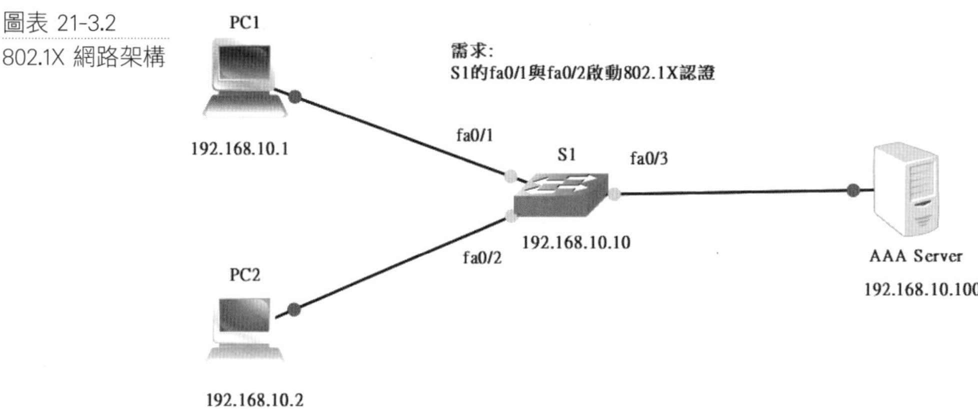

S1 使用 aaa new-model 指令啟動 AAA 功能，並設定哪一台 AAA Server 作為認證伺服器及設定 802.1X 的認證來源使用 AAA Server，最後使用 dot1x system-auth-control 來啟動 S1 的 802.1X 功能。完整指令如下表所示。

圖表 21-3.3 S1 啟動使用 AAA Server

指令	說明
S1(config)#aaa new-model	啟動 AAA 功能
S1(config)#radius-server host 192.168.10.100 key cisco	設定使用哪一台 AAA Server
S1(config)#aaa authentication dot1x default group radius	802.1X 指定 AAA Server 做認證
S1(config)#dot1x system-auth-control	S1 啟動 802.1X 功能

交換器中哪一個 port 要使用 802.1X 身份驗證是個別啟動，目前 S1 的 fa0/1 與 fa0/2 這兩個 port 要啟動 802.1X 身份驗證，指令如下表所示。當 PC1 與 PC2 要連線時，需要輸入帳密 ccna/ccna 才能使用。如果電腦連線的 port 不是 fa0/1 與 fa0/2，就無須檢查認證。

圖表 21-3.4 S1 的 port 啟動 802.1X 檢查

指令	說明
S1(config)#int range fa0/1-2	切換到 fa0/1 fa0/2 的介面模式
S1(config-if-range)#switchport mode access	設定為 access 模式
S1(config-if-range)#authentication port-control auto	Port 啟動 802.1X 功能
S1(config-if-range)#dot1x pae authenticator	使用預設參數在 port 上啟用 802.1X

21-3 埠安全 (Port-Security) 介紹與實作

Port-Security 使用 MAC 位址來決定電腦是否能使用交換器的 Port，Port-Security 使用的 MAC 稱為 Secure MAC，存放 Secure MAC 的地方稱為 Secure MAC Table，要了解 Port-Security 首先要先知道 Secure MAC Table 與 MAC Table 的關係。

常用的埠安全指令

常用的埠安全相關指令整理如下表。

圖表 21-4 埠安全相關指令

指令	說明
Switch(config-if)#switchport mode access	手動設定連接埠為存取模式
Switch(config-if)#switchport port-security	啟動介面的埠安全功能
Switch(config-if)#switchport port-security maximum 2	設定安全 MAC 數目為 2
Switch(config-if)#switchport port-security mac-address H.H.H	設定靜態安全 MAC
Switch(config-if)#switchport port-security mac-address sticky	設定粘滯安全 MAC
Switch(config-if)#switchport port-security violation shutdown	設定違反埠安全原則為 shutdown 模式
Switch#show mac-address-table	查看交換器上 mac table
Switch#clear mac-address-table	清除交換器上 mac table
Switch#show port-security address	查看 Secure MAC Table
Switch#clear port-security all	清除 Secure MAC Table
Switch#show port-security int fa0/1	查詢 fa0/1 連接埠的埠安全狀態

安全 MAC (Secure MAC)

交換器的 port-security 功能是設定 MAC 為檢查原則，主要可以檢查交換器的特定 port 下連接的 MAC，設定檢查的 MAC 稱為**安全 MAC (Secure MAC)**，如何設定要檢查安全 MAC，有以下三種方式：

- **靜態安全 MAC(Static Secure MAC)**：靜態安全 MAC 是管理者手動輸入要檢查的 MAC，設定好的靜態安全 MAC 儲存在 **Secure MAC Table (Secure MAC Table)**中，並增加到交換器的 run 組態檔

中，另外也會出現在 MAC Table 中，以靜態方式表示。靜態安全 MAC 必須使用指令來設定，此外，安全MAC會永久存在，除非管理用指令清除或設定Age-out時間。

- **動態安全 MAC (Dynamic Secure MAC)**：此安全 MAC 是經由動態獲取的，當 port-security 啟動後，只要電腦連接到交換器的 port 時，交換器學到此電腦的 MAC，除了將此 MAC 儲存在 MAC table，也會將此 MAC 變成安全 MAC 儲存在 Secure MAC Table，以此方式設定的安全 MAC 在交換器重新啟動時將被移除。動態安全 MAC 不用使用指令來設定，只要啟動 port-security 功能即可。

- **粘滯安全 MAC(Sticky Secure MAC)**：此安全 MAC 是也是經由動態獲取的，不同於動態安全 MAC，粘滯安全 MAC 會同時儲存在 Secure MAC Table 與 run 組態檔中，粘滯安全 MAC 必須使用指令來設定。

示範安全 MAC

接著示範介紹如何取得這三種安全 MAC 的方法，我們使用下列 secure-mac 網路架構來解說，此架構中 fa0/1 已經啟動 port-security，而 fa0/2 沒有啟動 port-security。

圖表 21-5 secure-mac 網路架構

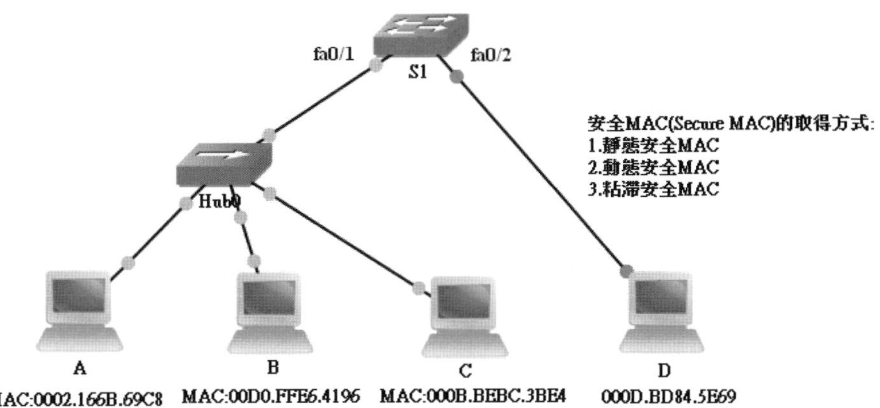

動態安全 MAC 取得

在 secure-mac 網路架構中，S1 中 fa0/1 的 port-security 已經啟動並設定安全 MAC 連線數目為 3，而 fa0/2 沒有啟動 port-security，稍後會示範 port-security 的啟動步驟。在沒指定使用靜態安全 MAC 或粘滯安全 MAC 時，預設的埠安全會使用動態安全 MAC，為了 S1 學習到 4 台電腦，在 A 電腦執行 ping 192.168.10.255。

圖表 21-6 動態安全 MAC

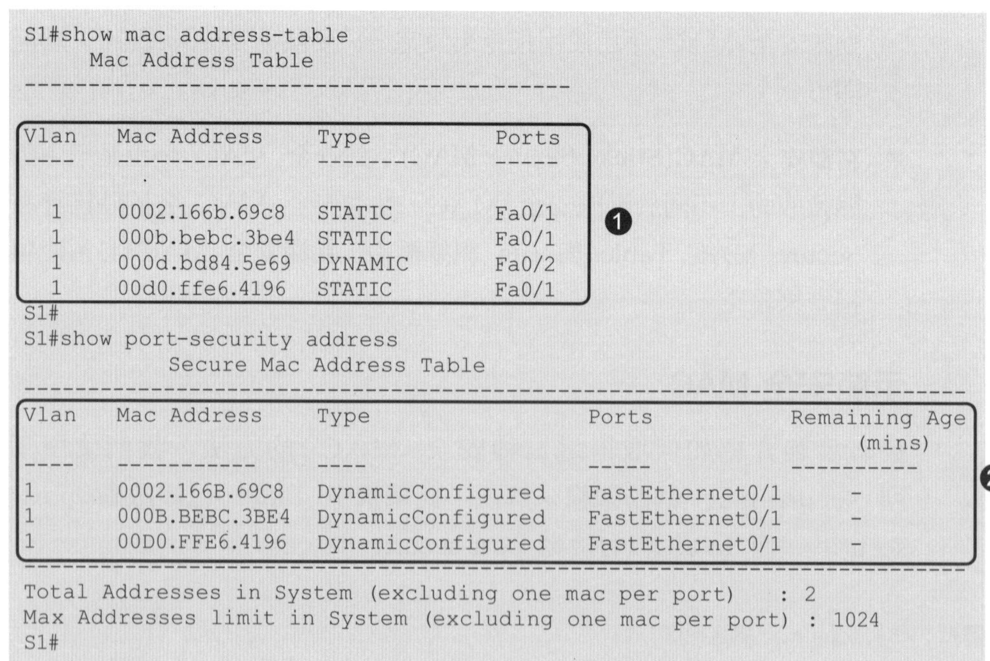

```
S1#show mac address-table
     Mac Address Table
-----------------------------------------

Vlan    Mac Address       Type          Ports
----    -----------       --------      -----

   1    0002.166b.69c8    STATIC        Fa0/1
   1    000b.bebc.3be4    STATIC        Fa0/1
   1    000d.bd84.5e69    DYNAMIC       Fa0/2
   1    00d0.ffe6.4196    STATIC        Fa0/1
S1#
S1#show port-security address
          Secure Mac Address Table
------------------------------------------------------------------------
Vlan    Mac Address       Type                 Ports              Remaining Age
                                                                      (mins)
----    -----------       ----                 -----              ----------
1       0002.166B.69C8    DynamicConfigured    FastEthernet0/1        -
1       000B.BEBC.3BE4    DynamicConfigured    FastEthernet0/1        -
1       00D0.FFE6.4196    DynamicConfigured    FastEthernet0/1        -
------------------------------------------------------------------------
Total Addresses in System (excluding one mac per port)    : 2
Max Addresses limit in System (excluding one mac per port) : 1024
S1#
```

❶ 顯示 S1 的 MAC Table 學到這 4 台電腦的 MAC，其中在 fa0/1 下有 3 筆 MAC 是 STATIC，另外在 fa0/2 下有 1 筆 MAC 是 DYNAMIC，這是因為 fa0/1 有啟動 port-security。

❷ 透過 port-security 的 port 學習到的 MAC 都會以 STATIC 方式記錄到 MAC Table，同時也會將這 3 個 MAC 變成安全 MAC 儲存在 Secure MAC Table。其中 **Type 欄位為 DynamicConfigured** 表示動態取得安全 MAC。

請注意若將 S1 的 MAC Table 清空，動態安全 MAC 也會一起被移出 Secure MAC Table，讀者可以使用 **clear mac-address-table** 來清空 MAC Table。

靜態安全 MAC 取得

接下來要將電腦 A 設定為靜態安全 MAC，在設定之前執行 **clear port-secuirty all**，將 S1 的 Secure MAC Table 清空後，在 fa0/1 的介面模式執行 **switchport port-security mac-address 0002.166B.69C8**，如此就設定一筆靜態安全 MAC。

靜態安全 MAC 不需要透過交換器的 MAC 學習，當設定好靜態安全 MAC 時，此筆 MAC 就已經存在 MAC Table 及 Secure MAC Table，如下所示：

圖表 21-7 靜態安全 MAC

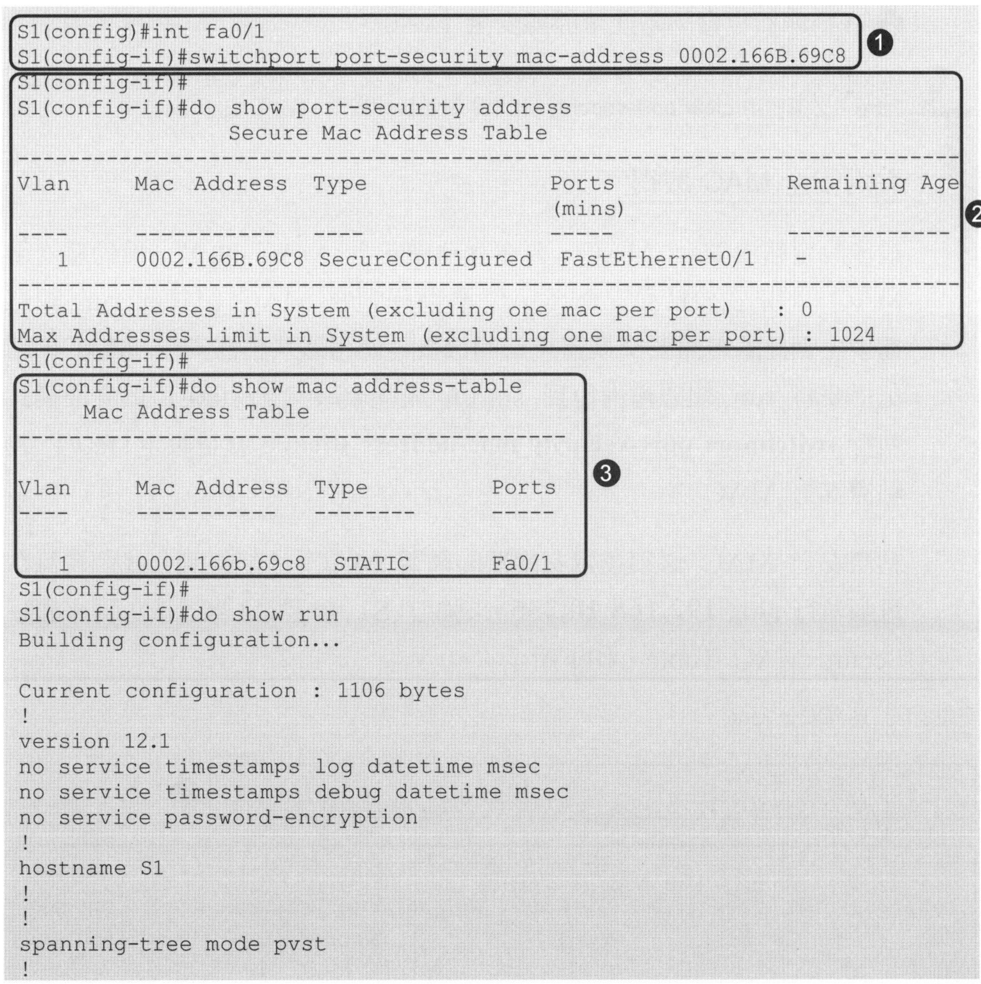

```
S1(config)#int fa0/1
S1(config-if)#switchport port-security mac-address 0002.166B.69C8     ❶
S1(config-if)#
S1(config-if)#do show port-security address
               Secure Mac Address Table
------------------------------------------------------------------------------
Vlan    Mac Address    Type                 Ports              Remaining Age
                                            (mins)                            ❷
----    -----------    ----                 -----              -------------
   1    0002.166B.69C8 SecureConfigured   FastEthernet0/1    -
------------------------------------------------------------------------------
Total Addresses in System (excluding one mac per port)     : 0
Max Addresses limit in System (excluding one mac per port) : 1024
S1(config-if)#
S1(config-if)#do show mac address-table
     Mac Address Table
-------------------------------------------

Vlan    Mac Address    Type          Ports     ❸
----    -----------    --------      -----

   1    0002.166b.69c8  STATIC       Fa0/1
S1(config-if)#
S1(config-if)#do show run
Building configuration...

Current configuration : 1106 bytes
!
version 12.1
no service timestamps log datetime msec
no service timestamps debug datetime msec
no service password-encryption
!
hostname S1
!
!
spanning-tree mode pvst
!
```

Next

```
interface FastEthernet0/1
 switchport mode access
 switchport port-security
 switchport port-security maximum 3
 switchport port-security mac-address 0002.166B.69C8   ❹
!
interface FastEthernet0/2
!
---------------- 省略部分資訊 ------------------
```

❶ 在 fa0/1 設定一筆靜態安全 MAC。

❷ 查詢 Secure MAC Table 中有一筆靜態安全 MAC，其 **Type 欄位**為 **SecureConfigured**。

❸ 在 MAC Table 中也有一筆靜態的 MAC。

❹ 在組態檔也會記錄此筆靜態安全 MAC。

請注意若將 S1 的 MAC Table 清空，靜態安全 MAC 及 Sticky MAC 並不會移出 Secure MAC Table，必須使用 **clear port-security all** 才能清除靜態安全 MAC 及 Sticky MAC 。

粘滯安全 MAC 取得

最後設定粘滯安全 MAC，要注意粘滯安全 MAC 也是一種動態安全 MAC，差別在於粘滯安全 MAC 會將學到的 MAC 記錄到 run 組態檔中，因此若有需要交換器重新開機後再使用這些粘滯安全 MAC，請記得要將 run 組態檔備份到 startup 組態檔中。在 fa0/1 的介面模式執行 **switchport port-security mac-address sticky**，就是設定 fa0/1 為粘滯安全 MAC 。

粘滯安全 MAC 必須透過交換器的學習 MAC 才能得到，我們在每台電腦執行 **ping 192.168.10.255** 來強迫 S1 學習 MAC 後，再來觀察 Secure MAC Table，如下所示：

圖表 21-8 粘滯安全 MAC

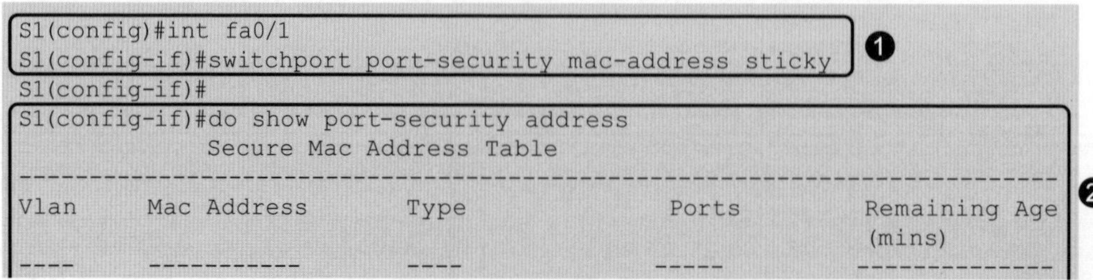

```
S1(config)#int fa0/1                                          ❶
S1(config-if)#switchport port-security mac-address sticky
S1(config-if)#
S1(config-if)#do show port-security address
            Secure Mac Address Table
------------------------------------------------------------------------   ❷
Vlan    Mac Address     Type              Ports       Remaining Age
                                                          (mins)
----    -----------     ----              -----       -------------
```

Next

```
1        0002.166B.69C8      SecureConfigured FastEthernet0/1     -
1        000B.BEBC.3BE4      SecureSticky     FastEthernet0/1     -
1        00D0.FFE6.4196      SecureSticky     FastEthernet0/1     -
------------------------------------------------------------------
Total Addresses in System (excluding one mac per port)     : 2
Max Addresses limit in System (excluding one mac per port) : 1024
S1(config-if)#
S1(config-if)#do show mac address-table
           Mac Address Table
-------------------------------------------

Vlan     Mac Address        Type      Ports
----     -----------        -------   -----

  1      0002.166b.69c8     STATIC    Fa0/1
  1      000b.bebc.3be4     STATIC    Fa0/1
  1      000d.bd84.5e69     DYNAMIC   Fa0/2
  1      00d0.ffe6.4196     STATIC    Fa0/1
S1(config-if)#
```

❸

❶ 在 fa0/1 設定粘滯安全 MAC。

❷ 顯示在 Secure MAC Table 有一筆是靜態安全 MAC 及兩筆粘滯安全 MAC，其 **Type 欄位為 SecureSticky**，表示粘滯安全 MAC。

❸ 顯示在 MAC Table 中，不管是那種類的安全 MAC，都會以靜態方式存在。請注意 fa0/2 未啟動 port-security 功能。

查詢組態檔中粘滯安全 MAC

另外在 run 組態檔也會記錄學習到的粘滯安全 MAC，如下所示，在 fa0/1 下已經有記錄一筆是靜態安全 MAC 及兩筆粘滯安全 MAC。請注意若將 S1 的 MAC Table 清空，粘滯安全 MAC 也不會移出 Secure MAC Table，此情況跟靜態安全 MAC 一樣，必須使用 **clear port-security all** 才能清除 Secure MAC Table。

圖表 21-9 查詢組態檔中安全 MAC 設定

```
S1#show run
Building configuration...

Current configuration : 1272 bytes
!
version 12.1
no service timestamps log datetime msec
no service timestamps debug datetime msec
no service password-encryption
!
```

Next

```
hostname S1
!
!
spanning-tree mode pvst
!
interface FastEthernet0/1
 switchport mode access
 switchport port-security
 switchport port-security maximum 3
 switchport port-security mac-address sticky
 switchport port-security mac-address 0002.166B.69C8
 switchport port-security mac-address sticky 000B.BEBC.3BE4
 switchport port-security mac-address sticky 00D0.FFE6.4196
!
interface FastEthernet0/2

---------------- 省略部分資訊 -------------------
```

違反安全 MAC 處理模式

當安全 MAC 位址的數量達到 port-security 允許的限制，即違規安全 MAC 原則，例如：我們可以設定安全 MAC 表中只能儲存 3 筆 MAC 資訊，只要透過任一種方式學習到安全 MAC 表中，超過 3 筆 MAC 資訊，這樣就違反安全 MAC，此時交換器必須要採取處理模式，交換器可以將介面設定為三種處理模式，如下所示。

圖表 21-10 違反安全 MAC 處理的三種模式

違規模式	轉送流量	產生 Syslog	違規計數器	關閉 port
保護(Protect)	No	No	No	No
限制(Restrict)	No	Yes	Yes	No
關閉(Shutdown)	No	Yes	Yes	Yes

- **保護(Protect)**：當安全 MAC 表已經達到上限時，此模式會將來源 MAC 不在安全 MAC 表中的封包丟棄，直到你將安全 MAC 上限數目調大。

- **限制(Restrict)**：此模式處理違反安全 MAC 原則的方式跟保護一樣，不同的地方在於此模式會發送安全違規的通知，即交換器發出 SNMP、syslog 訊息記入日誌和違規計數器的計數增加 (Security Violation Count)。

限制模式可以視為保護模式加上通知功能。

- **關閉(Shutdown)**：此模式為違反處理的預設模式，在此模式下，將造成介面立即變為**錯誤停用 (error-disabled)** 狀態，並關閉連接埠 LED，跟限制模式一樣會發送安全違規的通知。當安全連接埠處於錯誤停用狀態時，必須先輸入 **shutdown** 再輸入 **no shutdown** 介面設定命令才可以重新啟動該介面。

21.4 設定特定 MAC 的 port-security

本節將示範如何設定 port-security 來檢查特定電腦，以下為示範的架構，S1 中 fa0/1 介面只能接 PCA，若接其它 PC，埠安全將會偵測並將 fa0/1 立刻關閉。我們使用下列 one-secure-mac 網路架構來練習設定。

圖表 21-11 one-secure-mac 網路架構

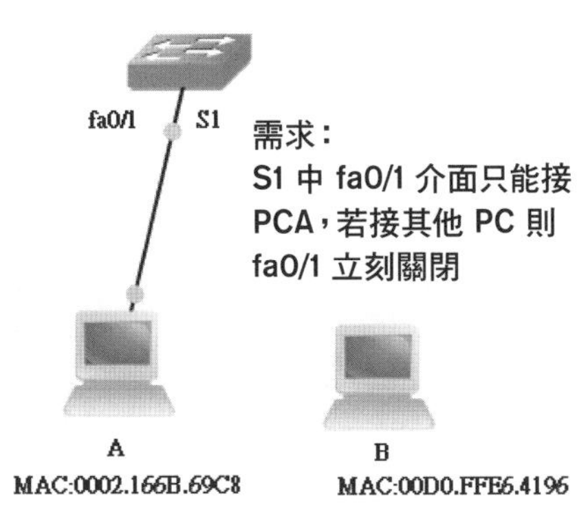

首先來查看 S1 中 port-security 狀態，請注意交換器的所有網路介面中 port-security 預設是關閉，如下所示，指令 **show port-security int fa0/1** 為查詢 S1 中 fa0/1 介面的 port-security 狀態。

圖表 21-12 查詢 S1 中 fa0/1 埠的安全狀態

```
S1#show port-security int fa0/1
Port Security                  : Disabled ❶
Port Status                    : Secure-down
Violation Mode                 : Shutdown ❷
Aging Time                     : 0 mins
Aging Type                     : Absolute
SecureStatic Address Aging     : Disabled
Maximum MAC Addresses          : 1 ❸
Total MAC Addresses            : 0 ❹
Configured MAC Addresses       : 0
Sticky MAC Addresses           : 0
Last Source Address:Vlan       : 0000.0000.0000:0
Security Violation Count       : 0
S1#
```

❶ Port Security 欄位為 Disabled ，表示目前 port-security 是**關閉 (Disable)**。

❷ Violation Mode 欄位為違反安全 MAC 處理模式，預設值為 **shutdown**。

❸ Maximum MAC Address 欄位表示 Secure MAC Table 上限的 MAC 數目，預設為 1 個。

❹ Total MAC Address 欄位表示目前學習到的安全 MAC 數目，包含動態、粘滯及靜態安全 MAC。

Port-Security 判斷違反安全模式的規則

如何判斷違反安全 MAC 原則？學習到的安全 MAC 數目超過 Secure MAC Table 上限的 MAC 數目，也就是 **Total MAC Addresses > Maximum MAC addresses** 表示違反安全 MAC 原則，port-security 會啟動違反處理模式。所以根據這項規則，要做到 S1 的 fa0/1 只能接 PCA，則必須先將 PCA 的 MAC 設定到 Secure MAC Table 中，而且將 Secure MAC Table 的上限的 MAC 數目設為 1，如此其它電腦的 MAC 只要學習到 Secure MAC Table 就會違反安全原則。

設定 fa0/1 埠安全步驟

要啟動 port-security 必須進入網路介面模式下，以本範例需求，在 S1 的 fa0/1 介面要設定只能連接 PCA，若接其他電腦則 fa0/1 介面就關閉，因此要針對 fa0/1 啟動與設定 port-security，相關設定指令如下表所示。

圖表 21-13 啟動 port-security 步驟

指令	說明
S1(config)#int fa0/1	進入到 fa0/1 介面模式
S1(config-if)#switchport mode access	fa0/1 要為 access 模式
S1(config-if)#switchport port-security	啟動介面的埠安全
S1(config-if)#switchport port-security maximum 1	設定安全 MAC 表數目為 1
S1(config-if)#switchport port-security mac-address 0002.166B.69C8	設定靜態安全 MAC
S1(config-if)#switchport port-security violation shutdown	設定違反介面埠安全原則為 shutdown

S1 實際設定埠安全

以下為實際設定 S1 的指令。

圖表 21-14 啟動 S1 中 fa0/1 port-security

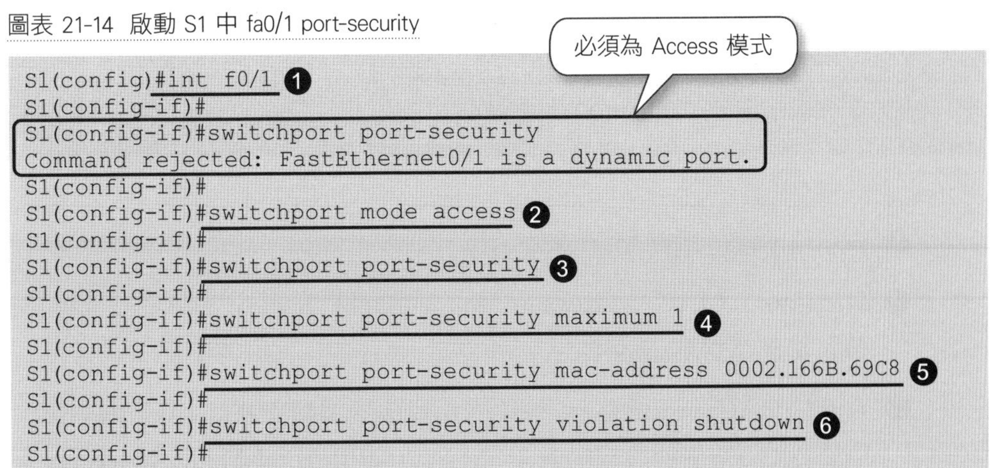

❶ 進入 fa0/1 介面模式後，不能馬上啟動 port-security 功能，因為交換器的所有網路介面為動態偵測模式(DTP)，需要強制設定為 access 模式或者 Trunk 模式。

❷ 設定為 access 模式。

❸ 啟動 port-security 功能。

❹ 設定 Security MAC Table 中上限數目必須設定為 1。

❺ 設定 PCA 為靜態安全 MAC，此時安全 MAC 數目為 1，當其它 PCB 接到 fa0/1 介面時，埠安全使用動態方式取得 PCB 的 MAC 時，這時的安全 MAC 數目 2，就違反安全原則，此時就會啟動違反安全 MAC 處理模式。

❻ 設定違反安全 MAC 處理模式為關閉介面。

請注意 ❹ 與 ❻ 可以不用設定，因為系統預設值就是我們要設定。

查看啟動 port-security 狀態

當執行上面的指令後，在查看 fa0/1 介面中埠安全狀態，如下所示：

圖表 21-15 查看 S1 執行 fa0/1 的埠安全狀況

```
S1#show port-security int fa0/1
Port Security                       : Enabled ❶
Port Status                         : Secure-up
Violation Mode                      : Shutdown
Aging Time                          : 0 mins
Aging Type                          : Absolute
SecureStatic Address Aging          : Disabled
Maximum MAC Addresses               : 1 ❷
Total MAC Addresses                 : 1      ❸
Configured MAC Addresses            : 1 ❹
Sticky MAC Addresses                : 0
Last Source Address:Vlan            : 0000.0000.0000:0
Security Violation Count            : 0
```

❶ 表示目前已經啟動 port-security。

❷ Maximum MAC addresses 欄位表示允許 Secure MAC Table 最多的安全 MAC 數目為 1。

❸ Total MAC Addresses 欄位表示目前學習到安全 MAC 的數目，目前為 1 筆靜態設定的安全 MAC，如果 **Total MAC Addresses > Maximum MAC addresses** 表示違反安全 MAC 原則，port-security 會啟動違反處理模式。

❹ 靜態設定安全 MAC 的數目。

查看 Secure MAC Table 中的紀錄

再來查看 Secure MAC Table 中的紀錄，如下所示，有一筆安全 MAC 的資料，從 **Type 欄位**中的 SecureConfigured 表示此筆安全 MAC 為靜態設定。

圖表 21-16 查看 S1 的 Secure MAC Table

```
S1#show port-security address
                    Secure Mac Address Table
------------------------------------------------------------------
Vlan   Mac Address    Type                Ports           Remaining Age
                                                          (mins)
----   -----------    ----                -----           ------------
1      0002.166B.69C8 SecureConfigured  FastEthernet0/1 -
------------------------------------------------------------------
Total Addresses in System (excluding one mac per port)    : 0
Max Addresses limit in System (excluding one mac per port) : 1024
S1#
```

fa0/1 介面切換 PCB

現在我們將本單元的網路架構中 S1 的 fa0/1 介面換成連接 PCB，如果 fa0/1 換成 PCB 後，沒有馬上變成關閉狀態，表示 S1 還沒有學到 PCB 的 MAC，此時在 PCB 執行 **ping 192.168.10.255**，S1 馬上會學到 PCB 的 MAC，port-security 立即偵測出違反 Secure MAC Table 上限數目，立即關閉 fa0/1 介面，如下圖所示。

請注意可以使用 show int status 來查詢交換器的 port 之連線狀態。

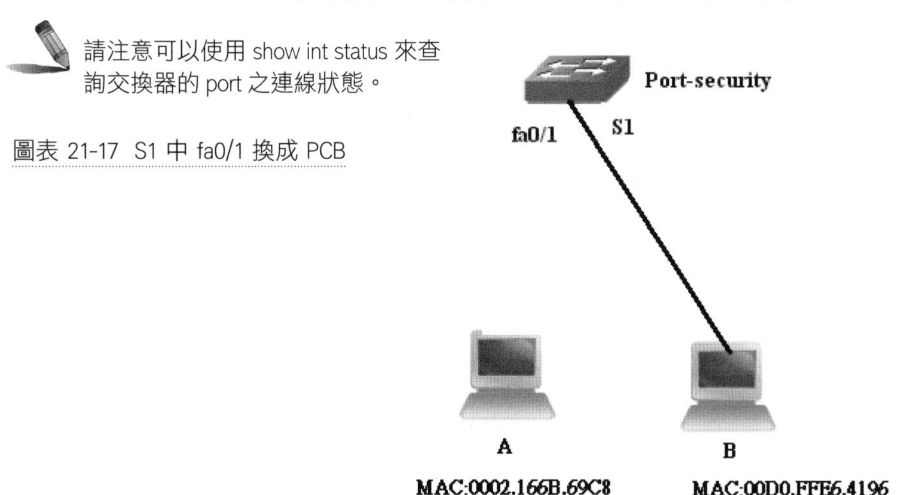

圖表 21-17 S1 中 fa0/1 換成 PCB

最後查詢 fa0/1 的 port-security 狀態，如下所示：

圖表 21-18 S1 中 fa0/1 被 port-security 關閉

```
S1#show port-security int fa0/1
Port Security                   : Enabled
Port Status                     : Secure-shutdown ❶
Violation Mode                  : Shutdown
Aging Time                      : 0 mins
Aging Type                      : Absolute
SecureStatic Address Aging      : Disabled
Maximum MAC Addresses           : 1
Total MAC Addresses             : 1
Configured MAC Addresses        : 1
Sticky MAC Addresses            : 0
Last Source Address:Vlan        : 00D0.FFE6.4196:1 ❷
Security Violation Count        : 1 ❸
```

❶ Port Status 欄位表示目前已經關閉，此關閉為系統的 **error disable**，直接使用 no shutdown 是無法啟動 fa0/1，必須先執行 shutdown 再執行 no shutdown。其中 shutdown 是把 error disable 功能取消的意思。

❷ 表示最後學習到的 MAC 及 Vlan，目前為 00D0.FFE6.4196:1 表示最後學習到的是 PCB 的 MAC 及 Vlan 1。

❸ Security Violation Count 欄位表示違反安全原則次數，目前為 1 次。

請注意如果要關閉 error disable 功能，在組態模式下執行 no errdisable detect cause all，有關於更多 error disable 的相關設定屬於 CCNP 課程範圍。

查詢 S1 的 port-security 總表

從以下圖表可以看到所有 S1 啟動 port-security 狀況，其中 MaxSecureAddr 表示最大的 Secure MAC Table 數目，CurrentAddr 表示目前學習到的安全 MAC 數目，Security Violation 表示違反安全原則幾次，Security Action 表示使用違反安全原則的處理方式。

圖表 21-19 查詢 S1 的 port-security 總表

```
S1#show port-security
Secure  Port  MaxSecureAddr   CurrentAddr  SecurityViolation  Security Action
                (Count)         (Count)        (Count)
-------------------------------------------------------------------------------
      Fa0/1       1               1             1                Shutdown
-------------------------------------------------------------------------------
S1#
```

21.5 使用 port-security 檢查針對特定 MAC

本節將示範管理交換器的 port 連接電腦的數目，如下圖所示，限制 S1 的 fa0/1 最多只能連接 2 台電腦，違反規定將使用限制(Restrict)的處理模式。我們使用下列 many-secure-mac 網路架構來做示範練習。

圖表 21-20 many-secure-mac 網路架構

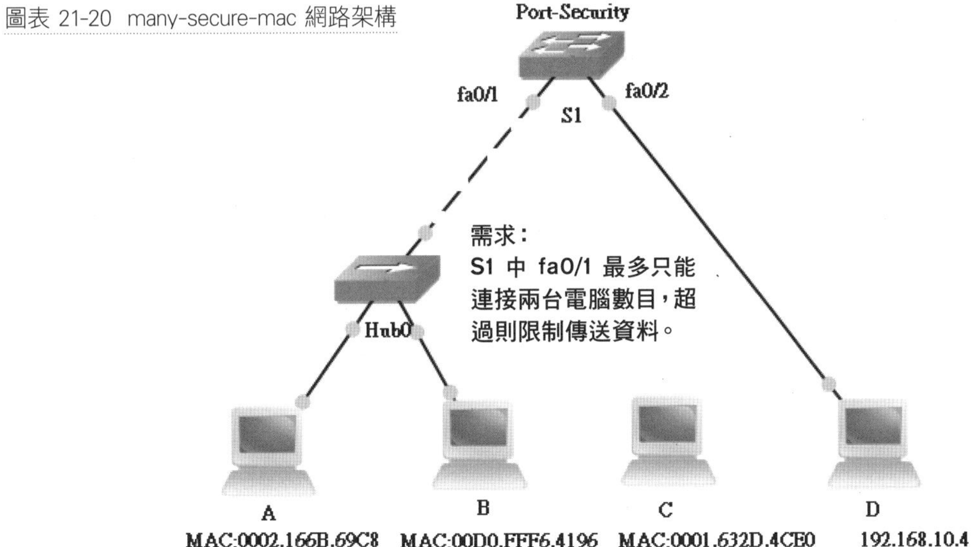

設定安全 MAC 連線數目

使用 port-security 來管理 S1 中 fa0/1 的電腦連線數目，啟動 fa0/1 的埠安全功能後，設定 Secure MAC Table 最多安全 MAC 數目為 2、安全 MAC 學習為粘滯方式及違反介面埠安全原則時使用限制模式，相關指令如下表。

圖表 21-21 設定安全 MAC 連線數目相關指令

指令	說明
S1(config)#int fa0/1	進入到 fa0/1 介面模式
S1(config-if)#switchport mode access	fa0/1 要為 access 模式
S1(config-if)#switchport port-security	啟動介面的埠安全功能
S1(config-if)#switchport port-security maximum 2	設定安全 MAC 表線數目為 2
S1(config-if)#switchport port-security mac-address sticky	設定粘滯安全 MAC
S1(config-if)#switchport port-security violation restrict	設定違反介面安全原則為 restrict

啟動 fa0/1 的 port-security 後，強迫 S1 學習 PCA 與 PCB 的 MAC (執行 ping 192.168.10.255)，這時我們查看 fa0/1 的 port-security 狀態，如下所示：

圖表 21-22 查看 fa0/1 中 port-security 狀態

```
S1#show port-security int fa0/1
Port Security                  : Enabled
Port Status                    : Secure-up
Violation Mode                 : Restrict ❶
Aging Time                     : 0 mins
Aging Type                     : Absolute
SecureStatic Address Aging     : Disabled
Maximum MAC Addresses          : 2
Total MAC Addresses            : 2 ❷
Configured MAC Addresses       : 0
Sticky MAC Addresses           : 2 ❸
Last Source Address:Vlan       : 00D0.FFE6.4196:1
Security Violation Count       : 0
S1#
```

❶ Violation Mode 欄位為 Restrict 表示違反模式是限制處理。

❷ Total MAC Addresses 欄位為 2 表示目前學習到的安全 MAC 數目為 2。

❸ Sticky MAC Addresses 欄位為 2，表示目前透過粘滯方式學習到的安全 MAC 有 2 個。

請注意違反安全 MAC 的條件為 **Total MAC Addresses > Maximum MAC addresses**，目前還沒有違反。

測試違反埠安全

現在將範例中的電腦 C 連接到 Hub 的任一埠，如下圖所示，如此在 S1 中 fa0/1 底下就有三台電腦連線。

圖表 21-23
S1 中 fa0/1 連線數目為三個

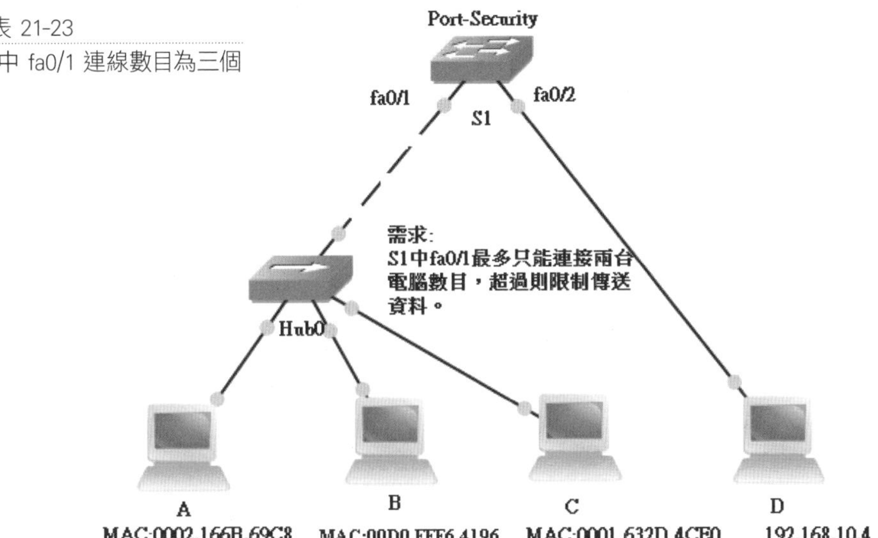

觸發限制模式如下圖所示：

圖表 21-24
電腦 C ping
電腦 D 及電腦 A

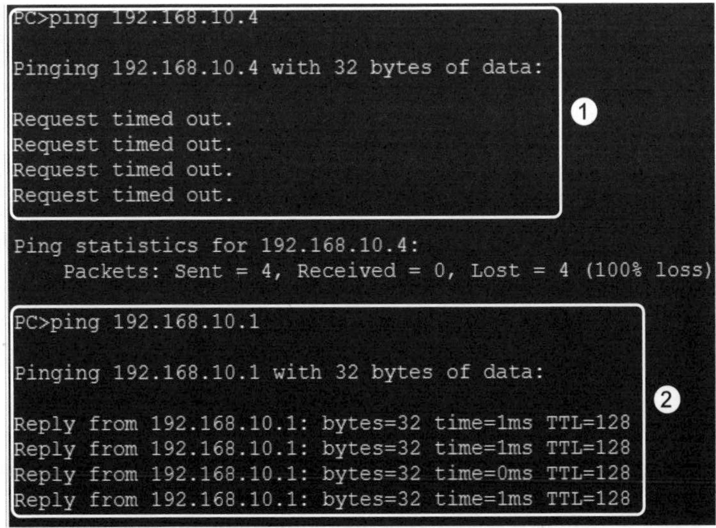

```
PC>ping 192.168.10.4

Pinging 192.168.10.4 with 32 bytes of data:

Request timed out.
Request timed out.
Request timed out.
Request timed out.

Ping statistics for 192.168.10.4:
    Packets: Sent = 4, Received = 0, Lost = 4 (100% loss)

PC>ping 192.168.10.1

Pinging 192.168.10.1 with 32 bytes of data:

Reply from 192.168.10.1: bytes=32 time=1ms TTL=128
Reply from 192.168.10.1: bytes=32 time=1ms TTL=128
Reply from 192.168.10.1: bytes=32 time=0ms TTL=128
Reply from 192.168.10.1: bytes=32 time=1ms TTL=128
```


❶ 在電腦 C 執行 **ping 192.168.10.4**， 此時 S1 中 fa0/1 介面已經超過安全 MAC 數目，因此啟動限制處理模式，此時 fa0/1 介面並沒有關閉，其燈號還是綠燈，這是因為限制模式不會關閉連接埠，但是會限制超過安全 MAC 數目的電腦，限制其傳送資料，以本範例電腦 C 是超過安全 MAC 數目的電腦，所以 S1 的 fa0/1 不會幫電腦 C 傳送資料，電腦 C 無法 ping 電腦 D。

❷ 在電腦 C 執行 **ping 192.168.10.1**，也就是電腦 C ping PCA，此時卻是也可以成功，這是因為電腦 C 與 PCA 的連線不會經過 S1 的 fa0/1。

但是在安全 MAC 數目中的電腦，如 PCA 與 PCB，限制模式還是會將其資料傳送，PCA 可以透過 S1 傳送 ping 封包給 PCD，同樣的 PCB 也可以繼續使用 S1 中 fa0/1 來傳送資料。

最後來看在限制模式下 S1 中 fa0/1 的 port-security 狀態，如下所示：

圖表 21-25 限制模式下 port-security 狀態

```
S1#show port-security int fa0/1
Port Security                    : Enabled
Port Status                      : Secure-up ❶
Violation Mode                   : Restrict
Aging Time                       : 0 mins
Aging Type                       : Absolute
SecureStatic Address Aging       : Disabled
Maximum MAC Addresses            : 2
Total MAC Addresses              : 2
Configured MAC Addresses         : 0
Sticky MAC Addresses             : 2
Last Source Address:Vlan         : 0002.166B.69C8:1
Security Violation Count         : 10 ❷
S1#
```

❶ Port Status 欄位為 Secure-up 表示目前 port-security 沒有關閉。

❷ Security Violation Count 欄位為 10 表示目前違反安全原則的電腦(目前只有 C 電腦)嘗試要傳送資料的次數。

調整 maximum 數目

如果要電腦 C 也可以使用 S1 的 fa0/1 來傳送資料，只要將 Secure MAC Table 的最多數目設定為 3，在 fa0/1 介面模式下執行 **switchport port-security maximum 3**，這樣電腦 C 就可以傳送 ping 封包給電腦 D。但是要再將 maximum 改為 2 則不行，因為 Secure MAC Table 已經有三筆，所以不能設定 maximum 小於 3，如果要調整 maximum 小於 3，只能用指令將 Secure MAC Table 清除，再來設定 maximum。

21.6 交換器 Port ACL

在上述的 IEEE 802.1X 與 Port-Security 功能都是使用認證方式來允許使用 Port，另外一個 Port 層級的保護是使用 ACL，使用條件來允許封包能否進入 Port。在前面章節有介紹路由器的 ACL，在交換器也有 ACL 功能，而交換器的 ACL 又分為 Port ACL (簡稱 PACL) 與 Vlan ACL (簡稱 VACL)，交換器這兩種 ACL 的語法與啟動的地方都不一樣，這一節先介紹 Port ACL，後續再介紹 Vlan ACL。

PACL 過濾方式

在上述的 Port 層級的保護介紹有 IEEE 802.1X 及 Port-Secuirty，保護 Port 的方式分別是：IEEE 802.1X 是根據使用者身分，而 Port-Secuirty 是根據電腦的 MAC 來進行保護 Port 的連線。在 PACL 可以在 L2 port 過濾封包，根據封裝中的 L2、L3、L4 的資訊進行封包的過濾，觀念跟路由器的 ACL 是一樣，所以交換器的 Port 收到一個封包，可以使用 ACL 的條件來判斷封包是否能進入 Port 中。

PACL 語法

PACL 使用標準或延伸 ACL 來撰寫過濾的條件，而過濾的條件可以根據封裝中的 L2、L3、L4 的資訊，L3 與 L4 資訊的過濾條件撰寫跟路由器的 ACL 語法是一樣，但是要使用 L2 資訊進行過濾的條件需要單獨撰寫。PACL 只能過濾封包進入 Port 的封包，封包從 port 出去不會過濾。PACL 啟動的地方可以在 Access port 或 Trunk port 或 EtherChannel 啟動。

PACL 應用實作

我們使用前述 Port-security 範例中的 many-secure-mac 網路架構，需求為交換器 S1 只允許讓 A 與 B 的電腦的封包通過 fa0/1 的 Port，其他電腦則禁止使用 S1 的 port。此時使用 PACL 條件可以根據 A 與

B 電腦 IP 位址來作判斷，語法跟路由器的 ACL 寫法一樣，但是 IP 位址會變，所以可以使用 MAC 來當過濾的條件，如下表指令所示。

圖表 21-26 MAC ACL 語法

指令	說明
mac access-list extended S1-permit	使用 MAC 來當作 ACL 檢查條件
permit host 0002.166b.69c8 any	條件為 A 電腦 MAC 則可以通過
permit host 00d0.ffe6.4196 any	條件為 B 電腦 MAC 則可以通過
deny any any	任何電腦的 MAC 都阻擋
int fa0/1 mac access-group S1-permit in	將 ACL S1-permit 在 fa0/1 啟動

PACL 查詢

將上述指令在 S1 執行後，使用 show access-lists 指令來查詢 ACL，後面可以接 ACL 的名稱，如下圖所示，目前 MAC ACL 只檢查 A 電腦與 B 電腦 MAC，符合條件封包可以進入 S1 的 fa0/1，其它的 MAC 全部阻擋，這效果跟 port-security 功能雷同，但是 PACL 更有彈性，而且檢查的條件不只 MAC 位址，還可以使用 IP 位址及 Port no.。

圖表 21-27 查詢 MAC ACL

```
S1#show access-lists S1-permit
Extended MAC access list S1-permit
    permit host 0002.166b.69c8 any
    permit host 00d0.ffe6.4196 any
    deny   any any
S1#
```

PACL 驗證

我們分別在 A 電腦與 C 電腦執行 ping D 電腦，結果 A 電腦 ping 成功，C 電腦則 ping 失敗，表示 MAC ACL 的作用已經生效，再使用 show access-lists 指令來查詢，如下圖所示。

❶ 表示有 5 個來自 A 電腦的封包符合條件，執行 permit 的動作。

❷ 表示有 10 個不是 A 電腦或 B 電腦的封包，執行 deny 的動作。

圖表 21-28 查詢 MAC ACL 符合條件

```
S1#show access-lists S1-permit
Extended MAC access list S1-permit                      ①
    permit host 0002.166b.69c8 any (5 matches)
    permit host 00d0.ffe6.4196 any
    deny   any any (10 matches) ②
S1#
```

21.7 MAC-Table 攻擊與防護

MAC-Table 攻擊的方式是將 MAC Table 內容灌爆 (overflow)，這種攻擊稱為 MAC Address Table Flooding 攻擊，主要讓 MAC Table 無法運作，交換器變成 HUB 一樣了，這樣會降低交換器的傳送效能及交換器中傳遞的資料也能輕易地被竊取。我們使用下列 MAC-Table 攻擊網路架構來進行示範。

圖表 21-29 MAC-Table 攻擊網路架構 (https://youtu.be/U-rFopQJLtw)

MAC Address Table Flooding 攻擊

MAC Address Table Flooding 攻擊方式是傳送大量的假冒來源 MAC 讓交換器學習，由於交換器只要看到來源 MAC 不在 MAC Table 中，就會將此 MAC 位址紀錄進來 MAC Table 中，大量的假冒來源 MAC 導致最後 MAC Table 空間被假冒的 MAC 塞滿。所以當封包經過交換器要轉送 (forward) 時，在 MAC Table 中就找不到目的 MAC，此時交換器就變成 HUB 一樣了。屬於這種攻擊方式的工具很多，其中比較有名是 MACOF。

MACOF 示範

在 Kali-Linux 已經有安裝 MACOF 工具，我們直接在 Kali-Linux 中執行，如下圖所示，只要在 Kali-Linux 終端機的視窗輸入 macof 指令，MACOF 會送出大量偽造來源 MAC 位址的封包。按 Crtl+C 鍵為終止執行。

圖表 21-30 MACOF 執行與送出大量偽造來源 MAC 位址的封包

```
root@kali:~# macof
1c:b7:ac:45:37:7c 64:78:30:75:10:94 0.0.0.0.3345 > 0.0.0.0.11664: S 819708085:819708085
(0) win 512
c6:6a:b3:62:41:3d d5:8a:c0:34:70:a 0.0.0.0.31688 > 0.0.0.0.23983: S 1401603399:14016033
99(0) win 512
ca:ef:d3:7b:23:f1 e4:b8:1e:3:fc:54 0.0.0.0.47863 > 0.0.0.0.52124: S 1901787514:19017875
14(0) win 512
f2:46:60:17:9d:e7 93:af:25:6c:e6:cb 0.0.0.0.62980 > 0.0.0.0.2240: S 1793987452:17939874
52(0) win 512
81:6b:2f:53:e3:cb 95:8d:42:17:45:fe 0.0.0.0.53806 > 0.0.0.0.53788: S 1460763087:1460763
087(0) win 512
ca:b:83:4c:7e:bc 24:48:0:14:50:14 0.0.0.0.13113 > 0.0.0.0.19571: S 256982734:256982734(
0) win 512
44:6c:b0:7f:71:ac a:9e:a2:67:ae:87 0.0.0.0.22663 > 0.0.0.0.28254: S 130089562:130089562
(0) win 512
bc:70:37:65:cc:c8 1c:a5:b9:7d:cb:7a 0.0.0.0.28156 > 0.0.0.0.39233: S 63096708:63096708(
0) win 512
e3:a3:5e:60:94:23 8:51:54:2a:67:60 0.0.0.0.58088 > 0.0.0.0.60189: S 1441629020:14416290
20(0) win 512
69:79:c2:f:3f:45 50:5a:2a:3:d8:8e 0.0.0.0.36915 > 0.0.0.0.9588: S 708549110:708549110(0
) win 512
b0:45:b6:36:25:1a c1:f5:5a:6d:3c:1f 0.0.0.0.6246 > 0.0.0.0.33517: S 1209367387:12093673
87(0) win 512
```

MACOF 封包

我們在 Kali 電腦與 S1 之間使用 Wireshark 捕捉封包，如下圖所示為 MACOF 發出的大量封包，其中可以觀察到不只來源 MAC 是偽造，連 IP 位址也是偽造。

圖表 21-31 MACOF 的封包

Apply a display filter … <Ctrl-/>

Source	Destination	Source	Destination	Protocol	Length
23.69.66.51	23.110.68.19	44:6c:b0:7f:71:ac	0a:9e:a2:67:ae:87	IPv4	60
50.100.224.98	103.0.195.120	bc:70:37:65:cc:c8	1c:a5:b9:7d:cb:7a	IPv4	60
253.151.231.31	156.168.58.100	e3:a3:5e:60:94:23	08:51:54:2a:67:60	IPv4	60
121.11.116.65	103.159.108.54	69:79:c2:0f:3f:45	50:5a:2a:03:d8:8e	IPv4	60
4.9.237.11	243.89.59.80	b0:45:b6:36:25:1a	c1:f5:5a:6d:3c:1f	IPv4	60
70.11.211.28	3.30.35.33	12:5e:b9:63:b2:47	06:86:3b:01:27:bd	IPv4	60
214.58.114.7	45.214.71.95	97:75:73:46:6f:33	b4:ca:d3:1d:85:19	IPv4	60

S1 的 MAC-Table 內容

MACOF 攻擊後，查詢 MAC-Table 內容，如下圖所示，MAC-Table 內容已經塞滿偽造的 MAC，此時 MAC-Table 已經無法正常運作，交換器傳送的方式跟 HUB 一樣，所以 MAC-Table 攻擊無法癱瘓網路，只能讓網路效能變差，進一步還能使用第三方攻擊來監聽封包。

圖表 21-32 交換器的 MAC Table 內容

```
S1#show mac address-table
          Mac Address Table
-------------------------------------------

Vlan    Mac Address       Type        Ports
----    -----------       --------    -----
   1    0003.d25c.cfee    DYNAMIC     Et0/0
   1    0009.cf47.f5ea    DYNAMIC     Et0/0
   1    0010.3d63.5708    DYNAMIC     Et0/0
   1    0020.9768.abff    DYNAMIC     Et0/0
   1    0022.2345.8aba    DYNAMIC     Et0/0
   1    0039.7816.d972    DYNAMIC     Et0/0
   1    003a.ea4c.9518    DYNAMIC     Et0/0
   1    003c.b16f.bddc    DYNAMIC     Et0/0
   1    004a.f93f.c3e9    DYNAMIC     Et0/0
   1    004b.bf15.933c    DYNAMIC     Et0/0
   1    004f.8369.3fa5    DYNAMIC     Et0/0
   1    005b.5c04.5c83    DYNAMIC     Et0/0
   1    006c.a402.b252    DYNAMIC     Et0/0
   1    0073.f230.3fb4    DYNAMIC     Et0/0
   1    0074.7917.4931    DYNAMIC     Et0/0
   1    007f.5e1f.5e69    DYNAMIC     Et0/0
   1    0080.2452.aaa7    DYNAMIC     Et0/0
   1    0092.5c43.b403    DYNAMIC     Et0/0
 --More--
```

MAC-Table 攻擊防護建議

MAC-Table 攻擊的防護方式可以從 Port 層級的保護功能，使用上述 IEEE802.1X、Port-security 與 PACL 都可以防止 MAC-Table 攻擊，其中使用 Port-security 最為方便，直接設定 Port 學習 MAC 數目的上限，超過上限立即關閉 Port。

圖表 21-33 S1 啟動 port-security

```
int e0/0
 switchport mode access
 switchport port-security
 switchport port-security maximum 2
 switchport port-security violation shutdown
```

阻擋 MACOF 攻擊

將上述 Port-Security 指令在 S1 執行後，再使用 MACOF 攻擊，如下圖所示，當 S1 的 e0/0 學習超過兩筆 MAC 位址後，出現 error disable，所以 S1 的 port-security 成功阻擋 MACOF 攻擊。

圖表 21-34 S1 的 port-security 成功阻擋 MACOF 攻擊

```
S1#
*Jun 30 03:55:25.600: %PM-4-ERR_DISABLE: psecure-violation error detected on Et0/0, putti
ng Et0/0 in err-disable state
S1#
*Jun 30 03:55:25.601: %PORT_SECURITY-2-PSECURE_VIOLATION: Security violation occurred, ca
used by MAC address 20b9.5b25.a4ad on port Ethernet0/0.
S1#
*Jun 30 03:55:26.603: %LINEPROTO-5-UPDOWN: Line protocol on Interface Ethernet0/0, change
d state to down
S1#
*Jun 30 03:55:27.603: %LINK-3-UPDOWN: Interface Ethernet0/0, changed state to down
S1#
```

21.8 Vlan 存取清單 (VACL)

VACL 是針對過濾同一網路下的電腦之間封包的傳送，如果要跨網路的封包過濾，則使用路由器的 ACL。我們使用下列 VACL 網路架構來說明及示範。

圖表 21-35 VACL 網路架構

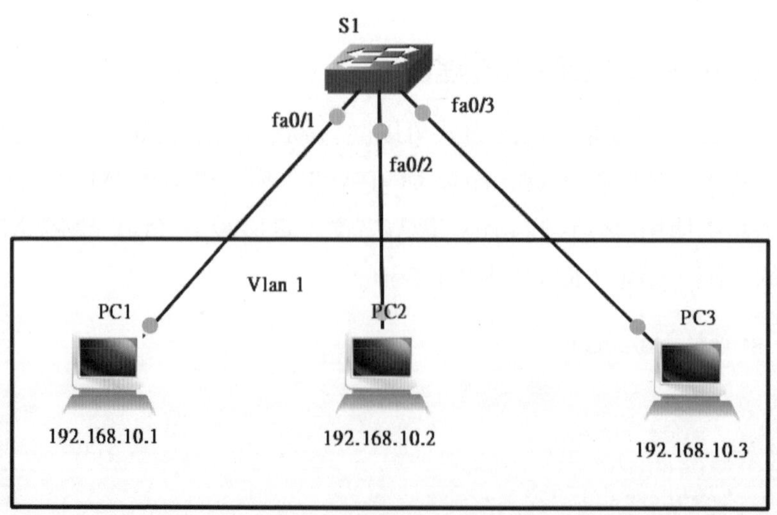

VACL 運作原理

當有需求是要過濾一個 Vlan 內部的資料封包傳送，此時可以使用 VACL 或 PVLAN (Private Vlan) 的技術，本單元介紹使用 VACL。在撰寫 VACL 的條件方式跟路由器 ACL 不一樣，而且 VACL 是在 Vlan 中啟動，不用跨 Vlan 而且無方向性，所以設定語法與啟動檢查不能再使用路由器 ACL 的邏輯。

VACL 語法

VACL 的條件設定是以 Vlan access map 的方式設定，使用 match 關鍵字，後面可以使用 IP ACL 或 MAC ACL，當 match 使用 IP 檢查時，必須要撰寫 IP ACL 條件，當 match 使用 MAC 檢查時，也需要撰寫 MAC ACL 當條件，此處的 ACL 中條件成立後，動作是 permit，表示 match 成立，反之 deny 表示 match 失敗，此處 ACL 的 permit 或 deny 並沒有過濾封包的動作。所以要注意 match 成立後還要動作，動作 drop 表示將封包丟棄，動作 forward 表示將封包轉送。

VACL 實作

在 VACL 網路架構中，當有需求 PC1 與 PC2 可以互通，而 PC3 不能夠與 PC1 及 PC2 互通，使用 VACL 來撰寫條件，如下表指令所示，此處在 IP ACL PC3-deny 中，permit ip host 192.168.10.3 any，並不是要讓 PC3 的封包通過，而是代表 VACL 的 block-PC3 序號 10 的 match 條件成立，再執行 action drop，所以 PC3 的封包被阻擋。

圖表 21-36 VACL 設定指令

指令	說明
ip access-list extended PC3-deny permit ip host 192.168.10.3 any deny ip any any	撰寫 IP ACL，當來源 IP 為 PC3 表示條件成立，動作為 permit，此處的 permit 是給 VACL 的 match 使用，表示 match 成立，在執行 match 動作

Next

指令	說明
vlan access-map block-PC3 10 match ip address PC3-deny action drop	block-PC3 為 VACL 名稱，match ip address 使用 PC3-deny 的 ACL，當 match 成功，執行 drop。10 是序號。
vlan access-map block-PC3 20 action forward	沒有 match 條件，表示無條件成立，執行 forward。20 是序號。
vlan filter block-PC3 vlan-list 1	套用 VACL block-PC3 於 Vlan1

VACL 查詢

使用 show vlan access-map 查詢 VACL 的條件，而要查詢 VACL 套用於哪一個 Vlan 使用 show vlan filter 指令，如下圖所示。

❶ 表示有一個 VACL 名稱為 block-PC3，block-PC3 中有兩個序號 10、20，序號 10 有一個 match 條件，參考 PC3-deny 的 ACL，另外序號 20 沒有 match 條件，表示無條件執行 action。

❷ 表示有一個 VACL 名稱為 block-PC3 在 Vlan 1 執行。

圖表 21-37 VACL 查詢指令

```
S1#show vlan access-map
Vlan access-map "block-PC3"  10
  Match clauses:
    ip   address: PC3-deny
  Action:
    drop
Vlan access-map "block-PC3"  20
  Match clauses:
  Action:
    forward
S1#
S1#
S1#show vlan filter
VLAN Map block-PC3 is filtering VLANs:
  1
S1#
```
①
②

21.9 DHCP 攻擊方式與保護功能

駭客針對 DHCP 運作方式，主要會有兩種方式進行 DHCP 攻擊，第一種是針對 DHCP Client 欺騙攻擊 (spoofing attack)，第二種則是針對 DHCP Server 進行資源攻擊，將其 IP Pool 耗盡 (Starvation Attack)。而 DHCP Snooping 技術可以防止這兩種 DHCP 攻擊。

DHCP Client 欺騙攻擊

根據 DHCP 請求的四個流程，由於 DHCP DISCOVER 是廣播封包，駭客就可以架設惡意的 DHCP Sever 來回應 DHCP OFFER 封包給電腦，如此電腦拿到的 IP 組態就不是正確，如下圖所示，惡意的 DHCP Sever 回應假的 GW 給 PC1，正確 GW 為 10.1.1.1，假的 GW 為 10.1.1.2，PC1 使用假的 GW 來上網，這樣會導致 PC1 無法連上 Internet，或者 PC1 的資料經過假的 GW 上網，如此 PC1 的資料被駭客竊聽 (中間人攻擊，Man-in-the-Middle)。

圖表 21-38 DHCP Client 欺騙攻擊流程

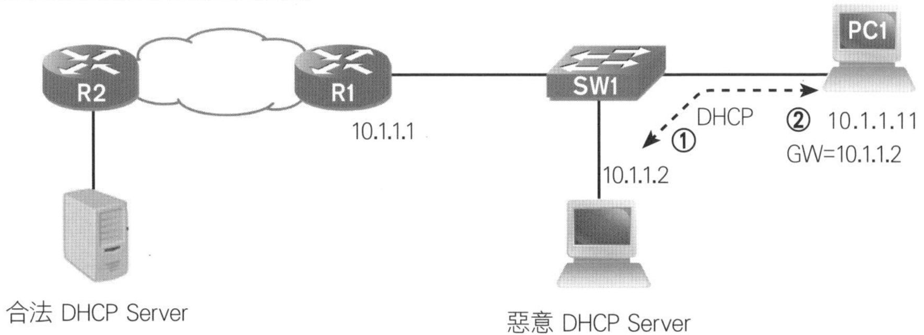

DHCP Server 攻擊

根據 DHCP 運作流程，DHCP Server 收到 DHCP Request 就必須回應一個 IP 組態給電腦，如下圖所示，攻擊者可以送出大量的 DHCP Request 給 DHCP Server，DHCP Server 也必須回應大量的 IP 組態，如此就會造成 IP Pool 耗盡 (Starvation)，無 IP 可以再分配出去，造成合法的電腦就無 IP 位址可以使用。

圖表 21-39 DHCP Server 攻擊流程

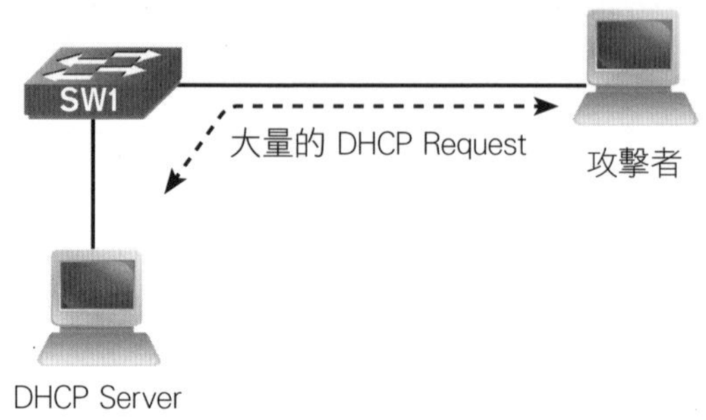

DHCP Snooping 運作

DHCP snooping 將 port 分為 Trusted port 與 Untrusted port (預設)，如下圖所示， DHCP 的所有封包都可以經過 Trusted port ，Untrusted port 只能接收 DHCP Client 的封包，如果 Untrusted port 收到的是 DHCP Server 的回應封包，則該 port 則會丟棄該封包，進而防止惡意的 DHCP 回應假的 DHCP 封包給電腦。Untrusted port 還可以進一步設定收到 DHCP Client 的封包上限，如此就可以防止 DHCP Server 攻擊。

圖表 21-40 DHCP Server 攻擊流程

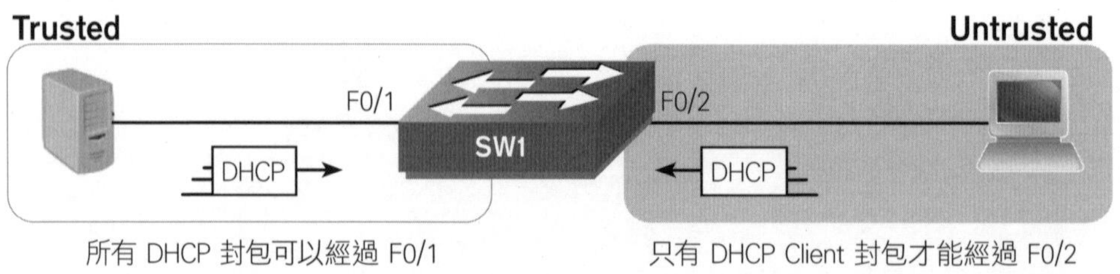

當電腦經過 Untrusted Port 取得 IP 組態後，交換器會將電腦的 MAC 與取得 IP 位址記錄到 DHCP Snooping Binding Table，當作是一個合法的 MAC 與 IP 位址的對應關係，可以作為 IP Source Guard 或 Dynamic ARP Inspection 協定使用。

21.10 DHCP Snooping 實作

我們使用下列 DHCP-snooping 網路架構來實際設定 DHCP Snooping，來防止惡意 DHCP 的兩種型態的攻擊。本例中有兩台 DHCP Server，DHCP1 當作惡意的 DHCP Server，分配的 IP 組態為 1.1.1.0/24，而 DHCP2 為合法 DHCP Server，分配的 IP 組態為 192.168.10.0/24，當作公司內部使用的網路 IP 位址，PC3 為 DHCP Client，PC4 已經設定固定 IP 位址。為了確保 PC3 拿到的 IP 為 192.168.10.0/24，所以要啟動 DHCP Snooping 功能來防止 DHCP1 發送 IP 組態給 PC3。

圖表 21-41 DHCP-snooping 網路架構

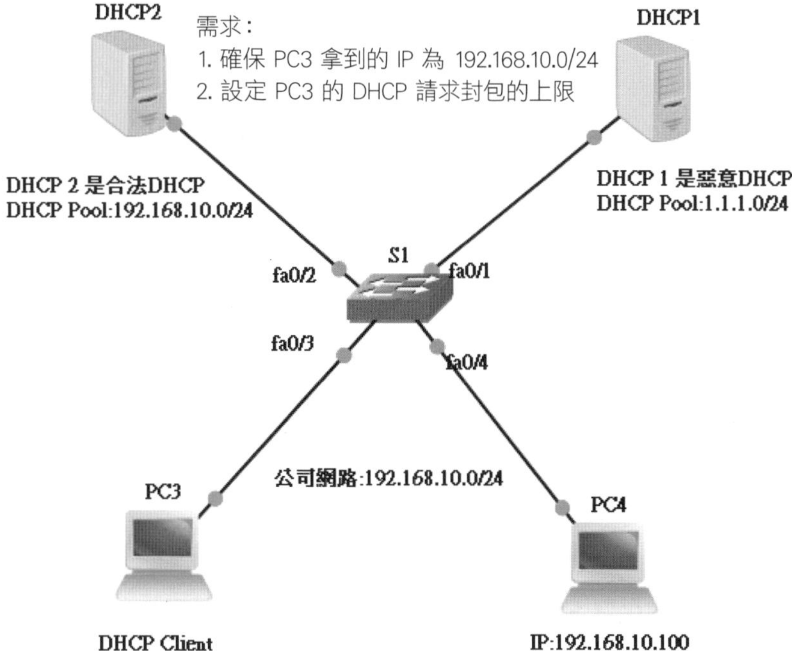

PC3 使用 DHCP 取得 IP 位址

目前 PC3 是使用 DHCP 取得 IP 位址，但本網路架構中有兩台 DHCP Server，所以 PC3 拿到的 IP 位址就有可能是 1.1.1.0/24 或是 192.168.10.0/24，如下圖所示，當 PC3 拿到的是 1.1.1.0/24 中的 IP 位址時，就無法與 PC4 溝通。

圖表 21-42 PC1 拿到的 IP 組態

```
PC>ipconfig /renew
IP Address....................: 1.1.1.2
Subnet Mask ..................: 255.255.255.0
Default Gateway...............: 1.1.1.1
DNS Serve ....................: 1.1.1.1

PC>ipconfig /renew

IP Address ............... : ... 192.168.10.8
Subnet Mask ................ :.. 255.255.255.0
Default Gateway...............: 192.168.10.254
DNS Server ...................: 192.168.10.1
```

PC1 拿到 IP 1.1.1.2

PC1 拿到 IP 192.168.10.8

DHCP Snooping 啟動

使用 ip dhcp snooping 指令來啟動 DHCP Snooping 功能，ip dhcp snooping vlan 1 指令是針對 Vlan 1 的 port 進行 DHCP Snooping，當啟動 DHCP Snooping 功能後，預設交換器所有的 port 都是 Untrusted，因此，針對合法 DHCP Server 所接的 Port 要設定為 Trusted，如下圖所示。

圖表 21-43 S1 啟動 DHCP Snooping 功能並設定 fa0/2 為 Trusted port

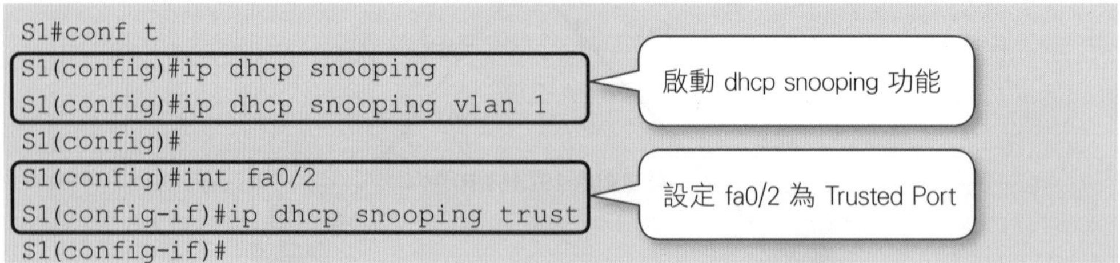

```
S1#conf t
S1(config)#ip dhcp snooping
S1(config)#ip dhcp snooping vlan 1
S1(config)#
S1(config)#int fa0/2
S1(config-if)#ip dhcp snooping trust
S1(config-if)#
```


查詢 DHCP Snooping

當啟動 DHCP Snooping 功能後，我們在 PC3 使用 **ipconfig/renew** 指令重新取得 IP 組態，這時候 PC3 只會拿 192.168.10.0/24 的 IP 位址，如此就防止了惡意 DHCP Server 的攻擊。使用 **show ip dhcp snooping** 指令來查詢 DHCP Snooping 啟動狀態及 Port 的資訊，如下圖所示。

圖表 21-44 查詢 S1 啟動 DHCP Snooping

```
S1#show ip dhcp snooping
Switch DHCP snooping is enabled
省略部分資訊--------------
Interface              Trusted        Rate limit (pps)
------------------     -------        ----------------
FastEthernet0/3          no             unlimited
FastEthernet0/2          yes            unlimited
FastEthernet0/1          no             unlimited
S1#
```

Fa0/2 為 Trunsted Port

經由 DHCP Snooping 監控分配出去的 IP 組態，DHCP Snooping 會將其 IP 組態與配發電腦的 MAC 記錄到 Snooping Binding Table，可使用 **show ip dhcp snooping binding** 指令來查詢，如下圖所示，此 Binding Table 中記錄合法的 MAC 與 IP 位址的對應關係，可以作為 IP Source Guard 或 Dynamic ARP Inspection 協定使用。

圖表 21-45 查詢 S1 DHCP Snooping Binding Talbe

```
S1#show ip dhcp snooping binding
MacAddress         IpAddress     Lease(sec)  Type       VLAN   Interface
-----------       ----------     ---------   ------      ----   ------------
00:0D:BD:3C:E5:A9  192.168.10.11  86400      dhcp-snooping  1   FastEthernet0/3
Total number of bindings: 1
S1#
```

設定 DHCP 請求封包的上限

為了防止電腦惡意大量發送 DHCP 請求的封包給 DHCP Server，交換器的介面可以設定請求封包的上限，使用 **ip dhcp snooping limit rate** 指令來設，我們假設 PC3 是要發送大量的 DHCP Request 來攻擊 DHCP Server，如下圖所示，在 fa0/3 設定收到 DHCP 封包的上限為 1 個，設定完成後，我們在 PC3 使用 ipconfig /release 指令釋放 IP 位址，再使用 **ipconfig/renew** 指令重新取得 IP 組態，此時會拿不到 IP 組態，出現訊息"DHCP request failed."，在 S1 中也會出現 IOS 訊息"%DHCP_SNOOPING-4-DHCP_SNOOPING_

ERRDISABLE_WARNING: DHCP Snooping received 2 DHCP packets on interface Fa0/3"，表示 fa0/3 超過設定上限，被系統 error disable，此時 fa0/3 的燈號變為紅燈，請先執行 shutdown，再執行 no shutdown 來解除 error disable。

圖表 21-46 設定 DHCP 請求封包的上限

```
S1(config)#int fa0/3
S1(config-if)# ip dhcp snooping limit rate 1
S1(config-if)#do show ip dhcp snooping
Switch DHCP snooping is enabled
省略部分資訊--------------
Interface              Trusted         Rate limit (pps)
------------------     --------        -----------------
FastEthernet0/3         no                 1
FastEthernet0/2         yes                unlimited
FastEthernet0/1         no                 unlimited

S1(config-if)#
00:27:22: %DHCP_SNOOPING-4-DHCP_SNOOPING_ERRDISABLE_WARNING: DHCP
Snooping
received 2 DHCP packets on interface Fa0/3
00:27:22: %PM-4-ERR_DISABLE: dhcp-rate-limit error detected on Fa0/3,
putting Fa0/3 in
err-disable state

%LINK-5-CHANGED: Interface FastEthernet0/3, changed state to down

%LINEPROTO-5-UPDOWN: Line protocol on Interface FastEthernet0/3,
changed state to down
```

設定 fa0/3 收到 DHCP 封包的上限為 1 個

fa0/3 收到超過 DHCP 封包的上限 1 個, fa0/3 被 error disable 的訊息

21.11 Dynamic ARP Inspection 介紹與實作

Dynamic ARP Inspection (DAI) 的作用是檢查合法的 IP 位址與 MAC 位址對應，用以阻擋不正確 ARP 回應資訊，當有 ARP 攻擊發生時，在交換器啟動 DAI 功能可以防止 ARP 攻擊。我們使用下列 DAI 網路架構來說明與示範操作。

圖表 21-47 DAI 網路架構

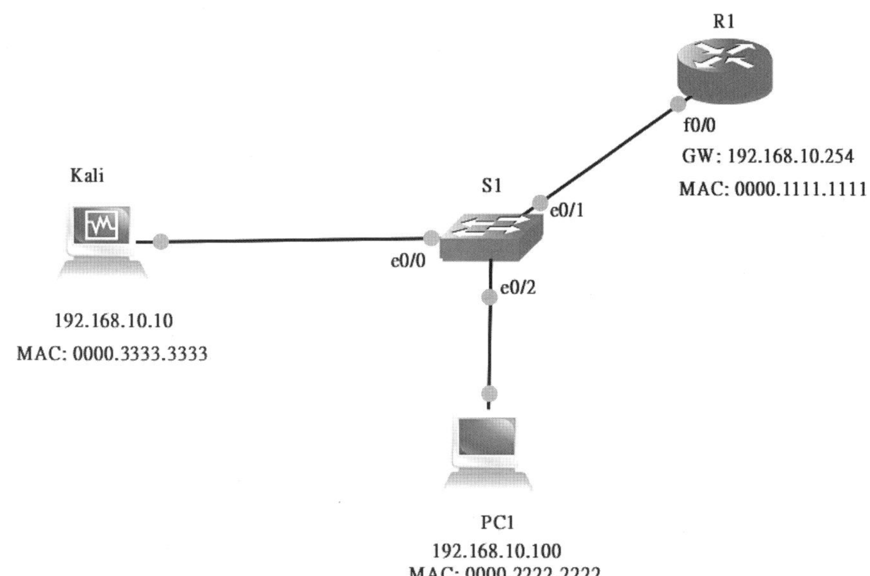

DAI 對應表

如何檢查 ARP 回應資訊中的 IP 位址與 MAC 位址對應是否正確，此時需要維護一個公司合法的 IP 位址與 MAC 位址對應表 (稱 DAI 對應表)，這 DAI 對應表的內容可以動態或靜態方式輸入，如果是動態輸入，必須啟動 DHCP Snooping 功能，DHCP Snooping 會產生一個 DHCP binding table 會有紀錄合法的 IP 位址與 MAC 位址對應，DAI 對應表的內容會從 DHCP binding table 獲取；當沒有啟動 DHCP Snooping 功能時，需要手動輸入正確 IP 位址與 MAC 位址對應進入到 DAI 對應表，使用 ARP ACL 來定義那一個 MAC 位址對應到哪一個 IP 位址。本節使用手動方式來建立 DAI 對應表。

手動建立 DAI 對應表

我們使用 DAI 網路架構來手動設定 DAI 對應表，為了防止 ARP 攻擊 R1 與 PC1，需要將 R1 與 PC1 分別的 IP 位址與 MAC 位址對應，手動輸入 DAI 對應表，如下表指令所示。

圖表 21-48 DAI 設定指令

指令	說明
arp access-list R1-PC1 permit ip host 192.168.10.254 mac host 0000.1111.1111 permit ip host 192.168.10.100 mac host 0000.2222.2222 deny ip any mac any	使用 arp ACL 來定義 IP 與 MAC，將 R1 與 PC1 的 IP 與 MAC 分別對應
ip arp inspection vlan 1	啟動 DAI 功能
ip arp inspection filter R1-PC1 vlan 1	套用 ARP ACL

查詢 DAI 對應表

ARP ACL 主要檢查的條件是 IP 位址對應到 MAC 位址，一般的 ACL 是用封包來源 IP 位址到目的 IP 位址或是來源 MAC 到目的 MAC，這點 ARP ACL 是不一樣，查詢方式是一樣使用 show acces-list，如下圖所示。

圖表 21-49 ARP ACL 內容

```
S1#show access-list  R1-PC1
ARP access list R1-PC1
    permit ip host 192.168.10.254 mac host 0000.1111.1111
    permit ip host 192.168.10.100 mac host 0000.2222.2222
    deny ip any mac any

S1#
```

ARP ACL 啟動狀態

ARP ACL 是在 Vlan 中啟動而且沒有方向性，啟動指令 ip arp inspection filter R1-PC1 vlan 1，要查詢使用 show ip arp inspection vlan 1，如下圖所示，Vlan 1 啟動一個 ARP ACL 來檢查。請注意 DAI 檢查的封包是 ARP 的回應封包。

圖表 21-50 ARP ACL 啟動狀態

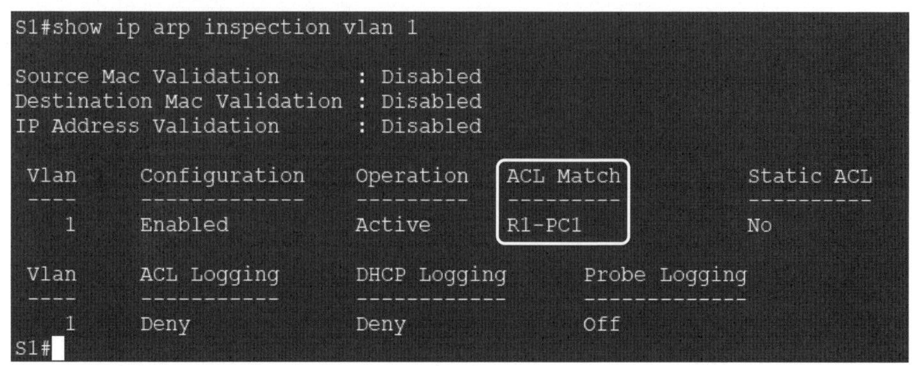

```
S1#show ip arp inspection vlan 1

Source Mac Validation      : Disabled
Destination Mac Validation : Disabled
IP Address Validation      : Disabled

 Vlan     Configuration    Operation   ACL Match          Static ACL
 ----     -------------    ---------   ---------          ----------
    1     Enabled          Active      R1-PC1             No

 Vlan     ACL Logging      DHCP Logging      Probe Logging
 ----     -----------      ------------      -------------
    1     Deny             Deny              Off
S1#
```

啟動 DAI 功能

DAI 功能檢測類似 DHCP Snooping，將 port 分為 Trust 與 Untrust，在 Trust port 不會檢查 ARP 回應，Untrust port 會檢查收到 ARP 回應封包中的 IP 位址與 MAC 位址，啟動 DAI 功能交換器的 Port 預設是 Untrust port，啟動 DAI 的指令為 ip arp inspection vlan 1。

DAI 介面查詢

當啟動 DAI 後，使用 show ip arp inspection interfaces 來查詢 DAI 介面，如下所示，所有介面預設都是 Untrust port，如果要改為 Trust Port，到介面模式執行 ip arp inspection trust 指令。DAI 介面也可以設定接收 ARP 封包的上限數目，在介面模式執行 ip arp inspection limit rate 指令。請注意 DAI 介面跟 DHCP Snooping 介面功能雷同，DAI 介面針對 ARP 封包，而 DHCP Snooping 介面針對 DHCP 封包。

圖表 21-51 DAI 介面查詢

```
S1#show ip arp inspection interfaces

 Interface        Trust State     Rate (pps)    Burst Interval
 ---------------  -----------     ----------    --------------
 Et0/0            Untrusted               15                 1
 Et0/1            Untrusted               15                 1
 Et0/2            Untrusted               15                 1
 Et0/3            Untrusted               15                 1
 Et1/0            Untrusted               15                 1
 Et1/1            Untrusted               15                 1
 Et1/2            Untrusted               15                 1
 Et1/3            Untrusted               15                 1
S1#
```

21.12 ARP 攻擊

ARP 攻擊目的是讓目的 IP 對應到假的 MAC 位址，如此被攻擊的電腦無法將資料送到目的電腦，造成網路無法連接。ARP 攻擊也稱為 ARP 中毒，可以做到第三方攻擊效果，達到資料的竊取。我們在 DAI 網路架構中，使用 Kali Linux 中的 arpspoof 工具來進行 ARP 攻擊與防禦示範。

測試 PC1 ARP 暫存

我們使用 DAI 網路架構中，先測試 PC1 ping R1，此處 R1 當 GW，如下圖所示。

❶ 表示 PC1 與 R1 連線沒問題。

❷ 表示 PC1 有使用 ARP 去詢問 R1 的 IP 位址 192.168.10.254，PC1 得到的回應 MAC 為 0000.1111.1111，這個 IP 與 MAC 的對應沒問題，並且存在 PC1 的 ARP 暫存。

圖表 21-52 PC1 測試連線到 R1

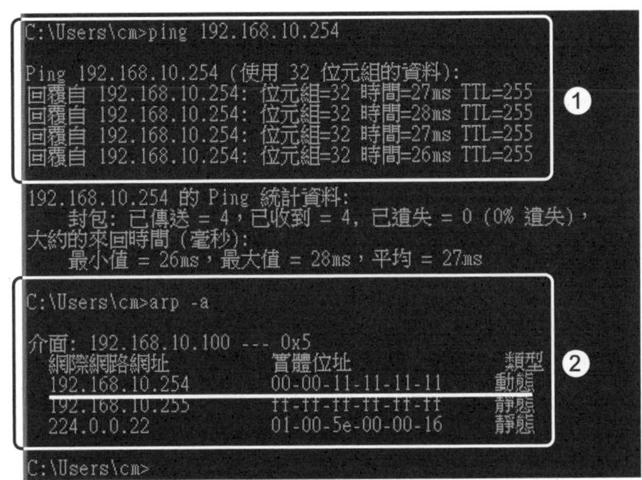

C:\Users\cm>ping 192.168.10.254
Ping 192.168.10.254 (使用 32 位元組的資料):
回覆自 192.168.10.254: 位元組=32 時間=27ms TTL=255
回覆自 192.168.10.254: 位元組=32 時間=28ms TTL=255
回覆自 192.168.10.254: 位元組=32 時間=27ms TTL=255
回覆自 192.168.10.254: 位元組=32 時間=26ms TTL=255
192.168.10.254 的 Ping 統計資料:
封包: 已傳送 = 4，已收到 = 4, 已遺失 = 0 (0% 遺失)，
大約的來回時間 (毫秒):
最小值 = 26ms，最大值 = 28ms，平均 = 27ms
C:\Users\cm>arp -a
介面: 192.168.10.100 --- 0x5
網際網路網址 實體位址 類型
192.168.10.254 00-00-11-11-11-11 動態
192.168.10.255 ff-ff-ff-ff-ff-ff 靜態
224.0.0.22 01-00-5e-00-00-16 靜態
C:\Users\cm>
1
2

Arpspoof 攻擊

我們使用 DAI 網路架構中的 Kali 電腦發動 ARP 攻擊，針對 PC1 的 ARP 暫存將其毒化，讓 PC1 的 ARP 暫存會變成 R1 的 IP：192.168.10.254 對應到 Kali 電腦的 MAC：0000.3333.3333。在 Kali Linux 的終端機視窗執行 arpspoof -t 192.168.10.100 192.168.10.254，其中 -t 為 target，表示攻擊目標 PC1 的 ARP 暫存中的 192.168.10.254 的對應。如下圖所示，arpspoof 會發出大量的 ARP 回應封包 (192.168.10.254 0000.3333.3333) 給 PC1。要停止攻擊，按 Crtl+C 鍵。

圖表 21-53 執行 ARPSPOOF

```
root@kali:~# arpspoof -t 192.168.10.100 192.168.10.254
0:33:33:33:33:33 0:0:22:22:22:22 0806 42: arp reply 192.168.10.254 is-at 0:33:33:33:33
33
0:33:33:33:33:33 0:0:22:22:22:22 0806 42: arp reply 192.168.10.254 is-at 0:33:33:33:33
33
0:33:33:33:33:33 0:0:22:22:22:22 0806 42: arp reply 192.168.10.254 is-at 0:33:33:33:33
33
0:33:33:33:33:33 0:0:22:22:22:22 0806 42: arp reply 192.168.10.254 is-at 0:33:33:33:33
33
0:33:33:33:33:33 0:0:22:22:22:22 0806 42: arp reply 192.168.10.254 is-at 0:33:33:33:33
33
0:33:33:33:33:33 0:0:22:22:22:22 0806 42: arp reply 192.168.10.254 is-at 0:33:33:33:33
33
0:33:33:33:33:33 0:0:22:22:22:22 0806 42: arp reply 192.168.10.254 is-at 0:33:33:33:33
33
0:33:33:33:33:33 0:0:22:22:22:22 0806 42: arp reply 192.168.10.254 is-at 0:33:33:33:33
33
```

Arpspoof 封包

使用 wireshark 捕捉到的 Arpspoof 封包，如下圖所示。

❶ 表示 arpspoof 送出的封包為 ARP 回應封包

❷ 表示 ARP 回應封包的來源是 Kali 送出，但是 IP 卻是 R1 的 IP：192.168.10.254。

❸ 表示 ARP 回應封包是要傳送給 PC1，當 PC1 收到此 ARP 回應封包，會將 192.168.10.254 對應 0000.3333.3333 存儲在 ARP 暫存，如此達到毒化 PC1 的 ARP 暫存。

圖表 21-54 觀察 ARPSPOOF 封包

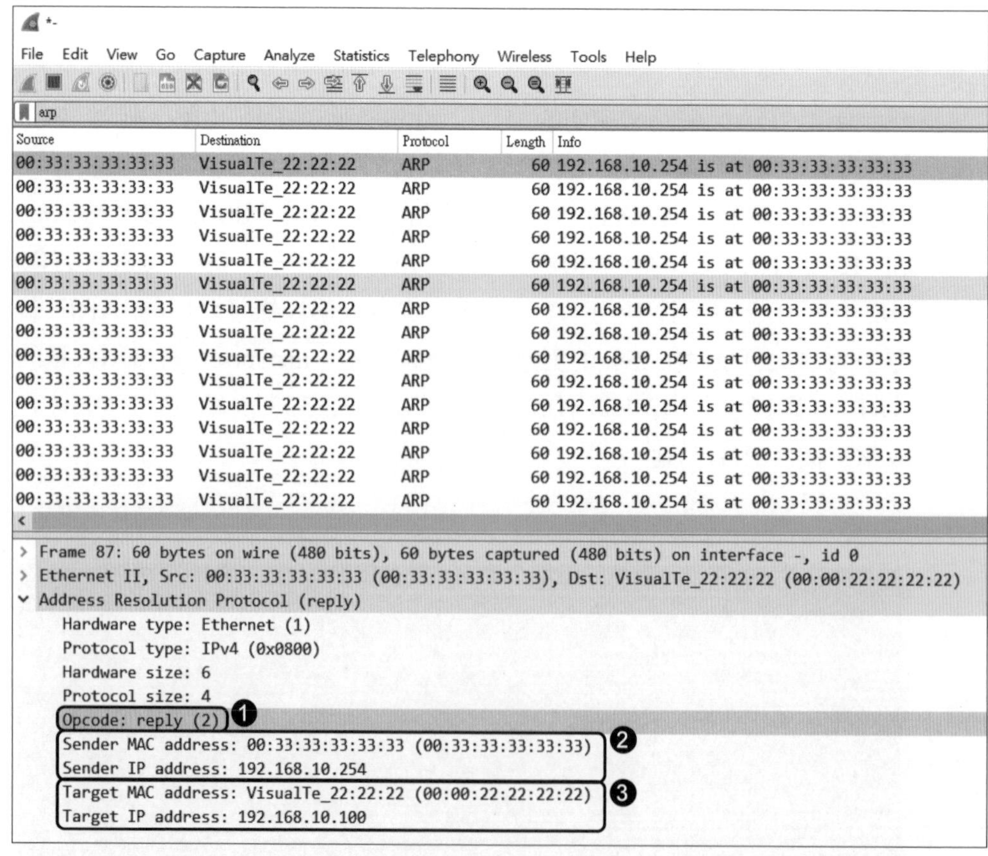

檢查毒化 PC1 的 ARP 暫存

在 arpspoof 攻擊過程中，PC1 已經無法與 R1 連通，而 PC1 的暫存也被毒化，如下圖所示。請注意停止 arpspoof 攻擊，毒化 ARP 暫存就會停止。

圖表 21-55 觀察毒化 PC1 的 ARP 暫存

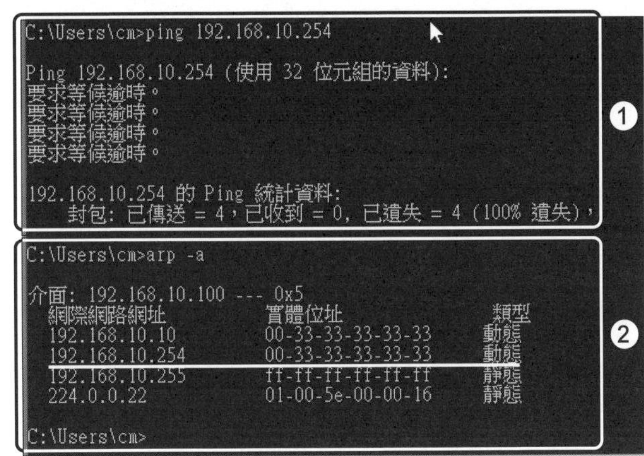

❶ 表示目前 PC1 無法 ping R1。

❷ 表示 R1 的 IP：192.168.10.254 被毒化成 0000.3333.3333，所以 PC1 ping 192.168.10.254 的封包會被 Kali 電腦收下，這樣達到第三方攻擊的效果，Kali 電腦成功擷取到 PC1 的資料。請注意要達到真正第三方攻擊必須也要將 R1 毒化，並啟動 Kali 電腦的繞送 (功能)，如此 PC1 與 R1 之間的資料往返都會經過 Kali 電腦。

防禦 ARP 攻擊建議

如何防止 ARP 攻擊，只要將上述的 DAI 啟動，我們將上述的 DAI 對應表與 DAI 啟動指令在 S1 執行後，arpspoof 攻擊的封包已經被阻擋，如下圖所示，目前的 ARP 回應封包中 192.168.10.254 與 0000.3333.3333 的對應不在 DAI 對應表中，所以 DAI 阻擋。請注意 DAI 不會有 error disable，只會阻擋不正確的 ARP 回應封包。

圖表 21-56 DAI 阻擋不正確的 ARP 回應封包

```
S1#
*Jun 30 13:17:15.600: %SW_DAI-4-ACL_DENY: 1 Invalid ARPs (Res) on Et0/0, vlan 1.([0033.3333
.3333/192.168.10.254/0000.2222.2222/192.168.10.100/13:17:15 UTC Wed Jun 30 2021])
S1#
*Jun 30 13:17:18.625: %SW_DAI-4-ACL_DENY: 1 Invalid ARPs (Res) on Et0/0, vlan 1.([0033.3333
.3333/192.168.10.254/0000.2222.2222/192.168.10.100/13:17:17 UTC Wed Jun 30 2021])
S1#
*Jun 30 13:17:20.630: %SW_DAI-4-ACL_DENY: 1 Invalid ARPs (Res) on Et0/0, vlan 1.([0033.3333
.3333/192.168.10.254/0000.2222.2222/192.168.10.100/13:17:19 UTC Wed Jun 30 2021])
S1#
*Jun 30 13:17:22.645: %SW_DAI-4-ACL_DENY: 1 Invalid ARPs (Res) on Et0/0, vlan 1.([0033.3333
.3333/192.168.10.254/0000.2222.2222/192.168.10.100/13:17:21 UTC Wed Jun 30 2021])
S1#
*Jun 30 13:17:24.655: %SW_DAI-4-ACL_DENY: 1 Invalid ARPs (Res) on Et0/0, vlan 1.([0033.3333
.3333/192.168.10.254/0000.2222.2222/192.168.10.100/13:17:23 UTC Wed Jun 30 2021])
S1#
```

查看 DAI 統計

使用 show ip arp inspection statistics 指令來查看 DAI 功能阻擋或允許的 ARP 回應封包數目，如下圖所示。

圖表 21-57 查看 DAI 統計

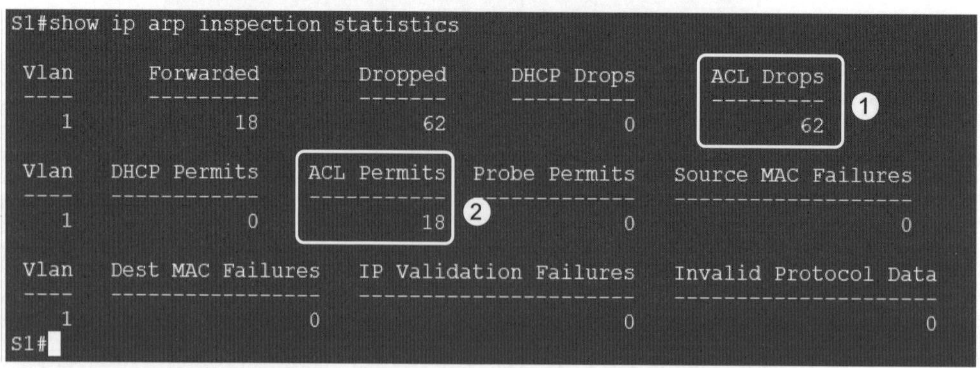

```
S1#show ip arp inspection statistics

 Vlan      Forwarded        Dropped     DHCP Drops      ACL Drops
 ----      ---------        -------     ----------      ---------
    1             18             62              0             62

 Vlan   DHCP Permits   ACL Permits  Probe Permits   Source MAC Failures
 ----   ------------   -----------  -------------   -------------------
    1              0            18              0                     0

 Vlan   Dest MAC Failures   IP Validation Failures   Invalid Protocol Data
 ----   -----------------   ----------------------   ---------------------
    1                   0                        0                       0
S1#
```

❶ 表示被 DAI 的 ARP ACL 阻擋的封包數目。

❷ 表示被 DAI 的 ARP ACL 允許通過的封包數目。

21.13 其他常見的 L2 攻擊與防禦建議

在攻擊的工具中，Yersinia 算是一個針對 L2 協定攻擊工具，幾乎交換器的協定都有涵蓋，在 Kali Linux 執行 yersinia －G 就可以啟動圖形化介面，如下圖所示，圖形化介面操作更為簡單，不懂網路者也可以輕而發動攻擊，網管工程師必須知道如何防禦這些攻擊，以下列出幾個常見的攻擊與防禦建議。

圖表 21-58 Yersinia 圖形化介面

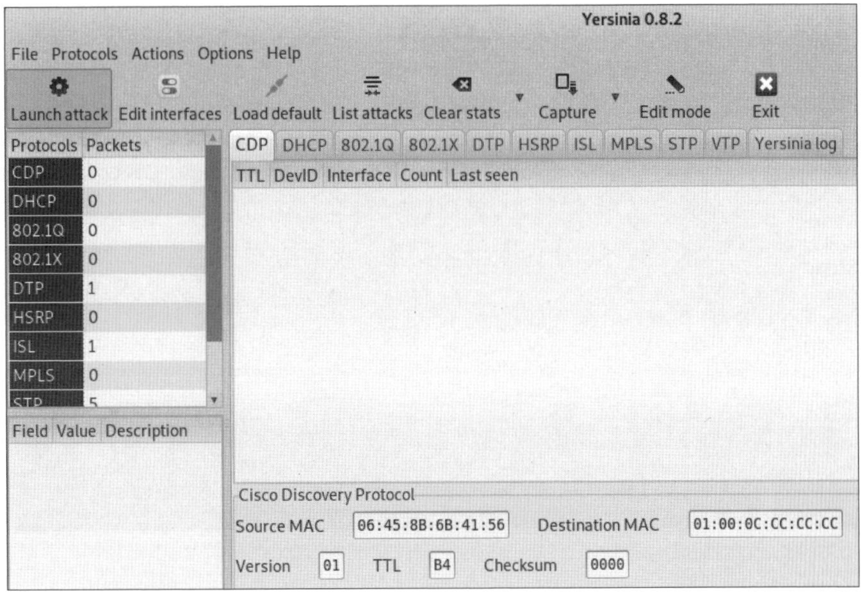

CDP 攻擊

Yersinia 圖形化工具中選擇 Launch attach，會出現啟動攻擊視窗，如下圖所示，DoS 有打勾表示使用大量 CDP 封包進行攻擊，在此的 flooding 表示氾濫成災的意義。

圖表 21-59 CDP 攻擊

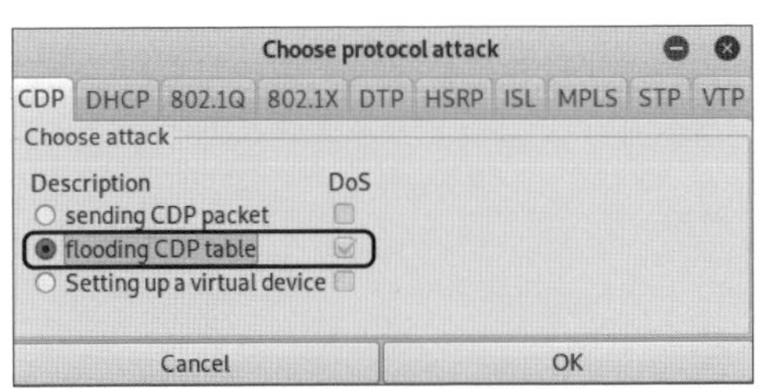

防禦 CDP 攻擊的建議

當使用大量 CDP 攻擊封包，在 CDP 鄰居表就會學習到假的鄰居資訊，如下圖所示，此大量的鄰居資訊會占用路由器或交換器的硬體資源，資安考量將 CDP 協定關閉，即可避免這種攻擊。

圖表 21-60 查看 CDP 鄰居表

```
S1#show cdp neighbors
Capability Codes: R - Router, T - Trans Bridge, B - Source Route Bridge
                  S - Switch, H - Host, I - IGMP, r - Repeater, P - Phone,
                  D - Remote, C - CVTA, M - Two-port Mac Relay

Device ID        Local Intrfce     Holdtme    Capability  Platform  Port ID
999MMBP          Eth 0/0           236          R T S H I yersinia  Eth 0
0RRRRRR          Eth 0/0           248              R B r yersinia  Eth 0
000QQQQ          Eth 0/0           238              S I r yersinia  Eth 0
RRRR000          Eth 0/0           230            R T B S yersinia  Eth 0
SS00000          Eth 0/0           226            R T B S yersinia  Eth 0
0UU9999          Eth 0/0           226            T S I r yersinia  Eth 0
0MMMMMM          Eth 0/0           226            S H I r yersinia  Eth 0
WWWWWW0          Eth 0/0           220            R T B r yersinia  Eth 0
00000NN          Eth 0/0           219              R B S yersinia  Eth 0
000NNNN          Eth 0/0           217              R B S yersinia  Eth 0
0NNNNNN          Eth 0/0           215            R S H I yersinia  Eth 0
0000000          Eth 0/0           241            R S H I yersinia  Eth 0
VVVV000          Eth 0/0           213            R T S I yersinia  Eth 0
11111HH          Eth 0/0           248            R T S H yersinia  Eth 0
IIII111          Eth 0/0           246            T B S r yersinia  Eth 0
JJJJJJ1          Eth 0/0           246              T S I yersinia  Eth 0
1DDDDDD          Eth 0/0           241          R T B S I yersinia  Eth 0
NNNNNN1          Eth 0/0           228              T S H yersinia  Eth 0
 --More--
```

DHCP 攻擊

Yersinia 的 DHCP 攻擊如下圖所示，主要有提供發送偽造 DHCP 各種封包類型，例如：大量發送 DISCOVER 封包來消耗 DHCP POOL 中的 IP、DHCP rogue server 是假冒 DHCP Server 及大量發送 RELEASE 封包讓使用者的電腦的 IP 釋放，此時電腦沒有 IP 就無法使用網路。

圖表 21-61 DHCP 攻擊

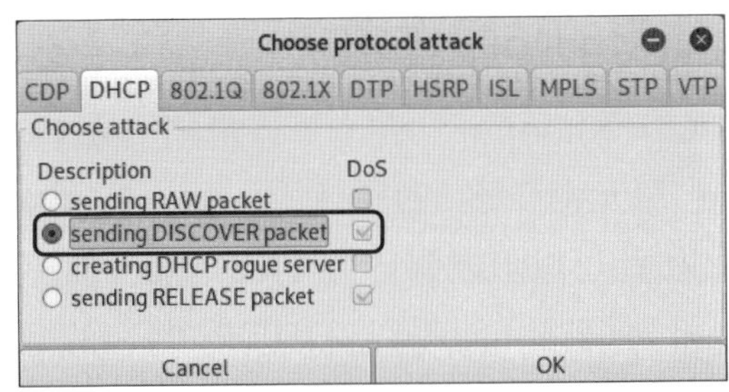

大量 DISCOVER 攻擊

DHCP Server 收到 DISCOVER 封包後，一定要回應 OFFER 封包來提供 IP 組態，所以送出大量 DISCOVER 封包，DHCP Server 也要提供大量的 IP 組態，如此達到攻擊 DHCP Server 的 IP Pool。如下圖所示，使用 Yersinia 的 DHCP 攻擊中大量送出 DISCOVER 封包，再透過 wireshark 捕捉封包來觀察，確實有送出大量的 DISCOVER 封包，達到攻擊的效果。

圖表 21-62 大量 DISCOVER 封包攻擊

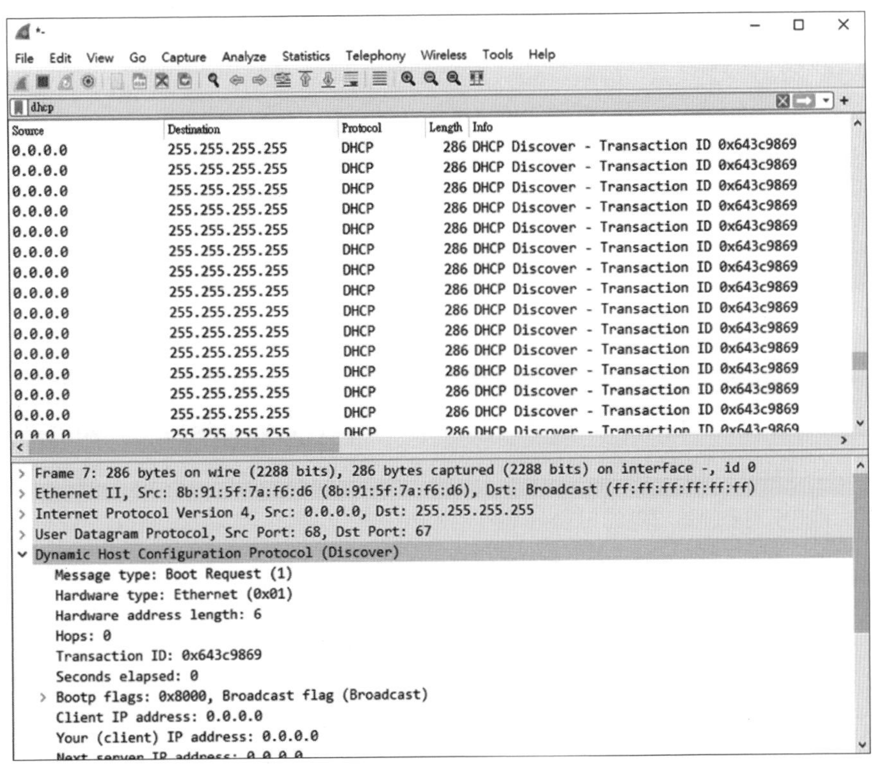

DHCP 攻擊的防護建議

使用 DHCP Snooping 完全可以封鎖 DHCP 攻擊，在上述 DHCP Snooping 單元中介紹，DHCP Snooping 會將 Port 分為 Trust 與 Untrust，如此可以阻擋假冒 DHCP Server，另外 DHCP Snooping 進階可以針對網路介面收到 DHCP 封包的數目設定上限，這功能用來阻擋大量的惡意 DHCP 封包，因此送出大量 DISCOVER 封包或 RELEASE 封包都會被阻擋下來，並且網路介面會被 error disable 關閉。

DTP 攻擊

Yersinia 的 DTP 攻擊如下圖所示，主要是要強制鄰居交換器協商為 Trunk 模式，當連線到交換器為 Trunk 模式後，可以進行 Vlan 的資料的竊取。

圖表 21-63 DTP 攻擊

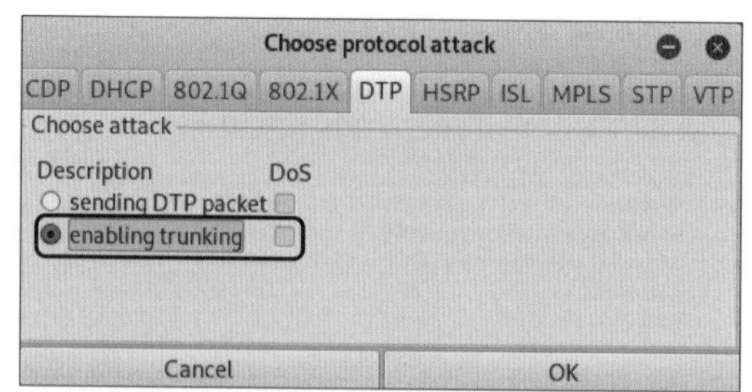

DTP 攻擊封包及防禦建議

使用 wireshark 來觀察 Yersinia 的 DTP 攻擊封包，如下圖所示，Yersinia 會持續送出帶有 Deriable 參數的 DTP 封包，強迫交換器協商為 Trunk 模式。為了防止這類攻擊，建立將交換器的 DTP 功能關閉，如此要形成 Trunk 必須手動設定。

圖表 21-64 帶有 Deriable 參數的 DTP 封包

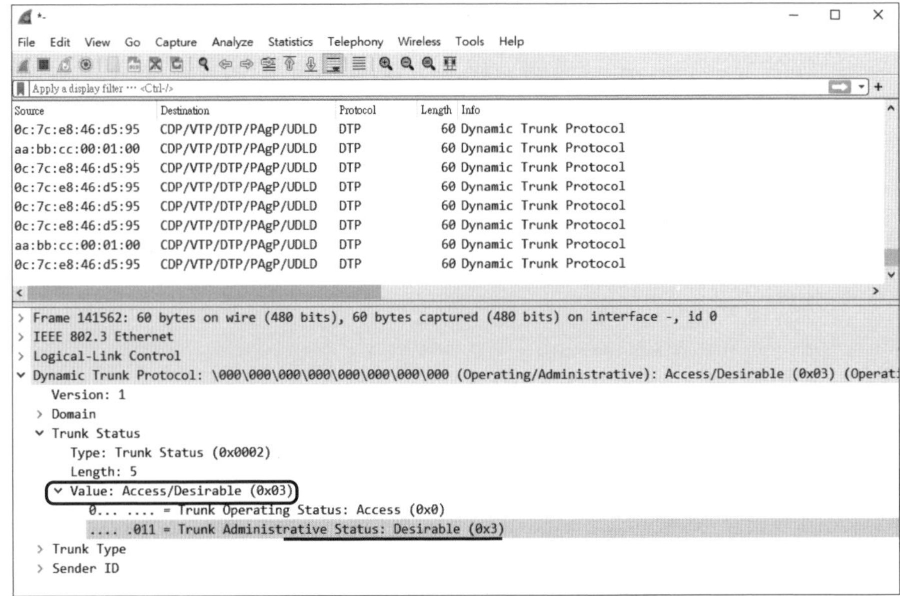

STP 攻擊

Yersinia 的 STP 攻擊如下圖所示，提供相當多的攻擊方式，這些攻擊方式都要使用 BPDU 的封包，例如：送出 conf BPDUs 主要是干擾每一台交換器 STP 運算，tcn BPDUs 用於通知每一台交換器 STP 有異動，讓 MAC Table 的 Age time 變短，如此 MAC Table 變成不穩定，Claiming Root Role 用來奪取 root bridge 的角色等等，這些攻擊都會造成 STP 運用的不穩定或癱瘓。

圖表 21-65 STP 攻擊

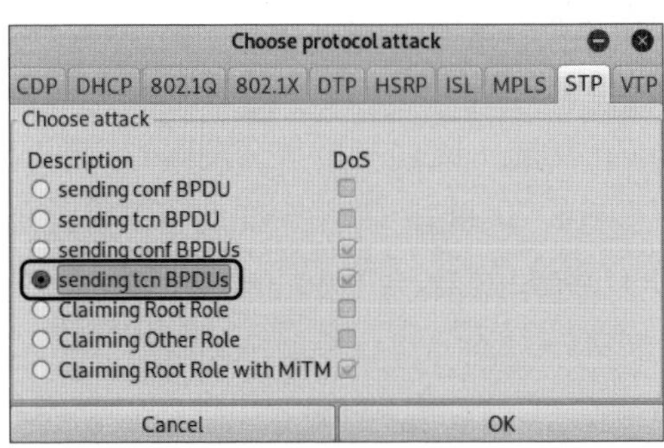

大量的 tcn BPDU

我們測試送出大量的 tcn BPDUs，並使用 wireshark 來觀察，如下圖所示，Yersinia 確實有送出大量的 tcn BPDUs 攻擊，此攻擊會讓所有交換器去修改 MAC Table 的 Age time 為 15 秒，造成 MAC Table 的不穩定。

圖表 21-66 送出大量的 tcn BPDU

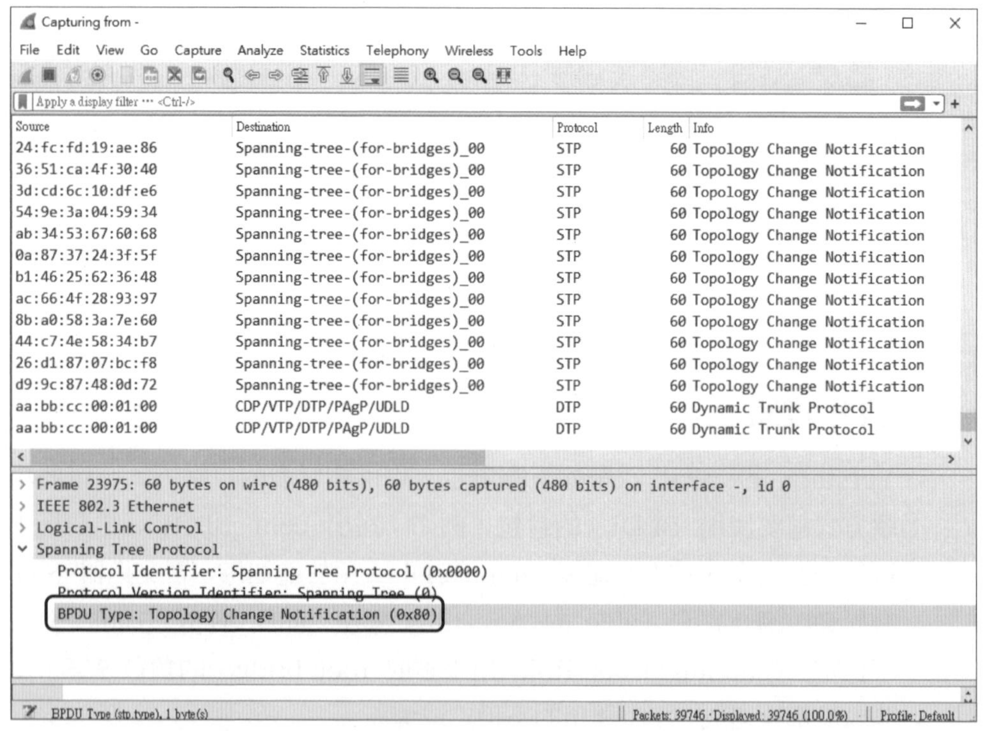

STP 保護建議

由上述 STP 攻擊可以觀察攻擊的封包都是使用 BPDU，我們可以使用 BPDU Guard 功能，此功能是當交換器的介面收到 BPDU 封包時，該介面會被 error disable 關閉，如此可以完全阻擋 STP 攻擊，但是那些交換器的介面要啟動 BPDU Guard 功能，這個要由網管人員進行規劃。

VTP 攻擊

Yersinia 的 VTP 攻擊如下圖所示，主要提供攻擊 Vlan 資料庫，可以增加、刪除 Vlan 資訊，尤其 deleting all VTP vlans 攻擊會將交換器的所有 Vlan 刪除。

圖表 21-67 VTP 攻擊

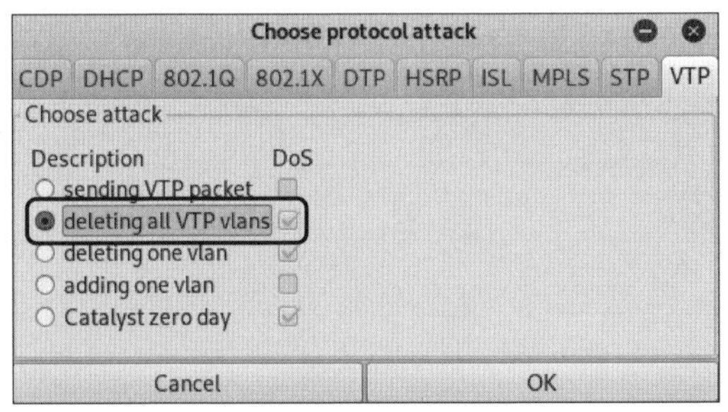

啟動 VTP 攻擊與防禦建議

當發起 Yersinia 的 VTP 攻擊後，我們使用 wireshark 來觀察，如下圖所示，有送出 VTP 更新包封，這些 VTP 更新包封會修改交換器的 Vlan 資料庫。要防禦 VTP 攻擊，建議將 VTP 設定密碼，這個密碼要在所有交換器設定，如此 VTP 攻擊封包沒有帶密碼，交換器的 Vlan 資料庫就不會進行修改；另外也可以將 VTP 版本升級到 Version 3，VTPv3 只允許一台交換器當主要 Server 來送出 VTP 更新封包，如此外面 VTP 攻擊就無法生效。

圖表 21-68 查看 VTP 更新封包

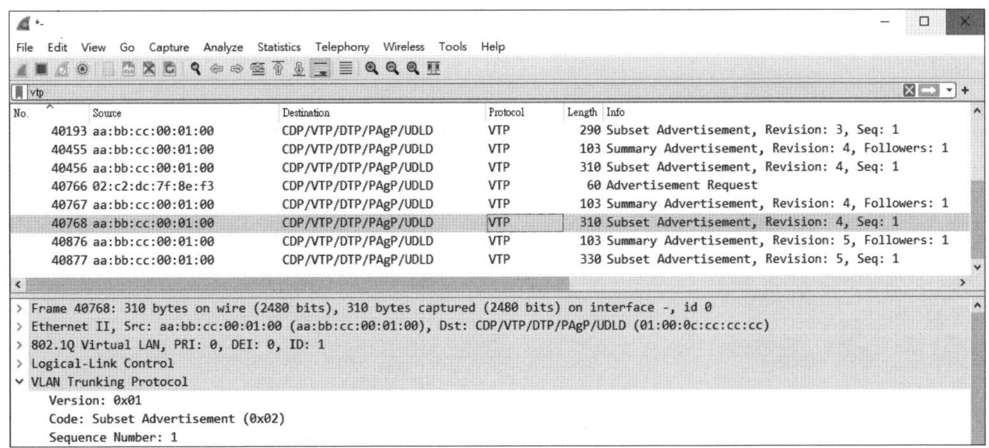

MEMO

CHAPTER 22

雲端技術、虛擬化技術與軟體定義網路 SDN 介紹

隨著上網的速度越來越快，透過 Internet 來取得特定服務的反應時間，如同在本地電腦一樣，使用者在執行應用時，也分辨不出在本地電腦執行或在雲端執行。所以雲的技術與應用開始迅速發展，加上虛擬化技術，雲端架構及雲端服務的模式變成多樣化。另外軟體定義網路 (SDN) 也從理論探討，進展到有廠商推出實際的 SDN 產品，在本章節都有介紹。

22.1 雲端技術

連線 Internet 的速度越來越快與虛擬化技術的發展，雲的技術與應用開始迅速發展，多種雲端架構及雲端服務的模式逐漸發展成形，以下先介紹三種常見雲的架構，接著再探討雲端服務的模式。

雲端架構

雲端架構的類型大致可分為幾個常見類型，分別是：公有雲架構 (Public clouds)、私有雲架構 (Private clouds) 與混合雲架構 (Hybrid clouds)。解釋如下：

1. **公有雲架構**：在公有雲架構中，硬體建設及運算資源是由雲端服務供應商。這些資源將透過 Internet，租用給多個客戶共用。公有雲的優勢包含節省公司營運成本、輕鬆擴充運算資源、以及管理方便。
2. **私有雲架構**：私有雲架構中，基礎硬體建設是由公司自己負責建置。使用公司的專用網路來建立私有雲，雖然私有雲架構往往比公有雲解決方案更加昂貴，卻有更大的自訂空間及管理的權限，而且公司重要資料自己管理，避免機密資料外洩。
3. **混合雲架構**：混合雲環境由兩個或多個雲組成 (例如：部分私有雲，部分公共雲)，其中每個雲的部分仍然是一個單獨的對象，不僅具備公有雲的營運效率，也提供私有雲的資料安全功能。

雲端服務

常見的雲端服務主要有三種模式，每個模式都具備專屬的優勢和重要功能，敘述如下。

1. **軟體即服務 (Software as a Service，SaaS)**：軟體僅需通過 Internet 就可以執行，不須經過傳統的安裝步驟，使用者只要透過 Internet 連接至雲端服務商並使用雲端的應用程式。常見應用有電子郵件 (Gmail)、行事曆以及 Office 工具 (例如 Microsoft Office 365)，使用者無需在自己的電腦安裝這些軟體。

2. **基礎架構即服務 (Infrastructure as a Service，IaaS)**：雲端供應商提供基礎架構的硬體租用，使用者就無需購買昂貴的伺服器、網路或儲存裝置。使用者只需負責部署與執行作業系統或應用程式等各種軟體，而且只需負擔在任何指定時間所使用的資源費用。常見的 IaaS 廠商有 Amazon EC2、Microsoft Azure。

3. **平台即服務 (platform as a service，PaaS)**：PaaS 是介於 SaaS 與 IaaS 之間，這個服務模式提供運算平台讓使用者能自行建立應用程式或服務，雲端服務商提供使用者所需的軟體與硬體資源，並透過安全的 Internet 連線存取。常見的 PaaS 廠商有 Oracle 雲平台、紅帽 OpenShift 、AWS Lambda、SAP 雲及 Microsoft Azure。

22.2 虛擬化技術

隨著電腦硬體與作業系統 (Operation System，OS) 的演進，硬體的奈米製造技術突飛猛進，一個作業系統與其應用程式能消耗的硬體資源的比例越來越少，導致大部分的時間，電腦硬體資源是閒置沒在使用。為了提高電腦硬體資源的使用，虛擬化技術 (Virtualization) 將電腦硬體資源能夠共享給虛擬化電腦使用，虛擬化的應用已經在各種場合，例如：公司機房的伺服器、雲端計算。

專屬伺服器

早期一台電腦只能安裝一個特定作業系統 (例如 Windows Server 或 Linux Server) 組成，每個作業系統再去安裝應用程式，如圖所示。電腦的所有 CPU、RAM 和 HD 都專用於所提供的服務，例如：Web，電子郵件服務等。如此電腦硬體沒有完全使用，形成資源浪費，另外多台伺服器需要專屬機房，機房的冷氣、電腦開機等等都需要耗費電能，這些都算在公司的營運成本。

圖表 22-1 專屬伺服器

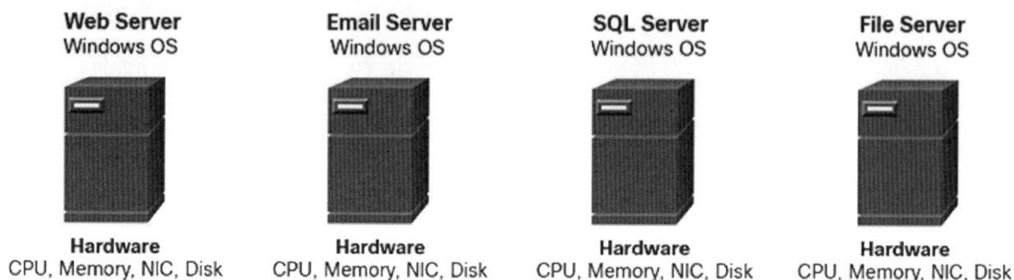

虛擬化 (Virtualization)

虛擬化技術讓一台電腦硬體平台上可以同時存在多個作業系統，如下圖所示，一台伺服器同時運作 4 個 Windows 作業系統，每個作業系統 (OS) 再安裝其應用程式。這 4 個 Windows 作業系統透過 Hypervisor 的分配來共用電腦中的 CPU、RAM、HD 及網路等資源，每個作業系統如同在一台電腦運作，稱為虛擬機 (Virtual Machine，VM)，Hypervisor 工作就是在管理這些 VM 的伺服器中的資源使用。當 VM 變多時，管理 VM 變成一個重要議題。虛擬化的廠商有 vmware、Miccosoft，其產品 vSphere、Hyper-V 都是建立與管理 VM 工具。

圖表 22-2 伺服器虛擬化

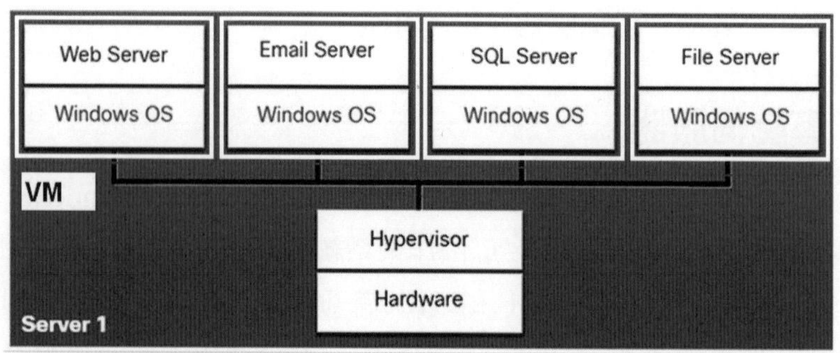

虛擬化帶來的好處

虛擬化的主要好處是總體上公司降低了硬體與維運成本，敘述如下：

1. **所需硬體設備更少**：虛擬化技術整合所有服務器的硬體資源，提高伺服器硬體資源的使用率，所以需要服務器硬體設備變少。

2. **消耗的能源更少**：服務器硬體設備變少可以降低機房的電源和散熱成本。

3. **所需空間更少**：服務器硬體設備變少，機房空間就可以變小。

4. **簡化原型製作**：VM 可以在隔離的網路上運行並快速建立，可以用於測試和原型化網路部署。如果出錯，管理員可以簡單地恢復到以前的版本。

5. **快速恢復**：VM 可以進行轉移到另一台伺服器硬體，如此可以使用自動化故障轉移軟體將 VM 備援到雲端。當實體伺服器壞掉時，再從雲端將 VM 復原到新的實體伺服器。

VM 的缺點

VM 技術實行幾年後，使用者開始發現 VM 使用的資源過多。例如：一台實體伺服器中要執行 100 個 VM，等同於要執行一百套作業系統，即使虛擬化技術已經改良運算資源的使用率，但作業系統仍瓜分了不少應用程式能用的實際運算資源。於是就有將 VM 中的作業系統抽離的技術發展出來，形成輕量級的 VM 應用，Container 技術就是為此目的。

Containers (lightweight VMs)

不同於的傳統虛擬化技術，例如：vSphere 或 Hyper-V 是以作業系統為 (OS) 中心，Container 技術則是一種以應用程式為中心的虛擬化技術。如下圖所示，Container 已經把 Hypervisor 移除，在 OS 內的核心系統層來打造虛擬機器，共用 OS 的作法。如何建立出 Container，最有名的工具是 Docker。

圖表 22-3 Containers (lightweight VMs)

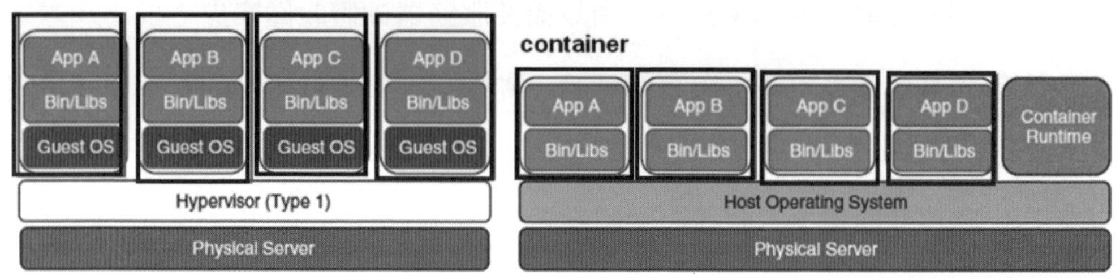

Docker

Docker 是一種軟體平台，可以快速地建立、測試和部署應用程式，Docker 將軟體封裝到 Container 的標準化單位，其中包含程式庫、系統工具、程式碼和執行時間等執行軟體所需的所有項目。如下圖所示，Docker 以 Build、Ship 及 Run 步驟快速建立 Container。

圖表 22-4 Docker 部屬方式

Docker 產生的問題

當 Docker 產生的 Container 很多時，如何管理這些 Container，此時需要一套管理系統，對 Docker 的 Container 進行有效率地管理。K8S (kubernetes) 平台就是基於 Container 的集群管理平臺。

對於 Docker 或 K8S 有興趣者，可以參考下列網址：

https://docs.microsoft.com/zh-tw/visualstudio/docker/tutorials/docker-tutorial

22.3 路由器架構演進

路由器主要功能在做繞送 (Routing)，這個動作需要查詢路由表中的繞送資訊，而路由表中的資訊必須透過路由協定的啟動才能學習到。這整個遶送過程，在路由器的硬體架構是有一段演進過程。

Route Processor

早期路由器的整個繞送過程都是由 CPU 在負責，稱為 RP (Route Processor) 或稱 Process Switching。路由器收到一個封包，就要做一次路由表的查詢動作，這讓整個繞送過程很消耗 CPU 的資源。之後改進為一次路由多次交換，稱為 Fast switching or route cache switching，此技術加入 Cache 觀念，當 CPU 查詢一個封包的繞送資訊，會將結果 Cache，下一個封包中目的 IP 一樣，直接使用 Cache 中的結果，如此改進繞送速度。

CEF (Cisco Express Fowarding)

為了降低路由器 CPU 使用，Cisco 提出一個 CEF 架構，讓 CPU 不用在負責繞送的工作，專心在路由表的維護。在 CEF 架構下，將路由器區分為三種面板 (Plane)：

1. **Control plane**：控制面板可以視為路由器的大腦，用於維護路由表中的轉送資訊。此部分是由 CPU 負責，用來執行路由協定學習路由資訊到路由表及維護路由表內容。
2. **Data plane**：轉送面板用於轉送路由器收到的封包，此部分不會涉及 CPU。如下圖所示，CEF 架構會將控制面板的路由表 (Routing Table) 複製一份到轉送面板的轉送表 (Forwarding Table)。當路由器收到一個封包時，直接進入轉送面板，轉送面板查詢轉送表將封包繞送出去，此時都不會用到 CPU 資源。請注意有些特殊封包的繞送是需要 CPU 來處理，例如：TTL=0、ICMP redirect、MTU 過大等等。
3. **Management Plane**：管理面板負責遠端連線到路由器的處理，例如：使用 SSH、TFTP、HTTPS 等。

圖表 22-5 CEF 架構

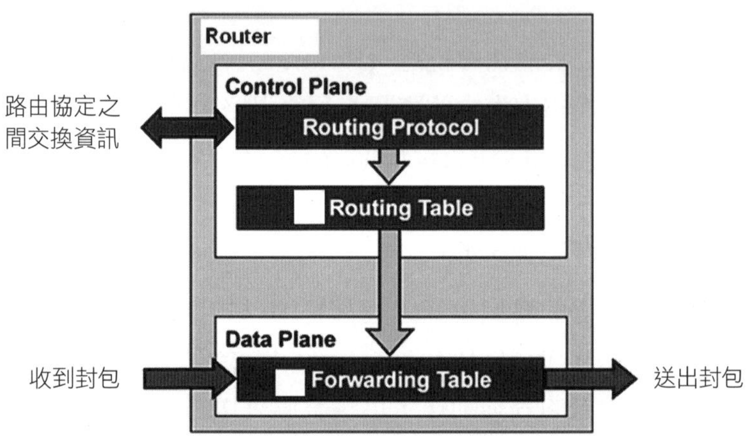

控轉分離

在 CEF 架構下，已經有做到控制與轉送分離 (控轉分離) 雛形，控制是決定封包繞送的資訊 (維護路由表)，轉送是執行轉送封包的工作 (查詢路由表將封包送出)，彼此分工合作，讓路由器的繞送更有效率。如下圖所示，多台路由器之間就在 CEF 架構下，控制面板之間互相靠著路由協定 (ex：EIGRP) 來維護路由表；轉送面板之間專心在做封包轉送工作。但是整體觀察，每一台路由器都要有一個控制平面，例如：3 台路由器就有 3 個控制平面，每一台路由器各自負責繞送資訊，這種架構整體來看還沒有真正做到控轉分離。我們希望將數個控制平面統一，只要一個控制面板來決定繞送資訊，路由器只要負責轉送面板的工作，如此才是真正做到控轉分離，這才有符合後面就要提到的 SDN 雛形。

圖表 22-6 多台路由器的 CEF 架構運作 (圖片來源 cisco)

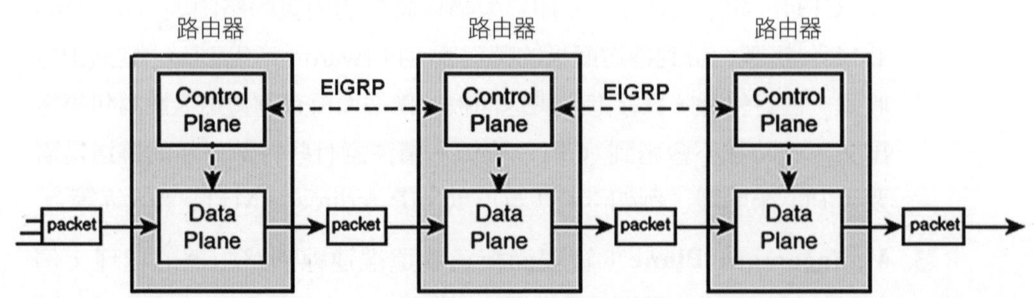

22.4 軟體定義網路 (SDN)

軟體定義網路 (SDN，Software-Defined Networking) 慢慢已經變成目前網路領域熱門主題，早期都是以理論討論為主，到目前已經有廠商推出產品。SDN 如何透過軟體來定義網路，要從上述的控轉分離概念開始。

集中控制器

SDN 基本上是控制面板與轉送面板分離的架構，如圖所示，控制平面功能已從每個路由器中刪除，並由一台集中控制器 (Central Controller) 執行。集中控制器將轉送資訊傳達給每台路由器的轉送面板，每個路由器 (或稱為轉送設備) 都可以專注於轉送封包，而集中控制器則可以管理資料流量及控制封包轉送的行為，提高網路的使用率與安全性。這裡的集中控制器扮演的定義網路的角色，並且提供 API，讓使用者寫程式來管理控制器。集中控制器透過 SBI (SouthBound Interface) 來管理轉送設備。

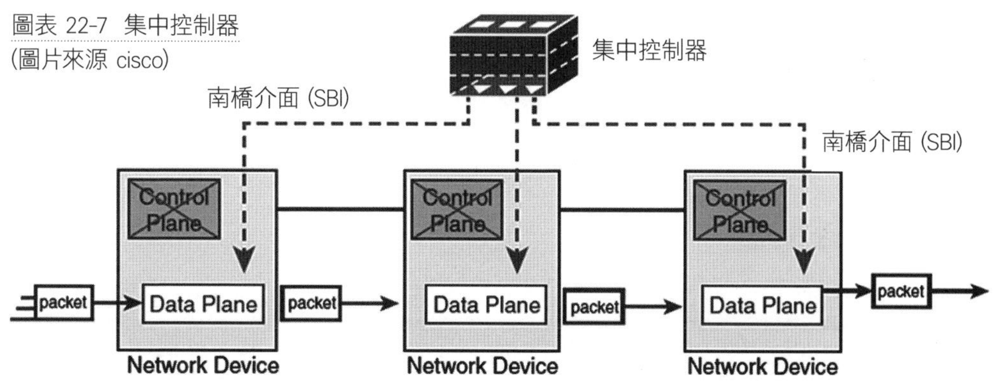

圖表 22-7 集中控制器
(圖片來源 cisco)

SDN 三個要素

上述的 SDN 需要一個集中控制器實現控轉分離，除此之外，控制器還需要可以被程式化。所以要稱為 SDN 必須滿足三個要素，集中控制器、控轉分離及可程式設計。在 SDN 架構中可以分成三層，如下圖所示，以 SND Controller 為中心，往上 (稱為北橋，Northbound)

是要面對使用者的程式，稱為應用層 (Application Layer)，SDN Controller 必須提供 API 與應用層來溝通。SDN Controller 往下 (稱為南橋，Southbound) 要面對轉送面板的設備 (一群路由器或交換器)，這些路由器或交換器必須要有 API，如此 SND Controller 透過南橋才有辦法對轉送面板的設備進行配置及管理。

圖表 22-8 SDN 三要素

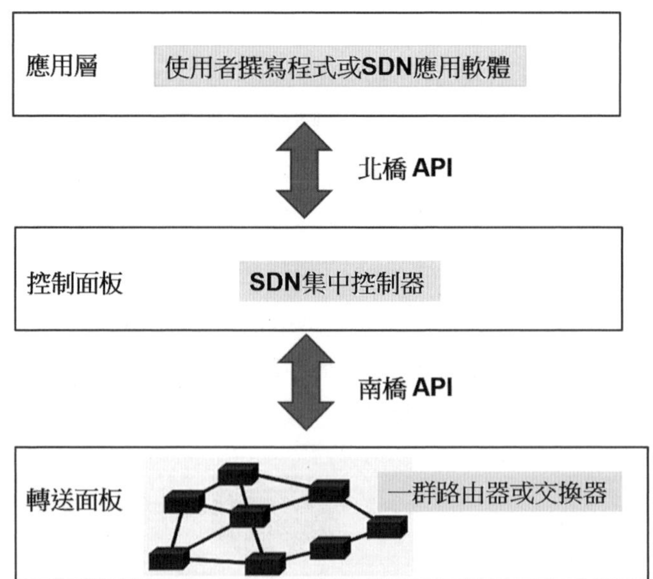

集中控制器

目前主要有兩個平台支援 SDN 控制器，分別是 OpenFlow 與 OpenStack。如下圖所示，將傳統的控制面板抽離出來，單獨做一個控制面板，稱為 SDN 控制器。OpenFlow 與 OpenStack 的特性敘述如下：

1. **OpenFlow**：由斯坦福大學開發網路通訊協定，能夠控制網路交換器或路由器的轉送面板，藉此改變網路封包所走的網路路徑。OpenFlow 的 SDN 控制器管理的網路設備都必須支援 OpenFlow 協定，推行較不易。

2. **OpenStack**：由美國航空暨太空總署 (NASA) 和 Rackspace 公司發表的開放雲端軟體平台，允許使用者將 VM 其他應用部署在資料中心裡的進行運算、儲存和網路資源，並可支援控制器架構。多家大型硬體廠商已經支援 OpenStack，其中有 Cisco ACI 控制器。

圖表 22-9 集中控制器

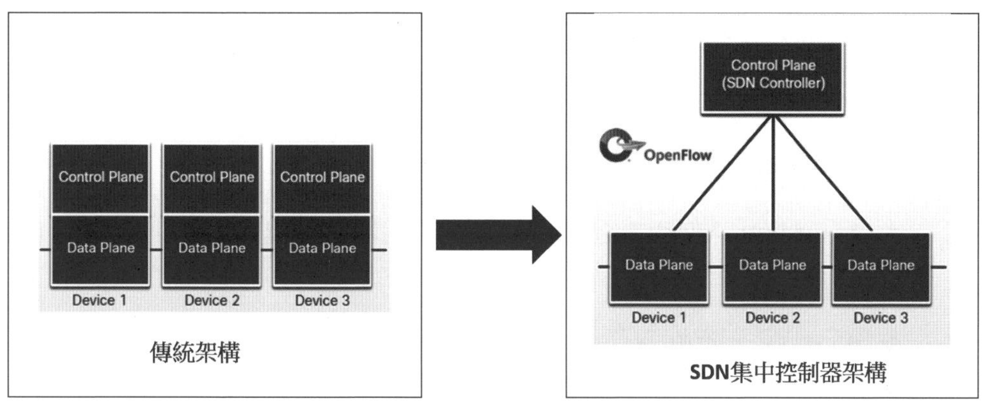

可程式設計

SDN 控制器必須支援可程式設計，但不是直接在 SDN 控制器進行程式編譯，而是 SDN 控制器提供 API，API 是一組標準化的請求，定義了應用程式從另一個應用程式請求服務的正確方式。SDN 控制器使用北橋 API 與上游使用者的應用程式進行溝通。SDN 控制器還使用南橋的 API 定義與下游的交換機和路由器上轉送面板的行為。

22.5 Cisco DNA Center 介紹

Cisco 的 SDN 的解決方案有資料中心的 ACI (Application Centric Infrastructure) 架構及企業版的 DNA (Digital Network Architecture)。本單元以 DNA 解決方案為主進行說明。

Cisco DNA 方案

數位網路架構 DNA 是 Cisco 在 SDN 企業級的解決方案，DNA 架構如下圖所示，SDN 控制器由 Cisco APIC-EM 平台為基礎開發各種應用程式，產品名稱為 DNAC (DNA Center)。在 DNAC 伺服器中主要有五個項目規劃。

1. **Design**：為整個網路建模。
2. **Policy**：使用策略來設定網路安全和簡化網路管理。
3. **Provision**：快速新增網路設備、監控網路設備和定義 Frabic 網路。
4. **Assurance**：使用主動監視網路、設備和應用程式，能更快地預測問題。
5. **Platform**：使用 API 對供應商設備的支持及應用程式整合。

DNAC 可以視為控制面板，往下管理路由器、交換器、無線網路等設備所架構的環境，稱為 Underlay 網路，即為轉送面板，所以 DNAC 架構有做到控轉分離。DNAC 需要認證資訊的功能使用 Cisco ISE 產品。DNA 支援的設備型號請參考 https://bit.ly/3hCy8RB。

圖表 22-10 DNA 架構 (圖片來源 cisco)

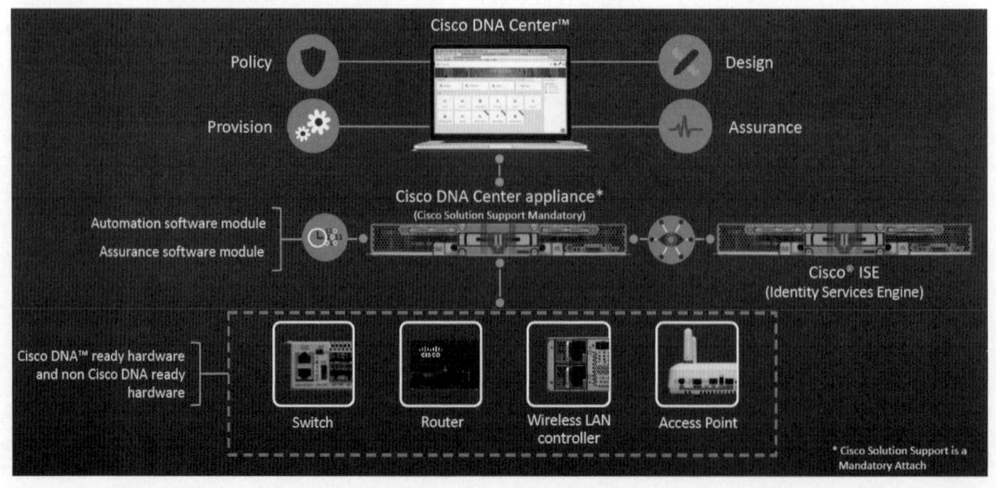

Fabric 網路

軟體定義接入 SD-Access (Software-Defined Access) 是 Cisco DNAC 的重要功能，使用 SD-Access 建立出來的網路稱為 Fabric，而無需重新設計底層實體網路架構。如下圖所示，Underlay Network 為底層實體網路架構，Underlay Network 中的路由器或交換器的連線只要可以連通，SD-Access 就可以在 Underlay Network 之上規劃自已需要的網路架構。Overlay Network 為 SD-Access 定義的網路，此網路根據使用者的需求，使用 tunnel 技術來建立，無須管理實體網路連線。使用 SD-Access 定義 Fabric 網路可以提供以使用者 (ID) 來定義策略，打破 IP 位址和策略之間的依賴關係，例如：ACL 使用 IP 位址。要實現使用者 ID 策略需要 LISP 與 VxLAN 技術，這些技術都在 SD-Access 實現。請注意 SD-Access 針對 LAN 環境，另外針對 WAN 的環境，Cisco 提供另外一種 SD-WAN 的解決方案。

圖表 22-11 Frabic 網路

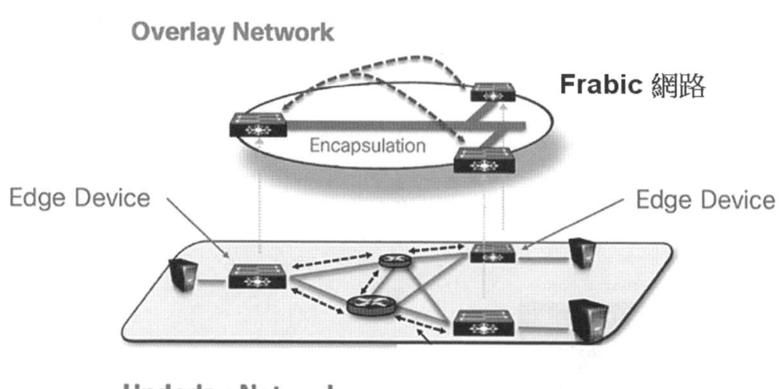

DNAC 畫面

我們使用 Cisco Sandbox 中的 DNAC 進行連線 https://sandboxdnac.cisco.com/，帳密資訊 devnetuser/Cisco123!。Cisco Sandbox 介紹請參考第 23 章。如下圖所示為 DNAC 主畫面，使用儀表板方式呈現目前網路運行狀況的摘要，目前版本 2.1.2.5。

圖表 22-12 DNAC 主畫面 (https://sandboxdnac.cisco.com/)

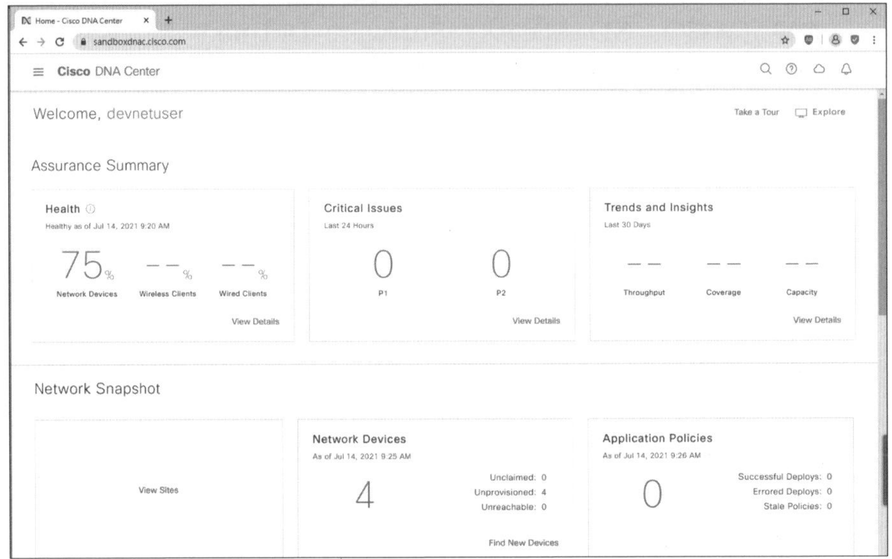

DNAC 功能選項

功能選項被隱藏起來，需使用滑鼠點選左上角的三條線，功能選項就出現，如下圖所示。我們針對 DNAC 的五項大功能 Design、Policy、Provision、Assurance 及 Platform 進行解說。

圖表 22-13 DNAC 功能選項 (https://sandboxdnac.cisco.com/)

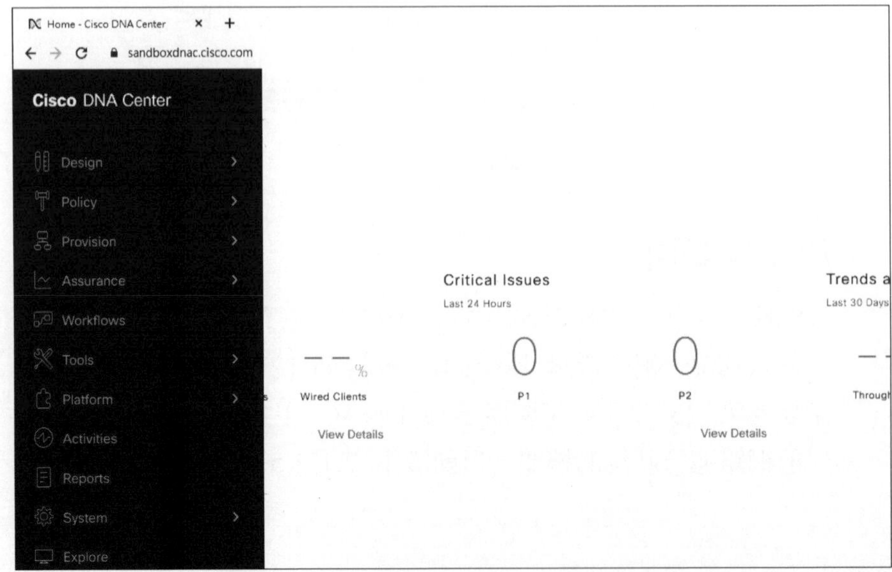

DNAC-Design

Design 主要是將整個網路建模，細項功能如下。

1. **Build the network hierarchy**：以 GIS 方式，讓網路設備可以呈現在地圖中的建築物或樓層，如下圖所示。
2. **IP address management**：增加網路位址與子網路遮罩，以便自動配發給新加入的設備。
3. **Network settings**：配置 DHCP、DNS、SNMP 和 Syslog 服務器。還可以在此功能建立 QoS 和無線配置。
4. **Image repository**：集中管理網路設備的所有 IOS/IOS XE 映像。方便升級使用。

圖表 22-14 DNAC-Design (https://sandboxdnac.cisco.com/)

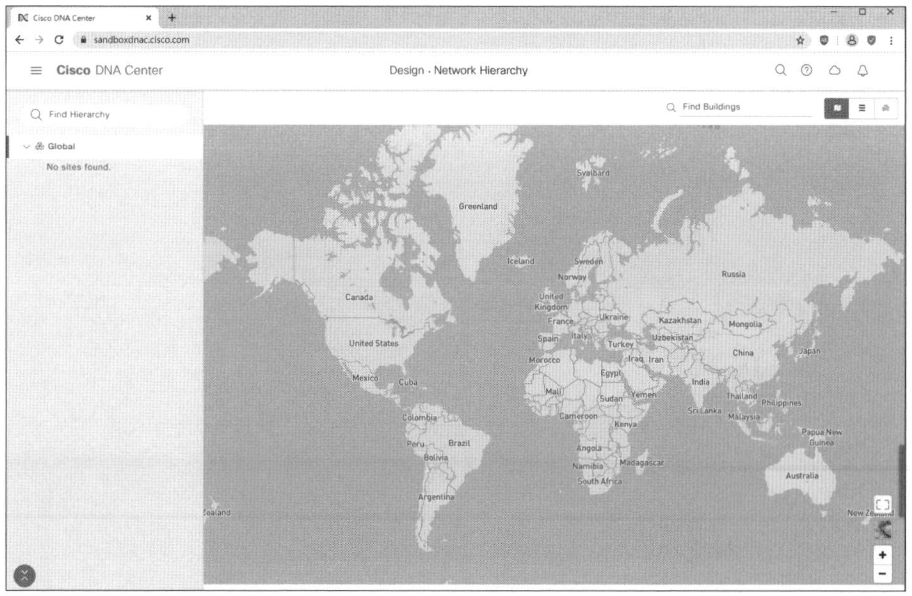

DNAC-Policy

Policy 主要是配置與網路策略相關的所有內容的地方。當建立策略，DNAC 將策略轉換為網路設備的設定指令進行配置。例如：當使用 IP ACL 建立策略，DNAC 會將 ACL 語法配置在不同網路設備中。

除了使用 IP ACL 建立策略，DNAC 還提供 Group-Based Access Control，將使用者 ID 分配到 Group，Group 與 Group 之間定義策略，如下圖所示。要使用 Group-Based Access Control 必須定義 Frabic，在 Frabic 網路之下定義 VN (Virtual network)，在 VN 中規劃 SG (Scalable Groups)，再將使用者 ID 配分 SG 中 (此部分在 Cisco ISE 定義 ID 與 SG)，如此達到使用者的策略規劃。由於使用者會移動，這個策略會隨著使用者移動，使用者在 Frabic 網路之下的任何一台電腦登入，使用者的策略依然有效。要達到策略隨著使用者移動，這需要 LISP 與 VxLAN 技術實。LISP (Locator/ID Separation Protocol) 運作在控制面板，可以視為路由協定，主要功能是找到使用者 ID 在哪一台電腦登入的資訊；VxLAN 運作在轉送面板，主要功能是攜帶 VN 與 SG 資訊。

圖表 22-15 DNAC-Policy (https://sandboxdnac.cisco.com/)

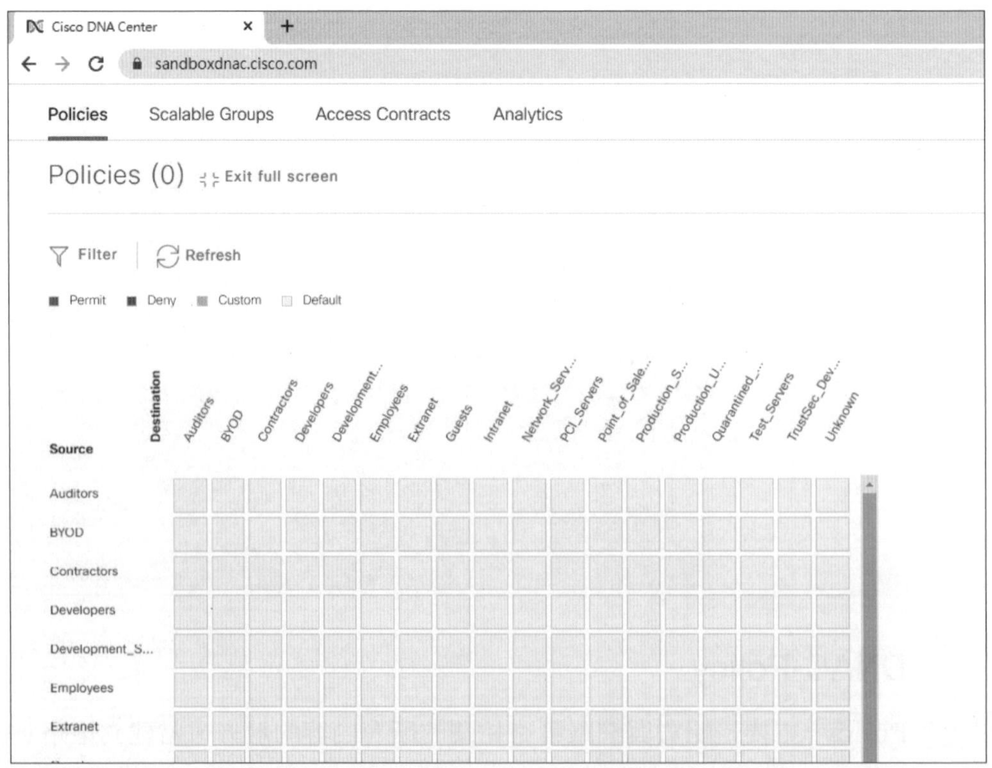

DNAC-Provision

Provision 提供新增網路設備，例如：路由器、交換器、無線控制器及無線 AP 等，DNAC 能夠管理網路設備是有型號限制，可以到 Cisco 官方網站查詢。Provision 提供 Plug and Play 功能主要發現新的設備並自動配置新設備，並加入 Inventory 網路設備清單。除了管理設備功能之外，Provision 還提供一個重要功能，定義 Frabric 網路，此項為 SA-Access 功能，讓使用者根據需求來自定網路，這項滿符合 SDN 的精神。Provision 管理的實體網路設備的架構稱為 Underlay Network，SD-Access 透過 tunnel 技術來定義 Overlay Network，稱為 Frabic 網路。

圖表 22-16 DNAC-Provision (https://sandboxdnac.cisco.com/)

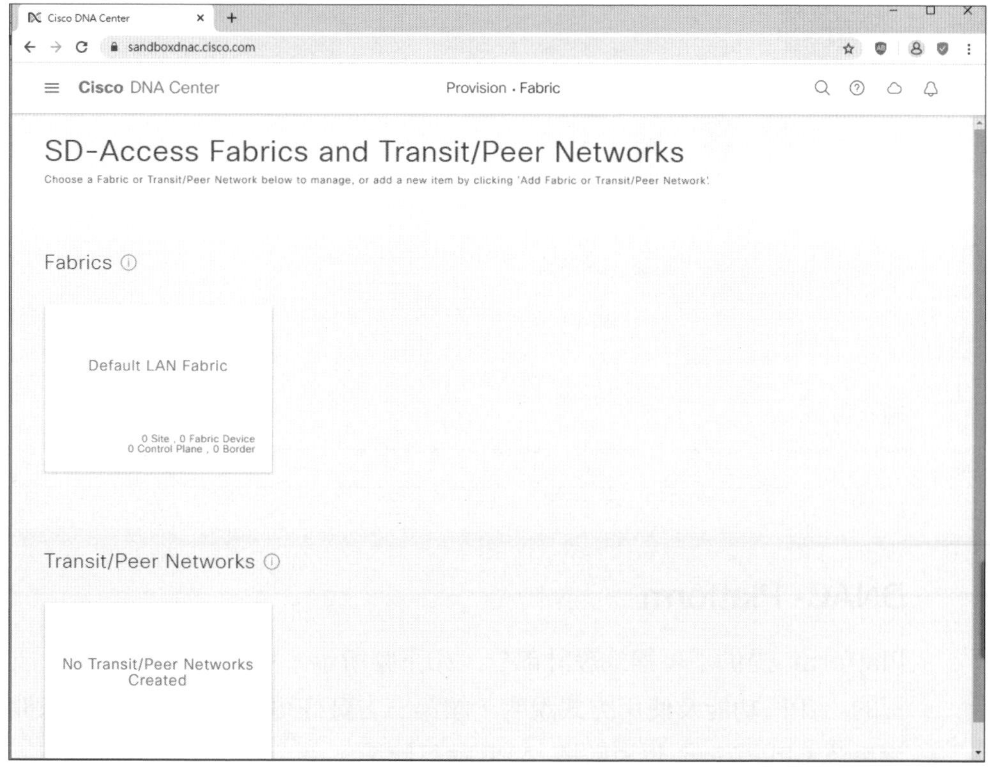

DNAC-Assurance

Assurance 主要是監控整個網路運行狀態的地方，如下圖所示，可以查看所有網路設備、(無線) 客戶端和應用程式的總覽，也可以監控網路中的所有問題的運行狀況和總覽。此部分有使用人工智慧與機器學習 (AI/ML)，來分析網路所遇到的問題，並主動提供解決方案。

圖表 22-17 DNAC-Assurance (https://sandboxdnac.cisco.com/)

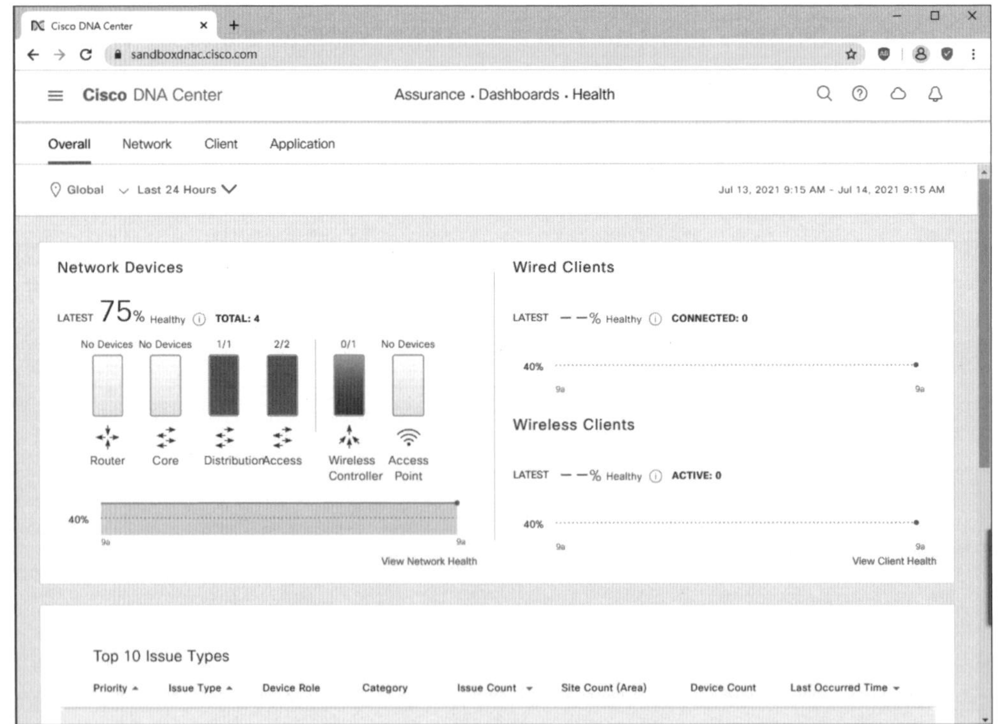

DNAC- Platform

Platform 提供了可程式設計部分，如下圖所示，列出目前 DNAC 支援的 API 功能及使用方式說明，讓第三方廠商可以根據自身的需求開發系統。Platform 也會監控 API 執行狀況。

圖表 22-18 DNAC- Platform (https://sandboxdnac.cisco.com/)

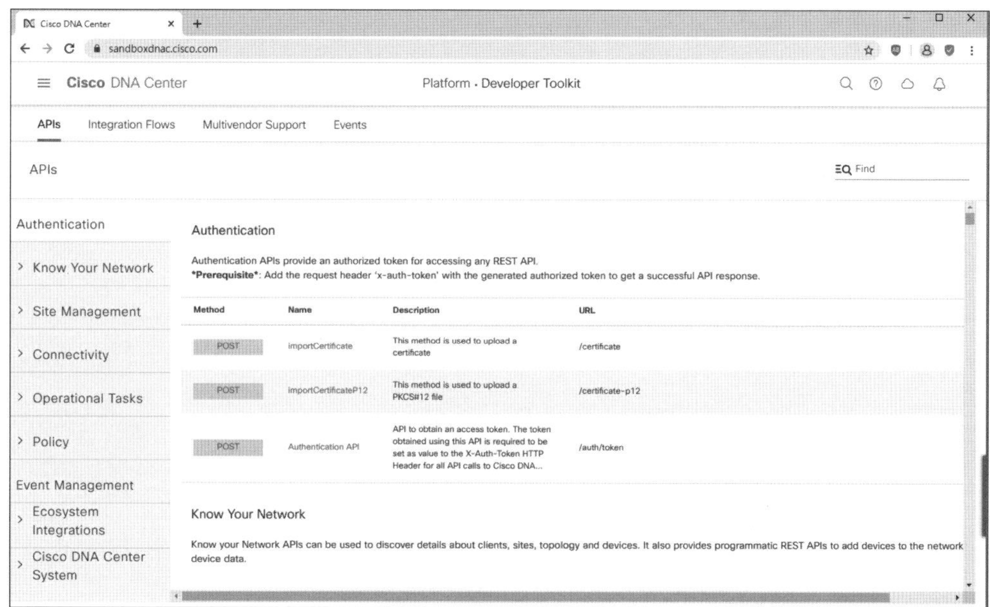

綜合上述 DNAC 的功能，此套解決方案已經滿足了 SDN 的訴求，DNAC 還有其他功能未能在此詳細敘述，而且 Cisco 還持續開發 DNAC 各項功能，後續版本能有新功能會開發出來，未來版本的 UI 的呈現與操作方式也可能會有所不同。

MEMO

CHAPTER 23

Python 網路自動化

一件重複而且過程一樣操作的工作就需要自動化，例如：在工廠生產線的工作，使用自動化已經很成熟，自動化的好處在於避免人為的錯誤，提高效率，並精簡人力成本，在網路管理工作，有些設定也是重複而且過程的指令操作也是一樣，這符合自動化的條件，網路自動化已經是未來的趨勢，網路工程師必須面對的重要課題。

23.1 傳統網路配置面臨問題

要配置網路設備最直接的方式就是透過 console 或 telnet 將設定指令執行，這種方式稱為 CLI (Command Line Interface) 方式，CLI 方式一次設定指令只能針對一台設備來進行設定，如下圖所示，網管人員要設定要設定三台設備，就必須開三個 console 視窗分別進行指令設定。

圖表 23-1 CLI 網管設定方式

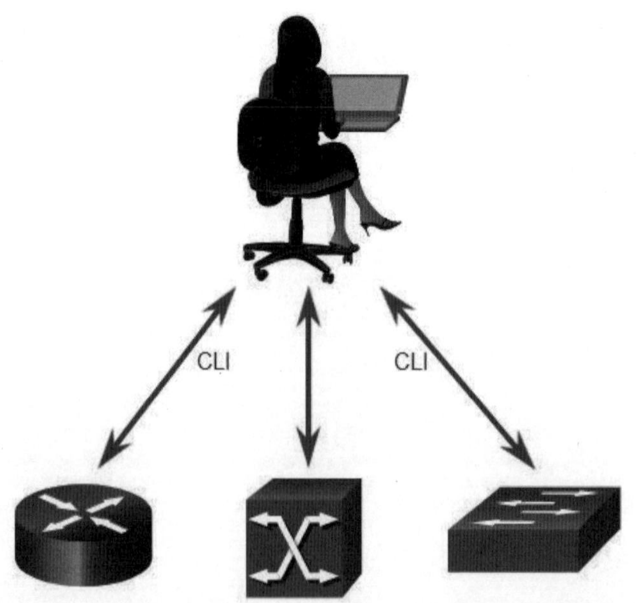

隨著時代的演進，雲端服務的興起，網路需求越來越多，各行各業都需要網路，網路設備的佈建不只是幾台設備，尤其是在雲端中心或資料中心的網路需求，網路設備可能就需要上千台以上，當面網路設備很大量時，CLI 方式就漸漸受到挑戰，如下圖所示，網管人員需要執行 CLI 指令就變多，指令設定錯誤的機率變多，公司就要再增加網管人員來管理設備，增加人力成本。

圖表 23-2 傳統的網管設定方式面臨的挑戰

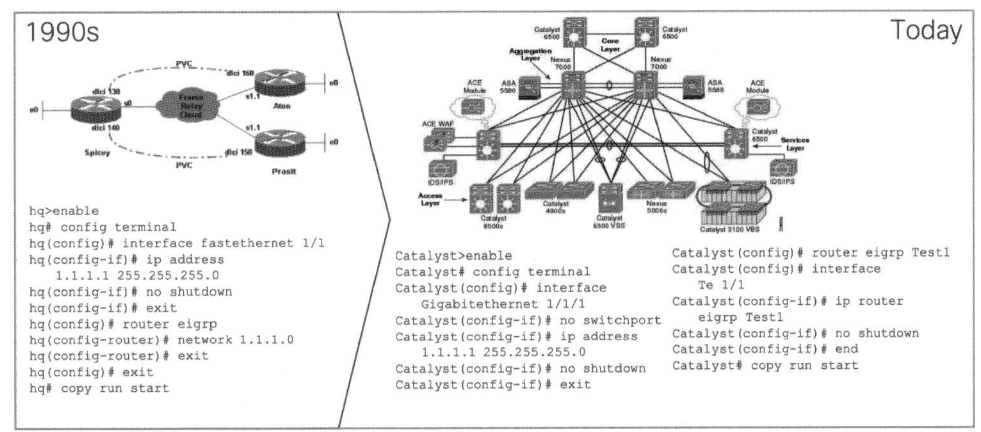

30年

當要面對上百台路由器或交換器網路設備時，觀察網管人員針對網路管理的動作，有些指令是重複及每天都要執行，而且是面對上百台網路設備，例如：執行組態檔的備份、監控 CPU 效能等等，如此重複性的動作每天要做一百次以上，相信網管人員一定無法負荷而且容易出錯，在這種情況，可以使用自動化來協助處理，網管人員可以使用 Ansible 工具來撰寫腳本 (Script)，透過電腦來執行腳本來管理上百台以上的網路設備，遇到較複雜的管理動作，可以透過 Python 來撰寫程式來控制，一樣也是透過電腦執行 Python 程式來管理網路設備，如此減少網路管理員的負擔，但是完成的工作量卻是數倍以上，這就是自動化的效益。

23.2 自動化網路配置演進

使用 console 或遠端登入 (ssh、telnet) 進行 CLI 配置的方式，其流程為網管人員下指令，路由器收到指令後，路由器執行指令並將結果回傳給網管人員，如下圖所示，網管人員想知道路由器的軟硬體資訊，在路由器 R1 執行 show version 指令，R1 就將 show version 執行結果回傳給網管人員看，路由器回傳的結果是一推文字 (或稱為字串，

string)，人類用大腦分析這些文字是很容易的一件事，例如：從 show version 回應的文字中找出 IOS 版本資訊，網管人員用大腦分析很容易可以看到版本的關鍵字，因為人類的大腦分析文字或影像的能力是很強。網管人員使用這種方式跟路由器互動，輸入指令給路由器，路由器回應字串來告訴網管人員，其他網路設備也是一樣的互動方式。

圖表 23-3 手動網管配置

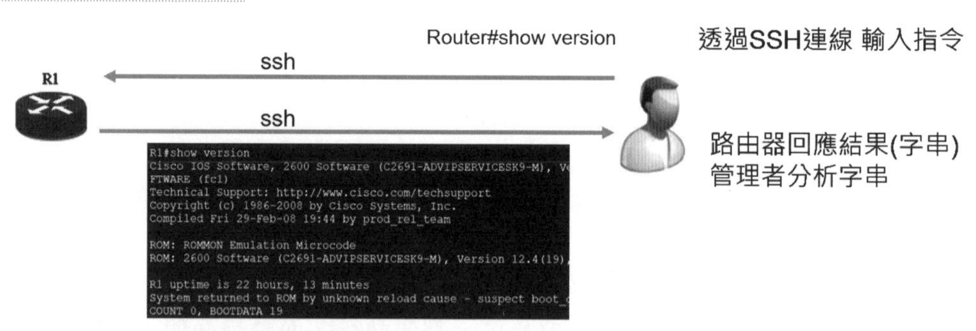

半自動化網管配置

我們將網管人員的角色換成 Python 程式只是 Python 怎麼使用 CLI 方式對路由器下指令？這要使用 Python 的 netmiko 模組，用 ssh 或 telnet 連線將 IOS 指令用推送到路由器執行，詳細 Python 操作部分後續會介紹。我們寫 Python 程式將 show version 指令推送到路由器 R1 執行，如下圖所示，R1 收到 show version 指令一樣會執行並回應一推字串給 Python，Python 只會將字串儲存到電腦記憶體，若要查詢 IOS 版本資訊，我們還要再撰寫一段 Python 程式碼來分析這一推字串中哪一部分是代表 IOS 版本資訊，使用程式碼分析字串的工作是一件很麻煩的事情，這樣要使用 Python 來代替網管人員只做了一半工作，我們稱為半自動化網路管理，前半部分使用 Python 將指令推送到網路設備執行，後半部分還是要依賴網管人員來分析路由器的回應。在有些需求情況下，半自動化網路管理已經很足夠用了，例如：備份組態檔，只要使用 Python 推送備份指令，無須分析回應結果。

圖表 23-4 半自動化網管配置

若對 Python 還不熟悉, 可以參考旗標科技出版的 Python 相關書籍, 例「Python 技術者們 - 實踐！帶你一步一腳印由初學到精通 第二版」。

自動化網管配置

要達到自動化網路管理，除了用 Python 或其他工具之外，網路設備的回應資訊不能再使用一堆的字串，必須要有結構化的字串，而且是通用的、標準化定義的結構化字串，例如：JSON、YAML、XML 等，如此 Python 在讀取結構化的字串時，很容易識別是甚麼樣的資訊，無須再做字串的分析動作。如下圖所示，Python 一樣推送 show version 指令到路由器 R1 執行，此時 R1 的回應是有結構的字串 (JSON)，Python 程式接收到 JSON 結構的字串，要讀取相關資訊就很容易了，例如：要獲取 IOS 版本資訊，Python 程式去讀取 "nxos_ver_str" 變數就可以獲取 IOS 版本資訊是 9.3，此時 Python 不需要去分析字串，也不須透過網管人員去查看字串內容，Python 直接就可以回應 IOS 版本資訊是 9.3，路由器其他資訊也是用相同方式。

圖表 23-5 自動化網管配置

Python 程式推送指令

ssh 推送 show version

ssh

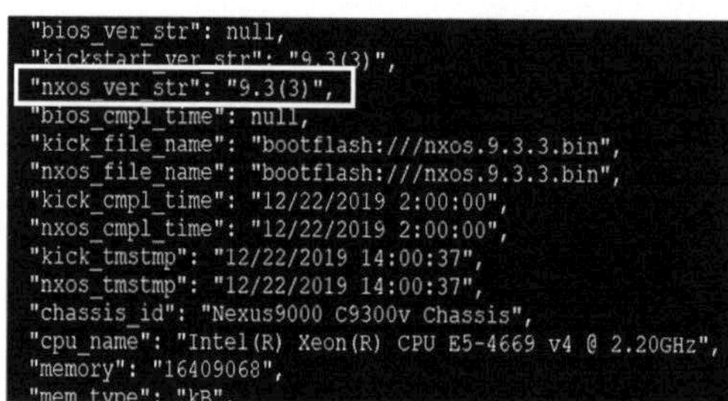

"bios_ver_str": null,
"kickstart_ver_str": "9.3(3)",
"nxos_ver_str": "9.3(3)",
"bios_cmpl_time": null,
"kick_file_name": "bootflash:///nxos.9.3.3.bin",
"nxos_file_name": "bootflash:///nxos.9.3.3.bin",
"kick_cmpl_time": "12/22/2019 2:00:00",
"nxos_cmpl_time": "12/22/2019 2:00:00",
"kick_tmstmp": "12/22/2019 14:00:37",
"nxos_tmstmp": "12/22/2019 14:00:37",
"chassis_id": "Nexus9000 C9300v Chassis",
"cpu_name": "Intel(R) Xeon(R) CPU E5-4669 v4 @ 2.20GHz",
"memory": "16409068",

路由器回應結果 (JSON)
Python 程式分析 JSON 結構化的資料

API 呼叫

在網路設備自動化的演進過程，網路設備除了傳統的 CLI 方式配置之外，也要有更聰明、更有效率的配置方式，目前新型態的網路設備都有提供使用 API (Application Programming Interface) 配置方式，如下圖所示，Python 不再使用 CLI 方式將 IOS 指令推送到路由器 R1 執行，反而是使用 HTTPS 請求方式到 R1 去呼叫對應的 API，R1 也使用 HTTPS 回應將結果回傳給 Python，Python 與路由器兩者之間的溝通使用標準化結構字串 (JSON、XML、YAML) 進行，而網管人員只要專心撰寫 Python 程式將需要的功能開發出來，之後執行的部分就交給 Python。

圖表 23-6 路由器支援 API 方式

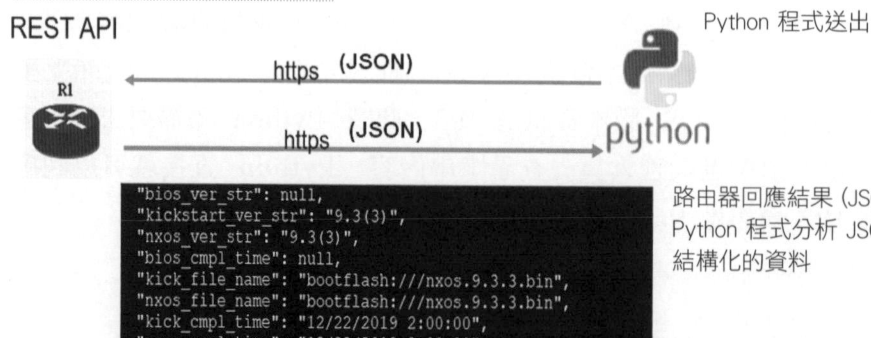

自動化協定演進

早期有 SNMP 協定來管理網路設備，SNMP 軟體透過 get/set 動作到網路設備的 MIB 進行讀取/修改，所以 SNMP 協定算是早期的網路自動化的方式，但是 SNMP 在傳送的資料的編碼方式是 BER (Basic Encoding Rule)，這種編碼方式對於網路自動化的程式設計不易上手，近年發展到 NETCONF 及 REST API 使用 XML/JSON 編碼，這兩種編碼方式在 Web 程式設計廣受使用，而 Yang Model 描述使用 YAML 排列方式，比 MIB 使用 OID 更容易看懂，尤其在 REST API 透過 HTTP 協定就能讀取/修改 Yang Model，只要知道網路設備支援的 URI 就可以使用 Python 的 HTTP 模組進行讀取/修改 Yang Model 資料，這在 Python 網管程式開發更是容易進行，

自動化協定比較

下表為常見的網管協定及使用的 Data Models 的比較，SNMP 透過 get/set 動作來對 MIB 做讀取與修改；NETCONF/REST API 對象都是針對 Yang Model，未來的趨勢 Yang Model 逐漸會取代 MIB；NETCONF 使用 get-config、edit-config、copy-config、delete-config 等動作透過 RPC (Remote Procedure Call) 對 Yang Model 做讀取與修改；REST API 透過 HTTP 協定並帶 HTTP methods (POST、GET、PUT、DELETE) 動作對 Yang Model 做讀取與修改，三種網管方式比較起來，REST API 相對容易開發自動化程式，後續將以 REST API 方式進行網路自動化示範。

圖表 23-7 自動化協定比較

	SNMP	NETCONF	REST API
Data models	MIB	Yang Models	Yang Models
協定動作	SNMP	NETCONF	HTTP verbs
資料編碼	BER	XML	JSON
Protocol	UDP	SSH	HTTP

23.3 認識 JSON 與 YAML 資料格式

每種程式語言都有自已的資料型態，例如：Python 一般資料型態有 string (字串)、int (整數)、float (浮點數)、布林 (boolean)，進階的資料型態有 list (串列)、tuple (序對)、set (集合) 與 dict (字典) 等，這些資料型態在 JAVA 語言不一定適用。當 Python 與 JAVA 兩種的程式要交換資料時，互相看不懂彼此的資料型態，所以要定義一個標準的資料格式，讓大部分的程式語言都支援，因此就有 JSON 及 YAML 兩種資料格式表示方式逐漸被發展出來，其中 JSON 更廣泛使用在 WEB 程式設計方面。如下圖所示，當 Python 有資料要送給 JAVA，首先 Python 將其資料型態轉成 JSON 再送出，JAVA 收到 JSON 之後再將其轉成 JAVA 的資料型態，如此兩種不同的程式語言就可以互相溝通。

圖表 23-8 JSON 的作用

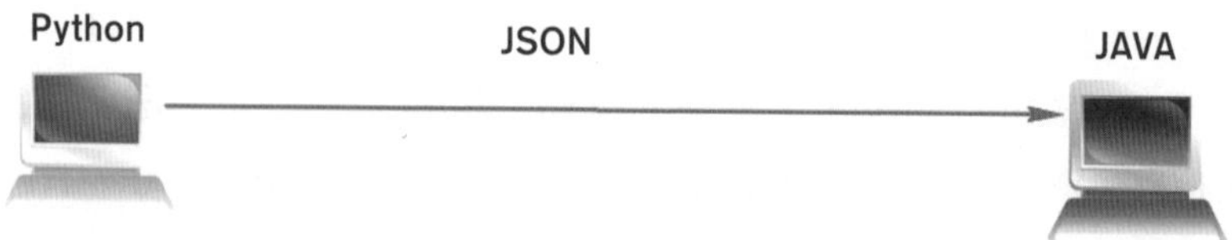

JSON 資料格式

JSON 的全名是 JavaScript Object Notation，是一種以純文字為基礎的資料交換格式，易於讓人閱讀和編寫的特性並且很適合在網路上傳輸，目前已經被廣泛使用在 WEB 程式設計，現在幾乎所有的主流程式語言都支援 JSON。

JSON 支援以下的資料格式，如下：

1. 字串 (string)
2. 數值 (number)
3. 布林值 (boolean)
4. 空值 (null)

5. 物件 (object)
6. 陣列 (array)

JSON 資料格式大部分都可以對應到程式語言的資料型態，例如：JSON 物件 (object) 對應到 Python DIC，JSON 陣列 (array) 對應到 Python List。

JSON 物件

一個物件就是鍵值對應 (key-value pairs) 的儲存格式，一個物件以大括號 { 開始，最後用 } 大括號結束，每個 key-value pair 用逗號分隔開，而 key 和 value 之間則使用冒號分隔開，key-value pair 中的 key 必須是一個字串格式，value 可以是任何 JSON 資料格式。如下為 JSON 物件範例：

圖表 23-9 JSON 的物件格式

```
{
  "intf-name" : "Vlan100",
  "proto-state" : "down",
  "link-state" : "down",
  "admin-state" : "down",
  "prefix" : "172.16.100.1"
}
```

"intf-name" 為 key 的名稱，其對應的 value 為 "Vlan100"，我們也可以這樣思考，intf-name 為一個變數，其內容存儲 Vlan100，所以要讀取物件內容只要指定 key 名稱，例如：指定 "prefix" 名稱可以讀取到 172.16.100.1。

JSON 陣列

陣列是一個有序的序列，使用索引 (index) 來辨識儲存在陣列的資料，所以陣列中可以儲存大量的資料，一個陣列使用中括號 [開始，最後以中括號] 結束，在陣列中有多個資料則用逗點分隔開，陣列中的資料內容可以是任何 JSON 資料格式。如下為 JSON 陣列範例：

圖表 23-10 JSON 的陣列格式

```
["Vlan100" , "Vlan101" , "Vlan102" , "Vlan103"]
```

此陣列儲存 4 個字串內容，不像物件有 key 名稱可以對應到儲存的內容，所以要使用索引來讀取對應的內容，例如：索引[0] 對應到陣列中的第一個內容 Vlan100，索引[1] 對應到 Vlan101，其他對應方式，以此類推，我們可以將陣列的索引值視作物件的 key 名稱，陣列用索引值來讀取對應的內容，而物件使用 key 名稱來讀取對應的內容。

JSON 物件混和陣列表示

在 JSON 物件中可以使用陣列的資料，陣列中的資料也可以使用物件的資料，這種物件與陣列的混搭方式很常見，如下範例為陣列中使用物件的資料。

圖表 23-11 JSON 的物件混和陣列表示

```
[
  {
    "intf-name" : "Vlan100",
    "prefix" : "172.16.100.1"
  },
  {
    "intf-name" : "Vlan101",
    "prefix" : "172.16.101.1"
  },
  {
    "intf-name" : "Vlan102",
    "prefix" : "172.16.102.1"
  },
  {
    "intf-name" : "Vlan103",
    "prefix" : "172.16.103.1"
  }
]
```

如何解讀這筆 JSON 資料？首先從外層開始解析，第 1 層是中括號表示是陣列，陣列中的資料是用大括號表示是物件，而物件中沒有其他中括號或大括號，所以這筆 JSON 資料只需要解析兩層。如果要讀取 172.16.101.1 的內容，首先從第一層分析這筆資料儲存在陣列哪一個索引值內，我們目測得知 172.16.101.1 在 [1] 中，再繼續從索引[1] 來解析第 2 層物件中此筆資料存在哪一個 key 名稱中，同樣用目測可以觀察到 172.16.101.1 儲存在 "prefix" 名稱，所以要讀取 172.16.101.1 的完整 JSON 的表示為 [1].["prefix"]。

多層次的 JSON 格式

在網路設備回傳的 JSON 資料大部分是多層次的 JSON 格式，多層次的 JSON 格式也是透過物件與陣列的混搭而成。如下表示所示有 4 層，第 1 層為物件，只有一個 key 名稱 "TABLE_interface"，而此 key 名稱儲存為物件資料，所以第 2 層也是物件資料，此物件也只有一個 key 名稱 "ROW_interface"，其儲存又是物件資料，第 3 層的物件資料中有 7 個 key 名稱，其中兩個 key 名稱 "svi_ucast_pkts_in" 與 "svi_ucast_bytes_in" 是以陣列方式儲存資料，以 key 名稱 "svi_ucast_pkts_in" 來看，第 4 層的陣列資料有兩個 ["5"，"0"]，所以要讀取 "5" 資料，JSON 的表示為["TABLE_interface"]["ROW_interface"]["svi_ucast_pkts_in"][0]，這筆資料表示的意義是介面 vlan100 收到的 Unicast 封包的數目有 5 個。

圖表 23-12 多層次的 JSON 格式

```
{
    "TABLE_interface" :
    {
        "ROW_interface" :
        {
            "interface" : "Vlan100",
            "svi_mac" : "00bb.2cfc.1b08",
            "svi_desc" : "mgmt svi - DEMO PLEASE DON'T TOUCH",
            "svi_ip_addr" : "172.16.100.1",
            "svi_ip_mask" : "24",
            "svi_ucast_pkts_in" :[
                "5",
                "0"
            ],
            "svi_ucast_bytes_in" :[
                "512",
                "0"
            ]
        }
    }
}
```

JSON data 轉換成 Python data

Python 是看不懂 JSON Data，所以當 Python 收到 JSON Data 必須轉換成 Python 的資料格式，例如：將 JSON 物件轉換成 Python 的 DIC (字典) 資料型態，雖然從外觀來看 JSON 物件與 Python DIC 長得很像，都是用大括號及使用 key-value 表示方式，但是 JSON 資料格式沒有內建在 Python 中，我們可以使用 Python 內建 JSON 轉換函數來操作 JSON 資料與 Python 資料之間的轉換，在 Python 有兩個 JSON 函數使用如下。

1. json.loads() 用來將 JSON 資料格式解析成 Python 資料型態。
2. json.dumps() 用來將 Python 資料型態轉換成 JSON 資料格式。

YAML 資料格式

YAML (YAML Ain't a Markup Language) 也是一種受歡迎的資料格式表示，YAML 的一些特徵跟 JSON 很像，被認為是 JSON 兄弟，具有極簡格式，易於閱讀。YAML 使用內縮方式來定義其資料格式，而無需使用括號或逗號，其資料格式表示主要有三種純量 (scalar)、序列 (sequence)、映射 (mapping)。

1. **純量** (scalar)：不能再分割的值，例如：整數、字串、布林值等等都可以使用純量表示。
2. **序列** (sequence)：類似 JSON 的陣列。
3. **映射** (mapping)：類似 JSON 的物件。

當你了解 JSON 資料格式的表示，要理解 YAML 格式使用相對容易，JSON 與 YAML 兩種資料格式可以互相轉換，網路上有許多轉換工具，例如：https://jsonformatter.org/。

YAML 映射

YAML 映射格式跟 JSON 的物件是一樣的資料格式，都是使用 key-value pair 的方式，YAML 不用大括號來表示物件資料的範圍，而使用對齊方式，如下表所示為上述 JSON 物件的範例對應的 YAML 映射資料，有 5 個 key 名稱及對應的資料。請注意的是 key 名稱要對齊，否則就不是同一個映射範圍的 key-value pair。

圖表 23-13 YAML 的映射格式

```
intf-name:Vlan100
proto-state:down
link-state:down
admin-state:down
prefix:172.16.100.1
```

YAML 序列

YAML 的序列是對應到 JSON 的陣列，使用減號來表示序列中的資料，如下表所示為上述 JSON 陣列的範例對應的 YAML 序列資料，目前序列中有 4 筆資料。請注意減號要對齊，而且減號與資料之間要有一個空格。

圖表 23-14 YAML 的序列格式

```
- Vlan100
- Vlan101
- Vlan102
- Vlan103
```

YAML 的序列與映射混搭格式

YAML 也可以將序列與映射資料進行混搭，如下表所示為上述 JSON 物件混和陣列的範例對應到 YAML 序列與映射表示，此 YAML 格式中有 4 筆序列資料，每筆陣列有一個映射資料，每個映射有兩個 key 名稱。請注意減號與 key 名稱要有一個空格，另外在減號下的兩個 key 名稱要對齊。

圖表 23-15 YAML 的序列與映射混搭格式

```
- intf-name:Vlan100
  prefix:172.16.100.1
- intf-name:Vlan101
  prefix:172.16.101.1
- intf-name:Vlan102
  prefix:172.16.102.1
- intf-name:Vlan103
  prefix:172.16.103.1
```

多層次的 YAML 格式

複雜的 YAML 格式也可以呈現多層次的表示，如下表所示為上述 JSON 多層次格式的範例對應到 YAML 多層次表示，YAML 多層次比較好觀察，只要看有內縮幾次，即有幾層次，目前的範例有內縮 4 次，此 YAML 有 4 層，第 1 層與第 2 層都是映射，而且分別都只有一個 key 名稱，第 3 層也是映射，但有 7 個 key 名稱，其中 key 名稱 svi_ucast_pkts_in 與 svi_ucast_bytes_in 之下又各自內縮 1 次，最後第 4 層為序列表示。

圖表 23-16 多層次的 YAML 格式

```
TABLE_interface:
  ROW_interface:
    interface:Vlan100
    svi_mac:00bb.2cfc.1b08
    svi_desc:mgmt svi - DEMO PLEASE DON'T TOUCH
    svi_ip_addr:172.16.100.1
    svi_ip_mask:'24'
    svi_ucast_pkts_in:
      - '5'
      - '0'
    svi_ucast_bytes_in:
      - '512'
      - '0'
```

後續單元我們會使用 JSON 用於 Python 程式設定，而 YAML 格式會在下一章 Ansible 的 Playbook 腳本中使用。

23.4 Cisco sandbox 介紹

使用者若對於 Cisco 的新產品規格有興趣，需要有測試環境來進行實驗，現在 Cisco 有提供 Sandbox 環境給使用者免費進行測試，在 Cisco Sandbox 中的設備都是一些 Cisco 的支援網路自動化 (Devnet) 的新產品，可見 Cisco 極力在推廣網路自動化，並計畫不斷進行下去，而 Cisco 建置 Sandbox 提供給使用者一個完整練習 Devnet 環境，下圖所示為 Cisco Sandbox 的官方網站。

圖表 23-17 Cisco Sandbox 網站
https://developer.cisco.com/site/sandbox/

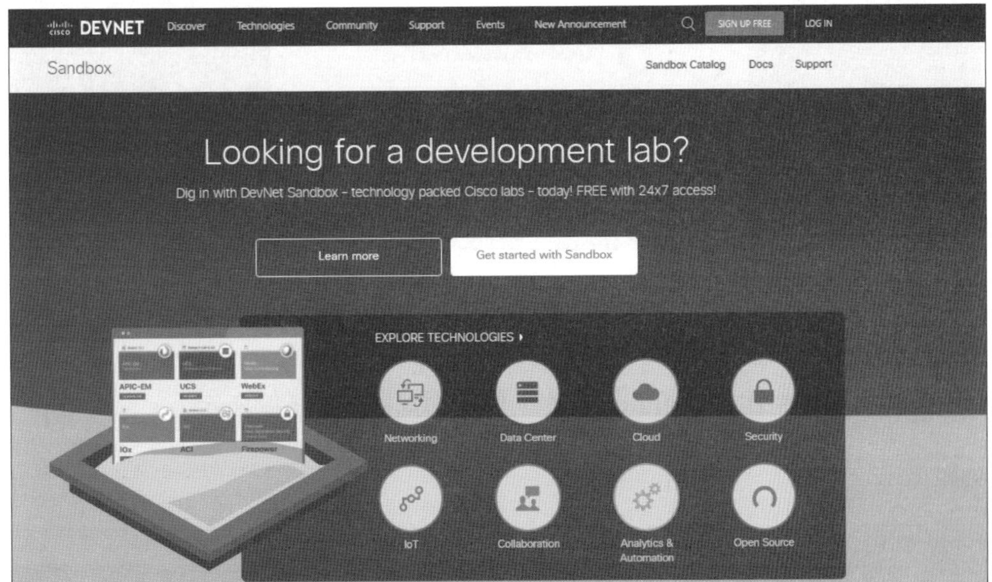

登入 Cisco Sandbox

要使用 Cisco Sandbox 中的資源需要註冊，註冊的方式很多種，最簡單的就是關連到 Google 或 FB 帳號，如下圖所示，我們使用 Google 帳號登入 Cisco Sandbox 環境。

圖表 23-18 登入 Cisco Sandbox 方式

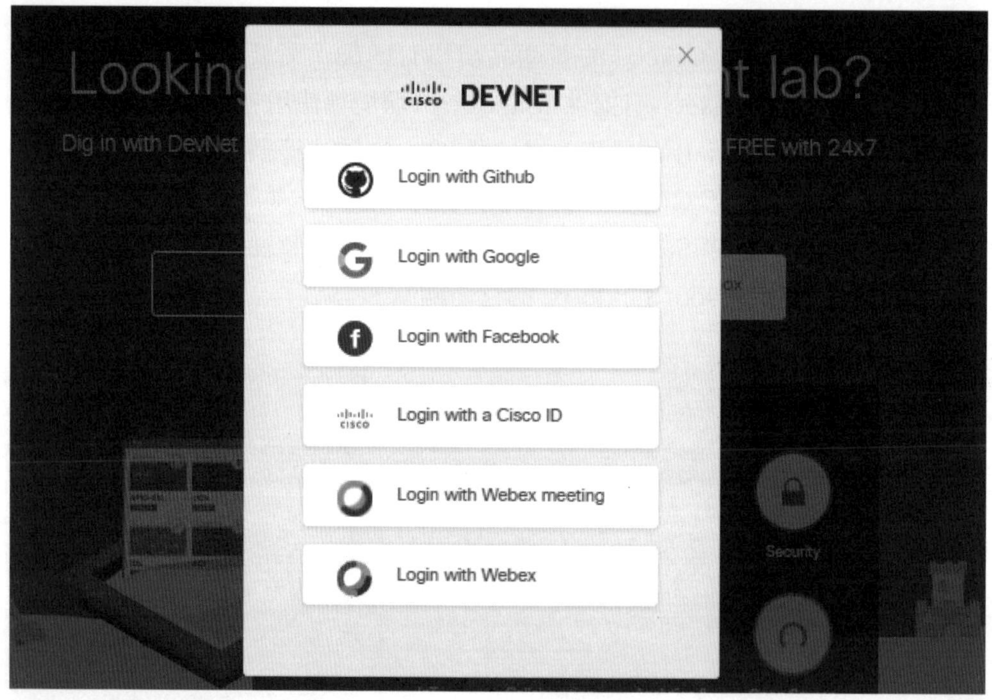

Cisco Sandbox 設備

登入後就會出現 Sandbox 實驗環境的選擇，如下圖所示。

圖表 23-19 Cisco Sandbox 所有設備分類

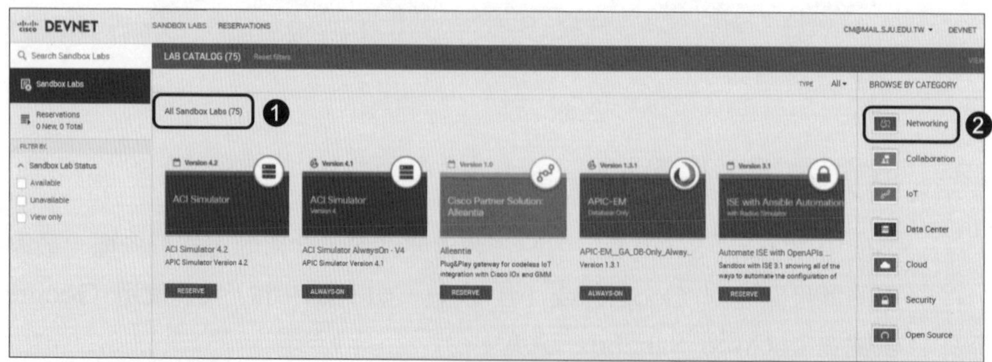

❶ 表示目前的 Sandbox 中提供 75 個練習的環境，其中有些是單一設備，也有部分設計成為 LAB 環境，要找合適的實驗環境，建議用分類來找會比較有效率。

❷ 使用分類的方式來選擇，我們選擇 Networking 分類是針對路由器或交換器相關的實驗環境。

選擇實驗環境

在 Cisco Sandbox 中有些實驗環境需要預約才能使用，實驗環境下有 RESERVE 字眼表示需要預約，有 ALWAYS-ON 字眼表示隨時可以直接使用，我們選擇一台有支援 JSON 輸出的網路設備，如下圖所示，這是一台 Nexus 9000v 的交換器，並且有標示 ALWAYS-ON 字眼，所以直接可以進入使用。建議讀者使用標示 RESERVE 來預約交換器，操作會比較穩定。

圖表 23-20 選擇實驗環境

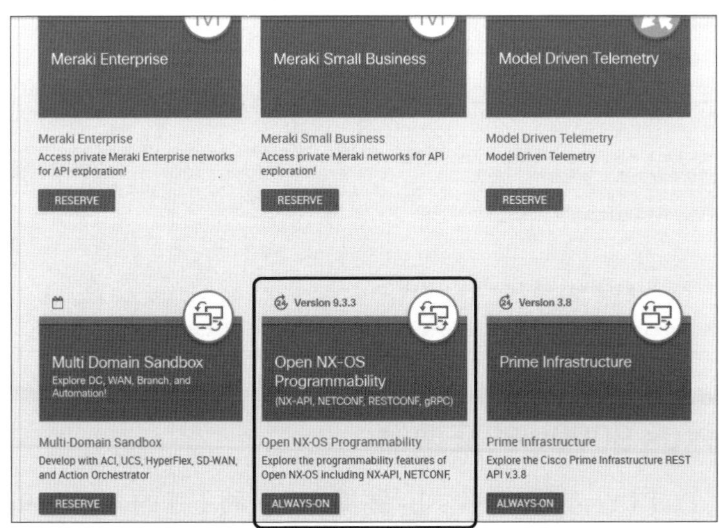

進入實驗環境

目前進入的實驗環境只有一台 Nexus 9000v 的交換器，並沒有網路拓樸的規劃，所以很單純的測試這台機器功能，此款交換器有支援 Devnet 的開發環境及 JSON 格式的輸出，我們使用這台交換器來測試

JSON 輸出，但是要如何登入這台交換器，如下圖所示，有說明登入 Nexus 9000v 交換器的方式。

圖表 23-21 進入實驗環境

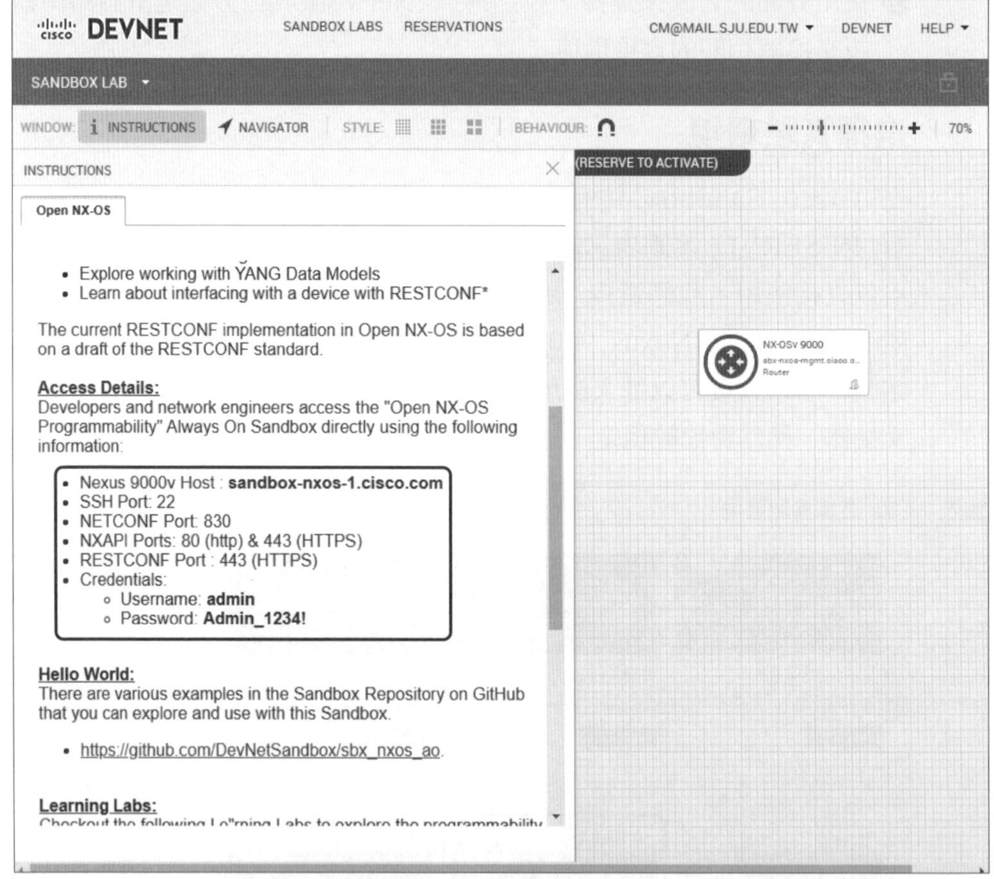

登入 Nexus 9000v 的交換器

我們使用 PuTTY 軟體中的 ssh 連線功能，將上述的登入資訊填入，如下圖所示，連線時需要有正確帳號與密碼，即可登入到交換器的 Console 畫面。請注意 Cisco Sandbox 中的設備登入資訊會隨著時間改變，有需要登入做實驗者，請先登入 Cisco Sandbox 中查詢。

圖表 23-22 PuTTY 畫面

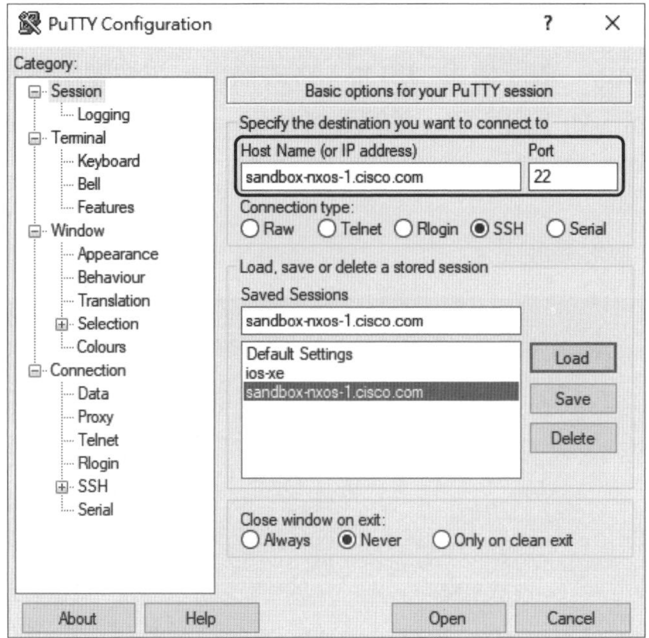

測試一般輸出

登入到 Nexus 9000v 交換器的 Console 後，測試一下 show int vlan 100 的查詢指令的輸出結果，如下圖所示，這個輸出是一堆的字串，需要網管人員來分析，例如：要知道 vlan100 介面的 IP 位址，要用大腦來分析，IP 位址為 172.16.100.1/24。

圖表 23-23 Nexus 9000v 交換器的 Console 畫面

```
sbx_nxosv# show int vlan 100
Vlan100 is up, line protocol is up, autostate enabled
  Hardware is EtherSVI, address is  00bf.5f70.1b08
  Description: mgmt svi - DEMO PLEASE DON'T TOUCH  Internet Address is 172.16.100.1/24
  MTU 1500 bytes, BW 1000000 Kbit, DLY 10 usec,
   reliability 255/255, txload 1/255, rxload 1/255
  Encapsulation ARPA, loopback not set
  Keepalive not supported
  ARP type: ARPA
  Last clearing of "show interface" counters never
  L3 in Switched:
    ucast: 0 pkts, 0 bytes
  L3 out Switched:
    ucast: 0 pkts, 0 bytes
```

測試 JSON 輸出

在 console 中一樣輸入 show int vlan 100 查詢，後面參數使用 json-pretty，表示使用 JSON 格式輸出，這個輸出為多層式 JSON 格式表示，如下圖所示，這筆資料是 4 層的 JSON 格式，在上述的 JSON 單元範例有分析過。

圖表 23-24 測試 JSON 輸出

```
sbx-ao# show int vlan 100 | json-pretty ❶
{
    "TABLE_interface": {
        "ROW_interface": {
            "interface": "Vlan100", ❷
            "svi_admin_state": "down",
            "svi_rsn_desc": "Administratively down",
            "svi_line_proto": "down",
            "svi_mac": "00bb.2cfc.1b08",
            "svi_desc": "mgmt svi - DEMO PLEASE DON'T TOUCH",
            "svi_ip_addr": "172.16.100.1", ❸
            "svi_ip_mask": "24",
            "svi_mtu": "1500",
            "svi_bw": "1000000",
            "svi_delay": "10",
            "svi_tx_load": "1",
            "svi_rx_load": "1",
            "svi_arp_type": "ARPA",
            "svi_time_last_cleared": "never",
            "svi_ucast_pkts_in": [
                "0",
                "0"
            ],
            "svi_ucast_bytes_in": [
                "0",
                "0"
            ]
        }
    }
}
sbx-ao#
```

❶ 表示輸出的格式，這台交換器除了支援 JSON 還支援 XML 輸出。

❷ 表示 key 名稱 "Interface" 儲存 Vlan100。

❸ 表示 key 名稱 "svi_ip_addr" 儲存 172.16.100.1 的 IP 位址。

網管人員看 JSON 輸出的格式應該會不習慣，反而看傳統的字串輸出比較好辨識，不過 JSON 輸出是給 Python 來辨識使用，下一節將示範使用 Python 來讀取 JSON 格式中的特定資料內容。

23.5 Python 簡介

Python 是近幾年最受歡迎的程式語言，也是可以應用在各種領域的程式語言，當然包含應用在網路自動化領域，Python 對於沒有接觸寫程式的初學者而言，是相對容易學習，主要在於它的語法是簡化類似自然語言，貼近人的思考方式，初學者可以輕鬆上手，對於想踏入 Devnet 領域的網管人員，Python 是首選的程式語言。

Python 安裝

Python 是一種直譯式的程式語言，要到 Python 的官方下載直譯器，如下圖所示，Python 直譯器可以在多種的作業系統中執行，我們下載安裝在 Windows 作業系統。

圖表 23-25 Python 官方網站
https://www.python.org/

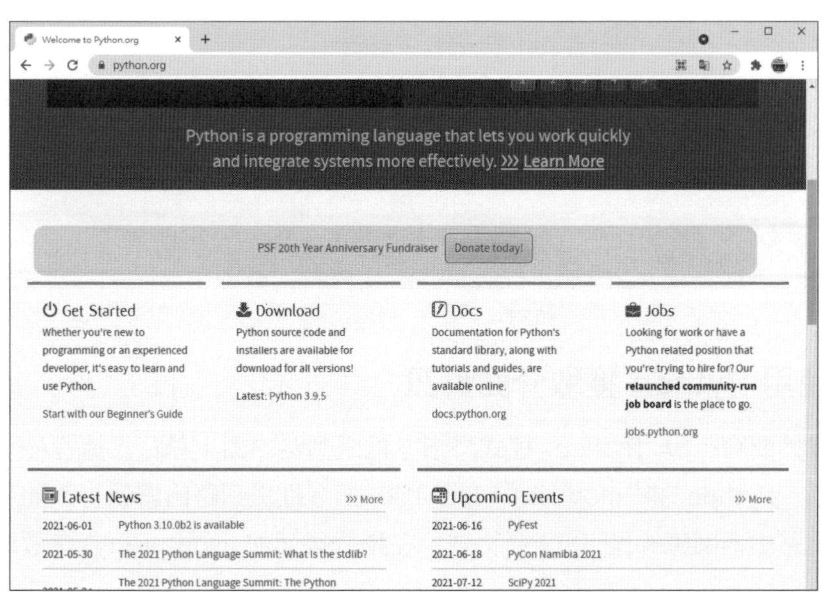

Python 的編譯環境

要撰寫任何的程式語言都要有個良好的編輯環境 (IDE)，這樣在開發程式比較容易進行，Python 比較多人使用的編輯環境是 Pycharm 這套軟體，下圖為 Pycharm 的官方網站，Pycharm 有兩種版本 Professional 與 Community，我們使用 Community 版本來安裝即可。

圖表 23-26 PyCharm 官方網站
https://www.jetbrains.com/pycharm/

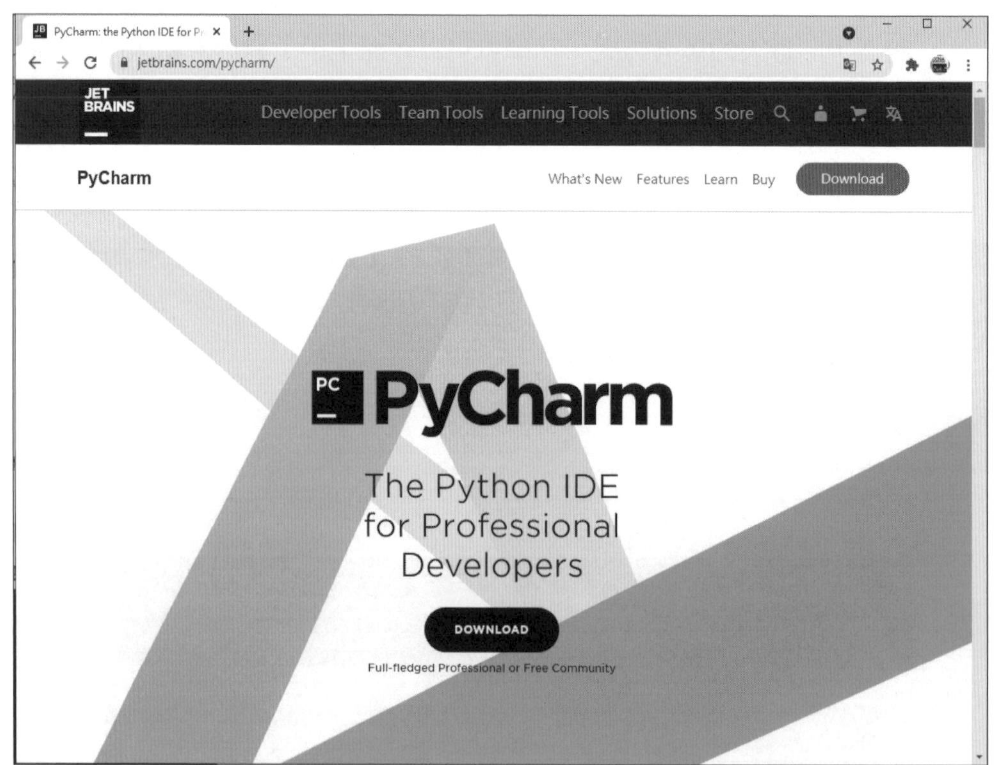

使用 Python 獲取介面資訊

我們要寫一段 Python 程式將指令推送到路由器上執行，流程如下圖所示，Python 將 show int vlan 100 指令推送到路由器執行，如果要指定路由器回應的是 JSON 格式，在指令後面加 json-pretty 參數即可，但是舊款網路設備沒支援 JSON 格式回應，所以要找較新款的網路設備來測試，我們選用 cisco sandbox 中 Nexus 9000v 交換器，此型號有支援 JSON 格式回應。

圖表 23-27 Python 推送 show int vlan100 到路由器執行的流程

Python 資料格式轉換

我們撰寫的 Python 程式主要是取得 Nexus 9000v 交換器的 vlan 100 介面名稱及 IP 位址，Python 程式碼如下圖所示，其中使用兩個 Python 模組分別是 netmiko 與 json，netmiko 模組主要是建立 ssh 連線，並且有提供 send_commad 函數來推送 IOS 指令；json 模組主要是提供 JSON 資料格式與 Python 資料格式互相轉換，json.loads 是將 JSON 資料格式傳換成 Python 資料格式，若要將 Python 資料格式轉換成 JSON 資料格式則使用 json.dumps。將下列 Python 程式執行後，可以觀察到順利取得 vlan 100 介面名稱及 IP 位址 172.16.100.1。

請注意 device 的資訊，可能會改變，讀者執行 Python 範例程式前，請先到 Cisco Sandbox 中確認 device 的資訊是否有異動。另外建議讀者使用標示 RESERVE 來預約交換器，操作會比較穩定。

圖表 23-28 取得介面資訊的 Python 程式碼 (範例檔: ch23_python_ssh_get_int.py)
(請參考本書最前面的「如何下載範例檔」來取得範例檔)

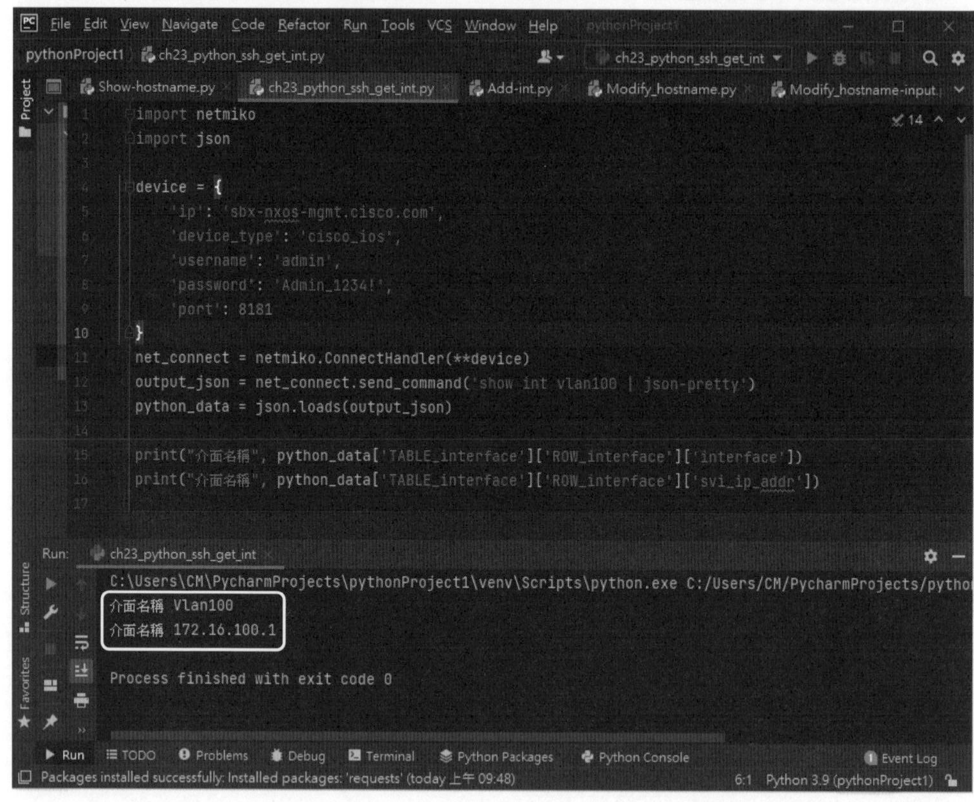

上述的 Python 部分程式碼的詳細說明，請參考下表。

圖表 23-29 Python 程式碼解說

指令	說明
import netmiko import json	引用兩個模組 netmiko 與 json，netmiko 模組主要是建立 ssh 連線，json 模組負責資料格式轉換

device = {
'ip' : 'sbx-nxos-mgmt.cisco.com',
'device_type' : 'cisco_ios',
'username' : 'admin',
'password' : 'Admin_1234!',
'port' : 8181
}
	連線設備的資訊，目前為 cisco sandbox 中 Nexus 9000v 交換器
	Next

指令	說明
net_connect = netmiko.ConnectHandler (**device)	產生 ssh 連線
output_json = net_connect.send_command ('show int vlan100 | json-pretty’)	透過 ssh 推送 IOS 指令到 Nexus 交換器執行,交換器將結果用 JSON 格式回傳並儲存在 output_json 變數中
python_data = json.loads (output_json)	將 json 格式轉換為 python 資料格式
python_data['TABLE_interface']['ROW_interface']['interface']	讀取介面名稱
python_data['TABLE_interface']['ROW_interface']['svi_ip_addr']	讀取介面 IP 位址

Python 備份組態檔

了解 Netmiko 模組運作後，要使用 Python 來管理 IOS 網路設備就很容易，我們示範如何使用 Python 備份 run 組態檔到本地電腦，流程如下圖所示，在 Python 中使用 Netmiko 模組將 show run 指令推到路由器 R1 執行，R1 將執行結果送回 Python，show run 的結果是一推字串，這些字串不需要做進一步分析，直接使用 Python 的 open 模組將 show run 結果儲存起來，達成 run 組態檔備份到本地電腦的效果。

圖表 23-30 Python 推送 show run 到路由器執行的流程

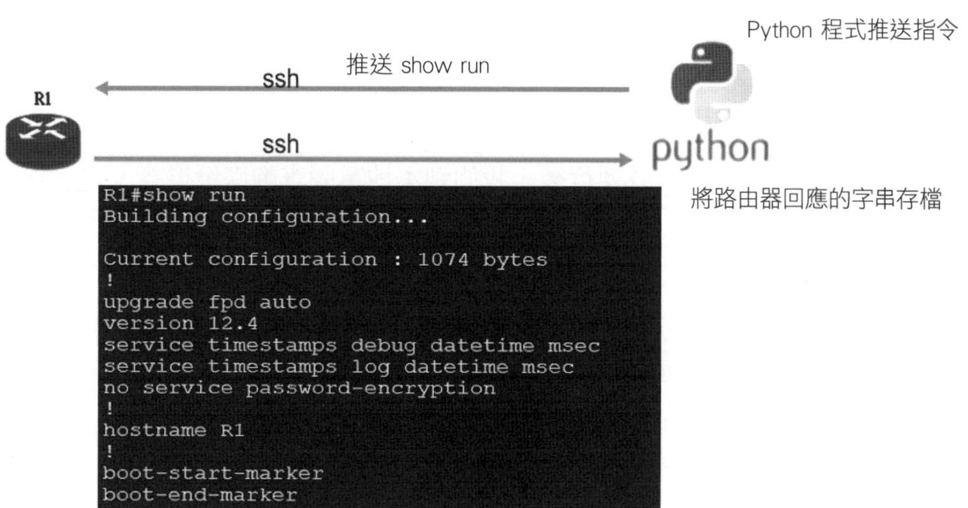

規劃 Python 程式

Python 備份 run 組態檔的程式碼如下圖所示，其中 show run 結果先存在 output 變數中，我們使用 datetime 日期函數，透過日期函數規劃存檔的檔案名稱有備份的日期及時間，filename 變數表示完整路徑及存檔名稱，最後使用 open 模組將 output 的內容寫入 filename 變數定義的檔案名稱中。

圖表 23-31 備份 run 組態檔的 Python 程式碼 (範例檔: ch23_python_backup_run.py)

```
import netmiko
import datetime
nx_os = {
'device_type': 'cisco_ios',
'ip': 'ios-xe-mgmt.cisco.com',
'username': 'developer',
'password': 'C1sco12345',
'port': 8181
}
net_connect = netmiko.ConnectHandler(**nx_os)

print("備份RUN組態檔")
output = net_connect.send_command('show run')

x = datetime.datetime.now()
filename = 'C:\\Backup\\run-'+str(x.year)+'-'+str(x.month)+'-'+str(x.day)+'-'+str(x.hour)+'.txt'

fileObject = open(filename, "w")
fileObject.write(output)
fileObject.close()
```

進行備份 run 組態檔

將上述 Python 程式執行後，我們到本地電腦查詢備份檔案，如下圖所示，❶ 顯示在 C：\Backup 目錄中，有一個 run-2021-6-20-17.txt 檔案，❷ 將其檔案打開，其內容為 run 組態檔，所以此 Python 程式有成功將 IOS 網路設備的 run 組態檔備份成功，以後要備份 run 組態檔，只要將此 Python 程式執行，即可達成，省時又省人力。

圖表 23-32 查看備份 run 組態檔

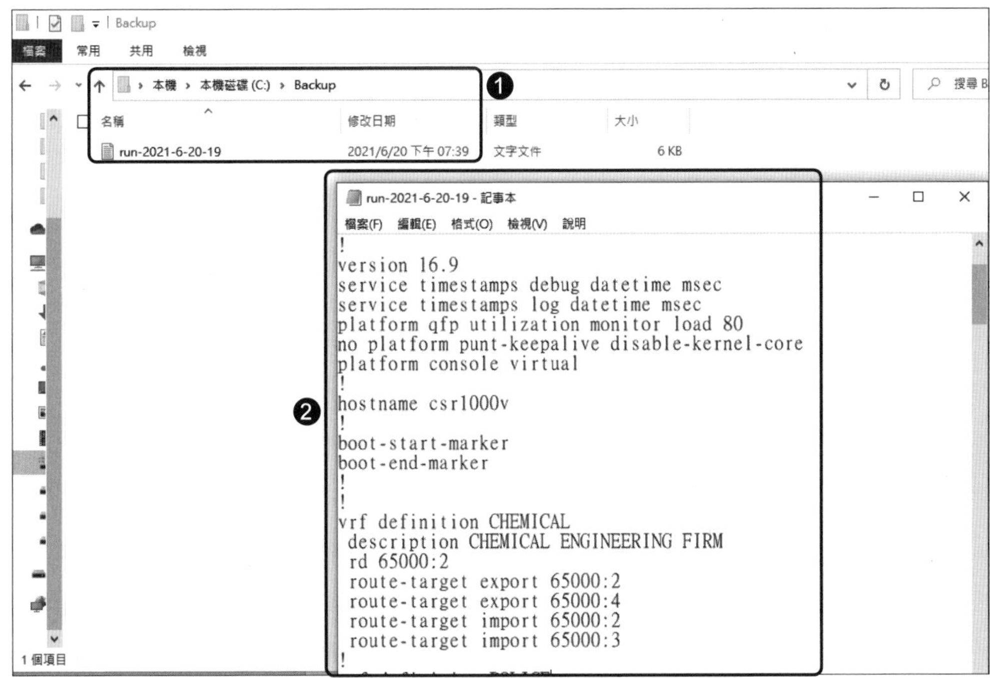

上述 Python 備份 run 組態檔的程式碼的詳細解說，如下表所示。

圖表 23-33 備份 run 組態檔部分程式碼說明

指令	說明
output = net_connect.send_command (‘show run’)	使用 netmiko 推送 show run 到 CSR1000V 交換器執行,並將執行結果存儲在 output 變數中
x = datetime.datetime.now ()	用 datetime 函數取得執行的日期及時間，並儲存在 x 變數中
filename = ‘C:\\Backup\\run-’ +str (x.year) +’ -’ +str (x.month) +’ -’ +str (x.day) +’ -’ +str (x.hour) +’ .txt’	設計檔案名稱帶有日期及時間，並將完整存檔的路徑及檔案名稱儲存在 filename 變數
fileObject = open (filename，"w") fileObject.write (output) fileObject.close ()	使用 open 模組處理開啟本地電腦的檔案並將 output 變數內容寫入

23.6 REST API 介紹

應用程式介面 API (Application Programming Interface) 是設備商開發出的一種介面，讓使用者可以再開發、應用在自身公司的系統中，現在新款的網路設備都有提供 API，使用者根據公司需求再進行開發自己的應用程式，有許多方式讓使用者呼叫網路設備端的 API 執行或接收 API 回傳的值，目前最容易使用的方式是透過 HTTP 協定來呼叫 API 或接收 API 的回應，符合使用 HTTP 的 API 建構的 API 框架稱為 REST API。

URI 定位資源

REST API 主要用於 WEB Service，REST (Representational State Transfer) 把所有 WEB 上的東西都以一個資源 (Resource) 去表示，每種資源對應一個獨一無二的 URI (Uniform Resource Identifier)，透過 URI 路徑找到要使用的 API，要建構 URI 路徑需要 URL (Uniform Resource Locatin) 與資源路徑 (Resource Path)，如下圖所示。

圖表 23-34 URI 的組成

http://ios-xe-mgmt.cisco.com/restconf/data/ietf-interfaces

❶ ❷ ❸

❶ http 表示 WEB 主機 (server) 使用連線協定，也可以使用 https 有加密的連線協定。

❷ ios-xe-mgmt.cisco.com 表示提供 Web Service 伺服器的域名 (domain name) 即為 URL，並且可能包含 port number，路由器也可以提供 Web Service。

❸ restconf/data/ietf-interfaces 表示 Web 伺服器提供 API 呼叫的資源路徑。

所以使用 URL 只能找到 Web 伺服器的路徑，定位不到具體的資源，URL 是 URI 的子集，要先找到 URL 路徑，路徑下有甚麼資源可以用，透過 URI 才能定位資源實際位置。請注意 URI 為 URL+Resource Path 組成，要使用 Web 伺服器 API，必須知道這個 API 的 URI 路徑。

HTTP methods 介紹

REST API 設計主要是針對 WEB Service，讓前端網頁開發工程師使用 API 就像發出 HTTP 請求一樣簡單，要使用 REST API 首先要了解 HTTP 請求 (Request) 和回應 (Response) 的運作模型，如下圖所示，電腦送出 HTTP 請求後，路由器 R1 根據 HTTP 請求的 URI 做出回應，回應有對應的代碼及資料內容，200 表示成功，還有其他代碼的含義，在後續討論。

圖表 23-35 HTTP 請求與回應

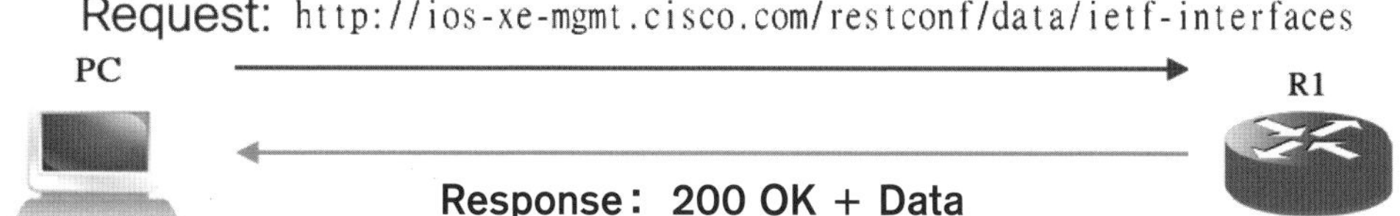

HTTP 表頭檔

當 HTTP 發出請求時，會產生請求表頭檔 (Request Headers)，如下圖所示，在請求表頭檔的主要欄位如下：

1. **Host**：連線的伺服器 URL 路徑。
2. **Autherization**：連線伺服器需要的認證資訊。
3. **Accept**：用戶端電腦能夠接收伺服器回應內容的格式。
4. **Content-type**：用戶端電腦要傳送給伺服器內容的格式。
5. **User-Agent**：用戶端電腦的作業系統及瀏覽器的資訊。

在 HTTP 回應主要是看回應代碼及 Payload 資料內容，回應 Payload 內容的格式會根據請求表頭檔中 Accept 欄位所定義格式，在後續的 Python 管理的 Payload 資料的格式都是要指定 JSON。

圖表 23-36 HTTP 請求與回應表頭檔

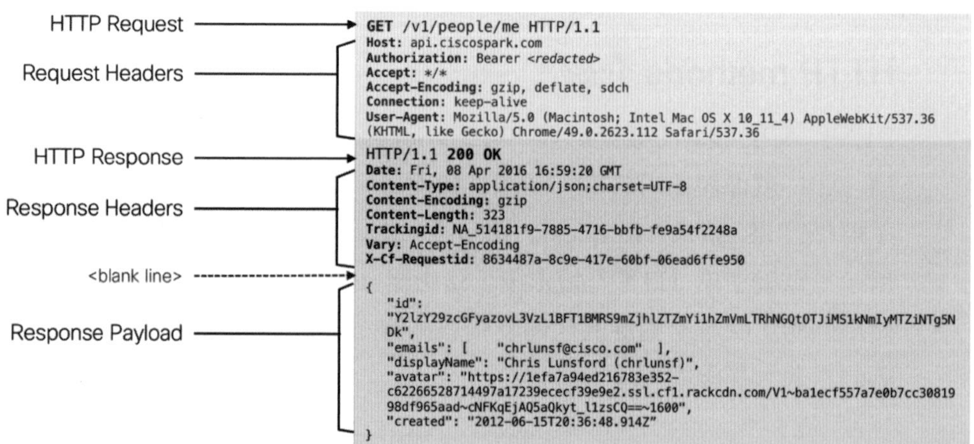

HTTP 回應代碼

如何知道執行一個 HTTP 的請求否有執行成功？通常判斷是以有否收到回應的 Payload 資料，這種判斷通常是用瀏覽器 (Browser) 來執行 HTTP 的請求，如果瀏覽器沒出現回應，那一定是 HTTP 請求失敗，但是在進階 HTTP 請求的設定就不一定準確，當進階 HTTP 請求時，有些時候 HTTP 是執行成功，但不會有回應 Payload 資料，這時候要靠 HTTP 回應代碼來判斷 HTTP 請求執行的結果。常見的 HTTP 回應代碼，如下表所示，回應代碼是 2XX 都是 HTTP 是執行成功，但代碼 201 或 204 是不會有任何回應 Payload 內容，這個原因在下一單元討論；回應代碼是 4XX 通常是用戶端的問題，例如：代碼 400 或 404 都是 URI 不正確，406 或 415 是 HTTP 請求的 Accept/Content-Type 欄位定義的資料格式，伺服器不支援；回應代碼是 5XX 表示問題出在伺服器端，更詳細的回應代碼可以參考 https://developer.mozilla.org/zh-TW/docs/Web/HTTP/Status。

圖表 23-37
HTTP 回應代碼

HTTP 回應代碼	代碼含意
200	回應正常
201	資源新增成功
202	請求已接受，但尚在處理中
204	請求成功，但未回傳任何內容
400	請求 URL 有問題
401	用戶端尚未驗證
404	沒有發現請求資源
405	支援請求的 HTTP 的動作
406	不支援請求所要求的內容類型 (Accept 欄位)
415	不支援請求所用的內容類型 (Content-Type 欄位)
500	伺服器端出現問題

HTTP methods

HTTP 協定定義一組針對伺服器的資源執行的動作，這些動作稱為 HTTP 方法 (methods)，或稱為 HTTP Verb (動詞)。每個 HTTP 方法都有不同的動作要執行，主要的方法可以用 CRUD 表示，CRUD 分別有 4 個動作，C 表示 Create、R 表示 Read、U 表示 Update 及 D 表示 Delete，CRUD 對應到 HTTP 方法如下表所示。當 HTTP 請求送出時必須涵蓋 HTTP 使用的方法，在瀏覽器送出的 HTTP 請求只能帶出 GET 方法，去讀取伺服器上的資源，若要設定進階的 HTTP 的方法要使用工具或寫程式來控制。有些 HTTP 方法是不會有回應的 Payload 資料，例如：當設定 HTTP 請求的方法為 POST，表示要針對伺服器的資源進行新增一筆資料，此時伺服器不會有任何回應內容，只有回應代碼，201 代碼表示新增成功，相同的 DELETE 方法也不會有 HTTP 回應內容。

圖表 23-38
HTTP 請求的方法

HTTP methods	CRUD	Action
POST	Create	新增一筆資料
GET	Read	讀取一筆或多筆資料
PATCH/PUT	Update	更新現有資料
DETETE	Delete	刪除一筆或多筆資料

請注意 PATCH 或 PUT 都是更新現有資料方法，但更新的方式略有不同， PUT 方法是取代 (Replace) 現有資料，也就是先刪除現有資料再新增，PATCH 方法用來做部分更新 (Partial Update)。

HTTP 請求 payload

當送出 HTTP 請求，在什麼情況下需要帶出 payload 資料，這時候要看使用的 HTTP 方法，如果使用 POST 方法，表示要在伺服器端的特定資源中新增一筆資料，新的資料的內容需要用戶端來提供，這時候用戶端要編輯新增資料的內容，再透過 HTTP 請求的 payload 送到伺服器端；同樣的 PATCH/PUT 方法也是要由客戶端編輯修改資料的內容，再送到伺服器端執行。根據 HTTP 請求方法不同，HTTP 可能在請求或回應都需要有 payload 資料，因此 payload 資料的格式就相當重要。在 HTTP 請求表頭檔的 Accept 及 Content-type 欄位用來指定 payload 資料格式，Accept 欄位指定用戶端電腦能夠接收伺服器 payload 資料的格式，而 Content-type 欄位指定用戶端電腦要傳送什麼 payload 資料格式給伺服器，在我們後續示範 payload 資料都是以 JSON 格式，所以 Accept 及 Content-type 欄位要設定為 application/yang-data+json。

23.7 Postman 測試工具

在開始學習 REST API 時，設備廠商會提供每個 API 的完整文件說明 (documentation)，根據 API 文件，用戶端需要使用 HTTP 來測試 URI 的請求與回應，當瞭解設備廠商提供 API 的運作之後，再根據需求將 API 用於程式中。瀏覽器可以送出 HTTP 請求，但不適合用來測試 REST API，完整測試 REST API，需要改變 HTTP 方法、設定 HTTP 表頭檔中的欄位、編輯傳送 payload 資料等等，所以必須使用專門測試 REST API 的工具，這方面工具比較常用的是 Postman 這套軟體。

Postman 介紹

Postman 專門針對 REST API 進行測試的工具，Postman 可以針對 HTTP 請求來設定表頭檔的欄位、指定 HTTP 方法、編輯 payload 資料到伺服器端等等，並且可以完整觀察到整個 HTTP 請求與回應的過程，讓我們可以快速測試 REST API 運作。

Postman 安裝

下圖為 Postman 官方網站，Postman 提供兩種執行方式，在個人電腦中執行或者直接在它的官方網站用 WEB 方式執行，不管是哪一種方式都要先註冊一個帳號或用 Google 帳號關聯，個人電腦中執行方式要先下載軟體安裝，我們直接使用 WEB 方式執行，如下圖所示，先點選在下圖的 Home 頁籤，再點選 Create new 準備建立 HTTP 請求。

圖表 23-39 POSTMAN 官方網站

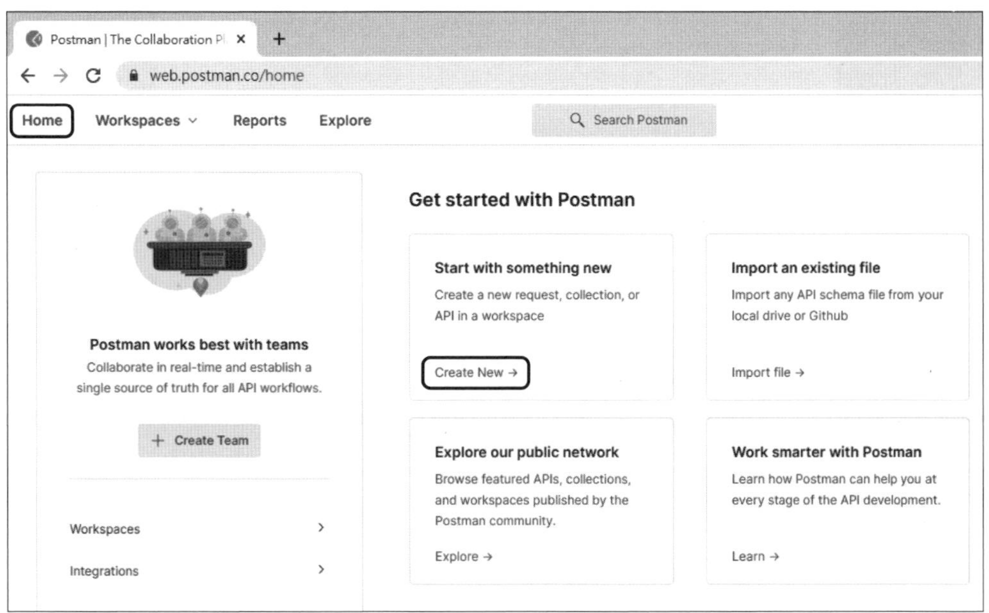

建立 HTTP 請求

如下圖所示，直接點選 HTTP Request，畫面進入到編輯 HTTP 請求畫面。

圖表 23-40 使用網頁版 POSTMAN 來建立 HTTP 請求

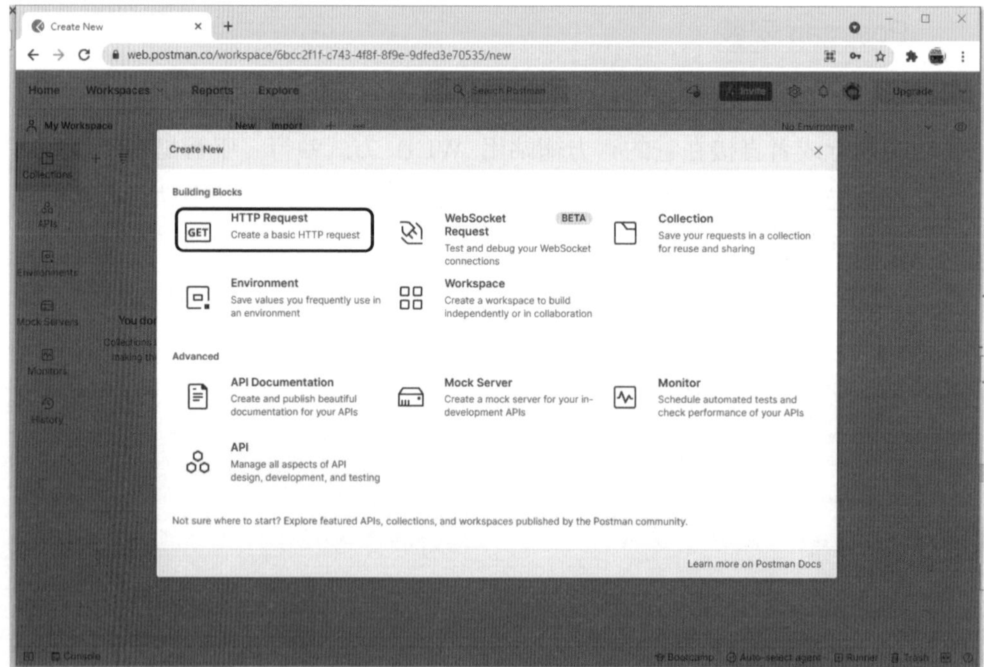

HTTP 請求畫面

如下圖所示，在 HTTP 請求畫面分為兩大部分。

圖表 23-41 POSTMAN HTTP 請求畫面

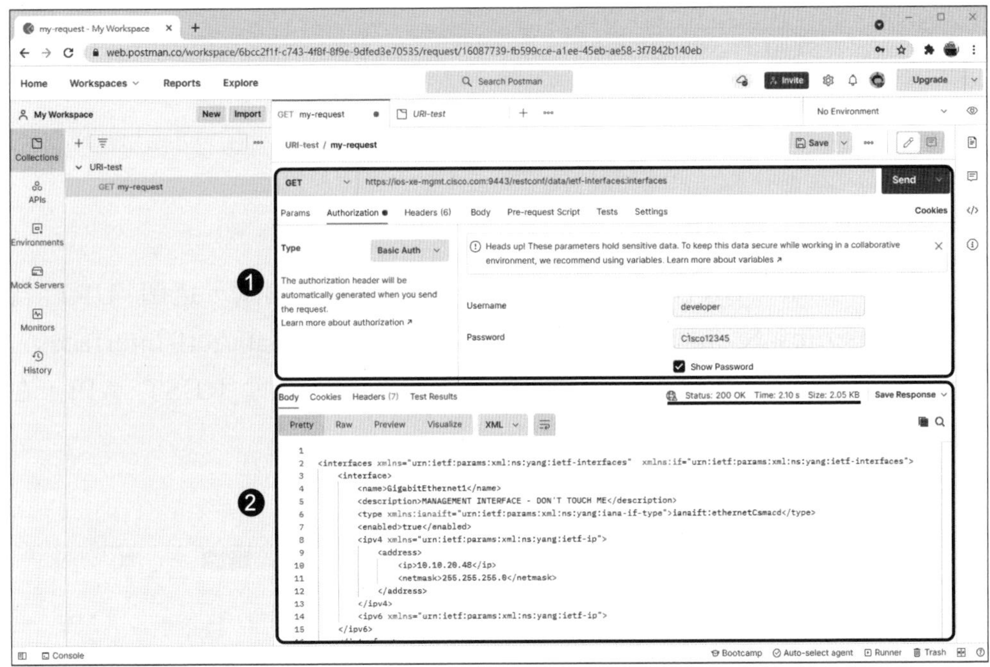


```
<interfaces xmlns="urn:ietf:params:xml:ns:yang:ietf-interfaces" xmlns:if="urn:ietf:params:xml:ns:yang:ietf-interfaces">
    <interface>
        <name>GigabitEthernet1</name>
        <description>MANAGEMENT INTERFACE - DON'T TOUCH ME</description>
        <type xmlns:ianaift="urn:ietf:params:xml:ns:yang:iana-if-type">ianaift:ethernetCsmacd</type>
        <enabled>true</enabled>
        <ipv4 xmlns="urn:ietf:params:xml:ns:yang:ietf-ip">
            <address>
                <ip>10.10.20.48</ip>
                <netmask>255.255.255.0</netmask>
            </address>
        </ipv4>
        <ipv6 xmlns="urn:ietf:params:xml:ns:yang:ietf-ip">
    </ipv6>
```


❶ 表示編輯 HTTP 請求部分，在這此區域可以輸入 URI、選擇認證方式、編輯 payload 內容 (Postman 稱為 body)、設定請求表頭檔欄位、更改執行 HTTP 方法等等，所以大部分的測試設定都在 ❶ 的區域。

❷ 表示 HTTP 回應代碼及 payload 內容，因此在一個畫面中就可以同時看到 HTTP 請求與回應的執行過程。

選擇測試路由器

我們在 Cisco sandbox 中選擇一台有支援 REST API 的設備，選擇的設備為 CSR1000V 型號，其使用的是 IOS XE on CSR，此版本的 IOS 有支援 REST API，我們將 CSR1000V 當 WEB 伺服器。CSR1000V 的連線資訊如下表所示，其中設備的 URL 為 ios-xe-mgmt.cisco.com，HTTPS 連接 port 有改為 9443。請注意 Cisco Sandbox 設備連線資訊可能會異動，讀者要做實驗之前，請先到 Cisco Sandbox 確定 CSR1000V 的連線資訊。

圖表 23-42 使用網頁版 POSTMAN 來建立 HTTP 請求

```
CSR1000V Host:ios-xe-mgmt.cisco.com
SSH Port:8181
RESTCONF Ports:9443 (HTTPS)
Username:developer
Password:C1sco12345
```

編輯 HTTP 請求

我們使用 CSR1000V 提供的一個 URI 來測試，這個 URI 為 https://ios-xe-mgmt.cisco.com：9443/restconf/data/ietf-interfaces：interfaces，此 URI 主要是處理網路介面資訊的 REST API，在 Postman 編輯 HTTP 請求如下圖所示。

圖表 23-43 POSTMAN 執行 HTTP 請求與收到回應內容

❶ 表示可以選擇 HTTP 方法，目前選用 GET 方法，GET 是查詢資源的資料。

❷ 為輸入 URI 的路徑，將上述 CSR1000V 提供的 URI 路徑輸入。

❸ 為選擇認證的方式，目前選擇為 Basic Auth，需要提供帳號與密碼。

❹ 為輸入帳號與密碼，此處的帳號 developer 與密碼 C1sco12345。

❺ 為送出這個 HTTP 請求。

❻ 表示收到這個 HTTP 請求的回應，其中回應代碼為 200，回應 payload 內容格式為 XML，Postman 使用 body 選項來查看 payload 內容。

請注意使用 URI 來表示路由器的 API 路徑，API 在 REST 也視為資源，所以需要 URI 路徑來指定執行的 API。

請注意如果 CSR1000V 的 URL 有異動，請修正 URI 路徑，只要將舊 URL 替換掉即可。

修改 HTTP 請求欄位

上述執行 HTTP 請求沒有指定路由器回應 payload 內容格式，所以路由器用預設的 XML 格式回應，我們希望路由器回應格式為 JSON，需要修改 HTTP 請求表頭檔的 Accept 欄位為 application/yang-data+json，如下圖所示。

圖表 23-44 在 POSTMAN 中編輯 HTTP 表頭檔欄位

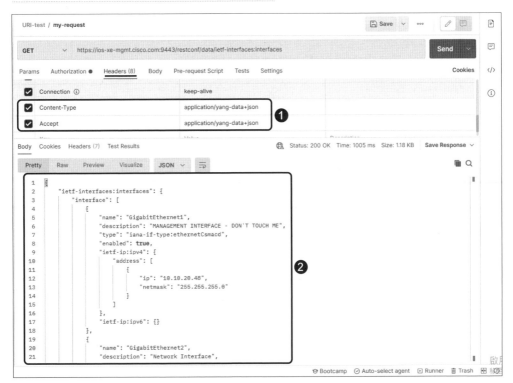

URI-test / my-request

GET https://ios-xe-mgmt.cisco.com:9443/restconf/data/ietf-interfaces:interfaces

Key	Value
Connection	keep-alive
Content-Type	application/yang-data+json ❶
Accept	application/yang-data+json

Status: 200 OK Time: 1005 ms Size: 1.18 KB

❷
```
{
    "ietf-interfaces:interfaces": {
        "interface": [
            {
                "name": "GigabitEthernet1",
                "description": "MANAGEMENT INTERFACE - DON'T TOUCH ME",
                "type": "iana-if-type:ethernetCsmacd",
                "enabled": true,
                "ietf-ip:ipv4": {
                    "address": [
                        {
                            "ip": "10.10.20.48",
                            "netmask": "255.255.255.0"
                        }
                    ]
                },
                "ietf-ip:ipv6": {}
            },
            {
                "name": "GigabitEthernet2",
                "description": "Network Interface",
```

❶ 表示將 Accept 與 Content-Type 都設定為 application/yang-data+json，其中 Accept 欄位是告訴路由器用 JSON 格式回傳 payload 內容，而 Content-Type 是告訴路由器，用戶端要用 JSON 格式的 payload 內容傳給路由器使用。

❷ 地方顯示 HTTP 回應 payload 內容為 JSON 格式，閱讀 JSON 資料格式比較容易懂，很明顯這個 URI 路徑的功能是讀取路由器的網路介面資訊。

增加網路介面

我們使用相同的 URI 路徑來做增加新的網路介面，只要改變 HTTP 的方法為 POST，而且需要傳 payload 內容給路由器，讓路由器知道新增的介面資訊內容，payload 內容使用 JSON 格式編輯，如下圖所示，新的介面名稱為 Loopback8816 及 IP 位址 1.2.3.8 等等。

圖表 23-45 使用 JSON 格式新增一筆網路介面內容

```
{
  "ietf-interfaces:interface" :{
    "name" : "Loopback8816" ,
    "description" : "This is test from postman" ,
    "type" : "iana-if-type:softwareLoopback" ,
    "enabled" :true,
    "ietf-ip:ipv4" :{
      "address" :[
        {
          "ip" : "1.2.3.8" ,
          "netmask" : "255.255.255.255"
        }
      ]
    }
  }
}
```

執行 HTTP POST 方法

將上述的 payload 內容編輯到 Postman 的 HTTP 請求中，如下圖所示。

圖表 23-46 在 POSTMAN 執行 HTTP POST 方法的結果

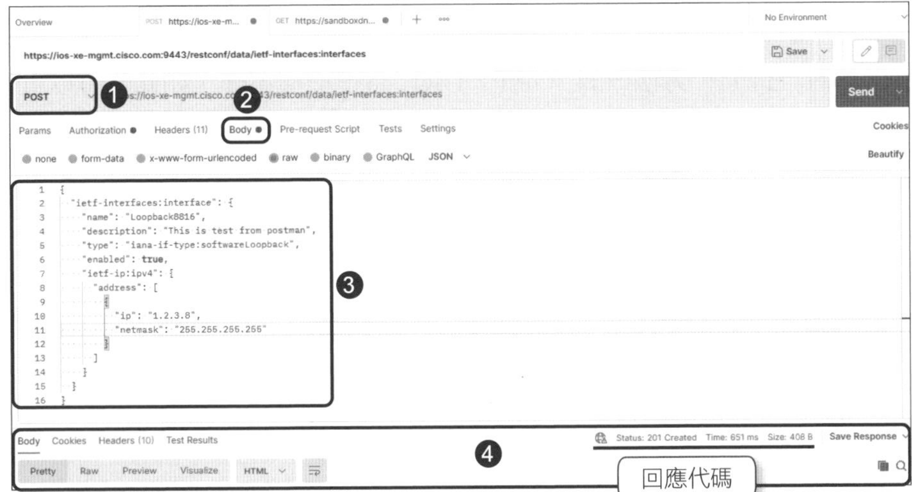

❶ 選用的 HTTP 方法為 POST，URI 路徑不變。

❷ body 的編輯，Postman 使用 body 選項來查看或編輯 payload 內容。

❸ 新增一筆網路介面資訊內容，將上述的 JSON 格式的網路介面內容寫入 body 中，這邊的資訊內容是要透過 HTTP payload 傳到路由器，所以要告訴路由器此內容的格式為 JSON，需要使用 HTTP 請求中的 Content-Type 欄位來指定為 application/yang-data+json。

❹ 執行 HTTP 請求的結果，目前只有回應代碼 201，body 部分為空，所以沒有回應結果，不是每種 HTTP 方式都會有回應結果。

驗證新增加的介面

要知道新的網路介面是否有建立成功，我們直接用 ssh 連線登入路由器的 console 來查詢，如下圖所示，新的網路介面 Loopback8816 及 IP 位址 1.2.3.8 都已經建立成功。

圖表 23-47 使用 console 來查看介面資訊

```
csr1000v-reindert#show ip int brief
Interface              IP-Address      OK? Method Status                Protocol
GigabitEthernet1       10.10.20.48     YES NVRAM  up                    up
GigabitEthernet2       unassigned      YES NVRAM  administratively down down
GigabitEthernet3       unassigned      YES NVRAM  administratively down down
Loopback8816           1.2.3.8         YES other  up                    up
csr1000v-reindert#
```

使用 REST API 查詢

一個更簡單的查詢新的網路介面是否有建立成功，將上述的 Postman 的 HTTP 方法改為 GET，URI 路徑一樣不變，如此又可以重新查詢路由器的所有介面資訊，如下圖所示，可以觀察到新增加的 Loopback 介面資訊。而在 Postman 的 HTTP 請求中 body 的內容可以繼續留著，HTTP GET 不會使用此 body 的內容，只有 POST 與 PUT/Patch 會需要 body 的內容。

請注意 URI 路徑可以支援的 HTTP 方法有那些，這必須查詢這個 URI 的文件說明，有些 URI 路徑只能讀取，所以只能使用 GET 方法，而不能使用 POST、PUT 及 DELELE 的方法。

圖表 23-48 在 POSTMAN 中執行 HTTP GET 請求

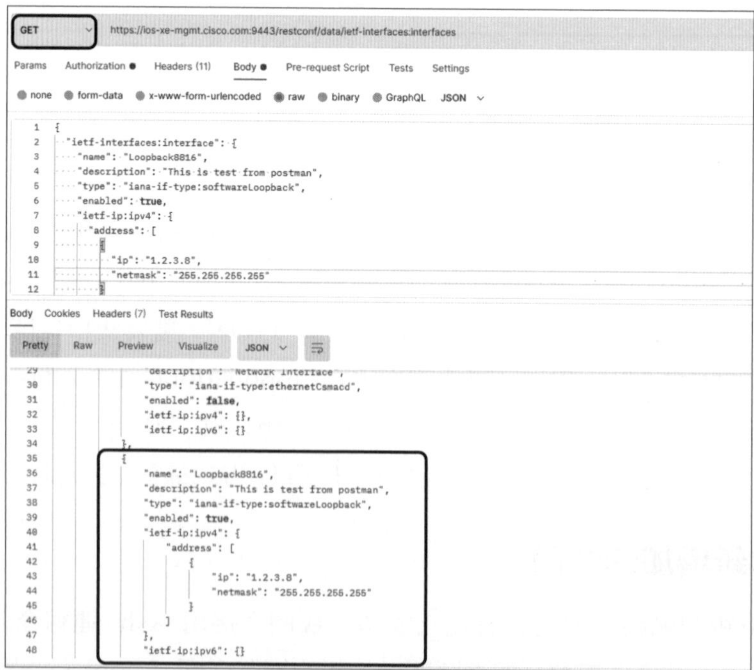

23.8 Python 網路管理實戰

當使用 Postman 測試好一個 REST API 後，在 Python 可以使用 HTTP 模組呼叫 REST API 來管理路由器，如果有需要另一個 REST API，一樣的步驟，先使用 Postman 來進行測試，新的 API 測試沒問題後，在用於 Python 程式設計中，如此建立自己需要的網管系統。以下我們使用上述 Postman 測試的 URI https://ios-xe-mgmt.cisco.com：9443/restconf/data/ietf-interfaces：interfaces，示範使用 Python 來對網路介面有查詢、新增、修改及刪除等四種功能。

請注意如果 CSR1000V 的 URL 有異動，請修正 URI 路徑，只要將舊 URL 替換掉即可。

查詢介面功能

REST API 呼叫方式是使用 HTTP 請求方式，在 Python 中需要引用 requsts 模組，並將認證的帳密資訊、HTTP 請求表頭檔的欄位設定值、要執行 URI 路徑等，當作 requests 模組的參數，產生 HTTP 請求到路由器，下圖為 Python 程式碼及執行結果。

圖表 23-49 Python 查詢網路介面 (範例檔: ch23_python_rest_api_get_int.py)

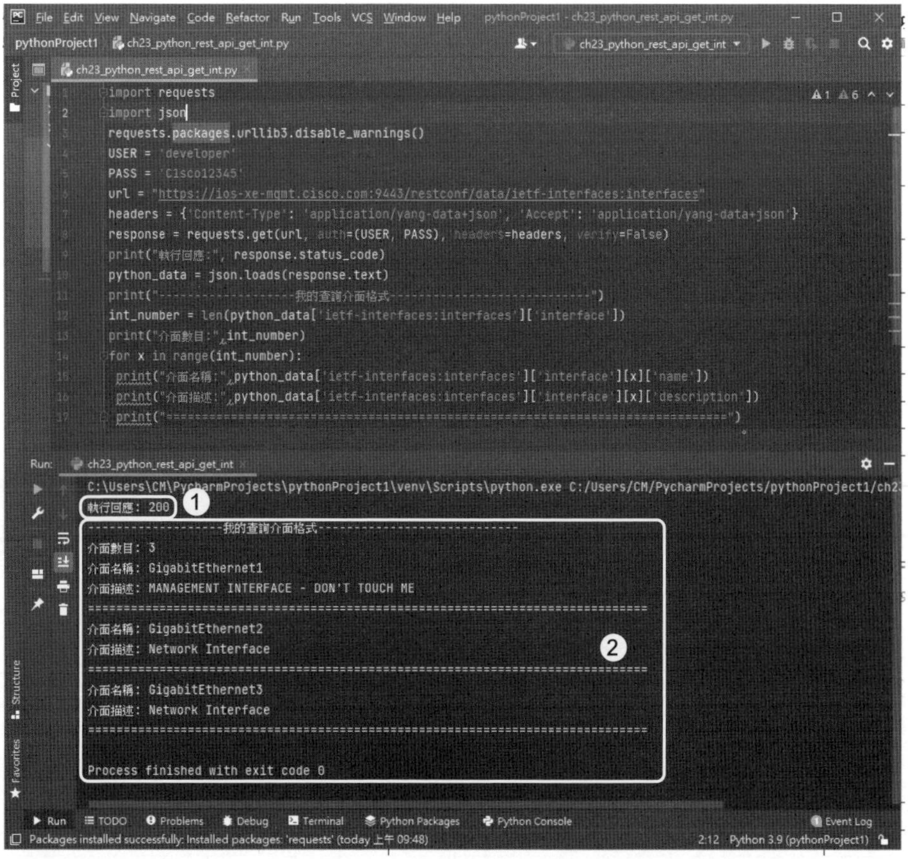

```python
import requests
import json
requests.packages.urllib3.disable_warnings()
USER = 'developer'
PASS = 'C1sco12345'
url = "https://ios-xe-mgmt.cisco.com:9443/restconf/data/ietf-interfaces:interfaces"
headers = {'Content-Type': 'application/yang-data+json', 'Accept': 'application/yang-data+json'}
response = requests.get(url, auth=(USER, PASS), headers=headers, verify=False)
print("執行回應:", response.status_code)
python_data = json.loads(response.text)
print("------------------我的查詢介面格式---------------------------")
int_number = len(python_data['ietf-interfaces:interfaces']['interface'])
print("介面數目:",int_number)
for x in range(int_number):
    print("介面名稱:",python_data['ietf-interfaces:interfaces']['interface'][x]['name'])
    print("介面描述:",python_data['ietf-interfaces:interfaces']['interface'][x]['description'])
    print("=====================================================================")
```

```
C:\Users\CM\PycharmProjects\pythonProject1\venv\Scripts\python.exe C:/Users/CM/PycharmProjects/pythonProject1/ch2
執行回應: 200 ①
------------------我的查詢介面格式---------------------------
介面數目: 3
介面名稱: GigabitEthernet1
介面描述: MANAGEMENT INTERFACE - DON'T TOUCH ME
=====================================================================
介面名稱: GigabitEthernet2
介面描述: Network Interface ②
=====================================================================
介面名稱: GigabitEthernet3
介面描述: Network Interface
=====================================================================

Process finished with exit code 0
```

❶ 表示回應代碼，回應代碼儲存在 response.status_code。

❷ 我們可以觀察到目前路由器有 3 個網路介面，所有介面資訊儲存在 response.text，再將其轉成 Python 資料格式，再取其介面名稱與描述兩種資訊。

部分 Python 程式碼解說

我們將上述 Python 程式碼比較重要的部分，擷取出來解說，如下表所示。

圖表 23-50 部分 Python 程式碼解說

指令	說明
import requests	引用 requests 模組
url = "https://ios-xe-mgmt.cisco.com：9443/restconf/data/ietf-interfaces：interfaces"	URI 資源路徑，跟上述在 Postman 測試的是同一個
headers = { 'Content-Type'：'application/yang-data+json'，'Accept'：'application/yang-data+json' }	設定 http requests 表頭檔中 Accept 與 Content-Type 的格式為 JSON
response = requests.get (url，auth= (USER，PASS)，headers=headers，verify=False)	產生 HTTP request，方法為 GET，並將 URI 路徑、認證資訊及請求表頭檔帶入 requests.get 函數中，路由器回應的 payload 內容會儲存在 response 變數
print ("執行回應："，response.status_code)	列印出回應代碼
python_data = json.loads (response.text)	HTTP 回應內容為 JSON 格式，所以 response.text 儲存的資料為 JSON 格式，使用 json.loads 來轉成 Python 資料格式
int_number = len (python_data['ietf-interfaces：interfaces'] ['interface'])	抓取陣列長度，陣列內容儲存每個介面資訊，需要先觀察整個回應內容 JSON 的排列，才能知道怎麼抓取有需要的資訊
for x in range (int_number)： print (python_data['ietf- interfaces：interfaces']['interface'] [x]['name']) print (python_data['ietf-interfaces：interfaces']['interface'] [x]['description'])	根據陣列長度執行迴圈，將每個介面名稱與介面描述分別印出來，需要了解 Python DIC 與 LIST 混搭

增加介面功能

如果要在路由器增加一新的網路介面資訊，在上述的 Python 程式碼只要增加一個 payload 資訊及 HTTP 方法改為 POST，其餘程式碼維持不變，這顯示使用 REST API 的好處，Python 程式碼不用修改太多，又可以做出一個功能，增加新的網路介面的 Python 程式碼，如下圖所示。

圖表 23-51 增加新的網路介面的 Python 程式碼 (範例檔: Ch23_Python_add-interface.py)

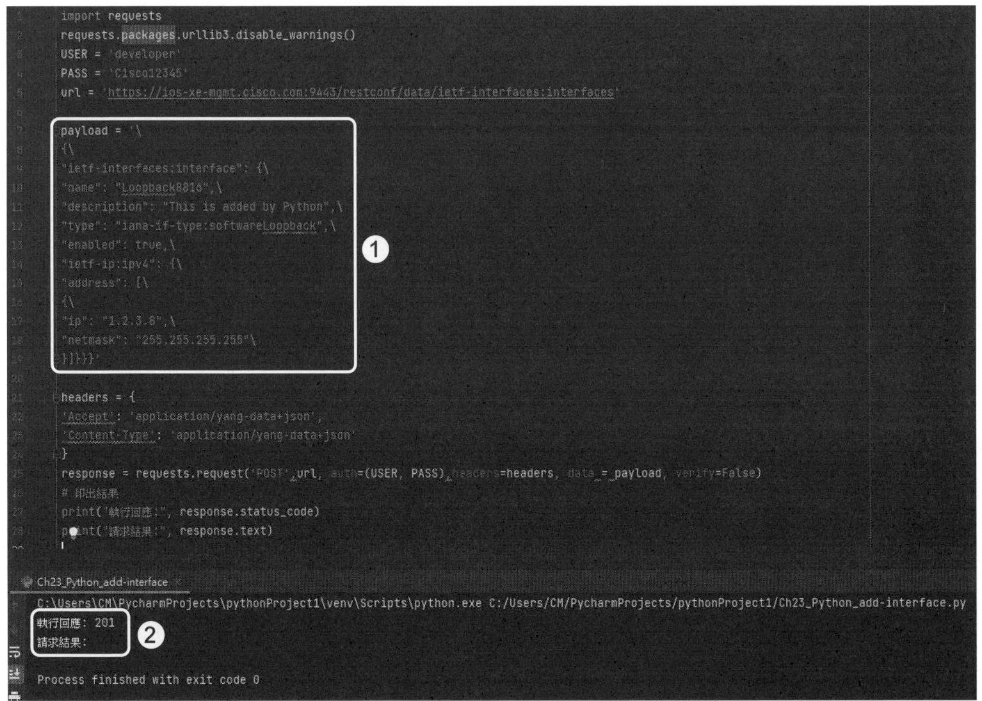

```
import requests
requests.packages.urllib3.disable_warnings()
USER = 'developer'
PASS = 'C1sco12345'
url = 'https://ios-xe-mgmt.cisco.com:9443/restconf/data/ietf-interfaces:interfaces'

payload = '\
{\
"ietf-interfaces:interface": {\
"name": "Loopback8816",\
"description": "This is added by Python",\
"type": "iana-if-type:softwareLoopback",\
"enabled": true,\
"ietf-ip:ipv4": {\
"address": [\
{\
"ip": "1.2.3.8",\
"netmask": "255.255.255.255"\
}]}}}'

headers = {
'Accept': 'application/yang-data+json',
'Content-Type': 'application/yang-data+json'
}
response = requests.request('POST',url, auth=(USER, PASS),headers=headers, data = payload, verify=False)
# 印出結果
print("執行回應:", response.status_code)
print("請求結果:", response.text)
```

```
C:\Users\CM\PycharmProjects\pythonProject1\venv\Scripts\python.exe C:/Users/CM/PycharmProjects/pythonProject1/Ch23_Python_add-interface.py
執行回應: 201
請求結果:

Process finished with exit code 0
```

❶ 使用 JSON 格式增加一個介面資訊，這個介面資訊內容跟上述 Postman 的 body 內容是一樣，可以直接拿來使用，不過介面名稱與 IP 位址不能跟其他介面衝突，否則會出現 "mismatched keypaths" 錯誤訊息。另外也注意 Python 的字串斷行處理。

❷ 為執行結果，路由器只有回傳代碼 201 表示新增成功，但並沒有回應內容，這跟我們在 Postman 測試結果一樣。

如果要知道有沒有成功增加新的網路介面，只要在把上一個 Python 查詢網路介面的程式再執行一次，馬上知道結果。

修改介面功能

修改的 HTTP 方式為 PUT 或 Patch，建議使用 PUT，原因是 PUT 方式會先將現有的資料刪除再新增，所以 PUT 也可以當 POST 來使用，payload 內容的部分，我們只修改 IP 位址為 5.6.7.10，其餘程式碼的不變，如下圖所示。

圖表 23-52 修改網路介面的 Python 程式碼 (範例檔: Ch23_Python_modify-interface.py)

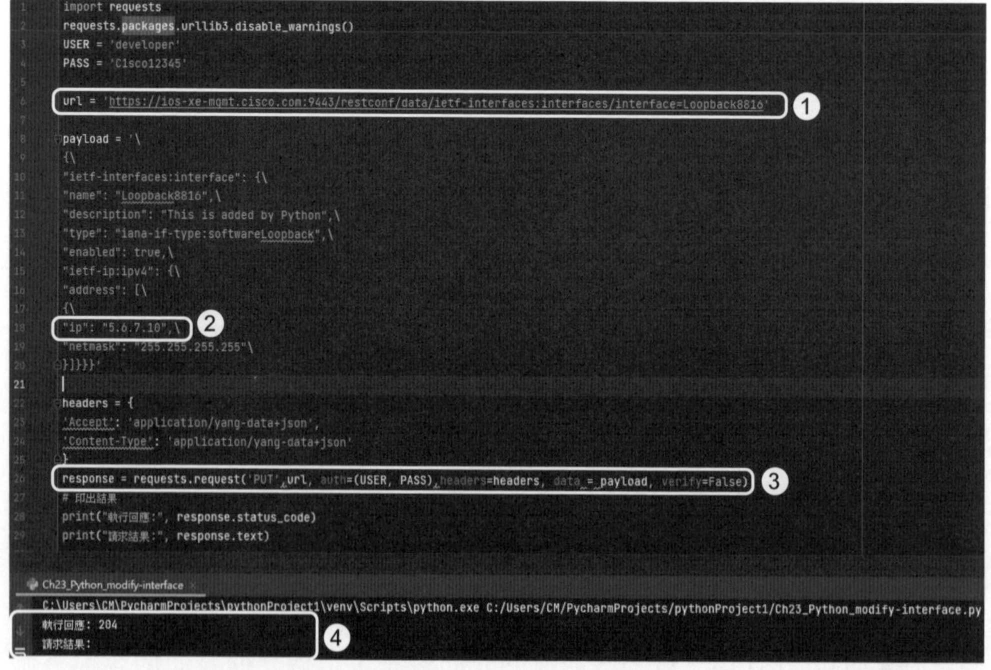

❶ 為 URI 資源路徑，目前我們要修改的網路介面是 Loopback8816，URI 路徑要增加到介面名稱 Loopback8816，詳細的 URI 為 https://ios-xe-mgmt.cisco.com：9443/restconf/data/ietf-interfaces：interfaces/interface=Loopback8816

❷ 在 payload 內容修改 IP 位址為 5.6.7.10，要注意 IP 位址不能跟其他介面的 IP 衝突，其餘內容維持一樣。

❸ 修改 HTTP 方式為 PUT。

❹ 表示執行結果，回應代碼為 204，修改的動作沒有回應內容。

請注意 Loopback8816 介面要存在，否則使用上述的 URI 路徑會出現 "uri keypath not found" 錯誤訊息，當 Loopback8816 還存在時，也可以使用上述的 URI 路徑進行 GET 方法，這樣取得的介面資訊只會針對 Loopback8816。

從 console 查詢介面資訊

我們登入 csr1000v 路由器的 console 來檢查介面資訊，如下圖所示。

圖表 23-53 從 console 查詢介面資訊

```
csr1000v-1#show ip int brief
Interface              IP-Address      OK? Method Status                Protocol
GigabitEthernet1       10.10.20.48     YES NVRAM  up                    up
GigabitEthernet2       unassigned      YES NVRAM  administratively down down
GigabitEthernet3       unassigned      YES NVRAM  administratively down down
Loopback8816           1.2.3.8         YES other  up  ❶                 up
csr1000v-1#
csr1000v-1#show ip int brief
Interface              IP-Address      OK? Method Status                Protocol
GigabitEthernet1       10.10.20.48     YES NVRAM  up                    up
GigabitEthernet2       unassigned      YES NVRAM  administratively down down
GigabitEthernet3       unassigned      YES NVRAM  administratively down down
Loopback8816           5.6.7.10        YES other  up  ❷                 up
csr1000v-1#
```

❶ 為新增功能建立的 Loopback8816，IP 位址為 1.2.3.8。

❷ 為使用修改功能將 Loopback8816 的 IP 位址改為 5.6.7.10。

刪除介面功能

刪除介面功能最簡單，HTTP 方法選用 DELETE，在給定要刪除介面名稱的 URI 路徑，現在要將 Loopback8816 介面刪除，這個 URI 路徑跟上述修改功能的 URI 一樣，刪除介面的 Python 程式碼，如下圖所示。

圖表 23-54 刪除網路介面的 Python 程式碼 (範例檔: Ch23_Python_Del_int.py)

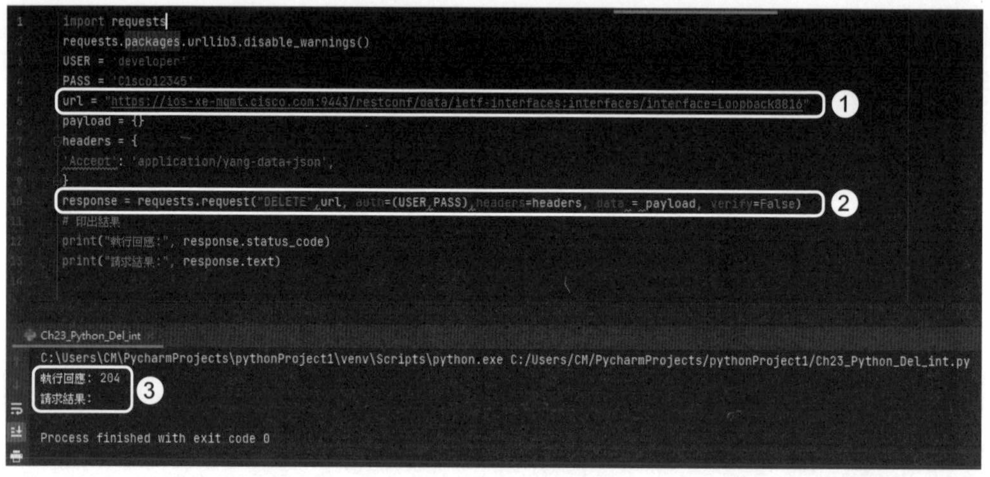

❶ 表示 Loopback8816 介面的 URI 路徑，請注意 URI 路徑對應到的地方都是為資源，所以 Loopback8816 介面也算是資源，如果 Loopback8816 已經不存在，這樣會出現 "uri keypath not found" 的錯誤訊息。

❷ 修改 HTTP 方式為 DELETE。

❸ 表示執行結果，回應代碼為 204，刪除的動作也是沒有回應內容。

目前設備廠商有提供 REST API 給用戶，讓用戶端可以進行開發自己的網管工具，由上述 Python 範例來觀察，REST API 用在 Python 來開發網管系統是一件很容易的事情，對於現有網管工程師不擅長寫程式，Python 是一個很容易入門的程式語言，所以用 Python 進行網路管理將是未來可行的方向。

CHAPTER 24

Ansible 組態管理工具

組態管理工具能夠快速佈署一個 IT 使用環境，也算是自動化的一個工具，例如：要建立與管理上百台 Linux 伺服器，就必須使用組態管理工具。組態管理工具也可以用來維護網路設備達到自動化管理的效果，跟 Python 網路管理不一樣的地方是組態管理工具不需要寫程式，但需要撰寫腳本 (Script)。本章以 Ansible 組態管理工具為主，介紹如何撰寫 Ansible Playbook 腳本來管理網路設備。

24.1 組態管理工具介紹

Devnet 組態管理的工具中，以 Puppe、Chef、Salt、Ansible 四種工具比較常聽到，而 Puppe 跟 Chef 兩者設計概念接近，使用 Ruby 設計；而 Salt 與 Ansible 則使用 Python 設計。4 種組態管理工具比較，如下圖所示，Puppe、Chef、Salt 這三種都要事先安裝 Agent，採用 Client-Server 架構，而 Ansible 無需要 Agent，也不要固定的 Server，就可以直接使用，使用上相對方便。

圖表 24-1 4 種組態管理工具比較

	Ansible	Puppet	Chef	SaltStack
開發語言	Python	Ruby	Ruby	Python
Agent 需求	無	要	要	要
腳本名稱	Playbook	Manifest	Cookbook	Pillar

在統計中，Ansible 是使用率相對是上升較快的一個工具，Ansible 主要的優點如下：

1. 以 YAML 格式編寫，容易上手與維護。
2. 完全使用 SSH 與遠端 Server 溝通。
3. 不需要中間代理 Agent。
4. Red hat 收購，有大廠在維護。

以下我們針對 Ansible 管理路由器進行實戰演練。

24.2 Ansible 介紹

目前 Ansible 由 Red Hat 公司在維護，並有推出一個更安全的版本 Ansible Tower，這個企業版本需要付費，而單純的 Ansible 版本是免費使用，下圖為 Ansible 官方網站，已經冠上 Red Hat。

圖表 24-2 Ansible 官方網站 (https://www.ansible.com/)

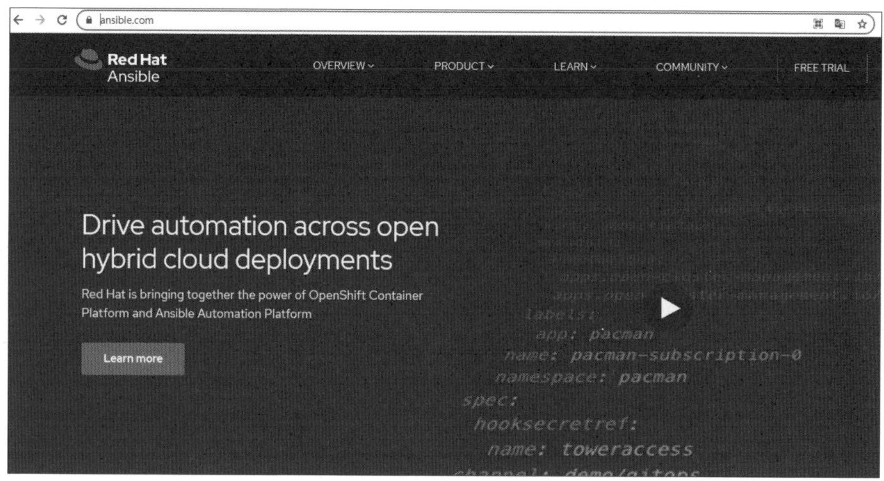

Ansible 文件

Ansbile 支援大部分的資訊廠商設備，每家廠商需要提供模組給 Ansible 整合，這些模組如何使用，需要查詢文件，Ansible 的文件都可以在 Ansible 文件網站找到，如下圖所示。

圖表 24-3 Ansible 文件網站 (https://docs.ansible.com/ansible/latest/index.html)

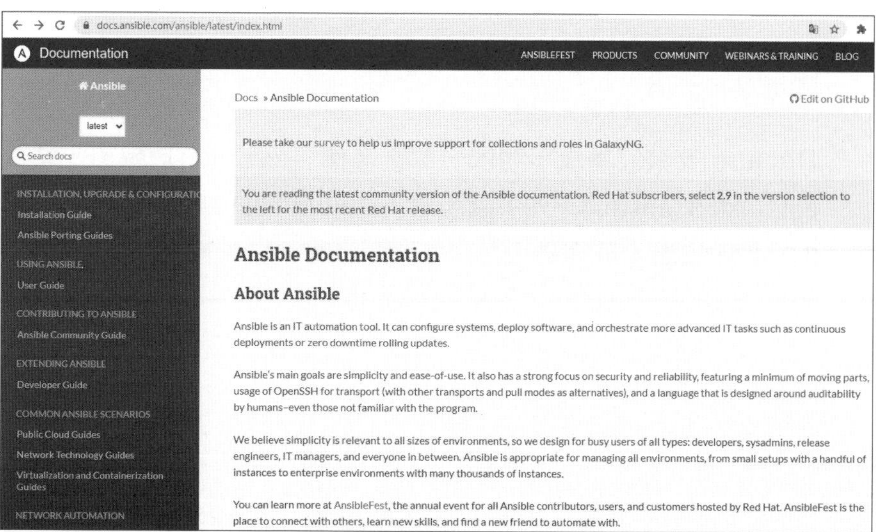

在 Linux 上安裝 Ansible

目前 Ansible 軟體只能安裝在 Linux 作業系統上，我們選用 Ubuntu 來安裝，Ubuntu 的官網如下圖所示。

圖表 24-4 ubuntu 官方網站 (https://www.ubuntu-tw.org/modules/tinyd0/)

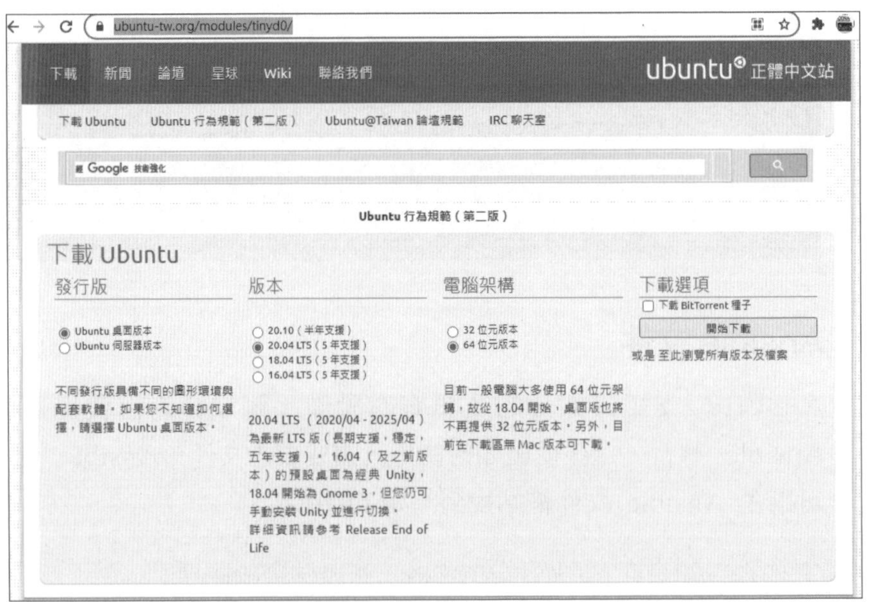

安裝 Ansible

Ubuntu 安裝完畢後，開啟一個終端機 (terminal) 視窗，執行 sudo apt install ansible，如下圖所示，Ubuntu 就會自動安裝 ansible 相關的套件，安裝十分容易。

圖表 24-5 安裝 Ansible

```
demo@demo-VirtualBox:~$ sudo apt install ansible
[sudo] demo 的密碼：
正在讀取套件清單... 完成
正在重建相依關係
正在讀取狀態資料... 完成
下列的額外套件將被安裝：
  ieee-data python3-argcomplete python3-crypto python3-distutils
  python3-dnspython python3-jinja2 python3-jmespath python3-kerberos
  python3-lib2to3 python3-libcloud python3-netaddr python3-ntlm-auth
  python3-requests-kerberos python3-requests-ntlm python3-selinux
  python3-winrm python3-xmltodict
建議套件：
  cowsay sshpass python-jinja2-doc ipython3 python-netaddr-docs
下列【新】套件將會被安裝：
  ansible ieee-data python3-argcomplete python3-crypto python3-distutils
  python3-dnspython python3-jinja2 python3-jmespath python3-kerberos
  python3-libcloud python3-netaddr python3-ntlm-auth
  python3-requests-kerberos python3-requests-ntlm python3-selinux
  python3-winrm python3-xmltodict
下列套件將會被升級：
  python3-lib2to3
升級 1 個，新安裝 17 個，移除 0 個，有 407 個未被升級。
需要下載 9,942 kB 的套件檔。
此操作完成之後，會多佔用 92.4 MB 的磁碟空間。
是否繼續進行 [Y/n]？ [Y/n]
```

查詢 Ansible 版本

安裝好以後，執行 ansilbe - -versoin 來確認 Ansible 已經安裝完成及目前版本資訊，如下圖所示，目前 ansible 版本為 2.9.6。

圖表 24-6 查看 Ansible 的版本

```
demo@demo-VirtualBox:~$ ansible --version
ansible 2.9.6
  config file = /etc/ansible/ansible.cfg
  configured module search path = ['/home/demo/.ansible/plugins/modules', '/usr/share/ansible/plugins/modules']
  ansible python module location = /usr/lib/python3/dist-packages/ansible
  executable location = /usr/bin/ansible
  python version = 3.8.5 (default, Jul 28 2020, 12:59:40) [GCC 9.3.0]
demo@demo-VirtualBox:~$
```

Ansible 組態檔

安裝好 Ansible 後，我們可以在 /etc/ansible/ 的目錄下找到兩個 Ansible 的設定檔，如下圖所示，檔案名稱分別是 ansible.cfg 和 hosts。ansible.cfg 是 ansible 系統設定檔，通常不會去修改 ansible.cfg 內容，而 hosts 是定義主機連線相關資訊，要使用 ansible 管理網路設備一定要修改 hosts 內容。

圖表 24-7 Ansible 的兩個系統檔

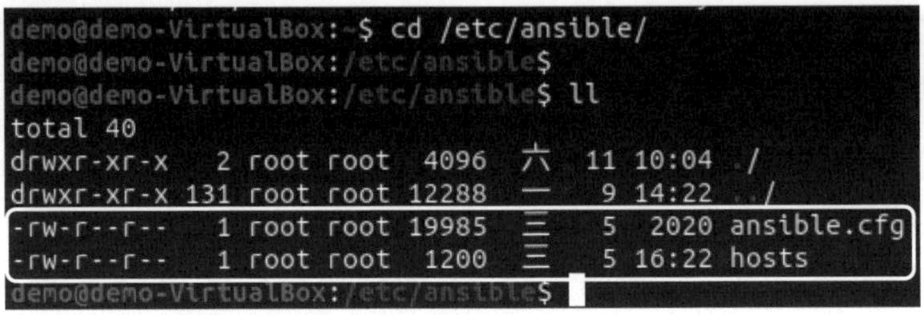

demo@demo-VirtualBox:~$ cd /etc/ansible/
demo@demo-VirtualBox:/etc/ansible$
demo@demo-VirtualBox:/etc/ansible$ ll
total 40
drwxr-xr-x   2 root root 4096 六 11 10:04 ./
drwxr-xr-x 131 root root 12288 一   9 14:22 ../
-rw-r--r--   1 root root 19985 三   5 2020 ansible.cfg
-rw-r--r--   1 root root 1200 三   5 16:22 hosts
demo@demo-VirtualBox:/etc/ansible$

Ansible 實驗網路架構

我們規劃 Ansible 管理路由器的網路架構，如下圖所示，一台使用 ubuntu 安裝 Ansible 的電腦連線到一台路由器，Ansible 與路由器之間使用 192.168.56.0/24 網路。

圖表 24-8 Ansible 網路架構

ubuntu
R1
e0/0
e0
.100
192.168.56.0/24
.201
Ansible

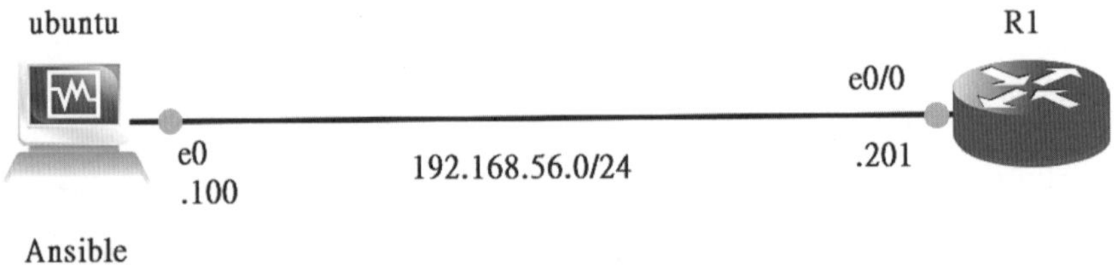

R1 初始設定

Ansible 使用 ssh 連線來管理網路設備，在 R1 啟動 ssh，R1 的初始化指令如下表所示，使用帳號與密碼分別為 admin/cisco。

圖表 24-9 R1 路由器的初始設定

指令	說明
int e0/0 no shutdown ip address 192.168.56.201 255.255.255.0	設定介面 IP
username admin privilege 15 password cisco	本地帳密資訊,帳號權限要最高
ip domain-name cisco.com crypto key generate rsa modulus 2048 line vty 0 4 login local	啟動 SSH

測試 Ansible 與 R1 的 SSH 連線

將上述指令在 R1 執行後，Ansible 電腦測試 ssh 連線，如下圖所示，在 Ubuntu 的終端機執行 ssh admin@192.168.56.201，確認使用 ssh 能夠登入路由器 R1，這步驟是非常重要，如果 Ansible 電腦無法使用 ssh 連線到路由器，後續的 Ansible 測試將無法進行。

圖表 24-10 測試 Ansible 伺服器能夠 ssh 連線到 R1

```
demo@demo-VirtualBox:/etc/ansible$ ssh admin@192.168.56.201
Password:
R1#
R1#
```

定義主機清單

測試完 SSH 連線後，接著定義 Ansbile 管理的主機清單 (inventory) 及連線資訊，在系統 hosts 檔案編輯路由器 R1 的資訊，如下圖所示，我們使用 Ubuntu 的編輯軟體 nano 來開啟 /etc/ansible/hosts。

圖表 24-11 修改 Ansible 的 hosts 內容

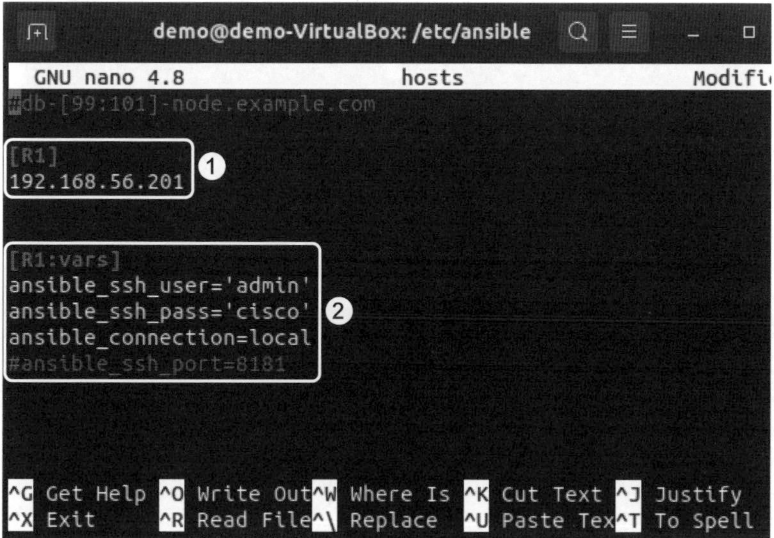

❶ 是定義 R1 的 IP 位址，[R1]是別名並非是路由器的主機名稱。

❷ 是 ssh 連線資訊，包含登入帳號與密碼。

使用 Ansible ping 模組

當主機清單定義完成後，就可以使用 Ansible 的模組來管理路由器，我們先使用 Ansible 的 ping 模組來測試路由器，在 Ubuntu 的終端機執行 ansible R1 -m ping，如下圖所示，其中 "ping" = "pong" 表示測試成功，Ansible 的 ping 模組不是使用 ICMP，只是測試 ssh 連線是否成功。指令 **ansible R1 -m ping** 也可以寫成 **ansible 192.168.56.201 -m ping**，其中 R1 是別名與 192.168.56.201 都要定義在 hosts 系統檔中，-m 表示 module，表示要執行哪一個模組。Ansible 的模組來源非常多，有 Ansible 自己的模組，大部分是設備廠商支援的模組。

圖表 24-12 使用 ansible 的 ping 模組

```
demo@demo-VirtualBox:/etc/ansible$ ansible R1 -m ping
192.168.56.201 | SUCCESS => {
    "ansible_facts": {
        "discovered_interpreter_python": "/usr/bin/python3"
    },
    "changed": false,
    "ping": "pong"
}
demo@demo-VirtualBox:/etc/ansible$
```

查詢 Ansible 的模組

Ansible 的模組來源非常多，有 Ansible 自己的模組，大部分是設備廠商支援的模組。查看 Ansible 全部支援模組可以在終端機執行 ansible-doc -l，(-l 是 L 小寫)，目前我們要測試對象是 Cisco IOS，使用 ansible-doc -l | grep ^ios_ 來查詢 Cisco 支援 Ansible 的模組，如下圖所示。

圖表 24-13　查詢 ansible 支援 IOS 的模組

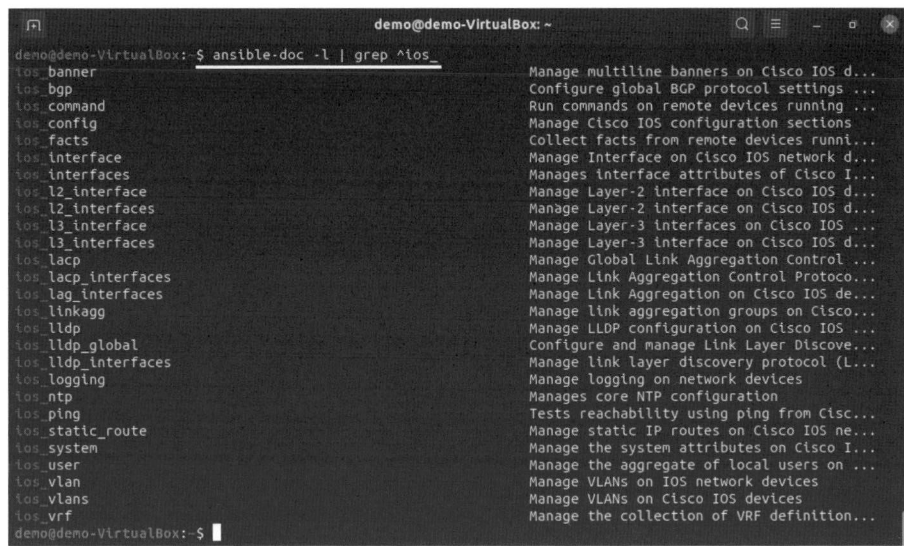

Ansible IOS 模組的使用方式

要查詢 Ansible IOS 模組的使用方式，可以到 Ansible 文件網站的 IOS 的模組查詢，如下圖所示，有關 Cisco IOS 支援 Ansible 模組，其他廠商支援的模組也是如此查詢。

圖表 24-14　查詢 Ansible 文件網站的 IOS 的模組
https://docs.ansible.com/ansible/latest/collections/cisco/ios/index.html

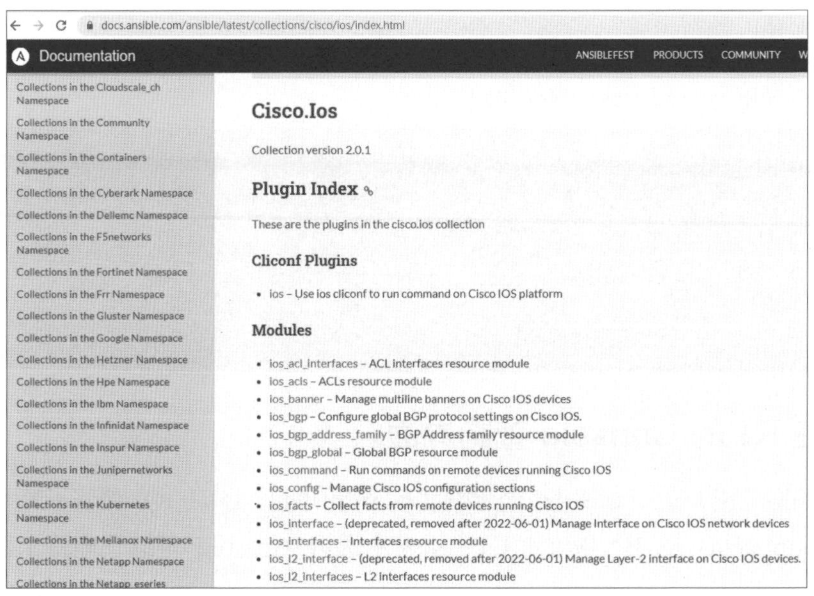

Ansible 執行方式

如何執行 Ansible 的模組分兩種方式，分別是 Ad-Hoc command 和 Playbook 兩種，Ad-Hoc command 方式是直接輸入 Ansible 指令在終端機執行，用於快速執行單一設定，不需要保存及不用規劃腳本；如果要執行複雜或常規的設定就要使用 Playbook 方式，Playbooks 是 Ansible 的腳本 (Script) 語言，需要使用 YAML 格式來撰寫，可以批次執行大量的 Ansible 模組，並有變數、迴圈、條件等等的控制，感覺像是在撰寫程式語言，後面我們會再介紹。

24.3 Ansible Ad-Hoc 實戰

我們示範使用 ios_config 模組來建立路由器的 loopback 介面及設定 IP 位址，使用以下指令：

```
ansible R1 -m ios _ config -a 'lines="ip address 1.1.1.1 255.255.255.255"
    parents="int loopback 0"'
```

其中 "-a" 表示模組要帶的參數，"lines" 後面是 IOS 的設定 IP 指令，"parents" 指定要在哪一個 IOS 介面模式執行 IP 設定指令，將指令在 Ubuntu 的終端機執行，執行結果如下圖所示，標示的地方是 ios_config 模組根據 lines 的 IOS 指令，將這些指令透過 ssh 連線到 R1 執行。

圖表 24-15 使用 ansible 的 ios_config 模組設定 IP

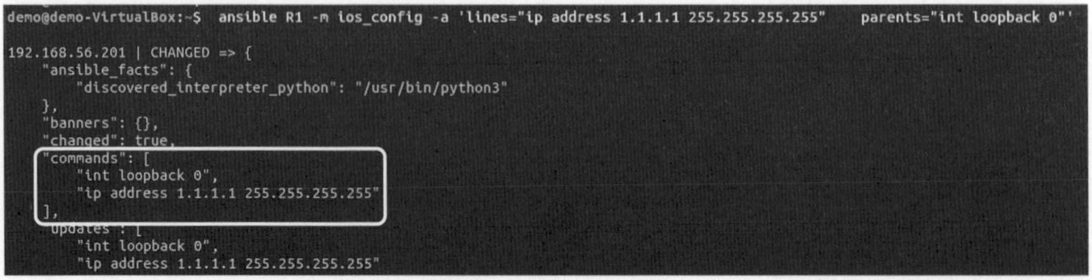

```
demo@demo-VirtualBox:~$  ansible R1 -m ios_config -a 'lines="ip address 1.1.1.1 255.255.255.255"    parents="int loopback 0"'

192.168.56.201 | CHANGED => {
    "ansible_facts": {
        "discovered_interpreter_python": "/usr/bin/python3"
    },
    "banners": {},
    "changed": true,
    "commands": [
        "int loopback 0",
        "ip address 1.1.1.1 255.255.255.255"
    ],
    "updates": [
        "int loopback 0",
        "ip address 1.1.1.1 255.255.255.255"
```

在 R1 的 Console 查詢界面

切換到 R1 的 console 來查詢，如下圖所示，目前 R1 確實有新增一個 loopback0 及 IP 為 1.1.1.1，這表示透過 Ansible 可以管理路由器。

圖表 24-16 查看 R1 介面設定

```
R1#show ip int brief
Interface                  IP-Address      OK? Method Status                Protocol
Ethernet0/0                192.168.56.201  YES manual up                    up
Ethernet0/1                unassigned      YES TFTP   administratively down down
Ethernet0/2                unassigned      YES TFTP   administratively down down
Ethernet0/3                unassigned      YES TFTP   administratively down down
Ethernet1/0                unassigned      YES TFTP   administratively down down
Ethernet1/1                unassigned      YES TFTP   administratively down down
Ethernet1/2                unassigned      YES TFTP   administratively down down
Ethernet1/3                unassigned      YES TFTP   administratively down down
Serial2/0                  unassigned      YES TFTP   administratively down down
Serial2/1                  unassigned      YES TFTP   administratively down down
Serial2/2                  unassigned      YES TFTP   administratively down down
Serial2/3                  unassigned      YES TFTP   administratively down down
Serial3/0                  unassigned      YES TFTP   administratively down down
Serial3/1                  unassigned      YES TFTP   administratively down down
Serial3/2                  unassigned      YES TFTP   administratively down down
Serial3/3                  unassigned      YES TFTP   administratively down down
Loopback0                  1.1.1.1         YES manual up                    up
R1#
```

使用 ios_static_route 模組

我們使用 ios_static_route 模組到 R1 設定一個預設路由，Ansible Ad-hoc 指令為 ansible R1 -m ios_static_route -a 'prefix=0.0.0.0 mask=0.0.0.0 next_hop=192.168.56.10'，執行結果如下圖所示，標記的地方為 ios_static_route 將參數 'prefix=0.0.0.0 mask=0.0.0.0 next_hop=192.168.56.10' 轉成 IOS 指令 ip route 0.0.0.0 0.0.0.0 192.168.56.10，再透過 ssh 連線推送到 R1 執行。

圖表 24-17 使用 ansible 的 ios_static_route 模組設定預設路由

```
demo@demo-VirtualBox:~$ ansible  R1 -m  ios_static_route -a 'prefix=0.0.0.0 mask=0.0.0.0 next_hop=192.168.56.10 '
192.168.56.201 | CHANGED => {
    "ansible_facts": {
        "discovered_interpreter_python": "/usr/bin/python3"
    },
    "changed": true,
    "commands": [
        "ip route 0.0.0.0 0.0.0.0 192.168.56.10"
    ]
}
demo@demo-VirtualBox:~$
```

在 R1 的 Console 查詢路由表

切換到 R1 的 console 來查詢，如下圖所示，目前 R1 已經有一筆靜態預設路由，這是透過 Ansible 的 ios_static_route 模組來設定。

圖表 24-18 查看 R1 的路由表

```
R1#show ip route
Codes: L - local, C - connected, S - static, R - RIP, M - mobile, B - BGP
       D - EIGRP, EX - EIGRP external, O - OSPF, IA - OSPF inter area
       N1 - OSPF NSSA external type 1, N2 - OSPF NSSA external type 2
       E1 - OSPF external type 1, E2 - OSPF external type 2
       i - IS-IS, su - IS-IS summary, L1 - IS-IS level-1, L2 - IS-IS level-2
       ia - IS-IS inter area, * - candidate default, U - per-user static route
       o - ODR, P - periodic downloaded static route, H - NHRP, l - LISP
       + - replicated route, % - next hop override

Gateway of last resort is 192.168.56.10 to network 0.0.0.0

S*    0.0.0.0/0 [1/0] via 192.168.56.10
      1.0.0.0/32 is subnetted, 1 subnets
C        1.1.1.1 is directly connected, Loopback0
      192.168.56.0/24 is variably subnetted, 2 subnets, 2 masks
C        192.168.56.0/24 is directly connected, Ethernet0/0
L        192.168.56.201/32 is directly connected, Ethernet0/0
R1#
```

使用 ios_config 模組

上述的設定預設路由也可以使用 ios_config 模組，Ansible Ad-hoc 指令為：

```
ansible R1 -m ios _ config -a 'lines= "ip route 0.0.0.0  0.0.0.0 192.168.56.10" '
```

執行結果如下圖所示，標示的地方為 ios_config 模組將參數 'lines= "ip route 0.0.0.0 0.0.0.0 192.168.56.10" '轉成 IOS 指令 ip route 0.0.0.0 0.0.0.0 192.168.56.10，再透過 ssh 連線推送到 R1 執行，效果跟使用 ios_static_route 模組一樣。由上述的實驗得知，Ansible 的 IOS 模組的作用就是將其參數轉為完整的 IOS 指令，再使用 ssh 連線到路由器執行，這點跟使用 Python 的 Netmiko 套件將 IOS 指令推送到路由器執行的動作是類似。

圖表 24-19 使用 ansible 的 ios_config 模組設定預設路由

```
demo@demo-VirtualBox:~$ ansible R1 -m ios_config -a 'lines="ip route 0.0.0.0 0.0.0.0 192.168.56.10"'
192.168.56.201 | CHANGED => {
    "ansible_facts": {
        "discovered_interpreter_python": "/usr/bin/python3"
    },
    "banners": {},
    "changed": true,
    "commands": [
        "ip route 0.0.0.0 0.0.0.0 192.168.56.10"
    ],
    "updates": [
        "ip route 0.0.0.0 0.0.0.0 192.168.56.10"
    ]
}
demo@demo-VirtualBox:~$
```

24.4 Ansible Playbooks 實戰

Ansible 的 Playbooks 執行方式必須撰寫腳本 (Script)，使用 Ansible 的關鍵字語法及 YAML 格式排版，並有流程控制 (迴圈、IF 條件) 及變數 (使用 Jinja2 Templating)，所以撰寫 Playbooks 的腳本跟撰寫程式語言的邏輯是很雷同的。

VS Code 編輯器

由於 Playbooks 的腳本格式必須符合 YAML 格式，因此必須要有一個好的編輯器來排版 YAML 格式，否則只要有一行語法內縮沒對齊，會除錯很久。我們建議使用 VS Code 編輯器，下圖為 VS Code 官方網站。

圖表 24-20 vscode 官方網站 (https://code.visualstudio.com/)

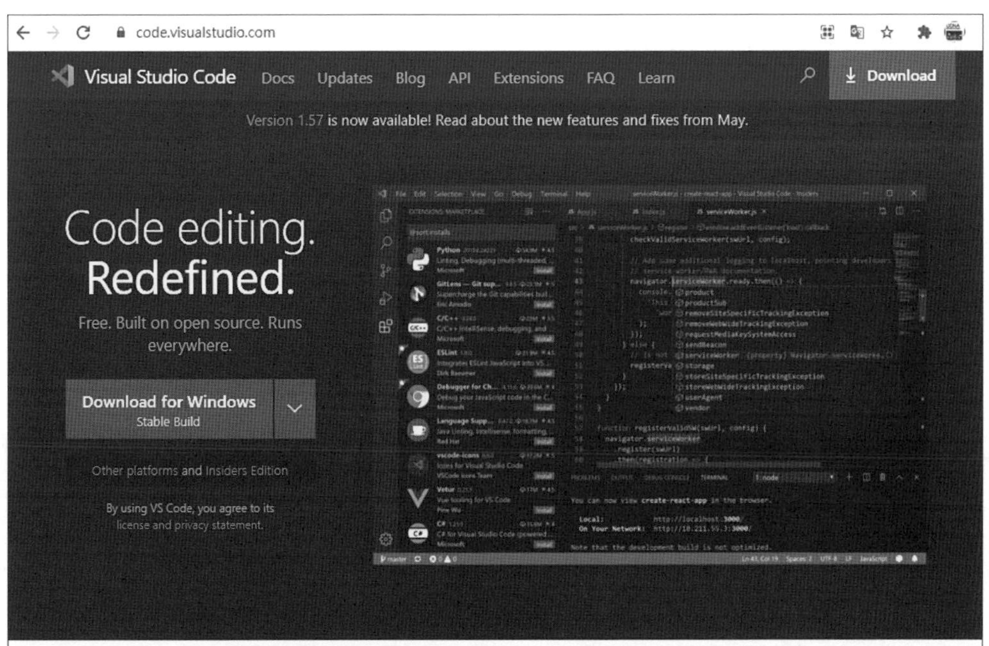

VS Code 可以當很多語言的編輯器，若要 VS Code 識別 Ansible 關鍵字，需要先安裝 Ansible 的模組，如下圖所示。

圖表 24-21 設定 vscode 編輯 ansible 環境

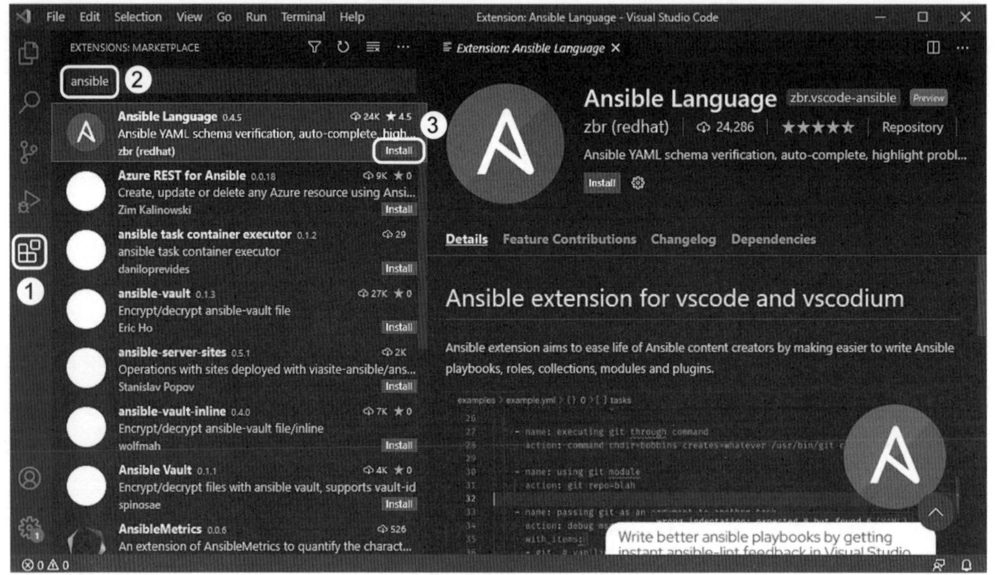

❶ 地方為選擇外掛模組。

❷ 地方是搜尋 ansible 模組。

❸ 地方為安裝 ansible 模組到 VS Code 中，這樣 VS Code 就能辨識 Ansible 關鍵字。

Playbook 中的用詞

常用的 Playbook 用詞如下表所示，Playbook 的腳本邏輯要先定出管理的對象，管理的對象為 Play 的主角，管理的對象可以是一個或多個網路設備，這些對象要定義在 hosts 檔案中的主機清單，接著 Play 的主角要執行的任務 (Task)，一個任務可以執行一個或多個模組 (Module)，每一個執行的模組可以使用 name 來描述或註解，這樣的腳本撰寫必須符合 YAML 格式，腳本寫好後存檔就是一個 Playbook 檔案。

圖表 24-22 Ansible Playbook 的用詞

用詞	說明
Play	Ansible 要管理的對象，需要在 ansible hosts 檔案定義
Task	任務可以包含一個或數個模組來執行
Name	描述要執行的任務
Module	模組是用 python 寫出來，用來在 ansbile 執行
Playbook	使用 YAML 語法定義 play、Task 與 Module 存儲的檔案

24.5 使用 Playbook 印出 Hello World

我們使用 VS Code 來編輯 Playbooks 腳本來印出 Hello World，如下圖所示，確定 YAML 格式沒問題後，存檔為 hello.yml，hello.yml 稱為 playbook 檔案。

圖表 24-23 使用 playbook 印出 Hello 腳本 (範例檔: ch24_Hello.yml)
(請參考本書最前面的「如何下載範例檔」來取得範例檔)

```yaml
- hosts: localhost
  gather_facts: false

  tasks:
    - name: print one Hello World
      debug:
        msg: "Hello World"

    - name: print many Hello World
      debug:
        msg:
        - "Hello World 1"
        - "Hello World 2"
        - "Hello World 3"
```

Hello World 腳本解說

Playbook 使用 debug 模組來進行列印到終端機中，要列印的內容要存到 msg 系統變數中，如果一次要列印多筆資料，要使用 YAML 的 List 表示方式，本範例的腳本說明如下表所示。

圖表 24-24 Hello.yml 腳本說明

語法	說明
- hosts：localhost gather_facts：false	管理對象為 localhost，表示本地 ansible 電腦，gather_facts：false 表示不收集本地 ansible 電腦相關的系統資訊，這樣執行會較快。
tasks：	表示一個任務，任務下在規劃執行的模組
- name：print one Hello World debug： msg： "Hello Word"	Name 後面的描述會出現執行腳本的過程，這樣才知道目前執行到哪一個模組，debug 模組為列印功能，列印的內容須在 msg 系統變數中。
- name：print many Hello World debug： msg： - "Hello World 1" - "Hello World 2" - "Hello World 3"	將三筆 Hello world 使用 YAML 序列方式存在 msg 變數中，debug 模組再依序將三筆 Hello world 列印到終端機。

執行 hello.yml

使用 ansible-playbook 指令來執行 Playbook 檔案，在 Ubuntu 的終端機執行 ansible-playbook hello.yml，如下圖所示，hello.yml 的腳本執行過程。

圖表 24-25 Ansible 執行 hello.yml 檔案

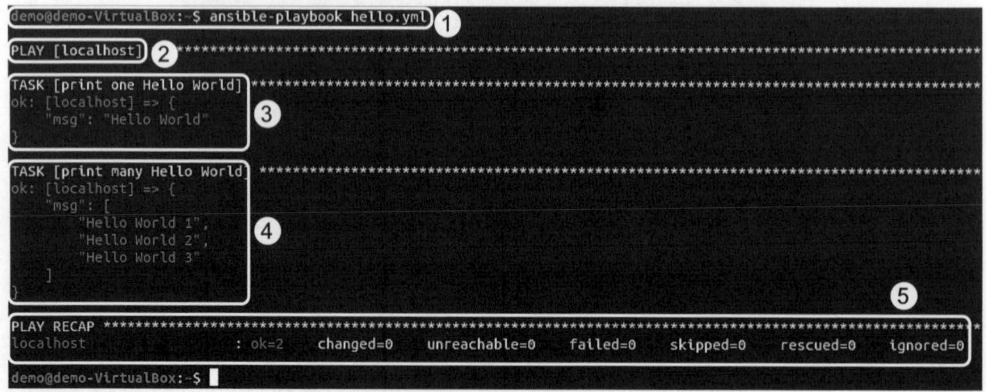

❶ 使用 ansible-playbook 來執行 Playbook 檔案。

❷ 管理對象為本地 Ansible 電腦 (localhost)。

❸ 表示任務下有個 name 為 "print one Hello World" 的模組執行，列印 "Hello Word"。

❹ 表示任務下有個 name 為 "print many Hello World" 的模組執行，列印 "Hello World1"、"Hello World2"、"Hello World3"、"Hello World4"。

❺ PLAY RECAP 為腳本執行總結，其中 ok=2 表示有兩個模組執行成功。

24.6 Playbook 的系統變數使用

Playbook 腳本支援變數的使用，有些變數是系統本身產生用來存儲遠端設備的資訊，稱為 facts 訊息，會以 JSON 格式來表示，另外也可以自己定義變數來儲存資料，至於系統有哪些變數可以使用，可以透過 setup 模組來查詢，如下圖所示，setup 模組通過 ssh 到遠端系統獲取相應的資訊，並返回大量的變數資料，並以 JSON 格式來表示。如果你需要系統日期與時間，要使用 ansible_date_time 這個變數，此變數又是用 JSON 的物件格式，例如：["ansible_date_time"]["date"] 儲存資料為 2021-06-14。

圖表 24-26 Ansible 執行 setup 模組

```
demo@demo-VirtualBox:~$ ansible localhost -m setup | more
localhost | SUCCESS => {
    "ansible_facts": {
        "ansible_all_ipv4_addresses": [
            "192.168.56.10"
        ],
        "ansible_all_ipv6_addresses": [
            "fe80::9b88:111c:d1d:a876"
        ],
        "ansible_apparmor": {
            "status": "enabled"
        },
        "ansible_architecture": "x86_64",
        "ansible_bios_date": "12/01/2006",
        "ansible_bios_version": "VirtualBox",
        "ansible_cmdline": {
            "BOOT_IMAGE": "/boot/vmlinuz-5.4.0-48-generic",
            "quiet": true,
            "ro": true,
            "root": "UUID=4ee03ee0-322c-4427-adac-98ff9546018f",
            "splash": true
        },
        "ansible_date_time": {
            "date": "2021-06-14",
            "day": "14",
            "epoch": "1623682154",
            "hour": "22",
            "iso8601": "2021-06-14T14:49:14Z",
            "iso8601_basic": "20210614T224914593790",
--More--
```

24.7 Playbook 的自訂變數使用

Playbook 腳本常用自訂變數的方式有三種，vars、register 及 set_fact，其中 vars 與 set_fact 定義變數方式有點雷同，只是變數的有效範圍不一樣，var 的變數的範圍只能在一個 Play 中有效，set_fact 定義變數可以跨所有的 Play。如下圖範例，Playbook 腳本有兩個 Play，目前 Play 都是 R1 路由器，在第一個 Play 使用 vars 定義變數 a，其內容為 a1，在使用 set_fact 定義變數 b，其內容為 b1，最後使用 debug 模組印出變數 a 與 b；在第二個 Play 中只有使用 debug 模組印出變數 a 與 b。

請注意 Playbook 要引用變數要使用兩個大括號 {{ }}。

圖表 24-27 測試 Vars 與 Set_fact 的不同（範例檔：ch24_test-var-setfact.yml）

```yaml
- hosts: R1
  gather_facts: false

  vars:
    a: a1

  tasks:
    - name: var and set_fact test 1
      set_fact:
          b: b1

    - name: test
      debug:
        msg:
        - "a value = {{ a }} "
        - "b value = {{ b }} "

- hosts: R1
  gather_facts: false

  tasks:
    - name: var and set_fact test 1
      debug:
        msg:
        - "a value = {{ a }} "
        - "b value = {{ b }} "
```

Play

Play

測試 vars 與 set_fact 的變數

使用 vars 定義變數 a 範圍只有在第一個 Play 有效，在使用 set_fact 定義變數 b 範圍在所有的 Play 都有效，測試結果如下圖所示。

圖表 24-28 Ansible 執行 Vars 與 Set_fact 的不同

```
demo@demo-VirtualBox:~/myansible$ ansible-playbook test-var-setfact.yml

PLAY [R1] ************************************************************************************

TASK [var and set_fact test 1] ***************************************************************
ok: [192.168.56.201]

TASK [test] **********************************************************************************
ok: [192.168.56.201] => {
    "msg": [
        "a value = a1 ",
        "b value = b1 "
    ]
}

PLAY [R1] ************************************************************************************

TASK [var and set_fact test 1] ***************************************************************
fatal: [192.168.56.201]: FAILED! => {"msg": "The task includes an option with an undefined variable. The error was: 'a' is undefined\n\nThe error appears to be in '/home/demo/myansible/test-var-setfact.yml': line 22, column 7, but may\nbe elsewhere in the file depending on the exact syntax problem.\n\nThe offending line appears to be:\n\n  tasks:\n    - name: var and set_fact test 1\n      ^ here\n"}

PLAY RECAP ***********************************************************************************
192.168.56.201             : ok=2    changed=0    unreachable=0    failed=1    skipped=0    rescued=0    ignored=0
```

①

②

❶ 表示第一個 Play 中順利將變數 a 與 b 的內容印出。

❷ 表示在第二個 Play 執行有錯誤，原因是第二個 Play 不認識變數 a，所以第二個 Play 無法執行而出現錯誤訊息。

Playbook 的 Register 變數使用

最後介紹一個定義變數的 Register 模組使用，當 Playbook 腳本在執行過程中，當系統有產生輸出資料是不會顯示終端機，所以這時候就可以用 Register 模組定義變數來存儲系統有產生輸出資料，其資料格式為 JSON。如下圖範例所示，在 Play R1 下執行 ios_command 模組來送出 show clock 指令到路由器執行，此時路由器會將 show clock 執行結果回傳給 Ansible，但是不會顯示出來，此時我們使用 Register 模組定義一個變數 message 來儲存 show clock 執行結果，再用 debug 模組將 message 內容印出，至於印出 message 與 message.stdout 有何差異，message 內容是 show clock 指令結果加上 ansible 部分資訊，內容會比較複雜，不過使用 JSON 格式排列，所以可以針對需要的部分內容，使用 JSON 格式的物件或陣列的抓取資料的方式，將部分內容印出即可。

圖表 24-29 Playbook 腳本中的 Register 使用 (範例檔: ch24_test-register.yml)

```
- hosts: R1
  gather_facts: false

  tasks:
    - name: show R1 clock
      ios_command:
        commands: show clock
      register: message

    - name: print message content
      debug:
        msg: "{{ message }}"

    - name: print message.stdout content
      debug:
        msg: "{{ message.stdout }}"
```

執行 Register 變數的 Playbook

將上述 Playbook 腳本在 Ansible 執行，如下圖所示。

圖表 24-30 測試 Playbook 腳本的 Register

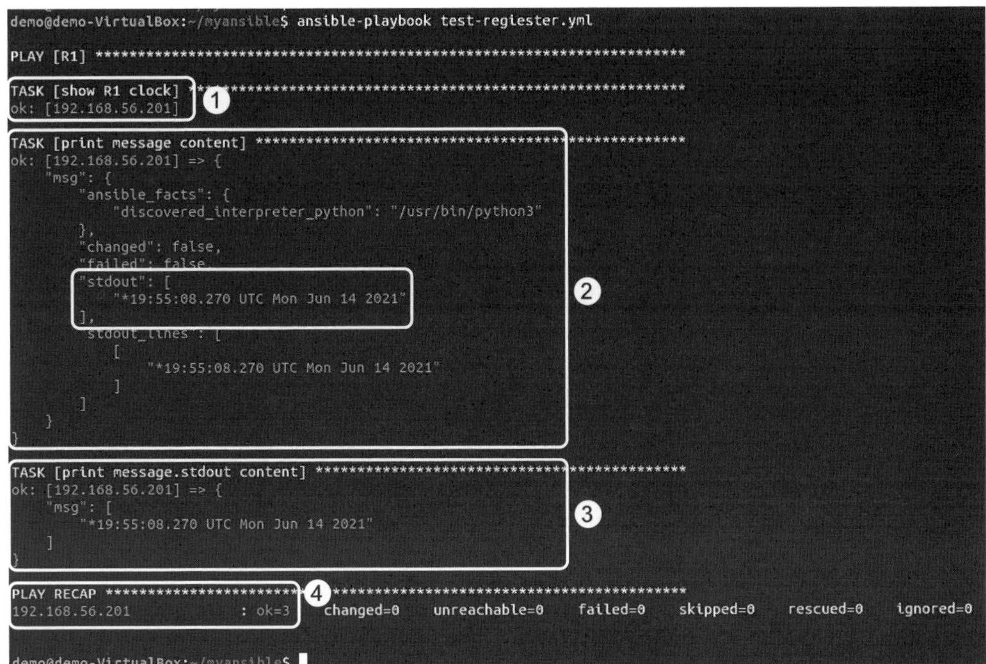

❶ 表示執行 ios_command 模組送出 show clock 指令，結果顯示 OK 表示執行成功，但沒有顯示 show clock 內容，此時內容已經儲存在 message 變數中。

❷ 為印出所有 message 內容，其內容很多，有 Ansible 執行的參數及 show clock 內容，接著就要觀察要提取的部分內容。

❸ 我們需要 R1 的日期時間，使用 message.stdout 將其內容印出即可。請注意 message.stdout 為陣列儲存方式，使用 message.stdout[0]會比較準確。

❹ PLAY RECAP 為腳本執行總結，其中 ok=3 表示有 3 個模組執行成功。

備份路由器 run 組態檔

我們使用 Register 方式來儲存路由器的 run 組態檔，並備份到 Ansible 電腦，腳本範例如下圖所示。

圖表 24-31 使用 playbook 備份 run 組態檔的腳本 (範例檔: ch24_run-backup.yml)

```
- hosts: R1
  gather_facts: true

  tasks:
   - name: Backup R1 Configure
     ios_command:
        commands: show run
     register: config

   - name: Save run to ~/backup/
     copy:
        content: "{{ config.stdout[0] }}"
        dest: "~/backup/R1-config-{{ ansible_date_time.date }}.txt"
```

Playbook 腳本說明如下；

圖表 24-32 備份 run 組態檔的腳本說明

語法	說明
gather_facts : true	收集系統資訊,需要系統日期
- name : Backup R1 Configure ios_command : commands : show run register : config	name 是用來描述任務下的模組要執行的工作，類似註解，會在 playbook 執行過程中出現 模組 ios_commnad 要執行 show run 並將結果存儲在 config 變數中
- name : Save run to ~/backup/ copy : content : "{{ config.stdout[0] }}" dest : "~/backup/R1-config-{{ ansible_date_time.date }}.txt"	name 描述要執行模組執行目的 模組 copy 要將 config 變數的內容複製到目前 ansible 伺服器的 R1-config.txt 檔案，其中 ansible_date_time.date 為 gather_facts 收集到的系統變數之一，表示系統日期

執行 Playbook 腳本

使用 Ansbile 來執行備份 R1 的組態檔到 Ansible 電腦，如下圖所示為該 Playbook 腳本執行過程。

圖表 24-33 執行 Playbook 備份 R1 的 run 組態檔

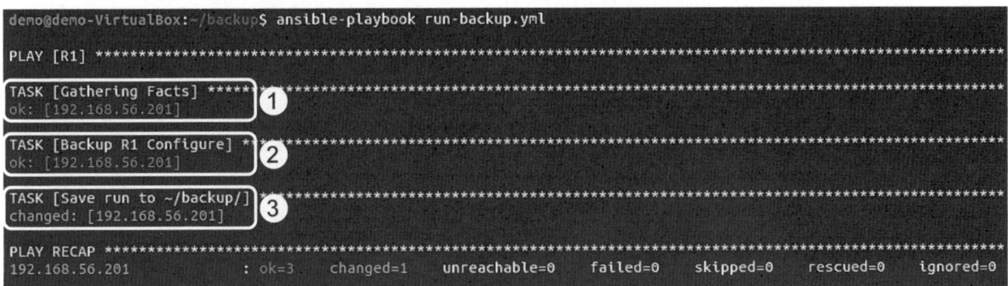

❶ 表示執行 gather_facts 來收集系統資訊成功。

❷ 表示執行 ios_command 模組送出 show run 到 R1 執行，執行結果儲存在 config 變數。

❸ 表示執行 copy 模組將 config.stdout[0] 內容複製到 Ansbile 電腦中。請注意需要事先觀察 config 變數內容，才知道 show run 的內容是存在 config.stdout[0]。

查詢備份檔案

在執行完 Playbook 腳本後，如下圖所示。

圖表 24-34 在 Ansible 伺服器上查看備份檔案

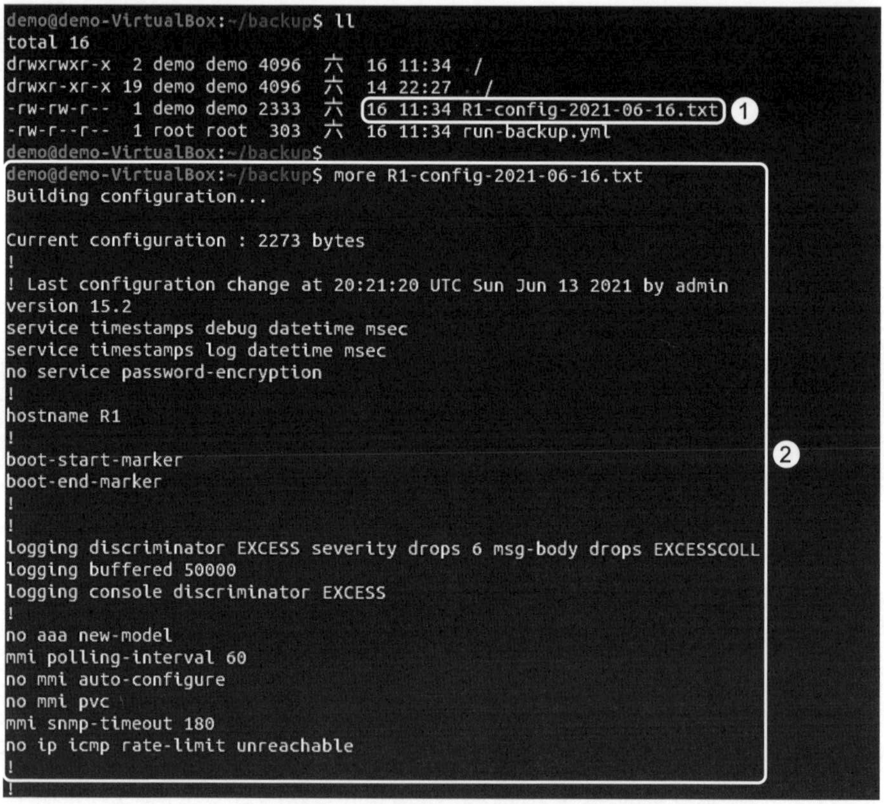

```
demo@demo-VirtualBox:~/backup$ ll
total 16
drwxrwxr-x  2 demo demo 4096  六  16 11:34 ./
drwxr-xr-x 19 demo demo 4096  六  14 22:27 ../
-rw-rw-r--  1 demo demo 2333  六  16 11:34 R1-config-2021-06-16.txt  ①
-rw-r--r--  1 root root  303  六  16 11:34 run-backup.yml
demo@demo-VirtualBox:~/backup$
demo@demo-VirtualBox:~/backup$ more R1-config-2021-06-16.txt
Building configuration...

Current configuration : 2273 bytes
!
! Last configuration change at 20:21:20 UTC Sun Jun 13 2021 by admin
version 15.2
service timestamps debug datetime msec
service timestamps log datetime msec
no service password-encryption
!
hostname R1
!
boot-start-marker                                                    ②
boot-end-marker
!
!
logging discriminator EXCESS severity drops 6 msg-body drops EXCESSCOLL
logging buffered 50000
logging console discriminator EXCESS
!
no aaa new-model
mmi polling-interval 60
no mmi auto-configure
no mmi pvc
mmi snmp-timeout 180
no ip icmp rate-limit unreachable
!
!
```

❶ 是在 Ansible 電腦查看已經有 R1-config-2021-06-16.txt，檔案名稱有日期，這個效果就是使用 ansible_date_time.date 的系統變數。

❷ 是顯示 R1-config-2021-06-16.txt 檔案的內容，其內容為 R1 的 run 組態檔。

24.8 Playbook 的條件使用

Playbook 腳本支援條件語句的用法，類似寫程式的 if (條件) then (動作)，但不是用 if 關鍵字，而是用 when 當關鍵字，當 when (條件) 成立，會執行該模組，腳本範例如下圖所示，有兩個 debug 模組要執行。

圖表 24-35 playbook 的 when 條件用法 (範例檔: ch24_test-when.yml)

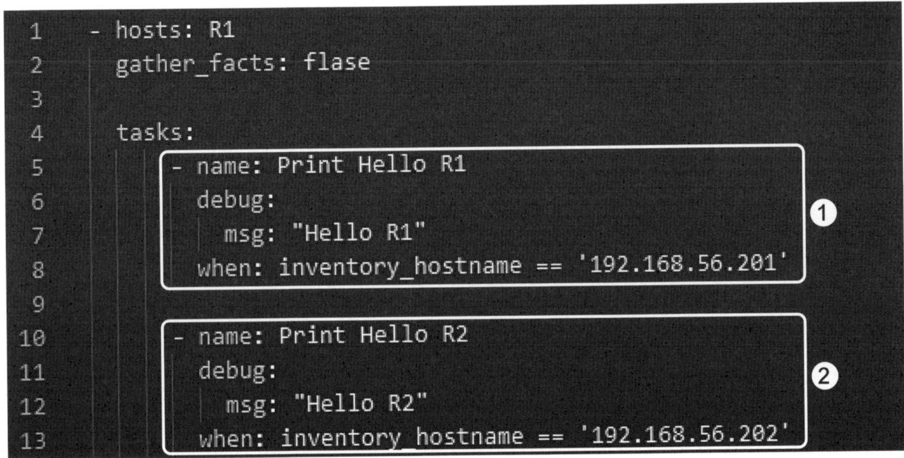

```
- hosts: R1
  gather_facts: flase

  tasks:
    - name: Print Hello R1
      debug:
        msg: "Hello R1"
      when: inventory_hostname == '192.168.56.201'

    - name: Print Hello R2
      debug:
        msg: "Hello R2"
      when: inventory_hostname == '192.168.56.202'
```

❶ 表示第一個模組要執行必須 inventory_hostname = = '192.168.56.201' 條件成立，其中 inventory_hostname 是系統變數，儲存 Play 對象的主機 IP 位址，目前 Play 為 R1，inventory_hostname 儲存內容為 192.168.56.201，所以第一個 debug 模組會印出 Hello R1。

❷ 是第二個 debug 模組的 when 條件不成立，debug 模組則跳過不執行。

執行測試 when 條件

我們將上述的腳本在 Ansible 電腦執行，如下圖所示。

圖表 24-36 執行測試 when 條件

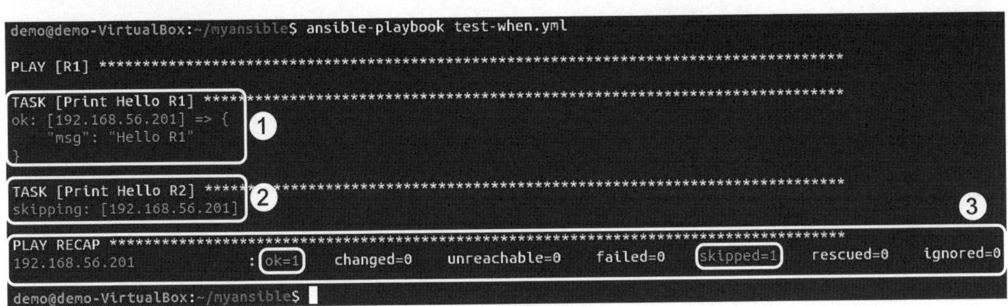

```
demo@demo-VirtualBox:~/myansible$ ansible-playbook test-when.yml

PLAY [R1] ******************************************************************

TASK [Print Hello R1] ******************************************************
ok: [192.168.56.201] => {
    "msg": "Hello R1"
}

TASK [Print Hello R2] ******************************************************
skipping: [192.168.56.201]

PLAY RECAP *****************************************************************
192.168.56.201             : ok=1    changed=0    unreachable=0    failed=0    skipped=1    rescued=0    ignored=0

demo@demo-VirtualBox:~/myansible$
```

❶ 表示第一個 debug 模組執行成功並印出 Hello R1。

❷ 表示第二個 debug 模組跳過，沒有執行。

❸ 為執行總結，ok=1 表示執行成功的模組有一個，skipped=1 表示沒有執行的模組有一個。

24.9 Playbook 的迴圈使用

Playbook 腳本使用 with_items 來支援一層迴圈執行，如果要使用兩層迴圈以上，則使用 with_nested，我們示範 with_items 的用法，範例如下圖所示，在 with_items 後面為迴圈的次數控制，使用 JSON 或 YAML 來控制，例如：JSON 的陣列 [1,2,3]，with_items 會以陣列的元素依序執行迴圈，每次的元素儲存在 item 的系統變數，陣列 [1,2,3] 會執行 3 次迴圈，item 變數內容依序會儲存 1、2、3。

圖表 24-37 測試 with_items 迴圈 (範例檔: ch24_test-loop.yml)

```
- hosts: localhost
  gather_facts: false

  tasks:
  - name: print 3 loop
    debug:
      msg: "{{item}}"
    with_items: [1, 2, 3]

  - name: print 2 loop
    debug:
      msg: "ip is {{ item.ip }}, mask is {{ item.mask }}, port is {{ item.mask }}"
    with_items:
        - { ip: 192.168.12.1, mask: 255.255.255.0, port: e0/1 }
        - { ip: 1.1.1.1, mask: 255.255.255.255, port: loopback0 }
```

上述迴圈範例的語法解說如下表所示。

圖表 24-38 with_items 迴圈語法說明

語法	說明
gather_facts：false	不要收集系統資訊，執行會較快
- name：print 3 loop debug： msg： "{{item}}" with_items：[1，2，3]	With_items 使用[1,2,3]的陣列元素來控制 3 次迴圈，debug 模組會執行 3 次，並列印 item 內容，第 1 次迴圈 item=1，第 2 次 item=2，第 3 次 item=3
- name：print 2 loop debug： msg： "p is {{ item.ip }}，mask is {{ item.mask }}，port is {{ item.mask }}" with_items： - { ip：192.168.12.1，mask：255.255.255.0，port：e0/1 } - { ip：1.1.1.1，mask：255.255.255.255，port：loopback0 }	With_items 後面是 yaml 序列格式，這序列有兩個元素，所以會執行 2 次迴圈，而每個元素使用 json 物件，第 1 次迴圈 item 變數為第 1 個元素的物件資料，在使用 debug 將物件的資料印出，第 2 次迴圈 item 變數改為第 2 個元素的物件資料。

執行測試 with_items 迴圈

我們將上述的迴圈腳本在 Ansible 電腦執行，如下圖所示。

圖表 24-39 執行測試 with_items 迴圈

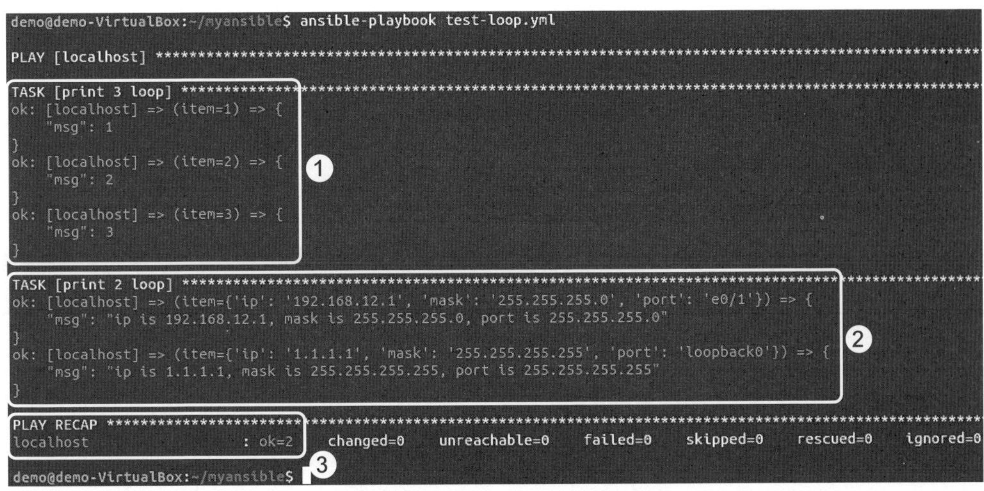

demo@demo-VirtualBox:~/myansible$ ansible-playbook test-loop.yml
PLAY [localhost] **
TASK [print 3 loop] **
ok: [localhost] => (item=1) => {
"msg": 1
}
ok: [localhost] => (item=2) => {
"msg": 2
}
ok: [localhost] => (item=3) => {
"msg": 3
}
TASK [print 2 loop] **
ok: [localhost] => (item={'ip': '192.168.12.1', 'mask': '255.255.255.0', 'port': 'e0/1'}) => {
"msg": "ip is 192.168.12.1, mask is 255.255.255.0, port is 255.255.255.0"
}
ok: [localhost] => (item={'ip': '1.1.1.1', 'mask': '255.255.255.255', 'port': 'loopback0'}) => {
"msg": "ip is 1.1.1.1, mask is 255.255.255.255, port is 255.255.255.255"
}
PLAY RECAP **
localhost : ok=2 changed=0 unreachable=0 failed=0 skipped=0 rescued=0 ignored=0
demo@demo-VirtualBox:~/myansible$
1
2
3

❶ 執行 with_items 為 [1，2，3]，迴圈執行 3 次，debug 模組列印 item 變數 3 次，依序為 1、2、3。

請注意一個 ok 代表成功執行一個模組。目前有出現三次 ok，表示迴圈執行三次 debug 模組。

❷ with_items 使用 YAML 的序列控制執行 2 次迴圈，第 1 次迴圈 item={ip：192.168.12.1，mask：255.255.255.0，port：e0/1}，debug 模組列印 item.ip、item.mask、item.port 內容依序為 192.168.12.1、255.255.255.0、e0/1，第 2 次迴圈 item={ ip：1.1.1.1，mask：255.255.255.255，port：loopback0}，再做一次列印 item.ip、item.mask、item.port 內容依序為 1.1.1.1、255.255.255.255、loopback0。

24.10 多個介面與啟動 OSPF 規劃

綜合上述的 Playbook 腳本的變數、when 條件及 with_items 迴圈的控制，可以寫出多樣的自動化網管 IOS 設備功能，我們規劃設定多個介面並啟動 OSPF，在 IOS 執行指令如下表所示，這些指令原本要在路由器的 console 下執行，但我們轉換成為 Playbook 腳本，在 Ansible 自動來執行腳本配置，如此使用自動化達成路由器設定。

圖表 24-40 設定 IP 位址與啟動 OSPF 規劃

指令	說明
interface Loopback1 description R1 loopback1 setted by ansible ip address 1.1.1.1 255.255.255.255 interface Loopback2 description R1 loopback2 setted by ansible ip address 2.2.2.2 255.255.255.255! interface Loopback3 description R1 loopback2 setted by ansible ip address 3.3.3.3 255.255.255.255	建立三個 loopback 介面 設定註解 設定 IP 位址
router ospf 1 router-id 1.1.1.1 network 1.1.1.1 0.0.0.0 area 0 network 2.2.2.2 0.0.0.0 area 2 network 3.3.3.3 0.0.0.0 area 3	啟動 OSPF1 設定 router-id 啟動 3 個 OSPF 介面分別在 area 0、area2、area3

多個介面與啟動 OSPF 的腳本

我們使用 ios_config 模組來執行上述 IOS 指令，需要建立 3 個 loopback 的介面 IP 位址與註解，ios_config 模組各別執行三次，所以在腳本中的 ios_config 模組可以分開寫 3 次，每次的 ios_config 模組設定特定的 loobpack 介面，但這樣會讓腳本過於冗長，為了讓腳本精簡，我們使用 with_items 迴圈來執行，with_items 後面使用 YAML 序列來控制 3 次迴圈，每次的迴圈帶入不同的 IP 位址來設定。設定 OSPF 也是用到相同的技巧，完整腳本如下圖所示。

圖表 24-41 撰寫 playbook 腳本來設定 IP 與啟動 OSPF (範例檔: ch24_Interface-ospf.yml)

```
- hosts: R1
  gather_facts: true

  tasks:
    - name: configure {{ inventory_hostname }} router interface ip
      ios_config:
          lines:
            - description this is configured by ansible at {{ ansible_date_time.date }}
            - ip address {{ item.ip }}  {{ item.mask}}
            - no shutdown
          parents: interface {{ item.port }}
      with_items:
      - { ip: 1.1.1.1, mask: 255.255.255.255, port: loopback1 }
      - { ip: 2.2.2.2, mask: 255.255.255.255, port: loopback2 }
      - { ip: 3.3.3.3, mask: 255.255.255.255, port: loopback3 }

    - name: configure {{ inventory_hostname }} ospf network
      ios_config:
        lines:
          - router-id 1.1.1.1
          - network {{ item.ip }}  {{ item.wildmask }} area  {{ item.areaid }}
        parents: router ospf 1
      with_items:
        - {ip: 1.1.1.1,  wildmask: 0.0.0.0,  areaid: 0}
        - {ip: 2.2.2.2,  wildmask: 0.0.0.0,  areaid: 2}
        - {ip: 3.3.3.3,  wildmask: 0.0.0.0,  areaid: 3}
```

❶ 使用 with_item 後面接 3 個 YAML 序列，來控制 3 次迴圈，每個 YAML 序列的內容為物件格式，存儲 ip、mask 及 port 三種資訊，每次執行會依序 YAML 序列的內容帶入 ios_config 模組執行。

❷ 使用相同的方式來設定 OSPF，差別在每個 YAML 序列的內容為 ip、wildmask 及 areaid，迴圈執行的方式一樣。

Ansible 執行多個介面與啟動 OSPF

我們將上述的腳本在 Ansible 電腦執行，如下圖所示。

圖表 24-42 執行 Playbook 腳本設定 R1 的介面 IP 與 OSPF

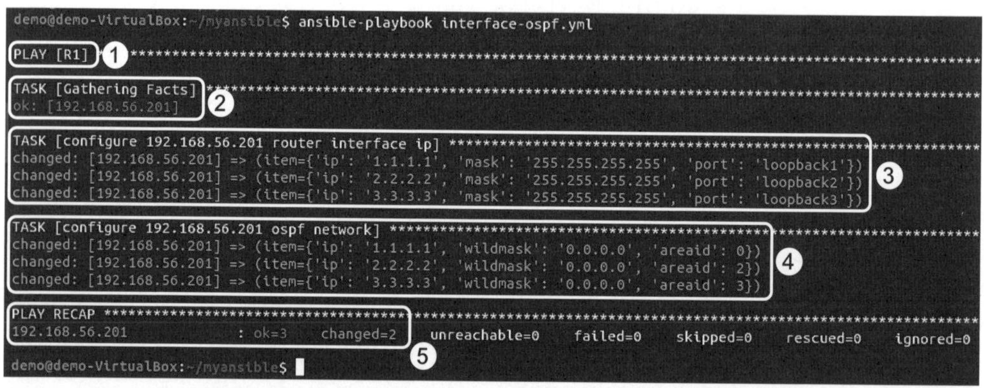

❶ play 的對象目前只針對 R1。

❷ 成功執行收集系統資訊 (gather_facts)。

❸ 成功執行 ios_config 三次，每次帶入的 item 都不一樣，如此就可以建立三個 loopback 介面與其 IP 位址

❹ 也是成功執行 ios_config 三次，而且每次帶入的 item 都不一樣，如此在 OSPF 啟動模式中，network 宣告就可以設定不同的 OSPF 介面及 area 號碼。

❺ 執行腳本總結，ok=3 表示成功執行三個 TASK，change=2 表示有兩個 TASK 有更新資料。

驗證 R1 介面

連線到 R1 的 console 來查詢，為了同時看到 IP 位址與介面註解，我們直接查詢 run 的內容，如下圖所示，在 ❶、❷、❸ 可以看到三個 Loopback 介面已經建設成功，IP 位址與註解也設定，在註解部分加入 Ansible 的系統時間，如此可以清楚知道在哪一天建立介面。

圖表 24-43 查看 R1 的 Loopback 介面 IP 位址及註解

```
R1#show run interface loopback 1
Building configuration...

Current configuration : 120 bytes
!
interface Loopback1
 description this is configured by ansible at 2021-06-16
 ip address 1.1.1.1 255.255.255.255
end
```
①

```
R1#show run interface loopback 2
Building configuration...

Current configuration : 120 bytes
!
interface Loopback2
 description this is configured by ansible at 2021-06-16
 ip address 2.2.2.2 255.255.255.255
end
```
②

```
R1#show run interface loopback 3
Building configuration...

Current configuration : 120 bytes
!
interface Loopback3
 description this is configured by ansible at 2021-06-16
 ip address 3.3.3.3 255.255.255.255
end
```
③

驗證 R1 的 OSPF

使用 show ip protocol 來查詢 OSPF 設定資訊，如下圖所示：

圖表 24-44 查看 R1 的 OSPF 啟動狀態

```
R1#show ip protocols
*** IP Routing is NSF aware ***

Routing Protocol is "ospf 1"
  Outgoing update filter list for all interfaces is not set
  Incoming update filter list for all interfaces is not set
  Router ID 1.1.1.1 ①
  It is an area border router
  Number of areas in this router is 3. 3 normal 0 stub 0 nssa
  Maximum path: 4
  Routing for Networks:
    1.1.1.1 0.0.0.0 area 0
    2.2.2.2 0.0.0.0 area 2    ②
    3.3.3.3 0.0.0.0 area 3
  Routing Information Sources:
    Gateway         Distance      Last Update
  Distance: (default is 110)

R1#
```

❶ 為 OSPF Router-ID 成功設定為 1.1.1.1

❷ 表示有成功執行 network 指定並將 OSPF 介面指定到不同的 area。

針對 Ansible 網管 Cisco IOS 設備，使用 ios_command 與 ios_config 兩個模組，再配合 Ansible 本身的模組 copy、debug、gather_facts 等，以及 Playbook 腳本的變數、when 條件及 with_items 迴圈，如此就可以做出很多的 IOS 設備管理功能，當然 Ansible Playbook 腳本只針對一台 IOS 設備，這樣的效益就不大，自動化本身是要有大量的管理對象，如此效益才能產生。